药明康德经典译丛

有机人名反应
——机理及合成应用
（原书第五版）

Name Reactions

A Collection of Detailed Mechanisms and Synthetic Applications

Fifth Edition

原著 （美）Jie Jack Li

荣国斌 译

朱士正 校

科学出版社

图字：01-2020-0711

内 容 简 介

本书精选了332个最重要的一直在普遍应用的经典的或当代的有机人名反应或试剂。每个反应均给出一步步详尽的电子转移机理和众多具体的合成应用。全书还有3 700多篇直至2013年度含原始论文及以综述和应用为主的参考文献，此外还提供了不少有机人名反应发现者的简历和栩栩如生的为人风貌。

本中译本是根据2014年出版的原著第五版翻译的，可供化学、制药、材料和生物类等专业的大专院校师生和相关科研工作者参考使用。

First published in English under the title
Name Reactions: A Collection of Detailed Mechanisms and Synthetic Applications
by Jie Jack Li, edition: 5
Copyright © SPRINGER International Publishing Switzerland, 2014
This edition has been translated and published under licence from
Springer Nature Switzerland AG.

图书在版编目（CIP）数据

有机人名反应：机理及合成应用：原书第五版 /（美）李杰（Jie jack Li）著；荣国斌译. —北京：科学出版社，2020.2（2024.5重印）
（药明康德经典译丛）
书名原文：Name Reactions: A Collection of Detailed Mechanisms and Synthetic Applications (Fifth Edition)
ISBN 978-7-03-064407-7

Ⅰ.①有… Ⅱ.①李… ②荣… Ⅲ.①有机化学—化学反应 Ⅳ.①O621.25

中国版本图书馆CIP数据核字（2020）第025142号

责任编辑：谭宏宇 / 责任校对：郑金红
责任印制：黄晓鸣 / 封面设计：殷 靓

科学出版社 出版
北京东黄城根北街16号
邮政编码：100717
http://www.sciencep.com

上海锦佳印刷有限公司印刷
科学出版社发行 各地新华书店经销

*

2020年2月第 一 版　开本：B5（720×1000）
2024年5月第九次印刷　印张：42 1/2
字数：649 000
定价：198.00 元
（如有印装质量问题，我社负责调换）

献给

Claire Castro 教授

译校者的话

有机化学是一门富有个人特色和高度竞争性的学科。化学家已发现了难以计数的各类有机反应，其中被称之有机人名反应的是以一位或多位化学家的姓氏来归类和命名的。有机人名反应是有机化学的一大特色并占有有机反应的核心地位，许多有机人名反应的发现者获得过诺贝尔化学奖。毫无疑义的是，要学好有机化学，了解熟悉有机人名反应是基本要求；要做好有机化学，掌握运用有机人名反应是素质要求。

国内外涉及有机人名反应的著作也有一些，由 Jie Jack Li 编著的 *Name Reactions* 则是颇有特色的一种。它并不追求齐全，但能从广大读者对反应的基本需求出发，强调时代感，着眼于基础性、应用性和新颖性；每个反应均通过图式的展示给出详尽而又完整的一步步电子转移的过程，故既适于学生理解这些有机反应的过程，又为科研工作者了解相关进展提供了众多文献资料和应用信息。由我们译校的本书第二版中文本《有机人名反应及机理》和第四版中文本《有机人名反应——机理及应用》是先后在 2003 年和 2009 年分别由华东理工大学出版社和科学出版社出版发行的。中文版上市后受到读者的欢迎，已多次重印。事隔数年，Li 再次编写了本书第五版。诚如他在新版"前言"中所表明的，新版增加了 27 个新的人名反应，提供了更多的合成实例并更新了参考文献，使新版更为实用并更能反映当代进展。

我们有幸再次将本书第五版译成中文本《有机人名反应——机理及合成应用》。译校工作对原著的一些差错做了改正；一些英文人名、单位名和商标名未作翻译；一些读者都能理解的如 Base、Example、Figure、or、reflux、step、to、yield 及 *anti*、*cis*、*dr*、*E*、*ee*、*etc.*、*syn*、*trans*、*Z* 等常见英文单词和专用词头也未作翻译。希望新版中文本能继续为我国的有机化学工作者和学习者所欢迎而成为一种常用和不可或缺的工具参考书。

荣国斌 (华东理工大学 ronggb@ecust.edu.cn)
朱士正 (中国科学院上海有机化学研究所 zhusz@mail.sioc.ac.cn)

2019 年 6 月于上海

前　言

本书第四版出版至今已有四年了，期间也发生了一些变化。我的职业已从工业界转到学术界去教授有机化学和药物化学。这个变化也反映在新版的选题上更多地着眼于基础性人名反应以让本科生也能更好地使用本书。同时，我也有机会对有关喹啉和异喹啉的反应机理做出订正。另外，也出现了一些新的人名反应及老人名反应的新参考文献。我已加上能反映有机化学最近进展的新的27个人名反应以及老人名反应的最新合成应用。为满足公众要求，对人名反应发现者的简历介绍也有所增补。

与前版一样，每个反应都有一步步详尽的电子流动的机理并附有原始论文和特别是综述性文章的最新参考文献。又因增加了许多合成案例，使本书对高年级本科生和研究生学习人名反应的机理和合成应用及备考上都将是必不可少的参考用书，同样也会适用于所有无论是工业界还是学术界的化学家们的研究所需。

我要感谢Scripps Research Institute的Dr. Jonathan W. Lockner和Bristol-Myers的Dr. Jun Cindy Shi对书稿在制作和校阅过程中提供的帮助。还要感谢UCLA的Neil K. Garg教授和他的学生Grace Chiou、Adam Goetz、Liana Hie、Dr. Travis McMahon、Tejas Shah、Noah Fine Nathel、Joel M. Smith、Amanda Silberstein和Evan D. Styduhar校阅本书的最终样稿。他们的学识和输入大大提升了本书的质量。而仍有的错误则应由我本人负责的。

一如既往，我欢迎你的评论，请发邮件给我：lijiejackli@gmail.com！

Jie Jack Li
2013年10月于SanFrancisco, CA

缩略词和首字母缩略词

●—	聚合物载体
Δ	solvent heated under reflux 加热回流的溶剂
(DHQ)₂-PHAL	1,4-bis(9-*O*-dihydroquinine)phthalazine 1,4- 双（9-*O*-二氢喹咛）-2,3- 二氮杂萘
(DHQD)₂PHAL	1,4-bis(9-*O*-dihydroquinidine)phthalazine 1,4- 双（9-*O*-二氢奎尼定基）-2,3- 二氮杂萘
[bimim]Cl•2AlCl₃	1-butyl-3-methylimidazolium chloroaluminuminate 1-丁基-3-甲基咪唑氯合氯化铝
3CC	three-component condensation 三组分缩合
4CC	four-component condensation 四组分缩合
9-BBN	9-borabicyclo[3.3.1]nonane 9- 硼双环[3.3.1] 壬烷
A	adenosine 腺苷
Ac	acetyl 乙酰基
ADDP	1,1'-(azodicarbonyl)dipiperidine 1,1'-（偶氮二羰基）二哌啶
AIBN	2,2'-azobisisobutyronitrile 2,2'- 偶氮二异丁腈
Alpine-borane®	*B*-isopinocamphenyl-9-borabicyclo[3.3.1]-nonane *B*-3α-蒎烯-9- 硼杂双环[3.3.1] 壬烷
AOM	*p*-anisyloxymethyl = *p*-MeOC₆H₄OCH₂— 对甲氧基苯氧甲基
aq	aqueous 水相
Ar	aryl 芳基
atm	atmosphere 大气压
B:	generic base（广义）碱
BINAP	2,2'-bisdiphenylphosphino)-1,1'-binaphthyl 2,2'- 双（二苯基膦）-1,1'- 联萘
Bn	benzyl 苄基
Boc	*t*-butyloxycarbonyl 叔丁氧羰基
BT	benzotriazol 苯并噻唑
Bz	benzoyl 苯甲酰基
Cat	catalysis or catalyst 催化（剂）
Cbz	benzyloxycarbonyl 苄氧羰基
CuTC	copper(I) thiophene-2-carboxylate 2- 噻吩甲酸铜（Ⅰ）
d	day 天
DABCO	1,4-diazabicyclo[2.2.2]octane 三亚乙基二胺
dba	dibenzylideneacetone 二亚苄基丙酮
DBU	1,8-diazabicyclo[5.4.0]undec-7-ene 1,5- 二氮杂双环[5.4.0] 十一碳-7- 烯
DCC	dicyclohexylcarbodiimide 二环己基碳二亚胺
DDQ	2,3-dichloro-5,6-dicyano-p-benzoquinone 2,3- 二氯-5,6- 二氰基苯醌
de	diastereomeric excess 非对映体过量
DEAD	diethyl azodicarboxylate 偶氮二甲酸二乙酯
DET	diethyl tartrate 酒石酸二乙酯
DIAD	diisopropyl azodicarboxylate 偶氮二甲酸二异丙酯
DIBAL	diisobutylaluminium hydride 二异丁基氢化铝

DIPA	diisopropyl tartrate 酒石酸二异丙酯
DIPEA	diisopropylethylamine 二异丙基乙基胺
DMA	N,N-dimethylacetamide N,N-二甲基乙酰胺
DMAP	4-dimethylaminopyridine 4-二甲氨基吡啶
DME	1,2-dimethoxyethane 1,2-二甲氧基乙烷
DMF	N,N-dimethylformamide N,N-二甲基甲酰胺
DMFDMA	dimethylformamide dimethyl acetal 二甲基甲酰胺二甲缩醛
DMS	dimethylsulfide 二甲硫醚
DMSO	dimethyl sulfoxide 二甲亚砜
DMSY	dimethylsulfoxonium methylide 二甲基氧化锍亚甲基
DMT	4,4'-dimethoxytrityl 4,4'-二甲氧基三苯甲基
DNP	dinitrophenyl 二硝基苯基
DPPA	diphenoxyphosphinyl azide 二苯氧基磷酰叠氮化物
dppb	1,4-bis(diphenylphosphino)butane 1,4-二(二苯基膦基)丁烷
dppe	1,2-bis(diphenylphosphino)ethane 1,2-二(二苯基膦基)乙烷
dppf	1,1'-bis(diphenylphosphino)ferrocene 1,1'-二(二苯基膦基)二茂铁
dppp	1,3-bis(diphenylphosphino)propane 1,3-二(二苯基膦基)丙烷
dr	diastereomeric ratio 非对映异构体比例
DTBAD	di-*tert*-butylazodicarboxylate 偶氮二甲酸二叔丁酯
DTBMP	2,6-Di-tert-butyl-4-methylpyridine 2,6-二叔丁基-4-甲基吡啶
E1	unimolecular elimination 单分子消除
E1cb	unimolecular elimination via carbanion 经负碳离子单分子消除
E2	bimolecular elimination 双分子消除
EAN	ethylammonium nitrate 乙胺硝酸盐
EDCI	1-ethyl-3-(3-dimethylaminopropyl)carbodiimide 1-乙基-3-(3-二甲氨基丙基)碳二亚胺
EDDA	ethylenediamine-N,N'-diacetic acid N,N'-乙二胺二乙酸
ee	enantiomeric excess 对映体过量
Ei	Two groups leave at about the same time and bond to each other as they are doing so 两个基团在协同消除的同时相互键连
Eq	equivalent 当量
Et	ethyl 乙基
EtOAc	ethyl acetate 乙酸乙酯
g	gas 气体(相)
h	hour 小时
HMDS	eexamethyldisilazane 六甲基二硅胺
HMPA	eexamethylphosphoramide 六甲基磷酰(三)胺
HMTA	hexamethylenetetramine 六亚甲基四胺(乌洛托品)
HMTTA	1,1,4,7,10,10-Hexamethyltriethylenetetramine 1,1,4,7,10,10-六甲基三亚乙基四胺
IBX	*o*-iodoxybenzoic acid 邻碘酰基苯甲酸

Imd	imidazole 咪唑
KHMDS	potassium hexamethyldisilazide 六甲基二硅胺钾
LAH	lithium aluminium hydride 四氢锂铝
LDA	lithium diisopropylamide 二异丙基胺基锂
LHMDS	lithium hexamethyldisilazide 六甲基二硅烷基胺化锂
Liq	liquid 液体（相）
LTMP	lithium 2,2,6,6-tetramethylpiperidide 2,2,6,6-四甲基哌啶锂
M	Metal 金属
***m*-CPBA**	*m*-chloroperbenzoic acid 间氯过氧苯甲酸
MCRs	multicomponent reaction 多组分反应
Me	methyl 甲基
Mes	mesityl 2,4,6-三甲基苯基
min	minute 分（钟）
MPM	methylphenylmethyl 甲苯基甲基
MPS	mopholine-polysulfide 吗啉-多硫代物
MWI	microwave irradiation 微波激发
MVK	methyl vinyl ketone 甲基乙烯基酮
NBS	*N*-bromosuccinimide *N*-溴代琥珀酰亚胺
NCS	*N*-chlorosuccinimide *N*-氯代琥珀酰亚胺
NIS	*N*-iodosuccinimide *N*-碘代琥珀酰亚胺
NMP	*N*-methyl-2-pyrrolidinone *N*-甲基-2-吡咯酮
Nos	2- or 4-nitrobenzenesulfonyl 2- 或 4-硝基苯磺酰基
***N*-PSP**	*N*-phenylselenophthalimide *N*-苯硒基邻苯二甲酰亚胺
***N*-PSS**	*N*-phenylselenosuccinimide *N*-苯硒基丁二甲酰亚胺
Nu	nucleophile 亲核（试剂）
PCC	pyridinium chlorochromate 氯铬酸吡啶盐
PDC	pyridinium dichromate 重铬酸吡啶盐
Ph	phenyl 苯基
Piv	pivaloyl 特戊酰基
PMB	*p*-methoxybenzyl 对甲氧基苄基
PPA	polyphosphoric acid 多聚磷酸
PPTS	pyridinium *p*-toluenesulfonate 对甲苯磺酸吡啶盐
PT	phenyl tetrazolyl 苯基四唑基
PyPh$_2$P	diphenyl 2-pyridylphosphine 二苯基 2-吡啶基膦
pyr	pyridine 吡啶
quant	quantitative 定量
Red-Al	sodium bis(2-methoxyethoxy)aluminum hydride 二(2-甲氧基乙基)氢化铝钠
rt	room temperature 室温
Salen	*N, N'*-disalicylidene ethylenediamine *N, N'*-亚乙基双水杨基亚胺
SET	single electron transfer 单电子转移
SIBX	stabilized IBX 稳定的 IBX
SM	starting material 起始原料
SMEAH	sodium bis(2-methoxyethoxy)aluminum hydride 二(2-甲氧基乙基)氢化铝钠
S$_N$1	unimolecular nuclephilic substitution 单分子亲核取代反应

S_N2	bimolecular nuclephilic substitution 双分子亲核取代反应
S_NAr	nucleophilic substitution on an aromatic ring 芳环上的亲核取代反应
solv	solvent 溶剂
SSRI	selective serotonin reuptake inhibitor 选择性5-羟色胺再吸收抑制剂
TBABB	tetra-*n*-butylammonium bibenzoate 联苯酸四丁基铵盐
TBAF	tetra-*n*-butylammonium fluoride 四丁基氟化胺
TBAO	1,3,3-trimethyl-6-azabicyclo[3.2.1]octane 1,3,3-三甲基-6-氮杂双环[3.2.1]辛烷
TBDMS	*tert*-butyldimethylsilyl 叔丁基二甲基硅基
TBDPS	*tert*-butyldiphenylsilyl 叔丁基二苯基硅基
TBS	*tert*-butyldimethylsilyl 叔丁基二甲基硅基
t-Bu	*tert*-butyl 叔丁基
TDS	thexyl dimethyl silyl 二甲基[(2,3-二甲基)丁-2-乙基]硅基
TEA	triethylamine 三乙胺
TEMPO	2,2,6,6-tertramethylpiperidinyloxy 四甲基哌啶基氧(基)
TEOC	2-(trimethylsilyl)ethoxycarbonyl 2-三甲基硅基乙氧羰基
Tf	trifluoromethanesulfonyl 三氟甲磺酰基
TFA	trifluoroacetic acid 三氟乙酸
TFAA	trifluoroacetic anhydride 三氟乙酸酐
TFP	tris(2-furyl)phosphine 三(2-呋喃基)膦
THF	tetrahydrofuran 四氢呋喃
TIPS	triisopropylsilyl 三异丙基硅基
TMEDA	*N,N,N',N'*-tetramethyl 1,2-ethanediamine *N,N,N',N'*-四甲基乙二胺
TMG	1,1,3,3-tetramethylguanidine 1,1,3,3-四甲基胍
TMP	2,2,6,6-tetramethylpiperidine 2,2,6,6-四甲基哌啶
TMS	trimethylsilyl 三甲基硅基
TMSCl	Trimethylsilyl chrolide 三甲基氯硅烷
TMSCN	Trimethylsilyl cyanide 三甲基氰硅烷
TMSI	Trimethylsilyl iodide 三甲基碘硅烷
TMSOTf	Trimethylsilyl triflate 三甲基三氟甲磺酰基硅烷
Tol	toluene or *p*-tolyl 甲苯或对甲苯基
Tol-BINAP	2,2'-bis(di-*p*-tolylphosphino)-1,1'-binaphthyl 2,2'-二(对甲苯基磷)-1,1'-联萘
TosMIC	(*p*-tolylsulfonyl)methyl isocyanide 对甲苯磺酰基甲基异氰
Ts	tosyl 对甲苯磺酰基
TsO	tosylate 对甲苯磺酸酯(盐)
UHP	urea hydrogen peroxide complex 脲素过氧化氢络合物

目 录

译校者的话
前言
缩略词和首字母缩略词

Alder 烯反应 ·· 1
Aldol 缩合反应 ·· 3
Algar-Flynn-Oyamada 反应 ··· 6
Allan-Robinson 反应 ··· 8
Arndt-Eistert 同系增碳反应 ·· 10
Baeyer-Villiger 氧化反应 ··· 12
Baker-Venkataraman 重排反应 ·· 14
Bamford-Stevens 反应 ·· 16
Baran 试剂 ··· 18
Barbier 偶联反应 ·· 21
Bargellini 反应 ··· 23
Bartoli 吲哚合成反应 ··· 24
Barton 自由基脱羧反应 ··· 26
Barton-McCombie 去氧反应 ··· 28
Barton 亚硝酸酯光解反应 ·· 30
Barton-Zard 反应 ·· 32
Batcho-Leimgruber 吲哚合成反应 ·· 34
Baylis-Hillman 反应 ··· 36
Beckman 重排反应 ·· 39
Beirut 反应 ··· 42
Benzilic（二苯乙醇酸）重排 ·· 44
Benzoin（苯偶姻）缩合反应 ·· 46
Bergman 环化反应 ·· 48
Biginelli 嘧啶酮合成反应 ··· 50
Birch 还原反应 ··· 52
Bischler-Möhlau 吲哚合成反应 ·· 54
Bischler-Napieralski 反应 ··· 56
Blaise 反应 ··· 58
Blum-Ittah 氮丙啶合成反应 ·· 60
Boekelheide 反应 ·· 62
Boger 吡啶合成反应 ·· 64
Borch 还原氨化反应 ·· 66
Borsche-Drechsel 环化反应 ·· 68
Boulton-Katritzky 重排反应 ·· 70
Bouveault 醛合成反应 ·· 72
Bouveault-Blanc 还原反应 ·· 74
Boyland-Sims 氧化反应 ··· 75
  Elbs 氧化反应 ··· 76
Bradsher 反应 ·· 77
Brook 重排反应 ·· 79

Brown 硼氢化反应	81
Bucherer 咔唑合成反应	83
Bucherer 反应	85
Buchnrer-Bergs 反应	87
Büchner 扩环反应	89
Buchwald-Hartwig 氨基化反应	91
Burgess 脱水剂	95
Burke 硼酸酯	97
Cadiot-Chodkiewicz 偶联反应	100
Cadogan-Sundberg 吲哚合成反应	102
Camps 喹啉合成反应	104
Cannizarro 反应	106
Carroll 重排反应	108
Castro-Stephens 偶联反应	110
C—H 键活化反应	112
Cattellani 反应	112
Sanford 反应	115
White 催化剂	117
Yu C—H 键活化反应	121
Chan 炔烃还原反应	123
Chan-Lam C—X 键偶联反应	125
Chapman 重排反应	128
Chichibabin 吡啶合成反应	130
Chugaev 反应	133
Ciamician-Dennstedt 重排反应	135
Claisen 缩合反应	136
Claisen 异噁唑合成	138
Claisen 重排反应	140
对位 Claisen 重排反应	142
反常 Claisen 重排反应	144
Eschenmoser-Claisen（酰胺缩酮）重排反应	146
Ireland-Claisen（硅烯酮缩酮）重排反应	148
Johnson-Claison（原酸酯）重排反应	150
Clemmensen 还原反应	153
Combes 喹啉合成反应	155
Conrad-Limpach 反应	157
Cope 消除反应	159
Cope 重排反应	161
氧负离子 Cope 重排反应	163
含氧 Cope 重排反应	164
硅氧基 Cope 重排反应	166
Corey-Bakshi-Shibata（CBS）试剂	168
Corey-Chaykovsky 反应	171
Corey-Fuchs 反应	174
Corey-Kim 氧化反应	176
Corey-Nicolaou 大环内酯化反应	178
Corey-Seebach 反应	180
Corey-Winter 烯烃合成反应	182
Criegee 邻二醇裂解反应	185

Criegee 臭氧化反应机理	187
Curtius 重排反应	188
Dakin 氧化反应	190
Dakin-West 反应	192
Danheiser 成环反应	194
Darzens 缩合反应	196
Delepine 胺合成反应	198
De Mayo 反应	200
Demyanov 重排反应	202
Tiffeneau-Demyanov 重排反应	203
Dess-Martin 超碘酸酯氧化反应	206
Dieckmann 缩合反应	209
Diels-Alder 反应	211
反转电子要求的 Diels-Alder 反应	213
杂原子 Diels-Alder 反应	215
Dienone-Phenol（二烯酮－酚）重排反应	217
Doebner 喹啉合成反应	219
Doebner-von Miller 反应	221
Dörz 反应	223
Dowd-Beckwith 扩环反应	225
Dudley 试剂	227
Erlenmeyer-Plöchl 噁唑酮合成反应	229
Eschenmoser 盐	231
Eschenmoser-Tanabe 碎片化反应	233
Eschweiler-Clarke 胺还原烷基化反应	235
Evans aldol 反应	237
Favorskii 重排反应	239
似 Favorskii 重排反应	242
Feist-Benary 呋喃合成反应	243
Ferrier 碳环化反应	245
Ferrier 烯糖烯丙基重排反应	247
Fiesselman 噻吩合成反应	250
Fischer-Speier 酯化反应	252
Fischer 吲哚合成反应	253
Fischer 噁唑合成反应	255
Fleming-Kumada 氧化反应	257
Tamao-Kumada 氧化反应	259
Friedel-Crafts 反应	260
Friedel-Crafts 酰基化反应	260
Friedel-Crafts 烷基化反应	262
Friedlander 喹啉合成反应	264
Fries 重排反应	266
Fukuyama 胺合成反应	268
Fukuyama 还原反应	270
Gabriel 合成反应	272
Ing-Monske 程序	273
Gabriel-Colman 重排反应	275
Gassman 吲哚合成反应	276
Gatermann-Koch 反应	278

Gewald 氨基噻吩合成	279
Glaser 偶联反应	282
Eglinton 偶联反应	284
Gomberg-Bachmann 反应	287
Gould-Jacobs 反应	289
Grignard 反应	291
Grob 碎片化反应	293
Guareschi-Thorpe 缩合反应	295
Hajos-Weichert 反应	297
Haller-Bauer 反应	299
Hantzsch 二氢吡啶合成反应	300
Hantzsch 吡咯合成反应	302
Heck 反应	304
杂芳基 Heck 反应	307
Hegedus 吲哚合成反应	309
Hell-Volhard-Zelinsky 反应	310
Henry 硝基化合物的 aldol 反应	312
Hinsberg 噻酚合成反应	314
Hiyama 交叉偶联反应	316
Hofmann 消除反应	318
Hofmann 重排反应	319
Hofmann-Loeffler-Freytag 反应	321
Hoener-Wadsworth-Emmons 反应	323
Houben-Hoesch 反应	325
Hunsdiecker-Borodin 反应	327
Jacobsen-Katsuki 环氧化反应	329
Japp-Klingemann 腙合成反应	331
Jones 氧化反应	333
Jones 氧化反应	333
Collins 氧化反应	335
PCC 氧化反应	336
PDC 氧化反应	337
Julia-Kocieneski 烯基化反应	338
Julia-Lythgoe 烯基化反应	340
Kahne 苷化反应	342
Knoevenagel 缩合反应	344
Knorr 吡唑合成反应	347
Koch-Haaf 羰基化反应	349
Koenig-Knorr 苷化反应	350
Kostanecki 反应	353
Kröhnke 吡啶合成反应	354
Krapcho 反应	356
Kumada 交叉偶联反应	357
Lawesson 试剂	360
Leuckart-Wallach 反应	362
Li A 反应	364
Lossen 重排反应	367
McFadyen-Stevens 反应	369
McMurry 偶联反应	370

MacMillan 催化剂 ⋯⋯⋯⋯⋯⋯⋯⋯⋯⋯⋯⋯⋯⋯ 372
Mannich 反应 ⋯⋯⋯⋯⋯⋯⋯⋯⋯⋯⋯⋯⋯⋯⋯ 374
Markovnikov（马氏）规则 ⋯⋯⋯⋯⋯⋯⋯⋯⋯ 376
　　反马氏规则 ⋯⋯⋯⋯⋯⋯⋯⋯⋯⋯⋯⋯⋯⋯ 377
Martin 硫烷脱水剂 ⋯⋯⋯⋯⋯⋯⋯⋯⋯⋯⋯⋯ 379
Horner-Emmons 反应中的 Masamune-Roush 反应条件 ⋯⋯⋯⋯⋯ 382
Meerwein 盐 ⋯⋯⋯⋯⋯⋯⋯⋯⋯⋯⋯⋯⋯⋯⋯ 384
Meerwein-Ponndorf-Verley 还原反应 ⋯⋯⋯⋯⋯ 386
Meisenheimer 配合物 ⋯⋯⋯⋯⋯⋯⋯⋯⋯⋯⋯⋯ 388
[1,2]Meisenheimer 重排反应 ⋯⋯⋯⋯⋯⋯⋯⋯ 390
[2,3]Meisenheimer 重排反应 ⋯⋯⋯⋯⋯⋯⋯⋯ 391
Meyers 噁唑啉方法 ⋯⋯⋯⋯⋯⋯⋯⋯⋯⋯⋯⋯ 393
Meyers-Schuster 重排反应 ⋯⋯⋯⋯⋯⋯⋯⋯⋯ 395
Michael 加成反应 ⋯⋯⋯⋯⋯⋯⋯⋯⋯⋯⋯⋯⋯ 397
Michaelis-Arbuzov 膦酸酯合成反应 ⋯⋯⋯⋯⋯ 399
Midland 还原反应 ⋯⋯⋯⋯⋯⋯⋯⋯⋯⋯⋯⋯⋯ 401
Minisci 反应 ⋯⋯⋯⋯⋯⋯⋯⋯⋯⋯⋯⋯⋯⋯⋯ 403
Mislow-Evans 重排反应 ⋯⋯⋯⋯⋯⋯⋯⋯⋯⋯ 405
Mitsunobu 反应 ⋯⋯⋯⋯⋯⋯⋯⋯⋯⋯⋯⋯⋯⋯ 407
Miyaura 硼基化反应 ⋯⋯⋯⋯⋯⋯⋯⋯⋯⋯⋯⋯ 409
Moffatt 氧化反应 ⋯⋯⋯⋯⋯⋯⋯⋯⋯⋯⋯⋯⋯ 411
Morgan-Walls 反应 ⋯⋯⋯⋯⋯⋯⋯⋯⋯⋯⋯⋯ 413
　　Pictet-Hubert 反应 ⋯⋯⋯⋯⋯⋯⋯⋯⋯⋯ 413
Mori-Ban 吲哚合成反应 ⋯⋯⋯⋯⋯⋯⋯⋯⋯⋯ 415
Mukaiyama aldol 反应 ⋯⋯⋯⋯⋯⋯⋯⋯⋯⋯⋯ 417
Mukaiyama Michael 加成反应 ⋯⋯⋯⋯⋯⋯⋯ 419
Mukaiyama 试剂 ⋯⋯⋯⋯⋯⋯⋯⋯⋯⋯⋯⋯⋯ 421
Myers-Saito 环化反应 ⋯⋯⋯⋯⋯⋯⋯⋯⋯⋯⋯ 423
Nazarov 环化反应 ⋯⋯⋯⋯⋯⋯⋯⋯⋯⋯⋯⋯⋯ 424
Neber 重排反应 ⋯⋯⋯⋯⋯⋯⋯⋯⋯⋯⋯⋯⋯⋯ 426
Nef 反应 ⋯⋯⋯⋯⋯⋯⋯⋯⋯⋯⋯⋯⋯⋯⋯⋯⋯ 428
Negishi 交叉偶联反应 ⋯⋯⋯⋯⋯⋯⋯⋯⋯⋯⋯ 430
Nenitzescu 吲哚合成反应 ⋯⋯⋯⋯⋯⋯⋯⋯⋯⋯ 432
Newman-Kwart 反应 ⋯⋯⋯⋯⋯⋯⋯⋯⋯⋯⋯⋯ 434
Nicholas 反应 ⋯⋯⋯⋯⋯⋯⋯⋯⋯⋯⋯⋯⋯⋯⋯ 436
Nicholas IBX 脱氢化反应 ⋯⋯⋯⋯⋯⋯⋯⋯⋯⋯ 438
Noyori 不对称氢化反应 ⋯⋯⋯⋯⋯⋯⋯⋯⋯⋯ 440
Nozaki-Hiyama-Kishi 反应 ⋯⋯⋯⋯⋯⋯⋯⋯⋯ 443
Nysted 试剂 ⋯⋯⋯⋯⋯⋯⋯⋯⋯⋯⋯⋯⋯⋯⋯ 445
Oppenauer 氧化反应 ⋯⋯⋯⋯⋯⋯⋯⋯⋯⋯⋯⋯ 447
Overman 重排反应 ⋯⋯⋯⋯⋯⋯⋯⋯⋯⋯⋯⋯ 449
Paal 噻酚合成反应 ⋯⋯⋯⋯⋯⋯⋯⋯⋯⋯⋯⋯⋯ 451
Paal-Knorr 呋喃合成反应 ⋯⋯⋯⋯⋯⋯⋯⋯⋯⋯ 452
Paal-Knorr 吡咯合成反应 ⋯⋯⋯⋯⋯⋯⋯⋯⋯ 454
Parham 环化反应 ⋯⋯⋯⋯⋯⋯⋯⋯⋯⋯⋯⋯⋯ 456
Passerini 反应 ⋯⋯⋯⋯⋯⋯⋯⋯⋯⋯⋯⋯⋯⋯⋯ 458
Paterno-Buchi 反应 ⋯⋯⋯⋯⋯⋯⋯⋯⋯⋯⋯⋯ 460
Pauson-Khand 反应 ⋯⋯⋯⋯⋯⋯⋯⋯⋯⋯⋯⋯ 462
Payne 重排反应 ⋯⋯⋯⋯⋯⋯⋯⋯⋯⋯⋯⋯⋯⋯ 464

Pechmann 香豆素合成反应	466
Perkin 反应	468
Perkow 乙烯基磷酸酯合成反应	470
Petasis 反应	472
Petasis 试剂	474
Peterson 烯基化反应	476
Pictet-Gams 异喹啉合成反应	478
Pictet-Spengler 四氢异喹啉合成反应	480
Pinacol（频呐醇）重排	482
Pinner 反应	484
Polonovski 反应	486
Polonovski-Potier 重排反应	488
Pomeranz-Fritsch 反应	490
Schlittler-Muller 修正	492
Povorov 反应	493
Prevost *trans*- 双羟化反应	495
Prins 反应	496
Pschorr 环化反应	499
Pummerer 重排反应	501
Ramburg-Bäcklund 反应	503
Reformatsky 反应	505
Regitz 重氮化物合成反应	507
Reimer-Tiemann 反应	509
Reissert 反应	510
Reissert 吲哚合成反应	512
Ring-closing metathesis（RCM, 闭环复分解反应）	514
Ritter 反应	517
Robinson 增环反应	519
Robinson-Gabriel 合成反应	521
Robinson-Schopf 反应	523
Rosenmund 还原反应	525
Rubottom 氧化反应	527
Rupe 重排反应	529
Saegusa 氧化反应	531
Sakurai 烯丙基化反应	533
Sandmeyer 反应	535
Schiemann 反应	537
Schmidt 重排反应	539
Schmidt 三氯酰亚胺苷化反应	541
Scholl 反应	543
Shapiro 反应	544
Sharpless 不对称羟胺化反应	546
Sharpless 不对称双羟化反应	549
Sharpless 不对称环氧化反应	552
Sharpless 烯烃合成反应	555
Shi 不对称环氧化反应	557
Simmons-Smith 反应	560
Skraup 喹啉合成反应	562
Smiles 重排反应	564

- Truce-Smile 重排反应 ... 566
- Sommelet 反应 ... 568
- Sommelet-Hauser 重排反应 ... 570
- Sonogashira 反应 ... 572
- Staudinger 烯酮环加成反应 ... 574
- Staudinger 还原反应 ... 576
- Stetter 反应 ... 578
- Stevens 重排反应 ... 580
- Still-Gennari 磷酸酯反应 ... 582
- Stille 偶联反应 ... 584
- Stille-Kelly 反应 ... 586
- Stobbe 缩合反应 ... 587
- Stork-Danheiser 换位反应 ... 589
- Strecker 氨基酸合成反应 ... 591
- Suzuki-Miyaura 偶联反应 ... 593
- Swern 氧化反应 ... 595
- Takai 反应 ... 597
- Tebbe 试剂 ... 599
- TEMPO 氧化反应 ... 601
- Thorpe-Ziegler 反应 ... 603
- Tsuji-Trost 反应 ... 605
- Ugi 反应 ... 608
- Ullmann 偶联反应 ... 611
- van Leusen 噁唑合成反应 ... 613
- Vilsmeier-Haack 反应 ... 615
- Vinylcyclopropane-cyclopentene（烯基环丙烷－环戊烯）重排反应 ... 617
- von Braun 反应 ... 619
- Wacker 氧化工序 ... 620
- Wagner-Meerwein 重排反应 ... 622
- Weiss-Cook 反应 ... 624
- Wharton 反应 ... 626
- Willamson 醚合成 ... 628
- Willgerodt-Kindler 反应 ... 629
- Wittig 反应 ... 632
  - Wittig 反应的 Schlosser 修正程序 ... 634
- [1,2] Wittig 重排反应 ... 636
- [2,3] Wittig 重排反应 ... 638
- Wohl-Ziegler 反应 ... 640
- Wolff 重排反应 ... 642
- Wolff-Kishner 还原反应 ... 644
- Woodward cis-双羟化反应 ... 646
- Yamaguchi 酯化反应 ... 648
- Zaitsev 消除规则 ... 650
- Zhang 烯炔环异构化反应 ... 652
- Zimmerman 重排反应 ... 654
- Zincke 反应 ... 656
- Zinin 联苯胺重排反应 ... 659

Alder 烯反应

　　Alder 烯反应,又常称氢–烯丙基加成反应,是一个亲烯体经过烯丙基转移加成到一个烯烃上的反应。由一个烯烃 π 键和烯丙基 C—H σ 键的四电子体系参与的一个周环反应,双键发生迁移并形成新的 C—H σ 键和 C—C σ 键。

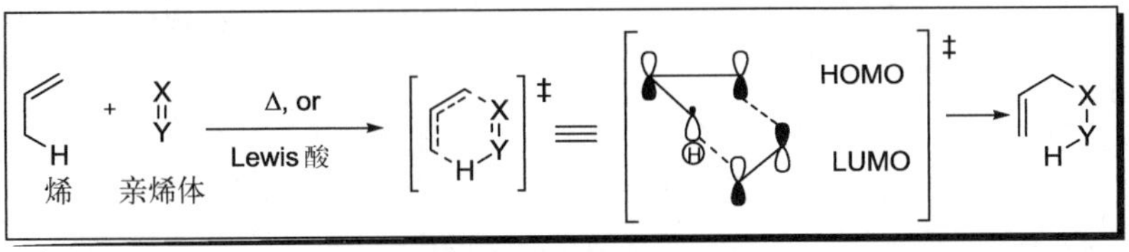

X=Y: C=C, C≡C, C=O, C=N, N=N, N=O, S=O, 等

Example 1[5]

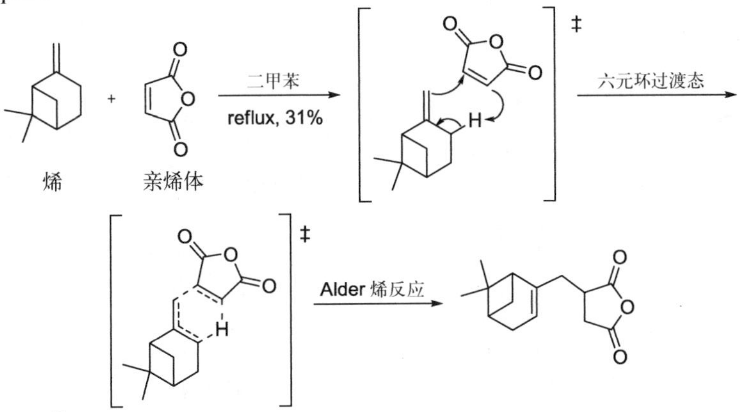

Example 2[7]

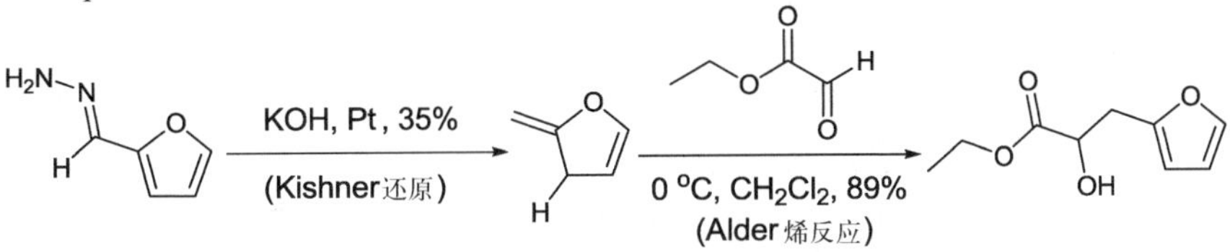

Example 3, 分子内 Alder 烯反应[8]

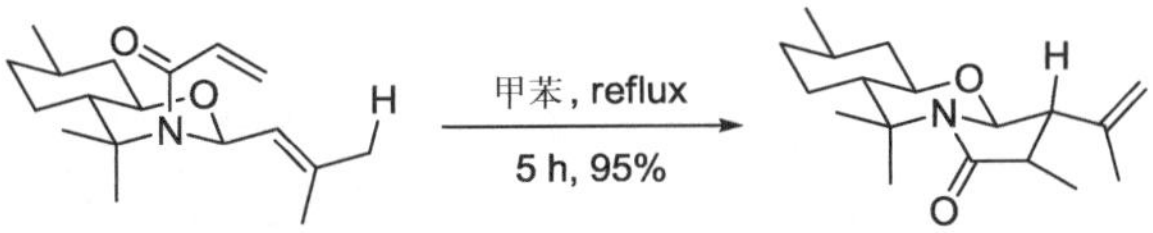

Example 4, Co 催化的 Alder 烯反应[9]

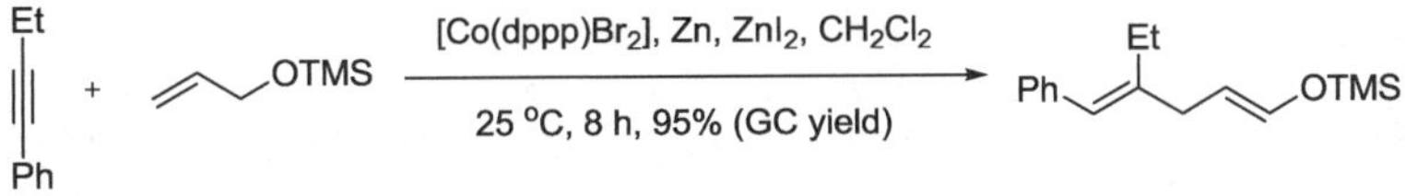

J.J. Li, *Name Reactions: A Collection of Detailed Mechanisms and Synthetic Applications*,
DOI 10.1007/978-3-319-03979-4_1, © Springer International Publishing Switzerland 2014

Example 5, 腈的 Alder 烯反应[10]

Example 6[11]

Example 7[13]

References
1. Alder, K.; Pascher, F.; Schmitz, A. *Ber.* **1943**, *76*, 27–53. 阿尔德（K. Alder, 1902-1958）和他的导师狄尔斯（O. Diels, 1876-1954）都是德国人。他们因对二烯合成的研究而共享1950年度诺贝尔化学奖。
2. Oppolzer, W. *Pure Appl. Chem.* **1981**, *53*, 1181–1201. (Review).
3. Johnson, J. S.; Evans, D. A. *Acc. Chem. Res.* **2000**, *33*, 325–335. (Review).
4. Mikami, K.; Nakai, T. In *Catalytic Asymmetric Synthesis*; 2nd edn.; Ojima, I., ed.; Wiley–VCH: New York, **2000**, 543–568. (Review).
5. Sulikowski, G. A.; Sulikowski, M. M. *e-EROS Encyclopedia of Reagents for Organic Synthesis* **2001**, Wiley: Chichester, UK.
6. Brummond, K. M.; McCabe, J. M. *The Rhodium(I)-Catalyzed Alder ene Reaction*. In *Modern Rhodium-Catalyzed Organic Reactions* **2005**, 151–172. (Review).
7. Miles, W. H.; Dethoff, E. A.; Tuson, H. H.; Ulas, G. *J. Org. Chem.* **2005**, *70*, 2862–2865.
8. Pedrosa, R.; Andres, C.; Martin, L.; Nieto, J.; Roson, C. *J. Org. Chem.* **2005**, *70*, 4332–4337.
9. Hilt, G.; Treutwein, J. *Angew. Chem. Int. Ed.* **2007**, *46*, 8500–8502.
10. Ashirov, R. V.; Shamov, G. A.; Lodochnikova, O. A.; Litvynov, I. A.; Appolonova, S. A.; Plemenkov, V. V. *J. Org. Chem.* **2008**, *73*, 5985–5988.
11. Cho, E. J.; Lee, D. *Org. Lett.* **2008**, *10*, 257–259.
12. Curran, T. T. *Alder Ene Reaction*. In *Name Reactions for Homologations-Part II*; Li, J. J., Ed.; Wiley: Hoboken, NJ, **2009**, pp 2–32. (Review).
13. Trost, B. M.; Quintard, A. *Org. Lett.* **2012**, *14*, 4698–4670.
14. Karmakar, R.; Mamidipalli, P.; Yun, S. Y.; Lee, D. *Org. Lett.* **2013**, *15*, 1938–1941.

Aldol缩合反应

Aldol反应是一个烯醇离子和羰基化合物缩合而形成一个β-羟基羰基化合物，有时又接着脱水给出一个共轭烯酮的反应。一个简单的实例是一个烯醇化物对一个醛（**Ald**ehyde）加成而给出一个醇（alcoh**ol**），故名为Aldol。

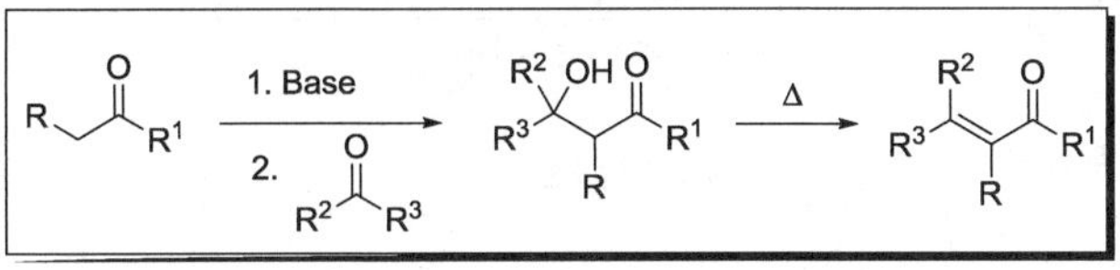

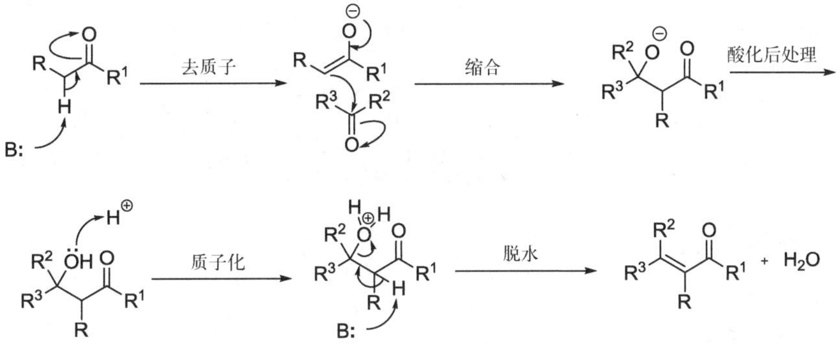

Example 1[3]

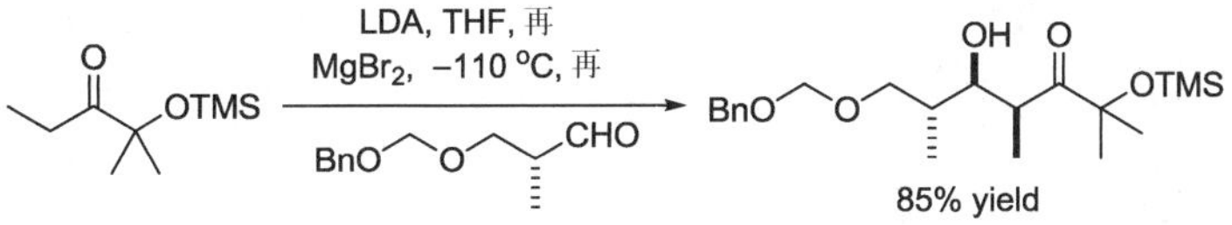

Example 2[8]

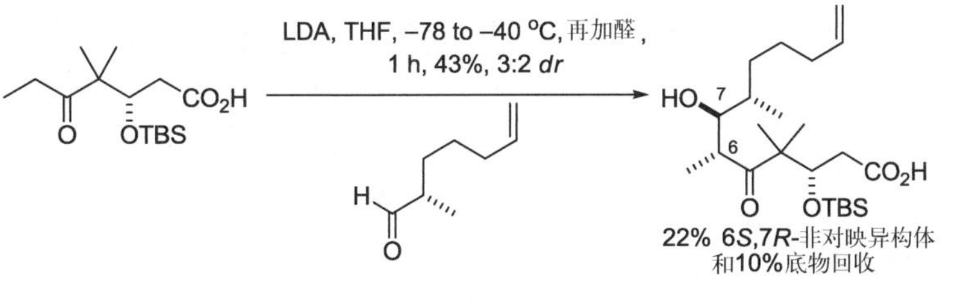

J.J. Li, *Name Reactions: A Collection of Detailed Mechanisms and Synthetic Applications*,
DOI 10.1007/978-3-319-03979-4_2, © Springer International Publishing Switzerland 2014

Example 3, 对映选择性 Mukaiyama aldol 反应[10]

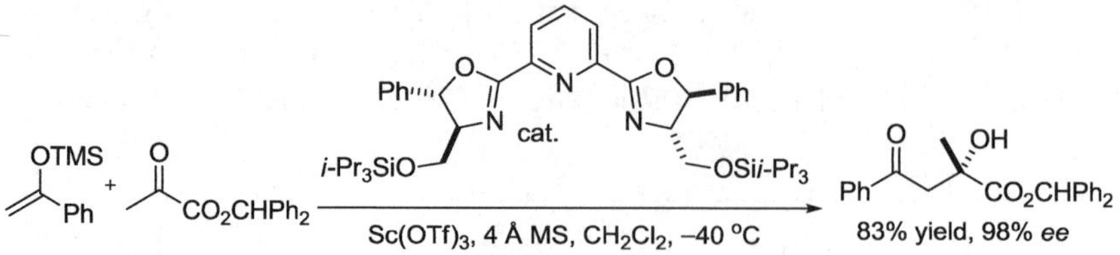

对映选择性 Mukaiyama aldol 反应:
OTMS-CH=C(Ph) + O=CH-CO$_2$CHPh$_2$ → Ph-CO-C(CH$_3$)(OH)-CO$_2$CHPh$_2$
cat. (pybox-type ligand with i-Pr$_3$SiO- groups and Ph substituents), Sc(OTf)$_3$, 4 Å MS, CH$_2$Cl$_2$, –40 °C
83% yield, 98% ee

Example 4, 有机催化的分子间 aldol 反应[12]

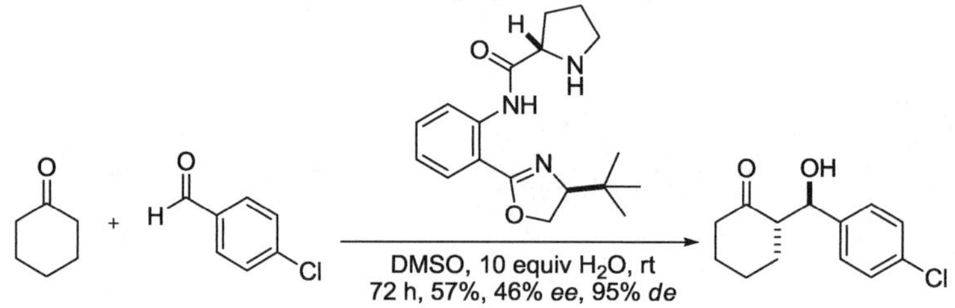

环己酮 + 4-氯苯甲醛 → (S)-2-[(R)-hydroxy(4-chlorophenyl)methyl]cyclohexanone
催化剂: proline-derived oxazoline amide
DMSO, 10 equiv H$_2$O, rt
72 h, 57%, 46% ee, 95% de

Example 5, 分子内 aldol 反应[13]

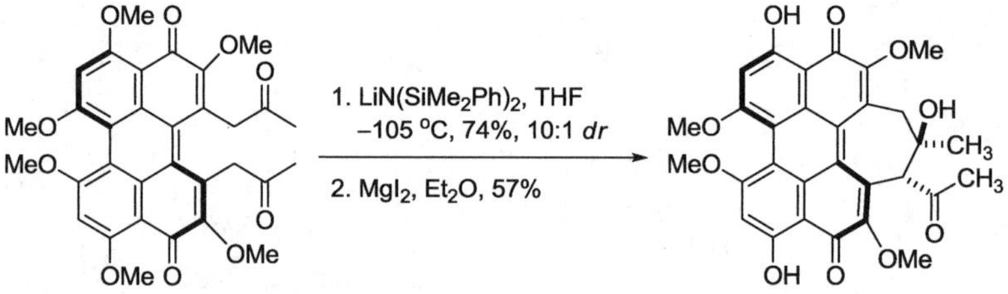

1. LiN(SiMe$_2$Ph)$_2$, THF, –105 °C, 74%, 10:1 dr
2. MgI$_2$, Et$_2$O, 57%

Example 6, 分子内插烯 aldol 反应[15]

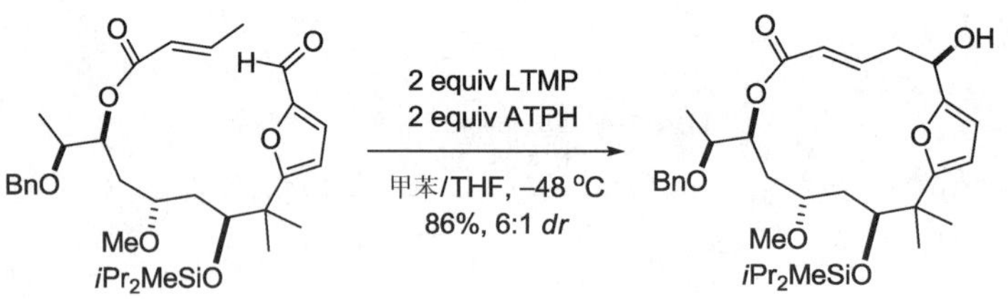

2 equiv LTMP
2 equiv ATPH
甲苯/THF, –48 °C
86%, 6:1 dr

References

1. Wurtz, C. A. *Bull. Soc. Chim. Fr.* **1872**, *17*, 436–442. 武慈（C. A. Wurtz, 1817–1884）出生于法国的斯特拉斯堡。获得博士学位后于1843年跟随李比希（J. von Liebig）学习一年，1874年成为Sorbonne的有机化学主任并在那儿培养出克拉夫兹（J. M. Crafts）、菲梯希（W. R. Fittig）、傅瑞德尔（C. Friedel）和范特霍夫（J. H. van't Hoff）等许多杰出的化学家。两个烷基卤用钠处理生成一个新的C—C键的Wurtz反应在合成上已经不再那么有用，但武慈于1872年发现的Aldol反应已是有机合成的一个重要基础反应。勃伦丁（A. P. Borodin）和武慈一样也对Aldol反应做出过贡献。1872年，勃伦丁在俄罗斯化学会上报告说在一个醛反应中发现了一个新的性质类似醇的副产物。他注意到该新的副产物与武慈在同年发表的论文中描述过的一个化合物是一致的。

2. Nielsen, A. T.; Houlihan, W. J. *Org. React.* **1968**, *16*, 1–438. (Review).
3. Still, W. C.; McDonald, J. H., III. *Tetrahedron Lett.* **1980**, *21*, 1031–1034.
4. Mukaiyama, T. *Org. React.* **1982**, *28*, 203–331. (Review).
5. Mukaiyama, T.; Kobayashi, S. *Org. React.* **1994**, *46*, 1–103. (Review on tin(II) enolates).
6. Johnson, J. S.; Evans, D. A. *Acc. Chem. Res*. **2000**, *33*, 325–335. (Review).
7. Denmark, S. E.; Stavenger, R. A. *Acc. Chem. Res*. **2000**, *33*, 432–440. (Review).
8. Yang, Z.; He, Y.; Vourloumis, D.; Vallberg, H.; Nicolaou, K. C. *Angew. Chem. Int. Ed.* **1997**, *36*, 166–168.
9. Mahrwald, R. (ed.) *Modern Aldol Reactions,* Wiley–VCH: Weinheim, Germany, **2004**. (Book).
10. Desimoni, G.; Faita, G.; Piccinini, F.; Toscanini, M. *Eur. J. Org. Chem*. **2006**, 5228–5230.
11. Guillena, G.; Najera, C.; Ramon, D. J. *Tetrahedron: Asymmetry* **2007**, *18*, 2249–2293. (Review on enantioselective direct aldol reaction using organocatalysis.)
12. Doherty, S.; Knight, J. G.; McRae, A.; Harrington, R. W.; Clegg, W. *Eur. J. Org. Chem.* **2008**, 1759–1766.
13. O'Brien, E. M.; Morgan, B. J.; Kozlowski, M. C. *Angew. Chem. Int. Ed.* **2008**, *47*, 6877–6880.
14. Trost, B. M.; Brindle, C. S. *Chem. Soc. Rev.* **2010**, *39*, 1600–1632. (Review).
15. Gazaille, J. A.; Abramite, J. A.; Sammakia, T. *Org. Lett.* **2012**, *14*, 178–181.
16. Esumi, T.; Yamamoto, C.; Tsugawa, Y.; Toyota, M.; Asakawa, Y.; Fukuyama Y. *Org. Lett.* **2013**, *15*, 1898–1901.

Algar-Flynn-Oyamada反应

2'-羟基查尔酮经氧化环化转化为2-芳基-3-羟基-4*H*-苯并吡喃（黄酮醇）。

一个副反应:

Example 1[5]

Example 2[5]

J.J. Li, *Name Reactions: A Collection of Detailed Mechanisms and Synthetic Applications*,
DOI 10.1007/978-3-319-03979-4_3,

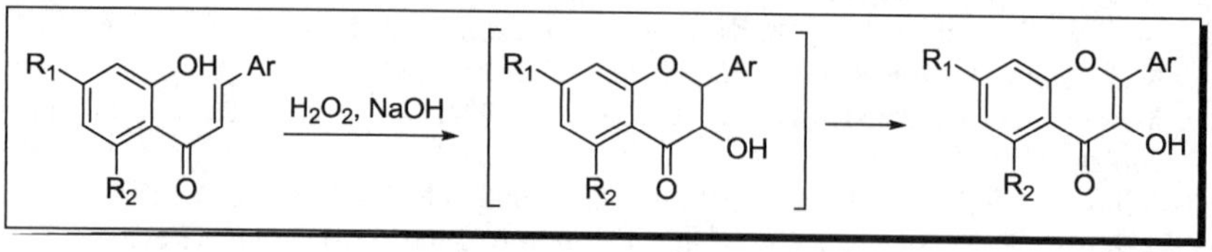

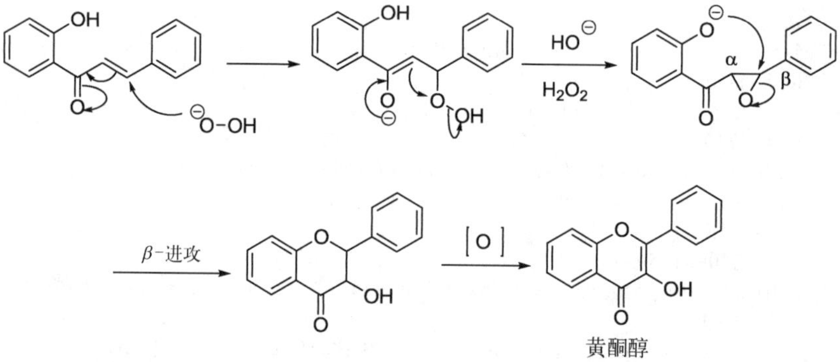

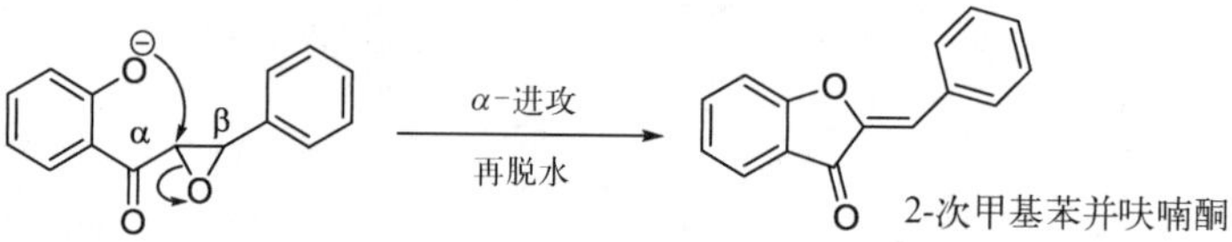

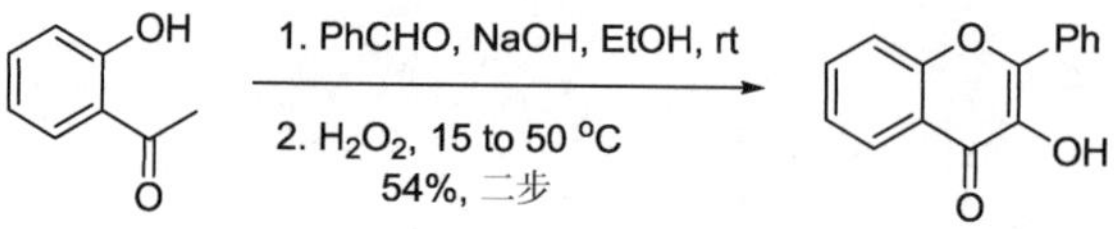

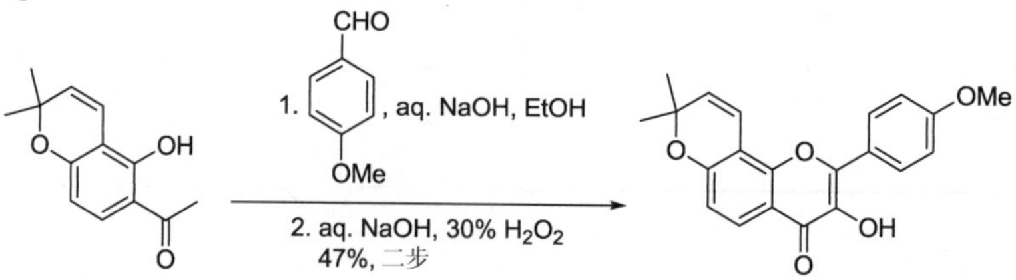

Example 3, 给出苯并呋喃酮类衍生物的副反应[9]

Example 4[12]

Example 5, 给出苯并呋喃酮类衍生物的副反应[13]

References
1. Algar, J.; Flynn, J. P. *Proc. Roy. Irish Acad.* **1934**, *B42*, 1–8. 阿尔嘎（J. Algar）和弗林（J. P. Flynn）都是爱尔兰化学家。
2. Oyamada, T. *J. Chem. Soc. Jpn* **1934**, *55*, 1256–1261.
3. Oyamada, T. *Bull. Chem. Soc. Jpn.* **1935**, *10*, 182–186.
4. Wheeler, T. S. *Record Chem. Progr.* **1957**, *18*, 133–161. (Review).
5. Smith, M. A.; Neumann, R. M.; Webb, R. A. *J. Heterocycl. Chem.* **1968**, *5*, 425–426.
6. Wagner, H.; Farkas, L. In *The Flavonoids*; Harborne, J. B.; Mabry, T. J.; Mabry H., Eds.; Academic Press: New York, **1975**, *1*, pp 127–213. (Review).
7. Wollenweber, E. In *The Flavonoids: Advances in Research*; Harborne, J. B.; Mabry, T. J., Eds; Chapman and Hall: New York, **1982**, pp 189–259. (Review).
8. Wollenweber, E. In *The Flavonoids: Advances in Research since 1986*; Harborne, J. B., Ed.; Chapman and Hall: New York, **1994**, pp 259–335. (Review).
9. Bennett, M.; Burke, A. J.; O'Sullivan, W. I. *Tetrahedron* **1996**, *52*, 7163–7178.
10. Bohm, B. A.; Stuessy, T. F. *Flavonoids of the Sunflower Family (Asteraceae)*; Springer-Verlag: New York, **2000**. (Review).
11. Limberakis, C. *Algar–Flynn–Oyamada Reaction*. In *Name Reactions in Heterocyclic Chemistry*; Li, J. J., Ed.; Wiley: Hoboken, NJ, **2005**, pp 496–503. (Review).
12. Li, Z.; Ngojeh, G.; DeWitt, P.; Zheng, Z.; Chen, M.; Lainhart, B.; Li, V.; Felpo, P. *Tetrahedron Lett.* **2008**, *49*, 7243–7245.
13. Zhao, X.; Liu, J.; Xie, Z.; Li, Y. *Synthesis* **2012**, *44*, 2217–2224.

Allan-Robinson反应

邻羟基芳基酮用酸酐处理合成黄酮或异黄酮。参见第353页上的Kostanecki反应。

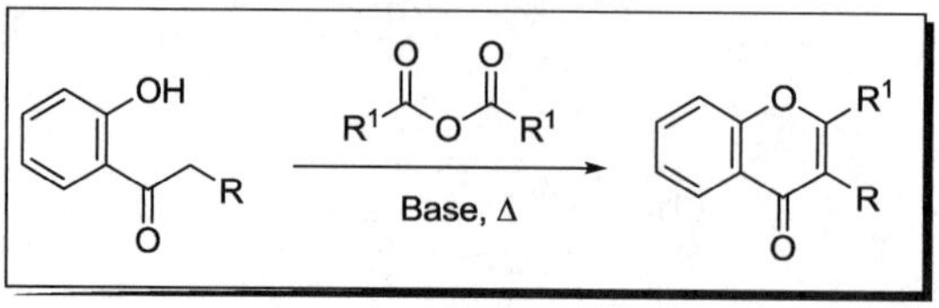

OH
R
O
Base, Δ
R¹

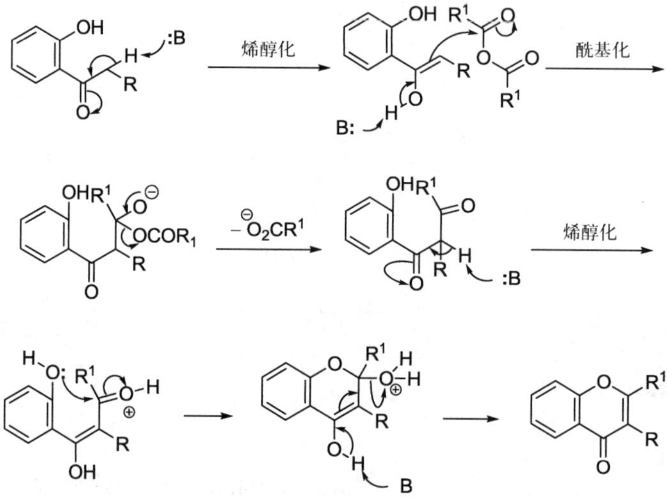

烯醇化
酰基化
烯醇化
:B
B

Example 1[6]

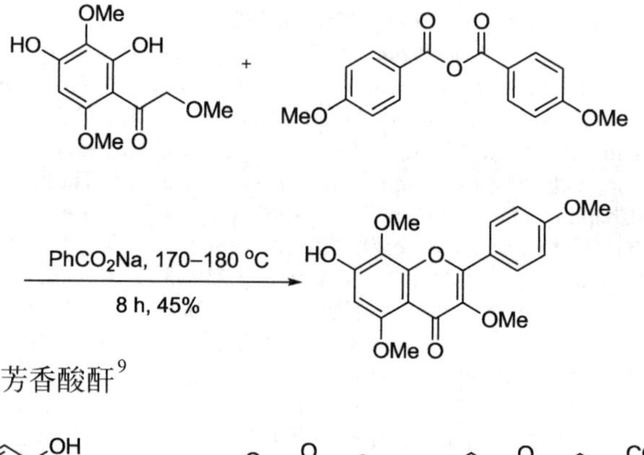

PhCO₂Na, 170–180 °C
8 h, 45%

Example 2,非芳香酸酐[9]

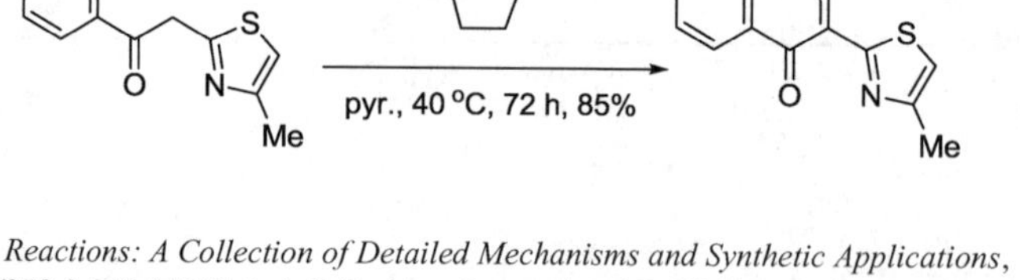

pyr., 40 °C, 72 h, 85%

J.J. Li, *Name Reactions: A Collection of Detailed Mechanisms and Synthetic Applications*,
DOI 10.1007/978-3-319-03979-4_4,

Example 3, 非芳香酸酐[10]

Example 4, 酰氯取代酸酐[10]

References

1. Allan, J.; Robinson, R. *J. Chem. Soc.* **1924**, *125*, 2192–2195. 英国人罗宾森（R. Robinson, 1886-1975）因生物碱的研究工作而获得1947年度诺贝尔化学奖。但罗宾森自己认为他对科学最重要的贡献是提出了有机化学中电子机理的定性理论。用箭头推动路径应用于有机反应机理就是由罗宾森和其友人拉普沃斯（A. Lapworth）及竞争对手英果尔特（C. K. Ingold）所开创的。罗宾森还是一位颇有造艺的钢琴家。艾伦（J. Allan）是罗宾森的学生，他与罗宾森合作发表了一篇很有影响的论文，文中探讨了基团在芳香取代反应中的定位能力。
2. Széll, T.; Dózsai, L.; Zarándy, M.; Menyhárth, K. *Tetrahedron* **1969**, *25*, 715–724.
3. Wagner, H.; Maurer, I.; Farkas, L.; Strelisky, J. *Tetrahedron* **1977**, *33*, 1405–1409.
4. Dutta, P. K.; Bagchi, D.; Pakrashi, S. C. *Indian J. Chem., Sect. B* **1982**, *21B*, 1037–1038.
5. Patwardhan, S. A.; Gupta, A. S. *J. Chem. Res., (S)* **1984**, 395.
6. Horie, T.; Tsukayama, M.; Kawamura, Y.; Seno, M. *J. Org. Chem.* **1987**, *52*, 4702–4709.
7. Horie, T.; Tsukayama, M.; Kawamura, Y.; Yamamoto, S. *Chem. Pharm. Bull.* **1987**, *35*, 4465–4472.
8. Horie, T.; Kawamura, Y.; Tsukayama, M.; Yoshizaki, S. *Chem. Pharm. Bull.* **1989**, *37*, 1216–1220.
9. Poyarkov, A. A.; Frasinyuk, M. S.; Kibirev, V. K.; Poyarkova, S. A. *Russ. J. Bioorg. Chem.* **2006**, *32*, 277–279.
10. Peng, C.-C.; Rushmore, T.; Crouch, G. J.; Jones, J. P. *Bioorg. Med. Chem. Lett.* **2008**, *16*, 4064–4074.
11. Levchenko, K. S.; Semenova, I. S.; Yarovenko, V. N.; Shmelin, P. S.; Krayushkin, M. M. *Tetrahedron Lett.* **2012**, *53*, 3630–3632.

Arndt-Eistert 同系增碳反应

羧酸经重氮甲烷处理增加一个同系碳。

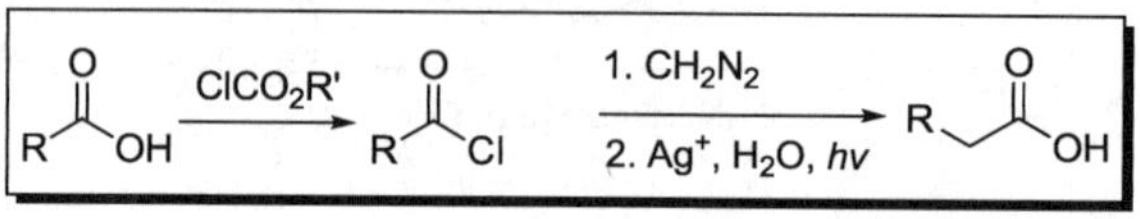

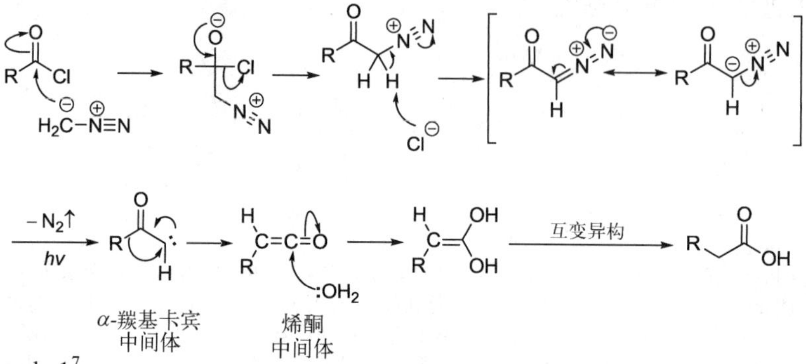

α-羰基卡宾中间体

烯酮中间体

互变异构

Example 1[7]

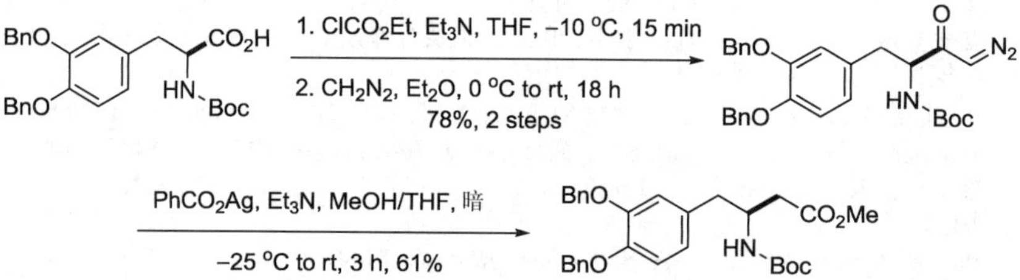

Example 2, 一个有趣的变异反应[9]

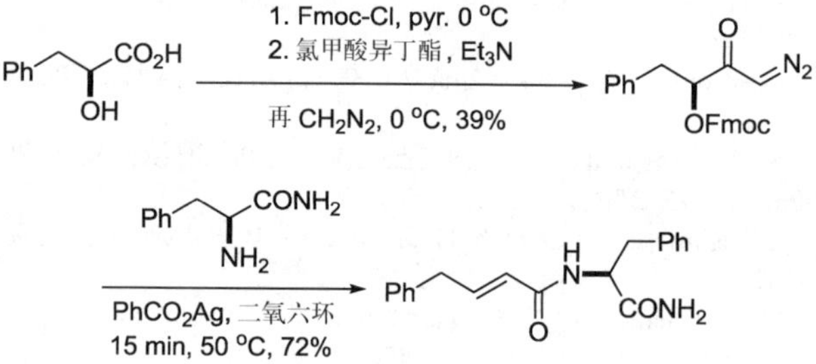

2. 氯甲酸异丁酯, Et_3N

再 CH_2N_2, 0 °C, 39%

PhCO_2Ag, 二氧六环
15 min, 50 °C, 72%

Example 3[10]

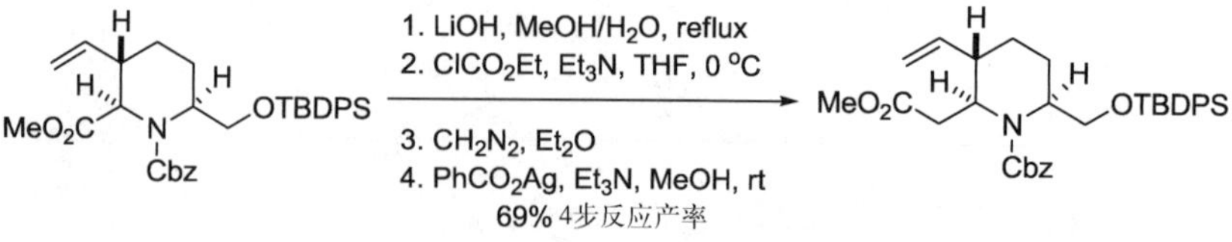

1. LiOH, MeOH/H_2O, reflux
2. ClCO_2Et, Et_3N, THF, 0 °C
3. CH_2N_2, Et_2O
4. PhCO_2Ag, Et_3N, MeOH, rt
69% 4步反应产率

J.J. Li, *Name Reactions: A Collection of Detailed Mechanisms and Synthetic Applications*,
DOI 10.1007/978-3-319-03979-4_5, © Springer International Publishing Switzerland 2014

Example 4[10]

THF, Et$_3$N, −20 °C
再 CH$_2$N$_2$, rt, 16 h
then PhCO$_2$Ag, Et$_3$N,
MeOH, −20 °C, 再
rt, 16 h, 79%

References
1. Arndt, F.; Eistert, B. *Ber.* **1935,** *68*, 200–208. 阿恩特（F. Arndt, 1885–1969）出生于德国汉堡。在Breslau大学期间他花了大量精力研究重氮甲烷的合成及其和醛、酮、酰氯的反应并发现了Arndt-Eistert同系增碳反应。实验室中他广为人知的形象是他极大的烟瘾。埃斯忒特（B. Eistert, 1902–1978）出生于Silesia的Ohlau是阿恩特的博士生，后来进入I. G. Farbenindustrie工作，该公司在二次大战后因盟军处理超级联合企业而转为BASF公司。
2. Podlech, J.; Seebach, D. *Angew. Chem. Int. Ed.* **1995,** *34*, 471–472.
3. Matthews, J. L.; Braun, C.; Guibourdenche, C.; Overhand, M.; Seebach, D. In *Enantioselective Synthesis of β-Amino Acids* Juaristi, E. ed.; Wiley-VCH: Weinheim, Germany, **1996,** pp 105–126. (Review).
4. Katritzky, A. R.; Zhang, S.; Fang, Y. *Org. Lett.* **2000,** *2*, 3789–3791.
5. Vasanthakumar, G.-R.; Babu, V. V. S. *Synth. Commun.* **2002,** *32*, 651–657.
6. Chakravarty, P. K.; Shih, T. L.; Colletti, S. L.; Ayer, M. B.; Snedden, C.; Kuo, H.; Tyagarajan, S.; Gregory, L.; Zakson-Aiken, M.; Shoop, W. L.; Schmatz, D. M.; Wyvratt, M. J.; Fisher, M. H.; Meinke, P. T. *Bioorg. Med. Chem. Lett.* **2003,** *13*, 147–150.
7. Gaucher, A.; Dutot, L.; Barbeau, O.; Hamchaoui, W.; Wakselman, M.; Mazaleyrat, J.-P. *Tetrahedron: Asymmetry* **2005,** *16*, 857–864.
8. Podlech, J. In *Enantioselective Synthesis of β-Amino Acids (2nd Edn.)* Wiley: Hoboken, NJ, **2005,** pp 93–106. (Review).
9. Spengler, J.; Ruiz-Rodriguez, J.; Burger, K.; Albericio, F. *Tetrahedron Lett.* **2006,** *47*, 4557–4560.
10. Toyooka, N.; Kobayashi, S.; Zhou, D.; Tsuneki, H.; Wada, T.; Sakai, H.; Nemoto, H.; Sasaoka, T.; Garraffo, H. M.; Spande, T. F.; Daly, J. W. *Bioorg. Med. Chem. Lett.* **2007,** *17*, 5872–5875.
11. Fuchter, M. J. *Arndt–Eistert Homologation.* In *Name Reactions for Homologations-Part I*; Li, J. J., Ed.; Wiley: Hoboken, NJ, **2009,** pp 336–349. (Review).
12. Saavedra, C. J.; Boto, A.; Hernández, R. *Org. Lett.* **2012,** *14*, 3542–3545.

Baeyer-Villiger氧化反应

通式：

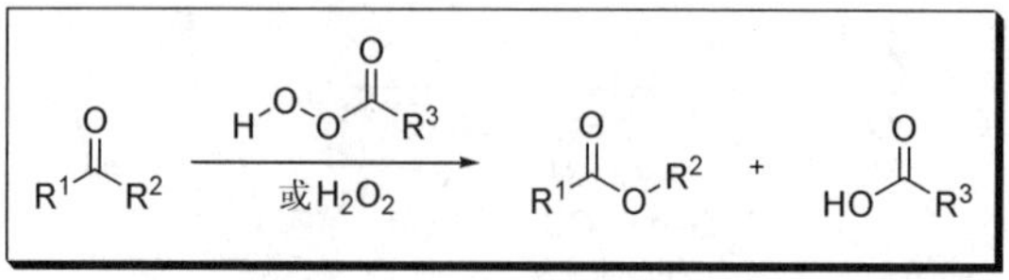

富电子的烷基（多取代碳原子）先迁移。迁移能力为叔烷基>环己基>仲烷基>苄基>苯基>伯烷基>甲基>氢。取代苯基的迁移能力为 p-MeO-Ar>p-Me-Ar>p-Cl-Ar>p-Br-Ar>p-NO$_2$-Ar

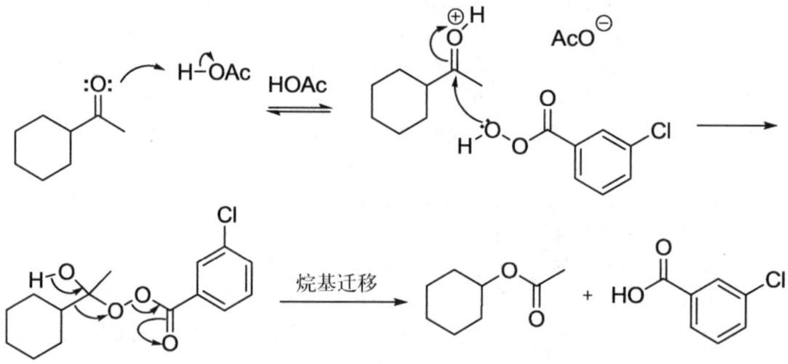

Example 1[4]

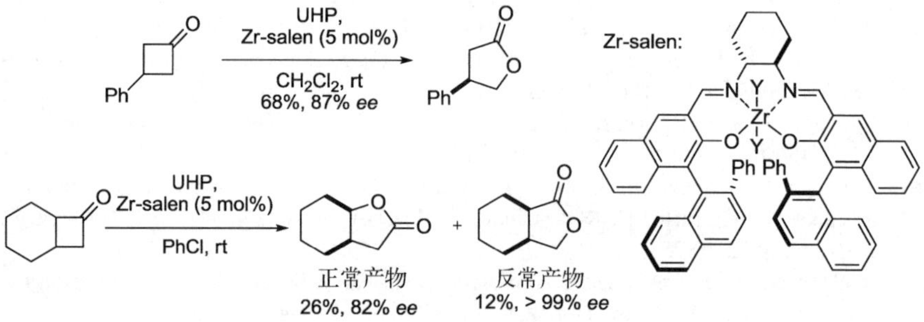

正常产物 26%, 82% ee

反常产物 12%, >99% ee

UHP = 脲−过氧化氢配合物

Example 2, 内酰胺上的化学选择性[5]

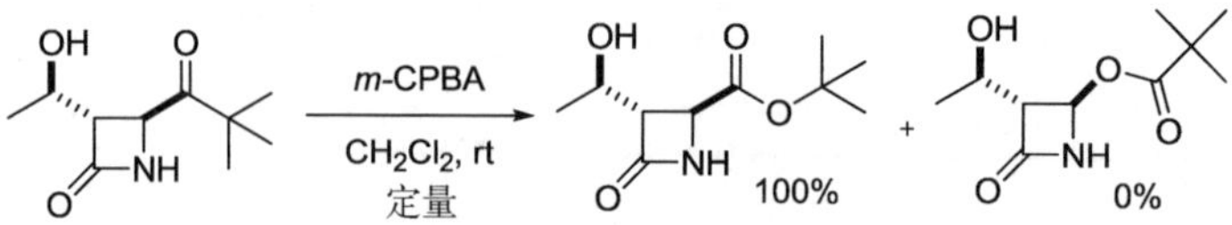

J.J. Li, *Name Reactions: A Collection of Detailed Mechanisms and Synthetic Applications*,
DOI 10.1007/978-3-319-03979-4_6, © Springer International Publishing Switzerland 2014

Example 3, 内酯上的化学选择性[6]

Example 4, 酯上的化学选择性[8]

References

1. v. Baeyer, A.; Villiger, V. *Ber.* **1899**, *32*, 3625–3633. 拜耳（A. von Baeyer, 1835–1917）是史上最杰出的有机化学家之一，建树颇丰。Baeyer-Drewson 靛蓝合成反应实现了靛蓝的商业合成。另一个值得提及的是巴比妥酸的合成，该酸的命名来自其女朋友 Barbara。他所有的兴趣都在实验室里，让他离开实验台是最令他感到不快的事。一次，一位来访者表示幸运给拜耳带来更多成功时，拜耳直接回应说，我做的事可比你多得多。作为一名科学家，拜耳毫无虚荣心，不像那个时代的那些科学大家，如李比希那样，他总是真诚地学习他人的长处。他的衣装中不可或缺的一分子是那顶标志性的美钞绿色的帽子，当欣赏所得到的新化合物时，他总会将手指放在帽沿上对其表示敬意。拜耳获得1905年度诺贝尔化学奖。他的学生费歇尔（E.Fischer）在50岁时比他早三年获得1902年度诺贝尔化学奖。维利格（V. Villiger, 1868–1934）是瑞士人，在慕尼黑与拜耳一起工作了11年。
2. Krow, G. R. *Org. React.* **1993**, *43*, 251–798. (Review).
3. Renz, M.; Meunier, B. *Eur. J. Org. Chem.* **1999**, *4*, 737–750. (Review).
4. Wantanabe, A.; Uchida, T.; Ito, K.; Katsuki, T. *Tetrahedron Lett.* **2002**, *43*, 4481–4485.
5. Laurent, M.; Ceresiat, M.; Marchand-Brynaert, J. *J. Org. Chem.* **2004**, *69*, 3194–3197.
6. Brady, T. P.; Kim, S. H.; Wen, K.; Kim, C.; Theodorakis, E. A. *Chem. Eur. J.* **2005**, *11*, 7175–7190.
7. Curran, T. T. *Baeyer–Villiger Oxidation*. In *Name Reactions for Functional Group Transformations*; Li, J. J., Ed.; Wiley: Hoboken, NJ, **2007**, pp 160–182. (Review).
8. Demir, A. S.; Aybey, A. *Tetrahedron* **2008**, *64*, 11256–11261.
9. Zhou, L.; Liu, X.; Ji, J.; Zhang, Y.; Hu, X.; Lin, L.; Feng, X. *J. Am. Chem. Soc.* **2012**, *134*, 17023–17026.（去对称化和动力学拆分）.
10. Itoh, Y.; Yamanaka, M.; Mikami, K. *J. Org. Chem.* **2013**, *78*, 146–153.

Baker-Venkataraman 重排反应

碱催化下转变α-酰氧酮为β-二酮的重排反应。

Example 1, 氨甲酰基 Baker-Venkataraman 重排[5]

Example 2, 氨甲酰基 Baker-Venkataraman 重排后环化[6]

Example 3, Baker-Venkataraman 重排[9]

Example 4, Baker-Venkataraman 重排[10]

References

1. Baker, W. *J. Chem. Soc.* **1933**, 1381–1389. 贝克（W. Baker, 1900-2002）出生于英国的Buncorn，分别在曼彻斯特跟拉普沃斯（A. Lapworth），在牛津跟罗宾森（R. Robinson）学习化学。1943年，贝克第一个确认配尼西林中含有硫原子。罗宾森曾为此对贝克说，那真是你礼帽上的荣誉标记。贝克在布里斯托尔大学（University of Bristol）开始独立的科学生涯，并于1965年在化学院院长的岗位上退休。贝克是一位世纪化学家而为人所知，退休后还在世达47年。
2. Mahal, H. S.; Venkataraman, K. *J. Chem. Soc.* **1934**, 1767–1771. 维恩卡塔拉曼（K. Venkataraman）在曼切斯特在罗宾森（R. Robinson）指导下学习，后来回到印度并成为位于Poona的国立化学实验室的主任。
3. Kraus, G. A.; Fulton, B. S.; Wood, S. H. *J. Org. Chem.* **1984**, *49*, 3212–3214.
4. Reddy, B. P.; Krupadanam, G. L. D. *J. Heterocycl. Chem.* **1996**, *33*, 1561–1565.
5. Kalinin, A. V.; da Silva, A. J. M.; Lopes, C. C.; Lopes, R. S. C.; Snieckus, V. *Tetrahedron Lett.* **1998**, *39*, 4995–4998.
6. Kalinin, A. V.; Snieckus, V. *Tetrahedron Lett.* **1998**, *39*, 4999–5002.
7. Thasana, N.; Ruchirawat, S. *Tetrahedron Lett.* **2002**, *43*, 4515–4517.
8. Santos, C. M. M.; Silva, A. M. S.; Cavaleiro, J. A. S. *Eur. J. Org. Chem.* **2003**, 4575–4585.
9. Krohn, K.; Vidal, A.; Vitz, J.; Westermann, B.; Abbas, M.; Green, I. *Tetrahedron: Asymmetry* **2006**, *17*, 3051–3057.
10. Yu, Y.; Hu, Y.; Shao, W.; Huang, J.; Zuo, Y.; Huo, Y.; An, L.; Du, J.; Bu, X. *E. J. Org. Chem.* **2011**, 4551–4563.

Bamford-Stevens反应

　　Bamford-Stevens反应和Shapiro反应有相同的机理。前者使用如Na、NaOMe、LiH、NaH、NaNH$_2$为碱和加热等条件，后者使用烷基锂和格氏试剂为碱。结果是Bamford-Stevens反应得到多取代的热力学稳定的烯，后者一般得到少取代的动力学产物烯。

质子性溶剂(S–H)中：

非质子溶剂中：

Example 1，串联Bamford–Stevens/热脂肪族Claisen重排[6]

底物N-氮杂环丙基亚胺俗称Eschenmoser腙

Example 2, 热Bamford–Stevens反应[6]

Example 3[7]

Example 4[8]

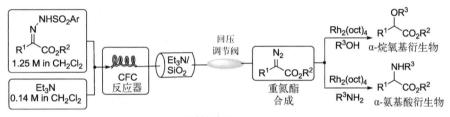

Example 5, 经流动Bamford-Stevens反应从芳基磺酸腙到重氮酯[13]

CFC = 连续流动离心

References

1. Bamford, W. R.; Stevens, T. S. M. *J. Chem. Soc.* **1952,** 4735–4740.蒂文思（T. Stevens, 1900–2000）出生于苏格兰的Renfrew，是又一位百岁化学家。他和他的学生班福特（W. R. Bamford）在英国的谢菲尔德大学（University of Sheffield）发表了本论文。史蒂文思的另一个人名反应是McFadyen-Stevens反应（见第369页）。
2. Felix, D.; Müller, R. K.; Horn, U.; Joos, R.; Schreiber, J.; Eschenmoser, A. *Helv. Chim. Acta* **1972,** *55,* 1276–1319.
3. Shapiro, R. H. *Org. React.* **1976,** *23,* 405–507. (Review).
4. Adlington, R. M.; Barrett, A. G. M. *Acc. Chem. Res.* **1983,** *16,* 55–59. (Review on the Shapiro reaction).
5. Chamberlin, A. R.; Bloom, S. H. *Org. React.* **1990,** *39,* 1–83. (Review).
6. Sarkar, T. K.; Ghorai, B. K. *J. Chem. Soc., Chem. Commun.* **1992,** *17,* 1184–1185.
7. Chandrasekhar, S.; Rajaiah, G.; Chandraiah, L.; Swamy, D. N. *Synlett* **2001,** 1779–1780.
8. Aggarwal, V. K.; Alonso, E.; Hynd, G.; Lydon, K. M.; Palmer, M. J.; Porcelloni, M.; Studley, J. R. *Angew. Chem. Int. Ed.* **2001,** *40,* 1430–1433.
9. May, J. A.; Stoltz, B. M. *J. Am. Chem. Soc.* **2002,** *124,* 12426–12427.
10. Zhu, S.; Liao, Y.; Zhu, S. *Org. Lett.* **2004,** *6,* 377–380.
11. Baldwin, J. E.; Bogdan, A. R.; Leber, P. A.; Powers, D. C. *Org. Lett.* **2005,** *7,* 5195–5197.
12. Humphries, P. *Bamford–Stevens Reaction.* In *Name Reactions for Homologations-Part II*; Li, J. J., Ed.; Wiley: Hoboken, NJ, **2009,** pp 642–652. (Review).
13. Bartrum, H. E.; Blakemore, D. C.; Moody, C. J.; Hayes, C. J. *Chem. Eur. J.* **2011,** *17,* 9586–9589.

Baran 试剂

二烷基亚磺酸酯锌盐试剂可在杂芳烃的C—H上实现官能团化。此类试剂已有商业供应[6,7]。

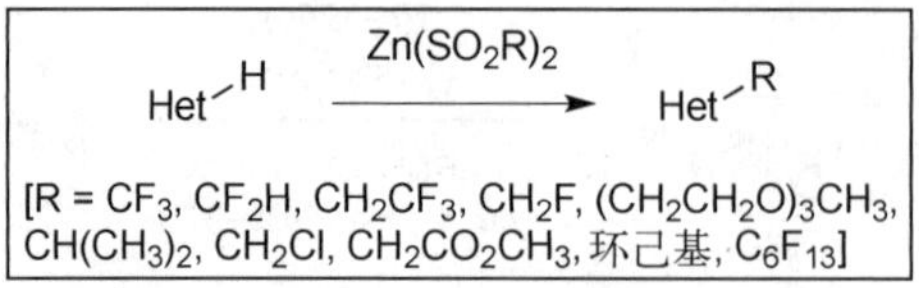

$$\text{Het-H} \xrightarrow{\text{Zn(SO}_2\text{R)}_2} \text{Het-R}$$

[R = CF_3, CF_2H, CH_2CF_3, CH_2F, $(CH_2CH_2O)_3CH_3$, $CH(CH_3)_2$, CH_2Cl, $CH_2CO_2CH_3$, 环己基, C_6F_{13}]

三氟自由基可能的产生机理如下所示[5]。从不同的反应速率可以发现有两个不同的体系,机理仍在探索[10]。

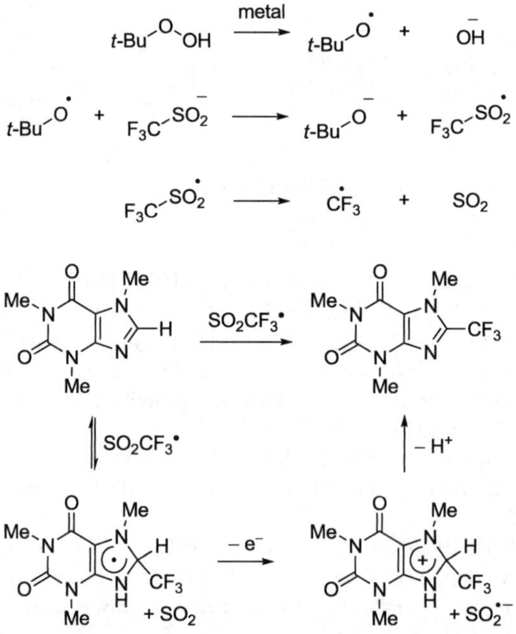

$$t\text{-Bu-O-OH} \xrightarrow{\text{metal}} t\text{-Bu-O}^\bullet + {}^-\text{OH}$$

$$t\text{-Bu-O}^\bullet + F_3C\text{-SO}_2^- \longrightarrow t\text{-Bu-O}^- + F_3C\text{-SO}_2^\bullet$$

$$F_3C\text{-SO}_2^\bullet \longrightarrow {}^\bullet CF_3 + SO_2$$

Example 1, 咖啡因的二氟甲基化[6]

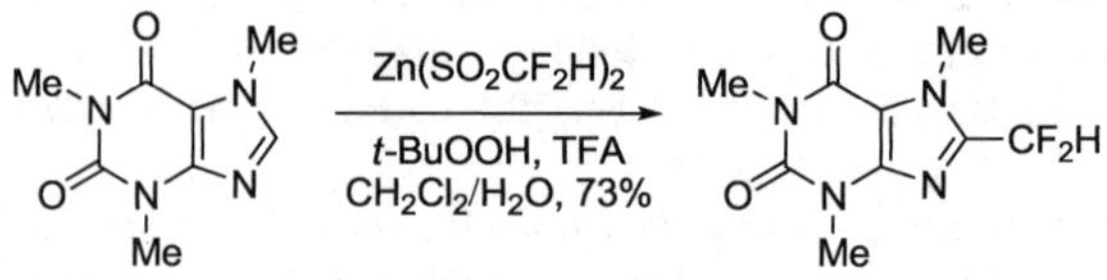

J.J. Li, *Name Reactions: A Collection of Detailed Mechanisms and Synthetic Applications*,
DOI 10.1007/978-3-319-03979-4_9, © Springer International Publishing Switzerland 2014

Example 2, 二氢喹咛的连续官能(团)化[7]

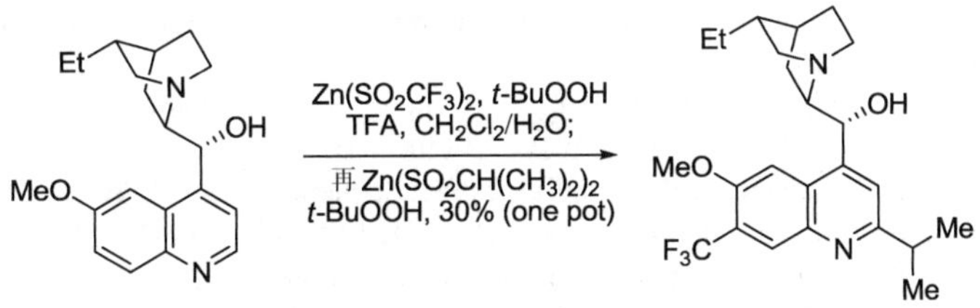

Example 3[1]

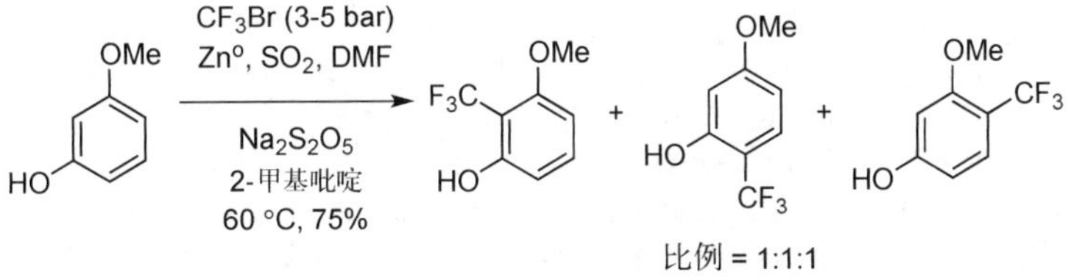

Example 4, 应用Langlois试剂(三氟甲磺酸铜)[2]

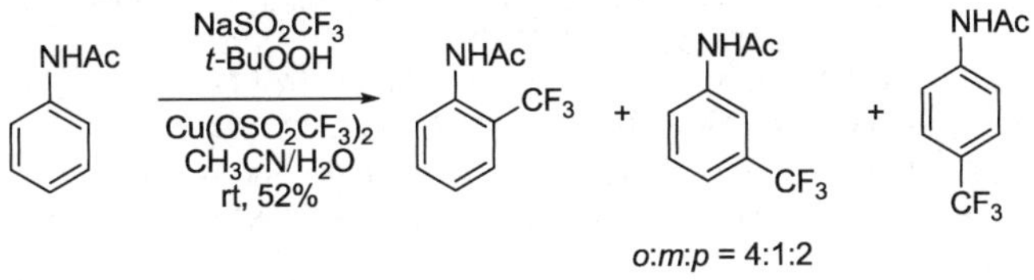

o:m:p = 4:1:2

Example 5[3]

比例 = 15:1

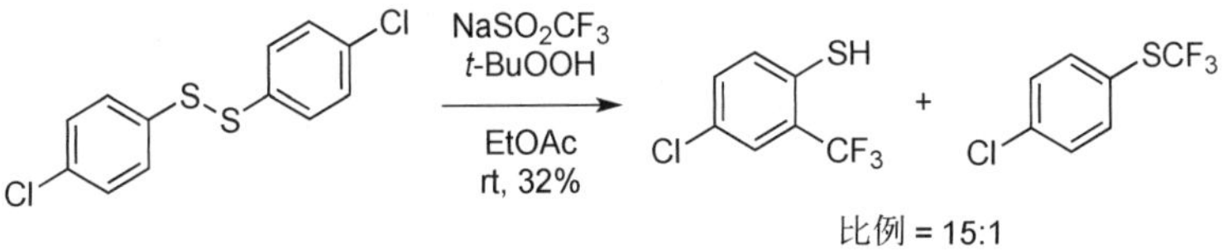

Example 6, Yamakawa小组的工作[4]

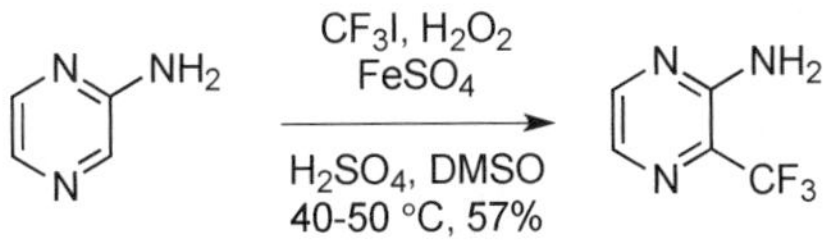

References
1. Tordeux, M.; Langlois, B.; Wakselman, C. *J. Chem. Soc., Perkin Trans. 1* **1990**,

2293–2299.
2. Langlois, B. R.; Laurent, E.; Roidot, N. *Tetrahedron Lett.* **1991**, *32*, 7525–7528.
3. Clavel, J. L.; Langlois, B.; Laurent, E.; Roidot, N. *Phosphorus, Sulfur, and Silicon* **1991**, *58*, 463–466.
4. Kino, T.; Nagase, Y.; Ohtsuka, Y.; Yamamoto, K.; Uraguchi, D.; Tokuhisa, K.; Yamakawa, T. *J. Fluorine Chem.* **2010**, *131*, 98–105.
5. Ji, Y.; Brueckl, T.; Baxter, R. D.; Fujiwara, Y.; Seiple, I. B.; Su, S.; Blackmond, D. G.; Baran, P. S. *Proc. Natl. Acad. Sci. U. S. A.* **2011**, *108*, 14411–14415. 巴兰（P. S. Baran）现在是斯克利普斯研究所（Scripps Research Institute）化学系教授并应聘于斯凯格斯化学生物学研究所（Skaggs Research Institute for Chemical Biology）。他1977年出生于新泽西，1997年在纽约大学（NYU）取得学士学位，2001年在斯克利普斯研究所取得博士学位[与K.C.Nicolaou同是国家卫生基金会（NSF, National Sanitation Foundation）研究员]，2001~2003年在哈佛E.J.Corey实验室任国立卫生研究院（NIH, National Institutes of Health）博士后。Baran已发表论文120多篇（H-影响因子40）并于近期再版一本杂环化学的专著。他的研究兴趣在于有广泛应用的新反应的开发和用经济模式实现量产的复杂天然产物的合成。最近他获得麦克阿瑟（John D. and T. MacArthur）天才奖。
6. Fujiwara, Y.; Dixon, J. A.; Rodriguez, R. A.; Baxter, R. D.; Dixon, D. D.; Collins, M. R.; Blackmond, D. G.; Baran, P. S. *J. Am. Chem. Soc.* **2012**, *134*, 1494–1497.
7. Fujiwara, Y.; Dixon, J. A.; O'Hara, F.; Funder, E. D.; Dixon, D. D.; Rodriguez, R. A.; Baxter, R. D.; Herle, B.; Sach, N.; Collins, M. R.; Ishihara, Y.; Baran, P. S. *Nature* **2012**, *492*, 95–99.
8. Zhou, Q.; Ruffoni, A.; Gianatassio, R.; Fujiwara, Y.; Sella, E.; Shabat, D.; Baran, P. S. *Angew. Chem. Int. Ed.* **2013**, *52*, 3949–3952
9. O'Hara, F.; Baxter, R. D.; O'Brien, A. G.; Collins, M. R.; Dixon, J. A.; Fujiwara, Y.; Ishihara, Y.; Baran, P. S. *Nature Protocols* **2013**, *8*, 1042–1047.
10. Baxter, R. D.; Blackmond, D. G. *Tetrahedron* **2013**, *69*, 5604–5608.
11. O'Hara, F.; Blackmond, D. G.; Baran, P. S. *J. Am. Chem. Soc.* **2013**, *135*, 12122–12134.

Barbier偶联反应

Barbier反应是在Mg、Al、Zn、In、Sn或它们的盐存在下在烷基卤代物和作为亲电体的羰基底物之间发生的一类反应。反应产物是伯、仲或叔醇。参见格氏反应(见第291页)。

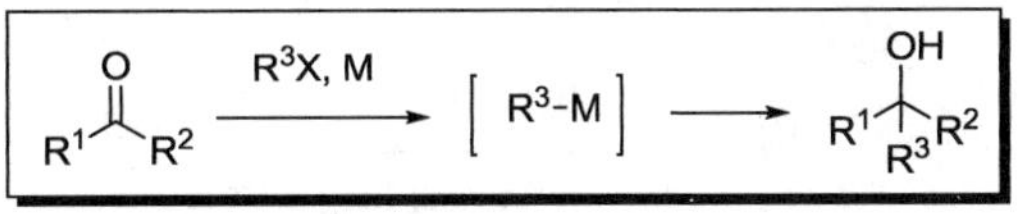
O
R1 R2
R3X, M
R3-M
OH
R1 R2
R3

基于通用的常识[3]，就地生成的有机金属中间体(金属为Mg、Li、Sm、Zn、La等)立即被羰基化合物捕获。但最近的实验和理论研究都表明，Barbier偶联反应是通过单电子转移(SET)路径而实现的。

有机金属中间体即时产生：

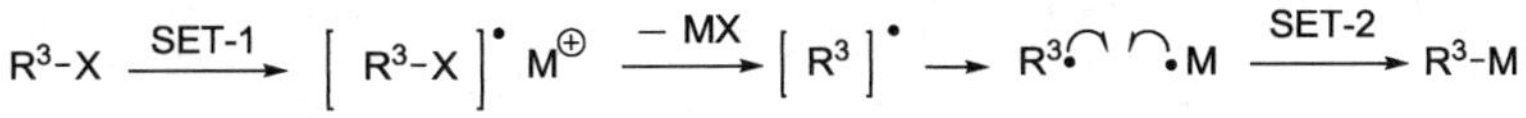
R3-X
SET-1
R3-X
M⊕
− MX
R3
R3•
•M
SET-2
R3-M

离子机理，

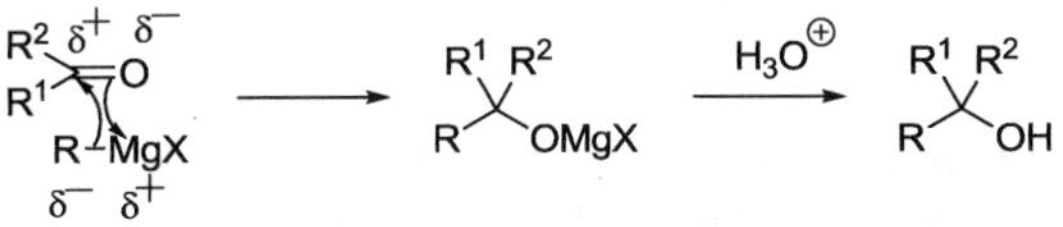
R2 δ+ δ−
O
R1
R-MgX
δ− δ+
R1 R2
R OMgX
H3O⊕
R1 R2
R OH

SET机理：

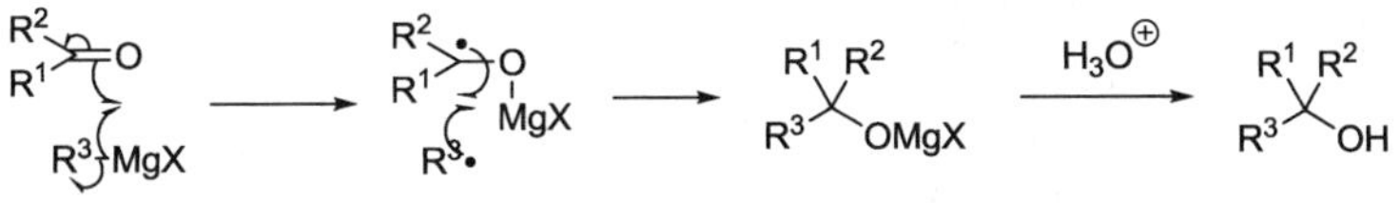
R2
O
R1
R3 MgX
R2
O
R1
MgX
R3•
R1 R2
R3 OMgX
H3O⊕
R1 R2
R3 OH

Example 1[6]

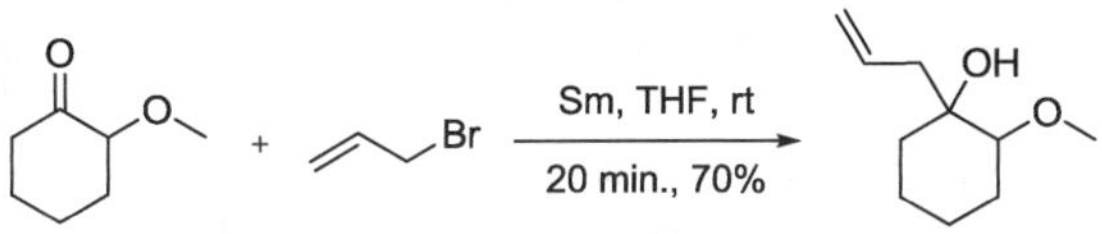
O
O
+
Br
Sm, THF, rt
20 min., 70%
OH
O

Example 2[9]

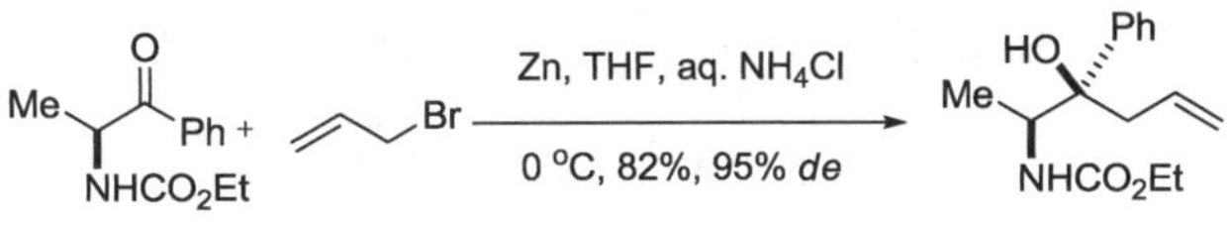
O
Me
Ph +
NHCO2Et
Br
Zn, THF, aq. NH4Cl
0 °C, 82%, 95% de
HO
Ph
Me
NHCO2Et

J.J. Li, *Name Reactions: A Collection of Detailed Mechanisms and Synthetic Applications*,
DOI 10.1007/978-3-319-03979-4_10, © Springer International Publishing Switzerland 2014

Example 3[10]

Example 4[11]

Example 5，下列整个5步反应也可一锅化完成[12]

References

1. Barbier, P. *C. R. Hebd. Séances Acad. Sci.* **1899**, *128*, 110–111. 巴比耶（P. Barbier, 1848-1922）出生于法国的Luzy。他用Zn和Mg研究萜类化合物并建议他的学生格利雅（V. Grignard）用Mg。格利雅发明了格氏试剂并获得1912年度诺贝尔化学奖。
2. Grignard, V. *C. R. Hebd. Séances Acad. Sci.* **1900**, *130*, 1322–1324.
3. Moyano, A.; Pericás, M. A.; Riera, A.; Luche, J.-L. *Tetrahedron Lett.* **1990**, *31*, 7619–7622. (Theoretical study).
4. Alonso, F.; Yus, M. *Rec. Res. Dev. Org. Chem.* **1997**, *1*, 397–436. (Review).
5. Russo, D. A. *Chem. Ind.* **1996**, *64*, 405–409. (Review).
6. Basu, M. K.; Banik, B. *Tetrahedron Lett.* **2001**, *42*, 187–189.
7. Sinha, P.; Roy, S. *Chem. Commun.* **2001**, 1798–1799.
8. Lombardo, M.; Gianotti, K.; Licciulli, S.; Trombini, C. *Tetrahedron* **2004**, *60*, 11725–11732.
9. Resende, G. O.; Aguiar, L. C. S.; Antunes, O. A. C. *Synlett* **2005**, 119–120.
10. Erdik, E.; Kocoglu, M. *Tetrahedron Lett.* **2007**, *48*, 4211–4214.
11. Takeuchi, T.; Matsuhashi, M.; Nakata, T. *Tetrahedron Lett.* **2008**, *49*, 6462–6465.
12. Hirayama, L. C.; Haddad, T. D.; Oliver, A. G.; Singaram, B. *J. Org. Chem.* **2012**, *77*, 4342–4353.
13. Aslam, N. A.; Babu, S. A.; Sudha, A. J.; Yasuda, M.; Baba, A. *Tetrahedron* **2013**, *69*, 6598–6611.

Bargellini反应

由酮（如，丙酮）和2-氨基-2-甲基-1-丙醇或1,2-二氨基丙烷合成有位阻的吗啉酮或哌嗪酮。

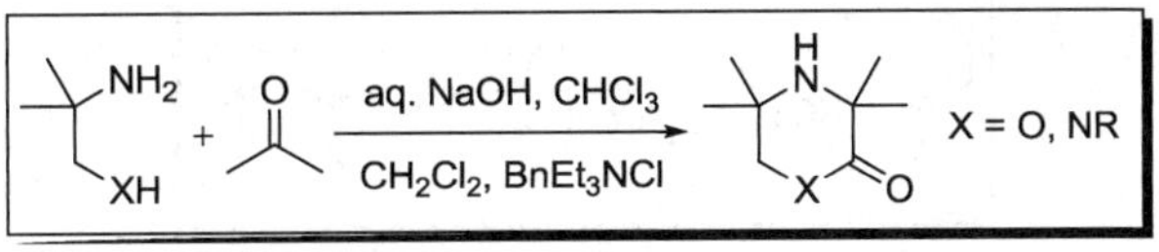

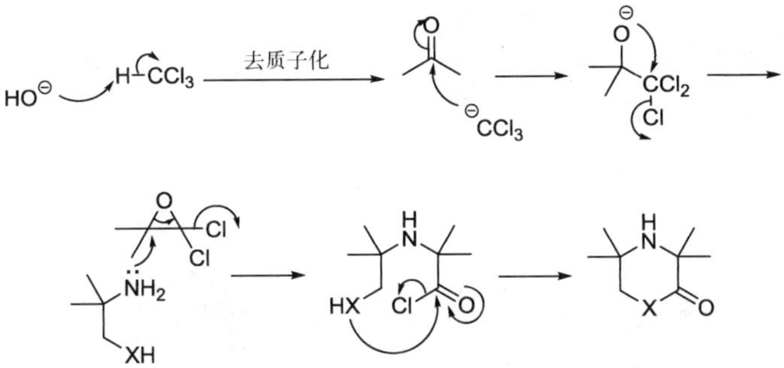

Example 1[2]

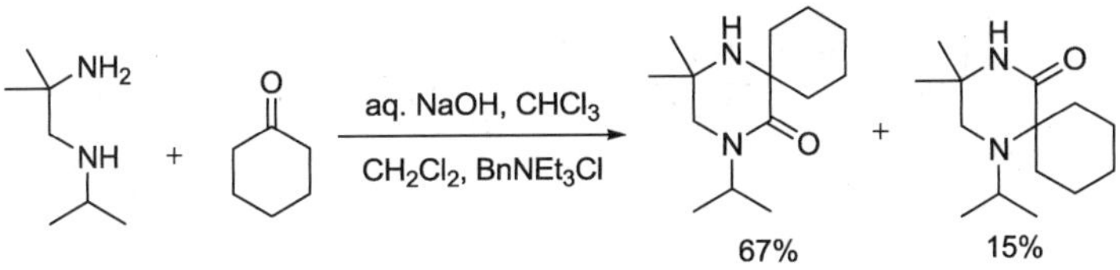

Example 2[4]

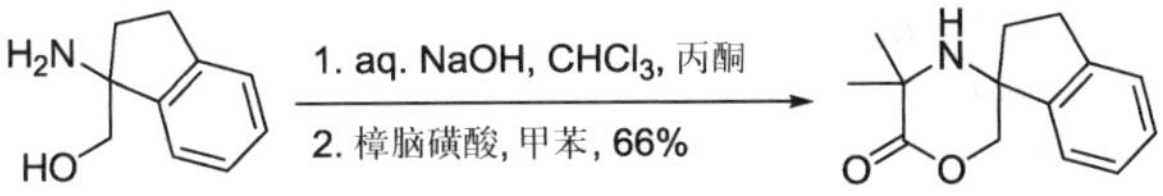

References

1. Bargellini, G. *Gazz. Chim. Ital.* **1906**, *36*, 329–337.
2. Lai, J. T. *J. Org. Chem.* **1980**, *45*, 754.
3. Lai, J. T. *Synthesis* **1981**, 754; **1984**, 122; **1984**, 124.
4. Rychnovsky, S. D.; Beauchamp, T.; Vaidyanathan, R.; Kwan, T. *J. Org. Chem.* **1998**, *63*, 6363–6374.
5. Butcher, K. J.; Hurst, J. *Tetrahedron Lett.* **2009**, *50*, 2497–2500.
6. Rohman, M. R.; Myrboh, B. *Tetrahedron Lett.* **2010**, *50*, 4772–4775.
7. Snowden, T. S. *ARKIVOC* **2012**, *(ii)*, 24–40. (Review).

Bartoli吲哚合成反应

邻取代硝基芳烃和烯基格氏试剂反应生成7-取代吲哚。

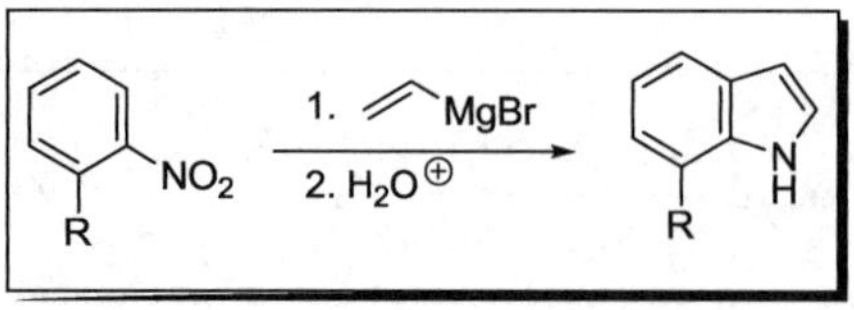

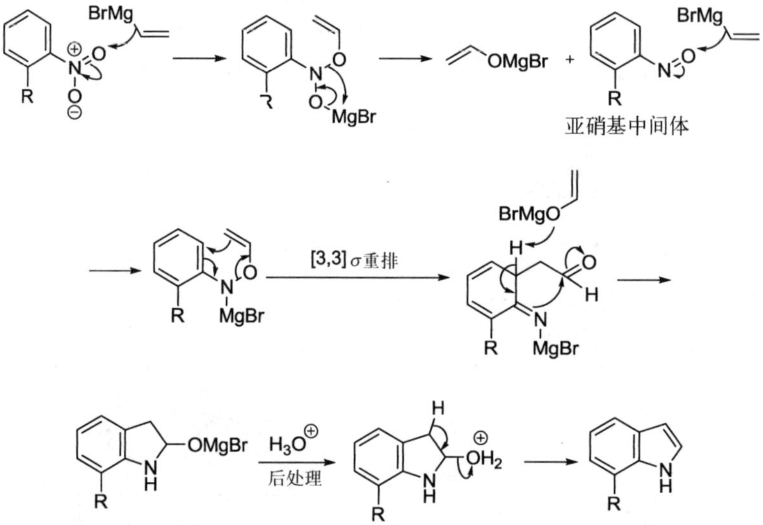

Example 1[3]

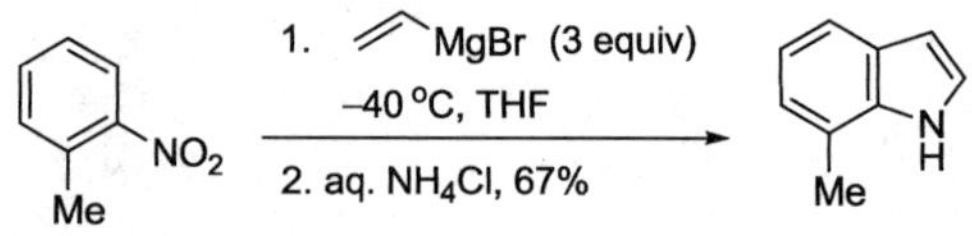

Example 2[6]

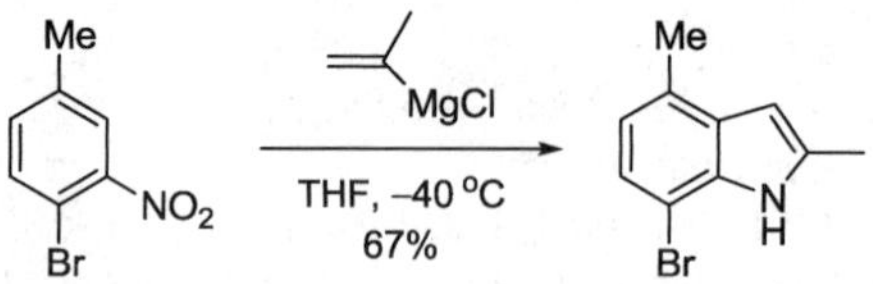

Example 3[10]

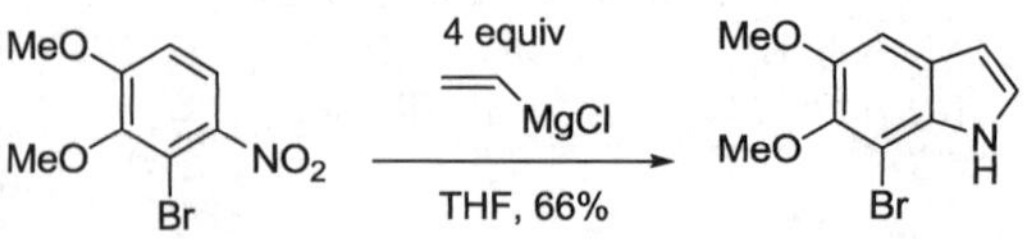

J.J. Li, *Name Reactions: A Collection of Detailed Mechanisms and Synthetic Applications*,
DOI 10.1007/978-3-319-03979-4_12, © Springer International Publishing Switzerland 2014

Example 4[11]

Example 5[12]

References

1. Bartoli, G.; Leardini, R.; Medici, A.; Rosini, G. *J. Chem. Soc., Perkin Trans. 1* **1978**, 692–696. 巴托利（G. Bartoli）是意大利Universita di Bologna教授。
2. Bartoli, G.; Bosco, M.; Dalpozzo, R.; Todesco, P. E. *J. Chem. Soc., Chem. Commun.* **1988**, 807–805.
3. Bartoli, G.; Palmieri, G.; Bosco, M.; Dalpozzo, R. *Tetrahedron Lett.* **1989**, *30*, 2129–2132.
4. Bosco, M.; Dalpozzo, R.; Bartoli, G.; Palmieri, G.; Petrini, M. *J. Chem. Soc., Perkin Trans. 2* **1991**, 657–663. 机理研究
5. Bartoli, G.; Bosco, M.; Dalpozzo, R.; Palmieri, G.; Marcantoni, E. *J. Chem. Soc., Perkin Trans. 1* **1991**, 2757–2761.
6. Dobbs, A. *J. Org. Chem.* **2001**, *66*, 638–641.
7. Garg, N. K.; Sarpong, R.; Stoltz, B. M. *J. Am. Chem. Soc.* **2002**, *124*, 13179–13184.
8. Li, J.; Cook, J. M. *Bartoli Indole Synthesis*. In *Name Reactions in Heterocyclic Chemistry*; Li, J. J., Corey, E. J. Eds.; Wiley: Hoboken, NJ, **2005**, pp 100–103. (Review).
9. Dalpozzo, R.; Bartoli, G. *Current Org. Chem.* **2005**, *9*, 163–178. (Review).
10. Huleatt, P. B.; Choo, S. S.; Chua, S.; Chai, C. L. L. *Tetrahedron Lett.* **2008**, *49*, 5309–5311.
11. Buszek, K. R.; Brown, N.; Luo, D. *Org. Lett.* **2009**, *11*, 201–204.
12. Grant, S. W.; Gallagher, T. F.; Bobko, M. A.; Duquenne, C.; Axten, J. M. *Tetrahedron Lett.* **2011**, *52*, 3376–3378.
13. Chandrasoma, N.; Brown, N.; Brassfield, A.; Nerurkar, A.; Suarez, S.; Buszek, K. R. *Tetrahedron Lett.* **2013**, *54*, 913–917.

Barton 自由基脱羧反应

羧酸的自由基脱羧反应。

Example 1，未用锡氢化物经硫醚中间体发生的消除反应[3]

Example 2[6]

Example 3[9]

Example 4[11]

References

1. Barton, D. H. R.; Crich, D.; Motherwell, W. B. *J. Chem. Soc., Chem. Commun.* **1983**, 939–941. 巴顿（D. Barton，1918–1998）爵士年轻时跟海德布隆（I. Heilbron）在帝国学院（Imperial College）学习。他在英国、法国和美国教学，因构象概念获得1969年度诺贝尔化学奖。后于1998年在德州农工大学（University of Texas A&M）任上过世。
2. Barton, D. H. R.; Zard, S. Z. *Pure Appl. Chem.* **1986**, *58*, 675–684. (Review).
3. Cochane, E. J.; Lazer, S. W.; Pinhey, J. T.; Whitby, J. D. *Tetrahedron Lett.* **1989**, *30*, 7111–7114.
4. Barton, D. H. R. *Aldrichimica Acta* **1990**, *23*, 3. (Review).
5. Crich, D.; Hwang, J.-T.; Yuan, H. *J. Org. Chem.* **1996**, *61*, 6189–6198.
6. Yamaguchi, K.; Kazuta, Y.; Abe, H.; Matsuda, A.; Shuto, S. *J. Org. Chem.* **2003**, *68*, 9255–9262.
7. Zard, S. Z. *Radical Reactions in Organic Synthesis* Oxford University Press: Oxford, UK, **2003**. (Book).
8. Carry, J.-C.; Evers, M.; Barriere, J.-C.; Bashiardes, G.; Bensoussan, C.; Gueguen, J.-C.; Dereu, N.; Filoche, B.; Sable, S.; Vuilhorgne, M.; Mignani, S. *Synlett* **2004**, 316–320.
9. Brault, L.; Denance, M.; Banaszak, E.; El Maadidi, S.; Battaglia, E.; Bagrel, D.; Samadi, M. *Eur. J. Med. Chem.* **2007**, *42*, 243–247.
10. Guthrie, D. B.; Curran, D. P. *Org. Lett.* **2009**, *11*, 249–251.
11. He, Z.; Trinchera, P.; Adachi, S.; St. Denis, J. D.; Yudin, A. K. *Angew. Chem. Int. Ed.* **2012**, *51*, 11092–11096.

Barton-McCombie 去氧反应

醇的硫羰基衍生物可发生自由基裂解脱氧反应。

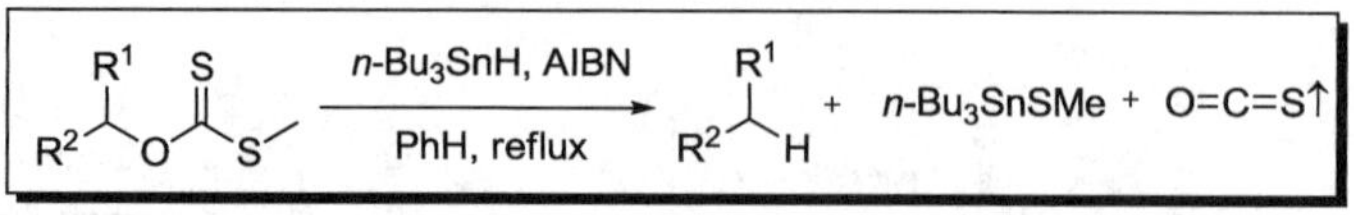

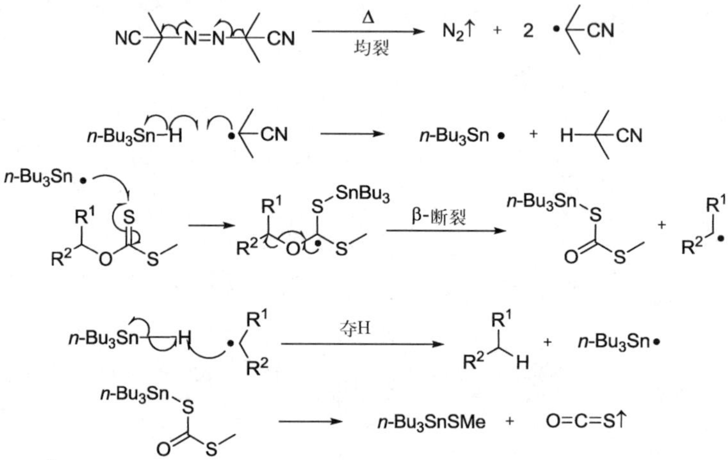

Example 1[2]

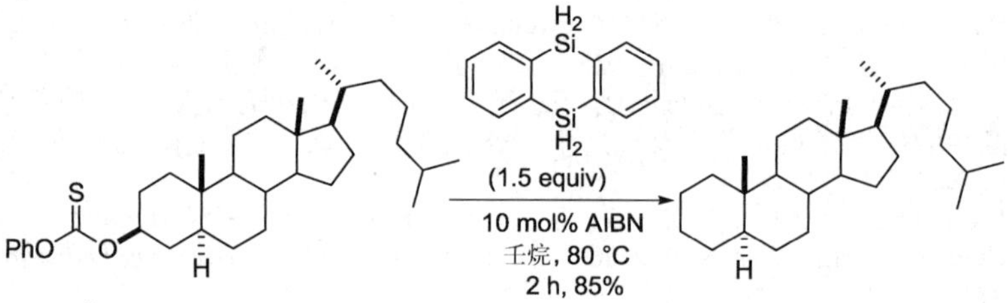

Example 2[6]

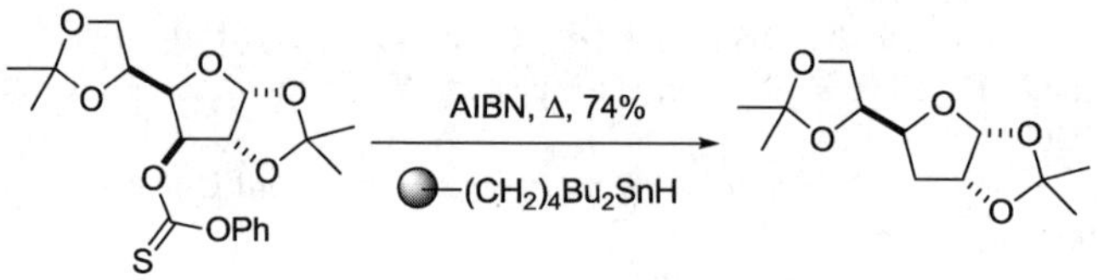

Example 3[10]

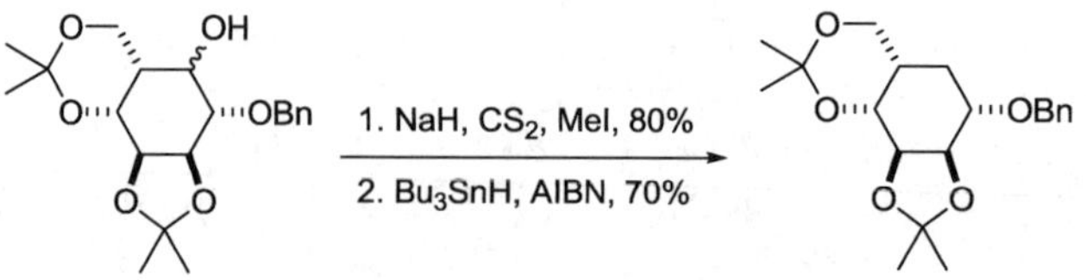

Example 4[11]

Example 5[13]

References

1. Barton, D. H. R.; McCombie, S. W. *J. Chem. Soc., Perkin Trans. 1* **1975**, 1574–1585.
   麦考姆比（S. McCombie）是巴顿（D. Barton）的学生，后在被Merck公司收购的先灵葆雅（Schering-Plough）公司工作多年，现已退休。
2. Gimisis, T.; Ballestri, M.; Ferreri, C.; Chatgilialoglu, C.; Boukherroub, R.; Manuel, G. *Tetrahedron Lett.* **1995**, *36*, 3897–3900.
3. Zard, S. Z. *Angew. Chem. Int. Ed.* **1997**, *36*, 673–685.
4. Lopez, R. M.; Hays, D. S.; Fu, G. C. *J. Am. Chem. Soc.* **1997**, *119*, 6949–6950.
5. Hansen, H. I.; Kehler, J. *Synthesis* **1999**, 1925–1930.
6. Boussaguet, P.; Delmond, B.; Dumartin, G.; Pereyre, M. *Tetrahedron Lett.* **2000**, *41*, 3377–3380.
7. Cai, Y.; Roberts, B. P. *Tetrahedron Lett.* **2001**, *42*, 763–766.
8. Clive, D. L. J.; Wang, J. *J. Org. Chem.* **2002**, *67*, 1192–1198.
9. Rhee, J. U.; Bliss, B. I.; RajanBabu, T. V. *J. Am. Chem. Soc.* **2003**, *125*, 1492–1493.
10. Gómez, A. M.; Moreno, E.; Valverde, S.; López, J. C. *Eur. J. Org. Chem.* **2004**, 1830–1840.
11. Deng, H.; Yang, X.; Tong, Z.; Li, Z.; Zhai, H. *Org. Lett.* **2008**, *10*, 1791–1793.
12. Mancuso, J. *Barton–McCombie deoxygenation*. In *Name Reactions for Homologations-Part I*; Li, J. J., Ed.; Wiley: Hoboken, NJ, **2009**, pp 614–632. (Review).
13. McCombie, S. W.; Motherwell, W. B.; Tozer, M. J. *The Barton–McCombie Reaction*, In *Org. React.* **2012**, *77*, pp 161–591. (Review).
14. Jastrzebska, I.; Gorecki, M.; Frelek, J.; Santillan, R.; Siergiejczyk, L.; Morzycki, J. W. *J. Org. Chem.* **2012**, *77*, 11257–11269.

Barton亚硝酸酯光解反应

亚硝酸酯光解反应生成γ-肟醇。

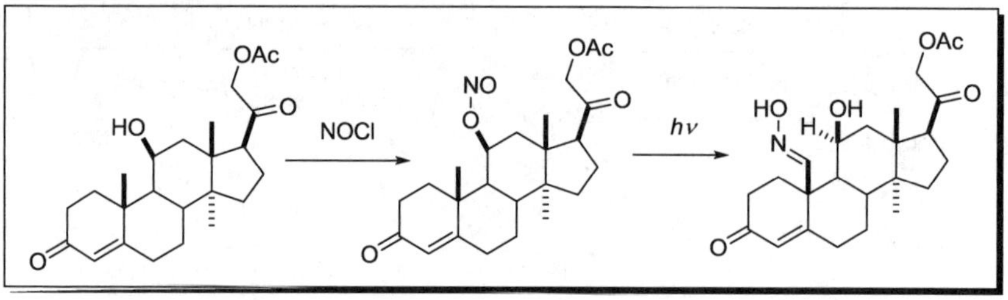
OAc
HO
NOCl
NO
O
$h\nu$
HO
N
OH
H

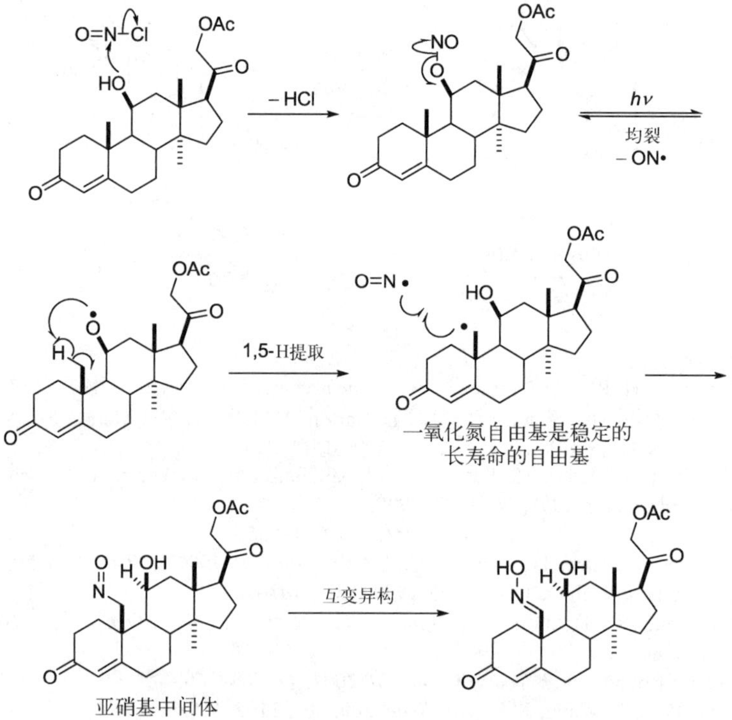
O=N-Cl
OAc
HO
– HCl
NO
$h\nu$
均裂
– ON•
1,5-H提取
O=N•
一氧化氮自由基是稳定的
长寿命的自由基
互变异构
亚硝基中间体

Example 1[2]

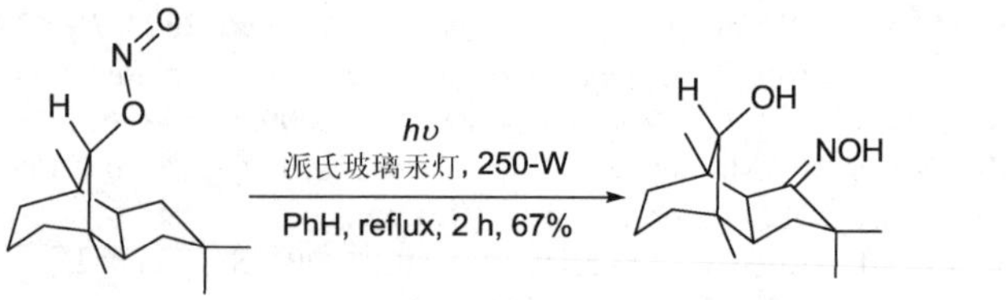
$h\upsilon$
派氏玻璃汞灯, 250-W
PhH, reflux, 2 h, 67%
NOH
OH

J.J. Li, *Name Reactions: A Collection of Detailed Mechanisms and Synthetic Applications*,
DOI 10.1007/978-3-319-03979-4_15, © Springer International Publishing Switzerland 2014

Example 2[6]

Example 3[7]

References

1. (a) Barton, D. H. R.; Beaton, J. M.; Geller, L. E.; Pechet, M. M. *J. Am. Chem. Soc.* **1960**, *82*, 2640–2641. 1960年，巴顿（D. Barton）从麻州的剑桥获得假期前往一个名为Research Institute for Medicine and Chemistry的小研究所工作。他在一张纸上简略地提及，通过亚硝酸酯光解反应生成γ-肟醇的反应应该是得到促肾上腺激素甾醇的理想工序。巴顿的同事比顿（J. Beaton）博士是位能工巧匠，他使该工序由理想成为现实。在全世界只能提供10 mg甾醇的年代，他们却能生产出40~50 g的甾醇来。巴顿觉得这在自己所做过的众多工作中是最能让他满意的一项。(b) Barton, D. H. R.; Beaton, J. M. *J. Am. Chem. Soc.* **1960**, *82*, 2641–2641. (c) Barton, D. H. R.; Beaton, J. M. *J. Am. Chem. Soc.* **1961**, *83*, 4083–4089. (d) Barton, D. H. R.; Lier, E. F.; McGhie, J. M. *J. Chem. Soc., (C)* **1968**, 1031–1040.
2. Nickon, A; Iwadare, T.; McGuire, F. J.; Mahajan, J. R; Narang, S. A.; Umezawa, B. *J. Am. Chem. Soc.* **1970**, *92*, 1688–1696.
3. Barton, D. H. R.; Hesse, R. H.; Pechet, M. M.; Smith, L. C. *J. Chem. Soc., Perkin Trans. 1* **1979**, 1159–1165.
4. Barton, D. H. R. *Aldrichimica Acta* **1990**, *23*, 3–10. (Review).
5. Majetich, G.; Wheless, K. *Tetrahedron* **1995**, *51*, 7095–7129. (Review).
6. Sicinski, R. R.; Perlman, K. L.; Prahl, J.; Smith, C.; DeLuca, H. F. *J. Med. Chem.* **1996**, *22*, 4497–4506.
7. Anikin, A.; Maslov, M.; Sieler, J.; Blaurock, S.; Baldamus, J.; Hennig, L.; Findeisen, M.; Reinhardt, G.; Oehme, R.; Welzel, P. *Tetrahedron* **2003**, *59*, 5295–5305.
8. Suginome, H. *CRC Handbook of Organic Photochemistry and Photobiology* 2nd edn.; **2004**, 102/1–102/16. (Review).
9. Hagan, T. J. *Barton nitrite photolysis*. In *Name Reactions for Homologations-Part I*; Li, J. J., Ed.; Wiley: Hoboken, NJ, **2009**, pp 633–647. (Review).

Barton-Zard 反应

硝基烯烃与 α-异氰酸酯在碱促进下反应生成吡咯。

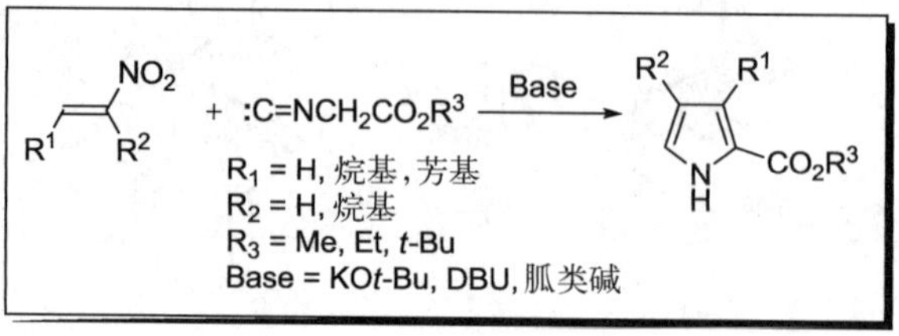

$$R^1R^2C=CHNO_2 + :C=NCH_2CO_2R^3 \xrightarrow{\text{Base}} \text{pyrrole-2-CO}_2R^3$$

R_1 = H, 烷基, 芳基
R_2 = H, 烷基
R_3 = Me, Et, t-Bu
Base = KOt-Bu, DBU, 胍类碱

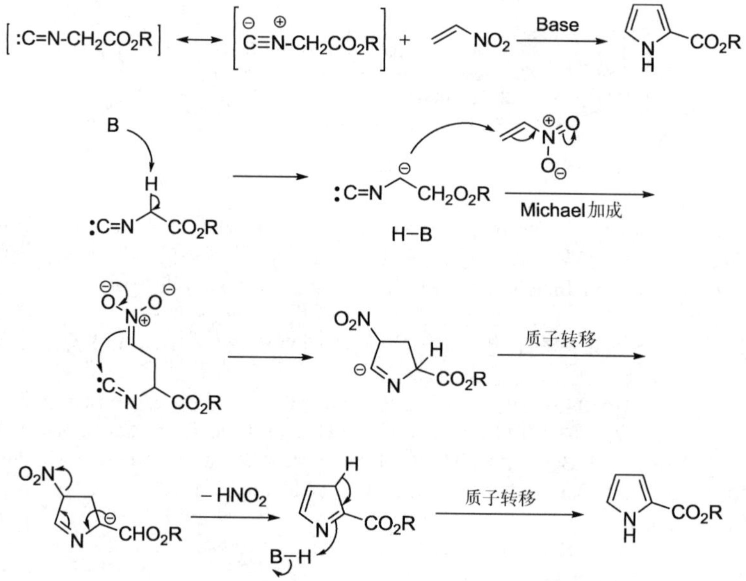

[机理示意图：异氰酸酯负离子共振，与硝基烯烃发生 Michael 加成，然后环化、消除 HNO$_2$、质子转移生成吡咯]

Example 1[5]

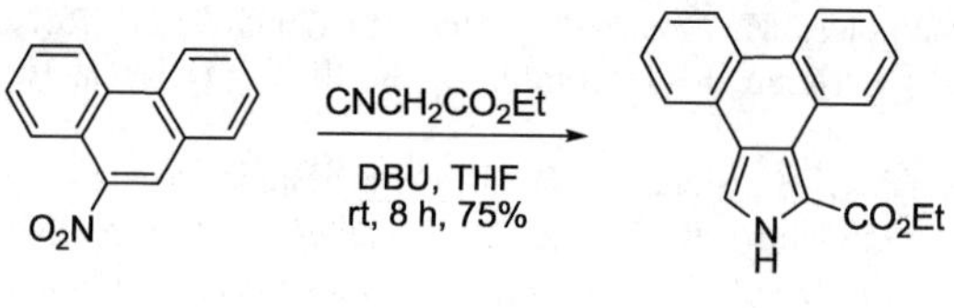

菲-9-硝基 + CNCH$_2$CO$_2$Et, DBU, THF, rt, 8 h, 75% → 稠合吡咯-CO$_2$Et

Example 2[7]

1-(苯磺酰基)-3-硝基吲哚 + CNCH$_2$CO$_2$Et, DBU, THF, rt, 20 h, 85% → 吡咯并吲哚-CO$_2$Et (N-SO$_2$Ph)

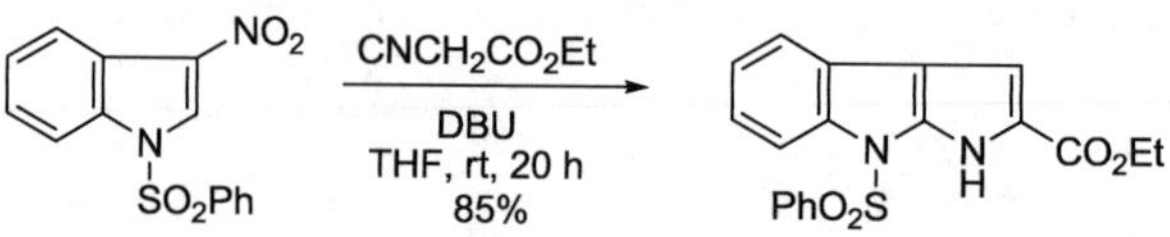

J.J. Li, *Name Reactions: A Collection of Detailed Mechanisms and Synthetic Applications*,
DOI 10.1007/978-3-319-03979-4_16, © Springer International Publishing Switzerland 2014

Example 3, 二茂铁环上的一个Barton–Zard反应[12]

References

1. Barton, D. H. R.; Zard, S. Z. *J. Chem. Soc., Chem. Commun.* **1985,** 1098–1100. 扎特（S. Z. Zard）是巴顿的学生，1975年从黎巴嫩移居到英国，现是法国CNRS and Ecole Polytechnique 的教授。
2. van Leusen, A. M.; Siderius, H.; Hoogenboom, B. E.; van Leusen, D. *Tetrahedron Lett.* **1972,** 5337–5340.
3. Barton, D. H. R.; Kervagoret, J.; Zard, S. Z. *Tetrahedron* **1990,** *46*, 7587-5340.
4. Sessler, J. L.; Mozaffari, A.; Johnson, M. R. *Org. Synth.* **1991,** *70*, 68-78.
5. Ono, N.; Hironaga, H.; Ono, K.; Kaneko, S.; Murashima, T.; Ueda, T.; Tsukamura, C.; Ogawa, T. *J. Chem. Soc., Perkin Trans. 1* **1996,** 417–423.
6. Murashima, T.; Fujita, K.; Ono, K.; Ogawa, T.; Uno, H.; Ono, N. *J. Chem. Soc., Perkin Trans. 1* **1996,** 1403–1407.
7. Pelkey, E. T.; Chang, L.; Gribble, G. W. *Chem. Commun.* **1996,** 1909–1910.
8. Fumoto, Y.; Uno, H.; Tanaka, K.; Tanaka, M.; Murashima, T.; Ono, N. *Synthesis* **2001,** 399–402.
9. Lash, T. D.; Werner, T. M.; Thompson, M. L.; Manley, J. M. *J. Org. Chem.* **2001,** *66*, 3152–3159.
10. Ferreira, V. F.; de Souza, M. C. B. V.; Cunha, A. C.; Pereira, L. O. R.; Ferreira, M. L. G. *Org. Prep. Proc. Int.* **2001,** *33*, 411–454. (Review).
11. Gribble, G. W. *Barton–Zard Reaction* in *Name Reactions in Heterocyclic Chemistry*, Li, J. J., Ed.; Wiley: Hoboken, NJ, **2005,** 70–78. (Review).
12. Guillon, J.; Mouray, E.; Moreau, S.; Mullié, C.; Forfar, I.; Desplat, V.; Belisle-Fabre, S.; Pinaud, N.; Ravanello, F.; Le-Naour, A.; Léger, J. M.; Gosmann, G.; Jarry, C.; Déléris, G.; Sonnet, P.; Grellier, P. *E. J. Med. Chem.* **2011,** *46*, 2310–2326.

Batcho-Leimgruber 吲哚合成反应

邻硝基甲苯衍生物和甲酰胺缩酮反应得到的 trans-β-二甲氨基-2-硝基甲苯衍生物还原后生成取代吲哚衍生物。

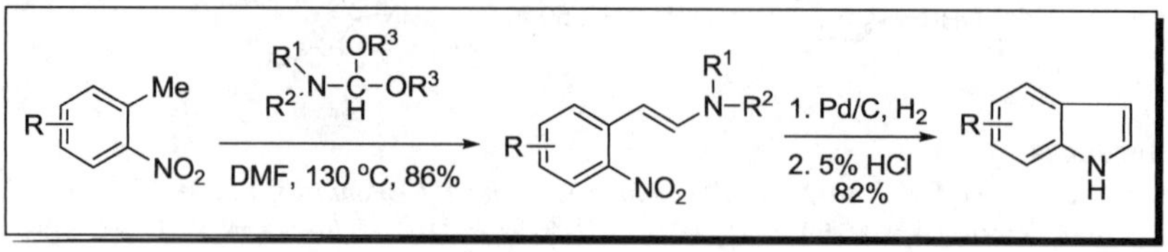

Example 1[4]

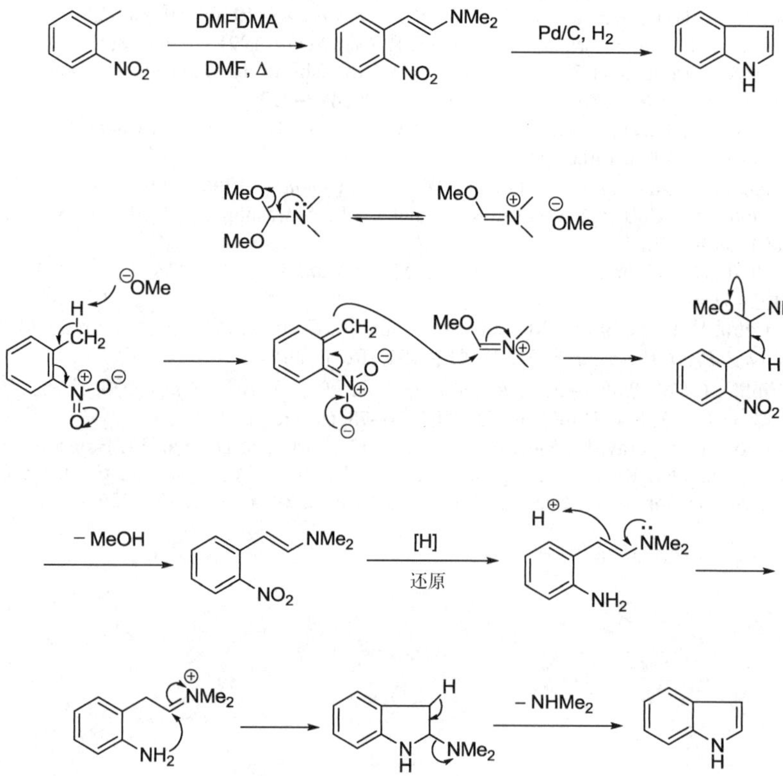

Example 2[4]

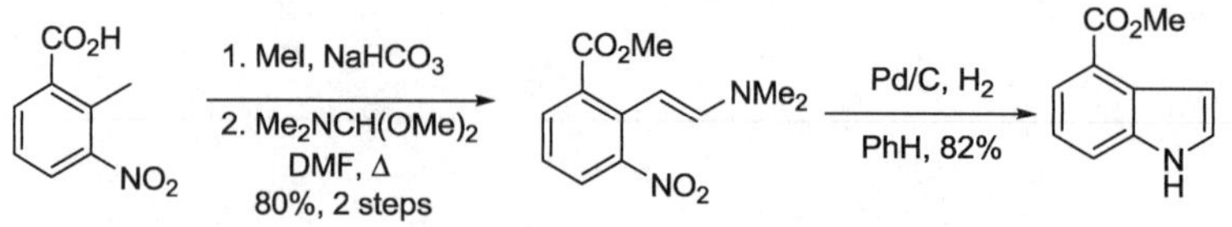

Example 3[5]

Example 4[10]

Example 5[12]

References
1. Leimgruber, W.; Batcho, A. D. *Third International Congress of Heterocyclic Chemistry*: Japan, **1971**.巴特楚（D. A. Batcho）和雷姆格鲁伯（W. Leimgruber）在新泽西Nutley 的 Hoffmann-La Roche 工作。该处已于2012年关闭。
2. Leimgruber, W.; Batcho, A. D. USP 3732245 (1973).
3. Sundberg, R. J. *The Chemistry of Indoles*; Academic Press: New York & London, **1970**. (Review).
4. Kozikowski, A. P.; Ishida, H.; Chen, Y.-Y. *J. Org. Chem.* **1980**, *45*, 3350–3352.
5. Batcho, A. D.; Leimgruber, W. *Org. Synth.* **1985**, *63*, 214–225.
6. Clark, R. D.; Repke, D. B. *Heterocycles* **1984**, *22*, 195–221. (Review).
7. Moyer, M. P.; Shiurba, J. F.; Rapoport, H. *J. Org. Chem.* **1986**, *51*, 5106–5110.
8. Siu, J.; Baxendale, I. R.; Ley, S. V. *Org. Biomol. Chem.* **2004**, *2*, 160–167.
9. Li, J.; Cook, J. M. *Batcho–Leimgruber Indole Synthesis*. In *Name Reactions in Heterocyclic Chemistry*; Li, J. J., Ed.; Wiley: Hoboken, NJ, **2005**, pp 104–109. (Review).
10. Braun, H. A.; Zall, A.; Brockhaus, M.; Schütz, M.; Meusinger, R.; Schmidt, B. *Tetrahedron Lett.* **2007**, *48*, 7990–7993.
11. Leze, M.-P.; Palusczak, A.; Hartmann, R. W.; Le Borgne, M. *Bioorg. Med. Chem. Lett.* **2008**, *18*, 4713–4715.
12. Gillmore, A. T.; Badland, M.; Crook, C. L.; Castro, N. M.; Critcher, D. J.; Fussell, S. J.; Jones, K. J.; Jones, M. C.; Kougoulos, E.; Mathew, J. S.; et al. *Org. Process Res. Dev.* **2012**, *16*, 1897–1904.

Baylis-Hillman 反应

本反应亦称 Morita-Baylis-Hillman 反应，是一个缺电子烯烃和一个亲电的碳物种间的 C—C 成键反应。缺电子烯烃包括丙烯酸酯、丙烯腈、乙烯基酮、乙烯基砜和丙烯醛。另一个亲电的碳物种则可以是醛、α-烷氧羰基酮、醛亚胺和 Michael 受体。

通式：

$X = O, NR_2$, EWG $= CO_2R, COR, CHO, CN, SO_2R, SO_3R, PO(OEt)_2, CONR_2,$
$CH_2=CHCO_2Me$

催化用叔胺：

DABCO   QD   中氮茚

此处E2机理也是可以的:

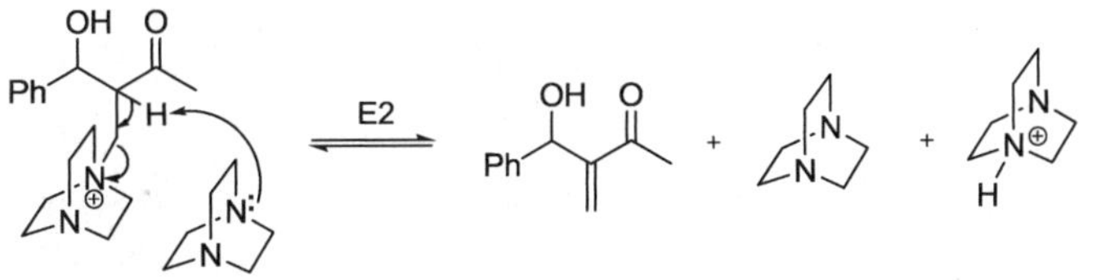

Example 1, 分子内Baylis–Hillman反应[6]

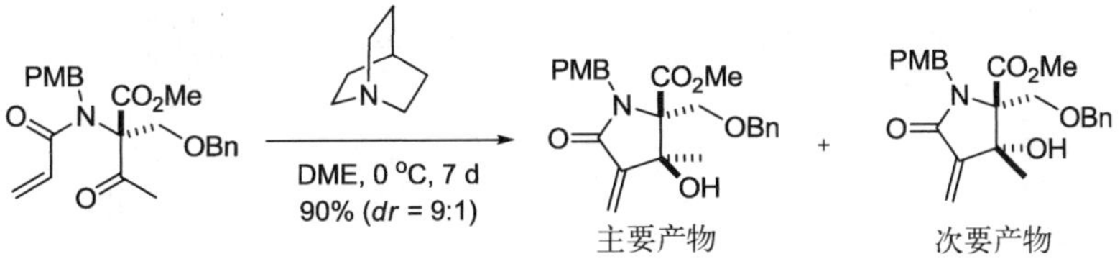

Example 2[7]

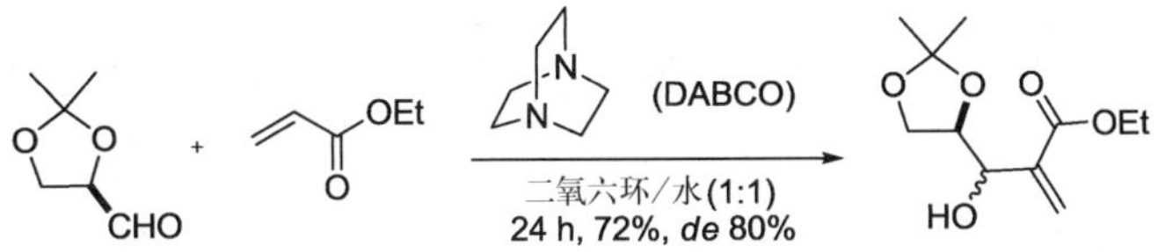

Example 3[8]

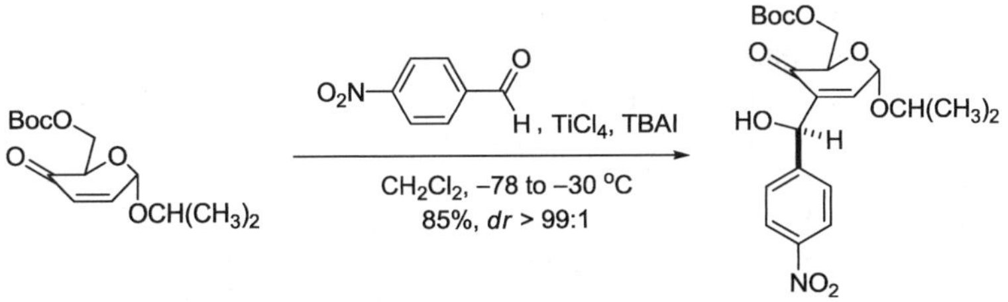

Example 4[9]

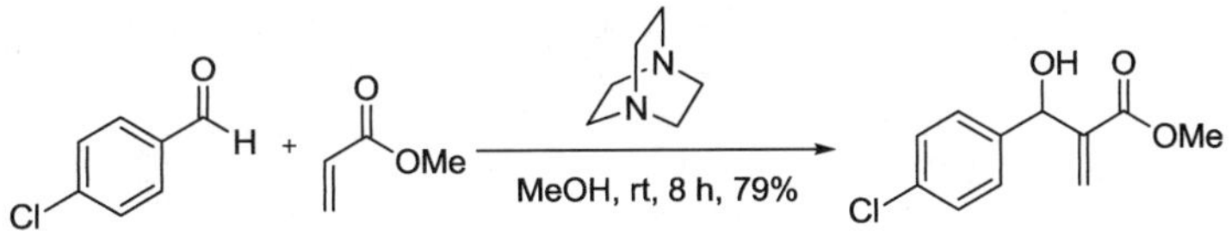

Example 5[10]

甲基环戊基醚/甲苯, −15 °C
87%–100%, 88%–95% ee

R = p-Cl-C₆H₅
R = p-OMe-C₆H₅
R = p-NO₂-C₆H₅
R = 2-furyl
R = 2-naphthyl

Example 6[13]

PhSeLi
THF
NH₄Cl
87%

References

1. Baylis, A. B.; Hillman, M. E. D. Ger. Pat. 2,155,113, (**1972**). 贝利斯（A. B. Baylis）和希尔曼（M. E. D. Hillman）都是美国Celanese Corp.的化学家。
2. Basavaiah, D.; Rao, P. D.; Hyma, R. S. *Tetrahedron* **1996**, *52*, 8001–8062. (Review).
3. Ciganek, E. *Org. React.* **1997**, *51*, 201–350. (Review).
4. Wang, L.-C.; Luis, A. L.; Agapiou, K.; Jang, H.-Y.; Krische, M. J. *J. Am. Chem. Soc.* **2002**, *124*, 2402–2403.
5. Frank, S. A.; Mergott, D. J.; Roush, W. R. *J. Am. Chem. Soc.* **2002**, *124*, 2404–2405.
6. Reddy, L. R.; Saravanan, P.; Corey, E. J. *J. Am. Chem. Soc.* **2004**, *126*, 6230–6231.
7. Krishna, P. R.; Narsingam, M.; Kannan, V. *Tetrahedron Lett.* **2004**, *45*, 4773–4775.
8. Sagar, R,; Pant, C. S.; Pathak, R.; Shaw, A. K. *Tetrahedron* **2004**, *60*, 11399–11406.
9. Mi, X.; Luo, S.; Cheng, J.-P. *J. Org. Chem.* **2005**, *70*, 2338–2341.
10. Matsui, K.; Takizawa, S.; Sasai, H. *J. Am. Chem. Soc.* **2005**, *127*, 3680–3681.
11. Price, K. E.; Broadwater, S. J.; Jung, H. M.; McQuade, D. T. *Org. Lett.* **2005**, *7*, 147–150. A novel mechanism involving a hemiacetal intermediate is proposed.
12. Limberakis, C. *Morita–Baylis–Hillman Reaction*. In *Name Reactions for Homologations-Part I*; Li, J. J., Ed.; Wiley: Hoboken, NJ, **2009**, pp 350–380. (Review).
13. Cheng, P.; Clive, D. L. J. *J. Org. Chem.* **2012**, *77*, 3348–3364.
14. Chandrasoma, N.; Brown, N.; Brassfield, A.; Nerurkar, A.; Suarez, S.; Buszek, K. R. *Tetrahedron Lett.* **2013**, *54*, 913–917.

Beckman重排反应

肟在酸介质中异构化为酰胺。

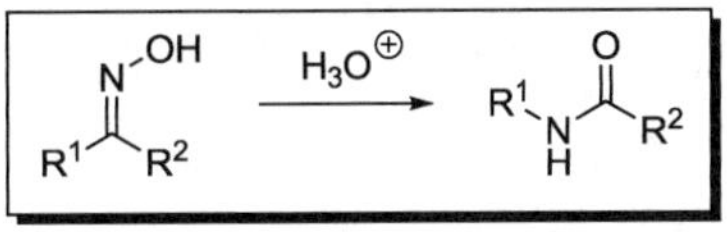

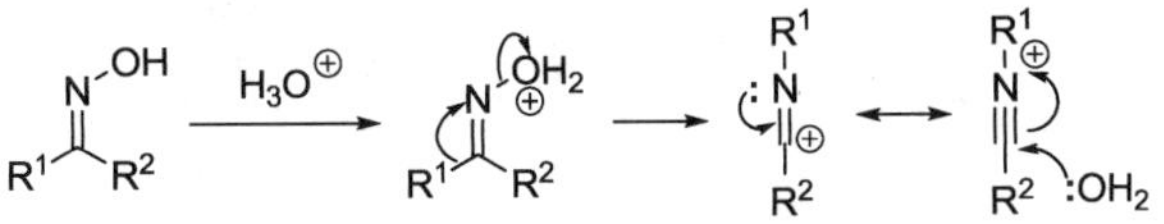

与离去基反式的取代基发生迁移

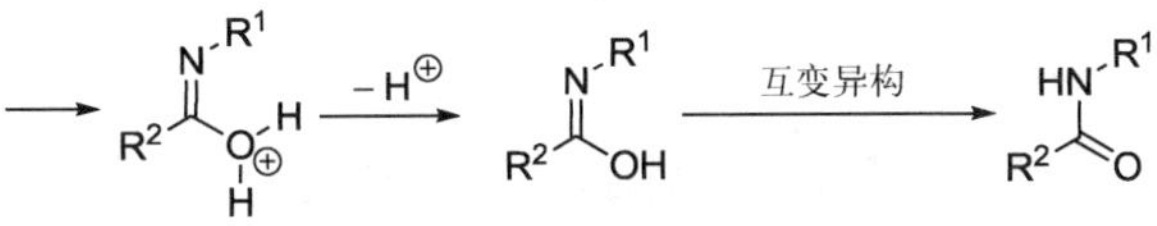

用PCl_5:

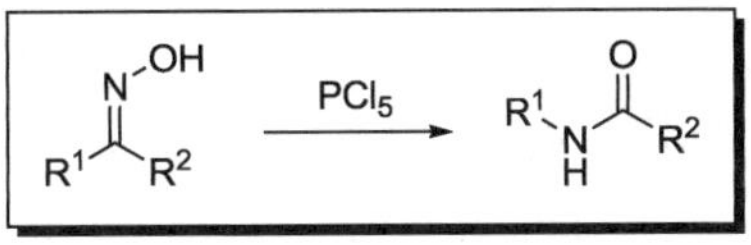

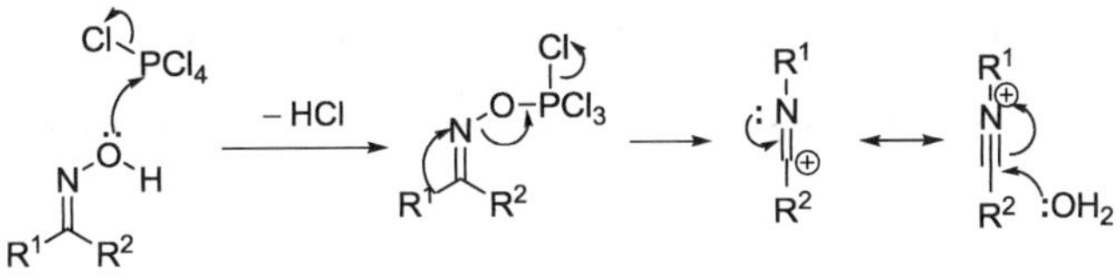

还是与离去基反式的取代基发生迁移

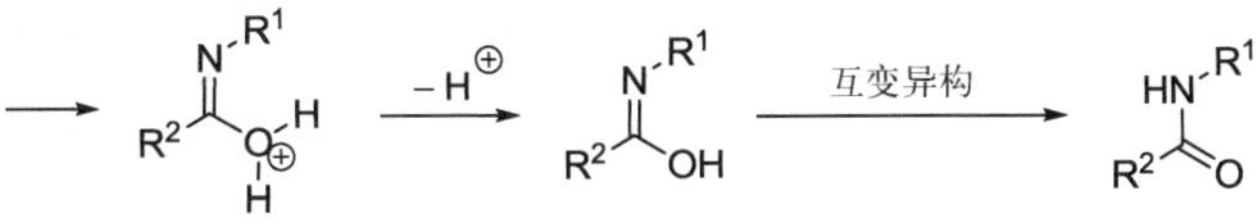

Example 1, 微波(MW)反应[3]

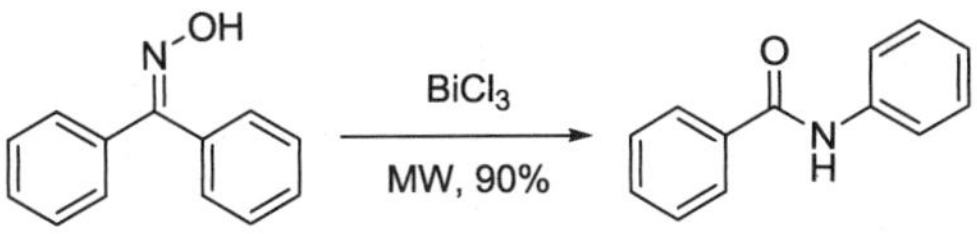

J.J. Li, *Name Reactions: A Collection of Detailed Mechanisms and Synthetic Applications*,
DOI 10.1007/978-3-319-03979-4_19, © Springer International Publishing Switzerland 2014

Example 2[4]

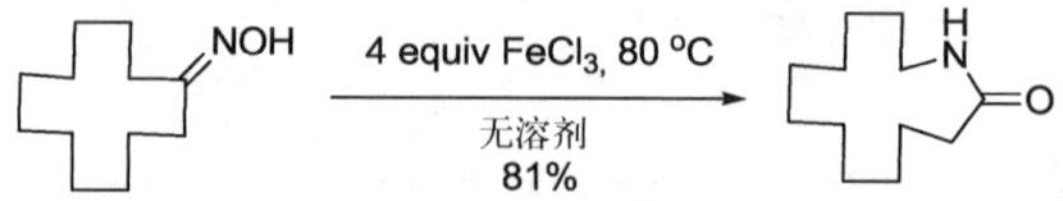

Example 3[6]

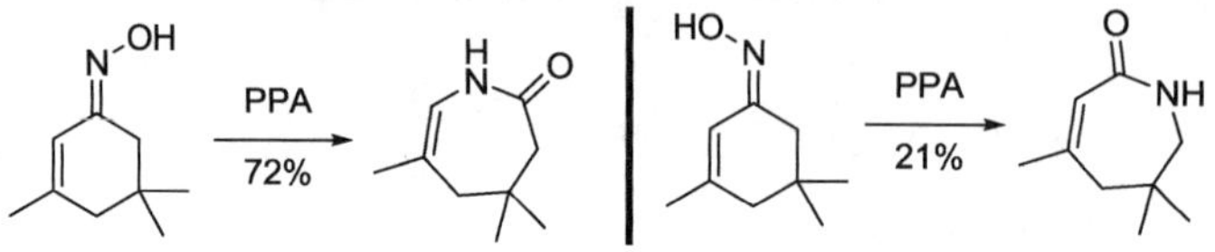

Example 4[8]

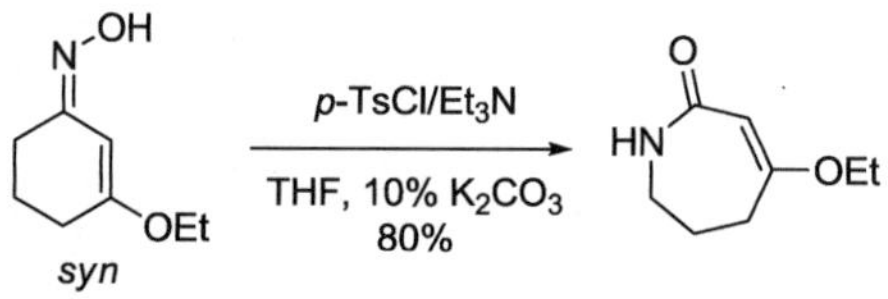

当迁移的取代基团(R^1)从中间体上消除而留下一个稳定的腈产物时会发生反常的Beckman重排反应。

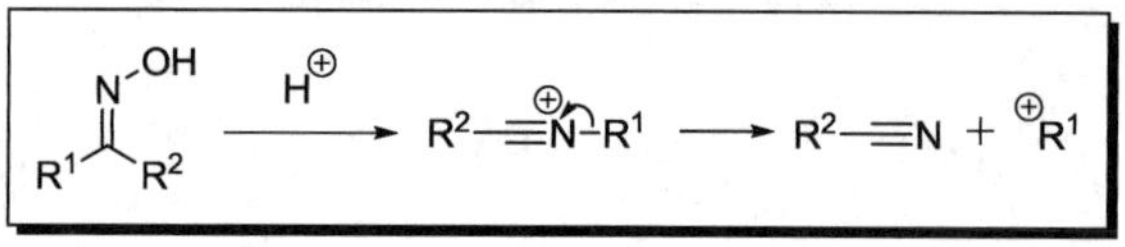

Example 1[9]

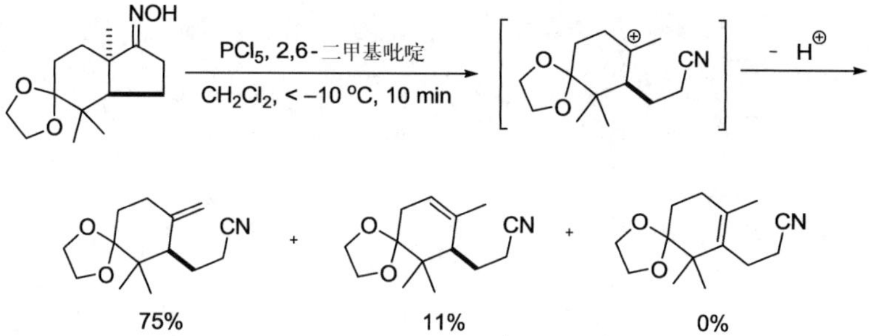

Example 2[10]

References

1. Beckmann, E. *Chem. Ber.* **1886,** *89,* 988. 贝克曼(E. O. Beckmann, 1853-1923)出生于德国的Solingen并在莱比锡学习化学和药学。除了本反应外, 他的名字还与由冰点和沸点下降来测量相对分子质量时用到的贝克曼温度计有联系。
2. Gawley, R. E. *Org. React.* **1988,** *35,* 1–420. (Review).
3. Thakur, A. J.; Boruah, A.; Prajapati, D.; Sandhu, J. S. *Synth. Commun.* **2000,** *30,* 2105–2011.
4. Khodaei, M. M.; Meybodi, F. A.; Rezai, N.; Salehi, P. *Synth. Commun.* **2001,** *31,* 2047–2050.
5. Torisawa, Y.; Nishi, T.; Minamikawa, J.-i. *Bioorg. Med. Chem. Lett.* **2002,** *12,* 387–390.
6. Hilmey, D. G.; Paquette, L. A. *Org. Lett.* **2005,** *7,* 2067–2069.
7. Fernández, A. B.; Boronat, M.; Blasco, T.; Corma, A. *Angew. Chem. Int. Ed.* **2005,** *44,* 2370–2373.
8. Collison, C. G.; Chen, J.; Walvoord, R. *Synthesis* **2006,** 2319–2322.
9. Cao, L.; Sun, J.; Wang, X.; Zhu, R.; Shi, H.; Hu, Y. *Tetrahedron* **2007,** *63,* 5036–5041.
10. Wang, C.; Rath, N. P.; Covey, D. F. *Tetrahedron* **2007,** *63,* 7977–7984.
11. Kumar, R. R.; Vanitha, K. A.; Balasubramanian, M. *Beckmann Rearrangement*. In *Name Reactions for Homologations-Part II*; Li, J. J., Ed.; Wiley: Hoboken, NJ, **2009,** pp 274–292. (Review).
12. Faraldos, J. A.; Kariuki, B. M.; Coates, R. M. *Org. Lett.* **2011,** *13,* 836–839.
13. Tian, B.-X.; An, N.; Deng, W.-P.; Eriksson, L. A. **2013,** *15,* 6782–6785.

Beirut 反应

从苯并呋咱氧化物合成喹喔啉-1,4-二氧化物。

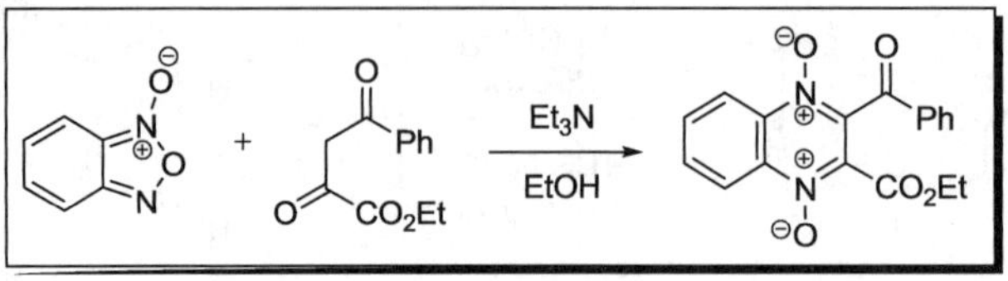

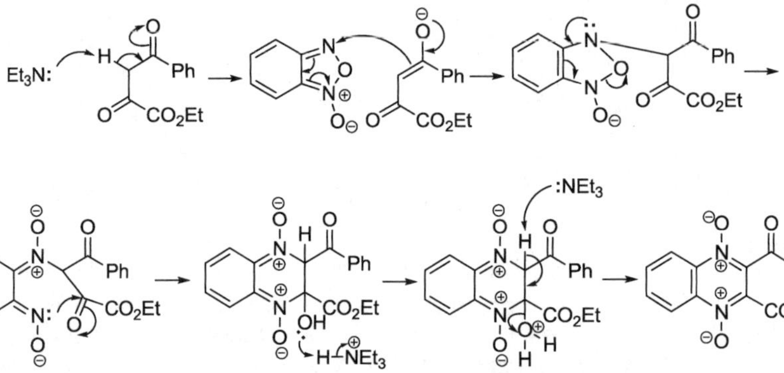

Example 1[3]

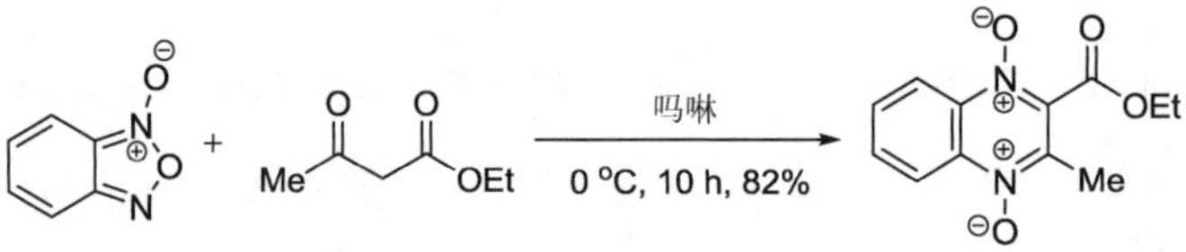

Example 2[7]

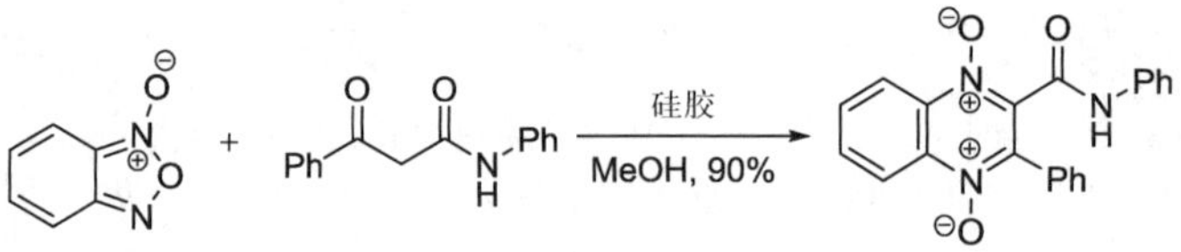

Example 3, β-环糊精促进的反应[11]

Example 4, 反常的 Beirut 反应[12]

J.J. Li, *Name Reactions: A Collection of Detailed Mechanisms and Synthetic Applications*,
DOI 10.1007/978-3-319-03979-4_20,

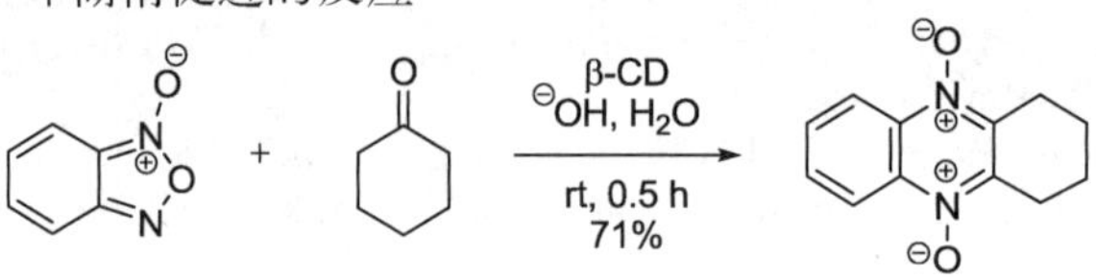

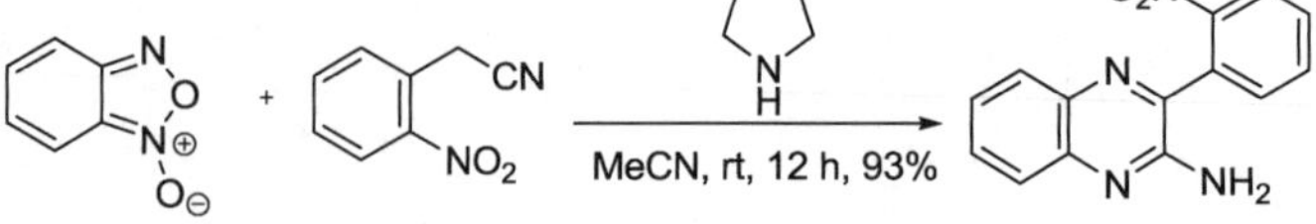

References

1. Haddadin, M. J.; Issidorides, C. H. *Heterocycles* **1976,** *4,* 767–816.作者以发现该反应时所在城市,即黎巴嫩首都贝鲁特(Beirut)来命名此反应。
2. Gaso, A.; Boulton, A. J. In *Advances in Heterocyclic Chem.;* Vol. 29, Katritzky, A. R.; Boulton, A. J., eds.; Academic Press Inc.: New York, **1981,** 251. (Review).
3. Vega, A. M.; Gil, M. J.; Fernández-Alvarez, E. *J. Heterocycl. Chem.* **1984,** *21,* 1271.
4. Atfah, A.; Hill, J. *J. Chem. Soc., Perkin Trans. 1* **1989,** 221–224.
5. Haddadin, M. J.; Issidorides, C. H. *Heterocycles* **1993,** *35,* 1503–1525.
6. El-Abadelah, M. M.; Nazer, M. Z.; El-Abadla, N. S.; Meier, H. *Heterocycles* **1995,** *41,* 2203–2219.
7. Takabatake, T.; Miyazawa, T.; Kojo, M.; Hasegawa, M. *Heterocycles* **2000,** *53,* 2151–2162.
8. Panasyuk, P. M.; Mel'nikova, S. F.; Tselinskii, I. V. *Russ. J. Org. Chem.* **2001,** *37,* 892.
9. Turker, L.; Dura, E. *Theochem* **2002,** *593,* 143–147.
10. Tinsley, J. M. *Beirut Reaction* in *Name Reactions in Heterocyclic Chemistry*, Li, J. J., Ed.; Wiley: Hoboken, NJ, **2005,** 504–509. (Review).
11. Sun, T.; Zhao, W.-J.; Hao, A.-Y.; Sun, L.-Z. *Synthesis* **2011,** *41,* 3097–3105.
12. Haddadin, M. J.; El-Khatib, M.; Shoker, T. A.; Beavers, C. M.; Olmstead, M. M.; Fettinger, J. C.; Farber, K. M.; Kurth, M. J. *J. Org. Chem.* **2011,** *76,* 8421–8427.

Benzilic(二苯乙醇酸)重排

二苯乙二酮由芳基迁移重排为二苯乙醇酸

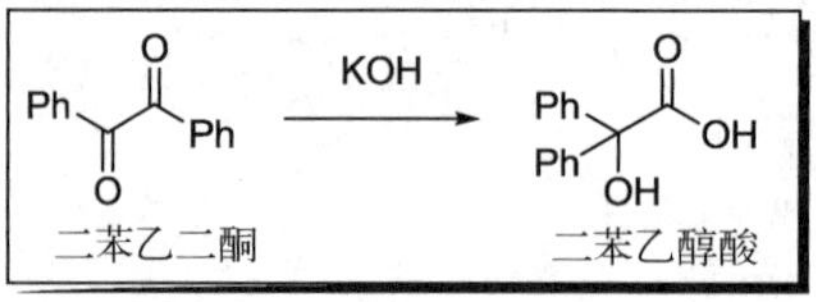

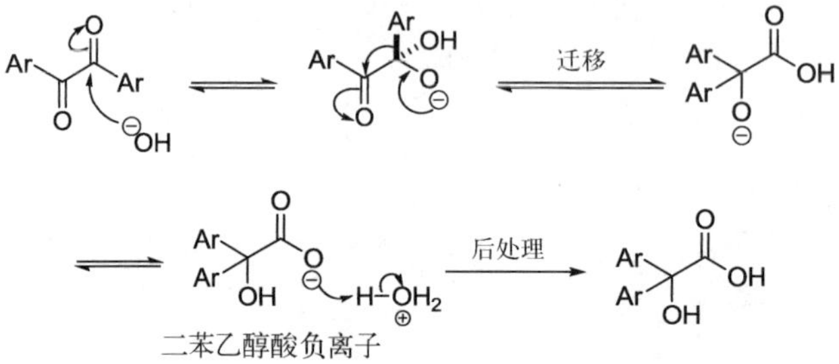

羧酸的最后一步去质子驱动反应正向进行。

Example 1[3]

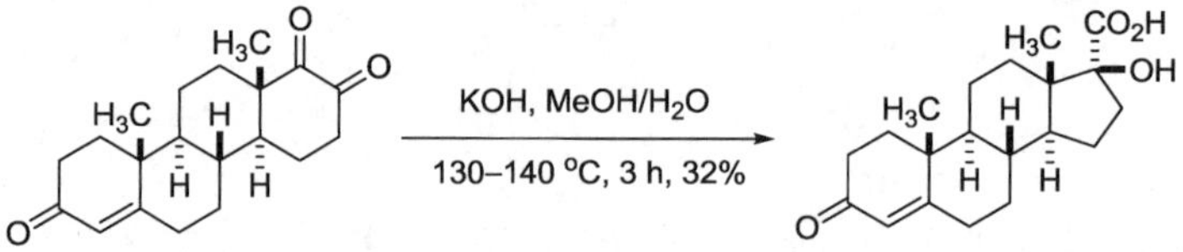

Example 2[6]

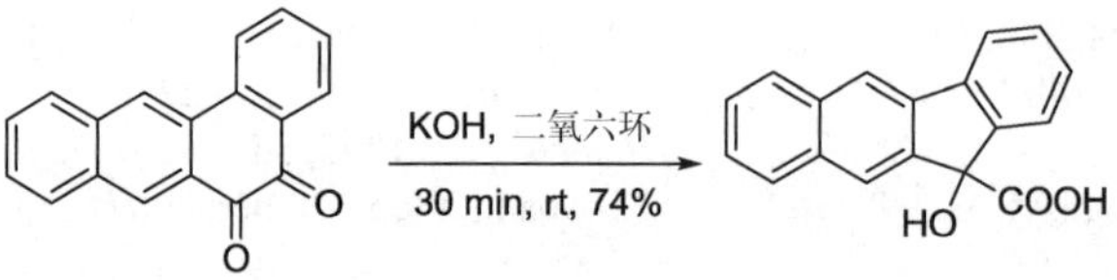

Example 3, 逆二苯乙醇酸重排[7]

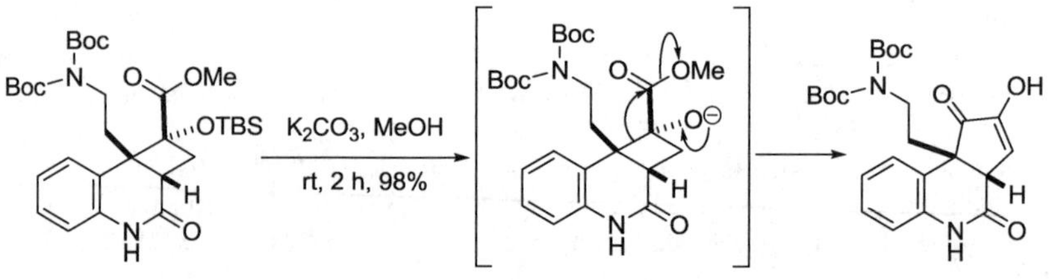

J.J. Li, *Name Reactions: A Collection of Detailed Mechanisms and Synthetic Applications*,
DOI 10.1007/978-3-319-03979-4_21, © Springer International Publishing Switzerland 2014

Example 4, 环丁-1,2-二酮(计算化学)⁹

References
1. Liebig, J. *Justus Liebigs Ann. Chem.* **1838,** 27. 李比希(J. von Liebig, 1803–1873)在巴黎受到盖吕萨克(J. L. Gay-Lussac, 1778–1850)的指导获得 Ph. D.学位。他被任命为吉森大学(Giessen University)的化学主任，该任命因李比希过于年轻而激起已在那儿工作的教授们强烈的妒忌。好在时间证明了这个挑选是极其明智的。李比希短期内就让吉森大学从一所平庸的大学成为欧洲有机化学的麦加圣地。李比希被认为是现代有机化学之父。许多经典的人命反应都是在有他名字的 *Justus Liebig Annalen der Chemie* 上发表的。
2. Zinin, N. *Justus Liebigs Ann. Chem.* **1839,** *31,* 329.
3. Georgian, V.; Kundu, N. *Tetrahedron* **1963,** *19,* 1037–1049.
4. Robinson, J. M.; Flynn, E. T.; McMahan, T. L.; Simpson, S. L.; Trisler, J. C.; Conn, K. B. *J. Org. Chem.* **1991,** *56,* 6709–6712.
5. Fohlisch, B.; Radl, A.; Schwetzler-Raschke, R.; Henkel, S. *Eur. J. Org. Chem.* **2001,** 4357–4365.
6. Patra, A.; Ghorai, S. K.; De, S. R.; Mal, D. *Synthesis* **2006,** *15,* 2556–2562.
7. Selig, P.; Bach, T. *Angew. Chem. Int. Ed.* **2008,** *47,* 5082–5084.
8. Kumar, R. R.; Balasubramanian, M. *Benzilic Acid Rearrangement*. In *Name Reactions for Homologations-Part II*; Li, J. J., Ed.; Wiley: Hoboken, NJ, **2009,** pp 395–405. (Review).
9. Sultana, N.; Fabian, W. M. F. *Beilstein J. Org. Chem.* **2013,** *9,* 594–601.

Benzoin（苯偶姻）缩合反应

氰根离子催化下芳香醛缩合为苯偶姻的反应。现在大部分场合下氰根离子已为噻唑鎓盐或杂环卡宾所代替。参见第578页上的Stetter反应。

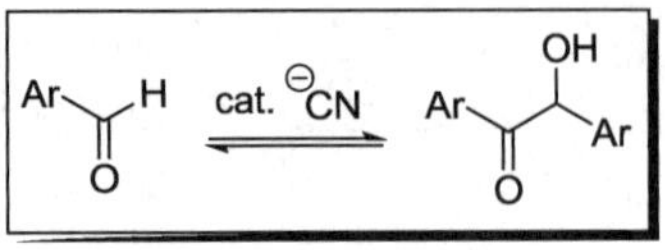

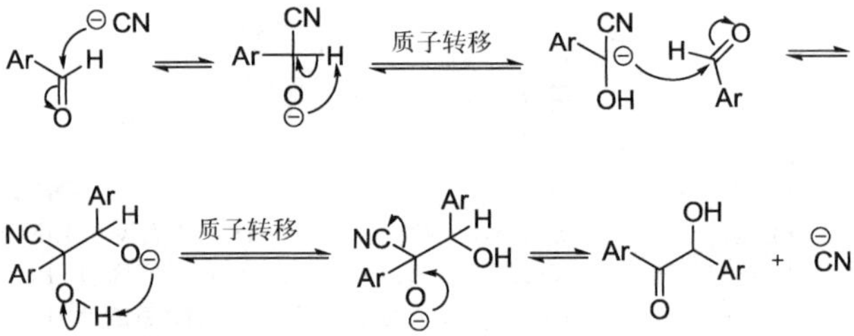

Example 1[2]

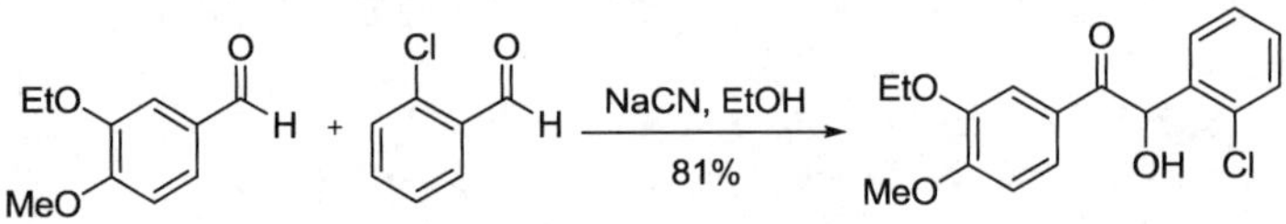

Example 2[7]

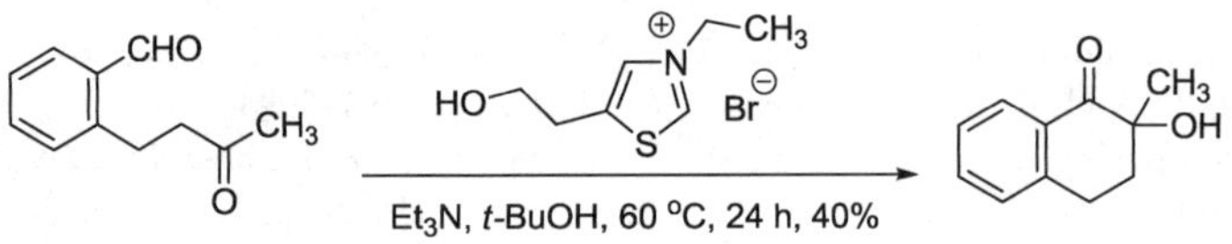

Example 3[7]

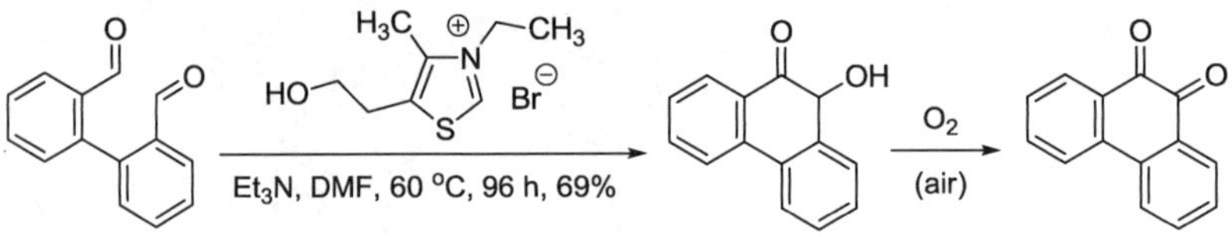

J.J. Li, *Name Reactions: A Collection of Detailed Mechanisms and Synthetic Applications*,
DOI 10.1007/978-3-319-03979-4_22, © Springer International Publishing Switzerland 2014

Example 4, 附有 Brook 重排[9]

[Reaction scheme: PhC(O)SiEt₃ + 4-MeO-C₆H₄-CHO, 5% chiral bicyclic phosphite catalyst (Ar = 2-FPh), 20% n-BuLi, THF → PhC(O)CH(OSiEt₃)(4-MeOC₆H₄), 87% yield, 91% ee]

Example 5[10]

[Reaction scheme: PhCHO, 10 mol% triazolium salt catalyst (N-Ph, CHPh₂OTMS substituent, BF₄⁻), 10 mol% KHMDS, 甲苯, rt, 16 h → PhC(O)CH(OH)Ph, 66% yield, 95% ee]

Example 6[12]

[Reaction scheme: furan-2-carbaldehyde (从生物质来的呋喃醛), 5 mol% N-benzyl thiazolium chloride catalyst with hydroxyethyl group, 30 mol% Et₃N, EtOH, reflux, 6 h, 60% → furoin (外消旋的糠偶姻)]

References

1. Lapworth, A. J. *J. Chem. Soc.* **1903**, *83*, 995–1005. 拉普沃斯（A. Lapworth, 1872–1941）出生于苏格兰，是对有机反应机理的近代解释作出最重要贡献的开拓者之一。他在位于联合王国 New Cross 的 The Goldmiths' Institute 的化学系工作期间发现了苯偶姻缩合反应。
2. Buck, J. S.; Ide, W. S. *J. Am. Chem. Soc.* **1932**, *54*, 3302–3309.
3. Ide, W. S.; Buck, J. S. *Org. React.* **1948**, *4*, 269–304. (Review).
4. Stetter, H.; Kuhlmann, H. *Org. React.* **1991**, *40*, 407–496. (Review).
5. White, M. J.; Leeper, F. J. *J. Org. Chem.* **2001**, *66*, 5124–5131.
6. Hachisu, Y.; Bode, J. W.; Suzuki, K. *J. Am. Chem. Soc.* **2003**, *125*, 8432–8433.
7. Enders, D.; Niemeier, O. *Synlett* **2004**, 2111–2114.
8. Johnson, J. S. *Angew. Chem. Int. Ed.* **2004**, *43*, 1326–1328. (Review).
9. Linghu, X.; Potnick, J. R.; Johnson, J. S. *J. Am. Chem. Soc.* **2004**, *126*, 3070–3071.
10. Enders, D.; Han, J. *Tetrahedron: Asymmetry* **2008**, *19*, 1367–1371.
11. Cee, V. J. *Benzoin Condensation*. In *Name Reactions for Homologations-Part I*; Li, J. J., Ed.; Wiley: Hoboken, NJ, **2009**, pp 381–392. (Review).
12. Kabro, A.; Escudero-Adan, E. C.; Grushin, V. V.; van Leeuwen, P. W. N. M. *Org. Lett.* **2012**, *14*, 4014–4017.

Bergman环化反应

从烯二炔经电环化反应生成1,4-苯基双自由基。

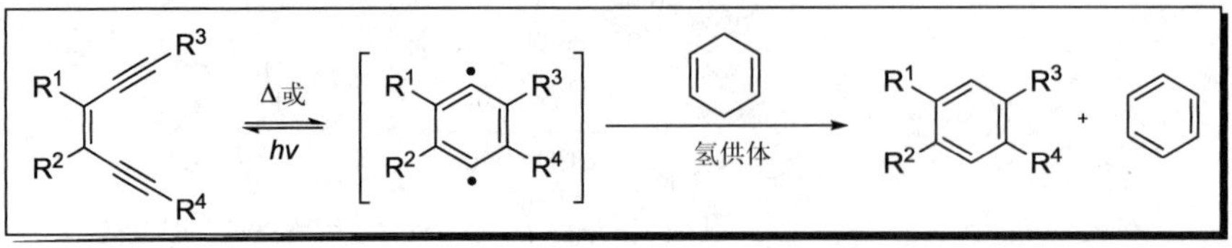

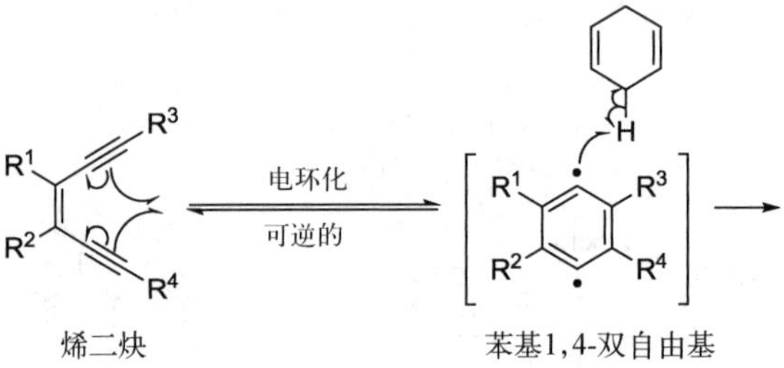

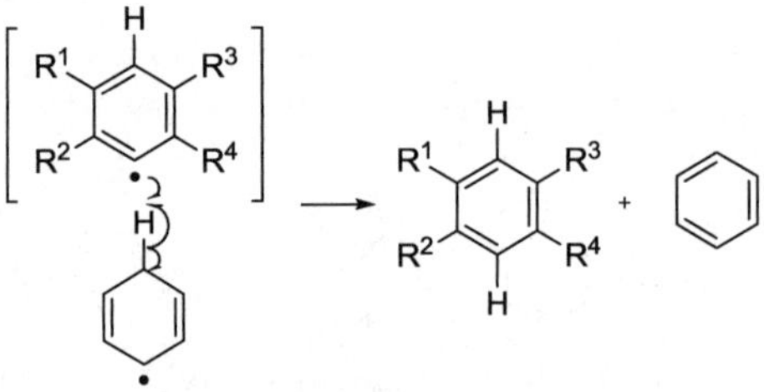

Example 1[6]

Example 2[7]

Example 3, Wolff重排后再Bergman环化反应[8]

J.J. Li, *Name Reactions: A Collection of Detailed Mechanisms and Synthetic Applications*,
DOI 10.1007/978-3-319-03979-4_23, © Springer International Publishing Switzerland 2014

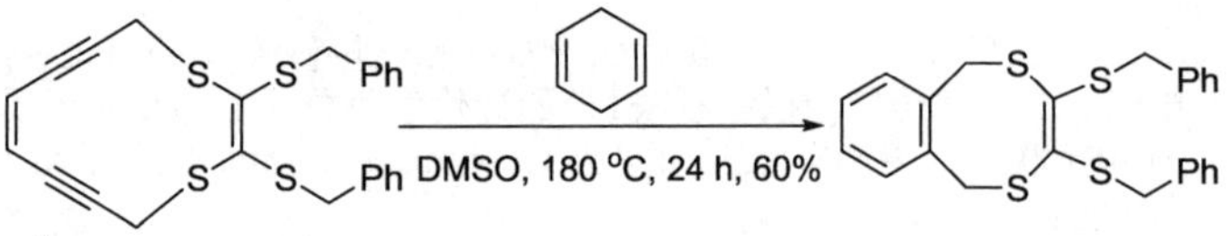

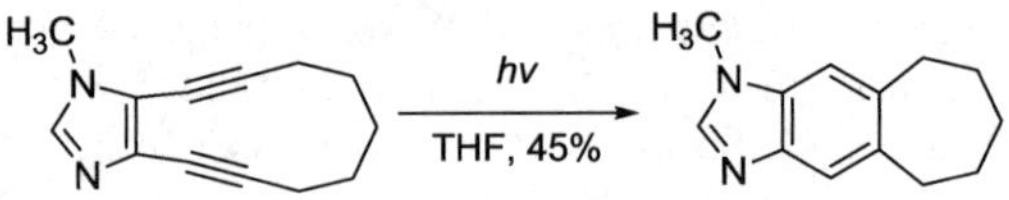

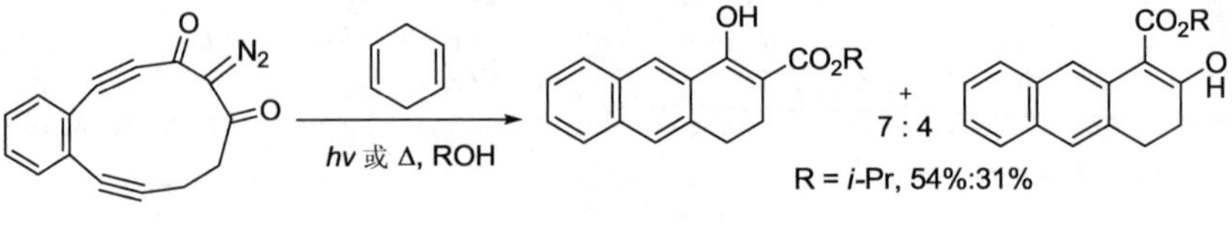

Example 4[10]

142 °C, t$_{1/2}$ = 14.4 h

Example 5[12]

20% 环己1,4-二烯

PhCl, 180 °C, 48 h, 65%

主要产物   次要产物   主要产物:次要产物 = 9:1

Example 5[13]

dry DMSO, 90 °C

8 h, 80%

References
1. Jones, R. R.; Bergman, R. G. *J. Am. Chem. Soc.* **1972**, *94*, 660–661. 贝格曼（R. G. Bergman, 1942- ）是伯克利加利福尼亚大学（University of California, Berkeley）的教授。他发现的Bergman环化反应使早先就了解的烯二炔类化合物的抗癌性质有了圆满的注释。
2. Bergman, R. G. *Acc. Chem. Res.* **1973**, *6*, 25–31. (Review).
3. Myers, A. G.; Proteau, P. J.; Handel, T. M. *J. Am. Chem. Soc.* **1988**, *110*, 7212–7214.
4. Yus, M.; Foubelo, F. *Rec. Res. Dev. Org. Chem.* **2002**, *6*, 205–280. (Review).
5. Basak, A.; Mandal, S.; Bag, S. S. *Chem. Rev.* **2003**, *103*, 4077–4094. (Review).
6. Bhattacharyya, S.; Pink, M.; Baik, M.-H.; Zaleski, J. M. *Angew. Chem. Int. Ed.* **2005**, *44*, 592–595.
7. Zhao, Z.; Peacock, J. G.; Gubler, D. A.; Peterson, M. A. *Tetrahedron Lett.* **2005**, *46*, 1373–1375.
8. Karpov, G. V.; Popik, V. V. *J. Am. Chem. Soc.* **2007**, *129*, 3792–3793.
9. Kar, M.; Basak, A. *Chem. Rev.* **2007**, *107*, 2861–2890. (Review).
10. Lavy, S.; Pérez-Luna, A.; Kündig, E. P. *Synlett* **2008**, 2621–2624.
11. Pandithavidana, D. R.; Poloukhtine, A.; Popik, V. V. *J. Am. Chem. Soc.* **2009**, *131*, 351–356.
12. Spence, J. D.; Rios, A. C.; Frost, M. A.; etc. *J. Org. Chem.* **2012**, *77*, 10329–10339.
13. Roy, S.; Basak, A. *Tetrahedron* **2013**, *69*, 2184–2192.

Biginelli嘧啶酮合成反应

该反应亦称嘧啶酮合成反应，指芳香醛、尿素和 β-二羰基化合物在酸性醇溶液中一锅煮的缩合反应。此类缩合反应已得到扩展，属于多组分反应（MCRs）的一种。

Example 1[4]

J.J. Li, *Name Reactions: A Collection of Detailed Mechanisms and Synthetic Applications*,
DOI 10.1007/978-3-319-03979-4_24, © Springer International Publishing Switzerland 2014

Example 2[5]

Example 3, 微波诱导的Biginelli缩合反应[9]

Example 4[10]

References
1. Biginelli, P. *Ber.* **1891**, *24*, 1317. 此文发表时比吉内利（P. Biginelli）是位于意大利罗马的 Senita pubbl. 化学实验室工作人员。
2. Kappe, C. O. *Tetrahedron* **1993**, *49*, 6937–6963. (Review).
3. Kappe, C. O. *Acc. Chem. Res.* **2000**, *33*, 879–888. (Review).
4. Kappe, C. O. *Eur. J. Med. Chem.* **2000**, *35*, 1043–1052. (Review).
5. Ghorab, M. M.; Abdel-Gawad, S. M.; El-Gaby, M. S. A. *Farmaco* **2000**, *55*, 249–255.
6. Bose, D. S.; Fatima, L.; Mereyala, H. B. *J. Org. Chem.* **2003**, *68*, 587–590.
7. Kappe, C. O.; Stadler, A. *Org. React.* **2004**, *68*, 1–116. (Review).
8. Limberakis, C. *Biginelli Pyrimidone Synthesis* In *Name Reactions in Heterocyclic Chemistry*; Li, J. J., Ed.; Wiley: Hoboken, NJ, **2005**, pp 509–520. (Review).
9. Banik, B. K.; Reddy, A. T.; Datta, A.; Mukhopadhyay, C. *Tetrahedron Lett.* **2007**, *48*, 7392–7394.
10. Wang, R.; Liu, Z.-Q. *J. Org. Chem.* **2012**, *77*, 3952–3958.
11. Fuchs, D.; Nasr-Esfahani, M.; Diab, L.; Šmejkal, T.; Breit, B. *Synlett* **2013**, *24*, 1657–1662.
12. Liberto, N. A.; de Paiva Silva, S.; de Fátima, Â.; Fernandes, S. A. *Tetrahedron* **2013**, *69*, 8245–8249.

Birch 还原反应

Birch 还原反应是用溶于液氨的碱金属 Li、Na、K 在醇存在下将一个芳环经 1,4-还原为相应的环己二烯的反应。

带富电子基取代的苯环：

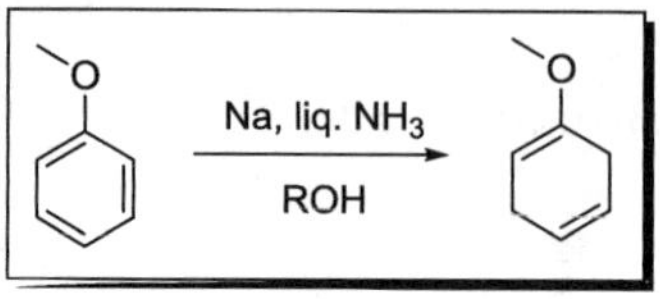

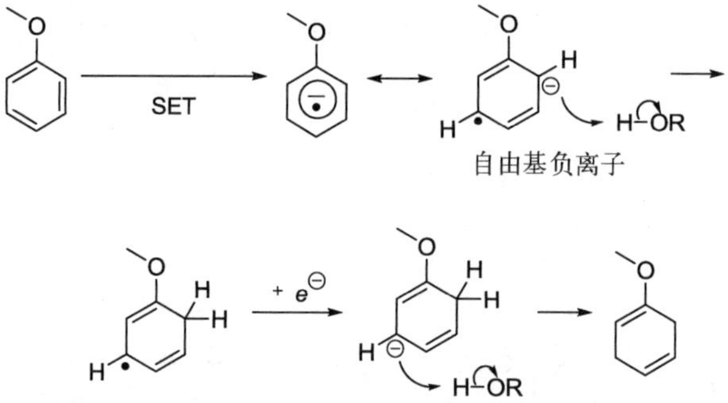

自由基负离子

带吸电子取代基的苯环：

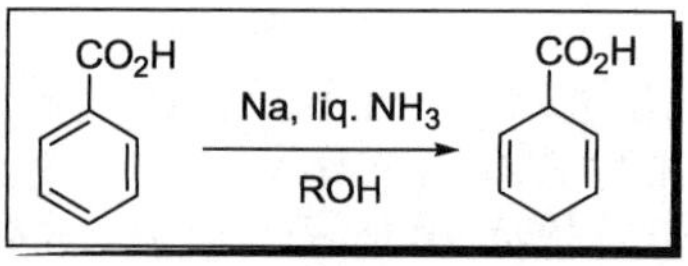

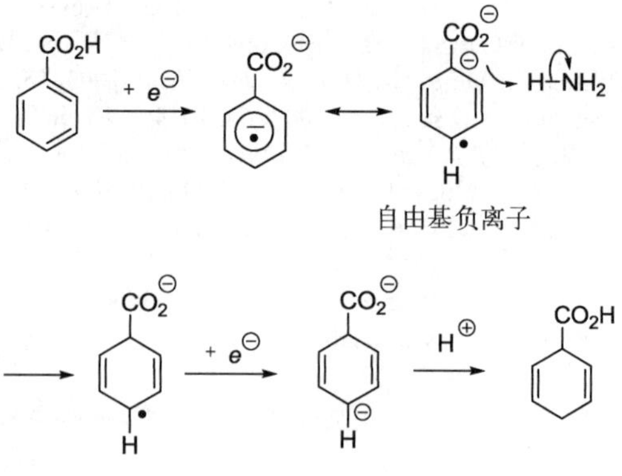

自由基负离子

Example 1, Birch 还原烷基化[4]

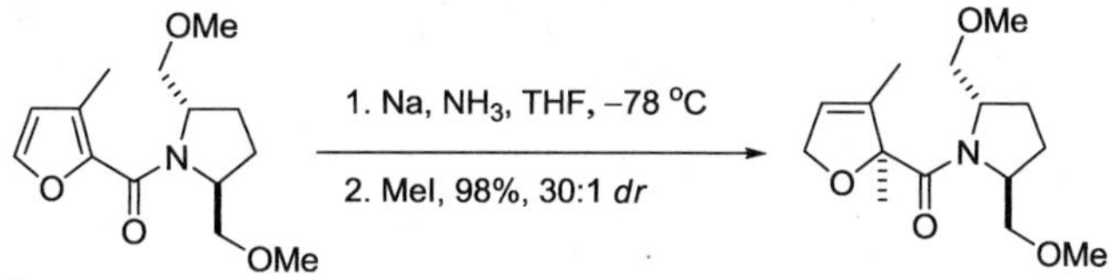

Example 2[7]

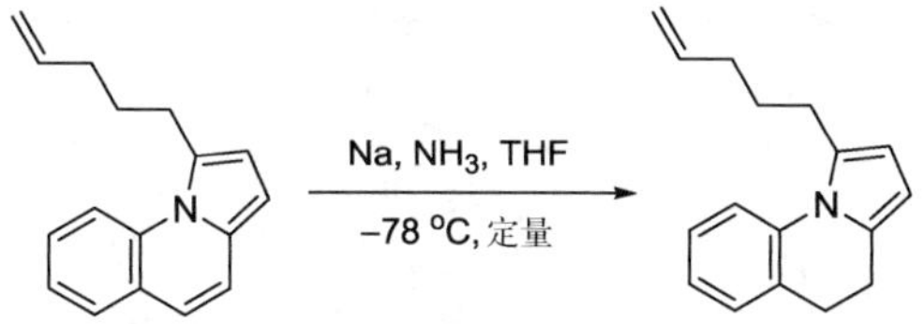

Example 3, 彻底还原产物[8]

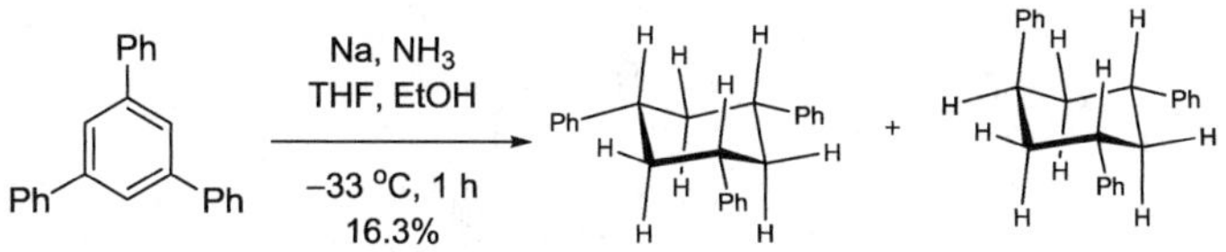

Example 4, Birch 还原烷基化[9]

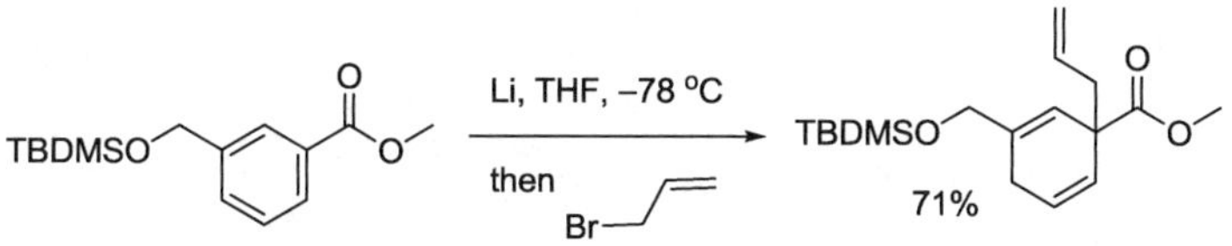

References

1. Birch, A. J. *J. Chem. Soc.* **1944**, 430–436. 伯奇（A. Birch, 1915–1995）是澳大利亚人，二次大战时于牛津大学在罗宾森实验室发现Birch还原反应。Birch还原反应的发现对开发避孕药和许多其他药物帮助极大。
2. Rabideau, P. W.; Marcinow, Z. *Org. React.* **1992**, *42*, 1–334. (Review).
3. Birch, A. J. *Pure Appl. Chem.* **1996**, *68*, 553–556. (Review).
4. Donohoe, T. J.; Guillermin, J.-B.; Calabrese, A. A.; Walter, D. S. *Tetrahedron Lett.* **2001**, *42*, 5841–5844.
5. Pellissier, H.; Santelli, M. *Org. Prep. Proced. Int.* **2002**, *34*, 611–642. (Review).
6. Subba Rao, G. S. R. *Pure Appl. Chem.* **2003**, *75*, 1443–1451. (Review).
7. Kim, J. T.; Gevorgyan, V. *J. Org. Chem.* **2005**, *70*, 2054–2059.
8. Gealis, J. P.; Müller-Bunz, H.; Ortin, Y.; Condell, M.; Casey, M.; McGlinchey, M. J. *Chem. Eur. J.* **2008**, *14*, 1552–1560.
9. Fretz, S. J.; Hadad, C. M.; Hart, D. J.; Vyas, S.; Yang, D. *J. Org. Chem.* **2013**, *78*, 83–92.

Bischler-Möhlau吲哚合成反应

Bischler-Möhlau吲哚合成反应亦称Bischler吲哚合成反应。从α-卤代芳香酮和过量的苯胺环化生成2-芳基吲哚。

Example 1[5]

Example 2[9]

J.J. Li, *Name Reactions: A Collection of Detailed Mechanisms and Synthetic Applications*,
DOI 10.1007/978-3-319-03979-4_26, © Springer International Publishing Switzerland 2014

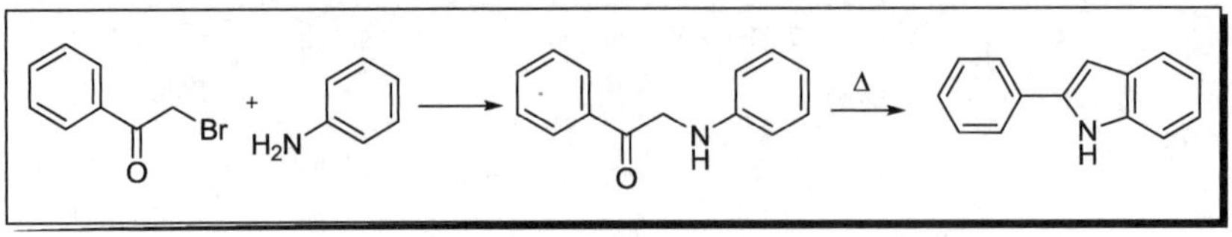

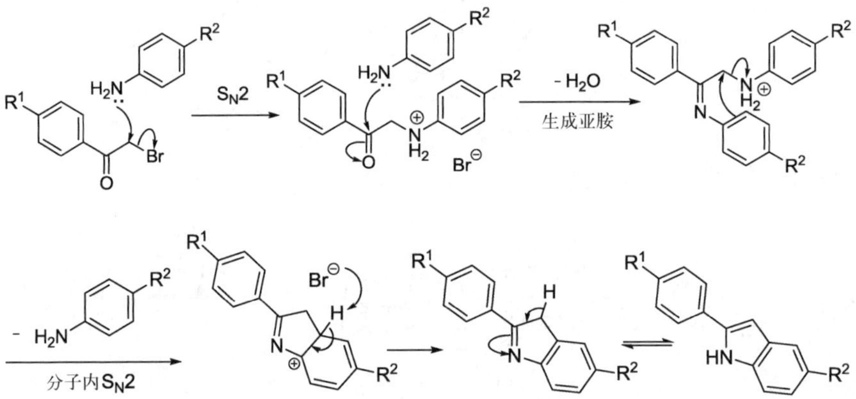

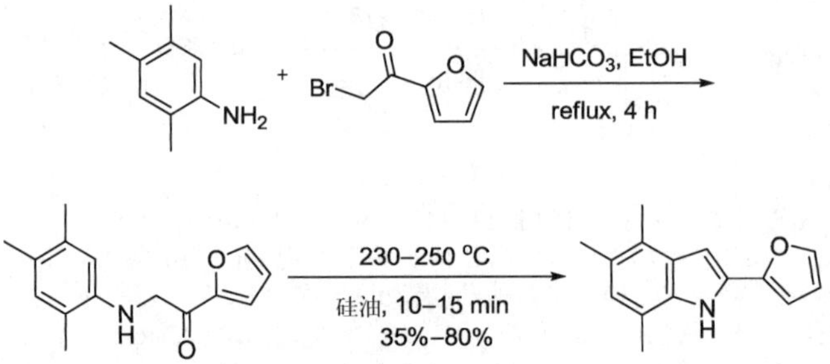

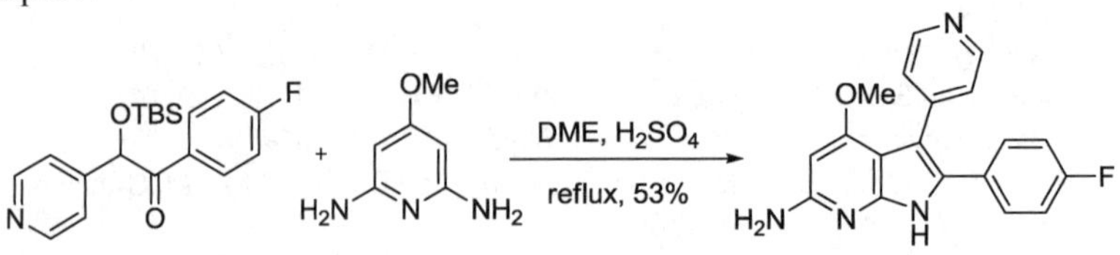

Example 3[10]

[Reaction scheme: phenacyl bromide + 3,5-dimethoxyaniline, LiBr, NaHCO₃, EtOH, reflux, 6 h, 74% → 4,6-dimethoxy-2-phenylindole]

Example 4, 微波辅助的无溶剂Bischler吲哚合成[11]

[Reaction scheme: 4-chlorophenacyl bromide + p-toluidine, neat NaHCO₃, rt, 3 h → α-arylamino ketone intermediate]

[Second step: Br⁻ H₃N⁺-aryl intermediate, cat. DMF, μW, 540 W, 60 s, 52% → 2-(4-chlorophenyl)-5-methylindole]

References
1. Möhlau, R. *Ber.* **1881,** *14,* 171–175. 莫拉（R. Möhlau）是德国化学家，主要在染料业工作。
2. Bischler, A.; Fireman, P. *Ber.* **1893,** *26,* 1346–1349.比希勒（A. Bischler, 1865-1957）出生于南俄罗斯，在苏黎世跟汉奇（A. Hantzsch）学习。他在瑞士的巴塞尔化学公司（Basel Chemical Works）研究生物碱时与其合作者纳皮拉尔斯基（B. Napieralski）共同发现了Bischler-Napieralski反应。纳皮拉尔斯基也曾在瑞士苏黎世大学工作过。
3. Sundberg, R. J. *The Chemistry of Indoles;* Academic Press: New York, **1970,** pp 164. (Book).
4. Buu-Hoï, N. P.; Saint-Ruf, G.; Deschamps, D.; Bigot, P. *J. Chem. Soc. (C)* **1971,** 2606–2609.
5. Houlihan, W. J., Ed.; *The Chemistry of Heterocyclic Compounds, Indoles (Part 1),* Wiley: New York, **1972.** (Book).
6. Bigot, P.; Saint-Ruf, G.; Buu-Hoï, N. P. *J. Chem. Soc., Perkin 1* **1972,** 2573–2576.
7. Bancroft, K. C. C.; Ward, T. J. *J. Chem. Soc., Perkin 1* **1974,** 1852–1858.
8. Coïc, J. P.; Saint-Ruf, G.; Brown, K. *J. Heterocycl. Chem.* **1978,** *15,* 1367–1371.
9. Henry, J. R.; Dodd, J. H. *Tetrahedron Lett.* **1998,** *39,* 8763–8764.
10. Pchalek, K.; Jones, A. W.; Wekking, M. M. T.; Black, D. S. C. *Tetrahedron* **2005,** *61,* 77–82.
11. Sridharan, V.; Perumal, S.; Avendaño, C.; Menéndez, J. C. *Synlett* **2006,** 91–95.
12. Zhang, J. *Bischler–Möhlau Indole Synthesis,* In *Name Reactions in Heterocyclic Chemistry II*; Li, J. J., Ed.; Wiley: Hoboken, NJ, **2011,** pp 84–90. (Review).

Bischler-Napieralski反应

β-苯乙基酰胺在回流的氧氯化磷作用下转化为二氢异喹啉的合成反应。

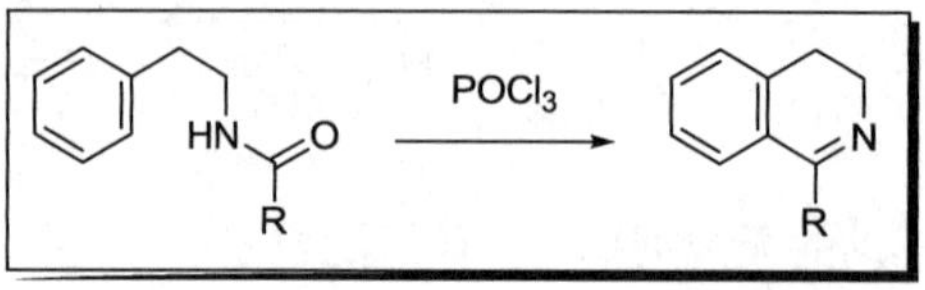

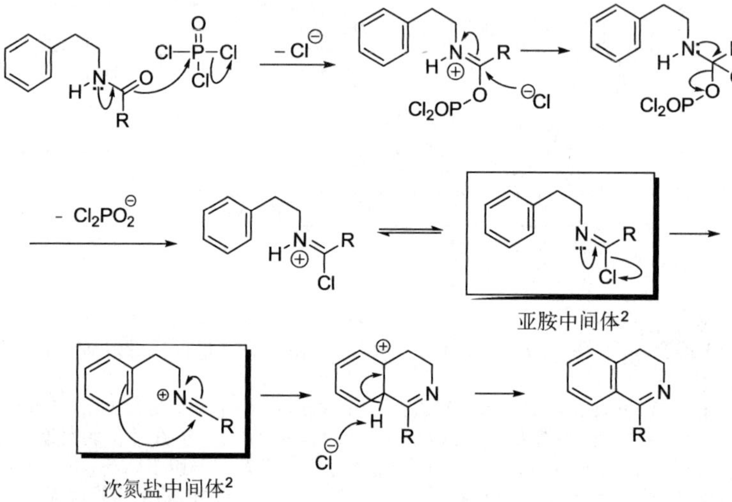

亚胺中间体[2]

次氮盐中间体[2]

Example 1[3]

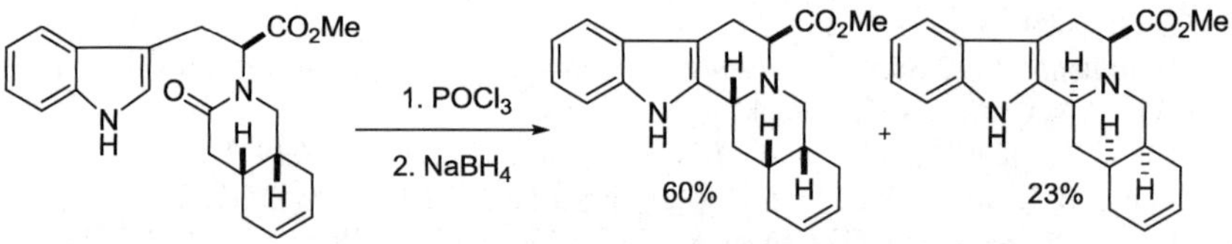

Example 2[5]

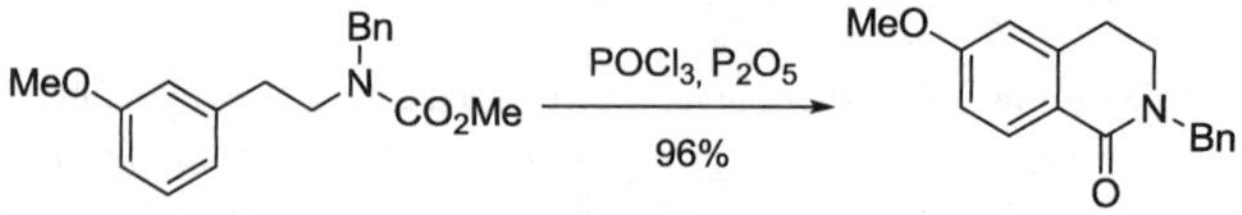

Example 3[7]

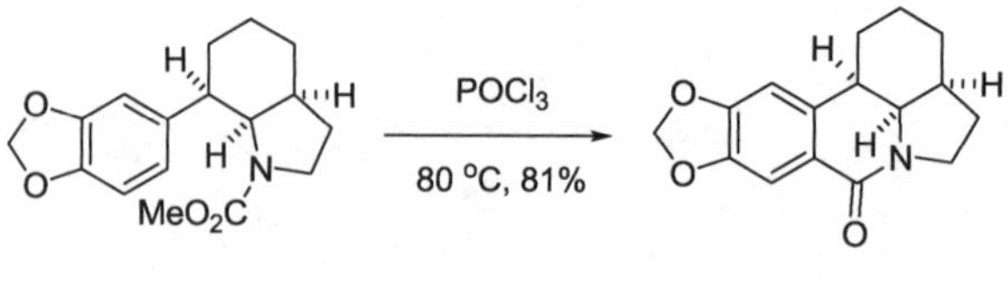

Example 4[8]

[Reaction scheme: amide with 2,3-dihydro-1,4-benzodioxine and 3,4,5-trimethoxybenzamide group → dihydroisoquinoline product; POCl₃, 甲苯, 95%]

Example 5[10]

[Reaction scheme: tryptamine-derived lactam with AcO, OAc substituents → indoloquinolizidine diol; POCl₃, PhH, reflux, 3 h; 再 LiAlH₄, THF, 1.5 h; 64%]

Example 6, 未预见到的一个 Bischler–Napieralski 反应[12]

[Reaction scheme: MeO-indole fused spirocyclic substrate → polycyclic product; POCl₃, 环丁砜, 80 °C, 51%; 7-*exo-trig*-B-N 反应]

References

1. Bischler, A.; Napieralski, B. *Ber.* **1893**, *26*, 1903–1908.
2. Mechanistic studies: (a) Fodor, G.; Gal, J.; Phillips, B. A. *Angew. Chem. Int. Ed. Engl.* **1972**, *11*, 919–920. (b) Nagubandi, S.; Fodor, G. *J. Heterocycl. Chem.* **1980**, *17*, 1457–1463. (c) Fodor, G.; Nagubandi, S. *Tetrahedron* **1980**, *36*, 1279–1300.
3. Aubé, J.; Ghosh, S.; Tanol, M. *J. Am. Chem. Soc.* **1994**, *116*, 9009–9018.
4. Sotomayor, N.; Domínguez, E.; Lete, E. *J. Org. Chem.* **1996**, *61*, 4062–4072.
5. Wang, X.-j.; Tan, J.; Grozinger, K. *Tetrahedron Lett.* **1998**, *39*, 6609–6612.
6. Ishikawa, T.; Shimooka, K.; Narioka, T.; Noguchi, S.; Saito, T.; Ishikawa, A.; Yamazaki, E.; Harayama, T.; Seki, H.; Yamaguchi, K. *J. Org. Chem.* **2000**, *65*, 9143–9151.
7. Banwell, M. G.; Harvey, J. E.; Hockless, D. C. R., Wu, A. W. *J. Org. Chem.* **2000**, *65*, 4241–4250.
8. Capilla, A. S.; Romero, M.; Pujol, M. D.; Caignard, D. H.; Renard, P. *Tetrahedron* **2001**, *57*, 8297–8303.
9. Wolfe, J. P. *Bischler–Napieralski Reaction*. In *Name Reactions in Heterocyclic Chemistry*; Li, J. J., Ed.; Wiley: Hoboken, NJ, **2005**, pp 376–385. (Review).
10. Ho, T.-L.; Lin, Q.-x. *Tetrahedron* **2008**, *64*, 10401–10405.
11. Csomós, P.; Fodor, L.; Bernáth, G.; Csámpai, A.; Sohár, P. *Tetrahedron* **2009**, *65*, 1475–1480.
12. Buyck, T.; Wang, Q.; Zhu, J. *Org. Lett.* **2012**, *14*, 1338–1341.

Blaise反应

腈与α-卤代酯在Zn作用下生成β-酮酯的加成反应（参见第505页上的Reformatsky反应）。

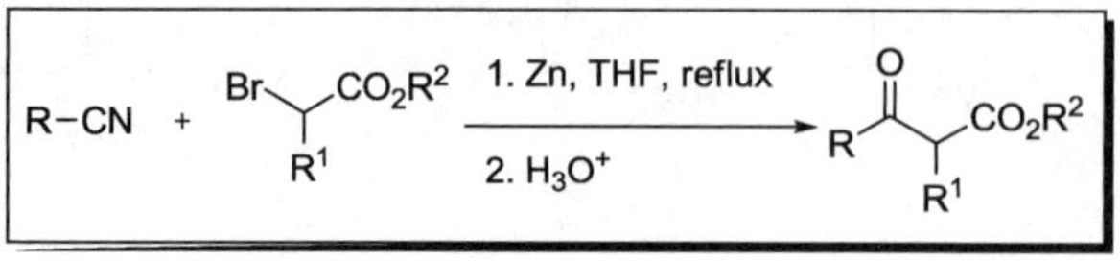

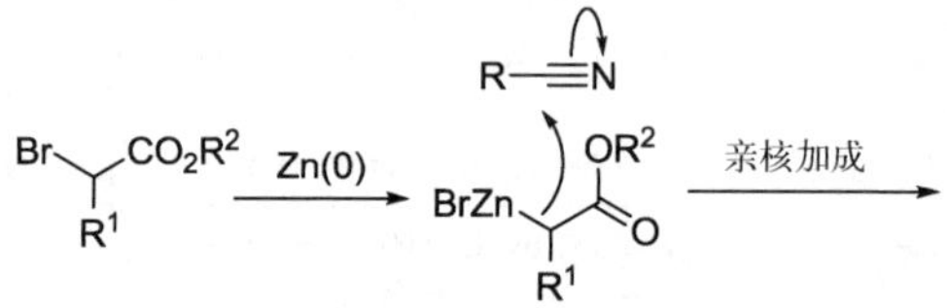

Zn的烯醇化物在晶态中是一个C-烯醇化物，但反应发生时平衡转为O-烯醇化物。

Example 1[5]

Example 2[6]

J.J. Li, *Name Reactions: A Collection of Detailed Mechanisms and Synthetic Applications*,
DOI 10.1007/978-3-319-03979-4_28, © Springer International Publishing Switzerland 2014

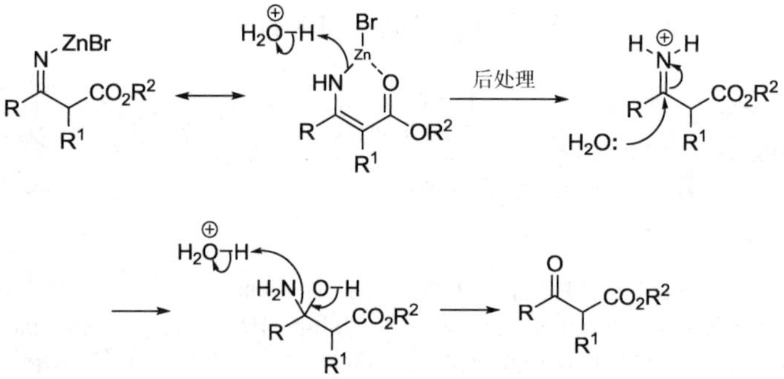

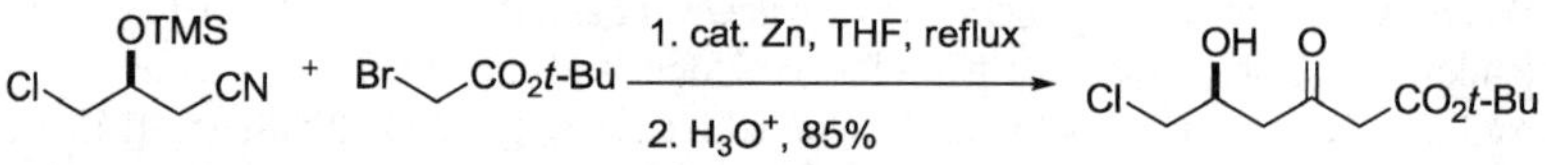

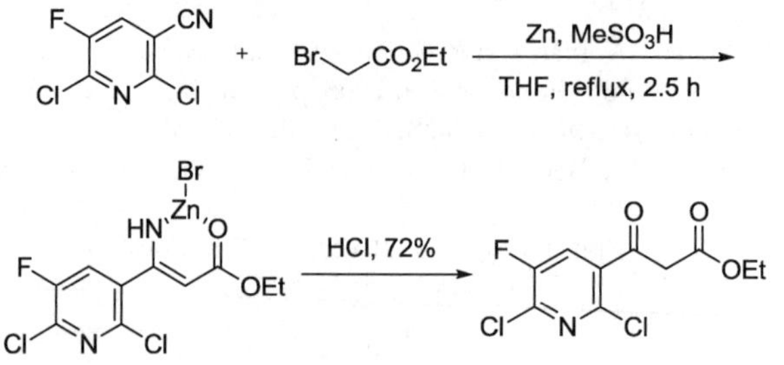

Example 3[7]

Example 4, 一个Blaise反应中间体的化学选择性串联酰基化反应[9]

Example 5,化学选择性的Blaise反应中间体的分子内烷基化反应[10]

References
1. (a) Blaise, E. E. *C. R. Hebd. Seances Acad. Sci.* **1901**, *132*, 478–480. (b) Blaise, E. E. *C. R. Hebd. Seances Acad. Sci.* **1901**, *132*, 978–980. 布雷塞（E. E. Blaise）曾在法国的Institut Chimique de Nancy工作。
2. Beard, R. L.; Meyers, A. I. *J. Org. Chem.* **1991**, *56*, 2091–2096.
3. Deutsch, H. M.; Ye, X.; Shi, Q.; Liu, Z.; Schweri, M. M. *Eur. J. Med. Chem.* **2001**, *36*, 303–311.
4. Creemers, A. F. L.; Lugtenburg, J. *J. Am. Chem. Soc.* **2002**, *124*, 6324–6334.
5. Shin, H.; Choi, B. S.; Lee, K. K.; Choi, H.-w.; Chang, J. H.; Lee, K. W.; Nam, D. H.; Kim, N.-S. *Synthesis* **2004**, 2629–2632.
6. Choi, B. S.; Chang, J. H.; Choi, H.-w.; Kim, Y. K.; Lee, K. K.; Lee, K. W.; Lee, J. H.; Heo, T.; Nam, D. H.; Shin, H. *Org. Proc. Res. Dev.* **2005**, *9*, 311–313.
7. Pospíšil, J.; Markó, I. E. *J. Am. Chem. Soc.* **2007**, *129*, 3516–3517.
8. Rao, H. S. P.; Rafi, S.; Padmavathy, K. *Tetrahedron* **2008**, *64*, 8037–8043. (Review).
9. Chun, Y. S.; Lee, S.-g.; Ko, Y. O.; Shin, H. *Chem. Commun.* **2008**, 5098–5100.
10. Kim, J. H.; Shin, H.; Lee, S.-g. *J. Org. Chem.* **2012**, *77*, 1560–1565.
11. Chun, Y. S.; Xuan, Z.; Kim, J. H.; Lee, S.-g. *Org. Lett.* **2013**, *15*, 3162–3165.

Blum-Ittah 氮丙啶合成反应

环氧化物用叠氮化物开环后得到的叠氮醇中间体再经 PPh_3 还原为相应的氮丙啶化合物。参见第576页上的Staudinger反应。

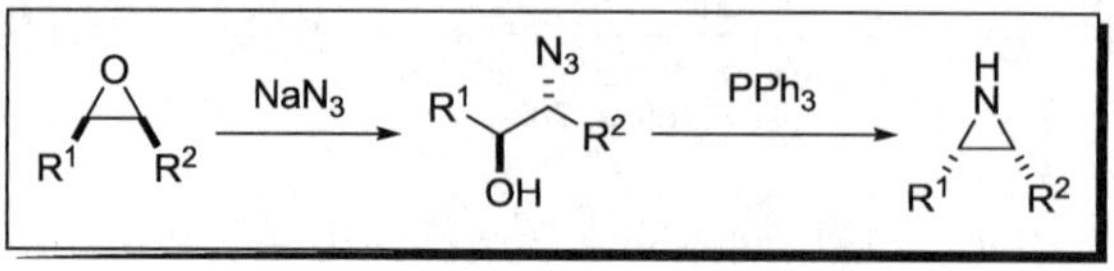

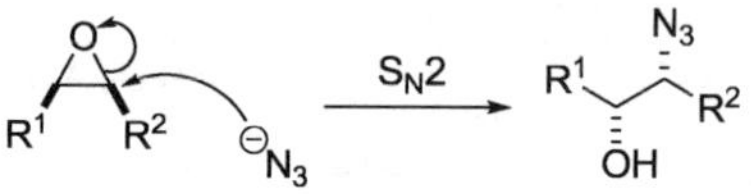

无论一个叠氮化物进行 S_N2 反应的位置选择性如何，最终氮丙啶产物的立体化学结果都是一样的。

Example 1[3]

Example 2[4]

J.J. Li, *Name Reactions: A Collection of Detailed Mechanisms and Synthetic Applications*,
DOI 10.1007/978-3-319-03979-4_29,

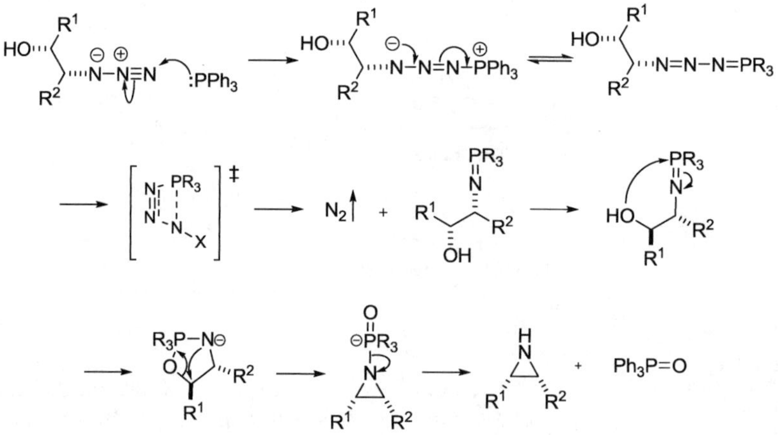

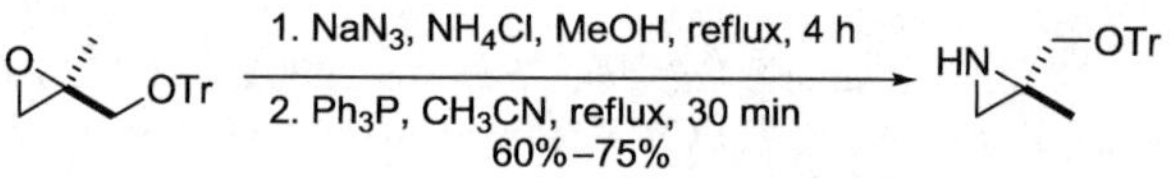

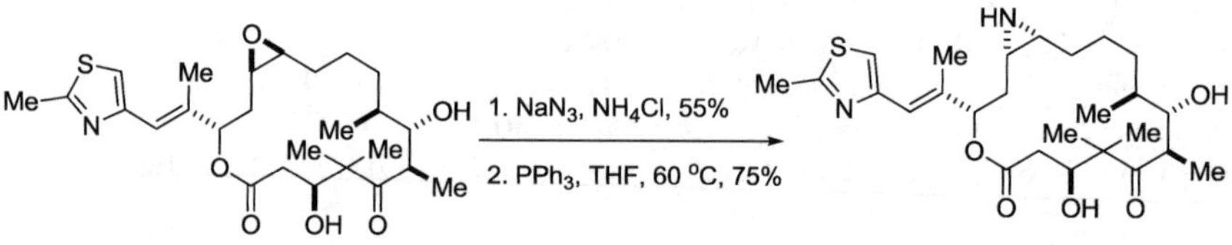

Example 3[6]

[Scheme: epoxide + NaN₃, NH₄Cl, MeOH, reflux, 4 h, 50% → azido alcohol + regioisomer; then Ph₃P, CH₃CN, reflux, 99% → aziridine-OTBS]

Example 4[8]

[Scheme: Cbz-NH epoxide (benzyl) → 1. NaN₃, NH₄Cl, MeOH, 3 h, 64%; 2. PPh₃, MeCN, 1 h, reflux, 66% → Cbz-NH aziridine]

Example 5[9]

[Scheme: phenyl-vinyl epoxide + NaN₃, NH₄Cl, μW, 15 min, 93% → azido alcohol; then PPh₃, CH₃CN, reflux, 2 h, 95% → aziridine]

References
1. Ittah, Y.; Sasson, Y.; Shahak, I.; Tsaroom, S.; Blum, J. *J. Org. Chem.* **1978**, *43*, 4271–4273. 布卢姆（J. Blum）是位于以色列耶路撒冷 The Habrew University 的教授。
2. Tanner, D.; Somfai, P. *Tetrahedron Lett.* **1987**, *28*, 1211–1214.
3. Wipf, P.; Venkatraman, S.; Miller, C. P. *Tetrahedron Lett.* **1995**, *36*, 3639–3642.
4. Regueiro-Ren, A.; Borzilleri, R. M.; Zheng, X.; Kim, S.-H.; Johnson, J. A.; Fairchild, C. R.; Lee, F. Y. F.; Long, B. H.; Vite, G. D. *Org. Lett.* **2001**, *3*, 2693–2696.
5. Fürmeier, S.; Metzger, J. O. *Eur. J. Org. Chem.* **2003**, 649–659.
6. Oh, K.; Parsons, P. J.; Cheshire, D. *Synlett* **2004**, 2771–2775.
7. Serafin, S. V.; Zhang, K.; Aurelio, L.; Hughes, A. B.; Morton, T. H. *Org. Lett.* **2004**, *6*, 1561–1564.
8. Torrado, A. *Tetrahedron Lett.* **2006**, *47*, 7097–7100.
9. Pulipaka, A. B.; Bergmeier, S. C. *J. Org. Chem.* **2008**, *73*, 1462–1467.
10. Richter, J. M. *Blum aziridine synthesis*, In *Name Reactions in Heterocyclic Chemistry II*; Li, J. J., Ed.; Wiley: Hoboken, NJ, **2011**, pp 2–10. (Review).

Boekelheide 反应

2-甲基吡啶的*N*-氧化物经三氟乙酸酐或乙酸酐处理给出2-羟甲基吡啶的重排反应。

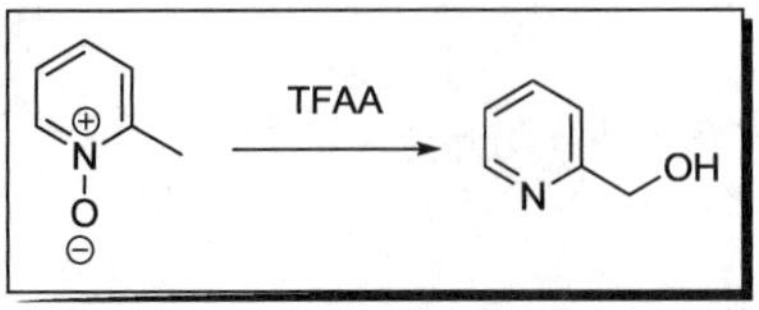

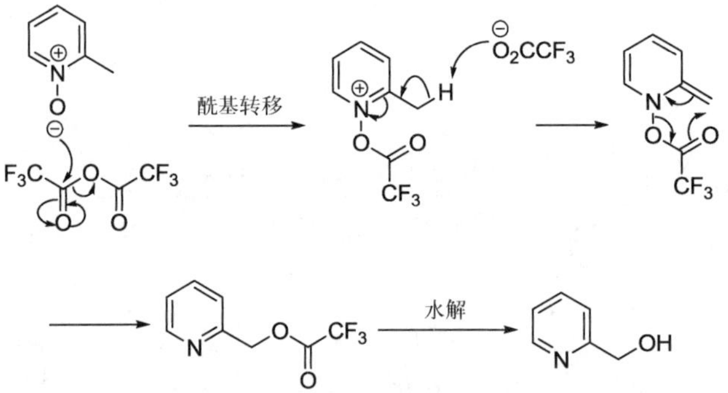

Example 1[4]

Example 2[6]

Example 3, 两重Boekelheide反应[8]

J.J. Li, *Name Reactions: A Collection of Detailed Mechanisms and Synthetic Applications*,
DOI 10.1007/978-3-319-03979-4_30, © Springer International Publishing Switzerland 2014

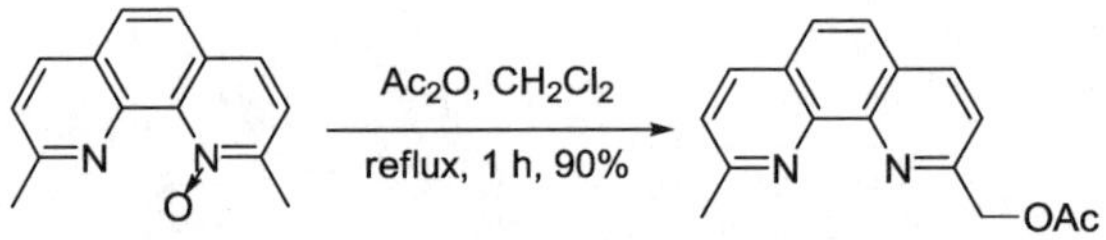

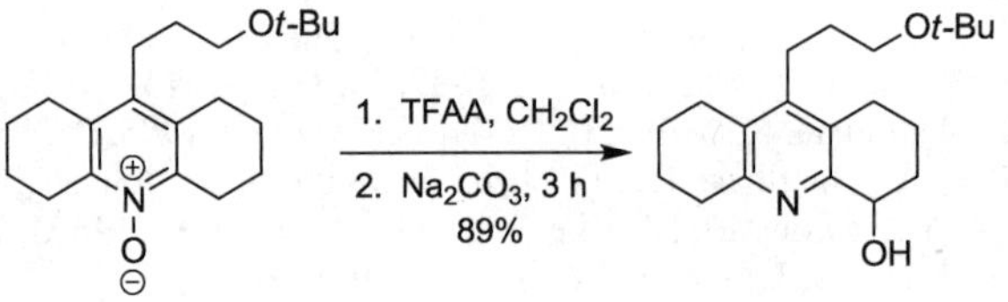

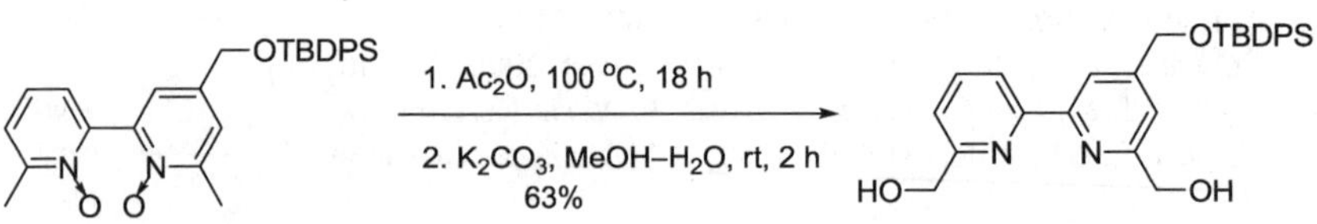

Example 4[9]

[reaction scheme: 3,5-dimethyl-4-nitropyridine N-oxide with 2-methyl → Ac₂O, HOAc, 90 °C, 3 h; then HCl, 79% → 3,5-dimethyl-4-nitro-2-(hydroxymethyl)pyridine]

Example 5, 两重Boekelheide 反应[10]

[reaction scheme: 2,5-dimethylpyrazine N,N'-dioxide → 1. Ac₂O, 158 °C, 7 h; 2. rt, 12 h, 20% → 2,5-bis(acetoxymethyl)pyrazine]

References
1. Boekelheide, V.; Linn, W. J. *J. Am. Chem. Soc.* **1954**, *76*, 1286–1291. 伯克尔海德（V. Boekelheide, 1919–2003）是俄勒冈大学（University of Oregon）教授。
2. Boekelheide, V.; Harrington, D. L. *Chem. Ind.* **1955**, 1423–1424.
3. Katritzky, A. R.; Lagowski, J. M. *Chemistry of the Heterocylic N-Oxides,* Academic Press: NY, **1971**. (Review).
4. Newkome, G. R.; Theriot, K. J.; Gupta, V. K.; Fronczek, F. R.; Baker, G. R. *J. Org. Chem.* **1989**, *54*, 1766–1769.
5. Katritzky, A. R.; Lam, J. N. *Heterocycles* **1992**, *33*, 1011–1049. (Review).
6. Fontenas, C.; Bejan, E.; Haddou, H. A.; Balavoine, G. G. A. *Synth. Commun.* **1995**, *25*, 629–633.
7. Galatsis, P. *Boekelheide Reaction*. In *Name Reactions in Heterocyclic Chemistry*; Li, J. J., Ed.; Wiley: Hoboken, NJ, **2005**, pp 340–349. (Review).
8. Havas, F.; Danel, M.; Galaup, C.; Tisnès, P.; Picard, C. *Tetrahedron Lett.* **2007**, *48*, 999–1002.
9. Dai, L.; Fan, D.; Wang, X.; Chen, Y. *Synth. Commun.* **2008**, *38*, 576–582.
10. Das, S. K.; Frey, J. *Tetrahedron Lett.* **2012**, *53*, 3869–3872.

Boger 吡啶合成反应

1,2,4-三唑和亲双烯体（如烯胺）经杂原子 Diels-Alder 反应再脱氮生成吡啶的反应。

Example 1[3]

Example 2, 分子内 Boger 吡啶合成[8]

Example 3[10]

[Reaction scheme: 3-(2-pyridyl)-5-phenyl-1,2,4-triazine + estrone derivative → fused pyridine product]

1. 四氢吡咯, 二甲苯, Δ
   10 h, 封管
2. 硅胶, 5 h, 67%

Example 4[11]

[Reaction scheme: bis(methylthio)-bi-1,2,4-triazine + norbornadiene → 6,6'-bis(methylthio)-2,2'-bipyridine]

异丙苯, 150 °C, 30 h
67%

References

1. Boger, D. L.; Panek, J. S. *J. Org. Chem.* **1981**, *46*, 2179–2182. 博格(D. Boger)1980年在哈佛大学科里(E. J. Corey)指导下获得Ph.D.学位。他在堪萨斯大学(University of Kansas)开始独立的研究生涯，后到普渡大学(Purdue University)工作，现是斯克利普斯研究所(Scripps Research Institute)教授。
2. Boger, D. L. *Tetrahedron* **1983**, *39*, 2869–2939. (Review).
3. Boger, D. L.; Panek, J. S.; Yasuda, M. *Org. Synth.* **1988**, *66*, 142–150.
4. Boger, D. L. In *Comprehensive Organic Synthesis;* Trost, B. M.; Fleming, I., Eds.; Pergamon, **1991**, *Vol. 5*, 451–512. (Review).
5. Behforouz, M.; Ahmadian, M. *Tetrahedron* **2000**, *56*, 5259–5288. (Review).
6. Buonora, P.; Olsen, J.-C.; Oh, T. *Tetrahedron* **2001**, *57*, 6099–6138. (Review).
7. Jayakumar, S.; Ishar, M. P. S.; Mahajan, M. P. *Tetrahedron* **2002**, *58*, 379–471. (Review).
8. Lahue, B. R.; Lo, S.-M.; Wan, Z.-K.; Woo, G. H. C.; Snyder, J. K. *J. Org. Chem.* **2006**, *69*, 7171–7182.
9. Galatsis, P. *Boger Reaction.* In *Name Reactions in Heterocyclic Chemistry*; Li, J. J., Ed.; Wiley: Hoboken, NJ, **2005**, pp 323–339. (Review).
10. Catozzi, N.; Bromley, W. J.; Wasnaire, P.; Gibson, M.; Taylor, R. J. K. *Synlett* **2007**, 2217–2221.
11. Lawecka, J.; Bujnicki, B.; Drabowicz, J.; Rykowski, A. *Tetrahedron Lett.* **2008**, *49*, 719–722.

Borch还原氨化反应

由胺和羰基化合物而来的亚胺还原（常用$NaCNBH_3$）给出相应胺的还原氨化反应。

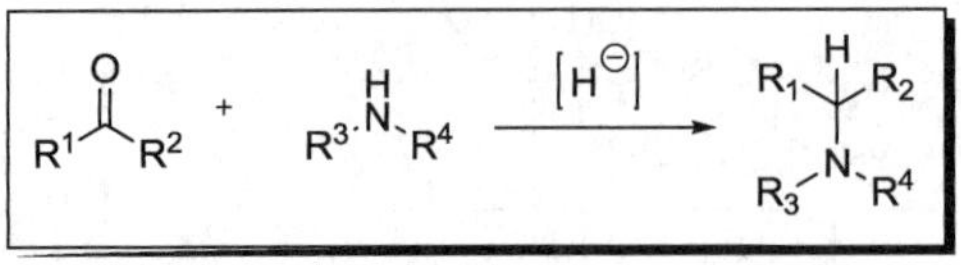

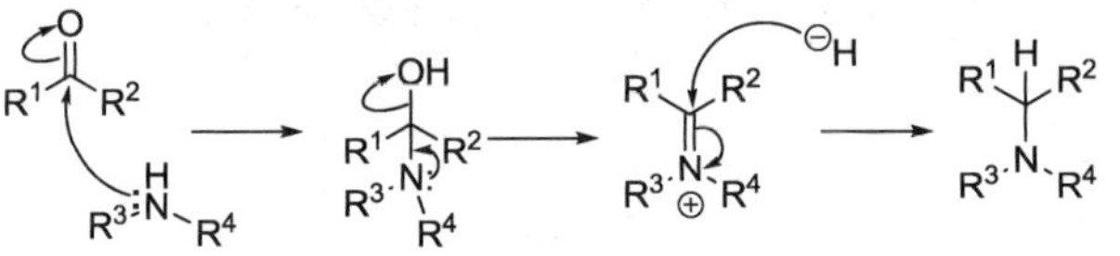

Example 1[4]

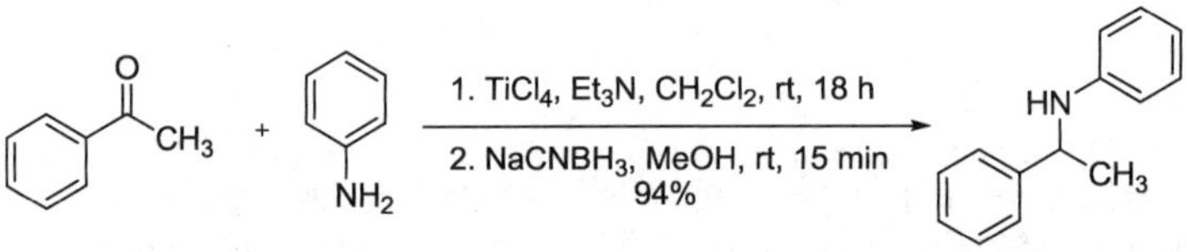

Example 2[5]

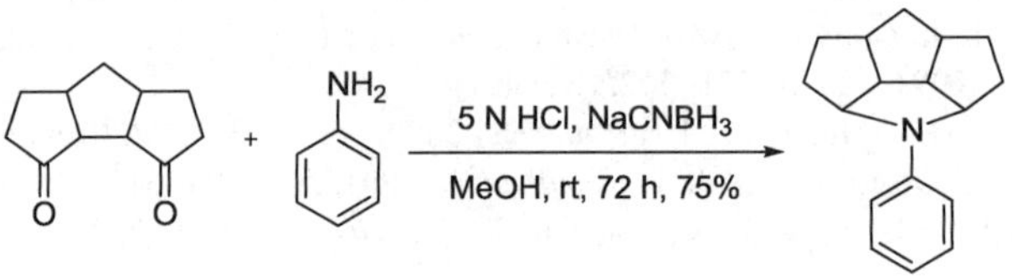

Example 3[8]

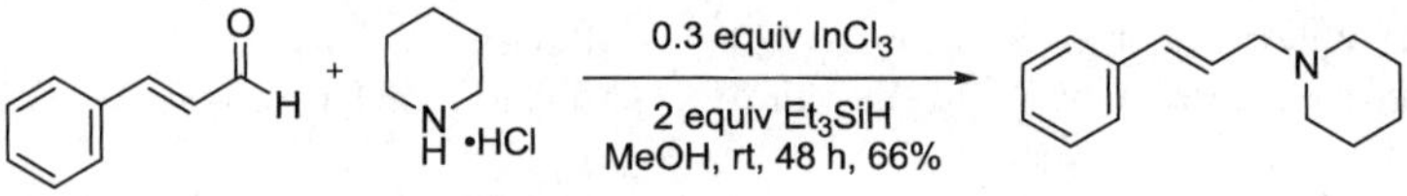

Example 4[9]

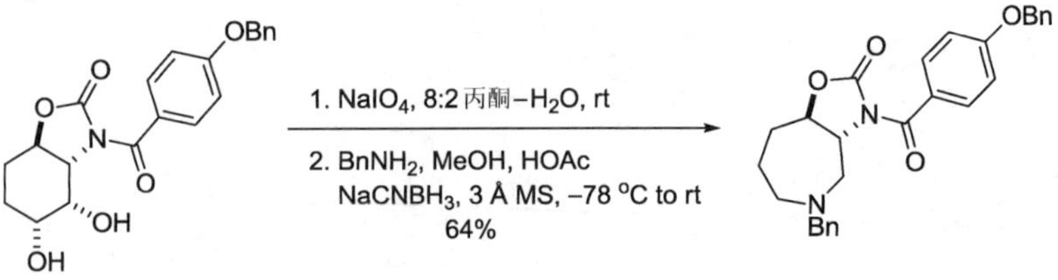

J.J. Li, *Name Reactions: A Collection of Detailed Mechanisms and Synthetic Applications*,
DOI 10.1007/978-3-319-03979-4_32, © Springer International Publishing Switzerland 2014

References

1. Borch, R. F., Durst, H. D. *J. Am. Chem. Soc.* **1969,** *91*, 3996–3997. 博尔奇（R. F. Borch）出生于俄亥俄州的克利夫兰，曾是明尼苏达大学（University of Minnesota）教授。
2. Borch, R. F.; Bernstein, M. D.; Durst, H. D. *J. Am. Chem. Soc.* **1971,** *93*, 2897–2904.
3. Borch, R. F.; Ho, B. C. *J. Org. Chem.* **1977,** *42*, 1225–1227.
4. Barney, C. L.; Huber, E. W.; McCarthy, J. R. *Tetrahedron Lett.* **1990,** *31*, 5547–5550.
5. Mehta, G.; Prabhakar, C. *J. Org. Chem.* **1995,** *60*, 4638–4640.
6. Lewin, G.; Schaeffer, C. *Heterocycles* **1998,** *48*, 171–174.
7. Lewin, G.; Schaeffer, C.; Hocquemiller, R.; Jacoby, E.; Léonce, S.; Pierré, A.; Atassi, G. *Heterocycles* **2000,** *53*, 2353–2356.
8. Lee, O.-Y.; Law, K.-L.; Ho, C.-Y.; Yang, D. *J. Org. Chem.* **2008,** *73*, 8829–8837.
9. Sullivan, B.; Hudlicky, T. *Tetrahedron Lett.* **2008,** *49*, 5211–5213.
10. Koszelewski, D.; Lavandera, I.; Clay, D.; Guebitz, G. M.; Rozzell, D.; Kroutil, W. *Angew. Chem. Int. Ed.* **2008,** *47*, 9337–9340.

Borsche-Drechsel环化反应

从环己酮苯腙合成四氢咔唑（9-氮杂芴）的环化反应。参见第253页上的Fischer吲哚合成反应。

Example 1[6]

Example 2[9]

Example 3[10]

Japp-Klingemann腙合成

References

1. Drechsel, E. *J. Prakt. Chem.* **1858,** *38,* 69.
2. Borsche, W.; Feise, M. *Ann.* **1908,** *359,* 49–80. 博歇（W.Borsche）发表本论文时是德国哥廷根大学化学研究所（Chemischen Institute, University Gottingen）的教授。博尔舍毫无他那个年代的许多人会表现出来的狂妄傲慢。他和他在法兰克福的同事冯布劳恩（J. von Braun）因坚守独立人格而受到纳粹政权的迫害。
3. Bruck, P. *J. Org. Chem.* **1970,** *35,* 2222–2227.
4. Gazengel, J.-M.; Lancelot, J.-C.; Rault, S.; Robba, M. *J. Heterocycl. Chem.* **1990,** *27,* 1947–1951.
5. Abramovitch, R. A.; Bulman, A. *Synlett* **1992,** 795–796.
6. Lin, G.; Zhang, A. *Tetrahedron* **2000,** *56,* 7163–7171.
7. Ergun, Y.; Bayraktar, N.; Patir, S.; Okay, G. *J. Heterocycl. Chem.* **2000,** *37,* 11–14.
8. Rebeiro, G. L.; Khadilkar, B. M. *Synthesis* **2001,** 370–372.
9. Takahashi, K.; Kasai, M.; Ohta, M.; Shoji, Y.; Kunishiro, K.; Kanda, M.; Kurahashi, K.; Shirahase, H. *J. Med. Chem.* **2008,** *51,* 4823–4833.
10. Pete, B. *Tetrahedron Lett.* **2008,** *49,* 2835–2838.
11. Fultz, M. W. *Borsche–Drechsel Cyclization,* In *Name Reactions in Heterocyclic Chemistry II*; Li, J. J., Ed.; Wiley: Hoboken, NJ, **2011,** pp 91–101. (Review).

Boulton-Katritzky 重排反应

一个五元杂环热解重排为另一个五元杂环的反应。

Example 1[4]

Example 2, 肼解作用[7]

Example 3[3]

J.J. Li, *Name Reactions: A Collection of Detailed Mechanisms and Synthetic Applications*,
DOI 10.1007/978-3-319-03979-4_34, © Springer International Publishing Switzerland 2014

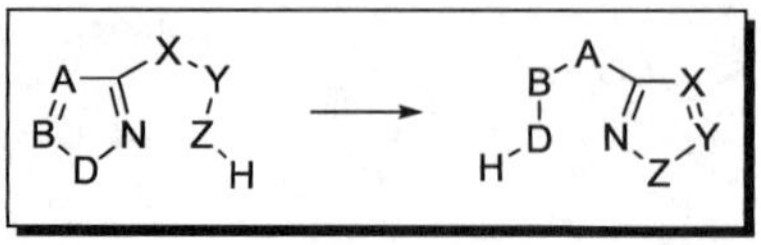

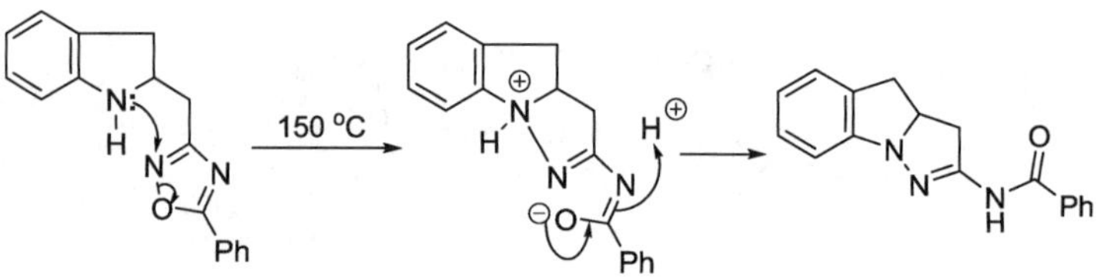

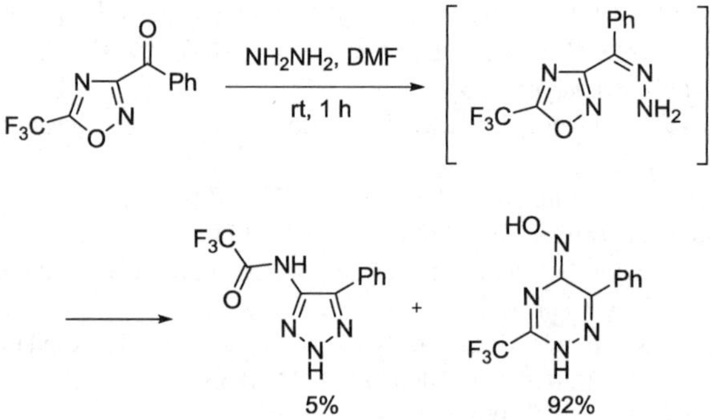

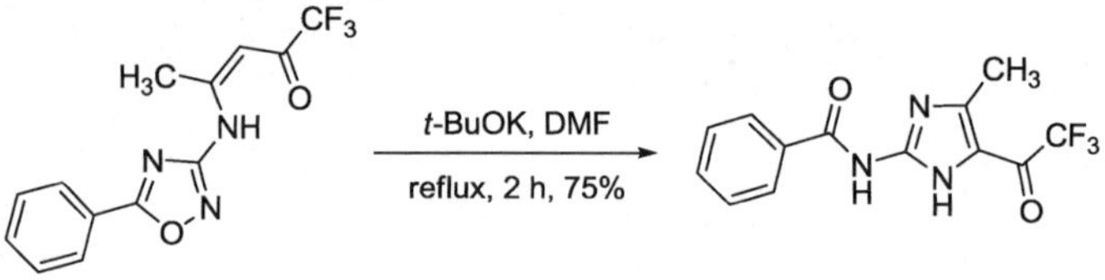

Example 4[12]

References

1. Boulton, A. J.; Katritzky, A. R.; Majid Hamid, A. *J. Chem. Soc. (C)* **1967,** 2005–2007. 卡丘斯基（A. Katritzky）是佛罗里达大学（University of Florida）教授，因编著如今已达107卷的系列期刊 "*Advances of Heterocyclic Chemistry*" 而为人所知。
2. Ruccia, M.; Vivona, N.; Spinelli, D. *Adv. Heterocycl. Chem.* **1981,** *29,* 141–169. (Review).
3. Vivona, N.; Buscemi, S.; Frenna, V.; Gusmano, C. *Adv. Heterocyl. Chem.* **1993,** *56,* 49–154. (Review).
4. Katayama, H.; Takatsu, N.; Sakurada, M.; Kawada, Y. *Heterocycles* **1993,** *35,* 453–459.
5. Rauhut, G. *J. Org. Chem.* **2001,** *66,* 5444–5448.
6. Crampton, M. R.; Pearce, L. M.; Rabbitt, L. C. *J. Chem. Soc., Perkin Trans. 2* **2002,** 257–261.
7. Buscemi, S.; Pace, A.; Piccionello, A. P.; Macaluso, G.; Vivona, N.; Spinelli, D.; Giorgi, G. *J. Org. Chem.* **2005,** *70,* 3288–3291.
8. Pace, A.; Pibiri, I.; Piccionello, A. P.; Buscemi, S.; Vivona, N.; Barone, G. *J. Org. Chem.* **2007,** *64,* 7656–7666.
9. Piccionello, A. P.; Pace, A.; Buscemi, S.; Vivona, N.; Pani, M. *Tetrahedron* **2008,** *64,* 4004–4010.
10. Pace, A.; Pierro, P.; Buscemi, S.; Vivona, N.; Barone, G. *J. Org. Chem.* **2009,** *74,* 351–358.
11. Corbett M. T.; Mullins, R. J. *Boulton–Katritzky rearrangement*, In *Name Reactions in Heterocyclic Chemistry II*; Li, J. J., Ed.; Wiley: Hoboken, NJ, **2011,** pp 527–538. (Review).
12. Ott, G. R.; Anzalone, A. V. *Synlett* **2011,** 3018–3022.

Bouveault醛合成反应

烷基或芳基卤代烃转化为相应的Li、Mg、Na、K等金属有机试剂后与DMF反应经甲酰化而成为同系醛的反应。

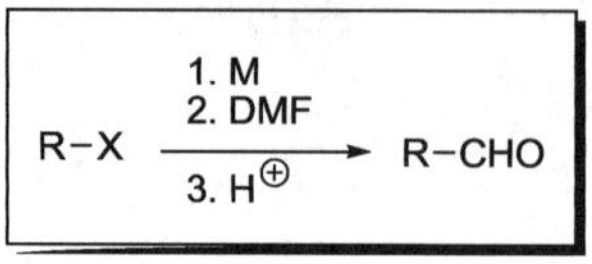

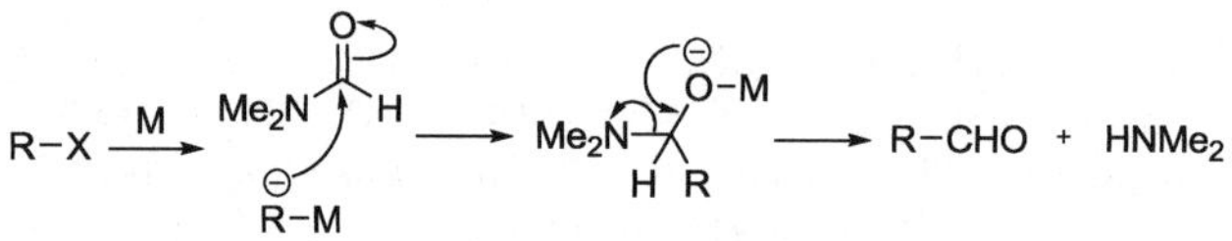

Comins 修正法:[4]

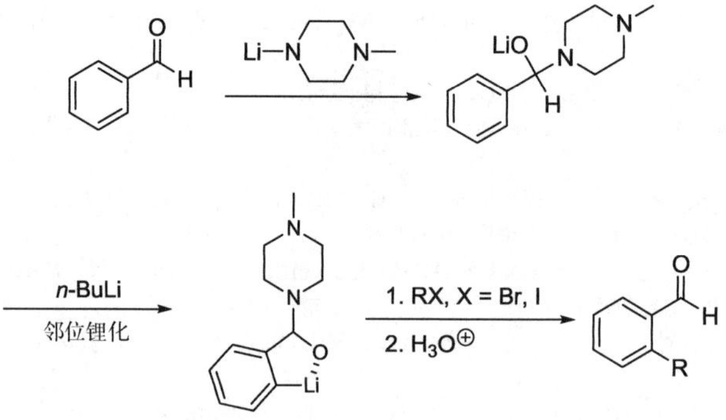

Example 1[3]

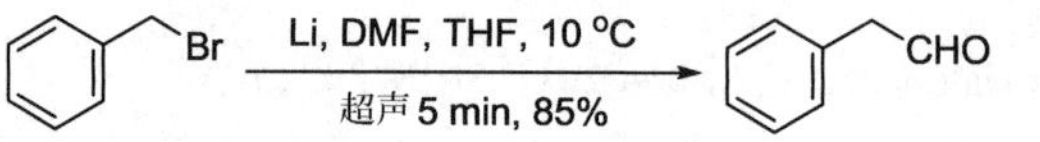

Example 2, 一个改进的Bouveault反应[7]

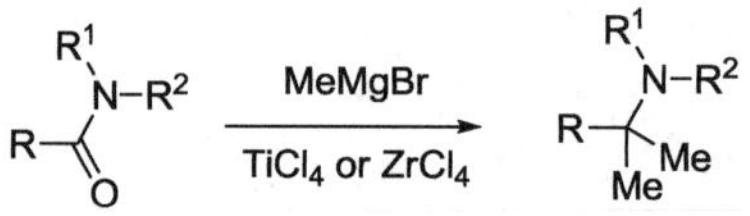

J.J. Li, *Name Reactions: A Collection of Detailed Mechanisms and Synthetic Applications*,
DOI 10.1007/978-3-319-03979-4_35, © Springer International Publishing Switzerland 2014

References
1. Bouveault, L. *Bull. Soc. Chim. Fr.* **1904,** *31,* 1306–1322, 1322–1327. 博韦尔特（L. Bouveault，1864-1909）出生于法国的Nevers。其一生虽短暂，但在教育和科研工作中建树颇丰。
2. Sicé, J. *J. Am. Chem. Soc.* **1953,** *75,* 3697–3700.
3. Pétrier, C.; Gemal, A. L.; Luche, J.-L. *Tetrahedron Lett.* **1982,** *23,* 3361–3364.
4. Comins, D. L.; Brown, J. D. *J. Org. Chem.* **1984,** *49,* 1078–1083.
5. Einhorn, J.; Luche, J. L. *Tetrahedron Lett.* **1986,** *27,* 1793–1796.
6. Meier, H.; Aust, H. *J. Prakt. Chem.* **1999,** *341,* 466–471.
7. Dillon, B R.; Roberts, D F.; Entwistle, D A.; Glossop, P A.; Knight, C. J.; Laity, D. A.; James, K.; Praquin, C. F.; Strang, R. S.; Watson, C. A. L. *Org. Process Res. Dev.* **2012,** *16,* 195–203.

Bouveault-Blanc 还原反应

亦称 Bouveault 反应，指用钠在醇溶剂中将酯还原为醇的反应。

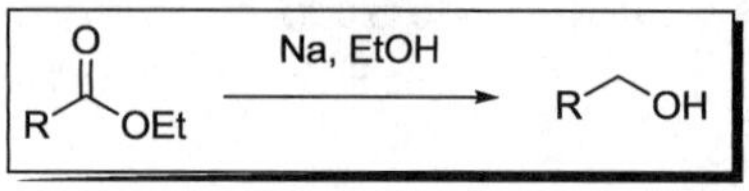

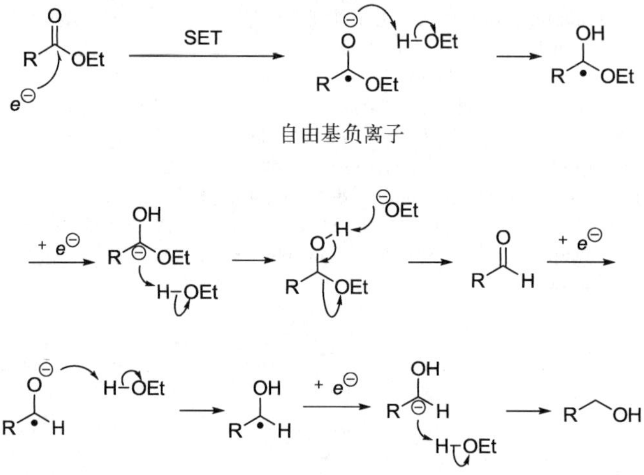

自由基负离子

Example[2]

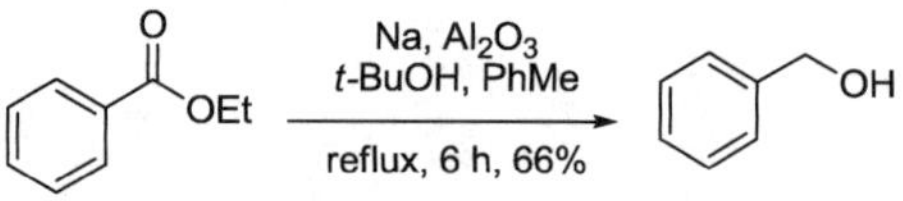

References

1. Bouveault, L.; Blanc, G. *Compt. Rend. Hebd. Seances Acad. Sci.* **1903**, *136*, 1676–1678.
2. Bouveault, L.; Blanc, G. *Bull. Soc. Chim.* **1904**, *31*, 666–672.
3. Rühlmann, K.; Seefluth, H.; Kiriakidis, T.; Michael, G.; Jancke, H.; Kriegsmann, H. *J. Organomet. Chem.* **1971**, *27*, 327–332.
4. Seo, B.-I.; Wall, L. K.; Lee, H.; Buttrum, J. W.; Lewis, D. E. *Synth. Commun.* **1993**, *23*, 15–22.
5. Singh, S.; Dev, S. *Tetrahedron* **1993**, *49*, 10959–10964.
6. Schopohl, M. C.; Bergander, K.; Kataeva, O.; Föehlich, R.; Waldvogel, S. R. *Synthesis* **2003**, 2689–2694.

Boyland-Sims氧化反应

用碱性过(二)硫酸盐将苯胺氧化为酚类化合物。

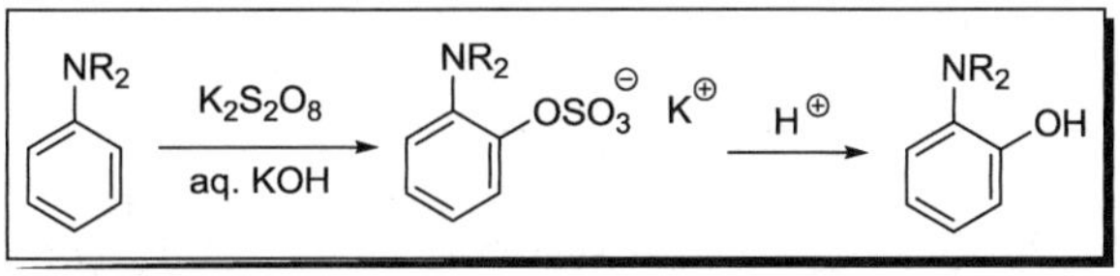

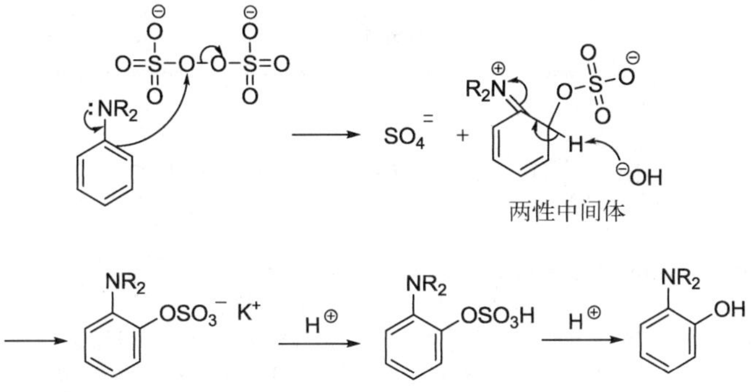

两性中间体

另一个过程也是可行的:[9–12]

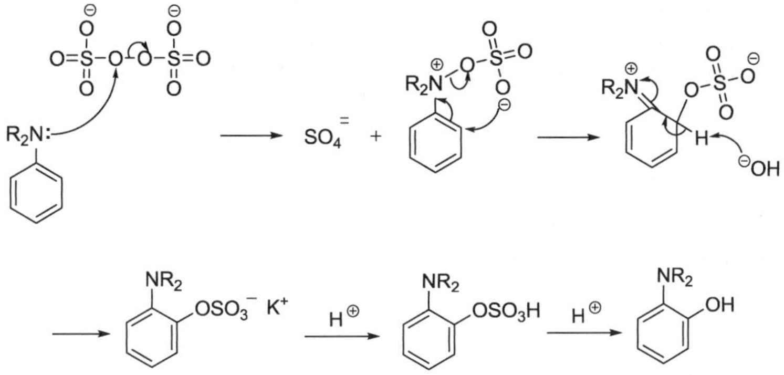

Example[3]

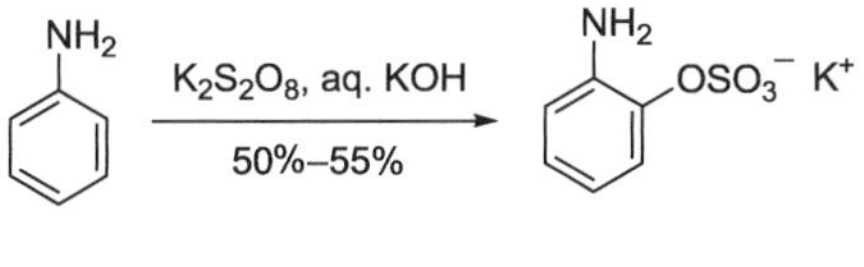

Elbs 氧化反应

亦称 Elbs 过（二）硫酸盐氧化反应[13~15]，是 Boyland-Sims 氧化反应的扩充，只是底物为酚，其机理也与 Boyland-Sims 氧化反应相似。

References

1. Boyland, E.; Manson, D.; Sims, P. *J. Chem. Soc.* **1953,** 3623–3628. 波伊兰德（E. Boyland）和西姆斯（P. Sims）都在英国伦敦的皇家肿瘤医院（Royal Cancer Hospital）工作。
2. Boyland, E.; Sims, P. *J. Chem. Soc.* **1954,** 980–985.
3. Behrman, E. J. *J. Am. Chem. Soc.* **1967,** *89,* 2424–2428.
4. Behrman, E. J.; Behrman, D. M. *J. Org. Chem.* **1978,** *43,* 4551–4552.
5. Srinivasan, C.; Perumal, S.; Arumugam, N. *J. Chem. Soc., Perkin Trans. 2* **1985,** 1855–1858.
6. Behrman, E. J. *Org. React.* **1988,** *35,* 421–511. (Review).
7. Behrman, E. J. *J. Org. Chem.* **1992,** *57,* 2266–2270.
8. Behrman, E. J. *Beilstein J. Org. Chem.* **2006,** *2,* 22.
9. Behrman, E. J. *Chem. Educator* **2010,** *15,* 392–393.
10. Behrman, E. J. *J. Phys. Chem.* **2011,** *115,* 7863–7864.
11. Marjanović, B.; Juranić, I.; Ćiric-Marjanović, G. *J. Phys. Chem.* **2011,** *115,* 3536–3550.
12. Marjanović, B.; Juranić, I.; Ćiric-Marjanović, G. *J. Phys. Chem.* **2011,** *115,* 7865–7868.
13. Elbs, K. *J. Prakt. Chem.* **1893,** *48,* 179–185.
14. Watson, K. G.; Serban, A. *Aust. J. Chem.* **1995,** *48,* 1503–1509.
15. Dai, K.; Wen, Q.; Liu, X.; Chen, S. *Faming Zhuanli Shenqing* CN102408401 (**2012**).

Bradsher 反应

酸催化下邻酰基二芳基甲烷发生分子内 Bradsher 环化反应经脱水而环合生成蒽的反应。另一方面,分子间 Bradsher 环化反应常常包含一个吡啶和烯基醚或烯基硫化物的 Diels-Alder 反应。

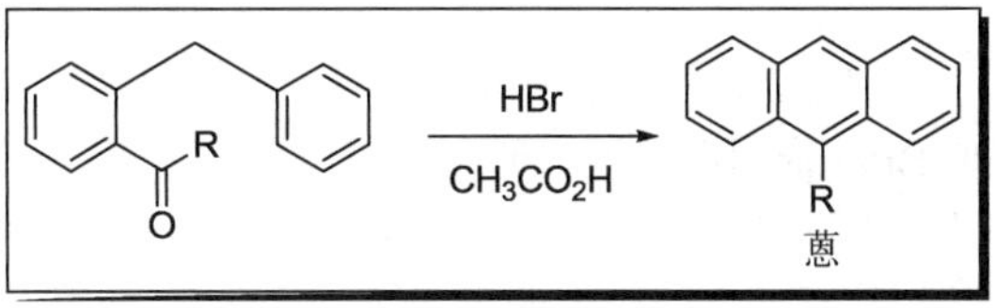

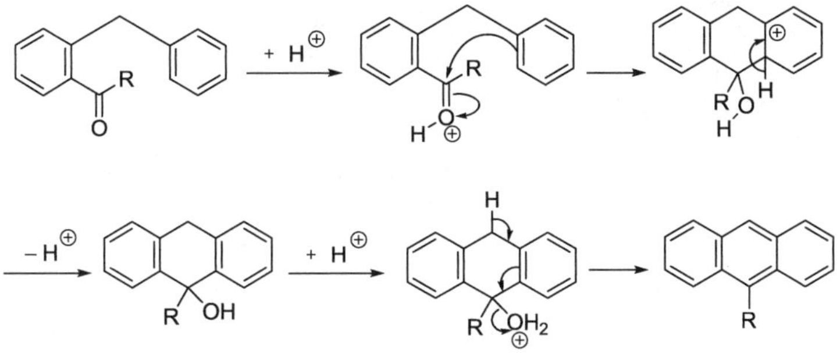

Example 1, 分子内 Bradsher 反应[2]

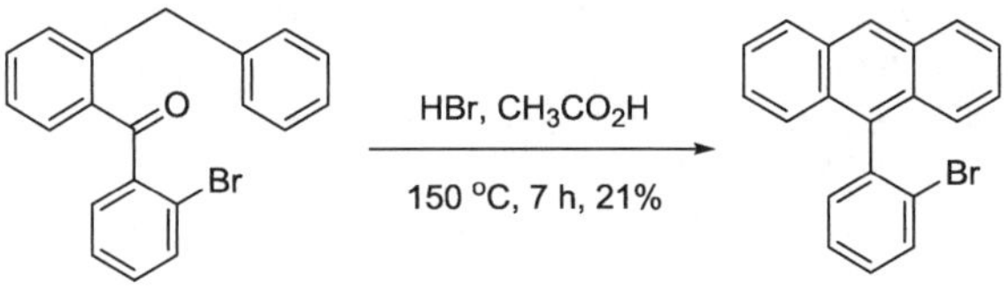

Example 2, 分子内 Bradsher 反应[5]

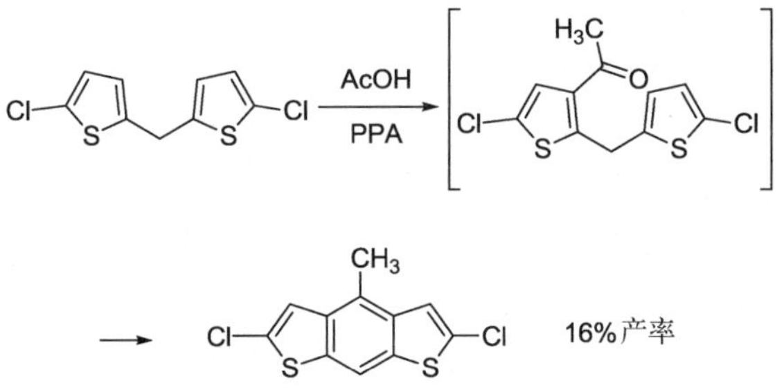

J.J. Li, *Name Reactions: A Collection of Detailed Mechanisms and Synthetic Applications*,
DOI 10.1007/978-3-319-03979-4_38, © Springer International Publishing Switzerland 2014

Example 3, 分子间Bradsher环加成反应[8]

Example 4, 分子间Bradsher环加成反应[11]

References

1. (a) Bradsher, C. K. *J. Am. Chem. Soc.* **1940**, *62*, 486–488.布拉德谢(C. K. Bradsher) 1912年出生于弗吉尼亚州的彼特堡(Petersburg)。在哈佛大学菲瑟(L. F. Fieser)指导下取得Ph. D.学位后再跟富松(R. C. Fuson)做博士后研究。他是杜克大学(Duke University)教授。(b) Bradsher, C. K.; Smith, E. S. *J. Am. Chem. Soc.* **1943**, *65*, 451–452. (c) Bradsher, C. K.; Vingiello, F. A. *J. Org. Chem.* **1948**, *13*, 786–789. (d) Bradsher, C. K.; Sinclair, E. F. *J. Org. Chem.* **1957**, *22*, 79–81.
2. Vingiello, F. A.; Spangler, M. O. L.; Bondurant, J. E. *J. Org. Chem.* **1960**, *25*, 2091–2094.
3. Brice, L. K.; Katstra, R. D. *J. Am. Chem. Soc.* **1960**, *82*, 2669–2670.
4. Saraf, S. D.; Vingiello, F. A. *Synthesis* **1970**, 655.
5. Ahmed, M.; Ashby, J.; Meth-Cohn, O. *J. Chem. Soc., Chem. Commun.* **1970**, 1094–1095.
6. Ashby, J.; Ayad, M.; Meth-Cohn, O. *J. Chem. Soc., Perkin Trans. 1* **1974**, 1744–1747.
7. Bradsher, C. K. *Chem. Rev.* **1987**, *87*, 1277–1297. (Review).
8. Nicolas, T. E.; Franck, R. W. *J. Org. Chem.* **1995**, *60*, 6904–6911.
9. Magnier, E.; Langlois, Y. *Tetrahedron Lett.* **1998**, *39*, 837–840.
10. Urban, D.; Duval, E.; Langlois, Y. *Tetrahedron Lett.* **2000**, *41*, 9251–9256.
11. Soll, C. E.; Franck, R. W. *Heterocycles* **2006**, *70*, 531–540.
12. Mondal, M.; Kerrigan, N. J. *Bradsher Reaction, In Name Reactions for Carbocyclic Ring Formations*, Li, J. J., Ed.; Wiley: Hoboken, NJ, **2010**, pp 251–266. (Review).

Brook 重排反应

α-硅基氧负离子经一个五配位的硅中间体通过可逆过程重排为*α*-硅氧基碳负离子的反应。该反应又称[1,2] Brook重排反应或[1,2] 硅基迁移反应。

[1,2] Brook 重排

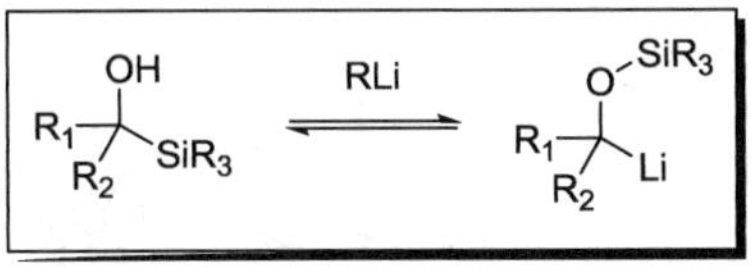

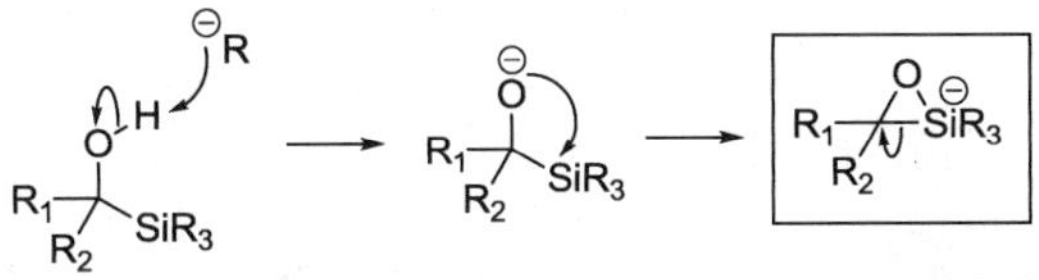

五配位硅中间体

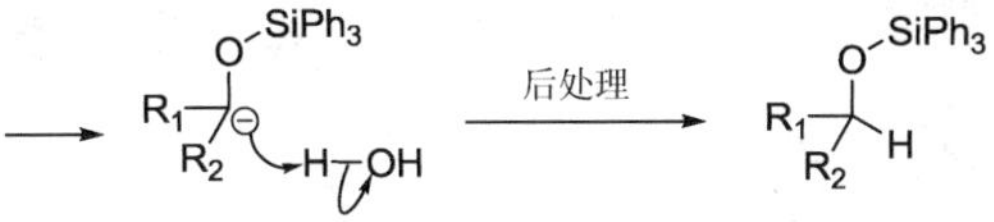

[1,3] Brook 重排

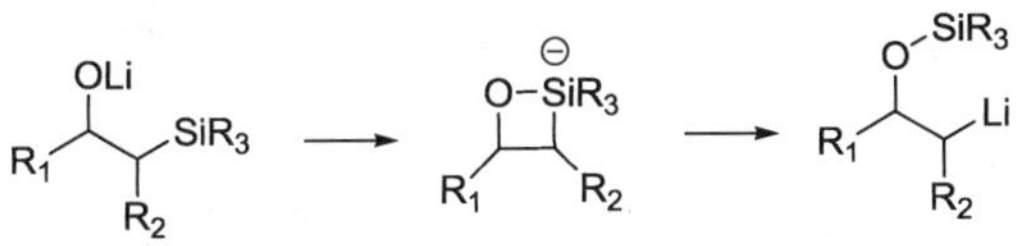

[1,4] Brook 重排

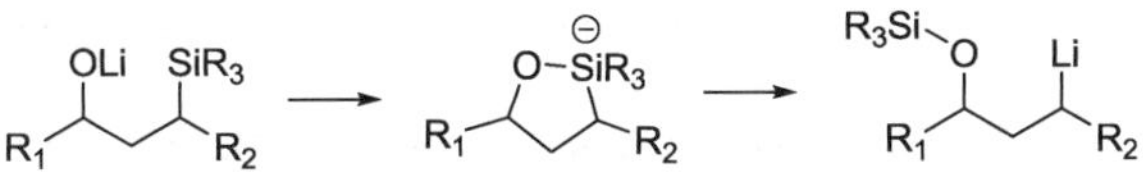

Example 1[6]

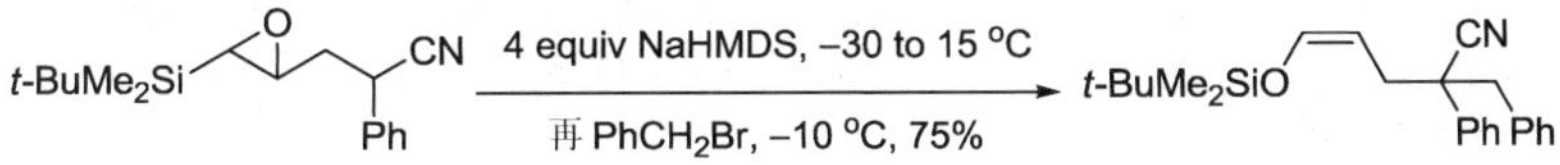

J.J. Li, *Name Reactions: A Collection of Detailed Mechanisms and Synthetic Applications*,
DOI 10.1007/978-3-319-03979-4_39, © Springer International Publishing Switzerland 2014

Example 2, [1,2] Brook 重排接着发生一个逆 [1,5] Brook 重排[8]

Example 3, [1,5] Brook 重排[9]

Example 4, 逆-[1,4] Brook 重排[10]

Example 5, 逆 Brook 重排[12]

References

1. Brook, A. G. *J. Am. Chem. Soc.* **1958**, *80*, 1886–1889. 布鲁克（A.G.Brook, 1924- ）出生于加拿大多伦多，是多伦多大学（University of Toronto）Lash Miller 化学实验室的教授。
2. Brook, A. G. *Acc. Chem. Res.* **1974**, *7*, 77–84. (Review).
3. Bulman Page, P. C.; Klair, S. S.; Rosenthal, S. *Chem. Soc. Rev.* **1990**, *19*, 147–195. (Review).
4. Fleming, I.; Ghosh, U. *J. Chem. Soc., Perkin Trans. 1* **1994**, 257–262.
5. Moser, W. H. *Tetrahedron* **2001**, *57*, 2065–2084. (Review).
6. Okugawa, S.; Takeda, K. *Org. Lett.* **2004**, *6*, 2973–2975.
7. Matsumoto, T.; Masu, H.; Yamaguchi, K.; Takeda, K. *Org. Lett.* **2004**, *6*, 4367–4369.
8. Clayden, J.; Watson, D. W.; Chambers, M. *Tetrahedron* **2005**, *61*, 3195–3203.
9. Smith, A. B., III; Xian, M.; Kim, W.-S.; Kim, D.-S. *J. Am. Chem. Soc.* **2006**, *128*, 12368–12369.
10. Mori, Y.; Futamura, Y.; Horisaki, K. *Angew. Chem. Int. Ed.* **2008**, *47*, 1091–1093.
11. Greszler, S. N.; Johnson, J. S. *Org. Lett.* **2009**, *11*, 827–830.
12. He, Y.; Hu, H.; Xie, X.; She, X. *Tetrahedron* **2013**, *69*, 559–563.

Brown 硼氢化反应

硼烷与烯烃加成生成的有机硼烷经碱性氧化给出醇的反应。反应的位置选择性是反马氏规则的。

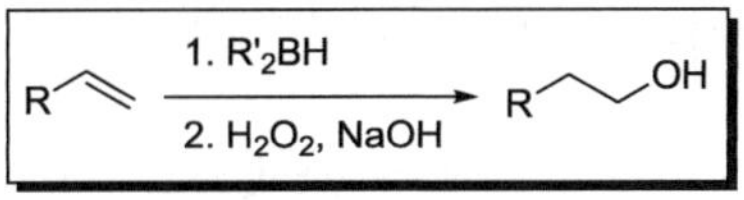

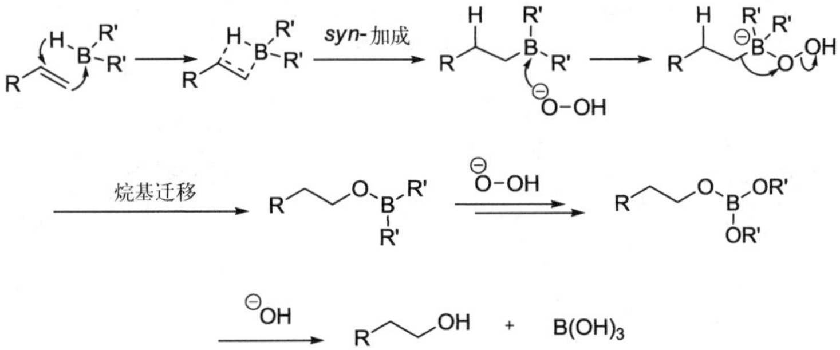

Example 1[2]

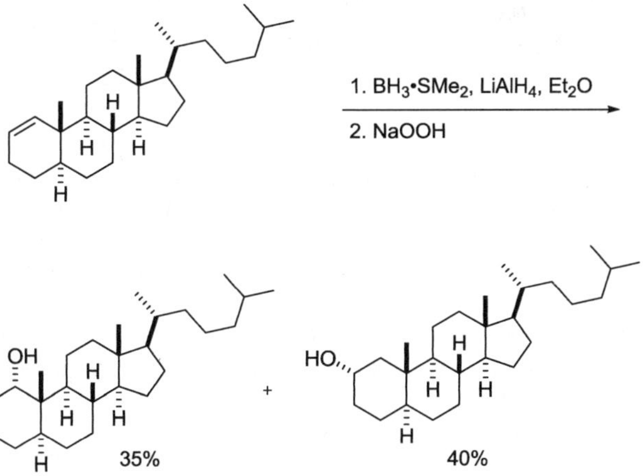

Example 2[7]

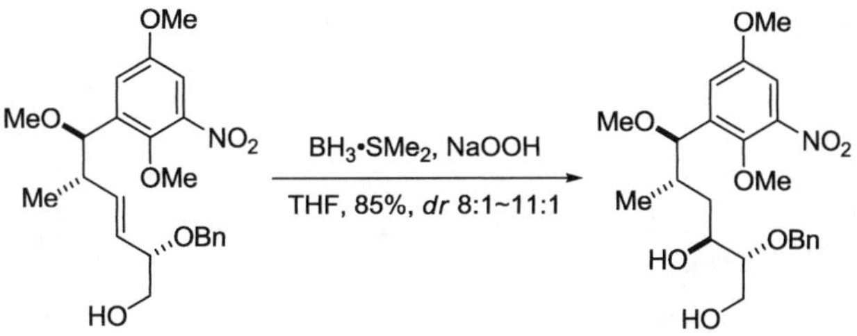

J.J. Li, *Name Reactions: A Collection of Detailed Mechanisms and Synthetic Applications*,
DOI 10.1007/978-3-319-03979-4_40, © Springer International Publishing Switzerland 2014

Example 3[8]

Example 4, 不对称硼氢化反应[10]

Example 5[11]

References

1. Brown, H. C.; Tierney, P. A. *J. Am. Chem. Soc.* **1958**, *80*, 1552–1558. 美国人布朗（H. C. Brown, 1912-2004）先在缅因州立大学（Wayne State University），后到普渡大学（Purdue University）从事其科学生涯。在普渡大学工作期间与德国人维梯希（G. Wittig, 1897-1987）因各自对有机硼和有机磷的工作而共享1981年度诺贝尔化学奖。
2. Nussim, M.; Mazur, Y.; Sondheimer, F. *J. Org. Chem.* **1964**, *29*, 1120–1131.
3. Pelter, A.; Smith, K.; Brown, H. C. *Borane Reagents,* Academic Press: New York, **1972**. (Book).
4. Brewster, J. H.; Negishi, E. *Science* **1980**, *207*, 44–46. (Review).
5. Fu, G. C.; Evans, D. A.; Muci, A. R. *Advances in Catalytic Processes* **1995**, *1*, 95–121. (Review).
6. Hayashi, T. *Comprehensive Asymmetric Catalysis I–III* **1995**, *1*, 351–364. (Review).
7. Carter K. D.; Panek J. S. *Org. Lett.* **2004**, *6*, 55–57.
8. Clay, J. M.; Vedejs, E. *J. Am. Chem. Soc.* **2005**, *127*, 5766–5767.
9. Clay, J. M. *Brown hydroboration reaction*. In *Name Reactions for Functional Group Transformations*; Li, J. J., Ed.; Wiley: Hoboken, NJ, **2007**, pp 183–188. (Review).
10. Smith, S. M.; Thacker, N. C.; Takacs, J. M. *J. Am. Chem. Soc.* **2008**, *130*, 3734–3735.
11. Anderson, L. L.; Woerpel, K. A. *Org. Lett.* **2009**, *11*, 425–428.
12. Yadav, J. S.; Kavita, A.; Raghavendra Rao, K. V.; Mohapatra, D. K. *Tetrahedron Lett.* **2013**, *54*, 1710–1713.

Bucherer咔唑合成反应

萘酚和芳香肼在NaSO₃H促进下生成咔唑的反应，也是Fischer吲哚合成反应的一个扩充。

Example 1[2]

Example 2[3]

Example 3[4]

[Reaction scheme: 2,7-dihydroxynaphthalene + 2,5-dimethylphenylhydrazine, 1. NaHSO$_3$, Δ; 2. H$^⊕$ → bis-carbazole product, 0.5% yield!]

Example 4[7]

[Reaction scheme: 2-naphthol + 4-bromophenylhydrazine, Na$_2$S$_2$O$_5$, HCl, Δ → bromo-benzo[a]carbazole]

References

1. Bucherer, H. T. *J. Prakt. Chem.* **1904**, *69*, 49–91. 布希勒（H. T. Bucherer, 1869-1949）出生于德国的Ehrenfeld。他一生都在做学术的同时兼顾产业。
2. Bucherer, H. T.; Schmidt, M. *J. Prakt. Chem.* **1909**, *79*, 369–417.
3. Bucherer, H. T.; Sonnenburg, E. F. *J. Prakt. Chem.* **1909**, *81*, 1–48.
4. Drake, N. L. *Org. React.* **1942**, *1*, 105–128. (Review).
5. Seeboth, H. *Angew. Chem. Int. Ed.* **1967**, *6*, 307–317. (Review).
6. Robinson, B. *The Fischer Indole Synthesis*, Wiley-Interscience, New York, **1982**. (Book).
7. Hill, J. A.; Eaddy, J. F. *J. Labelled Compd. Radiopharm.* **1994**, *34*, 697–706.
8. Pischel, I.; Grimme, S.; Kotila, S.; Nieger, M.; Vögtle, F. *Tetrahedron: Asymmetry* **1996**, *7*, 109–116.
9. Moore, A. J. *Bucherer Carbazole Synthesis*. In *Name Reactions in Heterocyclic Chemistry*; Li, J. J., Ed.; Wiley: Hoboken, NJ, **2005**, pp 110–115. (Review).

Bucherer反应

β-萘酚在$(NH_4)_2SO_3$作用下生成β-萘胺的反应。

Example 1, 逆Bucherer反应[6]

Example 2, 虽然经典的Bucherer反应需在高温下进行, 但在微波(150 W)促进下室温时也能进行。[7]

J.J. Li, *Name Reactions: A Collection of Detailed Mechanisms and Synthetic Applications*,
DOI 10.1007/978-3-319-03979-4_42, © Springer International Publishing Switzerland 2014

Example 3[8]

References
1. Bucherer, H. T. *J. Prakt. Chem.* **1904**, *69*, 49–91.
2. Drake, N. L. *Org. React.* **1942**, *1*, 105–128. (Review).
3. Gilbert, E. E. *Sulfonation and Related Reactions* Wiley: New York, **1965**, p 166. (Review).
4. Seeboth, H. *Angew. Chem. Int. Ed.* **1967**, *6*, 307–317.
5. Gruszecka, E.; Shine, H. J. *J. Labelled Compd. Radiopharm.* **1983**, *20*, 1257–1264.
6. Belica, P. S.; Manchand, P. S. *Synthesis* **1990**, 539–540.
7. Canete, A.; Melendrez, M. X.; Saitz, C.; Zanocco, A. L. *Synth. Commun.* **2001**, *31*, 2143–2148.
8. Körber, K.; Tang, W.; Hu, X.; Zhang, X. *Tetrahedron Lett.* **2002**, *43*, 7163–7165.
9. Deady, L. W.; Devine, S. M. *Tetrahedron* **2006**, *62*, 2313–2320.
10. Budzikiewicz, H. *Mini-Reviews Org. Chem.* **2006**, *3*, 93–97. (Review).
11. Yu, J.; Zhang, P.i; Wu, J.; Shang, Z. *Tetrahedron Lett.* **2013**, *54*, 3167–3170.

Buchnrer-Bergs反应

羰基化合物和KCN及($(NH_4)_2CO_3$)反应，或羟氰化合物和($(NH_4)_2CO_3$)反应生成乙内酰脲的合成反应。该反应也是一个多组分反应(MCRs)。

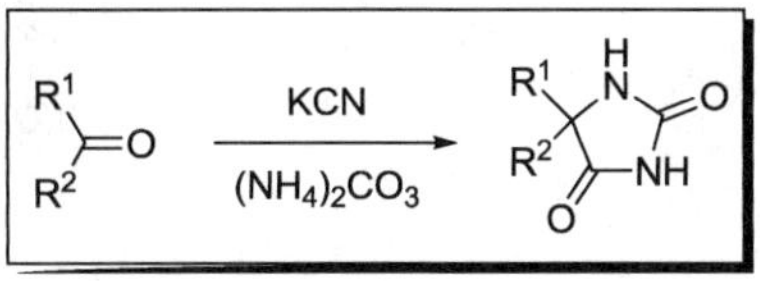

$$(NH_4)_2CO_3 = 2\ NH_3 + CO_2 + H_2O$$

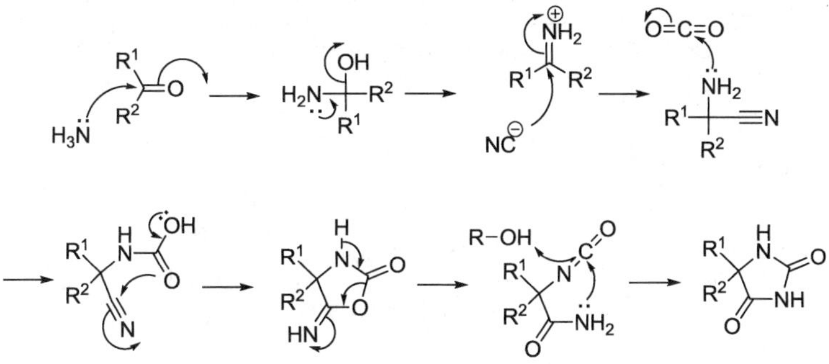

异氰酸酯中间体

Example 1[5]

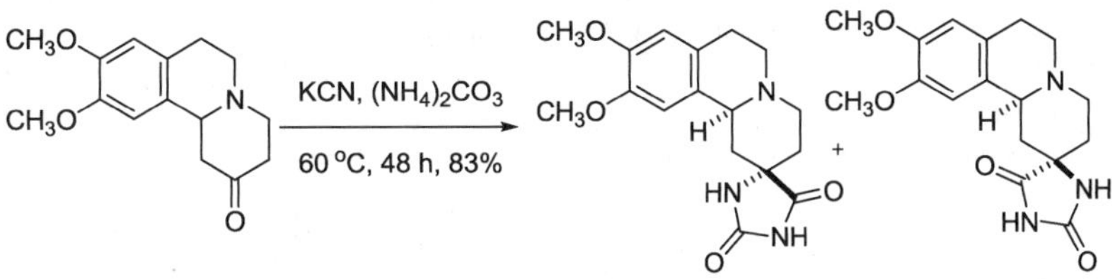

Example 2[6]

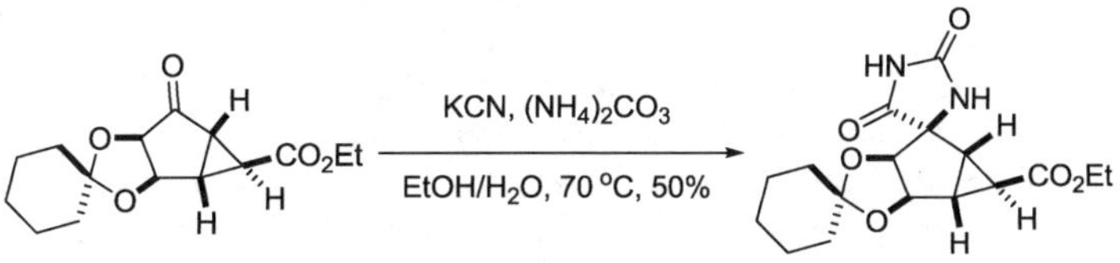

J.J. Li, *Name Reactions: A Collection of Detailed Mechanisms and Synthetic Applications*,
DOI 10.1007/978-3-319-03979-4_43, © Springer International Publishing Switzerland 2014

Example 3[7]

Example 4[9]

Example 5[11]

References
1. Bergs, H. Ger. Pat. 566, 094, **1929**. 伯格斯（H. G. Bergs）在德国的法本化工公司（I. G. Farben）工作。
2. Bucherer, H. T., Steiner, W. *J. Prakt. Chem.* **1934,** *140,* 291–316. (Mechanism).
3. Ware, E. *Chem. Rev.* **1950,** *46,* 403–470. (Review).
4. Wieland, H. In *Houben–Weyl's Methoden der organischen Chemie*, Vol. XI/2, **1958,** p 371. (Review).
5. Menéndez, J. C.; Díaz, M. P.; Bellver, C.; Söllhuber, M. M. *Eur. J. Med. Chem.* **1992,** *27,* 61–66.
6. Domínguez, C.; Ezquerra, A.; Prieto, L.; Espada, M.; Pedregal, C. *Tetrahedron: Asymmetry* **1997,** *8,* 511–514.
7. Zaidlewicz, M.; Cytarska, J.; Dzielendziak, A.; Ziegler-Borowska, M. *ARKIVOC* **2004,** *iii,* 11–21.
8. Li, J. J. *Bucherer–Bergs Reaction.* In *Name Reactions in Heterocyclic Chemistry*, Li, J. J., Ed.; Wiley: Hoboken, NJ, **2005,** pp 266–274. (Review).
9. Sakagami, K.; Yasuhara, A.; Chaki, S.; Yoshikawa, R.; Kawakita, Y.; Saito, A.; Taguchi, T.; Nakazato, A. *Bioorg. Med. Chem.* **2008,** *16,* 4359–4366.
10. Wuts, P. G. M.; Ashford, S. W.; Conway, B.; Havens, J. L.; Taylor, B.; Hritzko, B.; Xiang, Y.; Zakarias, P. S. *Org. Proc. Res. Dev.* **2009,** *13,* 331–335.
11. Oba, M.; Shimabukuro, A.; Ono, M.; Doi, M.; Tanaka, M. *Tetrahedron: Asymmetry* **2013,** *24,* 464–467.

Büchner 扩环反应

苯环在重氮乙酸酯作用下生成2,4,6-环庚三烯酸酯的反应。分子内的 Büchner 反应用途更广。参见 Pfau-Platter 奥合成反应。

Example 1, 分子内 Büchner 反应[7]

Example 2, 分子内 Büchner 反应[8]

Example 3, 用 Grubbs 催化剂的一个 Büchner 反应[9]

Example 4[10]

Example 5[12]

References
1. Büchner, E. *Ber.* **1896**, *29*, 106–109. 布希诺（E. Büchner, 1860-1917）于1907年因发酵工作而获得诺贝尔化学奖。有机实验室常见的布氏漏斗就是他发明的。
2. von E. Doering, W.; Knox, L. H. *J. Am. Chem. Soc.* **1957**, *79*, 352–356.
3. Marchard, A. P.; Brockway, N. M. *Chem. Rev.* **1974**, *74*, 431–469. (Review).
4. Anciaux, A. J.; Demoncean, A.; Noels, A. F.; Hubert, A. J.; Warin, R.; Teyssié, P. *J. Org. Chem.* **1981**, *46*, 873–876.
5. Duddeck, H.; Ferguson, G.; Kaitner, B.; Kennedy, M.; McKervey, M. A.; Maguire, A. R. *J. Chem. Soc., Perkin Trans. 1* **1990**, 1055–1063.
6. Doyle, M. P.; Hu, W.; Timmons, D. J. *Org. Lett.* **2001**, *3*, 933–935.
7. Manitto, P.; Monti, D.; Speranza, G. *J. Org. Chem.* **1995**, *60*, 484–485.
8. Crombie, A. L; Kane, J. L., Jr.; Shea, K. M.; Danheiser, R. L. *J. Org. Chem.* **2004**, *69*, 8652–8667.
9. Galan, B. R.; Gembicky, M.; Dominiak, P. M.; Keister, J. B.; Diver, S. T. *J. Am. Chem. Soc.* **2005**, *127*, 15702–15703.
10. Panne, P.; Fox, J. M. *J. Am. Chem. Soc.* **2007**, *129*, 22–23.
11. Gomes, A. T. P. C.; Leão, R. A. C.; Alonso, C. M. A.; Neves, M. G. P. M. S.; Faustino, M. A. F.; Tomé, A. C.; Silva, A.M. S.; Pinheiro, S.; de Souza, M. C. B. V.; Ferreira, V. F.; Cavaleiro, J. A. S. *Helv. Chim. Acta* **2008**, *91*, 2270–2283.
12. Foley, D. A.; O'Leary, P.; Buckley, N. R.; Lawrence, S. E.; Maguire, A. R. *Tetrahedron* **2013**, *69*, 1778–1794.

Buchwald-Hartwig 氨基化反应

Buchwald-Hartwig 氨基化反应是从芳基卤代物或芳基磺酸酯出发生成芳香胺的通用方法。运用该策略的关键点是要用到催化量的由各种亲电子配体配位的钯。催化剂的再生是必需有如叔丁氧钠一类强碱存在的。

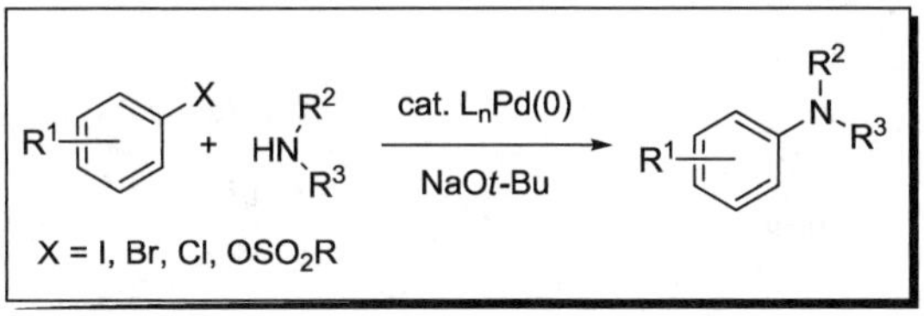

$$R^1\text{-Ar-X} + HN(R^2)(R^3) \xrightarrow[\text{NaO}t\text{-Bu}]{\text{cat. L}_n\text{Pd(0)}} R^1\text{-Ar-N}(R^2)(R^3)$$

X = I, Br, Cl, OSO$_2$R

机理：

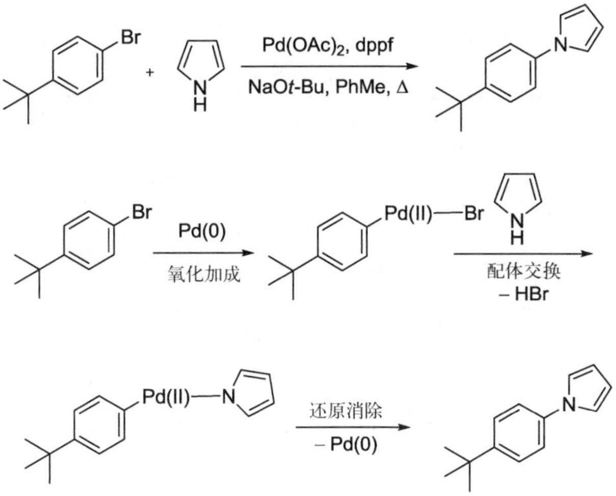

（4-叔丁基苯基）溴 + 吡咯 $\xrightarrow[\text{NaO}t\text{-Bu, PhMe, }\Delta]{\text{Pd(OAc)}_2\text{, dppf}}$ 4-叔丁基苯基-N-吡咯

Ar-Br $\xrightarrow[\text{氧化加成}]{\text{Pd(0)}}$ Ar-Pd(II)-Br $\xrightarrow[\text{配体交换} \\ -\text{HBr}]{\text{吡咯-H}}$ Ar-Pd(II)-N(吡咯)

Ar-Pd(II)-N(吡咯) $\xrightarrow[-\text{Pd(0)}]{\text{还原消除}}$ Ar-N(吡咯)

催化循环见下页，

Example 1[3]

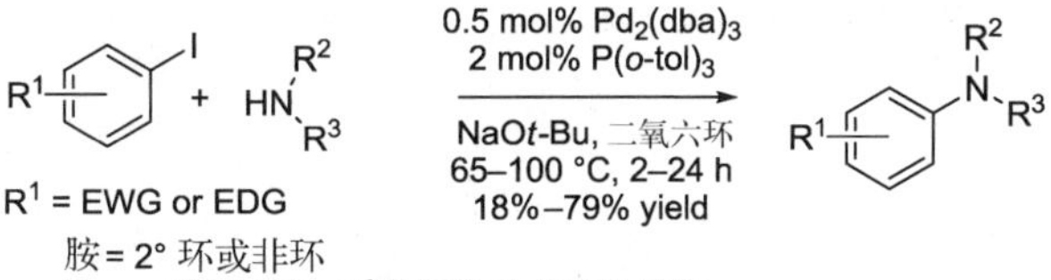

$R^1\text{-Ar-I} + HN(R^2)(R^3) \xrightarrow[\substack{\text{NaO}t\text{-Bu, 二氧六环} \\ 65\text{--}100\ °\text{C, 2--24 h} \\ 18\%\text{--}79\%\ \text{yield}}]{\substack{0.5\ \text{mol\%}\ \text{Pd}_2(\text{dba})_3 \\ 2\ \text{mol\%}\ \text{P}(o\text{-tol})_3}} R^1\text{-Ar-N}(R^2)(R^3)$

R^1 = EWG or EDG
胺 = 2° 环或非环
胺 = 1° 脂肪族的：R^1除邻位外产率均较低

Example 2[4]

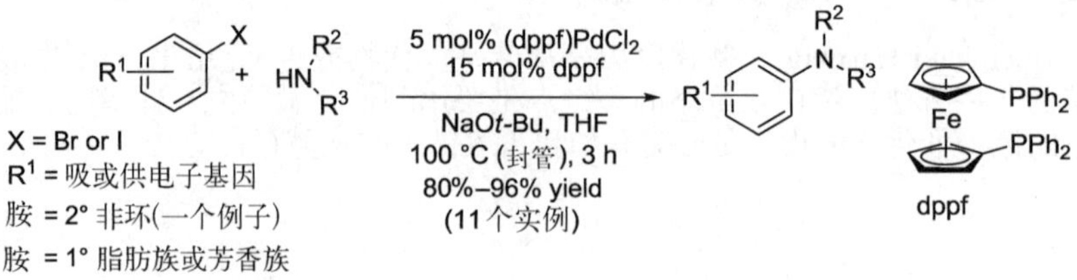

X = Br or I
R^1 = 吸或供电子基因
胺 = 2° 非环(一个例子)
胺 = 1° 脂肪族或芳香族

Reagents: 5 mol% (dppf)PdCl$_2$, 15 mol% dppf, NaOt-Bu, THF, 100 °C (封管), 3 h, 80%–96% yield (11个实例)

催化环:

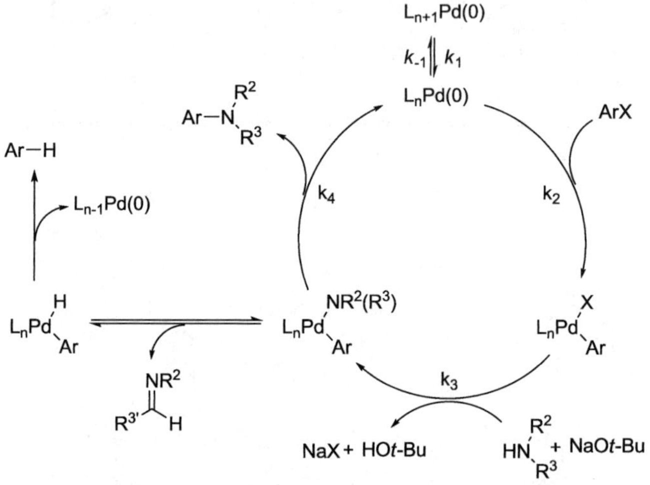

Pd(BINAP)$_2$ 催化的

$$\frac{-d[ArX]}{dt} = \frac{k_1 k_2}{k_{-1}[L]}[ArX][Pd]$$

Example 3, 室温下的 Buchwald–Hartwig 氨基化反应[9]

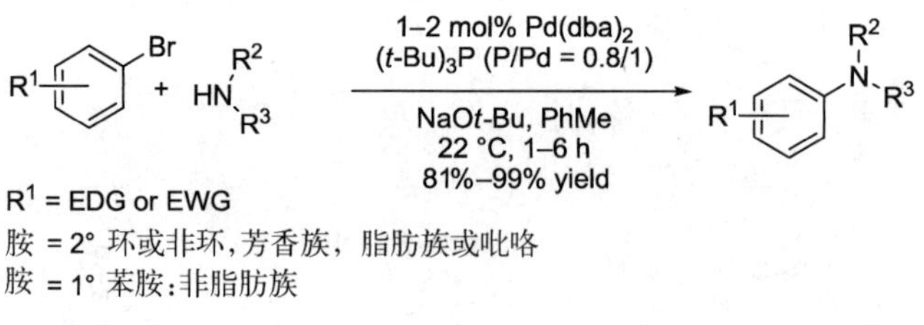

Reagents: 1–2 mol% Pd(dba)$_2$, (t-Bu)$_3$P (P/Pd = 0.8/1), NaOt-Bu, PhMe, 22 °C, 1–6 h, 81%–99% yield

R^1 = EDG or EWG
胺 = 2° 环或非环, 芳香族, 脂肪族或吡咯
胺 = 1° 苯胺:非脂肪族

Example 4[10]

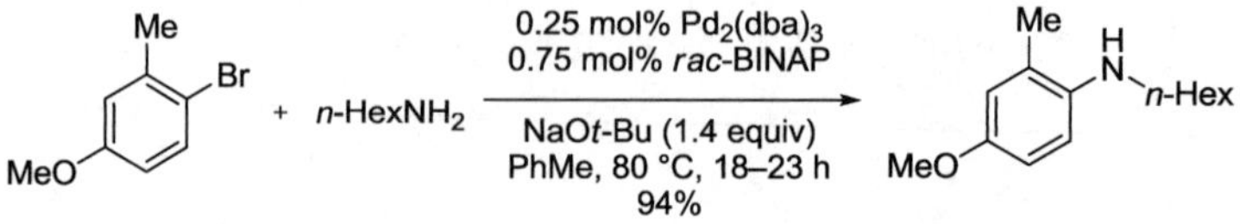

Reagents: 0.25 mol% Pd$_2$(dba)$_3$, 0.75 mol% rac-BINAP, NaOt-Bu (1.4 equiv), PhMe, 80 °C, 18–23 h, 94%

Example 5[11]

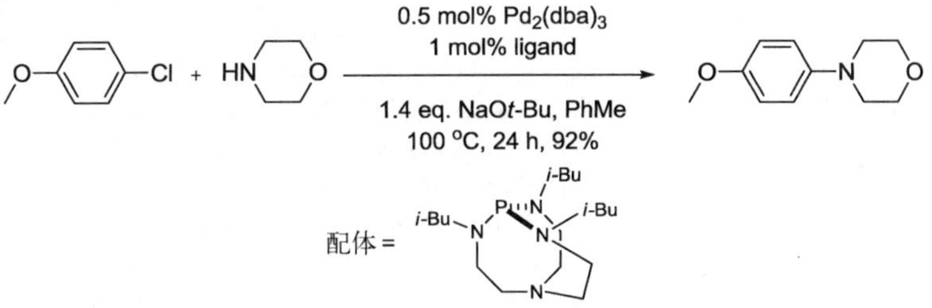

0.5 mol% Pd$_2$(dba)$_3$
1 mol% ligand
1.4 eq. NaO*t*-Bu, PhMe
100 °C, 24 h, 92%

配体 =

Example 6[12]

Pd(OAc)$_2$, Cs$_2$CO$_3$
DPE-Phos, PhMe, 95 °C
95%

DPE-Phos =

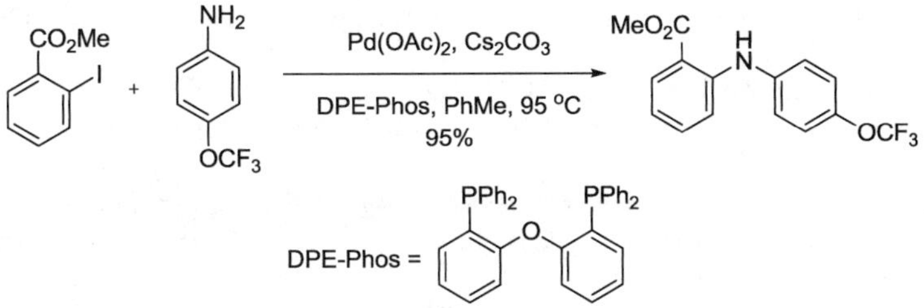

Example 7, 挥发性胺的氨基化反应[14]

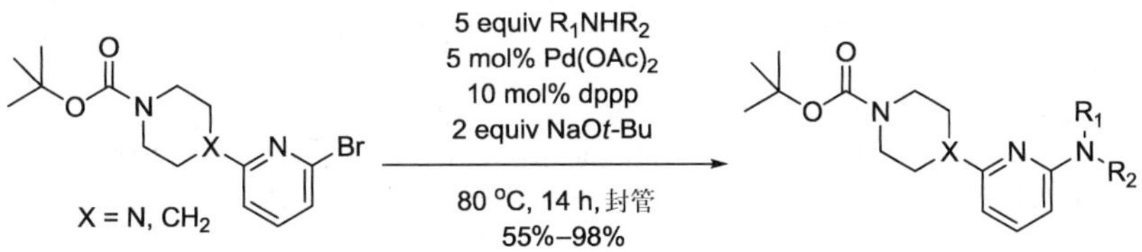

5 equiv R$_1$NHR$_2$
5 mol% Pd(OAc)$_2$
10 mol% dppp
2 equiv NaO*t*-Bu
80 °C, 14 h, 封管
55%–98%

X = N, CH$_2$

Example 8[15]

1 mol% Pd(OAc)$_2$
2 mol% XPhos
1.4 equiv NaO*t*-Bu
甲苯, rt, 4 d, 67%

XPhos =

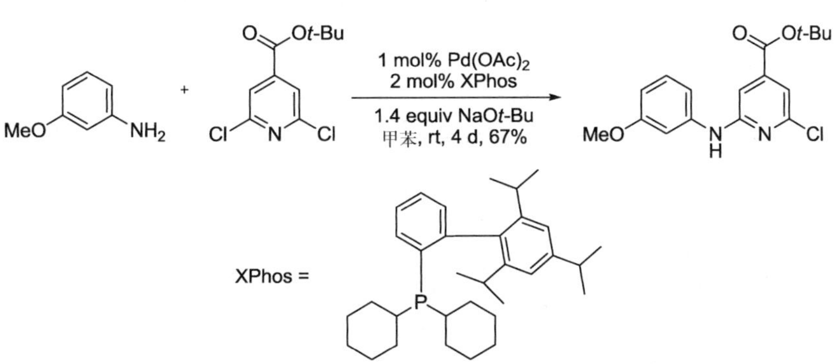

References

1. (a) Paul, F.; Patt, J.; Hartwig, J. F. *J. Am. Chem. Soc.* **1994**, *116*, 5969–5970哈特维希（J. Hartwig）1990年于伯克利加利福尼亚大学（University of California, Berkeley）在贝格曼（R. Bergman）和安德森（R. Anderson）指导下获得Ph. D. 学位。2006年他从耶鲁大学移往厄巴纳-香滨的伊利诺依大学（Urbana-Champaign, University of Illinoi），又于2011年来到伯克利加利福尼亚大学工作。本反应是哈特维希与柏奇渥（S. Buchwald）各自独立发现的。(b) Mann, G.; Hartwig, J. F. *J. Org. Chem.* **1997**, *62*, 5413–5418. (c) Mann, G.; Hartwig, J. F. *Tetrahedron Lett.* **1997**, *38*, 8005–8008.
2. (a) Guram, A. S.; Buchwald, S. L. *J. Am. Chem. Soc.* **1994**, *116*, 7901–7902. 柏奇渥（S. Buchwald）1982年于哈佛大学在诺尔斯（J. Knowles）指导下获得Ph.D.学位。现在麻省理工学院（MIT）任教授。(b) Palucki, M.; Wolfe, J. P.; Buchwald, S. L. *J. Am. Chem. Soc.* **1996**, *118*, 10333–10334.
3. Wolfe, J. P.; Buchwald, S. L. *J. Org. Chem.* **1996**, *61*, 1133–1135.
4. Driver, M. S.; Hartwig, J. F. *J. Am. Chem. Soc.* **1996**, *118*, 7217–7218.
5. Wolfe, J. P.; Wagaw, S.; Marcoux, J.-F.; Buchwald, S. L. *Acc. Chem. Res.* **1998**, *31*, 805–818. (Review).
6. Hartwig, J. F. *Acc. Chem. Res.* **1998**, *31*, 852–860. (Review).
7. Frost, C. G.; Mendonça, P. *J. Chem. Soc., Perkin Trans. 1* **1998**, 2615–2624. (Review).
8. Yang, B. H.; Buchwald, S. L. *J. Organomet. Chem.* **1999**, *576*, 125–146. (Review).
9. Hartwig, J. F.; Kawatsura, M.; Hauck, S. I.; Shaughnessy, K. H.; Alcazar-Roman, L. M. *J. Org. Chem.* **1999**, *64*, 5575–5580.
10. Wolfe, J. P.; Buchwald, S. L. *Org. Syn.* **2002**, *78*, 23–30.
11. Urgaonkar, S.; Verkade, J. G. *J. Org. Chem.* **2004**, *69*, 9135–9142.
12. Csuk, R.; Barthel, A.; Raschke, C. *Tetrahedron* **2004**, *60*, 5737–5750.
13. Janey, J. M. *Buchwald–Hartwig amination,* In *Name Reactions for Functional Group Transformations*; Li, J. J., Corey, E. J. Eds.; Wiley: Hoboken, NJ, **2007**, pp 564–609. (Review).
14. Li, J. J.; Wang, Z.; Mitchell, L. H. *J. Org. Chem.* **2007**, *72*, 3606–3607.
15. Lorimer, A. V.; O'Connor, P. D.; Brimble, M. A. *Synthesis* **2008**, 2764–2770.
16. Nodwell, M.; Pereira, A.; Riffell, J. L.; Zimmerman, C.; Patrick, B. O.; Roberge, M.; Andersen, R. J. *J. Org. Chem.* **2009**, *74*, 995–1006.
17. Witt, A.; Teodorovic, P.; Linderberg, M.; Johansson, P.; Minidis, A. *Org. Process Res. Dev.* **2013**, *17*, 672–678.
18. Raders, S. M.; Moore, J. N.; et al. *Org. Chem.* **2013**, *78*, 4649–4664.

Burgess脱水剂

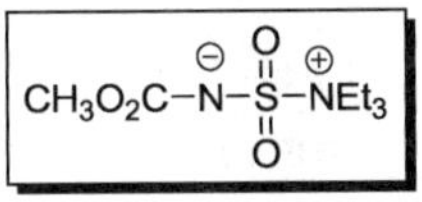

$$CH_3O_2C-N^{\ominus}-\overset{O}{\underset{O}{S}}-N^{\oplus}Et_3$$

Burgess试剂，一个中性的白色晶体，三乙基铵磺酰基铵基甲酸甲酯 [$CH_3O_2CN^- SO_2N^+(C_2H_5)_3$]，能有效地将仲醇或叔醇转化为烯烃。反应经过一个 Ei 机理，两个基团几乎同时从底物消除下来并协同成键。

制备[2]

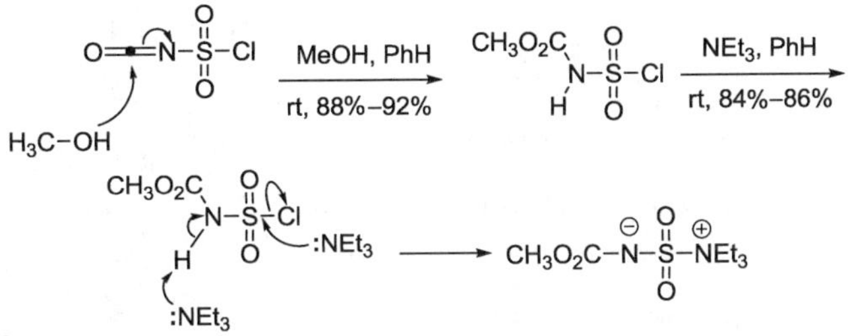

脱水机理[5]

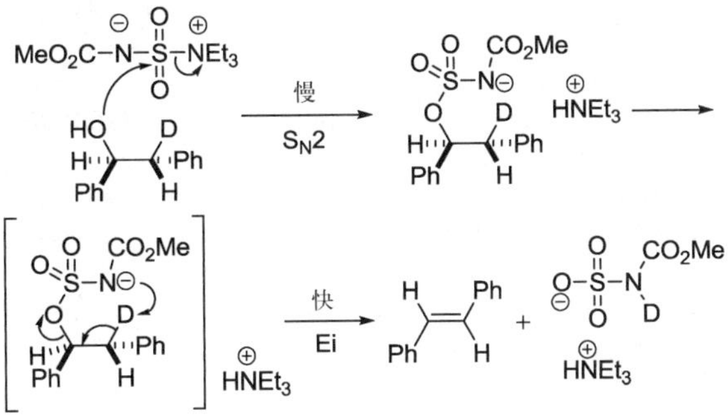

Example 1, 伯醇的羟基不消除而进行取代[3]

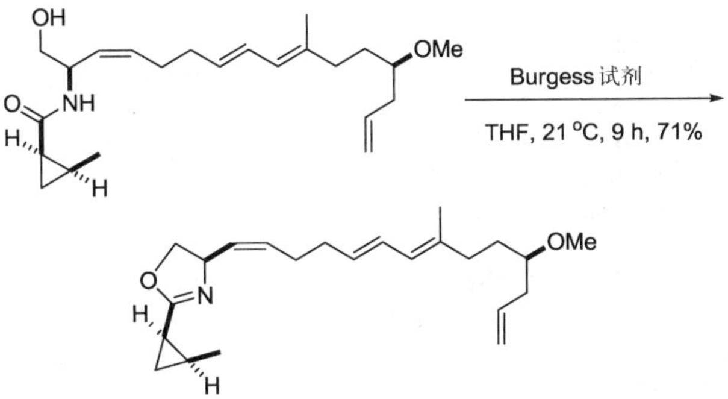

Example 2[6]

Example 3[7]

Example 4[8]

Example 5,环脱水后发生一个新颖的甲酰氨基磺酰化作用[10]

References

1. (a) Atkins, G. M., Jr.; Burgess, E. M. *J. Am. Chem. Soc.* **1968**, *90*, 4744–4745. (b) Burgess, E. M.; Penton, H. R., Jr.; Taylor, E. A., Jr. *J. Am. Chem. Soc.* **1970**, *92*, 5224–5226. (c) Atkins, G. M., Jr.; Burgess, E. M. *J. Am. Chem. Soc.* **1972**, *94*, 6135–6141. (d) Burgess, E. M.; Penton, H. R., Jr.; Taylor, E. A. *J. Org. Chem.* **1973**, *38*, 26–31.
2. (a) Burgess, E. M.; Penton, H. R., Jr.; Taylor, E. A.; Williams, W. M. *Org. Synth. Coll. Edn.* **1987**, *6*, 788–791. (b) Duncan, J. A.; Hendricks, R. T.; Kwong, K. S. *J. Am. Chem. Soc.* **1990**, *112*, 8433–8442.
3. Wipf, P.; Xu, W. *J. Org. Chem.* **1996**, *61*, 6556–6562.
4. Lamberth, C. *J. Prakt. Chem.* **2000**, *342*, 518–522. (Review).
5. Khapli, S.; Dey, S.; Mal, D. *J. Indian Inst. Sci.* **2001**, *81*, 461–476. (Review).
6. Miller, C. P.; Kaufman, D. H. *Synlett* **2000**, *8*, 1169–1171.
7. Keller, L.; Dumas, F.; D'Angelo, J. *Eur. J. Org. Chem.* **2003**, 2488–2497.
8. Nicolaou, K. C.; Snyder, S. A.; Longbottom, D. A.; Nalbandian, A. Z.; Huang, X. *Chem. Eur. J.* **2004**, *10*, 5581–5606.
9. Holsworth, D. D. *The Burgess Dehydrating Reagent*. In *Name Reactions for Functional Group Transformations*; Li, J. J., Ed.; Wiley: Hoboken, NJ, **2007**, pp 189–206. (Review).
10. Li, J. J.; Li, J. J.; Li, J.; et al. *Org. Lett.* **2008**, *10*, 2897–2900.
11. Werner, L.; Wernerova, M.; Hudlicky, T. et al. *Adv. Synth. Catal.* **2012**, *354*, 2706–2712.

Burke 硼酸酯

B-保护的卤硼酸   **稳定的硼酸代用品**

Burke 硼酸酯可起到与 B-保护的卤硼酸一样的作用而用于各种多重交叉偶联反应。[1-6] 使用温和的水相 NaOH、NaHCO$_3$ 为碱时可释放出相应的硼酸。[1-4] Burke 硼酸酯可兼容许多合成试剂，能用于将简单的含硼起始原料转化为硼酸的配合物。[3,6] 它们也可作为稳定的合成砌块用于交叉偶联反应，如在温和的碱性水相中释放出相应的硼酸并就地参与偶联反应。[2,3,7] Burke 硼酸酯还是一个高度成晶的单体。作为不会流动的固体，空气中保存在实验台上都很稳定，还可在硅胶色谱中使用。[1-3,6]

制备:[1,2,4,6]

许多用于合成砌块的 Burke 硼酸酯已有商业供应。

Example 1[2]

各种类型的选择性偶联反应在 B-保护的卤硼酸上卤原子所在的一端进行。

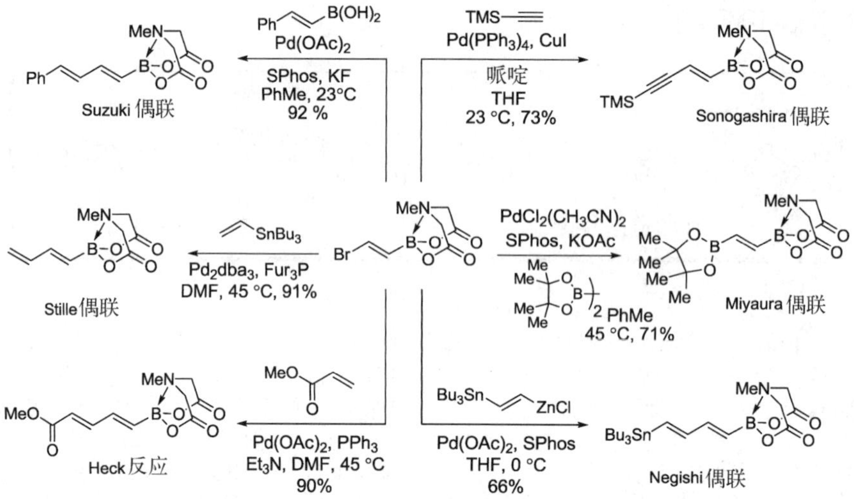

Example 2[9,10]

小分子天然产物也可由 *B*-保护的卤硼酸经多重交叉偶联反应来制备。

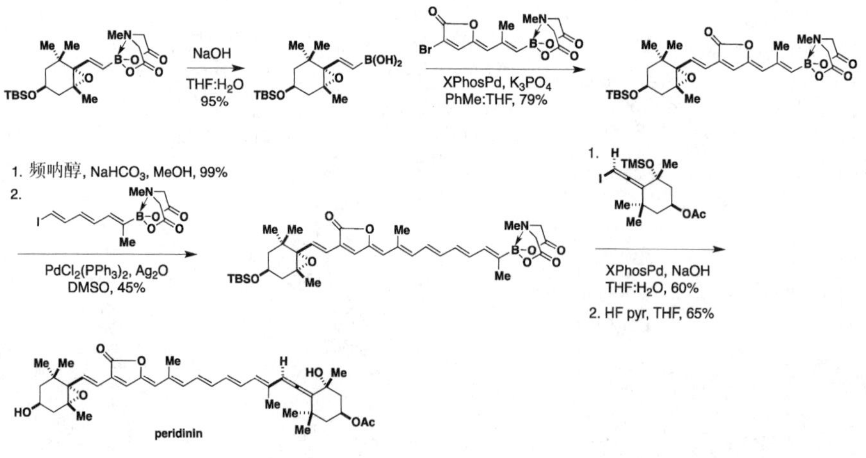

Example 3[3]

Burke 硼酸酯可兼容包括酸、非水相碱、氧化剂、还原剂、亲电物种和软的亲核物种在内的许多合成试剂。该兼容性使其可以用于从简单的含硼起始原料转化为硼酸配合物的多步骤合成中。

Example 4[7,8]

Burke 硼酸酯可直接用于交叉偶联反应，反应中慢慢释放出产物而对一些不稳定的硼酸起到屏蔽保护作用。

References

1. Gillis, E. P.; Burke, M. D. *J. Am. Chem. Soc.* **2007**, *129*, 6716–6717.
2. Lee, S. J., Gray, K. C., Paek, J. S., Burke, M. D. *J. Am. Chem. Soc.* **2008**, *130*, 466–468.
3. Gillis, E. P.; Burke, M. D. *J. Am. Chem. Soc.* **2008**, *130*, 14084–14085.
4. Ballmer, S. G.; Gillis, E. P.; Burke, M. D. *Org. Synth.* **2009**, *86*, 344–359.
5. Gillis, E. P.; Burke, M. D. *Aldrichimica Acta* **2009**, *42*, 17–27.
6. Uno, B. E.; Gillis, E. P.; Burke, M. D. *Tetrahedron* **2009**, *65*, 3130–3138.
7. Knapp, D. M.; Gillis, E. P., Burke, M. D. *J. Am. Chem. Soc.* **2009,** *131*, 6961–6963.
8. Dick, G. R.; Woerly, E. M.; Burke, M. D. *Angew. Chem. Int. Ed.* **2012**, *51,* 2667–2672.
9. Woerly, E. M.; Cherney, A. H.; Davis, E. K.; Burke, M. D. *J. Am. Chem. Soc.* **2010**, *132*, 6941–6943.
10. Gray, K. C.; Palacios, D. S.; Dailey, I.; Endo, M. M.; Uno, B. E.; Wilcock, B. C.; Burke, M. D. *Proc. Natl. Acad. Sci. U.S.A.* **2012**, *109*, 2234–2239.

Cadiot-Chodkiewicz偶联反应

从炔基卤代烃和炔基铜试剂合成双炔基化合物，参见第110页上的Castro-Stephens反应。

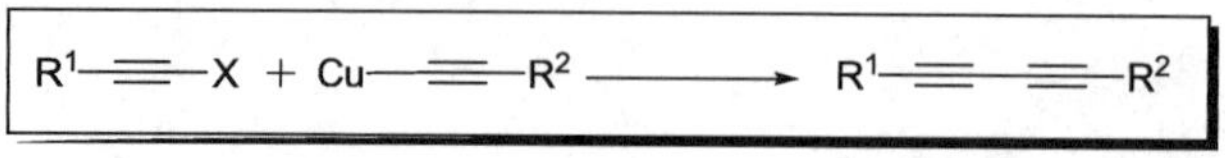

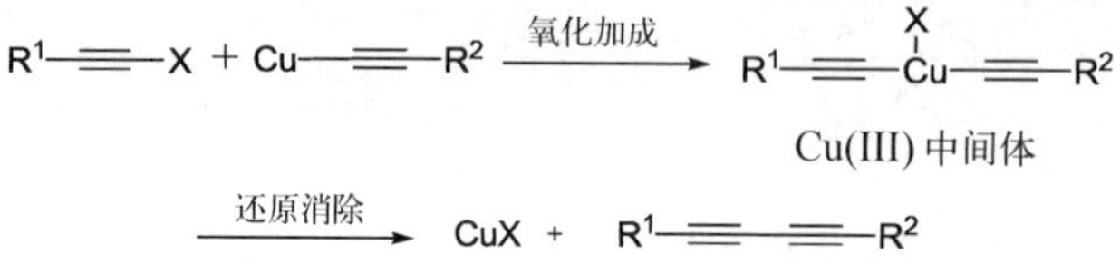

$$R^1{-}{\equiv}{-}X + Cu{-}{\equiv}{-}R^2 \longrightarrow R^1{-}{\equiv}{-}{\equiv}{-}R^2$$

$$R^1{-}{\equiv}{-}X + Cu{-}{\equiv}{-}R^2 \xrightarrow{\text{氧化加成}} R^1{-}{\equiv}{-}\overset{X}{\underset{Cu}{|}}{-}{\equiv}{-}R^2$$

Cu(III)中间体

$$\xrightarrow{\text{还原消除}} CuX + R^1{-}{\equiv}{-}{\equiv}{-}R^2$$

Example 1[3]

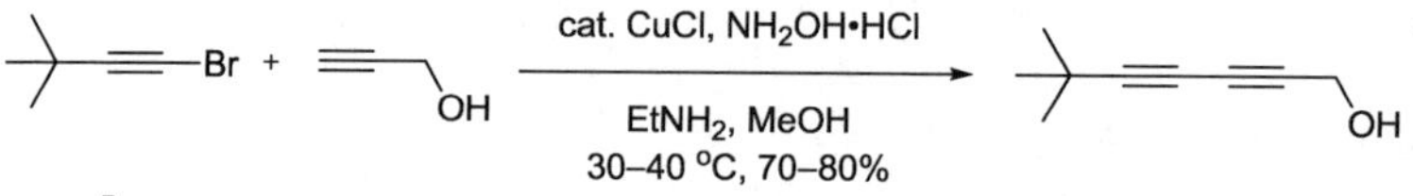

Example 2[7]

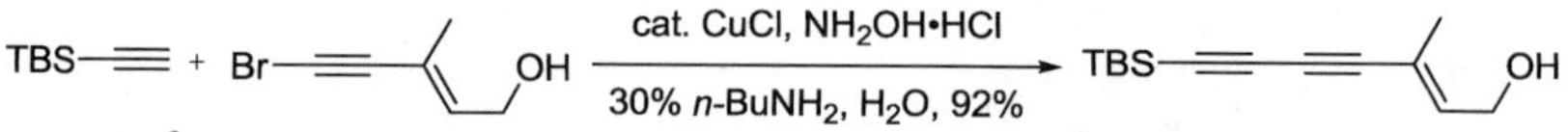

Example 3[9]

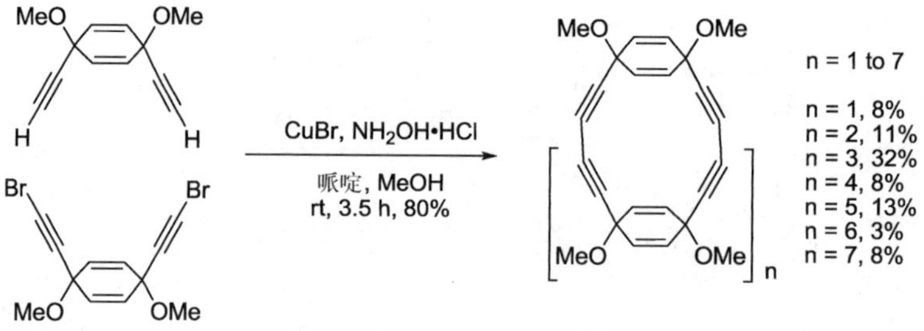

Example 4, 轮烷和因组分间的弱相互作用而能穿梭般来回移动的开关分子的合成可通过Cadiot-Chodkiewicz反应得到活性模块。[10]

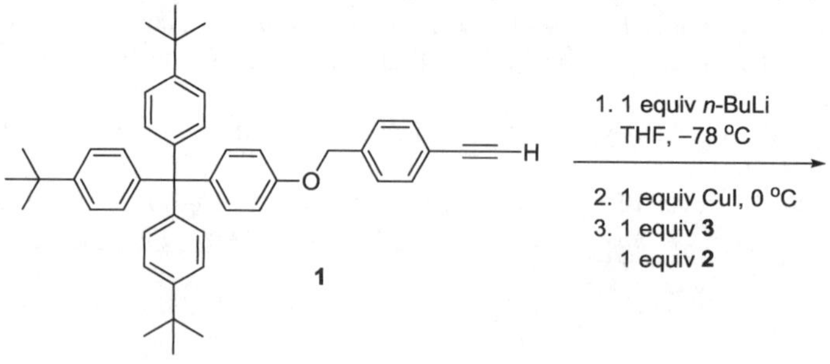

捕集分子 **3**

References

1. Chodkiewicz, W.; Cadiot, P. *C. R. Hebd. Seances Acad. Sci.* **1955**, *241*, 1055–1057.
   卡迪特（P. C. R Cadiot）和肖特基维奇（W. Chodkiewitz）都是法国化学家。
2. Cadiot, P.; Chodkiewicz, W. In *Chemistry of Acetylenes;* Viehe, H. G., ed.; Dekker: New York, **1969**, 597–647. (Review).
3. Gotteland, J.-P.; Brunel, I.; Gendre, F.; Désiré, J.; Delhon, A.; Junquéro, A.; Oms, P.; Halazy, S. *J. Med. Chem.* **1995**, *38*, 3207–3216.
4. Bartik, B.; Dembinski, R.; Bartik, T.; Arif, A. M.; Gladysz, J. A. *New J. Chem.* **1997**, *21*, 739–750.
5. Montierth, J. M.; DeMario, D. R.; Kurth, M. J.; Schore, N. E. *Tetrahedron* **1998**, *54*, 11741–11748.
6. Negishi, E.-i.; Hata, M.; Xu, C. *Org. Lett.* **2000**, *2*, 3687–3689.
7. Marino, J. P.; Nguyen, H. N. *J. Org. Chem.* **2002**, *67*, 6841–6844.
8. Utesch, N. F.; Diederich, F.; Boudon, C.; Gisselbrecht, J.-P.; Gross, M. *Helv. Chim. Acta* **2004**, *87*, 698–718.
9. Bandyopadhyay, A.; Varghese, B.; Sankararaman, S. *J. Org. Chem.* **2006**, *71*, 4544–4548–4548.
10. Berna, J.; Goldup, S. M.; Lee, A.-L.; Leigh, D. A.; Symes, M. D.; Teobaldi, G.; Zerbetto, F. *Angew. Chem. Int. Ed.* **2008**, *47*, 4392–4396.
11. Glen, P. E.; O'Neill, J. A. T.; Lee, A.-L. *Tetrahedron* **2013**, *69*, 57–68.

Cadogan-Sundberg吲哚合成反应

Cadogan反应指邻硝基苯乙烯类底物（**1**）在三烷基膦或三烷基亚磷酸盐作用下脱氧再环化产生氮宾中间体（**2**），随之生成吲哚（**3**）的反应。Sundberg反应则是指邻叠氮苯乙烯类底物（**4**）经热解或光解经氮宾中间体（**2**）生成吲哚（**3**）的反应。

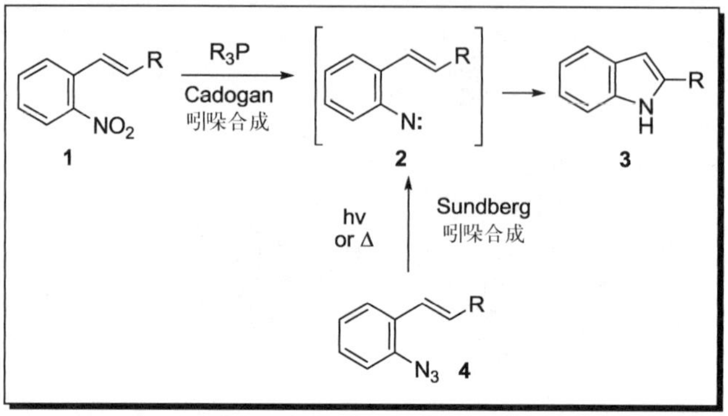

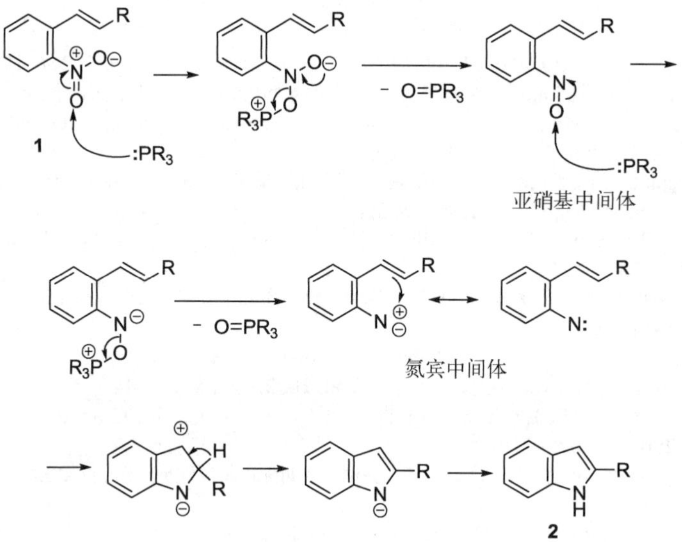

亚硝基中间体

氮宾中间体

Example 1，Söderberger 对合成吲哚的反应条件作了修正。[3]

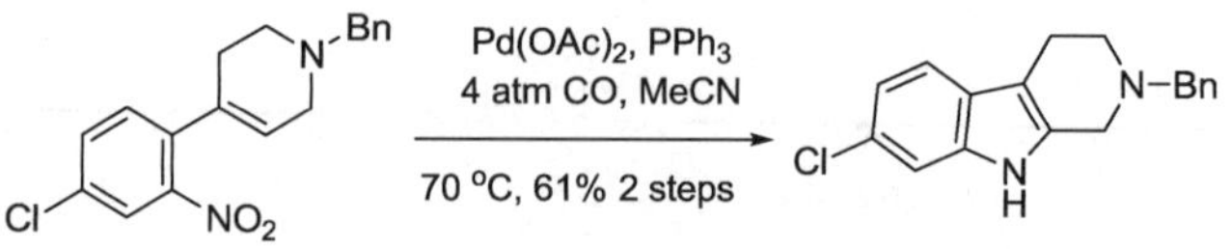

Example 2[4]

[Reaction scheme: 2,1,3-benzothiadiazole with two o-nitrophenyl substituents → indolocarbazole-fused benzothiadiazole; P(OEt)₃, reflux, 24 h, 51%]

Example 3[5]

[Reaction scheme: 4'-formyl-2-nitrobiphenyl → 6-formylcarbazole; PPh₃, o-DCB, 4 h, 78%]

Example 4[6]

[Reaction scheme: stilbene-type substrate with methylsulfonylpiperazine, chloroquinoline and o-nitro group → 2-(2-chloroquinolin-3-yl)indole bearing methylsulfonylpiperazinylmethyl; P(OEt)₃, reflux, 61%]

Example 5[7]

[Reaction scheme: stilbene with NC, NO₂ and aryloxy-cyanophenyl groups → 6-cyano-2-(4-(4-cyanophenoxy)phenyl)indole; P(OEt)₃, reflux, 1 h, 55%]

References
1. Cadogan, J. I. G.; Cameron-Wood, M. *Proc. Chem. Soc.* **1962**, 361.
2. Sundberg, R. J. *J. Org. Chem.* **1965**, *30*, 3604–3610.
3. Scott, T. L.; Söderberg, B. C. G. *Tetrahedron Lett.* **2002**, *43*, 1621–1624.
4. Kuethe, J. T.; Wong, A.; Qu, C.; Smitrovich, J.; Davies, I. W.; Hughes, D. L. *J. Org. Chem.* **2005**, *70*, 2555–2567.
5. Freeman, A. W.; Urvoy, M.; Criswell, M. E. *J. Org. Chem.* **2005**, *70*, 5014–5019.
6. Balaji, G.; Shim, W. L.; Parameswaran, M.; Valiyaveettil, S. *Org. Lett.* **2009**, *11*, 4450–4453.
7. Li, B.; Pai, R.; Cardinale, S. C.; Butler, M. M.; Peet, N. P.; Moir, D. T.; Bavari, S.; Bowlin, T. L. *J. Med. Chem.* **2010**, *53*, 2264–2276.

Camps喹啉合成反应

2-乙酰氨基酰基苯(**1**)在碱催化下缩合为2-(也可3-)取代喹啉-4-醇(**2**)和4-(也可3-)取代喹啉-2-醇(**3**)或它们的混合物。

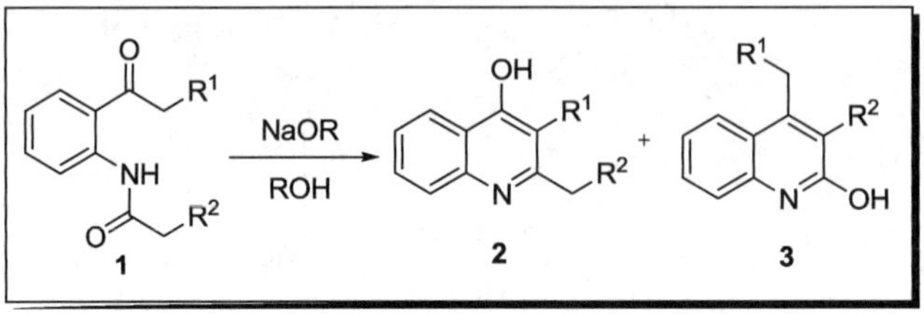

Pathway A:

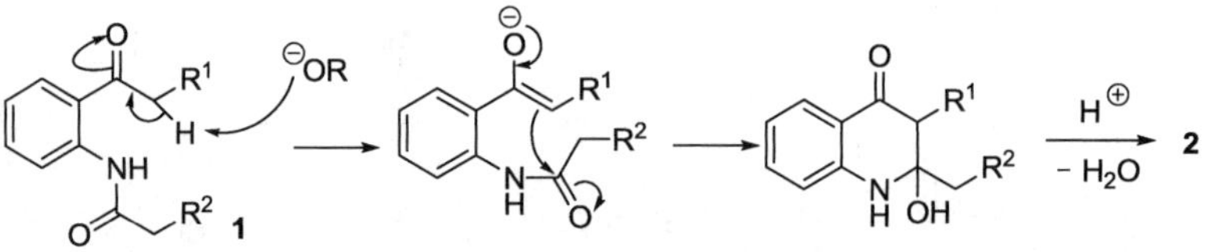

Pathway B:

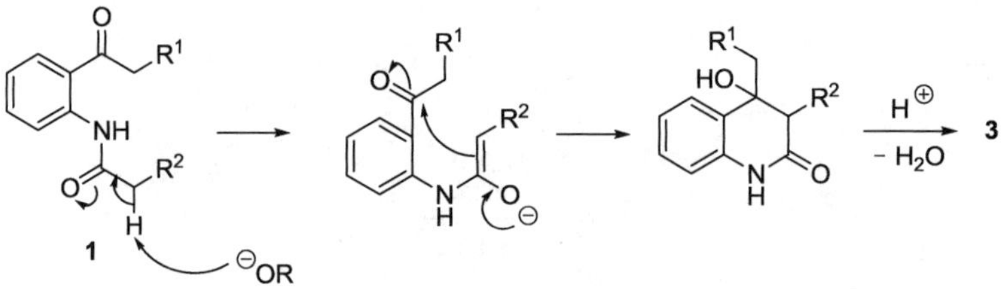

Example 1[1]

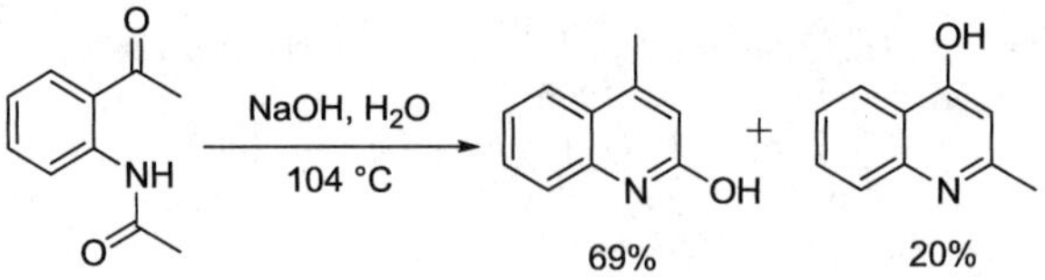

Example 2[6]

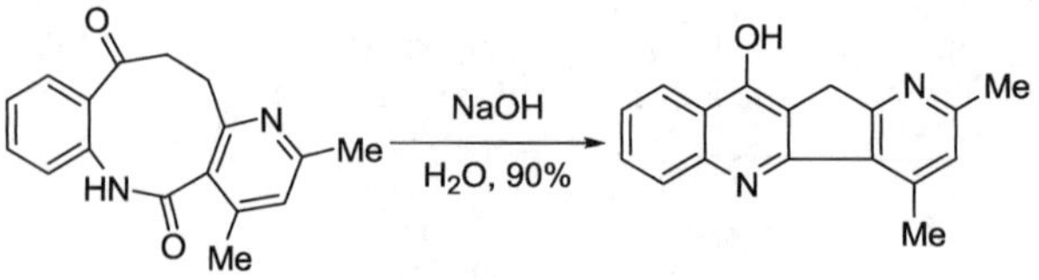

J.J. Li, *Name Reactions: A Collection of Detailed Mechanisms and Synthetic Applications*,
DOI 10.1007/978-3-319-03979-4_50, © Springer International Publishing Switzerland 2014

References

1. (a) Camps, R. *Chem. Ber.* **1899,** *32*, 3228–3234. 坎普斯（R. Camps）于1899~1902年间在Engler教授指导下在德国Karlsrube 的Technische Hochschule工作。(b) Camps, R. *Arch. Pharm.* **1899,** *237*, 659–691.
2. Elderfield, R. C.; Todd, W. H.; Gerber, S. *Heterocyclic Compounds* Vol. 6, Elderfield, R. C., ed.; Wiley and Sons, New York, **1957,** 576. (Review).
3. Clemence, F.; LeMartret, O.; Collard, J. *J. Heterocycl. Chem.* **1984,** *21*, 1345–1353.
4. Hino, K.; Kawashima, K.; Oka, M.; Nagai, Y.; Uno, H.; Matsumoto, J. *Chem. Pharm. Bull.* **1989,** *37*, 110–115.
5. Witkop, B.; Patrick, J. B.; Rosenblum, M. *J. Am. Chem. Soc.* **1951,** *73*, 2641–2647.
6. Barret, R.; Ortillon, S.; Mulamba, M.; Laronze, J. Y.; Trentesaux, C.; Lévy, J. *J. Heterocycl. Chem.* **2000,** *37*, 241–244.
7. Pflum, D. A. *Camps Quinolinol Synthesis*. In *Name Reactions in Heterocyclic Chemistry*; Li, J. J., Ed.; Wiley: Hoboken, NJ, **2005,** pp 386–389. (Review).

Cannizarro反应

在芳香醛、甲醛或其他无α-H的脂肪醛之间发生的氧化还原反应。碱用于产生相应的醇和酸产物。

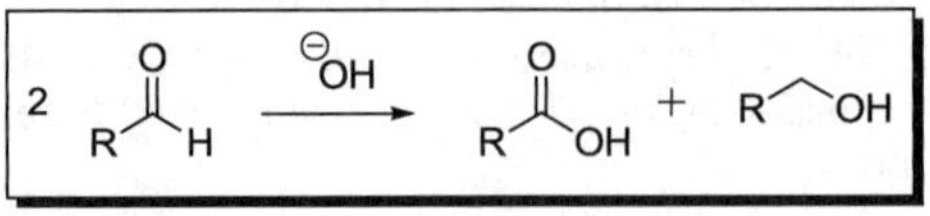

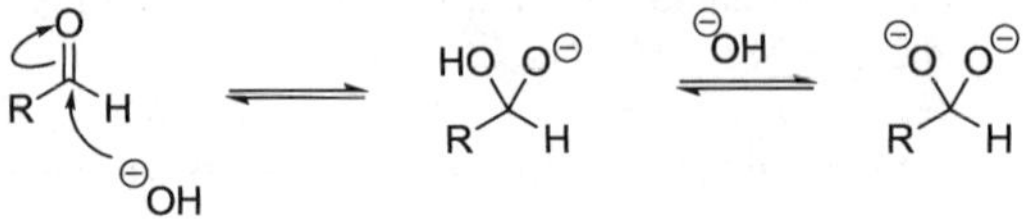

Pathway A:

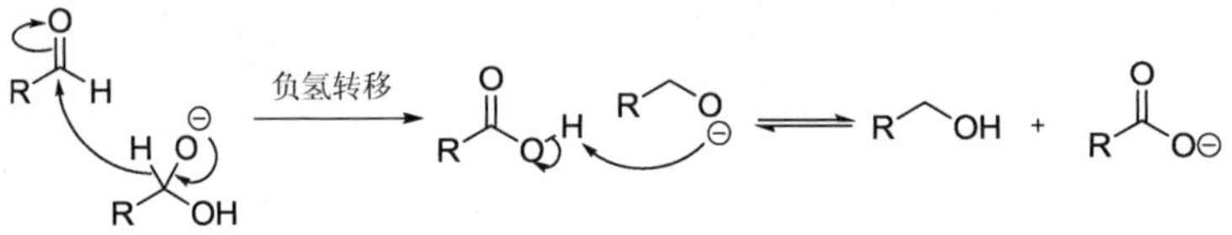

最后一步羧酸的去质子化驱动反应进行。

Pathway B:

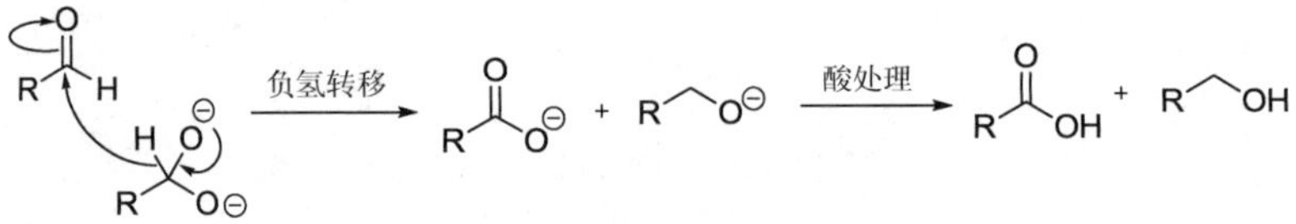

Example 1[4]

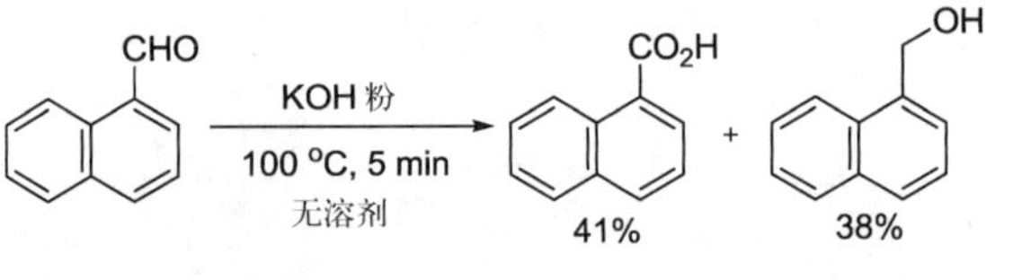

Example 2[6]

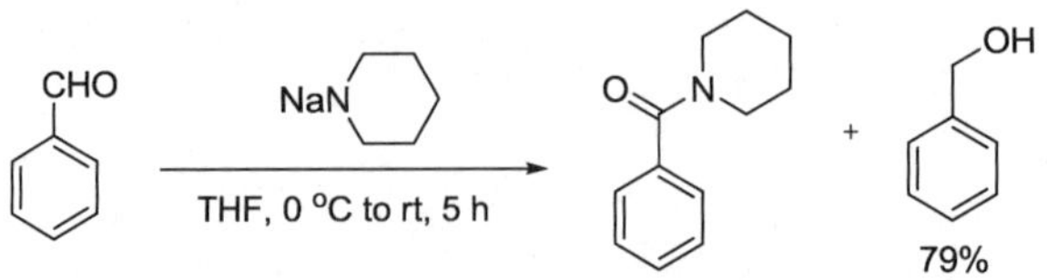

J.J. Li, *Name Reactions: A Collection of Detailed Mechanisms and Synthetic Applications*,
DOI 10.1007/978-3-319-03979-4_51, © Springer International Publishing Switzerland 2014

Example 3[8]

[Reaction scheme: 3-nitrobenzaldehyde + 1 equiv TMG, H₂O, rt, 10 h → 3-nitrobenzyl alcohol (42%) + 3-nitrobenzoic acid (43%)]

Example 4, 通过分子内Cannizzaro反应进行的去对称化[9]

[Reaction scheme: intramolecular Cannizzaro with 1 M BaCl₂, H₂O, reflux, 定量]

References

1. Cannizzaro, S. *Ann.* **1853,** *88*, 129–130. 康尼扎罗（S. Cannizzaro, 1826-1910）出生于意大利西西里岛的巴勒莫（Palermo），1847年因参与西西里叛乱而逃亡巴黎。回到意大利后他发现苄醇可以由苄醛用KOH处理得到。康尼扎罗对从政很有兴趣，曾任意大利参议员并当选为副总统。
2. Geissman, T. A. *Org. React.* **1944,** *1*, 94–113. (Review).
3. Russell, A. E.; Miller, S. P.; Morken, J. P. *J. Org. Chem.* **2000,** *65*, 8381–8383.
4. Yoshizawa, K.; Toyota, S.; Toda, F. *Tetrahedron Lett.* **2001,** *42*, 7983–7985.
5. Reddy, B. V. S.; Srinvas, R.; Yadav, J. S.; Ramalingam, T. *Synth. Commun.* **2002,** *32*, 219–223.
6. Ishihara, K.; Yano, T. *Org. Lett.* **2004,** *6*, 1983–1986.
7. Curini, M.; Epifano, F.; Genovese, S.; Marcotullio, M. C.; Rosati, O. *Org. Lett.* **2005,** *7*, 1331–1333.
8. Basavaiah, D.; Sharada, D. S.; Veerendhar, A. *Tetrahedron Lett.* **2006,** *47*, 5771–5774.
9. Ruiz-Sanchez, A. J.; Vida, Y.; Suau, R.; Perez-Inestrosa, E. *Tetrahedron* **2008,** *64*, 11661–11665.
10. Yamabe, S.; Yamazaki, S. *Org. Biomol. Chem.* **2009,** *7*, 951–961.
11. Shen, M.-G.; Shang, S.-B.; Song, Z.-Q.; Wang, D.; Rao, X.-P.; Gao, H.; Liu, H. *J. Chem. Res.* **2013,** *37*, 51–52.

Carroll重排反应

β-酮酯热重排后接着脱羧经负离子促进的Claisen重排反应生成γ-不饱和酮。这是Claisen重排反应（参见第140页）的一种变异反应。

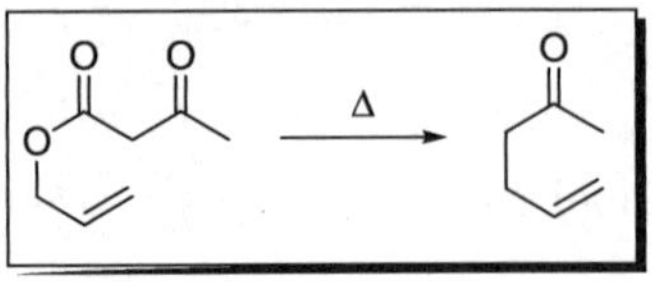

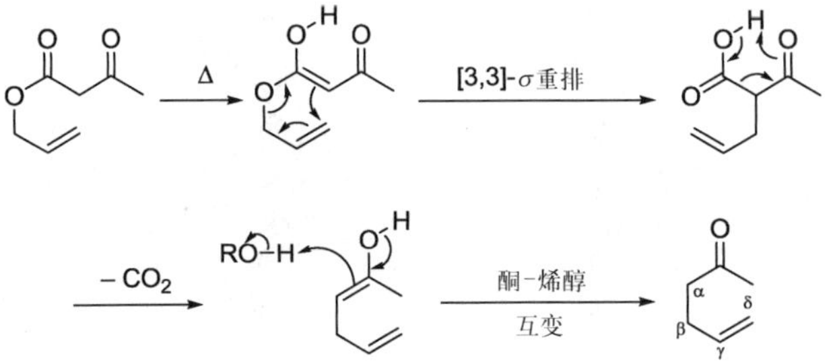

Example 1,不对称 Carroll重排[4,5]

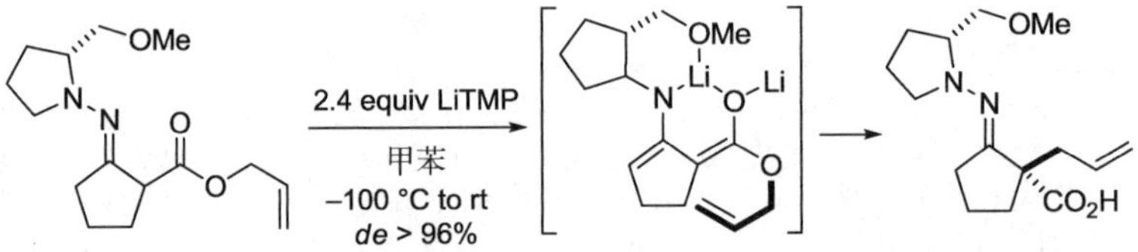

Example 2, 杂原子Carroll重排[6]

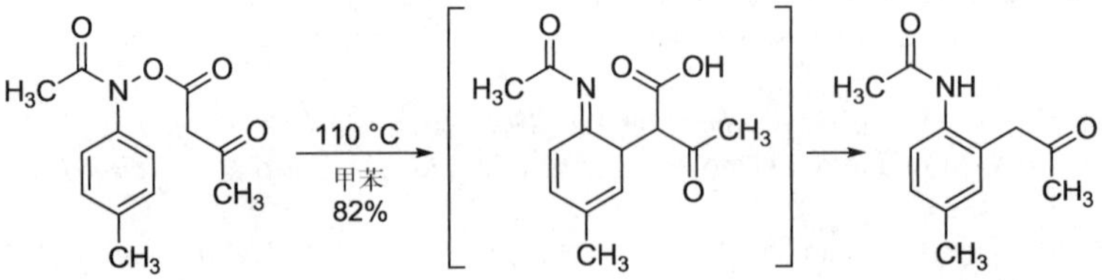

Example 3[7]

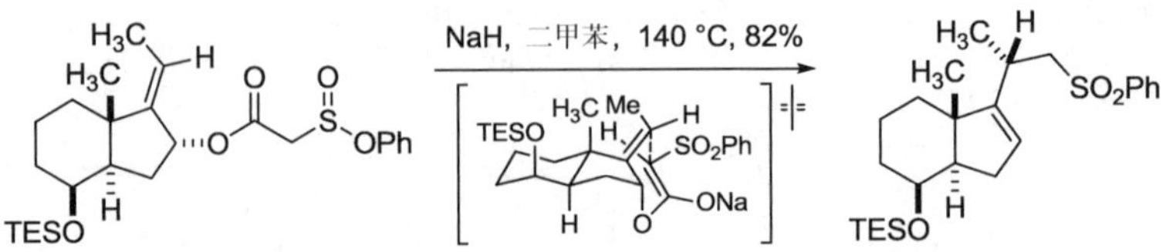

J.J. Li, *Name Reactions: A Collection of Detailed Mechanisms and Synthetic Applications*,
DOI 10.1007/978-3-319-03979-4_52, © Springer International Publishing Switzerland 2014

Example 4, 与例3相似[7]

Example 5[8]

References

1. (a) Carroll, M. F. *J. Chem. Soc.* **1940**, 704–706. 卡罗尔 (M. F. Carroll) 在英国伦敦的 A. Boake, Roberts and Co. Ltd. 工作。 (b) Carroll, M. F. *J. Chem. Soc.* **1941**, 507–511.
2. Ziegler, F. E. *Chem. Rev.* **1988**, *88*, 1423–1452. (Review).
3. Echavarren, A. M.; Mendosa, J.; Prados, P.; Zapata, A. *Tetrahedron Lett.* **1991**, *32*, 6421–6424.
4. Enders, D.; Knopp, M.; Runsink, J.; Raabe, G. *Angew. Chem. Int. Ed.* **1995**, *34*, 2278–2280.
5. Enders, D.; Knopp, M. *Tetrahedron* **1996**, *52*, 5805–5818.
6. Coates, R. M.; Said, I. M. *J. Am. Chem. Soc.* **1977**, *99*, 2355–2357.
7. Hatcher, M. A.; Posner, G. H. *Tetrahedron Lett.* **2002**, *43*, 5009–5012.
8. Jung, M. E.; Duclos, B. A. *Tetrahedron Lett.* **2004**, *45*, 107–109.
9. Defosseux, M.; Blanchard, N.; Meyer, C.; Cossy, J. *J. Org. Chem.* **2004**, *69*, 4626–4647.
10. Williams, D. R.; Nag, P. P. *Claisen and Related Rearrangements*. In *Name Reactions for Homologations-Part II*; Li, J. J., Ed.; Wiley: Hoboken, NJ, **2009**, pp 33–87. (Review).
11. Naruse, Y.; Todo, Y.; Shiomi, M. *Tetrahedron Lett.* **2011**, *52*, 4456–4460.
12. Abe, H.; Sato, A.; Kobayashi, T.; Ito, H. *Org. Lett.* **2013**, *15*, 1298–1301.

Castro-Stephens 偶联反应

芳基炔烃的合成反应,参见第100页上的Cadiot-Chodkiewitz偶联反应和第572页上的Sonogashira偶联反应。本反应需用化学计量的铜,而改进后的Sonogashira偶联反应只需催化量钯和铜。

$$R^1\text{—}\equiv\text{—Cu} + X\text{—}R^2 \xrightarrow[\text{或 DMF, base, }\Delta]{\text{吡啶, }\Delta} R^1\text{—}\equiv\text{—}R^2$$

1: 炔铜　　　　2: sp² 卤代物　　　　3: 二取代炔
R^1 = 烷基或芳基　　R^2 = 芳基,烯基, X = I, Br

$$R^1\text{-C}\equiv\text{C-Cu} \xrightarrow{\text{配体(溶剂)}} \cdots$$

与Cadiot–Chodkiewicz偶联反应相似的另一个可能的机理:

$$\text{Ar—X} + \text{Cu}\text{—}\equiv\text{—R} \xrightarrow{\text{氧化加成}} \text{Ar–Cu(X)–}\equiv\text{—R} \xrightarrow{\text{还原消除}} \text{CuX} + \text{Ar—}\equiv\text{—R}$$

Cu(III) 中间体

Example 1, 一个变异反应,亦称 Rosenmund–von Braun芳香腈合成[2]

炔丙基溴代氧杂芳烃 $\xrightarrow[\text{170 °C, 3 h, 55\%}]{\text{CuCN, 1-甲基-2-吡咯酮}}$ 氰基产物

Example 2[4]

$$\text{PhC}\equiv\text{CH} \xrightarrow[\text{ca. 95\%}]{\text{CuSO}_4\text{, NH}_2\text{OH·HCl, aq. NH}_3\text{, EtOH}} \text{PhC}\equiv\text{C-Cu}$$

3-羟基-2-碘吡啶 $\xrightarrow[75\%]{\text{吡啶, }\Delta}$ 2-苯基呋喃并[3,2-b]吡啶

J.J. Li, *Name Reactions: A Collection of Detailed Mechanisms and Synthetic Applications*,
DOI 10.1007/978-3-319-03979-4_53, © Springer International Publishing Switzerland 2014

Example 3[5]

Example 4[8]

Example 5, 就地发生的 Castro–Stephens 反应[10]

Example 6[13]

References

1. (a) Castro, C. E.; Stephens, R. D. *J. Org. Chem.* **1963**, *28*, 2163. 卡斯特洛（C. E. Castro）和斯蒂芬斯（R. D. Stephens）都在加利福尼亚大学河滨分校（Riverside, University of California）的线虫学与化学系工作。(b) Stephens, R. D.; Castro, C. E. *J. Org. Chem.* **1963**, *28*, 3313–3315.
2. Clark, R. L.; Pessolano, A. A.; Witzel, B.; Lanza, T.; Shen, T. Y.; Van Arman, C. G.; Risley, E. A. *J. Med. Chem.* **1978**, *21*, 1158–1162.
3. Staab, H. A.; Neunhoeffer, K. *Synthesis* **1974**, 424.
4. Owsley, D.; Castro, C. *Org. Synth.* **1988**, *52*, 128–131.
5. Kundu, N. G.; Chaudhuri, L. N. *J. Chem. Soc., Perkin Trans 1* **1991**, 1677–1682.
6. Kabbara, J.; Hoffmann, C.; Schinzer, D. *Synthesis* **1995**, 299–302.
7. White, J. D.; Carter, R. G.; Sundermann, K. F.; Wartmann, M. *J. Am. Chem. Soc.* **2001**, *123*, 5407–5413.
8. Coleman, R. S.; Garg, R. *Org. Lett.* **2001**, *3*, 3487–3490.
9. Rawat, D. S.; Zaleski, J. M. *Synth. Commun.* **2002**, *32*, 1489–1494.
10. Bakunova, A.; Bakunov, S.; Wenzler, T.; Barszcz, T.; Werbovetz, K.; Brun, R.; Hall, J.; Tidwell, R. *J. Med. Chem.* **2007**, *50*, 5807–5823.
11. Gray, D. L. *Castro–Stephens coupling*. In *Name Reactions for Homologations-Part I*; Li, J. J., Ed.; Wiley: Hoboken, NJ, **2009**, pp 212–235. (Review).
12. Wang, Z.-L.; Zhao, L.; Wang, M.-X. *Org. Lett.* **2012**, *14*, 1472–1475.

C—H键活化反应

C—H键活化反应是一个断裂一根C—H键的反应。此处的C—H键常指惰性的C—H键。

Cattellani 反应

在催化量的Pd和降冰片烯协同作用下芳香碘代物可实现邻位烷基化和芳基化。[1]第一个报道成功的是芳香碘代物的双邻位烷基化，随后Heck反应也报道出来了。[2]一个邻位无取代的芳香碘代物和一个脂肪族碘代物及一个终端烯烃在Pd和降冰片烯协同作用下，以碱为催化剂，生成2,6-二取代烯基芳烃。类似地，一个邻位被取代的芳香碘代物反应后可生成带有两个不同邻位取代的芳香烯烃。[3]

Example 1，一个通过活化的C—I键和C—H键发生的三组分反应构筑起三个相邻的C—C键。[2]

一个邻取代芳基碘的反应机理：涉及Pd(0)、Pd(Ⅱ)和Pd(Ⅳ)中间体。[1~3]

J.J. Li, *Name Reactions: A Collection of Detailed Mechanisms and Synthetic Applications*,
DOI 10.1007/978-3-319-03979-4_54, © Springer International Publishing Switzerland 2014

反应起始于一个取代的芳香碘代物对Pd(0)的氧化加成,接着降冰片烯立体选择性地插入生成 cis,exo-配合物(**2**)。因几何构型β-H消除不会发生,而一个五元钯环(**3**)则由分子内C—H键活化而产生。脂肪族碘代物对**3**进行氧化加成给出一个Pd(Ⅳ)中间体(**4**)。**4**通过一个选择性的烷基迁移到芳香环进行的还原消除反应生成**5**,降冰片烯同时发生反插入,同样由于立体的影响而给出2,6-二取代芳香钯(Ⅱ)物种(**6**),**6**与终端烯烃反应放出有机产物和Pd(0)。其他的终端过程也可以通过熟知的如Suzuki或Sonogashira偶联那样,芳香基—Pd键发生氢解、氨基化或氰化。所述方案还可扩展用于成环反应。因此,本反应是非常丰富多彩的,可用于合成多类官能化的芳香化合物。

Example 2, Lautens小组首次报道了应用最终一步分子内的Heck反应合成稠芳香化合物。[1e,4]

Example 3, 利用本反应对各种官能团的高度兼容性,Lautens小组实现了合成(+)-linoxepin的前体化合物的关键一步反应。[5]

只要芳香碘代底物带有一个邻位取代基,通过邻位芳基化构筑二芳基组分也是可行的。因邻位效应,**3**这一类钯环上基本只会进行邻位取代。[1,6]

Example 4, 结合Heck反应的芳基–芳基偶联反应。[7]

Example 5 邻位有富电子取代基的芳香碘代物与带有吸电子取代基的芳香溴代物及终端烯烃之间成功发生的非对称偶联反应说明适时改变两个芳香卤代物的电子性质就可实现选择性控制。[8]

Example 6 反映出 Pd(Ⅳ) 中间体[9]的内部螯合作用能抵消邻位效应。[10]

References

1. (a) Tsuji, J. Palladium Reagents and Catalysts – New Perspective for the 21st Century, 2004, John Wiley & Sons, pp. 409–416. (b) Catellani, M. *Synlett* **2003**, 298–313. (c) Catellani, M. *Top. Organomet. Chem.* **2005**, *14*, 21–53. (d) Catellani M.; Motti E.; Della Ca' N. *Acc. Chem. Res.* **2008**, *41*, 1512–1522. (e) Martins, A.; Mariampillai, B.; Lautens, M. *Top Curr Chem* **2010**, *292*, 1–33. (f) Chiusoli, G. P.; Catellani, M.; Costa, M.; Motti, E.; Della Ca', N.; Maestri, G. *Coord. Chem. Rev.* **2010**, *254*, 456–469.
2. (a) Catellani, M.; Frignani, F.; Rangoni, A. *Angew. Chem. Int. Ed. Engl.* **1997**, *36*, 119–122. (b) Catellani, M.; Fagnola, M. C. *Angew. Chem. Int. Ed. Engl.* **1994**, *33*, 2421–2422.
3. Catellani, M;. Cugini, F. *Tetrahedron*, **1999**, *55*, 6595–6602.
4. (a) Lautens, M.; Piguel, S.; Dahlmann, M. *Angew. Chem. Int. Ed. Engl.* **2000**, *39*, 1045–1046. (b) Lautens, M.; Paquin, J.-F.; Piguel, S. *J. Org. Chem.* **2001**, *66*, 8127–8134. (c) Lautens, M.; Paquin, J.-F.; Piguel, S. *J. Org. Chem.* **2002**, *67*, 3972–3974.
5. Weinstabl, H.; Suhartono, M.; Qureshi, Z.; Lautens, M. *Angew. Chem. Int. Ed.* **2013**, *125*, 5413–5416.
6. Maestri, G.; Motti, E.; Della Ca', N.; Malacria, M.; Derat, E.; Catellani, M. *J. Am. Chem. Soc.* **2011**, *133*, 8574–8585.
7. Motti, E.; Ippomei, G.; Deledda, S.; Catellani, M. *Synthesis* **2003**, 2671–2678.
8. Faccini, F.; Motti, E.; Catellani, M. *J. Am. Chem. Soc.* **2004**, *126*, 78–79.
9. Vicente, J.; Arcas, A.; Juliá-Hernández, F.; Bautista, D. *Angew. Chem. Int. Ed.* **2011**, *50*, 6896–6899.
10. Della Ca', N.; Maestri, G.; Malacria, M.; Derat, E.; Catellani, M. *Angew. Chem. Int. Ed.* **2011**, *50*, 12257–12261.

Sanford反应

利用如吡啶、嘧啶等一类导向基可在C—H键上实现氧酰基化反应。[1,6]

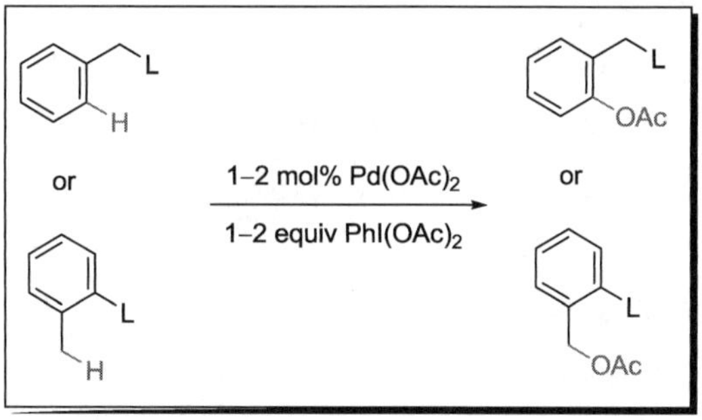
L
H
or
L
H
1–2 mol% Pd(OAc)2
1–2 equiv PhI(OAc)2
L
OAc
or
L
OAc

配体导向C—H键氧酰基化反应的催化循环：[2]

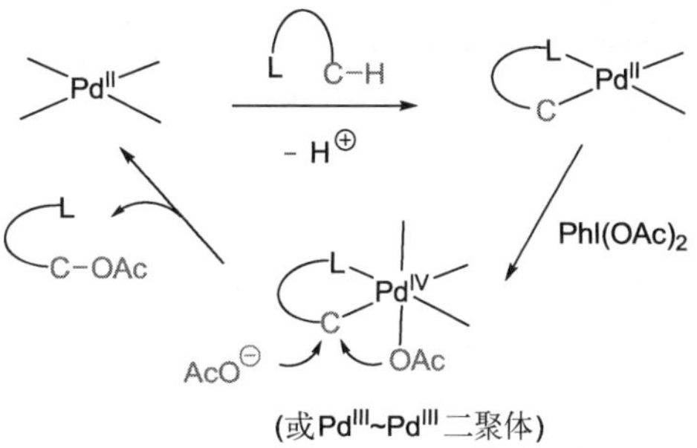
PdII
L
C–H
- H⊕
PdII
PhI(OAc)2
PdIV
AcO⊖
OAc
C–OAc
(或PdIII~PdIII二聚体)

Example 1[3]

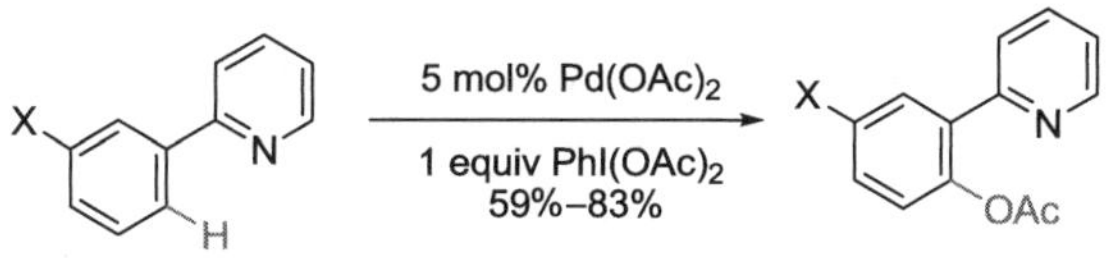
X
N
H
5 mol% Pd(OAc)2
1 equiv PhI(OAc)2
59%–83%
X
N
OAc

X = OMe, OMOM, Me, Br, F, CF_3, Ac, 肟, NO_2,
位置选择性: 6:1 to > 20:1

Example 2[5]

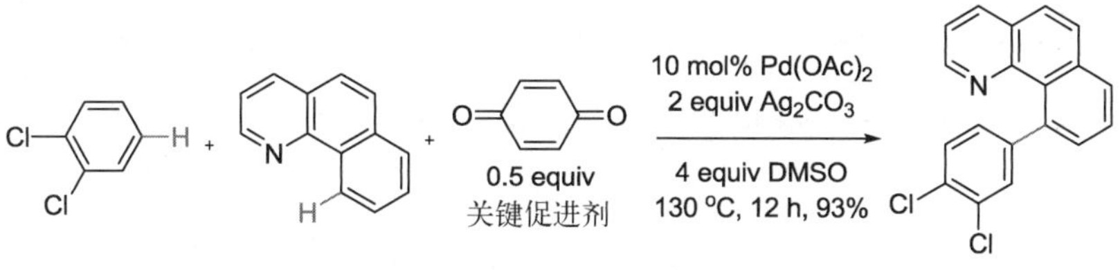
Cl
H
Cl
N
H
O
O
0.5 equiv
关键促进剂
10 mol% Pd(OAc)2
2 equiv Ag2CO3
4 equiv DMSO
130 °C, 12 h, 93%
N
Cl
Cl

单一位置异构体

Example 3, 钯催化的C—H键官能团化反应中各基团的导向能力。[6]

[Reaction scheme: 3-methylphenyl-pyrimidine (0.5 equiv) + N,N-dimethyl-2-(3-methylphenyl)acetamide (0.5 equiv), with 1 mol% Pd(OAc)$_2$, 1.02 equiv PhI(OAc)$_2$, Ac$_2$O/AcOH, 100 °C → pyrimidine-directed OAc product >99%; amide-directed OAc product <1%]

Example 4.[10]

[Reaction scheme: 1,3-bis(trifluoromethyl)benzene, 2 mol% Pd(OAc)$_2$, 2 mol% 吡啶, ArI(OAc)$_2$, 68% → 3,5-bis(trifluoromethyl)phenyl acetate]

References

1. Dick, A. R.; Hull, K. L.; Sanford, M. S. *J. Am. Chem. Soc.* **2004**, *126*, 2300–2301. 桑福特（M. S. Sanford）1975年出生于麻州的New Bedford。她毕业于耶鲁大学并在1996年获得硕士学位, 2001年在加州理工学院的格卢勃斯（R. Grubbs）教授指导下获得博士学位。而后她在普林斯顿大学的格洛富斯（J. Groves）教授处做博士后。2003年来到密西根大学, 现是Moses Gomberg Collegiate化学教授兼Arthur F. Thurnau化学教授。其研究兴趣在于开发可用于合成的新型催化剂。
2. Kalyani, D.; Deprez, N. R.; Desai, L. V.; Sanford, M. S. *J. Am. Chem. Soc.* **2005**, *127*, 7330–7331.
3. Kalyani, D.; Sanford, M. S. *Org. Lett.* **2005**, *7*, 4149–4152.
4. Hull, K. L.; Lanni, E. L.; Sanford, M. S. *J. Am. Chem. Soc.* **2006**, *128*, 14047–14047. (Mechanistic insight).
5. Hull, K. L.; Sanford, M. S. *J. Am. Chem. Soc.* **2007**, *129*, 11904–11905.
6. Desai, L. V.; Stowers, K. J.; Sanford, M. S. *J. Am. Chem. Soc.* **2008**, *130*, 13285–13293.
7. Stowers, K. J.; Sanford, M. S. *Org. Lett.* **2009**, *11*, 4584–4587. (Mechanistic insight).
8. Lyons, T. W.; Sanford, M. S. *Chem. Rev.* **2010**, *110*, 1147–1169. (Review).
9. Lyons, T. W.; Hull, K. L.; Sanford M. S. *J. Am. Chem. Soc.* **2011**, *133*, 4455–4464. (Regioselectivity).
10. Emmert, M. H.; Cook, A. K.; Xie, Y. J.; Sanford, M. S. *Angew. Chem. Int. Ed.* **2011**, *50*, 9409–9412.
11. Neufeldt, S. R.; Sanford, M. S. *Acc. Chem. Res.* **2012**, *45*, 936–946. (Review).

White 催化剂

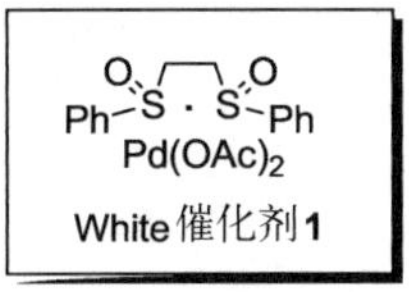

White 催化剂是一个商业可得的能将相对较为惰性的烯丙基C—H键氧化转化为C—O键、C—N键和C—C键的多用途催化剂(Figure 1)。[1-11] White 催化剂可实现新颖的能预期的切断分析而用于复杂分子的合成。[2,4,7,8] 各类 α-烯烃发生化学、位置和立体可控的分子内和分子间的C—H键氧化。机理研究表明White催化剂促进烯丙基C—H键断裂产生 π-烯丙基钯中间体(2),2再将氧、氮或碳亲核物种官能团化(Figure 1)。[3]

Figure 1

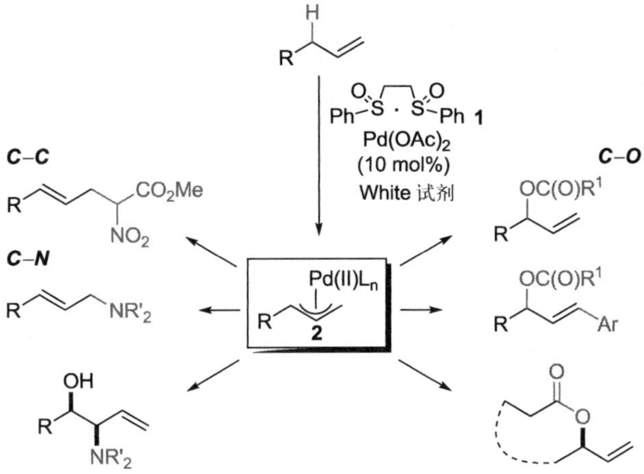

常见的有机官能团化,如,Lewis碱性的酚[3]、酸敏感的缩醛[8]、高度活泼的三氟磺酸酯[11]和肽[5]等都因该反应所需的温和条件而得以实现(Figure 2)。所有这些反应产物经柱层析后都只是单一的一个位置和烯键异构体。

利用官能团的相互转化构筑C—N键或使用预先氧化的材料来形成C—C键是当下体现最佳水平的方法。利用White催化剂的烯丙基氨基化反应可使含氮分子的合成实现线性化。烯丙基C—H键的氨基化反应已用于(−)-8,8是合成L-acosamine衍生物9的中间体产物(Figure 3A)。[7] C—H键的氨基化路线占(−)-8多步合成的一半,没有官能团化的操作,相较于另一条转变C—O

键为C—N键的路线产率更可接受。中间体分子的C—H键氨基化也已用于构筑(+)-去氧负霉素类似物**12**,合成反应少于五步,相较于另一条取代C—O键产率也好(Figure 3B)。[8]

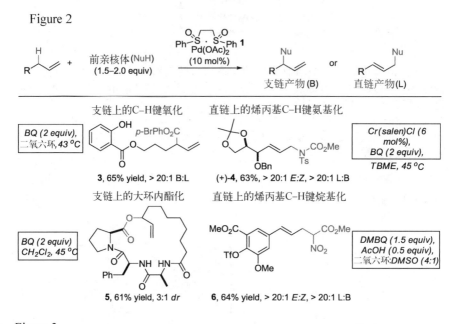

类似地,烯丙基C—H键氧化反应也可通过在生物氧代中间体上引入官能团的操作用于线性构筑氧代化合物。如,经三步反应,从商业可得的单氧代前体,十一碳-10-烯酸经一个手性烯丙基C—H键氧化反应-酶促拆分即能以

97%ee 和 42% 总产率得到生物氧代化合物 **14**（Figure 4）。[10] 另一条用到保护-去保护和动力学拆分顺序来合成类似目的物的路线的最大产率仅 50%。

Figure 4

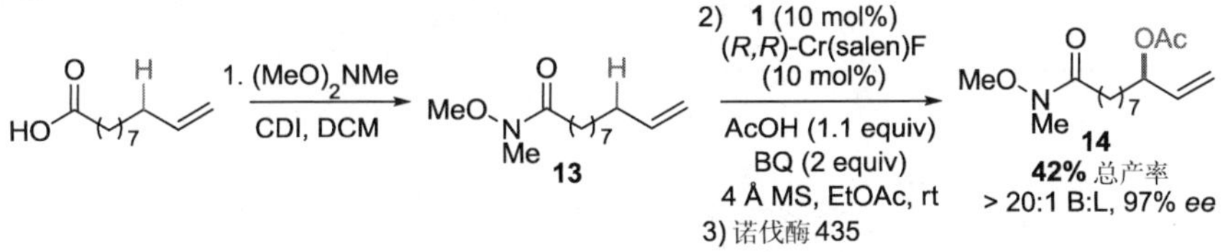

除了烯丙基 C—H 键氧化反应外，White 催化剂也可催化分子间 Heck 芳基化反应。[6] 值得注意的是，芳基化反应可应用 α-烯烃、硼酸并在酸性条件下进行。一锅煮方式的烯丙基 C—H 键氧化-烯基 C—H 键芳基化能有较高的位置和立体选择性完成 E-芳基化烯丙基酯的合成（Figure 5）。该三组分偶联反应能用于从价廉的烃类底物简洁地合成带较多官能团的产物。使用上也可得的烯烃、氨基酸和硼酸试剂经一步反应即得到 N-Boc 甘氨酸烯丙基酯 **9**。与相似的化合物已被转化为医药上有用的二肽酶Ⅳ抑制剂。[6]

Figure 5

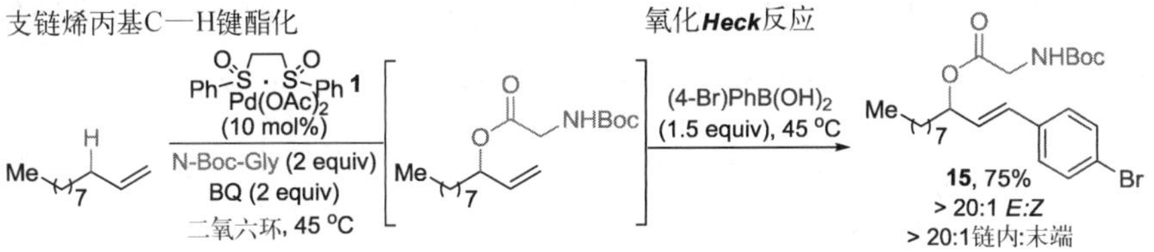

除了上面描述的一锅煮顺序，White 催化剂也可以较高产率和出色的位置、立体选择性催化在各类 α-烯烃、有机硼酸之间由螯合控制的氧化 Heck 芳基化反应（Figure 6）。[9] 与其他的 Heck 芳基化方法不同，在温和的反应条件下并未观测到有 Pd—H 键异构化。芳基硼酸、硼酸芳乙烯基频哪酯和三氟硼酸钾（硼酸活化）一般都是适用的。

Figure 6

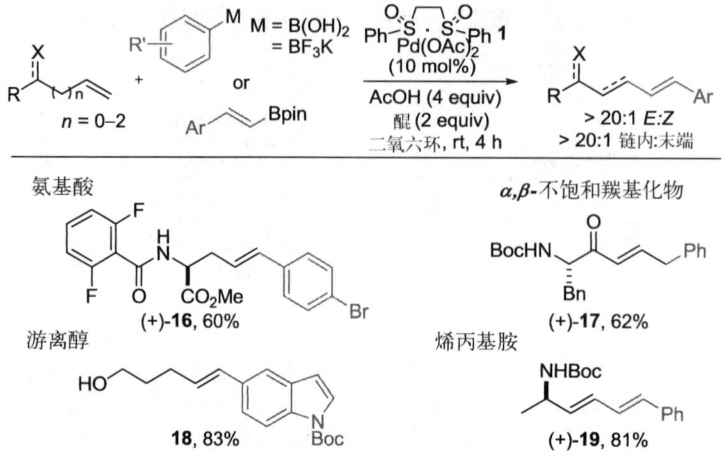

氨基酸

(+)-**16**, 60%

α,β-不饱和羰基化合物

(+)-**17**, 62%

游离醇

18, 83%

烯丙基胺

(+)-**19**, 81%

References

1. Chen, M. S.; White, M. C. *J. Am. Chem. Soc.* **2004**, *126*, 1346–1347. 怀特（C. M. White）是位于厄巴纳-香槟的伊利诺大学（University of Illinois at Urbana-Champagne）教授。
2. Fraunhoffer, K. J.; Bachovchin, D. A.; White, M. C. *Org. Lett.* **2005**, *7*, 223–226.
3. Chen. M. S.; Prabagaran, N.; Labenz, N. A.; White, M. C. *J. Am. Chem. Soc.* **2005**, *127*, 6970–6971.
4. Covell, D. J.; Vermeulen, N. A.; White, M. C. *Angew. Chem. Int. Ed.* **2006**, *45*, 8217–8220.
5. Fraunhoffer, K. J.; Prabagaran, N.; Sirois, L. E.; White, M. C. *J. Am. Chem. Soc.* **2006**, *128*, 9032–9033.
6. Delcamp, J. H.; White, M. C. *J. Am. Chem. Soc.* **2006**, *128*, 15076–15077.
7. Fraunhoffer, K. J.; White, M. C. *J. Am. Chem. Soc.* **2007**, *129*, 7274–7276.
8. Reed, S. A.; White, M. C. *J. Am. Chem. Soc.* **2008**, *129*, 3316–3318.
9. Delcamp, J. H.; Brucks, A. P.; White, M. C. *J. Am. Chem. Soc.* **2008**, *129*, 11270–11271.
10. Covell, D. J.; White, M. C. *Angew. Chem. Int. Ed.* **2008**, *47*, 6448–6451.
11. Young, A. J.; White, M. C. *J. Am. Chem. Soc.* **2008**, *129*, 14090–14091.

Yu C—H 键活化反应

余金权与其课题组成员开发出各类位置选择性和立体选择性的C—H键活化反应。凭借一个钯催化剂，一个氧化剂、常常已预设好的导向基和/或最佳配体的应用，使这些很有特征的转移过程有很好的选择性及反应速率。

sp³ C—H 键活化的典型实例：

Example 1, 羟基导向的C—H 键活化/C—O 键环化[2]

Example 2, 酰胺导向的sp³ C—H 键羰基化[3]

Example 3, 氨磺酰基导向的C—H 键甲基化[4]

Example 4, 芳环上邻位选择性的C—H键芳基化[5]

[Reaction scheme: 2-(trifluoromethyl)phenylacetic acid + PhBF$_3$K, Pd(OAc)$_2$, N-乙酰基异亮氨酸, BQ, KHCO$_3$, 叔戊醇, Ag$_2$CO$_3$, 110 °C, 87% → ortho-phenylated product]

Example 5, 选择性的吡啶C(3)位C—H键的芳基化[6]

[Reaction scheme: pyridine + Pd(OAc)$_2$, 苯, Cs$_2$CO$_3$, 3-溴苯甲醚, 140 °C, 70% → 3-(3-methoxyphenyl)pyridine → 3 steps → N-alkylpiperidinyl phenol]

Example 6, 芳环上间位选择性的C—H键烯基化[8]

[Reaction scheme: substrate with T^2 group + 丙烯酸乙酯, Pd(OAc)$_2$, N-乙酰基甘氨酸, AgOAc, 六氟异丙醇, 90 °C, 24 h, 67% → meta-alkenylated product; T^2 = bis(2-cyanophenyl)amino]

References

1. Wang, D. H.; Engle, K. M.; Shi, B. F.; Yu, J. Q. *Science* **2010**, *327*, 315−319.
2. Wang, X.; Lu, Y.; Dai, H. X.; Yu, J. Q. *J. Am. Chem. Soc.* **2010**, *132*, 12203−12205.
3. Yoo, E. J.; Wasa, M.; Yu, J. Q. *J. Am. Chem. Soc.* **2010**, *132*, 17378−17380.
4. Dai, H. X.; Stepan, A. F.; Plummer, M. S.; Zhang, Y. H.; Yu, J. Q. *J. Am. Chem. Soc.* **2011**, *133*, 7222−7228.
5. Engle, K. M.; Thuy-Boun, P. S.; Dang, M.; Yu, J. Q. *J. Am. Chem. Soc.* **2011**, *133*, 18183−18193.
6. Ye, M.; Gao, G. L.; Edmunds, A. J.; Worthington, P. A.; Morris, J. A.; Yu, J. Q. *J. Am. Chem. Soc.* **2011**, *133*, 19090−19093.
7. Engle, K. M.; Mei, T. S.; Wasa, M.; Yu, J. Q. *Acc. Chem. Res.* **2012**, *45*, 788−802 (Review).
8. Leow, D.; Li, G.; Mei, T. S.; Yu, J. Q. *Nature* **2012**, *486*, 518−522.

Chan 炔烃还原反应

用双(2-甲氧基乙氧基)氢化铝(SMEAH，又常称红铝)或锂铝氢立体选择性地还原炔基醇为E-烯丙基醇的反应。

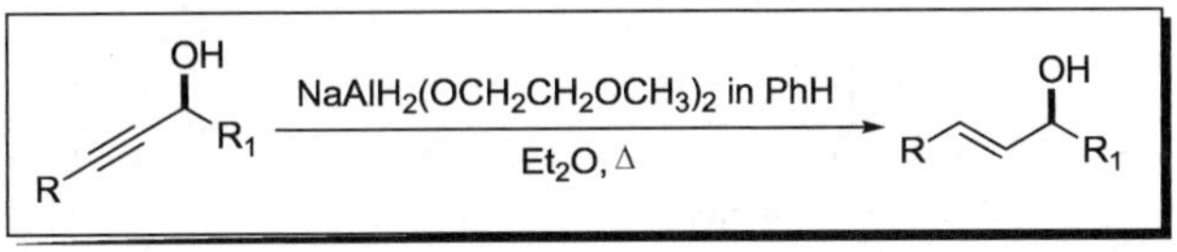

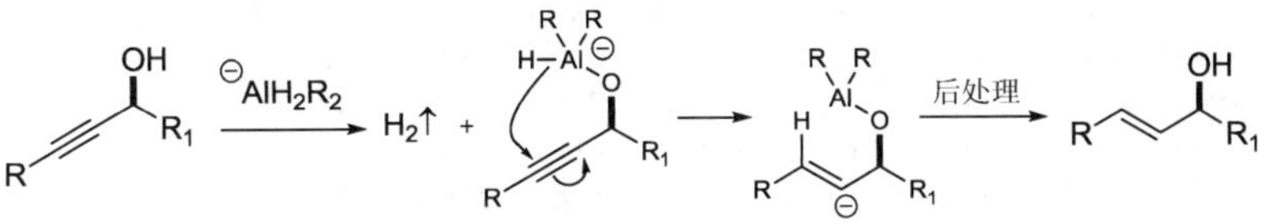

Example 1[3]

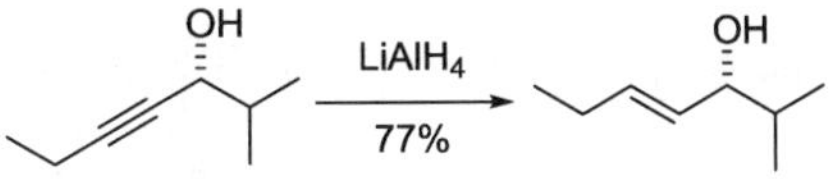

Example 2[4]

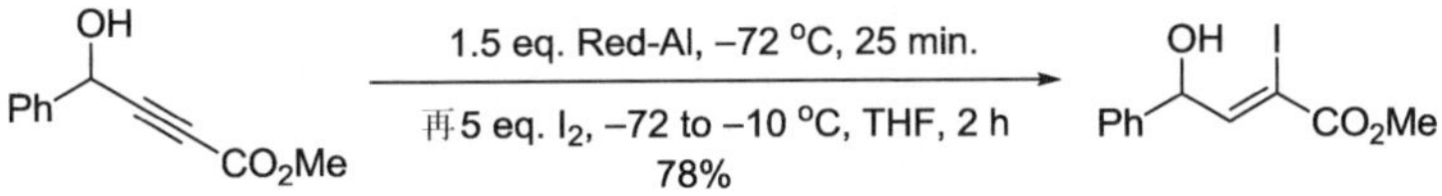

Example 3[6]

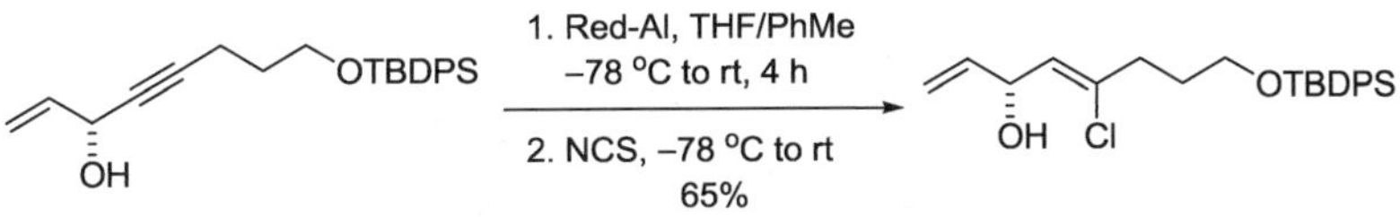

Example 4[7]

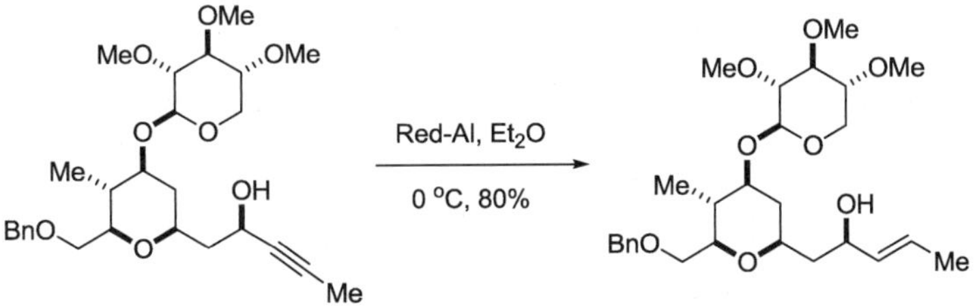

J.J. Li, *Name Reactions: A Collection of Detailed Mechanisms and Synthetic Applications*,
DOI 10.1007/978-3-319-03979-4_55, © Springer International Publishing Switzerland 2014

Example 5[8]

$$\text{PMBO, OH, CH}_2=\text{CH-CH}_2\text{-CH(OPMB)-CH}_2\text{-CH(OH)-C}\equiv\text{C-Ph} \xrightarrow[0\,^\circ\text{C, 87\%}]{\text{LiAlH}_4,\text{ THF}} \text{PMBO, OH, CH}_2=\text{CH-CH}_2\text{-CH(OPMB)-CH}_2\text{-CH(OH)-CH=CH-Ph}$$

References

1. Chan, K.-K.; Cohen, N.; De Noble, J. P.; Specian, A. C., Jr.; Saucy, G. *J. Org. Chem.* **1976**, *41*, 3497–3505. 单（Ka-Kong Chan）是位于美国新泽西州 Netley 的 Hoffmann-La Roche, Inc. 的化学家。
2. Blunt, J. W.; Hartshorn, M. P.; Munro, M. H. G.; Soong, L. T.; Thompson, R. S.; Vaughan, J. *J. Chem. Soc., Chem. Commun.* **1980**, 820–821.
3. Midland, M. M.; Gabriel, J. *J. Org. Chem.* **1985**, *50*, 1143–1144.
4. Meta, C. T.; Koide, K. *Org. Lett.* **2004**, *6*, 1785–1787.
5. Yamazaki, T.; Ichige, T.; Kitazume, T. *Org. Lett.* **2004**, *6*, 4073–4076.
6. Xu, S.; Arimoto, H.; Uemura, D. *Angew. Chem. Int. Ed.* **2007**, *46*, 5746–5749.
7. Chakraborty, T. K.; Reddy, V. R.; Gajula, P. K. *Tetrahedron* **2008**, *64*, 5162–5167.
8. Krishna, P. R.; Krishnarao, L.; Reddy, K. L. N. *Beilstein J. Org. Chem.* **2009**, *5*, No. 14.
9. Yadav, J. S.; Krishna, V. H.; Srilatha, A.; Somaiah, R.; Reddy, B. V. S. *Synthesis* **2011**, 3004–3012.
10. Krishna, P. R.; Alivelu, M. *Helv. Chim. Acta* **2011**, *94*, 1102–1107.

Chan-Lam C—X键偶联反应

各种带NH/OH/SH的底物于室温、空气中与硼酸在催化量乙酸铜及三乙胺(或吡啶)存在下经氧化交叉偶联发生芳构化反应。反应可适用于酰胺、胺、苯胺、叠氮化物、乙内酰脲、肼、酰亚胺、亚胺、亚硝基化物、吡嗪酮、吡啶酮、嘌呤、嘧啶、氨磺酰、亚磺酸盐、亚磺酰胺、脲、醇、酚和硫酚。本反应也是一个在N/O上发生烯基化的温和方法。硼酸可以用硅氧烷、锡烷或其他有机金属化合物替代。温和的反应条件使其优于用卤代烃的Buchwald-Hartwig钯催化的交叉偶联反应,尽管硼酸的价格高于卤代烃。从应用性和普适性看,本反应已不亚于Suzuki-Miyaura C—C键交叉偶联反应。

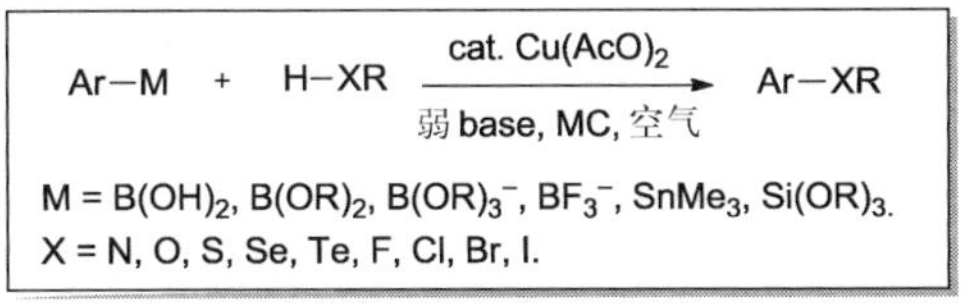
Ar—M + H—XR
cat. Cu(AcO)2
弱 base, MC, 空气
Ar—XR
M = B(OH)2, B(OR)2, B(OR)3⁻, BF3⁻, SnMe3, Si(OR)3.
X = N, O, S, Se, Te, F, Cl, Br, I.

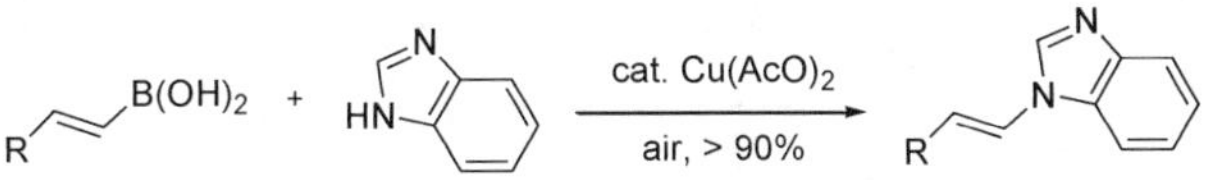
B(OH)2
R
+
HN
N
cat. Cu(AcO)2
air, > 90%
N
N
R

Example 1[1a,d]

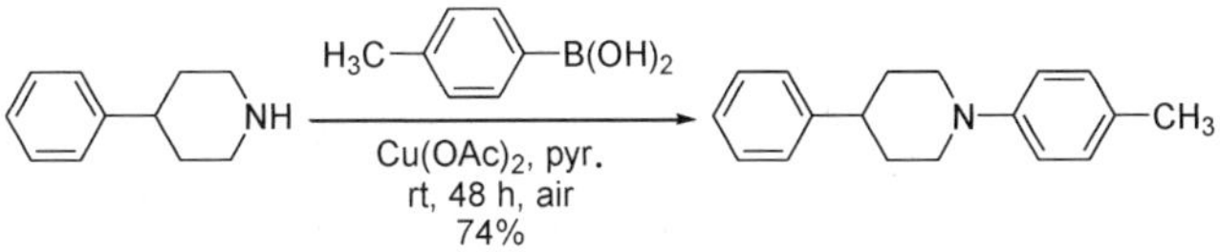
NH
H3C
B(OH)2
Cu(OAc)2, pyr.
rt, 48 h, air
74%
N
CH3

机理:[4]

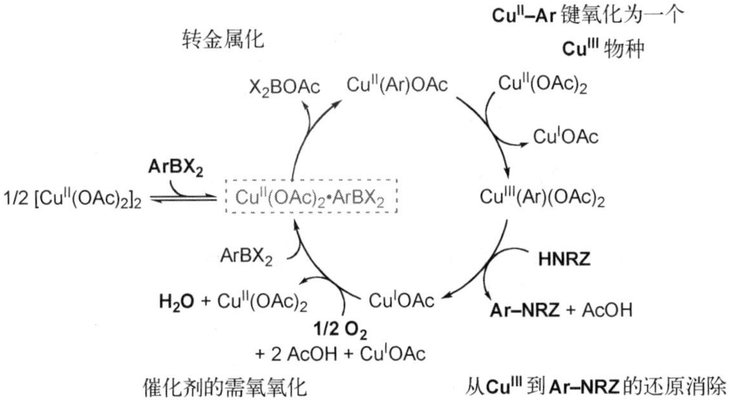
转金属化
CuII–Ar 键氧化为一个
CuIII 物种
X2BOAc
CuII(Ar)OAc
CuII(OAc)2
CuIOAc
ArBX2
1/2 [CuII(OAc)2]2
CuII(OAc)2•ArBX2
CuIII(Ar)(OAc)2
ArBX2
HNRZ
H2O + CuII(OAc)2
CuIOAc
Ar–NRZ + AcOH
1/2 O2
+ 2 AcOH + CuIOAc
催化剂的需氧氧化
从CuIII 到 Ar–NRZ的还原消除

J.J. Li, *Name Reactions: A Collection of Detailed Mechanisms and Synthetic Applications*,
DOI 10.1007/978-3-319-03979-4_56, © Springer International Publishing Switzerland 2014

Example 2[5]

Example 3[6]

Example 4[14]

(α-酯效应缩酮会降低产率)

Example 5[15]

References

1. (a) Chan, D. M. T.; Monaco, K. L.; Wang, R.-P.; Winters, M. P. *Tetrahedron Lett.* **1998**, *39*, 2933–2936. (b) Lam, P. Y. S.; Clark, C. G.; Saubern, S.; Adams, J.; Winters, M. P.; Chan, D. M. T.; Combs, A. *Tetrahedron Lett.* **1998**, *39*, 2941–2949. 单(D. Chan)是位于美国Wilmington, DE的DuPont Crop Protection的化学家, 在麦迪森的威斯康辛大学(University of Wisconsin, Madison)的特罗斯特(B. Trost)教授指导下进行Ph. D.研究工作。拉姆(P. Lam)是位于美国新泽西州普林斯顿的Bristol-Myyers Squibb 的首席研究员, 曾在DuPont Pharmaceuticals Company工作过。他在罗切斯特大学(University of Rochester)的弗里特里希(L. Friedrich)教授指导下进行Ph. D.研究工作, 先后跟俊(M. Jung)教授和加利福尼亚大学洛杉矶分校(UCLA)的克拉姆(D. Cram)教授从事博士后研究工作。

   (c) Evans, D. A.; Katz, J. L.; West, T. R. *Tetrahedron Lett.* **1998**, *39*, 2937–2940. 长期从事万古霉素(vancomycin)全合成研究的伊文思(D. A. Evans)小组在一次有机化学会议的壁报上注意到该反应并将其用于O-芳构化反应。

   (d) Lam, P. Y. S.; Clark, C. G.; Saubern, S.; Adams, J.; Averill, K. M.; Chan, D. M. T.; Combs, A. *Synlett* **2000**, 674–676. (e) Lam, P. Y. S.; Bonne, D.; Vincent, G.; Clark, C. G.; Combs, A. P. *Tetrahedron Lett.* **2003**, *44*, 1691–1694.

2. Reviews: (a) Qiao, J. X.; Lam, P. Y. S. *Syn.* **2011**, 829–856; (b) Chan, D. M. T.; Lam, P. Y. S., Book chapter in *Boronic Acids* Hall, ed. **2005**, Wiley–VCH, 205–240. (c) Ley, S. V.; Thomas, A. W. *Angew. Chem., Int. Ed. Engl.* **2003**, *42*, 5400–5449.

3. Catalytic copper: (a) Lam, P. Y. S.; Vincent, G.; Clark, C. G.; Deudon, S.; Jadhav, P. K. *Tetrahedron Lett.* **2001**, *42*, 3415–3418. (b) Antilla, J. C.; Buchwald, S. L. *Org. Lett.* **2001**, *3*, 2077–2079. (c) Quach, T. D.; Batey, R. A. *Org. Lett.* **2003**, *5*, 4397–4400. (d) Collman, J. P.; Zhong, M. *Org. Lett.* **2000**, *2*, 1233–1236. (e) Lan, J.-B.; Zhang, G.-L.; Yu, X.-Q.; You, J.-S.; Chen, L.; Yan, M.; Xie, R.-G. *Synlett* **2004**, 1095–1097.

4. Mechanism (Part of the mechanistic work from Shannon's lab was funded and in collaboration with BMS: (a) Huffman, L. M.; Stahl, S. S. *J. Am. Chem. Soc.* **2008**, *130*, 9196–9197. (b) King, A. E.; Brunold, T. C.; Stahl, S. S. *J. Am. Chem. Soc.* **2009**, *131*, 5044. (c) King, A. E.; Huffman, L. M.; Casitas, A.; Costas, M.; Ribas, X.; Stahl, S. S. *J. Am. Chem. Soc.* **2010**, *132*, 12068–12073. (d) Casita, A.; King, A. E.; Prella, T.; Costas, M.; Stahl, S. S.; Ribas, X. *J. Chem. Sci.* **2010**, *1*, 326–330.

5. Vinyl boronic acids: Lam, P. Y. S.; Vincent, G.; Bonne, D.; Clark, C. G. *Tetrahedron Lett.* **2003**, *44*, 4927–4931.

6. Intramolecular: Decicco, C. P.; Song, Y.; Evans, D.A. *Org. Lett.* **2001**, *3*, 1029–1032.

7. Solid phase: (a) Combs, A. P.; Saubern, S.; Rafalski, M.; Lam, P. Y. S. *Tetrahedron Lett.* **1999**, *40*, 1623–1626. (b) Combs, A. P.; Tadesse, S.; Rafalski, M.; Haque, T. S.; Lam, P. Y. S. *J. Comb. Chem.* **2002**, *4*, 179–182.

8. Boronates/borates: (a) Chan, D. M. T.; Monaco, K. L.; Li, R.; Bonne, D.; Clark, C. G.; Lam, P. Y. S. *Tetrahedron Lett.* **2003**, *44*, 3863–3865. (b) Yu, X. Q.; Yamamoto, Y.; Miyuara, N. *Chem. Asian J.* **2008**, *3*, 1517–1522.

9. Siloxanes: (a) Lam, P. Y. S.; Deudon, S.; Averill, K. M.; Li, R.; He, M. Y.; DeShong, P.; Clark, C. G. *J. Am. Chem. Soc.* **2000**, *122*, 7600–7601. (b) Lam, P. Y. S.; Deudon, S.; Hauptman, E.; Clark, C. G. *Tetrahedron Lett.* **2001**, *42*, 2427–2429.

10. Stannanes: Lam, P. Y. S.; Vincent, G.; Bonne, D.; Clark, C. G. *Tetrahedron Lett.* **2002**, *43*, 3091–3094.

11. Thiols: (a) Herradura, P. S.; Pendora, K. A.; Guy, R. K. *Org. Lett.* **2000**, *2*, 2019–2022. (b) Savarin, C.; Srogl, J.; Liebeskind, L. S. . *Org. Lett.* **2002**, *4*, 4309–4312. (c) Xu, H.-J.; Zhao, Y.-Q.; Feng, T.; Feng, Y.-S. *J. Org. Chem.* **2012**, *77*, 2878–2884.

12. Sulfinates: (a) Beaulieu, C.; Guay, D.; Wang, C.; Evans, D. A. *Tetrahedron Lett.* **2004**, *45*, 3233–3236. (b) Huang, H.; Batey, R. A. *Tetrahedron.* **2007**, *63*, 7667–7672. (c) Kar, A.; Sayyed, L.A.; Lo, W.F.; Kaiser, H.M.; Beller, M.; Tse, M. K. *Org. Lett.* **2007**, *9*, 3405–3408.

13. Sulfoximines: Moessner, C.; Bolm, C. *Org. Lett.* **2005**, *7*, 2667–2669.

14. β-Lactam: Wang, W.; *et al*. *Bio. Med. Chem. Lett.* **2008**, *18*, 1939–1944.

15. Cyclopropyl boronic acid: Tsuritani, T.; Strotman, N. A.; Yamamoto, Y.; Kawasaki, M.; Yasuda, N.; Mase, T. *Org. Lett.* **2008**, *10*, 1653–1655.

16. Alcohols: Quach, T. D.; Batey, R. A. *Org. Lett.* **2003**, *5*, 1381–1384.

17. Fluorides: (a) Ye, Y.; Sanford, M. S. *J. Am. Chem. Soc.* **2013**, *135*, 4648–4651. (b) Fier, P. S.; Luo, J.; Hartwig, J. F. *J. Am. Chem. Soc.* **2013**, *135*, 2552–2559.

Chapman重排反应

O-芳基亚胺醚热重排为酰胺。

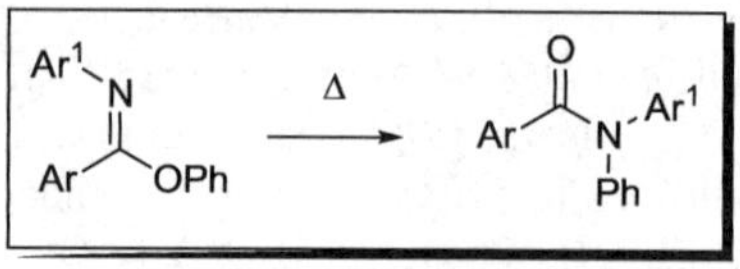

机理:

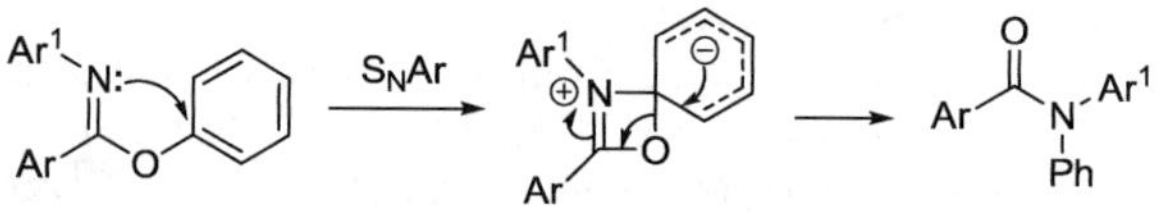

1,3-氧氮杂环丁烷中间体

Example 1[2]

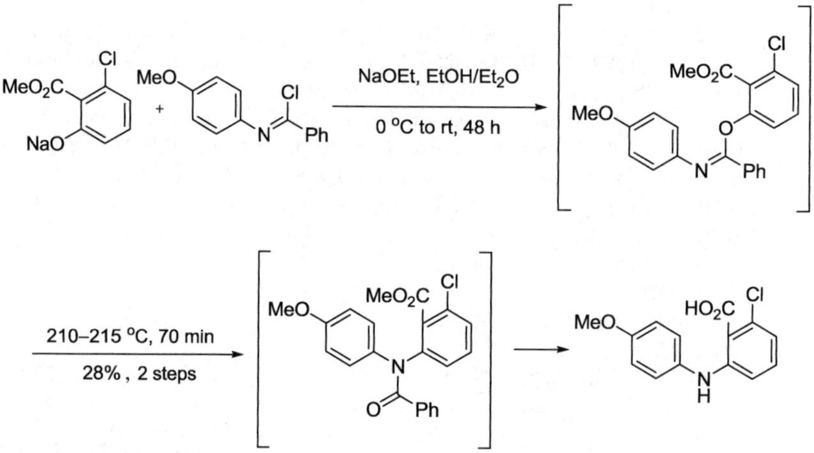

210–215 °C, 70 min
28%, 2 steps

Example 2[4]

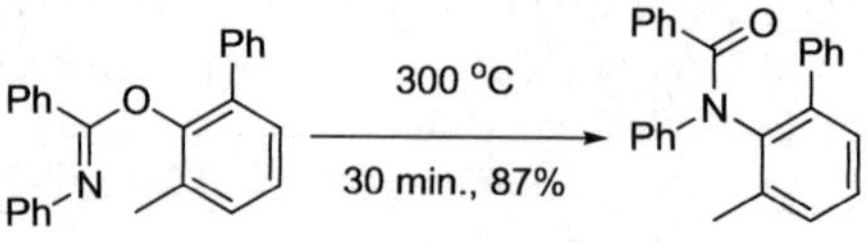

300 °C
30 min., 87%

Example 3, 二重Chapman重排[9]

Example 4, 类Chapman热重排[11]

References

1. Chapman, A. W. *J. Chem. Soc.* **1925,** *127*, 1992–1998. 查坡曼（A. W. Chapman）1898年出生于英国伦敦。他曾是有机化学讲师而后在1944~1963年间成为谢菲尔德大学（University of Sheffield）的教务主任。
2. Dauben, W. G.; Hodgson, R. L. *J. Am. Chem. Soc.* **1950,** *72*, 3479–3480.
3. Schulenberg, J. W.; Archer, S. *Org. React.* **1965,** *14*, 1–51. (Review).
4. Relles, H. M. *J. Org. Chem.* **1968,** *33*, 2245–2253.
5. Shawali, A. S.; Hassaneen, H. M. *Tetrahedron* **1972,** *28*, 5903–5909.
6. Kimura, M.; Okabayashi, I.; Isogai, K. *J. Heterocycl. Chem.* **1988,** *25,* 315–320.
7. Farouz, F.; Miller, M. J. *Tetrahedron Lett.* **1991,** *32*, 3305–3308.
8. Dessolin, M.; Eisenstein, O.; Golfier, M.; Prange, T.; Sautet, P. *J. Chem. Soc., Chem. Commun.* **1992,** 132–134.
9. Marsh, A.; Nolen, E. G.; Gardinier, K. M.; Lehn, J. M. *Tetrahedron Lett.* **1994,** *35*, 397–400.
10. Almeida, R.; Gomez-Zavaglia, A.; Kaczor, A.; Cristiano, M. L. S.; Eusebio, M. E. S.; Maria, T. M. R.; Fausto, R. *Tetrahedron* **2008,** *64*, 3296–3305.
11. Noorizadeh, S.; Ozhand, A. *Chin. J. Chem.* **2010,** *28,* 1876–1884.

Chichibabin 吡啶合成反应

亦称Chichibabin反应,指从醛和氨缩合生成吡啶的反应。

Example 1[4]

Example 2[8]

Example 3[9]

Example 4, 一个异常的Chichibabin反应[10]

References

1. Chichibabin, A. E. *J. Russ. Phys. Chem. Soc.* **1906**, *37*, 1229. 齐巴宾 (A. E. Chichibabin, 1871–1945) 出生于俄罗斯的Kuzemino, 是马尔科夫尼科夫 (V. M. Markovnikov) 所青睐的学生。但马尔科夫尼科夫的继承者泽林斯基 (Hell-Volhard-Zelinsky反应的发现者之一) 不愿与这个学生合作共事, 对齐齐卡宾的博士论文也颇多微词, 这反使齐齐卡宾有一个"自学成才者"的昵称。
2. Sprung, M. M. *Chem. Rev.* **1940**, *40*, 297–338. (Review).
3. Frank, R. L.; Riener, E. F. *J. Am. Chem. Soc.* **1950**, *72*, 4182–4183.
4. Weiss, M. *J. Am. Chem. Soc.* **1952**, *74*, 200–202.
5. Kessar, S. V.; Nadir, U. K.; Singh, M. *Indian J. Chem.* **1973**, *11*, 825–826.

6. Shimizu, S.; Abe, N.; Iguchi, A.; Dohba, M.; Sato, H.; Hirose, K.-I. *Microporous Mesoporous Materials* **1998,** *21*, 447–451.
7. Galatasis, P. *Chichibabin (Tschitschibabin) Pyridine Synthesis*. In *Name Reactions in Heterocyclic Chemistry*; Li, J. J., Ed.; Wiley: Hoboken, NJ, **2005,** pp 308–309. (Review).
8. Snider, B. B.; Neubert, B. J. *Org. Lett.* **2005,** *7*, 2715–2718.
9. Wang, X.-L.; Li, Y.-F.; Gong, C.-L.; Ma, T.; Yang, F.-C. *J. Fluorine Chem.* **2008,** *129*, 56–63.
10. Burns, N. Z.; Baran, P. S. *Angew. Chem. Int. Ed.* **2008,** *47*, 205–208.
11. Huang, Y.-C.; Wang, K.-L.; Chang, C.-H.; Liao, Y.-A.; Liaw, D.-J.; Lee, K.-R.; Lai, J.-Y. *Macromolecules* **2008,** *46*, 7443–7450.

Chugaev 反应

黄原酸酯热解消除为烯烃。

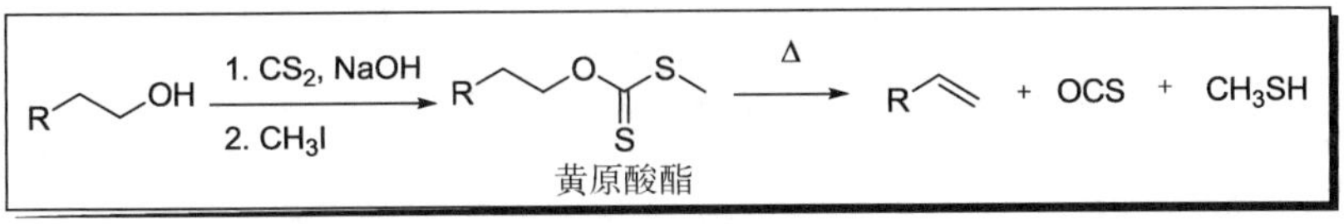

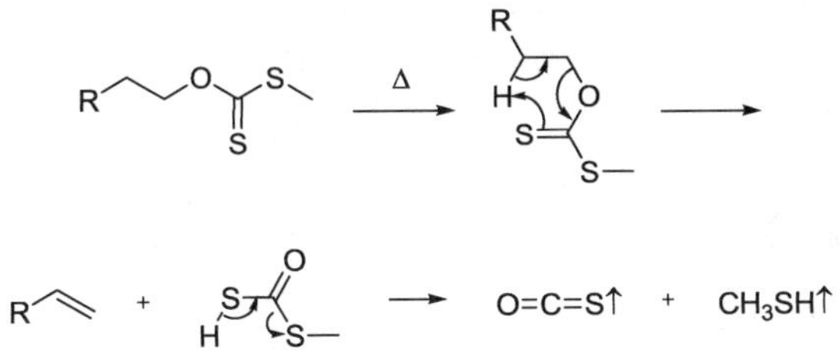

Example 1[4]

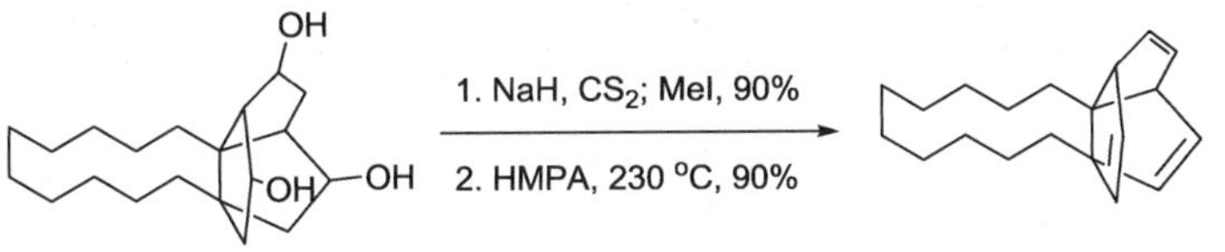

Example 2[5]

Example 3，Chugaev *syn*-消除反应后再分子内烯反应[6]

J.J. Li, *Name Reactions: A Collection of Detailed Mechanisms and Synthetic Applications*,
DOI 10.1007/978-3-319-03979-4_59, © Springer International Publishing Switzerland 2014

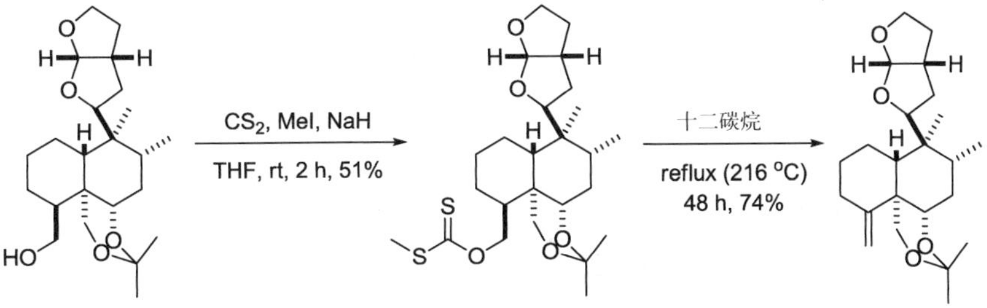

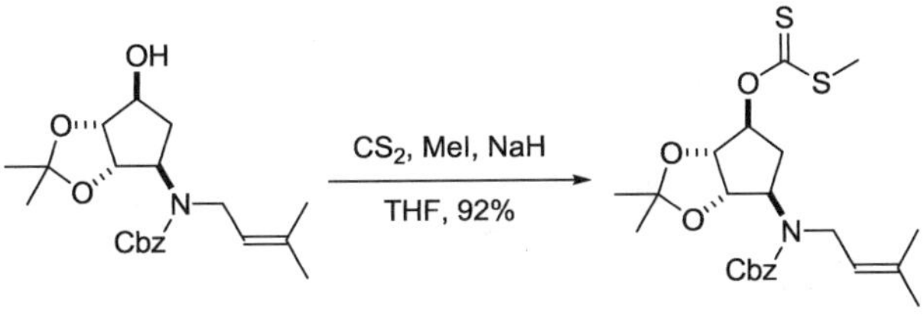

References

1. Chugaev, L. *Ber.* **1899,** *32,* 3332. 秋加也夫（L. A. Chugaev, 1873-1922）出生于俄罗斯的莫斯科，曾是彼得格勒的化学教授。门捷列夫（D. Mendeleyev）和瓦尔登（P. Walden）也都任过该职位。秋加也夫将其一生贡献给科学，除了萜类外还研究过Ni和Pt的化学，其研究室的灯光每天亮到凌晨4点多钟是常有的事。
2. Harano, K.; Taguchi, T. *Chem. Pharm. Bull.* **1975,** *23,* 467–472.
3. Ho, T.-L.; Liu, S.-H. *J. Chem. Soc., Perkin Trans. 1* **1984,** 615–617.
4. Fu, X.; Cook, J. M. *Tetrahedron Lett.* **1990,** *31,* 3409–3412.
5. Meulemans, T. M.; Stork, G. A.; Macaev, F. Z.; Jansen, B. J. M.; de Groot, A. *J. Org. Chem.* **1999,** *64,* 9178–9188.
6. Nakagawa, H.; Sugahara, T.; Ogasawara, K. *Org. Lett.* **2000,** *2,* 3181–3183.
7. Nakagawa, H.; Sugahara, T.; Ogasawara, K. *Tetrahedron Lett.* **2001,** *42,* 4523–4526.
8. Fuchter, M. J. *Chugaev elimination*. In *Name Reactions for Functional Group Transformations*; Li, J. J., Ed.; Wiley: Hoboken, NJ, **2007,** pp 334–342. (Review).
9. Ahmed, S.; Baker, L. A.; Grainger, R. S.; Innocenti, P.; Quevedo, C. E. *J. Org. Chem.* **2008,** *73,* 8116–8119.
10. Tang, P.; Wang, L.; Chen, Q.-F.; Chen, Q.-H.; Jian, X.-X.; Wang, F.-P. *Tetrahedron* **2012,** *68,* 5031–5036.

Ciamician-Dennstedt 重排反应

吡咯用从氯仿和 NaOH 反应而来的二氯卡宾处理发生环丙烷化，接着重排生成 3-氯吡啶。

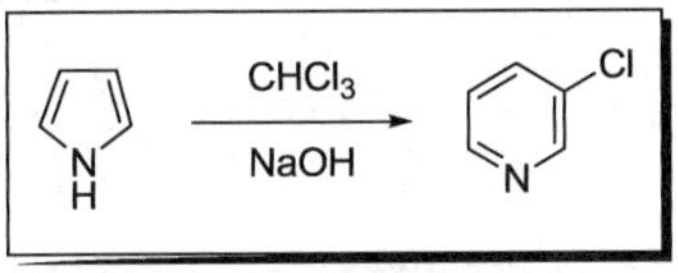

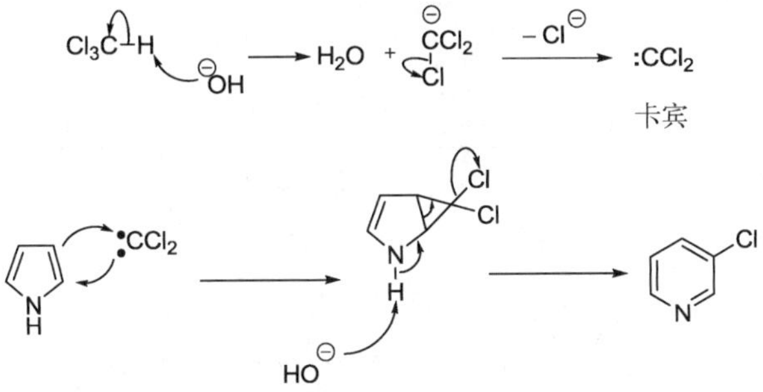

卡宾

Example 1[4]

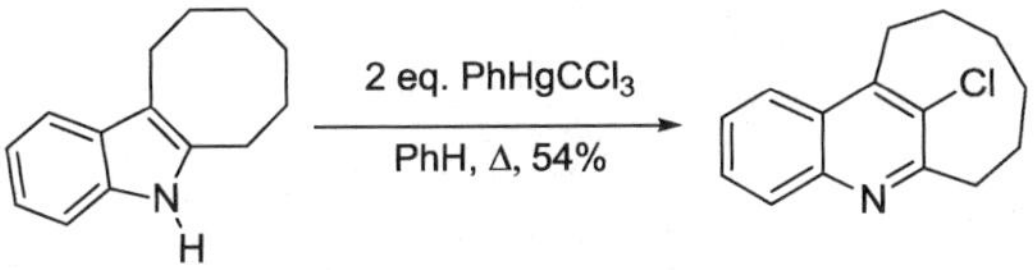

Example 2[5]

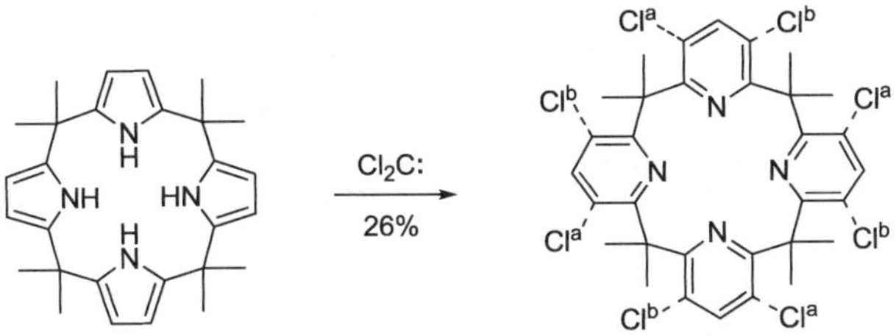

References

1. Ciamician, G. L.; Dennsted, M. *Ber.* **1881,** *14,* 1153. 西密希安（G. L. Ciamician, 1857–1922）出生于意大利的 Trieste，被誉为现代有机光化学之父。
2. Wynberg, H. *Chem. Rev.* **1960,** *60,* 169–184. (Review).
3. Wynberg, H. and Meijer, E. W. *Org. React.* **1982,** *28,* 1–36. (Review).
4. Parham, W. E.; Davenport, R. W.; Biasotti, J. B. *J. Org. Chem.* **1970,** *35,* 3775–3779.
5. Král, V.; Gale, P. A.; Anzenbacher, P. Jr.; K. Jursíková; Lynch, V.; Sessler, J. L. *Chem. Comm.* **1998,** 9–10.
6. Pflum, D. A. *Ciamician–Dennsted Rearrangement.* In *Name Reactions in Heterocyclic Chemistry*; Li, J. J., Ed.; Wiley: Hoboken, NJ, **2005,** pp 350–354. (Review).

Claisen缩合反应

碱催化下酯缩合为 β-酮酯。

Example 1[4]

Ph-CH₂-C(=O)-O-CH₂-Ph, *t*-BuOK, 无溶剂, 90 °C, 20 min., 84%

Example 2[6]

Cbz-NH-CH(CH₂Ph)-CO₂Me + AcO-*t*-Bu, 3.5 eq. LDA, THF, −45 ~ −50 °C, 再 H⁺, 97%

Example 3, 逆Claisen缩合[9]

5 equiv H$_2$O, 5 mol% In(OTf)$_3$, 80 °C, 24 h, 85%

Example 4, 无溶剂的 Claisen 缩合反应[10]

Example 5, 分子内 Claisen 缩合 (Dieckmann 缩合)[11]

References

1. Claisen, R. L.; Lowman, O. *Ber.* **1887,** *20,* 651. 克莱森（R. L. Claisen，1851-1930）出生于德国的 Cologne，可称得上是有机化学史上的名门望族之成员。在其独立从事研究工作前曾先后跟凯库勒（A. Kekule）、武勒（F. Wöhler）、拜耳（A. von Baeyer）和费歇尔（E. Fischer）学习过。
2. Hauser, C. R.; Hudson, B. E. *Org. React.* **1942,** *1,* 266–302. (Review).
3. Schäfer, J. P.; Bloomfield, J. J. *Org. React.* **1967,** *15,* 1–203. (Review).
4. Yoshizawa, K.; Toyota, S.; Toda, F. *Tetrahedron Lett.* **2001,** *42,* 7983–7985.
5. Heath, R. J.; Rock, C. O. *Nat. Prod. Rep.* **2002,** *19,* 581–596. (Review).
6. Honda, Y.; Katayama, S.; Kojima, M.; Suzuki, T.; Izawa, K. *Org. Lett.* **2002,** *4,* 447–449.
7. Mogilaiah, K.; Reddy, N. V. *Synth. Commun.* **2003,** *33,* 73–78.
8. Linderberg, M. T.; Moge, M.; Sivadasan, S. *Org. Process Res. Dev.* **2004,** *8,* 838–845.
9. Kawata, A.; Takata, K.; Kuninobu, Y.; Takai, K. *Angew. Chem. Int. Ed.* **2007,** *46,* 7793–7795.
10. Iida, K.; Ohtaka, K.; Komatsu, T.; Makino, T.; Kajiwara, M. *J. Labelled Compd. Radiopharm.* **2008,** *51,* 167–169.
11. Song, Y. Y.; He, H. G.; Li, Y.; Deng, Y. *Tetrahedron Lett.* **2013,** *54,* 2658–2660.

Claisen异噁唑合成

β-酮酯用羟胺处理环化为3-羟基异噁唑。

一个副反应:

Example 1, 一个硫类似物产物[6]

Example 2[7]

Example 3[8]

References

1. (a) Claisen, L; Lowman, O. E. *Ber.* **1888**, *21*, 784. (b) Claisen, L.; Zedel, W. *Ber.* **1891**, *24*, 140. (c) Hantzsch, A. *Ber.* **1891**, *24*, 495–506.
2. Barnes, R. A. In *Heterocyclic Compounds*; Elderfield, R. C., Ed.; Wiley: New York, **1957**; Vol. 5, p 474ff. (Review).
3. Loudon, J. D. In *Chemistry of Carbon Compounds*; Rodd, E. H., Ed.; Elsevier: Amsterdam, **1957**; Vol. 4a, p. 345ff. (Review).
4. McNab, H. *Chem. Soc. Rev.* **1978**, *7*, 345–358. (Review).
5. Chen, B.-C. *Heterocycles* **1991**, *32*, 529–597. (Review).
6. Frølund, B.; Kristiansen, U.; Brehm, L.; Hansen, A. B.; Krogsgaard-Larsen, K.; Falch, E. *J. Med. Chem.* **1995**, *38*, 3287–3296.
7. Sorensen, U. S.; Falch, E.; Krogsgaard-Larsen, K. *J. Org. Chem.* **2000**, *65*, 1003–1007.
8. Madsen, U.; Bräuner-Osborne, H.; Frydenvang, K.; Hvene, L.; Johansen, T.N.; Nielsen, B.; Sánchez, C.; Stensbøl, T.B.; Bischoff, F.; Krogsgaard-Larsen, K. *J. Med. Chem.* **2001**, *44*, 1051–1059.
9. Brooks, D. A. *Claisen Isoxazole Synthesis*. In *Name Reactions in Heterocyclic Chemistry*; Li, J. J., Ed.; Wiley: Hoboken, NJ, **2005**, pp 220–224. (Review).
10. El Shehry, M. F.; Swellem, R. H.; Abu-Bakr, Sh. M.; El-Telbani, E. M. *Eur. J. Med. Chem.* **2010**, *45*, 4783–4787.

Claisen 重排反应

Claisen重排反应、对位Claisen重排反应、Bellus-Claiso重排反应、Corey-Claisen重排反应、Eschenmoser-Claisen重排反应、Ireland-Claisen重排反应、Kazmaier-Claisen重排反应、Saucy-Claisen重排反应、Johnson-Claisen原酸酯重排反应和Carroll重排反应都同属于[3,3] σ 重排反应。Claisen重排反应经过一个协同过程，此处显示的箭头推动只是为了方便说明。

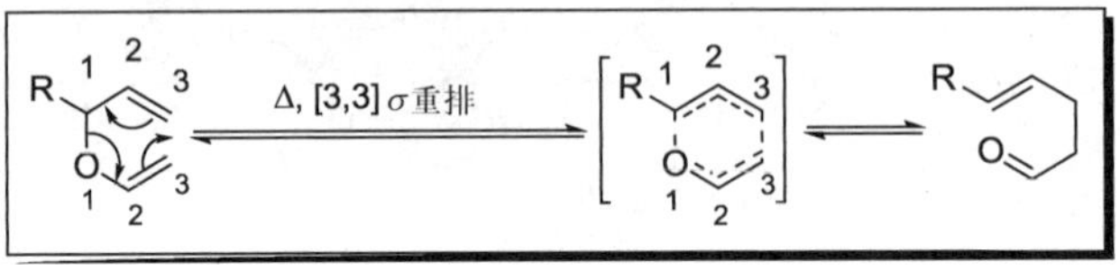

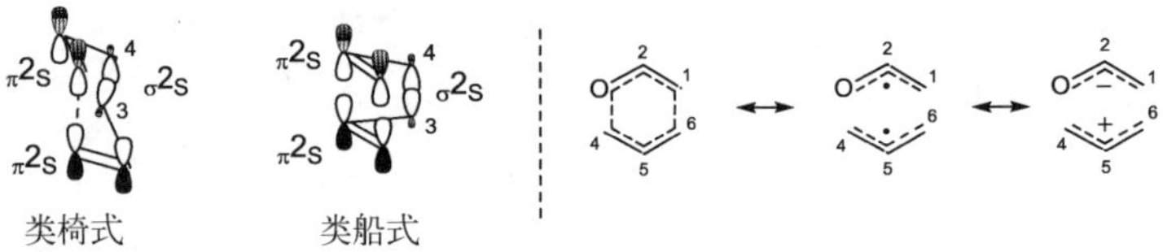

Example 1[7]

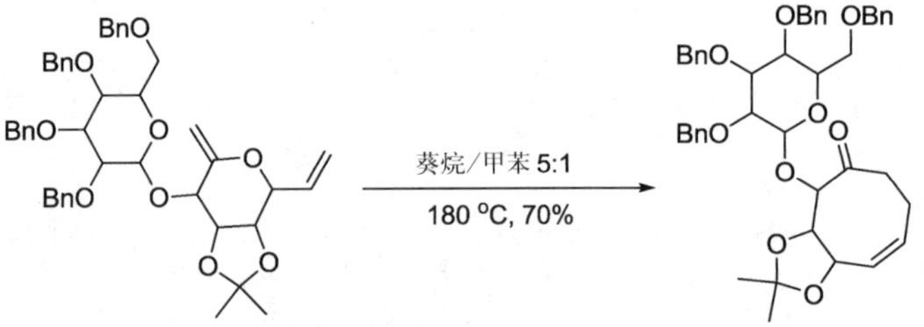

Example 2[8]

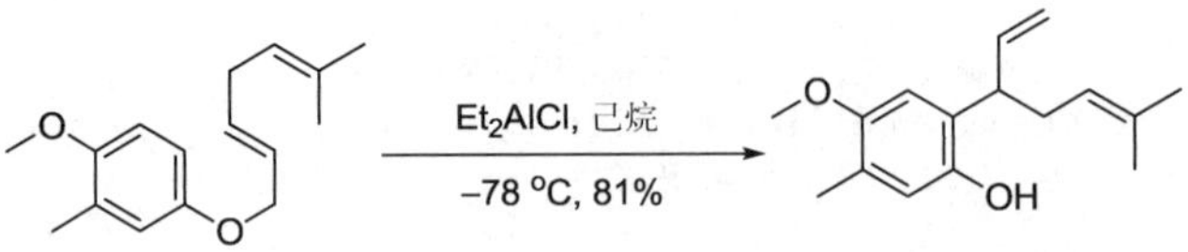

Example 3[9]

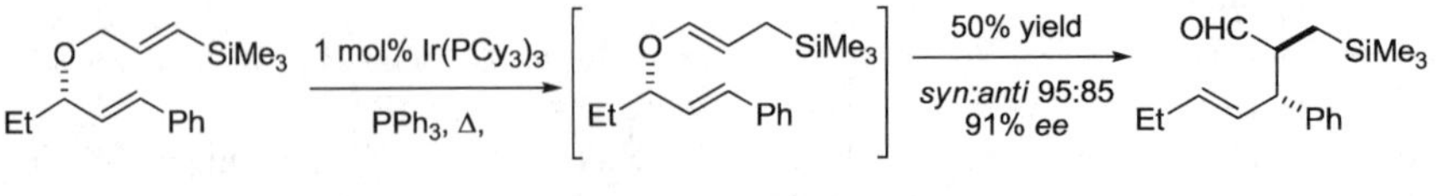

J.J. Li, *Name Reactions: A Collection of Detailed Mechanisms and Synthetic Applications*,
DOI 10.1007/978-3-319-03979-4_63, © Springer International Publishing Switzerland 2014

Example 4, 不对称 Claisen 重排[10]

Example 5, 不对称 Claisen 重排[11]

Example 6[13]

References
1. Claisen, L. *Ber.* **1912**, *45*, 3157–3166.
2. Rhoads, S. J.; Raulins, N. R. *Org. React.* **1975**, *22*, 1–252. (Review).
3. Wipf, P. In *Comprehensive Organic Synthesis;* Trost, B. M.; Fleming, I., Eds.; Pergamon, **1991**, *Vol. 5*, 827–873. (Review).
4. Ganem, B. *Angew. Chem. Int. Ed.* **1996**, *35*, 937–945. (Review).
5. Ito, H.; Taguchi, T. *Chem. Soc. Rev.* **1999**, *28*, 43–50. (Review).
6. Castro, A. M. M. *Chem. Rev.* **2004**, *104*, 2939–3002. (Review).
7. Jürs, S.; Thiem, J. *Tetrahedron: Asymmetry* **2005**, *16*, 1631–1638.
8. Vyvyan, J. R.; Oaksmith, J. M.; Parks, B. W.; Peterson, E. M. *Tetrahedron Lett.* **2005**, *46*, 2457–2460.
9. Nelson, S. G.; Wang, K. *J. Am. Chem. Soc.* **2006**, *128*, 4232–4233.
10. Körner, M.; Hiersemann, M. *Org. Lett.* **2007**, *9*, 4979–4982.
11. Uyeda, C.; Jacobsen, E. N. *J. Am. Chem. Soc.* **2008**, *130*, 9228–9229.
12. Williams, D. R.; Nag, P. P. *Claisen and Related Rearrangements.* In *Name Reactions for Homologations-Part II*; Li, J. J., Ed.; Wiley: Hoboken, NJ, **2009**, pp 33–43. (Review).
13. Alwarsh, S.; Ayinuola, K.; Dormi, S. S.; McIntosh, M. C. *Org. Lett.* **2013**, *15*, 3–5.

对位 Claisen 重排反应

正常的邻位 Claison 重排反应产物继续重排给出对位 Claison 重排反应产物。

机理 1:

机理 2:

机理 3:

Example 1[6]

Example 2[7]

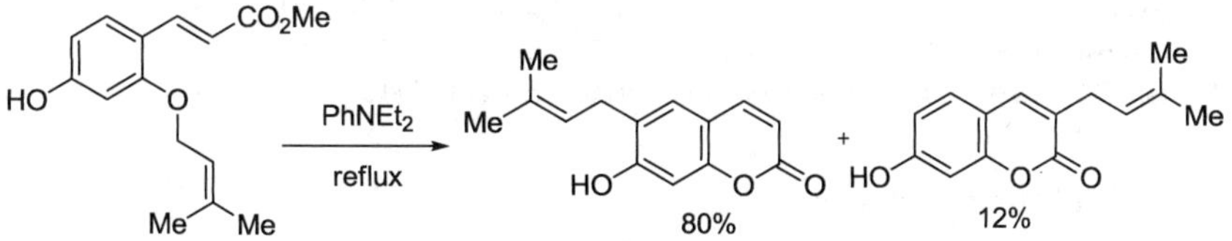

Example 3[8]

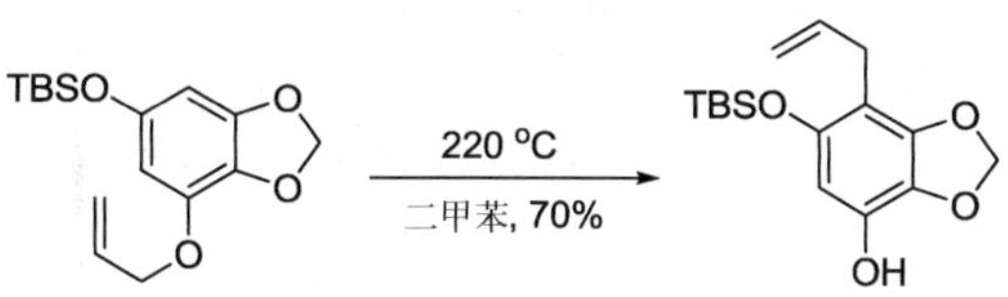

(二甲苯, 70%)

Example 4[10]

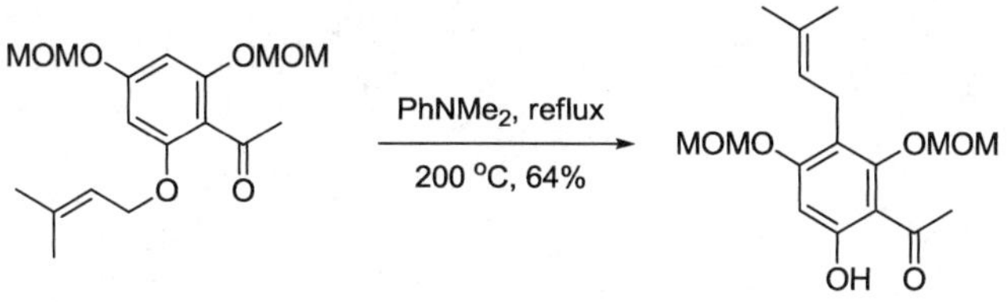

Example 5[11]

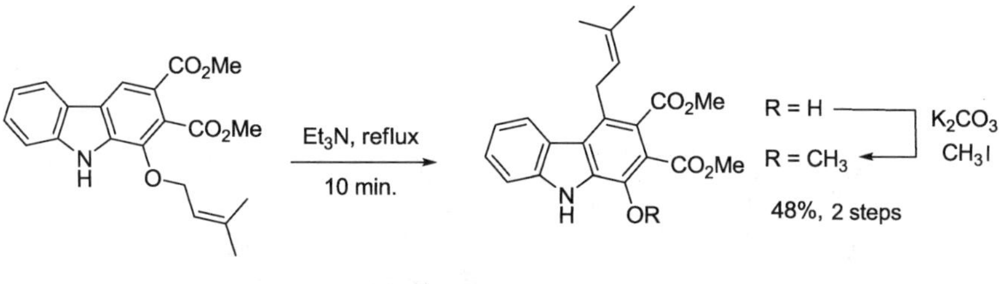

References

1. Alexander, E. R.; Kluiber, R. W. *J. Am. Chem. Soc.* **1951,** *73*, 4304–4306.
2. Rhoads, S. J.; Raulins, R.; Reynolds, R. D. *J. Am. Chem. Soc.* **1953,** *75*, 2531–2532.
3. Dyer, A.; Jefferson, A.; Scheinmann, F. *J. Org. Chem.* **1968,** *33*, 1259–1261.
4. Murray, R. D. H.; Lawrie, K. W. M. *Tetrahedron* **1979,** *35*, 697–699.
5. Cairns, N.; Harwood, L. M.; Astles, D. P. *J. Chem. Soc., Chem. Commun.* **1986,** 1264–1266.
6. Kilényi, S. N.; Mahaux, J.-M.; van Durme, E. *J. Org. Chem.* **1991,** *56*, 2591–2594.
7. Cairns, N.; Harwood, L. M.; Astles, D. P. *J. Chem. Soc., Perkin Trans. 1* **1994,** 3101–3107.

8. Pettus, T. R. R.; Inoue, M.; Chen, X.-T.; Danishefsky, S. J. *J. Am. Chem. Soc.* **2000**, *122*, 6160–6168.
9. Al-Maharik, N.; Botting, N. P. *Tetrahedron* **2003**, *59*, 4177–4181.
10. Khupse, R. S.; Erhardt, P. W. *J. Nat. Prod.* **2007**, *70*, 1507–1509.
11. Jana, A. K.; Mal, D. *Chem. Commun.* **2010**, *46*, 4411–4413.

反常 Claisen 重排反应

正常 Claisen 重排反应的产物继续重排给出 β-碳接到环上的产物。

Example 1[3]

Example 2, 对映选择性的芳环 Claisen 重排[4]

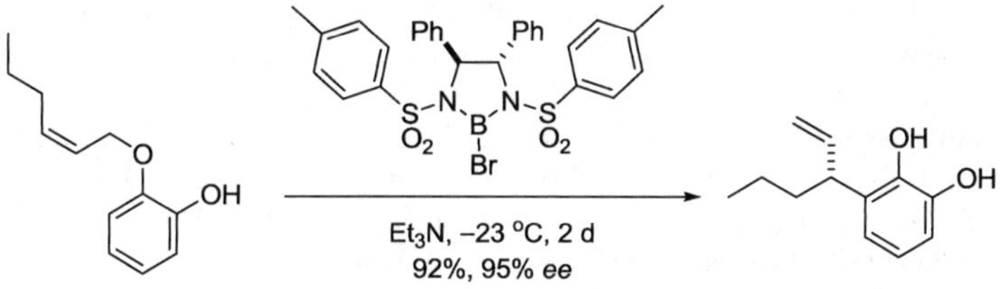

Example 3[5]

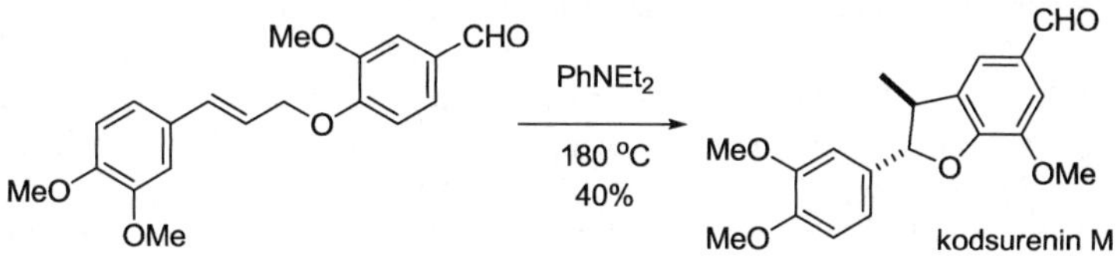

kodsurenin M

Example 4[6]

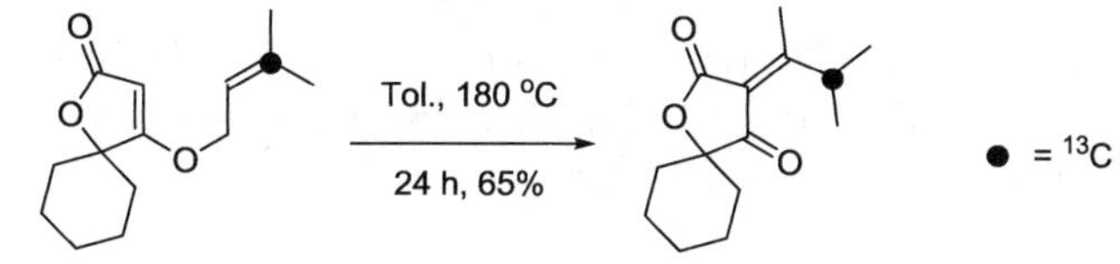

● = ^{13}C

Example 5[7]

2 : 1

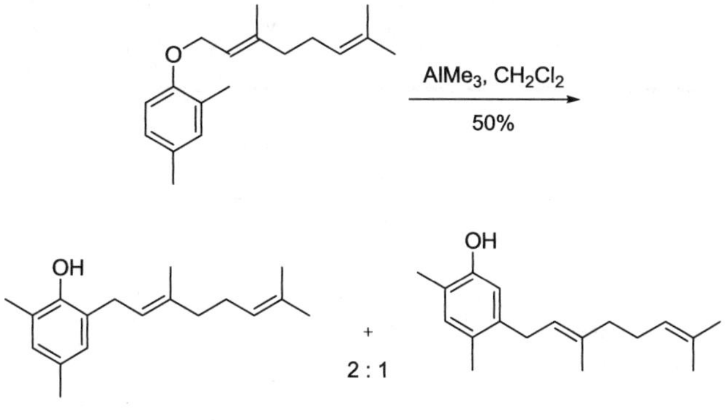

Example 6[10]

微波激发
180 °C, 20 h, 73%

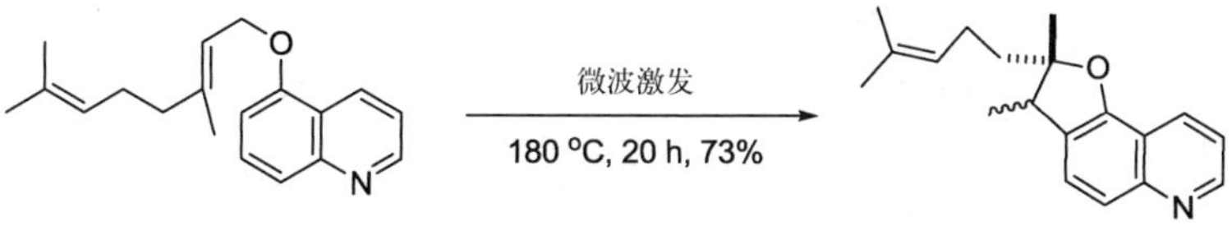

References

1. Hansen, H.-J. In *Mechanisms of Molecular Migrations;* vol. 3, Thyagarajan, B. S., ed.; Wiley-Interscience: New York, **1971**, pp 177–236. (Review).
2. Kilényi, S. N.; Mahaux, J.-M.; van Durme, E. *J. Org. Chem.* **1991**, *56*, 2591–2594.
3. Fukuyama, T.; Li, T.; Peng, G. *Tetrahedron Lett.* **1994**, *35*, 2145–2148.
4. Ito, H.; Sato, A.; Taguchi, T. *Tetrahedron Lett.* **1997**, *38*, 4815–4818.
5. Yi, W. M.; Xin, W. A.; Fu, P. X. *J. Chem. Soc., (S)*, **1998**, 168.
6. Schobert, R.; Siegfried, S.; Gordon, G.; Mulholland, D.; Nieuwenhuyzen, M. *Tetrahedron Lett.* **2001**, *42*, 4561–4564.
7. Wipf, P.; Rodriguez, S. *Ad. Synth. Catal.* **2002**, *344*, 434–440.
8. Puranik, R.; Rao, Y. J.; Krupadanam, G. L. D. *Indian J. Chem., Sect. B* **2002**, *41B*, 868–870.
9. Williams, D. R.; Nag, P. P. *Claisen and Related Rearrangements*. In *Name Reactions for Homologations-Part II*; Li, J. J., Ed.; Wiley: Hoboken, NJ, **2009**, pp 33–87. (Review).
10. Torincsi, M.; Kolonits, P.; Fekete, J.; Novak, L. *Synth.Commun.* **2012**, *42*, 3187–3199.

Eschenmoser-Claisen（酰胺缩酮）重排反应

N,O-烯酮缩酮进行[3,3] σ 重排反应后生成 γ,δ-不饱和酰胺。受益于 Meerwein 对酰胺交换研究的成果，Eschenmoser-Claisen 重排反应又称 Meerwein- Eschenmoser-Claisen 重排反应。

Example 1[4]

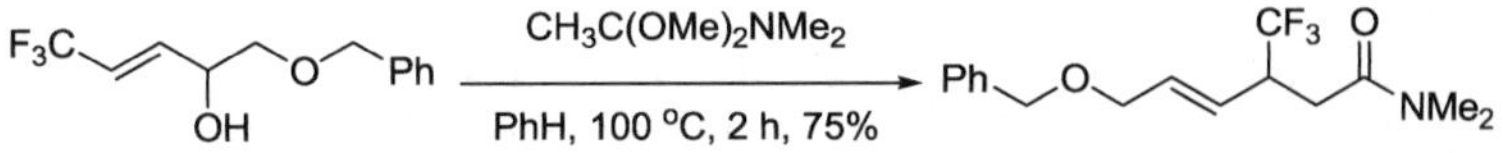

Example 2[5]

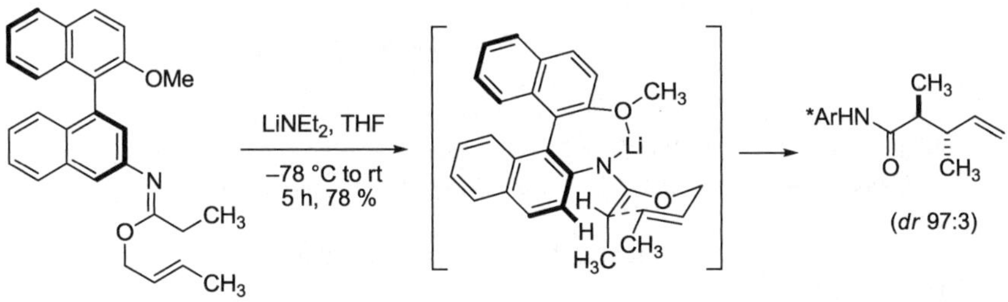

Example 3[6]

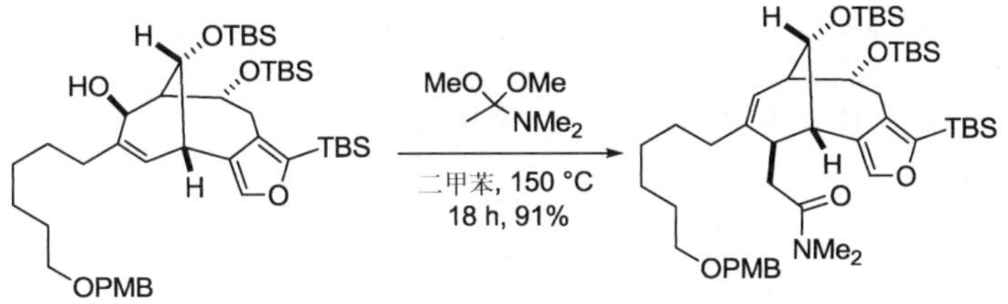

Example 4[8]

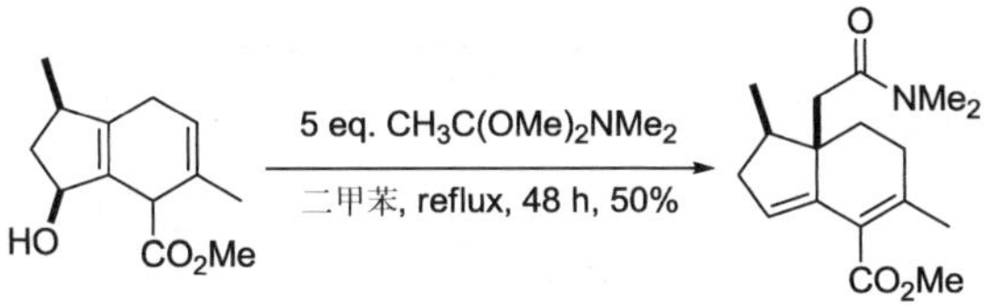

Example 5[9]

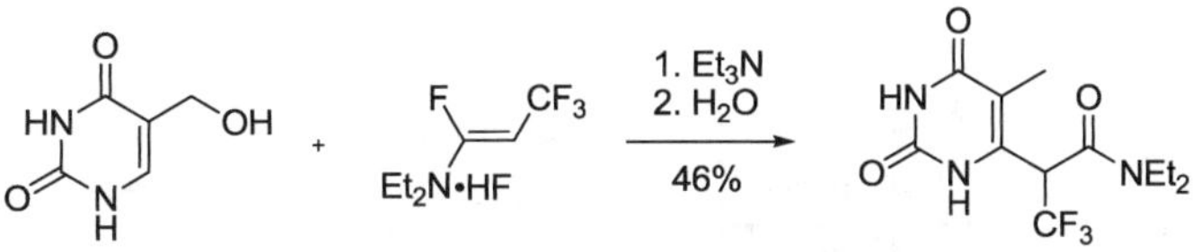

References
1. Meerwein, H.; Florian, W.; Schön, N.; Stopp, G. *Ann.* **1961**, *641*, 1–39.
2. Wick, A. E.; Felix, D.; Steen, K.; Eschenmoser, A. *Helv. Chim. Acta* **1964**, *47*, 2425–2429. 瑞士人艾森默塞(A. Eschenmoser, 1925-)在其所作的许多工作中最著名的是和R. B. Woodward一起在1973年对维生素B_{12}的全合成。他现在

在苏黎世理工学院（ETH）和位于加州 La Jolla 的斯普利普斯（Scripps Research Institute）工作。

3. Wipf, P. In *Comprehensive Organic Synthesis;* Trost, B. M.; Fleming, I., Eds.; Pergamon, **1991**, *Vol. 5*, 827–873. (Review).
4. Konno, T.; Nakano, H.; Kitazume, T. *J. Fluorine Chem.* **1997**, *86*, 81–87.
5. Metz, P.; Hungerhoff, B. *J. Org. Chem.* **1997**, *62*, 4442–4448.
6. Kwon, O. Y.; Su, D. S.; Meng, D. F.; Deng, W.; D'Amico, D. C.; Danishefsky, S. J. *Angew. Chem. Int. Ed.* **1998**, *37*, 1877–1880.
7. Ito, H.; Taguchi, T. *Chem. Soc. Rev.* **1999**, *28*, 43–50. (Review).
8. Loh, T.-P.; Hu, Q.-Y. *Org. Lett.* **2001**, *3*, 279–281.
9. Castro, A. M. M. *Chem. Rev.* **2004**, *104*, 2939–3002. (Review).
10. Williams, D. R.; Nag, P. P. *Claisen and Related Rearrangements*. In *Name Reactions for Homologations-Part II*; Li, J. J., Ed.; Wiley: Hoboken, NJ, **2009**, pp 60–68. (Review).
11. Walkowiak, J.; Tomas-Szwaczyk, M.; Haufe, G.; Koroniak, H. *J. Fluorine Chem.* **2012**, *143*, 189–197.

Ireland-Claisen（硅烯酮缩酮）重排反应

由烯丙基烯醇酯和三甲基氯硅烷而来的烯丙基三甲基硅基烯酮缩酮重排反应后生成 γ,δ-不饱和酸。在 *E*/*Z* 构型的控制及温和的反应条件方面，Ireland-Claisen 重排反应比其他类型的 Claisen 重排反应要好。

Example 1[2]

Example 2[3]

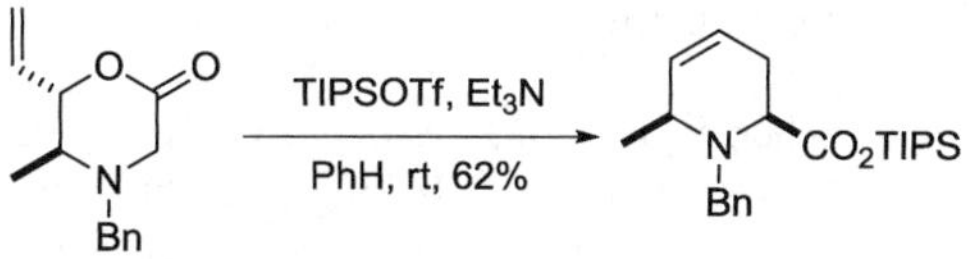
O
O
N
Bn
TIPSOTf, Et_3N
PhH, rt, 62%
N
Bn
CO_2TIPS

Example 3, 对映选择性烯醇酯的Claisen 重排[6]

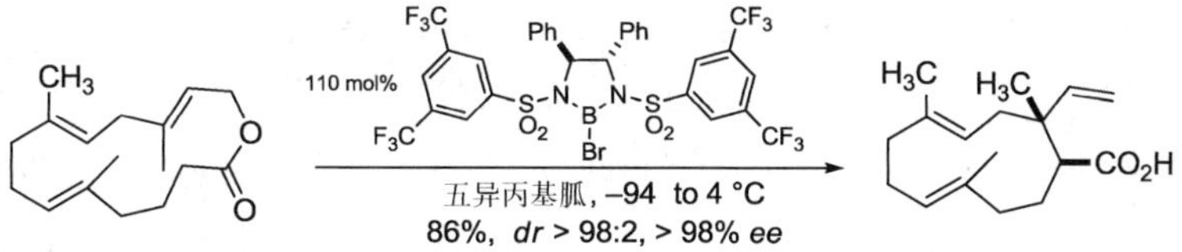
CH_3
O
O
110 mol%
F_3C
Ph
Ph
CF_3
O_2
Br
五异丙基胍, –94 to 4 °C
86%, dr > 98:2, > 98% ee
H_3C
H_3C
CO_2H

Example 4, 一个修正的 Ireland-Claisen 重排[8]

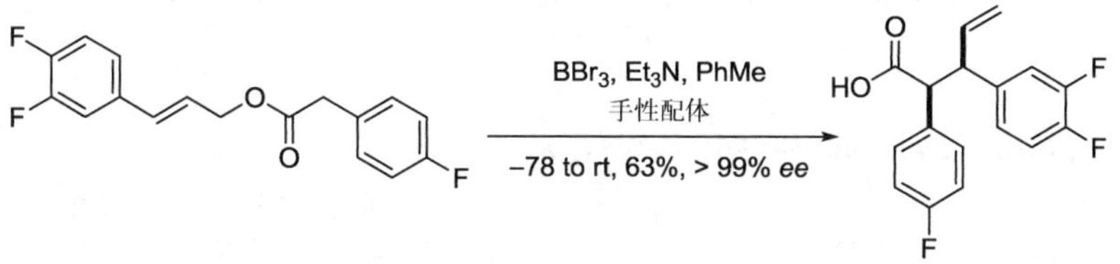
F
O
O
BBr_3, Et_3N, PhMe
手性配体
–78 to rt, 63%, > 99% ee
HO

Example 5[9]

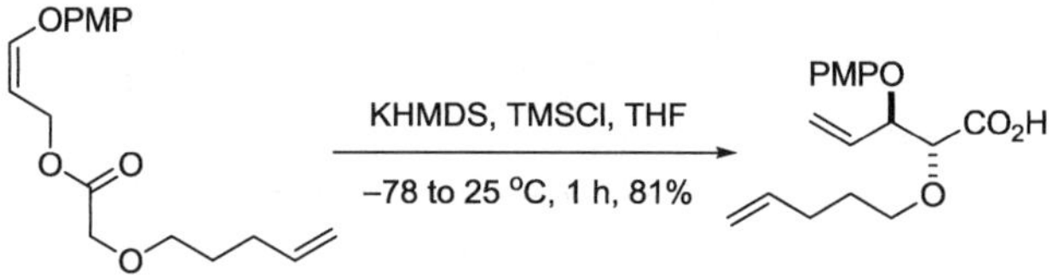
OPMP
O
O
KHMDS, TMSCl, THF
–78 to 25 °C, 1 h, 81%
PMPO
CO_2H

Example 6, 手性转移的Ireland-Claisen重排[11]

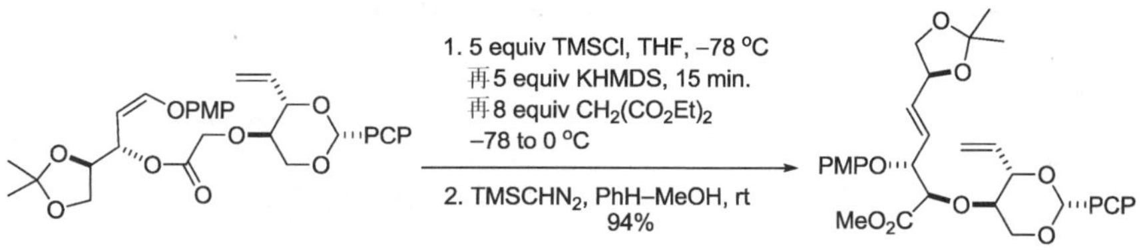
OPMP
O
PCP
1. 5 equiv TMSCl, THF, –78 °C
再5 equiv KHMDS, 15 min.
再8 equiv $CH_2(CO_2Et)_2$
–78 to 0 °C
2. $TMSCHN_2$, PhH–MeOH, rt
94%
PMPO
MeO_2C

References

1. Ireland, R. E.; Mueller, R. H. *J. Am. Chem. Soc.* **1972,** *94*, 5897–5898. Also *J. Am. Chem. Soc.* **1976,** *98*, 2868–2877. 艾尔兰德（R. E. Ireland）在成为弗吉尼亚大学（University of Virginia）教授之前跟约翰逊（W. S. Johnson）学习而获得Ph.D. 学位，

后来任加利福尼亚理工学院（California Institute of Technology）教授。现已退休。

2. Begley, M. J.; Cameron, A. G.; Knight, D. W. *J. Chem. Soc., Perkin Trans. 1* **1986**, 1933–1938.
3. Angle, S. R.; Breitenbucher, J. G. *Tetrahedron Lett.* **1993**, *34*, 3985–3988.
4. Pereira, S.; Srebnik, M. *Aldrichimica Acta* **1993**, *26*, 17–29. (Review).
5. Ganem, B. *Angew. Chem. Int. Ed.* **1996**, *35*, 936–945. (Review).
6. Corey, E.; Kania, R. S. *J. Am. Chem. Soc.* **1996**, *118*, 1229–1230.
7. Chai, Y.; Hong, S.-p.; Lindsay, H. A.; McFarland, C.; McIntosh, M. C. *Tetrahedron* **2002**, *58*, 2905–2928. (Review).
8. Churcher, I.; Williams, S.; Kerrad, S.; Harrison, T.; Castro, J. L.; Shearman, M. S.; Lewis, H. D.; Clarke, E. E.; Wrigley, J. D. J.; Beher, D.; Tang, Y. S.; Liu, W. *J. Med. Chem.* **2003**, *46*, 2275–2278.
9. Fujiwara, K.; Goto, A.; Sato, D.; Kawai, H.; Suzuki, T. *Tetrahedron Lett.* **2005**, *46*, 3465–3468.
10. Williams, D. R.; Nag, P. P. *Claisen and Related Rearrangements*. In *Name Reactions for Homologations-Part II*; Li, J. J., Ed.; Wiley: Hoboken, NJ, **2009**, pp 45–51. (Review).
11. Nogoshi, K.; Domon, D.; Fujiwara, K.; Kawamura, N.; Katoono, R.; Kawai, H.; Suzuki, T. *Tetrahedron Lett.* **2013**, *54*, 676–680.

Johnson-Claison（原酸酯）重排反应

烯丙基醇和过量的三烷基乙原酸酯在微量的弱酸存在下加热给出一个混合的原酸酯。从机理上看，原酸酯失去醇生成烯酮缩酮后发生[3,3]σ重排反应而生成γ,δ-不饱和酯。

Example 1[2]

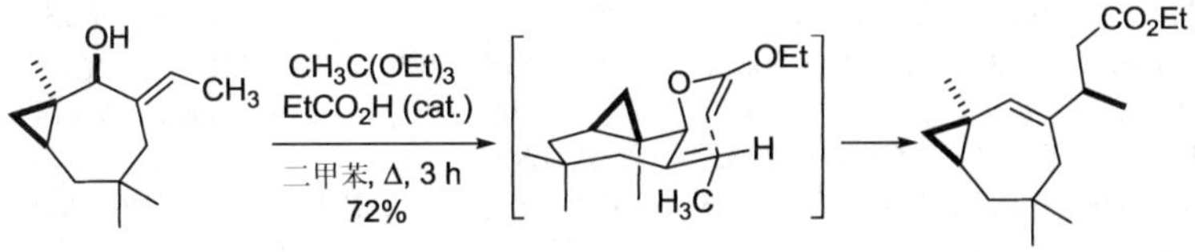

Example 2[3]

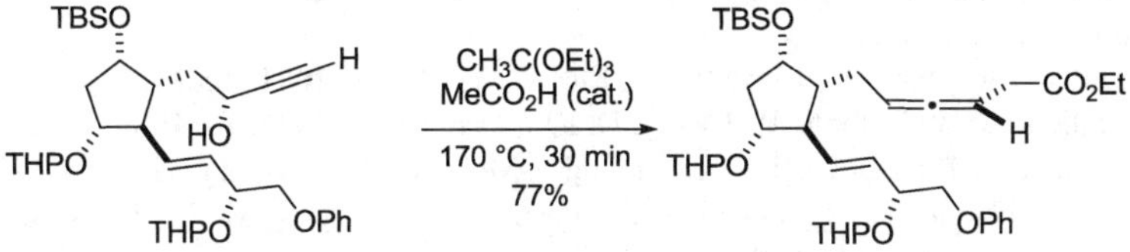

Example 3[4]

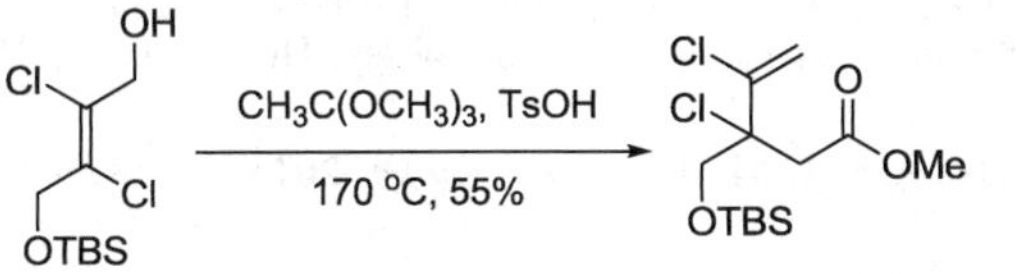

Example 4[9]

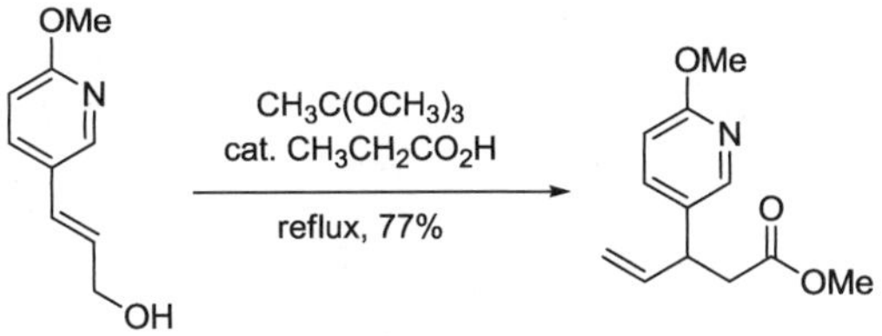

Example 5[10]

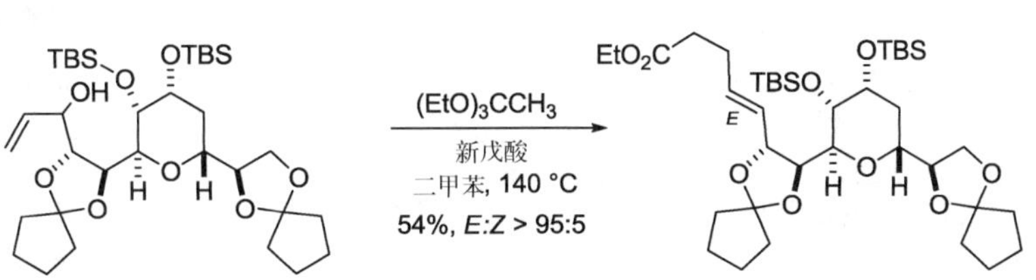

References
1. Johnson, W. S.; Werthemann, L.; Bartlett, W. R.; Brocksom, T. J.; Li, T.-t.; Faulkner, D. J.; Peterson, M. R. *J. Am. Chem. Soc.* **1970**, *92*, 741–743. 约翰逊（W. S. Johnson，1913–1995）出生于纽约的 New Rochelle，在哈佛大学的菲瑟（L. F. Fieser）指导下只

用了2年时间就获得Ph. D.学位。在威斯康辛大学（University of Wiscocin）任教授达20年后又到斯坦福大学（Stanford University）并为该校创建了现代的化学系。

2. Paquette, L.; Ham, W. H. *J. Am. Chem. Soc.* **1987,** *109,* 3025–3036.
3. Cooper, G. F.; Wren, D. L.; Jackson, D. Y.; Beard, C. C.; Galeazzi, E.; Van Horn, A. R.; Li, T. T. *J. Org. Chem.* **1993,** *58,* 4280–4286.
4. Schlama, T.; Baati, R.; Gouverneur, V.; Valleix, A.; Falck, J. R.; Mioskowski, C. *Angew. Chem. Int. Ed.* **1998,** *37,* 2085–2087.
5. Giardiná, A.; Marcantoni, E.; Mecozzi, T.; Petrini, M. *Eur. J. Org. Chem.* **2001,** 713–718.
6. Funabiki, K.; Hara, N.; Nagamori, M.; Shibata, K.; Matsui, M. *J. Fluorine Chem.* **2003,** *122,* 237–242.
7. Montero, A.; Mann, E.; Herradón, B. *Eur. J. Org. Chem.* **2004,** 3063–3073.
8. Scaglione, J. B.; Rath, N. P.; Covey, D. F. *J. Org. Chem.* **2005,** *70,* 1089–1092.
9. Zartman, A. E.; Duong, L. T.; Fernandez-Metzler, C.; Hartman, G. D.; Leu, C.-T.; Prueksaritanont, T.; Rodan, G. A.; Rodan, S. B.; Duggan, M. E.; Meissner, R. S. *Bioorg. Med. Chem. Lett.* **2005,** *15,* 1647–1650.
10. Hicks, J. D.; Roush, W. R. *Org. Lett.* **2008,** *10,* 681–684.
11. Williams, D. R.; Nag, P. P. *Claisen and Related Rearrangements.* In *Name Reactions for Homologations-Part II*; Li, J. J., Ed.; Wiley: Hoboken, NJ, **2009,** pp 68–72. (Review).
12. Sydlik, S. A.; Swager, T. M. *Adv. Funct. Mater.* **2013,** *23,* 1873–1882.

Clemmensen还原反应

醛酮羰基在盐酸中的Zn/Hg作用下还原成亚甲基的反应。

锌类卡宾机理:[3]

自由基负离子机理:

Example 1[5]

J.J. Li, *Name Reactions: A Collection of Detailed Mechanisms and Synthetic Applications*,
DOI 10.1007/978-3-319-03979-4_64, © Springer International Publishing Switzerland 2014

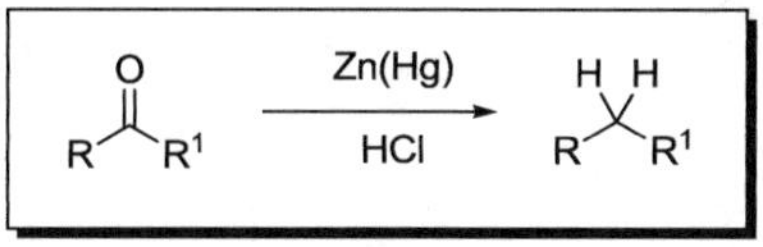

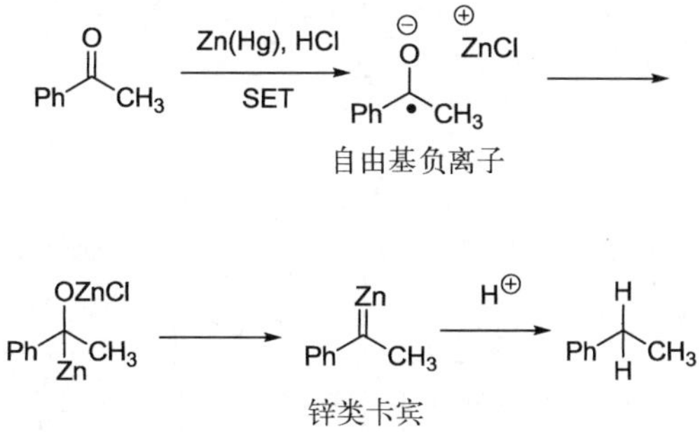

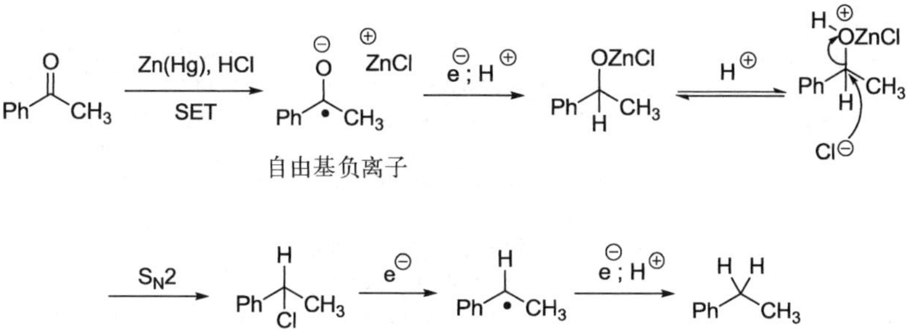

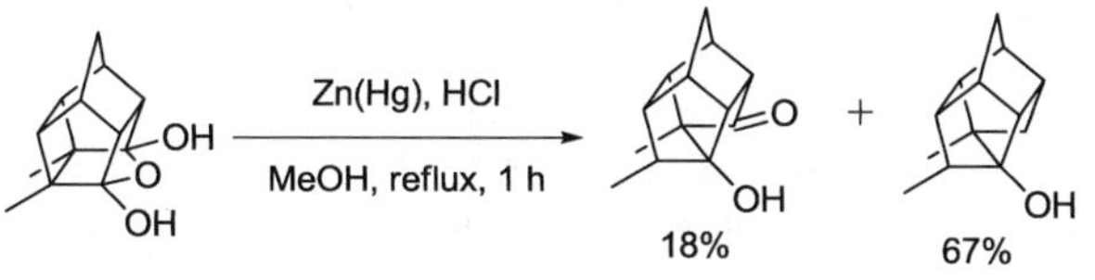

Example 2[6]

Example 3[7]

薯蓣皂苷元

Example 4[9]

References
1. Clemmensen, E. *Ber.* **1913**, *46*, 1837–1843. 克莱门森 (E. C. Clemmensen, 1876–1941) 出生于丹麦的Odense，在Royal Polytechnic Institute in Copenhagen获得硕士学位。1900年来到美国，在底特律的Park, Davis and Company从事化学研究工作14年，期间发现了醛酮羰基在Zn/Hg作用下还原成亚甲基的反应。后来他又在其他一些化学公司任职并担任 The Clemmensen Chemical Corporation in Newwark, New Jersey的总裁。
2. Martin, E. L. *Org. React.* **1942**, *1*, 155–209. (Review).
3. Vedejs, E. *Org. React.* **1975**, *22*, 401–422. (Review).
4. Talpatra, S. K.; Chakrabarti, S.; Mallik, A. K.; Talapatra, B. *Tetrahedron* **1990**, *46*, 6047–6052.
5. Martins, F. J. C.; Viljoen, A. M.; Coetzee, M.; Fourie, L.; Wessels, P. L. *Tetrahedron* **1991**, *47*, 9215–9224.
6. Naruse, M.; Aoyagi, S.; Kibayashi, C. *J. Chem. Soc., Perkin Trans. 1* **1996**, 1113–1124.
7. Alessandrini, L.; et al. *Steroids* **2004**, *69*, 789–794.
8. Dey, S. P.; et al. *J. Indian Chem. Soc.* **2008**, *85*, 717–720.
9. Xu, S.; Toyama, T.; Nakamura, J.; Arimoto, H. *Tetrahedron Let.* **2010**, *51*, 4534–4537.

Combes喹啉合成反应

苯胺和β-二酮在酸催化下组合成喹啉。参见第157页上的Conrad-Limpach反应。

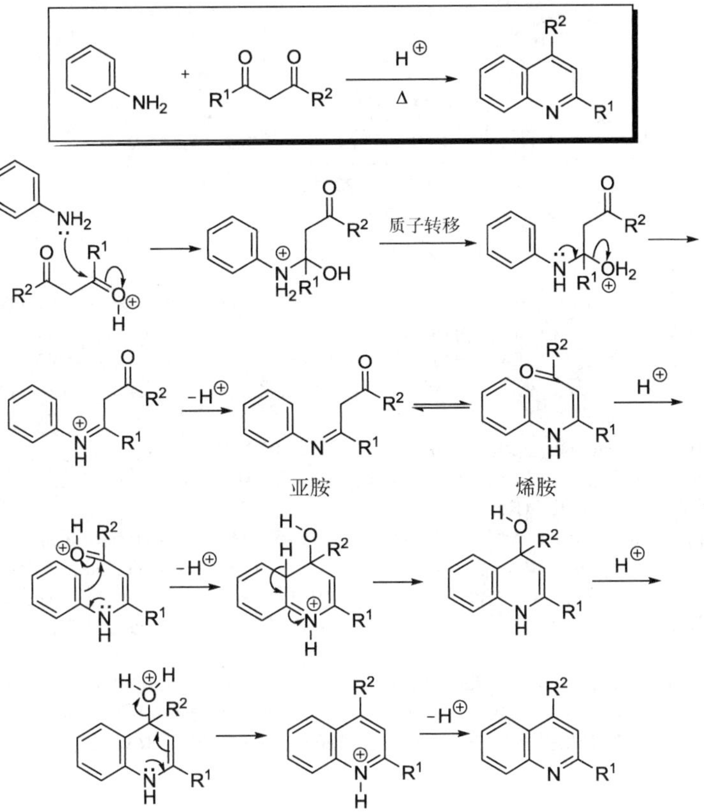
质子转移
亚胺
烯胺

一个电环化机理也是可行的:

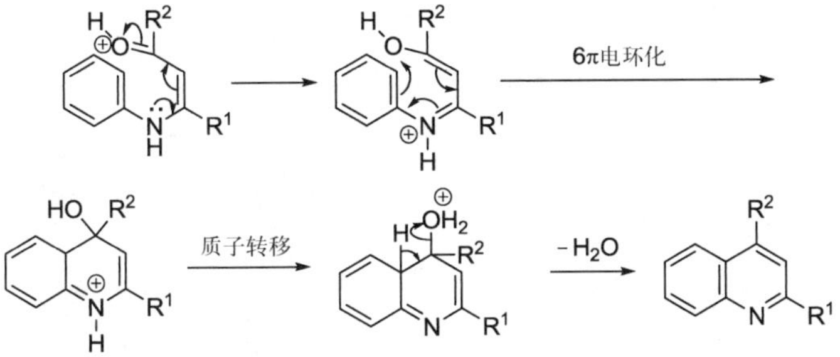
6π电环化
质子转移

J.J. Li, *Name Reactions: A Collection of Detailed Mechanisms and Synthetic Applications*,
DOI 10.1007/978-3-319-03979-4_65,

Example 1[6]

[Reaction scheme: MeO-substituted aminocarbazole + pentane-2,4-dione, PPA, 110 °C, 35%, gives methyl-substituted pyrido-carbazole]

Example 2[7]

[Reaction scheme: ethyl 7-aminoindole-2-carboxylate + 1-phenylbutane-1,3-dione, cat. p-TsOH, 220 °C, Δ, 38%, gives phenyl/methyl-substituted pyrroloquinoline ethyl ester]

References

1. Combes, A. *Bull. Soc. Chim. Fr.* **1888,** *49,* 89. 康贝斯(A. - E. Combes, 1858–1869)出生于法国的St. Hippolyte-du-Fort, 在巴黎跟武慈(C. A. Wurts)学习, 也与Friedel-Crafts反应中的傅瑞特尔(C. Friedel)共事过, 并在1893年35岁时成为法国化学会的主席。他在过了38岁生日后不久就不幸突然去世, 这也是有机化学界的一个重大损失。
2. Roberts, E. and Turner, E. *J. Chem Soc.* **1927,** 1832–1857. (Review).
3. Elderfield, R. C. In *Heterocyclic Compounds*, Elderfield, R. C., ed.; Wiley: New York, **1952,** vol. 4, 36–38. (Review).
4. Popp, F. D. and McEwen, W. E. *Chem. Rev.* **1958,** *58,* 321–401. (Review).
5. Jones, G. In *Chemistry of Heterocyclic Compounds*, Jones, G., ed.; Wiley & Sons, New York, **1977,** Quinolines *Vol. 32,* pp 119–125. (Review).
6. Alunni-Bistocchi, G.; Orvietani, P., Bittoun, P., Ricci, A.; Lescot, E. *Pharmazie* **1993,** *48,* 817–820.
7. El Ouar, M.; Knouzi, N.; Hamelin, J. *J. Chem. Res. (S)* **1998,** 92–93.
8. Curran, T. T. *Combes Quinoline Synthesis.* In *Name Reactions in Heterocyclic Chemistry*; Li, J. J., Ed.; Wiley: Hoboken, NJ, **2005,** pp 390–397. (Review).

Conrad-Limpach反应

苯胺和β-酮酯在酸催化下或受热后给出4-喹啉酮。参见第155页上的Combes反应。

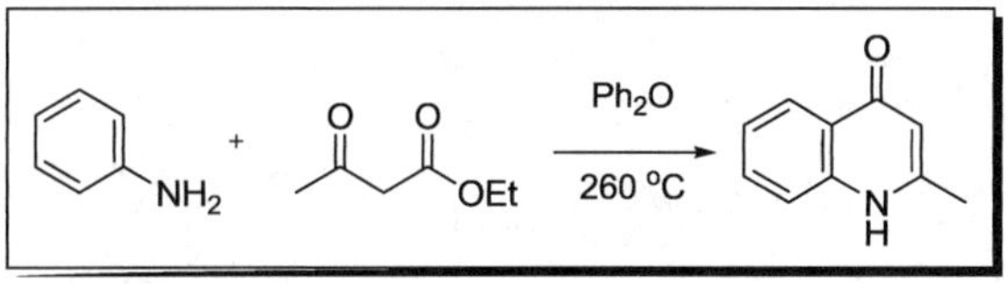

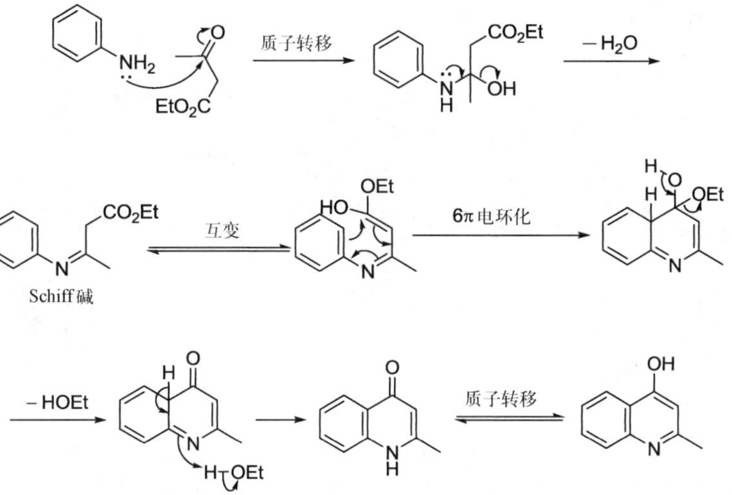

Example 1[3]

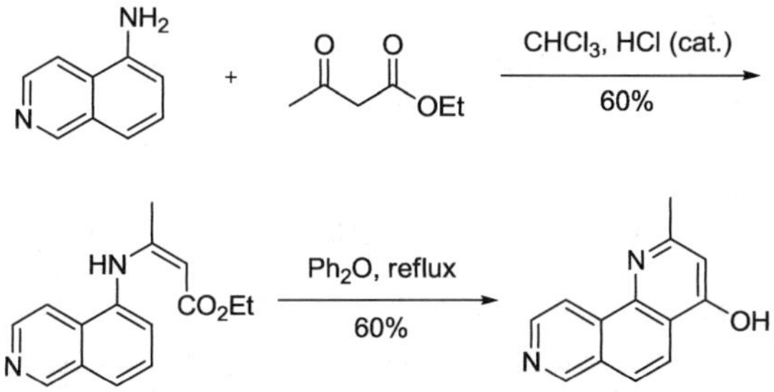

Example 2[7]

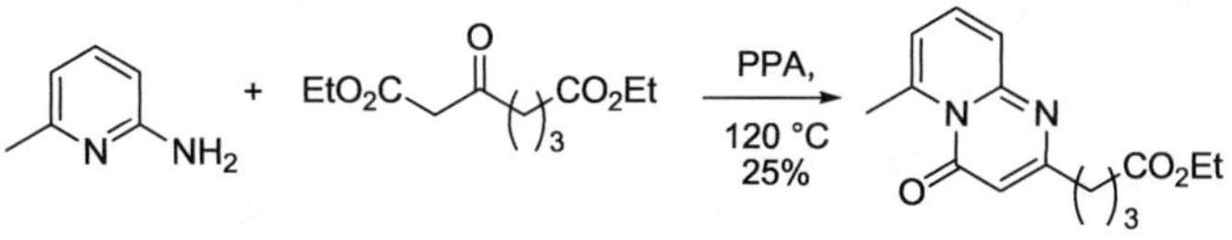

J.J. Li, *Name Reactions: A Collection of Detailed Mechanisms and Synthetic Applications*,
DOI 10.1007/978-3-319-03979-4_66, © Springer International Publishing Switzerland 2014

石脑油 280 °C 75%

Example 3[8]

道氏热载体 A 250 °C, 55%

Example 4, 热 Conrad–Limpach 环化[11]

Δ 92%

References

1. Conrad, M.; Limpach, L. *Ber.* **1887,** *20*, 944. 康拉德（M. Conrad, 1848-1920）出生于德国的慕尼黑，是 University of Wurzburg 的教授，在那里他和利姆帕（L. Limpach, 1852-1933）共事研究喹啉的合成。
2. Manske, R. F. *Chem Rev.* **1942,** *30*, 113–114. (Review).
3. Misani, F.; Bogert, M. T. *J. Org. Chem.* **1945,** *10*, 347–365
4. Reitsema, R. H. *Chem. Rev.* **1948,** *43*, 43–68. (Review).
5. Elderfield, R. C. In *Chemistry of Heterocyclic Compounds*, Elderfield, R. C., Wiley & Sons, New York, **1952,** *vol. 4*, 31–36. (Review).
6. Jones, G. In *Heterocyclic Compounds*, Jones, G., ed.; Wiley & Sons, New York, **1977**, Quinolines, Vol 32, 137–151. (Review).
7. Deady, L. W.; Werden, D. M. *Synth. Commun.* **1987,** *17*, 319–328.
8. Kemp, D. S.; Bowen, B. R. *Tetrahedron Lett.* **1988,** *29*, 5077–5080.
9. Curran, T. T. *Conrad–Limpach Reaction.* In *Name Reactions in Heterocyclic Chemistry*; Li, J. J., Ed.; Wiley: Hoboken, NJ, **2005,** pp 398–406. (Review).
10. Chan, B. K.; Ciufolini, M. A. *J. Org. Chem.* **2008,** *72*, 8489–8495.
11. Lengyel, L.; Nagy, T. Z.; Sipos, G.; Jones, R.; Dormán, G.; Üerge, L.; Darvas, F. *Tetrahedron Lett.* **2012,** *53*, 738–743.

Cope消除反应

N-氧化物热消除为烯烃和N-羟基胺。

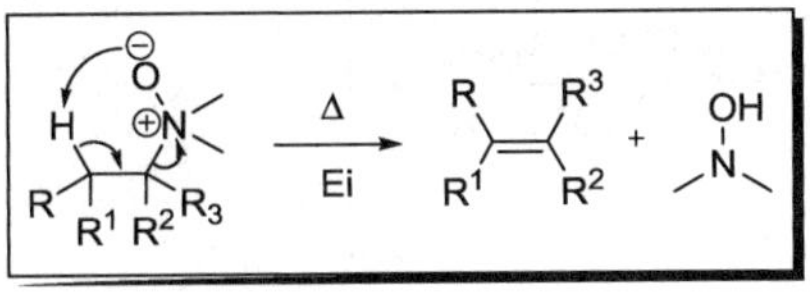

Example 1, 固相Cope消除反应[5]

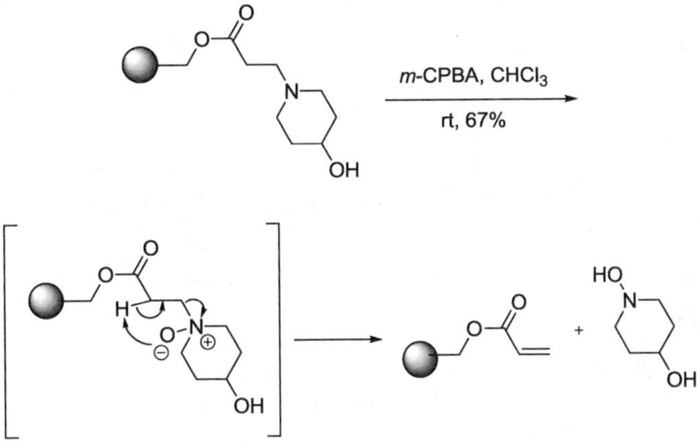

Example 2[6]

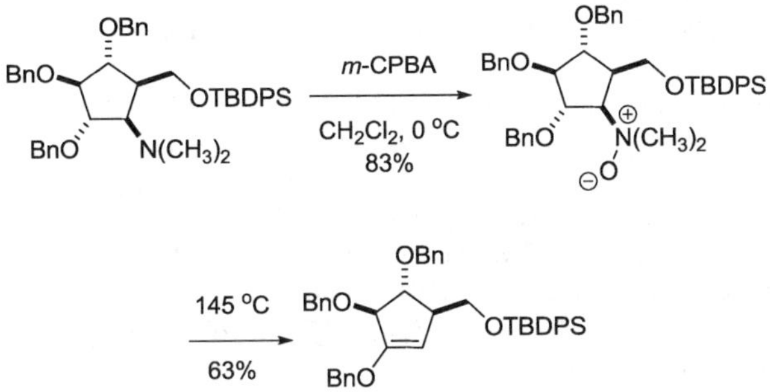

Example 3[8]

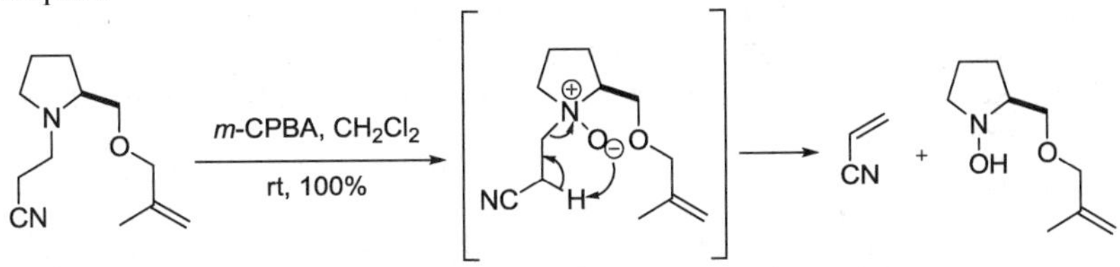

J.J. Li, *Name Reactions: A Collection of Detailed Mechanisms and Synthetic Applications*,
DOI 10.1007/978-3-319-03979-4_67, © Springer International Publishing Switzerland 2014

Example 4, 逆Cope消除反应[9]

Example 5[12]

References

1. Cope, A. C.; Foster, T. T.; Towle, P. H. *J. Am. Chem. Soc.* **1949**, *71*, 3929–3934. 科柏（A. C. Cope, 1909-1966）出生于印度的Dunreith, 发现Cope消除反应和Cope重排反应时是MIT的教授。由美国化学会颁发的Arthur Cope奖在有机化学界是颇有声望的奖项。
2. Cope, A. C.; Trumbull, E. R. *Org. React.* **1960**, *11*, 317–493. (Review).
3. DePuy, C. H.; King, R. W. *Chem. Rev.* **1960**, *60*, 431–457. (Review).
4. Gallagher, B. M.; Pearson, W. H. *Chemtracts: Org. Chem.* **1996**, *9*, 126–130. (Review).
5. Sammelson, R. E.; Kurth, M. J. *Tetrahedron Lett.* **2001**, *42*, 3419–3422.
6. Vasella, A.; Remen, L. *Helv. Chim. Acta.* **2002**, *85*, 1118–1127.
7. Garcia Martinez, A.; Teso Vilar, E.; Garcia Fraile, A.; de la Moya Cerero, S.; Lora Maroto, B. *Tetrahedron: Asymmetry* **2002**, *13*, 17–19.
8. O'Neil, I. A.; Ramos, V. E.; Ellis, G. L.; Cleator, E.; Chorlton, A. P.; Tapolczay, D. J.; Kalindjian, S. B. *Tetrahedron Lett.* **2004**, *45*, 3659–3661.
9. Henry, N.; O'Meil, I. A. *Tetrahedron Lett.* **2007**, *48*, 1691–1694.
10. Fuchter, M. J. *Cope Elimination Reaction*. In *Name Reactions for Functional Group Transformations*; Li, J. J., Ed.; Wiley: Hoboken, NJ, **2007**, pp 342–353. (Review).
11. Bourgeois, J.; Dion, I.; Cebrowski, P. H.; Loiseau, F.; Bedard, A.-C.; Beauchemin, A. M. *J. Am. Chem. Soc.* **2009**, *131*, 874–875.
12. Miyatake-Ondozabal, H.; Bannwart, L. M.; Gademann, K. *Chem. Commun.* **2013**, *49*, 1921–1923.

Cope重排反应

Cope重排反应、含氧Cope重排反应和氧负离子Cope重排反应都同属[3,3]-σ重排反应。这是一个协同过程，此处的箭头推动只是为了方便说明。本反应是个平衡反应。参见第140页上的Claisen重排反应。

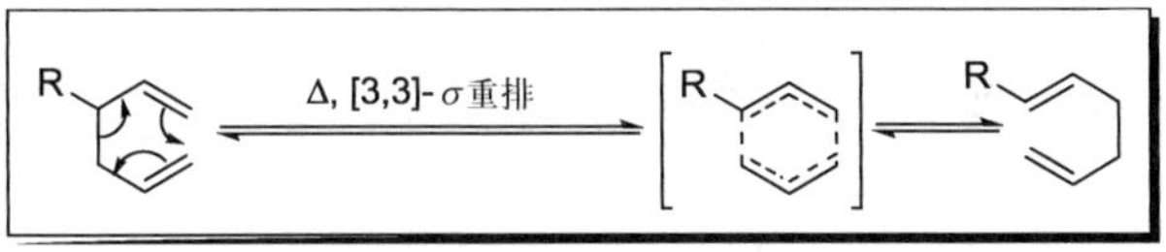

Example 1[4]

Example 2[6]

Example 3[9]

Example 4[10]

Example 5[11]

J.J. Li, *Name Reactions: A Collection of Detailed Mechanisms and Synthetic Applications*,
DOI 10.1007/978-3-319-03979-4_68, © Springer International Publishing Switzerland 2014

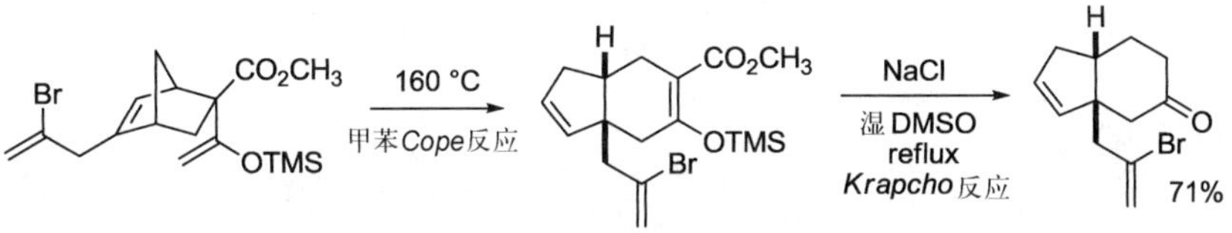

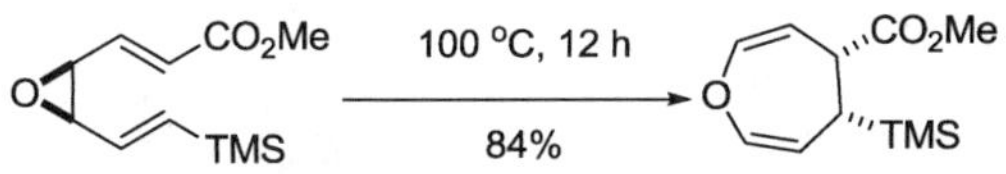

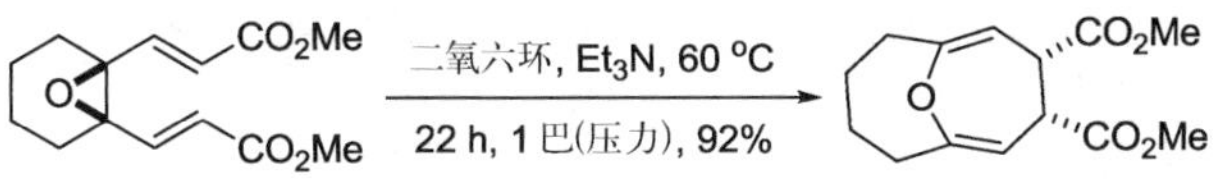

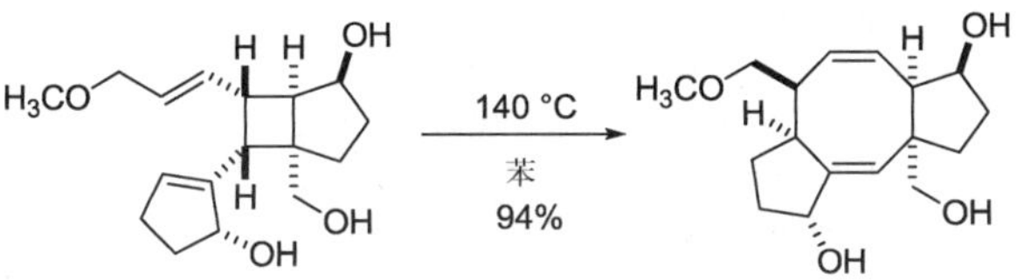

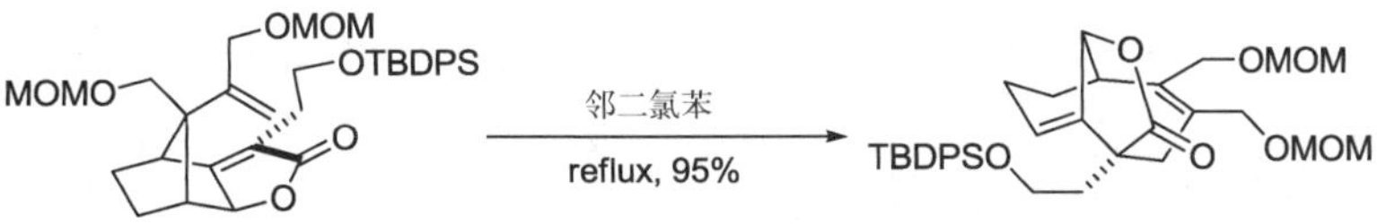

Example 6[12]

[Scheme: starting material with OCH3 groups, allyl, pyrrolidine amide → 1. HCl, MeOH; 2. 邻二氯苯 reflux, 80% → cyclohexenone product]

Example 7, Cope 重排[14]

[Scheme: bicyclic vinyl/OMe ketone → Δ, 61% → fused bicyclic product with OMe]

Example 8[15]

[Scheme: vinylcyclopropane with CN and n-Bu → 甲苯, reflux, 90% → cycloheptenenitrile with n-Bu]

References

1. Cope, A. C.; Hardy, E. M. *J. Am. Chem. Soc.* **1940**, *62*, 441–444.
2. Frey, H. M.; Walsh, R. *Chem. Rev.* **1969**, *69*, 103–124. (Review).
3. Rhoads, S. J.; Raulins, N. R. *Org. React.* **1975**, *22*, 1–252. (Review).
4. Wender, P. A.; Schaus, J. M. White, A. W. *J. Am. Chem. Soc.* **1980**, *102*, 6159–6161.
5. Hill, R. K. In *Comprehensive Organic Synthesis* Trost, B. M.; Fleming, I., Eds.; Pergamon, **1991**, *Vol. 5*, 785–826. (Review).
6. Chou, W.-N.; White, J. B.; Smith, W. B. *J. Am. Chem. Soc.* **1992**, *114*, 4658–4667.
7. Davies, H. M. L. *Tetrahedron* **1993**, *49*, 5203–5223. (Review).
8. Miyashi, T.; Ikeda, H.; Takahashi, Y. *Acc. Chem. Res.* **1999**, *32*, 815–824. (Review).
9. Von Zezschwitz, P.; Voigt, K.; Lansky, A.; Noltemeyer, M.; De Meijere, A. *J. Org. Chem.* **1999**, *64*, 3806–3812.
10. Lo, P. C.-K.; Snapper, M. L. *Org. Lett.* **2001**, *3*, 2819–2821.
11. Clive, D. L. J.; Ou, L. *Tetrahedron Lett.* **2002**, *43*, 4559–4563.
12. Malachowski, W. P.; Paul, T.; Phounsavath, S. *J. Org. Chem.* **2007**, *72*, 6792–6796.
13. Mullins, R. J.; McCracken, K. W. *Cope and Related Rearrangements*. In *Name Reactions for Homologations-Part II*; Li, J. J., Ed.; Wiley: Hoboken, NJ, **2009**, pp 88–135. (Review).
14. Ren, H.; Wulff, W. D. *Org. Lett.* **2013**, *15*, 242–245.
15. Yamada, T.; Yoshimura, F.; Tanino, K. *Tetrahedron Lett.* **2013**, *54*, 522–525.

氧负离子Cope重排反应

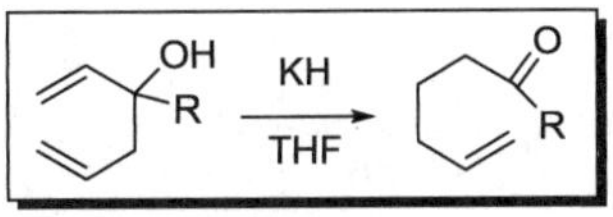

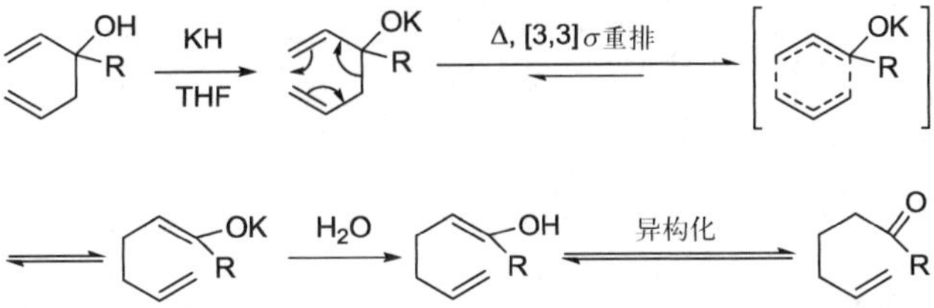

Example 1[1]

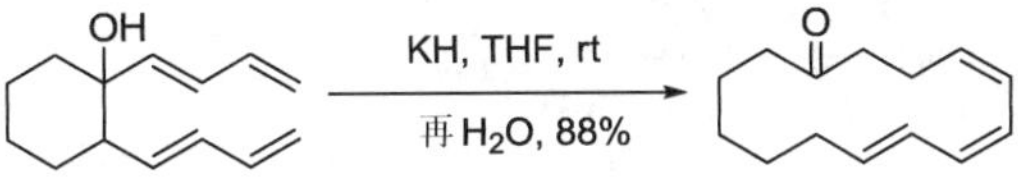

Example 2[4]

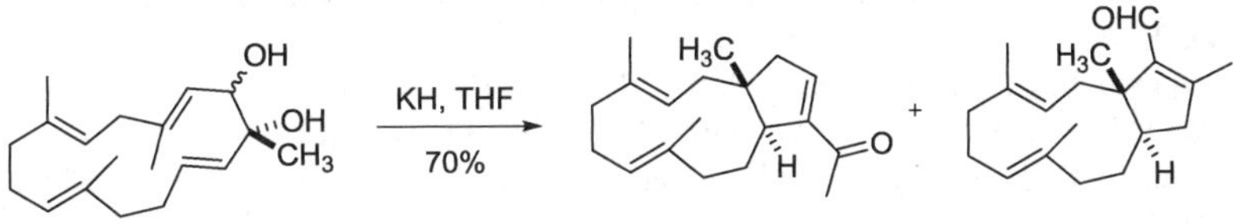

Example 3[5]

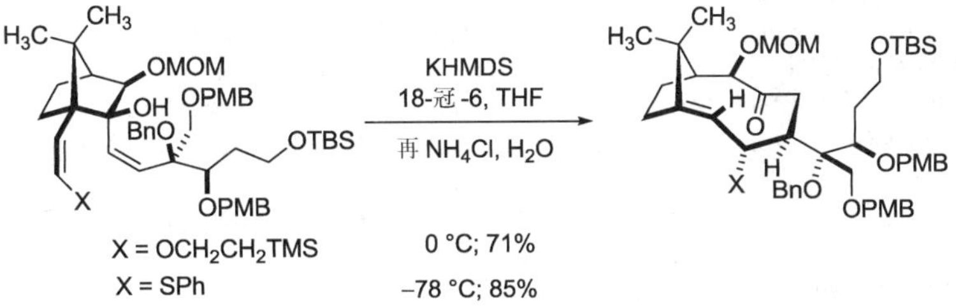

X = OCH$_2$CH$_2$TMS 0 °C; 71%
X = SPh −78 °C; 85%

Example 4[8]

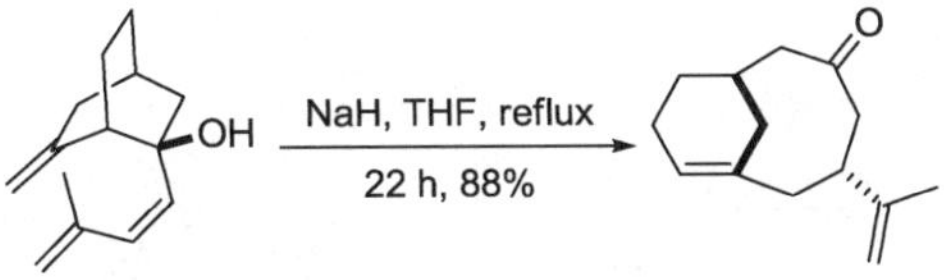

Example 5[9]

Example 6[11]

References
1. Wender, P. A.; Sieburth, S. M.; Petraitis, J. J.; Singh, S. K. *Tetrahedron* **1981**, *37*, 3967–3975.
2. Wender, P. A.; Ternansky, R. J.; Sieburth, S. M. *Tetrahedron Lett.* **1985**, *26*, 4319–4322.
3. Paquette, L. A. *Tetrahedron* **1997**, *53*, 13971–14020. (Review).
4. Corey, E. J.; Kania, R. S. *Tetrahedron Lett.* **1998**, *39*, 741–744.
5. Paquette, L. A.; Reddy, Y. R.; Haeffner, F.; Houk, K. N. *J. Am. Chem. Soc.* **2000**, *122*, 740–741.
6. Voigt, B.; Wartchow, R.; Butenschon, H. *Eur. J. Org. Chem.* **2001**, 2519–2527.
7. Hashimoto, H.; Jin, T.; Karikomi, M.; Seki, K.; Haga, K.; Uyehara, T. *Tetrahedron Lett.* **2002**, *43*, 3633–3636.
8. Gentric, L.; Hanna, I.; Huboux, A.; Zaghdoudi, R. *Org. Lett.* **2003**, *5*, 3631–3634.
9. Jones, S. B.; He, L.; Castle, S. L. *Org. Lett.* **2006**, *8*, 3757–3760.
10. Mullins, R. J.; McCracken, K. W. *Cope and Related Rearrangements*. In *Name Reactions for Homologations-Part II*; Li, J. J., Ed.; Wiley: Hoboken, NJ, **2009**, pp 88–135. (Review).
11. Taber, D. F.; Gerstenhaber, D. A.; Berry, J. F. *J. Org. Chem.* **2013**, *76*, 7614–7617.

含氧Cope重排反应

氧负离子Cope重排反应在低温下就可发生，含氧Cope重排反应则需在高温下进行，但生成热力学稳定的产物。

Example 1[2]

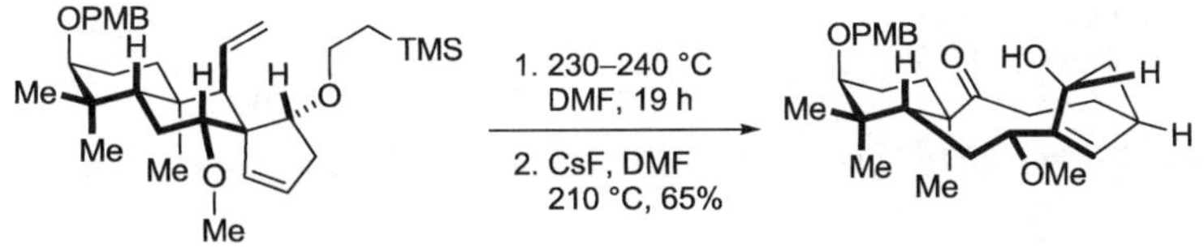

Example 2[3]

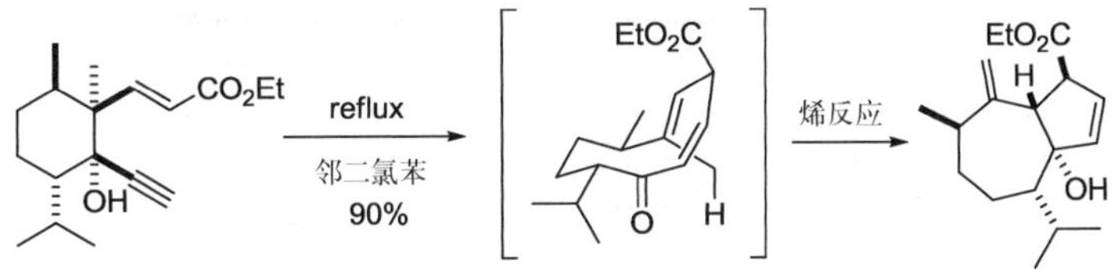

Example 3[4]

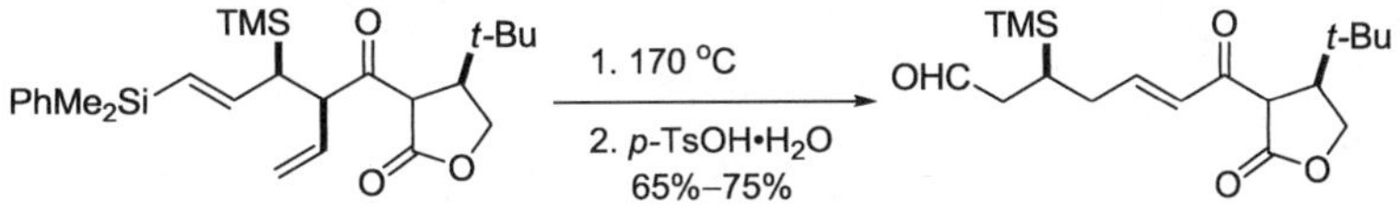

Example 4[6]

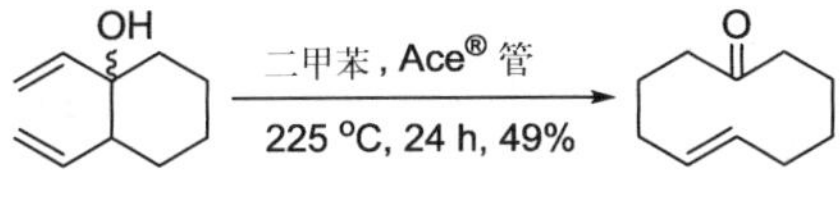

Example 5[8]

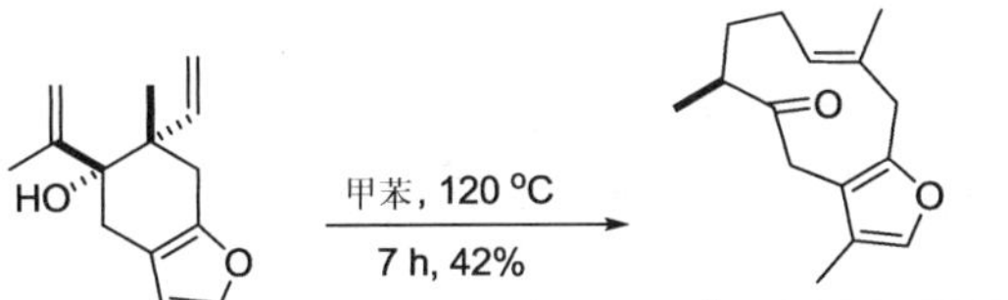

References
1. Paquette, L. A. *Angew. Chem. Int. Ed.* **1990**, *29*, 609–626. (Review).
2. Paquette, L. A.; Backhaus, D.; Braun, R. *J. Am. Chem. Soc.* **1996**, *118*, 11990–11991.
3. Srinivasan, R.; Rajagopalan, K. *Tetrahedron Lett.* **1998**, *39*, 4133–4136.
4. Schneider, C.; Rehfeuter, M. *Chem. Eur. J.* **1999**, *5*, 2850–2858.
5. Schneider, C. *Synlett* **2001**, 1079–1091. (Review on siloxy-Cope rearrangement).
6. DiMartino, G.; Hursthouse, M. B.; Light, M. E.; Percy, J. M.; Spencer, N. S.; Tolley, M. *Org. Biomol. Chem.* **2003**, *1*, 4423–4434.

7. Mullins, R. J.; McCracken, K. W. *Cope and Related Rearrangements*. In *Name Reactions for Homologations-Part II*; Li, J. J., Ed.; Wiley: Hoboken, NJ, **2009**, pp 88–135. (Review).
8. Anagnostaki, E. E.; Zografos, A. L. *Org. Lett.* **2013**, *15*, 152–155.

硅氧基Cope重排反应

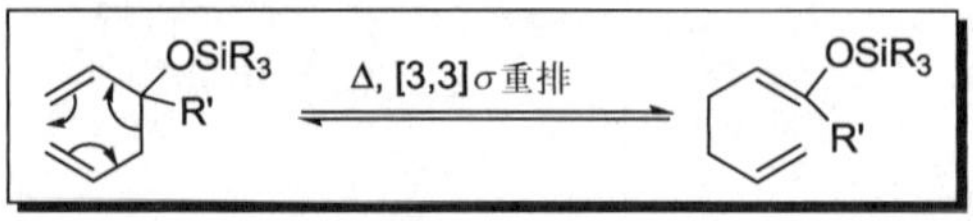

Example 1[1]

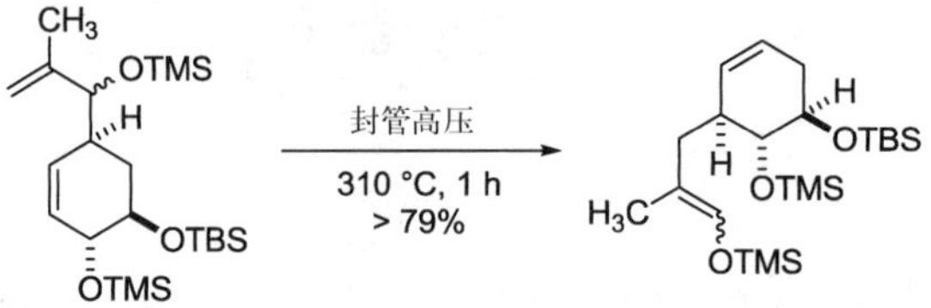

Example 2[2]

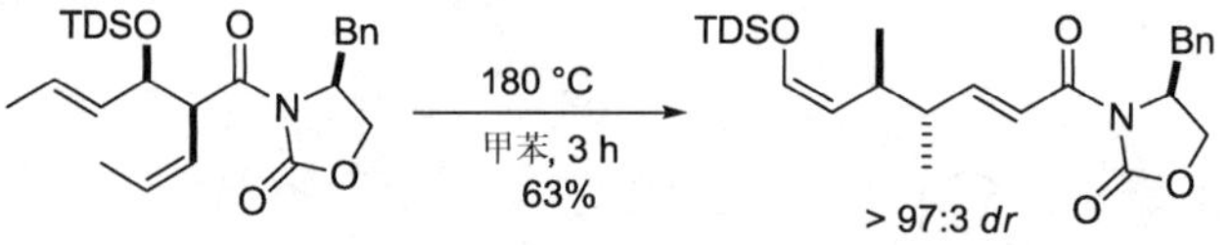

Example 3[3]

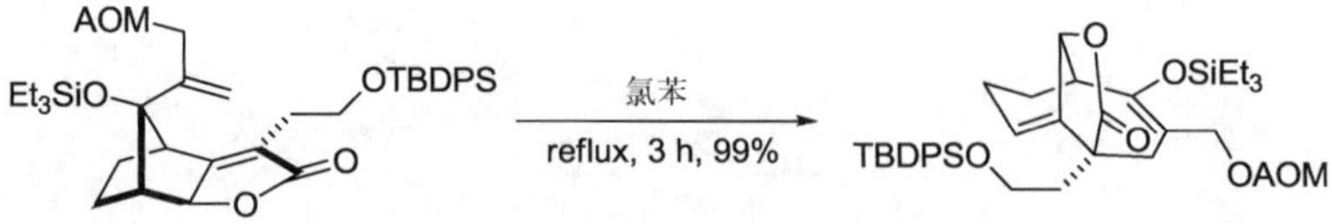

AOM = *p*-MeOC₆H₄OCH₂-

Example 4[4]

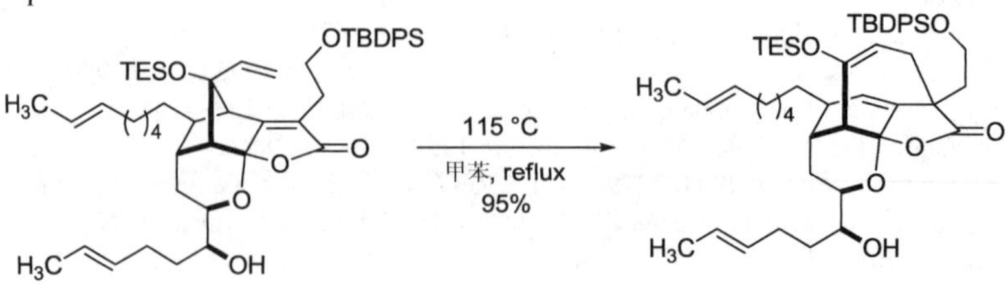

Example 5, 串联的aldol反应/硅氧基Cope重排[6]

References

1. Askin, D.; Angst, C.; Danishefsky, D. J. *J. Org. Chem.* **1987,** *52*, 622–635.
2. Schneider, C. *Eur. J. Org. Chem.* **1998,** 1661–1663.
3. Clive, D. L. J.; Sun, S.; Gagliardini, V.; Sano, M. K. *Tetrahedron Lett.* **2000,** *41*, 6259–6263.
4. Bio, M. M.; Leighton, J. L. *J. Org. Chem.* **2003,** *68*, 1693–1700.
5. Mullins, R. J.; McCracken, K. W. *Cope and Related Rearrangements.* In *Name Reactions for Homologations-Part II*; Li, J. J., Ed.; Wiley: Hoboken, NJ, **2009,** pp 88–135. (Review).
6. Davies, H. M. L.; Lian, Y. *Acc. Chem. Res.* **2013,** *45*, 923–935. (Review).

Corey-Bakshi-Shibata（CBS）试剂

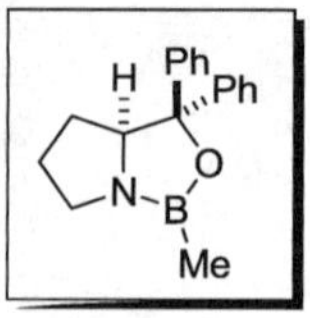

Corey-Bakshi-Shibata（CBS）试剂是一个来自脯氨酸的手性催化剂。如同熟知的Corey试剂噁唑硼啉那样，本试剂用于酮的对映选择性还原、不对称的Diels-Alder反应和[3+2]环加成反应。

制备[1,3]

机理和催化环:[1,3]

J.J. Li, *Name Reactions: A Collection of Detailed Mechanisms and Synthetic Applications*,
DOI 10.1007/978-3-319-03979-4_69, © Springer International Publishing Switzerland 2014

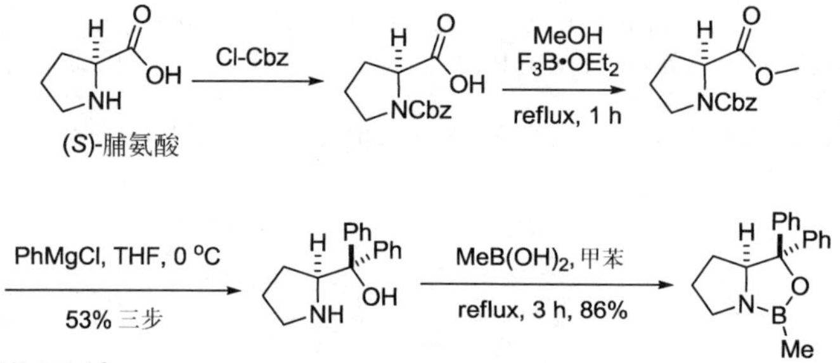

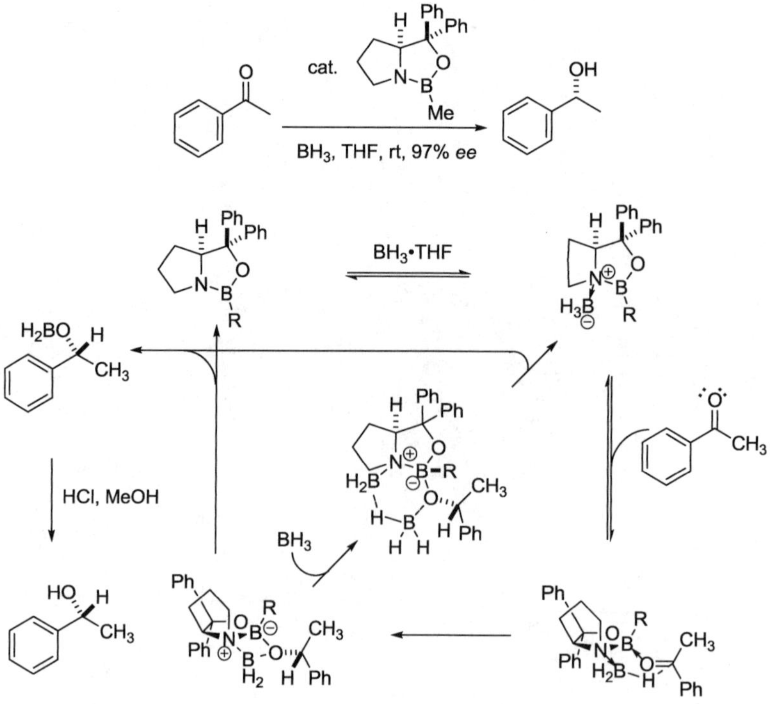

Example 1[6]

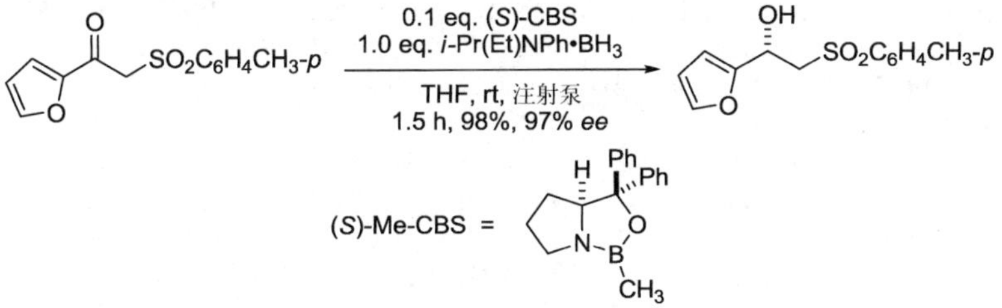

Example 2[9]

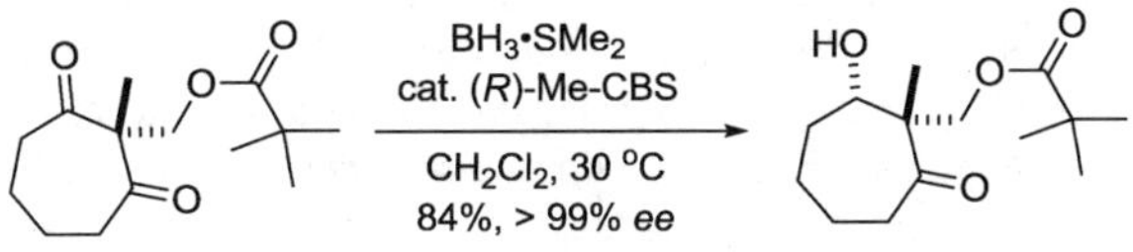

Example 3[11]

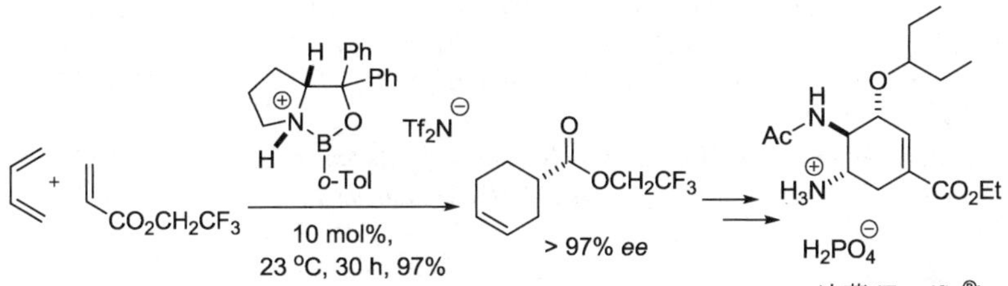

Example 4, 不对称[3 + 2]环加成反应[10]

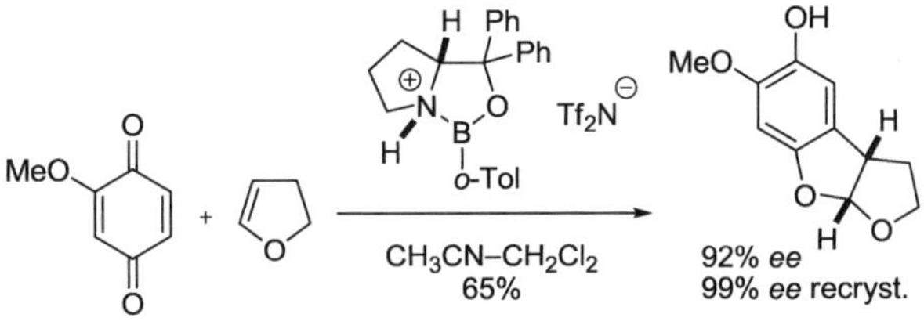

Example 5[13]

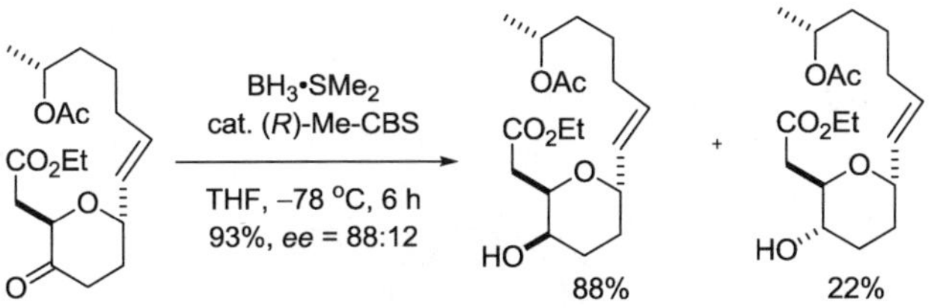

References
1. (a) Corey, E. J.; Bakshi, R. K.; Shibata, S. *J. Am. Chem. Soc.* **1987,** *109*, 5551–5553. (b) Corey, E. J.; Bakshi, R. K.; Shibata, S.; Chen, C.-P.; Singh, V. K. *J. Am. Chem. Soc.* **1987,** *109*, 7925–7926. (c) Corey, E. J.; Shibata, S.; Bakshi, R. K. *J. Org. Chem.* **1988,** *53*, 2861–2863.
2. Reviews: (a) Corey, E. J. *Pure Appl. Chem.* **1990,** *62*, 1209–1216. (b) Wallbaum, S.; Martens, J. *Tetrahedron: Asymm.* **1992,** *3*, 1475–1504. (c) Singh, V. K. *Synthesis* **1992,** 605–617. (d) Deloux, L.; Srebnik, M. *Chem. Rev.* **1993,** *93*, 763–784. (e) Taraba, M.; Palecek, J. *Chem. Listy* **1997,** *91*, 9–22. (f) Corey, E. J.; Helal, C. J. *Angew. Chem. Int. Ed.* **1998,** *37*, 1986–2012. g) Corey, E. J. *Angew. Chem. Int. Ed.* **2002,** *41*, 1650–1667. (h) Itsuno, S. *Org. React.* **1998,** *52*, 395–576. (i) Cho, B. T. *Aldrichimica Acta* **2002,** *35*, 3–16. (j) Glushkov, V. A.; Tolstikov, A. G. *Russ. Chem. Rev.* **2004,** *73*, 581–608. (k) Cho, B .T. *Tetrahedron* **2006,** *62*, 7621–7643.
3. (a) Mathre, D. J.; Thompson, A. S.; Douglas, A. W.; Hoogsteen, K.; Carroll, J. D.; Corley, E. G.; Grabowski, E. J. J. *J. Org. Chem.* **1993,** *58*, 2880–2888. (b) Xavier, L. C.; Mohan, J. J.; Mathre, D. J.; Thompson, A. S.; Carroll, J. D.; Corley, E. G.; Desmond, R. *Org. Synth.* **1997,** *74*, 50–71.
4. Corey, E. J.; Helal, C. J. *Tetrahedron Lett.* **1996,** *37*, 4837–4840.
5. Clark, W. M.; Tickner-Eldridge, A. M.; Huang, G. K.; Pridgen, L. N.; Olsen, M. A.; Mills, R. J.; Lantos, I.; Baine, N. H. *J. Am. Chem. Soc.* **1998,** *120*, 4550–4551.
6. Cho, B. T.; Kim, D. J. *Tetrahedron: Asymmetry* **2001,** *12*, 2043–2047.
7. Price, M. D.; Sui, J. K.; Kurth, M. J.; Schore, N. E. *J. Org. Chem.* **2002,** *67*, 8086–8089.
8. Degni, S.; Wilen, C.-E.; Rosling, A. *Tetrahedron: Asymmetry* **2004,** *15*, 1495–1499.
9. Watanabe, H.; Iwamoto, M.; Nakada, M. *J. Org. Chem.* **2005,** *70*, 4652–4658.
10. Zhou, G.; Corey, E. J. *J. Am. Chem. Soc.* **2005,** *127*, 11958–11959.
11. Yeung, Y.-Y.; Hong, S.; Corey, E. J. *J. Am. Chem. Soc.* **2006,** *128*, 6310–6311.
12. Patti, A.; Pedotti, S. *Tetrahedron: Asymmetry* **2008,** *19*, 1891–1897.
13. Sridhar, Y.; Srihari, P. *Eur. J. Org. Chem.* **2013,** 578–587.

Corey-Chaykovsky反应

Corey-Chaykovsky反应是利用二甲基氧化锍亚甲基(**1**,Corey叶立德)、二甲基锍亚甲基(**2**)一类硫叶立德和羰基、烯烃、亚胺或硫羰基一类亲电物种(**3**)反应后给出**4**那样的环氧化物、环丙烷、氮杂环丙烷和硫杂环丙烷的反应。

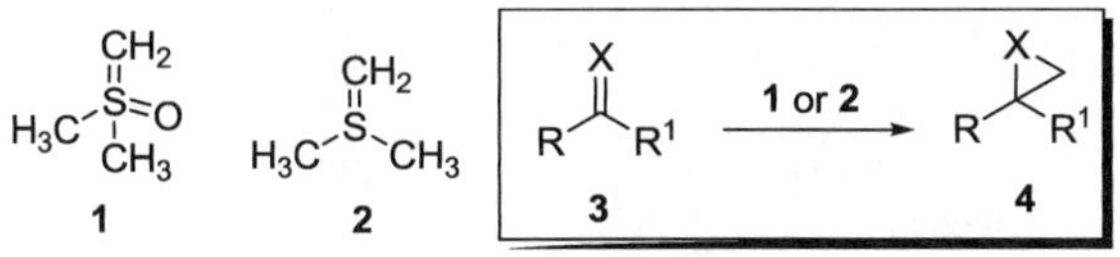

$X = O, CH_2, NR^2, S, CHCOR^3, CHCO_2R^3, CHCONR_2, CHCN$

制备[1]

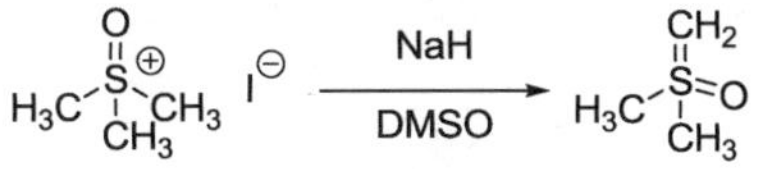

机理[1]

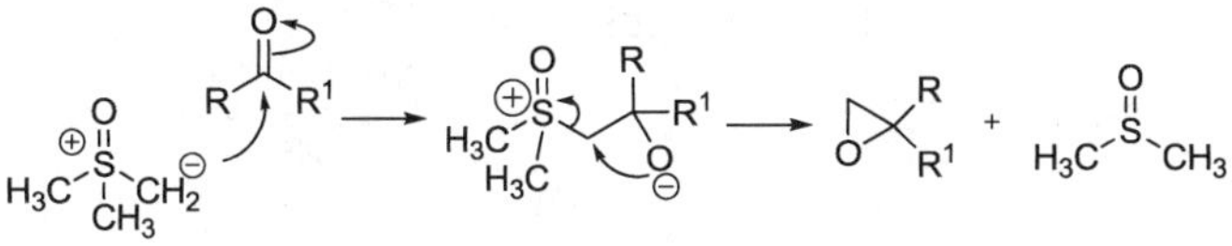

Example 1[11]

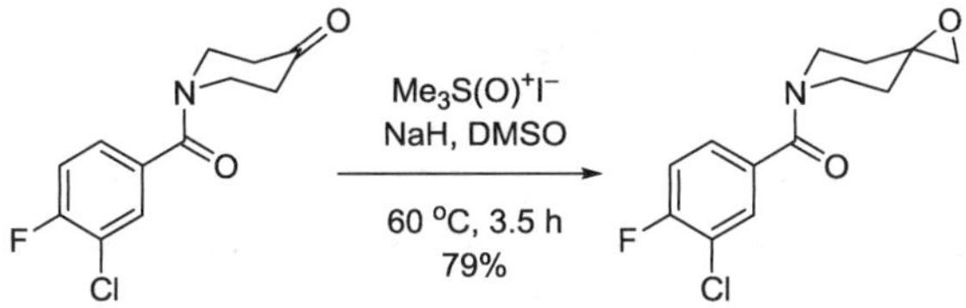

Example 2[9]

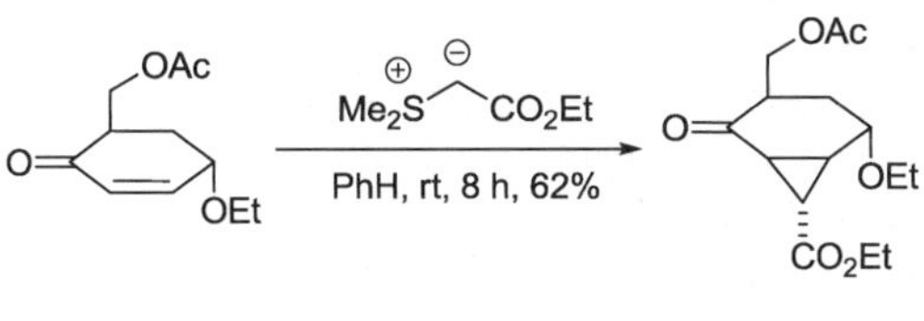

Example 3[10]

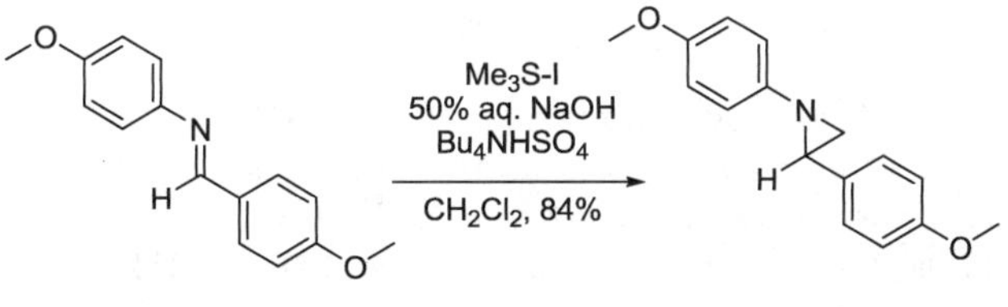

J.J. Li, *Name Reactions: A Collection of Detailed Mechanisms and Synthetic Applications*,
DOI 10.1007/978-3-319-03979-4_70, © Springer International Publishing Switzerland 2014

Example 4[14]

Example 5[15]

Example 6[16]

References
1. (a) Corey, E. J.; Chaykovsky, M. *J. Am. Chem. Soc.* **1962**, *84*, 867–868. (b) Corey, E. J.; Chaykovsky, M. *J. Am. Chem. Soc.* **1962**, *84*, 3782. (c) Corey, E. J.; Chaykovsky, M. *Tetrahedron Lett.* **1963**, 169–171. (d) Corey, E. J.; Chaykovsky, M. *J. Am. Chem. Soc.* **1964**, *86*, 1639–1640. (e) Corey, E. J.; Chaykovsky, M. *J. Am. Chem. Soc.* **1965**, *87*, 1353–1364.
2. Okazaki, R.; Tokitoh, N. In *Encyclopedia of Reagents in Organic Synthesis;* Paquette, L. A., Ed.; Wiley: New York, **1995**, pp 2139–2141. (Review).
3. Ng, J. S.; Liu, C. In *Encyclopedia of Reagents in Organic Synthesis;* Paquette, L. A., Ed.; Wiley: New York, **1995**, pp 2159–2165. (Review).
4. Trost, B. M.; Melvin, L. S., Jr. *Sulfur Ylides;* Academic Press: New York, **1975**. (Review).
5. Block, E. *Reactions of Organosulfur Compounds* Academic Press: New York, **1978**. (Review).
6. Gololobov, Y. G.; Nesmeyanov, A. N. *Tetrahedron* **1987**, *43*, 2609–2651. (Review).
7. Aubé, J. In *Comprehensive Organic Synthesis;* Trost, B. M.; Fleming, I., Ed.; Pergamon: Oxford, **1991**, Vol. *1*, pp 820–825. (Review).
8. Li, A.-H.; Dai, L.-X.; Aggarwal, V. K. *Chem. Rev.* **1997**, *97*, 2341–2372. (Review).

9. Rosenberger, M.; Jackson, W.; Saucy, G. *Helv. Chim. Acta* **1980**, *63*, 1665–1674.
10. Tewari, R. S.; Awatsthi, A. K.; Awasthi, A. *Synthesis* **1983**, 330–331.
11. Vacher, B.; Bonnaud, B. Funes, P.; Jubault, N.; Koek, W.; Assie, M.-B.; Cosi, C.; Kleven, M. *J. Med. Chem.* **1999**, *42*, 1648–1660.
12. Chandrasekhar, S.; Narasihmulu, Ch.; Jagadeshwar, V.; Reddy, K. V. *Tetrahedron Lett.* **2003**, *44*, 3629–3630.
13. Li, J. J. *Corey–Chaykovsky Reaction*. In *Name Reactions in Heterocyclic Chemistry*; Li, J. J., Ed.; Wiley: Hoboken, NJ, **2005**, pp 1–14. (Review).
14. Nishimura, Y.; Shiraishi, T.; Yamaguchi, M. *Tetrahedron Lett.* **2008**, *49*, 3492–3495.
15. Chittimalla, S. K.; Chang, T.-C.; Liu, T.-C.; Hsieh, H.-P.; Liao, C.-C. *Tetrahedron* **2008**, *64*, 2586–2595.
16. Palko, J. W.; Buist, P. H.; Manthorpe, J. M. *Tetrahedron: Asymmetry* **2013**, *24*, 165–168.

Corey-Fuchs反应

将醛先在链上增一碳为二溴烯烃，而后用丁基锂处理生成端基炔烃的合成反应。

$$R-CHO \xrightarrow[Zn]{CBr_4, PPh_3} \underset{H}{\overset{R}{>}}=\underset{Br}{\overset{Br}{<}} \xrightarrow{n\text{-BuLi}} R\equiv\!\!\!=\!\!\!-H$$

Wittig 反应

$$Br_2 + Zn \longrightarrow ZnBr_2$$

Example 1[3]

Example 2[7]

Example 3[8]

1. CBr₄, Ph₃P, Zn, CH₂Cl₂
2. *n*-BuLi, 再 NH₄Cl, 90%

Example 4[10]

4 equiv CBr₄
8 equiv PPh₃
8 equiv Zn
CH₂Cl₂, 0 °C to rt
3 h, 94%

n-BuLi, 正己烷
−78 °C to rt, 1 h, 96%

Example 5[12]

a. (COCl)₂, DMSO, Et₃N, CH₂Cl₂, −78 °C, 2 h;
b. CBr₄, TPP, Et₃N, CH₂Cl₂, 0 °C, 2 h; 70%

References

1. Corey, E. J.; Fuchs, P. L. *Tetrahedron Lett.* **1972**, *13*, 3769–3772. 富赫斯（P. Fuchs）是普渡大学（Pudue University）教授。
2. For the synthesis of 1-bromalkynes see Grandjean, D.; Pale, P.; Chuche, J. *Tetrahedron Lett.* **1994**, *35*, 3529–3530.
3. Gilbert, A. M.; Miller, R.; Wulff, W. D. *Tetrahedron* **1999**, *55*, 1607–1630.
4. Muller, T. J. J. *Tetrahedron Lett.* **1999**, *40*, 6563–6566.
5. Serrat, X.; Cabarrocas, G.; Rafel, S.; Ventura, M.; Linden, A.; Villalgordo, J. M. *Tetrahedron: Asymmetry* **1999**, *10*, 3417–3430.
6. Okamura, W. H.; Zhu, G.-D.; Hill, D. K.; Thomas, R. J.; Ringe, K.; Borchardt, D. B.; Norman, A. W.; Mueller, L. J. *J. Org. Chem.* **2002**, *67*, 1637–1650.
7. Tsuboya, N.; Hamasaki, R.; Ito, M.; Mitsuishi, M.; Miyashita, T. Yamamoto, Y. *J. Mater. Chem.* **2003**, *13*, 511–513
8. Zeng, X.; Zeng, F.; Negishi, E.-i. *Org. Lett.* **2004**, *6*, 3245–3248.
9. Quéron, E.; Lett, R. *Tetrahedron Lett.* **2004**, *45*, 4527–4531.
10. Sahu, B.; Muruganantham, R.; Namboothiri, I. N. N. *Eur. J. Org. Chem.* **2007**, 2477–2489.
11. Han, X. *Corey–Fuchs reaction*. In *Name Reactions for Homologations-Part I*; Li, J. J., Ed.; Wiley: Hoboken, NJ, **2009**, pp 393–403. (Review).
12. Pradhan, T. K.; Lin, C. C.; Mong, K. K. T. *Synlett* **2013**, *24*, 219–222.

Corey-Kim氧化反应

醇用NCS/DMS氧化后再经碱处理为相应的醛酮。参见第595页上的Swern氧化反应。

Example 1[5]

Example 2[7]

J.J. Li, *Name Reactions: A Collection of Detailed Mechanisms and Synthetic Applications*,
DOI 10.1007/978-3-319-03979-4_72, © Springer International Publishing Switzerland 2014

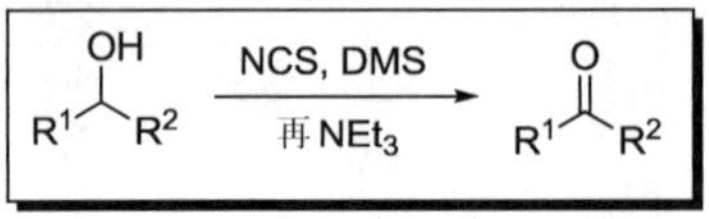

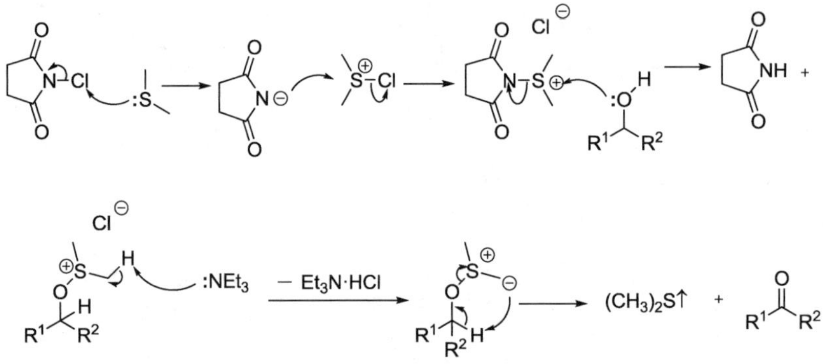

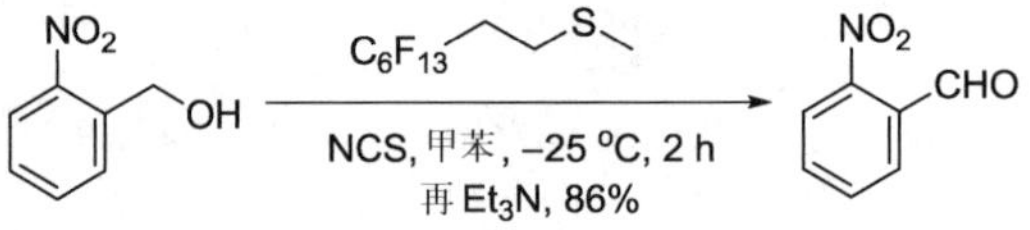

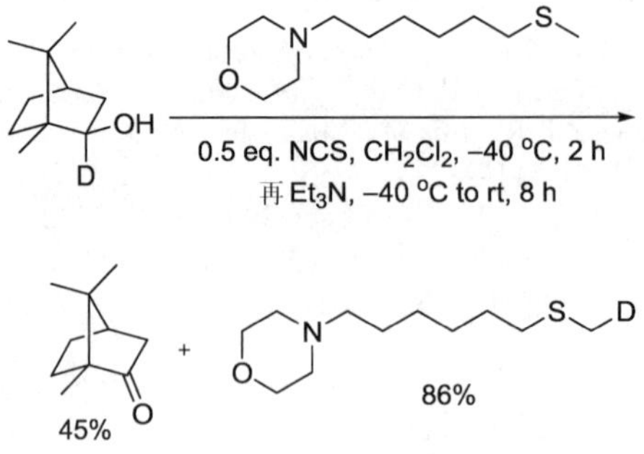

Example 3[9]

Example 4[10]

References

1. Corey, E. J.; Kim, C. U. *J. Am. Chem. Soc.* **1972**, *94*, 7586–7587. 基姆（C. U. Kim）现在位于加州 Foster 的一家专营抗病毒药物研究的 Gilead Sciences Inc. 工作，与同事们一起合作发明了达菲（Tamiflu）。
2. Katayama, S.; Fukuda, K.; Watanabe, T.; Yamauchi, M. *Synthesis* **1988**, 178–183.
3. Shapiro, G.; Lavi, Y. *Heterocycles* **1990**, *31*, 2099–2102.
4. Pulkkinen, J. T.; Vepsäläinen, J. J. *J. Org. Chem.* **1996**, *61*, 8604–8609.
5. Crich, D.; Neelamkavil, S. *Tetrahedron* **2002**, *58*, 3865–3870.
6. Ohsugi, S.-I.; Nishide, K.; Oono, K.; Okuyama, K.; Fudesaka, M.; Kodama, S.; Node, M. *Tetrahedron* **2003**, *59*, 8393–8398.
7. Nishide, K.; Patra, P. K.; Matoba, M.; Shanmugasundaram, K.; Node, M. *Green Chem.* **2004**, *6*, 142–146.
8. Iula, D. M. *Corey–Kim Oxidation*. In *Name Reactions for Functional Group Transformations*; Li, J. J., Corey, E. J. (eds), Wiley: Hoboken, NJ, **2007**, pp 207–217. (Review).
9. Yin, W.; Ma, J.; Rivas, F. M.; Cook, M. *Org. Lett.* **2007**, *9*, 295–298.
10. Cink, R. D.; Chambournier, G.; Surjono, H.; Xiao, Z.; Richter, S.; Naris, M.; Bhatia, A. V. *Org. Process Res. Dev.* **2007**, *11*, 270–274.
11. Berger, O.; Gavara, L.; Montchamp, J.-L. *Org. Lett.* **2013**, *14*, 3404–3407.

Corey-Nicolaou大环内酯化反应

ω-羟基酸用2,2'-二吡啶基二硫化物进行大环内酯化反应。亦称Corey-Nicolaou二重活化法。

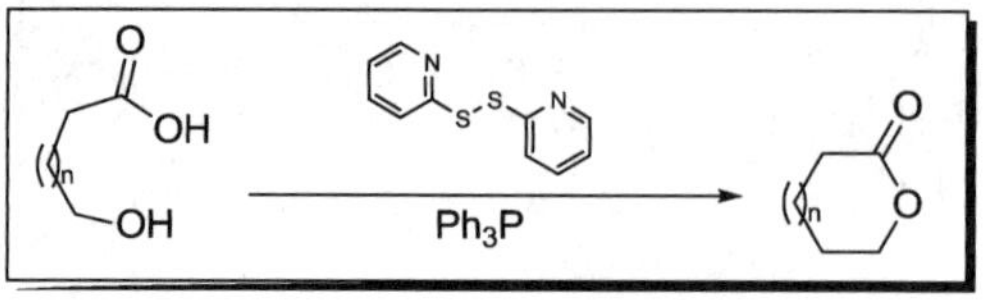

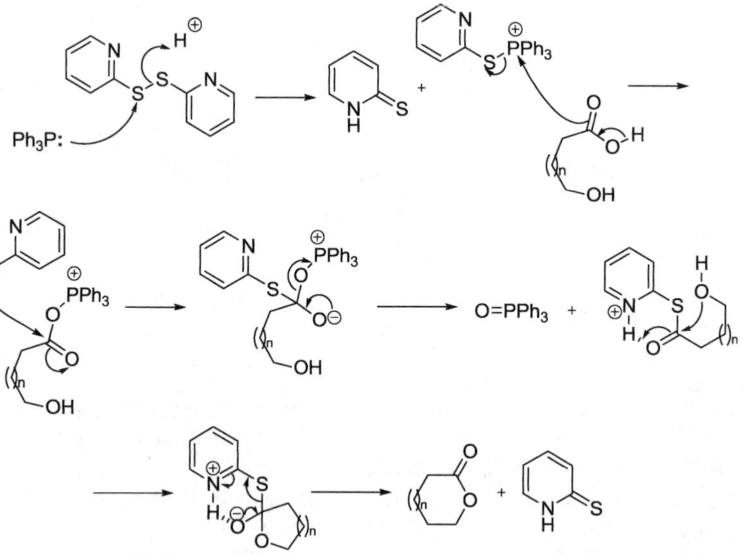

2-吡啶硫酮

Example 1[3]

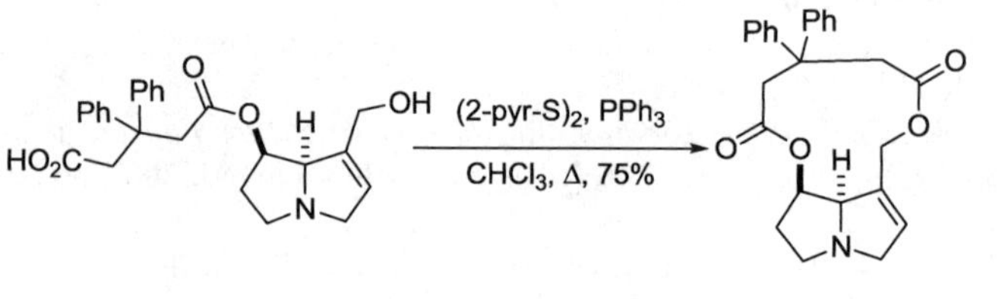

Example 2[6]

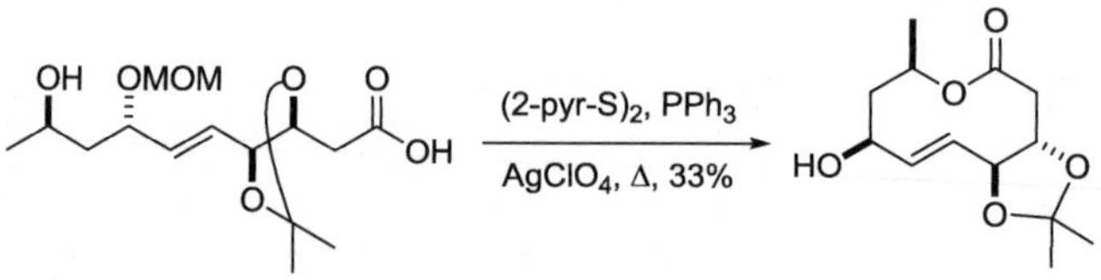

J.J. Li, *Name Reactions: A Collection of Detailed Mechanisms and Synthetic Applications*,
DOI 10.1007/978-3-319-03979-4_73, © Springer International Publishing Switzerland 2014

Example 3⁹

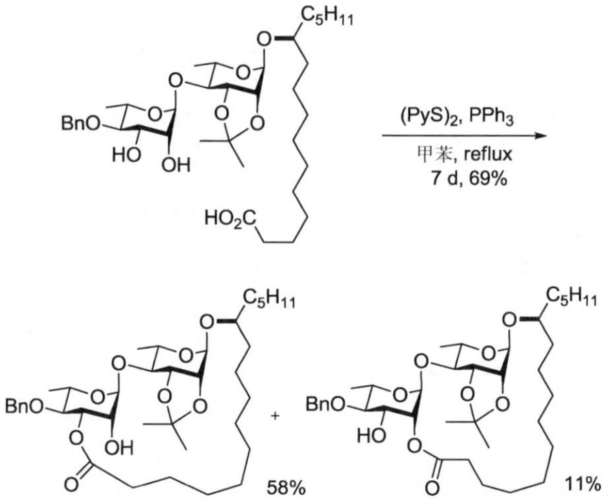

(PyS)₂, PPh₃
甲苯, reflux
7 d, 69%

58% + 11%

References
1. Corey, E. J.; Nicolaou, K. C. *J. Am. Chem. Soc.* **1974**, *96*, 5614–5616.
2. Nicolaou, K. C. *Tetrahedron* **1977**, *33*, 683–710. (Review).
3. Devlin, J. A.; Robins, D. J.; Sakdarat, S. *J. Chem. Soc., Perkin Trans. 1* **1982**, 1117–1121.
4. Barbour, R. H.; Robins, D. J. *J. Chem. Soc., Perkin Trans. 1* **1985**, 2475–2478.
5. Barbour, R. H.; Robins, D. J. *J. Chem. Soc., Perkin Trans. 1* **1988**, 1169–1172.
6. Andrus, M. B.; Shih, T.-L. *J. Org. Chem.* **1996**, *61*, 8780–8785.
7. Lu, S.-F.; O'yang, Q. Q.; Guo, Z.-W.; Yu, B.; Hui, Y.-Z. *J. Org. Chem.* **1997**, *62*, 8400–8405.
8. Sasaki, T.; Inoue, M.; Hirama, M. *Tetrahedron Lett.* **2001**, *42*, 5299–5303.
9. Zhu, X.-M.; He, L.-L.; Yang, G.-L.; Lei, M.; Chen, S.-S.; Yang, J.-S. *Synlett* **2006**, 3510–3512.
10. Cochrane, J. R.; Yoon, D. H.; McErlean, C. S. P.; Jolliffe, K. A. *Beilstein J. Org. Chem.* **2012**, *8*, 1344–1351.

Corey-Seebach反应

二噻烷作为亲核物种，是一个被掩蔽的羰基等价物。这是一个极性反转的例子。

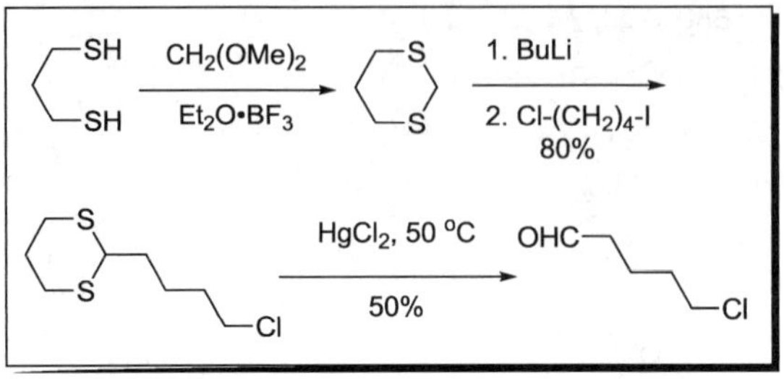

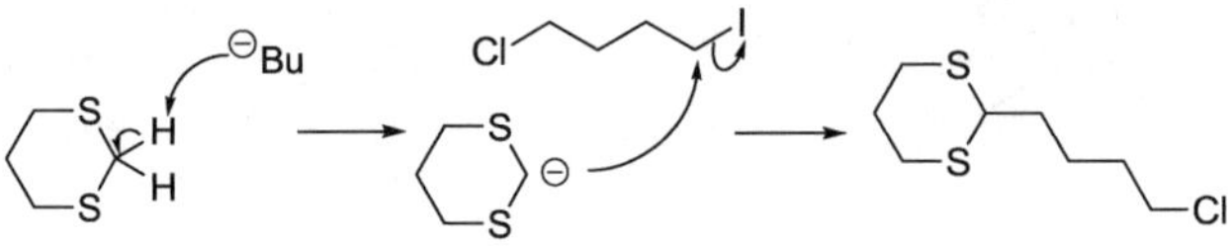

Example 1[2]

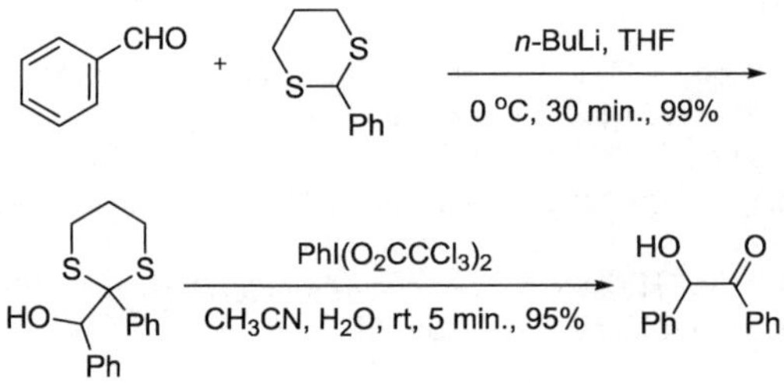

Example 2[4]

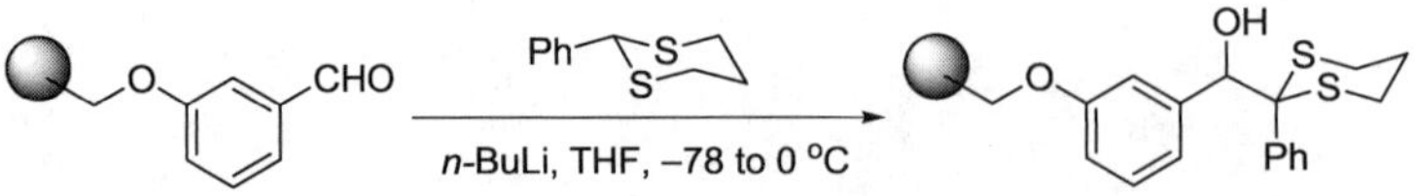

Example 3，乙基与甲基确实不同[6]

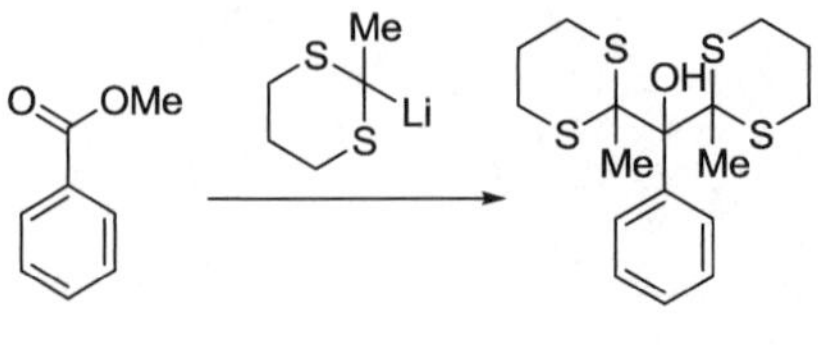

J.J. Li, *Name Reactions: A Collection of Detailed Mechanisms and Synthetic Applications*,
DOI 10.1007/978-3-319-03979-4_74, © Springer International Publishing Switzerland 2014

Example 4[8]

References

1. (a) Corey, E. J.; Seebach, D. *Angew. Chem. Int. Ed.* **1965**, *4*, 1075–1077. 齐巴赫（D. Seebach）是位于瑞士苏黎世理工学院（ETH）的教授。(b) Corey, E. J.; Seebach, D. *J. Org. Chem.* **1966**, *31*, 4097–4099. (c) Seebach, D.; Jones, N. R.; Corey, E. J. *J. Org. Chem.* **1968**, *33*, 300–305. (d) Seebach, D.; Corey, E. J. *Org. Synth.* **1968**, *50*, 72. (e) Seebach, D.; Corey, E. J. *J. Org. Chem.* **1975**, *40*, 231–237.
2. Stowell, M. H. B.; Rock, R. S.; Rees, D. C.; Chan, S. I. *Tetrahedron Lett.* **1996**, *37*, 307–310.
3. Hassan, H. H. A. M.; Tamm, C. *Helv. Chim. Acta* **1996**, *79*, 518–526.
4. Lee, H. B.; Balasubramanian, S. *J. Org. Chem.* **1999**, *64*, 3454–3460.
5. Bräuer, M.; Weston, J.; Anders, E. *J. Org. Chem.* **2000**, *65*, 1193–1199.
6. Valiulin, R. A.; Kottani, R.; Kutateladze, A. G. *J. Org. Chem.* **2006**, *71*, 5047–5049.
7. Chen, Y.-L.; Leguijt, R.; Redlich, H. *J. Carbohydrate Chem.* **2007**, *26*, 279–303.
8. Chen, Y.-L.; Redlich, H.; Bergander, K.; Froehlich, R. *Org. Biomol. Chem.* **2007**, *5*, 3330–3339.
9. Wright, P. M.; Myers, A. G. *Tetrahedron* **2011**, *67*, 9853–9869.

Corey-Winter 烯烃合成反应

二醇用 1,1'-硫羰基二咪唑（TCDI）和亚磷酸三甲酯先后处理后给出相应的烯烃。亦称 Corey-Winter 还原消除反应或 Corey-Winter 还原成烯反应。

1,3-二氧杂环戊-2-硫酮

得到热解研究支持的含卡宾中间体的机理：

Example 1²

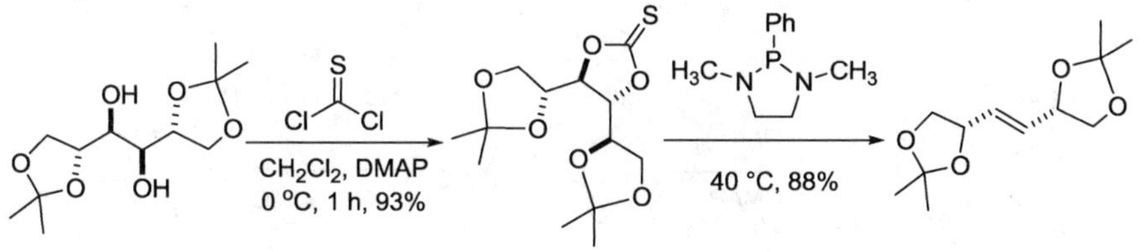

Example 2⁴

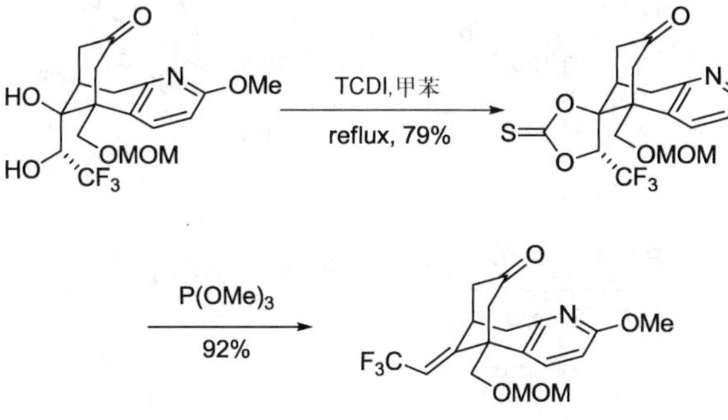

单一烯烃产物

Example 3⁸

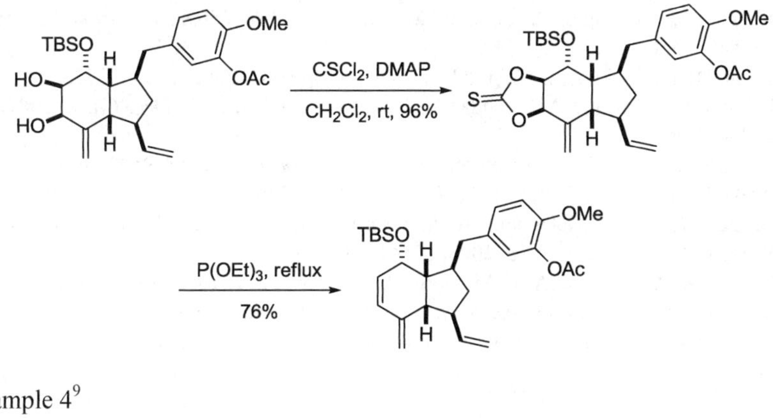

Example 4⁹

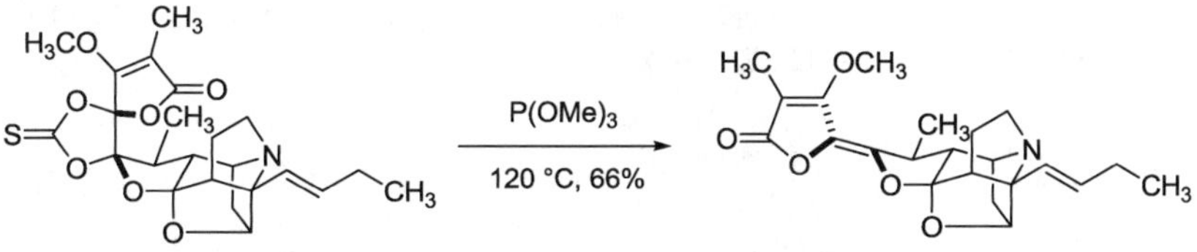

Example 5[10]

Example 6[11]

References

1. Corey, E. J.; Winter, R. A. E. *J. Am. Chem. Soc.* **1963**, *85*, 2677–2678. 温特（R. A. E. Winter）在美国的汽巴公司（Ciba Specialty Chemicals Corporation）工作。
2. Corey, E. J.; Carey, F. A.; Winter, R. A. E. *J. Am. Chem. Soc.* **1965**, *87*, 934–935.
3. Block, E. *Org. React.* **1984**, *30*, 457–566. (Review).
4. Kaneko, S.; Nakajima, N.; Shikano, M.; Katoh, T.; Terashima, S. *Tetrahedron* **1998**, *54*, 5485–5506.
5. Crich, D.; Pavlovic, A. B.; Wink, D. J. *Synth. Commun.* **1999**, *29*, 359–377.
6. Palomo, C.; Oiarbide, M.; Landa, A.; Esnal, A.; Linden, A. *J. Org. Chem.* **2001**, *66*, 4180–4186.
7. Saito, Y.; Zevaco, T. A.; Agrofoglio, L. A. *Tetrahedron* **2002**, *58*, 9593–9603.
8. Araki, H.; Inoue, M.; Katoh, T. *Synlett* **2003**, 2401–2403.
9. Brüggermann, M.; McDonald, A. I.; Overman, L. E.; Rosen, M. D.; Schwink, L.; Scott, J. P. *J. Am. Chem. Soc.* **2003**, *125*, 15284–15285.
10. Freiría, M.; Whitehead, A. J.; Motherwell, W. B. *Synthesis* **2005**, 3079–3084.
11. Mergott, D. J. *Corey–Winter olefin synthesis*. In *Name Reactions for Functional Group Transformations*; Li, J. J., Ed.; Wiley: Hoboken, NJ, **2007**, pp 354–362. (Review).
12. Xu, L.; Desai, M. C.; Liu, H. *Tetrahedron Lett.* **2009**, *50*, 552–554.
13. Iyoda, M.; Kuwatani, Y.; Nishinaga, T.; Takase, M.; Nishiuchi, T. In *Fragments of Fullerenes and Carbon Nanotube*, Petrukhina, M. A.; Scott, L. T. eds.; Wiley: Hoboken, NJ, 2012; pp 311–342. (Review).

Criegee 邻二醇裂解反应

邻二醇用 PbAc$_4$（Lead tetraacetate, **LTA**）氧化为相应的二羰基化合物。

当不能形成一个环状中间体时，非环机理也有可能，但比环状机理的速率慢。[3]

Example 1[7]

Example 2[9]

Example 3[10]

Example 4[11]

References
1. Criegee, R. *Ber.* **1931,** *64,* 260–266. 克里格（R. Criegee, 1902-1975）出生于德国的杜塞尔多夫, 23岁时于Wurzburg在K. Dimroth指导下获得博士学位。1937年成为Technical Institute at Kalsruhe 的教授并于1947年任院长。他为人谦和严谨而又兴趣广博。
2. Mihailovici, M. L.; Cekovik, Z. *Synthesis* **1970,** 209–224. (Review).
3. March, J. *Advanced Organic Chemistry,* 5th ed., Wiley: Hoboken, NJ, **2003**. (Review).
4. Danielmeier, K.; Steckhan, E. *Tetrahedron: Asymmetry* **1995,** *6,* 1181–1190.
5. Masuda, T.; Osako, K.; Shimizu, T.; Nakata, T. *Org. Lett.* **1999,** *1,* 941–944.
6. Lautens, M.; Stammers, T. A. *Synthesis* **2002,** 1993–2012.
7. Hartung, I. V.; Eggert, U.; Haustedt, L. O.; Niess, B.; Schäfer, P. M.; Hoffmann, H. M. R. *Synthesis* **2003,** 1844–1850.
8. Gaul, C.; Njardarson, J. T.; Danishefsky, S. J. *J. Am. Chem. Soc.* **2003,** *125,* 6042–6043.
9. Gorobets, E.; Stepanenko, V.; Wicha, J. *Eur. J. Org. Chem.* **2004,** 783–799.
10. Prasad, K. R.; Anbarasan, P. *Tetrahedron* **2006,** *63,* 1089–1092.
11. Prasad, K. R.; Anbarasan, P. *J. Org. Chem.* **2007,** *72,* 3155–3157.
12. Perez, L. J.; Micalizio, G. C. *Synthesis* **2008,** 627–648.

Criegee 臭氧化反应机理

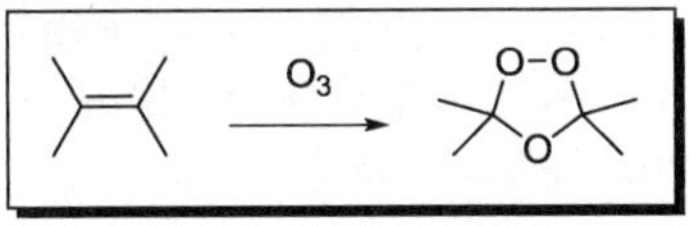

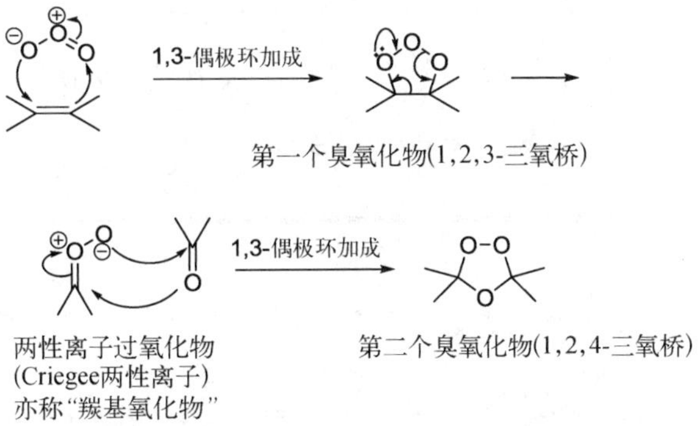

第一个臭氧化物(1,2,3-三氧桥)

两性离子过氧化物
(Criegee两性离子)
亦称"羰基氧化物"

第二个臭氧化物(1,2,4-三氧桥)

Example 1[7]

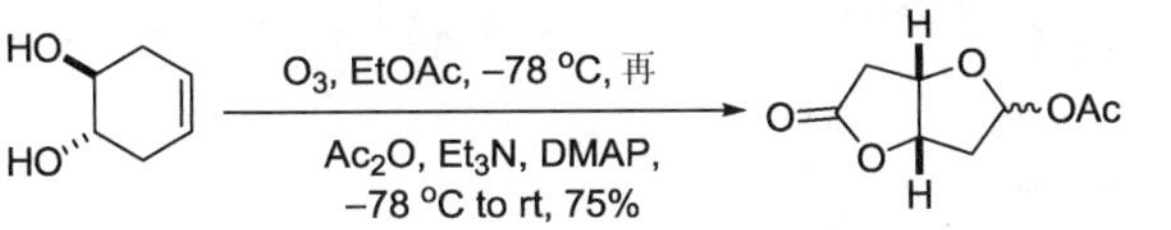

Example 2[8]

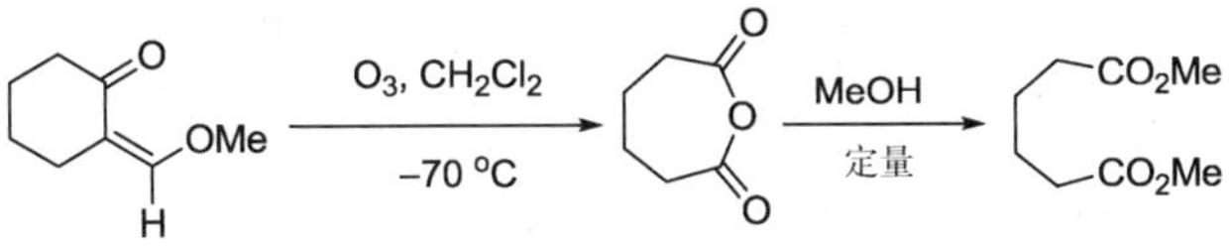

References
1. (a) Criegee, R.; Wenner, G. *Ann.* **1949**, *564*, 9–15. (b) Criegee, R. *Rec. Chem. Prog.* **1957**, *18*, 111–120. (c) Criegee, R. *Angew. Chem.* **1975**, *87*, 765–771.
2. Bunnelle, W. H. *Chem. Rev.* **1991**, *91*, 335–362. (Review).
3. Kuczkowski, R. L. *Chem. Soc. Rev.* **1992**, *21*, 79–83. (Review).
4. Marshall, J. A.; Garofalo, A. W. *J. Org. Chem.* **1993**, *58*, 3675–3680.
5. Ponec, R.; Yuzhakov, G.; Haas, Y.; Samuni, U. *J. Org. Chem.* **1997**, *62*, 2757–2762.
6. Dussault, P. H.; Raible, J. M. *Org. Lett.* **2000**, *2*, 3377–3379.
7. Jiang, L.; Martinelli, J. R.; Burke, S. D. *J. Org. Chem.* **2003**, *68*, 1150–1153.
8. Schank, K.; Beck, H.; Pistorius, S. *Helv. Chim. Acta* **2004**, *87*, 2025–2049.
9. Coleman, B. E.; Ault, B. S. *J. Mol. Struct.* **2013**, *1031*, 138–143.

Curtius重排反应

受热条件下，烷基、芳基和烯基取代的叠氮化物发生1,2-碳到氮的迁移并放出氮气而生成异氰酸酯。异氰酸酯产物常就地和亲核物种反应给出氨基甲酸酯、脲和其他的N-酰基衍生物或水解生成胺。

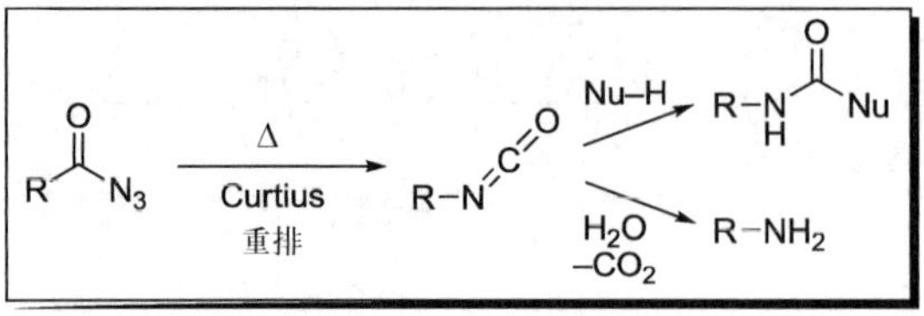

热重排:

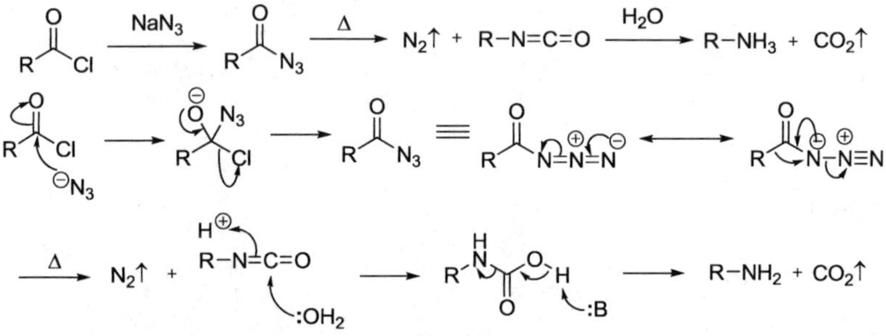

异氰酸酯中间体

光化学重排:

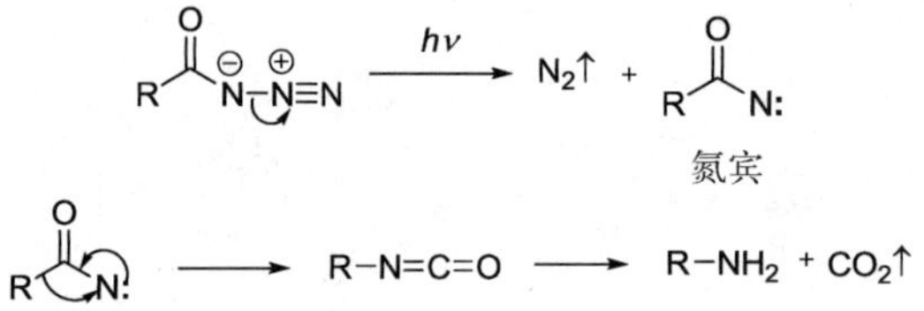

氮宾

Example 1, Shioiri–Ninomiya–Yamada 修正法[2]

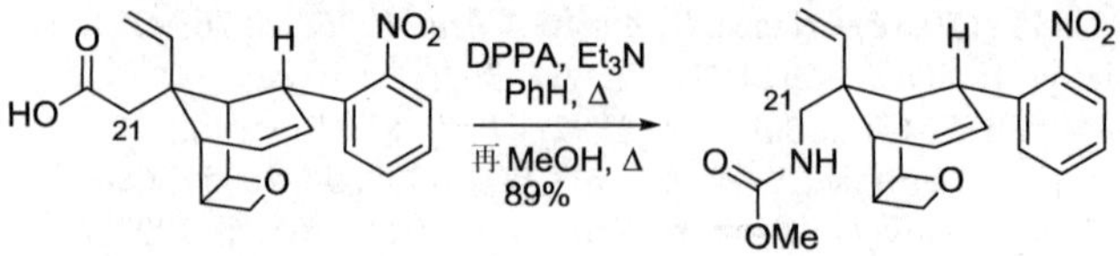

Example 2[3]

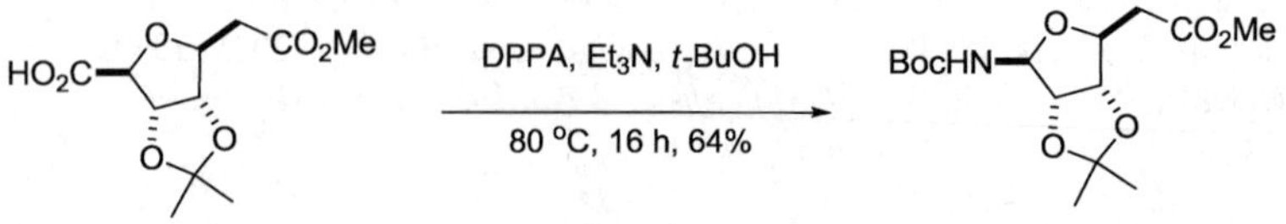

Example 3[4]

$$\text{(substrate)-CO}_2\text{H} \xrightarrow[\text{EtOH, PhH, reflux, 55\%}]{\text{EtO(CO)Cl, 再 NaN}_3} \text{(product)-NHCO}_2\text{Et}$$

Example 4, Curtius 重排的Weinstock变异反应[6]

反应条件: Cl-C(O)-OEt, i-PrNEt$_2$, 丙酮, 0 °C; 再 NaN$_3$, rt, 12 h, 75%

Example 5[7]

1. n-Bu$_3$SnN$_3$, PhBr, 0 °C to RT, 30 min., 97%
2. t-BuOH/o-二甲苯, Δ, 6 h, 77%

Example 6, Lebel 修正[8]

反应条件: 2 equiv DPPA, 0.1 equiv Ag$_2$CO$_3$, 2 equiv K$_2$CO$_3$, PhH, Δ, 16 h, 81%

References

1. Curtius, T. *Ber.* **1890**, *23*, 3033–3041. 库梯乌斯（T. Curtius, 1857-1928）出生于德国的Duiburg, 跟本生（R. W. Bunsen）、科尔贝（H. Kolbe）、拜耳（A. von Baeyer）等人学习化学前学的是音乐, 后继迈耶尔（V. Meyer）成为海德堡的化学教授。他发现了重氮乙酸酯、肼、吡唑啉衍生物和许多含氮的杂环化合物。库梯乌斯还是一位歌唱家和作曲家。
2. Ng, F. W.; Lin, H.; Danishefsky, S. J. *J. Am. Chem. Soc.* **2002**, *124*, 9812–9824.
3. van Well, R. M.; Overkleeft, H. S.; van Boom, J. H.; Coop, A.; Wang, J. B.; Wang, H.; van der Marel, G. A.; Overhand, M. *Eur. J. Org. Chem.* **2003**, 1704–1710.
4. Dussault, P. H.; Xu, C. *Tetrahedron Lett.* **2004**, *45*, 7455–7457.
5. Holt, J.; Andreassen, T.; Bakke, J. M.; Fiksdahl, A. *J. Heterocycl. Chem.* **2005**, *42*, 259–264.
6. Crawley, S. L.; Funk, R. L. *Org. Lett.* **2006**, *8*, 3995–3998.
7. Tada, T.; Ishida, Y.; Saigo, K. *Synlett* **2007**, 235–238.
8. Sawada, D.; Sasayama, S.; Takahashi, H.; Ikegami, S. *Eur. J. Org. Chem.* **2007**, 1064–1068.
9. Rojas, C. M. *Curtius Rearrangements*. In *Name Reactions for Homologations-Part II*; Li, J. J., Ed.; Wiley: Hoboken, NJ, **2009**, pp 136–163. (Review).
10. Koza, G.; Keskin, S.; Özer, M. S.; Cengiz, B.; Şahin, E.; Balci, M. *Tetrahedron* **2013**, *69*, 395–409.

Dakin氧化反应

芳香醛酮用碱性过氧化氢氧化为酚。参见第12页上变异的Baeyer-Villiger氧化反应。

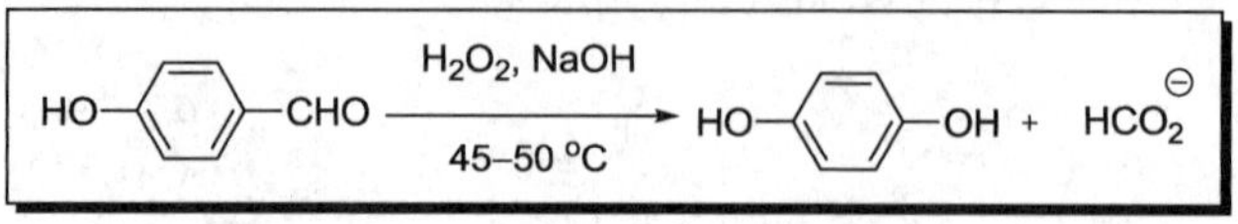

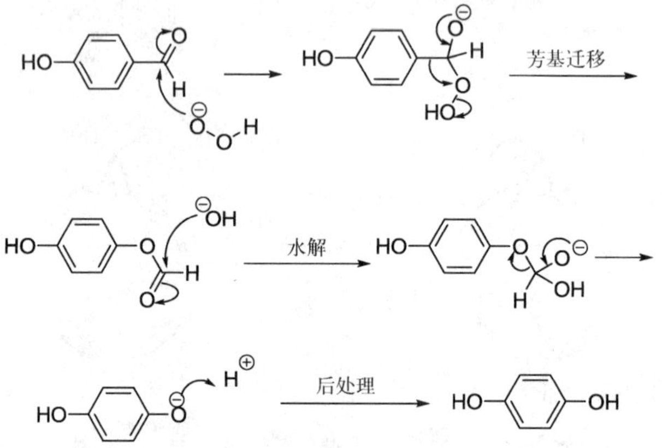

Example 1[6]

Example 2[7]

Example 3, 改进的无溶剂Dakin氧化方案[9]

J.J. Li, *Name Reactions: A Collection of Detailed Mechanisms and Synthetic Applications*,
DOI 10.1007/978-3-319-03979-4_79, © Springer International Publishing Switzerland 2014

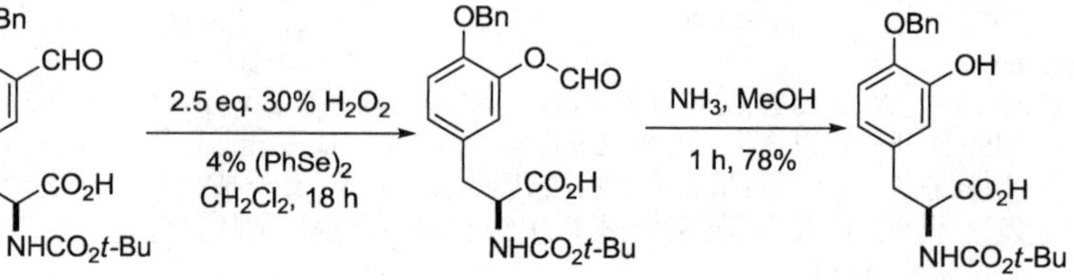

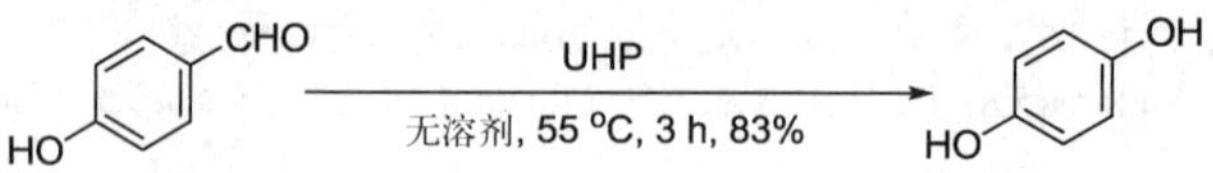

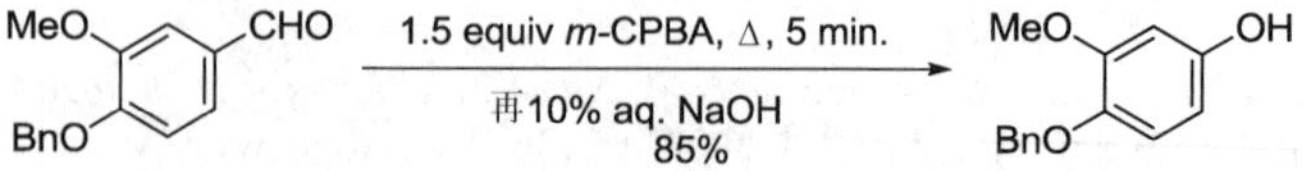

Example 4[10]

Example 5[11]

References:
1. Dakin, H. D. *Am. Chem. J.* **1909**, *42*, 477–498. 达金（H. D. Dakin，1880-1952）出生于英国伦敦。一次世界大战期间，他发明了后来成为常用于处理伤口防腐的次氯酸盐溶液（Dakin 溶液）。一次世界大战后来到纽约从事维生素 B 的研究工作。
2. Hocking, M. B.; Bhandari, K.; Shell, B.; Smyth, T. A. *J. Org. Chem.* **1982**, *47*, 4208–4215.
3. Matsumoto, M.; Kobayashi, H.; Hotta, Y. *J. Org. Chem.* **1984**, *49*, 4740–4741.
4. Zhu, J.; Beugelmans, R.; Bigot, A.; Singh, G. P.; Bois-Choussy, M. *Tetrahedron Lett.* **1993**, *34*, 7401–7404.
5. Guzmán, J. A.; Mendoza, V.; García, E.; Garibay, C. F.; Olivares, L. Z.; Maldonado, L. A. *Synth. Commun.* **1995**, *25*, 2121–2133.
6. Jung, M. E.; Lazarova, T. I. *J. Org. Chem.* **1997**, *62*, 1553–1555.
7. Varma, R. S.; Naicker, K. P. *Org. Lett.* **1999**, *1*, 189–191.
8. Lawrence, N. J.; Rennison, D.; Woo, M.; McGown, A. T.; Hadfield, J. A. *Bioorg. Med. Chem. Lett.* **2001**, *11*, 51–54.
9. Teixeira da Silva, E.; Camara, C. A.; Antunes, O. A. C.; Barreiro, E. J.; Fraga, C. A. M. *Synth. Commun.* **2008**, *38*, 784–788.
10. Alamgir, M.; Mitchell, P. S. R.; Bowyer, P. K.; Kumar, N.; Black, D. St. C. *Tetrahedron* **2008**, *64*, 7136–7142.
11. Chen, S.; Foss, F. W. *Org. Lett.* **2012**, *14*, 5150–5153.

Dakin-West 反应

α-氨基酸经噁唑啉中间体直接转化为相应的α-酰氨基烷基甲基酮。反应在乙酐和吡啶一类碱存在下进行并放出二氧化碳。

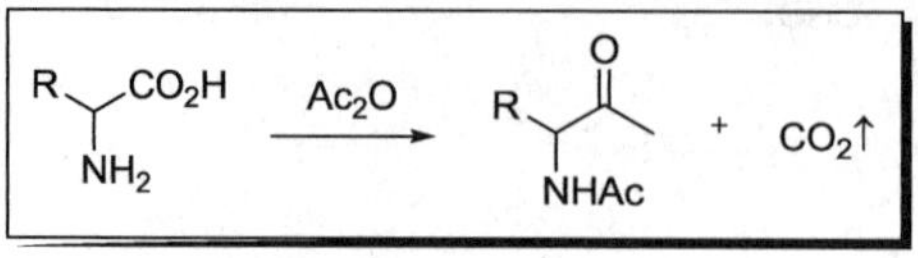

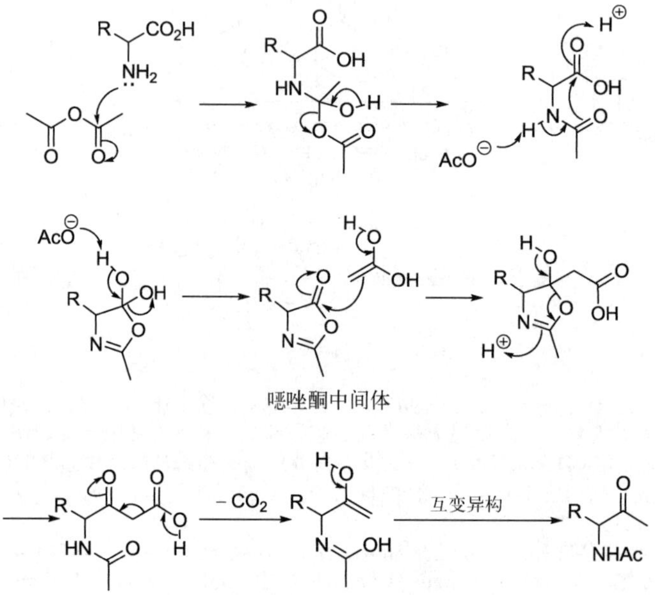

噁唑酮中间体

Example 1[6]

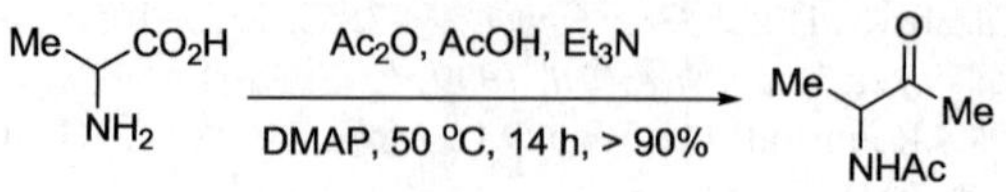

Example 2[7]

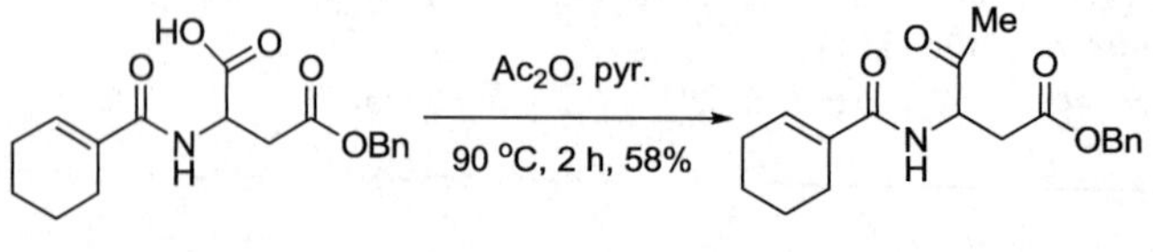

Example 3, 用杂多酸为催化剂, 腈为反应底物进行的绿色Dakin-West反应。[9]

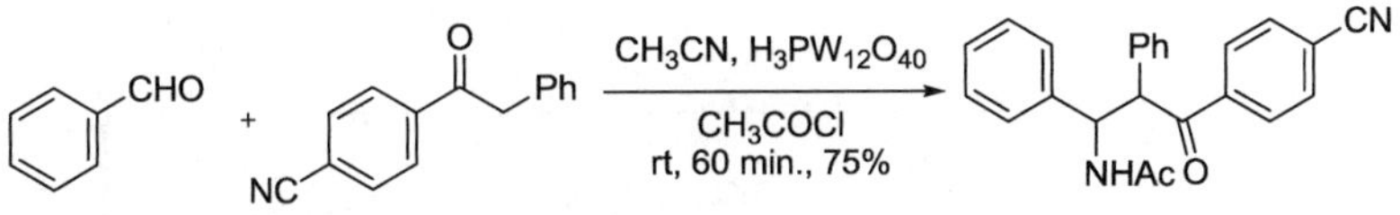

$$PhCHO + 4\text{-}NC\text{-}C_6H_4\text{-}CO\text{-}CH_2Ph \xrightarrow[\text{CH}_3\text{COCl} \atop \text{rt, 60 min., 75\%}]{\text{CH}_3\text{CN, H}_3\text{PW}_{12}\text{O}_{40}} \text{Ph-CH(NHAc)-CH(Ph)-CO-C}_6H_4\text{-}4\text{-}CN$$

References:

1. Dakin, H. D.; West, R. *J. Biol. Chem.* **1928,** *78,* 91, 745, and 757. 1928年, 达金和临床医生韦斯特 (R. West) 共同报告了α-氨基酸和乙酐反应经噁唑啉中间体直接转化为相应的α-酰氨基酮的反应。有趣的是, Levene 和 Steiger 在达金和韦斯特的论文面世的前一年也都观测到酪氨酸和α-苯丙氨酸在此条件下会给出"不正常"的产物。[2,3] 遗憾的是, 他们鉴定产物结构化了很长时间都无结果, 从而失去了进入可流芳百世的人名反应的机会。
2. Buchanan, G. L. *Chem. Soc. Rev.* **1988,** *17,* 91–109. (Review).
3. Jung, M. E.; Lazarova, T. I. *J. Org. Chem.* **1997,** *62,* 1553–1555.
4. Kawase, M.; Hirabayashi, M.; Koiwai, H.; Yamamoto, K.; Miyamae, H. *Chem. Commun.* **1998,** 641–642.
5. Kawase, M.; Hirabayashi, M.; Saito, S. *Recent Res. Dev. Org. Chem.* **2001,** *4,* 283–293. (Review).
6. Fischer, R. W.; Misun, M. *Org. Proc. Res. Dev.* **2001,** *5,* 581–588.
7. Godfrey, A. G.; Brooks, D. A.; Hay, L. A.; Peters, M.; McCarthy, J. R.; Mitchell, D. *J. Org. Chem.* **2003,** *68,* 2623–2632.
8. Khodaei, M. M.; Khosropour, A. R.; Fattahpour, P. *Tetrahedron Lett.* **2005,** *46,* 2105–2108.
9. Rafiee, E.; Tork, F.; Joshaghani, M. *Bioorg. Med. Chem. Lett.* **2006,** *16,* 1221–1226.
10. Tiwari, A. K.; Kumbhare, R. M.; Agawane, S. B.; Ali, A. Z.; Kumar, K. V. *Bioorg. Med. Chem. Lett.* **2008,** *18,* 4130–4132.
11. Dalla-Vechia, L.; Santos, V. G.; Godoi, M. N.; Cantillo, D.; Kappe, C. O.; Eberlin, M. N.; de Souza, R. O. M. A.; Miranda, L. S. M. *Org. Biomol. Chem.* **2012,** *10,* 9013–9020. (Mechanism).

Danheiser成环反应

α,β-不饱和酮和三甲基硅基丙二烯在路易斯酸作用下生成三甲基硅基环戊烯。

过渡态

Example 1[7]

Example 2[8]

J.J. Li, *Name Reactions: A Collection of Detailed Mechanisms and Synthetic Applications*,
DOI 10.1007/978-3-319-03979-4_81, © Springer International Publishing Switzerland 2014

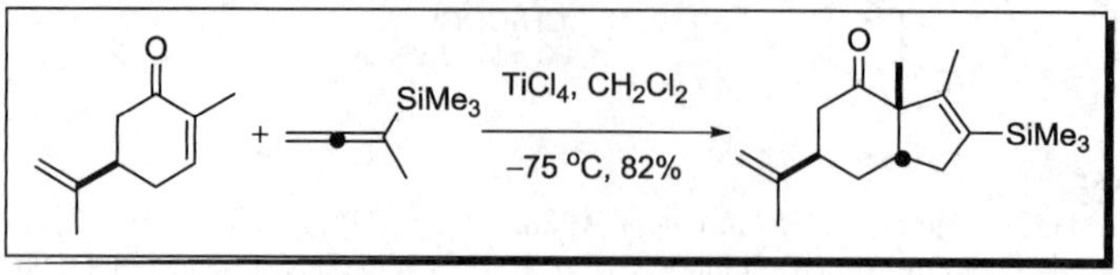

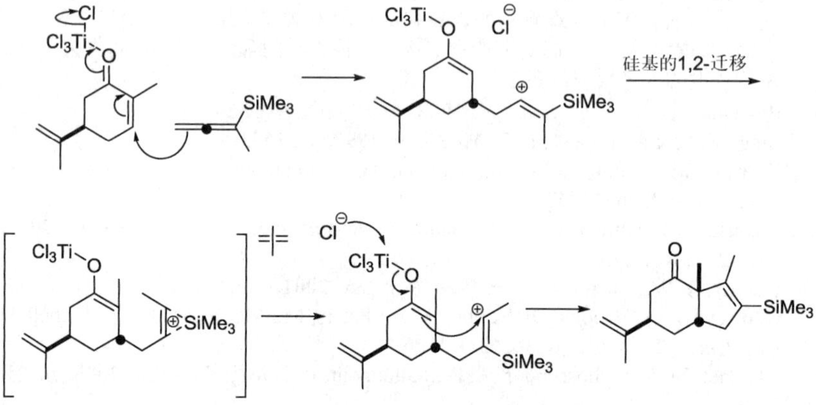

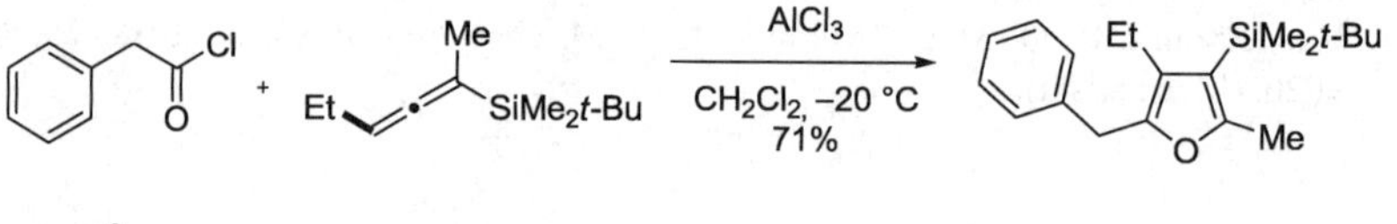

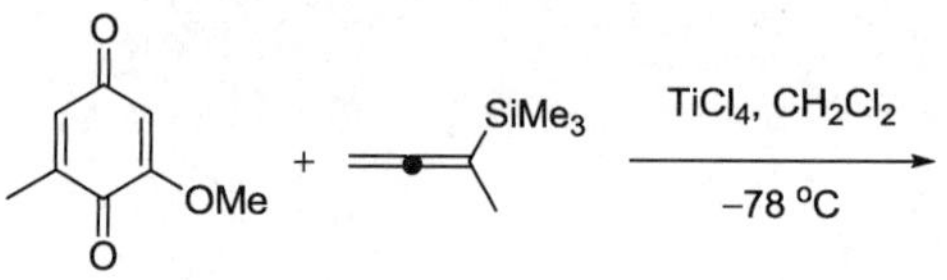

Example 3[9]

References

1. Danheiser, R. L.; Carini, D. J.; Basak, A. *J. Am. Chem. Soc.* **1981**, *103*, 1604. 丹海塞（R. L. Danheiser）出生于1951年, 本科在斯托克教授（G. Stork）指导下工作并发展出一个位置选择性的 β-二酮烯醇酯的烷基化反应（Stork-Danheiser烷基化反应）。1978年, 他师从哈佛大学的科里教授（E. J. Corey）取得博士学位。他在麻省理工学院(MIT)开始独立的研究工作, 现是科柏（A. C. Cope）化学教授。除了Danheiser成环反应外, 另一个为人所知由其发展出的方法是由如1,3-烯炔那样高度不饱和的共轭分子进行形式上基于炔丙基烯反应/Diels-Alder环加成链锁反应的[2+2+2]环加成反应。他的小组利用这些方法完成了一些天然分子的全合成。他也是一位在课堂上表现相当出色的教师, 在MIT赢得过许多教学奖项。
2. Danheiser, R. L.; Carini, D. J.; Fink, D. M.; Basak, A. *Tetrahedron* **1983**, *39*, 935.
3. Danheiser, R. L.; Kwasigroch, C. A.; Tsai, Y.-M. *J. Am. Chem. Soc.* **1985**, *107*, 7233.
4. Danheiser, R. L.; Carini, D. J.; Kwasigroch, C. A. *J. Org. Chem.* **1986**, *51*, 3870.
5. Danheiser, R. L.; Tsai, Y.-M.; Fink, D. M. *Org. Synth.* **1988**, *66*, 1.
6. Danheiser, R. L.; Dixon, B. R.; Gleason, R. W. *J. Org. Chem.* **1992**, *57*, 6094.
7. Sibi, M. P.; Christensen, J. W.; Kim, S.; Eggen, F.; Stessman, C.; Oien, L. *Tetrahedron Lett.* **1995**, *36*, 6209–6212.
8. Engler, T. A.; Agrios, K.; Reddy, J. P.; Iyengar, R. *Tetrahedron Lett.* **1996**, *37*, 327.
9. Friese, J. C.; Krause, S.; Schäfer, H. J. *Tetrahedron Lett.* **2002**, *43*, 2683.
10. Peese, K. M. *Danheiser Annulation*, In *Name Reactions in Carbocyclic Ring Formations*, Li, J. J., Ed., Wiley: Hoboken, NJ, **2010**, pp 72–92.

Darzens缩合反应

α-卤代酯和羰基化合物在碱催化下生成α,β-环氧酯(缩水甘油酸酯)。

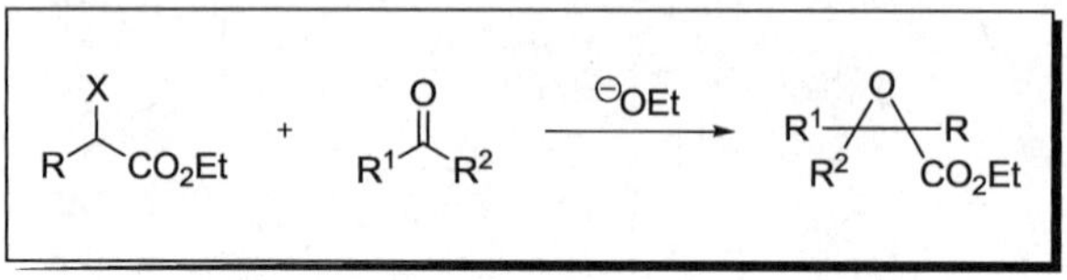

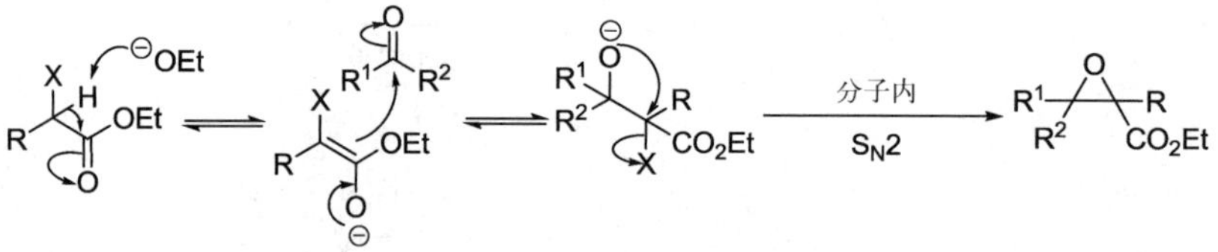

Example 1[4]

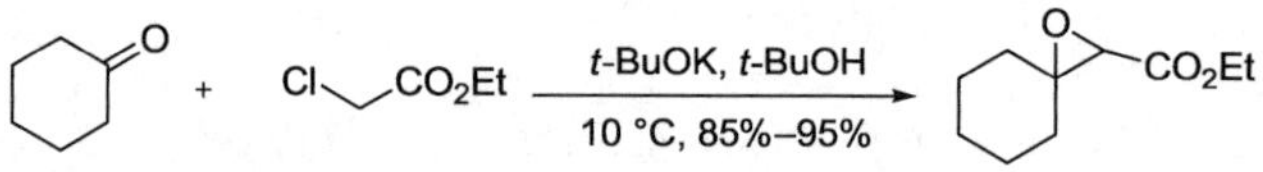

Example 2[6]

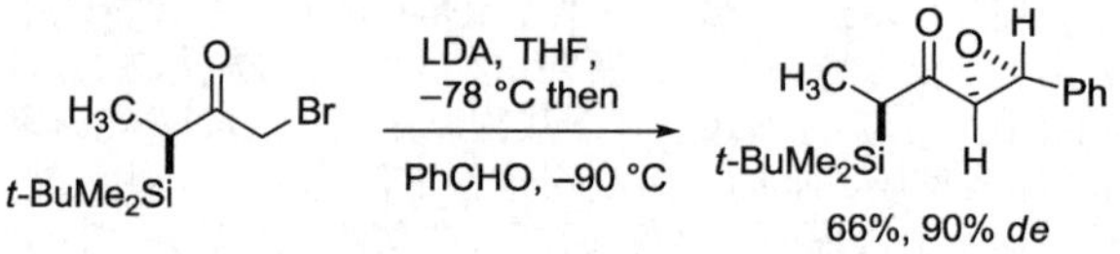

Example 3[10]

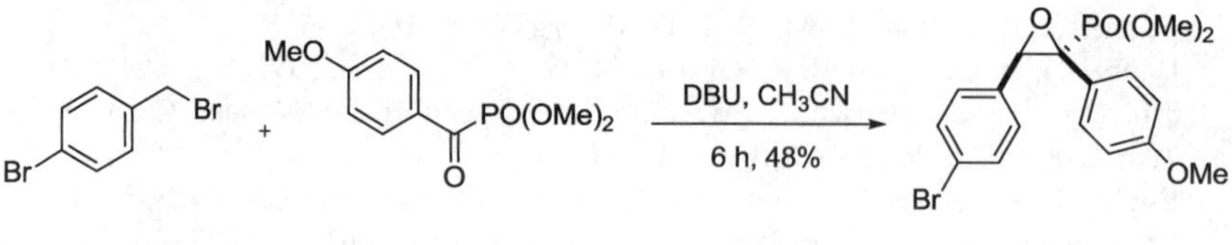

Example 4[11]

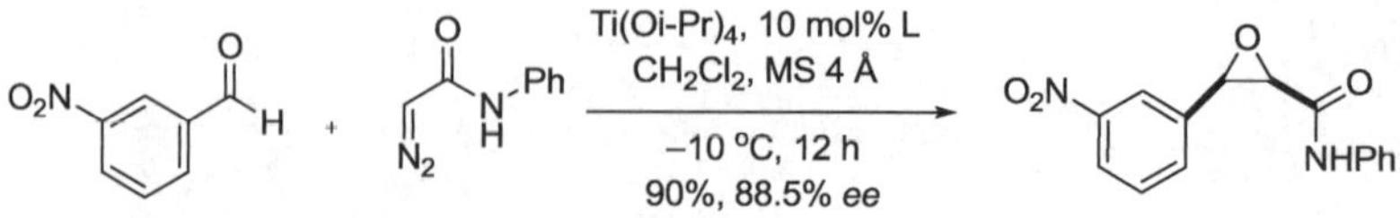

J.J. Li, *Name Reactions: A Collection of Detailed Mechanisms and Synthetic Applications*,
DOI 10.1007/978-3-319-03979-4_82,

L = (structure: bicyclic scaffold with two OH groups)

References

1. Darzens, G. A. *Compt. Rend. Acad. Sci.* **1904,** *139,* 1214–1217. 达森（G. A. Darzens, 1867-1954）出生于俄罗斯的莫斯科，在巴黎的 Ecole Polytechnique 学习并随后在该校任教授。
2. Newman, M. S.; Magerlein, B. J. *Org. React.* **1949,** *5,* 413–441. (Review).
3. Ballester, M. *Chem. Rev.* **1955,** *55,* 283–300. (Review).
4. Hunt, R. H.; Chinn, L. J.; Johnson, W. S. *Org. Syn. Coll. IV,* **1963,** 459.
5. Rosen, T. *Darzens Glycidic Ester Condensation* In *Comprehensive Organic Synthesis;* Trost, B. M.; Fleming, I., Eds.; Pergamon: Oxford, **1991,** *Vol. 2,* pp 409–439. (Review).
6. Enders, D.; Hett, R. *Synlett* **1998,** 961–962.
7. Davis, F. A.; Wu, Y.; Yan, H.; McCoull, W.; Prasad, K. R. *J. Org. Chem.* **2003,** *68,* 2410–2419.
8. Myers, B. J. *Darzens Glycidic Ester Condensation.* In *Name Reactions in Heterocyclic Chemistry*; Li, J. J., Ed.; Wiley: Hoboken, NJ, **2005,** pp 15–21. (Review).
9. Achard, T. J. R.; Belokon, Y. N.; Ilyin, M.; Moskalenko, M.; North, M.; Pizzato, F. *Tetrahedron Lett.* **2007,** *48,* 2965–2969.
10. Demir, A. S.; Emrullahoglu, M.; Pirkin, E.; Akca, N. *J. Org. Chem.* **2008,** *73,* 8992–8997.
11. Liu, G.; Zhang, D.; Li, J.; Xu, G.; Sun, J. *Org. Biomol. Chem.* **2013,** *11,* 900–904.

Delepine胺合成反应

用HCl的醇溶液裂解由烷基卤和六次甲基四胺反应生成的盐给出伯胺。参见第272页上同样生成胺的Gabrial反应和第568页上生成醛的Sommelet反应。Delepine反应对活泼的卤代烃,如苄卤、烯丙基卤和α-卤代酯是相当有效的。

HMTA

$[ArCH_2C_6H_{12}N_4]^+X^-$ + 3 HCl + 6 H_2O

$\longrightarrow$ $ArCH_2NH_2 \cdot HX$ + 6 CH_2O + 3 NH_4Cl

Example 1[3]

1. $(CH_2)_6N_4$, $NaHCO_3$, 15 h, EtOH, H_2O
2. HCl, EtOH, reflux, 15 h, 85%

Br—CH₂CH₂—COOH → H_2N—CH₂CH₂—COOH

Example 2[7]

HMTA, CH_2Cl_2, refluх, 5 h, 再 −30 °C

浓 HCl, EtOH, reflux, 1 d, 78%, 2 steps

Example 3[8]

Example 4[9]

References

1. (a) Delépine, M. *Bull. Soc. Chim. Paris* **1895**, *13*, 352–355; (b) Delépine, M. *Bull. Soc. Chim. Paris* **1897**, *17*, 292–295. 德雷品（S. M. Delepine，1871-1965）出生于法国的St. Martin le Gailard，曾是College de France教授。其漫长的一生贡献给有机化学、无机化学和药学且均富有成果。
2. Galat, A.; Elion, G. *J. Am. Chem. Soc.* **1939**, *61*, 3585–3586.
3. Wendler, N. L. *J. Am. Chem. Soc.* **1949**, *71*, 375–384.
4. Quessy, S. N.; Williams, L. R.; Baddeley, V. G. *J. Chem. Soc., Perkin Trans. 1* **1979**, 512–516.
5. Blažzević, N.; Kolnah, D.; Belin, B.; Šunjić, V.; Kafjež, F. *Synthesis* **1979**, 161–176. (Review).
6. Henry, R. A.; Hollins, R. A.; Lowe-Ma, C.; Moore, D. W.; Nissan, R. A. *J. Org. Chem.* **1990**, *55*, 1796–1801.
7. Charbonnière, L. J.; Weibel, N.; Ziessel, R. *Synthesis* **2002**, 1101–1109.
8. Xie, L.; Yu, D.; Wild, C.; Allaway, G.; Turpin, J.; Smith, P. C.; Lee, K.-H. *J. Med. Chem.* **2004**, *47*, 756–760.
9. Loughlin, W. A.; Henderson, L. C.; Elson, K. E.; Murphy, M. E. *Synthesis* **2006**, 1975–1980.

De Mayo反应

烯酮和烯烃在光促下进行[2+2]环加成反应后接着一个逆Aldol反应给出1,5-二酮。

头尾排列给出主要产物:[1b]

头头排列给出位置异构体的次要产物:

Example 1[3]

J.J. Li, *Name Reactions: A Collection of Detailed Mechanisms and Synthetic Applications*,
DOI 10.1007/978-3-319-03979-4_84, © Springer International Publishing Switzerland 2014

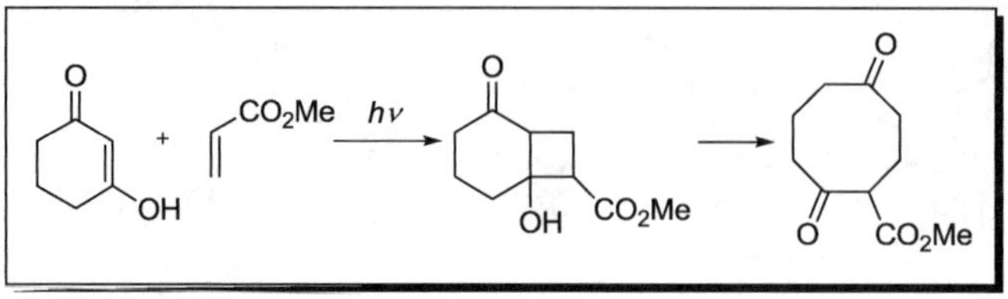

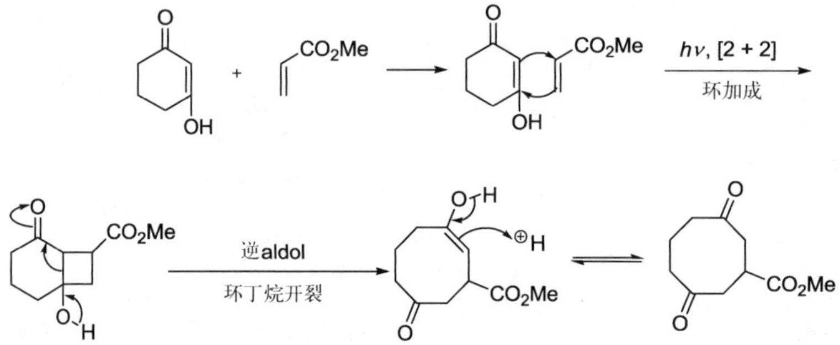

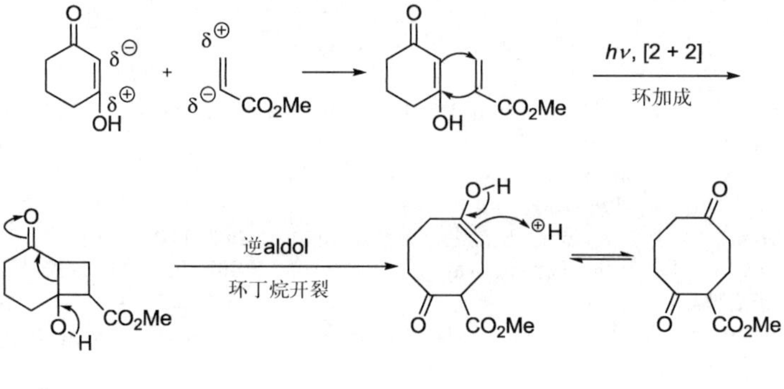

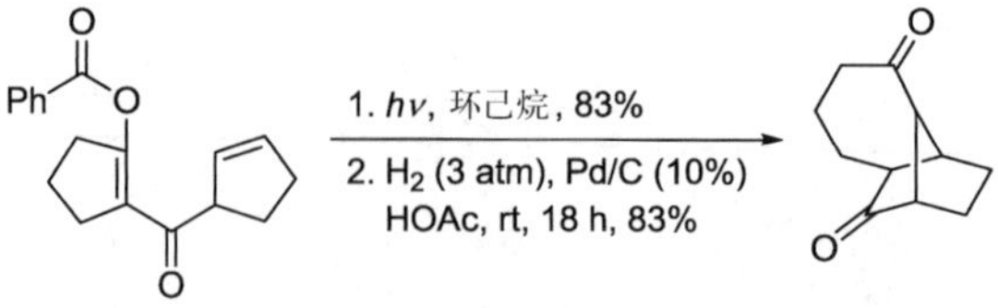

Example 2[6]

Example 3[9]

Example 4[10]

R = H   70%   100 : 0
R = Me   58%   50 : 50
R = t-Bu 72%   0   : 100

References

1. (a) de Mayo, P.; Takeshita, H.; Sattar, A. B. M. A. *Proc. Chem. Soc., London* **1962**, 119. 德马约（P. de Mayo）在伦敦大学（University of London）的 Birkbeck College 跟巴顿（D. Barton）爵士取得博士学位，后成为加拿大的 University of Western Ontario in London, Ontario 的教授并在该校发现了 De Mayo 反应。(b) Challand, B. D.; Hikino, H.; Kornis, G.; Lange, G.; de Mayo, P. *J. Org. Chem.* **1969**, *34*, 794–806.
2. de Mayo, P. *Acc. Chem. Res.* **1971**, *4*, 41–48. (Review).
3. Oppolzer, W.; Godel, T. *J. Am. Chem. Soc.* **1978**, *100*, 2583–2584.
4. Oppolzer, W. *Pure Appl. Chem.* **1981**, *53*, 1181–1201. (Review).
5. Kaczmarek, R.; Blechert, S. *Tetrahedron Lett.* **1986**, *27*, 2845–2848.
6. Disanayaka, B. W.; Weedon, A. C. *J. Org. Chem.* **1987**, *52*, 2905–2910.
7. Crimmins, M. T.; Reinhold, T. L. *Org. React.* **1993**, *44*, 297–588. (Review).
8. Quevillon, T. M.; Weedon, A. C. *Tetrahedron Lett.* **1996**, *37*, 3939–3942.
9. Minter, D. E.; Winslow, C. D. *J. Org. Chem.* **2004**, *69*, 1603–1606.
10. Kemmler, M.; Herdtweck, E.; Bach, T. *Eur. J. Org. Chem.* **2004**, 4582–4595.
11. Wu, Y.-J. *Name Reactions in Carbocyclic Ring Formations*, Li, J. J., Ed., Wiley: Hoboken, NJ, 2010; pp 451–488.

Demyanov 重排反应

伯胺重氮化生成碳正离子后经 C—C 键迁移而重排为醇。

Example 1[3]

Example 2[6]

Example 3[7]

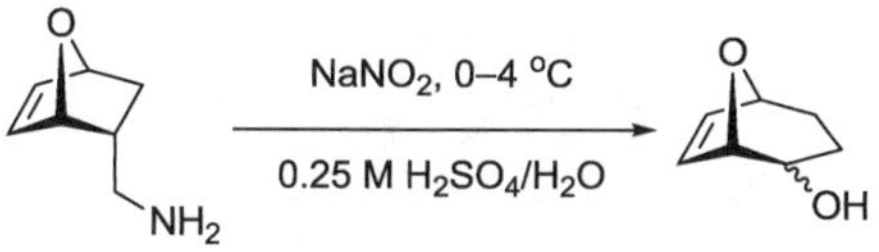

Example 4[8]

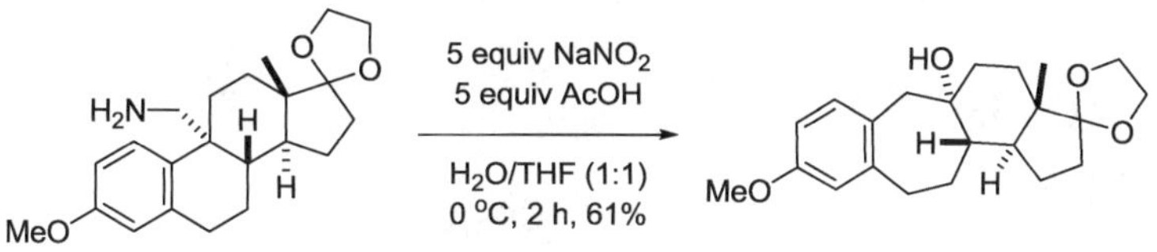

References

1. Demjanov, N. J.; Lushnikov, M. *J. Russ. Phys. Chem. Soc.* **1903**, *35*, 26–42. 德姆亚诺夫（Nikolai J. Demjanov, 1861-1938）是俄罗斯化学家。
2. Smith, P. A. S.; Baer, D. R. *Org. React.* **1960**, *11*, 157–188. (Review).
3. Diamond, J.; Bruce, W. F.; Tyson, F. T. *J. Org. Chem.* **1965**, *30*, 1840–184.
4. Kotani, R. *J. Org. Chem.* **1965**, *30*, 350–354.
5. Diamond, J.; Bruce, W. F.; Tyson, F. T. *J. Org. Chem.* **1965**, *30*, 1840–1844.
6. Nakazaki, M.; Naemura, K.; Hashimoto, M. *J. Org. Chem.* **1983**, *48*, 2289–2291.
7. Fattori, D.; Henry, S.; Vogel, P. *Tetrahedron* **1993**, *49*, 1649–1664.
8. Kürti, L.; Czakó, B.; Corey, E. *J. Org. Lett.* **2008**, *10*, 5247–5250.
9. Curran, T. T. *Demjanov and Tiffeneau–Demjanov Rearrangement*. In *Name Reactions for Homologations-Part II*; Li, J. J., Ed.; Wiley: Hoboken, NJ, **2009**, pp 2–32. (Review).

Tiffeneau- Demyanov 重排反应

β-氨基醇重氮化生成碳正离子后经C—C键迁移而重排为羰基化合物。

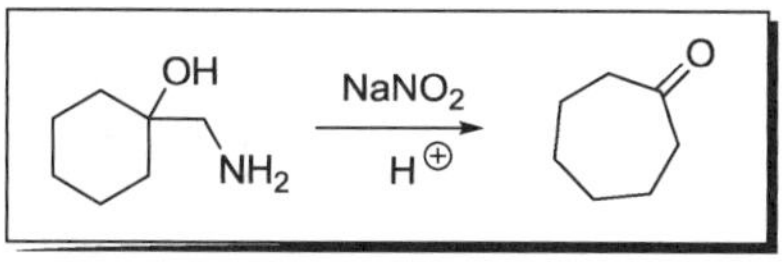

Step 1，N_2O_3 生成

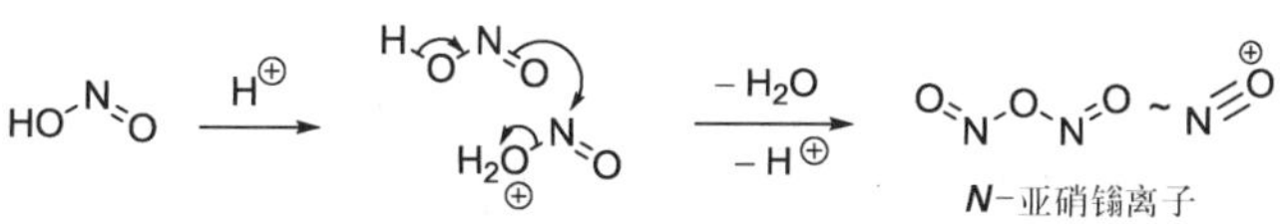

N-亚硝镓离子

Step 2, 胺转变为重氮盐

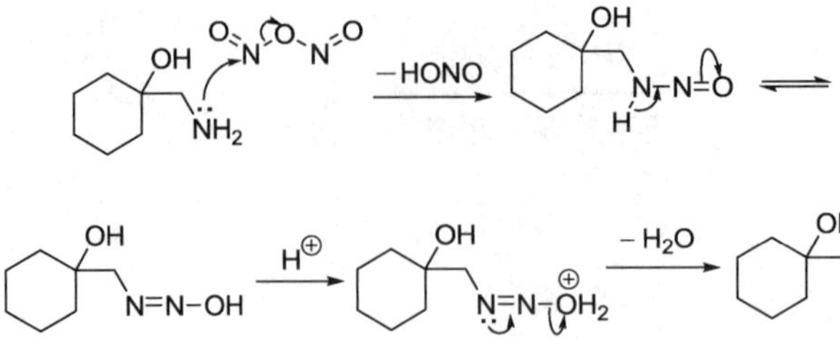

Step 3, 经过重排的开环

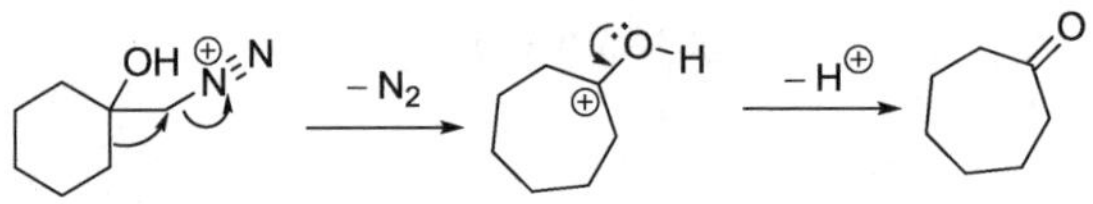

Example 1[5]

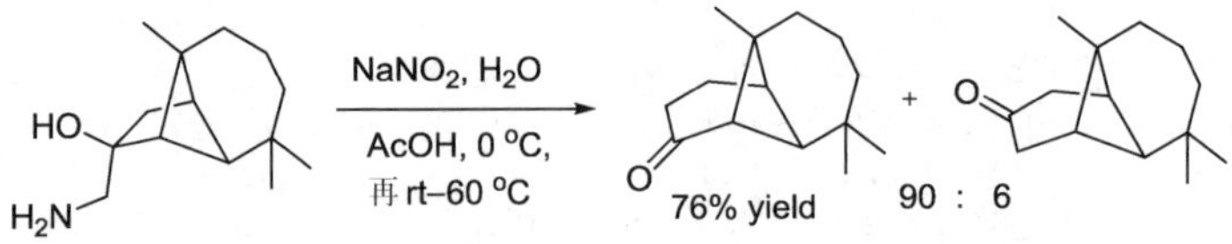

Example 2[6]

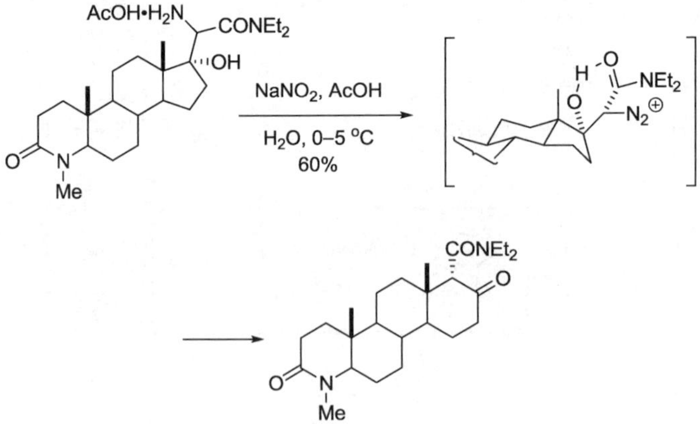

Example 3[7]

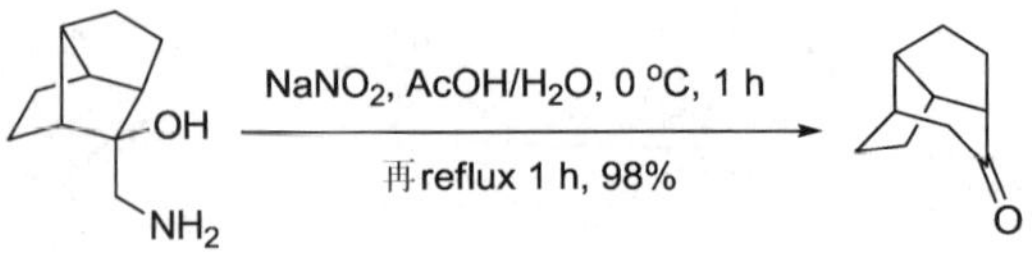

Example 4[9]

References

1. Tiffeneau, M.; Weill, P.; Tehoubar, B. *Compt. Rend.* **1937**, *205*, 54–56.
2. Smith, P. A. S.; Baer, D. R. *Org. React.* **1960**, *11*, 157–188. (Review).
3. Parham, W. E.; Roosevelt, C. S. *J. Org. Chem.* **1972**, *37*, 1975–1979.
4. Jones, J. B.; Price, P. *Tetrahedron* **1973**, *29*, 1941–1947.
5. Miyashita, M.; Yoshikoshi, A. *J. Am. Chem Soc.* **1974**, *96*, 1917–1925.
6. Steinberg, N. G.; Rasmusson, G. H.; Reynolds, G. F.; Hirshfield, J. H.; Arison, B. H. *J. Org. Chem.* **1984**, *49*, 4731–4733.
7. Stern, A. G.; Nickon, A. *J. Org. Chem.* **1992**, *57*, 5342–5352.
8. Fattori, D.; Henry, S.; Vogel, P. *Tetrahedron* **1993**, *49*, 1649–1664.
9. Chow, L.; McClure, M.; White, J. *Org. Biomol. Chem.* **2004**, *2*, 648–650.
10. Curran, T. T. *Demjanov and Tiffeneau–Demjanov Rearrangement*. In *Name Reactions for Homologations-Part II*; Li, J. J., Ed.; Wiley: Hoboken, NJ, **2009**, pp 293–304. (Review).
11. Shi, L.; Meyer, K.; Greaney, M. F. *Angew. Chem. Int. Ed.* **2010**, *49*, 9250–9253,

Dess-Martin超碘酸酯氧化反应

醇用Dess-Martin 试剂氧化为相应的羰基化合物。Dess-Martin 超碘酸酯试剂，即1,1,1-三乙酰氧-1,1-二氢-1,2-苯并碘酰-3(1H)-酮，是最有用的将伯醇、仲醇转变到相应的醛、酮化合物的氧化剂之一。

制备[1,2]：过硫酸氢钾制剂的制备要比溴酸钾简单和安全，中间体（IBX）产物也很少爆炸性。[12]

但该试剂易被水汽水解为氧化性更强的邻碘酰基苯甲酸试剂（IBX）。[3]

机理[1]

Example 1[6]

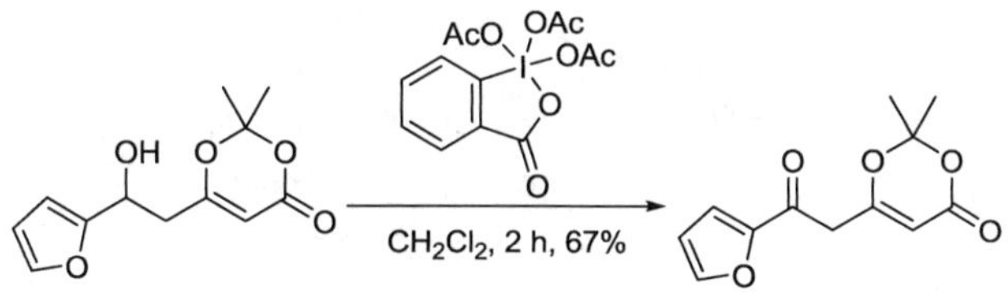

$$\text{CH}_2\text{Cl}_2, 2\text{ h}, 67\%$$

Example 2, 一个非典型的Dess–Martin过碘酸酯的反应性[7]

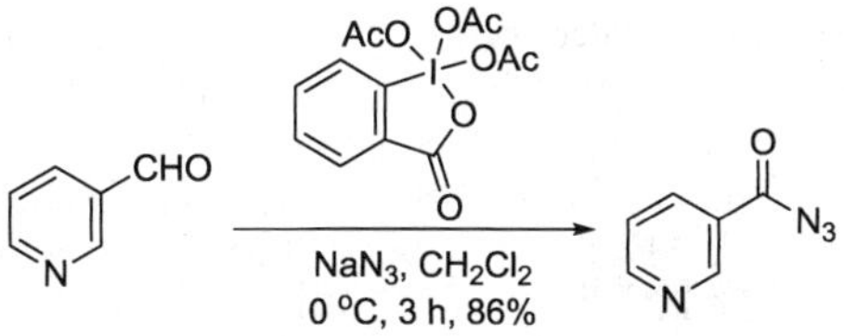

$$\text{NaN}_3, \text{CH}_2\text{Cl}_2$$
$$0\ ^\circ\text{C}, 3\text{ h}, 86\%$$

Example 3[10]

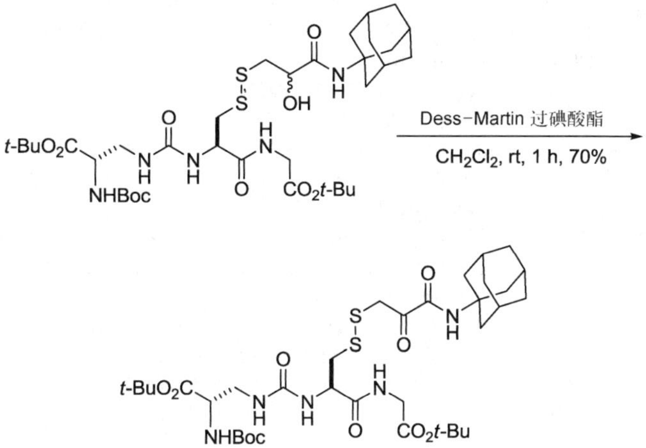

Dess–Martin 过碘酸酯
CH_2Cl_2, rt, 1 h, 70%

Example 4[11]

Dess–Martin 过碘酸酯
CH_2Cl_2, rt, 2 h, 90%

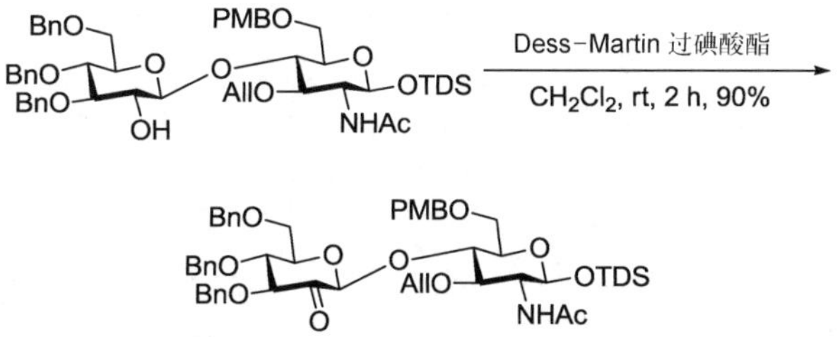

Example 5[12]

References

1. (a) Dess, D. B.; Martin, J. C. *J. Org. Chem.* **1983**, *48*, 4155–4156. 马丁（J. C. Martin, 1928–1999）在厄巴纳-香槟的伊利诺依大学（Urbana-Champaign, University of Illinois）和 University of Vanderbilt 的36年间度过了出色的研究生涯。他分别在 University of Vanderbilt 和哈佛大学在 Don Person 教授及 P. D. Bartlett 指导下接受物理有机化学的训练，故早期的研究工作集中于碳正离子和双自由基化学上。但他的兴趣还是在探索化学键的极限方面，特别是有关主族元素的超价化合物。马丁小组在20多年中成功地制备出结构前所未知的 S、P、Si、Br 等元素的新型化合物，并最终得到难以置信的被誉为"圣杯"的稳定的五配位碳。尽管这些研究主要是因马丁个人对成键模式的迷恋而推动的，但也并不是没有实用价值的。两个超价化合物，Martin 硫烷（参见第339页，用于脱水）和 Dess-Martin 超碘酸酯已经在合成有机化学中得到广泛应用。马丁和他的学生戴斯（D. Dess）在厄巴纳-香槟的伊利诺依大学（University of Illinois at Urbana-Champaign）发展了这一方法。Martin 的传略由丹马克（S. E. Denmark）教授友好提供。 (b) Dess, D. B.; Martin, J. C. *J. Am. Chem. Soc.* **1991**, *113*, 7277–7287.
2. Ireland, R. E.; Liu, L. *J. Org. Chem.* **1993**, *58*, 2899.
3. Meyer, S. D.; Schreiber, S. L. *J. Org. Chem.* **1994**, *59*, 7549–7552.
4. Frigerio, M.; Santagostino, M.; Sputore, S. *J. Org. Chem.* **1999**, *64*, 4537–4538.
5. Nicolaou, K. C.; Zhong, Y.-L.; Baran, P. S. *Angew. Chem. Int. Ed.* **2000**, *39*, 622–625.
6. Bach, T.; Kirsch, S. *Synlett* **2001**, 1974–1976.
7. Bose, D. S.; Reddy, A. V. N. *Tetrahedron* **2003**, *44*, 3543–3545.
8. Tohma, H.; Kita, Y. *Adv. Synth. Cat.* **2004**, *346*, 111–124. (Review).
9. Holsworth, D. D. *Dess–Martin oxidation*. In *Name Reactions for Functional Group Transformations*; Li, J. J., Ed.; Wiley: Hoboken, NJ; **2007**, pp 218–236. (Review).
10. More, S. S.; Vince, R. *J. Med. Chem.* **2008**, *51*, 4581–4588.
11. Crich, D.; Li, M.; Jayalath, P. *Carbohydrate Res.* **2009**, *344*, 140–144.
12. Howard, J. K.; Hyland, C. J. T.; Just, J.; J. A. *Org. Lett.* **2013**, *15*, 1714–1717.

Dieckmann缩合反应

Dieckmann 酯缩合反应是在分子内进行的Claison酯缩合反应。

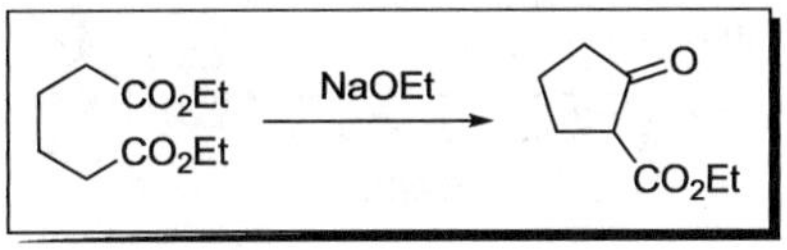

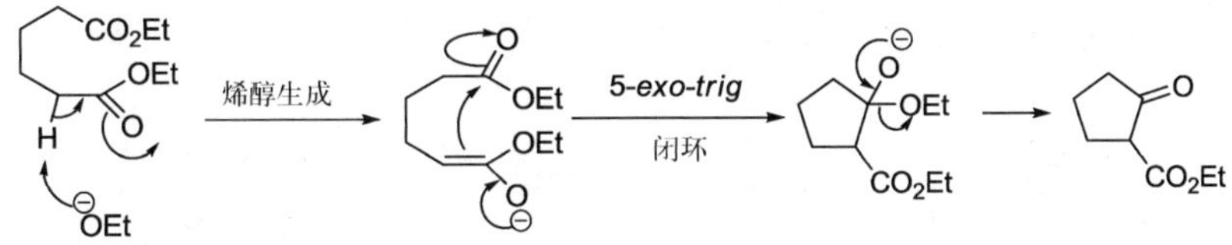

Example 1[4]

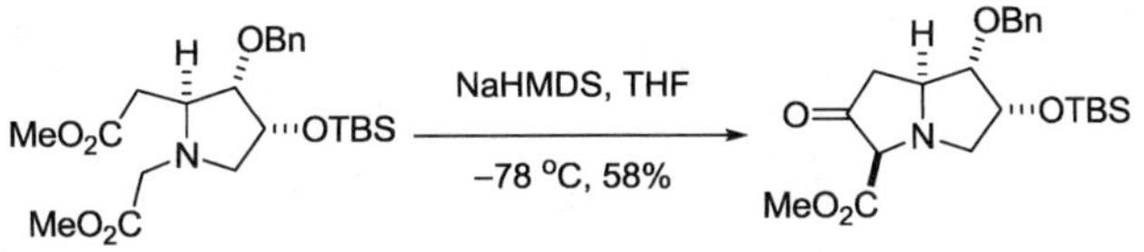

Example 2[6]

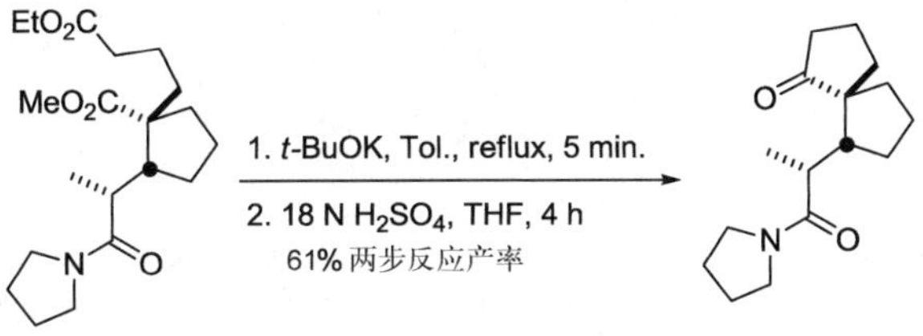

Example 3[7]

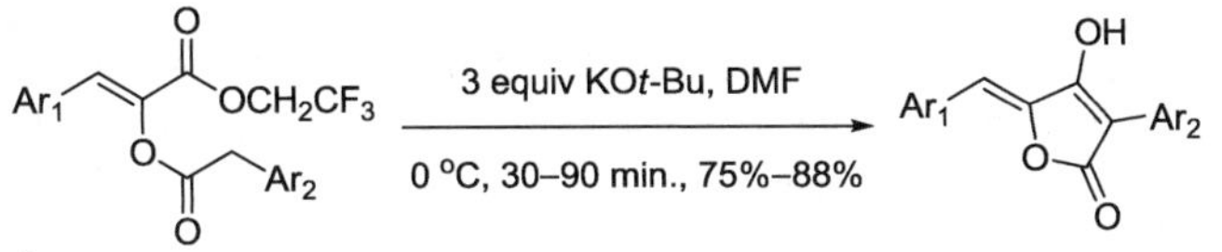

Example 4[8]

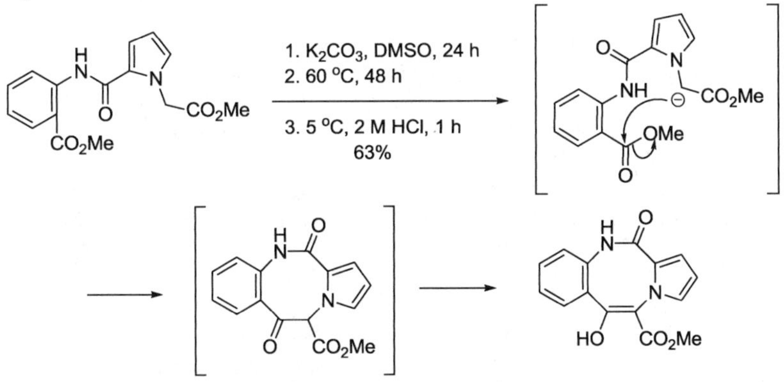

J.J. Li, *Name Reactions: A Collection of Detailed Mechanisms and Synthetic Applications*,
DOI 10.1007/978-3-319-03979-4_87, © Springer International Publishing Switzerland 2014

Example 5, Michael–Dieckmann 缩合[10]

Example 6, Michael–Dieckmann 缩合[10]

达菲(Tamiflu)

References
1. Dieckmann, W. *Ber.* **1894,** *27,* 102. 迪克曼（W. Dieckmann, 1869–1925）出生于德国的汉堡,在慕尼黑跟E.Bamberger学习。他曾在拜耳的私人实验室当过助手, 后在慕尼黑任教授。56岁时在Barvarian Academy of Science的化学实验室任上去世。
2. Davis, B. R.; Garratt, P. J. *Comp. Org. Synth.* **1991,** *2,* 795–863. (Review).
3. Shindo, M.; Sato, Y.; Shishido, K. *J. Am. Chem. Soc.* **1999,** *121,* 6507–6508.
4. Rabiczko, J.; Urbańczyk-Lipkowska, Z.; Chmielewski, M. *Tetrahedron* **2002,** *58,* 1433–1441.
5. Ho, J. Z.; Mohareb, R. M.; Ahn, J. H.; Sim, T. B.; Rapoport, H. *J. Org. Chem.* **2003,** *68,* 109–114.
6. de Sousa, A. L.; Pilli, R. A. *Org. Lett.* **2005,** *7,* 1617–1617.
7. Bernier, D.; Brueckner, R. *Synthesis* **2007,** 2249–2272.
8. Koriatopoulou, K.; Karousis, N.; Varvounis, G. *Tetrahedron* **2008,** *64,* 10009–10013.
9. Takao, K.-i.; Kojima, Y.; Miyashita, T.; Yashiro, K.; Yamada, T.; Tadano, K.-i. *Heterocycles* **2009,** *77,* 167–172.
10. Garrido, N. M.; Nieto, C. T.; Diez, D. *Synlett* **2013,** *24,* 169–172.
11. Kaliyamoorthy; A.; Makoto; F.; Kenzo; Y.; Naoya; K.; Takumi; W.; Masakatsu, S. *J. Org. Chem.* **2013,** *78,* 4019–4026.

Diels-Alder反应

Diels-Alder反应，逆电子要求的Diels-Alder反应及杂原子Diels-Alder反应都属于经过协同过程的[4+2]环加成反应。此处显示的箭头推动只是为了方便说明。

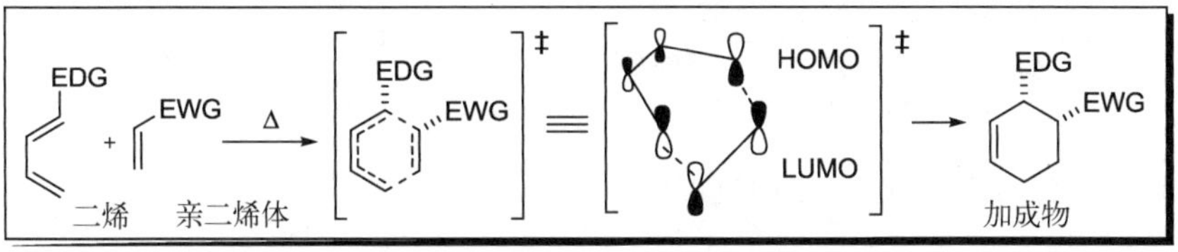

EDG = 供电子基；EWG = 吸电子基

Example 1[6]

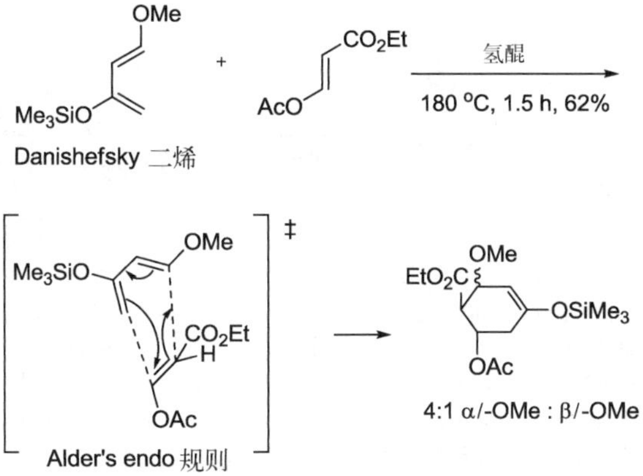

Example 2, 分子内Diels–Alder 反应[7]

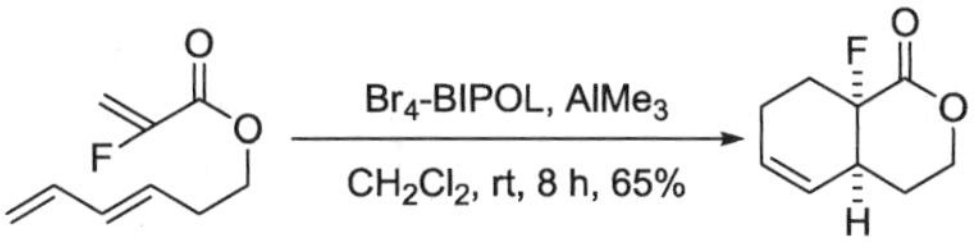

Example 3, 不对称 Diels–Alder反应[5,8]

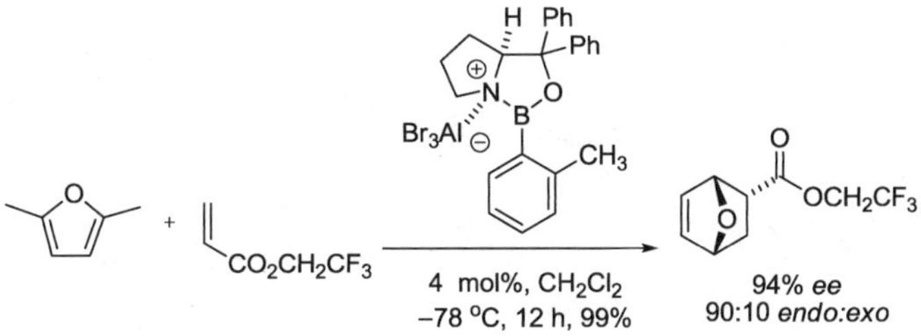

J.J. Li, *Name Reactions: A Collection of Detailed Mechanisms and Synthetic Applications*,
DOI 10.1007/978-3-319-03979-4_88, © Springer International Publishing Switzerland 2014

Example 4, 逆 Diels-Alder 反应[4,9]

MeAlCl$_2$, 马来酸酐
CH$_2$Cl$_2$, μ波, 110 °C
1 min., 74%–84%

Example 5, 分子内Diels-Alder反应[11]

Me$_2$AlCl, CH$_2$Cl$_2$
−78 to −30 °C, 71%

Example 6[11]

CH$_2$Cl$_2$, rt
16 h, 84%

References

1. Diels, O.; Alder, K. *Ann.* **1928**, *460*, 98−122. 狄尔斯（O. Diels, 1876-1954）和他的学生阿尔德（K. Alder, 1902-1958）都是德国人，因对二烯合成的研究而共享1950年度诺贝尔化学奖。论文中他们声称其希望是将Diels-Alder反应用于全合成："我们自己清晰地感到由我们发展出的这个反应是用于解决此类问题的。"
2. Oppolzer, W. In *Comprehensive Organic Synthesis;* Trost, B. M.; Fleming, I., Eds.; Pergamon, **1991**, *Vol. 5*, 315−399. (Review).
3. Weinreb, S. M. In *Comprehensive Organic Synthesis;* Trost, B. M.; Fleming, I., Eds.; Pergamon, **1991**, *Vol. 5*, 401−449. (Review).
4. (a) Rickborn, B. The *retro-Diels–Alder reaction. Part I. C−C dienophiles* in *Org. React.* Wiley: Hoboken, NJ, **1998**, *52*. (b) Rickborn, B. *The retro-Diels–Alder reaction. Part II. Dienophiles with one or more heteroatom* in *Org. React.* Wiley: Hoboken, NJ, **1998**, *53*.
5. Corey, E. J. *Angew. Chem. Int. Ed.* **2002**, *41*, 1650−1667. (Review).
6. Wang, J.; Morral, J.; Hendrix, C.; Herdewijn, P. *J. Org. Chem.* **2001**, *66*, 8478−8482.
7. Saito, A.; Yanai, H.; Sakamoto, W.; Takahashi, K.; Taguchi, T. *J. Fluorine Chem.* **2005**, *126*, 709−714.
8. Liu, D.; Canales, E.; Corey, E. J. *J. Am. Chem. Soc.* **2007**, *129*, 1498−1499.
9. Iqbal, M.; Duffy, P.; Evans, P.; Cloughley, G.; Allan, B.; Lledo, A.; Verdaguer, X.; Riera, A. *Org. Biomol. Chem.* **2008**, *6*, 4649−4661.
10. Ibrahim-Ouali, M. *Steroids* **2009**, *74*, 133−162.
11. Gao, S.; Wang, Q.; Chen, C. *J. Am. Chem. Soc.* **2009**, *131*, 1410−1412.
12. Martin, R. M.; Bergman, R. G.; Ellman, J. A. *Org. Lett.* **2013**, *15*, 444−447.

反转电子要求的Diels-Alder反应

Example 1, 反转电子要求的催化不对称Diels-Alder反应 [2]

Example 2 [3]

Example 3, 反转电子要求的催化不对称Diels-Alder反应 [4]

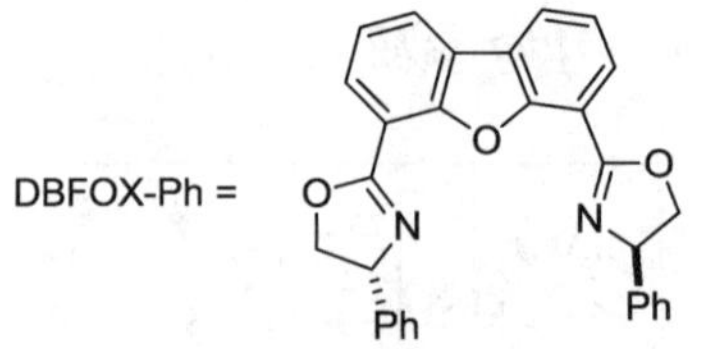
DBFOX-Ph =
O
O
N
O
N
O
Ph
Ph

Example 4[5]

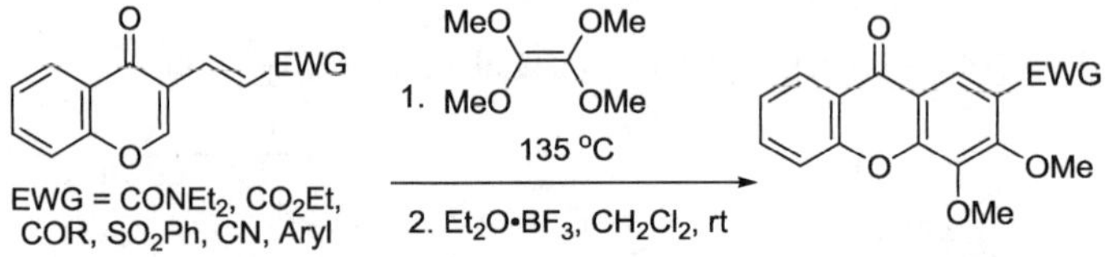
O
EWG
O
EWG = CONEt2, CO2Et,
COR, SO2Ph, CN, Aryl
MeO
OMe
1. MeO
OMe
135 °C
2. Et2O•BF3, CH2Cl2, rt
O
EWG
O
OMe
OMe

Example 5[6]

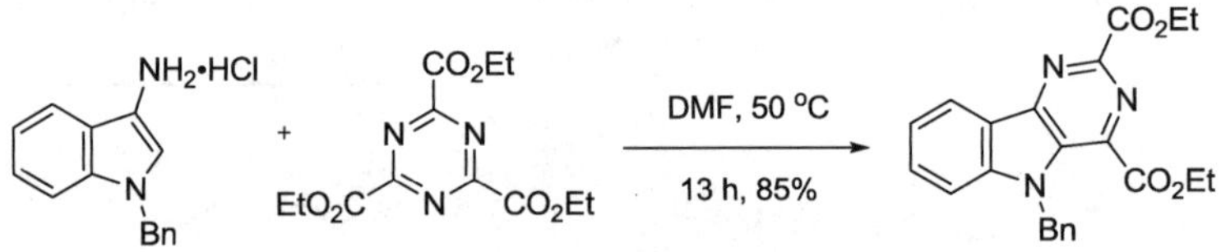
NH2•HCl
N
Bn
+
CO2Et
N
N
EtO2C
N
CO2Et
DMF, 50 °C
13 h, 85%
CO2Et
N
N
N
CO2Et
Bn

References

1. Boger, D. L.; Patel, M. *Prog. Heterocycl. Chem*. **1989,** *1*, 30–64. (Review).
2. Gao, X.; Hall, D. G. *J. Am. Chem. Soc*. **2005,** *127*, 1628–1629.
3. He, M.; Uc, G. J.; Bode, J. W. *J. Am. Chem. Soc*. **2006,** *128*, 15088–15089.
4. Esquivias, J.; Gomez Arrayas, R.; Carretero, J. C. *J. Am. Chem. Soc*. **2007,** *129*, 1480–1481.
5. Dang, A.-T.; Miller, D. O.; Dawe, L. N.; Bodwell, G. J. *Org. Lett.* **2008,** *10*, 233–236.
6. Xu, G.; Zheng, L.; Dang, Q.; Bai, X. *Synthesis* **2013,** *45*, 743–752.

杂原子 Diels-Alder 反应

杂原子二烯或杂原子亲双烯参与的 Diels-Alder 反应。典型的有氮原子参与的和氧原子参与的 Diels-Alder 反应。

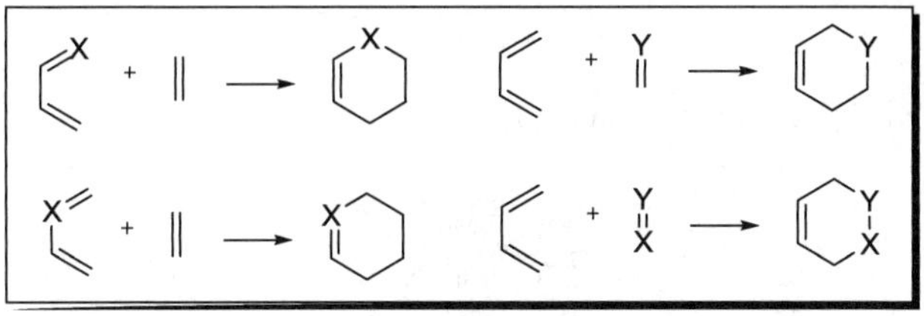

Example 1,

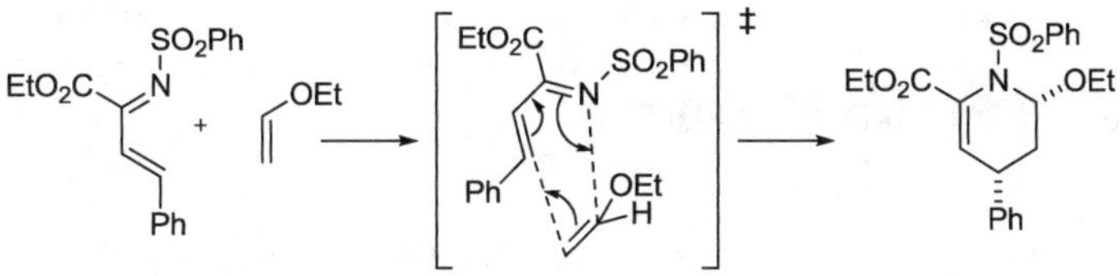

Example 2, 杂亲二烯体对二烯的加成[1]

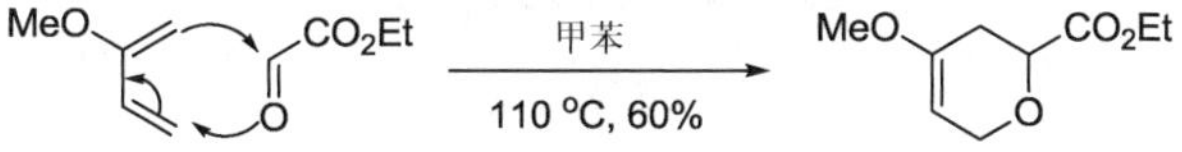

Example 3, 与 Boger 吡啶合成反应(64页)相似[2]

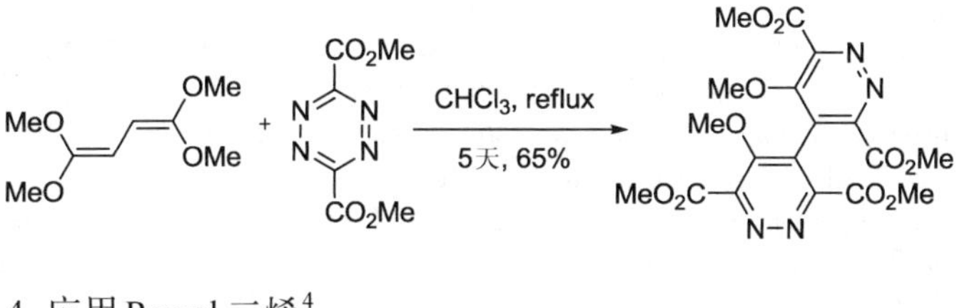

Example 4, 应用 Rawal 二烯[4]

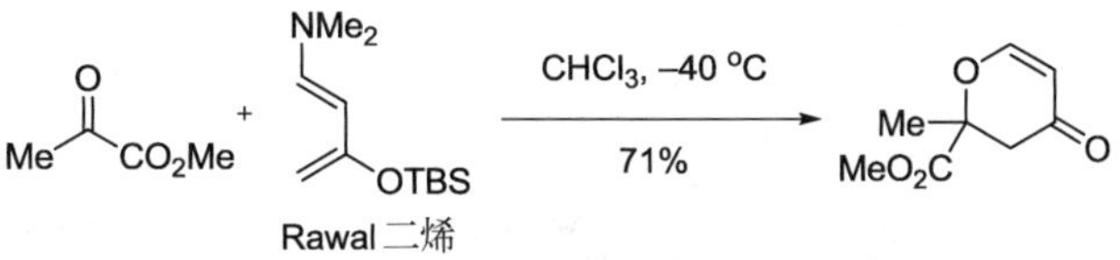

Example 5, 也与 Boger 吡啶合成反应相似[6]

n = 1, 75%
n = 2, 65%
n = 3, 54%
n = 4, 30%

Example 6, 不对称杂 Diels–Alder 反应[7]

24:1 endo/exo
97% ee

Example 7, 不对称杂 Diels–Alder 反应[8]

97% yield, 20:1 rr, 96% ee

References
1. Wender, P. A.; Keenan, R. M.; Lee, H. Y. *J. Am. Chem. Soc.* **1987**, *109*, 4390–4392.
2. Boger, D. L. In *Comprehensive Organic Synthesis;* Trost, B. M.; Fleming, I., Eds.; Pergamon, **1991**, *Vol. 5*, 451–512. (Review).
3. Boger, D. L.; Baldino, C. M. *J. Am. Chem. Soc.* **1993**, *115*, 11418–11425.
4. Huang, Y.; Rawal, V. H. *Org. Lett.* **2000**, *2*, 3321–3323.
5. Jørgensen, K. A. *Eur. J. Org. Chem.* **2004**, 2093–2102. (Review).
6. Lipińska, T. M. *Tetrahedron* **2006**, *62*, 5736–5747.
7. Evans, D. A.; Kvaerno, L.; Dunn, T. B.; Beauchemin, A.; Raymer, B.; Mulder, J. A.; Olhava, E. J.; Juhl, M.; Kagechika, K.; Favor, D. A. *J. Am. Chem. Soc.* **2008**, *130*, 16295–16309.
8. Liu, B.; Li, K.-N.; Luo, S.-W.; Huang, J.-Z.; Pang, H.; Gong, L.-Z. *J. Am. Chem. Soc.* **2013**, *135*, 3323–3326.

Dienone-Phenol（二烯酮-酚）重排反应

酸促进下 4,4-二取代环己二烯酮重排为 3,4-二取代酚。

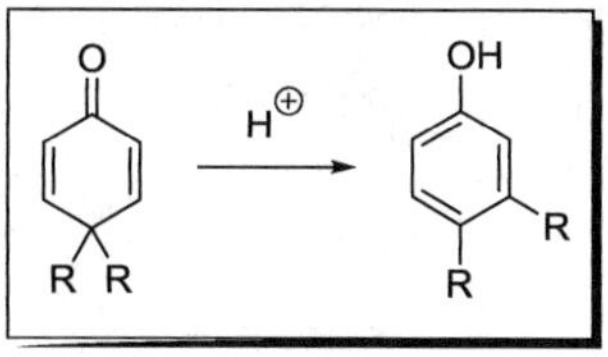

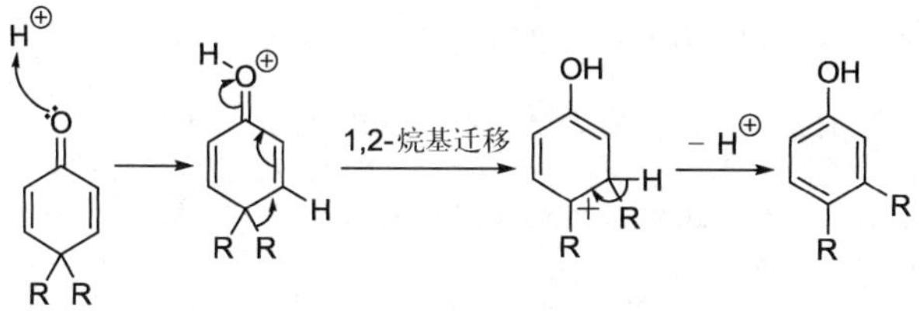

1,2-烷基迁移

Example 1[4]

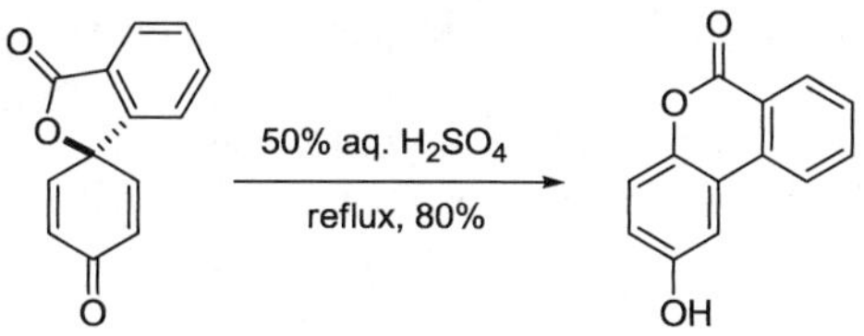

50% aq. H$_2$SO$_4$, reflux, 80%

Example 2[5]

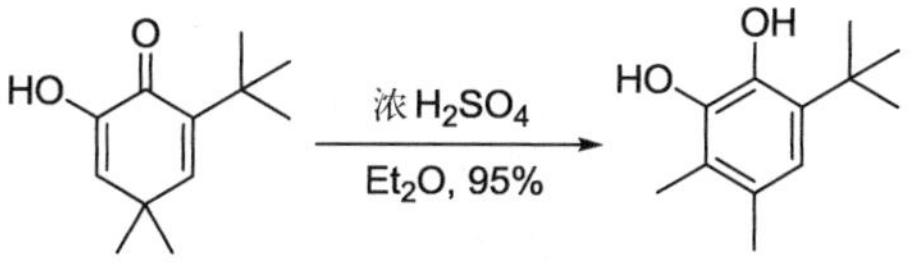

浓 H$_2$SO$_4$, Et$_2$O, 95%

Example 3[9]

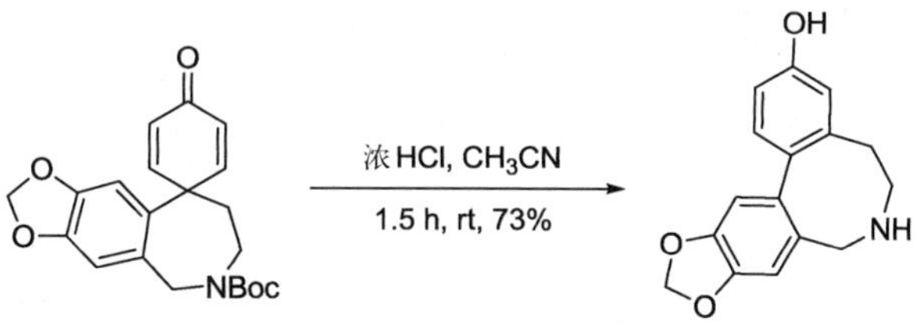

浓 HCl, CH$_3$CN, 1.5 h, rt, 73%

J.J. Li, *Name Reactions: A Collection of Detailed Mechanisms and Synthetic Applications*,
DOI 10.1007/978-3-319-03979-4_89, © Springer International Publishing Switzerland 2014

Example 4[10]

References
1. Shine, H. J. In *Aromatic Rearrangements;* Elsevier: New York, **1967**, pp 55–68. (Review).
2. Schultz, A. G.; Hardinger, S. A. *J. Org. Chem.* **1991,** *56*, 1105–1111.
3. Schultz, A. G.; Green, N. J. *J. Am. Chem. Soc.* **1992,** *114*, 1824–1829.
4. Hart, D. J.; Kim, A.; Krishnamurthy, R.; Merriman, G. H.; Waltos, A.-M. *Tetrahedron* **1992,** *48*, 8179–8188.
5. Frimer, A. A.; Marks, V.; Sprecher, M.; Gilinsky-Sharon, P. *J. Org. Chem.* **1994,** *59*, 1831–1834.
6. Oshima, T.; Nakajima, Y.-i.; Nagai, T. *Heterocycles* **1996,** *43*, 619–624.
7. Draper, R. W.; Puar, M. S.; Vater, E. J.; Mcphail, A. T. *Steroids* **1998,** *63*, 135–140.
8. Kodama, S.; Takita, H.; Kajimoto, T.; Nishide, K.; Node, M. *Tetrahedron* **2004,** *60*, 4901–4907.
9. Bru, C.; Guillou, C. *Tetrahedron* **2006,** *62*, 9043–9048.
10. Sauer, A. M.; Crowe, W. E.; Henderson, G.; Laine, R. A. *Tetrahedron Lett.* **2007,** *48*, 6590–6593.

Doebner 喹啉合成反应

苯胺、醛和丙酮酸的三组分偶联给出 4-喹啉甲酸。

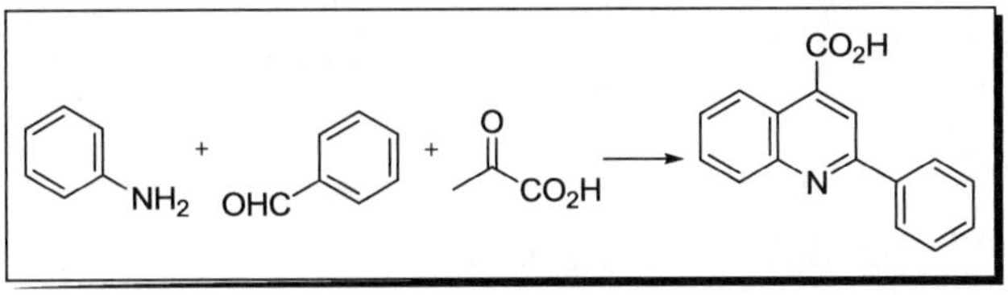

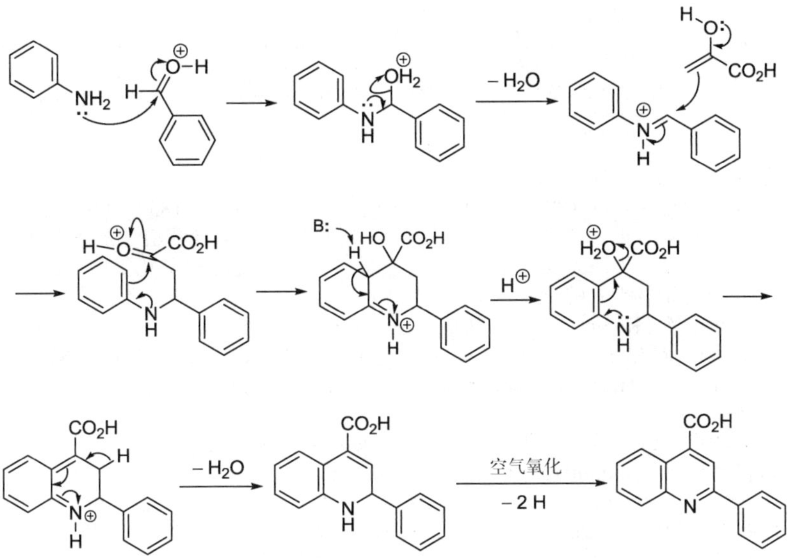

Example 1[2]

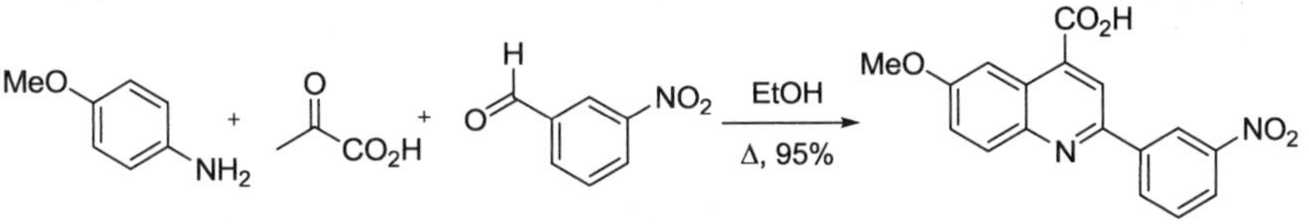

Example 2[6]

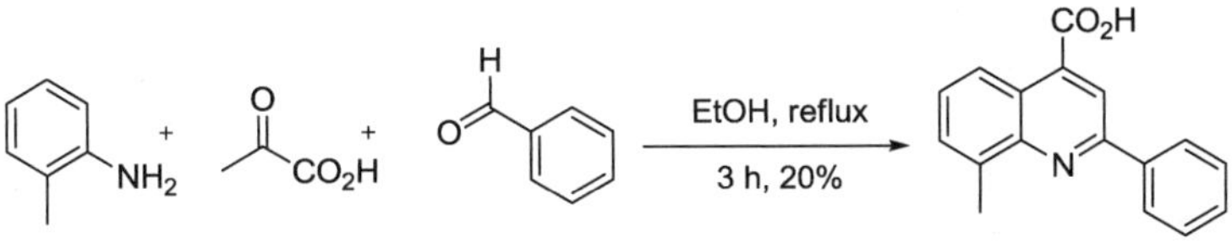

J.J. Li, *Name Reactions: A Collection of Detailed Mechanisms and Synthetic Applications*,
DOI 10.1007/978-3-319-03979-4_90, © Springer International Publishing Switzerland 2014

Example 3, 组合的Doebner反应[7]

Example 4, 全氟丁酸镱催化的水相Doebner反应[9]

References

1. Doebner, O. G. *Ann.* **1887,** *242*, 265. 德勃纳（O. G. Doebner, 1850–1907）出生于德国的Meininggen, 曾跟李比希（J. von Liebig）学习, 后来他积极参加了普法战争。战后又跟狄尔斯（O. Diels）和霍夫曼（A. W. Hofmann）学了几年后在University of Halle开始其独立的研究生涯。
2. Mathur, F. C.; Robinson, R. *J. Chem. Soc.* **1934,** 1520–1523.
3. Elderfield, R. C. *Heterocyclic Compounds*; Elderfield, R. C., Ed.; Wiley: New York, **1952,** *Vol. 4, Quinoline, Isoquinoline and Their Benzo Derivatives*, pp. 25–29. (Review).
4. Jones, G. In *Chemistry of Heterocyclic Compounds*, Jones, G., ed.; Wiley: New York, **1977,** *Vol. 32*; Quinolines, pp. 125–131. (Review).
5. Atwell, G. J.; Baguley, B. C.; Denny, W. A. *J. Med. Chem.* **1989,** *32*, 396–401.
6. Herbert, R. B.; Kattah, A. E.; Knagg, E. *Tetrahedron* **1990,** *46*, 7119–7138.
7. Gopalsamy, A.; Pallai, P. V. *Tetrahedron Lett.* **1997,** *38*, 907–910.
8. Pflum, D. A. *Doebner Quinoline Synthesis*. In *Name Reactions in Heterocyclic Chemistry*; Li, J. J., Ed.; Wiley: Hoboken, NJ, **2005,** pp 407–410. (Review).
9. Wang, L.-M.; Hu, L.; Chen, H.-J.; Sui, Y.-Y.; Shen, W. *J. Fluorine Chem.* **2009,** *130*, 406–409.

Doebner-von Miller 反应

Doebner-von Miller 反应是 Skraup 喹啉合成反应（参见第 562 页）的变异。故 Skraup 反应机理也适用于 Doebner-von Miller 反应。下述机理是由丹马克（S. E. Denmark）利用对 ^{13}C 标记的 α,β-不饱和酮进行研究所得出的。[9]

Example 1[5]

Example 2[6]

[Scheme: 3,4-difluoroaniline NHAc + crotonaldehyde → 6 N HCl, Tol., 100 °C, 2 h, 70% → 5,6-difluoro-2-methylquinoline]

Example 3, 一个新的变异[10]

[Scheme: 2-aminophenylboronic acid (2 equiv) + α,β-unsaturated ketone (R$_3$, R$_2$, R$_1$, C=O) → 3% [RhCl(cod)]$_2$, KOH, rt, 24 h; 再 10% Pd/C, 空气, reflux, 4 h, 42%–96% → substituted quinoline]

Example 4, 与 Example 1 相似[11]

[Scheme: aniline + MeO$_2$C–CH=C(C(O))–CO$_2$Me → TFA, reflux, 24 h, 34% → dimethyl quinoline-2,4-dicarboxylate with CO$_2$Me]

References
1. Doebner, O.; von Miller, W. *Ber.* **1883**, *16*, 2464.
2. Corey, E. J.; Tramontano, A. *J. Am. Chem. Soc.* **1981**, *103*, 5599–5600.
3. Eisch, J. J.; Dluzniewski, T. *J. Org. Chem.* **1989**, *54*, 1269–1274.
4. Zhang, Z. P.; Tillekeratne, L. M. V.; Hudson, R. A. *Tetrahedron Lett.* **1998**, *39*, 5133–5134.
5. Carrigan, C. N.; Esslinger, C. S.; Bartlett, R. D.; Bridges, R. J. *Bioorg. Med. Chem. Lett.* **1999**, *9*, 2607–2712.
6. Sprecher, A.-v.; Gerspacher, M.; Beck, A.; Kimmel, S.; Wiestner, H.; Anderson, G. P.; Niederhauser, U.; Subramanian, N.; Bray, M. A. *Bioorg. Med. Chem. Lett.* **1998**, *8*, 965–970.
7. Fürstner, A.; Thiel, O. R.; Blanda, G. *Org. Lett.* **2000**, *2*, 3731–3734.
8. Moore, A. *Skraup Doebner–von Miller Reaction.* In *Name Reactions in Heterocyclic Chemistry*; Li, J. J., Ed.; Wiley: Hoboken, NJ, **2005**, 488–494. (Review).
9. Denmark, S. E.; Venkatraman, S. *J. Org. Chem.* **2006**, *71*, 1668–1676. Mechanistic study using ^{13}C-labelled α,β-unsaturated ketones.
10. Horn, J.; Marsden, S. P.; Nelson, A.; House, D.; Weingarten, G. G. *Org. Lett.* **2008**, *10*, 4117–4120.
11. Laras, Y.; Hugues, V.; Chandrasekaran, Y.; Blanchard-Desce, M.; Acher, F. C.; Pietrancosta, N. *J. Org. Chem.* **2012**, *77*, 8294–8302.

Dörz 反应

亦称 Dörz 苯环成环反应，指从烯基烷氧基五配位的铬卡宾配合物（Fischer 卡宾）和炔烃合成 Cr(CO)$_3$ 配位的氢醌。

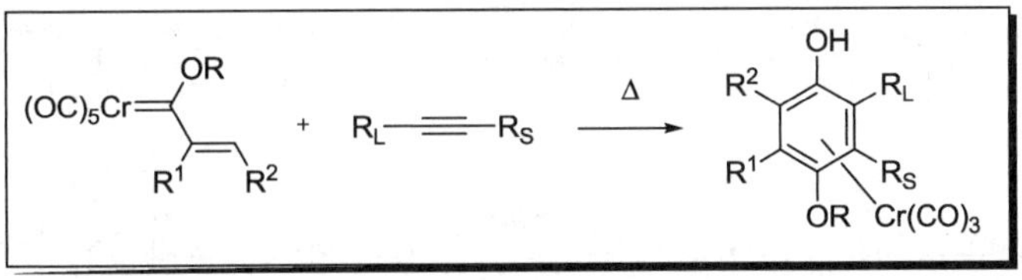

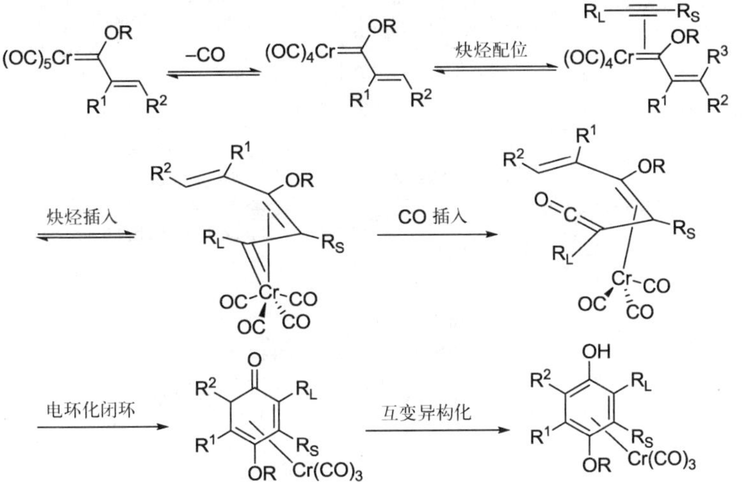

Example 1[5]

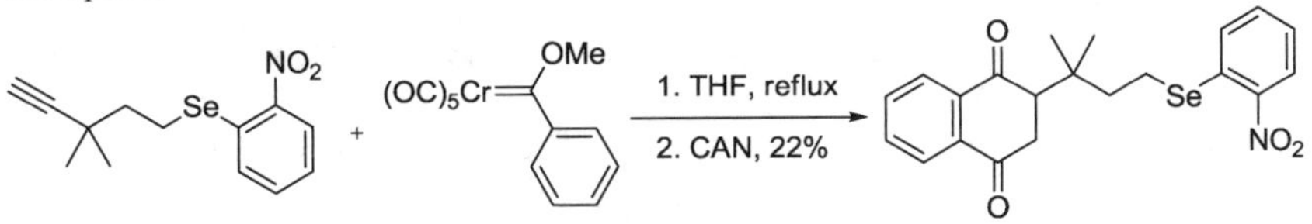

Example 2[8]

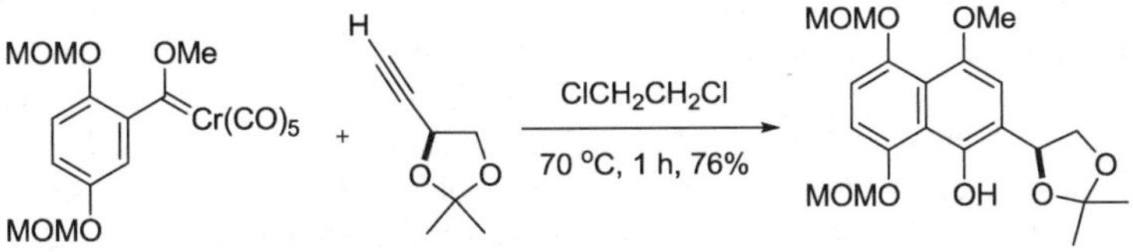

Example 3[8]

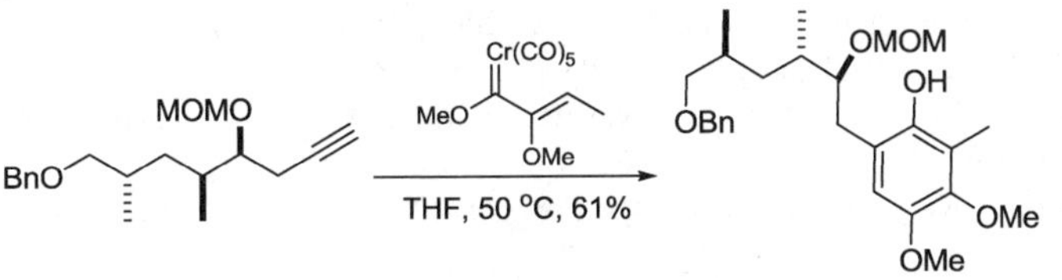

J.J. Li, *Name Reactions: A Collection of Detailed Mechanisms and Synthetic Applications*,
DOI 10.1007/978-3-319-03979-4_92, © Springer International Publishing Switzerland 2014

Example 4[9]

Example 5[10]

References
1. Dötz, K. H. *Angew. Chem. Int. Ed.* **1975,** *14*, 644–645. 多尔兹 (K. H. Dörz, 1943-) 是德国慕尼黑大学的教授。
2. Wulff, W. D. In *Advances in Metal-Organic Chemistry*; Liebeskind, L. S., Ed.; JAI Press, Greenwich, CT; **1989**; *Vol. 1.* (Review).
3. Wulff, W. D. In *Comprehensive Organometallic Chemistry II*; Abel, E. W., Stone, F. G. A., Wilkinson, G., Eds.; Pergamon Press: Oxford, **1995**; *Vol. 12*. (Review).
4. Torrent, M.; Solá, M.; Frenking, G. *Chem. Rev.* **2000,** *100*, 439–494. (Review).
5. Caldwell, J. J.; Colman, R.; Kerr, W. J.; Magennis, E. J. *Synlett* **2001**, 1428–1430.
6. Solá, M.; Duran, M.; Torrent, M. *The Dötz reaction: A chromium Fischer carbene-mediated benzannulation reaction.* In *Computational Modeling of Homogeneous Catalysis* Maseras, F.; Lledós, eds.; Kluwer Academic: Boston; **2002,** 269–287. (Review).
7. Pulley, S. R.; Czakó, B. *Tetrahedron Lett.* **2004,** *45*, 5511–5514.
8. White, J. D.; Smits, H. *Org. Lett.* **2005,** *7*, 235–238.
9. Boyd, E.; Jones, R. V. H.; Quayle, P.; Waring, A. J. *Tetrahedron Lett.* **2005,** *47*, 7983–7986.
10. Fernandes, R. A.; Mulay, S. V. *J. Org. Chem.* **2010,** *75*, 7029–7032.

Dowd-Beckwith 扩环反应

2-卤甲基环烷酮经自由基过程的扩环反应。

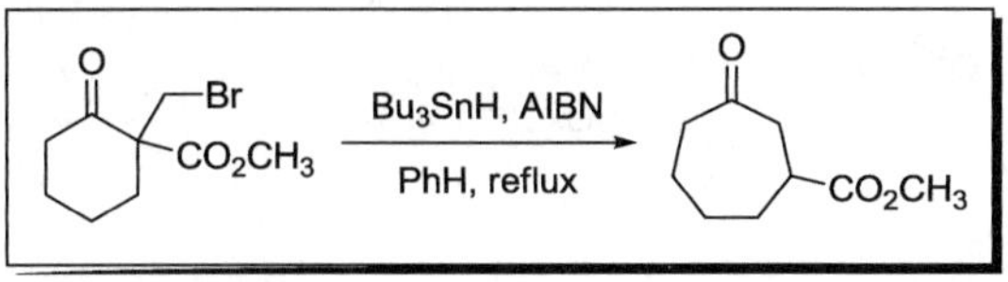

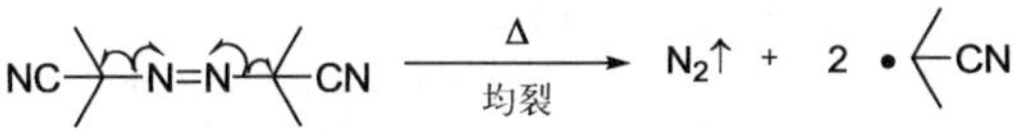

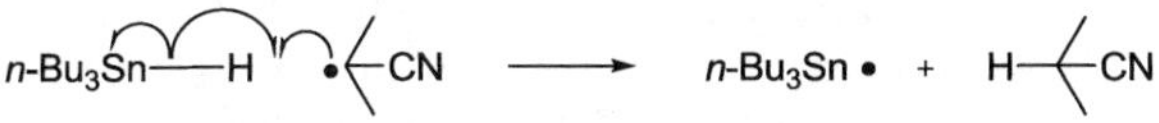

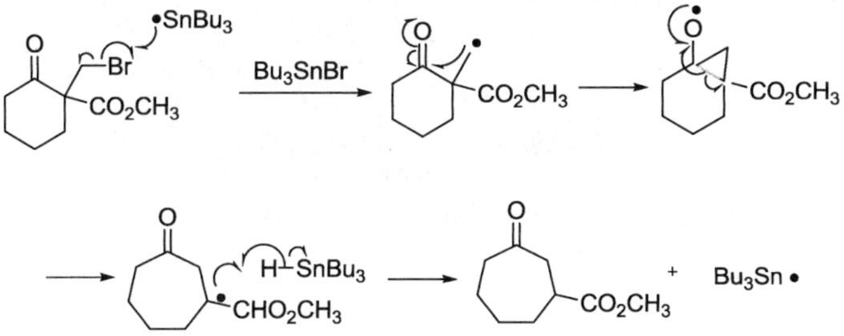

Example 1[4]

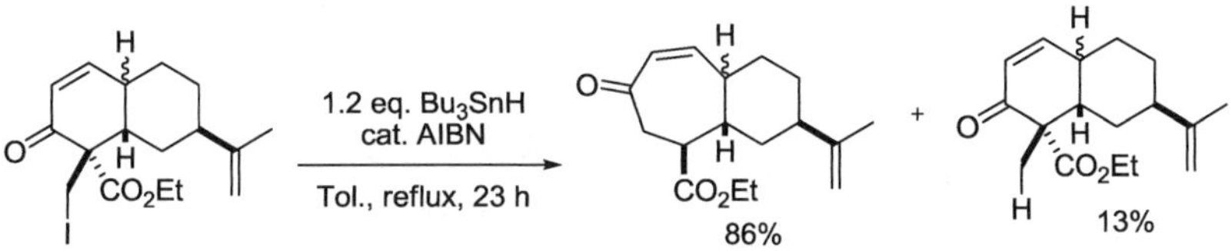

Example 2[9]

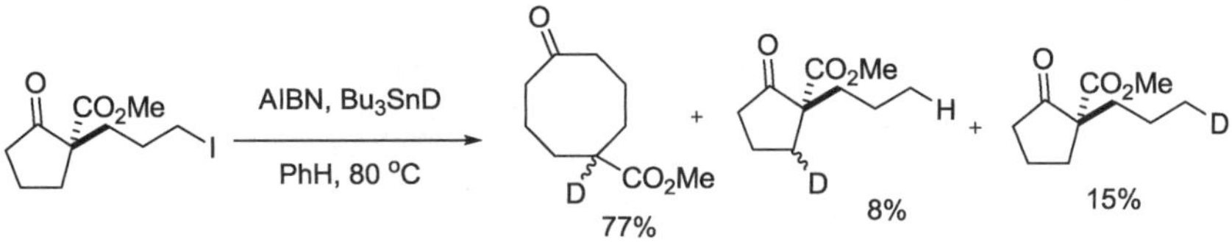

J.J. Li, *Name Reactions: A Collection of Detailed Mechanisms and Synthetic Applications*,
DOI 10.1007/978-3-319-03979-4_93, © Springer International Publishing Switzerland 2014

Example 3, 多级扩环/环化 Dowd-Beckwith反应[10]

10 mol% ACCN
1 equiv (TMS)$_3$SiH
慢慢滴加甲苯
reflux, 16 h, 85%

References
1. Dowd, P.; Choi, S.-C. *J. Am. Chem. Soc.* **1987**, *109*, 3493–3494. 道特（P. Dowd, 1936-1996）是匹茨堡大学（University of Pittsberg）教授。
2. (a) Beckwith, A. L. J.; O'Shea, D. M.; Gerba, S.; Westwood, S. W. *J. Chem. Soc., Chem. Commun.* **1987**, 666–667. Athelstan L. J. Beckwith is a professor at University of Adelaide, Adelaide, Australia. (b) Beckwith, A. L. J.; O'Shea, D. M.; Westwood, S. W. *J. Am. Chem. Soc.* **1988**, *110*, 2565–2575. (c) Dowd, P.; Choi, S.-C. *Tetrahedron* **1989**, *45*, 77–90. (d) Dowd, P.; Choi, S.-C. *Tetrahedron Lett.* **1989**, *30*, 6129–6132. (e) Dowd, P.; Choi, S.-C. *Tetrahedron* **1991**, *47*, 4847–4860.
3. Dowd, P.; Zhang, W. *Chem. Rev.* **1993**, *93*, 2091–2115. (Review).
4. Banwell, M. G.; Cameron, J. M. *Tetrahedron Lett.* **1996**, *37*, 525–526.
5. Studer, A.; Amrein, S. *Angew. Chem. Int. Ed.* **2000**, *39*, 3080–3082.
6. Kantorowski, E. J.; Kurth, M. J. *Tetrahedron* **2000**, *56*, 4317–4353. (Review).
7. Sugi, M.; Togo, H. *Tetrahedron* **2002**, *58*, 3171–3177.
8. Ardura, D.; Sordo, T. L. *Tetrahedron Lett.* **2004**, *45*, 8691–8694.
9. Ardura, D.; Sordo, T. L. *J. Org. Chem.* **2005**, *70*, 9417–9423.
10. Lupton, David W.; Hierold, J. *Org. Lett.* **2013**, *14*, 3412–3415.

Dudley 试剂

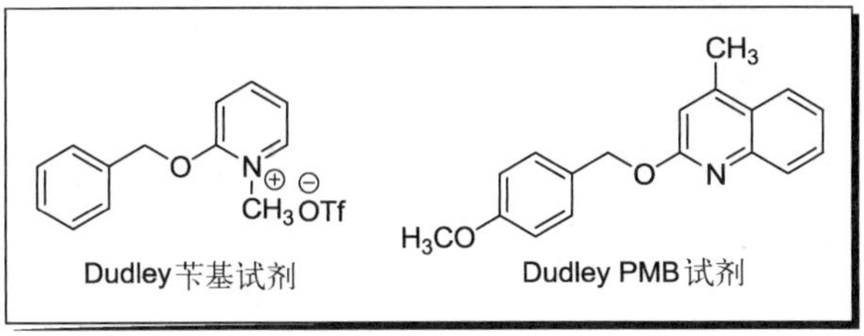

Dudley试剂用于在温和的条件下保护醇为苄基醚[1]或PMB醚。[2]羧酸也很容易保护。[3] Dudley试剂经适当活化后即可将醇转化为所设计的苄基醚，苄基试剂的活化需加热到80~85℃，PMB试剂用三氟乙酸甲酯（CH_3OTf）或质子酸在室温就可活化。[4] 芳香性溶剂（三氟甲苯最常用）常给出最佳结果。MgO作为一个酸清除剂是常见于反应混合物中的。[5]在羧酸苄基化时，Et_3N用来替代MgO。[3]

制备:[1~3]

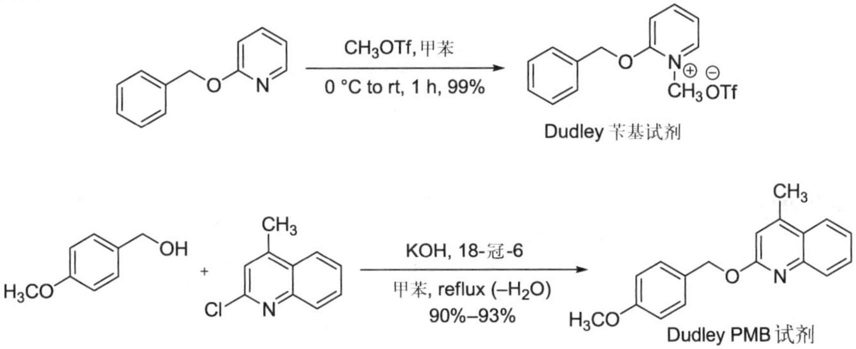

Dudley试剂很易制备，在一般标准的实验室条件下就可保存和处理，而且也已有商业供应。

Example 1[6]

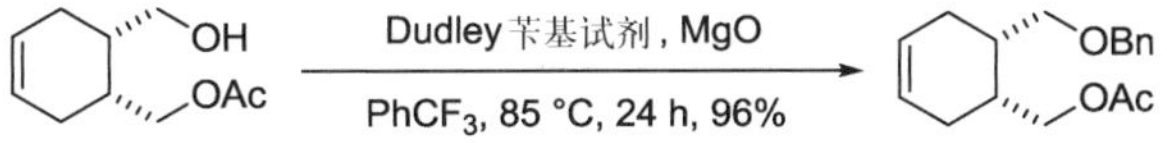

例1是单乙酰基化二醇的苄基化反应。[6] Dudley苄基试剂对保护自由的醇有独特的优势且不会引起乙酰基的迁移和/或失去。

J.J. Li, *Name Reactions: A Collection of Detailed Mechanisms and Synthetic Applications*,
DOI 10.1007/978-3-319-03979-4_94, © Springer International Publishing Switzerland 2014

Example 2[2]

β-羟基硅烷进行PMB保护并不会引起在许多烷基化反应所需的酸性或碱性条件下会发生的Peterson消除反应（例2）。[2]

Example 3[4]

Dudley PMB试剂也可以在温和的酸性条件下来活化，只要使用催化量的樟脑磺酸即可替代三氟乙酸甲酯（例3）。[4]

Example 4, 醇和2-苄氧吡啶所得混合物用三氟乙酸甲酯处理即可就地产生Dudley苄基试剂。[7]

References
1. Poon, K. W. C.; Dudley, G. B. *J. Org. Chem.* **2006**, *71*, 3923–3927.
2. Nwoye, E. O.; Dudley, G. B. *Chem. Commun.* **2007**, 1436–1437.
3. Tummatorn, J.; Albiniak, P. A.; Dudley, G. B. *J. Org. Chem.* **2007**, *72*, 8962–8964.
4. Stewart, C. A.; Peng, X.; Paquette, L. A. *Synthesis* **2008**, 433–437.
5. Poon, K. W. C.; Albiniak, P. A.; Dudley, G. B. *Org. Synth.* **2007**, *84*, 295–305.
6. Schmidt, J. P.; Beltrân-Rodil, S.; Cox, R. J.; McAllister, G. D.; Reid, M.; Taylor, R. J. K. *Org. Lett.* **2007**, *9*, 4041–4044.
7. Lopez, S. S.; Dudley, G. B. *Beilstein J. Org. Chem.* **2008**, *4*, No. 44.
8. Chinigo, G. M.; Breder, A.; Carreira, E. M. *Org. Lett.* **2011**, *13*, 78–81.
9. Taber, D. F.; Nelson, C. G. *J. Org. Chem.* **2011**, *76*, 1874–1882.
10. Tomioka, T.; Yabe, Y.; Takahashi, T.; Simmons, T. K. *J. Org. Chem.* **2011**, *76*, 4669–4674.

Erlenmeyer-Plöchl 噁唑酮合成反应

酰胺基乙酸在乙酐存在下通过分子内缩合得到5-噁唑酮（或二氢唑酮）。

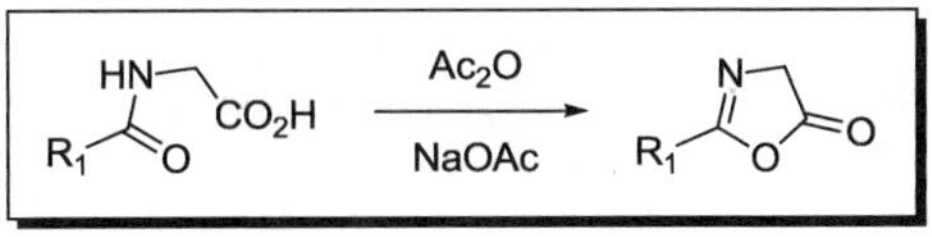

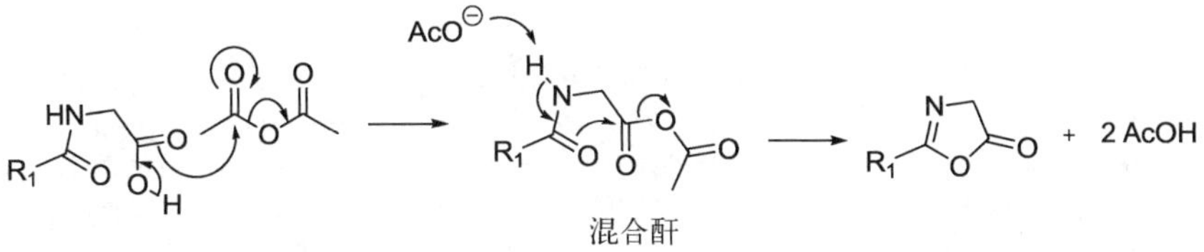

Example 1[2]

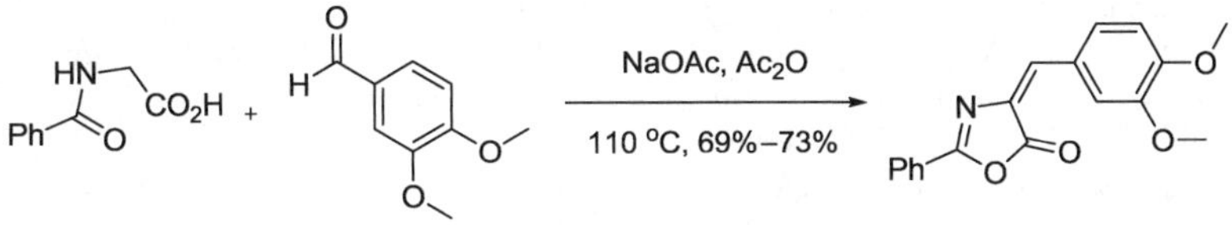

Example 2[8]

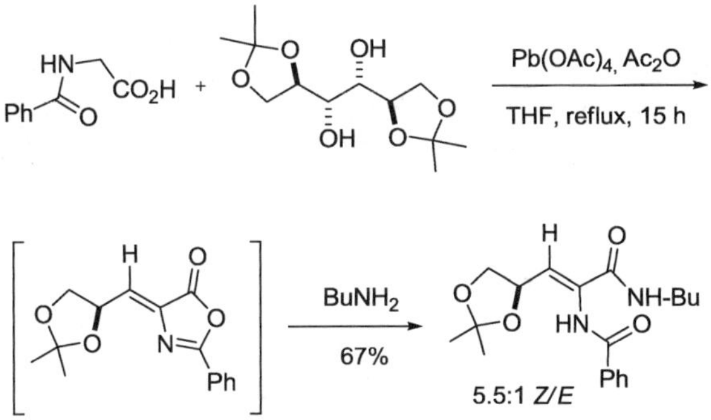

Example 3[9]

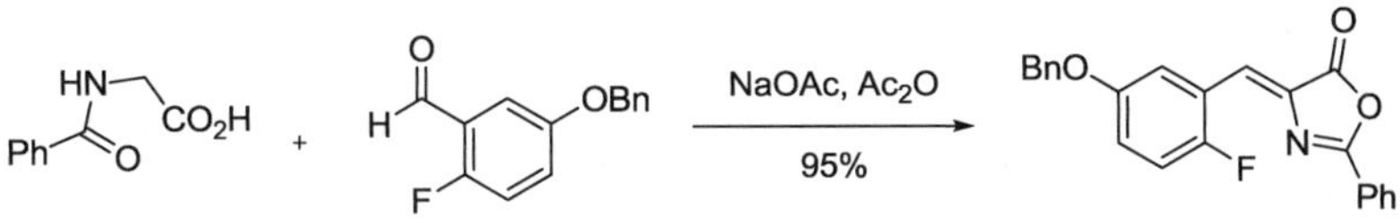

J.J. Li, *Name Reactions: A Collection of Detailed Mechanisms and Synthetic Applications*,
DOI 10.1007/978-3-319-03979-4_95, © Springer International Publishing Switzerland 2014

Example 4, 复杂底物所得产率较差:[11]

References
1. (a) Plöchl, J. *Ber.* **1884**, *17*, 1616–1624. (b) Erlenmeyer, E., Jr. *Ann.* **1893**, *275*, 1–3. 小埃伦迈尔（E. Erlenmeyer, Jr., 1864-1921）出生于德国的海德堡, 其父亲（E. Erlenmeyer, Sr., 1825-1909）是海德堡大学（University of Heidelberg）的著名化学教授。他在斯特拉斯堡任化学教授期间发现了Erlenmeyer-Plochl二氢唑酮合成反应。Erlenmeyer烧瓶（🔺）是有机化学实验室中最常见的器皿。
2. Buck, J. S.; Ide, W.S. *Org. Synth. Coll. II,* **1943**, 55.
3. Carter, H. E. *Org. React.* **1946**, *3*, 198–239. (Review).
4. Baltazzi, E. *Quart. Rev. Chem. Soc.* **1955**, *9*, 150–173. (Review).
5. Filler, R.; Rao, Y. S. *New Development in the Chemistry of Oxazolines*, In *Adv. Heterocyclic Chem*; Katritzky, A. R.; Boulton, A. J., Eds; Academic Press, Inc: New York, **1977**, *Vol. 21*, pp 175–206. (Review).
6. Mukerjee, A. K.; Kumar, P. *Heterocycles* **1981**, *16*, 1995–2034. (Review).
7. Mukerjee, A. K. *Heterocycles* **1987**, *26*, 1077–1097. (Review).
8. Combs, A. P.; Armstrong, R. W. *Tetrahedron Lett.* **1992**, *33*, 6419–6422.
9. Konkel, J. T.; Fan, J.; Jayachandran, B.; Kirk, K. L. *J. Fluorine Chem.* **2002**, *115*, 27–32.
10. Brooks, D. A. *Erlenmeyer–Plöchl Azlactone Synthesis*. In *Name Reactions in Heterocyclic Chemistry*; Li, J. J., Ed.; Wiley: Hoboken, NJ, **2005**, pp 229–233. (Review).
11. Lee, C.-Y.; Chen, Y.-C.; Lin, H.-C.; Jhong, Y.; Chang, C.-W.; Tsai, C.-H.; Kao, C.-L.; Chien, T.-C. . *Tetrahedron* **2012**, *68*, 5898–5907.

Eschenmoser 盐

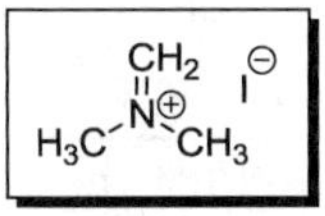
CH2
I⊖
N⊕
H3C
CH3

Eschenmoser 盐，二甲基亚甲基碘化铵是一个很强的二甲氨基甲基化试剂，用于制备$RCH_2N(CH_3)_2$一类化合物。烯醇化物、烯醇硅醚及更酸性的酮都可有效地进行二甲氨基甲基化并用于Mannich反应。

机理：

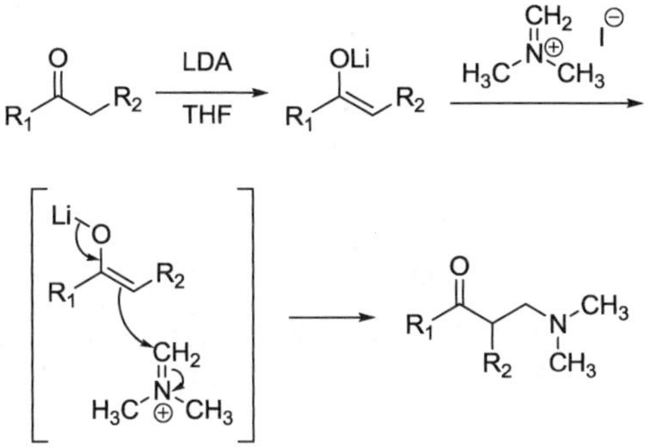
LDA
THF
OLi
R1
R2
Li
O
CH2
N
H3C
CH3
CH3

Example 1[3]

一旦制备后，得到的叔胺可进一步甲基化，随后在碱诱导下消除给出甲基化酮。

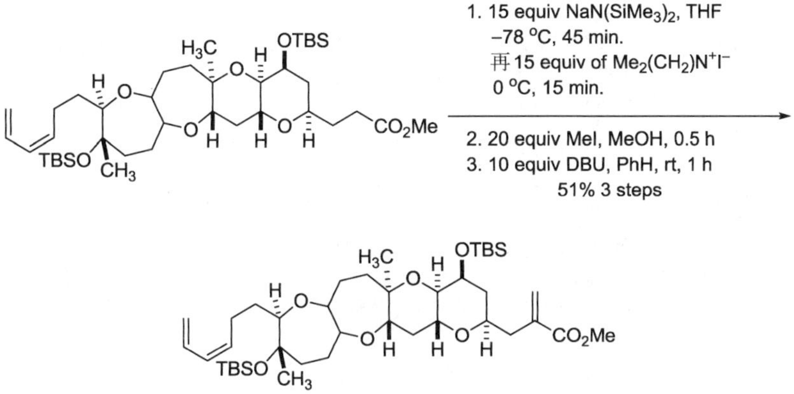
1. 15 equiv NaN(SiMe3)2, THF
−78 °C, 45 min.
再15 equiv of Me2(CH2)N+I−
0 °C, 15 min.
2. 20 equiv MeI, MeOH, 0.5 h
3. 10 equiv DBU, PhH, rt, 1 h
51% 3 steps
OTBS
H3C
TBSO
CH3
CO2Me

J.J. Li, *Name Reactions: A Collection of Detailed Mechanisms and Synthetic Applications*,
DOI 10.1007/978-3-319-03979-4_96, © Springer International Publishing Switzerland 2014

Example 2[5]

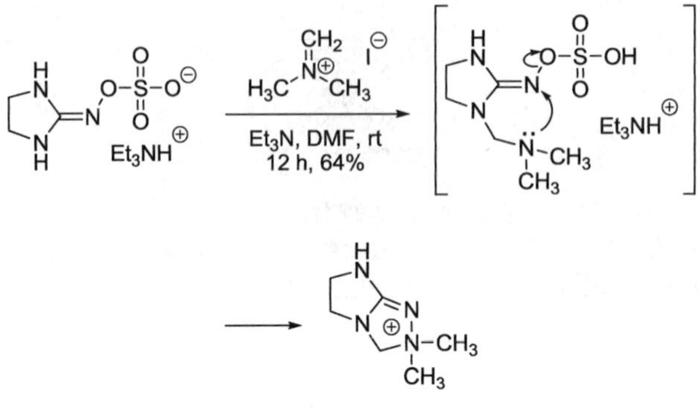

[reaction scheme]

Example 3[6]

[reaction scheme]

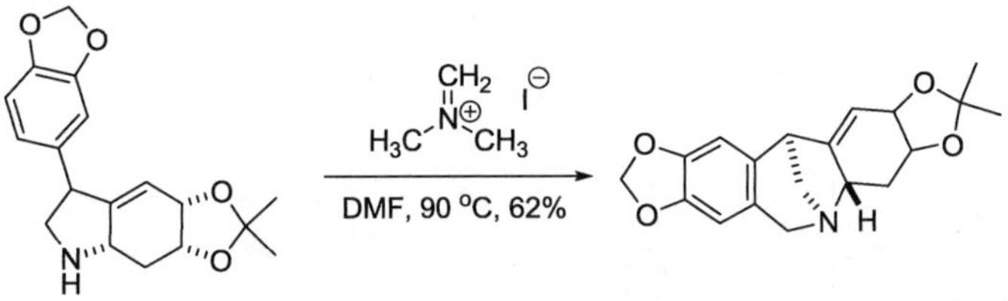

References
1. Schreiber, J.; Maag, H.; Hashimoto, N.; Eschenmoser, A. *Angew. Chem. Int. Ed.* **1971**, *10*, 330–331.
2. Kleinman, E. F. *Dimethylmethyleneammonium Iodide and Chloride.* In *Encyclopedia of Reagents for Organic Synthesis* (Ed: Paquette, L. A.) 2004, WileyNew York. (Review).
3. Nicolaou, K. C.; Reddy, K. R.; Skokotas, G.; Sato, F.; Xiao, X. Y.; Hwang, C. K. *J. Am. Chem. Soc.* **1993**, *115*, 3558–3575.
4. Lidia Kupczyk-Subotkowska, L.; Shine, H. J. *J. Labelled Compd. Radiopharm.* **1993**, *33*, 301–304.
5. Saczewski, J.; Gdaniec, M. *Tetrahedron Lett.* **2007**, *48*, 7624–7627.
6. Hong, A.-W.; Cheng, T.-H.; Raghukumar, V.; Sha, C.-K. *J. Org. Chem.* **2008**, *73*, 7580–7585.
7. Cesario, C.; Miller, M. J. *Org. Lett.* **2009**, *11*, 449–452.
8. Crimmins, M. T.; Zuccarello, J. L.; Ellis, J. M.; McDougall P. J.; Haile, P. A.; Parrish, J. D.; Emmitte, K. A. *Org. Lett.* **2009**, *11*, 489–492.

Eschenmoser-Tanabe 碎片化反应

α,β-环氧酮经α,β-环氧砜基磺酰腙中间体而进行的碎片化反应。

Example 1[4]

Example 2[7]

J.J. Li, *Name Reactions: A Collection of Detailed Mechanisms and Synthetic Applications*,
DOI 10.1007/978-3-319-03979-4_97, © Springer International Publishing Switzerland 2014

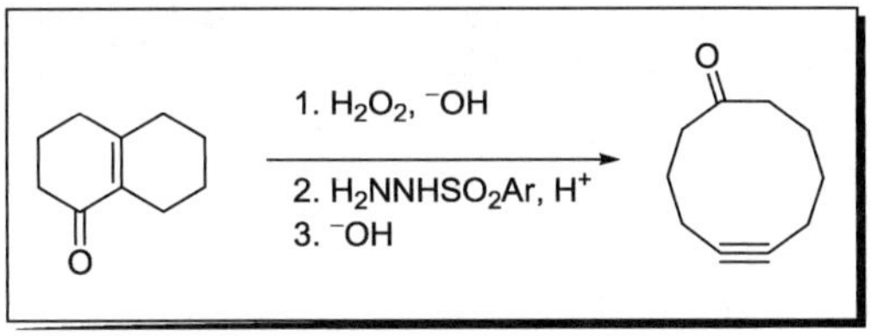

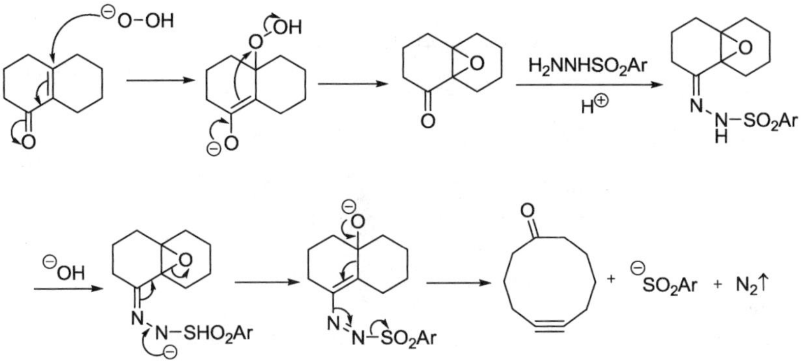

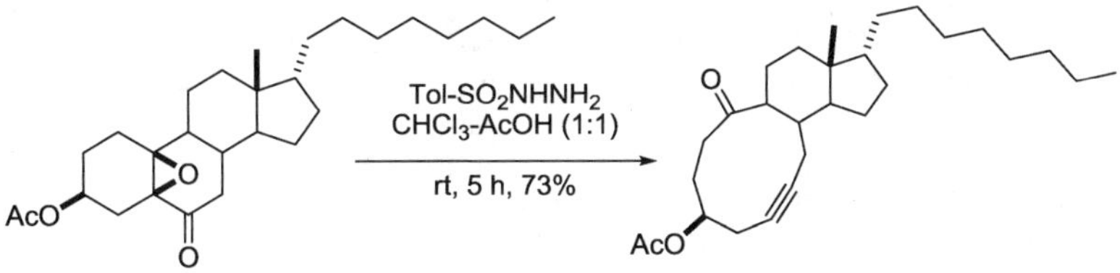

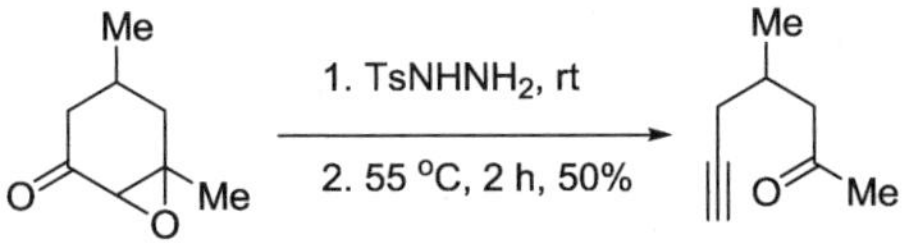

Example 3[9]

1. NsNHNH$_2$, AcOH, THF; 蒸馏, 60 °C, NaBH$_4$, AcOH, THF, 0 °C
2. TESOTf, 2,6-二甲基吡啶 CH$_2$Cl$_2$, rt
60%, 两步反应产率

Example 4[10]

H$_2$NCONHNH$_2$·HCl, NaOAc
H$_2$O–EtOH, rt, 89%

Pb(OAc)$_4$, CH$_2$Cl$_2$
–10 °C, 60%

References

1. Eschenmoser, A.; Felix, D.; Ohloff, G. *Helv. Chim. Acta* **1967**, *50*, 708–713.
2. Tanabe, M.; Crowe, D. F.; Dehn, R. L. *Tetrahedron Lett.* **1967**, 3943–3946.
3. Felix, D.; Müller, R. K.; Horn, U.; Joos, R.; Schreiber, J.; Eschenmoser, A. *Helv. Chim. Acta* **1972**, *55*, 1276–1319.
4. Batzold, F. H.; Robinson, C. H. *J. Org. Chem.* **1976**, *41*, 313–317.
5. Covey, D. F.; Parikh, V. D. *J. Org. Chem.* **1982**, *47*, 5315–5318.
6. Chinn, L. J.; Lenz, G. R.; Choudary, J. B.; Nutting, E. F.; Papaioannou, S. E.; Metcalf, L. E.; Yang, P. C.; Federici, C.; Gauthier, M. *Eur. J. Med. Chem.* **1985**, *20*, 235–240.
7. Dai, W.; Katzenellenbogen, J. A. *J. Org. Chem.* **1993**, *58*, 1900–1908.
8. Mück-Lichtenfeld, C. *J. Org. Chem.* **2000**, *65*, 1366–1375.
9. Kita, Y.; Toma, T.; Kan, T.; Fukuyama, T. *Org. Lett.* **2008**, *10*, 3251–3253.
10. Nakajima, R.; Ogino, T.; Yokoshima, S.; Fukuyama, T. *J. Am. Chem. Soc.* **2010**, *132*, 1236–1237.

Eschweiler-Clarke 胺还原烷基化反应

伯胺或仲胺用甲醛和甲酸发生还原甲基化反应。

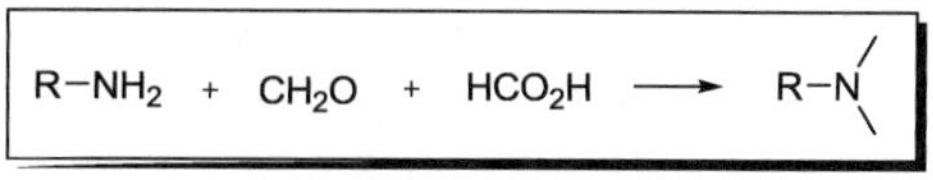
R−NH2 + CH2O + HCO2H → R−N

甲酸是负氢的来源，也起到还原剂的作用

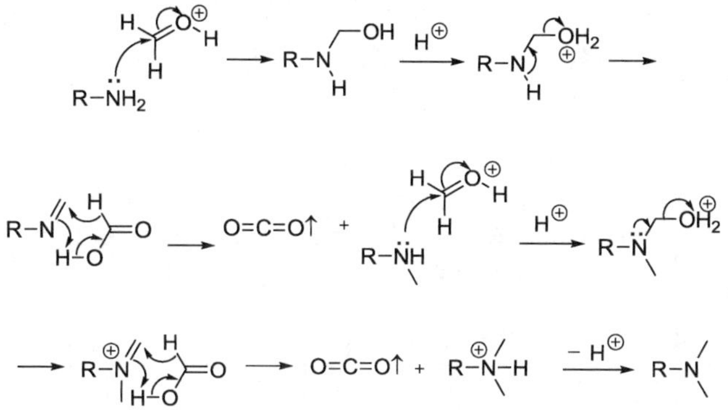

Example 1[7]

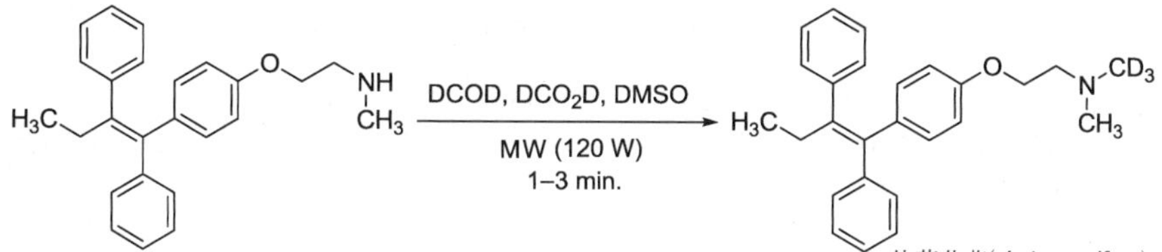
NH
CH3
DCOD, DCO2D, DMSO
MW (120 W)
1–3 min.
H3C
N
CD3
CH3

他莫昔芬(*d*$_3$-tamoxifen)

Example 2[9]

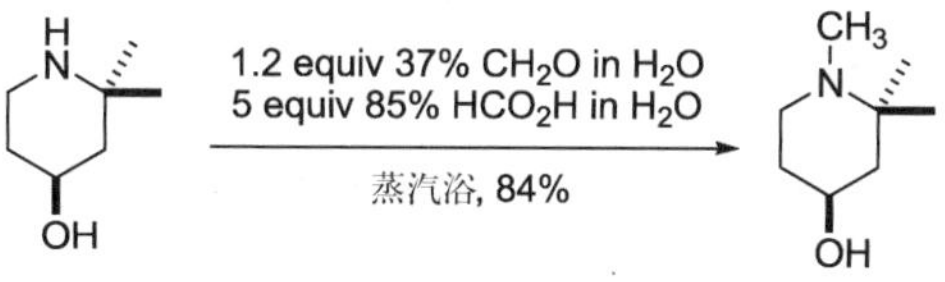
1.2 equiv 37% CH2O in H2O
5 equiv 85% HCO2H in H2O
蒸汽浴, 84%
OH
CH3

Example 3[10]

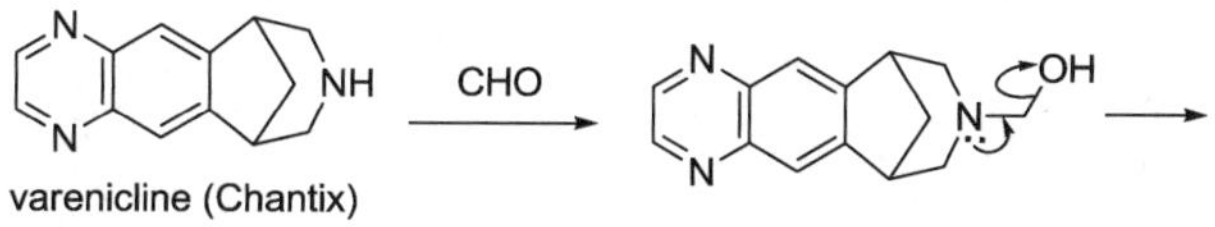
CHO
varenicline (Chantix)
OH

J.J. Li, *Name Reactions: A Collection of Detailed Mechanisms and Synthetic Applications*,
DOI 10.1007/978-3-319-03979-4_98, © Springer International Publishing Switzerland 2014

Example 4[11]

达泊西汀[(S)-dapoxetine]

Reagents: 1. NH$_2$NH$_2$·H$_2$O, EtOH, reflux, 3 h; 2. HCHO, HCO$_2$H, reflux, 6 h, 73%

References

1. (a) Eschweiler, W. *Chem. Ber.* **1905**, *38*, 880–892. 爱歇维勒（W. Eschweiler, 1860–1936）出生于德国的Euskirchen。(b) Clarke, H. T.; Gillespie, H. B.; Weisshaus, S. Z. *J. Am. Chem. Soc.* **1933**, *55*, 4571–4587. 克拉克 (H. T. Clarke, 1887–1927) 出生于英格兰的Harrow.
2. Moore, M. L. *Org. React.* **1949**, *5*, 301–330. (Review).
3. Pine, S. H.; Sanchez, B. L. *J. Org. Chem.* **1971**, *36*, 829–832.
4. Bobowski, G. *J. Org. Chem.* **1985**, *50*, 929–931.
5. Alder, R. W.; Colclough, D.; Mowlam, R. W. *Tetrahedron Lett.* **1991**, *32*, 7755–7758.
6. Bulman Page, P. C.; Heaney, H.; Rassias, G. A.; Reignier, S.; Sampler, E. P.; Talib, S. *Synlett* **2000**, 104–106.
7. Harding, J. R.; Jones, J. R.; Lu, S.-Y.; Wood, R. *Tetrahedron Lett.* **2002**, *43*, 9487–9488.
8. Brewer, A. R. E. *Eschweiler–Clarke Reductive Alkylation of Amine*. In *Name Reactions for Functional Group Transformations*; Li, J. J., Ed.; Wiley: Hoboken, NJ, **2007**, pp 86–111. (Review).
9. Weis, R.; Faist, J.; di Vora, U.; Schweiger, K.; Brandner, B.; Kungl, A. J.; Seebacher, W. *Eur. J. Med. Chem.* **2008**, *43*, 872–879.
10. Waterman, K. C.; Arikpo, W. B.; Fergione, M. B.; Graul, T. W.; Johnson, B. A.; Macdonald, B. C.; Roy, M. C.; Timpano, R. J. *J. Pharm. Sci.* **2008**, *97*, 1499–1507.
11. Sasikumar, M.; Nikalje, Milind D. *Synth. Commun.* **2012**, *42*, 3061–3067.

Evans aldol 反应

醛与被称为Evans手性螯合剂的手性酰基噁唑酮发生不对称aldol反应。

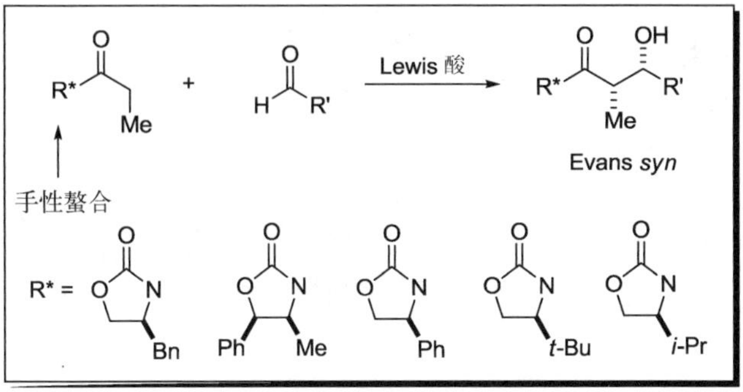

Example 1[2]

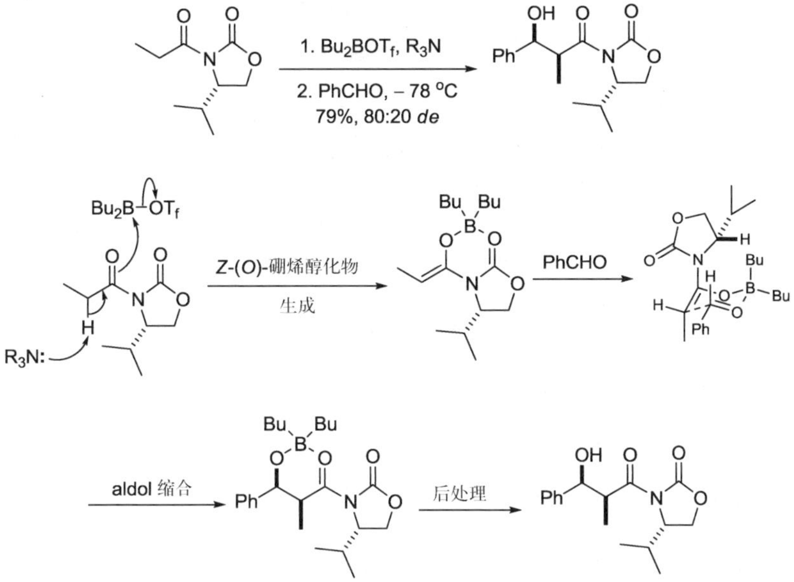

Example 2[5]

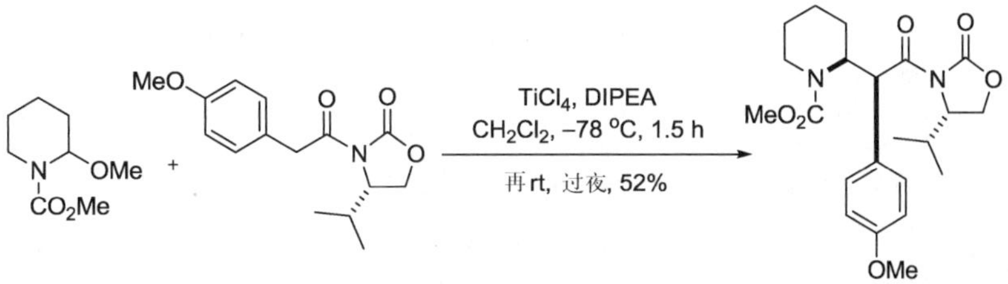

J.J. Li, *Name Reactions: A Collection of Detailed Mechanisms and Synthetic Applications*,
DOI 10.1007/978-3-319-03979-4_99, © Springer International Publishing Switzerland 2014

Example 3[9]

Example 4[10]

Example 5[12]

References

1. (a) Evans, D. A.; Bartroli, J.; Shih, T. L. *J. Am. Chem. Soc.* **1981**, *103*, 2127–2129. 伊文思(D. Evans)是哈佛大学教授。(b) Evans, D. A.; McGee, L. R. *J. Am. Chem. Soc.* **1981**, *103*, 2876–2878.
2. Danda, H.; Hansen, M. M.; Heathcock, C. H. *J. Org. Chem.* **1990**, *55*, 173–181.
3. Ager, D. J.; Prakash, I.; Schaad, D. R. *Aldrichimica Acta* **1997**, *30*, 3–12. (Review).
4. Braddock, D. C.; Brown, J. M. *Tetrahedron: Asymmetry* **2000**, *11*, 3591–3607.
5. Matsumura, Y.; Kanda, Y.; Shirai, K.; Onomura, O.; Maki, T. *Tetrahedron* **2000**, *56*, 7411–7422.
6. Williams, D. R.; Patnaik, S.; Clark, M. P. *J. Org. Chem.* **2001**, *66*, 8463–8469.
7. Guerlavais, V.; Carroll, P. J.; Joullié, M. M. *Tetrahedron: Asymmetry* **2002**, *13*, 675–680.
8. Li, G.; Xu, X.; Chen, D.; Timmons, C.; Carducci, M. D.; Headley, A. D. *Org. Lett.* **2003**, *5*, 329–331.
9. Zhang, W.; Carter, R. G.; Yokochi, A. F. T. *J. Org. Chem.* **2004**, *69*, 2569–2572.
10. Ghosh, S.; Kumar, S. U.; Shashidhar, J. *J. Org. Chem.* **2008**, *73*, 1582–1585.
11. Zhang, J. *Evans Aldol Reaction.* In *Name Reactions for Homologations-Part II*; Li, J. J., Ed.; Wiley: Hoboken, NJ, **2009**, pp 532–553. (Review).
12. Siva Senkar Reddy, N.; Srinivas Reddy, A.; Yadav, J. S.; Subba Reddy, B. V. *Tetrahedron Lett.* **2012**, *53*, 6916–6918.

Favorskii 重排反应

可烯醇化的 α-卤代酮经烷氧化、羟基或胺催化分别转化为酯、羧酸或酰胺。

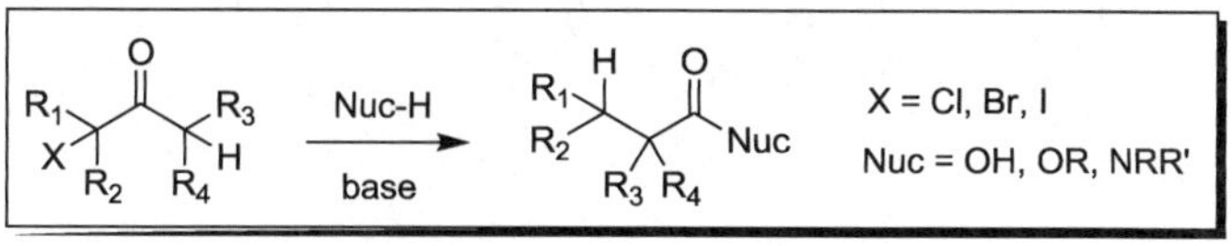

X = Cl, Br, I
Nuc = OH, OR, NRR'

分子内Favorskii重排：

n = 0–5

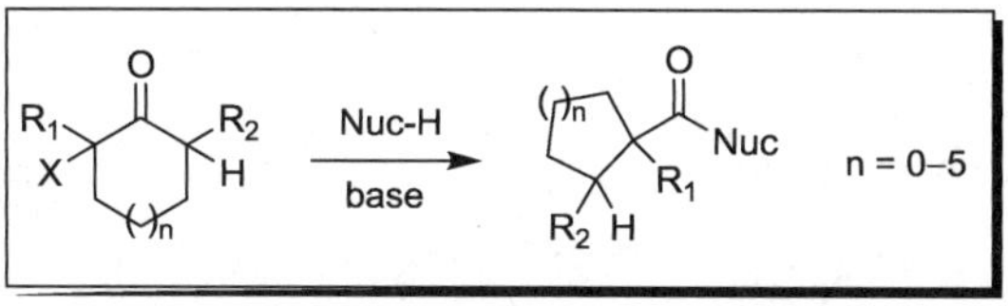

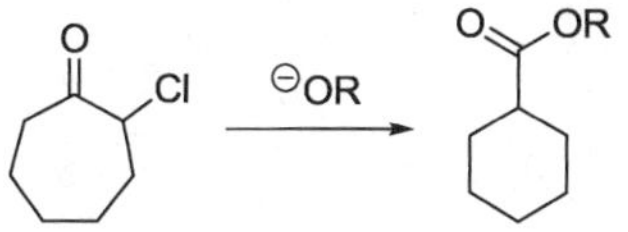

可烯醇化的 α-卤代酮

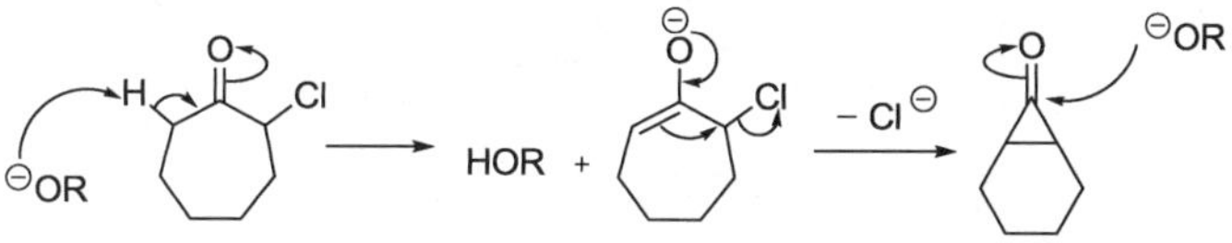

环丙酮中间体

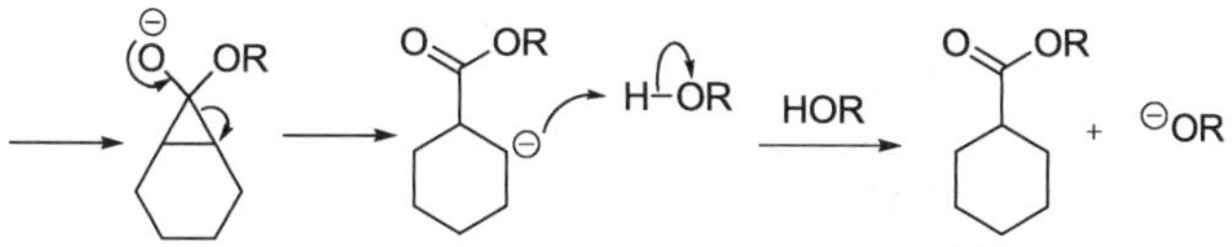

Example 1[2]

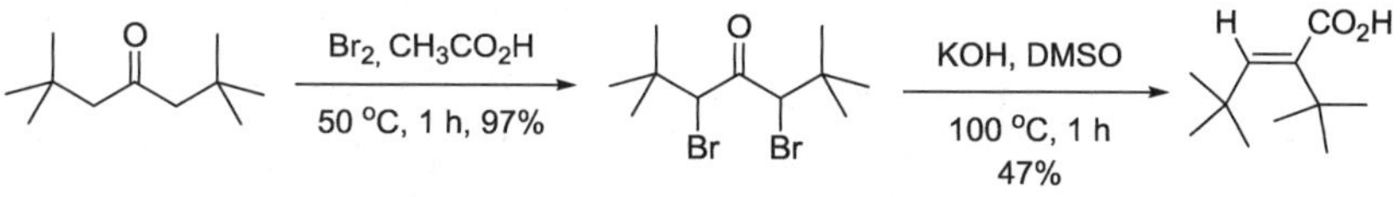

Example 2, 同Favorskii重排[3]

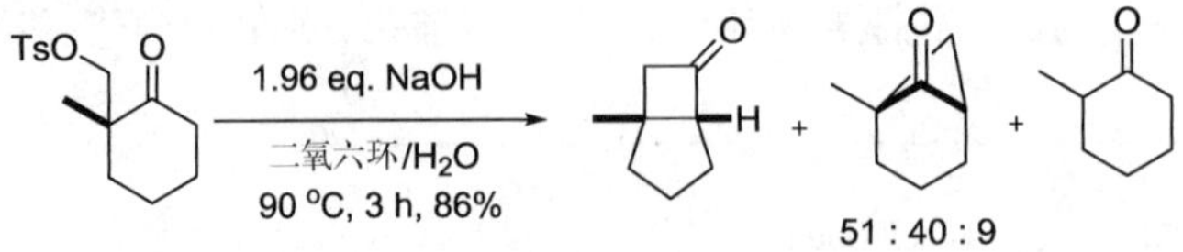

Example 3[6]

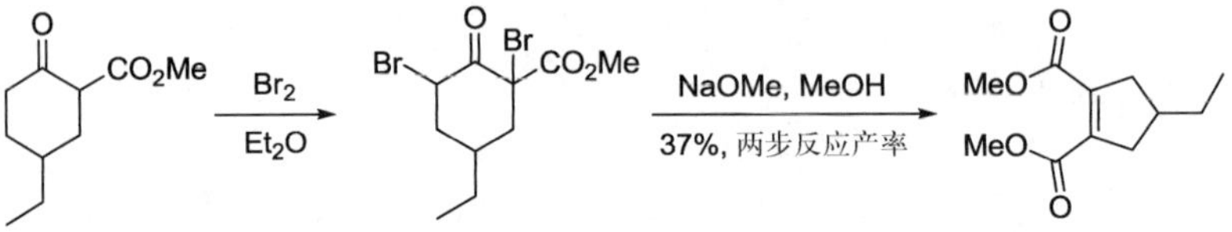

Example 4, 光促Favorskii重排[7]

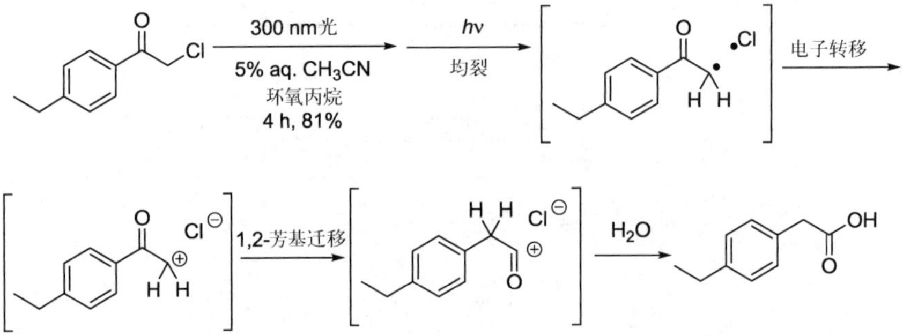

Example 5[8]

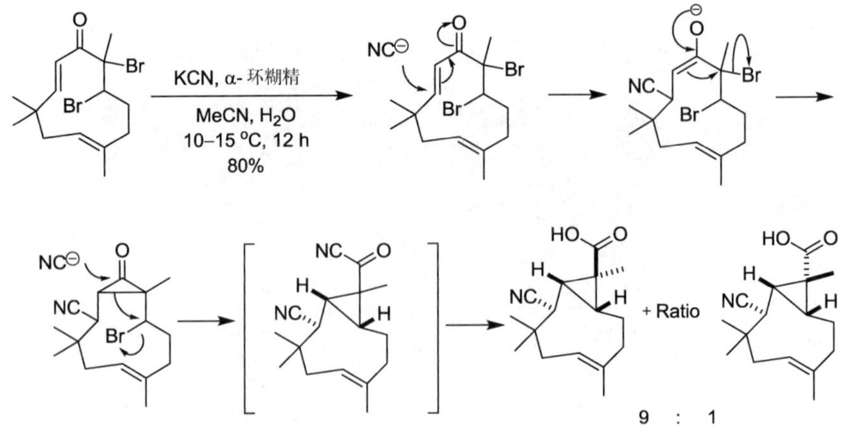

Example 6[10]

[Reaction scheme: bicyclic bromo ketone with Me substituent + 1 M NaOH, CH₃CN, 5 min., 67% → cyclopropane-fused cyclohexene carboxylic acid with Me substituent]

Example 7[11]

[Reaction scheme: 2-chloro-2-methyl-5-isopropyl-6-THPO-cyclohexanone + NaOMe, MeOH, 0 °C, 15 min., 96% → methyl 2-methyl-4-isopropyl-5-THPO-cyclopentanecarboxylate]

References

1. (a) Favorskii, A. E. *J. Prakt. Chem.* **1895**, *51*, 533–563. 法沃斯基（A. E. Favorskii, 1860–1945）出生于俄罗斯的Selo Pavlova，在圣彼得堡大学（St. Petersburg University）学习并自1900年起任该校教授。(b) Favorskii, A. E. *J. Prakt. Chem.* **1913**, *88*, 658.
2. Wagner, R. B.; Moore, J. A. *J. Am. Chem. Soc.* **1950**, *72*, 3655–3658.
3. Wenkert, E.; Bakuzis, P.; Baumgarten, R. J.; Leicht, C. L.; Schenk, H. P. *J. Am. Chem. Soc.* **1971**, *93*, 3208–3216.
4. Chenier, P. J. *J. Chem. Ed.* **1978**, *55*, 286–291. (Review).
5. Barreta, A.; Waegell, B. In *Reactive Intermediates*; Abramovitch, R. A., ed.; Plenum Press: New York, **1982**, *2*, pp 527–585. (Review).
6. White, J. D.; Dillon, M. P.; Butlin, R. J. *J. Am. Chem. Soc.* **1992**, *114*, 9673–9674.
7. Dhavale, D. D.; Mali, V. P.; Sudrik, S. G.; Sonawane, H. R. *Tetrahedron* **1997**, *53*, 16789–16794.
8. Kitayama, T.; Okamoto, T. *J. Org. Chem.* **1999**, *64*, 2667–2672.
9. Mamedov, V. A.; Tsuboi, S.; Mustakimova, L. V.; Hamamoto, H.; Gubaidullin, A. T.; Litvinov, I. A.; Levin, Y. A. *Chem. Heterocyclic Compd.* **2001**, *36*, 911. (Review).
10. Harmata, M.; Wacharasindhu, S. *Org. Lett.* **2005**, *7*, 2563–2565.
11. Pogrebnoi, S.; Saraber, F. C. E.; Jansen, B. J. M.; de Groot, A. *Tetrahedron* **2006**, *62*, 1743–1748.
12. Filipski, K.J.; Pfefferkorn, J. A. *Favorskii Rearrangement*. In *Name Reactions for Homologations-Part II*; Li, J. J., Ed.; Wiley: Hoboken, NJ, **2009**, pp 238–252. (Review).
13. Kammath, V. B.; Šolomek, T.; Ngoy, B. P.; Heger, D.; Klán, P.; Rubina, M.; Givens, R. S. *J. Org. Chem.* **2013**, *78*, 1718–1729.

似Favorskii 重排反应

若没有可烯醇化的氢存在，经典的Favorskii重排反应就不能发生。取而代之的是发生一个半苯偶酰过程导致重排，可认为是似Favorskii重排反应。

Example 1, Arthur C. Cope 的初始发现[1]

非烯醇化的酮

Example 2[5]

Example 3[9]

References

1. Cope, A. C.; Graham, E. S. *J. Am. Chem. Soc.* **1951**, *73*, 4702–4706.
2. Smissman, E. E.; Diebold, J. L. *J. Org. Chem.* **1965**, *30*, 4005–4007.
3. Sasaki, T.; Eguchi, S.; Toru, T. *J. Am. Chem. Soc.* **1969**, *91*, 3390–3391.
4. Baudry, D.; Begue, J. P.; Charpentier-Morize, M. *Tetrahedron Lett.* **1970**, 2147–2150.
5. Stevens, C. L.; Pillai, P. M.; Taylor, K. G. *J. Org. Chem.* **1974**, *39*, 3158–3161.
6. Harmata, M.; Wacharasindhu, S. *J. Org. Chem.* **2005**, *70*, 725–728.
7. Filipski, K.J.; Pfefferkorn, J. A. *Favorskii Rearrangement*. In *Name Reactions for Homologations-Part II*; Li, J. J., Ed.; Wiley: Hoboken, NJ, **2009**, pp 438–452. (Review).
8. Harmata, M.; Wacharasindhu, S. *Synthesis* **2007**, 2365–2369.
9. Ross, A. G.; Townsend, S. D.; Danishefsky, S. J. *J. Org. Chem.* **2013**, *78*, 204–210.

Feist-Benary 呋喃合成反应

α-卤代酮和β-酮酯在碱存在下生成呋喃。

Example 1[2,3]

Example 2[4]

Example 3, 离子液体促进的间歇式 Feist–Benary 反应[10]

R_1 = CH_3, Et, Ph, n-Pr, etc.
R_2 = CH_3, OCH_3, PEt
R_3 = H, n-Bu, CO_2Et

Example 4, 对甲苯磺酰氧基苯乙酮的间歇式Feist–Benary反应[10]

催化剂 = 双(金鸡纳碱)嘧啶

References
1. (a) Feist, F. *Ber.* **1902,** *35*, 1537–1544. (b) Bénary, E. *Ber.* **1911,** *44*, 489–492.
2. Gopalan, A.; Magnus, P. *J. Am. Chem. Soc.* **1980,** *102*, 1756–1757.
3. Gopalan, A.; Magnus, P. *J. Org. Chem.* **1984,** *49*, 2317–2321.
4. Padwa, A.; Gasdaska, J. R. *Tetrahedron* **1988,** *44*, 4147–4160.
5. Dean, F. M. *Recent Advances in Furan Chemistry. Part I.* In *Advances in Heterocyclic Chemistry*, Katritzky, A. R., Ed.; Academic Press: New York, **1982**; Vol. 30, 167–238. (Review).
6. Cambie, R. C.; Moratti, S. C.; Rutledge, P. S.; Woodgate, P. D. *Synth. Commun.* **1990,** *20*, 1923–1929.
7. Friedrichsen, W. *Furans and Their Benzo Derivatives: Synthesis.* In *Comprehensive Heterocyclic Chemistry II*; Katritzky, A. R., Rees, C. W., Scriven, E. F. V.; Bird, C. V. Eds.; Pergamon: New York, **1996**; *Vol. 2*, 351–393. (Review).
8. König, B. *Product Class 9: Furans.* In *Science of Synthesis: Houben–Weyl Methods of Molecular Transformations*; Maas, G., Ed.; Georg Thieme Verlag: New York, **2001**; Cat. 2, Vol. 9, 183–278. (Review).
9. Shea, K. M. *Feist–Bénary Furan Synthesis.* In *Name Reactions in Heterocyclic Chemistry*; Li, J. J., Ed.; Wiley: Hoboken, NJ, **2005**, pp 160–167. (Review).
10. Ranu, B. C.; Adak, L.; Banerjee, S. *Tetrahedron Lett.* **2008,** *49*, 4613–4617.
11. Calter, M. A.; Korotkov, A. *Org. Lett.* **2013,** *13*, 6328–6330.

Ferrier 碳环化反应

该反应亦称"Ferrier II 反应",已证明可一步有效地将5,6-不饱和吡喃糖衍生物转化为官能团化的环己酮,这对于制备那些如肌醇一类对映纯的化合物及它们的氨基的、去氧的、不饱和的和选择性 O-取代的衍生物,特别是磷酸酯是非常有价值的。此外,这类碳环化产物已被结合进许多有生物和药学意义的复杂化合物。[1,2]

通例:[3]

更复杂的产物:

反应可应用下列复杂的生物活性化合物:

Paniculide A[9]   Pancratistatin[10]   Calystegine B$_2$[11]

修正的己-5-烯酮吡喃糖苷和反应

a, Hg(OCOCF$_3$)$_2$, Me$_2$CO, H$_2$O, 0 °C; b, NaBH(OAc)$_3$, AcOH, MeCN, rt; c, *i*-Bu$_3$Al, PhMe, 40 °C; d, Ti(O*i*-Pr)Cl$_3$, CH$_2$Cl$_2$, –78 °C, 15 min. (注：糖苷配基在Al-和Ti-诱导的反应中得以保留。)

References

1. Ferrier, R. J.; Middleton, S. *Chem. Rev.* **1993**, *93*, 2779–2831. (Review).
2. Ferrier, R. J. *Top. Curr. Chem.* **2001**, *215*, 277–291 (Review).
3. Ferrier, R. J. *J. Chem. Soc., Perkin Trans. 1* **1979**, 1455–1458. 该发现是1977年新西兰的惠灵顿维多利亚大学（Victoria University of Wellington）的有机化学教授费里尔（R. J. Ferrier）因休假而在爱丁堡大学的药学系所做的。他现在是新西兰 Industrial Research Lhd., Lower Hutt 的顾问。
4. Blattner, R.; Ferrier, R. J.; Haines, S. R. *J. Chem. Soc., Perkin Trans. 1*, **1985**, 2413–2416.
5. Chida, N.; Ohtsuka, M.; Ogura, K.; Ogawa, S. *Bull. Chem. Soc. Jpn.* **1991**, *64*, 2118–2121.
6. Machado, A. S.; Olesker, A.; Lukacs, G. *Carbohydr. Res.* **1985**, *135*, 231–239.
7. Sato, K.-i.; Sakuma, S.; Nakamura, Y.; Yoshimura, J.; Hashimoto, H. *Chem. Lett.* **1991**, 17–20.
8. Ermolenko, M. S.; Olesker, A.; Lukacs, G. *Tetrahedron Lett.* **1994**, *35*, 711–714.
9. Amano, S.; Takemura, N.; Ohtsuka, M.; Ogawa, S.; Chida, N. *Tetrahedron* **1999**, *55*, 3855–3870.
10. Park, T. K.; Danishefsky, S. J. *Tetrahedron Lett.* **1995**, *36*, 195–196.
11. Boyer, F.-D.; Lallemand, J.-Y. *Tetrahedron* **1994**, *50*, 10443–10458.
12. Das, S. K.; Mallet, J.-M.; Sinaÿ, P. *Angew. Chem. Int. Ed.* **1997**, *36*, 493–496.
13. Sollogoub, M.; Mallet, J.-M.; Sinaÿ, P. *Tetrahedron Lett.* **1998**, *39*, 3471–3472.
14. Bender, S. L.; Budhu, R. J. *J. Am. Chem. Soc.* **1991**, *113*, 9883–9884.
15. Estevez, V. A.; Prestwich, E. D. *J. Am. Chem. Soc.* **1991**, *113*, 9885–9887.
16. Yadav, J. S.; Reddy, B. V. S.; Narasimha Chary, D.; Madavi, C.; Kunwar, A. C. *Tetrahedron Lett.* **2009**, *50*, 81–84.
17. Chen, P.; Wang, S. *Tetrahedron* **2013**, *69*, 583–588.
18. Chen, P.; Lin, L. *Tetrahedron* **2013**, *69*, 4524–4531.

Ferrier 烯糖烯丙基重排反应

在Lewis酸存在下，*O*-取代的烯糖衍生物可与*O*-、*S*-、*C*-或较少见到的*N*-、*P*-和卤化物等亲核物种反应给出2,3-不饱和糖基产物。[1,2] 这个烯丙基转移已被称为Ferrier反应，或为避免混乱而称“Ferrier Ⅰ反应”或“Ferrier重排反应”。但该反应实际上是费歇尔在水相中加热三*O*-乙酰基-D-己烯糖时所发现的。[3] 当反应涉及碳亲核物种时已俗称“碳Ferrier反应”，[4] 尽管Ferrier小组在这个领域只是发现了三*O*-乙酰基-D-己烯糖在酸催化下二聚给出*C*-配糖产物的反应。[5] 通用的反应可以用*O*-乙酰基-D-己烯糖分别与*O*-、*S*-、*C*-亲核物种反应给出相应的2,3-不饱和糖基产物来表示。Lewis酸通常被用作催化剂，BF_3是最常用的。中间体产物是烯丙氧基碳负离子，配糖产物的产率很高且以假a-键为主（通常，α,β-之比为7:1）。给出的实例[4,6,7]是大量文献报道[1]中的典型。

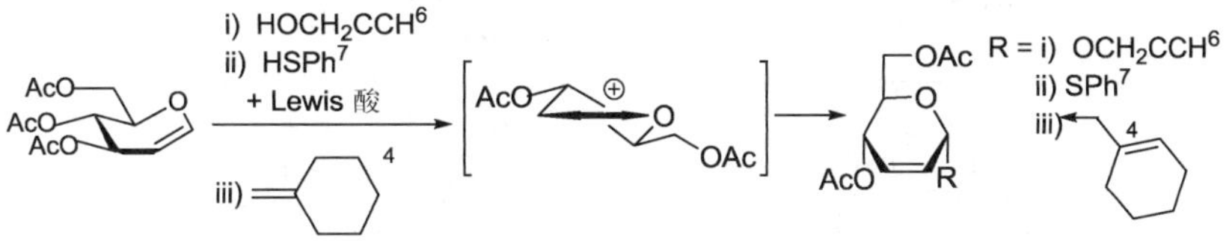

通例[4]

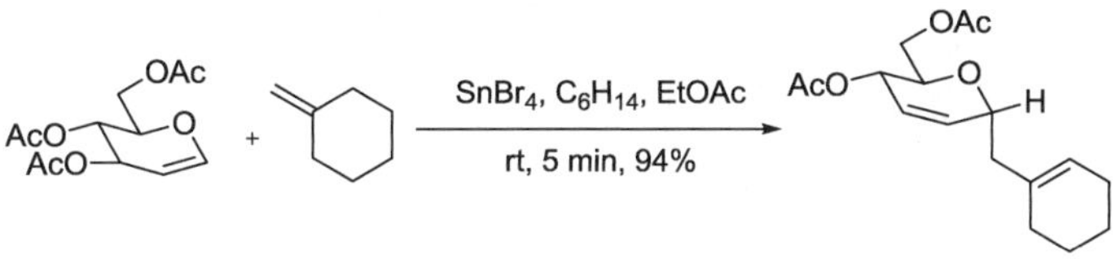

更复杂的产物可直接由相应的丁二醇制得：

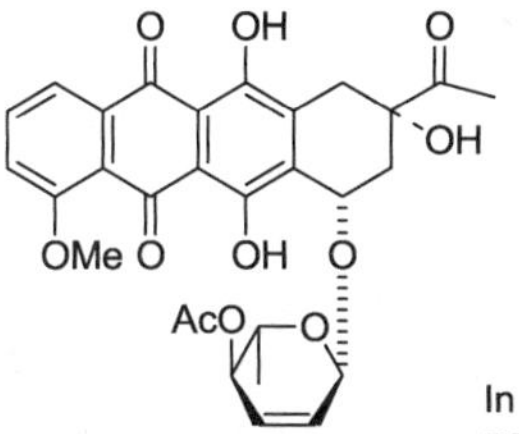

苯中，BF_3•OEt_2，5 °C, 10 min, (67%, α-异头物).[8]

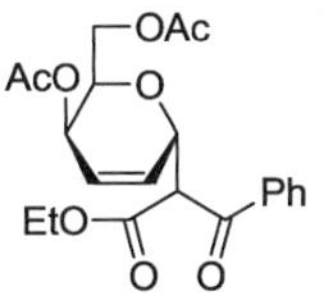

In $PhCOCH_2CO_2Et$, BF_3.OEt_2, rt, 15 min, (81% α-异头物).[9]

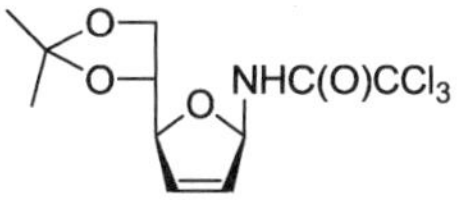

经由自发的3-乙氯酰亚氨烯糖用NaH, Cl_3CCN进行的σ-重排。(78% α-异头物).[10]

J.J. Li, *Name Reactions: A Collection of Detailed Mechanisms and Synthetic Applications*,
DOI 10.1007/978-3-319-03979-4_103, © Springer International Publishing Switzerland 2014

无酸催化下生成的产物:

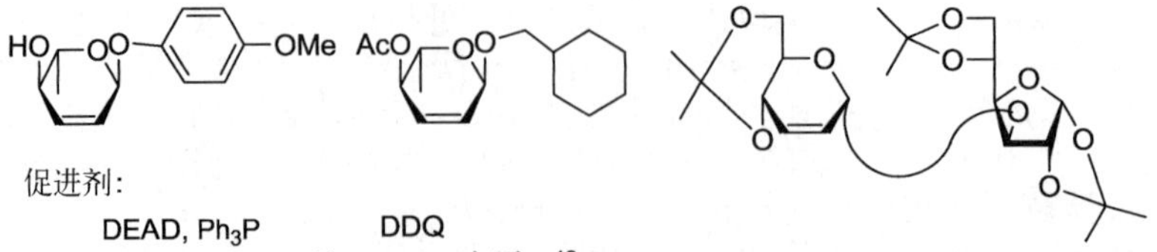

促进剂:
DEAD, Ph₃P
(80%, α-异头物)[11]
烯糖的C-3离去基：
羟基

DDQ
(88%, 主要α)[12]
乙酰氧

N-(双-2,4,6-三甲基吡啶)高氯酸碘鎓盐
(65%, 主要α)[13]
戊-4-烯酰氧基

修正的烯糖和它们的反应：

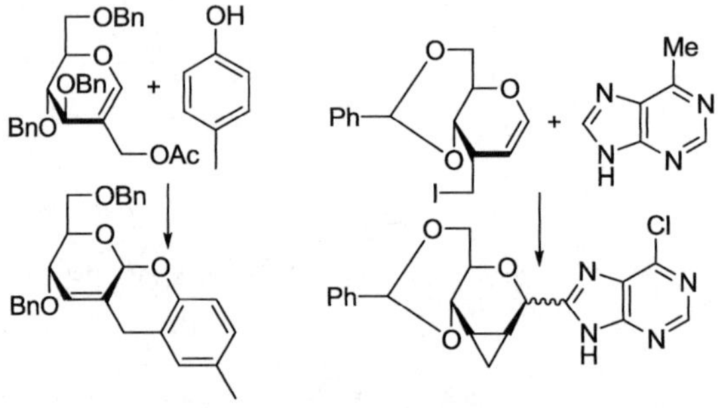

BF₃·OEt₂, CH₂Cl₂, 0 °C
(70%, 主要α)[14]

AgNO₃, Na₂CO₃, reflux MeNO₂,
6 h (58%, α,β 1:1).[15]

使用廉价的蒙脱石 K-10 陶土为催化剂：

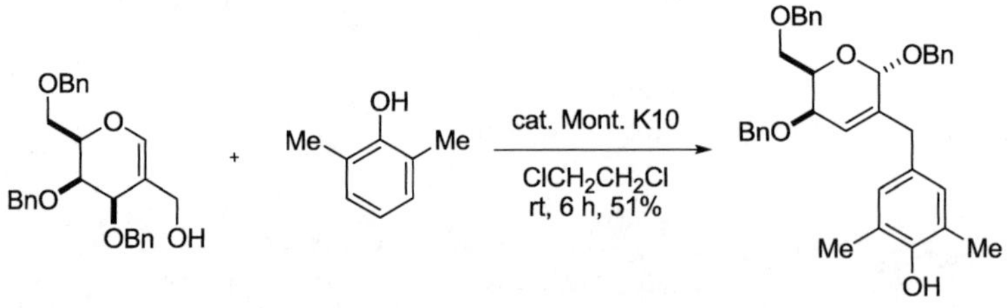

cat. Mont. K10
ClCH₂CH₂Cl
rt, 6 h, 51%

References

1. Ferrier, R. J.; Zubkov, O. A. 烯糖转移为2,3-不饱和糖基衍生物, 见 *Org. React.* **2003**, *62*, 569–736. (Review). 在费歇尔报告了水也能参与该反应的50年后, 在Birkbeck College, University of London 的 George Overrend's Department 工作的瑞恩 (Ann Ryan) 偶然发现对硝基酚看似也是个参与者。[16] 建议她做该实验的她最直接的导师费里尔而后发现简单的醇在高温下也可参与。[16] 在值得一提的如Nagendra Prasad 和 George Sankey 等其他学生共事下, 费里尔 (R. J. Ferrier) 详尽研究了此反应。但他们并未将其扩展到非常重要的C-亲核物种。

2. Ferrier, R. J. *Top. Curr. Chem.* **2001**, *215*, 153–175. (Review).
3. Fischer, E. *Chem. Ber.* **1914,** *47*, 196–210.
4. Herscovici, J.; Muleka, K.; Boumaïza, L.; Antonakis, K. *J. Chem. Soc., Perkin Trans. 1* **1990,** 1995–2009.
5. Ferrier, R. J.; Prasad, N. *J. Chem. Soc. (C)* **1969,** 581–586.
6. Moufid, N.; Chapleur, Y.; Mayon, P. *J. Chem. Soc., Perkin Trans. 1* **1992,** 999–1007.
7. Whittman, M. D.; Halcomb, R. L.; Danishefsky, S. J.; Golik, J.; Vyas, D. *J. Org. Chem.* **1990,** *55*, 1979–1981.
8. Klaffke, W.; Pudlo, P.; Springer, D.; Thiem, J. *Ann.* **1991,** 509–512.
9. Yougai, S.; Miwa, T. *J. Chem. Soc., Chem. Commun.* **1983,** 68–69.
10. Armstrong, P. L.; Coull, I. C.; Hewson, A. T.; Slater, M. J. *Tetrahedron Lett.* **1995,** *36*, 4311–4314.
11. Sobti, A.; Sulikowski, G. A. *Tetrahedron Lett.* **1994,** *35*, 3661–3664.
12. Toshima, K.; Ishizuka, T.; Matsuo, G.; Nakata, M.; Kinoshita, M. *J. Chem. Soc., Chem. Commun.* **1993,** 704–705.
13. López, J. C.; Gómez, A. M.; Valverde, S.; Fraser-Reid, B. *J. Org. Chem.* **1995,** *60*, 3851–3858.
14. Booma, C.; Balasubramanian, K. K. *Tetrahedron Lett.* **1993,** *34*, 6757–6760.
15. Tam, S. Y.-K.; Fraser-Reid, B. *Can. J. Chem.* **1977,** *55*, 3996–4001.
16. Ferrier, R. J.; Overend, W. G.; Ryan, A. E. *J. Chem. Soc. (C)* **1962,** 3667–3670.
17. Ferrier, R. J. *J. Chem. Soc.* **1964,** 5443–5449.
18. De, K.; Legros, J.; Crousse, B.; Bonnet-Delpon, D. *Tetrahedron* **2008,** *64*, 10497–10500.
19. Kumaran, E.; Santhi, M., Balasubramanian, K. K.; Bhagavathy, S. *Carbohydr Res.* **2011,** *346*, 1654–1661.
20. Okazaki, H.; Hanaya, K.; Shoji, M.; Hada, N.; Sugai, T. *Tetrahedron* **2013,** *69*, 7931–7935.

Fiesselman 噻吩合成反应

巯基乙酸衍生物和 α, β-丙炔酸酯用碱处理发生缩合反应生成 3-羟基-2-噻吩甲酸的衍生物。

Example 1[5]

Example 2[6]

Example 3[7]

Example 4[9]

References

1. Fiesselmann, H.; Schipprak, P. *Ber.* **1954**, *87*, 835–841; Fiesselmann, H.; Schipprak, P.; Zeitler, L. *Ber.* **1954**, *87*, 841–848; Fiesselmann, H.; Pfeiffer, G. *Ber.* **1954**, *87*, 848; Fiesselmann, H.; Thoma, F. *Ber.* **1956**, *89*, 1907–1912; Fiesselmann, H.; Schipprak, P. *Ber.* **1956**, *89*, 1897–1902.
2. Gronowitz, S. In *Thiophene and Its Derivatives*, Part 1, Gronowitz, S., Ed.; Wiley: New York, **1985**, 88–125. (Review).
3. Nicolaou, K. C.; Skokotas, G.; Furuya, S.; Suemune, H.; Nicolaou, D. C. *Angew. Chem. Int. Ed.* **1990**, *29*, 1064–1068.
4. Mullican, M. D.; Sorenson, R. J.; Connor, D. T.; Thueson, D. O.; Kennedy, J. A.; Conroy, M. C. *J. Med. Chem.* **1991**, *34*, 2186–2194.
5. Donoso, R.; Jordan de Urries, P.; Lissavetzky, J. *Synthesis* **1992**, 526–528.
6. Ram, V. J.; Goel, A.; Shukla, P. K.; Kapil, A. *Bioorg. Med. Chem. Lett.* **1997**, *7*, 3101–3106.
7. Showalter, H. D. H.; Bridges, A. J.; Zhou, H.; Sercel, A. D.; McMichael, A.; Fry, D. W. *J. Med. Chem.* **1999**, *42*, 5464–5474.
8. Shkinyova, T. K.; Dalinger, I. L.; Molotov, S. I.; Shevelev, S. A. *Tetrahedron Lett.* **2000**, *41*, 4973–4975.
9. Redman, A. M.; Johnson, J. S.; Dally, R.; Swartz, S.; Wild, H.; Paulsen, H.; Caringal, Y.; Gunn, D.; Renick, J.; Osterhout, M. *Bioorg. Med. Chem. Lett.* **2001**, *11*, 9–12.
10. Migianu, E.; Kirsch, G. *Synthesis*, **2002**, 1096.
11. Mullins, R. J.; Williams, D. R. *Fiesselmann Thiophene Synthesis*. In *Name Reactions in Heterocyclic Chemistry*; Li, J. J., Ed.; Wiley: Hoboken, NJ, **2005**, pp 184–192. (Review).
12. Bezboruah, P.; Gogoi, P.; Junali Gogoi, J.; Boruah, R. C. *Synthesis* **2013**, *45*, 1341–1348.

Fischer-Speier酯化反应

羧酸与醇在酸催化剂作用下生成酯的反应。常简称为Fischer酯化反应。

References

1. Fischer, E.; Speier, A. *Ber. Dtsch. Chem. Ges.* **1895**, *28*, 3252–3258.
2. Hardy, J. P.; Kerrin, S. L.; Manatt, S. L. *J. Org. Chem.* **1973**, *38*, 4196–4200.
3. Fujii, T.; Yoshifuji, S. *Chem. Pharm. Bull.* **1978**, *26*, 2253–2257.
4. Pcolinski, M. J.; O'Mathuna, D. P.; Doskotch, R. W. *J. Nat. Prod.* **1995**, *58*, 209–216.
5. Kai, T.; Sun, X.-L.; Tanaka, M.; Takayanagi, H.; Furuhata, K. *Chem. Pharm. Bull.* **1996**, *44*, 208–211.
6. Birney, D. M.; Starnes, S. *J. Chem. Educ.* **1996**, *76*, 1560–1561.
7. Cole, A. C.; Jensen, J. L.; Ntai, I.; Tran, K. L. T.; Weaver, K. J.; Forbes, D. C.; Davis, J. H., Jr. *J. Am. Chem. Soc.* **2002**, *124*, 5962–5963.
8. Li, J. in *Name Reactions for Functional Group Transformations*, Li, J. J., Ed., Wiley: Hoboken, NJ, 2007. pp 458–461.
9. Saavedra, H. M.; Thompson, C. M.; Hohman, J. N.; Crespi, V. H.; Weiss, P. S. *J. Am. Chem. Soc.* **2009**, *131*, 2252–2259.

Fischer 吲哚合成反应

芳基腙环合生成吲哚。

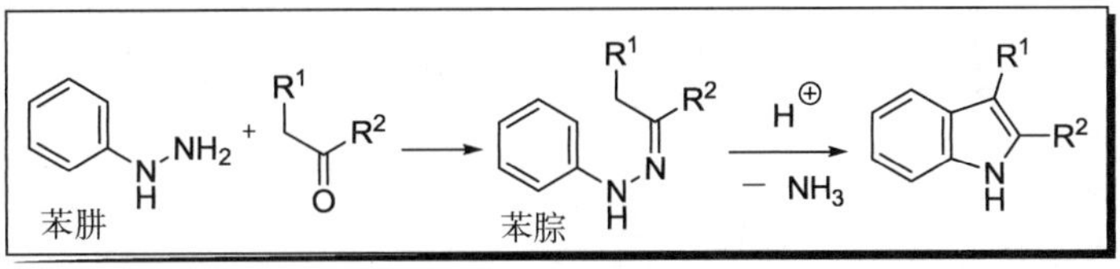

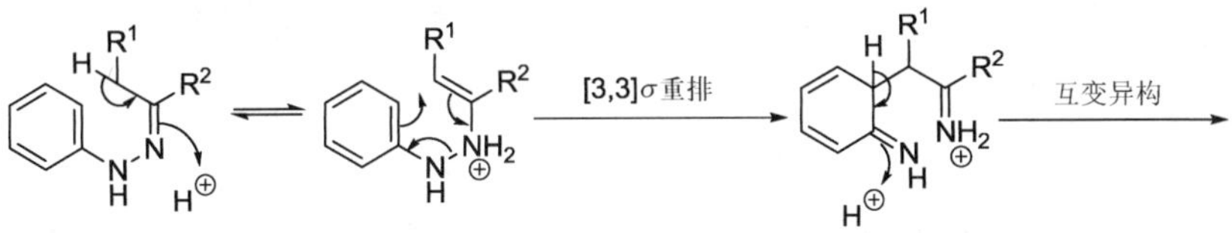

质子化　　烯-肼　　双亚胺

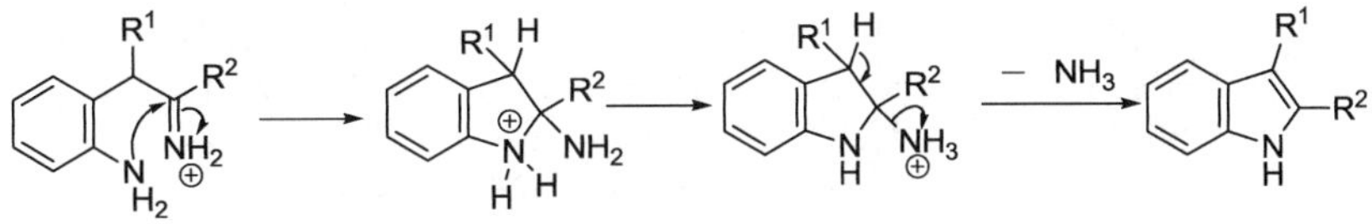

Example 1[3]

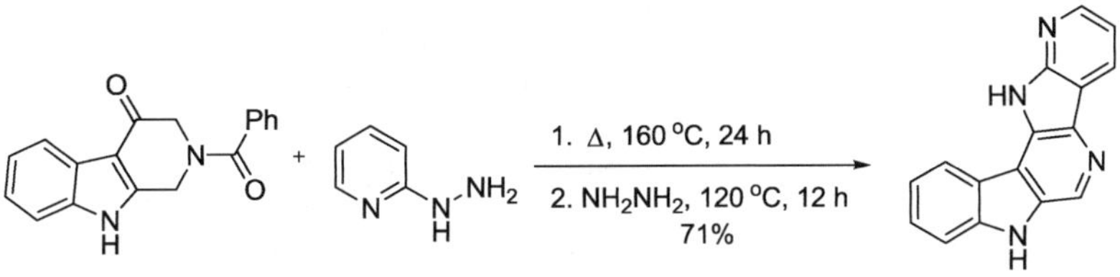

Example 2[3]

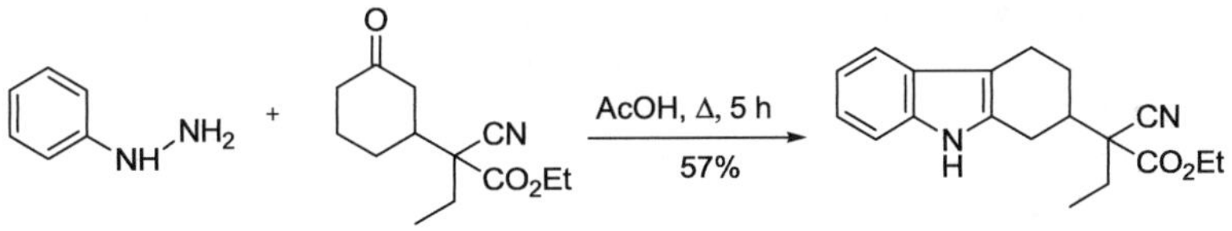

J.J. Li, *Name Reactions: A Collection of Detailed Mechanisms and Synthetic Applications*,
DOI 10.1007/978-3-319-03979-4_106,

Example 3[10]

Example 4[12]

References

1. (a) Fischer, E.; Jourdan, F. *Ber.* **1883**, *16*, 2241–2245. 无可争议，费歇尔（H. E. Fischer, 1852-1919)是最伟大的有机化学家。他出生于德国邻近波恩的Euskirvhen。他的父亲Lorenz曾这样谈到年幼的他："这个孩子做生意是太蠢了，看在上帝的份上，让他去读书吧。"费歇尔先在波恩读书，后去斯特拉斯堡跟拜耳学习。他因对糖和嘌呤系列的合成成就获得1902年度的诺贝尔化学奖，他的导师拜耳三年后也获得了诺贝尔化学奖。不幸的是，他的儿子死于第一次世界大战，战后他就自尽了。(b) Fischer, E.; Hess, O. *Ber.* **1884**, *17*, 559.
2. Robinson, B. *The Fisher Indole Synthesis*, Wiley: New York, NY, **1982**. (Book).
3. Martin, M. J.; Trudell, M. L.; Arauzo, H. D.; Allen, M. S.; LaLoggia, A. J.; Deng, L.; Schultz, C. A.; Tan, Y.; Bi, Y.; Narayanan, K.; Dorn, L. J.; Koehler, K. F.; Skolnick, P.; Cook, J. M. *J. Med. Chem.* **1992**, *35*, 4105–4117.
4. Hughes, D. L. *Org. Prep. Proc. Int.* **1993**, *25*, 607–632. (Review).
5. Bosch, J.; Roca, T.; Armengol, M.; Fernández-Forner, D. *Tetrahedron* **2001**, *57*, 1041–1048.
6. Ergün, Y.; Patir, S.; Okay, G. *J. Heterocycl. Chem.* **2002**, *39*, 315–317.
7. Pete, B.; Parlagh, G. *Tetrahedron Lett.* **2003**, *44*, 2537–2539.
8. Li, J.; Cook, J. M. *Fischer Indole Synthesis*. In *Name Reactions in Heterocyclic Chemistry*; Li, J. J., Ed.; Wiley: Hoboken, NJ, **2005**, pp 116–127. (Review).
9. Borregán, M.; Bradshaw, B.; Valls, N.; Bonjoch, J. *Tetrahedron: Asymmetry* **2008**, *19*, 2130–2134.
10. Boal, B. W.; Schammel A. W.; Garg, N. K. *Org. Lett.* **2013**, *11*, 3458–3461.
11. Donald, J. R.; Taylor, R. J. K. *Synlett* **2009**, 59–62.
12. Adams, G. L.; Carroll, P. J.; Smith, A. B. III *J. Am. Chem. Soc.* **2013**, *135*, 519–523.

Fischer 噁唑合成反应

等量的由醛得来的羟氰化物和芳香醛在无水醚溶液中于干燥 HCl 存在下缩合成噁唑。

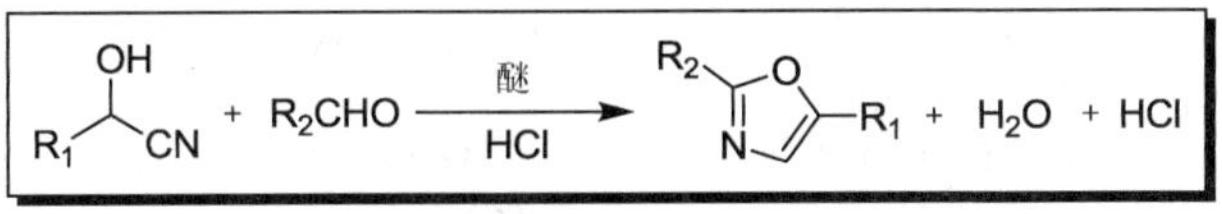

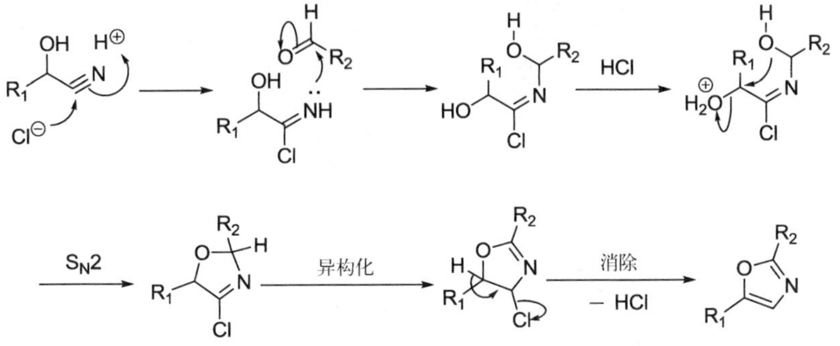

Example 1[4]

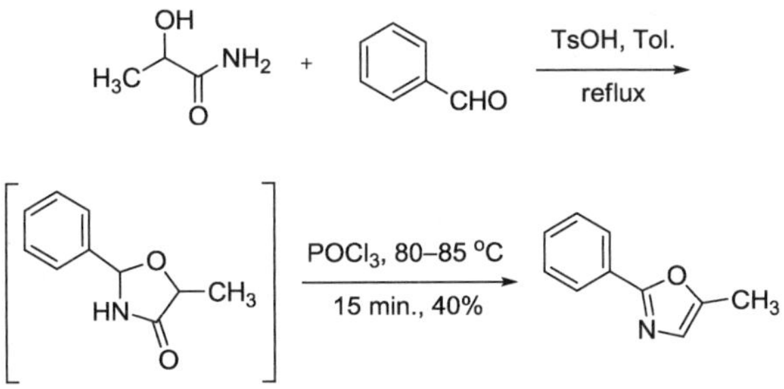

Example 2[8]

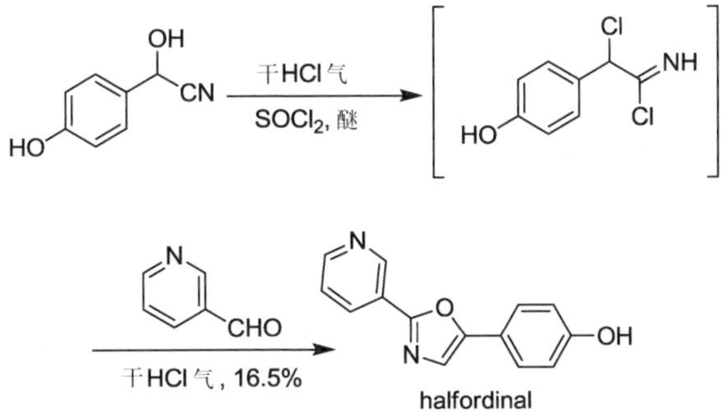

halfordinal

References
1. Fischer, E. *Ber.* **1896,** *29,* 205.
2. Ladenburg, K.; Folkers, K.; Major, R. T. *J. Am. Chem. Soc.* **1936,** *58*, 1292–1294.
3. Wiley, R. H. *Chem. Rev.* **1945,** *37*, 401–442. (Review).
4. Cornforth, J. W.; Cornforth, R. H. *J. Chem. Soc.* **1949,** 1028–1030.
5. Cornforth, J. W. In *Heterocyclic Compounds 5*; Elderfield, R. C., Ed.; Wiley: New York, **1957,** *5,* 309–312. (Review).
6. Crow, W. D.; Hodgkin, J. H. *Tetrahedron Lett.* **1963,** *2*, 85–89.
7. Brossi, A.; Wenis, E. *J. Heterocycl. Chem.* **1965,** *2*, 310–312.
8. Onaka, T. *Tetrahedron Lett.* **1971,** 4393–4394.
9. Brooks, D. A. *Fisher Oxazole Synthesis.* In *Name Reactions in Heterocyclic Chemistry*; Li, J. J., Ed.; Wiley: Hoboken, NJ, **2005,** pp 234–236. (Review).

Fleming-Kumada 氧化反应

烷基硅烷用过氧酸被立体选择性地氧化为相应的烷基醇。

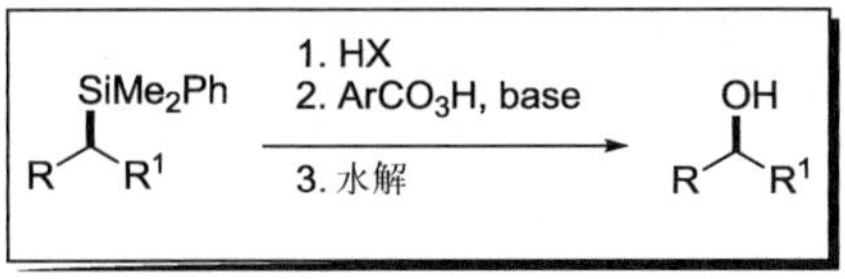

构型保持

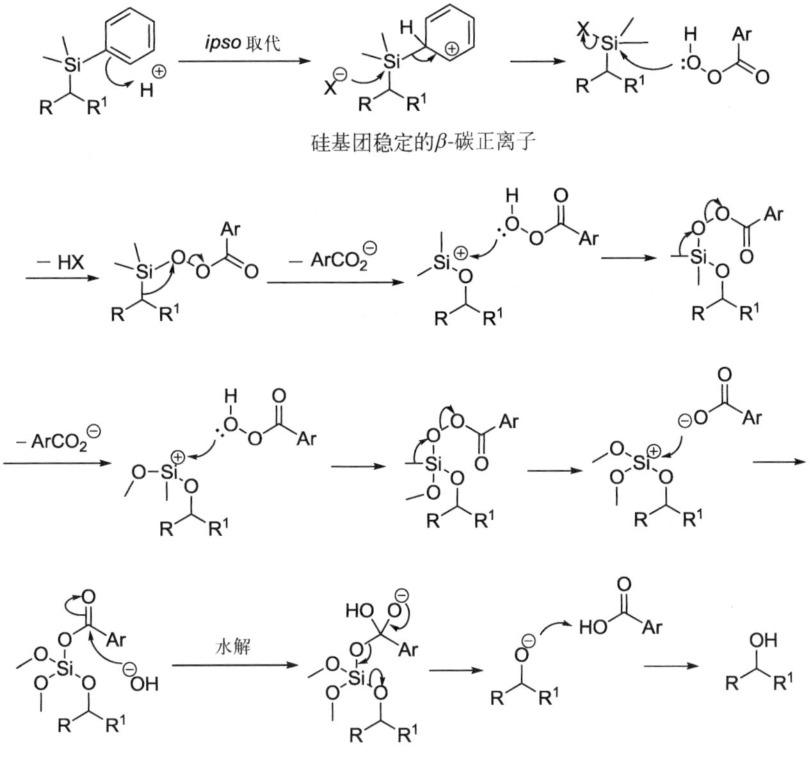

硅基团稳定的 β-碳正离子

Example 1[4]

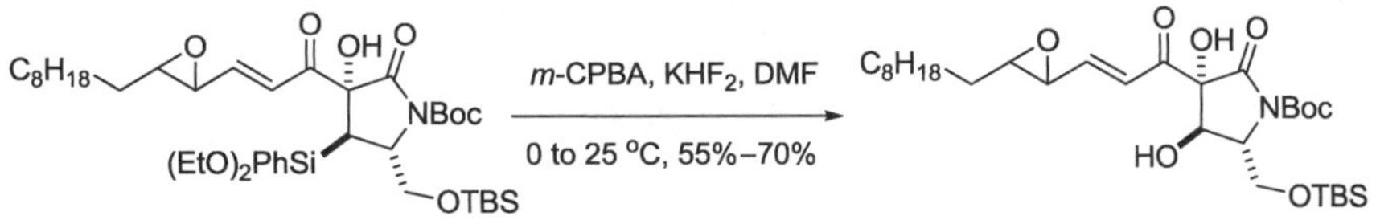

Example 2[5]

[reaction scheme]

Example 3[8]

[reaction scheme]

Example 4[9]

[reaction scheme]

References
1. (a) Fleming, I.; Henning, R.; Plaut, H. *J. Chem. Soc., Chem. Commun.* **1984**, 29–31. (b) Fleming, I.; Sanderson, P. E. J. *Tetrahedron Lett.* **1987**, *28*, 4229–4232. (c) Fleming, I.; Dunoguès, J.; Smithers, R. *Org. React.* **1989**, *37*, 57–576. (Review).
2. Hunt, J. A.; Roush, W. R. *J. Org. Chem.* **1997**, *62*, 1112–1124.
3. Knölker, H.-J.; Jones, P. G.; Wanzl, G. *Synlett* **1997**, 613–616.
4. Barrett, A. G. M.; Head, J.; Smith, M. L.; Stock, N. S.; White, A. J. P.; Williams, D. J. *J. Org. Chem.* **1999**, *64*, 6005–6018.
5. Denmark, S.; Cottell, J. *J. Org. Chem.* **2001**, *66*, 4276–4284.
6. Lee, T. W.; Corey, E. J. *Org. Lett.* **2001**, *3*, 3337–3339.
7. Jung, M. E.; Piizzi, G. *J. Org. Chem.* **2003**, *68*, 2572–2582.
8. Paquette, L. A.; Yang, J.; Long, Y. O. *J. Am. Chem. Soc.* **2003**, *125*, 1567–1574.
9. Clive, D. L. J.; Cheng, H.; Gangopadhyay, P.; Huang, X.; Prabhudas, B. *Tetrahedron* **2004**, *60*, 4205–4221.
10. Mullins, R. J.; Jolley, S. L.; Knapp, A. R. *Tamao–Kumada–Fleming Oxidation*. In *Name Reactions for Functional Group Transformations*; Li, J. J., Ed.; Wiley: Hoboken, NJ, **2007**, pp 237–247. (Review).

Tamao-Kumada 氧化反应

烷基氟硅烷被氧化为相应的烷基醇。是 Fleming-Kumada 氧化反应的变异。

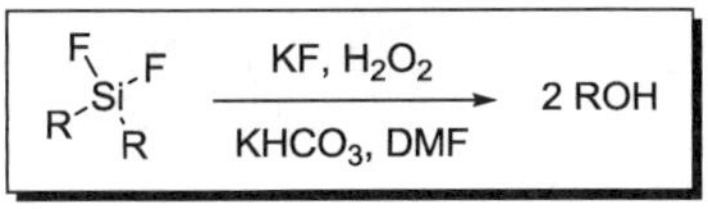

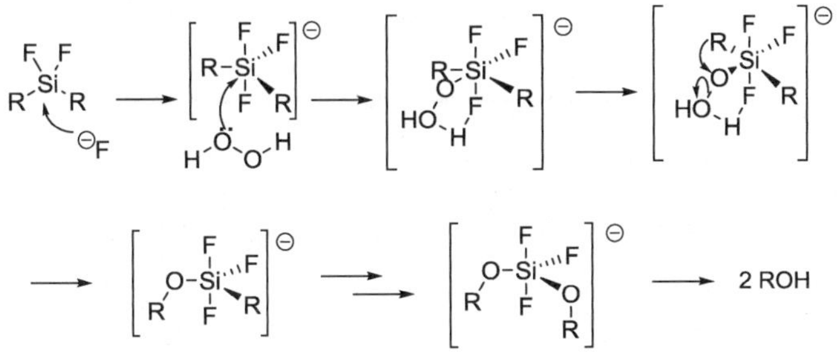

Example 1[3]

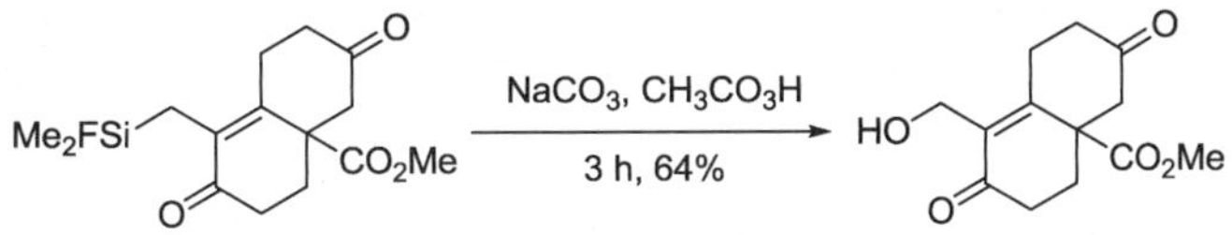

Example 2[4]

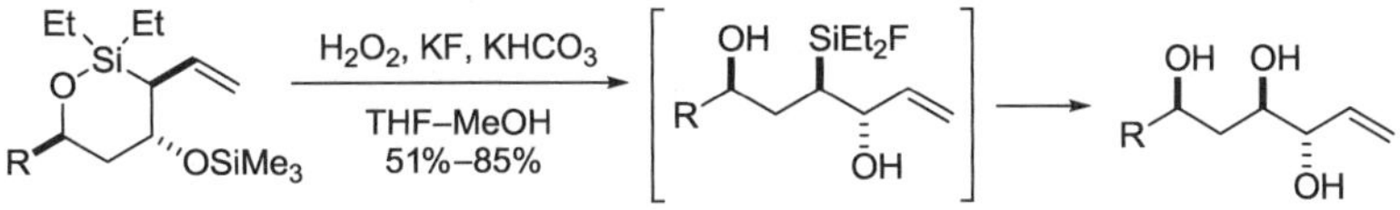

References

1. Tamao, K.; Ishida, N.; Kumada, M. *J. Org. Chem.* **1983,** *48*, 2120–2122.
2. Fleming, I.; Dunoguès, J.; Smithers, R. *Org. React.* **1989,** *37*, 57–576. (Review).
3. Kim, S.; Emeric, G.; Fuchs, P. L. *J. Org. Chem.* **1992,** *57*, 7362–7364.
4. Mullins, R. J.; Jolley, S. L.; Knapp, A. R. *Tamao–Kumada–Fleming Oxidation.* In *Name Reactions for Functional Group Transformations*; Li, J. J., Ed.; Wiley: Hoboken, NJ, **2007,** pp 237–247. (Review).
5. Beignet, J.; Jervis, P. J.; Cox, L. R. *J. Org. Chem.* **2008,** *73*, 5462–5475.
6. Cardona, F.; Parmeggiani, C.; Faggi, E.; Bonaccini, C.; Gratteri, P.; Sim, L.; Gloster, T. M.; Roberts, S.; Davies, G. J.; Rose, D. R.; Goti, A. *Chem. Eur. J.* **2009,** *15*, 1627–1636.
7. Terauchi, T.; Machida, S.; Komba, S. *Tetrahedron Lett.* **2010,** *51*, 1497–1499.

Friedel-Crafts 反应

Friedel-Crafts 酰基化反应

在Lewis酸存在下芳香族底物与酰氯或酸酐反应生成酰基化芳香族产物。

Example 1, 分子间Friedel-Crafts酰基化反应[6]

Example 2, 分子内Friedel-Crafts酰基化反应[7]

Example 3, 分子内Friedel-Crafts酰基化反应[8]

PPSE = 三甲硅基聚磷酸盐

J.J. Li, *Name Reactions: A Collection of Detailed Mechanisms and Synthetic Applications*,
DOI 10.1007/978-3-319-03979-4_109, © Springer International Publishing Switzerland 2014

Example 4, 分子内Friedel-Crafts酰基化反应[9]

Example 5, 酰基离子的"动力学捕获"[11]

References

1. Friedel, C.; Crafts, J. M. *Compt. Rend.* **1877,** *84,* 1392–1395. 傅瑞特尔(C. Friedel, 1832-1899)出生于法国的斯特拉斯堡并获得Ph. D学位。1869年, 他在Sobonne跟武慈学习, 随后成为有机化学教授并于1884年任主席。他也是法国化学会的发起者, 担任过4届主席。克拉夫茨(J. Mason Crafts, 1839-1917)出生于麻省的波士顿, 年轻时跟本生和武慈(C. A. Wurts)学习, 随后成为康奈尔大学和MIT的有机化学教授。从1874年到1891年, 他在巴黎的Ecole de Mines和傅列特尔合作并一起发现了Friedel-Crafts反应。克拉夫茨于1892年回到MIT并在后来担任校长一职。Friedel-Crafts反应是机遇和明锐观测力的结果。1877年, 他们都在武慈实验室工作, 为了制备戊基碘, 他们将戊基氯、铝和碘以苯为溶剂进行处理。结果并未生成戊基碘, 却得到了戊基苯! 不像简单地将反应倾倒了事的前人, 他们仔细探究了该反应。发表了50多篇有关Lewis酸催化的烷基化和酰基化反应的论文及专利。Friedel-Crafts反应也成为最有用的有机合成反应之一。

2. Pearson, D. E.; Buehler, C. A. *Synthesis* **1972,** 533–542. (Review).

3. Hermecz, I.; Mészáros, Z. *Adv. Heterocyclic Chem.* **1983**, *33*, 241–330. (Review).
4. Metivier, P. *Friedel-Crafts Acylation.* In *Friedel-Crafts Reaction* Sheldon, R. A.; Bekkum, H., eds.; Wiley-VCH: New York. **2001**, pp 161–172. (Review).
5. Basappa; Mantelingu, K.; Sadashira, M. P.; Rangappa, K. S. *Indian J. Chem. B.* **2004**, *43B*, 1954–1957.
6. Olah, G. A.; Reddy, V. P.; Prakash, G. K. S. *Chem. Rev.* **2006**, *106*, 1077–1104. (Review).
7. Simmons, E.M.; Sarpong, R. *Org. Lett.* **2006**, *8*, 2883–2886.
8. Bourderioux, A.; Routier, S.; Beneteau, V.; Merour, J.-Y. *Tetrahedron* **2007**, *63*, 9465–9475.
9. Fillion, E.; Dumas, A. M. *J. Org. Chem.* **2008**, *73*, 2920–2923.
10. de Noronha, R. G.; Fernandes, A. C.; Romao, C. C. *Tetrahedron Lett.* **2009**, *50*, 1407–1410.
11. Huang, Z.; Jin, L.; Han, H.; Lei, A. *Org. Biomol. Chem.* **2013**, *11*, 1810–1814.

Friedel-Crafts 烷基化反应

在 Lewis 酸存在下芳香族底物与烷基卤、烯烃、炔烃和醇等烷基化试剂反应生成烷基化芳香族产物。

Example 1[1]

Example 2, 一个分子内 Friedel–Crafts 环化反应[6]

Reaction: substrate (benzothiophene with NTs-tethered allyl bromide side chain) → 20 mol% Bi(OTf)$_3$, 4 Å MS, CH$_2$Cl$_2$ (0.05 M), 0 °C, 16, 98% → cyclized tricyclic product with vinyl group.

References

1. Patil, M. L.; Borate, H. B.; Ponde, D. E.; Bhawal, B. M.; Deshpande, V. H. *Tetrahedron Lett.* **1999**, *40*, 4437–4438.
2. Meima, G. R.; Lee, G. S.; Garces, J. M. *Friedel-Crafts Alkylation*. In *Friedel–Crafts Reaction* Sheldon, R. A.; Bekkum, H., eds.; Wiley-VCH: New York. **2001**, pp 550–556. (Review).
3. Bandini, M.; Melloni, A.; Umani-Ronchi, A. *Angew. Chem. Int. Ed.* **2004**, *43*, 550–556. (Review).
4. Poulsen, T. B.; Jorgensen, K. A. *Chem. Rev.* **2008**, *108*, 2903–2915. (Review).
5. Silvanus, A. C.; Heffernan, S. J.; Liptrot, D. J.; Kociok-Kohn, G.; Andrews, B. I.; Carbery, D. R. *Org. Lett.* **2009**, *11*, 1175–1178.
6. Kargbo, R. B.; Sajjadi-Hashemi, Z.; Roy, S.; Jin, X.; Herr, R. J. *Tetrahedron Lett.* **2013**, *54*, 2018–2021.

Friedlander 喹啉合成反应

α-氨基醛或α-氨基酮和另一个醛或酮与至少一个羰基的α/-亚甲基缩合生成一个取代的喹啉。反应可被酸、碱或加热所促进。

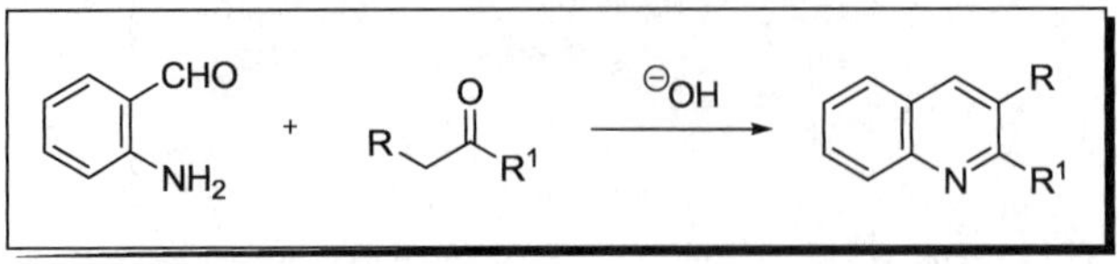

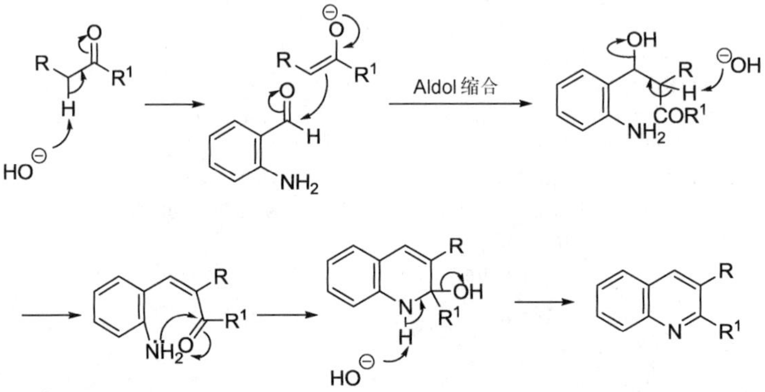

Example 1[5]

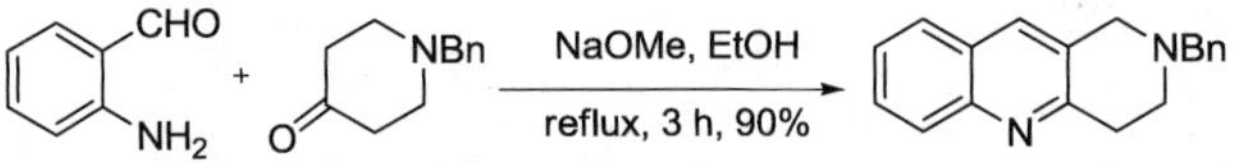

Example 2[7]

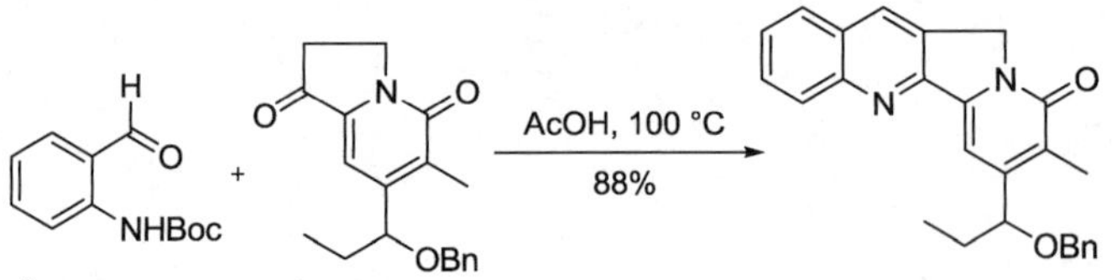

Example 3[8]

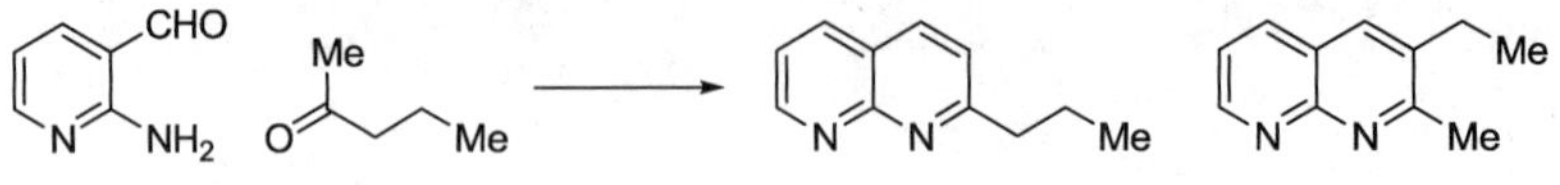

反应条件	转化率	比例
NaOH, rt	> 99%	37:63
四氢吡啶, 5% H_2SO_4, rt	97%	86:14
TBAO, 5% H_2SO_4, rt	> 99%	87:13
TBAO, 5% H_2SO_4, 慢慢加入, 65 °C	> 99%	94:6

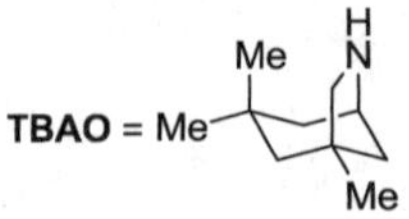

J.J. Li, *Name Reactions: A Collection of Detailed Mechanisms and Synthetic Applications*,
DOI 10.1007/978-3-319-03979-4_110, © Springer International Publishing Switzerland 2014

Example 4[10]

Example 5, 使用丙基膦酸酐(T3P)为偶联剂[11]

References

1. Friedländer, P. *Ber.* **1882**, *15*, 2572–2575. 傅瑞德兰特（P. Friedlander, 1857–1923）出生于普鲁士的Konigsburg，曾跟Carl Graebe 和拜耳学习，喜爱音乐，是一个颇有造艺的钢琴家。
2. Elderfield, R. C. In *Heterocyclic Compounds*, Elderfield, R. C., ed.; Wiley: New York, **1952**, *4*, *Quinoline, Isoquinoline and Their Benzo Derivatives*, 45–47. (Review).
3. Jones, G. In *Heterocyclic Compounds*, Quinolines, vol. 32, **1977**; Wiley: New York, pp 181–191. (Review).
4. Cheng, C.-C.; Yan, S.-J. *Org. React.* **1982**, *28*, 37–201. (Review).
5. Shiozawa, A.; Ichikawa, Y.-I.; Komuro, C.; Kurashige, S.; Miyazaki, H.; Yamanaka, H.; Sakamoto, T. *Chem. Pharm. Bull.* **1984**, *32*, 2522–2529.
6. Gladiali, S.; Chelucci, G.; Mudadu, M. S.; Gastaut, M.-A.; Thummel, R. P. *J. Org. Chem.* **2001**, *66*, 400–405.
7. Henegar, K. E.; Baughman, T. A. *J. Heterocycl. Chem.* **2003**, *40*, 601–605.
8. Dormer, P. G.; Eng, K. K.; Farr, R. N.; Humphrey, G. R.; McWilliams, J. C.; Reider, P. J.; Sager, J. W.; and Volante, R. P. *J. Org. Chem.* **2003**, *68*, 467–477.
9. Pflum, D. A. *Friedländer Quinoline Synthesis*. In *Name Reactions in Heterocyclic Chemistry*; Li, J. J., Ed.; Wiley: Hoboken, NJ, **2005**, 411–415. (Review).
10. Vander Mierde, H.; Van Der Voot, P.; De Vos, D.; Verpoort, F. *Eur. J. Org. Chem.* **2008**, 1625–1631.
11. Augustine, J. K.; Bombrun, A.; Venkatachaliah, S. *Tetrahedron Lett.* **2011**, *52*, 6814–6818.

Fries 重排反应

Lewis酸催化的酚酯和内酰胺重排为2-羰基酚或4-羰基酚的反应，亦称Fries-Finck重排反应。

Example 1[5]

Example 2[6]

J.J. Li, *Name Reactions: A Collection of Detailed Mechanisms and Synthetic Applications*,
DOI 10.1007/978-3-319-03979-4_111, © Springer International Publishing Switzerland 2014

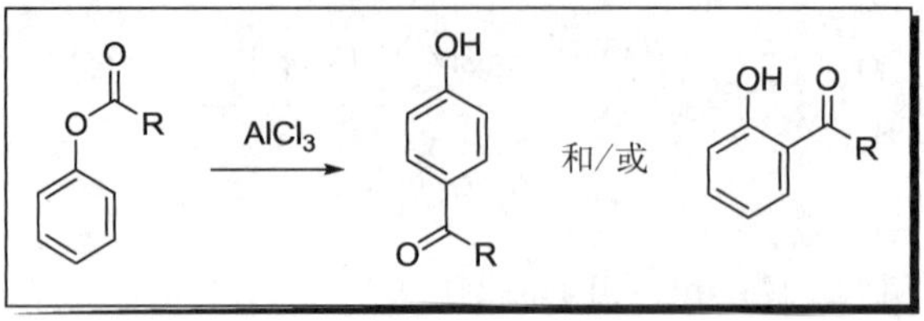

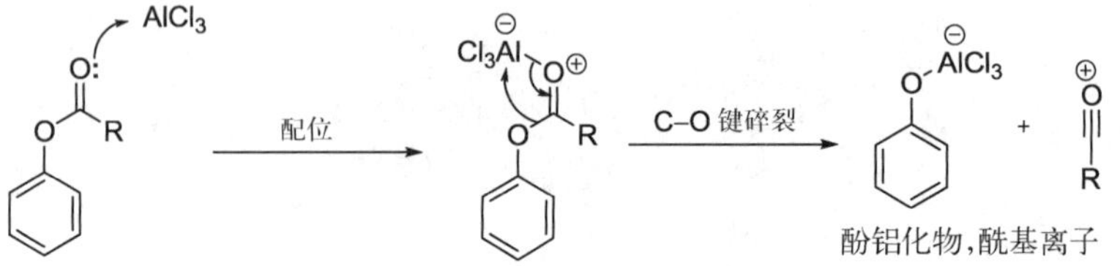

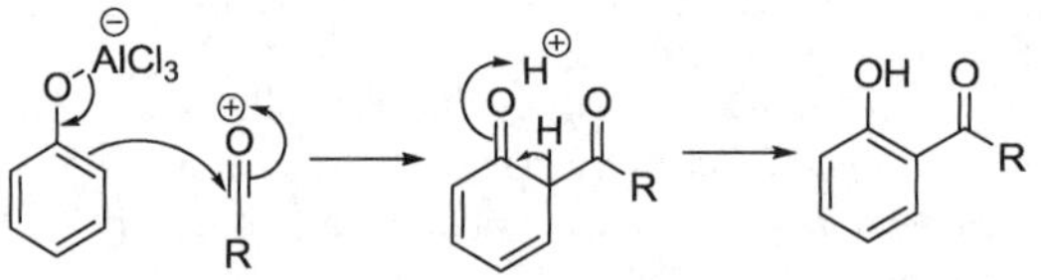

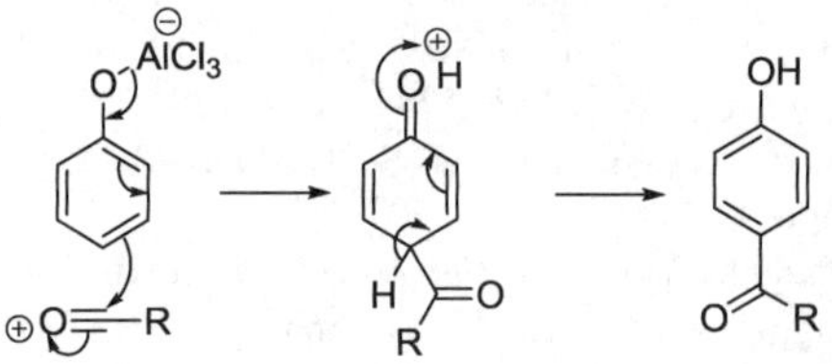

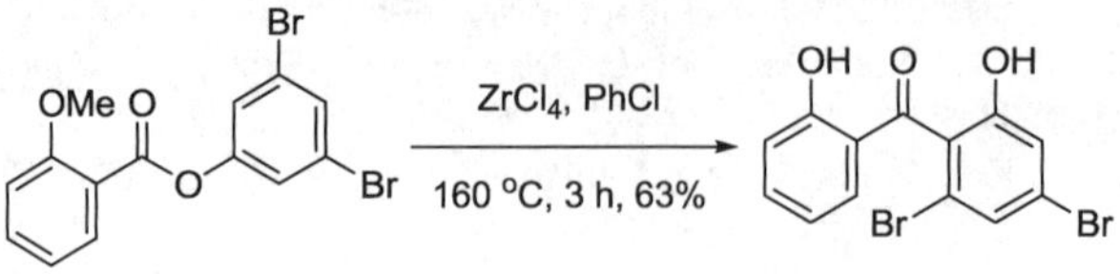

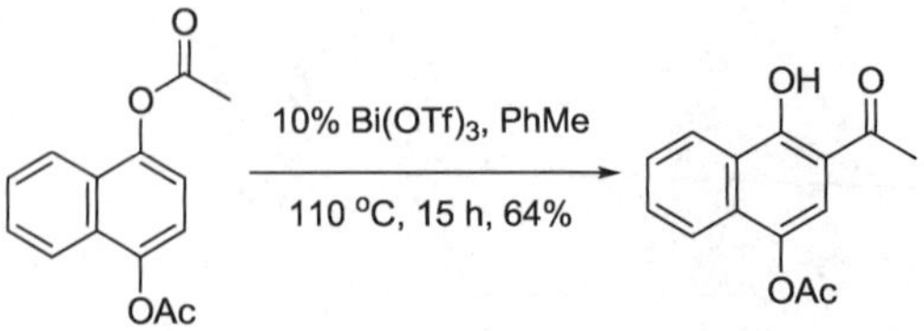

Example 3, 光促Fries重排[7]

低压汞灯
254 nM, MeCN, 36 h, 65%

Example 4, 邻位Fries重排[8]

2.1 equiv LTMP
–78 °C to rt, 97%

Example 5, 硫杂Fries重排[9]

LDA, THF, –78 °C
再 H_3O^+, 80%

Example 6, 远程负离子硫杂Fries重排[10]

3 equiv NaH, DMF
0 °C to rt, 2 h
64%

References

1. Fries, K.; Finck, G. *Ber.* **1908,** *41,* 4271–4284. 弗里斯（K. T. Fries, 1875–1962）出生于莱茵河畔Wiesbaden的Kiedrich, 在津克（T. Zincke）指导下获得Ph. D.学位。芬克（G. Finck）也一起发现了酚酯的重排反应, 但他的名字常被历史忘却。Fries重排反应还是应该称Fries-Finck重排反应才更完美。
2. Martin, R. *Org. Prep. Proced. Int.* **1992,** *24,* 369–435. (Review).
3. Boyer, J. L.; Krum, J. E.; Myers, M. C.; Fazal, A. N.; Wigal, C. T. *J. Org. Chem.* **2000,** *65,* 4712–4714.
4. Guisnet, M.; Perot, G. *The Fries rearrangement*. In *Fine Chemicals through Heterogeneous Catalysis* **2001,** 211–216. (Review).
5. Tisserand, S.; Baati, R.; Nicolas, M.; Mioskowski, C. *J. Org. Chem.* **2004,** *69,* 8982–8983.
6. Ollevier, T.; Desyroy, V.; Asim, M.; Brochu, M.-C. *Synlett* **2004,** 2794–2796.
7. Ferrini, S.; Ponticelli, F.; Taddei, M. *Org. Lett.* **2007,** *9,* 69–72.
8. Macklin, T. K.; Panteleev, J.; Snieckus, V. *Angew. Chem. Int. Ed.* **2008,** *47,* 2097–2101.
9. Dyke, A. M.; Gill, D. M.; Harvey, J. N.; Hester, A. J.; Lloyd-Jones, G. C.; Munoz, M. P.; Shepperson, I. R. *Angew. Chem. Int. Ed.* **2008,** *47,* 5067–5070.
10. Xu, X.-H.; Taniguchi, M.; Azuma, A.; Liu, G. K.; Tokunaga, E.; Shibata, N. *Org. Lett.* **2013,** *15,* 686–689.

Fukuyama 胺合成反应

用2,4-二硝基苯磺酰氯和醇将伯胺转化为仲醇的反应，亦称Fukuyama-Mitsunobu 程序。

请见 Mitsunobu反应的机理。

Example 1[6]

Example 2[7]

J.J. Li, *Name Reactions: A Collection of Detailed Mechanisms and Synthetic Applications*, DOI 10.1007/978-3-319-03979-4_112, © Springer International Publishing Switzerland 2014

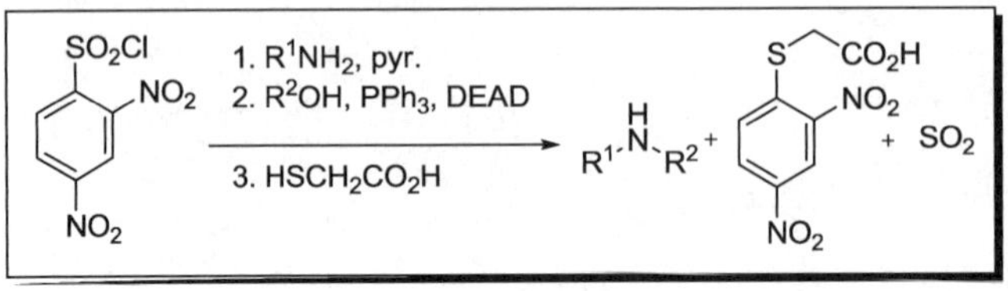

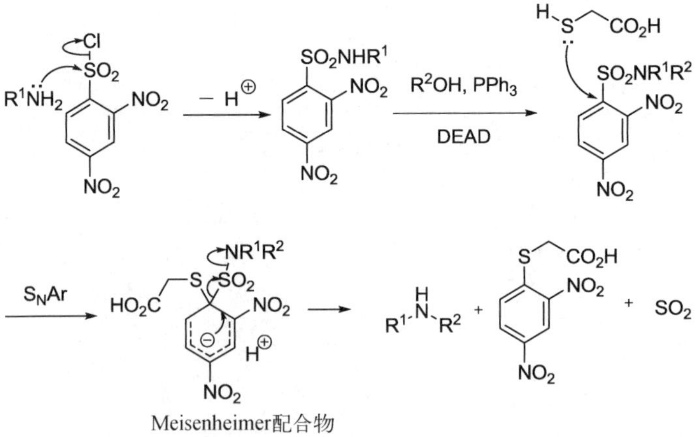

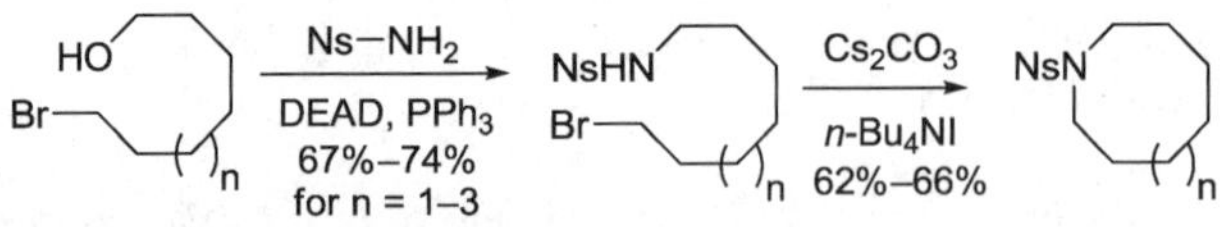

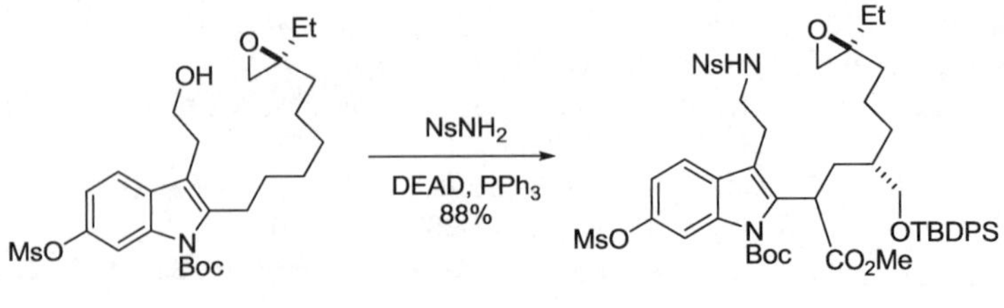

Example 3[8]

PyPh$_2$P = 2-吡啶基二苯基膦；

References

1. (a) Fukuyama, T.; Jow, C.-K.; Cheung, M. *Tetrahedron Lett.* **1995**, *36*, 6373–6374. 福山（T. Fukuyama）在哈佛大学岸（Y. Kishi）教授指导下取得Ph. D.学位。他在Rice Universy开始独立研究，后于1995年转到东京大学。 (b) Fukuyama, T.; Cheung, M.; Jow, C.-K.; Hidai, Y.; Kan, T. *Tetrahedron Lett.* **1997**, *38*, 5831–5834.
2. Piscopio, A. D.; Miller, J. F.; Koch, K. *Tetrahedron Lett.* **1998**, *39*, 2667–2670.
3. Bolton, G. L.; Hodges, J. C. *J. Comb. Chem.* **1999**, *1*, 130–133.
4. Lin, X.; Dorr, H.; Nuss, J. M. *Tetrahedron Lett.* **2000**, *41*, 3309–3313.
5. Olsen, C. A.; Jørgensen, M. R.; Witt, M.; Mellor, I. R.; Usherwood, P. N. R.; Jaroszewski, J. W.; Franzyk, H. *Eur. J. Org. Chem.* **2003**, 3288-3299.
6. Kan, T.; Fujiwara, A.; Kobayashi, H.; Fukuyama, T. *Tetrahedron* **2002**, *58*, 6267–6276.
7. Yokoshima, S.; Ueda, T.; Kobayashi, S.; Sato, A.; Kuboyama, T.; Tokuyama, H.; Fukuyama, T. *Pure Appl. Chem.* **2003**, *75*, 29–38.
8. Guisado, C.; Waterhouse, J. E.; Price, W. S.; Jørgensen, M. R.; Miller, A. D. *Org. Biomol. Chem.* **2005**, *3*, 1049–1057.
9. Olsen, C. A.; Witt, M.; Hansen, S. H.; Jaroszewski, J. W.; Franzyk, H. *Tetrahedron* **2005**, *61*, 6046–6055.
10. Janey, J. M. *Fukuyama Amine Synthesis*. In *Name Reactions for Functional Group Transformations*; Li, J. J., Ed.; Wiley: Hoboken, NJ, **2007**, pp 424–437. (Review).
11. Hahn, F.; Schepers, U. *Synlett* **2009**, 2755–2760. (Review).

Fukuyama 还原反应

硫酯用 Et_3SiH 在 Pd/C 催化剂存在下被还原为醛。

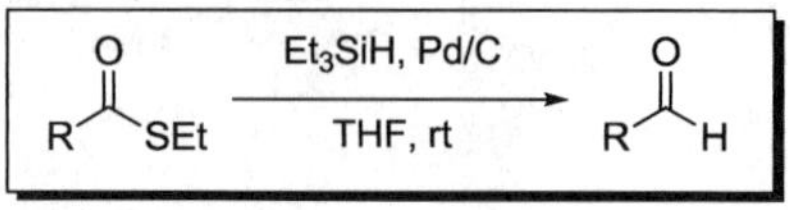

$$R-C(O)-SEt \xrightarrow{Et_3SiH, Pd/C, THF, rt} R-CHO$$

Path A:

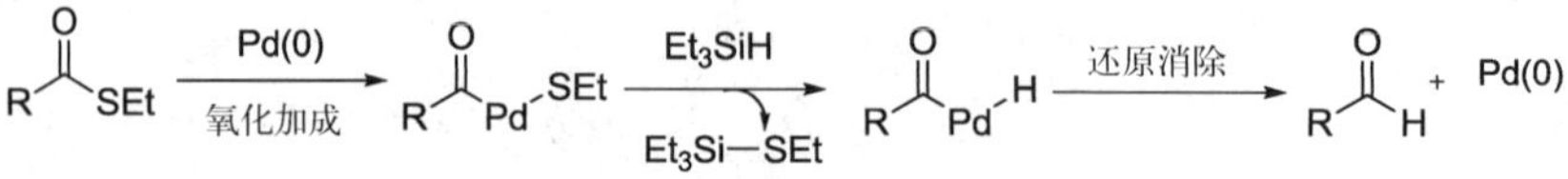

$$R-C(O)-SEt \xrightarrow[\text{氧化加成}]{Pd(0)} R-C(O)-Pd-SEt \xrightarrow[Et_3Si-SEt]{Et_3SiH} R-C(O)-Pd-H \xrightarrow{\text{还原消除}} R-CHO + Pd(0)$$

Path B:

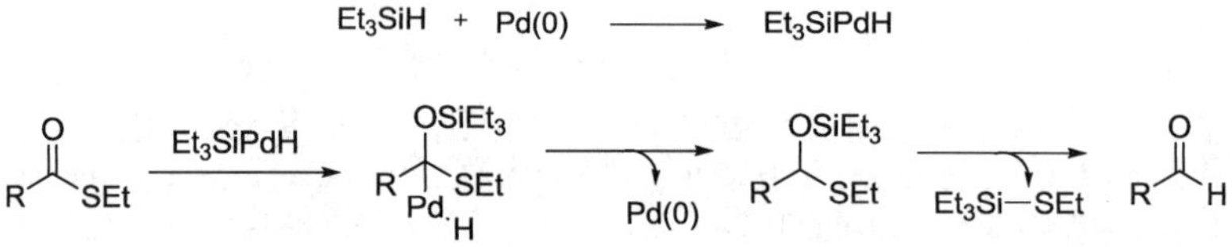

$$Et_3SiH + Pd(0) \longrightarrow Et_3SiPdH$$

$$R-C(O)-SEt \xrightarrow{Et_3SiPdH} R-C(OSiEt_3)(SEt)(Pd)(H) \xrightarrow{Pd(0)} R-CH(OSiEt_3)(SEt) \xrightarrow{Et_3Si-SEt} R-CHO$$

Example 1[1]

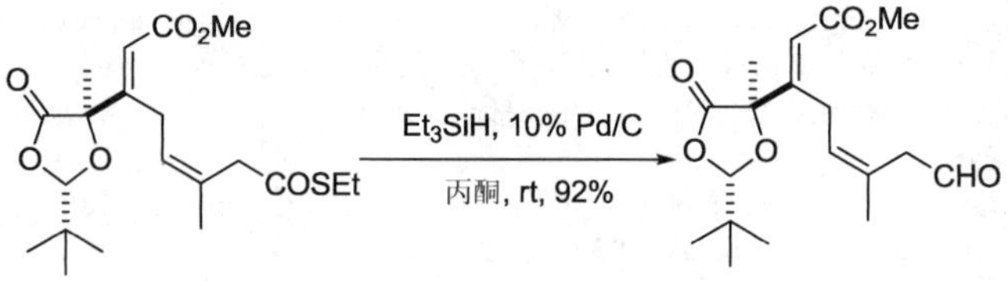

Et_3SiH, 10% Pd/C, 丙酮, rt, 92%

Example 2[3]

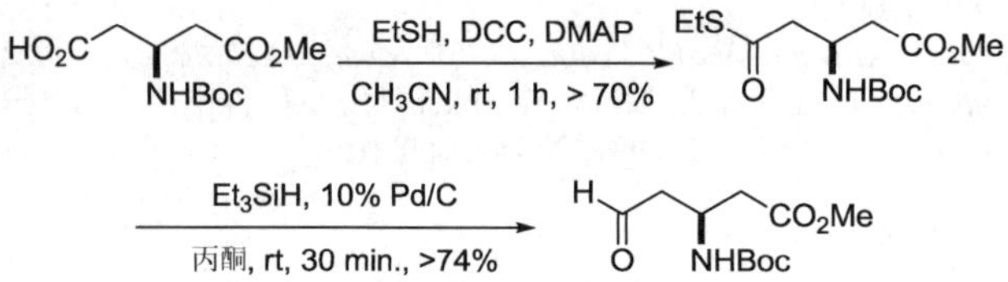

EtSH, DCC, DMAP, CH_3CN, rt, 1 h, > 70%

Et_3SiH, 10% Pd/C, 丙酮, rt, 30 min., >74%

Example 3[8]

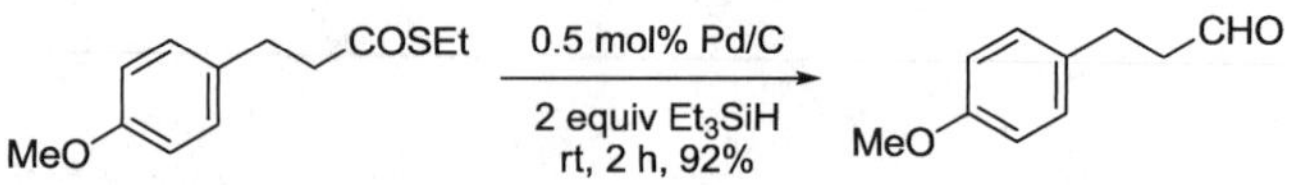

0.5 mol% Pd/C, 2 equiv Et_3SiH, rt, 2 h, 92%

References
1. Fukuyama, T.; Lin, S.-C.; Li, L. *J. Am. Chem. Soc.* **1990,** *112*, 7050–7051.
2. Kanda, Y.; Fukuyama, T. *J. Am. Chem. Soc.* **1993,** *115*, 8451–8452.
3. Fujiwara, A.; Kan, T.; Fukuyama, T. *Synlett* **2000,** 1667–1673.
4. Tokuyama, H.; Yokoshima, S.; Lin, S.-C.; Li, L.; Fukuyama, T. *Synthesis* **2002,** 1121–1123.
5. Evans, D. A.; Rajapakse, H. A.; Stenkamp, D. *Angew. Chem. Int. Ed.* **2002,** *41*, 4569–4573.
6. Shimada, K.; Kaburagi, Y.; Fukuyama, T. *J. Am. Chem. Soc.* **2003,** *125*, 4048–4049.
7. Kimura, M.; Seki, M. *Tetrahedron Lett.* **2004,** *45*, 3219–3223. (Possible mechanisms were proposed in this paper).
8. Miyazaki, T.; Han-ya, Y.; Tokuyama, H.; Fukuyama, T. *Synlett* **2004,** 477–480.
9. Weerasinghe, L. P.; Garner, P. P.; Youngs, W. J.; Wright, B. *Abstracts of Papers, 243rd ACS National Meeting & Exposition*, San Diego, CA, March 25-29, (2012),ORGN-306.

Gabriel 合成反应

邻苯二甲酰亚胺的钾盐和烷基卤反应制备伯胺。

Example 1[2]

Example 2[6]

Example 3[8z]

J.J. Li, *Name Reactions: A Collection of Detailed Mechanisms and Synthetic Applications*,
DOI 10.1007/978-3-319-03979-4_114, © Springer International Publishing Switzerland 2014

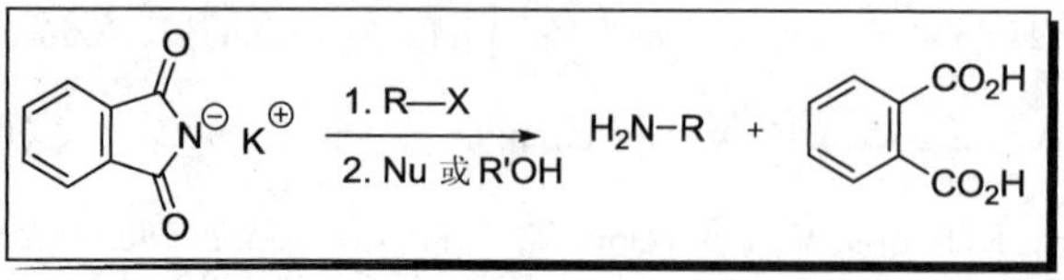

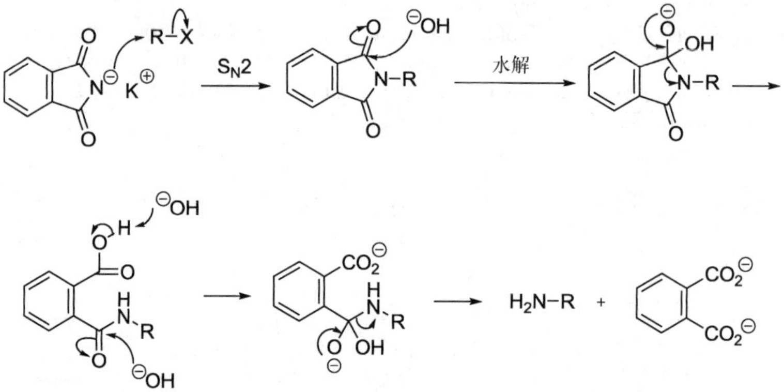

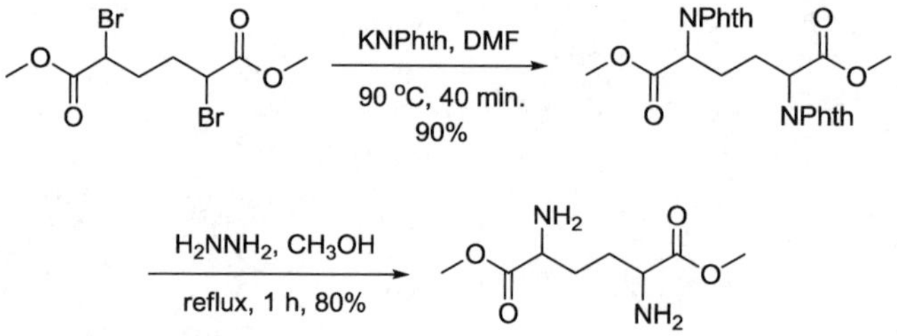

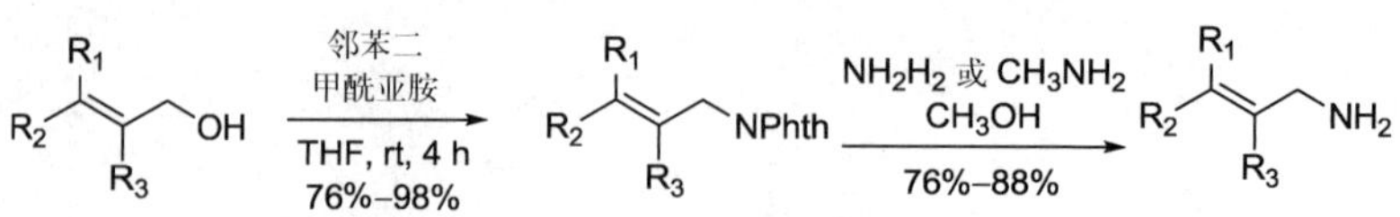

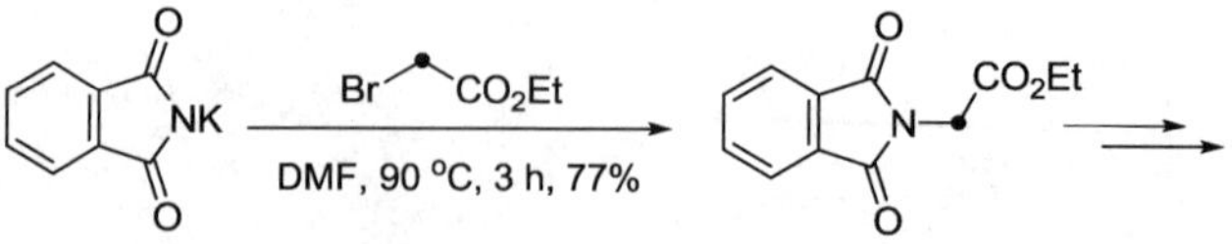

[Reaction scheme: phthalimide-protected methyl ester + 6 M HCl, reflux, 14 h, 93% → HCl·H₂N-substituted carboxylic acid; • = ¹³C]

Example 4[9]

[Reaction scheme: norbornene diol + 邻苯二甲酰亚胺, PPh₃, DEAD, THF, 54% → bis-NPht; 1. NH₂NH₂·H₂O, THF, reflux, 8 h; 2. Pd/C, H₂, THF, 95%, 2 steps → bis-NH₂ norbornane]

References

1. Gabriel, S. *Ber.* **1887**, *20*, 2224–2226. 伽布列尔（S. Gabrial, 1851-1924）出生于德国柏林，先后在柏林跟霍夫曼，在海德堡跟本生学习。他在柏林教学并发现了制备伯胺的Gabriel反应。他是费歇尔的好朋友，常常代他去上课教学。
2. Sheehan, J. C.; Bolhofer, V. A. *J. Am. Chem. Soc.* **1950**, *72*, 2786–2788.
3. Han, Y.; Hu, H. *Synthesis* **1990**, 122–124.
4. Ragnarsson, U.; Grehn, L. *Acc. Chem. Res.* **1991**, *24*, 285–289. (Review).
5. Toda, F.; Soda, S.; Goldberg, I. *J. Chem. Soc., Perkin Trans. 1* **1993**, 2357–2361.
6. Sen, S. E.; Roach, S. L. *Synthesis*, **1995**, 756–758.
7. Khan, M. N. *J. Org. Chem.* **1996**, *61*, 8063–8068.
8. Iida, K.; Tokiwa, S.; Ishii, T.; Kajiwara, M. *J. Labelled. Compd. Radiopharm.* **2002**, *45*, 569–570.
9. Tanyeli, C.; Özçubukçu, S. *Tetrahedron Asymmetry* **2003**, *14*, 1167–1170.
10. Ahmad, N. M. *Gabriel synthesis*. In *Name Reactions for Functional Group Transformations*; Li, J. J., Ed.; Wiley: Hoboken, NJ, **2007**, pp 438–450. (Review).
11. Al-Mousawi, S. M.; El-Apasery, M. A.; Al-Kanderi, N. H. *ARKIVOC* **2008**, *(16)*, 268–278.
12. Richter, J. M. *Name Reactions in Heterocyclic Chemistry-II*, Li, J. J., Ed.; Wiley: Hoboken, NJ, 2011, pp 11–20. (Review).
13. Cytlak, T.; Marciniak, B.; Koroniak, H. In *Efficient Preparations of Fluorine Compounds*; Roesky, H. W., ed.; Wiley: Hoboken, NJ, (2013), pp 375–378. (Review).

Ing-Monske 程序

Gabriel反应的一个变异。肼与相应的邻苯二甲酰亚胺化物反应后给出伯胺。

[Reaction scheme: potassium phthalimide + 1. RX, 2. NH₂NH₂ → H₂N-R + phthalhydrazide]

Example 1[6]

References

1. Ing, H. R.; Manske, R. H. F. *J. Chem. Soc.* **1926,** 2348–2351. 英格（H. R. Ing）是牛津大学的药理化学（Pharmacological Chemistry at Oxford）教授。他在牛津的同事曼斯克（R. H. F. Manske）原籍德国，去牛津前在加拿大受到训练，后又回到加拿大任 Union Rubber Company，Guelph，Ontario 的研究主任。
2. Ueda, T.; Ishizaki, K. *Chem. Pharm. Bull.* **1967,** *15*, 228–237.
3. Khan, M. N. *J. Org. Chem.* **1995,** *60*, 4536–4541.
4. Hearn, M. J.; Lucas, L. E. *J. Heterocycl. Chem.* **1984,** *21*, 615–622.
5. Khan, M. N. *J. Org. Chem.* **1996,** *61*, 8063–8063.
6. Tanyeli, C.; Özçubukçu, S. *Tetrahedron: Asymmetry* **2003,** *14*, 1167–1170.
7. Ariffin, A.; Khan, M. N.; Lan, L. C.; May, F. Y.; Yun, C. S. *Synth. Commun.* **2004,** *34*, 4439–4445.
8. Ali, M. M.; Woods, M.; Caravan, P.; Opina, A. C. L.; Spiller, M.; Fettinger, J. C.; Sherry, A. D. *Chem. Eur. J.* **2008,** *14*, 7250–7258.
9. Nagarapu, L.; Apuri, S.; Gaddam, C.; Bantu, R. *Org. Prep. Proc. Int.* **2009,** *41*, 243–247.

Gabriel-Colman 重排反应

N-酰基马来酰亚胺的烯醇盐反应给出异喹啉-1,4-二醇。

Example 1[6]

Example 2[9]

References

1. (a) Gabriel, S.; Colman, J. *Ber.* **1900**, *33*, 980–995. (b) Gabriel, S.; Colman, J. *Ber.* **1900**, *33*, 2630–2634. (c) Gabriel, S.; Colman, J. *Ber.* **1902**, *35*, 1358–1368.
2. Allen, C. F. H. *Chem. Rev.* **1950**, *47*, 275–305. (Review).
3. Gensler, W. J. *Heterocyclic Compounds*, Vol. 4, R. C. Elderfield, Ed., Wiley & Sons., New York, N.Y., **1952**, 378. (Review).
4. Hill, J. H. M. *J. Org. Chem.* **1965**, *30*, 620–622. (Mechanism).
5. Lombardino, J. G.; Wiseman, E. H.; McLamore, W. M. *J. Med. Chem.* **1971**, *14*, 1171–1175.
6. Schapira, C. B.; Perillo, I. A.; Lamdan, S. *J. Heterocycl. Chem.* **1980**, *17*, 1281–1288.
7. Lazer, E. S.; Miao, C. K.; Cywin, C. L.; et al. *J. Med. Chem.* **1997**, *40*, 980–989.
8. Pflum, D. A. *Gabriel–Colman Rearrangement*. In *Name Reactions in Heterocyclic Chemistry*; Li, J. J., Ed.; Wiley: Hoboken, NJ, **2005**, pp 416–422. (Review).
9. Kapatsina, E.; Lordon, M.; Baro, A.; Laschat, S. *Synthesis* **2008**, 2551–2560.

J. J. Li, Name Reactions: A Collection of Detailed Mechanisms and Synthetic Applications,
DOI 10.1007/978-3-319-03979-4_115, © Springer International Publishing Switzerland 2014

Gassman 吲哚合成反应

次氯酸盐、β-羰基硫醚衍生物和碱先后加到苯胺或取代的苯胺中去，一锅煮反应给出 3-硫烷基吲哚。硫很易由 Raney Ni 或氢解除去。

Example 1[1]

Example 2[2]

References

1. (a) Gassman, P. G.; van Bergen, T. J.; Gilbert, D. P.; Cue, B. W., Jr. *J. Am. Chem. Soc.* **1974**, *96*, 5495–5508. 伽斯曼（P. G. Gassman, 1935–1993）于1974~1993年间是明尼苏达大学（University of Minnesota）教授。(b) Gassman, P. G.; van Bergen, T. J. *J. Am. Chem. Soc.* **1974,** *96*, 5508–5512. (c) Gassman, P. G.; Gruetzmacher, G.; van Bergen, T. J. *J. Am. Chem. Soc.* **1974,** *96*, 5512–5517.
2. Wierenga, W. *J. Am. Chem. Soc.* **1981**, *103*, 5621–5623.
3. Ishikawa, H.; Uno, T.; Miyamoto, H.; Ueda, H.; Tamaoka, H.; Tominaga, M.; Nakagawa, K. *Chem. Pharm. Bull.* **1990**, *38*, 2459–2462.
4. Smith, A. B., III; Sunazuka, T.; Leenay, T. L.; Kingery-Wood, J. *J. Am. Chem. Soc.* **1990,** *112*, 8197–8198.
5. Smith, A. B., III; Kingery-Wood, J.; Leenay, T. L.; Nolen, E. G.; Sunazuka, T. *J. Am. Chem. Soc.* **1992,** *114*, 1438–1449.
6. Savall, B. M.; McWhorter, W. W.; Walker, E. A. *J. Org. Chem.* **1996**, *61*, 8696–8697.
7. Li, J.; Cook, J. M. *Gassman Indole Synthesis*. In *Name Reactions in Heterocyclic Chemistry*; Li, J. J., Ed.; Wiley: Hoboken, NJ, **2005,** pp 128–131. (Review).
8. Barluenga, J.; Valdes, C. In *Modern Heterocyclic Chemistry;* Alvarez-Builla, J.; Vaquero, J. J.; Barluenga, J. eds.; Wiley-VCH: Weinheim, Germany; (2011), *1*, 377–531. (Review).

Gatermann-Koch 反应

芳烃用 CO 和 HCl 在 AlCl$_3$ 存在下高压反应发生甲酰化。

$$\text{PhH} + CO + HCl \xrightarrow[Cu_2Cl_2]{AlCl_3} \text{PhCHO}$$

[机理图：CO 被 AlCl$_3$ 活化，与 HCl 反应生成酰基离子 (acylium ion)，再与苯发生亲电取代，最后失去 H$^+$ 得到苯甲醛]

酰基离子

Example 1, 一个更实用的变异[4]

[反应式：地衣酚 (orcinol) + Zn(CN)$_2$, AlCl$_3$, HCl (g), 0 °C → 亚胺中间体 → H$_2$O, 0 to 100 °C, 95% → 2,4-二羟基-6-甲基苯甲醛]

地衣酚

References

1. Gattermann, L.; Koch, J. A. *Ber.* **1897**, *30*, 1622–1624. 伽特曼 (L. Gattermann, 1860-1920) 出生于德国的弗里堡，他于1894年编著的教材《Die Praxis de Organischen Chemie》享誉世界。其父亲是个面包师，该教材也被同时代人戏称为"德国食谱"。
2. Crounse, N. N. *Org. React.* **1949**, *5*, 290–300. (Review).
3. Truce, W. E. *Org. React.* **1957**, *9*, 37–72. (Review).
4. Solladié, G.; Rubio, A.; et al. *Tetrahedron: Asymmetry* **1990**, *1*, 187–198.
5. (a) Tanaka, M.; Fujiwara, M.; Ando, H. *J. Org. Chem.* **1995**, *60*, 2106–2111. (b) Tanaka, M.; Fujiwara, M.; Ando, H.; Souma, Y. *Chem. Commun.* **1996**, 159–160. (c) Tanaka, M.; Fujiwara, M.; Xu, Q.; Souma, Y.; Ando, H.; Laali, K. K. *J. Am. Chem. Soc.* **1997**, *119*, 5100–5105. (d) Tanaka, M.; Fujiwara, M.; Xu, Q.; Ando, H.; Raeker, T. J. *J. Org. Chem.* **1998**, *63*, 4408–4412.
6. Kantlehner, W.; Vettel, M.; et al. Haas, R. *J. Prakt. Chem.* **2000**, *342*, 297–310.

Gewald 氨基噻吩合成

酮、腈的 α-活泼亚甲基和硫在碱性促进下生成氨基噻吩的反应。

Example 1[4]

Example 2[7]

Example 3[9]

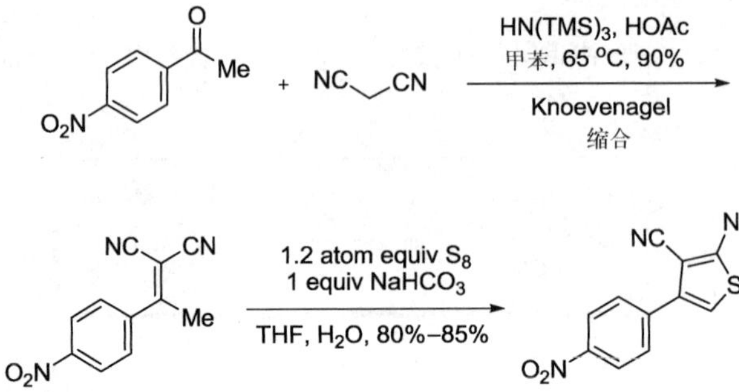

Example 4[10]

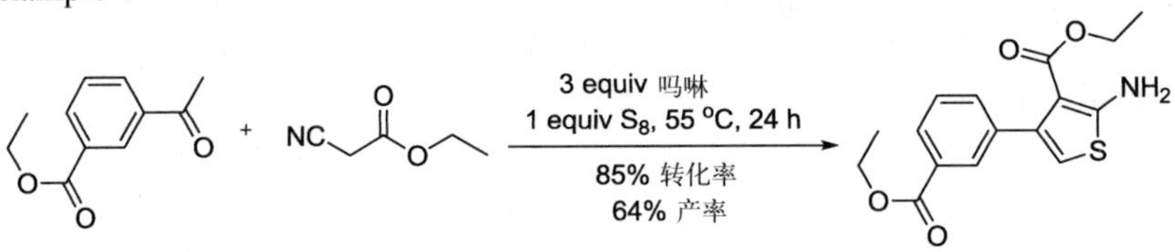

Example 5[11]

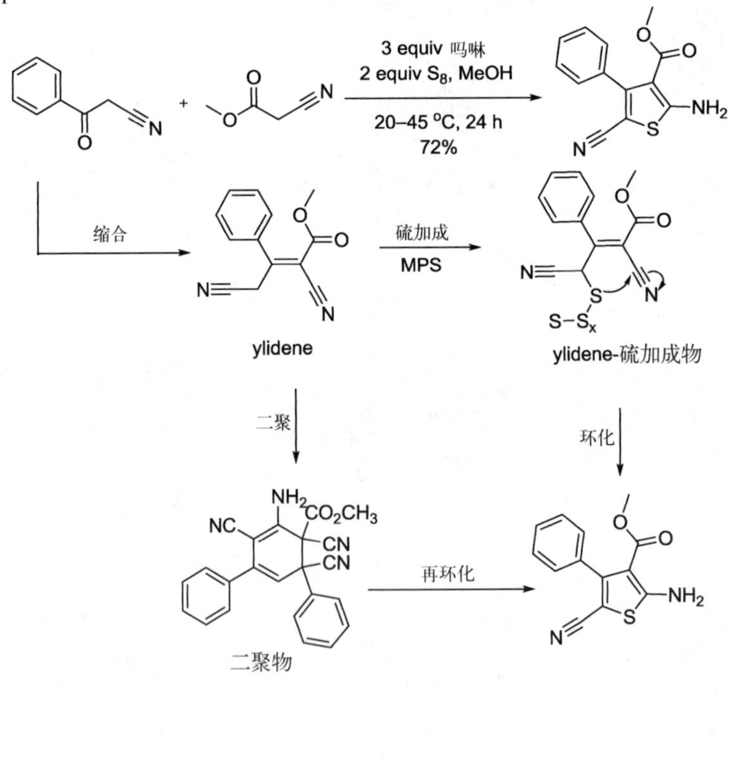

Example 6, N-甲基哌嗪官能化的聚丙烯腈纤维质催化剂[12]

References

1. (a) Gewald, K. *Z. Chem.* **1962**, *2*, 305–306. (b) Gewald, K.; Schinke, E.; Böttcher, H. *Chem. Ber.* **1966**, *99*, 94–100. (c) Gewald, K.; Neumann, G.; Böttcher, H. *Z. Chem.* **1966**, *6*, 261. (d) Gewald, K.; Schinke, E. *Chem. Ber.* **1966**, *99*, 271–275. 格瓦尔特（K. Gewald, 1930– ）是 Technical University of Dresden 教授。
2. Mayer, R.; Gewald, K. *Angew. Chem. Int. Ed.* **1967**, *6*, 294–306. (Review).
3. Gewald, K. *Chimia* **1980**, *34*, 101–110. (Review).
4. Bacon, E. R.; Daum, S. J. *J. Heterocycl. Chem.* **1991**, *28*, 1953-1955.
5. Sabnis, R. W. *Sulfur Reports* **1994**, *16*, 1–17. (Review).
6. Sabnis, R. W.; Rangnekar, D. W.; Sonawane, N. D. *J. Heterocycl. Chem.* **1999**, *36*, 333–345. (Review).
7. Gütschow, M.; Kuerschner, L.; Neumann, U.; Pietsch, M.; Löser, R.; Koglin, N.; Eger, K. *J. Med. Chem.* **1999**, *42*, 5437.
8. Tinsley, J. M. *Gewald Aminothiophene Synthesis*. In *Name Reactions in Heterocyclic Chemistry*; Li, J. J., Ed.; Wiley: Hoboken, NJ, **2005**, pp 193–198. (Review).
9. Barnes, D. M.; Haight, A. R.; Hameury, T.; McLaughlin, M. A.; Mei, J.; Tedrow, J. S.; Dalla Riva Toma, J. *Tetrahedron* **2006**, *62*, 11311–11319.
10. Tormyshev, V. M.; Trukhin, D. V.; Rogozhnikova, O. Yu.; Mikhalina, T. V.; Troitskaya, T. I.; Flinn, A. *Synlett* **2006**, 2559–2564.
11. Puterová, Z.; Andicsová, A.; Végh, D. *Tetrahedron* **2008**, *64*, 11262–11269.
12. Ma, L.; Yuan, L.; Xu, C.; Li, G.; Tao, M.; Zhang, W. *Synthesis* **2013**, *45*, 45–52.

Glaser 偶联反应

有时亦称Glaser-Hey 偶联反应，指两分子端基炔烃在氧气氛中由铜催化发生自氧化偶联反应。

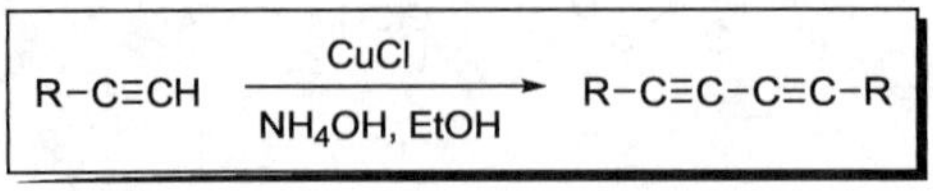
R−C≡CH
CuCl
NH4OH, EtOH
R−C≡C−C≡C−R

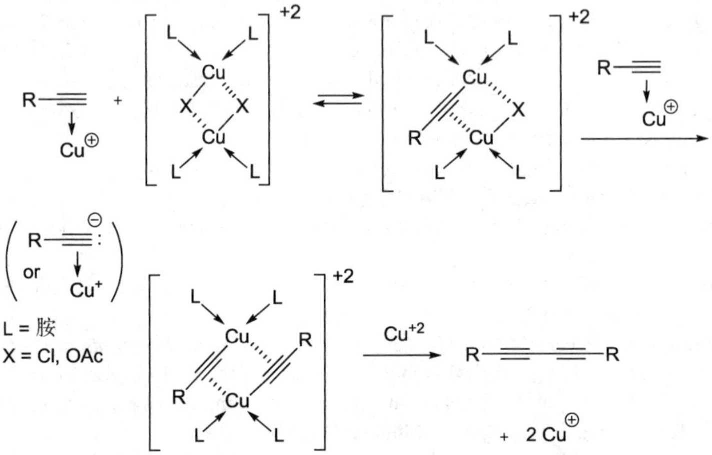
or
L = 胺
X = Cl, OAc
Cu+2
+ 2 Cu

经自由基机理也是可行的：

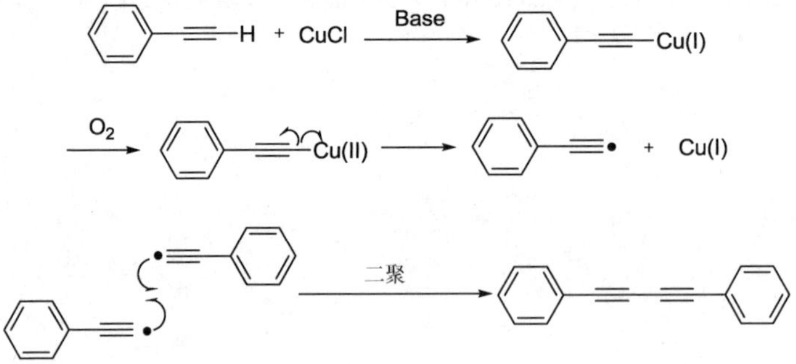
H
CuCl
Base
Cu(I)
O2
Cu(II)
二聚

Example 1[1]

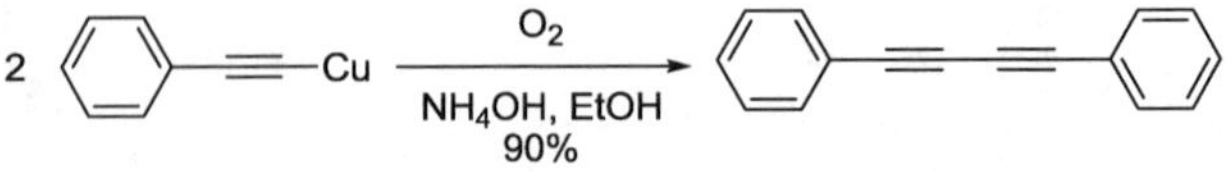
2
Cu
O2
NH4OH, EtOH
90%

J.J. Li, *Name Reactions: A Collection of Detailed Mechanisms and Synthetic Applications*,
DOI 10.1007/978-3-319-03979-4_119, © Springer International Publishing Switzerland 2014

Example 2, 同偶联[2]

[Reaction scheme: HO-CH=CH-C≡CH with Cu, NH₄Cl, O₂, 90% → HO-CH=CH-C≡C-C≡C-CH=CH-OH]

Example 3[7]

[Reaction scheme with CuCl, TMEDA, O₂, CH₂Cl₂, 0°C, 47%; R = 正己基]

Example 4[9]

[Reaction scheme: AcS-C₆H₄-C≡CH with 0.05 equiv CuI, 0.2 equiv TMEDA, 0.05 equiv NiCl₂·6H₂O, air, THF, rt, 60 h, 65% → AcS-C₆H₄-C≡C-C≡C-C₆H₄-SAc]

References

1. Glaser, C. *Ber.* **1869,** *2,* 422–424. 格拉塞（A. Glaser, 1841-1935）受过李比希（J. von Liebig）和斯特莱克（A. Strecker）指导，1869年发现本反应并成为教授，一次大战后任巴斯夫董事会（Board of BASF）主席。
2. Bowden, K.; Heilbron, I.; Jones, E. R. H.; Sondheimer, F. *J. Chem. Soc.* **1947,** 1583–1590.
3. Hoeger, S.; Meckenstock, A.-D.; Pellen, H. *J. Org. Chem.* **1997,** *62,* 4556–4557.
4. Siemsen, P.; Livingston, R. C.; Diederich, F. *Angew. Chem. Int. Ed.* **2000,** *39,* 2632–2657. (Review).
5. Youngblood, W. J.; Gryko, D. T.; Lammi, R. K.; Bocian, D. F.; Holten, D.; Lindsey, J. S. *J. Org. Chem.* **2002,** *67,* 2111–2117.
6. Moriarty, R. M.; Pavlovic, D. *J. Org. Chem.* **2004,** *69,* 5501–5504.
7. Andersson, A. S.; Kilsa, K.; Hassenkam, T.; Gisselbrecht, J.-P.; Boudon, C.; Gross, M.; Nielsen, M. B.; Diederich, F. *Chem. Eur. J.* **2006,** *12,* 8451–8459.
8. Gribble, G. W. *Glaser Coupling.* In *Name Reactions for Homologations-Part I*; Li, J. J., Ed.; Wiley: Hoboken, NJ, **2009,** pp 236–257. (Review).
9. Muesmann, T. W. T.; Wickleder, M. S.; Christoffers, J. *Synthesis* **2011,** 2775–2780.

Eglinton 偶联反应

端基炔烃在氧气氛中由化学剂量或过量的乙酸铜促进发生氧化偶联反应，是 Glaser 偶联反应的变异。

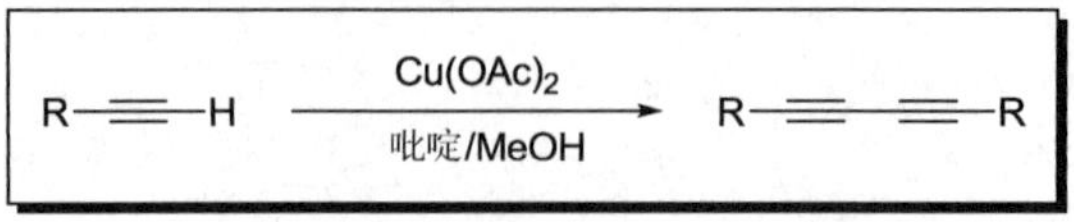

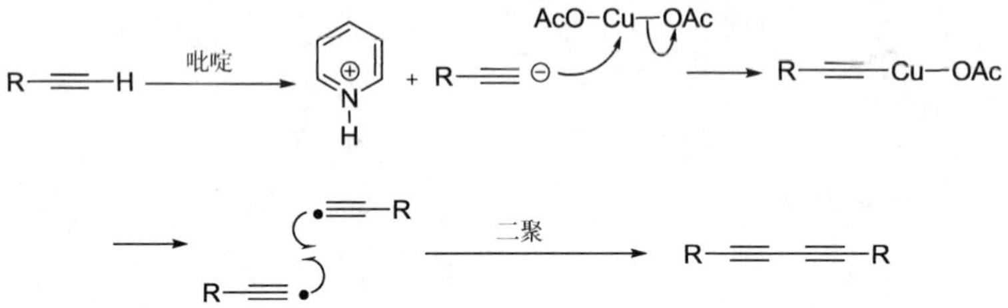

Example 1, 同偶联[2]

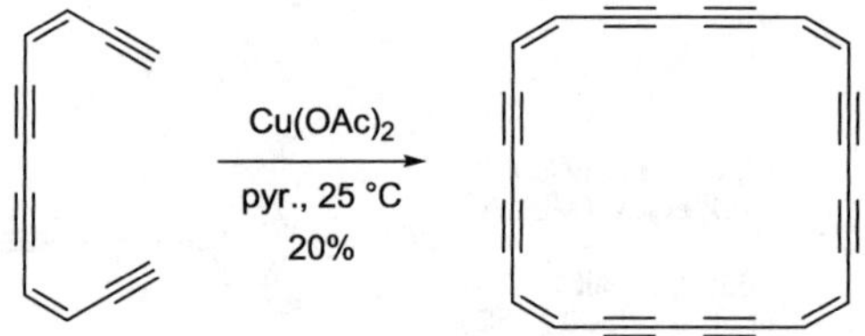

Example 2, 交叉偶联[3]

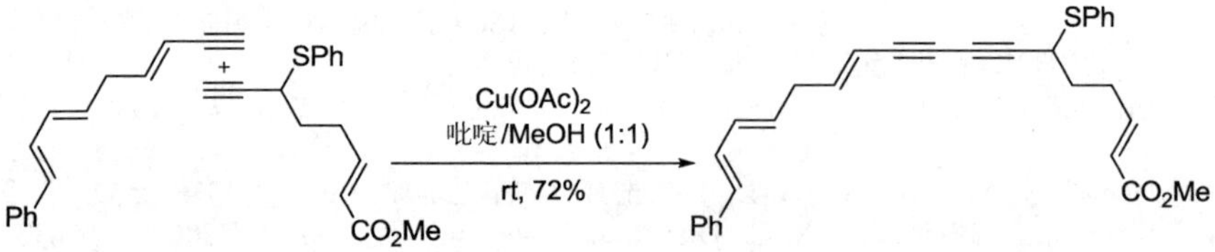

Example 3, 同偶联[4]

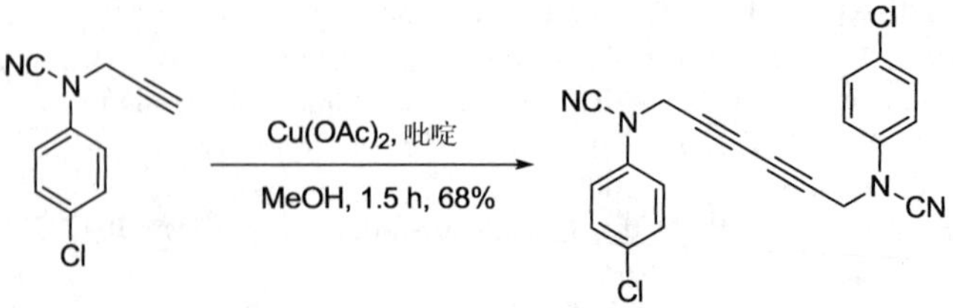

Example 4[5]

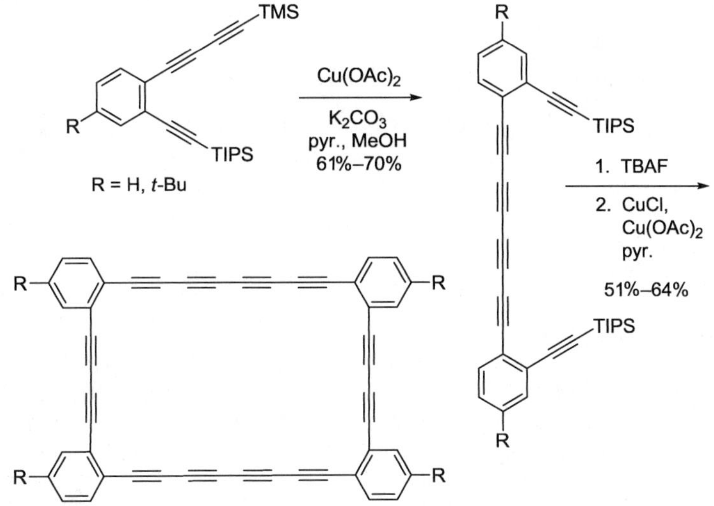

Example 5[11]

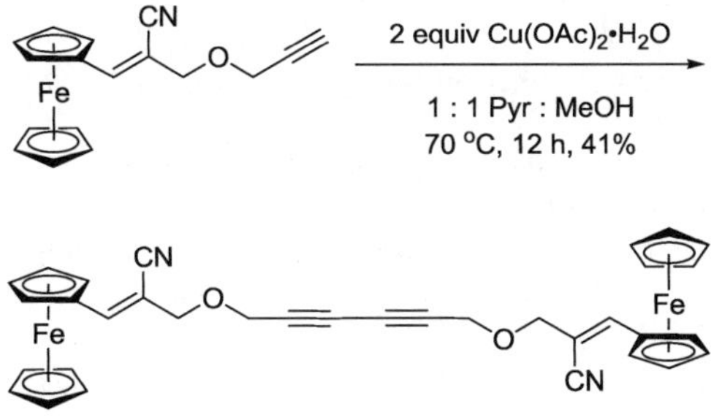

Example 6[12]

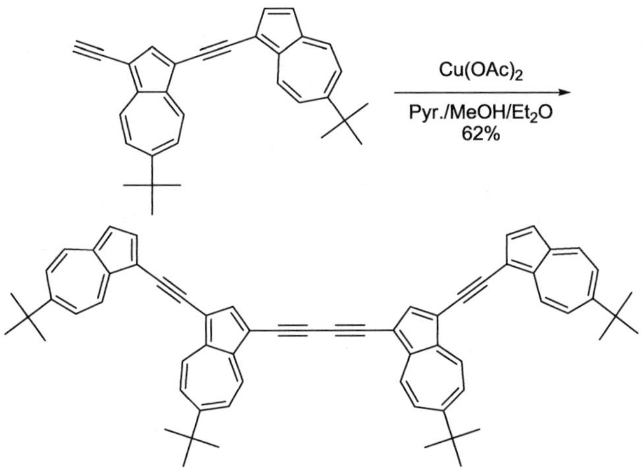

Example 7[13]

reflux, 54%, 12% 二聚物

Cu(OAc)$_2$H$_2$O, CH$_3$CN

References
1. (a) Eglinton, G.; Galbraith, A. R. *Chem. Ind.* **1956,** 737–738. 埃格林顿（G. Eglinton, 1927- ）出生于英国威尔士的 Cardiff，是 Bristol University 的退休荣誉教授。(b) Behr, O. M.; Eglinton, G.; Galbraith, A. R.; Raphael, R. A. *J. Chem. Soc.* **1960,** 3614–3625. (c) Eglinton, G.; McRae, W. *Adv. Org. Chem.* **1963,** *4*, 225–328. (Review).
2. McQuilkin, R. M.; Garratt, P. J.; Sondheimer, F. *J. Am. Chem. Soc.* **1970,** *92*, 6682–6683.
3. Nicolaou, K. C.; Petasis, N. A.; Zipkin, R. E.; Uenishi, J. *J. Am. Chem. Soc.* **1982,** *104*, 5558–5560.
4. Srinivasan, R.; Devan, B.; Shanmugam, P.; Rajagopalan, K. *Indian J. Chem., Sect. B* **1997,** *36B*, 123–125.
5. Haley, M. M.; Bell, M. L.; Brand, S. C.; Kimball, D. B.; Pak, J. J.; Wan, W. B. *Tetrahedron Lett.* **1997,** *38*, 7483–7486.
6. Nakanishi, H.; Sumi, N.; Aso, Y.; Otsubo, T. *J. Org. Chem.* **1998,** *63*, 8632–8633.
7. Kaigtti-Fabian, K. H. H.; Lindner, H.-J.; Nimmerfroh, N.; Hafner, K. *Angew. Chem. Int. Ed.* **2001,** *40*, 3402–3405.
8. Siemsen, P.; Livingston, R. C.; Diederich, F. *Angew. Chem. Int. Ed.* **2000,** *39*, 2632–2657. (Review).
9. Inouchi, K.; Kabashi, S.; Takimiya, K.; Aso, Y.; Otsubo, T. *Org. Lett.* **2002,** *4*, 2533–2536.
10. Xu, G.-L.; Zou, G.; Ni, Y.-H.; DeRosa, M. C.; Crutchley, R. J.; Ren, T. *J. Am. Chem. Soc.* **2003,** *125*, 10057–10065.
11. Shanmugam, P.; Vaithiyananthan, V.; Viswambharan, B.; Madhavan, S. *Tetrahedron Lett.* **2007,** *48*, 9190–9194.
12. Miljanic, O. S.; Dichtel, W. R.; Khan, S. I.; Mortezaei, S.; Heath, J. R.; Stoddart, J. F. *J. Am. Chem. Soc.* **2007,** *129*, 8236–8246.
13. White, N. G.; Beer, P. D. *Beilstein J. Org. Chem.* **2012,** *8*, 246–252.

Gomberg-Bachmann 反应

芳基重氮盐和芳烃在碱促进下发生二芳基化合物的自由基偶联反应。

Example 1[5]

Example 2[6]

J.J. Li, *Name Reactions: A Collection of Detailed Mechanisms and Synthetic Applications*,
DOI 10.1007/978-3-319-03979-4_120, © Springer International Publishing Switzerland 2014

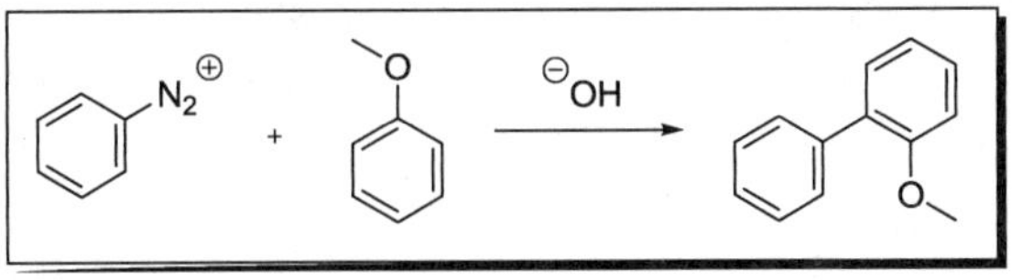

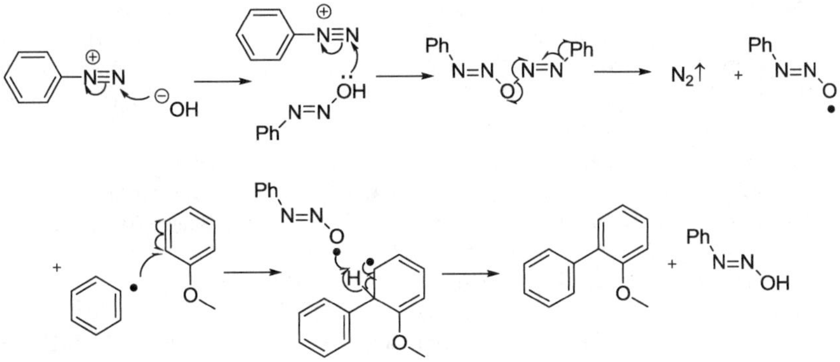

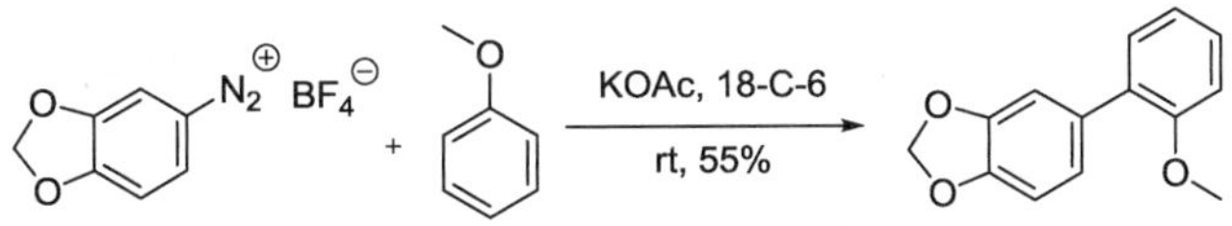

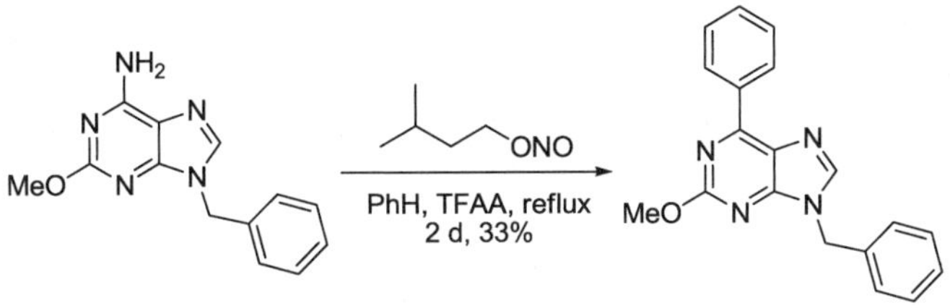

Example 3, 重氮酸盐的反应[7]

References

1. Gomberg, M.; Bachmann, W. E. *J. Am. Chem. Soc.* **1924,** *46*, 2339–2343. 冈伯格（M. Gomberg, 1866-1947）出生于俄罗斯的Elizabetgrad。他在位于Ann Arbor的密歇根大学（University of Michigan）发现了稳定的三苯甲基自由基。冈伯格在本论文中声称，他为自己保留了一块自由基化学的专用领地。巴赫曼（W. Bachmann, 1901-1951）是冈伯格的博士生，出生于密歇根的底特律，在欧洲受训后回到密歇根大学任Moses Gomberg化学教授。
2. Dermer, O. C.; Edmison, M. T. *Chem. Rev.* **1957,** *57*, 77–122. (Review).
3. Rüchardt, C.; Merz, E. *Tetrahedron Lett.* **1964,** *5*, 2431–2436. (Mechanism).
4. Beadle, J. R.; Korzeniowski, S. H.; Rosenberg, D. E.; Garcia-Slanga, B. J.; Gokel, G. W. *J. Org. Chem.* **1984,** *49*, 1594–1603.
5. McKenzie, T. C.; Rolfes, S. M. *J. Heterocycl. Chem.* **1987,** *24*, 859–861.
6. Lai, Y.-H.; Jiang, J. *J. Org. Chem.* **1997,** *62*, 4412–4417.
7. Pratsch, G.; Wallaschkowski, T.; Heinrich, M. R. *Chem. Eur. J.* **2012,** *18*, 11555–11559.

Gould-Jacobs 反应

Gould-Jacobs反应涉及如下顺序反应：

a. 苯胺用烷氧基亚甲基丙二酸酯或酰基丙二酸酯取代生成苯胺基亚甲基丙二酸酯；

b. 环化为4-羟基-3-烷氧羰基喹啉（4-羟基主要以羰基形式存在）；

c. 皂化为酸；

d. 脱羧给出4-羟基喹啉。反应可扩展为Skraup一类无取代的带吡啶稠合的杂环化合物。

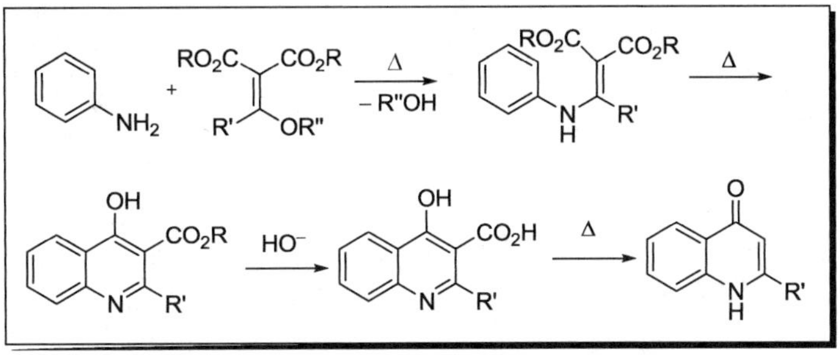

R = 烷基; R' = 烷基, 芳基或 H; R" = 烷基或 H

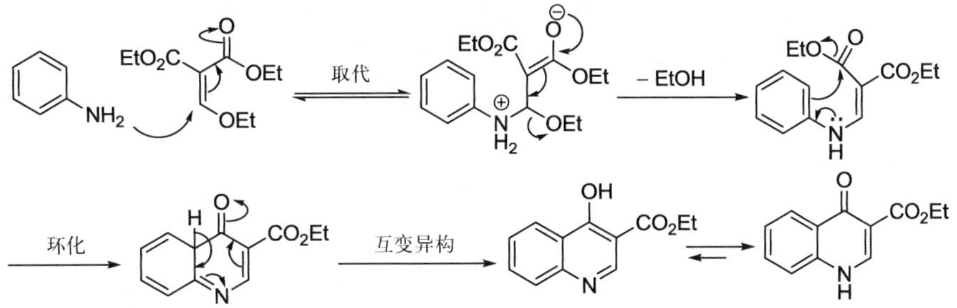

Example 1[3]

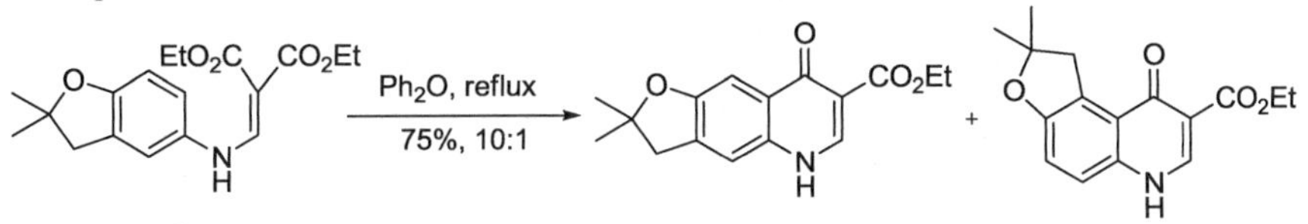

Example 2[7]

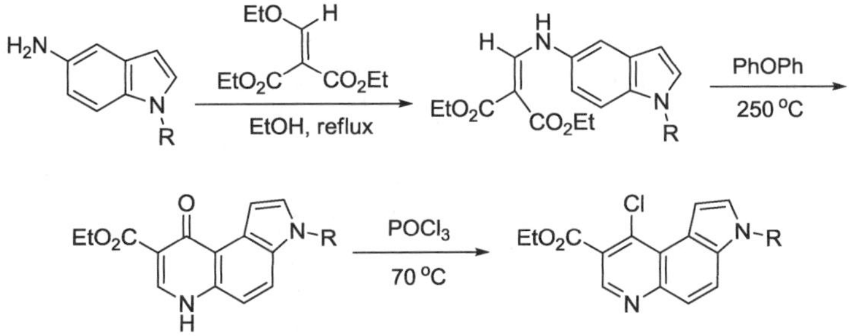

J.J. Li, *Name Reactions: A Collection of Detailed Mechanisms and Synthetic Applications*,
DOI 10.1007/978-3-319-03979-4_121, © Springer International Publishing Switzerland 2014

Example 3, 微波促进的 Gould–Jacobs 反应[8]

Example 4[9]

References

1. Gould, R. G.; Jacobs, W. A. *J. Am. Chem. Soc.* **1939**, *61*, 2890–2895. 古尔特（R. G. Gould）于1909年出生于芝加哥，1933年在哈佛大学取得Ph. D.学位。在哈佛和爱荷华任讲师后再到Rockefelier Institute for Medical Research工作并在该研究所与其同事杰卡布（W. A. Jacobs）共同发现了Gould-Jacobs反应。
2. Reitsema, R. H. *Chem. Rev.* **1948**, *53*, 43–68. (Review).
3. Cruickshank, P. A., Lee, F. T., Lupichuk, A. *J. Med. Chem.* **1970**, *13*, 1110–1114.
4. Elguero J., Marzin C., Katritzky A. R., Linda P., *The Tautomerism of Heterocycles*, Academic Press, New York, **1976**, pp 87–102. (Review).
5. Milata, V.; Claramunt, R. M.; Elguero, J.; Zálupský, P. *Targets in Heterocyclic Systems* **2000**, *4*, 167–203. (Review).
6. Curran, T. T. *Gould–Jacobs Reaction*. In *Name Reactions in Heterocyclic Chemistry*; Li, J. J., Ed.; Wiley: Hoboken, NJ, **2005**, 423–436. (Review).
7. Ferlin, M. G.; Chiarelotto, G.; Dall'Acqua, S.; Maciocco, E.; Mascia, M. P.; Pisu, M. G.; Biggio, G. *Bioorg. Med. Chem.* **2005**, *13*, 3531–3541.
8. Desai, N. D. *J. Heterocycl. Chem.* **2006**, *43*, 1343–1348.
9. Kendre, D. B.; Toche, R. B.; Jachak, M. N. *J. Heterocycl. Chem.* **2008**, *45*, 1281–1286.
10. Lengyel, L.; Nagy, T. Z.; Sipos, G.; Jones, R.; Dormán, G.; Üerge, L.; Darvas, F. *Tetrahedron Lett.* **2012**, *53*, 738–743.

Grignard 反应

由有机卤代物和镁金属制得的有机镁化合物(格氏试剂)对亲电物种的反应。

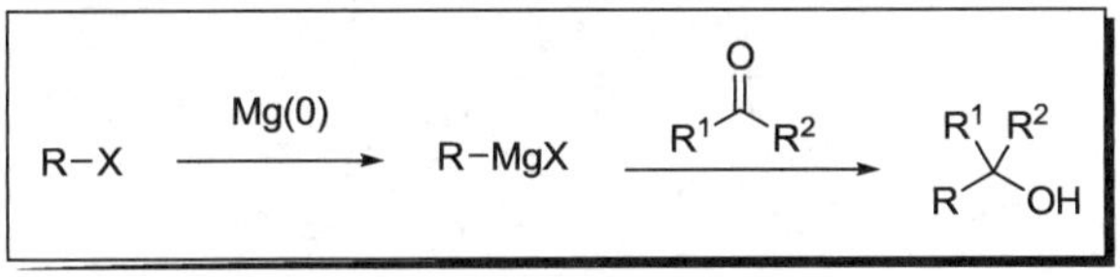

形成Grignard试剂:

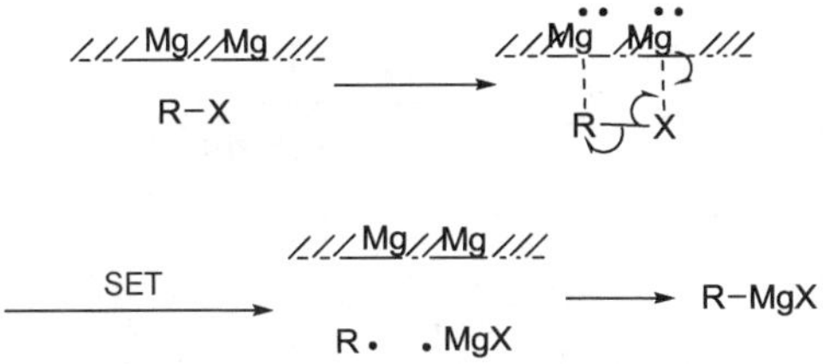

格氏反应，离子机理:

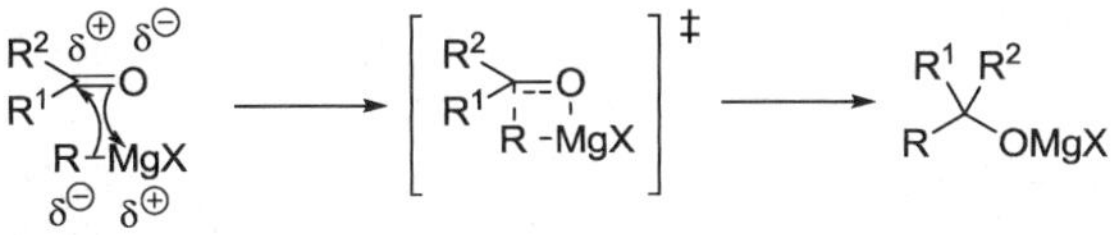

格氏反应，自由基机理，

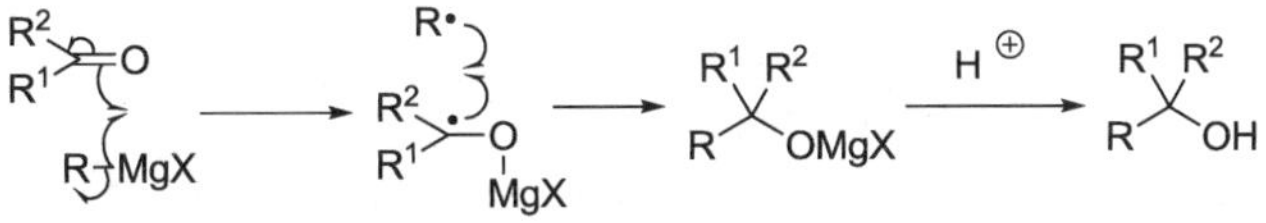

Example 1[4]

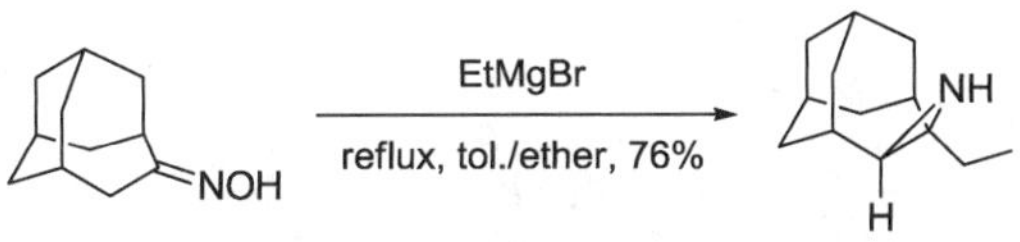

反应又称Hoch-Cambell氮杂环丙烷合成反应，酮肟与过量格氏试剂反应接着水解生成氮杂环丙烷。

J.J. Li, *Name Reactions: A Collection of Detailed Mechanisms and Synthetic Applications*,
DOI 10.1007/978-3-319-03979-4_122,

Example 2[5]

Example 3[10]

Garner醛

Example 4[11]

Example 5, 不对称共轭加成[12]

(R,S)-Rev-Josiphos

References

1. Grignard, V. *C. R. Acad. Sci.* **1900**, *130*, 1322–1324. 法国人格利雅（Victor Grignard，1871-1935）于1912年因格氏试剂的成就获得诺贝尔化学奖。
2. Ashby, E. C.; Laemmle, J. T.; Neumann, H. M. *Acc. Chem. Res.* **1974**, *7*, 272–280. (Review).
3. Ashby, E. C.; Laemmle, J. T. *Chem. Rev.* **1975**, *75*, 521–546. (Review).
4. Sasaki, T.; Eguchi, S.; Hattori, S. *Heterocycles* **1978**, *11*, 235–242.
5. Meyers, A. I.; Flisak, J. R.; Aitken, R. A. *J. Am. Chem. Soc.* **1987**, *109*, 5446–5452.
6. *Grignard Reagents* Richey, H. G., Jr., Ed.; Wiley: New York, **2000**. (Book).
7. Holm, T.; Crossland, I. In *Grignard Reagents* Richey, H. G., Jr., Ed.; Wiley: New York, **2000**, Chapter 1, pp 1–26. (Review).
8. Shinokubo, H.; Oshima, K. *Eur. J. Org. Chem.* **2004**, 2081–2091. (Review).
9. Graden, H.; Kann, N. *Cur. Org. Chem.* **2005**, *9*, 733–763. (Review).
10. Babu, B. N.; Chauhan, K. R. *Tetrahedron Lett.* **2008**, *50*, 66–67.
11. Mlinaric-Majerski, K.; Kragol, G.; Ramljak, T. S. *Synlett* **2008**, 405–409.
12. Mao, B.; Fañás-Mastral, M.; Feringa, B. L. *Org. Lett.* **2013**, *15*, 286–289.

Grob 碎片化反应

主要包括一个涉及五原子体系协同过程的C—C键裂解反应。

通式:

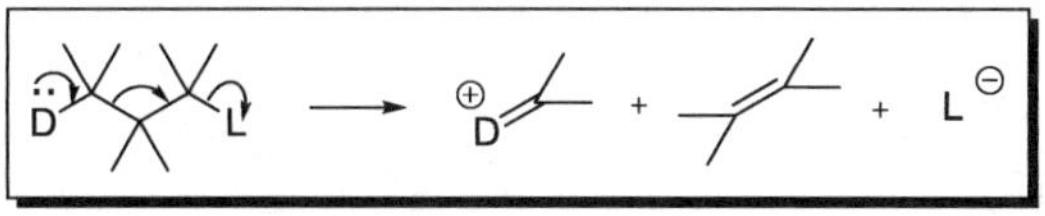

D = O⁻, NR_2; L = OH_2^+, OTs, I, Br, Cl

Example 1[2]

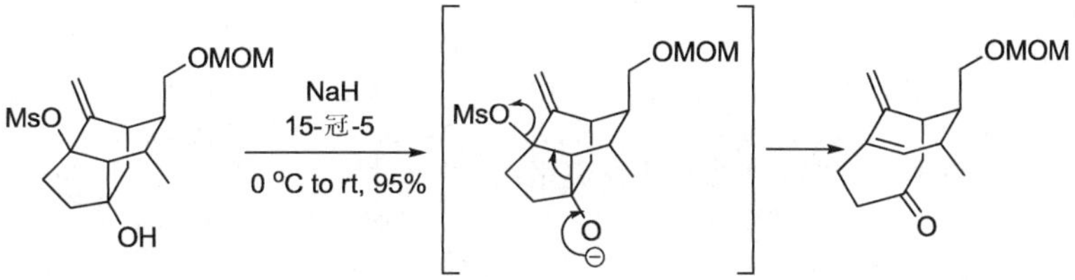

Example 2, 氮杂Grob碎片化反应[3]

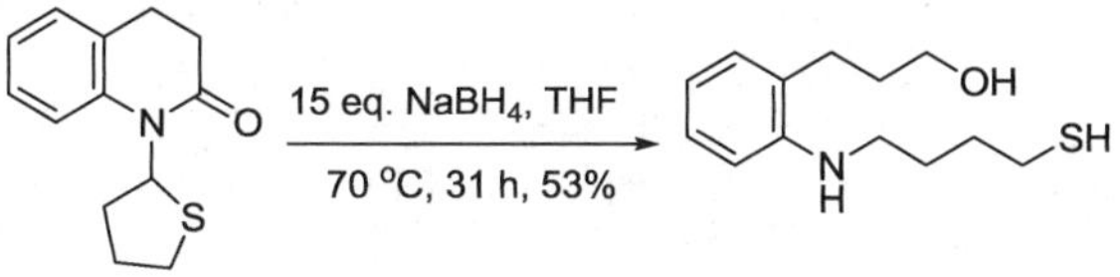

Example 3[7]

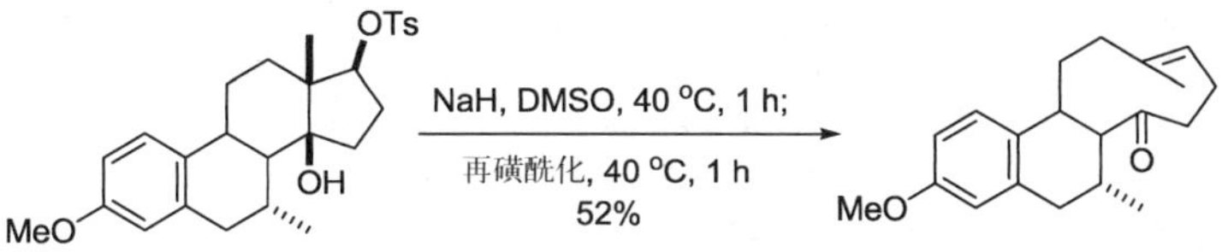

Example 4[8]

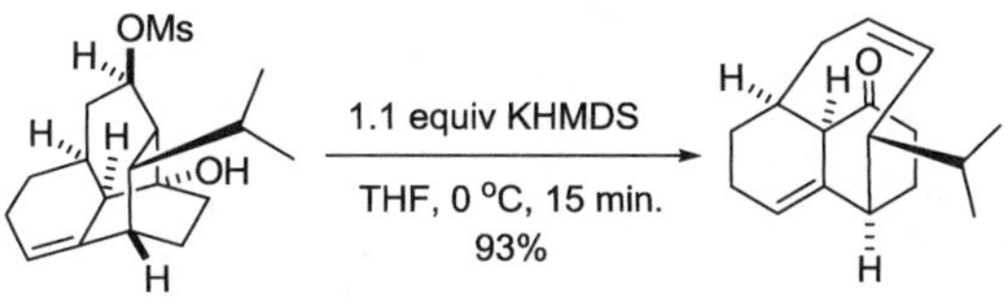

J.J. Li, *Name Reactions: A Collection of Detailed Mechanisms and Synthetic Applications*,
DOI 10.1007/978-3-319-03979-4_123, © Springer International Publishing Switzerland 2014

Example 5[8]

References

1. (a) Grob, C. A.; Baumann, W. *Helv. Chim. Acta* **1955**, *38*, 594–603. (b) Grob, C. A.; Schiess, P. W. *Angew. Chem. Int. Ed.* **1967**, *6*, 1–15. 格罗布（C. A. Grob, 1917–2003）出生于英国伦敦的一个瑞士人家庭里，在苏黎世的ETH学习化学，1943年在诺贝尔化学奖获得者卢奇卡（L. Ruzicka）指导下研究人工甾族抗原而取得Ph. D.学位。随后来到巴塞尔，先在药学院跟也是诺贝尔化学奖获得者的赖希施泰因（T. Reichstein）一起工作，1947年以后到大学的有机化学研究所，在那里他的科研能力不断得到体现并成为研究所的所长，1960年继赖希施泰因任主席。1955年他发现的1,4-二溴化物在Zn存在下经还原消除溴而发生的异裂碎片化已成为一个通用的反应模式。异裂碎片化反应现在已经以他的人名反应进入教材。由烯基正离子引发活泼中间体的第一个实验证明也是格罗伯自己做的。格罗伯为人谦和，总是审慎行事。他不喜出头露面，但又尽心尽职地积极承担社会职责。格罗布于2003年12月15日86岁时故于瑞士巴塞尔的家中。(Schiess, P. *Angew. Chem. Int. Ed.* **2004**, *43*, 4392.) 近来有文章认为Grob并非第一个发现此反应的。[11]
2. Yoshimitsu, T.; Yanagiya, M.; Nagaoka, H. *Tetrahedron Lett.* **1999**, *40*, 5215–5218.
3. Hu, W.-P.; Wang, J.-J.; Tsai, P.-C. *J. Org. Chem.* **2000**, *65*, 4208–4029.
4. Molander, G. A.; Le Huerou, Y.; Brown, G. A. *J. Org. Chem.* **2001**, *66*, 4511–4516.
5. Paquette, L. A.; Yang, J.; Long, Y. O. *J. Am. Chem. Soc.* **2002**, *124*, 6542–6543.
6. Barluenga, J.; Alvarez-Perez, M.; Wuerth, K.; *et al. Org. Lett.* **2003**, *5*, 905–908.
7. Khripach, V. A.; Zhabinskii, V. N.; Fando, G. P.; *et al. Steroids* **2004**, *69*, 495–499.
8. Maimone, T. J.; Voica, A.-F.; Baran, P. S. *Angew. Chem. Int. Ed.* **2008**, *47*, 3054–3056.
9. Yuan, D.-Y.; Tu, Y.-Q.; Fan, C.-A. *J. Org. Chem.* **2008**, *73*, 7797–7799.
10. Barbe, G.; St-Onge, M.; Charette, A. B. *Org. Lett.* **2008**, *10*, 5497–5499.
11. Mulzer, *Chem. Rev.* **2010**, *110*, 3741–4766.
12. Umland, K.-D.; Palisse, A.; Haug, T. T.; Kirsch, S. F. *Angew. Chem. Int. Ed.* **2011**, *50*, 9965–9968

Guareschi-Thorpe 缩合反应

氰基乙酸和 β- 二酮在氨存在下缩合生成 2- 吡啶酮。

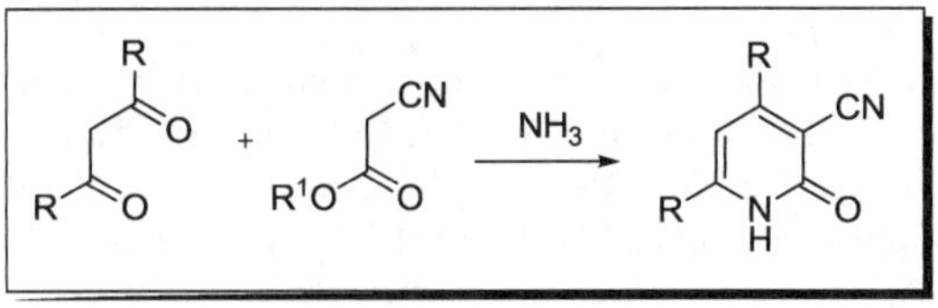

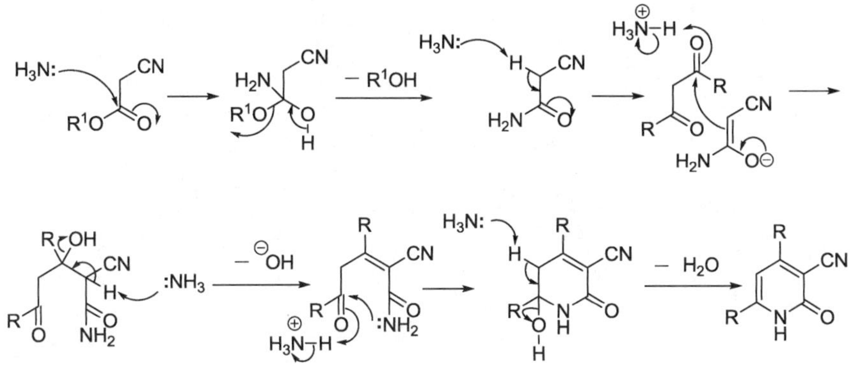

Example 1[6]

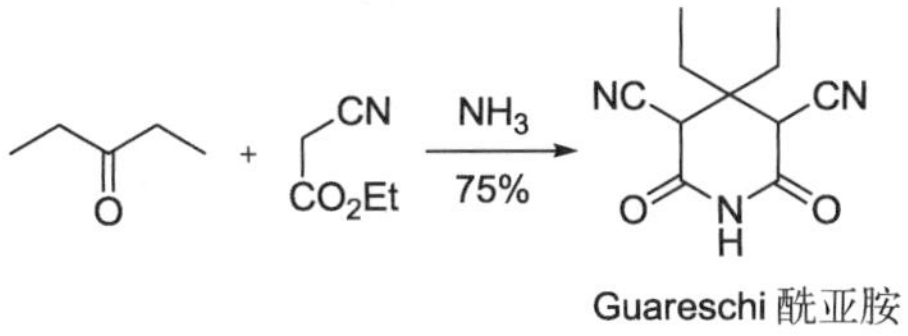

Guareschi 酰亚胺

Example 2[9]

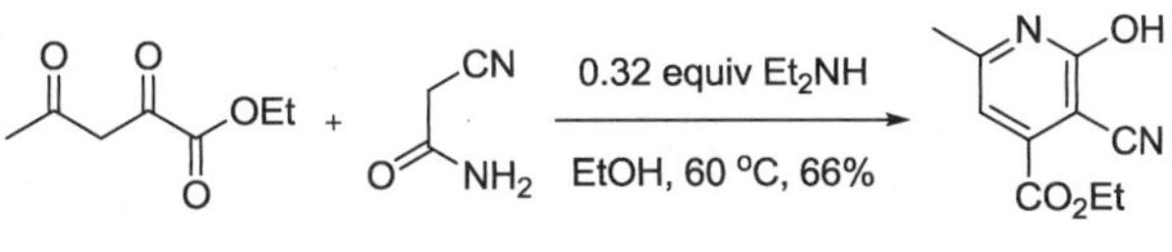

References

1. (a) Guareschi, I. *Mem. R. Accad. Sci. Torino* **1896**, *II*, 7, 11, 25. (b) Baron, H.; Renfry, F. G. P.; Thorpe, J. F. *J. Chem. Soc.* **1904**, *85*, 1726–1961. 索尔珀（J. F. Thorpe）在曼彻斯特取得讲师职位前曾在德国的一家染料企业工作过两年，他后来成为皇家学会会员（Fellow of Royal Society）并担任帝国理工学院的有机化学教授。
2. Vogel, A. I. *J. Chem. Soc.* **1934**, 1758–1765.

3. McElvain, S. M.; Lyle, R. E. Jr. *J. Am. Chem. Soc.* **1950,** *72*, 384–389.
4. Brunskill, J. S. A. *J. Chem. Soc. (C)* **1968,** 960–966.
5. Brunskill, J. S. A. *J. Chem. Soc., Perkin Trans. 1* **1972,** 2946–2950.
6. Holder, R. W.; Daub, J. P.; Baker, W. E.; Gilbert, R. H. III; Graf, N. A. *J. Org. Chem.* **1982,** *47*, 1445–1451.
7. Krstic, V.; Misic-Vukovic, M.; Radojkovic-Velickovic, M. *J. Chem. Res. (S)* **1991,** 82.
8. Galatsis, P. *Guareschi–Thorpe Pyridine Synthesis*. In *Name Reactions in Heterocyclic Chemistry*; Li, J. J., Ed.; Wiley: Hoboken, NJ, **2005,** pp 307–308. (Review).
9. Schmidt, G.; Reber, S.; Bolli, M. H.; Abele, S. *Org. Process Res. Dev.* **2012,** *16*, 595–604.

Hajos-Weichert 反应

(S)-(−)-脯氨酸催化的不对称Robinson增环反应。

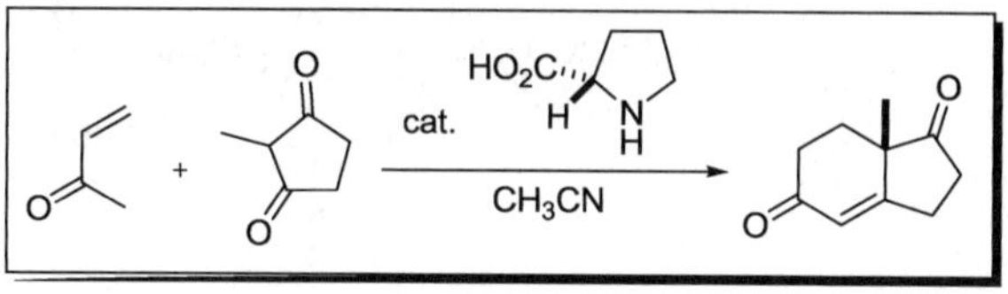

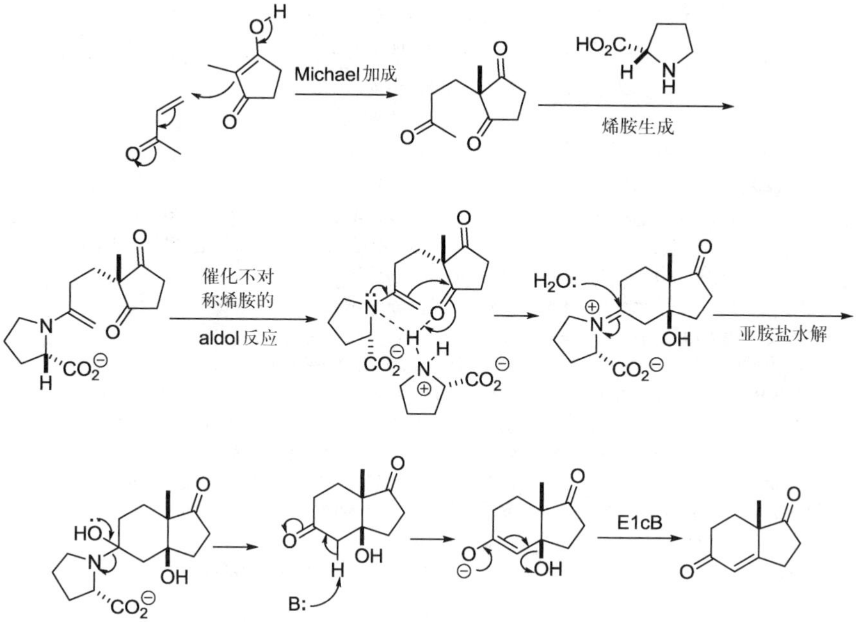

Example 1[1a]

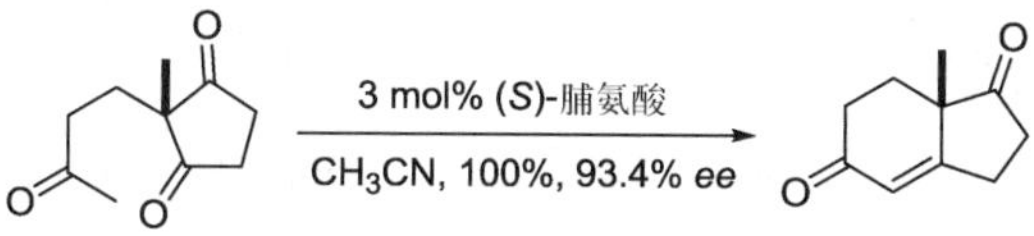

3 mol% (S)-脯氨酸
CH$_3$CN, 100%, 93.4% ee

Example 2[3]

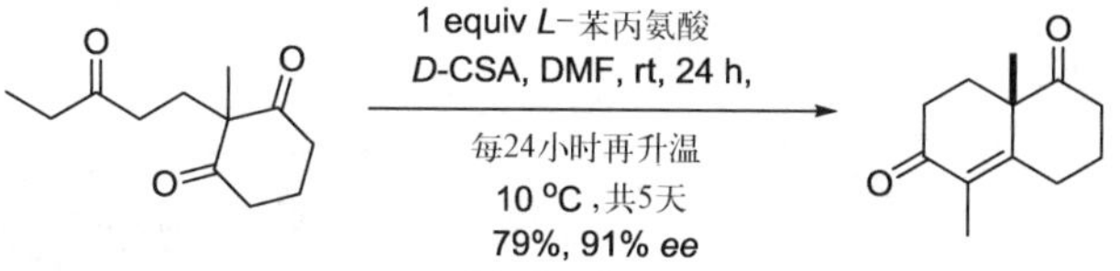

1 equiv L-苯丙氨酸
D-CSA, DMF, rt, 24 h,
每24小时再升温
10 °C, 共5天
79%, 91% ee

J.J. Li, *Name Reactions: A Collection of Detailed Mechanisms and Synthetic Applications*,
DOI 10.1007/978-3-319-03979-4_125, © Springer International Publishing Switzerland 2014

Example 3[8]

L-苯丙氨酸, PPTS
DMSO, 50 °C, 24 h
超声, 94%, 73% ee

Example 4[9]

1 equiv L-苯丙氨酸
0.5 equiv 1 N HClO$_4$
DMSO, 90 °C
86%, 48% ee

References

1. (a) Hajos, Z. G.; Parrish, D. R. *J. Org. Chem.* **1974**, *39*, 1615–1621. 哈约斯（Z. G. Hajos）和帕瑞希（D. R. Parrish）都是罗氏公司（Hoffmann-La Roche）的化学家。(b) Eder, U.; Sauer, G.; Wiechert, R. *Angew. Chem. Int. Ed.* **1971**, *10*, 496–497.
2. Brown, K. L.; Dann, L.; Duntz, J. D.; Eschenmoser, A.; Hobi, R.; Kratky, C. *Helv. Chim. Acta* **1978**, *61*, 3108–3135.
3. Hagiwara, H.; Uda, H. *J. Org.Chem.* **1998**, *53*, 2308–2311.
4. Nelson, S. G. *Tetrahedron: Asymmetry* **1998**, *9*, 357–389.
5. List, B.; Lerner, R. A.; Barbas, C. F., III. *J. Am. Chem. Soc.* **2000**, *122*, 2395–2396.
6. List, B.; Pojarliev, P.; Castello, C. *Org. Lett.* **2001**, *3*, 573–576.
7. Hoang, L.; Bahmanyar, S.; Houk, K. N.; List, B. *J. Am. Chem. Soc.* **2003**, *125*, 16–17.
8. Shigehisa, H.; Mizutani, T.; Tosaki, S.-y.; Ohshima, T.; Shibasaki, M. *Tetrahedron* **2005**, *61*, 5057–5065.
9. Nagamine, T.; Inomata, K.; Endo, Y.; Paquette, L. A. *J. Org. Chem.* **2007**, *72*, 123–131.
10. Kennedy, J. W. J.; Vietrich, S.; Weinmann, H.; Brittain, D. E. A. *J. Org. Chem.* **2009**, *73*, 5151–5154.
11. Christen, D. P. *Hajos–Wiechert Reaction*. In *Name Reactions for Homologations-Part II*; Li, J. J., Ed.; Wiley: Hoboken, NJ, **2009**, pp 554–582. (Review).
12. Zhu, H.; Clemente, F. R.; Houk, K. N.; Meyer, M. P. *J. Am. Chem. Soc.* **2009**, *131*, 1632–1633.
13. Bradshaw, B.; Bonjoch, J. *Synlett* **2012**, *23*, 337–356. (Review).

Haller-Bauer 反应

碱诱导裂解无烯醇化的酮生成酰胺衍生物和一个羰基被氢取代后的中性碎片。

无烯醇化的酮

Example 1[4]

Example 2[9]

Example 3, 外消旋化[10]

References

1. Haller, A.; Bauer, E. *Compt. Rend.* **1908**, *147*, 824–829.
2. Gilday, J. P.; Gallucci, J. C.; Paquette, L. A. *J. Org. Chem.* **1989**, *54*, 1399–1408.
3. Paquette, L. A.; Gilday, J. P.; Maynard, G. D. *J. Org. Chem.* **1989**, *54*, 5044–5053.
4. Paquette, L. A.; Gilday, J. P. *Org. Prep. Proc. Int.* **1990**, *22*, 167–201.
5. Mehta, G.; Praveen, M. *J. Org. Chem.* **1995**, *60*, 279–280.
6. Mehta, G.; Venkateswaran, R. V. *Tetrahedron* **2000**, *56*, 1399–1422. (Review).
7. Arjona, O.; Medel, R.; Plumet, J. *Tetrahedron Lett.* **2001**, *42*, 1287–1288.
8. Ishihara, K.; Yano, T. *Org. Lett.* **2004**, *6*, 1983–1986.
9. Patra, A.; Ghorai, S. K.; De, S. R.; Mal, D. *Synthesis* **2006**, 2556–2562.
10. Braun, I.; Rudroff, F.; Mihovilovic, M. D.; Bach, T. *Synthesis* **2007**, *24*, 3896–3906.
11. Krief, A.; Kremer, A. *Tetrahedron Lett.* **2010**, *51*, 4306–4309.

Hantzsch 二氢吡啶合成反应

醛、β-酮酯和氨缩合成1,4-二氢吡啶。Hantzsch二氢吡啶在有机催化反应中是个通用试剂。

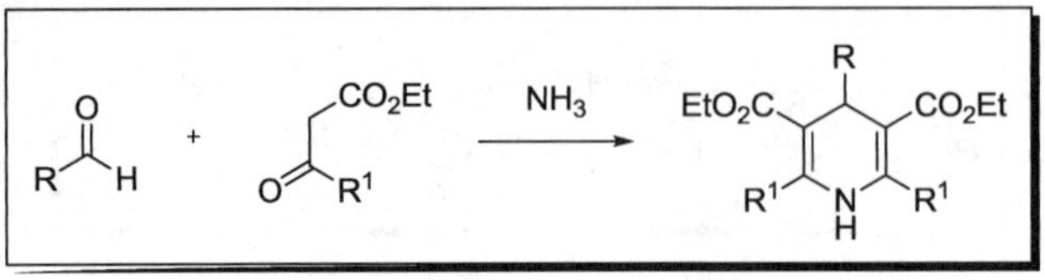

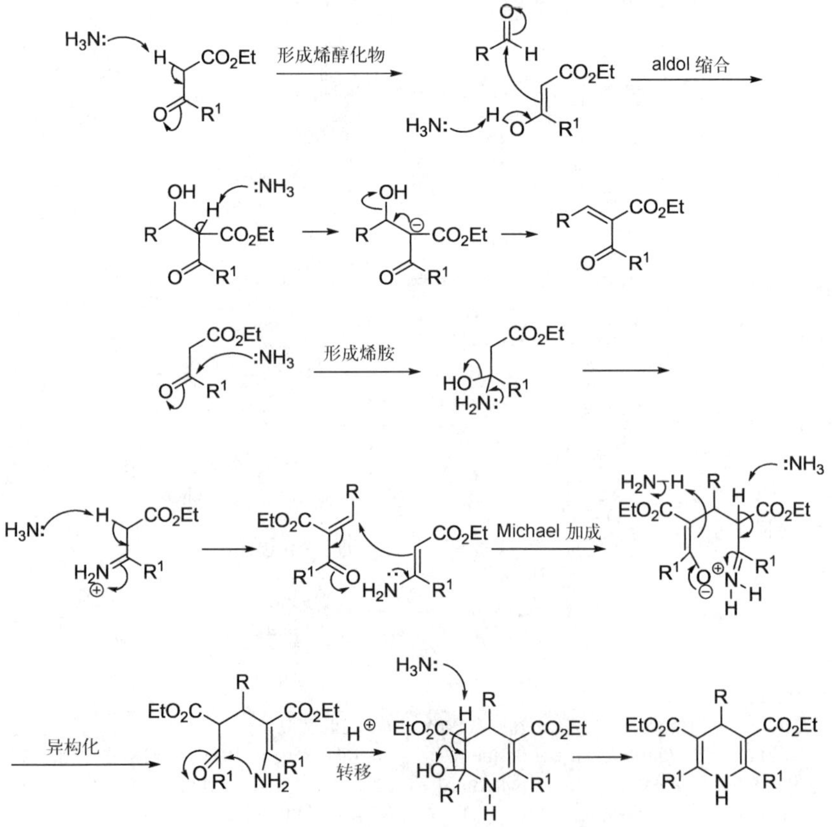

Example 1[2]

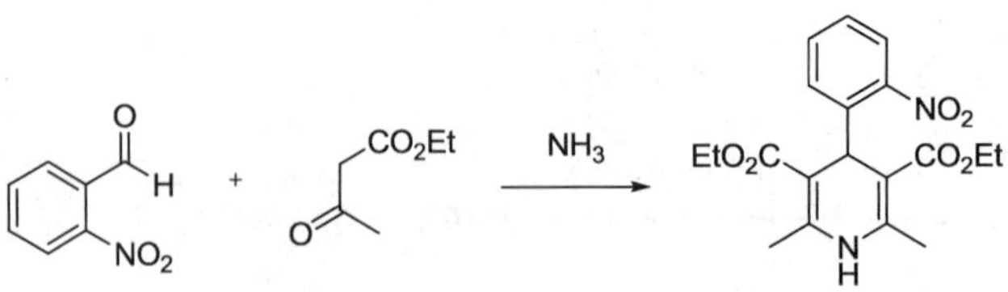

硝苯地平(nifedipine)

J.J. Li, *Name Reactions: A Collection of Detailed Mechanisms and Synthetic Applications*,
DOI 10.1007/978-3-319-03979-4_127,

Example 2[10]

Example 3[10]

References

1. Hantzsch, A. *Ann.* **1882**, *215*, 1–83.
2. Bossert, F.; Vater, W. *Naturwissenschaften* **1971**, *58*, 578–585.
3. Balogh, M.; Hermecz, I.; Naray-Szabo, G.; Simon, K.; Meszaros, Z. *J. Chem. Soc., Perkin Trans. 1* **1986**, 753–757.
4. Katritzky, A. R.; Ostercamp, D. L.; Yousaf, T. I. *Tetrahedron* **1987**, *43*, 5171–5187.
5. Menconi, I.; Angeles, E.; Martinez, L.; Posada, M. E.; Toscano, R. A.; Martinez, R. *J. Heterocycl. Chem.* **1995**, *32*, 831–833.
6. Raboin, J.-C.; Kirsch, G.; Beley, M. *J. Heterocycl. Chem.* **2000**, *37*, 1077–1080.
7. Sambongi, Y.; Nitta, H.; Ichihashi, K.; Futai, M.; Ueda, I. *J. Org. Chem.* **2002**, *67*, 3499–3501.
8. Wang, L.-M.; Sheng, J.; Zhang, L.; Han, J.-W.; Fan, Z.-Y.; Tian, H.; Qian, C.-T. *Tetrahedron* **2005**, *61*, 1539–1543.
9. Galatsis, P. *Hantzsch Dihydro-Pyridine Synthesis*. In *Name Reactions in Heterocyclic Chemistry*; Li, J. J., Ed.; Wiley: Hoboken, NJ, **2005**, pp 304–307. (Review).
10. Gupta, R.; Gupta, R.; Paul, S.; Loupy, A. *Synthesis* **2007**, 2835–2838.
11. Snyder, N. L.; Boisvert, C. J. *Hantzsch Synthesis*, in *Name Reactions in Heterocyclic Chemistry II*, Li, J. J., Ed.; Wiley: Hoboken, NJ, **2011**, pp 591–644. (Review).
12. Ghosh, S.; Saikh, F.; Das, J.; Pramanik, A. K. *Tetrahedron Lett.* **2013**, *54*, 58–62.

Hantzsch 吡咯合成反应

α-氯甲基酮、β-酮酯和氨缩合成吡咯的反应。

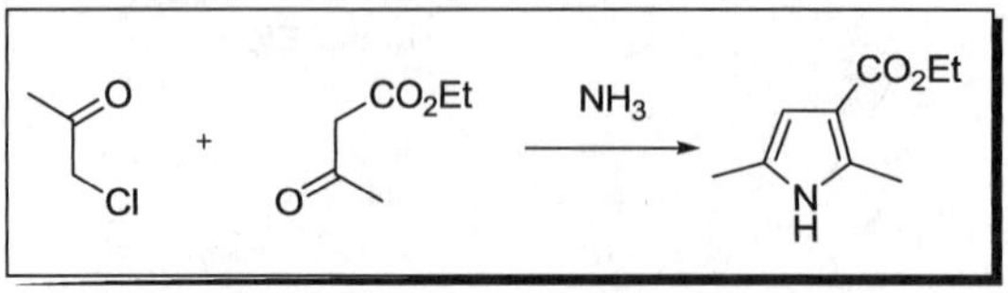

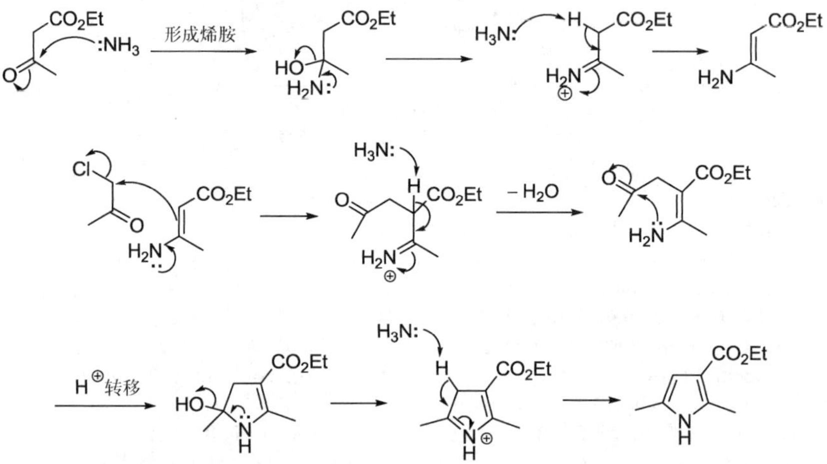

Example 1[4]

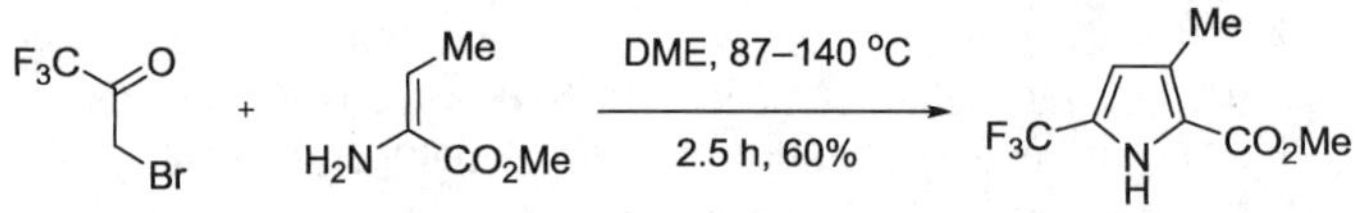

Example 2[7]

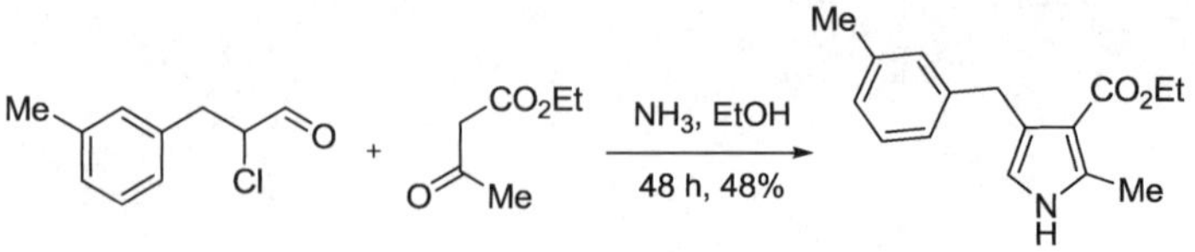

Example 3[9]

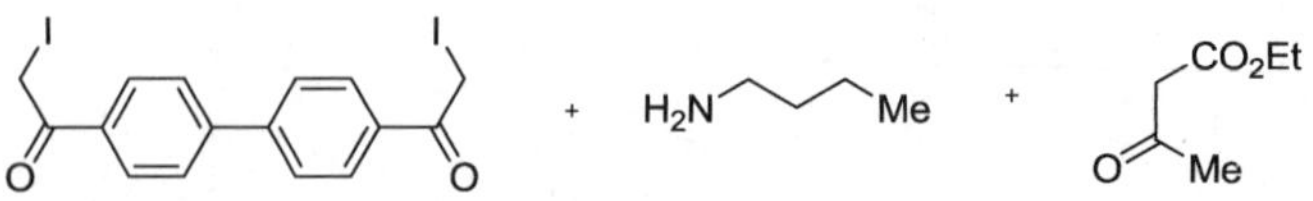

J.J. Li, *Name Reactions: A Collection of Detailed Mechanisms and Synthetic Applications*,
DOI 10.1007/978-3-319-03979-4_128, © Springer International Publishing Switzerland 2014

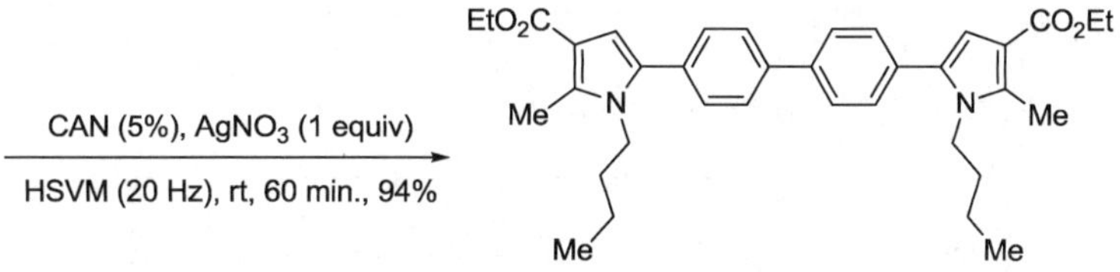

HSVM = 高速振动粉碎

References

1. Hantzsch, A. *Ber.* **1890,** *23,* 1474–1483.
2. Katritzky, A. R.; Ostercamp, D. L.; Yousaf, T. I. *Tetrahedron* **1987,** *43,* 5171–5186.
3. Kirschke, K.; Costisella, B.; Ramm, M.; Schulz, B. *J. Prakt. Chem.* **1990,** *332,* 143–147.
4. Kameswaran, V.; Jiang, B. *Synthesis* **1997,** 530–532.
5. Trautwein, A. W.; Süβmuth, R. D.; Jung, G. *Bioorg. Med. Chem. Lett.* **1998,** *8,* 2381–2384.
6. Ferreira, V. F.; De Souza, M. C. B. V.; Cunha, A. C.; Pereira, L. O. R.; Ferreira, M. L. G. *Org. Prep. Proced. Int.* **2001,** *33,* 411–454. (Review).
7. Matiychuk, V. S.; Martyak, R. L.; Obushak, N. D.; Ostapiuk, Yu. V.; Pidlypnyi, N. I. *Chem. Heterocycl. Compounds* **2004,** *40,* 1218–1219.
8. Snyder, N. L.; Boisvert, C. J. *Hantzsch Synthesis*, in *Name Reactions in Heterocyclic Chemistry II,* Li, J. J., Ed.; Wiley: Hoboken, NJ, 2011, pp 591–644. (Review).
9. Estevez, Veronica; Villacampa, M.; Menendez, J. C. *Chem. Commun.* **2013,** *49,* 591–593.

Heck 反应

Pd-催化的烯烃烯基化或芳基化反应。

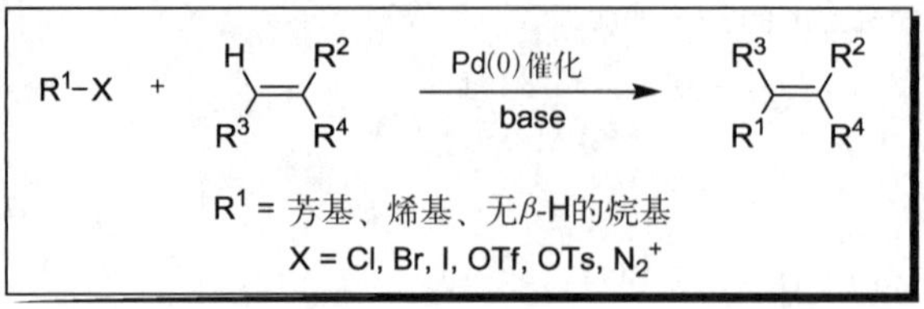
R¹–X
+
H
R²
R³
R⁴
Pd(0) 催化
base
R³
R²
R¹
R⁴
R¹ = 芳基、烯基、无β-H的烷基
X = Cl, Br, I, OTf, OTs, N₂⁺

催化循环:

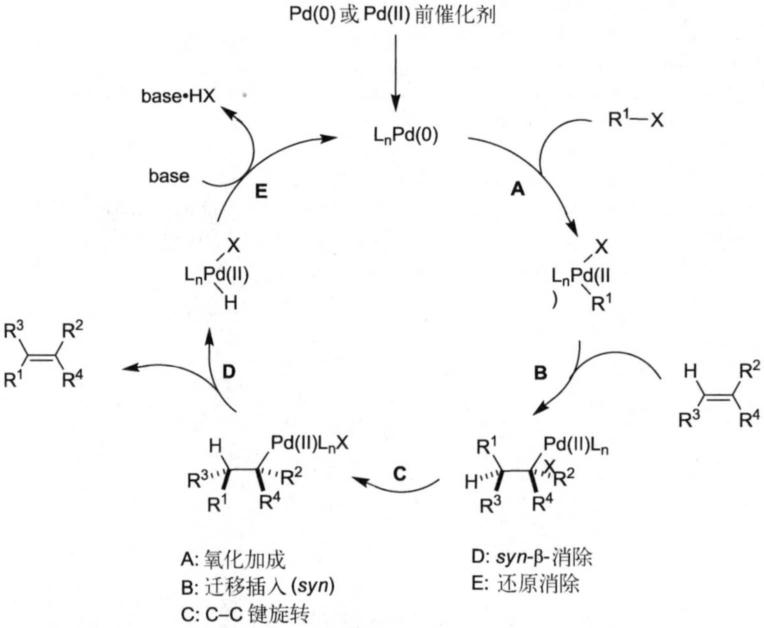
Pd(0) 或 Pd(II) 前催化剂
LnPd(0)
R¹—X
A
base•HX
base
E
LnPd(II)
X
H
R¹
B
D
C
Pd(II)LnX
Pd(II)Ln
A: 氧化加成
B: 迁移插入 (syn)
C: C–C 键旋转
D: syn-β-消除
E: 还原消除

Example 1, 不对称分子间 Heck 反应[6]

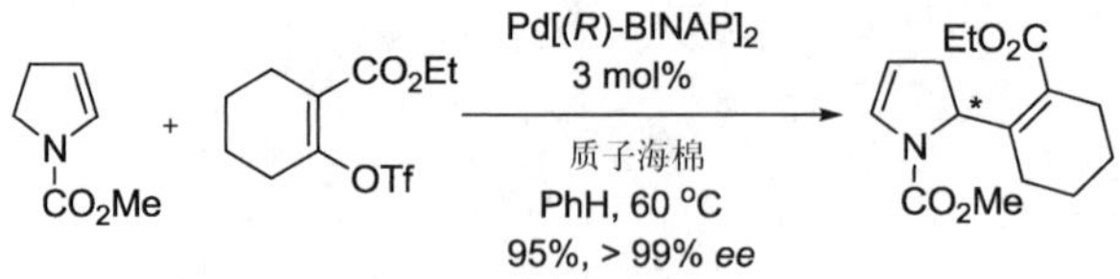
CO₂Et
OTf
N
CO₂Me
Pd[(R)-BINAP]₂
3 mol%
质子海绵
PhH, 60 °C
95%, > 99% ee
EtO₂C

J.J. Li, *Name Reactions: A Collection of Detailed Mechanisms and Synthetic Applications*,
DOI 10.1007/978-3-319-03979-4_129, © Springer International Publishing Switzerland 2014

Example 2, 分子内Heck反应[7]

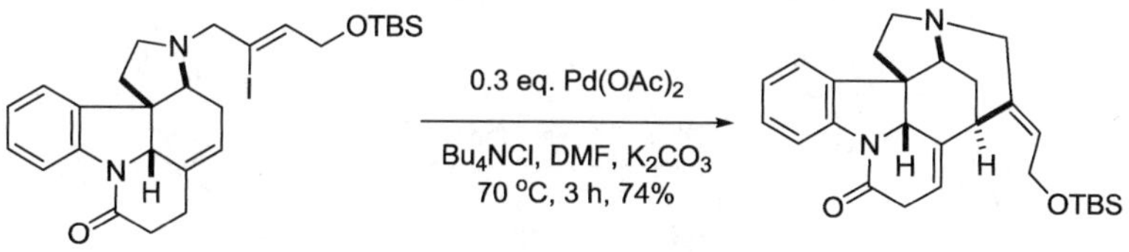

Example 3[8]

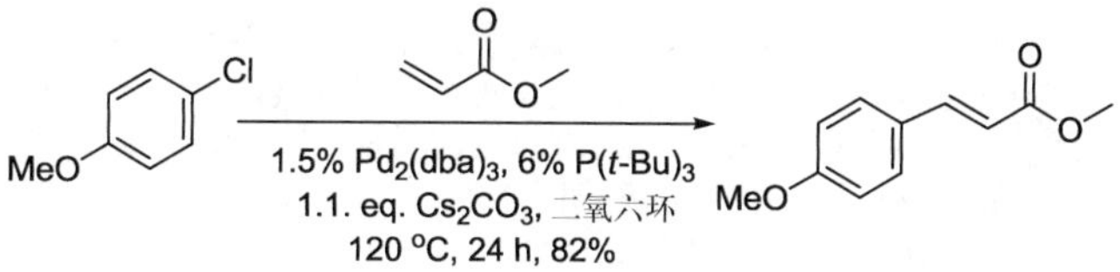

Example 4, 分子内Heck反应[9]

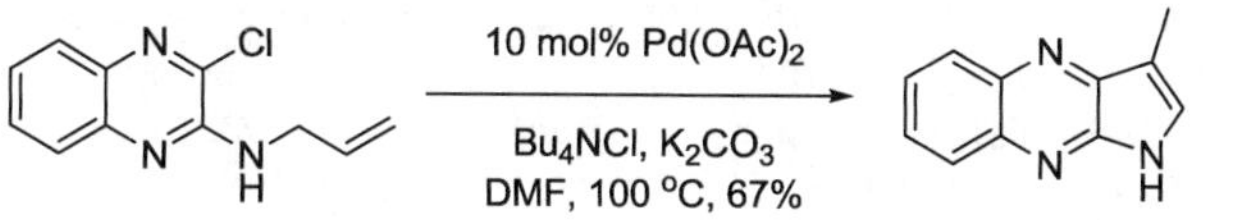

Example 5, 分子内Heck反应[13]

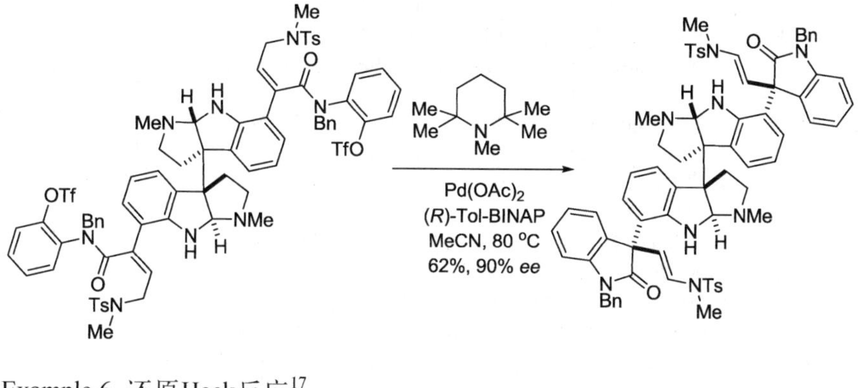

Example 6, 还原Heck反应[17]

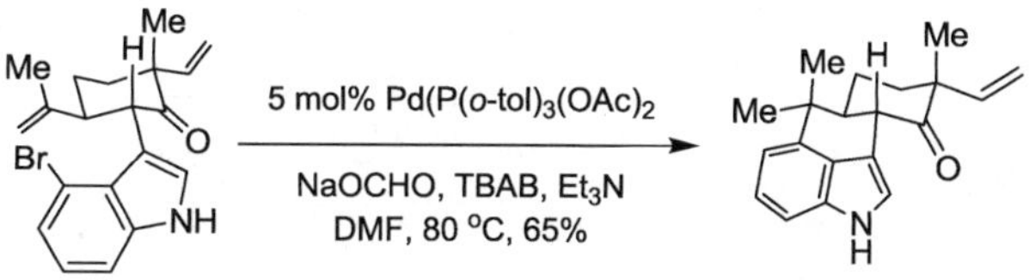

Example 7, 分子内 Heck反应[20]

References

1. Heck, R. F.; Nolley, J. P., Jr. *J. Am. Chem. Soc.* **1968**, *90*, 5518–5526. 赫克（R. F. Heck）在Hercules Corp.工作时发现了Heck反应。2010年因"有机合成中钯催化的偶联反应"与铃木（A. Suzuki）及根岸（E. Negishi）共享诺贝尔化学奖。（译者注：出生于1931年的赫克于2015年在菲律宾去世。）
2. Heck, R. F. *Acc. Chem. Res.* **1979**, *12*, 146–151. (Review).
3. Heck, R. F. *Org. React.* **1982**, *27*, 345–390. (Review).
4. Heck, R. F. *Palladium Reagents in Organic Synthesis*, Academic Press, London, **1985**. (Book).
5. Hegedus, L. S. *Transition Metals in the Synthesis of Complex Organic Molecule* **1994**, University Science Books: Mill Valley, CA, pp 103–113. (Book).
6. Ozawa, F.; Kobatake, Y.; Hayashi, T. *Tetrahedron Lett.* **1993**, *34*, 2505–2508.
7. Rawal V. H.; Iwasa, H. *J. Org. Chem.* **1994**, *59*, 2685–2686.
8. Littke, A. F.; Fu, G. C. *J. Org. Chem.* **1999**, *64*, 10–11.
9. Li, J. J. *J. Org. Chem.* **1999**, *64*, 8425–8427.
10. Beletskaya, I. P.; Cheprakov, A. V. *Chem. Rev.* **2000**, *100*, 3009–3066. (Review).
11. Amatore, C.; Jutand, A. *Acc. Chem. Res.* **2000**, *33*, 314–321. (Review).
12. Link, J. T. *Org. React.* **2002**, *60*, 157–534. (Review).
13. Lebsack, A. D.; Link, J. T.; Overman, L. E.; Stearns, B. A. *J. Am. Chem. Soc.* **2002**, *124*, 9008–9009.
14. Dounay, A. B.; Overman, L. E. *Chem. Rev.* **2003**, *103*, 2945–2963. (Review).
15. Beller, M.; Zapf, A.; Riermeier, T. H. *Transition Metals for Organic Synthesis* (2nd edn.) **2004**, *1*, 271–305. (Review).
16. Oestreich, M. *Eur. J. Org. Chem.* **2005**, 783–792. (Review).
17. Baran, P. S.; Maimone, T. J.; Richter, J. M. *Nature* **2007**, *446*, 404–406.
18. Fuchter, M. J. *Heck Reaction*. In *Name Reactions for Homologations-Part I*; Li, J. J., Ed.; Wiley: Hoboken, NJ, **2009**, pp 2–32. (Review).
19. *The Mizoroki–Heck Reaction*; Oestreich, M., Ed.; Wiley: Hoboken, NJ, **2009**.
20. Bennasar, M.-L.; Solé, D.; Zulaica, E.; Alonso, S. *Tetrahedron* **2013**, *69*, 2534–2541.

杂芳基 Heck 反应

分子内或分子间发生在杂芳基上的 Heck 反应。

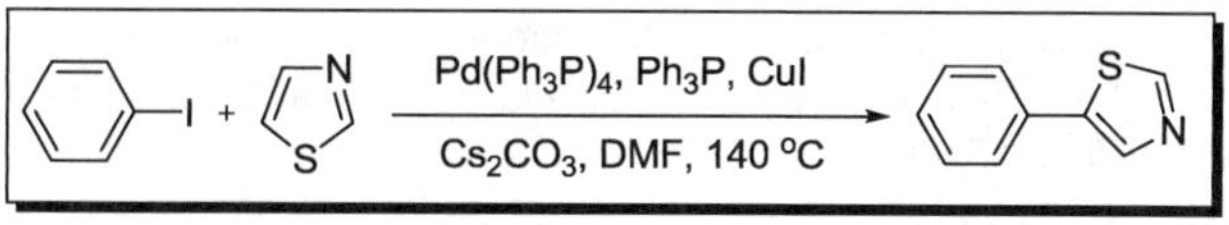

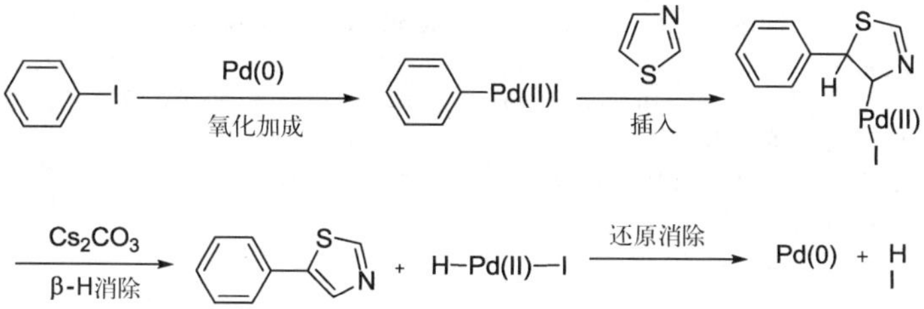

Example 1[2]

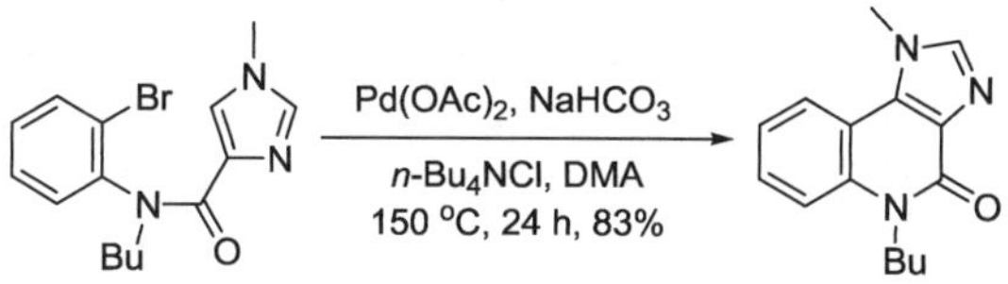

Example 2[3]

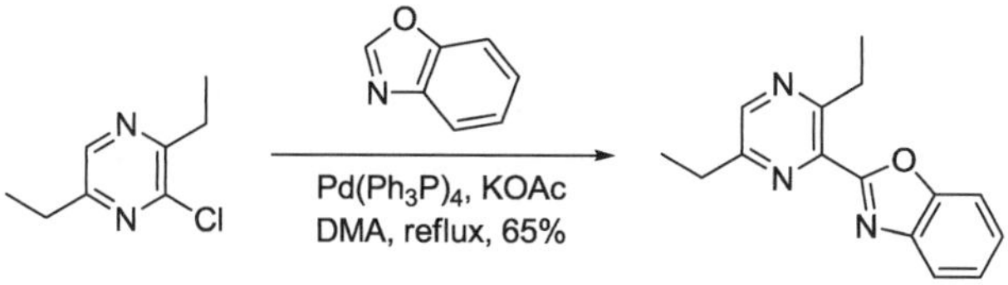

Example 3[7]

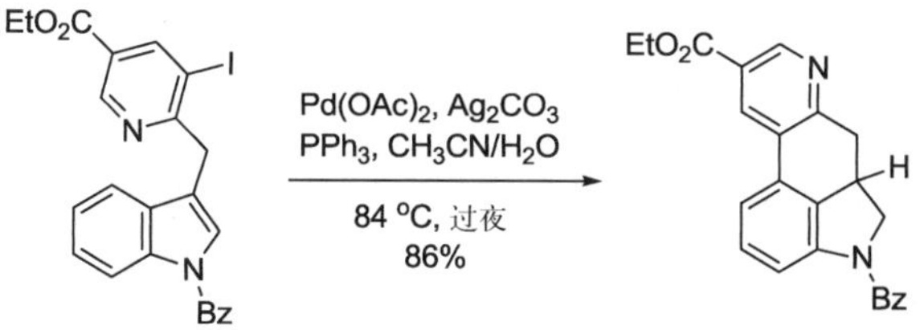

References

1. Ohta, A.; Akita, Y.; Ohkuwa, T.; Chiba, M.; Fukunaka, R.; Miyafuji, A.; Nakata, T.; Tani, N. Aoyagi, Y. *Heterocycles* **1990**, *31*, 1951–1958.
2. Kuroda, T.; Suzuki, F. *Tetrahedron Lett.* **1991**, *32*, 6915–6918.
3. Aoyagi, Y.; Inoue, A.; Koizumi, I.; Hashimoto, R.; Tokunaga, K.; Gohma, K.; Komatsu, J.; Sekine, K.; Miyafuji, A.; Kunoh, J.; Honma, R.; Akita, Y.; Ohta, A. *Heterocycles* **1992**, *33*, 257–272.
4. Proudfoot, J. R.; Patel, U. R.; Kapadia, S. R.; Hargrave, K. D. *J. Med. Chem.* **1995**, *38*, 1406–1410.
5. Pivsa-Art, S.; Satoh, T.; Kawamura, Y.; Miura, M.; Nomura, M. *Bull. Chem. Soc. Jpn.* **1998**, *71*, 467–473.
6. Li, J. J.; Gribble, G. W. In *Palladium in Heterocyclic Chemistry;* 2nd ed.; **2007,** Elsevier: Oxford, UK. (Review).
7. Burley, S. D.; Lam, V. V.; Lakner, F. J.; Bergdahl, B. M.; Parker, M. A. *Org. Lett.* **2013**, *15*, 2598–2600.

Hegedus 吲哚合成反应

化学计量的 Pd(II) 促进的烯基苯胺发生氧化环合生成吲哚的反应。参见第 620 页上的 Wacker 氧化反应。

Example 1[1a]

Example 2[1d]

References

1. (a) Hegedus, L. S.; Allen, G. F.; Waterman, E. L. *J. Am. Chem. Soc.* **1976**, *98*, 2674–2676. 海格特思 (L. Hegedus) 是科罗拉多州立大学 (Colorado State University) 教授. (b) Hegedus, L. S.; Allen, G. F.; Bozell, J. J.; Waterman, E. L. *J. Am. Chem. Soc.* **1978**, *100*, 800–5807. (c) Hegedus, L. S.; Winton, P. M.; Varaprath, S. *J. Org. Chem.* **1981**, *46*, 2215–2221. (d) Harrington, P. J.; Hegedus, L. S. *J. Org. Chem.* **1984**, *49*, 2657–2662. (e) Hegedus, L. S. *Angew. Chem. Int. Ed.* **1988**, *27*, 1113–1126. (Review).
2. Brenner, M.; Mayer, G.; Terpin, A.; Steglich, W. *Chem. Eur. J.* **1997**, *3*, 70–74.
3. Osanai, Y. Y.; Kondo, K.; Murakami, Y. *Chem. Pharm. Bull.* **1999**, *47*, 1587–1590.
4. Kondo, T.; Okada, T.; Mitsudo, T. *J. Am. Chem. Soc.* **2002**, *124*, 186–187. A ruthenium variant.
5. Johnston, J. N. *Hegedus Indole Synthesis*. In *Name Reactions in Heterocyclic Chemistry*; Li, J. J., Ed.; Wiley: Hoboken, NJ, **2005**, pp 135–139. (Review).

Hell-Volhard-Zelinsky 反应

羧酸用 X_2/PX_3 进行 α - 卤代反应。

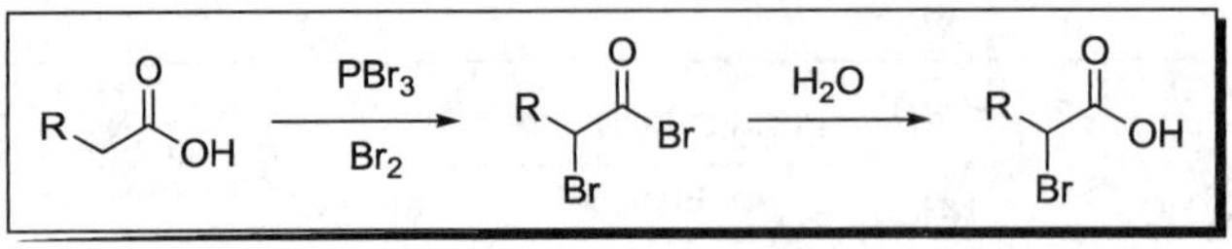
PBr3
Br2
H2O

α-溴代酸

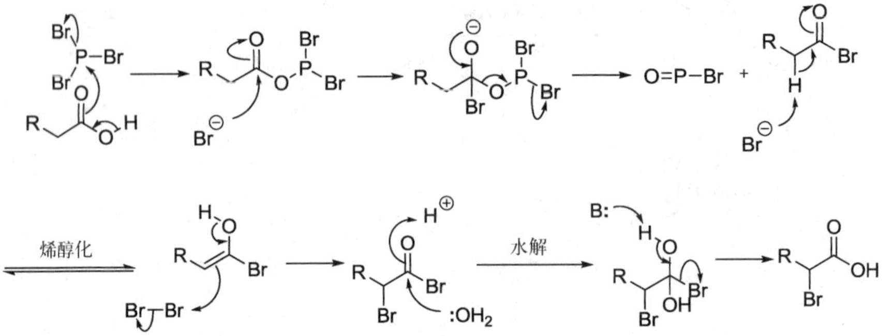
烯醇化
水解

Example 1[5]

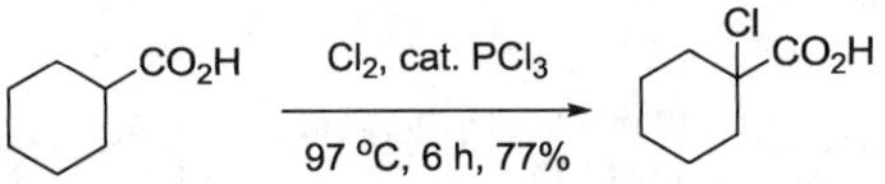
Cl2, cat. PCl3
97 °C, 6 h, 77%

Example 2[6]

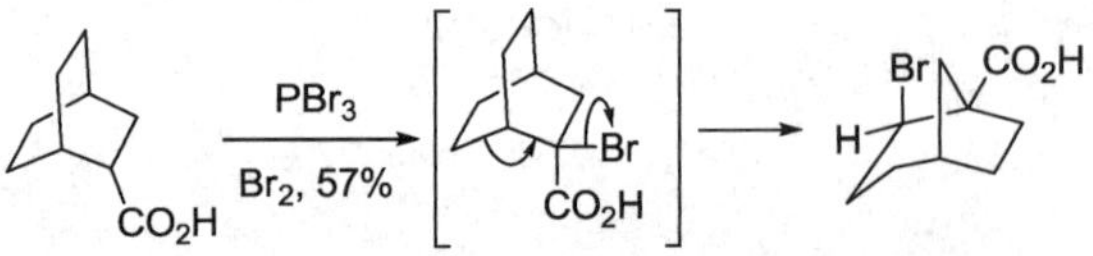
PBr3
Br2, 57%

References

1. (a) Hell, C. *Ber.* **1881,** *14*, 891–893. 冯海尔（C. M. von Hell, 1849–1926）出生于德国的斯图加特，在菲林（H. Fehling）和埃伦迈尔（R. Erlenmeyer）指导下学习。1883年成为斯图加特的教授并在那儿发现了 Hell-Volhard-Zelinsky 反应。(b) Volhard, J. *Ann.* **1887,** *242*, 141–163. 沃尔哈德（J. Volhard, 1849–1909）出生于德国的达姆斯达特，他跟过李比希、威尔（Will）、本生、霍夫曼、科尔贝和拜耳等人学习，在研究噻吩的过程中改进了原来冯海尔提出的制备 α - 溴代酸的程序。(c) Zelinsky, N. D. *Ber.* **1887,** *20,* 2026. 泽林斯基(N. D. Zelinsky, 1861–1953) 出生于俄罗斯的Tyaspol，1891年在德国获得学位，1885年在研究二氯化硫的聚合反应时无意间第

J.J. Li, *Name Reactions: A Collection of Detailed Mechanisms and Synthetic Applications*,
DOI 10.1007/978-3-319-03979-4_131,

一个合成了芥子气。他回到俄罗斯，而后成为莫斯科大学教授并发明了活性炭防毒面具，1934年被授予列宁勋章（Order of Lenin）。
2. Watson, H. B. *Chem. Rev.* **1930**, *7*, 173–201. (Review).
3. Sonntag, N. O. V. *Chem. Rev.* **1953**, *52*, 237–246. (Review).
4. Harwood, H. J. *Chem. Rev.* **1962**, *62*, 99–154. (Review).
5. Jason, E. F.; Fields, E. K. US Patent 3,148,209 (**1964**).
6. Chow, A. W.; Jakas, D. R.; Hoover, J. R. E. *Tetrahedron Lett.* **1966**, *7*, 5427–5431.
7. Liu, H.-J.; Luo, W. *Synth. Commun.* **1991**, *21*, 2097–2102.
8. Zhang, L. H.; Duan, J.; Xu, Y.; Dolbier, W. R., Jr. *Tetrahedron Lett.* **1998**, *39*, 9621–9622.
9. Sharma, A.; Chattopadhyay, S. *J. Org. Chem.* **1999**, *64*, 8059–8062.
10. Stack, D. E.; Hill, A. L.; Diffendaffer, C. B.; Burns, N. M. *Org. Lett.* **2002**, *4*, 4487–4490.
11. Sun, Z.; Peng, X.; Dong, X.; Shi, W. *Asian J. Chem.* **2012**, *24*, 929–930.

Henry 硝基化合物的 aldol 反应

醛与硝基烷烃经碱去质子后生成的硝基化物之间发生硝基 aldol 缩合反应。

Example 1[4]

Example 2, 逆 Henry 反应[5]

Example 3, 含氮的 Henry 反应[8]

Example 4, 分子内Henry反应[10]

Example 5, 手性Cu(Ⅱ)配合物催化的高度不对称Henry反应[12]

References

1. Henry, L. *Compt. Rend.* **1895,** *120,* 1265–1268.
2. Barrett, A. G. M.; Robyr, C.; Spilling, C. D. *J. Org. Chem.* **1989,** *54,* 1233–1234.
3. Rosini, G. In *Comprehensive Organic Synthesis;* Trost, B. M.; Fleming, I., Eds.; Pergamon, **1991,** *2,* 321–340. (Review).
4. Chen, Y.-J.; Lin, W.-Y. *Tetrahedron Lett.* **1992,** *33,* 1749–1750.
5. Saikia, A. K.; Hazarika, M. J.; Barua, N. C.; Bezbarua, M. S.; Sharma, R. P.; Ghosh, A. C. *Synthesis* **1996,** 981–985.
6. Luzzio, F. A. *Tetrahedron* **2001,** *57,* 915–945. (Review).
7. Westermann, B. *Angew. Chem. Int. Ed.* **2003,** *42,* 151–153. (Review on aza-Henry reaction).
8. Bernardi, L.; Bonini, B. F.; Capito, E.; Dessole, G.; Comes-Franchini, M.; Fochi, M.; Ricci, A. *J. Org. Chem.* **2004,** *69,* 8168–8171.
9. Palomo, C.; Oiarbide, M.; Laso, A. *Angew. Chem. Int. Ed.* **2005,** *44,* 3881–3884.
10. Kamimura, A.; Nagata, Y.; Kadowaki, A.; Uchidaa, K.; Uno, H. *Tetrahedron* **2007,** *63,* 11856–11861.
11. Wang, A. X. *Henry Reaction.* In *Name Reactions for Homologations-Part I*; Li, J. J., Ed.; Wiley: Hoboken, NJ, **2009,** pp 404–419. (Review).
12. Ni, B.; He, J. *Tetrahedron Lett.* **2013,** *54,* 462–465.

Hinsberg 噻吩合成反应

3-硫杂戊二酸二乙酯与α-二酮在碱性条件下缩合后得到的酯产物经酸水水解给出3,4-二取代噻吩-2,5-二羰基化合物。

Example 1[2]

Example 2[4]

J.J. Li, *Name Reactions: A Collection of Detailed Mechanisms and Synthetic Applications*,
DOI 10.1007/978-3-319-03979-4_133, © Springer International Publishing Switzerland 2014

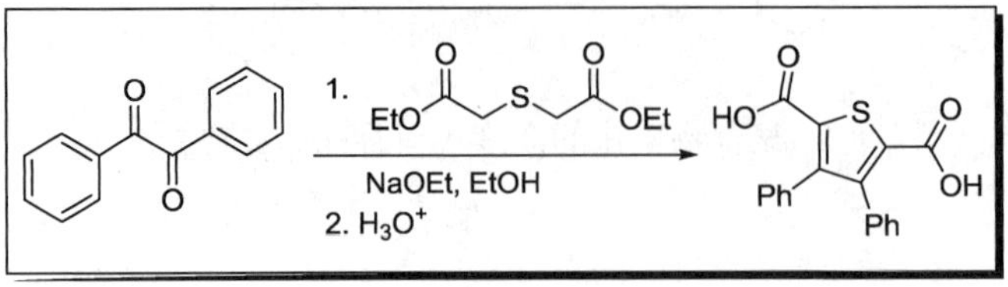

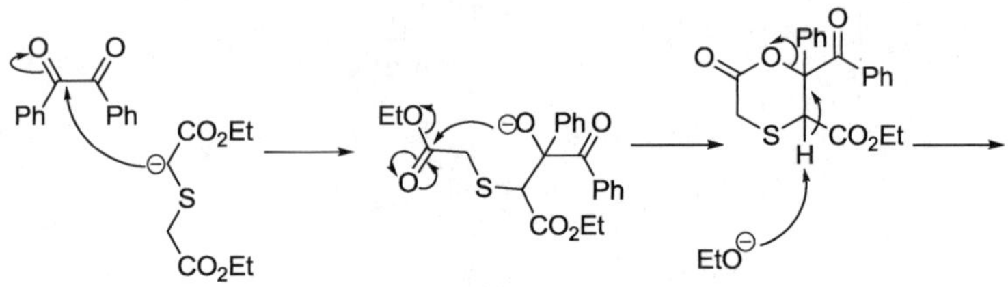

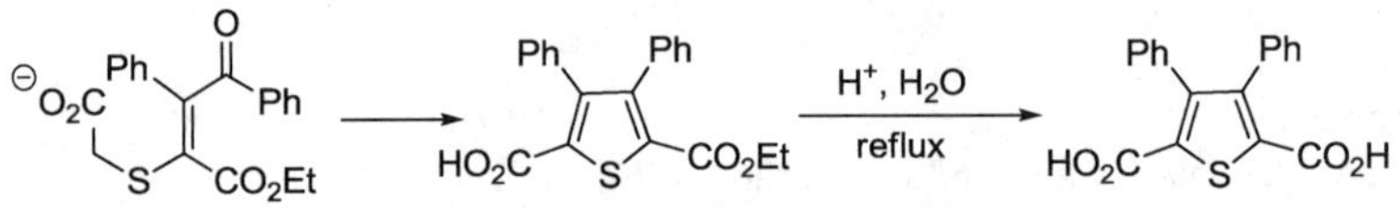

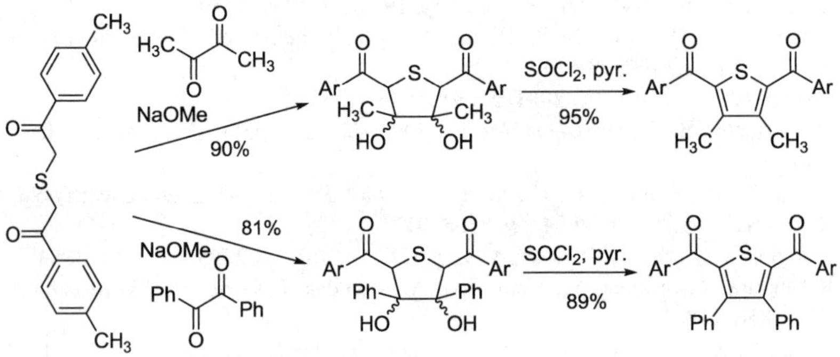

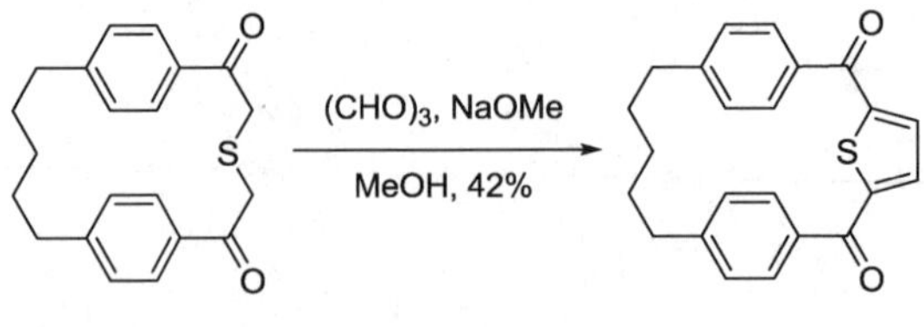

Example 3[5]

[reaction scheme: diketone + PhCOCH2-S-CH2COPh, KOH; then SOCl2, pyr. → bis-benzoyl thiophene fused product, 9% 两步反应产率]

Example 4[6]

[reaction scheme: 2,3-butanedione + NCCH2-S-CH2CN, NaOH, MeOH, 94% → 3,4-dimethyl-5-cyano-thiophene-2-carboxamide]

Example 5, 聚合物负载的 Hinsberg 噻吩合成[9]

[reaction scheme: polymer-supported trityl ester of RS-CH2-CO2-, R1 = CO2i-Pr, CONEt2, PPh3+, plus R2COCOR2, KOt-Bu → polymer-bound thiophene ester; then 10% TFA, CH2Cl2 → free thiophene-2-carboxylic acid with R1, R2 substituents]

References

1. Hinsberg, O. *Ber.* **1910,** *43*, 901–906.
2. Miyahara, Y.; Inazu, T.; Yoshino, T. *Bull. Chem. Soc. Jpn.* **1980,** *53*, 1187–1188.
3. Gronowitz, S. In *Thiophene and Its Derivatives*, Part 1, Gronowitz, S., ed.; Wiley-Interscience: New York, **1985,** pp 34–41. (Review).
4. Miyahara, Y.; Inazu, T.; Yoshino, T. *J. Org. Chem.* **1984,** *49*, 1177–1182.
5. Christl, M.; Krimm, S.; Kraft, A. *Angew. Chem. Int. Ed.* **1990,** *29*, 675–677.
6. Beye, N.; Cava, M. P. *J. Org. Chem.* **1994,** *59*, 2223–2226.
7. Vogel, E.; Pohl, M.; Herrmann, A.; Wiss, T.; König, C.; Lex, J.; Gross, M.; Gisselbrecht, J. P. *Angew. Chem. Int. Ed.* **1996,** *35*, 1520–1525.
8. Mullins, R. J.; Williams, D. R. *Hinsberg Synthesis of Thiophene Derivatives*. In *Name Reactions in Heterocyclic Chemistry*; Li, J. J., Ed.; Wiley: Hoboken, NJ, **2005,** pp 199–206. (Review).
9. Traversone, A.; Brill, W. K.-D. *Tetrahedron Lett.* **2007,** *48*, 3535–3538.
10. Jimenez, R. P.; Parvez, M.; Sutherland, T. C.; Viccars, J. *Eur. J. Org. Chem.* **2009,** 5635–5646.

Hiyama 交叉偶联反应

Pd催化的卤代烃和有机硅烷、三氟磺酸酯间的交叉偶联反应。反应需F^-、OH^-等活化剂存在。若无此类活化剂参与，转金属化不易进行。催化循环参见第357页上的Kumada偶联反应。

$$R^1\text{–}SiY + R^2\text{–}X \xrightarrow[\text{活化剂}]{\text{Pd 催化剂}} R^1\text{–}R^2$$

R^1 = 烯基、芳基、炔基、烷基
R^2 = 芳基、烷基、烯基
Y = $(OR)_3$, Me_3, Me_2OH, $Me_{(3\text{-}n)}F_{(n+3)}$
X = Cl, Br, I, OTf
活化剂 = TBAF, base

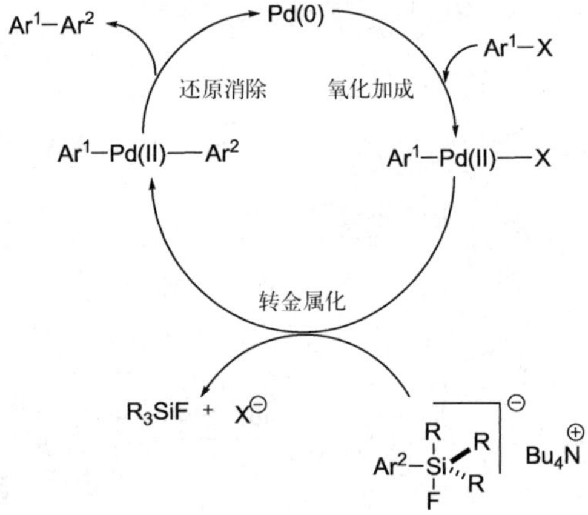

Example 1[1a]

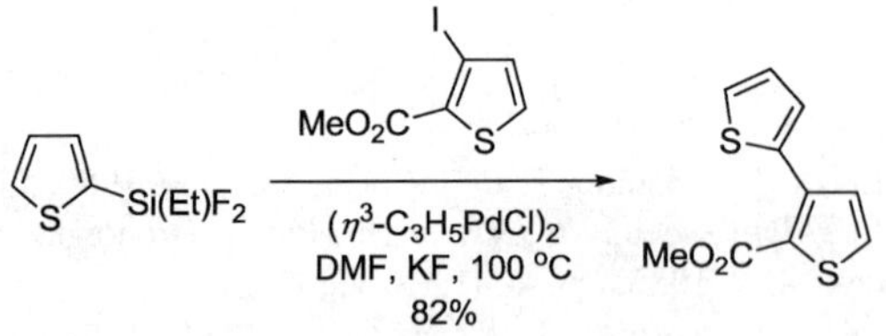

Example 2[2]

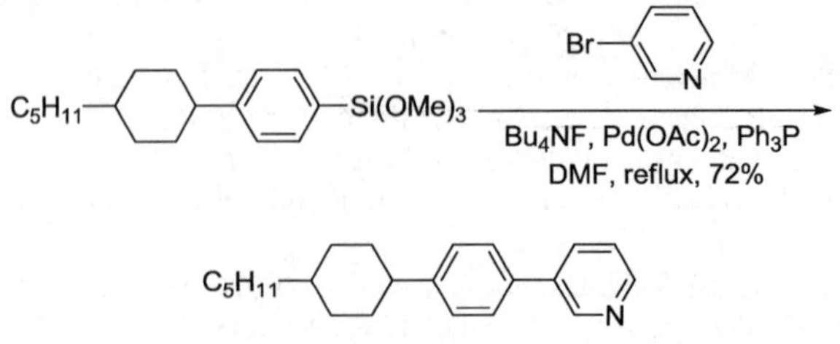

J.J. Li, *Name Reactions: A Collection of Detailed Mechanisms and Synthetic Applications*,
DOI 10.1007/978-3-319-03979-4_134, © Springer International Publishing Switzerland 2014

Example 3[7]

Example 4[9]

Example 5, 可再生的聚苯乙烯负载的Pd催化剂[11]

References
1. (a) Hatanaka, Y.; Fukushima, S.; Hiyama, T. *Heterocycles* **1990,** *30,* 303–306. (b) Hiyama, T.; Hatanaka, Y. *Pure Appl. Chem.* **1994,** *66,* 1471–1478. (c) Matsuhashi, H.; Kuroboshi, M.; Hatanaka, Y.; Hiyama, T. *Tetrahedron Lett.* **1994,** *35,* 6507–6510.
2. Shibata, K.; Miyazawa, K.; Goto, Y. *Chem. Commun.* **1997,** 1309–1310.
3. Hiyama, T. In *Metal-Catalyzed Cross-Coupling Reactions;* **1998,** Diederich, F.; Stang, P. J., Eds.; Wiley–VCH: Weinheim, Germany, pp 421–53. (Review).
4. Denmark, S. E.; Wang, Z. *J. Organomet. Chem.* **2001,** *624,* 372–375.
5. Hiyama, T. *J. Organomet. Chem.* **2002,** *653,* 58–61.
6. Pierrat, P.; Gros, P.; Fort, Y. *Org. Lett.* **2005,** *7,* 697–700.
7. Denmark, S. E.; Yang, S.-M. *J. Am. Chem. Soc.* **2004,** *126,* 12432–12440.
8. Domin, D.; Benito-Garagorri, D.; Mereiter, K.; Froehlich, J.; Kirchner, K. *Organometallics* **2005,** *24,* 3957–3965.
9. Anzo, T.; Suzuki, A.; Sawamura, K.; Motozaki, T.; Hatta, M.; Takao, K.-i.; Tadano, K.-i. *Tetrahedron Lett.* **2007,** *48,* 8442–8448.
10. Yet L. *Hiyama Cross-Coupling Reaction.* In *Name Reactions for Homologations-Part I*; Li, J. J., Ed.; Wiley: Hoboken, NJ, **2009,** pp 33–416. (Review).
11. Diebold, C.; Derible, A.; Becht, J.-M.; Drian, C. L. *Tetrahedron* **2013,** *69,* 264–267.

Hofmann 消除反应

烷基三甲基胺经 *anti*-立体化学过程发生消除反应生成少取代烯烃。

Example 1, 经 Hofmann 消除反应从树脂释放出的胺[10]

Example 2[11]

References

1. Hofmann, A. W. *Ber.* **1881**, *14*, 659–669.
2. Eubanks, J. R. I.; Sims, L. B.; Fry, A. *J. Am. Chem. Soc.* **1991**, *113*, 8821–8829.
3. Bach, R. D.; Braden, M. L. *J. Org. Chem.* **1991**, *56*, 7194–7195.
4. Lai, Y. H.; Eu, H. L. *J. Chem. Soc., Perkin Trans. 1* **1993**, 233–237.
5. Sepulveda-Arques, J.; Rosende, E. G.; Marmol, D. P.; Garcia, E. Z.; Yruretagoyena, B.; Ezquerra, J. *Monatsh. Chem.* **1993**, *124*, 323–325.
6. Woolhouse, A. D.; Gainsford, G. J.; Crump, D. R. *J. Heterocycl. Chem.* **1993**, *30*, 873–880.
7. Bhonsle, J. B. *Synth. Commun.* **1995**, *25*, 289–300.
8. Berkes, D.; Netchitailo, P.; Morel, J.; Decroix, B. *Synth. Commun.* **1998**, *28*, 949–956.
9. Morphy, J. R.; Rankovic, Z.; York, M. *Tetrahedron Lett.* **2002**, *43*, 6413–6415.
10. Liu, Z.; Medina-Franco, J. L.; Houghten, R. A.; Giulianotti, M. A. *Tetrahedron Lett.* **2010**, *51*, 5003–5004.
11. Arava, V. R.; Malreddy, S.; Thummala, S. R. *Synth. Commun.* **2012**, *42*, 3545–3552.

Hofmann 重排反应

伯酰胺用次卤酸盐处理经过异氰酸酯中间体而生成少一个碳原子的伯胺。亦称 Hofmann 降解反应。

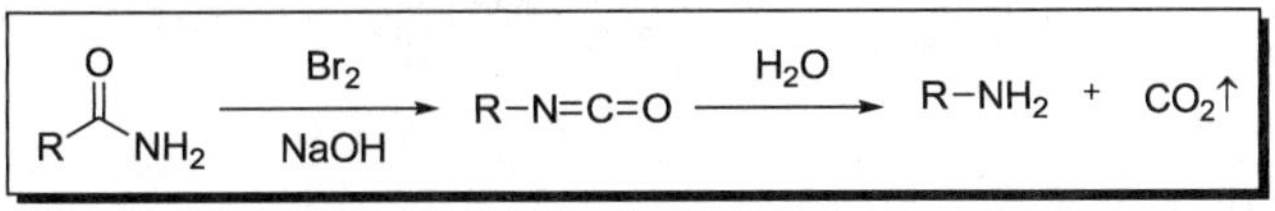

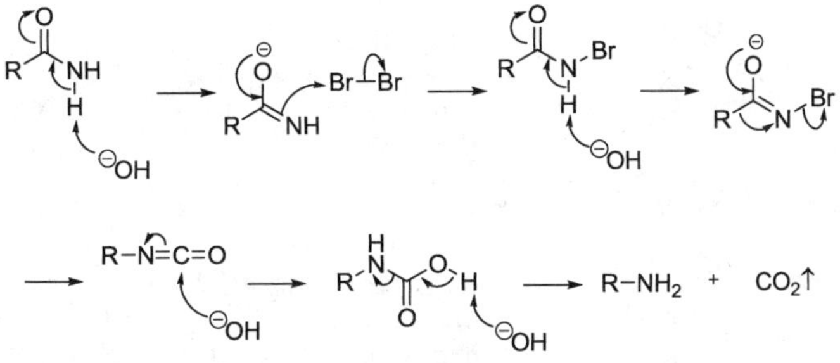

$$R-CONH_2 \xrightarrow{Br_2, NaOH} R-N=C=O \xrightarrow{H_2O} R-NH_2 + CO_2\uparrow$$

异氰酸酯中间体

Example 1, 一个 NBS 变种[2]

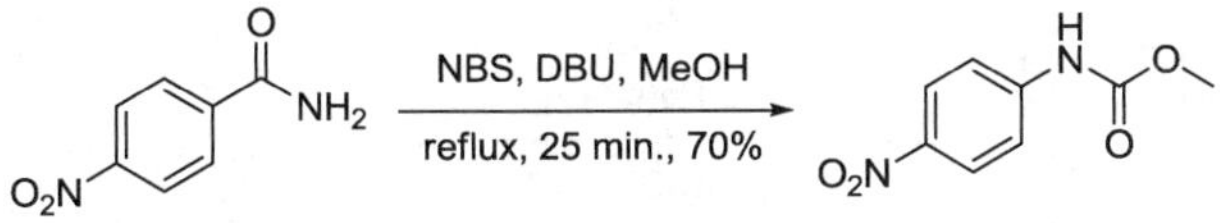

$$4\text{-}O_2N\text{-}C_6H_4\text{-}CONH_2 \xrightarrow[\text{reflux, 25 min., 70\%}]{\text{NBS, DBU, MeOH}} 4\text{-}O_2N\text{-}C_6H_4\text{-}NHCO_2Me$$

Example 2, 亚碘酰苯二乙酰化物[5]

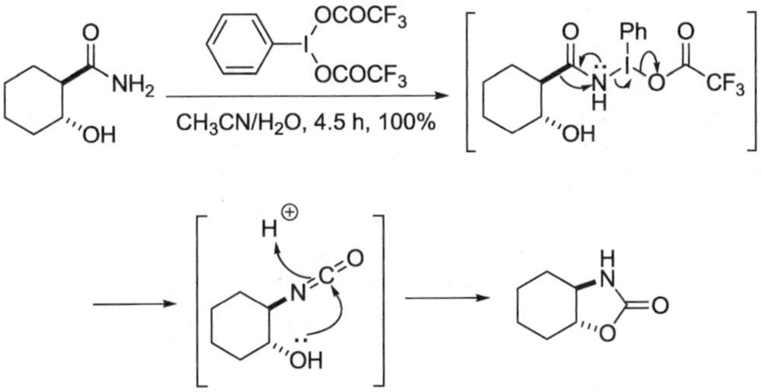

Example 3, 溴和烷氧化物[6]

Example 4, 次氯酸钠[7]

Example 5, 原始条件，溴和氢氧化物[9]

Example 6, 四乙酸铅[10]

References
1. Hofmann, A. W. *Ber.* **1881**, *14*, 2725–2736.
2. Jew, S.-s.; Kang, M.-h. *Arch. Pharmacol Res.* **1994**, *17*, 490–491.
3. Huang, X.; Seid, M.; Keillor, J. W. *J. Org. Chem.* **1997**, *62*, 7495–7496.
4. Togo, H.; Nabana, T.; Yamaguchi, K. *J. Org. Chem.* **2000**, *65*, 8391–8394.
5. Yu, C.; Jiang, Y.; Liu, B.; Hu, L. *Tetrahedron Lett.* **2001**, *42*, 1449–1452.
6. Jiang, X.; Wang, J.; Hu, J.; Ge, Z.; Hu, Y.; Hu, H.; Covey, D. F. *Steroids* **2001**, *66*, 655–662.
7. Stick, R. V.; Stubbs, K. A. *J. Carbohydr. Chem.* **2005**, *24*, 529–547.
8. Moriarty, R. M. *J. Org. Chem.* **2005**, *70*, 2893–2903. (Review).
9. El-Mariah, F.; Hosney, M.; Deeb, A. *Phosphorus, Sulfur Silicon Relat. Elem.* **2006**, *181*, 2505–2517.
10. Jia, Y.-M.; Liang, X.-M.; Chang, L.; Wang, D.-Q. *Synthesis* **2007**, 744–748.
11. Gribble, G. W. *Hofmann rearrangement*. In *Name Reactions for Homologations-Part II*; Li, J. J., Ed.; Wiley: Hoboken, NJ, **2009**, pp 164–199. (Review).
12. Yoshimura, A.; Luedtke, M. W.; Zhdankin, V. V. *J. Org. Chem.* **2012**, *77*, 2087–2091.

Hofmann-Loeffler-Freytag 反应

质子化的*N*-卤代胺经热或光化学分解为四氢吡咯或哌啶。

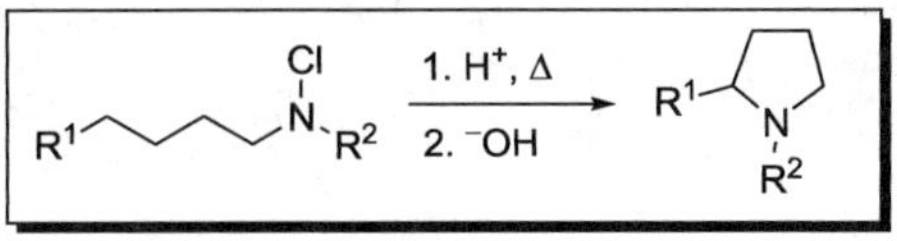
1. H+, Δ
2. -OH

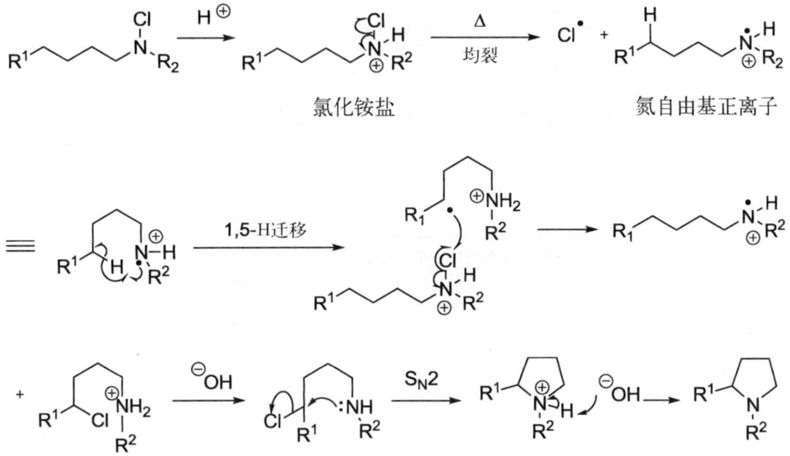
均裂
氯化铵盐
氮自由基正离子
1,5-H迁移
SN2

Example 1[2]

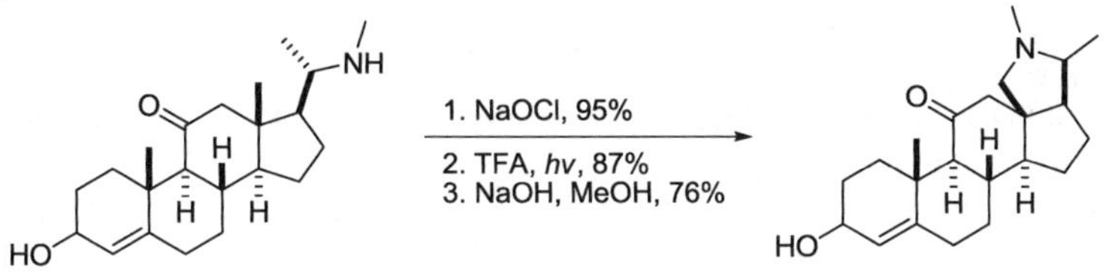
1. NaOCl, 95%
2. TFA, hv, 87%
3. NaOH, MeOH, 76%

Example 2[4]

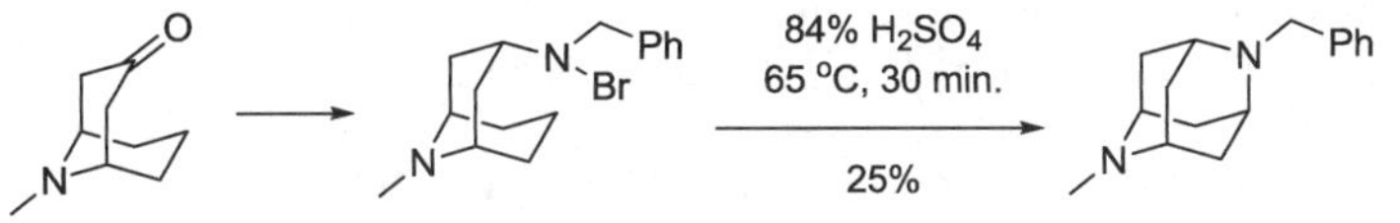
84% H2SO4
65 °C, 30 min.
25%

Example 3[5]

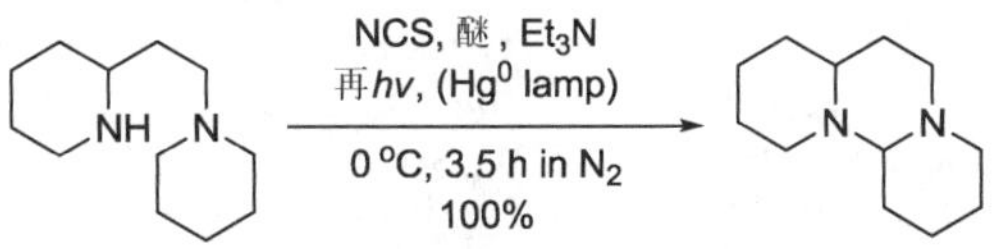
NCS, 醚, Et3N
再hv, (Hg0 lamp)
0 °C, 3.5 h in N2
100%

J.J. Li, *Name Reactions: A Collection of Detailed Mechanisms and Synthetic Applications*,
DOI 10.1007/978-3-319-03979-4_137, © Springer International Publishing Switzerland 2014

Example 4[7]

Example 5[12]

Example 6[13]

References

1. (a) Hofmann, A. W. *Ber.* **1883**, *16*, 558–560. (b) Löffler, K.; Freytag, C. *Ber.* **1909**, *42*, 3727.
2. Wolff, M. E.; Kerwin, J. F.; Owings, F. F.; Lewis, B. B.; Blank, B.; Magnani, A.; Karash, C.; Georgian, V. *J. Am. Chem. Soc.* **1960**, *82*, 4117–4118.
3. Wolff, M. E. *Chem. Rev.* **1963**, *63*, 55–64. (Review).
4. Dupeyre, R.-M.; Rassat, A. *Tetrahedron Lett.* **1973**, 2699–2701.
5. Kimura, M.; Ban, Y. *Synthesis* **1976**, 201–202.
6. Stella, L. *Angew. Chem. Int. Ed.* **1983**, *22*, 337–422. (Review).
7. Betancor, C.; Concepcion, J. I.; Hernandez, R.; Salazar, J. A.; Suarez, E. *J. Org. Chem.* **1983**, *48*, 4430–4432.
8. Majetich, G.; Wheless, K. *Tetrahedron* **1995**, *51*, 7095–7129. (Review).
9. Togo, H.; Katohgi, M. *Synlett* **2001**, 565–581. (Review).
10. Pellissier, H.; Santelli, M. *Org. Prep. Proced. Int.* **2001**, *33*, 455–476. (Review).
11. Li, J. J. *Hofmann–Löffler–Freytag Reaction*. In *Name Reactions in Heterocyclic Chemistry*; Li, J. J., Ed.; Wiley: Hoboken, NJ, **2005**, pp 89–97. (Review).
12. Chen, K.; Richter, J. M.; Baran, P. S. *J. Am. Chem. Soc.* **2008**, *130*, 17247–17249.
13. Lechel, T.; Podolan, G.; Brusilowskij, B.; Schalley, C. A.; Reissig, H.-U. *Eur. J. Org. Chem.* **2012**, 5685–5692.

Hoener-Wadsworth-Emmons 反应

从醛和磷酸酯得到烯烃。该反应的副产物是水溶性的，故反应操作比相应的Wittig反应方便。通常得到的烯烃产物中*trans*-构型比*cis*-构型多。

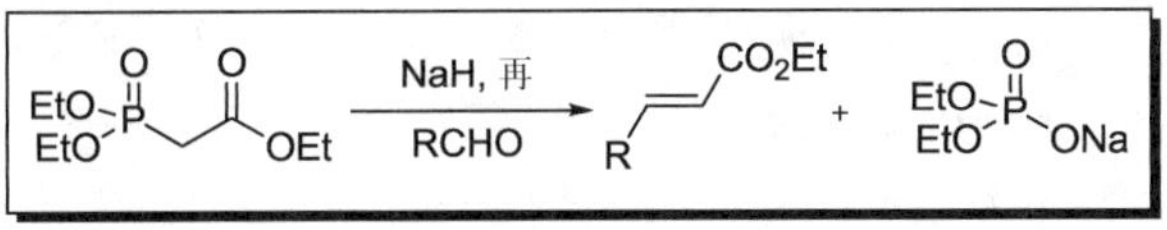

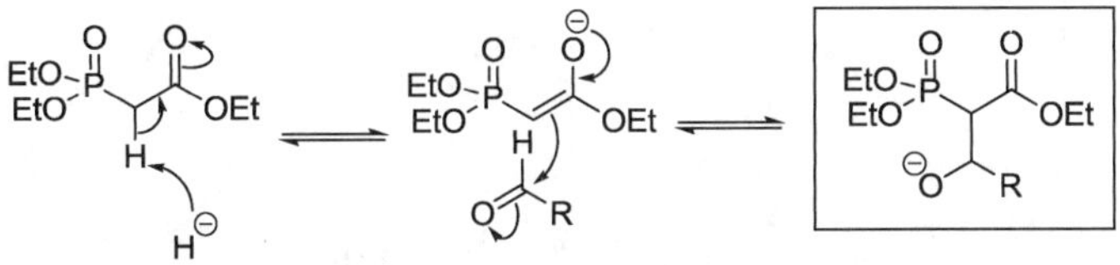

立体化学产出：赤式(动力学)或苏式(热力学)

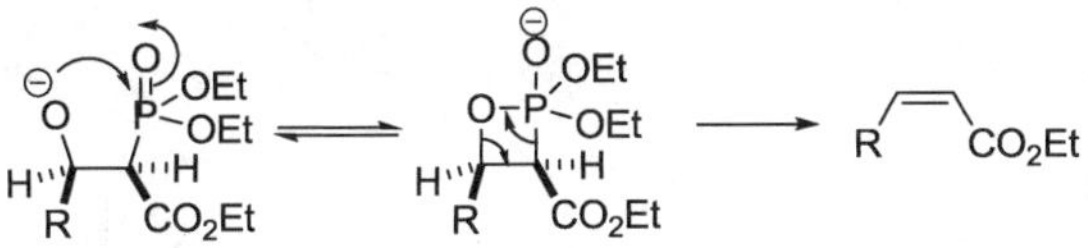

赤式，动力学加成物

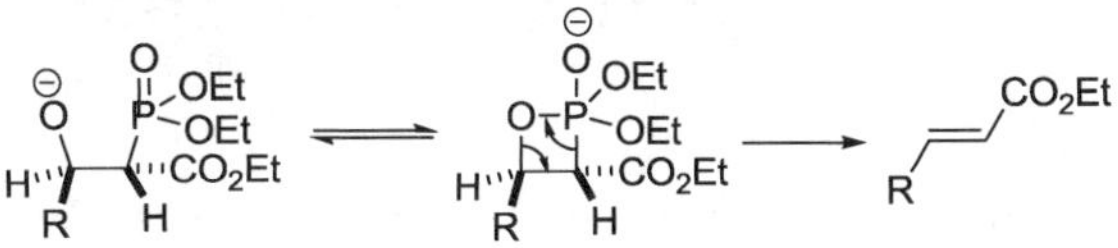

苏式，热力学加成物

Example 1[3]

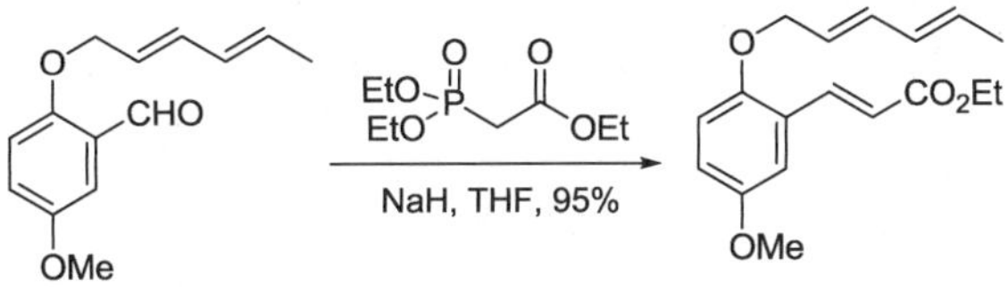

Example 2[4]

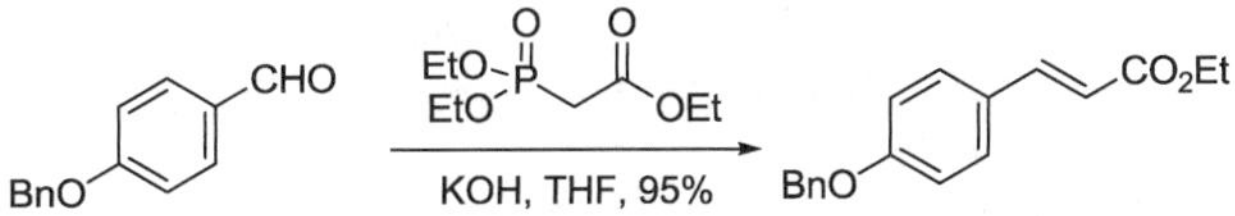

Example 3[7]

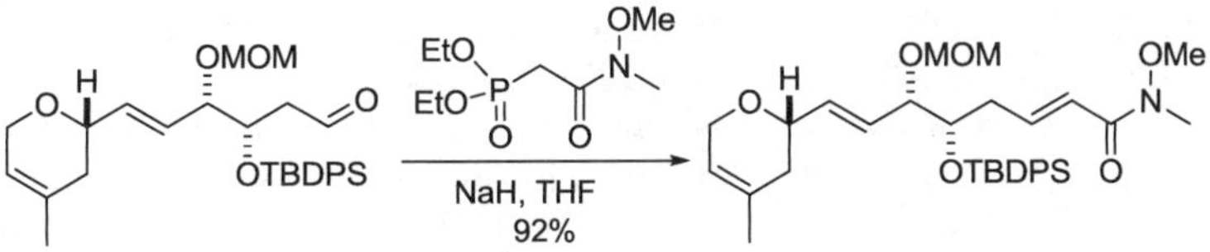

J.J. Li, *Name Reactions: A Collection of Detailed Mechanisms and Synthetic Applications*,
DOI 10.1007/978-3-319-03979-4_138,

Example 4, 分子内 Horner–Wadsworth–Emmons 反应[9]

Example 5[11]

References

1. (a) Horner, L.; Hoffmann, H.; Wippel, H. G.; Klahre, G. *Chem. Ber.* **1959**, *92*, 2499–2505. (b) Wadsworth, W. S., Jr.; Emmons, W. D. *J. Am. Chem. Soc.* **1961**, *83*, 1733–1738. (c) Wadsworth, D. H.; Schupp, O. E.; Seus, E. J.; Ford, J. A., Jr. *J. Org. Chem.* **1965**, *30*, 680–685.
2. Maryanoff, B. E.; Reitz, A. B. *Chem. Rev.* **1989**, *89*, 863–927. (Review).
3. Shair, M. D.; Yoon, T. Y.; Mosny, K. K.; Chou, T. C.; Danishefsky, S. J. *J. Am. Chem. Soc.* **1996**, *118*, 9509–9525.
4. Nicolaou, K. C.; Boddy, C. N. C.; Li, H.; Koumbis, A. E.; Hughes, R. J.; Natarajan, S.; Jain, N. F.; Ramanjulu, J. M.; Bräse, S.; Solomon, M. E. *Chem. Eur. J.* **1999**, *5*, 2602–2621.
5. Comins, D. L.; Ollinger, C. G. *Tetrahedron Lett.* **2001**, *42*, 4115–4118.
6. Lattanzi, A.; Orelli, L. R.; Barone, P.; Massa, A.; Iannece, P.; Scettri, A. *Tetrahedron Lett.* **2003**, *44*, 1333–1337.
7. Ahmed, A.; Hoegenauer. E. K.; Enev, V. S.; Hanbauer, M.; Kaehlig, H.; Öhler, E.; Mulzer, J. *J. Org. Chem.* **2003**, *68*, 3026–3042.
8. Blasdel, L. K.; Myers, A. G. *Org. Lett.* **2005**, *7*, 4281–4283.
9. Li, D.-R.; Zhang, D.-H.; Sun, C.-Y.; Zhang, J.-W.; Yang, L.; Chen, J.; Liu, B.; Su, C.; Zhou, W.-S.; Lin, G.-Q. *Chem. Eur. J.* **2006**, *12*, 1185–1204.
10. Rong, F. *Horner–Wadsworth–Emmons reaction* In *Name Reactions for Homologations-Part I*; Li, J. J., Ed.; Wiley: Hoboken, NJ, **2009**, pp 420–466. (Review).
11. Okamoto, R.; Takeda, K.; Tokuyama, H.; Ihara, M.; Toyota, M. *J. Org. Chem.* **2013**, *78*, 93–103.

Houben-Hoesch 反应

酚及酚醚用腈在酸催化下发生酰基化反应。

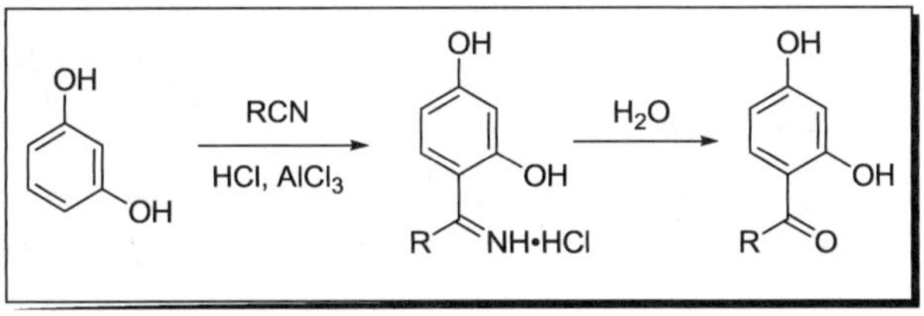

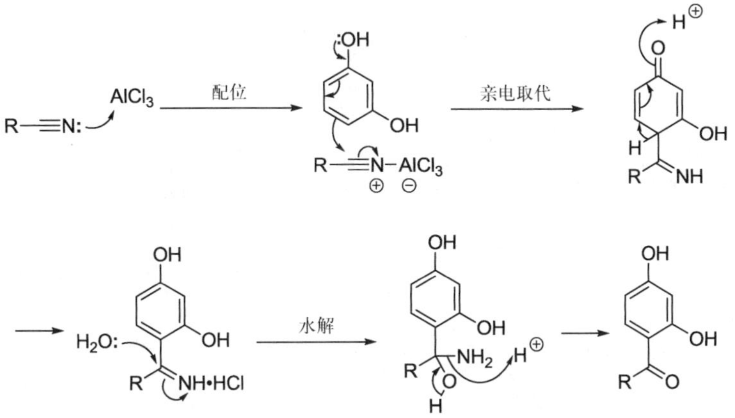

Example 1, 分子内Houben-Hoesch反应[3]

Example 2[6]

Example 3[8]

J.J. Li, *Name Reactions: A Collection of Detailed Mechanisms and Synthetic Applications*,
DOI 10.1007/978-3-319-03979-4_139, © Springer International Publishing Switzerland 2014

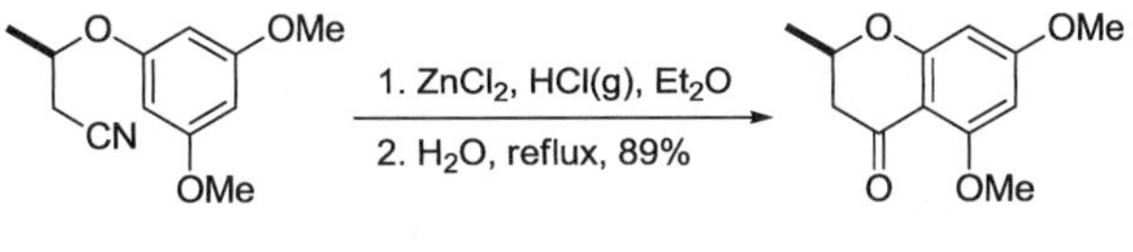

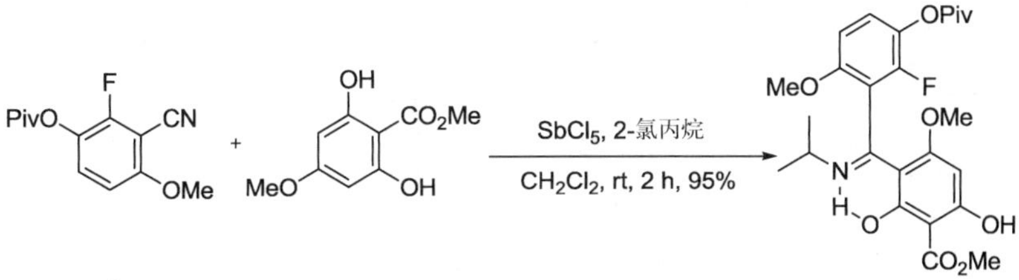

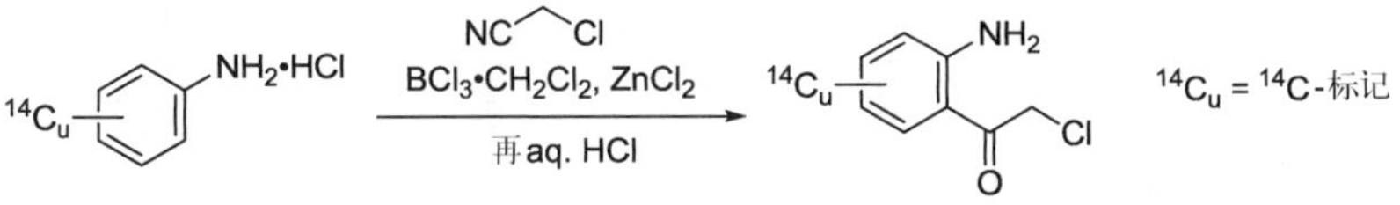

Example 4[9]

Example 5[10]

References

1. (a) Hoesch, K. *Ber.* **1915**, *48*, 1122–1133. 赫施（K. Hoesch, 1882–1932）出生于德国的 Krezau，在柏林跟费歇尔学习。一次大战时是土耳其伊斯坦布尔大学的教授。战后他放弃了学术研究而转向家族的商业经营活动. (b) Houben, J. *Ber.* **1926**, *59*, 2878–2891.
2. Yato, M.; Ohwada, T.; Shudo, K. *J. Am. Chem. Soc.* **1991**, *113*, 691–692.
3. Rao, A. V. R.; Gaitonde, A. S.; Prakash, K. R. C.; Rao, S. P. *Tetrahedron Lett.* **1994**, *35*, 6347–6350.
4. Sato, Y.; Yato, M.; Ohwada, T.; Saito, S.; Shudo, K. *J. Am. Chem. Soc.* **1995**, *117*, 3037–3043.
5. Kawecki, R.; Mazurek, A. P.; Kozerski, L.; Maurin, J. K. *Synthesis* **1999**, 751–753.
6. Udwary, D. W.; Casillas, L. K.; Townsend, C. A. *J. Am. Chem. Soc.* **2002**, *124*, 5294–5303.
7. Sanchez-Viesca, F.; Gomez, M. R.; Berros, M. *Org. Prep. Proc. Int.* **2004**, *36*, 135–140.
8. Wager, C. A. B.; Miller, S. A. *J. Labelled Compd. Radiopharm.* **2006**, *49*, 615–622.
9. Black, D. St. C.; Kumar, N.; Wahyuningsih, T. D. *ARKIVOC* **2008**, *(6)*, 42–51.
10. Zhao, B.; Hao, X.-Y.; Zhang, J.-X.; Liu, S.; Hao, X.-J. *J. Org. Chem.* **2013**, *15*, 528–530.

Hunsdiecker-Borodin 反应

羧酸银用卤素处理生成卤代烃。

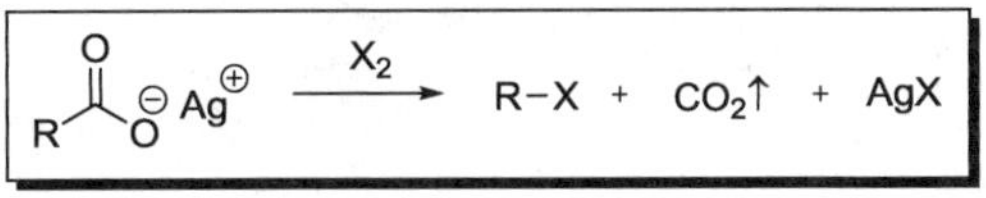

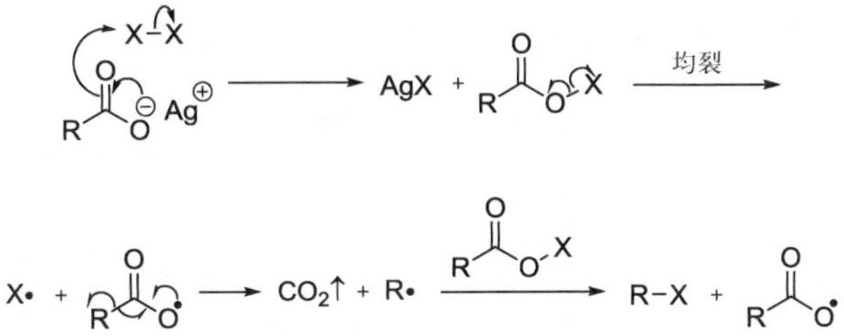

$$R-CO_2^{\ominus} Ag^{\oplus} \xrightarrow{X_2} R-X + CO_2\uparrow + AgX$$

机理：

$$R-CO_2^{\ominus} Ag^{\oplus} + X-X \longrightarrow AgX + R-C(O)O-X \xrightarrow{\text{均裂}}$$

$$X\cdot + R-C(O)O\cdot \longrightarrow CO_2\uparrow + R\cdot \xrightarrow{R-C(O)O-X} R-X + R-C(O)O\cdot$$

Example 1[5]

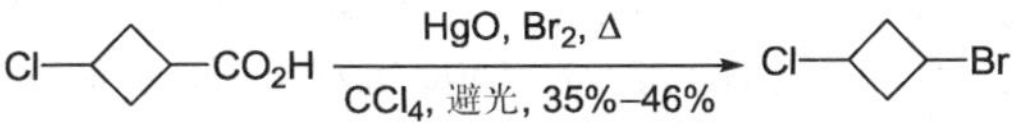

Cl–(cyclobutyl)–CO₂H $\xrightarrow[\text{CCl}_4,\text{避光},35\%-46\%]{\text{HgO, Br}_2, \Delta}$ Cl–(cyclobutyl)–Br

Example 2[6]

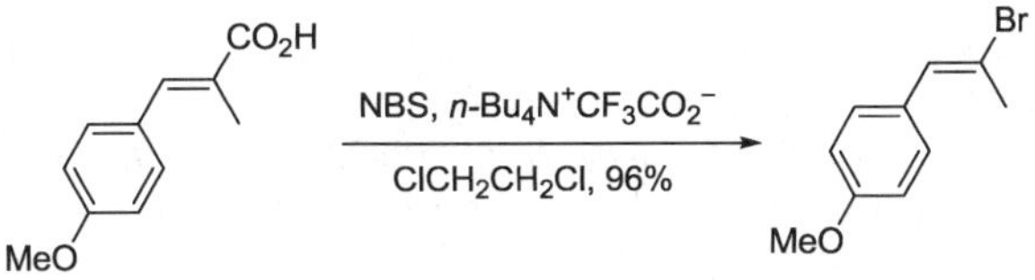

4-MeO-C₆H₄-CH=C(CH₃)-CO₂H $\xrightarrow[\text{ClCH}_2\text{CH}_2\text{Cl, 96\%}]{\text{NBS, }n\text{-Bu}_4\text{N}^+\text{CF}_3\text{CO}_2^-}$ 4-MeO-C₆H₄-CH=C(CH₃)-Br

Example 3[8]

4-HO-C₆H₄-CH=CH-CO₂H $\xrightarrow[\text{KBr, CH}_3\text{CN, 82\%}]{\text{"Select fluor" (2 BF}_4^-\text{)}}$ 4-HO-C₆H₄-CH=CH-Br

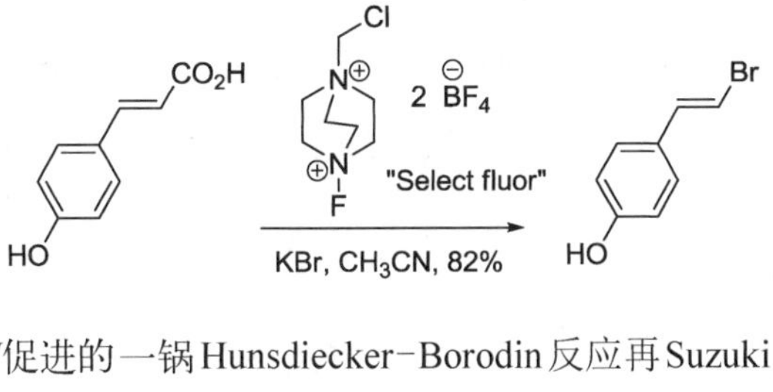

Example 4, MW 促进的一锅 Hunsdiecker–Borodin 反应再 Suzuki 反应[10]

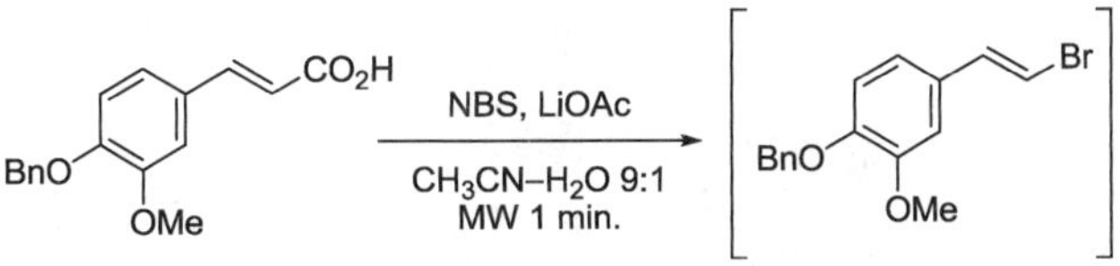

(BnO, OMe)-C₆H₃-CH=CH-CO₂H $\xrightarrow[\substack{\text{CH}_3\text{CN–H}_2\text{O 9:1}\\\text{MW 1 min.}}]{\text{NBS, LiOAc}}$ [(BnO, OMe)-C₆H₃-CH=CH-Br]

[Reaction scheme: PhB(OH)$_2$, K$_2$CO$_3$, Pd(PPh$_3$)$_4$, CH$_3$CN/H$_2$O 2:1, MW, 5 min. 64% 2 steps → stilbene product with BnO and OMe substituents]

Example 5[11]

[Reaction scheme: dicarboxylic acid substrate, 5 mol% Ag(Phen)$_2$OTf, 150 mol% t-BuOCl, CH$_3$CN, rt, 3 h, 86% → chloro-carboxylic acid product]

References

1. (a) Borodin, A. *Ann.* **1861**, *119*, 121–123. 勃伦丁（A. P. Borodin, 1833-1887）出生于圣彼得堡,是一位王子的私生子。他于1861年从乙酸银制得溴甲烷,但直到80年后才有海因茨（Heinz）和洪斯狄克（C. Hunsdiecker）将他的合成方法扩展成了一个通用的Hunsdiecker-Borodin反应或Hunsdiecker方法。勃伦丁是个作曲家,他的音乐作品,歌剧"青蛙王子（Prince Egor）"是为人所知的,他也常在实验室外弹奏钢琴。(b) Hunsdiecker, H.; Hunsdiecker, C. *Ber.* **1942**, *75*, 291–297. 洪斯狄克出生于1903年,在科隆受的教育。她和她的丈夫海因茨一起发展了羧酸银的溴化反应。
2. Sheldon, R. A.; Kochi, J. K. *Org. React.* **1972**, *19*, 326–421. (Review).
3. Barton, D. H. R.; Crich, D.; Motherwell, W. B. *Tetrahedron Lett.* **1983**, *24*, 4979–4982.
4. Crich, D. In *Comprehensive Organic Synthesis*; Trost, B. M.; Steven, V. L., Eds.; Pergamon, **1991**, *Vol. 7*, pp 723–734. (Review).
5. Lampman, G. M.; Aumiller, J. C. *Org. Synth.* **1988**, *Coll. Vol. 6*, 179.
6. Naskar, D.; Chowdhury, S.; Roy, S. *Tetrahedron Lett.* **1998**, *39*, 699–702.
7. Das, J. P.; Roy, S. *J. Org. Chem.* **2002**, *67*, 7861–7864.
8. Ye, C.; Shreeve, J. M. *J. Org. Chem.* **2004**, *69*, 8561–8563.
9. Li, J. J. *Hunsdiecker Reaction*. In *Name Reactions for Functional Group Transformations*; Li, J. J., Corey, E. J., Eds., Wiley: Hoboken, NJ, **2007**, pp 623–629. (Review).
10. Bazin, M.-A.; El Kihel, L.; Lancelot, J.-C.; Rault, S. *Tetrahedron Lett.* **2007**, *48*, 4347–4351.
11. Wang, Z.; Zhu, L.; Yin, F.; Su, Z.; Li, Z.; Li, C. *J. Am. Chem. Soc.* **2012**, *134*, 4258–4263.

Jacobsen-Katsuki 环氧化反应

Z-烯烃在Mn(Ⅲ)-salen催化下的不对称环氧化反应。

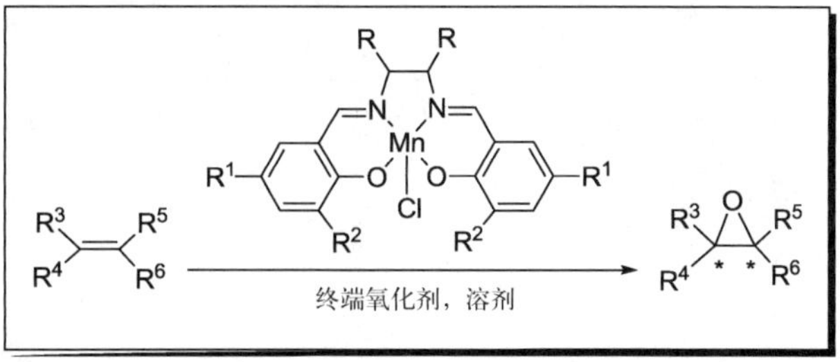
终端氧化剂，溶剂

1. 协同的氧转移(*cis*-环氧化物):

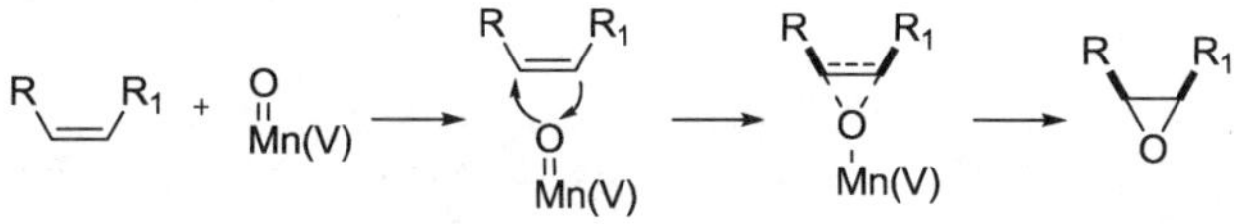

2. 经自由基中间体 (*trans*-环氧化物) 的氧转移:

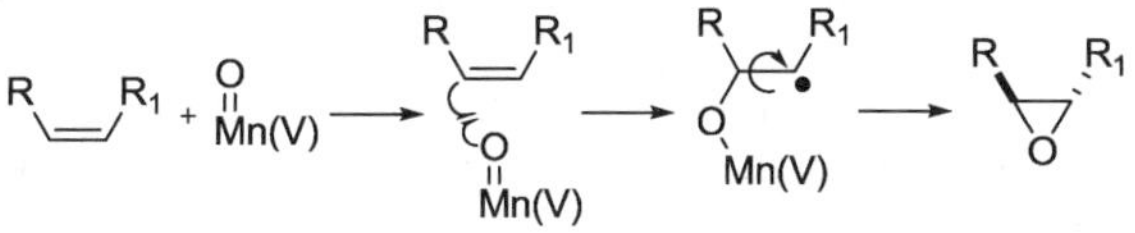

3. 经锰氧化物中间体(*cis*-环氧化物)的氧转移:

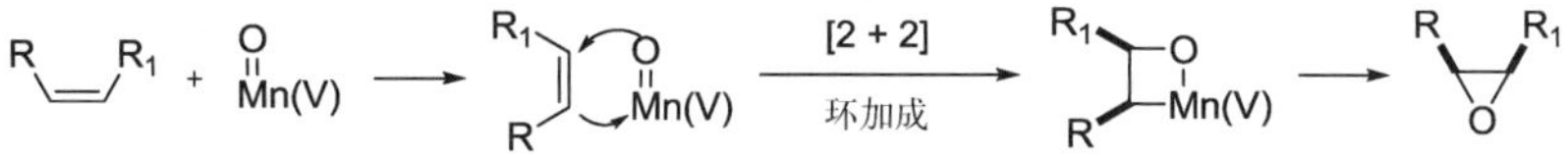
[2 + 2]
环加成

Example 1[2]

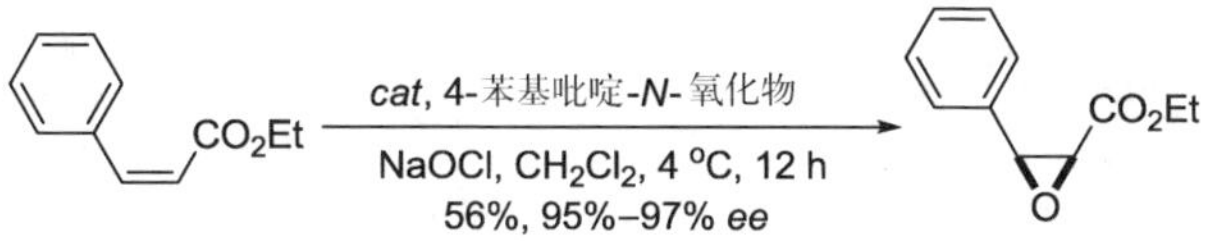
cat, 4-苯基吡啶-*N*-氧化物
NaOCl, CH2Cl2, 4 °C, 12 h
56%, 95%–97% *ee*

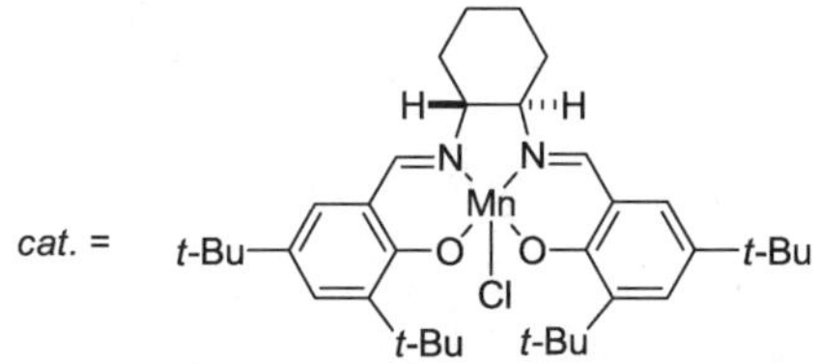
cat. =

J.J. Li, *Name Reactions: A Collection of Detailed Mechanisms and Synthetic Applications*,
DOI 10.1007/978-3-319-03979-4_141, © Springer International Publishing Switzerland 2014

Example 2[5]

Example 3[6]

英地那韦[indinavir (Crixivan)]

References
1. (a) Zhang, W.; Loebach, J. L.; Wilson, S. R.; Jacobsen, E. N. *J. Am. Chem. Soc.* **1990**, *112*, 2801–2903. (b) Irie, R.; Noda, K.; Ito, Y.; Matsumoto, N.; Katsuki, T. *Tetrahedron Lett.* **1990**, *31*, 7345–7348. (c) Irie, R.; Noda, K.; Ito, Y.; Katsuki, T. *Tetrahedron Lett.* **1991**, *32*, 1055–1058. (d) Deng, L.; Jacobsen, E. N. *J. Org. Chem.* **1992**, *57*, 4320–4323. (e) Palucki, M.; McCormick, G. J.; Jacobsen, E. N. *Tetrahedron Lett.* **1995**, *36*, 5457–5460.
2. Zhang, W.; Jacobsen, E. N. *J. Org. Chem.* **1991**, *56*, 2296–2298.
3. Jacobsen, E. N. In *Catalytic Asymmetric Synthesis;* Ojima, I., Ed.; VCH: Weinheim, New York, **1993,** Ch. 4.2. (Review).
4. Jacobsen, E. N. In *Comprehensive Organometallic Chemistry II*, Eds. G. W. Wilkinson, G. W.; Stone, F. G. A.; Abel, E. W.; Hegedus, L. S., Pergamon, New York, **1995,** vol 12, Chapter 11.1. (Review).
5. Lynch, J. E.; Choi, W.-B.; Churchill, H. R. O.; Volante, R. P.; Reamer, R. A.; Ball, R. G. *J. Org. Chem.* **1997,** *62*, 9223–9228.
6. Senananyake, C. H. *Aldrichimica Acta* **1998**, *31*, 3–15. (Review).
7. Jacobsen, E. N.; Wu, M. H. In *Comprehensive Asymmetric Catalysis*, Jacobsen, E. N.; Pfaltz, A.; Yamamoto, H. Eds.; Springer: New York; 1999, Chapter 18.2. (Review).
8. Katsuki, T. In *Catalytic Asymmetric Synthesis;* 2nd edn.; Ojima, I., Ed.; Wiley-VCH: New York, **2000,** 287. (Review).
9. Katsuki, T. *Synlett* **2003**, 281–297. (Review).
10. Palucki, M. *Jacobsen–Katsuki epoxidation.* In *Name Reactions in Heterocyclic Chemistry*; Li, J. J., Ed.; Wiley: Hoboken, NJ, **2005,** pp 29–43. (Review).
11. Engelhardt, U.; Linker, T. *Chem. Commun.* **2005,** 1152–1154.
12. Fernandez de la Pradilla, R.; Castellanos, A.; Osante, I.; Colomer, I.; Sanchez, M. I. *J. Org. Chem.* **2009,** *74*, 170–181.
13. Olson, J. A.; Shea, K. M. *Acc. Chem. Res.* **2011,** *44*, 311–321. (Review).

Japp-Klingemann 腙合成反应

β-酮酯和重氮盐在酸或碱存在下生成腙的合成反应。

Example 1[4]

Example 2[6]

J.J. Li, *Name Reactions: A Collection of Detailed Mechanisms and Synthetic Applications*,
DOI 10.1007/978-3-319-03979-4_142, © Springer International Publishing Switzerland 2014

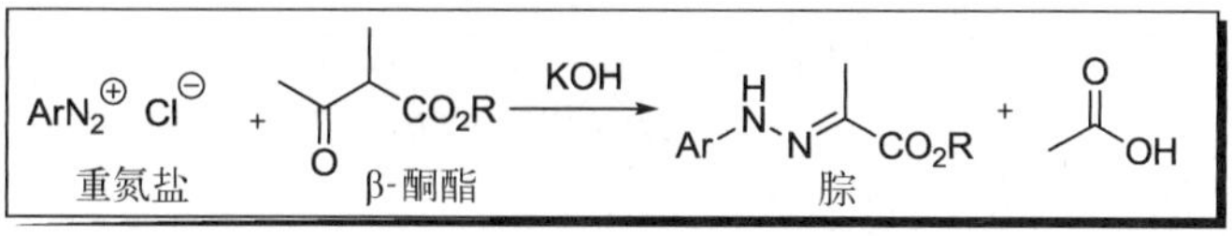

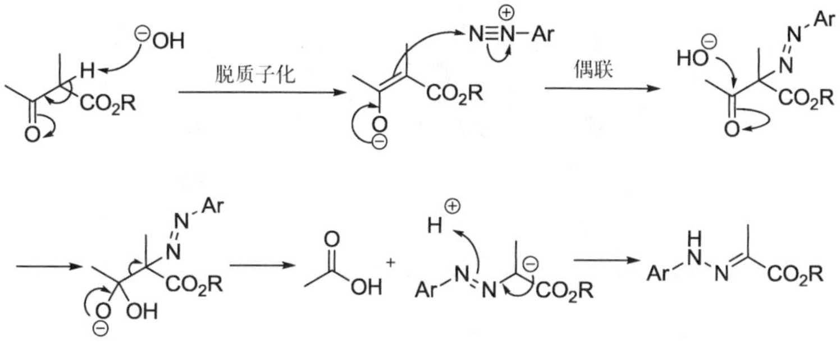

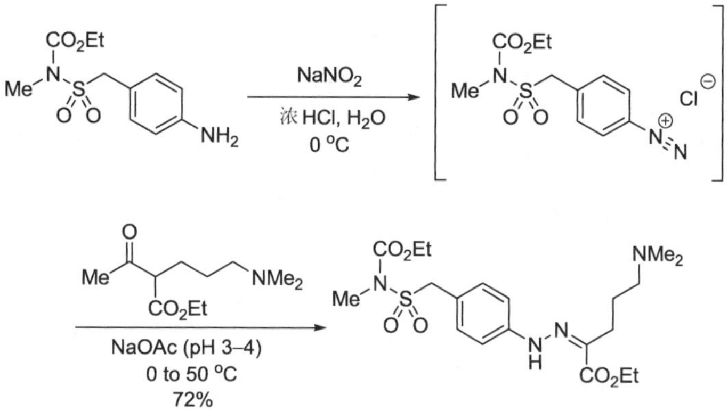

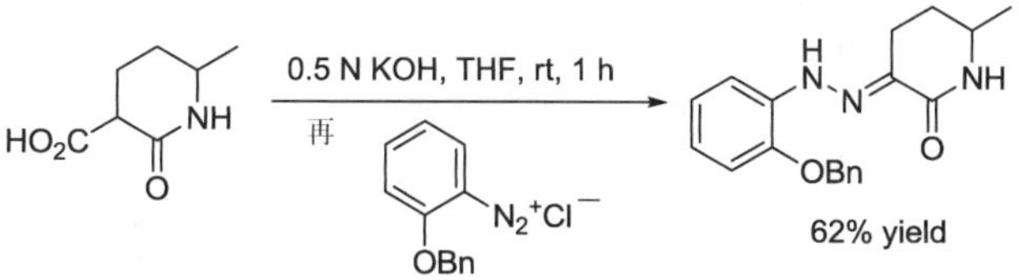

Example 3[10]

Example 4, 一个Japp–Klingemann裂解反应[11]

References

1. (a) Japp, F. R.; Klingemann, F. *Ber.* **1887,** *20*, 2942–2944. (b) Japp, F. R.; Klingemann, F. *Ber.* **1887,** *21*, 2934–2936. (c) Japp, F. R.; Klingemann, F. *Ber.* **1887,** *20*, 3398–3401. (d) Japp, F. R.; Klingemann, F. *Ann.* **1888,** *247*, 190–225. (e) Japp, F. R.; Klingemann, F. *J. Chem. Soc.* **1888,** *53*, 519–544.
2. Phillips, R. R. *Org. React.* **1959**; *10*, 143–178. (Review).
3. Loubinoux, B.; Sinnes, J.-L.; O'Sullivan, A. C.; Winkler, T. *J. Org. Chem.* **1995,** *60*, 953–959.
4. Pete, B.; Bitter, I.; Harsanyi, K.; Toke, L. *Heterocycles* **2000**, *53*, 665–673.
5. Atlan, V.; Kaim, L. E.; Supiot, C. *Chem. Commun.* **2000**, 1385–1386.
6. Dubash, N. P.; Mangu, N. K.; Satyam, A. *Synth. Commun.* **2004**, *34*, 1791–1799.
7. He, W.; Zhang, B.-L.; Li, Z.-J.; Zhang, S.-Y. *Synth. Commun.* **2005**, *35*, 1359–1368.
8. Li, J. *Japp–Klingemann hydrazone synthesis*. In *Name Reactions for Functional Group Transformations*; Li, J. J., Ed.; Wiley: Hoboken, NJ, **2007**, pp 630–634. (Review).
9. Chen, Y.; Shibata, M.; Rajeswaran, M.; Srikrishnan, T.; Dugar, S.; Pandey, R. K. *Tetrahedron Lett.* **2007,** *48*, 2353–2356.
10. Pete, B. *Tetrahedron Lett.* **2008,** *49*, 2835–2838.
11. Frohberg, P.; Schulze, I.; Donner, C.; Krauth, F. *Tetrahedron Lett.* **2013,** *53*, 4507–4509.

Jones 氧化反应

Collin-Sarett 氧化剂(CrO_3-吡啶配合物)、Corey PCC 氧化剂(吡啶-氯铬酸盐)、PDC 氧化剂(吡啶-重铬酸盐)和 Jones 氧化剂(CrO_3-H_2SO_4-Me_2CO)氧化醇的反应都经过相同的过程。这些氧化剂都有一个一般呈橙色或黄色的 Cr(Ⅵ),还原后转为绿色的 Cr(Ⅲ)。

Jones 氧化反应

经 Jones 氧化反应后伯醇被氧化为相应的醛或羧酸,仲醇被氧化为相应的酮。

$$CrO_3 + H_2O \longrightarrow H_2CrO_4$$

分子内机理也是可行的:

Example 1[6]

Example 2[7]

Example 3[9]

References
1. Bowden, K.; Heilbron, I. M., Jones, E. R. H.; Weedon, B. C. L. *J. Chem. Soc.* **1946**, 39–45. 琼斯[E. R. H.（Tim）Jones]和海布伦（I. M. Heibron）一起在帝国理工学院（Imperial College）工作，后来继罗宾森后任受尊敬的曼切斯特有机化学主任。Jones 氧化剂配方：25 g CrO_3, 25 ml 浓硫酸和 70 ml 水。
2. Ratcliffe, R. W. *Org. Synth.* **1973**, *53*, 1852.
3. Vanmaele, L.; De Clerq, P.; Vandewalle, M. *Tetrahedron Lett.* **1982**, *23*, 995–998.
4. Luzzio, F. A. *Org. React.* **1998**, *53*, 1–222. (Review).
5. Zhao, M.; Li, J.; Song, Z.; Desmond, R. J.; Tschaen, D. M.; Grabowski, E. J. J.; Reider, P. J. *Tetrahedron Lett.* **1998**, *39*, 5323–5326. (Catalytic CrO_3 oxidation).
6. Waizumi, N.; Itoh, T.; Fukuyama, T. *J. Am. Chem. Soc.* **2000**, *122*, 7825–7826.
7. Hagiwara, H.; Kobayashi, K.; Miya, S.; Hoshi, T.; Suzuki, T.; Ando, M. *Org. Lett.* **2001**, *3*, 251–254.
8. Fernandes, R. A.; Kumar, P. *Tetrahedron Lett.* **2003**, *44*, 1275–1278.
9. Hunter, A. C.; Priest, S.-M. *Steroids* **2006**, *71*, 30–33.
10. Kim, D.-S.; Bolla, K.; Lee, S.; Ham, J. *Tetrahedron* **2013**, *67*, 1062–1070.
11. Marshall, A. J.; Lin, J.-M.; Grey, A.; Reid, I. R; Cornish, J.; Denny, W. A *Bioorg. Med. Chem.* **2013**, *21*, 4112–4119.

Collins 氧化反应

与Jones氧化反应不同，经亦称Collins-Sarett氧化反应的Collins氧化反应后伯醇被氧化为相应的醛。CrO_3-2Pyr俗称Collins试剂。

Example 1[5]

Example 2[7]

Example 3[9]

References

1. Poos, G. I.; Arth, G. E.; Beyler, R. E.; Sarett, L. H. *J. Am. Chem. Soc.* **1953**, *75*, 422–429.
2. Collins, J. C; Hess, W. W.; Frank, F. J. *Tetrahedron Lett.* **1968**, 3363–3366. 科林斯（J. C. Collins）是位于纽约Rensselaer的Sterling-Winthrop公司的化学家。
3. Collins, J. C; Hess, W. W. *Org. Synth.* **1972**, *Coll. Vol. V*, 310.
4. Hill, R. K.; Fracheboud, M. G.; Sawada, S.; Carlson, R. M.; Yan, S.-J. *Tetrahedron Lett.* **1978**, 945–948.
5. Krow, G. R.; Shaw, D. A.; Szczepanski, S.; Ramjit, H. *Synth. Commun.* **1984**, *14*, 429–433.
6. Li, M.; Johnson, M. E. *Synth. Commun.* **1995**, *25*, 533–537.
7. Harris, P. W. R.; Woodgate, P. D. *Tetrahedron* **2000**, *56*, 4001–4015.
8. Nguyen-Trung, N. Q.; Botta, O.; Terenzi, S.; Strazewski, P. *J. Org. Chem.* **2003**, *68*, 2038–2041.
9. Arumugam, N.; Srinivasan, P. C. *Synth. Commun.* **2003**, *33*, 2313–2320.

PCC 氧化反应

醇被氯铬酸吡啶盐氧化为相应的醛或酮。反应在有机相中进行，故醛或酮不会被继续氧化为羧酸。有水存在，羰基会产生醛酮水合物，后者被氧化为羧酸。

Example 1, 一锅 PCC–Wittig 反应[2]

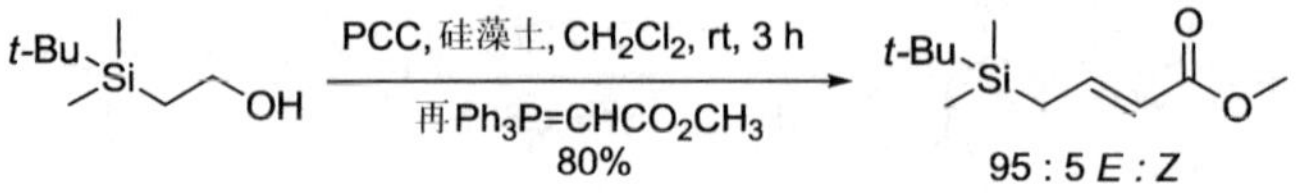

Example 2[3]

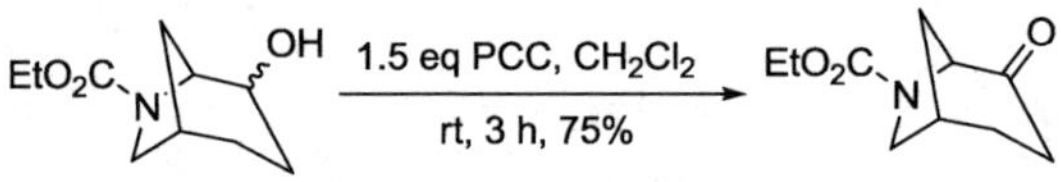

Example 3, 烯丙基氧化[4]

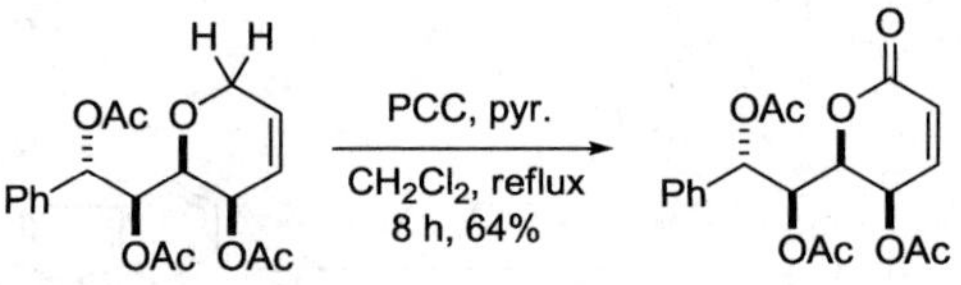

Example 4, 半缩醛氧化[5]

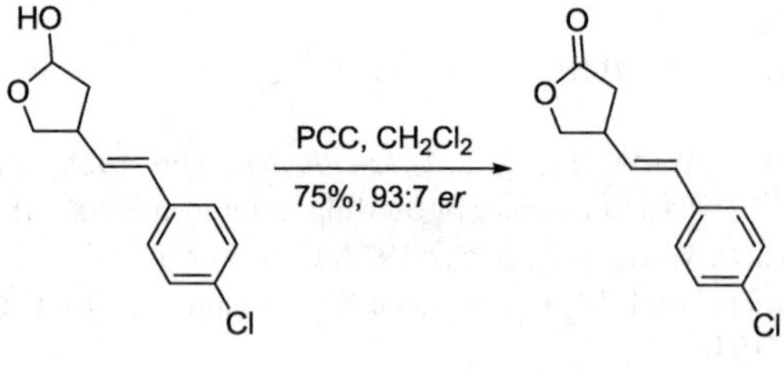

References
1. Corey, E. J.; Suggs, W. *Tetrahedron Lett.* **1975**, *16*, 2647–2650.
2. Bressette, A. R.; Glover, L. C., IV *Synlett* **2004**, 738–740.
3. Breining, S. R.; Bhatti, B. S.; Hawkins, G. D.; Miao, L. WO2005037832 (**2005**).
4. Srikanth, G. S. C.; Krishna, U. M. *Tetrahedron* **2006**, *62*, 11165–11171.
5. Kim, S.-G. *Tetrahedron Lett.* **2008**, *49*, 6148–6151.
6. Mehta, G.; Bera, M. K. *Tetrahedron* **2013**, *69*, 1815–1821.
7. Fowler, K. J.; Ellis, J. L.; Morrow, G. W. *Synth. Commun.* **2013**, *43*, 1676–1682.

PDC 氧化反应

与 PCC 氧化反应不同，重铬酸吡啶盐（PDC）可氧化醇为羧酸而非醛或酮。

Example 1[2]

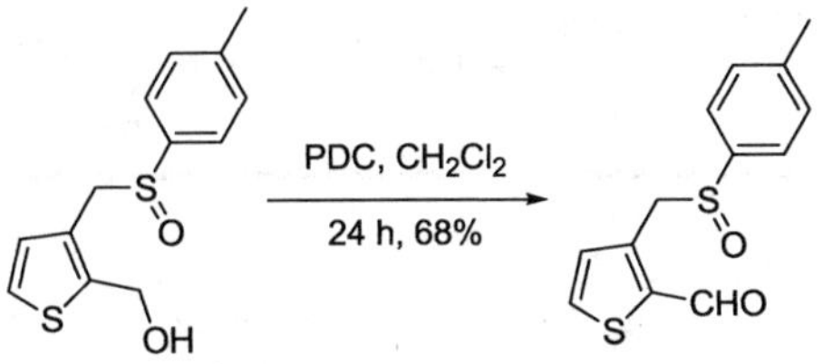

Example 2, 伯 C−B 键断裂[3]

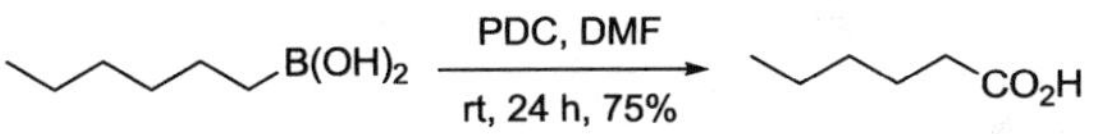

Example 3, 半缩醛是中间体[5]

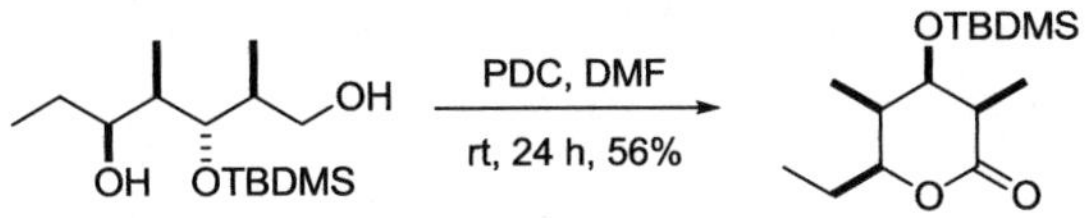

Example 4[2]

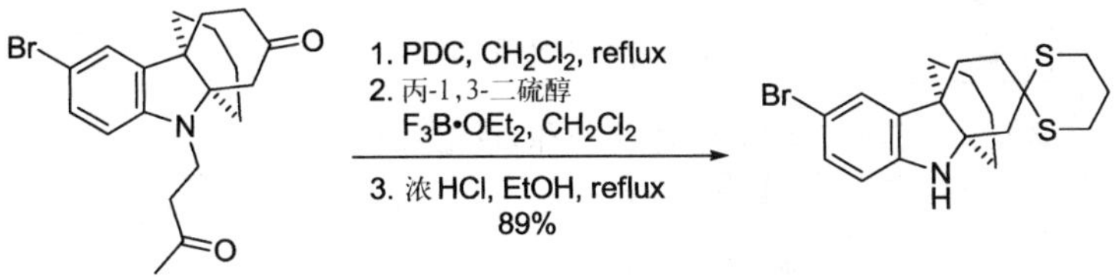

References

1. Corey, E. J.; Schmidt, G. *Tetrahedron Lett.* **1979**, 399–402.
2. Terpstra, J. W.; Van Leusen, A. M. *J. Org. Chem.* **1986**, *51*, 230–208.
3. Brown, H. C.; Kulkarni, S. V.; Khanna, V. V.; Patil, V. D.; Racherla, U. S. *J. Org. Chem.* **1992**, *57*, 6173–6177.
4. Nakamura, M.; Inoue, J.; Yamada, T. *Bioorg. Med. Chem. Lett.* **2000**, *10*, 2807–2810.
5. Chênevert, R. Courchene, G.; Caron, D. *Tetrahedron: Asymmetry* **2003**, 2567–2571.
6. Jordão, A. K *Synlett* **2006**, 3364–3365. (Review).
7. Xu, G.; Hou, A.-J.; Wang, R.-R.; Liang, G.-Y.; Zheng, Y.-T.; Liu, Z.-Y.; Li, X.-L.; Zhao, Y.; Huang, S.-X.; Peng, L.-Y.; et al. *Org. Lett.* **2006**, *8*, 4453–4456.
8. Morzycki, J. W; Perez-Diaz, J. O. H; Santillan, R.; Wojtkielewicz, A. *Steroids* **2010**, *75*, 70–76.
9. Cai, Q.; You, S.-L. *Org. Lett.* **2012**, *14*, 3040–3043.

Julia-Kocieneski 烯基化反应

修正的一锅煮Julia烯基化反应,将杂芳基砜和醛转变为响应的E-烯烃。砜的还原步在该反应中是不需要的。

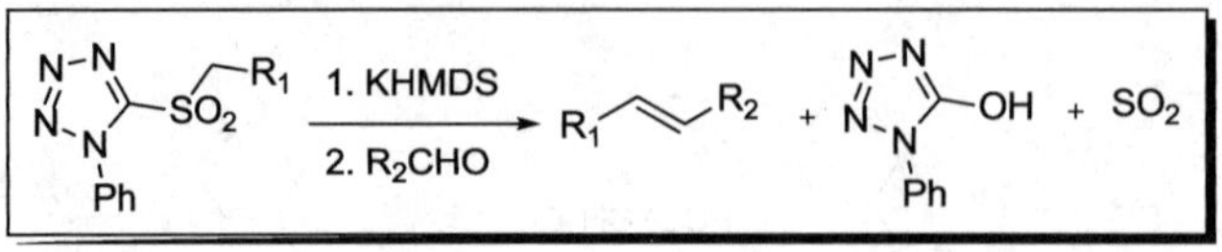

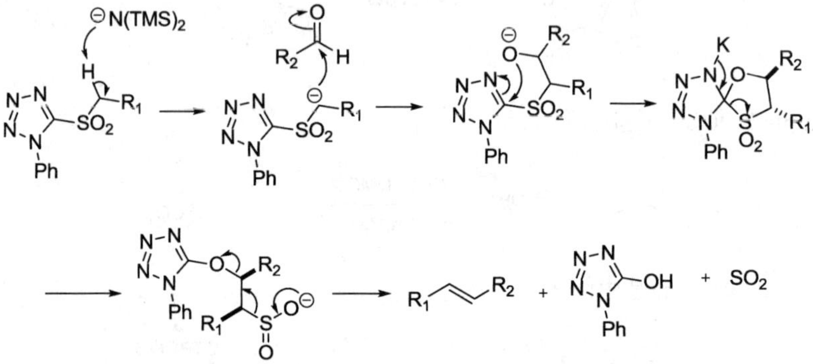

四唑的替代物:

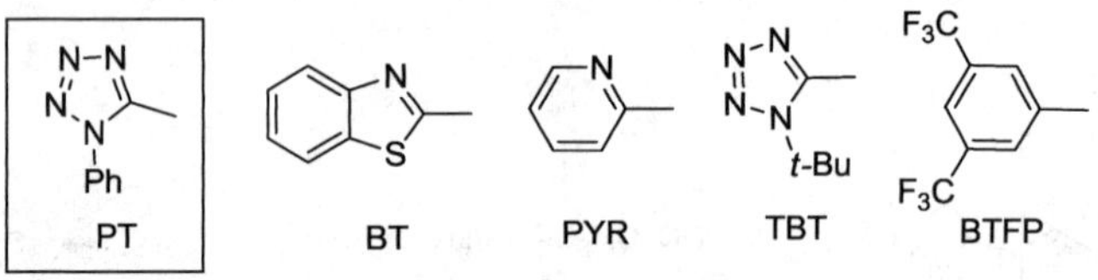

PT, BT, PYR, TBT, BTFP

应用类似K^+那样较大的配对离子和DME那样的极性溶剂有利于一个开放过渡态的形成(PT是苯基四唑):

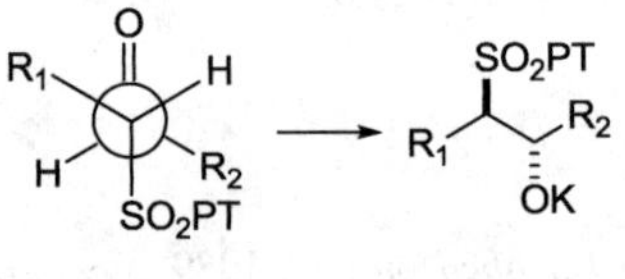

Example 1[2]

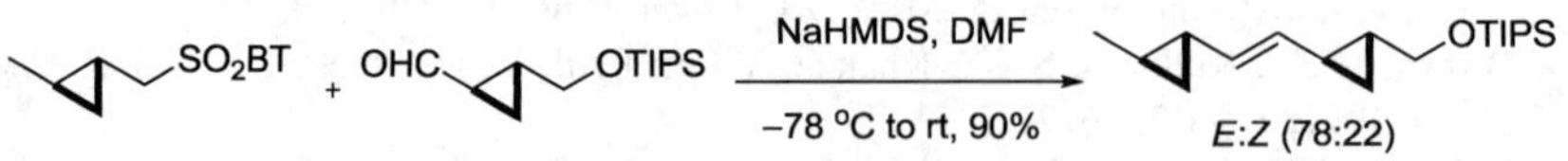

NaHMDS, DMF, −78 °C to rt, 90%, E:Z (78:22)

Example 2[3]

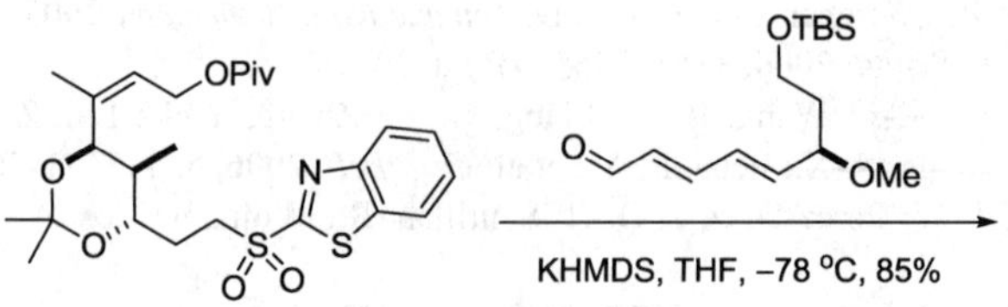

KHMDS, THF, −78 °C, 85%

Example 3[7]

Example 4[8]

References

1. (a) Baudin, J. B.; Hareau, G.; Julia, S. A.; Ruel, O. *Tetrahedron Lett.* **1991**, *32*, 1175–1178. (b) Baudin, J. B.; Hareau, G.; Julia, S. A.; Ruel, O. *Bull. Soc. Chim. Fr.* **1993**, *130*, 336–357. (c) Baudin, J. B.; Hareau, G.; Julia, S. A.; Loene, R.; Ruel, O. *Bull. Soc. Chim. Fr.* **1993**, *130*, 856–878. (d) Blakemore, P. R.; Cole, W. J.; Kocienski, P. J.; Morely, A. *Synlett* **1998**, 26–28.
2. Charette, A. B.; Lebel, H. *J. Am. Chem. Soc.* **1996**, *118*, 10327–10328.
3. Blakemore, P. R.; Kocienski, P. J.; Morley, A.; Muir, K. *J. Chem. Soc., Perkin Trans. 1* **1999**, 955–968.
4. Williams, D. R.; Brooks, D. A.; Berliner, M. A. *J. Am. Chem. Soc.* **1999**, *121*, 4924–4925.
5. Kocienski, P. J.; Bell, A.; Blakemore, P. R. *Synlett* **2000**, 365–366.
6. Liu, P.; Jacobsen, E. N. *J. Am. Chem. Soc.* **2001**, *123*, 10772–10773.
7. Charette, A. B.; Berthelette, C.; St-Martin, D. *Tetrahedron Lett.* **2001**, *42*, 5149–5153.
8. Alonso, D. A.; Najera, C.; Varea, M. *Tetrahedron Lett.* **2004**, *45*, 573–577.
9. Alonso, D. A.; Fuensanta, M.; Najera, C.; Varea, M. *J. Org. Chem.* **2005**, *70*, 6404.
10. Rong, F. *Julia–Lythgoe olefination*. In *Name Reactions for Homologations-Part I*; Li, J. J., Ed.; Wiley: Hoboken, NJ, **2009**, pp 447–473. (Review).
11. Davies, S. G.; Fletcher, A. M.; Foster, E. M.; Lee, J. A.; Roberts, P. M.; Thomson, J. E. *J. Org. Chem.* **2013**, *78*, 2500–2510.

Julia-Lythgoe 烯基化反应

从砜和醛转变为响应的 Z-烯烃。

Example 1[2]

Example 2[3]

J.J. Li, *Name Reactions: A Collection of Detailed Mechanisms and Synthetic Applications*,
DOI 10.1007/978-3-319-03979-4_145, © Springer International Publishing Switzerland 2014

Example 3[7]

Example 4[8]

References

1. (a) Julia, M.; Paris, J. M. *Tetrahedron. Lett.* **1973**, 4833–4836. (b) Lythgoe, B. *J. Chem. Soc., Perkin Trans. 1* **1978**, 834–837.
2. Kocienski, P. J.; Lythgoe, B.; Waterhause, I. *J. Chem. Soc., Perkin Trans. 1* **1980**, 1045–1050.
3. Kim, G.; Chu-Moyer, M. Y.; Danishefsky, S. J. *J. Am. Chem. Soc.* **1990**, *112*, 2003–2005.
4. Keck, G. E.; Savin, K. A.; Weglarz, M. A. *J. Org. Chem.* **1995**, *60*, 3194–3204.
5. Breit, B. *Angew. Chem. Int. Ed.* **1998**, 37, 453–456.
6. Marino, J. P.; McClure, M. S.; Holub, D. P.; Comasseto, J. V.; Tucci, F. C. *J. Am. Chem. Soc.* **2002**, *124*, 1664–1668.
7. Bernard, A. M.; Frongia, A.; Piras, P. P.; Secci, F. *Synlett* **2004**, *6*, 1064–1068.
8. Pospíšil, J.; Pospíšil, T, Markó, I. E. *Org. Lett.* **2005**, *7*, 2373–2376.
9. Gollner, A.; Mulzer, J. *Org. Lett.* **2008**, *10*, 4701–4704.
10. Rong, F. *Julia–Lythgoe olefination*. In *Name Reactions for Homologations-Part I*; Li, J. J., Ed.; Wiley: Hoboken, NJ, **2009**, pp 447–473. (Review).
11. Dams, I.; Chodynski, M.; Krupa, M.; Pietraszek, A.; Zezula, M.; Cmoch, P.; Kosinska, M.; Kutner, A. *Tetrahedron* **2013**, *69*, 1634–1648.

Kahne 苷化反应

在异头中心上的亚砜作为苷化受体发生非对映选择性的苷化反应。砜的活化可用Tf_2O来实现。

Example 1[1d]

Example 2[4]

J.J. Li, *Name Reactions: A Collection of Detailed Mechanisms and Synthetic Applications*,
DOI 10.1007/978-3-319-03979-4_146, © Springer International Publishing Switzerland 2014

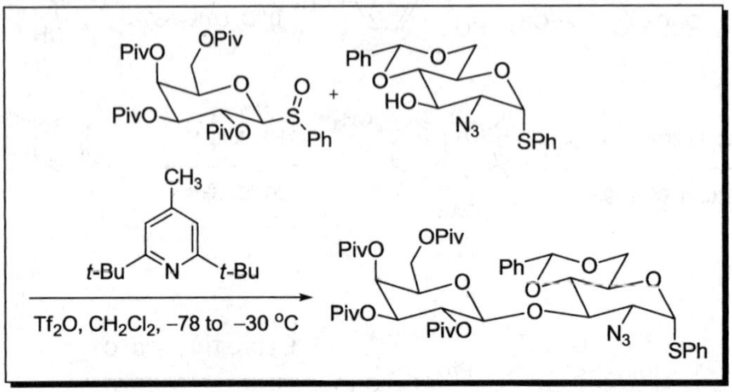

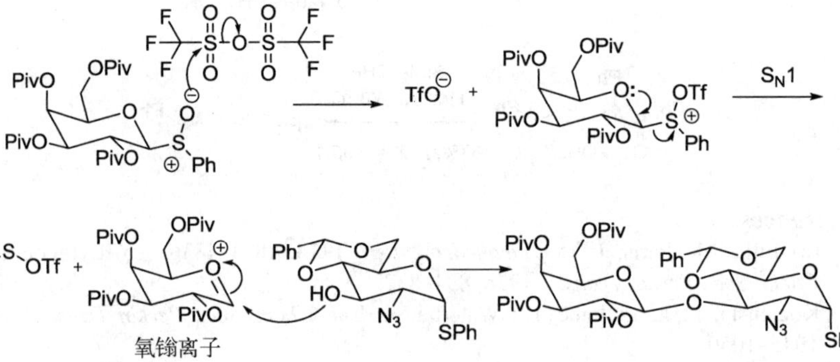

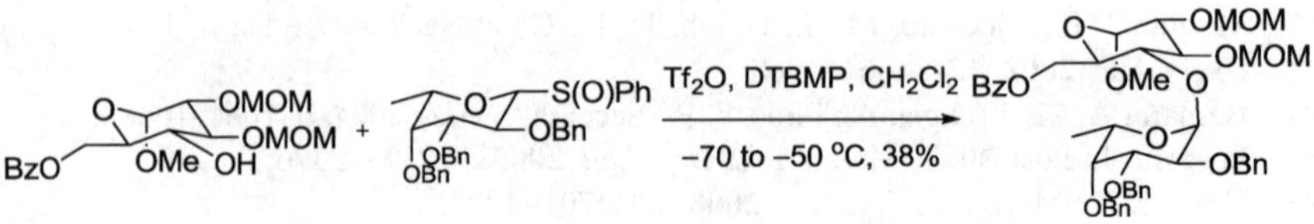

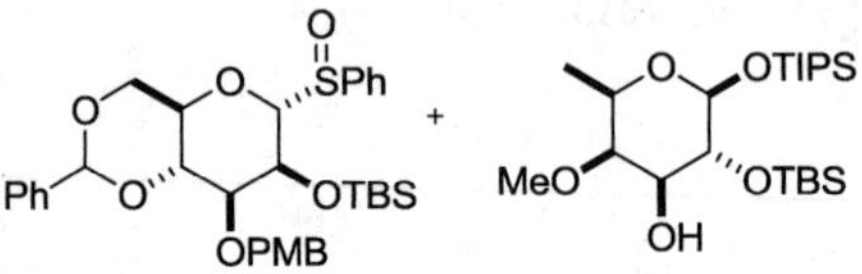

Example 3, 逆Kahne类苷化反应[6]

NuH = ROH, ArOH, ArNH$_2$, CH$_2$=CHCH$_2$TMS

References

1. (a) Kahne, D.; Walker, S.; Cheng, Y.; Van Engen, D. *J. Am. Chem. Soc.* **1989**, *111*, 6881–6882. (b) Yan, L.; Taylor, C. M.; Goodnow, R., Jr.; Kahne, D. *J. Am. Chem. Soc.* **1994**, *116*, 6953–6954. (c) Yan, L.; Kahne, D. *J. Am. Chem. Soc.* **1996**, *118*, 9239–9248. (d) Gildersleeve, J.; Pascal, R. A.; Kahne, D. *J. Am. Chem. Soc.* **1998**, *120*, 5961–5969. 卡纳（D. Kahne）现在哈佛大学任教.
2. Boeckman, R. K., Jr.; Liu, Y. *J. Org. Chem.* **1996**, *61*, 7984–7985.
3. Crich, D.; Sun, S. *J. Am. Chem. Soc.* **1998**, *120*, 435–436.
4. Crich, D.; Li, H. *J. Org. Chem.* **2000**, *65*, 801–805.
5. Nicolaou, K. C.; Rodríguez, R. M.; Mitchell, H. J.; Suzuki, H.; Fylaktakidou, K. C.; Baudoin, O.; van Delft, F. L. *Chem. Eur. J.* **2000**, *6*, 3095–3115.
6. Berkowitz, D. B.; Choi, S.; Bhuniya, D.; Shoemaker, R. K. *Org. Lett.* **2000**, *2*, 1149–1152.
7. Crich, D.; Li, H.; Yao, Q.; Wink, D. J.; Sommer, R. D.; Rheingold, A. L. *J. Am. Chem. Soc.* **2001**, *123*, 5826–5828.
8. Crich, D.; Lim, L. B. L. *Org. React.* **2004**, *64*, 115–251. (Review).
9. Yu, B.; Yang, Z.; Cao, H. *Cur. Org. Chem.* **2005**, *9*, 179–194.

Knoevenagel 缩合反应

羰基化合物和活泼亚甲基化合物之间由胺催化的缩合反应。

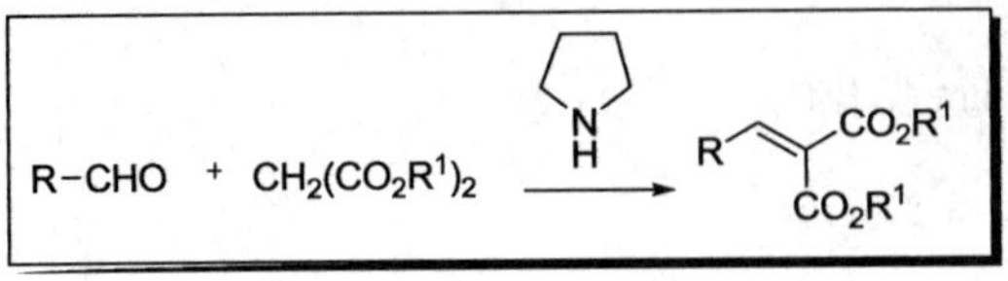

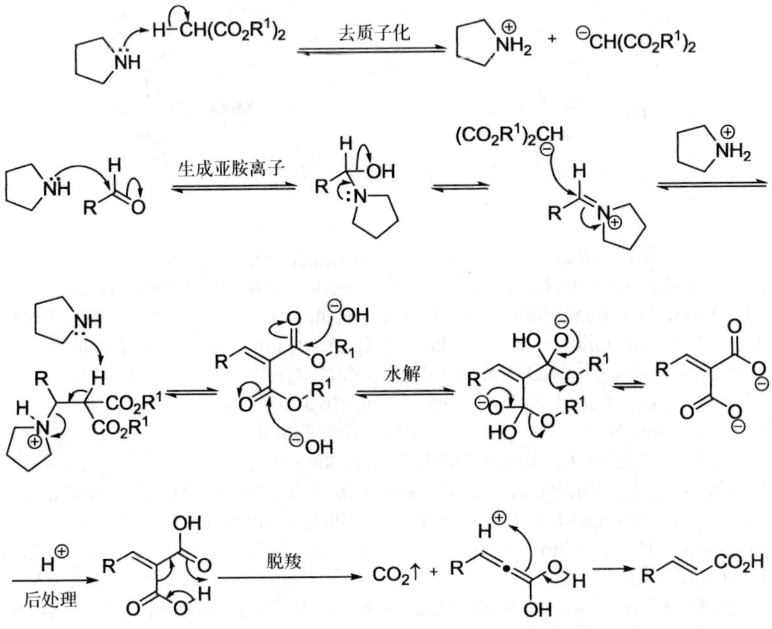

$$R\text{-CHO} + CH_2(CO_2R^1)_2 \xrightarrow{\text{pyrrolidine}} R\text{-CH=C}(CO_2R^1)_2$$

去质子化

生成亚胺离子

水解

后处理 / 脱羧

Example 1[3]

反应条件：哌啶, AcOH, 甲苯, reflux, Dean−Stark 分水器, 95%

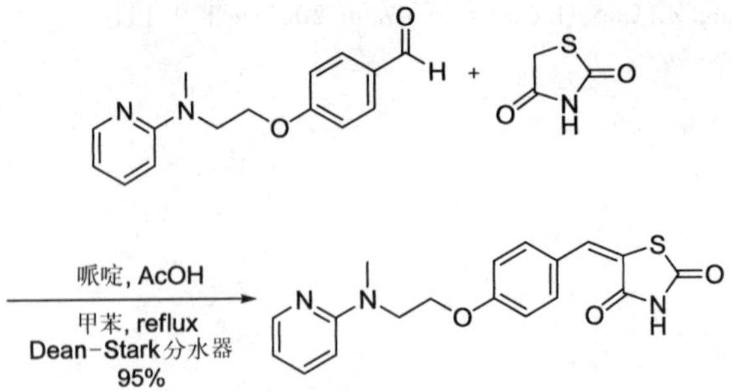

Example 2[5]

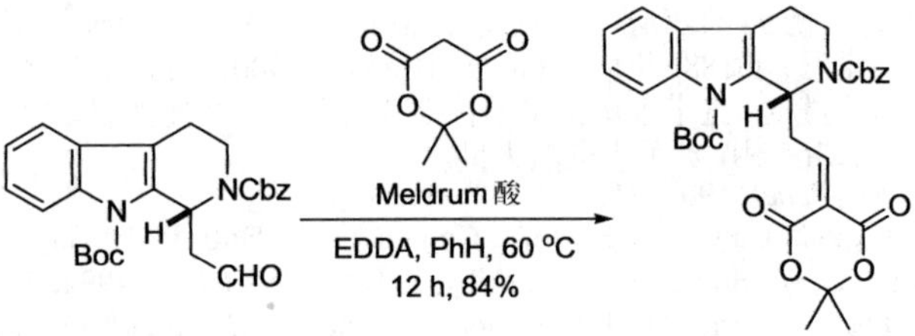

Example 3, 使用离子液体乙胺硝酸盐(EAN)为溶剂[8]

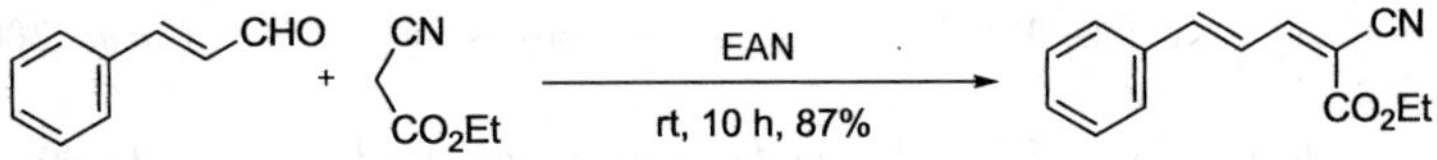

Example 4[9]

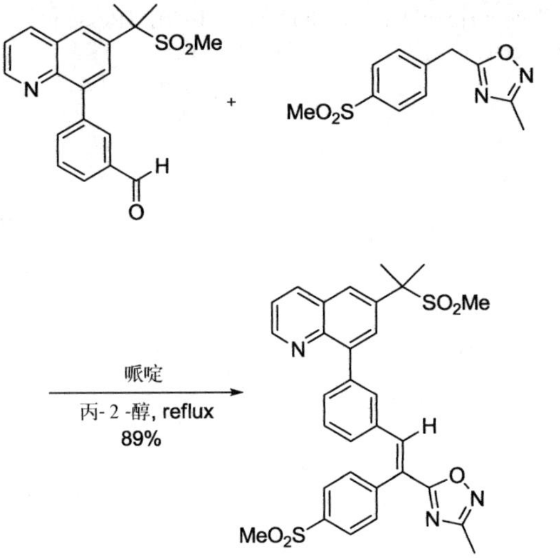

Example 5[11]

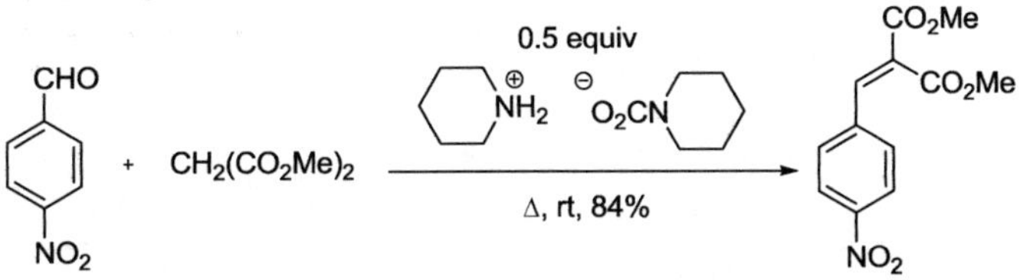

References

1. Knoevenagel, E. *Ber.* **1898,** *31,* 2596–2619. 克诺维诺格尔(E. Knoevenagel, 1865–1921)出生于德国的汉诺威，在哥廷根跟迈耶尔(V. Meyer)和伽特曼(L. Gatterman)学习，于1889年取得Ph. D.学位后在1900年任海德堡大学教授。1914年爆发一次大战时，克诺维诺格尔是首批入伍者之一并任文职军官。战后他回到学术界工作，却因阑尾炎手术突然去世。
2. Jones, G. *Org. React.* **1967,** *15,* 204–599. (Review).
3. Cantello, B. C. C.; Cawthornre, M. A.; Cottam, G. P.; Duff, P. T.; Haigh, D.; Hindley, R. M.; Lister, C. A.; Smith, S. A.; Thurlby, P. L. *J. Med. Chem.* **1994,** *37,* 3977–3985.
4. Paquette, L. A.; Kern, B. E.; Mendez-Andino, J. *Tetrahedron Lett.* **1999,** *40,* 4129–4132.
5. Tietze, L. F.; Zhou, Y. *Angew. Chem. Int. Ed.* **1999,** *38,* 2045–2047.
6. Pearson, A. J.; Mesaros, E. F. *Org. Lett.* **2002,** *4,* 2001–2004.
7. Kourouli, T.; Kefalas, P.; Ragoussis, N.; Ragoussis, V. *J. Org. Chem.* **2002,** *67,* 4615–4618.
8. Hu, Y.; Chen, J.; Le, Z.-G.; Zheng, Q.-G. *Synth. Commun.* **2005,** *35,* 739–744.
9. Conlon, D. A.; Drahus-Paone, A.; Ho, G.-J.; Pipik, B.; Helmy, R.; McNamara, J. M.; Shi, Y.-J.; Williams, J. M.; MacDonald, D. *Org. Process Res. Dev.* **2006,** *10,* 36–45.
10. Rong, F. *Knoevenagel Condensation.* In *Name Reactions for Homologations-Part I*; Li, J. J., Ed.; Wiley: Hoboken, NJ, **2009,** pp 474–501. (Review).
11. Mase, N.; Horibe, T. *Org. Lett.* **2013,** *15,* 1854–1857.

Knorr 吡唑合成反应

肼或取代肼与 β-二羰基化合物反应生成吡唑或吡唑酮环体系。参见第454页上的Paal-Knorr吡咯合成反应。

或,

Example 1[2]

Example 2[8]

Example 3[9]

References

1. (a) Knorr, L. *Ber* **1883**, *16*, 2597. 克诺尔（L. Knorr, 1859–1921）出生于德国的慕尼黑，在跟沃尔哈德、费歇尔和本生等人学习后任Jena的化学教授。他在杂环合成领域建树颇多，还发明了一个重要的吡唑酮药，pyrine。(b) Knorr, L. *Ber* **1884**, *17*, 546, 2032. (c) Knorr, L. *Ber*. **1885**, *18*, 311. (d) Knorr, L. *Ann.* **1887**, *238*, 137.
2. Burness, D. M. *J. Org. Chem.* **1956**, *21*, 97–101.
3. Jacobs, T. L. in *Heterocyclic Compounds*, Elderfield, R. C., Ed.; Wiley: New York, **1957**, *5*, 45. (Review).
4. *Houben–Weyl*, **1967**, *10/2*, 539, 587, 589, 590. (Review).
5. Elguero, J., In *Comprehensive Heterocyclic Chemistry II*, Katrizky, A. R.; Rees, C. W.: Scriven, E. F. V., Eds; Elsevier: Oxford, **1996**, *3*, 1. (Review).
6. Stanovnik, E.; Svete, J. In *Science of Synthesis*, **2002**, *12*, 15; Neier, R., Ed.; Thieme. (Review).
7. Sakya, S. M. *Knorr Pyrazole Synthesis*. In *Name Reactions in Heterocyclic Chemistry*; Li, J. J., Corey, E. J., Eds, Wiley: Hoboken, NJ, **2005**, pp 292–300. (Review).
8. Ahlstroem, M. M.; Ridderstroem, M.; Zamora, I.; Luthman, K. *J. Med. Chem.* **2007**, *50*, 4444–4452.
9. Jiang, J. A.; Huang, W. B.; Zhai, J. J.; Liu, H. W.; Cai, Q.; Xu, L. X.; Wang, W.; Ji, Y. F. *Tetrahedron* **2013**, *69*, 627–635.

Koch-Haaf 羰基化反应

醇或烯烃和一氧化碳在强酸催化下生成叔取代羧酸的反应。

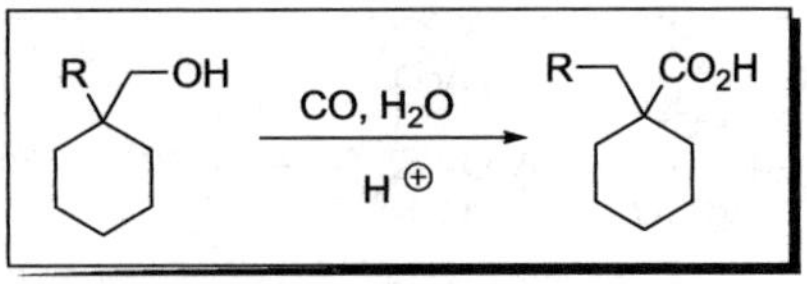
CO, H_2O
$H^\oplus$

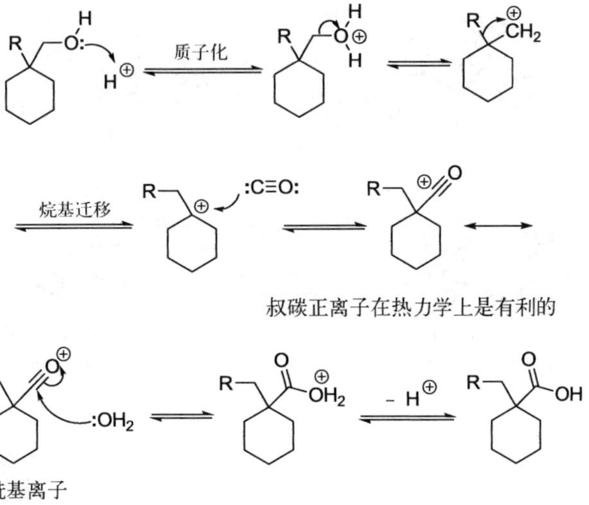
质子化
烷基迁移
叔碳正离子在热力学上是有利的
酰基离子

References

1. Koch, H.; Haaf, W. *Ann.* **1958,** *618*, 251–266.
2. Hiraoka, K.; Kebarle, P. *J. Am. Chem. Soc*. **1977,** *99*, 366–370.
3. Takeuchi, K.; Akiyama, F.; Miyazaki, T.; Kitagawa, I.; Okamoto, K. *Tetrahedron* **1987,** *43*, 701–709.
4. Stepanov, A. G.; Luzgin, M. V.; Romannikov, V. N.; Zamaraev, K. I. *J. Am. Chem. Soc*. **1995,** *117*, 3615–3616.
5. Olah, G. A.; Prakash, G. K. S.; Mathew, T.; Marinez, E. R. *Angew. Chem. Int. Ed.* **2000,** *39*, 2547–2548.
6. Emert, J. I.; Dankworth, D. C.; Gutierrez, A. *Macromol.* **2001,** *34,* 2766–2775.
7. Li, T.; Tsumori, N.; Souma, Y.; Xu, Q. *Chem. Commun.* **2003,** 2070–2071.
8. Davis, M. C.; Liu, S. *Synth. Commun*. **2006,** *36*, 3509–3514.
9. Barton, V.; Ward, S. A.; Chadwick, J.; Hill, A. *J. Med. Chem.* **2010,** *53*, 4555–4559.

J.J. Li, *Name Reactions: A Collection of Detailed Mechanisms and Synthetic Applications*,
DOI 10.1007/978-3-319-03979-4_149,

Koenig-Knorr 苷化反应

α-卤代糖在银盐影响下生成β-苷的反应。

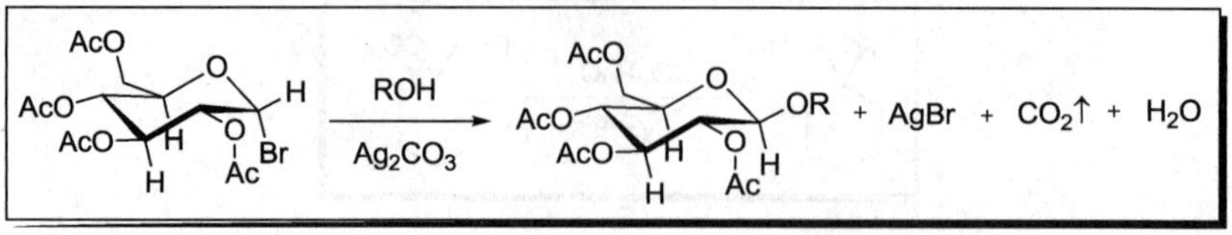
ROH
Ag_2CO_3
+ AgBr + $CO_2\uparrow$ + H_2O

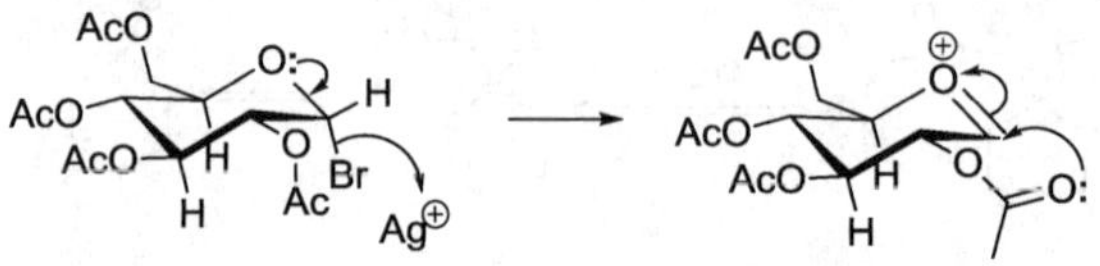

氧鎓离子

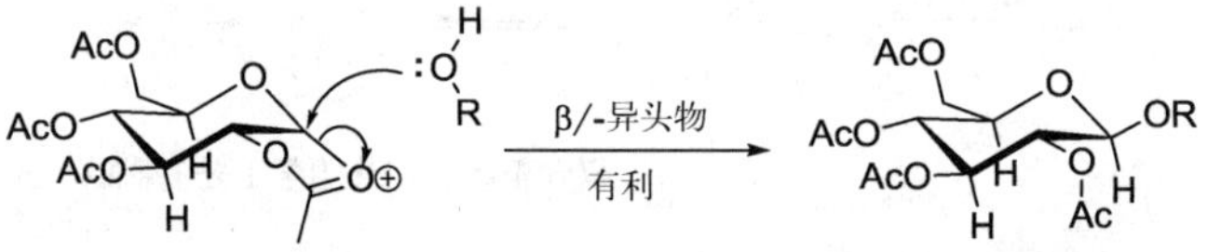
β/-异头物
有利

β/-异头物

Example 1[7]

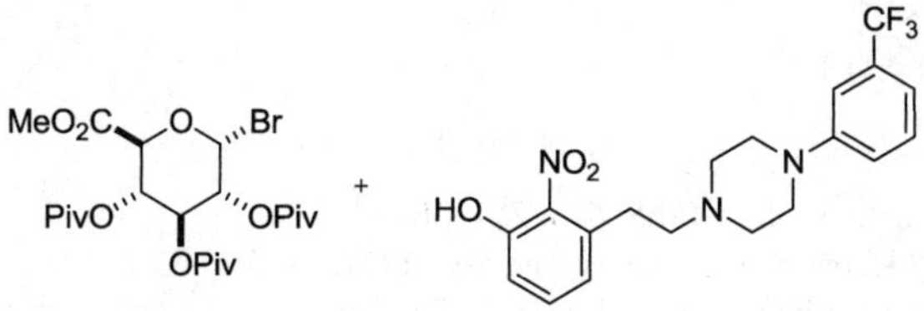

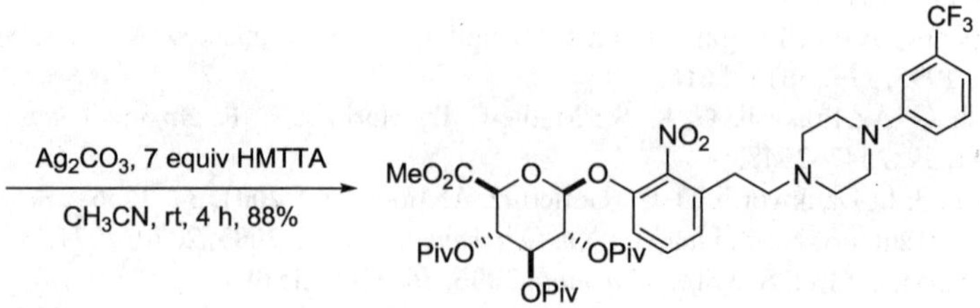
Ag_2CO_3, 7 equiv HMTTA
CH_3CN, rt, 4 h, 88%

Example 2[8]

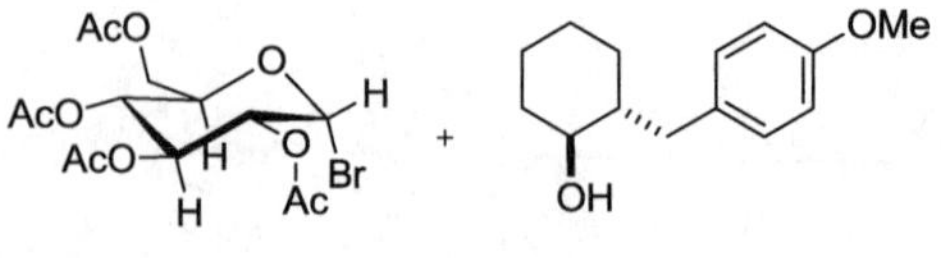

J.J. Li, *Name Reactions: A Collection of Detailed Mechanisms and Synthetic Applications*,
DOI 10.1007/978-3-319-03979-4_150, © Springer International Publishing Switzerland 2014

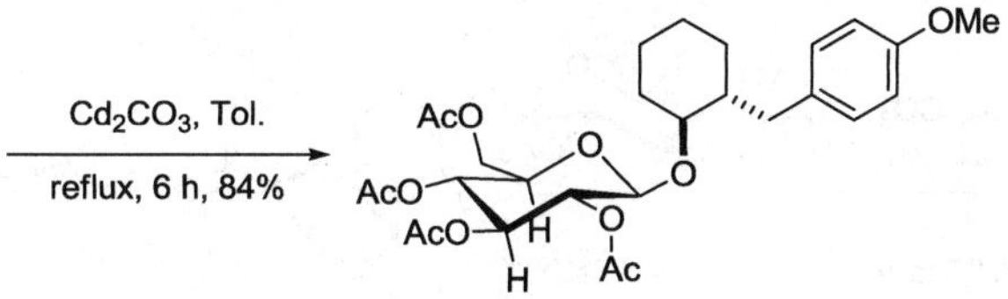

Example 3[9]

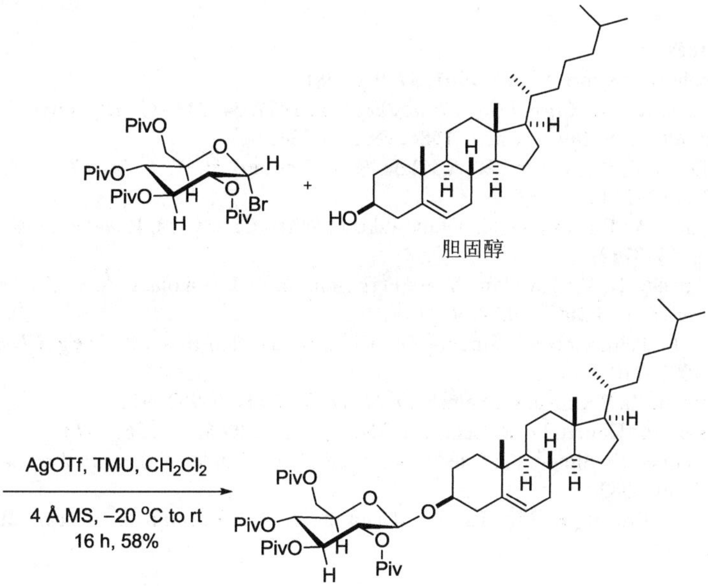

胆固醇

Example 4[11]

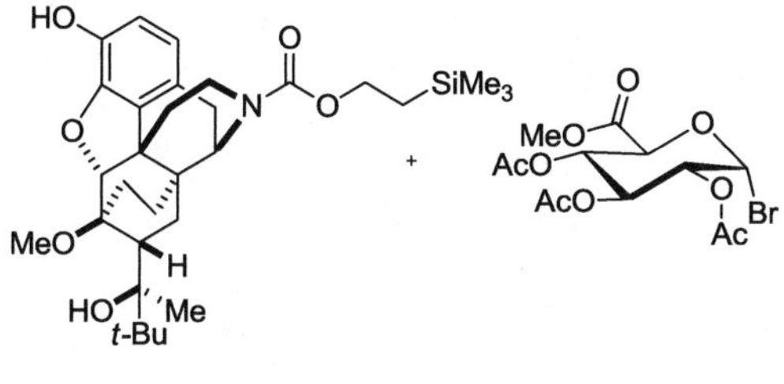

References

1. Koenig, W.; Knorr, E. *Ber.* **1901,** *34,* 957–981.
2. Igarashi, K. *Adv. Carbohydr. Chem. Biochem.* **1977,** *34,* 243–83. (Review).
3. Schmidt, R. R. *Angew. Chem.* **1986,** *98,* 213–236.
4. Smith, A. B., III; Rivero, R. A.; Hale, K. J.; Vaccaro, H. A. *J. Am. Chem. Soc.* **1991,** *113,* 2092–2112.
5. Fürstner, A.; Radkowski, K.; Grabowski, J.; Wirtz, C.; Mynott, R. *J. Org. Chem.* **2000,** *65,* 8758–8762.
6. Yashunsky, D. V.; Tsvetkov, Y. E.; Ferguson, M. A. J.; Nikolaev, A. V. *J. Chem. Soc., Perkin Trans. 1* **2002,** 242–256.
7. Stazi, F.; Palmisano, G.; Turconi, M.; Clini, S.; Santagostino, M. *J. Org. Chem.* **2004,** *69,* 1097–1103.
8. Wimmer, Z.; Pechova, L.; Saman, D. *Molecules* **2004,** *9,* 902–912.
9. Presser, A.; Kunert, O.; Pötschger, I. *Monat. Chem.* **2006,** *137,* 365–374.
10. Schoettner, E.; Simon, K.; Friedel, M.; Jones, P. G.; Lindel, T. *Tetrahedron Lett.* **2008,** *49,* 5580–5582.
11. Fan, J.; Brown, S. M.; Tu, Z.; Kharasch, E. D. *Bioconjugate Chem.* **2011,** *22,* 752–758.

Kostanecki 反应

亦称Kostanecki-Robinson反应。1→2是Allan-Robinson反应(参见第8页),1→3是Kostanecki(酰基化)反应。

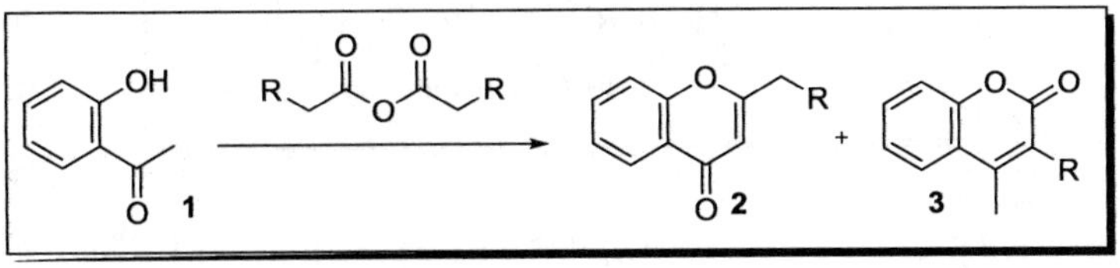

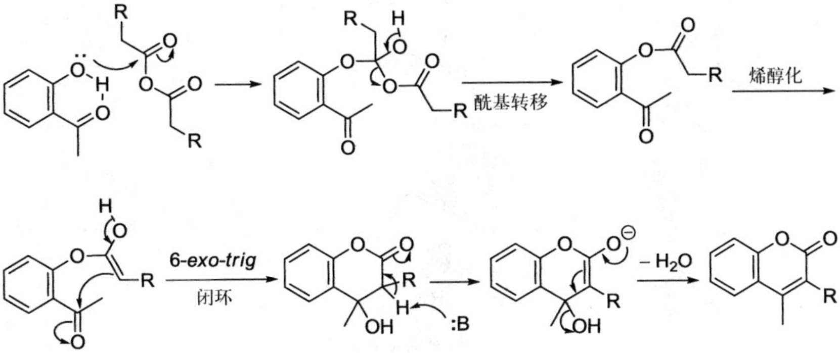

酰基转移
烯醇化
6-exo-trig
闭环
:B
− H_2O

Example 1[2]

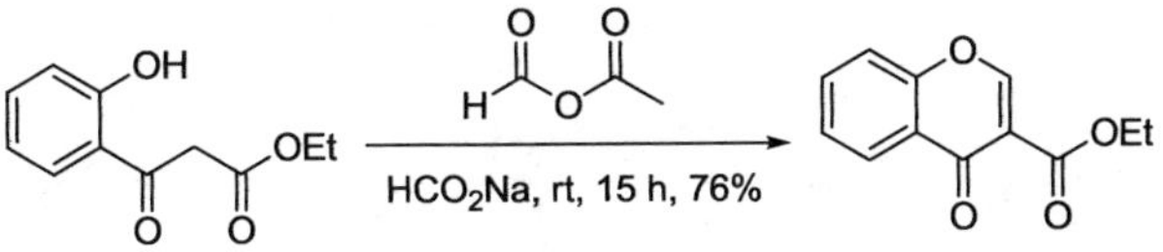

HCO2Na, rt, 15 h, 76%

Example 2[3]

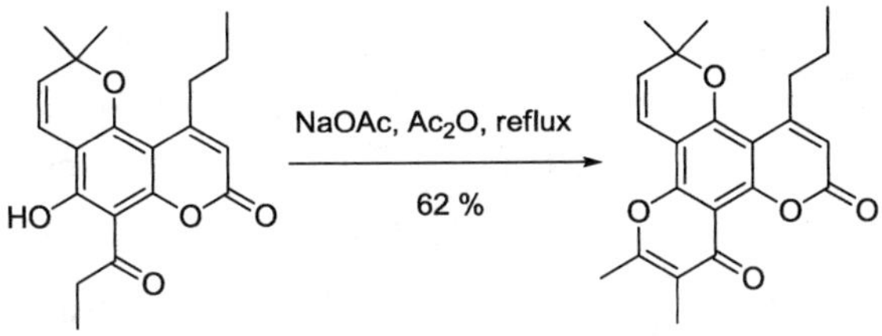

NaOAc, Ac2O, reflux
62 %

References

1. von Kostanecki, S.; Rozycki, A. *Ber.* **1901,** *34*, 102–109.
2. Pardanani, N. H.; Trivedi, K. N. *J. Indian Chem. Soc.* **1972,** *49*, 599–604.
3. Flavin, M. T.; Rizzo, J. D.; Khilevich, A.; *et al. J. Med. Chem.* **1996,** *39*, 1303–1313.
4. Mamedov, V. A.; et al. *Chemistry of Heterocyclic Compounds* **2003,** *39*, 96–100.
5. Limberakis, C. *Kostanecki–Robinson Reaction*. In *Name Reactions in Heterocyclic Chemistry*; Li, J. J., Ed.; Wiley: Hoboken, NJ, **2005,** pp 521–535. (Review).
6. Hwang, I.-T.; Lee, S.-A.; Hwang, J.-S.; Lee, K.-I. *Mol.* **2011,** *16*, 6313–6321.

J.J. Li, *Name Reactions: A Collection of Detailed Mechanisms and Synthetic Applications*,
DOI 10.1007/978-3-319-03979-4_151, © Springer International Publishing Switzerland 2014

Kröhnke 吡啶合成反应

α-吡啶甲基酮盐和 α, β-不饱和酮反应得到吡啶的反应。

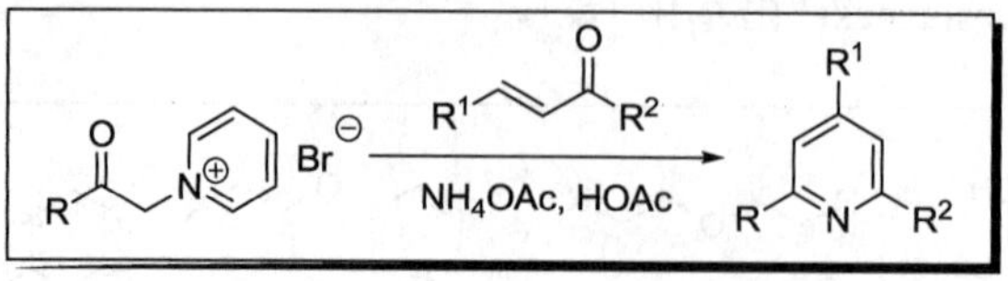

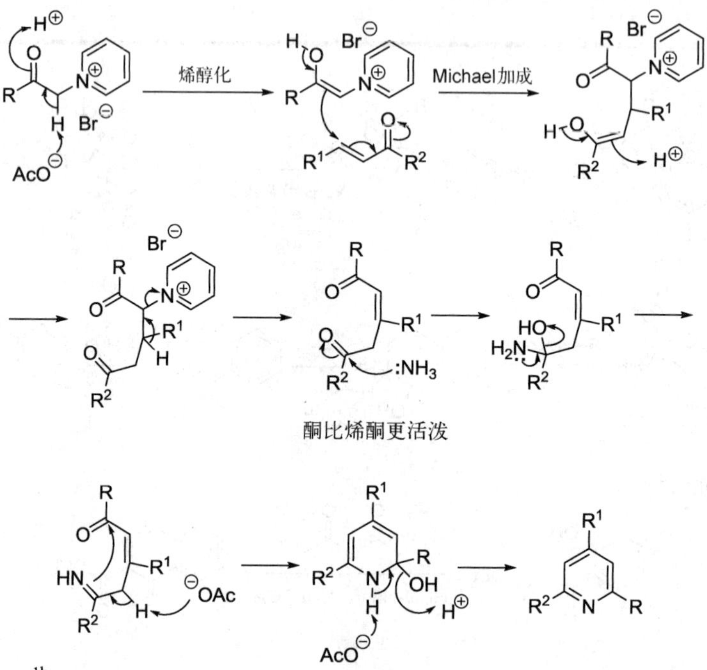

酮比烯酮更活泼

Example 1[1b]

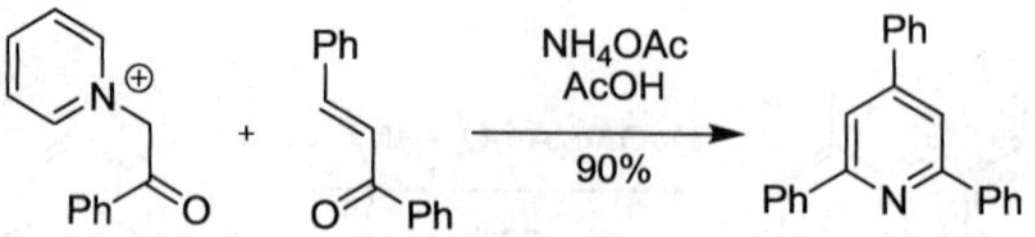

Example 2[4]

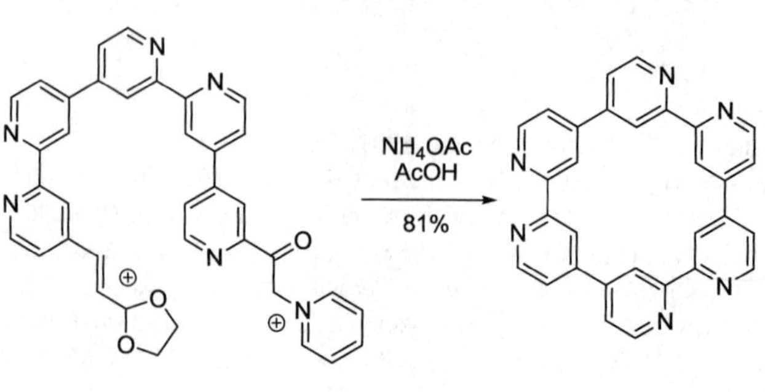

Example 3[6]

| X = H, 65% |
| X = F, 83% |
| X = Br, 82% |
| X = OMe, 40% |

Example 4[6]

References

1. (a) Zecher, W.; Kröhnke, F. *Ber.* **1961**, *94*, 690–697. (b) Kröhnke, F.; Zecher, W. *Angew. Chem.* **1962**, *74*, 811–817. (c) Kröhnke, F. *Synthesis* **1976**, 1–24. (Review).
2. Potts, K. T.; Cipullo, M. J.; Ralli, P.; Theodoridis, G. *J. Am. Chem. Soc.* **1981**, *103*, 3584–3585, 3585–3586.
3. Newkome, G. R.; Hager, D. C.; Kiefer, G. E. *J. Org. Chem.* **1986**, *51*, 850–853.
4. Kelly, T. R.; Lee, Y.-J.; Mears, R. J. *J. Org. Chem.* **1997**, *62*, 2774–2781.
5. Bark, T.; Von Zelewsky, A. *Chimia* **2000**, *54*, 589–592.
6. Malkov, A. V.; Bella, M.; Stara, I. G.; Kocovsky, P. *Tetrahedron Lett.* **2001**, *42*, 3045–3048.
7. Cave, G. W. V.; Raston, C. L. *J. Chem. Soc., Perkin Trans. 1* **2001**, 3258–3264.
8. Malkov, A. V.; Bell, M.; Vassieu, M.; Bugatti, V.; Kocovsky, P. *J. Mol. Cat. A: Chem.* **2003**, *196*, 179–186.
9. Galatsis, P. *Kröhnke Pyridine Synthesis.* In *Name Reactions in Heterocyclic Chemistry*; Li, J. J., Ed.; Wiley: Hoboken, NJ, **2005**, 311–313. (Review).
10. Yan, C.-G.; Wang, Q.-F.; Cai, X.-M.; Sun, J. *Central Eur. J. Chem.* **2008**, *6*, 188–198.
11. Xu, T.; Luo, X.-L.; Yang, Y.-R. *Tetrahedron Lett.* **2013**, *54*, 2858–2860.

Krapcho 反应

β-酮酯、丙二酸酯、α-氰基酯或α-砜基酯发生的亲核脱羧反应。

Example 1[5]

Example 2[10]

References

1. Krapcho, A. P.; Glynn, G. A.; Grenon, B. J. *Tetrahedron Lett.* **1967**, 215–217. 克拉普肖（A. P. Krapcho）是佛蒙特大学（University of Vermont）教授。
2. Duval, O.; Gomes, L. M. *Tetrahedron* **1989**, *45*, 4471–4476.
3. Flynn, D. L.; Becker, D. P.; Nosal, R.; Zabrowski, D. L. *Tetrahedron Lett.* **1992**, *33*, 7283–7286.
4. Martin, C. J.; Rawson, D. J.; Williams, J. M. J. *Tetrahedron: Asymmetry* **1998**, *9*, 3723–3730.
5. Gonzalez-Gomez, J. C.; Uriarte, E. *Synlett* **2002**, 2095–2097.
6. Bridges, N. J.; Hines, C. C.; Smiglak, M.; Rogers, R. D. *Chem. Eur. J.* **2007**, *13*, 207–5212.
7. Poon, P. S.; Banerjee, A. K.; Laya, M. S. *J. Chem. Res.* **2011**, *35*, 67–73. (Review).
8. Farran, D.; Bertrand, P. *Synth. Commun.* **2012**, *42*, 989–1001.
9. Adepu, R.; Rambabu, D.; Prasad, B.; Meda, C. L. T.; Kandale, A.; Rama Krishna, G.; Malla Reddy, C.; Chennuru, L. N. *Org. Biomol. Chem.* **2012**, *10*, 5554–5569.
10. Mason, J. D.; Murphree, S. S. *Synlett* **2013**, *24*, 1391–1394.

Kumada 交叉偶联反应

Kumada 交叉偶联反应（亦称 Kharasch 交叉偶联反应）原来是格氏试剂与芳基卤代烃或烯基卤代烃在 Ni 催化下的交叉偶联反应。后来逐渐发展成有机锂或有机镁与芳基卤代烃、烯基卤代烃或烷基卤代烃在 Ni 或 Pd 催化下的交叉偶联反应。Kumada 交叉偶联反应与 Negishi 交叉偶联反应、Stille 交叉偶联反应、Hiyama 交叉偶联反应和 Suzuki 交叉偶联反应都属于同一个 Pd 催化的有机卤代烃、三氟磺酸酯和其他亲电物种与金属有机试剂之间的交叉偶联反应范畴。这些反应有如下所示的通用催化循环过程。Hiyama 交叉偶联反应和 Suzuki 交叉偶联反应的机理和其他反应稍有不同，需要一步额外的转金属化反应的活化步骤。

$$R-X + R^1-MgX \xrightarrow{Pd(0)} R-R^1 + MgX_2$$

$$R-X + L_2Pd(0) \xrightarrow{\text{氧化加成}} \underset{L}{\overset{L}{R-Pd-X}} \xrightarrow{R^1-MgX}_{\text{转金属化和异构化}}$$

$$MgX_2 + \underset{R}{\overset{L}{Pd}}\underset{R^1}{\overset{L}{}} \xrightarrow{\text{还原消除}} R-R^1 + L_2Pd(0)$$

催化环：

$$L_nPd(II) + R^1M \xrightarrow{\text{转金属化}} L_nPd(II)\underset{R^1}{\overset{R^1}{}} \xrightarrow{\text{还原消除}} R^1-R^1 + L_nPd(0)$$

J.J. Li, *Name Reactions: A Collection of Detailed Mechanisms and Synthetic Applications*,
DOI 10.1007/978-3-319-03979-4_154, © Springer International Publishing Switzerland 2014

Example 1[2]

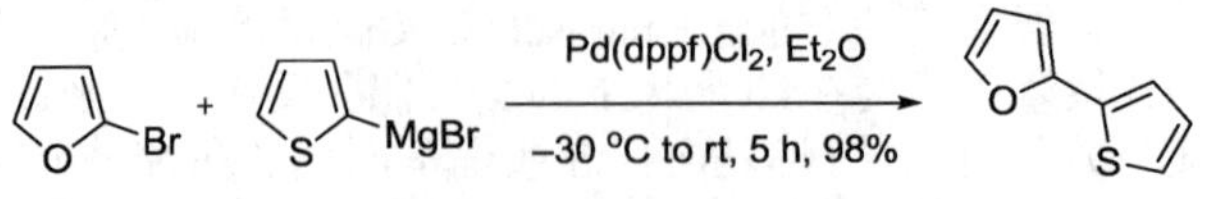

Example 2[3]

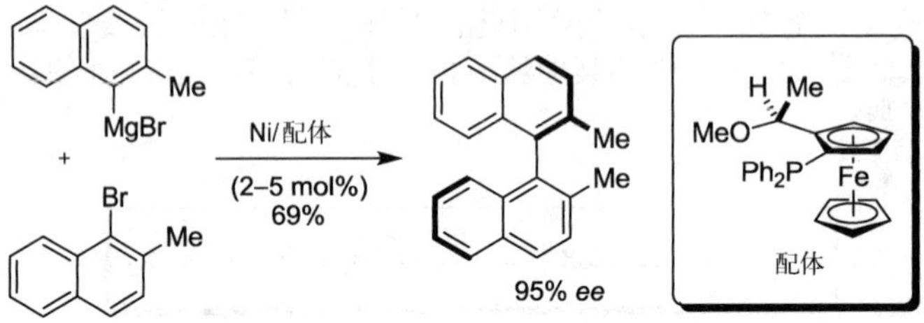

配体

Example 3[5]

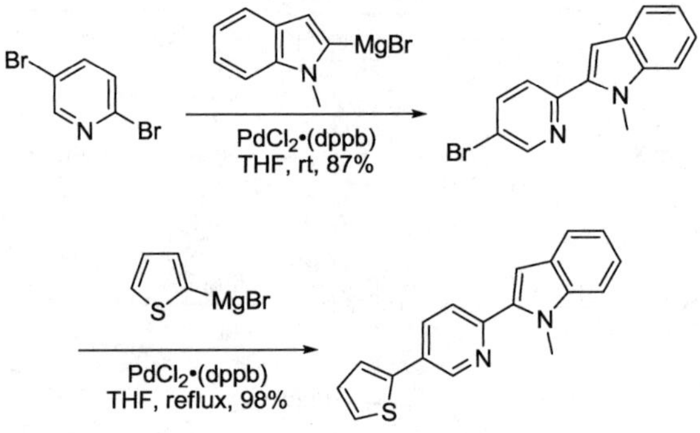

Example 4[8]

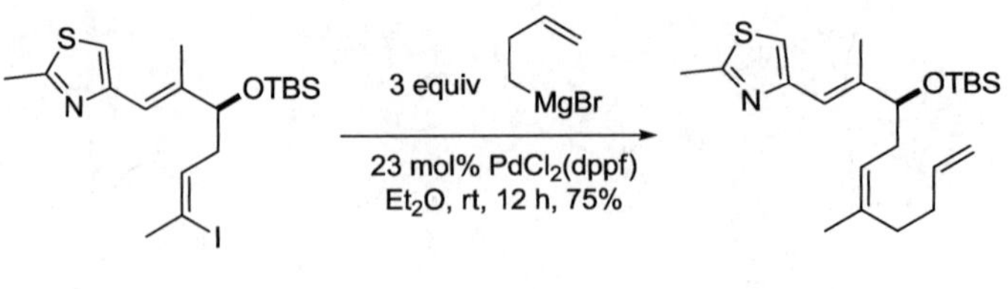

Example 5[9]

Example 6, Ni催化的对甲苯磺酰化物的Kumada反应[11]

References

1. Tamao, K.; Sumitani, K.; Kiso, Y.; Zembayashi, M.; Fujioka, A.; Kodma, S.-i.; Nakajima, I.; Minato, A.; Kumada, M. *Bull. Chem. Soc. Jpn.* **1976,** *49*, 1958–1969.
2. Carpita, A.; Rossi, R.; Veracini, C. A. *Tetrahedron* **1985,** *41*, 1919–1929.
3. Hayashi, T.; Hayashizaki, K.; Kiyoi, T.; Ito, Y. *J. Am. Chem. Soc.* **1988,** *110*, 8153–8156.
4. Kalinin, V. N. *Synthesis* **1992,** 413–432. (Review).
5. Meth-Cohn, O.; Jiang, H. *J. Chem. Soc., Perkin Trans. 1* **1998,** 3737–3746.
6. Stanforth, S. P. *Tetrahedron* **1998,** *54*, 263–303. (Review).
7. Huang, J.; Nolan, S. P. *J. Am. Chem. Soc.* **1999,** *121*, 9889–9890.
8. Rivkin, A.; Njardarson, J. T.; Biswas, K.; Chou, T.-C.; Danishefsky, S. J. *J. Org. Chem.* **2002,** *67*, 7737–7740.
9. William, A. D.; Kobayashi, Y. *J. Org. Chem.* **2002,** *67*, 8771–8782.
10. Fuchter, M. J. *Kumada Cross-Coupling Reaction*. In *Name Reactions for Homologations-Part I*; Li, J. J., Ed.; Wiley: Hoboken, NJ, **2009,** pp 47–69. (Review).
11. Wu, J.-C.; Gong, L.-B.; Xia, Y.; Song, R.-J.; Xie, Y.-X.; Li, J.-H. *Angew. Chem. Int. Ed.* **2012,** *51*, 9909–9913.
12. Handa, S.; Arachchige, Y. L. N. M.; Slaughter, L. M. *J. Org. Chem.* **2013,** *78*, 5694–5699.

Lawesson 试剂

Lawesson 试剂, 即 2,4-双(4-甲氧基苯基)-1,3-二硫-2,4-二硫代膦杂环丁烷可将醛、酮、酰胺、内酰胺、酯和内酯转化为相应的硫羰基化合物。

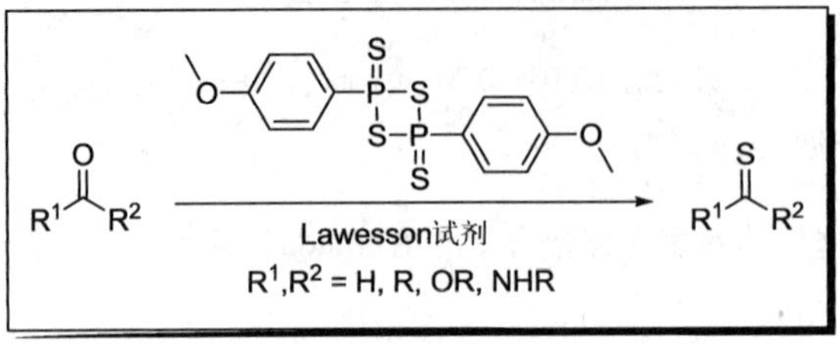

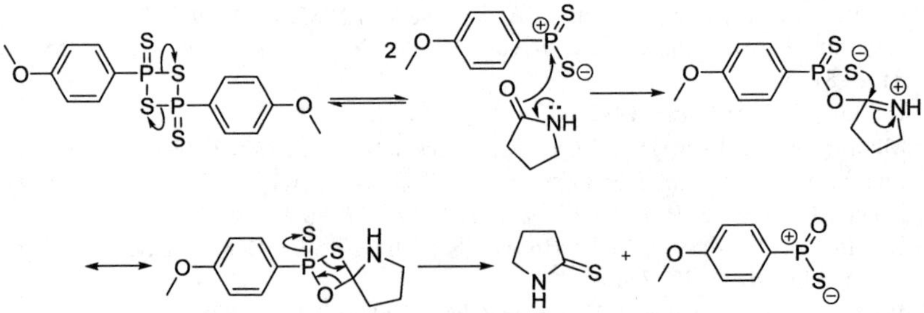

$$R^1COR^2 \xrightarrow{\text{Lawesson 试剂}} R^1C(=S)R^2$$
$$R^1, R^2 = H, R, OR, NHR$$

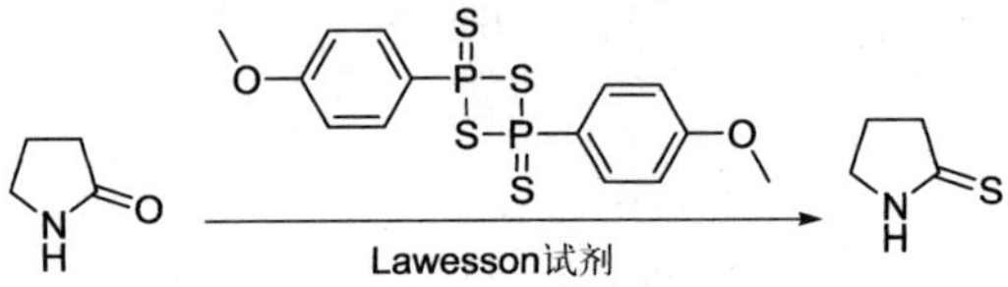

Example 1[4]

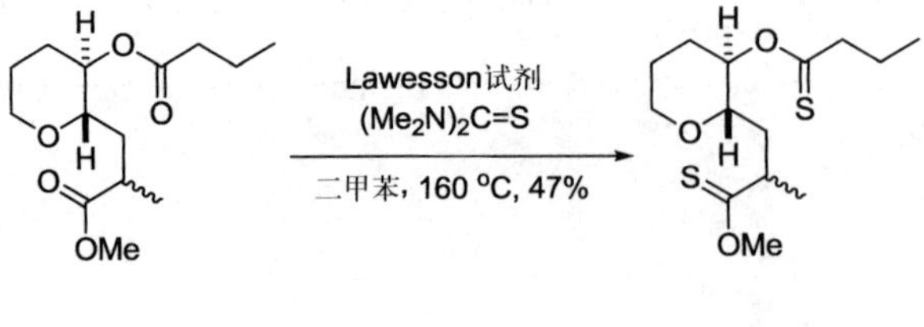

Lawesson 试剂, $(Me_2N)_2C=S$, 二甲苯, 160 °C, 47%

Example 2[5]

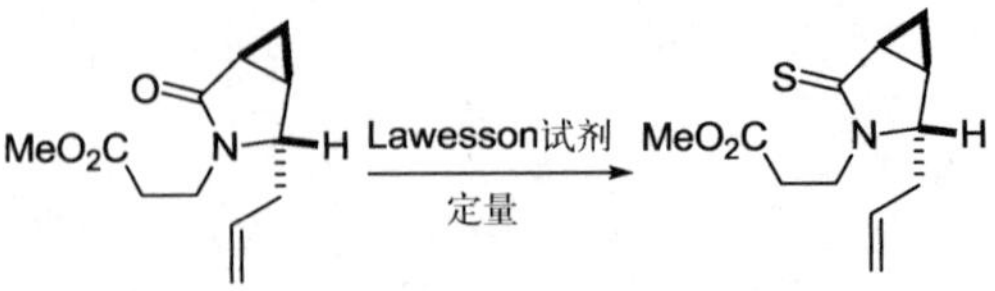

Lawesson 试剂, 定量

Example 3, 从二酮到噻吩[8]

Example 4[10]

Example 5[11]

References
1. Scheibye, S.; Shabana, R.; Lawesson, S. O.; Rømming, C. *Tetrahedron* **1982**, *38*, 993–1001.
2. Navech, J.; Majoral, J. P.; Kraemer, R. *Tetrahedron Lett.* **1983**, *24*, 5885–5886.
3. Cava, M. P.; Levinson, M. I. *Tetrahedron* **1985**, *41*, 5061–5087. (Review).
4. Nicolaou, K. C.; Hwang, C.-K.; Duggan, M. E.; Nugiel, D. A.; Abe, Y.; Bal Reddy, K.; DeFrees, S. A.; Reddy, D. R.; Awartani, R. A.; Conley, S. R.; Rutjes, F. P. J. T.; Theodorakis, E. A. *J. Am. Chem. Soc.* **1995**, *117*, 10227–10238.
5. Kim, G.; Chu-Moyer, M. Y.; Danishefsky, S. J. *J. Am. Chem. Soc.* **1990**, *112*, 2003–2005.
6. Luheshi, A.-B. N.; Smalley, R. K.; Kennewell, P. D.; Westwood, R. *Tetrahedron Lett.* **1990**, *31*, 123–127.
7. Ishii, A.; Yamashita, R.; Saito, M.; Nakayama, J. *J. Org. Chem.* **2003**, *68*, 1555–1558.
8. Diana, P.; Carbone, A.; Barraja, P.; Montalbano, A.; Martorana, A.; Dattolo, G.; Gia, O.; Dalla Via, L.; Cirrincione, G. *Bioorg. Med. Chem. Lett.* **2007**, *17*, 2342–2346.
9. Ozturk, T.; Ertas, E.; Mert, O. *Chem. Rev.* **2007**, *107*, 5210–5278. (Review).
10. Taniguchi, T.; Ishibashi, H. *Tetrahedron* **2008**, *64*, 8773–8779.
11. de Moreira, D. R. M. *Synlett* **2008**, 463–464. (Review).
12. Kaschel, J.; Schmidt, C. D.; Mumby, M.; Kratzert, D.; Stalke, D.; Werz, D. B. *Chem. Commun.* **2013**, *49*, 4403-4405.

Leuckart-Wallach 反应

酮和胺在过量的相当于提供了一个负氢的还原剂甲酸存在下发生还原氨基化反应生成胺。用醛代替酮时，就是 Eschweiler-Clarke 还原氨基化反应了（参见第 235 页）。

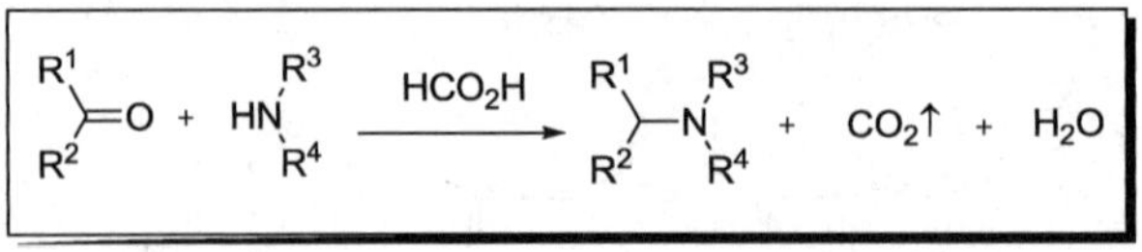

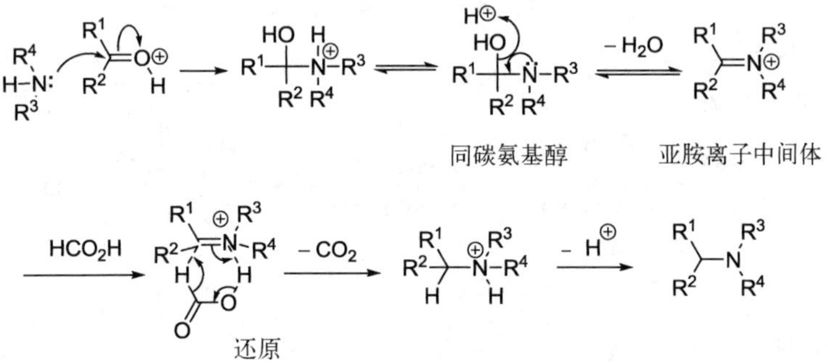

$$R^1R^2C=O + HNR^3R^4 \xrightarrow{HCO_2H} R^1R^2CH-NR^3R^4 + CO_2\uparrow + H_2O$$

同碳氨基醇　　亚胺离子中间体

还原

Example 1[4]

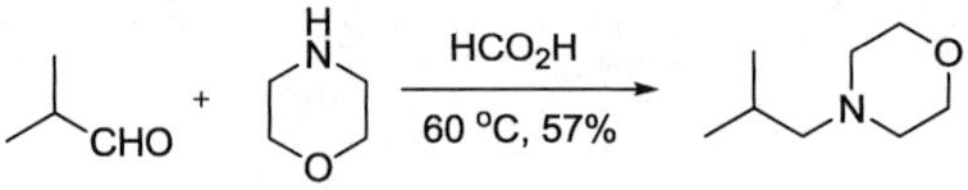

异丁醛 + 吗啉 $\xrightarrow{HCO_2H, 60\ ^\circ C, 57\%}$ N-异丁基吗啉

Example 2[6]

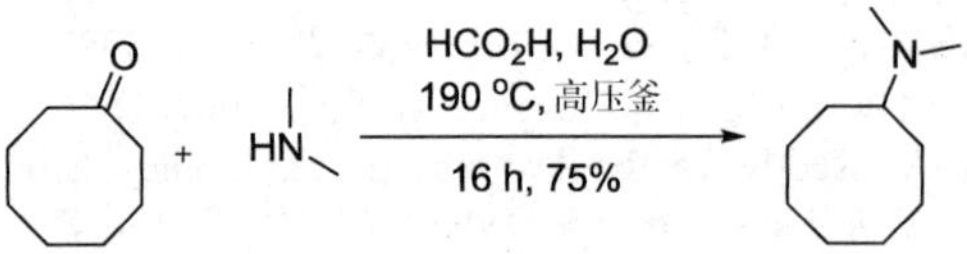

环辛酮 + $HN(CH_3)H$ $\xrightarrow{HCO_2H, H_2O, 190\ ^\circ C, 高压釜, 16\ h, 75\%}$ N,N-二甲基环辛胺

Example 3[7]

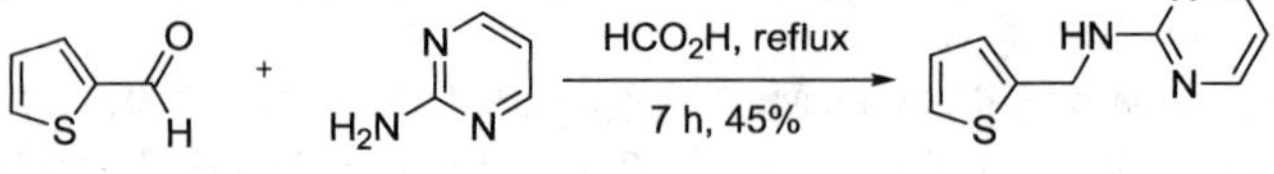

2-噻吩甲醛 + 2-氨基嘧啶 $\xrightarrow{HCO_2H, reflux, 7\ h, 45\%}$ 产物

Example 4[8]

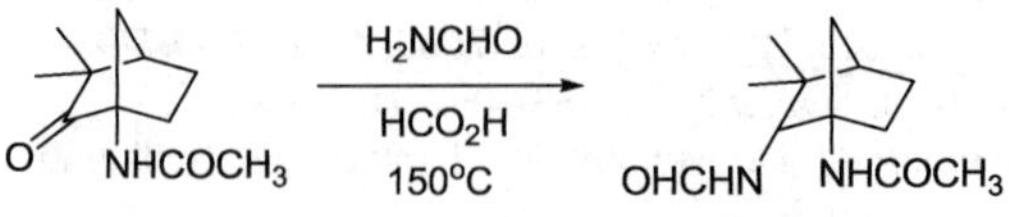

$\xrightarrow{H_2NCHO, HCO_2H, 150\ ^\circ C}$

An unexpected intramolecular transamidation *via* a Wagner–Meerwein shift after the Leuckart–Wallach reaction

References
1. Leuckart, R. *Ber.* **1885**, *18*, 2341–2344. 柳卡特（R. Leuckart, 1854-1889）出生于德国的吉森（Giessen），跟本生、科尔贝和拜耳等人学习后成为哥廷根的助理教授。35岁时在其父母家中因意外坠落而去世，使化学界失去了一位天才的奉献者。
2. Wallach, O. *Ann.* **1892**, *272*, 99. 瓦拉赫（O. Wallach, 1847-1931）出生于普鲁士Prussia的Königsberg，受过武勒和霍夫曼指导，1889~1915年任Chemical Institute at Göttingen的主任。他编写的"萜烯和莰烯"被誉为研究萜类化学必修的经典之作。瓦拉赫因在脂环化学领域的出色贡献而荣获1910年度诺贝尔化学奖。
3. Moore, M. L. *Org. React.* **1949**, *5*, 301–330. (Review).
4. DeBenneville, P. L.; Macartney, J. H. *J. Am. Chem. Soc.* **1950**, *72*, 3073–3075.
5. Lukasiewicz, A. *Tetrahedron* **1963**, *19*, 1789–1799. (Mechanism).
6. Bach, R. D. *J. Org. Chem.* **1968**, *33*, 1647–1649.
7. Musumarra, G.; Sergi, C. *Heterocycles* **1994**, *37*, 1033–1039.
8. Martínez, A. G.; Vilar, E. T.; Fraile, A. G.; Ruiz, P. M.; San Antonio, R. M.; Alcazar, M. P. M. *Tetrahedron: Asymmetry* **1999**, *10*, 1499–1505.
9. Kitamura, M.; Lee, D.; Hayashi, S.; Tanaka, S.; Yoshimura, M. *J. Org. Chem.* **2002**, *67*, 8685–8687.
10. Brewer, A. R. E. *Leuckart–Wallach reaction*. In *Name Reactions for Functional Group Transformations*; Li, J. J., Ed.; Wiley: Hoboken, NJ, **2007**, pp 451–455. (Review).
11. Muzalevskiy, V. M.; Nenajdenko, V. G.; Shastin, A. V.; Balenkova, E. S.; Haufe, G. *J. Fluorine Chem.* **2008**, *129*, 1052–1055.

Li A 反应

  Li A 反应[3]是醛-炔-胺在水相体系中在各种过渡金属催化下发生的直接脱水缩合生成炔丙基胺和烯的反应。[1-4]许多催化体系，如 [Ru]/[Cu][5]、[Au][6]、[Ag][7]、[Fe][8,9]都是有效的。反应的催化循环包括即时生成的炔基金属中间体及亚胺中间体，两者再反应给出炔丙基胺产物。糖也可直接用来给出炔丙基胺产物。[10,11]利用生理条件可在氨基酸和肽的侧链进行官能团化的 Multi A-反应[3]也相当不错。[12,13]应用伯胺[14,15]、仲胺[16]可实现高度有效的不对称A-反应。反应也可通过流动化学来操作。[17]

$$H-\!\!\!\equiv\!\!\!-R_1 + R_2CHO + R_3R_4NH \xrightarrow[\text{水或其他溶剂}]{\text{cat. [M]}} \underset{R_1}{\overset{R_3\diagdown N\diagup R_4}{\underset{|}{C}}}\!\!\!-\!\!\!\equiv\!\!\!-R_2$$

M= [Ru]/[Cu], [Au], [Ag], [Fe] etc

Li A 反应的催化环[3]

Example 1[5]

$$R_1\text{-CHO} + Ar\text{-}NH_2 + R_2\text{-}\!\!\!\equiv\!\!\! \xrightarrow[\text{H}_2\text{O or neat}]{\substack{\text{cat. CuBr}\\ \text{cat. RuCl}_3\\ 60\text{-}90\ ^\circ C}} \underset{R_1}{\overset{HN\text{-}Ar}{\underset{|}{C}}}\!\!\!-\!\!\!\equiv\!\!\!-R_2$$

27%-96% yield

Example 2[6]

$$R^1CHO + H\text{-}C\!\equiv\!C\text{-}R^2 + R^3{}_2NH \xrightarrow[100\ ^\circ C, H_2O]{\text{cat. AuBr}_3} \underset{R^1}{\overset{R^3\diagdown N\diagup R^3}{\underset{|}{C}}}\!\!\!-\!\!\!\equiv\!\!\!-R^2$$

53%-99% yield

Example 3[11]

83% 醛转化

Example 4[13]

R= 二硫化物，硫醚，酚，醇
R= 芳基，烷基，TMS

Example 5[14]

甲苯或水

References
1. Yoo, W.-J.; Zhao, L.; Li, C.-J. *Aldrichimica Acta*, **2011**, *44*, 43–51. (Review).
2. Wei, C.; Li, Z.; Li, C.-J. *Synlett* **2004**, 1472.
3. Zani, L.; Bolm, C. *Chem. Commun.* **2006**, 4263.
4. Peshkov, V. A.; Pereshivko, O. P.; Van der Eycken, E. V. *Chem. Soc. Rev.* **2012**, *41*, 3702 (Review).
5. Li, C. J.; Wei, C. M. *Chem. Commun.* **2002**, 268–269.
6. Wei, C.; Li, C.-J. *J. Am. Chem. Soc.* **2003**, *125*, 9584.
7. Wei, C. M.; Li, Z. G.; Li, C. J. *Org. Lett.* **2003**, *5*, 4473–4475.
8. Chen, W.-W.; Nguyen, R. V.; Li, C.-J. *Tetrahedron Lett.* **2009**, *50*, 2895.
9. Li, P.; Zhang, Y.; Wang, L. *Chem. Eur. J.* **2009**, *15*, 2045.
10. Roy, B.; Raj, R.; Mukhopadhya, B. *Tetrahedron Lett.* **2009**, *50*, 5838–5841.
11. Kung, K. K. Y.; Li, G. L.; Zou, L.; Chong, H. C.; Leung, Y. C.; Wong, K. H.; Lo, V. K. Y.; Che, C.-M.; Wong, M.-K. *Org. Biomol. Chem.*, **2012**, *10*, 925–930.
12. Bonfield, E. R.; Li, C.-J. *Org. Biomol. Chem.* **2007**, *5*, 435.

13. Uhlig, N.; Li, C.-J. *Org. Lett.* **2012,** *14*, 3000–3003.
14. Wei, C.; Li, C.-J. *J. Am. Chem. Soc.* **2002,** *124*, 5638.
15. Wei, C.; Mague, J. T.; Li, C.-J. *Proc. Natl. Acad. Sci. U.S.A.* **2004,** *101*, 5749.
16. Gommermann, N.; Koradin, C.; Polborn, K.; Knochel, P. *Angew. Chem. Int. Ed.* **2003,** *42*, 5763.
17. Shore, G.; Yoo, W.-J.; Li, C.-J.; Organ, M. G. *Chem. Eur. J.* **2010,** 16, 126–133.

Lossen 重排反应

Lossen重排反应包括通过热或碱性环境下一个从异羟肟酸而得来的活化异羟肟酸酯重排而生成异氰酸酯的反应。异羟肟酸的活化可由*O*-酰基化、*O*-芳基化、*O*-磺酰化和氯化来实现。还有一些异羟肟酸可以由聚磷酸、碳二亚胺、硅基化和Mitsunobu反应条件来活化。Lossen重排反应的产物异氰酸酯可通过失去起始原料异羟肟酸中的一碳而进一步转化为脲或胺。

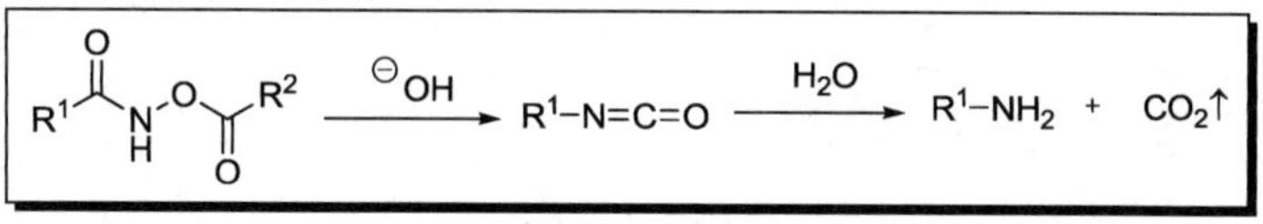

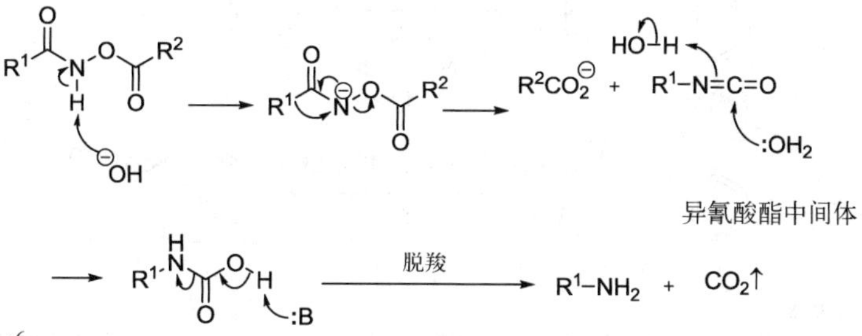
异氰酸酯中间体
脱羧

Example 1[6]

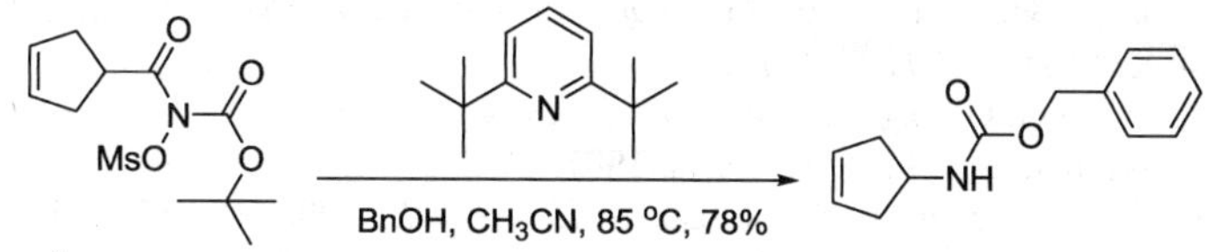
BnOH, CH3CN, 85 °C, 78%

Example 2[7]

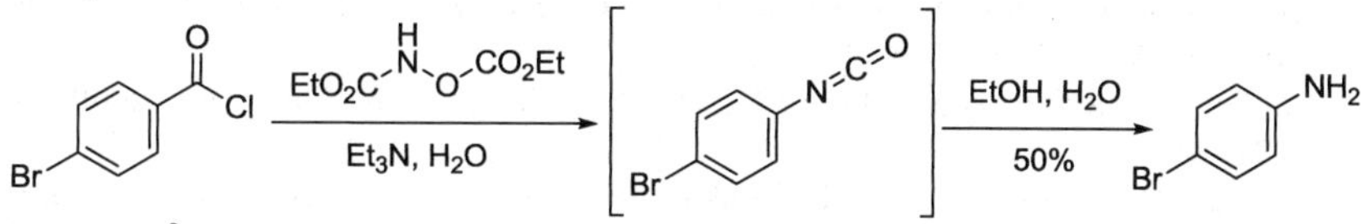
Et3N, H2O
EtOH, H2O
50%

Example 3[8]

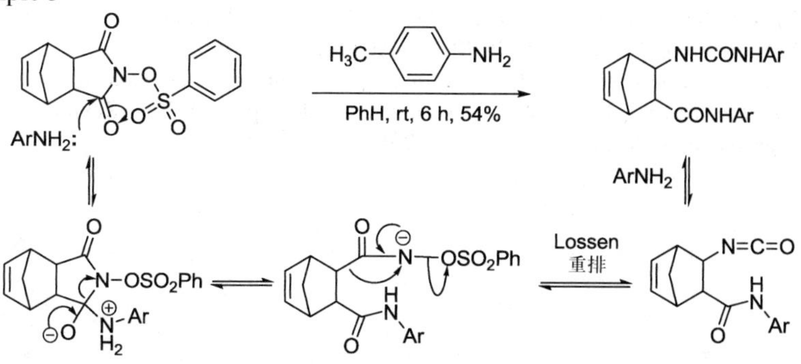
PhH, rt, 6 h, 54%
Lossen
重排

J.J. Li, *Name Reactions: A Collection of Detailed Mechanisms and Synthetic Applications*,
DOI 10.1007/978-3-319-03979-4_158, © Springer International Publishing Switzerland 2014

Example 4[9]

Example 5[11]

References
1. Lossen, W. *Ann.* **1872,** *161,* 347. 洛森（W. C. Lossen, 1838-1906）出生于德国的Kreuznach。1862年在哥廷根(Göttingen)取得 Ph. D. 学位后开始独立的研究生涯。他的研究兴趣集中于羟胺化合物。
2. Bauer, L.; Exner, O. *Angew. Chem. Int. Ed.* **1974,** *13,* 376.
3. Lipczynska-Kochany, E. *Wiad. Chem.* **1982,** *36,* 735–756.
4. Casteel, D. A.; Gephart, R. S.; Morgan, T. *Heterocycles* **1993,** *36,* 485–495.
5. Zalipsky, S. *Chem. Commun.* **1998,** 69–70.
6. Stafford, J. A.; Gonzales, S. S.; Barrett, D. G.; Suh, E. M.; Feldman, P. L. *J. Org. Chem.* **1998,** 63, 10040–10044.
7. Anilkumar, R.; Chandrasekhar, S.; Sridhar, M. *Tetrahedron Lett.* **2000,** *41,* 5291–5293.
8. Abbady, M. S.; Kandeel, M. M.; Youssef, M. S. K. *Phosphorous, Sulfur and Silicon* **2000,** *163,* 55–64.
9. Ohmoto, K.; Yamamoto, T.; Horiuchi, T.; Kojima, T.; Hachiya, K.; Hashimoto, S.; Kawamura, M.; Nakai, H.; Toda, M. *Synlett* **2001,** 299–301.
10. Choi, C.; Pfefferkorn, J. A. *Lossen rearrangement.* In *Name Reactions for Homologations-Part II*; Li, J. J., Ed.; Wiley: Hoboken, NJ, **2009,** pp 200–209. (Review).
11. Yoganathan, S.; Miller, S. J. *Org. Lett.* **2013,** *15,* 602–605.

McFadyen-Stevens 反应

酰基苯磺酰肼用碱处理给出相应的醛。

Example 1[5]

Example 2[7]

References

1. McFadyen, J. S.; Stevens, T. S. *J. Chem. Soc.* **1936**, 584–587. 史蒂文斯（T. S. Stevens, 1900-2000）出生于苏格兰的Renfrew，在牛津大学柏金（W. H. Perkin）指导下取得Ph. D.学位后成为谢菲尔德大学（University of Sheffield）的高级讲师。麦克法迪恩（J. S. McFadyen, 1908- ）出生于加拿大多伦多，在格拉斯哥大学（University of Glasgow）受到史蒂文斯指导，为英国帝国化工集团（ICI）服务15年后回到加拿大蒙特利尔的Canadian Industries, Ltd.,工作。
2. Graboyes, H.; Anderson, E. L.; Levinson, S. H.; Resnick, T. M. *J. Heterocycl. Chem.* **1975**, *12*, 1225–1231.
3. Eichler, E.; Rooney, C. S.; Williams, H. W. R. *J. Heterocycl. Chem.* **1976**, *13*, 841–844.
4. Nair, M.; Shechter, H. *J. Chem. Soc., Chem. Commun.* **1978**, 793–796.
5. Dudman, C. C.; Grice, P.; Reese, C. B. *Tetrahedron Lett.* **1980**, *21*, 4645–4648.
6. Manna, R. K.; Jaisankar, P.; Giri, V. S. *Synth. Commun.* **1998**, *28*, 9–16.
7. Jaisankar, P.; Pal, B.; Giri, V. S. *Synth. Commun.* **2002**, *32*, 2569–2573.
8. Ma, B.; Banerjee, B.; Litvinov, D. N.; He, L.; Castle, S. L. *J. Am. Chem. Soc.* **2010**, *132*, 1159–1171.
9. Iwai, Y.; Ozaki, T.; Takita, R.; Uchiyama, M.; Shimokawa, J.; Fukuyama, T. *Chem. Sci.* **2013**, *4*, 1111–1119.

McMurry 偶联反应

羰基用得自 $TiCl_3$-$LiAlH_4$ 的如Ti(0)一类低价钛进行烯基化反应，反应经由单电子机理。

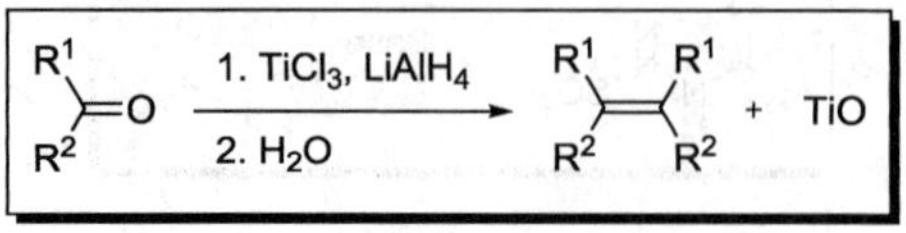
1. TiCl3, LiAlH4
2. H2O
TiO

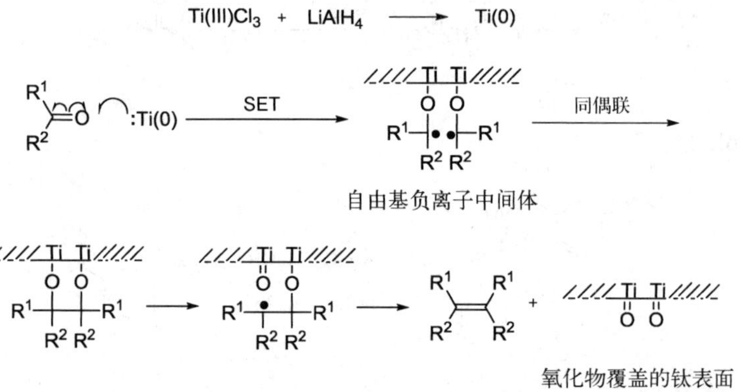
Ti(III)Cl3 + LiAlH4 ⟶ Ti(0)
:Ti(0)
SET
同偶联
自由基负离子中间体
氧化物覆盖的钛表面

Example 1, 交叉McMurry偶联[7]

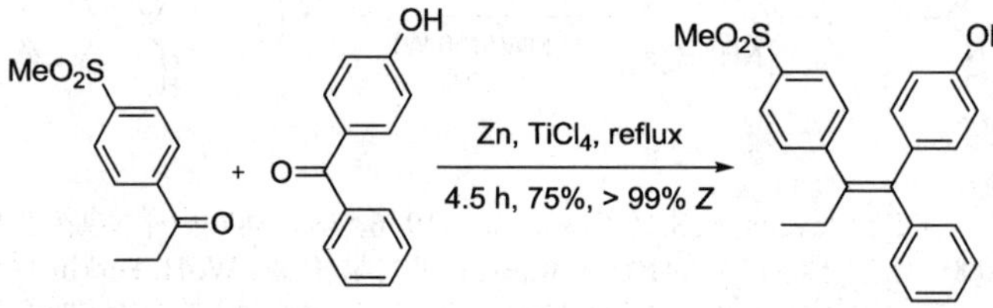
MeO2S
OH
Zn, TiCl4, reflux
4.5 h, 75%, > 99% Z

Example 2, 同McMurry偶联[8]

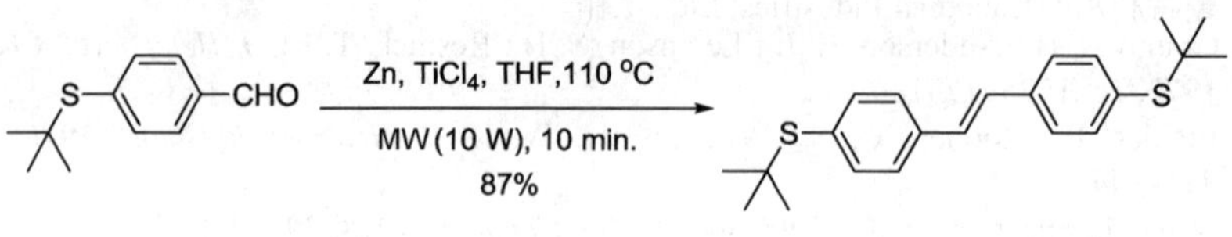
CHO
Zn, TiCl4, THF,110 °C
MW (10 W), 10 min.
87%

J.J. Li, *Name Reactions: A Collection of Detailed Mechanisms and Synthetic Applications*,
DOI 10.1007/978-3-319-03979-4_160, © Springer International Publishing Switzerland 2014

Example 3, 交叉McMurry偶联[9]

Example 4, 交叉McMurry偶联[10]

Example 5[12]

References

1. (a) McMurry, J. E.; Fleming, M. P. *J. Am. Chem. Soc.* **1974**, *96*, 4708–4712. (b) McMurry, J. E. *Chem. Rev.* **1989**, *89*, 1513–1524. (Review).
2. Hirao, T. *Synlett* **1999**, 175–181.
3. Sabelle, S.; Hydrio, J.; Leclerc, E.; Mioskowski, C.; Renard, P.-Y. *Tetrahedron Lett.* **2002**, *43*, 3645–3648.
4. Williams, D. R.; Heidebrecht, R. W., Jr. *J. Am. Chem. Soc.* **2003**, *125*, 1843–1850.
5. Honda, T.; Namiki, H.; Nagase, H.; Mizutani, H. *Tetrahedron Lett.* **2003**, *44*, 3035–3038.
6. Ephritikhine, M.; Villiers, C. In *Modern Carbonyl Olefination* Takeda, T., Ed.; Wiley-VCH: Weinheim, Germany, **2004**, 223–285. (Review).
7. Uddin, M. J.; Rao, P. N. P.; Knaus, E. E. *Synlett* **2004**, 1513–1516.
8. Stuhr-Hansen, N. *Tetrahedron Lett.* **2005**, *46*, 5491–5494.
9. Zeng, D. X.; Chen, Y. *Synlett* **2006**, 490–492.
10. Duan, X.-F.; Zeng, J.; Zhang, Z.-B.; Zi, G.-F. *J. Org. Chem.* **2007**, *72*, 10283–10286.
11. Debroy, P.; Lindeman, S. V.; Rathore, R. *J. Org. Chem.* **2009**, *74*, 2080–2087.
12. Kumar, A. S.; Nagarajan, R. *Synthesis* **2013**, *45*, 1235–1246.

MacMillan 催化剂

使用由 α-氨基酸衍生来的咪唑酮(**1**)为催化剂可实现高度对映选择性的有机催化的不对称 Diels-Alder 反应。第一代 MacMillan 催化剂(**1**)已应用于各类有机催化的对映选择性反应。典型的有 Diels-Alder 反应[1]、亚硝基环加成反应[2]、吡咯的 Friedel-Crafts 反应[3]、吲哚加成反应[4]、插烯 Michael 加成反应[5]、α-氯代反应[6]、负氢加成反应[7]、环丙烷化反应[8]、α-氟代反应[9]。第二代 MacMillan 催化剂(**2**)可应用于催化吲哚对 α,β-不饱和醛的 1,4-加成反应。

Example 1[11]

Example 2[10]

78% yield
90% ee

(−)-flustramine B

References
1. Ahrendt, K.; Borths, C.; MacMillan, D. W. C. *J. Am. Chem. Soc.* **2000,** *122,* 4243.
2. Jen, W.; Wiener, J.; MacMillan, D. W. C. *J. Am. Chem. Soc.* **2000,** *122,* 9874.
3. Paras, N.; MacMillan, D. W. C. *J. Am. Chem. Soc.* **2001,** *123,* 4370.
4. Austin, J. F.; MacMillan, D. W. C. *J. Am. Chem. Soc.* **2002,** *124,* 1172.
5. Brown, S. P.; Goodwin, N. C.; MacMillan, D. W. C. *J. Am. Chem. Soc.* **2003,** *125,* 1192.
6. Brochu, M. P.; Brown, S. P.; MacMillan, D. W. C. *J. Am. Chem. Soc.* **2004,** *126,* 4108.
7. Ouellet, S. G.; Tuttle, J. B.; MacMillan, D. W. C. *J. Am. Chem. Soc.* **2005,** *127,* 32.
8. Kunz, R. K; MacMillan, D. W. C. *J. Am. Chem. Soc.* **2005,** *127,* 3240.
9. Beeson, T. D.; MacMillan, D. W. C. *J. Am. Chem. Soc.* **2005,** *127,* 8826.
10. Austin, J. F.; Kim, S.-G.; Sinz, C. J.; Xiao, W.-J.; MacMillan, D. W. C. *Proc. Nat. Acad. Sci. USA,* **2004,** *101,* 5482.
11. Kim, S.-G.; Kim, J.; Jung, H. *Tetrahedron Lett.* **2005,** *46,* 2437.
12. Riente, P.; Yadav, J.; Pericas, M. A. *Org. Lett.* **2012,** *14,* 3668–3671.
13. Zhang, Y.; Wang, S.-Y.; Xu, X.-P.; Jiang, R.; Ji, S.-J. *Org. Biomol. Chem.* **2013,** *11,* 1933–1937.

Mannich 反应

由胺、醛和带有酸性亚甲基成分的化合物形成的三组分发生的氨甲基化反应。

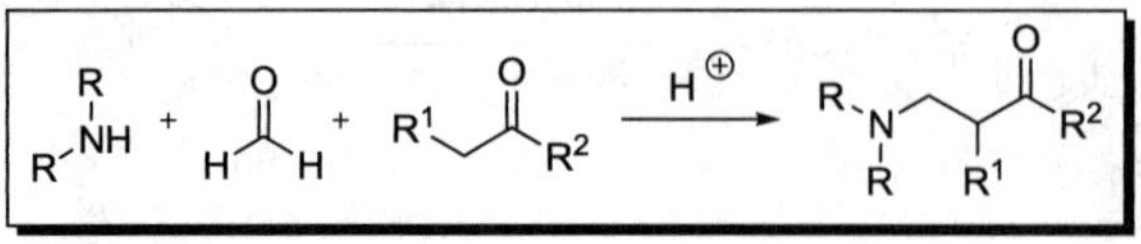
H⊕

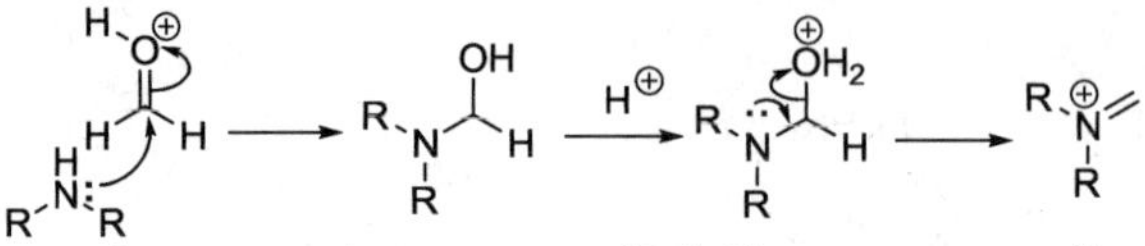
H⊕

当R = Me, $^+Me_2N{=}CH_2$ 俗称为*Eschenmoser*盐

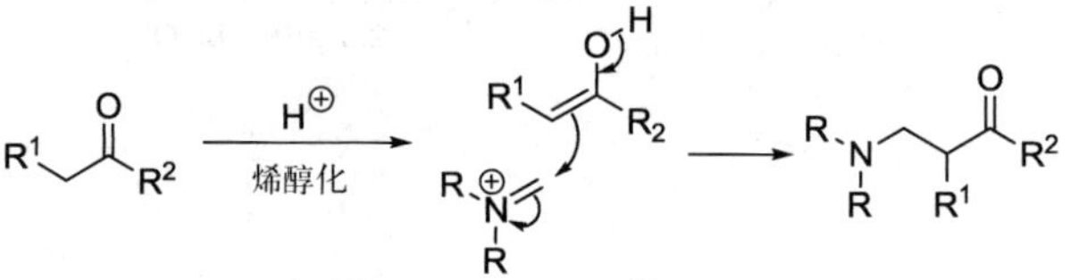
H⊕
烯醇化

Mannich反应也可在碱性条件下进行：

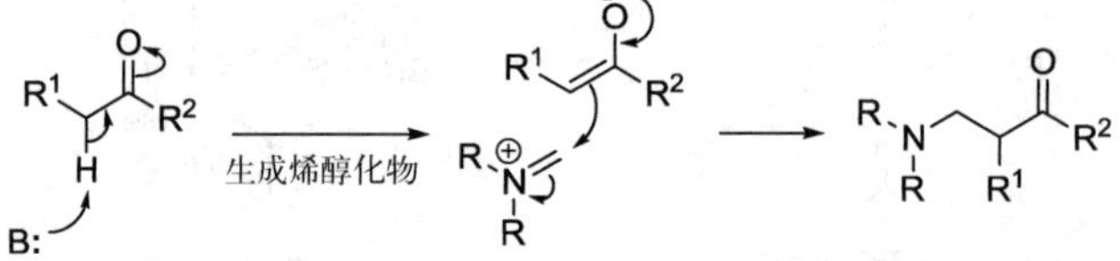
生成烯醇化物

Mannich碱

Example 1, 不对称 Mannich 反应[2]

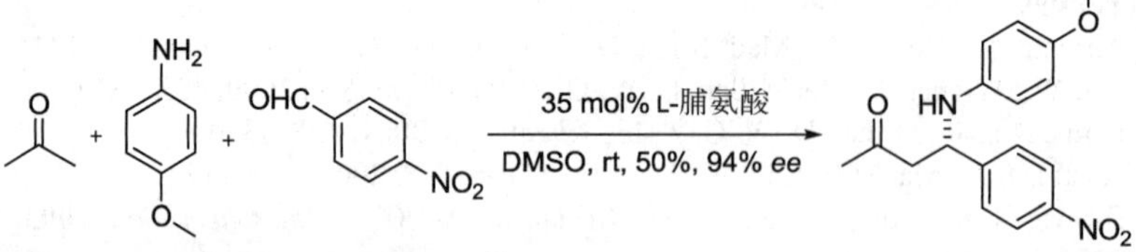
35 mol% L-脯氨酸
DMSO, rt, 50%, 94% ee

Example 2, 不对称类Mannich反应[9]

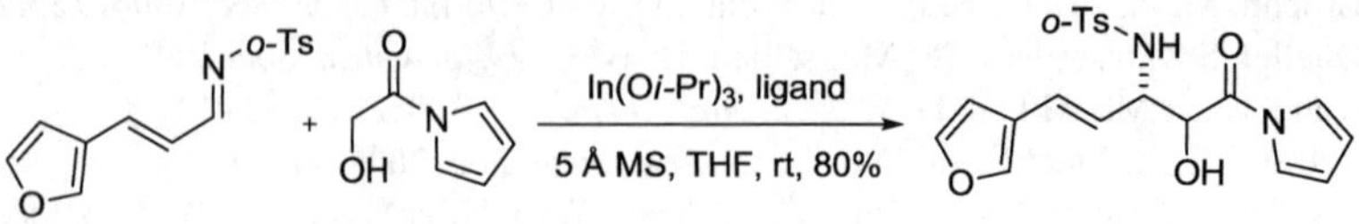
In(O*i*-Pr)3, ligand
5 Å MS, THF, rt, 80%

Example 3, 不对称类Mannich反应[10]

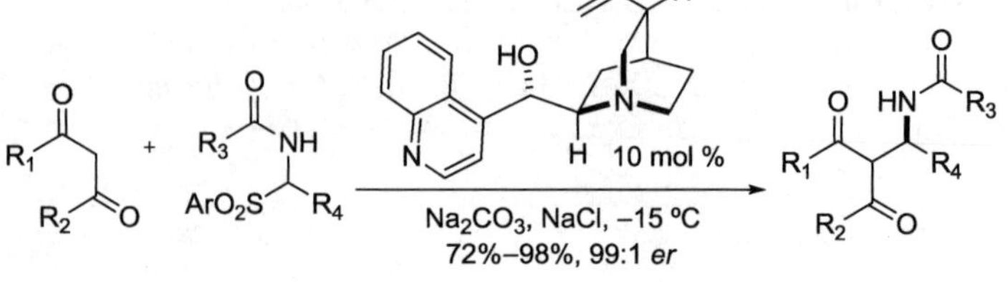
10 mol %
Na2CO3, NaCl, –15 ºC
72%–98%, 99:1 er

J.J. Li, *Name Reactions: A Collection of Detailed Mechanisms and Synthetic Applications*,
DOI 10.1007/978-3-319-03979-4_162, © Springer International Publishing Switzerland 2014

Example 4[11]

Example 5, 插烯的 Mannich 反应 (VMR)[13]

References

1. Mannich, C.; Krösche, W. *Arch. Pharm.* **1912**, *250*, 647–667. 曼尼希（C. U. F. Mannich，1877-1947）出生于德国的Breslau，1903年在巴塞尔取得Ph. D.学位后先后在哥廷根、法兰克福和柏林工作。他合成了许多作麻醉剂用的对氨基苯甲酸酯类化合物。
2. List, B. *J. Am. Chem. Soc.* **2000**, *122*, 9336–9337.
3. Schlienger, N.; Bryce, M. R.; Hansen, T. K. *Tetrahedron* **2000**, *56*, 10023–10030.
4. Bur, S. K.; Martin, S. F. *Tetrahedron* **2001**, *57*, 3221–3242. (Review).
5. Martin, S. F. *Acc. Chem. Res.* **2002**, *35*, 895–904. (Review).
6. Padwa, A.; Bur, S. K.; Danca, D. M.; Ginn, J. D.; Lynch, S. M. *Synlett* **2002**, 851–862. (Review).
7. Notz, W.; Tanaka, F.; Barbas, C. F., III. *Acc. Chem. Res.* **2004**, *37*, 580–591. (Review).
8. Córdova, A. *Acc. Chem. Res.* **2004**, *37*, 102–112. (Review).
9. Harada, S.; Handa, S.; Matsunaga, S.; Shibasaki, M. *Angew. Chem. Int. Ed.* **2005**, *44*, 4365–4368.
10. Lou, S.; Dai, P.; Schaus, S. E. *J. Org. Chem.* **2007**, *72*, 9998–10008.
11. Hahn, B. T.; Fröhlich, R.; Harms, K.; Glorius, F. *Angew. Chem. Int. Ed.* **2008**, *47*, 9985–9988.
12. Galatsis, P. *Mannich reaction.* In *Name Reactions for Homologations-Part II*; Li, J. J., Ed.; Wiley: Hoboken, NJ, **2009**, pp 653–670. (Review).
13. Liu, X.-K.; Ye, J.-L.; Ruan, Y.-P.; Li, Y.-X.; Huang, P.-Q. *J. Org. Chem.* **2013**, *78*, 35–41.

Markovnikov(马氏)规则

马氏规则用于预测卤化氢HX对不对称取代烯烃加成时的位置选择性。HX中的卤素组分倾向于键连到有更多取代基的那个碳原子上，H倾向于键连到有更多氢原子所在的那个碳原子上。

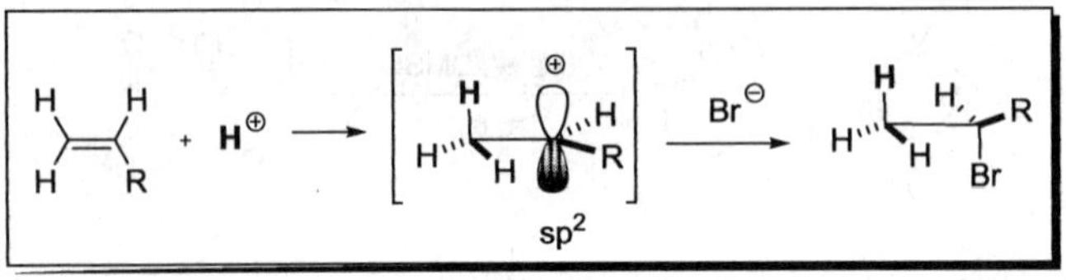

中间体是碳正离子，形式电荷在一个碳原子上。

马氏规则的例外：

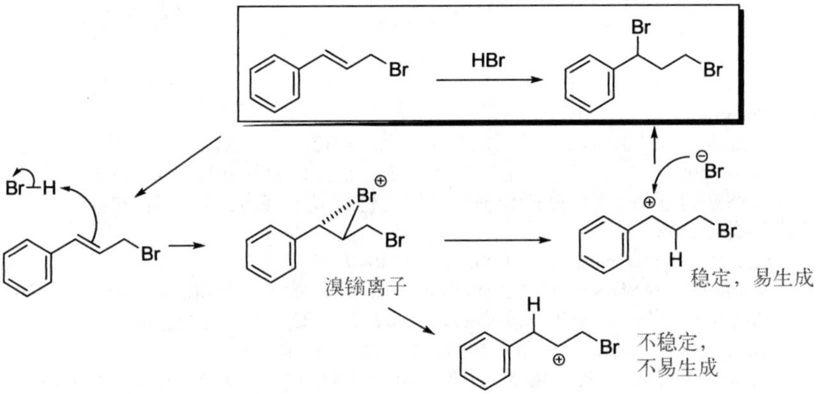

溴鎓离子

稳定，易生成

不稳定，不易生成

Example 1[3]

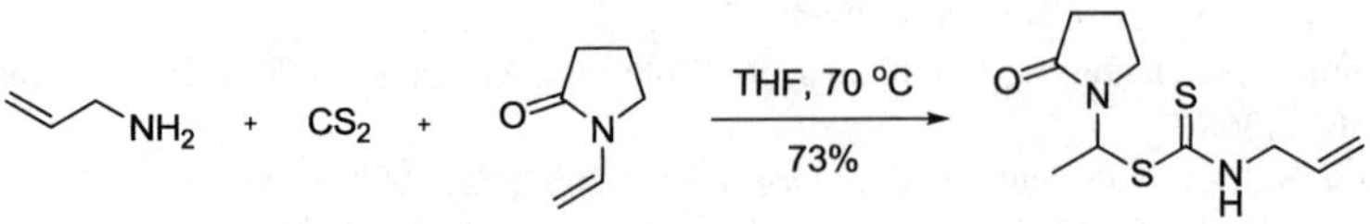

Example 2, 苯乙烯上马氏选择性的氢硫化反应[4]

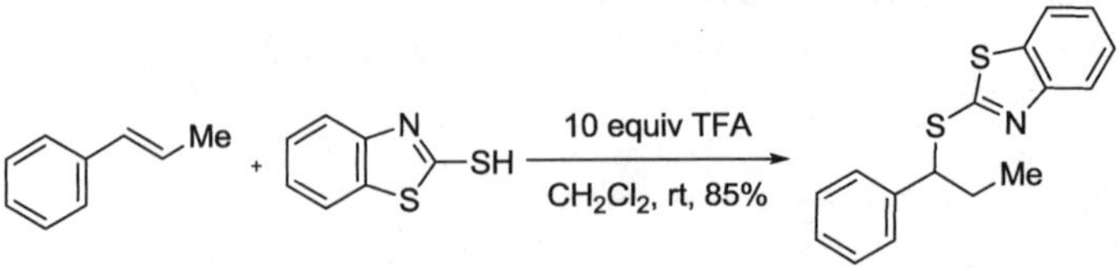

References

1. Markownikoff, W. *Ann. Pharm.* **1870,** *153,* 228–259. 马尔科夫尼可夫(V. V. Markovnikov, 1838-1904)在莫斯科大学(Moscow University)提出了烯烃的这个加成规则。他是19世纪最出色的俄罗斯有机化学家。他是个个性很强的人且无惧公开表达自己的观点，直言不讳的性格导致他被褫夺了在喀山和莫斯科的教授位置。(Lewis, D. E. *Early Russian Organic Chemists and Their Legacy*, Springer: Heldelberg, Germany, 2012, p 71.).
2. Oparina, L. A.; Artem'ev, A. V.; Vysotskaya, O. V.; Kolyvanov, N. A.; Bagryanskaya, Y. I.; Doronina, E. P.; Gusarova, N. K. *Tetrahedron* **2013,** *69,* 6185–6195.
3. Ziyaei Halimehjani, A.; Pasha Zanussi, H. *Synthesis* **2013,** *45,* 1483–1488
4. Savolainen, M. A.; Wu, J. *Org. Lett.* **2013,** *15,* 3802–3804.

反马氏规则

有些反应所得产物并不表现出服从马氏规则，位置选择性的结果可以从自由基中间体的稳定性来解释。

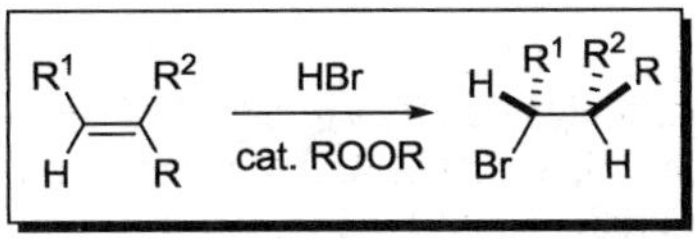

自由基机理：

引发：

链增长：

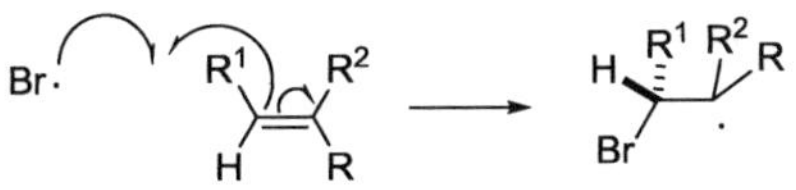

该自由基更稳定而易于生成

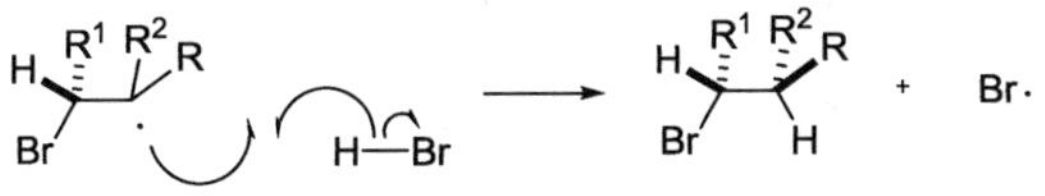

链终止:

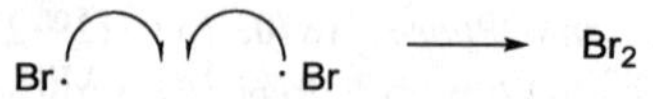

$Br\cdot + \cdot Br \longrightarrow Br_2$

Example 1, 烯丙酯的反马氏氧化反应[1]

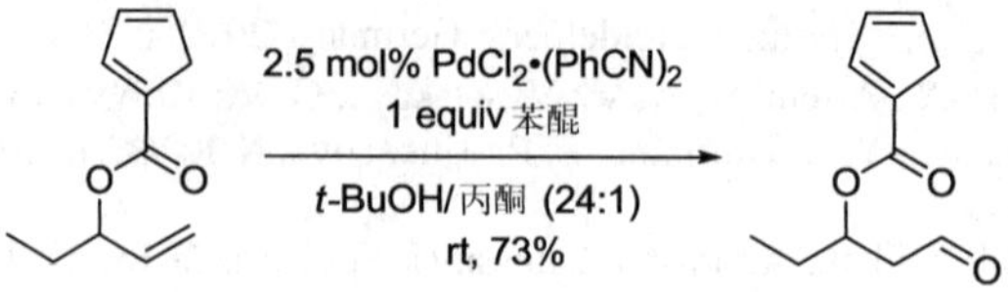

试剂: 2.5 mol% PdCl$_2$•(PhCN)$_2$, 1 equiv 苯醌, t-BuOH/丙酮 (24:1), rt, 73%

Example 2, 反马氏的羟氨化反应[3]

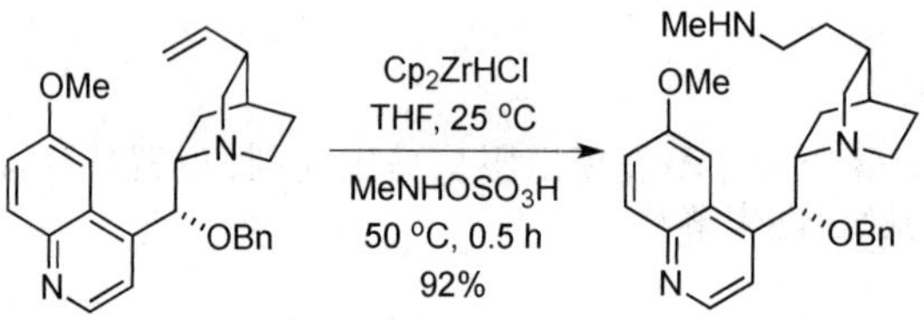

试剂: Cp$_2$ZrHCl, THF, 25 °C; MeNHOSO$_3$H, 50 °C, 0.5 h, 92%

References
1. Nishizawa, M.; Asai, Y.; Imagawa, H. *Org. Lett.* **2006,** *8,* 5793–5796.
2. Dong, J. J.; Fañanás-Mastral, M.; Alsters, P. L.; Browne, W. R.; Feringa, B. L. *Angew. Chem. Int. Ed.* **2008,** *47,* 5561–5565.
3. Strom, A. E.; Hartwig, J. F. *J. Org. Chem.* **2013,** *78,* 8909–8914.

Martin 硫烷脱水剂

仲醇和叔醇脱水给出烯烃，但伯醇给出醚产物。参加95页上的Burgess试剂。

Example 1[5]

Example 2[6]

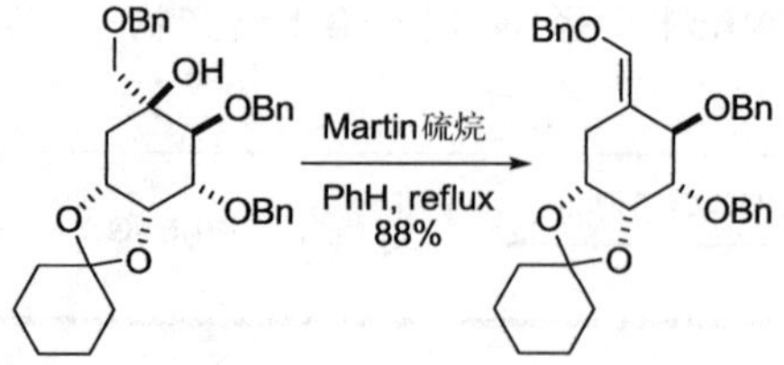

Example 3[7]

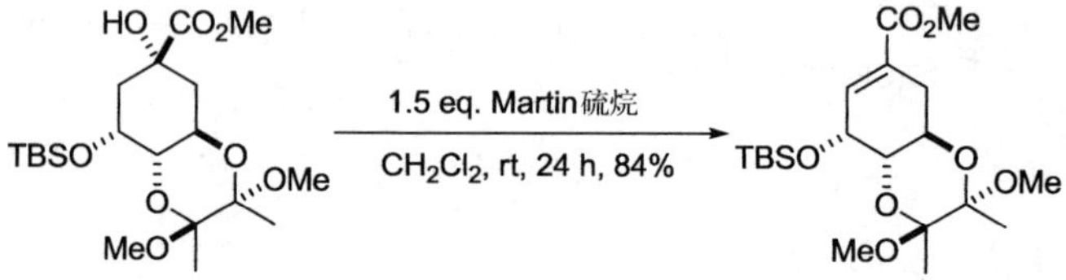

Example 4[9]

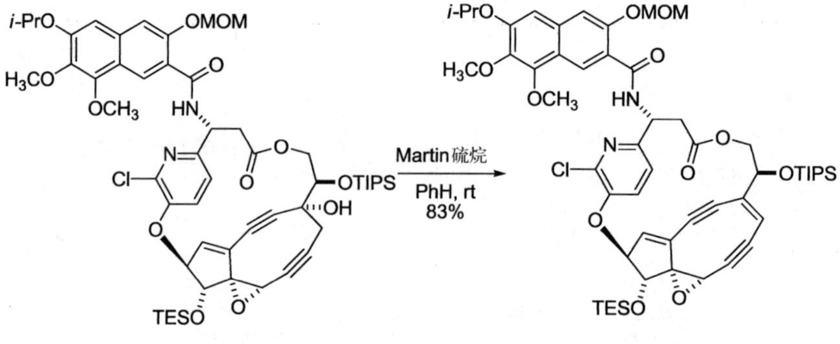

Example 5[12]

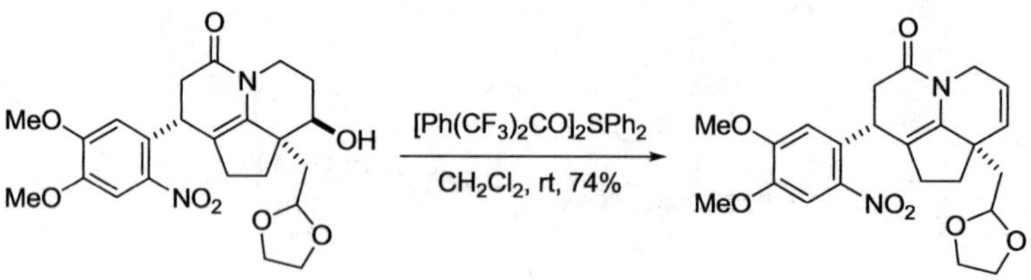

References
1. (a) Martin, J. C.; Arhart, R. J. *J. Am. Chem. Soc.* **1971**, *93*, 2339–2341; (b) Martin, J. C.; Arhart, R. J. *J. Am. Chem. Soc.* **1971**, *93*, 2341–2342; (c) Martin, J. C.; Arhart, R.

J. *J. Am. Chem. Soc.* **1971**, *93*, 4327–4329. (d) Martin, J. C.; Arhart, R. J.; Franz, J. A.; Perozzi, E. F.; Kaplan, L. J. *Org. Synth.* **1977**, *57*, 22–26.
2. Gallagher, T. F.; Adams, J. L. *J. Org. Chem.* **1992**, *57*, 3347–3353.
3. Tse, B.; Kishi, Y. *J. Org. Chem.* **1994**, *59*, 7807–7814.
4. Winkler, J. D.; Stelmach, J. E.; Axten, J. *Tetrahedron Lett.* **1996**, *37*, 4317–4320.
5. Nicolaou, K. C.; Rodríguez, R. M.; Fylaktakidou, K. C.; Suzuki, H.; Mitchell, H. J. *Angew. Chem. Int. Ed.* **1999**, *38*, 3340–3345.
6. Kok, S. H. L.; Lee, C. C.; Shing, T. K. M. *J. Org. Chem.* **2001**, *66*, 7184–7190.
7. Box, J. M.; Harwood, L. M.; Humphreys, J. L.; Morris, G. A.; Redon, P. M.; Whitehead, R. C. *Synlett* **2002**, 358–360.
8. Myers, A. G.; Glatthar, R.; Hammond, M.; Harrington, P. M.; Kuo, E. Y.; Liang, J.; Schaus, S. E.; Wu, Y.; Xiang, J.-N. *J. Am. Chem. Soc.* **2002**, *124*, 5380–5401.
9. Myers, A. G.; Hogan, P. C.; Hurd, A. R.; Goldberg, S. D. *Angew. Chem. Int. Ed.* **2002**, *41*, 1062–1067.
10. Shea, K. M. *Martin's sulfurane dehydrating reagent*. In *Name Reactions for Functional Group Transformations*; Li, J. J., Ed.; Wiley: Hoboken, NJ, **2007**, pp 248–264. (Review).
11. Sparling, B. A.; Moslin, R. M.; Jamison, T. F. *Org. Lett.* **2008**, *10*, 1291–1294.
12. Miura, Y.; Hayashi, N.; Yokoshima, S.; Fukuyama, T. *J. Am. Chem. Soc.* **2012**, *134*, 11995–11997.

Horner-Emmons 反应中的 Masamune-Roush 反应条件

适于在 Horner-Emmons 反应中对碱敏感的醛和磷酸酯。反应需用到 α-酮基或 α-烷氧羰基磷酸酯。

P=O 的生成是热力学有利的，也是本反应的推动力。

Example 1[5]

Example 2[6]

J.J. Li, *Name Reactions: A Collection of Detailed Mechanisms and Synthetic Applications*,
DOI 10.1007/978-3-319-03979-4_165,

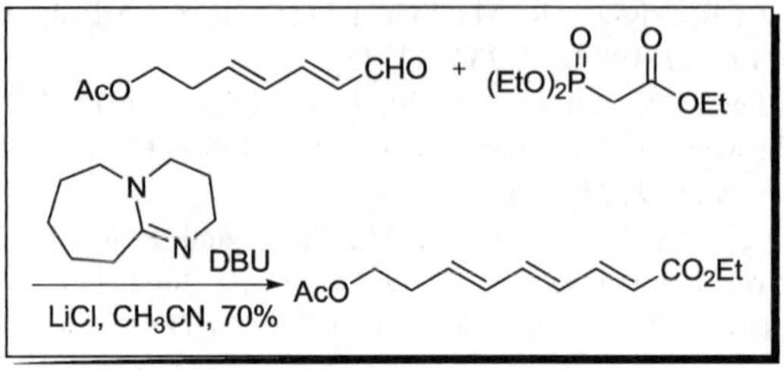

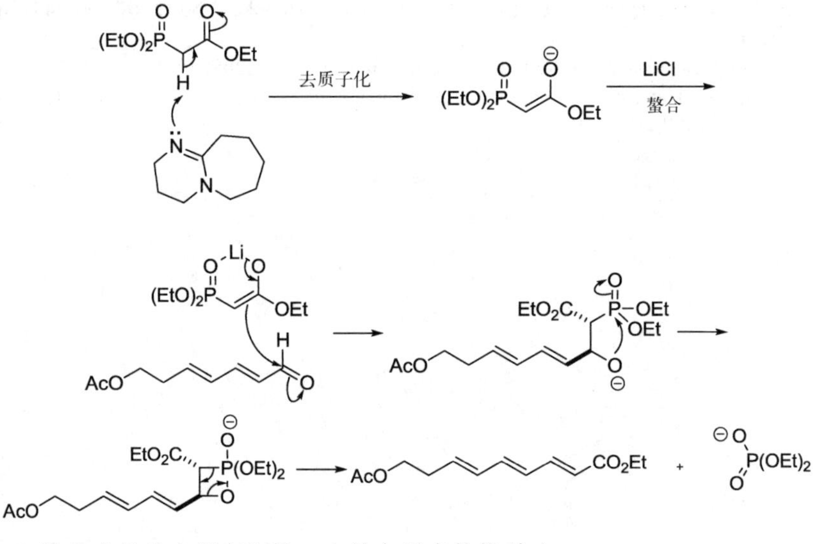

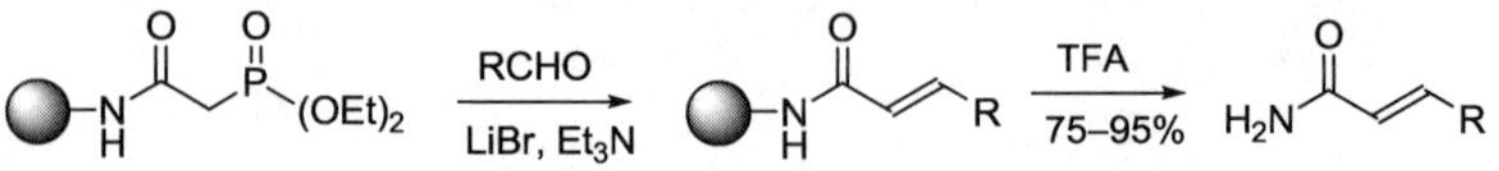

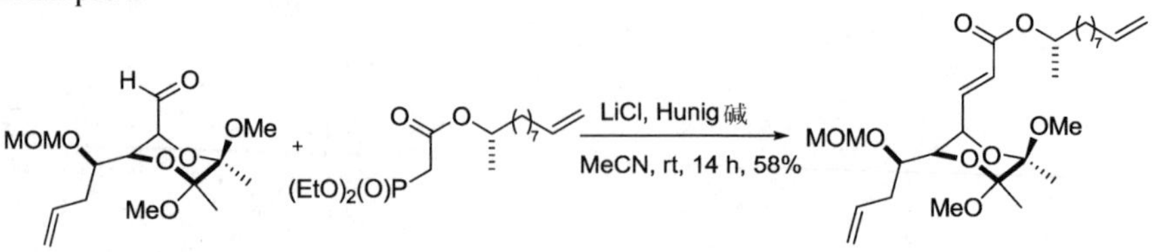

Example 3[7]

Example 4[8]

Example 5[10]

References
1. Blanchette, M. A.; Choy, W.; Davis, J. T.; Essenfeld, A. P.; Masamune, S.; Roush, W. R.; Sakai, T. *Tetrahedron Lett.* **1984**, *25*, 2183–2186.
2. Rathke, M. W.; Nowak, M. *J. Org. Chem.* **1985**, *50*, 2624–2636.
3. Tius, M. A.; Fauq, A. H. *J. Am. Chem. Soc.* **1986**, *108*, 1035–1039, and 6389–6391.
4. Marshall, J. A.; DuBay, W. J. *J. Org. Chem.* **1994**, *59*, 1703–1708.
5. Johnson, C. R.; Zhang, B. *Tetrahedron Lett.* **1995**, *36*, 9253–9256.
6. Rychnovsky, S. D.; Khire, U. R.; Yang, G. *J. Am. Chem. Soc.* **1997**, *119*, 2058–2059.
7. Dixon, D. J.; Foster, A. C.; Ley, S. V. *Org. Lett.* **2000**, *2*, 123–125.
8. Simoni, D.; Rossi, M.; Rondannin, R.; Mazzali, A.; Baruchello, R.; Malagutti, C.; Roberti, M.; Invidiata, F. P. *Org. Lett.* **2000**, *2*, 3765–3768.
9. Crackett, P.; Demont, E.; Eatherton, A.; Frampton, C. S.; Gilbert, J.; Kahn, I.; Redshaw, S.; Watson, W. *Synlett* **2004**, 679–683.
10. Ordonez, M.; Hernandez-Fernandez, E.; Montiel-Perez, M.; Bautista, R.; Bustos, P.; Rojas-Cabrera, H.; Fernandez-Zertuche, M.; Garcia-Barradas, O. *Tetrahedron: Asymmetry* **2007**, *18*, 2427–2436.
11. Zanato, C.; Pignataro, L.; Hao, Z.; Gennari, C. *Synthesis* **2008**, 2158–2162.
12. Paterson, I.; Fink, S. J.; Blakey, S. B. *Org. Lett.* **2013**, *15*, 3188–3121.

Meerwein 盐

亦称Meerwein试剂，即三甲基氧鎓离子四氟化硼或三乙基氧鎓离子四氟化硼。命名来自其发现者Hans Meerwein。[1] 这些三烷基氧鎓离子盐是强烷基化试剂。

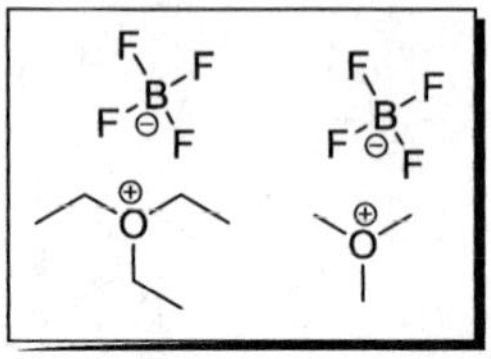

Preparation:[2]

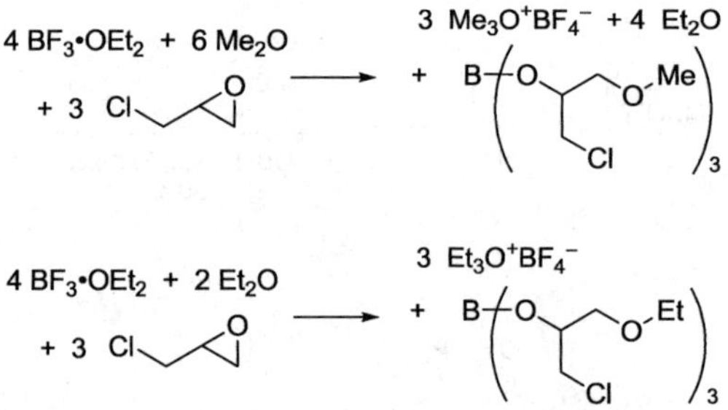

$$4\ BF_3 \cdot OEt_2 + 6\ Me_2O + 3\ ClCH(epoxide) \longrightarrow 3\ Me_3O^+BF_4^- + 4\ Et_2O + B(OCH(CH_2Cl)CH_2OMe)_3$$

$$4\ BF_3 \cdot OEt_2 + 2\ Et_2O + 3\ ClCH(epoxide) \longrightarrow 3\ Et_3O^+BF_4^- + B(OCH(CH_2Cl)CH_2OEt)_3$$

Example 1, Meerwein试剂是一个很有用的O-烷基化试剂:[5]

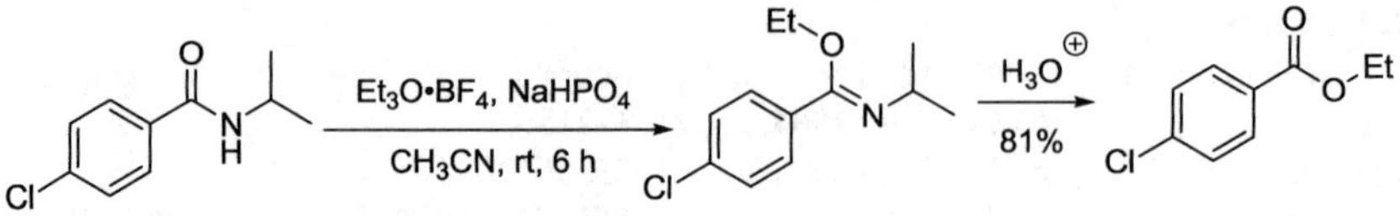

转变酰胺为相应的乙基或甲基酯

Example 2, 甲基化[4]

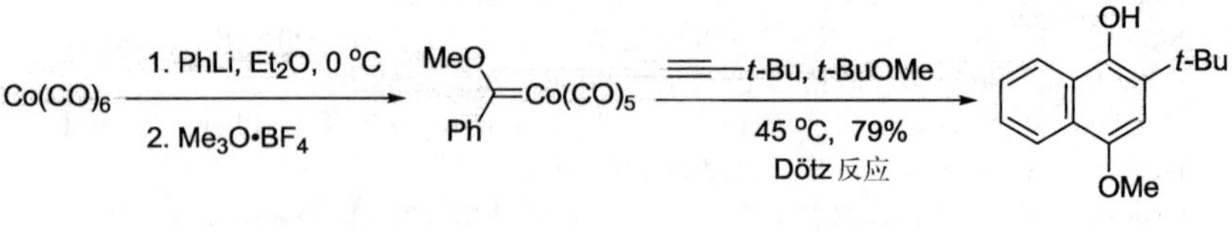

Example 3, N-烷基化，产物是一个离子液体[8]

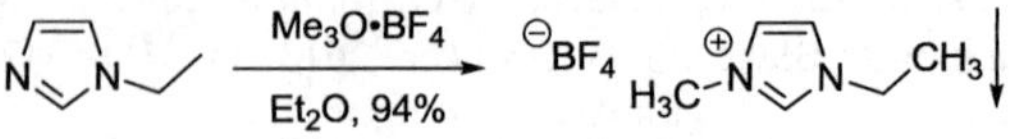

Example 4, N-甲基化反应[9]

$$\text{[imidazole with SPh, N-SO}_2\text{NMe}_2\text{, I]} \xrightarrow[\text{2. BuMeNH, CH}_3\text{CN, }\Delta\text{, 定量}]{\text{1. Me}_3\text{O·BF}_4\text{, 慢慢滴加, CH}_2\text{Cl}_2\text{, rt}} \text{[Me-N imidazole with SPh, I]}$$

References
1. (a) Meerwein, H.; Hinz, G.; Hofmann, P.; Kroning, E.; Pfeil, E. *J. Prakt. Chem.* **1937,** *147,* 257–285. (b) Meerwein, H.; Bettenberg, E.; Pfeil, E.; Willfang, G. *J. Prakt. Chem.* **1939,** *154,* 83–156.
2. (a) Meerwein, H. *Org. Synth.*; *Coll. Vol. V* **1973,** 1080. Triethyloxonium tetrafluoroborate. (b) Curphey, T. J. *Org. Synth.*; *Coll. Vol. VI,* **1988,** 1019. Trimethyloxonium tetrafluoroborate.
3. Chen, F. M. F.; Benoiton, N. L. *Can. J. Chem.* **1977,** *55,* 1433–1534.
4. Dötz, K. H.; Möhlemeier, J.; Schubert, U.; Orama, O. *J. Organomet. Chem.* **1983,** *247,* 187–201.
5. Downie, I. M.; Heaney, H.; Kemp, G.; King, D.; Wosley, M. *Tetrahedron* **1992,** *48,* 4005–4016.
6. Kiessling, A. J.; McClure, C. K. *Synth. Commun.* **1997,** *27,* 923–937.
7. Pichlmair, S. *Synlett* **2004,** 195–196. (Review).
8. Egashira, M.; Yamamoto, Y.; Fukutake, T.; Yoshimoto, N.; Morita, M. *J. Fluorine Chem.* **2006,** *127,* 1261–1264.
9. Delest, B.; Nshimyumukiza, P.; Fasbender, O.; Tinant, B.; Marchand-Brynaert, J.; Darro, F.; Robiette, R. *J. Org. Chem.* **2008,** *73,* 6816–6823.
10. Perst, H.; Seapy, D. G. *Triethyloxonium Tetrafluoroborate* In *Encyclopedia of Reagents for Organic Synthesis* Wiley: New York, **2008,**
11. Hari, D. P., König, B. *Angew. Chem. Int. Ed.* **2013,** *52,* 4734–4743. (Review).

Meerwein-Ponndorf-Verley 还原反应

在^{i}PrOH溶液中用Al(O^{i}Pr)$_3$将酮还原为相应的醇。逆反应称Oppenauer氧化反应。

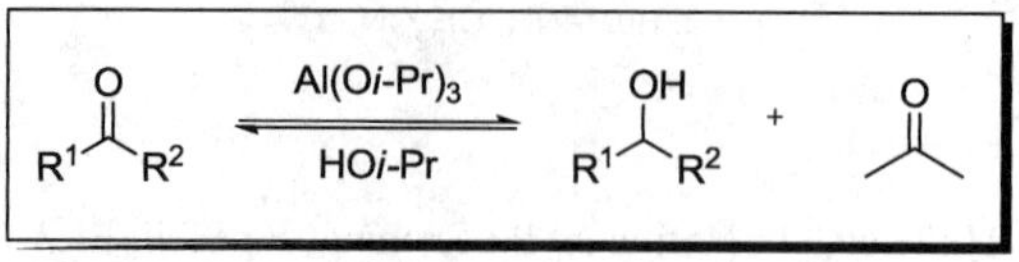
Al(O*i*-Pr)3
HO*i*-Pr

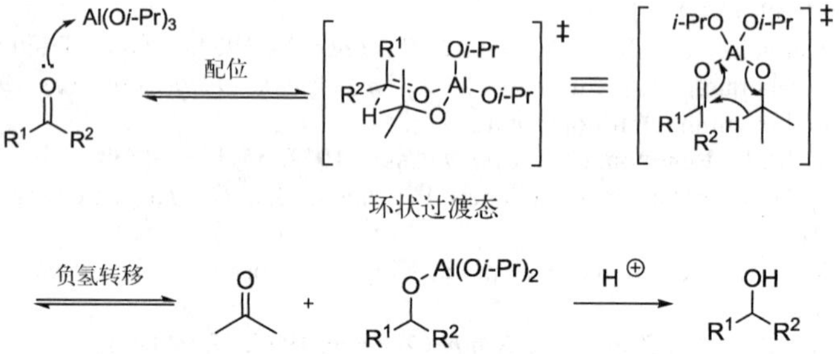
配位
环状过渡态
负氢转移
Al(O*i*-Pr)2
H⊕

Example 1[2]

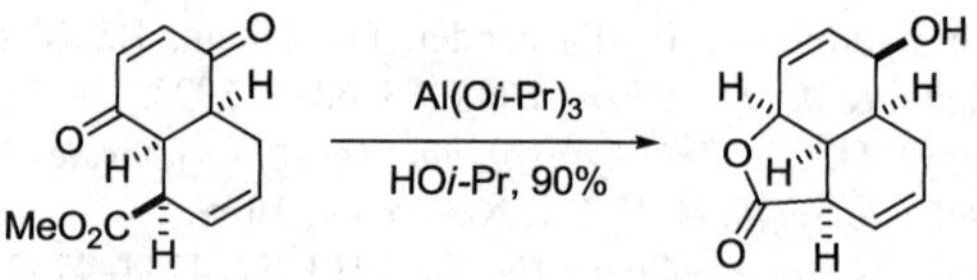
Al(O*i*-Pr)3
HO*i*-Pr, 90%

Example 2[4]

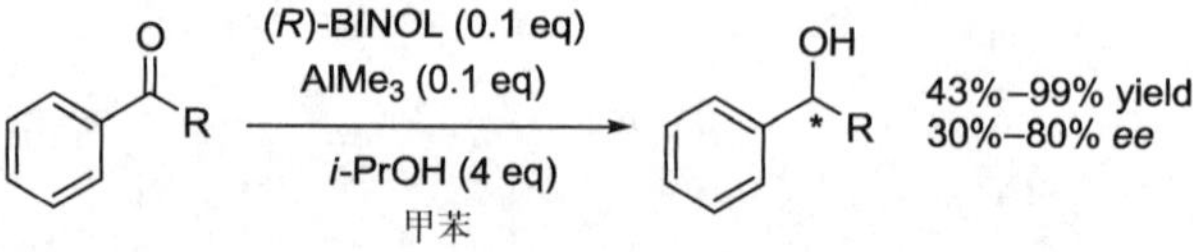
(*R*)-BINOL (0.1 eq)
AlMe3 (0.1 eq)
i-PrOH (4 eq)
甲苯
43%–99% yield
30%–80% *ee*

Example 3[7]

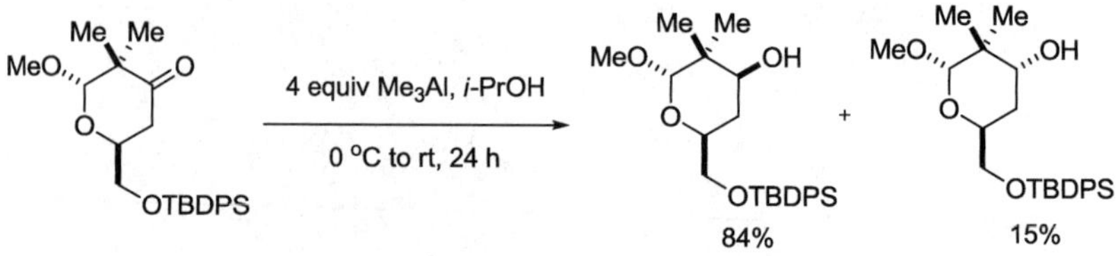
4 equiv Me3Al, *i*-PrOH
0 °C to rt, 24 h
84%
15%

J.J. Li, *Name Reactions: A Collection of Detailed Mechanisms and Synthetic Applications*,
DOI 10.1007/978-3-319-03979-4_167, © Springer International Publishing Switzerland 2014

Example 4[9]

Example 5[10]

References

1. Meerwein, H.; Schmidt, R. *Ann.* **1925,** *444*, 221–238. 梅尔维因（Hans Meerwein）1879年出生于德国汉堡，1903年在波恩取得Ph. D. 学位。他长长的科学生涯为有机化学做出了许多出色的贡献。
2. Woodward, R. B.; Bader, F. E.; Bickel, H.; Frey, A. J.; Kierstead, R. W. *Tetrahedron* **1958,** *2*, 1–57.
3. de Graauw, C. F.; Peters, J. A.; van Bekkum, H.; Huskens, J. *Synthesis* **1994,** 1007–1017. (Review).
4. Campbell, E. J.; Zhou, H.; Nguyen, S. T. *Angew. Chem. Int. Ed.* **2002,** *41*, 1020–1022.
5. Sominsky, L.; Rozental, E.; Gottlieb, H.; Gedanken, A.; Hoz, S. *J. Org. Chem.* **2004,** *69*, 1492–1496.
6. Cha, J. S. *Org. Proc. Res. Dev.* **2006,** *10*, 1032–1053.
7. Manaviazar, S.; Frigerio, M.; Bhatia, G. S.; Hummersone, M. G.; Aliev, A. E.; Hale, K. J. *Org. Lett.* **2006,** *8*, 4477–4480.
8. Clay, J. M. *Meerwein–Ponndorf–Verley reduction*. In *Name Reactions for Functional Group Transformations*; Li, J. J., Ed.; Wiley: Hoboken, NJ, **2007,** pp 123–128. (Review).
9. Dilger, A. K.; Gopalsamuthiram, V.; Burke, S. D. *J. Am. Chem. Soc.* **2007,** *129*, 16273–16277.
10. Flack, K.; Kitagawa, K.; Pollet, P.; Eckert, C. A.; Richman, K.; Stringer, J.; Dubay, W.; Liotta, C. L. *Org. Process Res. Dev.* **2012,** *16*, 1301–1306.
11. Lenze, M.; Bauer, E. B. *Chem. Commun.* **2013,** *49*, 5889–5891.

Meisenheimer 配合物

亦称 Meisenheimer-Jackson 盐, 是一些 S_NAr 反应过程中稳定的中间体。

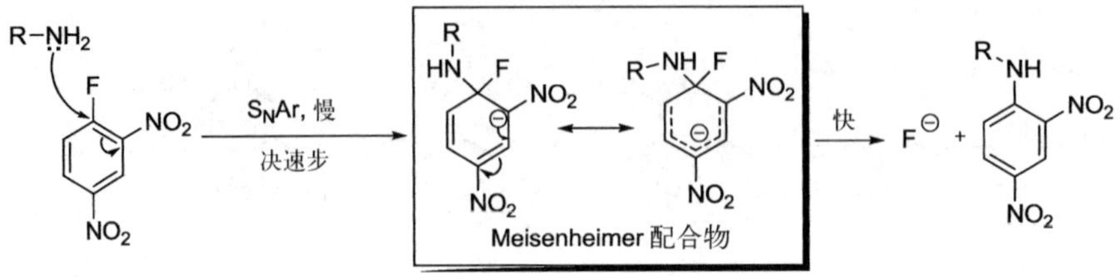

Sanger 试剂, *ipso* 进攻　　　　　　　　*ipso* 取代

Example 1[7]

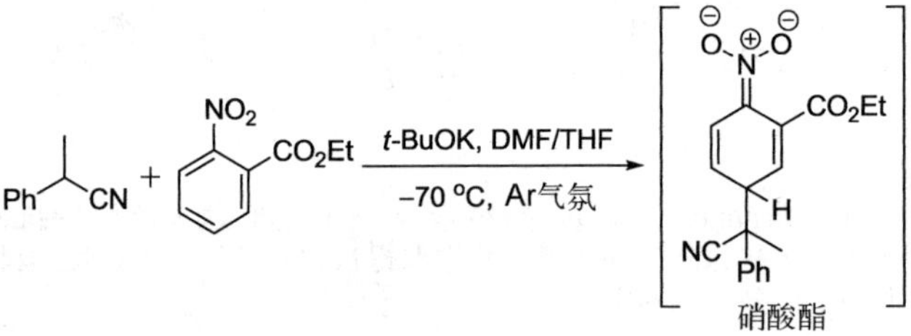

Example 2[9]

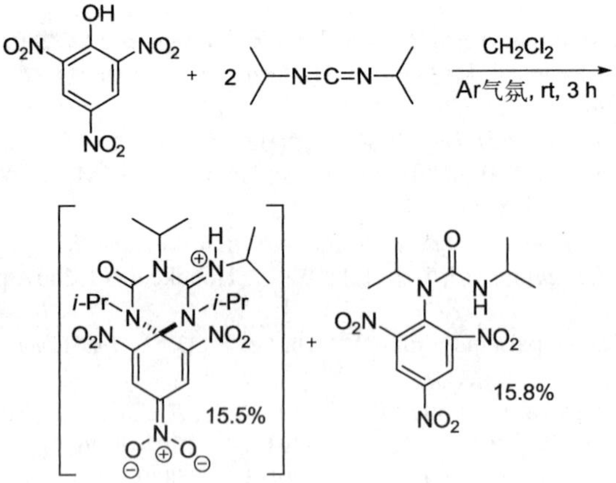

使用桑格 (F. Sanger) 试剂的反应速率比相应的二硝基氯 (溴、碘) 苯快, 二硝基氟苯的 Meisenheimer 配合物是最稳定的, 因氟原子是吸电性最强的。反应速率与离去基的离去能力无关。

J.J. Li, *Name Reactions: A Collection of Detailed Mechanisms and Synthetic Applications*, DOI 10.1007/978-3-319-03979-4_168, © Springer International Publishing Switzerland 2014

Example 3[10]

References

1. Meisenheimer, J. *Ann.* **1902**, *323*, 205–214.
2. Strauss, M. J. *Acc. Chem. Res.* **1974**, *7*, 181–188. (Review).
3. Bernasconi, C. F. *Acc. Chem. Res.* **1978**, *11*, 147–152. (Review).
4. Terrier, F. *Chem. Rev.* **1982**, *82*, 77–152. (Review).
5. Manderville, R. A.; Buncel, E. *J. Org. Chem.* **1997**, *62*, 7614–7620.
6. Hoshino, K.; Ozawa, N.; Kokado, H.; Seki, H.; Tokunaga, T.; Ishikawa, T. *J. Org. Chem.* **1999**, *64*, 4572–4573.
7. Adam, W.; Makosza, M.; Zhao, C.-G.; Surowiec, M. *J. Org. Chem.* **2000**, *65*, 1099–1101.
8. Gallardo, I.; Guirado, G.; Marquet, J. *J. Org. Chem.* **2002**, *67*, 2548–2555.
9. Al-Kaysi, R. O.; Guirado, G.; Valente, E. J. *Eur. J. Org. Chem.* **2004**, 3408–3411.
10. Um, I.-H.; Min, S.-W.; Dust, J. M. *J. Org. Chem.* **2007**, *72*, 8797–8803.
11. Han, T. Y.-J.; Pagoria, P. F.; Gash, A. E.; Maiti, A.; Orme, C. A.; Mitchell, A. R.; Fried, L. E. *New J. Chem.* **2009**, *33*, 50–56.
12. Campodónico, P. R.; Tapia, R. A.; Contreras, R.; Ormazábal-Toledo, R. *Org. Biomol. Chem.* **2013**, *11*, 2302–2309.

[1,2] Meisenheimer 重排反应

叔胺的 N-氧化物经 [1,2] σ 重排反应转化为取代羟胺。

Example 1[7]

Example 2[9]

References

1. Meisenheimer, J. *Ber.* **1919**, *52*, 1667–1677.
2. Castagnoli, N., Jr.; Craig, J. C.; Melikian, A. P.; Roy, S. K. *Tetrahedron* **1970**, *26*, 4319–4327.
3. Johnstone, R. A. W. *Mech. Mol. Migr.* **1969**, *2*, 249–266. (Review).
4. Kurihara, T.; Sakamoto, Y.; Tsukamoto, K.; Ohishi, H.; Harusawa, S.; Yoneda, R. *J. Chem. Soc., Perkin Trans. 1*, **1993**, 81–87.
5. Yoneda, R.; Sakamoto, Y.; Oketo, Y.; Minami, K.; Harusawa, S.; Kurihara, T. *Tetrahedron Lett.* **1994**, *35*, 3749–3752.
6. Kurihara, T.; Sakamoto, Y.; Takai, M.; Ohishi, H.; Harusawa, S.; Yoneda, R. *Chem. Pharm. Bull.* **1995**, *43*, 1089–1095.
7. Yoneda, R.; Sakamoto, Y.; Oketo, Y.; Harusawa, S.; Kurihara, T. *Tetrahedron* **1996**, *52*, 14563–14576.
8. Yoneda, R.; Araki, L.; Harusawa, S.; Kurihara, T. *Chem. Pharm. Bull.* **1998**, *46*, 853–856.
9. Menguy, L.; Drouillat, B.; Marrot, J.; Couty, F. *Tetrahedron Lett.* **2012**, *53*, 4697–4699.

[2,3] Meisenheimer 重排反应

烯丙基叔胺的 *N*-氧化物经 [2,3] σ 重排反应转化为 *O*-烯丙基羟胺。

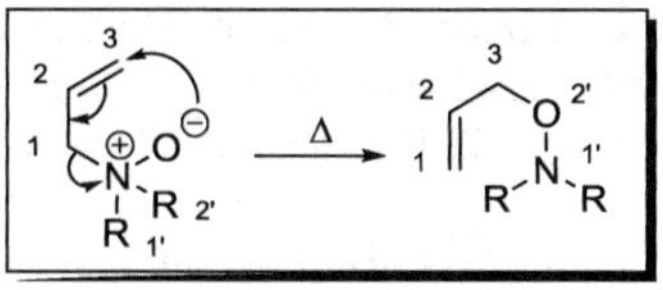

Example 1[7]

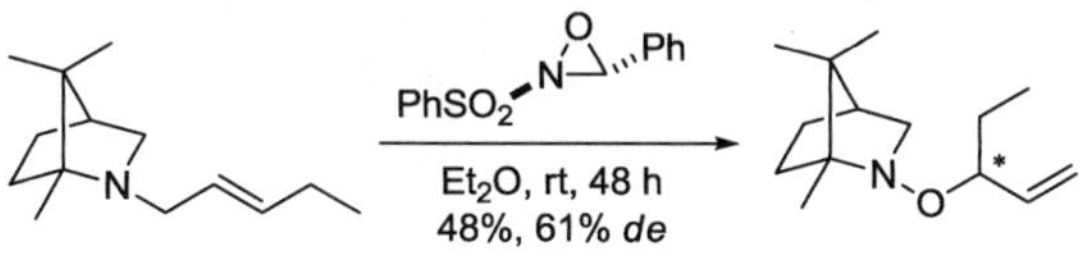

Example 2[8]

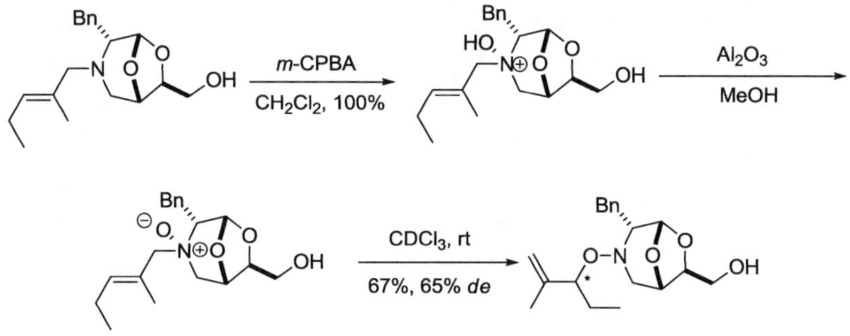

Example 3[8]

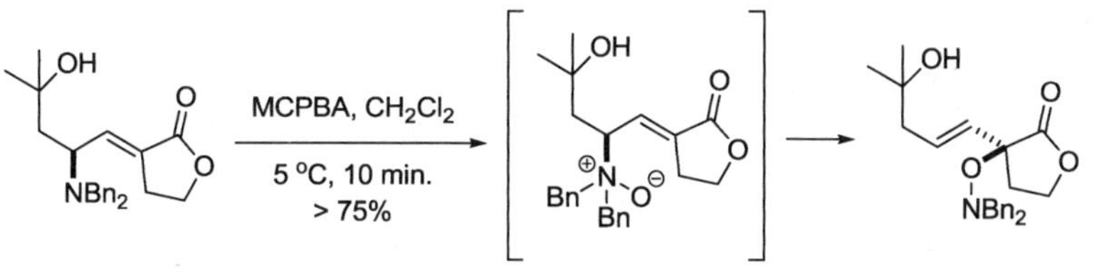

References

1. Meisenheimer, J. *Ber.* **1919,** *52*, 1667–1677.
2. Yamamoto, Y.; Oda, J.; Inouye, Y. *J. Org. Chem.* **1976,** *41*, 303–306.
3. Johnstone, R. A. W. *Mech. Mol. Migr*. **1969,** *2*, 249–266. (Review).
4. Kurihara, T.; Sakamoto, Y.; Matsumoto, H.; Kawabata, N.; Harusawa, S.; Yoneda, R. *Chem. Pharm. Bull.* **1994,** *42*, 475–480.

J.J. Li, *Name Reactions: A Collection of Detailed Mechanisms and Synthetic Applications*,
DOI 10.1007/978-3-319-03979-4_170, © Springer International Publishing Switzerland 2014

5. Blanchet, J.; Bonin, M.; Micouin, L.; Husson, H.-P. *Tetrahedron Lett.* **2000**, *41*, 8279–8283.
6. Enders, D.; Kempen, H. *Synlett* **1994**, 969–971.
7. Buston, J. E. H.; Coldham, I.; Mulholland, K. R. *Synlett* **1997**, 322–324.
8. Guarna, A.; Occhiato, E. G.; Pizzetti, M.; Scarpi, D.; Sisi, S.; van Sterkenburg, M. *Tetrahedron: Asymmetry* **2000**, *11*, 4227–4238.
9. Mucsi, Z.; Szabó, A.; Hermecz, I.; Kucsman, Á.; Csizmadia, I. G. *J. Am. Chem. Soc.* **2005**, *127*, 7615–7621.
10. Bourgeois, J.; Dion, I.; Cebrowski, P. H.; Loiseau, F.; Bedard, A.-C.; Beauchemin, A. M. *J. Am. Chem. Soc.* **2009**, *131*, 874–875.
11. Yang, H.; Sun, M.; Zhao, S.; Zhu, M.; Xie, Y.; Niu, C.; Li, C. *J. Org. Chem.* **2013**, *78*, 339–346.

Meyers 噁唑啉方法

在亲核加成和取代反应中作为活化基团和/或螯合剂的手性噁唑啉可用于不对称C—C键的构筑。

Example 1[2]

Example 2[5]

Example 3[9]

J.J. Li, *Name Reactions: A Collection of Detailed Mechanisms and Synthetic Applications*,
DOI 10.1007/978-3-319-03979-4_171, © Springer International Publishing Switzerland 2014

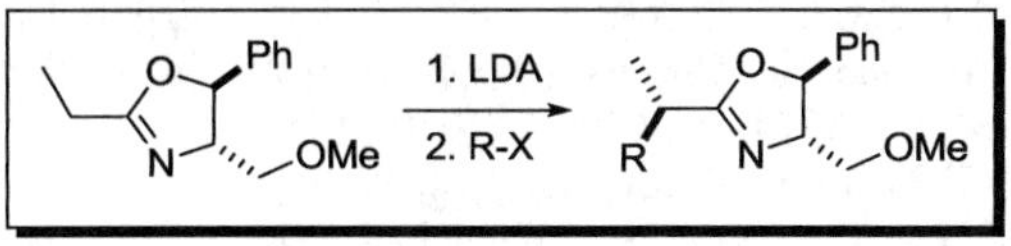

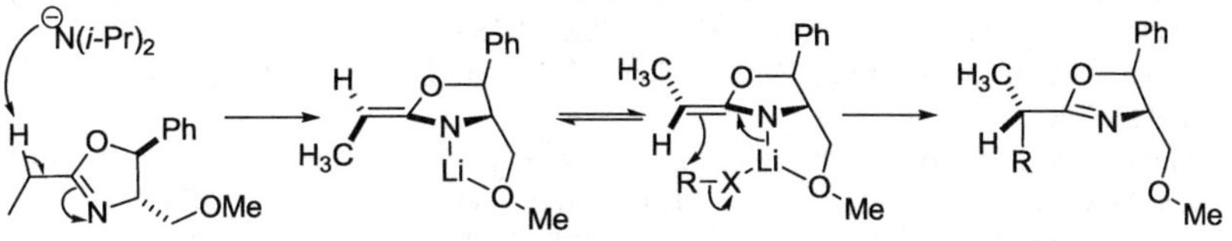

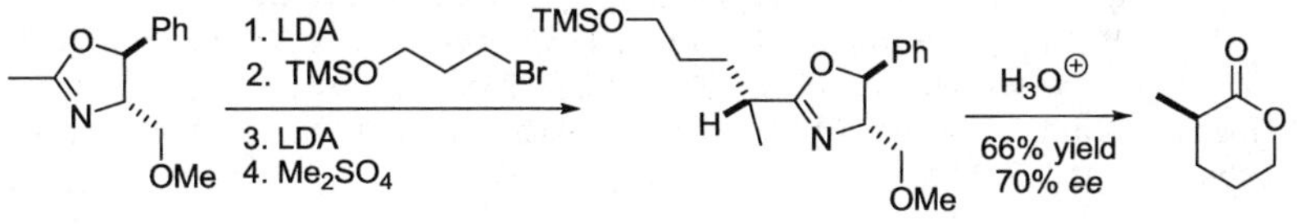

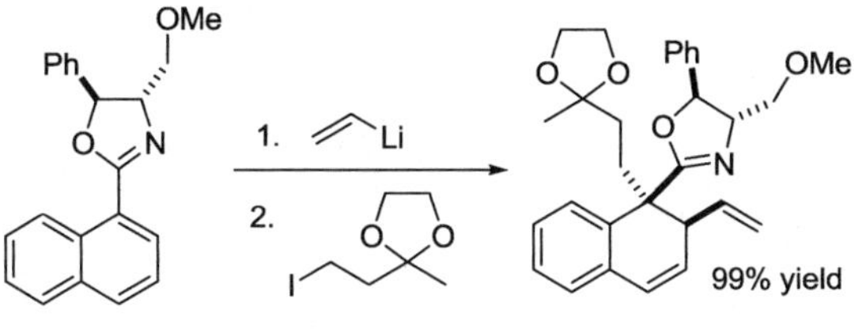

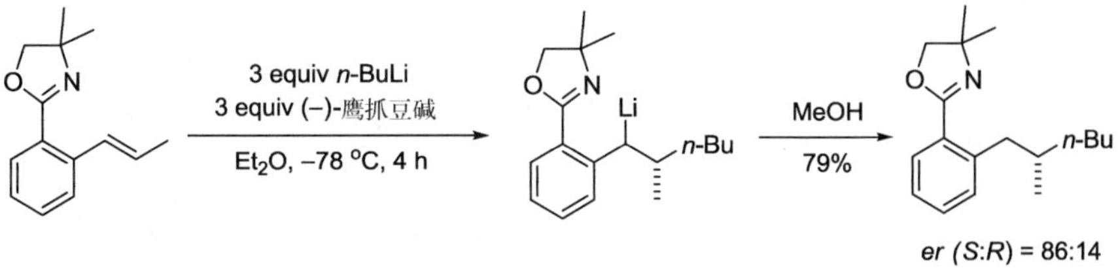

References

1. (a) Meyers, A. I.; Knaus, G.; Kamata, K. *J. Am. Chem. Soc.* **1974**, *96*, 268–270. 迈耶斯（A. I. Meyers）在缅因州立大学（Wayne State University）任助理教授时，与该校相邻的Parke-Davis（由G. Moersch 博士和H. Crooks博士开设）药商行给了他数千克（1*S*,2*S*）-（+）-2-氨基-1-苯基-1,3-丙二醇（迈耶斯称其为Parke-Davis二醇），从而开始了他对手性噁唑啉化学的研究工作。迈耶斯自1972年起在科罗拉多州立大学（Colorado State University）任教，2007年去世。(b) Meyers, A. I.; Knaus, G. *J. Am. Chem. Soc.* **1974**, *96*, 6508–6510. (c) Meyers, A. I.; Knaus, G. *Tetrahedron Lett.* **1974**, *15,* 1333–1336. (d) Meyers, A. I.; Whitten, C. E. *J. Am. Chem. Soc.* **1975**, *97*, 6266–6267. (e) Meyers, A. I.; Mihelich, E. D. *J. Org. Chem.* **1975**, *40,* 1186–1187. (f) Meyers, A. I.; Mihelich, E. D. *Angew. Chem. Int. Ed.* **1976**, *15*, 270–271. (Review). (g) Meyers, A. I. *Acc. Chem. Res.* **1978**, *11*, 375–381. (Review).
2. Meyers, A. I.; Yamamoto, Y.; Mihelich, E. D.; Bell, R. A. *J. Org. Chem.* **1980**, *45*, 2792–2796.
3. Meyers, A. I., Lutomski, K. A. In *Asymmetric Synthesis*, Morrison, J. D. Ed.; Vol III, Part B, Chapter 3, Academic Press, **1983**. (Review).
4. Reuman, M.; Meyers, A. I. *Tetrahedron* **1985**, *41*, 837–860. (Review).
5. Robichaud, A. J.; Meyers, A. I. *J. Org. Chem.* **1991**, *56*, 2607–2609.
6. Gant, T. G.; Meyers, A. I. *Tetrahedron* **1994**, 50, 2297–2360. (Review).
7. Meyers, A. I. *J. Heterocycl. Chem.* **1998**, 35, 991–1002. (Review).
8. Wolfe, J. P. *Meyers Oxazoline Method.* In *Name Reactions in Heterocycl. Chemistry*; Li, J. J., Ed.; Wiley: Hoboken, NJ, **2005**, pp 237–248. (Review).
9. Hogan, A.-M. L.; Tricotet, T.; Meek, A.; Khokhar, S. S.; O'Shea, D. F. *J. Org. Chem.* **2008**, *73*, 6041–6044.

Meyers-Schuster 重排反应

α-炔基仲醇或叔醇经1,3-迁移异构为α,β-不饱和羰基化合物。端基炔基导致醛,链间炔基导致酮。参见第529页上的Rupe重排反应

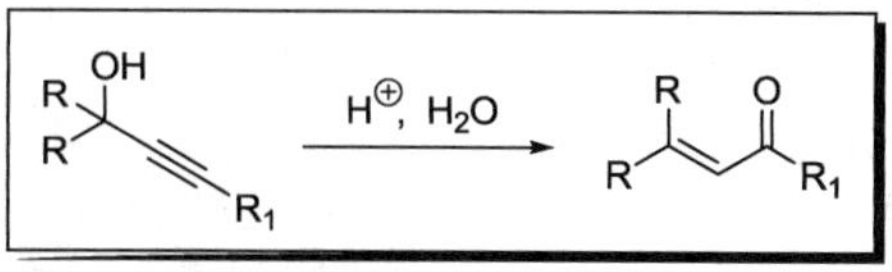

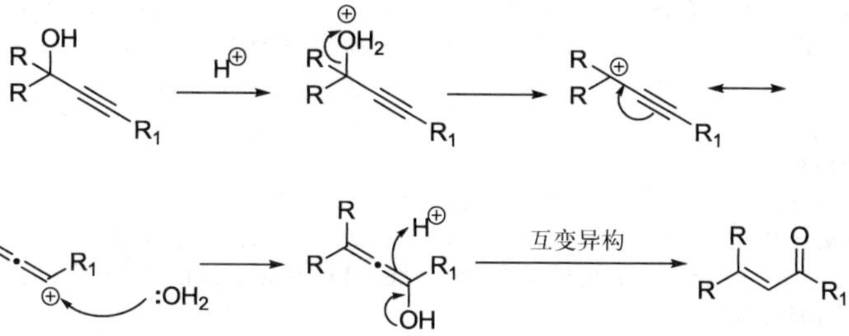

Example 1[6]

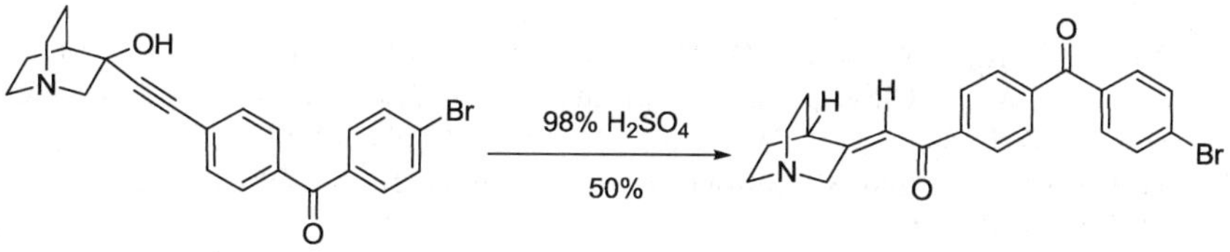

Example 2[7]

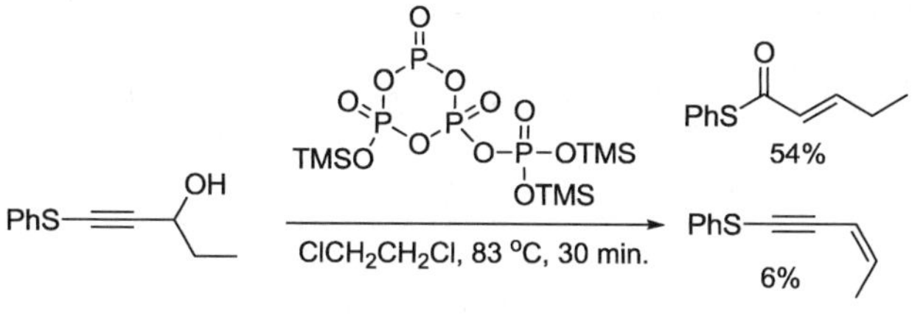

Example 3[8]

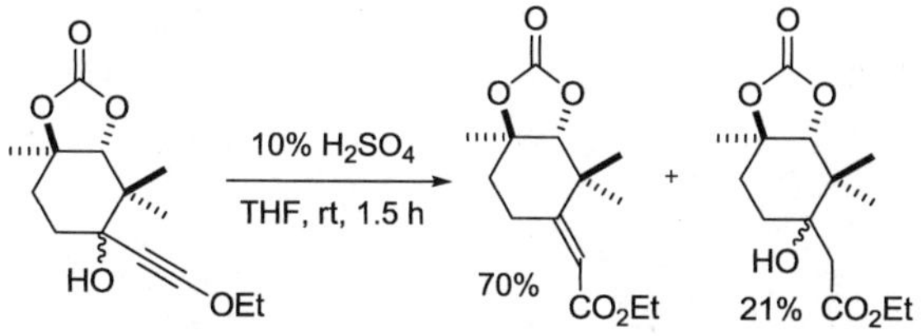

J.J. Li, *Name Reactions: A Collection of Detailed Mechanisms and Synthetic Applications*,
DOI 10.1007/978-3-319-03979-4_172, © Springer International Publishing Switzerland 2014

Example 4[9]

Example 5[11]

References

1. Meyer, K. H.; Schuster, K. *Ber.* **1922,** *55,* 819–823.
2. Swaminathan, S.; Narayanan, K. V. *Chem. Rev.* **1971,** *71,* 429–438. (Review).
3. Edens, M.; Boerner, D.; Chase, C. R.; Nass, D.; Schiavelli, M. D. *J. Org. Chem.* **1977,** *42,* 3403–3408.
4. Andres, J.; Cardenas, R.; Silla, E.; Tapia, O. *J. Am. Chem. Soc.* **1988,** *110,* 666–674.
5. Tapia, O.; Lluch, J. M.; Cardenas, R.; Andres, J. *J. Am. Chem. Soc.* **1989,** *111,* 829–835.
6. Brown, G. R.; Hollinshead, D. M.; Stokes, E. S.; Clarke, D. S.; Eakin, M. A.; Foubister, A. J.; Glossop, S. C.; Griffiths, D.; Johnson, M. C.; McTaggart, F.; Mirrlees, D. J.; Smith, G. J.; Wood, R. *J. Med. Chem.* **1999,** *42,* 1306–1311.
7. Yoshimatsu, M.; Naito, M.; Kawahigashi, M.; Shimizu, H.; Kataoka, T. *J. Org. Chem.* **1995,** *60,* 4798–4802.
8. Crich, D.; Natarajan, S.; Crich, J. Z. *Tetrahedron* **1997,** *53,* 7139–7158.
9. Williams, C. M.; Heim, R.; Bernhardt, P. V. *Tetrahedron* **2005,** *61,* 3771–3779.
10. Mullins, R. J.; Collins, N. R. *Meyer–Schuster Rearrangement.* In *Name Reactions for Homologations-Part II*; Li, J. J., Ed.; Wiley: Hoboken, NJ, **2009,** pp 305–318. (Review).
11. Collins, B. S. L.; Suero, M. G.; Gaunt, M. J. *Angew. Chem.* **2013,** *125,* 5911−5914.

Michael 加成反应

亦称共轭加成反应，是亲核物种对 α,β-不饱和体系进行的 1,4-加成反应。

Example 1, 不对称 Michael 加成反应 [2]

Example 2, 硫的 Michael 加成反应 [3]

Example 3, 磷的 Michael 加成反应 [7]

Example 4, 氮的不对称 Michael 加成反应 [9]

J.J. Li, *Name Reactions: A Collection of Detailed Mechanisms and Synthetic Applications*,
DOI 10.1007/978-3-319-03979-4_173, © Springer International Publishing Switzerland 2014

Example 5, 分子内 Michael 加成反应[10]

Example 6, 分子内 Michael 加成反应[11]

References

1. Michael, A. *J. Prakt. Chem.* **1887**, *35*, 349. 迈克尔（A. Michael, 1853-1942）出生于纽约州的布法罗，跟过本生、霍夫曼、武慈和门捷列夫搞研究，但从未去追求学位。回到美国后任塔夫茨大学（Tufts University）的化学教授并在那儿与他最出色的学生及那个时期少有的女性有机化学家 Helen Abbott 喜结良缘。迈克尔夫妇在麻州的牛顿中心（Newton Center, Massachusetts）建立了私人实验室并在该实验室发现了 Michael 1,4-加成反应。
2. Hunt, D. A. *Org. Prep. Proced. Int.* **1989**, *21*, 705–749.
3. D'Angelo, J.; Desmaële, D.; Dumas, F.; Guingant, A. *Tetrahedron: Asymmetry* **1992**, *3*, 459–505.
4. Lipshutz, B. H.; Sengupta, S. *Org. React.* **1992**, *41*, 135–631. (Review).
5. Hoz, S. *Acc. Chem. Res.* **1993**, *26*, 69–73. (Review).
6. Ihara, M.; Fukumoto, K. *Angew. Chem. Int. Ed.* **1993**, *32*, 1010–1022. (Review).
7. Simoni, D.; Invidiata, F. P.; Manferdini, M.; Lampronti, I.; Rondanin, R.; Roberti, M.; Pollini, G. P. *Tetrahedron Lett.* **1998**, *39*, 7615–7618.
8. Enders, D.; Saint-Dizier, A.; Lannou, M.-I.; Lenzen, A. *Eur. J. Org. Chem.* **2006**, 29–49. (Review on the phospha-Michael addition).
9. Chen, L.-J.; Hou, D.-R. *Tetrahedron: Asymmetry* **2008**, *19*, 715–720.
10. Sakaguchi, H.; Tokuyama, H.; Fukuyama, T. *Org. Lett.* **2008**, *10*, 1711–1714.
11. Kwan, E. E.; Scheerer, J. R.; Evans, D. A. *J. Org. Chem.* **2013**, *78*, 175–203.

Michaelis-Arbuzov 膦酸酯合成反应

烷基卤和亚磷酸酯反应生成膦酸酯。

通式:

$$(R^1O)_3P + R_2-X \xrightarrow{\Delta} R_2-\overset{O}{\underset{OR^1}{P}}-OR^1 + R^1-X$$

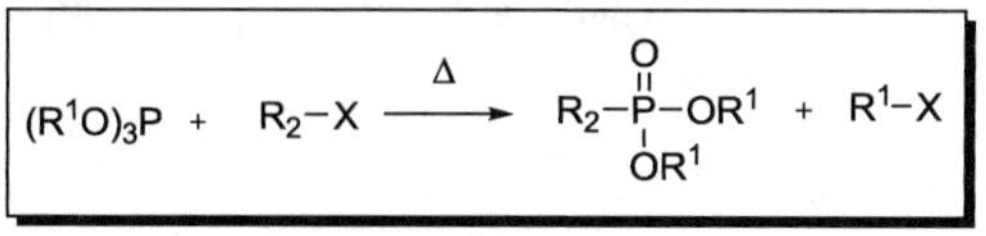

$R^1 = $ 烷基等; $R_2 = $ 烷基, 酰基等; $X = Cl, Br, I$

如:

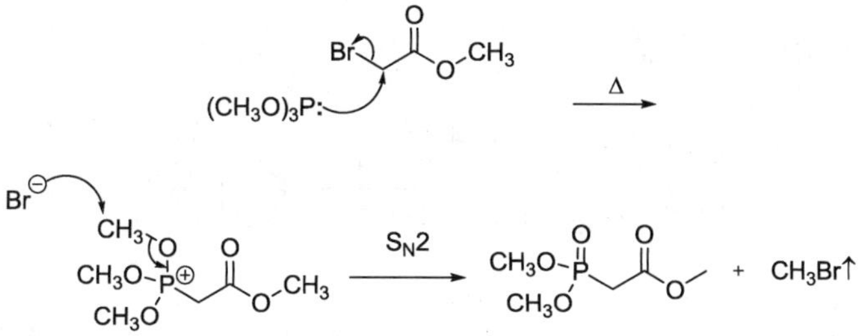

Example 1[2]

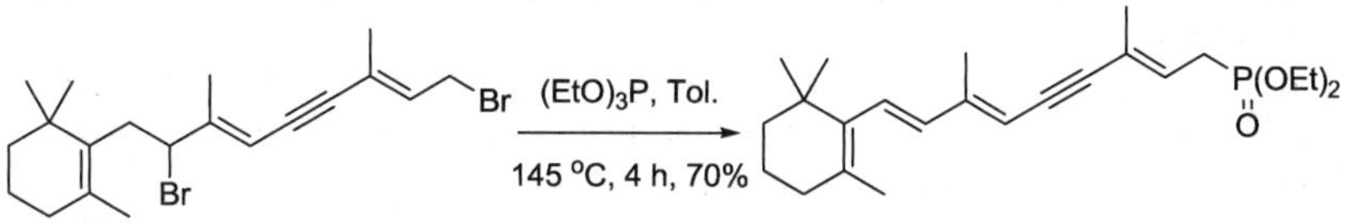

Example 2[6]

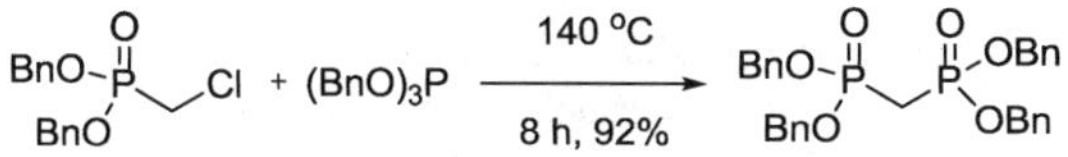

Example 3, 过渡金属催化的偶联, 不经过 S_N2 过程[7]

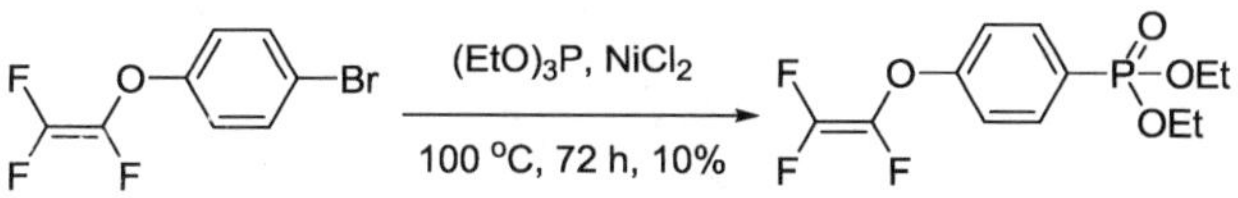

Example 4[9]

Example 5[10]

Example 6, 制备芳香族膦酸酯[11]

References
1. (a) Michaelis, A.; Kaehne, R. *Ber.* **1898**, *31*, 1048–1055. (b) Arbuzov, A. E. *J. Russ. Phys. Chem. Soc.* **1906**, *38*, 687.
2. Surmatis, J. D.; Thommen, R. *J. Org. Chem.* **1969**, *34*, 559–560.
3. Gillespie, P.; Ramirez, F.; Ugi, I.; Marquarding, D. *Angew. Chem. Int. Ed.* **1973**, *12*, 91–119. (Review).
4. Waschbüsch, R.; Carran, J.; Marinetti, A.; Savignac, P. *Synthesis* **1997**, 727–743.
5. Bhattacharya, A. K.; Stolz, F.; Schmidt, R. R. *Tetrahedron Lett.* **2001**, *42*, 5393–5395.
6. Erker, T.; Handler, N. *Synthesis* **2004**, 668–670.
7. Souzy, R.; Ameduri, B.; Boutevin, B.; Virieux, D. *J. Fluorine Chem.* **2004**, *125*, 1317–1324.
8. Kadyrov, A. A.; Silaev, D. V.; Makarov, K. N.; Gervits, L. L.; Röschenthaler, G.-V. *J. Fluorine Chem.* **2004**, *125*, 1407–1410.
9. Ordonez, M.; Hernandez-Fernandez, E.; Montiel-Perez, M.; Bautista, R.; Bustos, P.; Rojas-Cabrera, H.; Fernandez-Zertuche, M.; Garcia-Barradas, O. *Tetrahedron: Asymmetry* **2007**, *18*, 2427–2436.
10. Piekutowska, M.; Pakulski, Z. *Carbohydrate Res.* **2008**, *343*, 785–792.
11. Dhokale, R. A.; Mhaske, S. B. *Org. Lett.* **2013**, *15*, 2218–2221.

Midland 还原反应

用蒎基硼烷（Alpine-borane®）对酮进行的不对称还原。

制备：

Example 1[6]

Example 2[7]

J.J. Li, *Name Reactions: A Collection of Detailed Mechanisms and Synthetic Applications*,
DOI 10.1007/978-3-319-03979-4_175, © Springer International Publishing Switzerland 2014

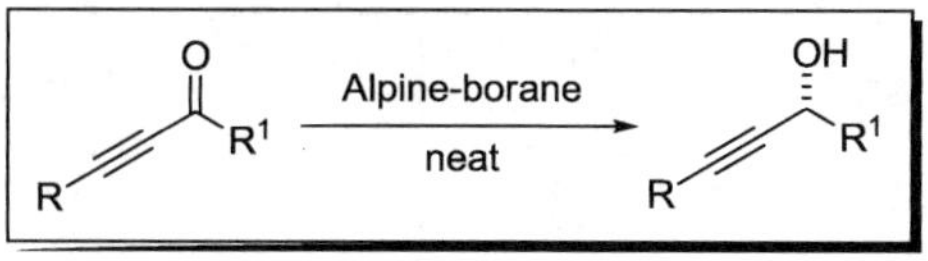

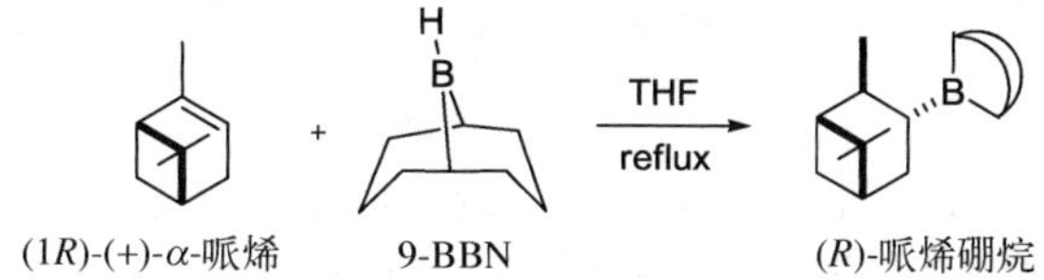

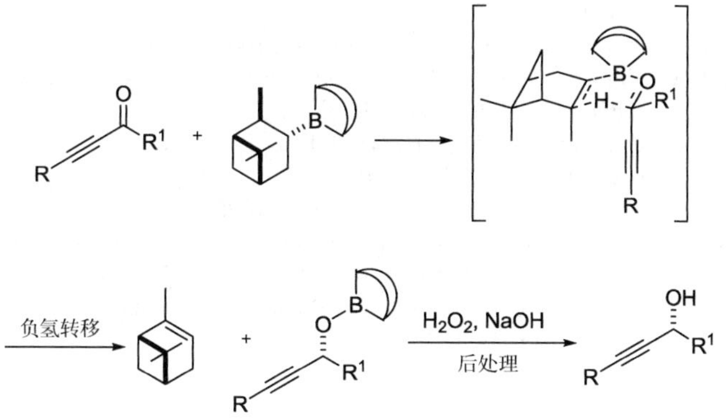

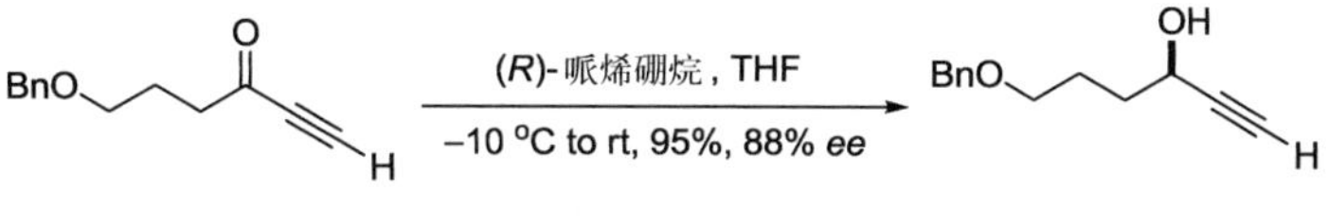

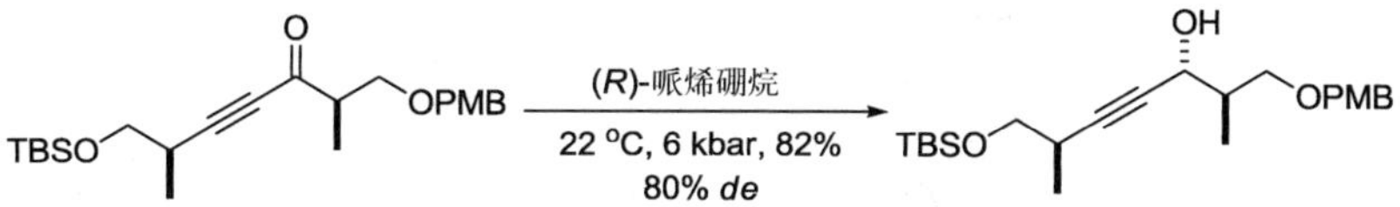

Example 3[8]

Example 4[10]

References

1. Midland, M. M.; Greer, S.; Tramontano, A.; Zderic, S. A. *J. Am. Chem. Soc.* **1979,** *101,* 2352–2355. 米特兰特（M. M. Midland）是加州大学河滨分校（University of California, Riverside）的教授。
2. Midland, M. M.; McDowell, D. C.; Hatch, R. L.; Tramontano, A. *J. Am. Chem. Soc.* **1980,** *102,* 867–869.
3. Brown, H. C.; Pai, G. G. *J. Org. Chem.* **1982,** *47,* 1606–1608.
4. Brown, H. C.; Pai, G. G.; Jadhav, P. K. *J. Am. Chem. Soc.* **1984,** *106,* 1531–1533.
5. Singh, V. K. *Synthesis* **1992,** 605–617. (Review).
6. Williams, D. R.; Fromhold, M. G.; Earley, J. D. *Org. Lett.* **2001,** *3,* 2721–2724.
7. Mulzer, J.; Berger, M. *J. Org. Chem.* **2004,** *69,* 891–898.
8. Kiewel, K.; Luo, Z.; Sulikowski, G. A. *Org. Lett.* **2005,** *7,* 5163–5165.
9. Clay, J. M. *Midland reduction.* In *Name Reactions for Functional Group Transformations*; Li, J. J., Ed.; Wiley: Hoboken, NJ, **2007,** pp 40–45. (Review).
10. Ramesh, D.; Shekhar, V.; Chantibabu, D.; Rajaram, S.; Ramulu, U.; Venkateswarlu, Y. *Tetrahedron Lett.* **2012,** *53,* 1258–1260.

Minisci 反应

缺电子杂芳香族化合物的自由基C—C键的构筑反应。反应需要一个亲核自由基对质子化杂芳香核的分子间加成。

$$R-CO_2H \xrightarrow{2\ AgNO_3,\ (NH_4)_2S_2O_8,\ H_2SO_4}_{\text{银促进的氧化脱羧}} CO_2 + R\bullet$$

Example 1[4]

$$S_2O_8^{2-} + CH_3OH \longrightarrow \bullet CH_2OH + H^+ + SO_4^{2-} + SO_4^{\bullet-}$$

Example 2[5]

Meerwein 甲基化试剂

Example 3, 分子内Minisci 反应[6]

Example 4[7]

Example 5[10]

Example 6[12]

References

1. Minisci, F, Bernardi. R, Bertini, F, Galli, R, Perchinummo, M. *Tetrahedron* **1971**, *27*, 3575–3579.
2. Minisci, F. *Synthesis* **1973**, 1–24. (Review).
3. Minisci, F. *Acc. Chem. Res.* **1983**, *16*, 27–32. (Review).
4. Katz, R. B.; Mistry, J.; Mitchell, M. B. *Synth. Commun.* **1989**, *19*, 317–325.
5. Biyouki, M. A. A.; Smith, R. A. J.; Bedford, J. J.; Leader, J. P. *Synth. Commun.* **1998**, *28*, 3817–3825.
6. Doll, M. K. H. *J. Org. Chem.* **1999**, *64*, 1372–1374.
7. Cowden, C. J. *Org. Lett.* **2003**, *5*, 4497–4499.
8. Kast, O.; Bracher, F. *Synth. Commun.* **2003**, *33*, 3843–3850.
9. Benaglia, M.; Puglisi, A.; Holczknecht, O.; Quici, S.; Pozzi, G. *Tetrahedron* **2005**, *61*, 12058–12064.
10. Palde, P. B.; McNaughton, B. R.; Ross, N. T.; Gareiss, P. C.; Mace, C. R.; Spitale, R. C.; Miller, B. L. *Synthesis* **2007**, 2287–2290.
11. Brebion, F.; Nàjera, F.; Delouvrié, B.; Lacôte, E.; Fensterbank, L.; Malacria, M. *J. Heterocycl. Chem.* **2008**, *45*, 527–532.
12. Presset, M.; Fleury-Brégeot, N.; Oehlrich, D.; Rombouts, F.; Molander, G. A. *J. Org. Chem.* **2013**, *78*, 4615–4619.

Mislow-Evans 重排反应

烯丙基亚砜经 [2,3] σ 重排反应转化为烯丙基醇。

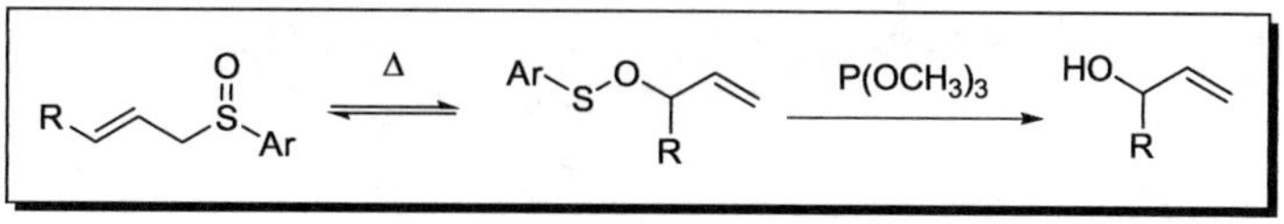

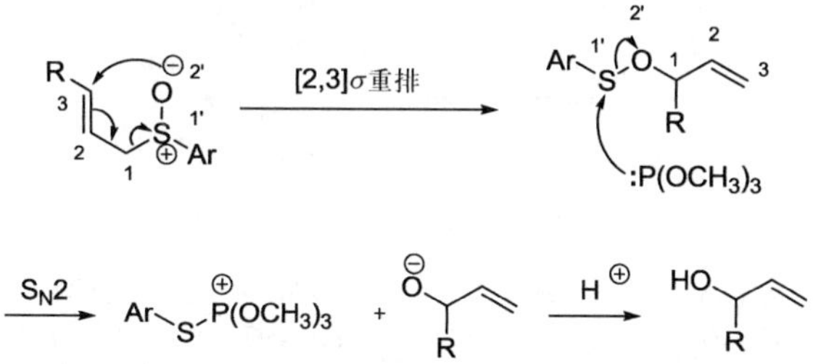

Example 1[2]

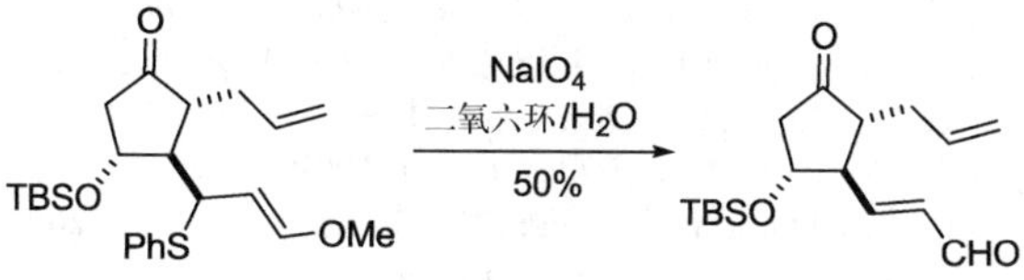

Example 2[7]

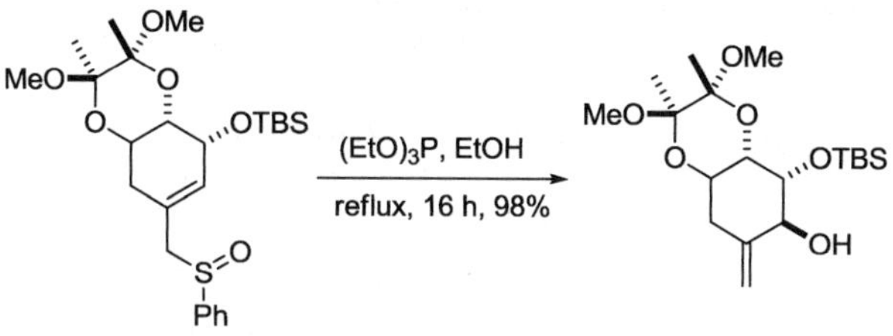

Example 3, 硒杂 Mislow−Evans 反应[8]

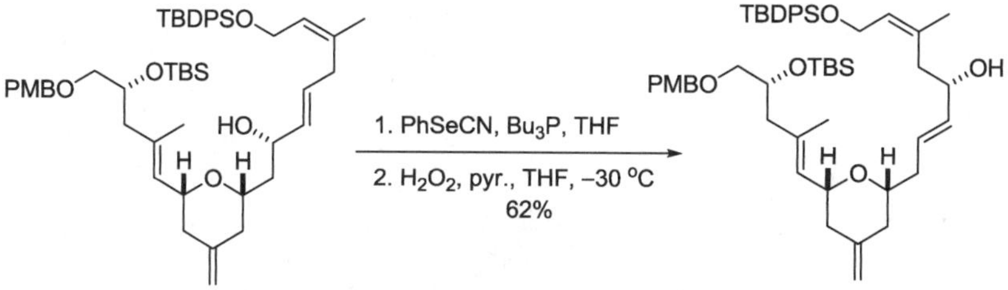

Example 4[12]

[2,3]-σ重排

References
1. (a) Tang, R.; Mislow, K. *J. Am. Chem. Soc.* **1970**, *92*, 2100–2104. (b) Evans, D. A.; Andrews, G. C.; Sims, C. L. *J. Am. Chem. Soc.* **1971**, *93*, 4956–4957. (c) Evans, D. A.; Andrews, G. C. *J. Am. Chem. Soc.* **1972**, *94*, 3672–3674. (d) Evans, D. A.; Andrews, G. C. *Acc. Chem. Res.* **1974**, *7*, 147–155. (Review).
2. Sato, T.; Shima, H.; Otera, J. *J. Org. Chem.* **1995**, *60*, 3936–3937.
3. Jones-Hertzog, D. K.; Jorgensen, W. L. *J. Am. Chem. Soc.* **1995**, *117*, 9077–9078.
4. Jones-Hertzog, D. K.; Jorgensen, W. L. *J. Org. Chem.* **1995**, *60*, 6682–6683.
5. Mapp, A. K.; Heathcock, C. H. *J. Org. Chem.* **1999**, *64*, 23–27.
6. Zhou, Z. S.; Flohr, A.; Hilvert, D. *J. Org. Chem.* **1999**, *64*, 8334–8341.
7. Shinada, T.; Fuji, T.; Ohtani, Y.; Yoshida, Y.; Ohfune, Y. *Synlett* **2002**, 1341–1343.
8. Aubele, D. L.; Wan, S.; Floreancig, P. E. *Angew. Chem. Int. Ed.* **2005**, *44*, 3485–3499.
9. Albert, B. J.; Sivaramakrishnan, A.; Naka, T.; Koide, K. *J. Am. Chem. Soc.* **2006**, *128*, 2792–2793.
10. Pelc, M. J.; Zakarian, A. *Tetrahedron Lett.* **2006**, *47*, 7519–7523.
11. Brebion, F.; Najera, F.; Delouvrie, B.; Lacote, E.; Fensterbank, L.; Malacria, M. *Synthesis* **2007**, 2273–2278.
12. Palko, J. W.; Buist, P. H.; Manthorpe, J. M. *Tetrahedron: Assmmetry* **2013**, *24*, 165–168.

Mitsunobu 反应

用二取代的偶氮二羧酸酯（起自偶氮二羧酸二乙酯，DEAD）和三取代膦（起自 PPh₃）使醇在进行 S_N2 反应时发生构型反转。

[Reaction scheme: R¹R²CH-OH + HNuc, with N=N(CO₂Et)₂ (EtO₂C-N=N-CO₂Et) and PPh₃, gives R¹R²CH-Nuc + O=PPh₃ + EtO₂C-NH-NH-CO₂Et. 伯醇或仲醇]

[Mechanism: EtO₂C-N=N-CO₂Et + :PPh₃ 形成加成物 → Ph₃P⁺-N(CO₂Et)-N⁻-CO₂Et + H-Nuc → EtO₂C-NH-N(CO₂Et)-PPh₃⁺ with :OH-CR₁R₂]

醇活化 → EtO₂C-NH-NH-CO₂Et + R¹R²CH-O-P⁺Ph₃ / ⁻Nuc → S_N2 → R¹R²CH-Nuc + O=PPh₃

Example 1[2]

[Sugar with CH₂OAc, OAc groups, anomeric OH] + PhCO₂H, DIAD, PPh₃, THF, −50 °C to rt, 2 h, 80% → anomeric O₂CPh, 2:1 β:α

Example 2[3]

[Allyl-CH(OH)-CH(dioxolane)] + 4-O₂N-C₆H₄-CO₂H, DEAD, PPh₃, Tol., −30 to 0 °C, 1 h, 90% → 4-O₂NPhCOO derivative

Example 3, 成醚[6]

[β-lactam with phenol-OH substituent and PhCH₂CH₂ group, N-PMP] + [sugar: BnO₂C, BnO, OBn, OBn, anomeric OH], PBu₃, ADDP, THF, 0 °C to rt, 过夜, 100% → coupled aryl glycoside product

Example 4[7]

Example 5[8]

Example 6, 分子内Mitsunobu反应[9]

References
1. (a) Mitsunobu, O.; Yamada, M. *Bull. Chem. Soc. Jpn.* **1967**, *40*, 2380–2382. (b) Mitsunobu, O. *Synthesis* **1981**, 1–28. (Review).
2. Smith, A. B., III; Hale, K. J.; Rivero, R. A. *Tetrahedron Lett.* **1986**, *27*, 5813–5816.
3. Kocieński, P. J.; Yeates, C.; Street, D. A.; Campbell, S. F. *J. Chem. Soc., Perkin Trans. 1*, **1987**, 2183–2187.
4. Hughes, D. L. *Org. React.* **1992**, *42*, 335–656. (Review).
5. Hughes, D. L. *Org. Prep. Proc. Int.* **1996**, *28*, 127–164. (Review).
6. Vaccaro, W. D.; Sher, R.; Davis, H. R., Jr. *Bioorg. Med. Chem. Lett.* **1998**, *8*, 35–40.
7. Cevallos, A.; Rios, R.; Moyano, A.; Pericàs, M. A.; Riera, A. *Tetrahedron: Asymmetry* **2000**, *11*, 4407–4416.
8. Mukaiyama, T.; Shintou, T.; Fukumoto, K. *J. Am. Chem. Soc.* **2003**, *125*, 10538–10539.
9. Sumi, S.; Matsumoto, K.; Tokuyama, H.; Fukuyama, T. *Tetrahedron* **2003**, *59*, 8571–8587.
10. Christen, D. P. *Mitsunobu reaction*. In *Name Reactions for Homologations-Part II*; Li, J. J., Ed.; Wiley: Hoboken, NJ, **2009**, pp 671–748. (Review).
11. Ganesan, M.; Salunke, R. V.; Singh, N.; Ramesh, N. G. *Org. Biomol. Chem.* **2013**, *11*, 559–611.

Miyaura 硼基化反应

Pd催化的芳基卤和双硼试剂反应生成芳基硼酸酯。亦称Hosomi-Miyaura硼基化反应。

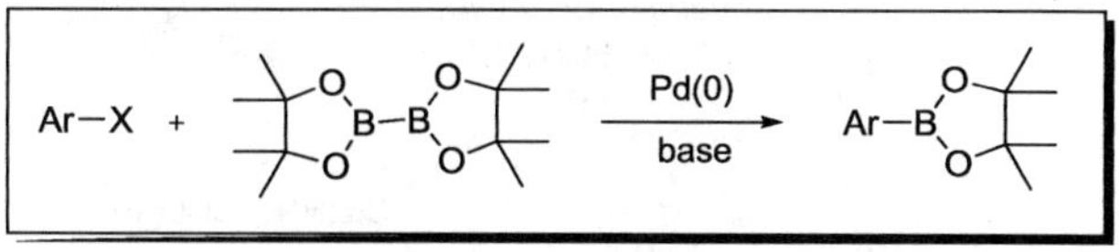
Ar—X
Pd(0)
base
Ar—B

X = I, Br, Cl, OTf.

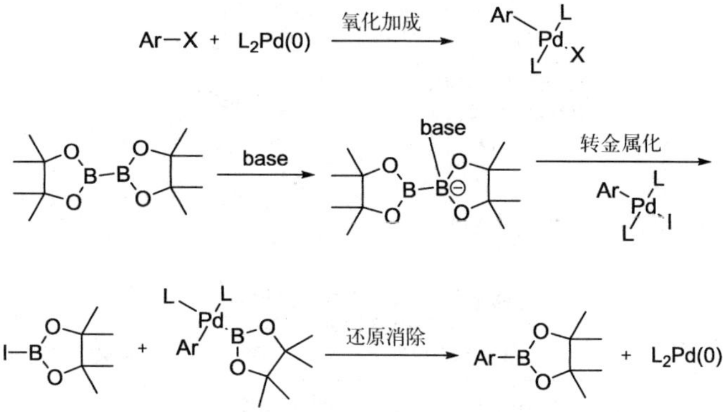
Ar—X + L₂Pd(0)
氧化加成
base
转金属化
还原消除
+ L₂Pd(0)

Example 1[7]

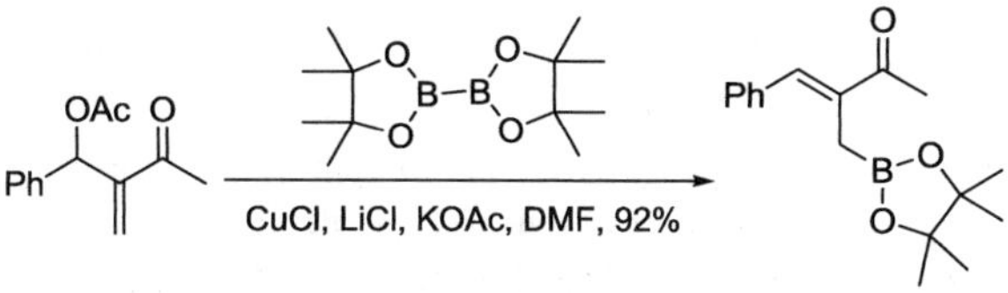
OAc
Ph
CuCl, LiCl, KOAc, DMF, 92%

Example 2[8]

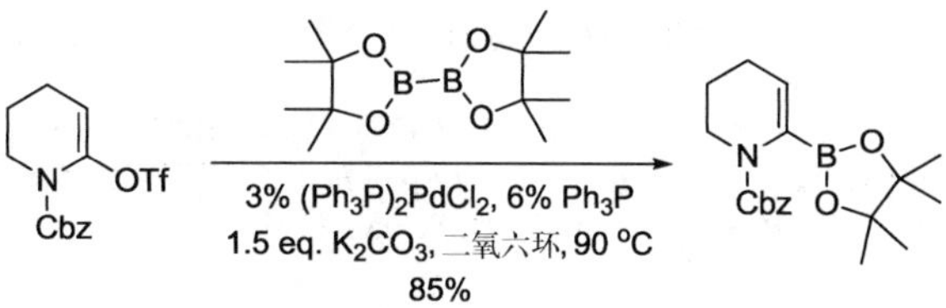
OTf
Cbz
3% (Ph₃P)₂PdCl₂, 6% Ph₃P
1.5 eq. K₂CO₃, 二氧六环, 90 °C
85%

J.J. Li, *Name Reactions: A Collection of Detailed Mechanisms and Synthetic Applications*,
DOI 10.1007/978-3-319-03979-4_179, © Springer International Publishing Switzerland 2014

Example 3[9]

[Reaction scheme: Aryl iodide (CbzHN, CO2Bn, BnO, I substituted) + B2pin2, Pd(dppf)Cl2, KOAc, DMSO, 80 °C, 24 h, 85% → arylboronate]

[Reaction scheme: Aryl iodide + Pd(dppf)Cl2, K2CO3, DMSO, 80 °C, 24 h, 85% → biaryl product]

Example 4, 一锅法合成联吲哚物

[Reaction scheme: 5,6-dimethoxy-7-bromoindole
1. 1 mol% Pd2(dba)3, 4 mol% XPhos, 3 equiv HB(pin), 3 equiv Et3N, 二氧六环, 100 °C
2. 1 mol% Pd2(dba)3, 3 equiv K3PO4·H2O, 二氧六环/H2O (10 : 1), 100 °C
→ biindole product]

References

1. Ishiyama, T.; Murata, M.; Miyaura, N. *J. Org. Chem.* **1995**, *60*, 7508–7510.
2. Miyaura, N.; Suzuki, A. *Chem. Rev.* **1995**, *95*, 2457–2483. (Review).
3. Suzuki, A. *J. Organomet. Chem.* **1995**, *576*, 147–168. (Review).
4. Carbonnelle, A.-C.; Zhu, J. *Org. Lett.* **2000**, *2*, 3477–3480.
5. Giroux, A. *Tetrahedron Lett.* **2003**, *44*, 233–235.
6. Kabalka, G. W.; Yao, M.-L. *Tetrahedron Lett.* **2003**, *44*, 7885–7887.
7. Ramachandran, P. V.; Pratihar, D.; Biswas, D.; Srivastava, A.; Reddy, M. V. R. *Org. Lett.* **2004**, *6*, 481–484.
8. Occhiato, E. G.; Lo Galbo, F.; Guarna, A. *J. Org. Chem.* **2005**, *70*, 7324–7330.
9. Skaff, O.; Jolliffe, K. A.; Hutton, C. A. *J. Org. Chem.* **2005**, *70*, 7353–7363.
10. Duong, H. A.; Chua, S.; Huleatt, P. B.; Chai, C. L. L. *J. Org. Chem.* **2008**, *73*, 9177–9180.
11. Jo, T. S.; Kim, S. H.; Shin, J.; Bae, C. *J. Am. Chem. Soc.* **2009**, *131*, 1656–1657.
12. Marciasini, L. D.; Richy, N.; Vaultier, M.; Pucheault, M. *Adv. Synth. Cat.* **2013**, *355*, 1083–1088.

Moffatt 氧化反应

用DCC和DMSO对醇进行氧化反应。又名Pfitzener-Moffatt氧化反应。

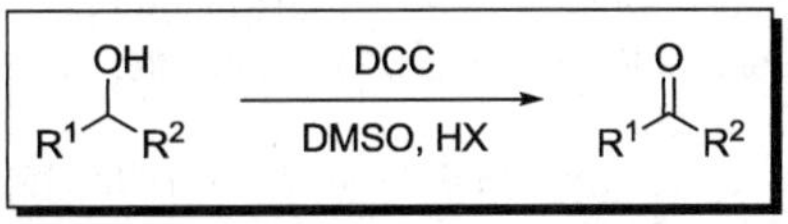
DCC
DMSO, HX

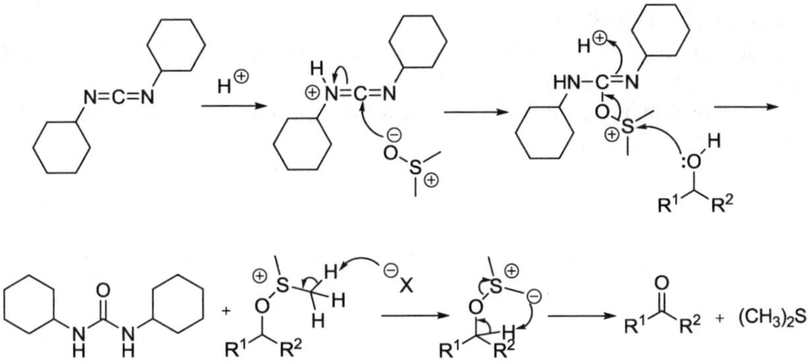

1,3-二环己基脲

Example 1[2]

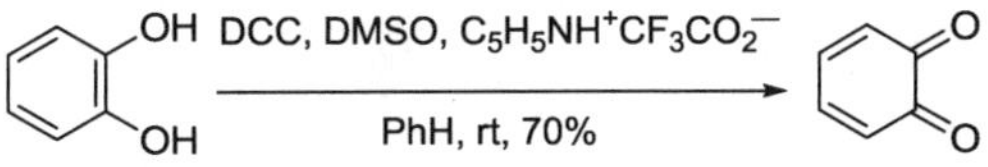
DCC, DMSO, $C_5H_5NH^+CF_3CO_2^-$
PhH, rt, 70%

Example 2[8]

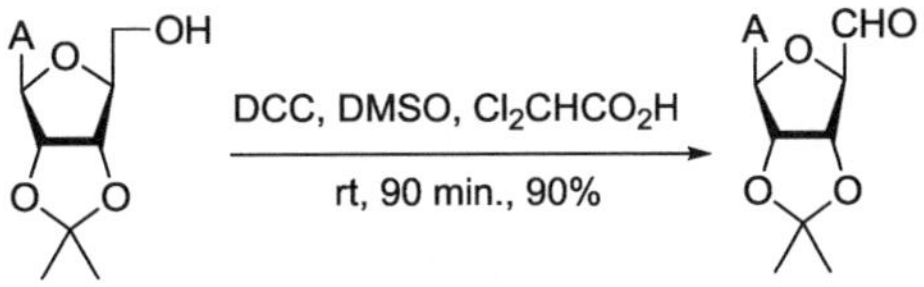
DCC, DMSO, Cl_2CHCO_2H
rt, 90 min., 90%

A = 腺苷

Example 3[10]

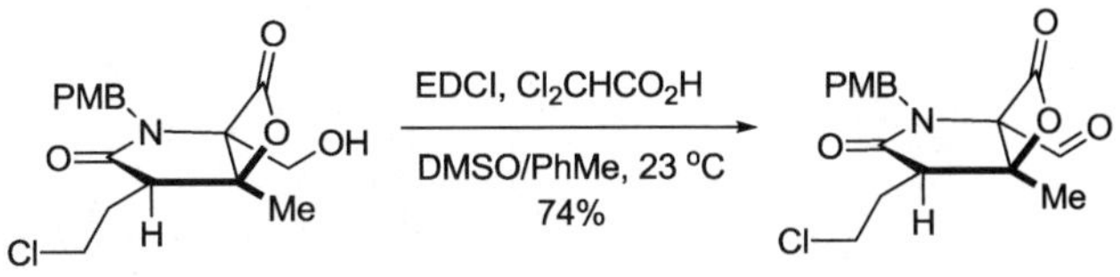
EDCI, Cl_2CHCO_2H
DMSO/PhMe, 23 °C
74%

J.J. Li, *Name Reactions: A Collection of Detailed Mechanisms and Synthetic Applications*,
DOI 10.1007/978-3-319-03979-4_180,

References
1. Pfitzner, K. E.; Moffatt, J. G. *J. Am. Chem. Soc.* **1963,** *85*, 3027–3028.
2. Schobert, R. *Synthesis* **1987,** 741–742.
3. Liu, H. J.; Nyangulu, J. M. *Tetrahedron Lett.* **1988,** *29*, 3167–3170.
4. Tidwell, T. T. *Org. React.* **1990,** *39*, 297–572. (Review).
5. Gordon, J. F.; Hanson, J. R.; Jarvis, A. G.; Ratcliffe, A. H. *J. Chem. Soc., Perkin Trans. 1,* **1992,** 3019–3022.
6. Krysan, D. J.; Haight, A. R. *Org. Prep. Proced. Int.* **1993,** *25*, 437–443.
7. Adak, A. K. *Synlett* **2004,** 1651–1652.
8. Wang, M.; Zhang, J.; Andrei, D.; Kuczera, K.; Borchardt, R. T.; Wnuk, S. F. *J. Med. Chem.* **2005,** *48*, 3649–3653.
9. van der Linden, J. J. M.; Hilberink, P. W.; Kronenburg, C. M. P.; Kemperman, G. J. *Org. Proc. Res. Dev.* **2008,** *12*, 911–920.
10. Nguyen, H.; Ma, G.; Gladysheva, T.; Fremgen, T.; Romo, D. *J. Org. Chem.* **2011,** *76*, 2–12.

Morgan-Walls 反应

N-酰基邻氨基联苯用POCl$_3$在硝基苯中回流发生闭环脱水而环合成菲啶。

Example 1[6]

Pictet-Hubert 反应

Morgan-Walls反应是Pictet-Hubert反应的变异，后者的菲啶是由N-酰基邻氨基联苯用ZnCl$_2$加热到250~300℃发生闭环脱水而环合成的。

Example 2[4]

References
1. (a) Pictet, A.; Hubert, A. *Ber.* **1896,** *29*, 1182–1189. (b) Morgan, C. T.; Walls, L. P. *J. Chem. Soc.* **1931,** 2447–2456. (c) Morgan, C. T.; Walls, L. P. *J. Chem. Soc.* **1932,** 2225–2231.
2. Gilman, H.; Eisch, J. *J. Am. Chem. Soc.* **1957,** *79*, 4423–4426.
3. Hollingsworth, B. L.; Petrow, V. *J. Chem. Soc.* **1961,** 3664–3667.
4. Fodor, G.; Nagubandi, S. *Tetrahedron* **1980,** *36*, 1279–1300.
5. Atwell, G. J.; Baguley, B. C.; Denny, W. A. *J. Med. Chem.* **1988,** *31*, 774–779.
6. Peytou, V.; Condom, R.; Patino, N.; Guedj, R.; Aubertin, A.-M.; Gelus, N.; Bailly, C.; Terreux, R.; Cabrol-Bass, D. *J. Med. Chem.* **1999,** *42*, 4042–4043.
7. Holsworth, D. D. *Pictet–Hubert Reaction.* In *Name Reactions in Heterocyclic Chemistry*; Li, J. J., Ed.; Wiley: Hoboken, NJ, **2005,** 465–468. (Review).

Mori-Ban 吲哚合成反应

通过带侧基烯烃的邻氯苯胺进行的分子内 Heck 反应合成吲哚。

用 Ph$_3$P 将 Pd(OAc)$_2$ 还原为 Pd(0)：

Mori-Ban 吲哚合成：

Pd(0) 再生：

$$\text{H-PdBrL}_n + \text{NaHCO}_3 \longrightarrow \text{Pd(0)} + \text{NaBr} + \text{H}_2\text{O} + \text{CO}_2\uparrow$$

J.J. Li, *Name Reactions: A Collection of Detailed Mechanisms and Synthetic Applications*,
DOI 10.1007/978-3-319-03979-4_182, © Springer International Publishing Switzerland 2014

Example 1[1a]

    2-iodo-N-allylaniline → 3-methylindole

Pd(OAc)$_2$, Et$_3$N, MeCN, 封管, 110 °C, 87%

Example 2[4]

3-chloro-2-(diallylamino)quinoxaline → 1-allyl-3-methylpyrrolo[2,3-b]quinoxaline

10 mol% Pd(OAc)$_2$, Bu$_4$NBr, K$_2$CO$_3$, DMF, 100 °C, 67%

Example 3[7]

Pd(OAc)$_2$, Bu$_4$NCl, Et$_3$N, DMF, Δ, DME, 76%

References

1. Mori–Ban 吲哚合成, (a) Mori, M.; Chiba, K.; Ban, Y. *Tetrahedron Lett.* **1977**, *18*, 1037–1040; (b) Ban, Y.; Wakamatsu, T.; Mori, M. *Heterocycles* **1977**, *6*, 1711–1715.
2. Reduction of Pd(OAc)$_2$ to Pd(0), (a) Amatore, C.; Carre, E.; Jutand, A.; M'Barki, M. A.; Meyer, G. *Organometallics* **1995**, *14*, 5605–5614; (b) Amatore, C.; Carre, E.; M'Barki, M. A. *Organometallics* **1995**, *14*, 1818–1826; (c) Amatore, C.; Jutand, A.; M'Barki, M. A. *Organometallics* **1992**, *11*, 3009–3013; (d) Amatore, C.; Azzabi, M.; Jutand, A. *J. Am. Chem. Soc.* **1991**, *113*, 8375–8384.
3. Macor, J. E.; Ogilvie, R. J.; Wythes, M. J. *Tetrahedron Lett.* **1996**, *37*, 4289–4293.
4. Li, J. J. *J. Org. Chem.* **1999**, *64*, 8425–8427.
5. Gelpke, A. E. S.; Veerman, J. J. N.; Goedheijt, M. S.; Kamer, P. C. J.; van Leuwen, P. W. N. M.; Hiemstra, H. *Tetrahedron* **1999**, *55*, 6657–6670.
6. Sparks, S. M.; Shea, K. J. *Tetrahedron Lett.* **2000**, *41*, 6721–6724.
7. Bosch, J.; Roca, T.; Armengol, M.; Fernandez-Forner, D. *Tetrahedron* **2001**, *57*, 1041–1048.
8. Ma, J.; Yin, W.; Zhou, H.; Liao, X.; Cook, J. M. *J. Org. Chem.* **2009**, *74*, 264–273.
9. Platon, M.; Amardeil, R.; Djakovitch, L.; Hierso, J.-C. *Chem. Soc. Rev.* **2012**, *41*, 3929–3968. (Review).

Mukaiyama aldol 反应

Lewis 酸催化的醛和硅基烯醇醚间进行的 Aldol 反应。

Example 1, 分子内 Mukaiyama aldol 反应[3]

Example 2, Mukaiyama aldol 反应[7]

Example 3, 插烯的 Mukaiyama aldol 反应[8]

Example 4, 不对称Mukaiyama aldol反应[10]

Example 5[12]

References

1. (a) Mukaiyama, T.; Narasaka, K.; Banno, K. *Chem. Lett.* **1973**, 1011–1014. (b) Mukaiyama, T.; Narasaka, K.; Banno, K. *J. Am. Chem. Soc.* **1974**, *96*, 7503–7509.
2. Ishihara, K.; Kondo, S.; Yamamoto, H. *J. Org. Chem.* **2000**, *65*, 9125–9128.
3. Armstrong, A.; Critchley, T. J.; Gourdel-Martin, M.-E.; Kelsey, R. D.; Mortlock, A. A. *J. Chem. Soc., Perkin Trans. 1* **2002**, 1344–1350.
4. Clézio, I. L.; Escudier, J.-M.; Vigroux, A. *Org. Lett.* **2003**, *5*, 161–164.
5. Ishihara, K.; Yamamoto, H. *Boron and Silicon Lewis Acids for Mukaiyama Aldol Reactions*. In *Modern Aldol Reactions* Mahrwald, R., Ed.; **2004**, 25–68. (Review).
6. Mukaiyama, T. *Angew. Chem. Int. Ed.* **2004**, *43*, 5590–5614. (Review).
7. Adhikari, S.; Caille, S.; Hanbauer, M.; Ngo, V. X.; Overman, L. E. *Org. Lett.* **2005**, *7*, 2795–2797.
8. Acocella, M. R.; Massa, A.; Palombi, L.; Villano, R.; Scettri, A. *Tetrahedron Lett.* **2005**, *46*, 6141–6144.
9. Jiang, X.; Liu, B.; Lebreton, S.; De Brabander, J. K. *J. Am. Chem. Soc.* **2007**, *129*, 6386–6387.
10. Webb, M. R.; Addie, M. S.; Crawforth, C. M.; Dale, J. W.; Franci, X.; Pizzonero, M.; Donald, C.; Taylor, R. J. K. *Tetrahedron* **2008**, *64*, 4778–4791.
11. Frings, M.; Atodiresei, I.; Runsink, J.; Raabe, G.; Bolm, C. *Chem. Eur. J.* **2009**, *15*, 1566–1569.
12. Gao, S.; Wang, Q.; Chen, C. *J. Am. Chem. Soc.* **2009**, *131*, 1410–1412.
13. Matsuo, J.-i.; Murakami, M. *Angew. Chem. Int. Ed.* **2013**, *52*, 9109–9118. (Review).

Mukaiyama Michael 加成反应

Lewis酸催化的硅基烯醇醚对 α, β- 不饱和体系进行的Michael加成反应。

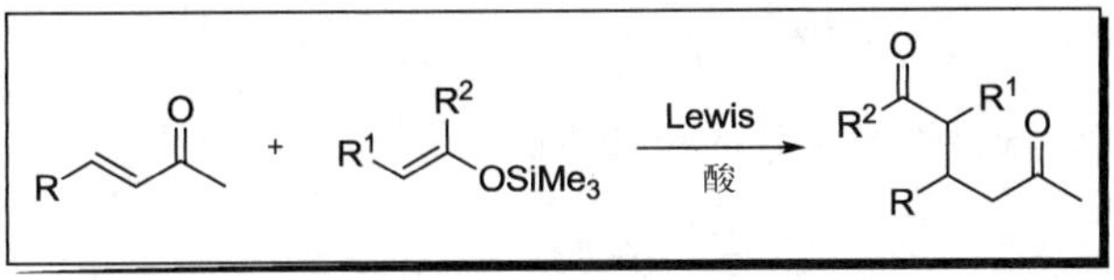

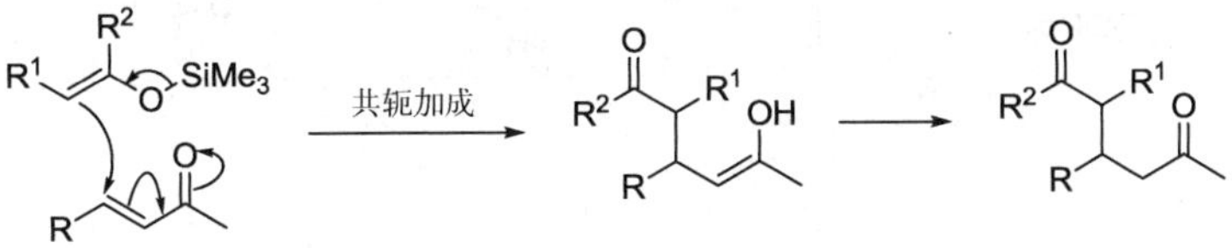

Example 1[2]

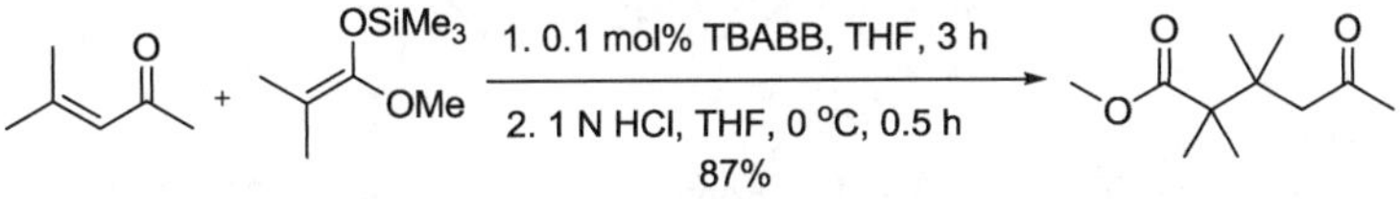

Example 2[5]

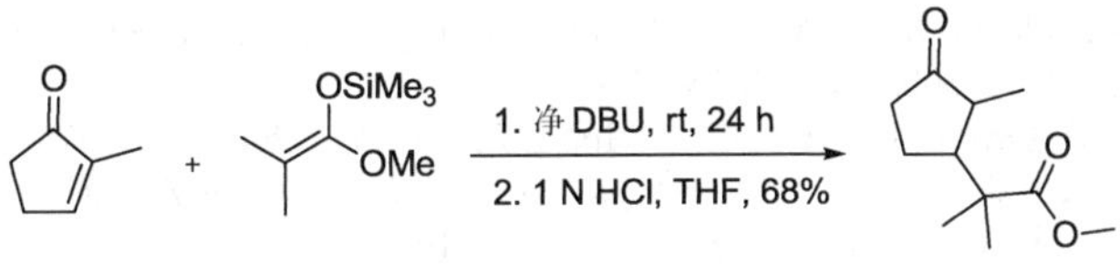

Example 3[8]

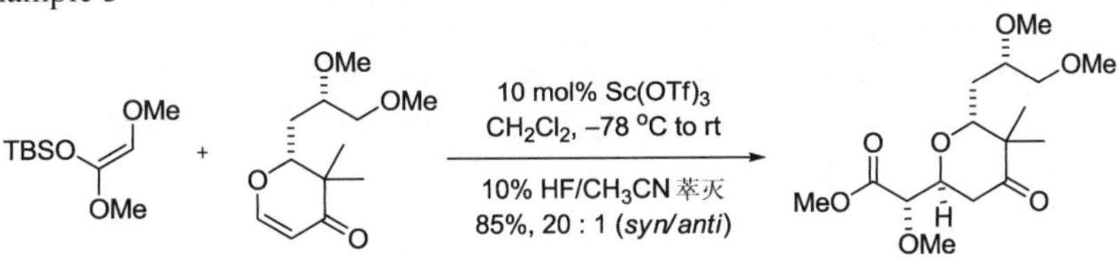

Example 4[9]

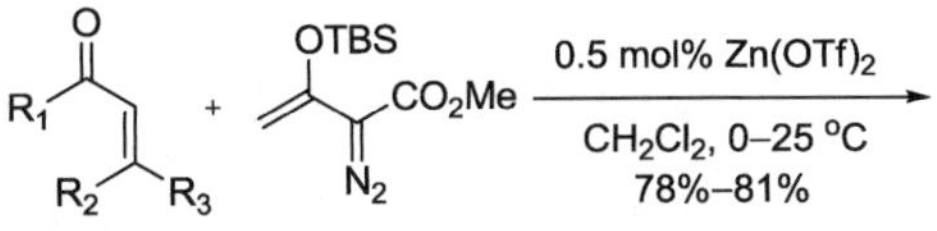

J.J. Li, *Name Reactions: A Collection of Detailed Mechanisms and Synthetic Applications*,
DOI 10.1007/978-3-319-03979-4_184, © Springer International Publishing Switzerland 2014

Example 5, 对映选择性 Mukaiyama-Michael反应[11]

References

1. (a) Mukaiyama, T.; Narasaka, K.; Banno, K. *Chem. Lett.* **1973**, 1011–1014. (b) Mukaiyama, T.; Narasaka, K.; Banno, K. *J. Am. Chem. Soc.* **1974**, *96*, 7503–7509. (c) Mukaiyama, T. *Angew. Chem. Int. Ed.* **2004**, *43*, 5590–5614. (Review).
2. Gnaneshwar, R.; Wadgaonkar, P. P.; Sivaram, S. *Tetrahedron Lett.* **2003**, *44*, 6047–6049.
3. Wang, X.; Adachi, S.; Iwai, H.; Takatsuki, H.; Fujita, K.; Kubo, M.; Oku, A.; Harada, T. *J. Org. Chem.* **2003**, *68*, 10046–10057.
4. Jaber, N.; Assie, M.; Fiaud, J.-C.; Collin, J. *Tetrahedron* **2004**, *60*, 3075–3083.
5. Shen, Z.-L.; Ji, S.-J.; Loh, T.-P. *Tetrahedron Lett.* **2005**, *46*, 507–508.
6. Wang, W.; Li, H.; Wang, J. *Org. Lett.* **2005**, *7*, 1637–1639.
7. Ishihara, K.; Fushimi, M. *Org. Lett.* **2006**, *8*, 1921–1924.
8. Jewett, J. C.; Rawal, V. H. *Angew. Chem. Int. Ed.* **2007**, *46*, 6502–6504.
9. Liu, Y.; Zhang, Y.; Jee, N.; Doyle, M. P. *Org. Lett.* **2008**, *10*, 1605–1608.
10. Takahashi, A.; Yanai, H.; Taguchi, T. *Chem. Commun.* **2008**, 2385–2387.
11. Rout, S.; Ray, S. K.; Singh, V. K. *Org. Biomol. Chem.* **2013**, *11*, 4537–4545.

Mukaiyama 试剂

Mukaiyama试剂，即2-氯-1-甲基吡啶鎓碘盐一类试剂，用于酯化或酰胺的生成。

通式：

Example 1[1c]

用Mukaiyama试剂来合成酰胺的机理也相似[1d]。

Example 2, 聚合物负载的Mukaiyama试剂[5]

J.J. Li, *Name Reactions: A Collection of Detailed Mechanisms and Synthetic Applications*,
DOI 10.1007/978-3-319-03979-4_185, © Springer International Publishing Switzerland 2014

Example 3⁹

一 Mukaiyama试剂, DIPEA, CH₂Cl₂, 91% →

Example 4, 氟代的Mukaiyama试剂¹⁰

RCO_2H + R^1NH_2 or R^2OH $\xrightarrow[\text{2. H}_2\text{O, rt, 5 min., 87%-100\%}]{\text{1. 氟代的Mukaiyama 试剂}\\ \text{1 equiv DMAP, 3 equiv Et}_3\text{N}\\ \text{dry DMF, rt, 1h}}$ $RCONHR^1$ 或 RCO_2R^2

氟代的Mukaiyama试剂

References

1. (a) Mukaiyama, T.; Usui, M.; Shimada, E.; Saigo, K. *Chem. Lett.* **1975**, 1045–1048. (b) Hojo, K.; Kobayashi, S.; Soai, K.; Ikeda, S.; Mukaiyama, T. *Chem. Lett.* **1977**, 635–636. (c) Mukaiyama, T. *Angew. Chem. Int. Ed.* **1979**, *18*, 707–708. (d) 酰胺的生成参见: Huang, H.; Iwasawa, N.; Mukaiyama, T. *Chem. Lett.* **1984**, 1465–1466.
2. Nicolaou, K. C.; Bunnage, M. E.; Koide, K. *J. Am. Chem. Soc.* **1994**, *116*, 8402–8403.
3. Yong, Y. F.; Kowalski, J. A.; Lipton, M. A. *J. Org. Chem.* **1997**, *62*, 1540–1542.
4. Folmer, J. J.; Acero, C.; Thai, D. L.; Rapoport, H. *J. Org. Chem.* **1998**, *63*, 8170–8182.
5. Crosignani, S.; Gonzalez, J.; Swinnen, D. *Org. Lett.* **2004**, *6*, 4579–4582.
6. Mashraqui, S. H.; Vashi, D.; Mistry, H. D. *Synth. Commun.* **2004**, *34*, 3129–3134.
7. Donati, D.; Morelli, C.; Taddei, M. *Tetrahedron Lett.* **2005**, *46*, 2817–2819.
8. Vandromme, L.; Monchaud, D.; Teulade-Fichou, M.-P. *Synlett* **2006**, 3423–3426.
9. Ren, Q.; Dai, L.; Zhang, H.; Tan, W.; Xu, Z.; Ye, T. *Synlett* **2008**, 2379–2383.
10. Matsugi, M.; Suganuma, M.; Yoshida, S.; Hasebe, S.; Kunda, Y.; Hagihara, K.; Oka, S. *Tetrahedron Lett.* **2008**, *49*, 6573–6574.
11. Novosjolova, I. *Synlett* **2013**, *24*, 135–136. (Review).

Myers-Saito 环化反应

参见第48页上的Bergman环化反应和Schmittel 环化反应。

丙二烯基烯炔　　双自由基

Example 1[3]

Example 2, 氮杂Myers-Saito反应[8]

References

1. (a) Myers, A. G.; Proteau, P. J.; Handel, T. M. *J. Am. Chem. Soc.* **1988**, *110,* 7212–7214. (b) Myers, A. G.; Dragovich, P. S.; Kuo, E. Y. *J. Am. Chem. Soc.* **1992**, *114*, 9369–9386.
2. Schmittel, M.; Strittmatter, M.; Kiau, S. *Tetrahedron Lett.* **1995**, *36*, 4975–4978.
3. Schmittel, M.; Steffen, J.-P.; Auer, D.; Maywald, M. *Tetrahedron Lett.* **1997**, *38*, 6177–6180.
4. Bruckner, R.; Suffert, J. *Synlett* **1999**, 657–679. (Review).
5. Stahl, F.; Moran, D.; Schleyer, P. von R.; Prall, M.; Schreiner, P. R. *J. Org. Chem.* **2002**, *67*, 1453–1461.
6. Musch, P. W; Remenyi, C.; Helten, H.; Engels, B. *J. Am. Chem. Soc.* **2002**, *124*, 1823–1828.
7. Bui, B. H.; Schreiner, P. R. *Org. Lett.* **2003**, *5*, 4871–4874.
8. Feng, L.; Kumar, D.; Birney, D. M.; Kerwin, S. M. *Org. Lett.* **2004**, *6*, 2059–2062.
9. Schmittel, M.; Mahajan, A. A.; Bucher, G. *J. Am. Chem. Soc.* **2005**, *127*, 5324–5325.
10. Karpov, G.; Kuzmin, A.; Popik, V. V. *J. Am. Chem. Soc.* **2008**, *130*, 11771–11777.
11. Schmittel, M.; Strittmatter, M.; Vollmann, K. *Tetrahedron Lett.* **2013**, *37*, 999–1002.

Nazarov 环化反应

酸催化下二烯基酮经电环化反应生成环戊烯酮。

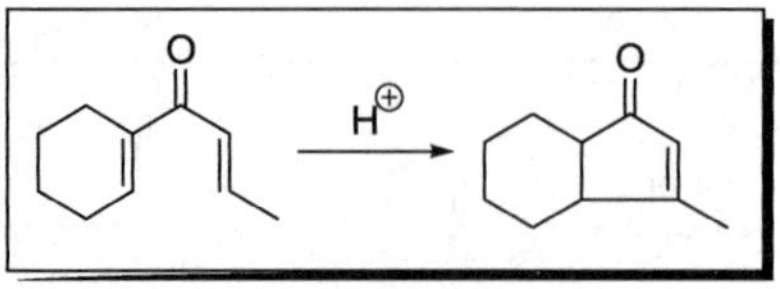

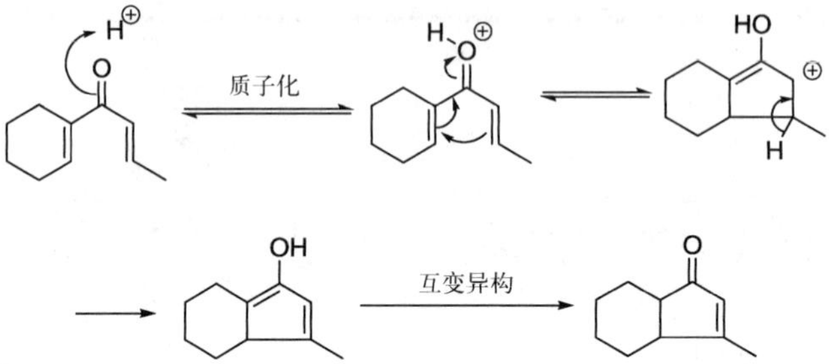

Example 1[2]

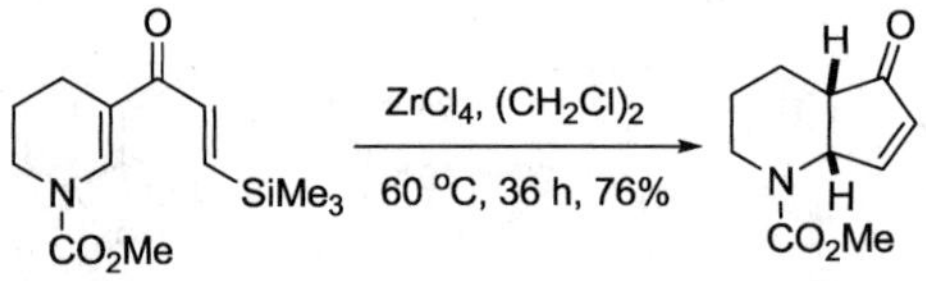

ZrCl₄, (CH₂Cl)₂
60 °C, 36 h, 76%

Example 2[6]

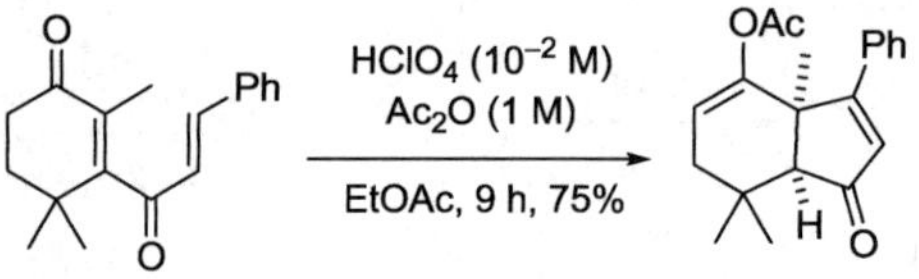

HClO₄ (10⁻² M)
Ac₂O (1 M)
EtOAc, 9 h, 75%

Example 3[9]

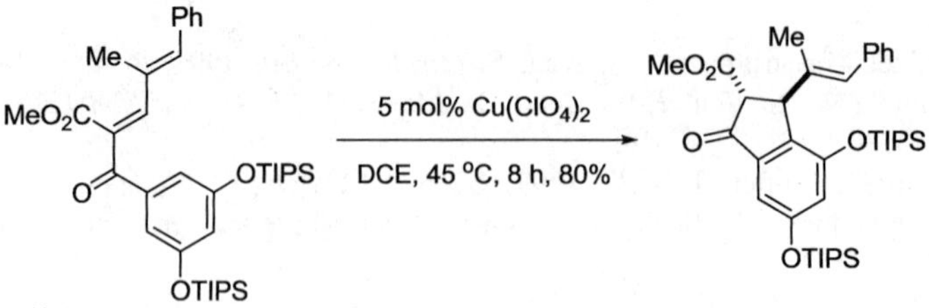

5 mol% Cu(ClO₄)₂
DCE, 45 °C, 8 h, 80%

Example 4[10]

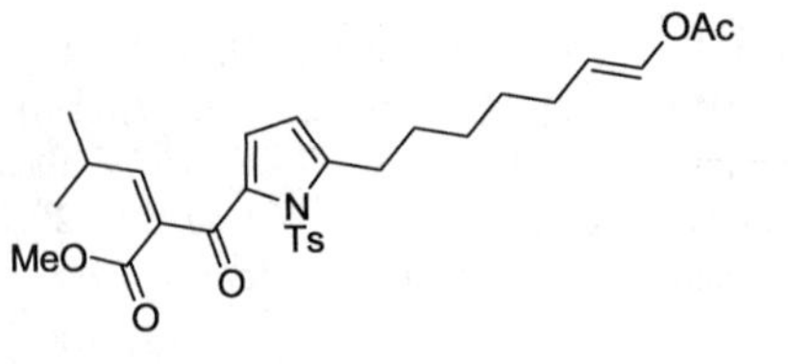

Example 5, 不同机理的一个实例[11]

Example 6[12]

References

1. Nazarov, I. N.; Torgov, I. B.; Terekhova, L. N. *Bull. Acad. Sci. (USSR)* **1942**, 200. 纳扎罗夫（I. N. Nazarov, 1900–1957）是苏联科学家，于1942年发现此反应。据说有相当多的青年化学家研究过不对称Nazarov反应，参与的人数与研究不对称Bayliss-Hillman反应的一样多，但都没成功。
2. Denmark, S. E.; Habermas, K. L.; Hite, G. A. *Helv. Chim. Acta* **1988**, *71*, 168–194; 195–208.
3. Habermas, K. L.; Denmark, S. E.; Jones, T. K. *Org. React.* **1994**, *45*, 1–158. (Review).
4. Kim, S.-H.; Cha, J. K. *Synthesis* **2000**, 2113–2116.
5. Giese, S.; West, F. G. *Tetrahedron* **2000**, *56*, 10221–10228.
6. Mateos, A. F.; de la Nava, E. M. M.; González, R. R. *Tetrahedron* **2001**, *57*, 1049–1057.
7. Harmata, M.; Lee, D. R. *J. Am. Chem. Soc.* **2002**, *124*, 14328–14329.
8. Leclerc, E.; Tius, M. A. *Org. Lett.* **2003**, *5*, 1171–1174.
9. Marcus, A. P.; Lee, A. S.; Davis, R. L.; Tantillo, D. J.; Sarpong, R. *Angew. Chem. Int. Ed.* **2008**, *47*, 6379–6383.
10. Bitar, A. Y.; Frontier, A. J. *Org. Lett.* **2009**, *11*, 49–52.
11. Gao, S.; Wang, Q.; Chen, C. *J. Am. Chem. Soc.* **2009**, *131*, 1410–1412.
12. Xi, Z.-G.; Zhu, L.; Luo, S.; Cheng, J.-P. *J. Org. Chem.* **2013**, *78*, 606–613.

Neber 重排反应

由磺酰基酮肟和碱反应可得到α-氨基酮。净转化是从酮经肟转化为α-氨基酮。

Example 1[3]

Example 2, 用亚氨基氯化物的变异反应[5]

Example 3[8]

J.J. Li, *Name Reactions: A Collection of Detailed Mechanisms and Synthetic Applications*,
DOI 10.1007/978-3-319-03979-4_188,

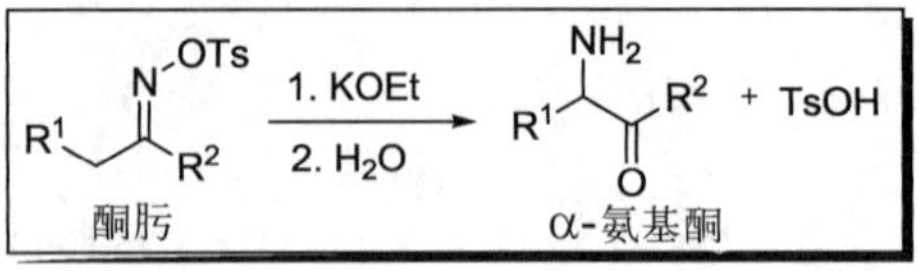

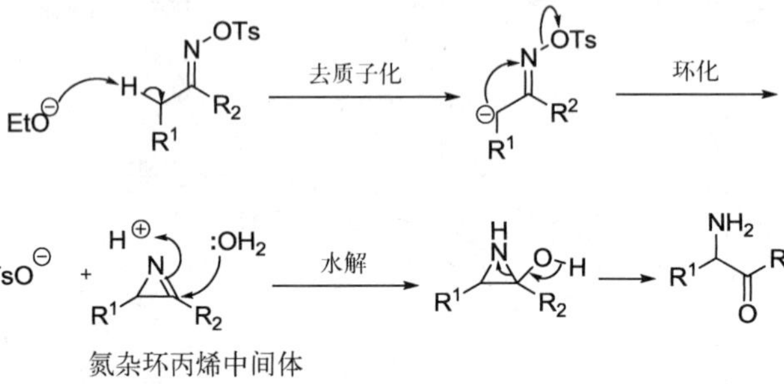

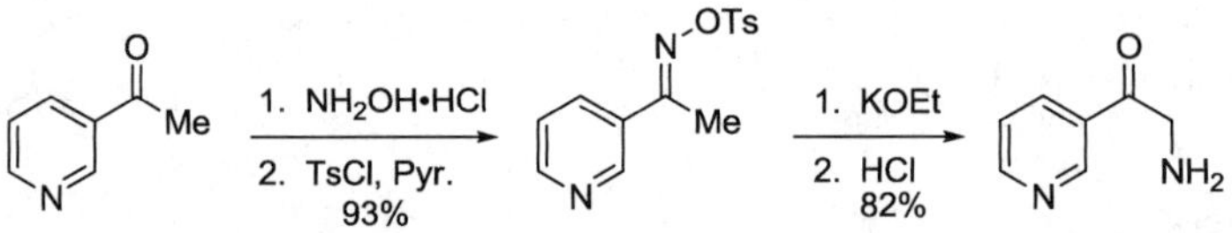

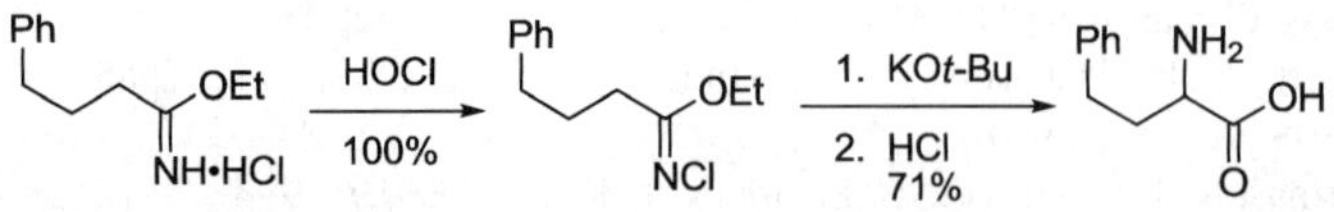

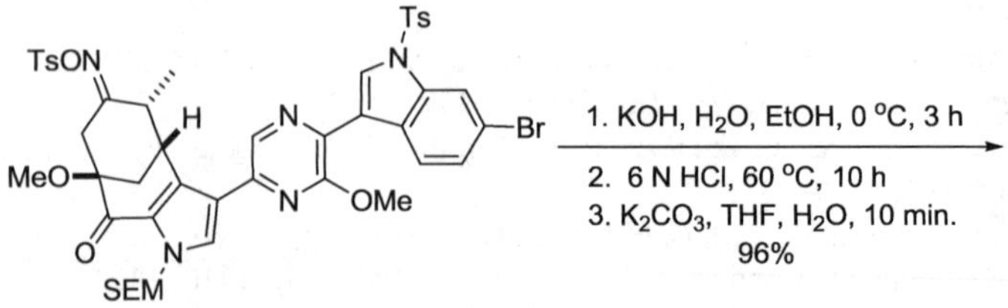

Example 4[9]

Example 5[11]

References

1. Neber, P. W.; v. Friedolsheim, A. *Ann.* **1926,** *449*, 109–134.
2. O'Brien, C. *Chem. Rev.* **1964,** *64*, 81–89. (Review).
3. LaMattina, J. L.; Suleske, R. T. *Synthesis* **1980,** 329–330.
4. Verstappen, M. M. H.; Ariaans, G. J. A.; Zwanenburg, B. *J. Am. Chem. Soc.* **1996,** *118*, 8491–8492.
5. Oldfield, M. F.; Botting, N. P. *J. Labeled Compd. Radiopharm.* **1998,** *16*, 29–36.
6. Palacios, F.; Ochoa de Retana, A. M.; Gil, J. I. *Tetrahedron Lett.* **2002,** *41*, 5363–5366.
7. Ooi, T.; Takahashi, M.; Doda, K.; Maruoka, K. *J. Am. Chem. Soc.* **2002,** *124*, 7640–7641.
8. Garg, N. K.; Caspi, D. D.; Stoltz, B. M. *J. Am. Chem. Soc.* **2005,** *127*, 5970–5978.
9. Taber, D. F.; Tian, W. *J. Am. Chem. Soc.* **2006,** *128*, 1058–1059.
10. Richter, J. M. *Neber Rearrangement*. In *Name Reactions for Homologations-Part I*; Li, J. J., Ed.; Wiley: Hoboken, NJ, **2009,** pp 464–473. (Review).
11. Cardoso, A. L.; Gimeno, L.; Lemos, A.; Palacios, F.; Teresa, M. V. D.; e Melo, P. *J. Org. Chem.* **2013,** *78*, 6983–6991.

Nef 反应

伯或仲硝基烷烃转化为相应的羰基化合物。

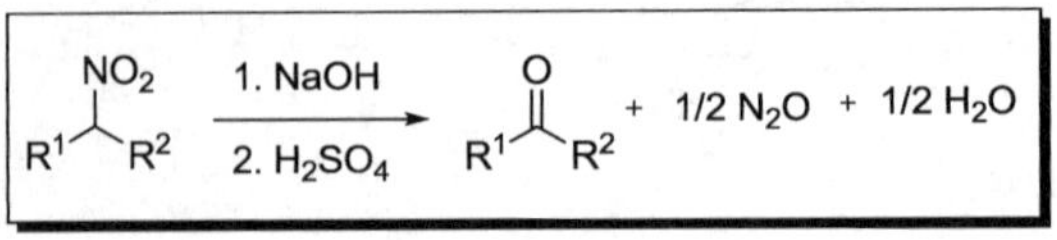

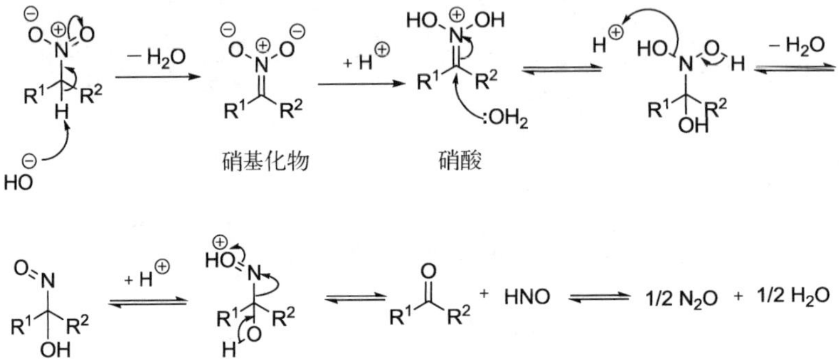

$$\underset{R^1\ \ R^2}{\overset{NO_2}{\diagdown\diagup}} \xrightarrow[\text{2. }H_2SO_4]{\text{1. NaOH}} \underset{R^1\ \ R^2}{\overset{O}{\diagdown\diagup}} + 1/2\ N_2O + 1/2\ H_2O$$

(机理图)

硝基化物   硝酸

Example 1[4]

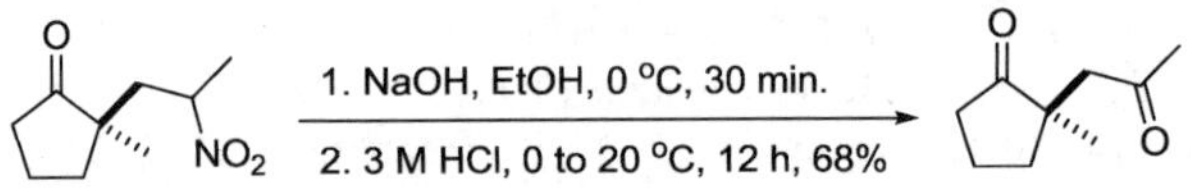

(反应式：1. NaOH, EtOH, 0 °C, 30 min. 2. 3 M HCl, 0 to 20 °C, 12 h, 68%)

Example 2[7]

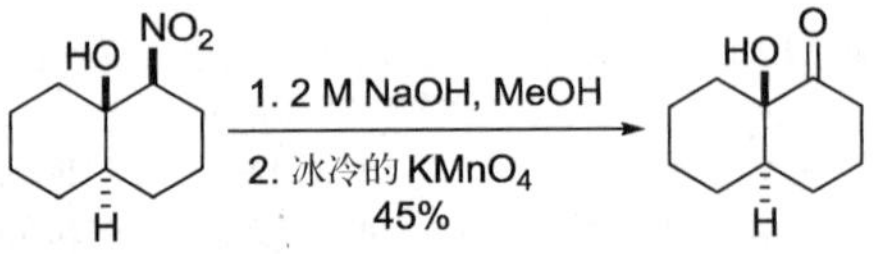

(反应式：1. 2 M NaOH, MeOH 2. 冰冷的 KMnO₄ 45%)

Example 3[9]

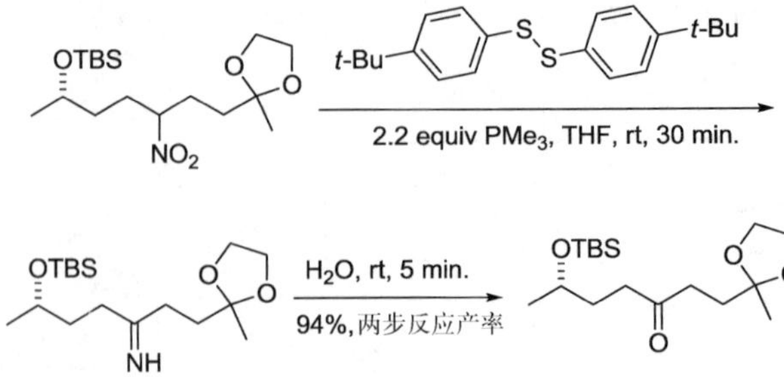

(反应式：t-Bu-C₆H₄-S-S-C₆H₄-t-Bu, 2.2 equiv PMe₃, THF, rt, 30 min.)

(反应式：H₂O, rt, 5 min. 94%, 两步反应产率)

Example 4[10]

Example 5[11]

References

1. Nef, J. U. *Ann.* **1894**, *280*, 263–342. 内夫（J. U. Nef, 1862-1915）出生于瑞士，4岁时随其父母移居美国。他在德国慕尼黑跟拜耳学习并于1886年取得学位。回到美国后成为普渡大学、克拉克大学和芝加哥大学的教授。Nef反应就是在麻州的克拉克大学（Clark University in Worcester, Massachuster）发现的。内夫受精神分裂的烦恼，性情暴躁，容易冲动。他是个高度独立行事的人，从不和同事合作发表论文，故仅留有三篇较早期的论文。
2. Pinnick, H. W. *Org. React.* **1990**, *38*, 655–792. (Review).
3. Adam, W.; Makosza, M.; Saha-Moeller, C. R.; Zhao, C.-G. *Synlett* **1998**, 1335–1336.
4. Thominiaux, C.; Rousse, S.; Desmaele, D.; d'Angelo, J.; Riche, C. *Tetrahedron: Asymmetry* **1999**, *10*, 2015–2021.
5. Capecchi, T.; de Koning, C. B.; Michael, J. P. *J. Chem. Soc., Perkin Trans. 1* **2000**, 2681–2688.
6. Ballini, R.; Bosica, G.; Fiorini, D.; Petrini, M. *Tetrahedron Lett.* **2002**, *43*, 5233–5235.
7. Chung, W. K.; Chiu, P. *Synlett* **2005**, 55–58.
8. Wolfe, J. P. *Nef reaction*. In *Name Reactions for Functional Group Transformations*; Li, J. J., Ed.; Wiley: Hoboken, NJ, **2007**, pp 645–652. (Review).
9. Burés, J.; Vilarrasa, J. *Tetrahedron Lett.* **2008**, *49*, 441–444.
10. Felluga, F.; Pitacco, G.; Valentin, E.; Venneri, C. D. *Tetrahedron: Asymmetry* **2008**, *19*, 945–955.
11. Chinmay Bhat, C.; Tilve, S. G. *Tetrahedron* **2013**, *69*, 6129–6143.

Negishi 交叉偶联反应

Negishi交叉偶联反应是在Ni或Pd催化下的有机锌化合物和各种卤代烃或三氟甲磺酸酯（芳基、烯基、炔基和酰基）之间的偶联反应。

$$R^1{-}X + R^2Zn{-}Y \xrightarrow[\text{溶剂}]{NiL_n \text{ or } PdL_n} R^1{-}R^2$$

R^1 = 芳基，烯基，炔基，酰基
R^2 = (杂)芳基，烯基，烯丙基，Bn，同(炔)丙基
X = Cl, Br, I, OTf
Y = Cl, Br, I
L_n = PPh_3, dba, dppe

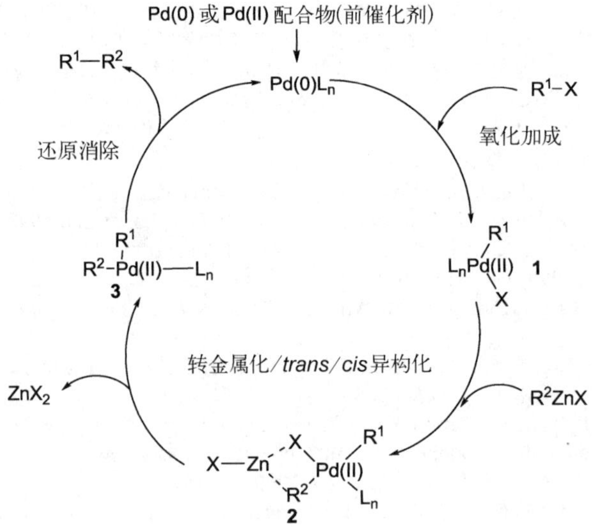
Pd(0) 或 Pd(II) 配合物(前催化剂)
Pd(0)Ln
R1—R2
R1–X
还原消除
氧化加成
R1
R2–Pd(II)—Ln
3
R1
LnPd(II)
X
1
转金属化/trans/cis异构化
ZnX2
R2ZnX
X—Zn
X
R1
Pd(II)
R2
Ln
2

Example 1[3]

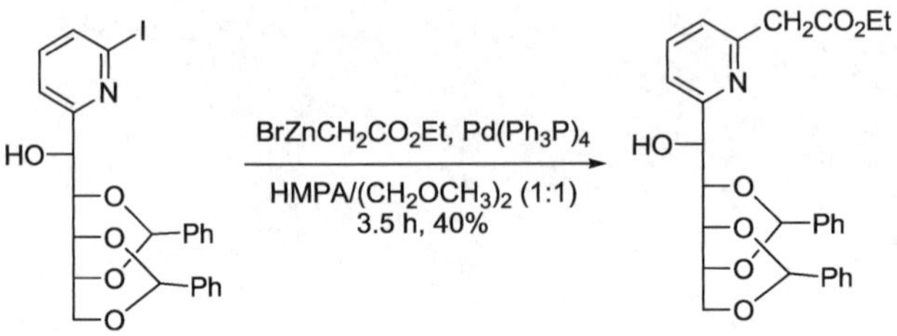
I
N
HO
O
O
Ph
O
Ph
O
BrZnCH2CO2Et, Pd(Ph3P)4
HMPA/(CH2OCH3)2 (1:1)
3.5 h, 40%
CH2CO2Et
N
HO
O
O
Ph
O
Ph
O

Example 2[4]

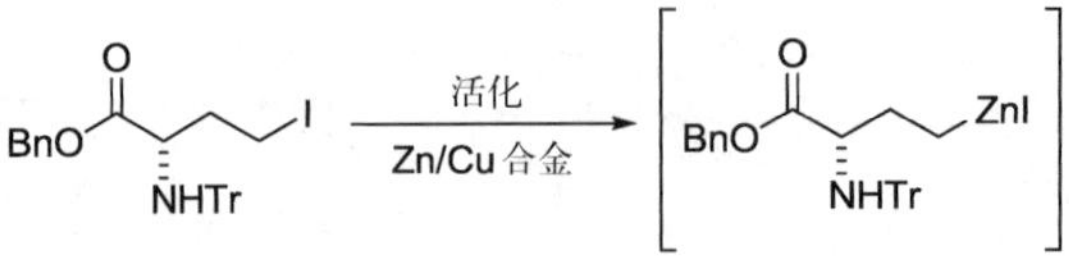
O
BnO
I
NHTr
活化
Zn/Cu 合金
O
BnO
ZnI
NHTr

J.J. Li, *Name Reactions: A Collection of Detailed Mechanisms and Synthetic Applications*,
DOI 10.1007/978-3-319-03979-4_190, © Springer International Publishing Switzerland 2014

Example 3[8]

Example 4[9]

Example 5[11]

References

1. (a) Negishi, E.-I.; Baba, S. *J. Chem. Soc., Chem. Commun.* **1976**, 596–597. (b) Negishi, E.-I.; King, A. O.; Okukado, N. *J. Org. Chem.* **1977**, *42*, 1821–1823. (c) Negishi, E.-I. *Acc. Chem. Res.* **1982**, *15*, 340–348. (Review). 根岸（E. Negishi）是普渡大学（Purdue University）教授。他于2010年和R. F. Heck、铃木因发现有机合成中钯催化的交叉偶联反应而共享诺贝尔化学奖。
2. Erdik, E. *Tetrahedron* **1992**, *48*, 9577–9648. (Review).
3. De Vos, E.; Esmans, E. L.; Alderweireldt, F. C.; Balzarini, J.; De Clercq, E. *J. Heterocycl. Chem.* **1993**, *30*, 1245–1252.
4. Evans, D. A.; Bach, T. *Angew. Chem. Int. Ed.* **1993**, *32*, 1326–1327.
5. Negishi, E.-I.; Liu, F. In *Metal-Catalyzed Cross-Coupling Reactions;* Diederich, F.; Stang, P. J., Eds.; Wiley–VCH: Weinheim, Germany, **1998**, pp 1–47. (Review).
6. Arvanitis, A. G.; Arnold, C. R.; Fitzgerald, L. W.; Frietze, W. E.; Olson, R. E.; Gilligan, P. J.; Robertson, D. W. *Bioorg. Med. Chem. Lett.* **2003**, *13*, 289–291.
7. Ma, S.; Ren, H.; Wei, Q. *J. Am. Chem. Soc.* **2003**, *125*, 4817–4830.
8. Corley, E. G.; Conrad, K.; Murry, J. A.; Savarin, C.; Holko, J.; Boice, G. *J. Org. Chem.* **2004**, *69*, 5120–5123.
9. Inoue, M.; Yokota, W.; Katoh, T. *Synthesis* **2007**, 622–637.
10. Yet, L. *Negishi cross-coupling reaction*. In *Name Reactions for Homologations-Part I*; Li, J. J., Ed.; Wiley: Hoboken, NJ, **2009**, pp 70–99. (Review).
11. Dolliver, D. D.; Bhattarai, B. T.; et al. *J. Org. Chem.* **2013**, *78*, 3676–3687.

Nenitzescu 吲哚合成反应

对苯醌和β-氨基丙烯酸酯缩合生成5-羟基吲哚。

Example 1[5]

Example 2[6]

Example 3[7]

J.J. Li, *Name Reactions: A Collection of Detailed Mechanisms and Synthetic Applications*,
DOI 10.1007/978-3-319-03979-4_191, © Springer International Publishing Switzerland 2014

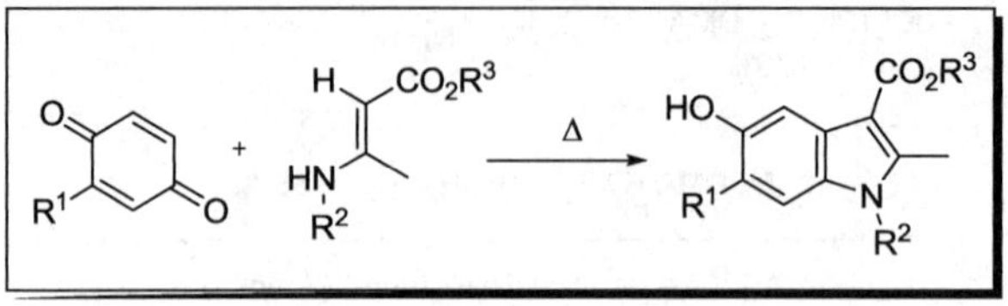

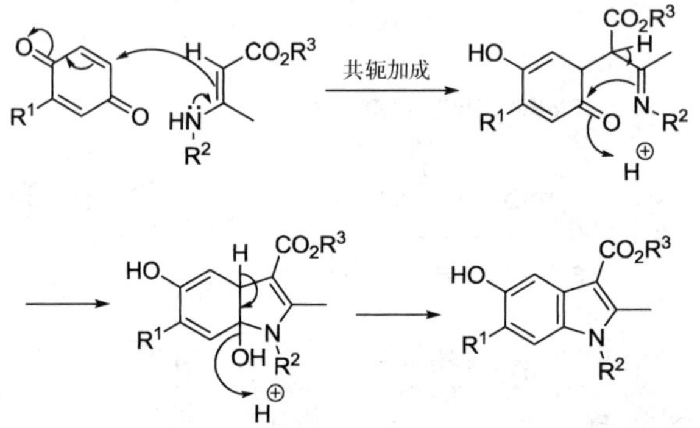

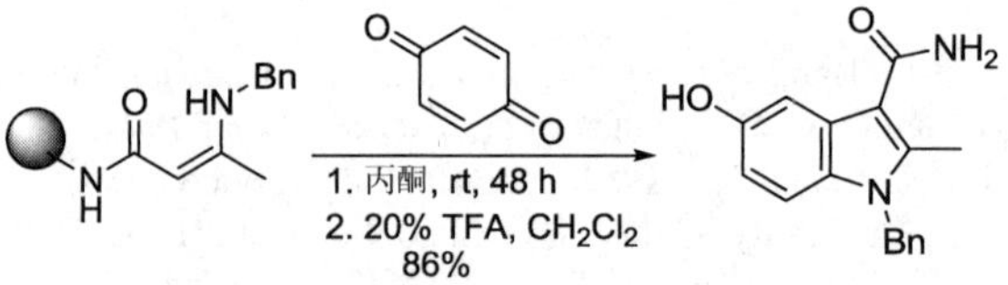

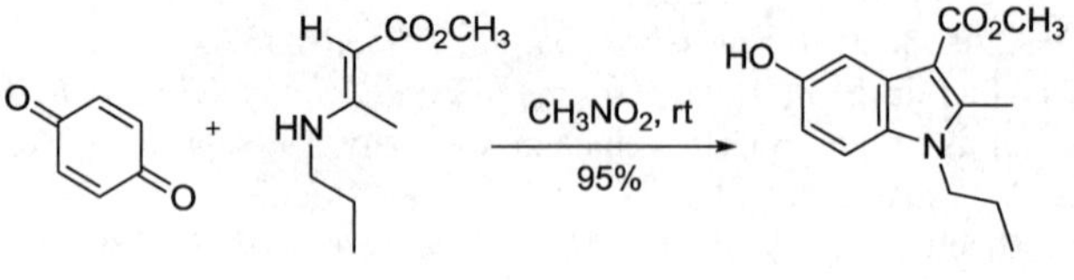

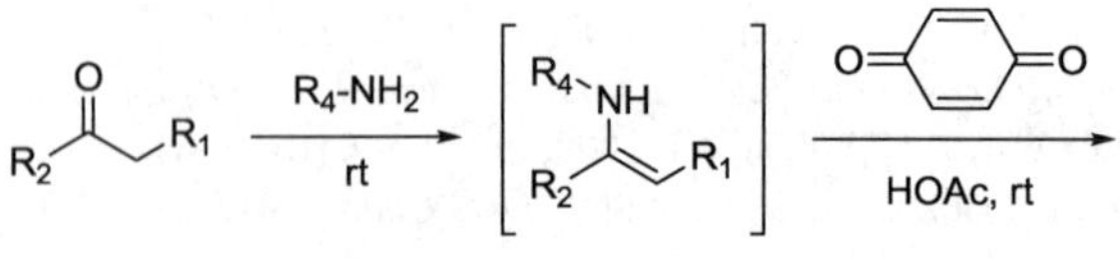

Example 4[10]

Example 5[12]

References

1. Nenitzescu, C. D. *Bull. Soc. Chim. Romania* **1929**, *11*, 37–43.
2. Allen, G. R., Jr. *Org. React.* **1973**, *20*, 337–454. (Review).
3. Kinugawa, M.; Arai, H.; Nishikawa, H.; Sakaguchi, A.; Ogasa, T.; Tomioka, S.; Kasai, M. *J. Chem. Soc., Perkin Trans. 1* **1995**, 2677–2681.
4. Mukhanova, T. I.; Panisheva, E. K.; Lyubchanskaya, V. M.; Alekseeva, L. M.; Sheinker, Y. N.; Granik, V. G. *Tetrahedron* **1997**, *53*, 177–184.
5. Ketcha, D. M.; Wilson, L. J.; Portlock, D. E. *Tetrahedron Lett.* **2000**, *41*, 6253–6257.
6. Brase, S.; Gil, C.; Knepper, K. *Bioorg. Med. Chem.* **2002**, *10*, 2415–2418.
7. Böhme, T. M.; Augelli-Szafran, C. E.; Hallak, H.; Pugsley, T.; Serpa, K.; Schwarz, R. D. *J. Med. Chem.* **2002**, *45*, 3094–3102.
8. Schenck, L. W.; Sippel, A.; Kuna, K.; Frank, W.; Albert, A.; Kucklaender, U. *Tetrahedron* **2005**, *61*, 9129–9139.
9. Li, J.; Cook, J. M. *Nenitzescu indole synthesis*. In *Name Reactions in Heterocyclic Chemistry*; Li, J. J., Ed.; Wiley: Hoboken, NJ, **2005**, pp 145–153. (Review).
10. Velezheva, V. S.; Sokolov, A. I.; Kornienko, A. G.; Lyssenko, K. A.; Nelyubina, Y. V.; Godovikov, I. A.; Peregudov, A. S.; Mironov, A. F. *Tetrahedron Lett.* **2008**, *49*, 7106–7109.
11. Inman, M.; Moody, C. J. *Chem. Sci.* **2013**, *4*, 29–41. (Review).
12. Suryavanshi, P. A.; Sridharan, V.; Menendez, J. C. *Tetrahedron* **2013**, *69*, 5401–5406.

Newman-Kwart 反应

将酚转化为硫酚的反应。是第564页上的Smiles反应的变异。

Newman-Kwart重排反应和Schonberg重排反应及第128页上的芳基在非相邻原子间发生的分子内Chapman重排反应同属一个系列。Schonberg重排反应与该反应最为相似，包括在二芳基硫代碳酸酯中的芳基从氧原子经1,3-迁移到硫原子的过程。Chapman重排反应也有类似的迁移过程，只不过是迁移到氮原子。

Example 1[5]

Example 2[6]

Example 3[7]

References

1. (a) Kwart, H.; Evans, E. R. *J. Org. Chem.* **1966**, *31*, 410–413. (b) Newman, M. S.; Karnes, H. A. *J. Org. Chem.* **1966,** *31*, 3980–3984. (c) Newman, M. S.; Hetzel, F. W. *J. Org. Chem.* **1969,** *34*, 3604–3606.
2. Cossu, S.; De Lucchi, O.; Fabbri, D.; Valle, G.; Painter, G. F.; Smith, R. A. J. *Tetrahedron* **1997,** *53*, 6073–6084.
3. Lin, S.; Moon, B.; Porter, K. T.; Rossman, C. A.; Zennie, T.; Wemple, J. *Org. Prep. Proc. Int.* **2000,** *32*, 547–555.
4. Ponaras, A. A.; Zain, Ö. In *Encyclopedia of Reagents for Organic Synthesis,* Paquette, L. A., Ed.; Wiley: New York, **1995**, 2174–2176. (Review).
5. Kane, V. V.; Gerdes, A.; Grahn, W.; Ernst, L.; Dix, I.; Jones, P. G.; Hopf, H. *Tetrahedron Lett.* **2001,** *42*, 373–376.
6. Albrow, V.; Biswas, K.; Crane, A.; Chaplin, N.; Easun, T.; Gladiali, S.; Lygo, B.; Woodward, S. *Tetrahedron: Asymmetry* **2003,** *14*, 2813–2819.
7. Bowden, S. A.; Burke, J. N.; Gray, F.; McKown, S.; Moseley, J. D.; Moss, W. O.; Murray, P. M.; Welham, M. J.; Young, M. J. *Org. Proc. Res. Dev.* **2004,** *8*, 33–44.
8. Nicholson, G.; Silversides, J. D.; Archibald, S. J. *Tetrahedron Lett.* **2006,** *47*, 6541–6544.
9. Gilday, J. P.; Lenden, P.; Moseley, J. D.; Cox, B. G. *J. Org. Chem.* **2008,** *73*, 3130–3134.
10. Lloyd-Jones, G. C.; Moseley, J. D.; Renny, J. S. *Synthesis* **2008,** 661–689.
11. Tilstam, U.; Defrance, T.; Giard, T.; Johnson, M. D. *Org. Proc. Res. Dev.* **2009,** *13*, 321–323.
12. Das, J.; Le Cavelier, F.; Rouden, J.; Blanchet, J. *Synthesis* **2012,** *44*, 1349–1352.

Nicholas 反应

六羰基二钴稳定的炔丙基正离子被一个亲核物种捕获，接着氧化去金属化给出炔丙基化的产物。

炔丙基正离子中间体（被六羰二钴配合物所稳定）。

Example 1, 反应的一个变异[3]

Example 2, Nicholas-Pauson–Khand 顺序[4]

Example 3, 分子内Nicholas反应[7]

Example 4[9]

References
1. Nicholas, K. M.; Pettit, R. *J. Organomet. Chem.* **1972**, *44*, C21–C24.
2. Nicholas, K. M. *Acc. Chem. Res.* **1987**, *20*, 207–214. (Review).
3. Corey, E. J.; Helal, C. J. *Tetrahedron Lett.* **1996**, *37*, 4837–4840.
4. Jamison, T. F.; Shambayati, S.; Crowe, W. E.; Schreiber, S. L. *J. Am. Chem. Soc.* **1997**, *119*, 4353–4363.
5. Teobald, B. J. *Tetrahedron* **2002**, *58*, 4133–4170. (Review).
6. Takase, M.; Morikawa, T.; Abe, H.; Inouye, M. *Org. Lett.* **2003**, *5*, 625–628.
7. Ding, Y.; Green, J. R. *Synlett* **2005**, 271–274.
8. Pinacho Crisóstomo, F. R.; Carrillo, R.; Martin, T.; Martin, V. S. *Tetrahedron Lett.* **2005**, *46*, 2829–2832.
9. Hamajima, A.; Isobe, M. *Org. Lett.* **2006**, *8*, 1205–1208.
10. Shea, K. M. *Nicholas Reaction.* In *Name Reactions for Homologations-Part I*; Li, J. J., Ed.; Wiley: Hoboken, NJ, **2009**, pp 284–298. (Review).
11. Mukai, C.; Kojima, T.; Kawamura, T.; Inagaki, F. *Tetrahedron* **2013**, *69*, 7659–7669.

Nicholas IBX 脱氢化反应

醛和酮的α, β-不饱和化可由化学计量的邻碘酰基苯甲酸（IBX）或第531页上的Saegusa反应来实现。

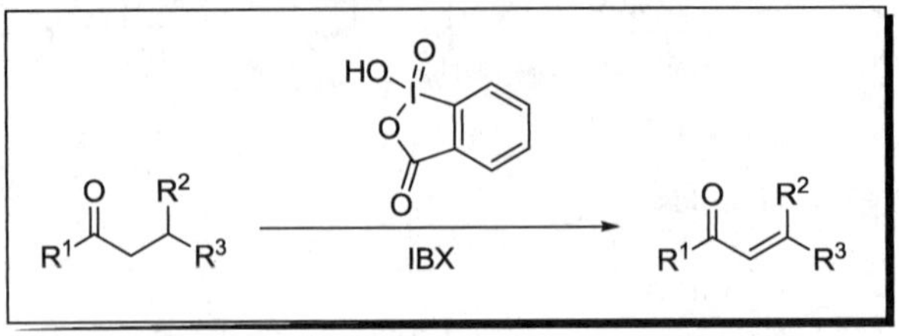

反应被认为是单电子转移（SET）机理，硅基烯醇醚也是可用的底物。

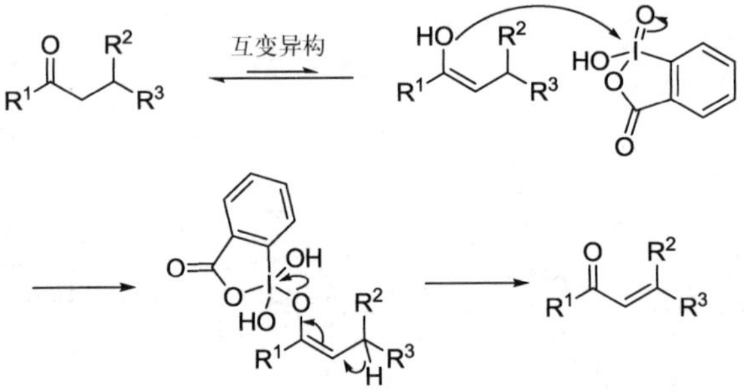

Example 1[1a]

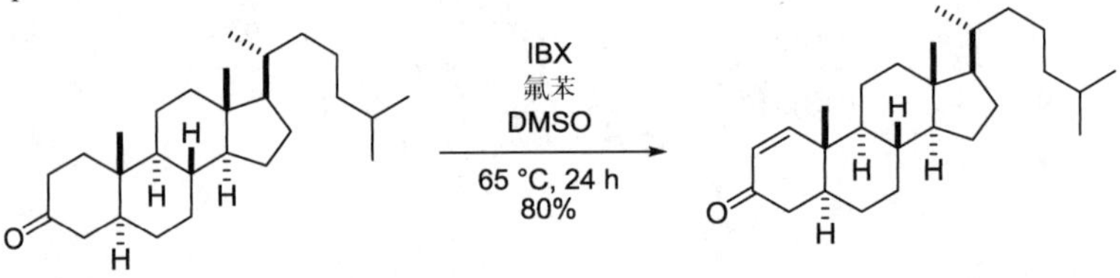

Example 2[3]

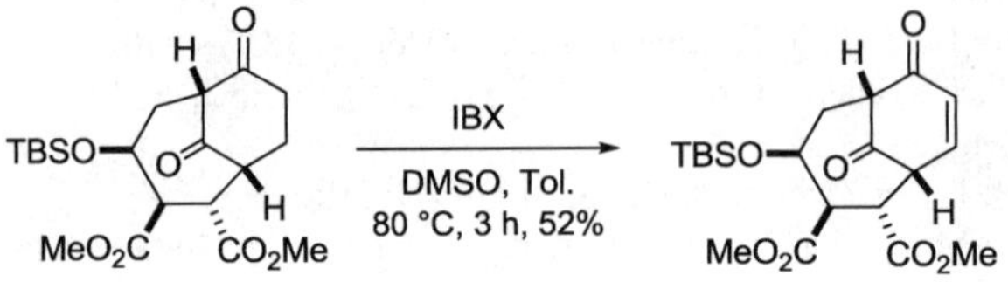

Example 3[7]

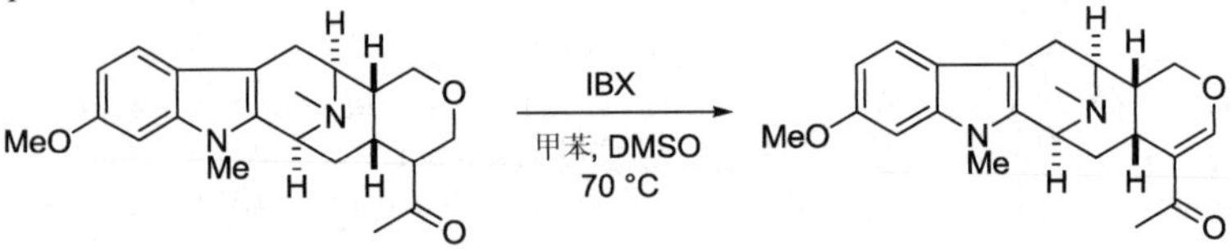

J.J. Li, *Name Reactions: A Collection of Detailed Mechanisms and Synthetic Applications*,
DOI 10.1007/978-3-319-03979-4_194, © Springer International Publishing Switzerland 2014

Example 4, o-甲基-IBX (Me-IBX)⁹

$$R_1\text{-}S\text{-}R_2 \xrightarrow[40\%-90\%]{\text{CH}_3\text{CN, reflux}} R_1\text{-}S(\text{O})\text{-}R_2$$

Example 5, 稳定的 IBX (SIBX)¹⁰

References

1. (a) Nicolaou, K. C.; Zhong, Y.-L.; Baran, P. S. *J. Am. Chem. Soc.* **2000,** *122,* 7596–7597. (b) Nicolaou, K. C.; Montagnon, T.; Baran, P. S. *Angew. Chem. Int. Ed.* **2002,** *41,* 993–996. (c) Nicolaou, K. C.; Gray, D. L.; Montagnon, T.; Harrison, S. T. *Angew. Chem. Int. Ed.* **2002,** *41,* 996–1000.
2. Nagata, H.; Miyazawa, N.; Ogasawara, K. *Org. Lett.* **2001,** *3,* 1737–1740.
3. Ohmori, N. *J. Chem. Soc., Perkin Trans. 1* **2002,** 755–767.
4. Hayashi, Y.; Yamaguchi, J.; Shoji, M. *Tetrahedron* **2002,** *58,* 9839–9846.
5. Shimokawa, J.; Shirai, K.; Tanatani, A.; Hashimoto, Y.; Nagasawa, K. *Angew. Chem. Int. Ed.* **2004,** *43,* 1559–1562.
6. Smith, N. D.; Hayashida. J.; Rawal, V. H. *Org. Lett.* **2005,** *7,* 4309–4312.
7. Liu, X.; Deschamp, J. R.; Cook, J. M. *Org. Lett.* **2002,** *4,* 3339–3342.
8. Herzon, S. B.; Myers, A. G. *J. Am. Chem. Soc.* **2005,** *127,* 5342–5344.
9. Moorthy, J. N.; Singhal, N.; Senapati, K. *Tetrahedron Lett.* **2008,** *49,* 80–84.
10. Pouységu, L.; Marguerit, M.; Gagnepain, J.; Lyvinec, G.; Eatherton, A. J.; Quideau, S. *Org. Lett.* **2008,** *10,* 5211–5214.
11. Raghavan, S.; Babu, Vaddela S. *Tetrahedron* **2011,** *69,* 2044–2050.

Noyori 不对称氢化反应

羰基和烯基经 Rh(Ⅱ)-BINAP 配合物催化进行的不对称氢化还原反应。

$$[RuCl_2(binap)(solv)_2] \xrightarrow[-HCl]{H_2} [RuHCl(binap)(solv)_2]$$

The catalytic cycle:

Example 1[1b]

[Reaction: geraniol → (R)-citronellol-type product]
Ru[(S)-BINAP](CF$_3$CO$_2$)$_2$
30 atm H$_2$, rt, 92% ee

Example 2[1c]

[Reaction: 2'-bromoacetophenone → (S)-1-(2-bromophenyl)ethanol]
Ru[(R)-BINAP]Cl$_2$
100 atm H$_2$, rt, 92% ee

Example 3[9]

5 bar H$_2$
3.2 mol% Ru(II)-(+)-(R)-BINAP
MeOH, 70 °C, 24 h, 90%

Example 4[10]

100 atm H$_2$
Ru[(S)-BINAP]Cl$_2$
EtOH, rt, 75%
98% ee

Example 5[11]

IPA/35%HCl/LiCl
H$_2$ (85–90 psi), 65 °C
93%

96% ee; 94% de

References

1. (a) Noyori, R.; Ohta, M.; Hsiao, Y.; Kitamura, M.; Ohta, T.; Takaya, H. *J. Am. Chem. Soc.* **1986**, *108*, 7117–7119. 日本人野依（R. Noyori, 1938– ）和美国人诺尔斯（W. S. Knowles, 1917– ）因在手性催化的氢化反应工作共享2001年度一半诺贝尔化学奖的奖金。美国人夏普莱斯（K. B. Scharpless, 1941– ）则因在手性催化的氧化反应工作分享2001年度另一半诺贝尔化学奖的奖金。(b) Takaya, H.; Ohta, T.; Sayo, N.; Kumobayashi, H.; Akutagawa, S.; Inoue, S.; Kasahara, I.; Noyori, R. *J. Am. Chem. Soc.* **1987**, *109*, 1596–1598. (c) Kitamura, M.; Ohkuma, T.; Inoue, S.; Sayo, N.; Kumobayashi, H.; Akutagawa, S.; Ohta, T.; Takaya, H.; Noyori, R. *J. Am. Chem. Soc.* **1988**, *110*, 629–631. (d) Noyori, R.; Ohkuma, T.; Kitamura, H.; Takaya, H.; Sayo,

H.; Kumobayashi, S.; Akutagawa, S. *J. Am. Chem. Soc.* **1987,** *109*, 5856–5858.
(e) Noyori, R.; Ohkuma, T. *Angew. Chem. Int. Ed.* **2001,** *40*, 40–73. (Review).
(f) Noyori, R. *Angew. Chem. Int. Ed.* **2002,** *41*, 2008–2022. (Review, Nobel Prize Address).

2. Noyori, R. In *Asymmetric Catalysis in Organic Synthesis;* Ojima, I., ed.; Wiley: New York, **1994,** Chapter 2. (Review).
3. Chung, J. Y. L.; Zhao, D.; Hughes, D. L.; McNamara, J. M.; Grabowski, E. J. J.; Reider, P. J. *Tetrahedron Lett.* **1995,** *36*, 7379–7382.
4. Bayston, D. J.; Travers, C. B.; Polywka, M. E. C. *Tetrahedron: Asymmetry* **1998,** *9*, 2015–2018.
5. Berkessel, A.; Schubert, T. J. S.; Mueller, T. N. *J. Am. Chem. Soc.* **2002,** *124*, 8693–8698.
6. Fujii, K.; Maki, K.; Kanai, M.; Shibasaki, M. *Org. Lett.* **2003,** *5*, 733–736.
7. Ishibashi, Y.; Bessho, Y.; Yoshimura, M.; Tsukamoto, M.; Kitamura, M. *Angew. Chem. Int. Ed.* **2005,** *44*, 7287–7290.
8. Lall, M. S. *Noyori Asymmetric Hydrogenation*, In *Name Reactions for Functional Group Transformations*; Li, J. J., Ed.; Wiley: Hoboken, NJ, **2007,** pp 46–66. (Review).
9. Bouillon, M. E.; Meyer, H. H. *Tetrahedron* **2007,** *63*, 2712–2723.
10. Case-Green, S. C.; Davies, S. G.; Roberts, P. M.; Russell, A. J.; Thomson, J. E. *Tetrahedron: Asymmetry* **2008,** *19*, 2620–2631.
11. Magnus, N. A.; Astleford, B. A.; Laird, D. L. T.; Maloney, T. D.; McFarland, A. D.; Rizzo, J. R.; Ruble, J. C.; Stephenson, G. A.; Wepsiec, J. P. *J. Org. Chem.* **2013,** *78*, 5768–5774.

Nozaki-Hiyama-Kishi 反应

Cr-Ni 双金属催化剂促进的烯基卤代烃对醛的氧化还原反应。

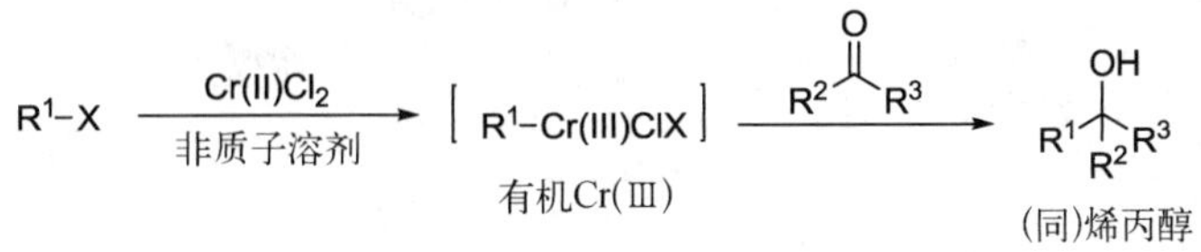

R¹–X
Cr(II)Cl₂
非质子溶剂
R¹–Cr(III)ClX
有机Cr(Ⅲ)
OH
(同)烯丙醇

R^1 = (乙)烯基，芳基，烯丙基，(丙)炔基，联烯基，试剂H
R^2 = R^3 = 芳基，烷基，烯基，H. R^1 R^2 至少有一个是H
X = Cl, Br, I, OTf
溶剂 = DMF, DMSO, THF

催化循环:[2]

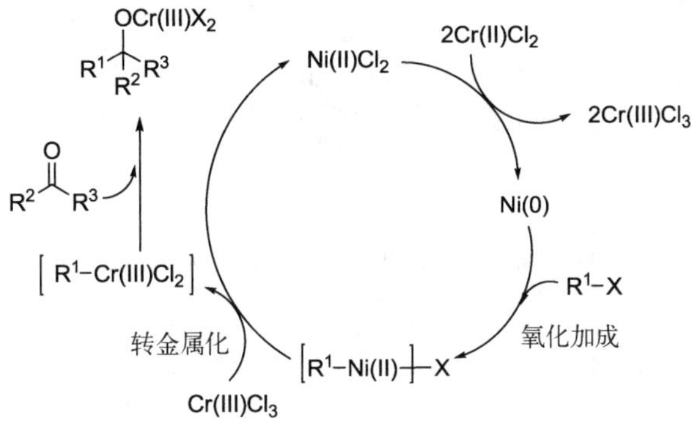

OCr(III)X₂
Ni(II)Cl₂
2Cr(II)Cl₂
2Cr(III)Cl₃
Ni(0)
R¹–X
氧化加成
R¹–Cr(III)Cl₂
转金属化
R¹–Ni(II)–X
Cr(III)Cl₃

Example 1[3]

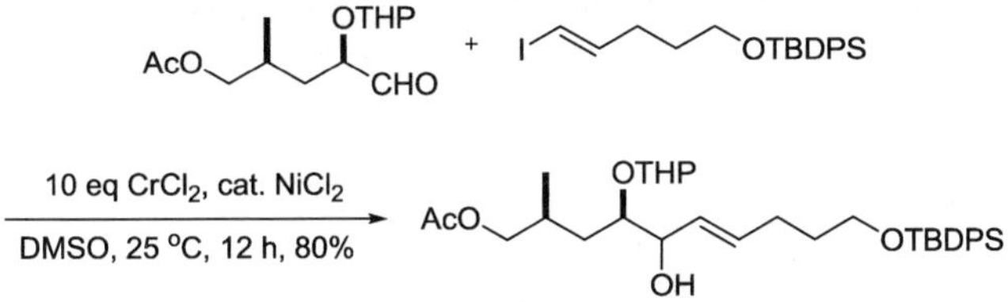

OTHP
AcO
CHO
OTBDPS
10 eq CrCl₂, cat. NiCl₂
DMSO, 25 °C, 12 h, 80%
OH

Example 2[5]

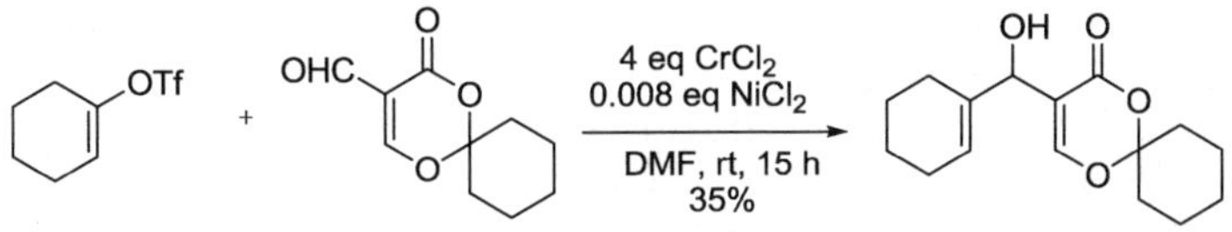

OTf
OHC
4 eq CrCl₂
0.008 eq NiCl₂
DMF, rt, 15 h
35%
OH

Example 3, 分子内 Nozaki-Hiyama-Kishi 反应[8]

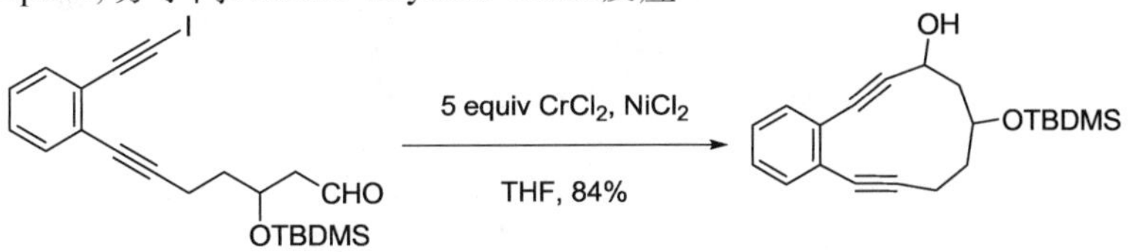

I
CHO
OTBDMS
5 equiv CrCl₂, NiCl₂
THF, 84%
OH

J.J. Li, *Name Reactions: A Collection of Detailed Mechanisms and Synthetic Applications*,
DOI 10.1007/978-3-319-03979-4_196, © Springer International Publishing Switzerland 2014

Example 4, 分子内 Nozaki–Hiyama–Kishi 反应[9]

1. HCl, THF, 0.003 M dark
2. CrCl$_2$, NiCl$_2$, DMSO
   0.0025 M, 50 °C
   37%, 2 steps

Example 5, 不对称 Nozaki–Hiyama–Kishi 反应[11]

cat.
NiCl$_2$, CrCl$_2$
Et$_3$N, THF, 25 °C
> 60%

References

1. (a) Okude, C. T.; Hirano, S.; Hiyama, T.; Nozaki, H. *J. Am. Chem. Soc.* **1977,** *99*, 3179–3181. 野崎（H. Nozaki）和桧山（T. Hiyama）是日本科学院的教授。(b) Takai, K.; Kimura, K.; Kuroda, T.; Hiyama, T.; Nozaki, H. *Tetrahedron Lett.* **1983,** *24*, 5281–5284. 本反应发现时高井（K. Takai）是野崎教授的学生，现在他是大阪大学的教授。(c) Jin, H.; Uenishi, J.; Christ, W. J.; Kishi, Y. *J. Am. Chem. Soc.* **1986,** *108*, 5644–5646. 哈佛大学的岸（Y. Kishi）教授在研究沙海葵毒素的全合成中独立发现本反应可被镍催化。(d) Takai, K.; Tagahira, M.; Kuroda, T.; Oshima, K.; Utimoto, K.; Nozaki, H. *J. Am. Chem. Soc.* **1986,** *108*, 6048–6050. (e) Kress, M. H.; Ruel, R.; Miller, L. W. H.; Kishi, Y. *Tetrahedron Lett.* **1993,** *34*, 5999–6002.
2. Fürstner, A.; Shi, N. *J. Am. Chem. Soc.* **1996,** *118*, 12349–12357. (The catalytic cycle).
3. Chakraborty, T. K.; Suresh, V. R. *Chem. Lett.* **1997,** 565–566.
4. Fürstner, A. *Chem. Rev.* **1999,** *99*, 991–1046. (Review).
5. Blaauw, R. H.; Benninghof, J. C. J.; van Ginkel, A. E.; van Maarseveen, J. H.; Hiemstra, H. *J. Chem. Soc., Perkin Trans. 1* **2001,** 2250–2256.
6. Berkessel, A.; Menche, D.; Sklorz, C. A.; Schroder, M.; Paterson, I. *Angew. Chem. Int. Ed.* **2003,** *42*, 1032–1035.
7. Takai, K. *Org. React.* **2004,** *64*, 253–612. (Review).
8. Karpov, G. V.; Popik, V. V. *J. Am. Chem. Soc.* **2007,** *129*, 3792–3793.
9. Valente, C.; Organ, M. G. *Chem. Eur. J.* **2008,** *14*, 8239–8245.
10. Yet, L. *Nozaki–Hiyama–Kishi reaction*. In *Name Reactions for Homologations-Part I*; Li, J. J., Ed.; Wiley: Hoboken, NJ, **2009,** pp 299–318. (Review).
11. Austad, B. C.; Benayoud, F.; Calkins, T. L.; et al. *Synlett* **2013,** *17*, 327–332.

Nysted 试剂

Nysted试剂，即环二溴二-μ-亚甲基(μ-四氢呋喃)三锌化物可用于醛酮的烯基化反应。

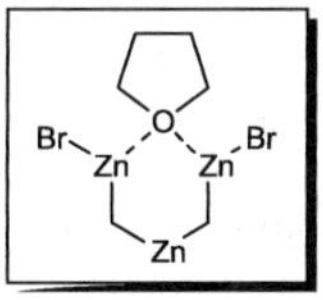

Example 1, Wittig试剂打开内酯环:[6]

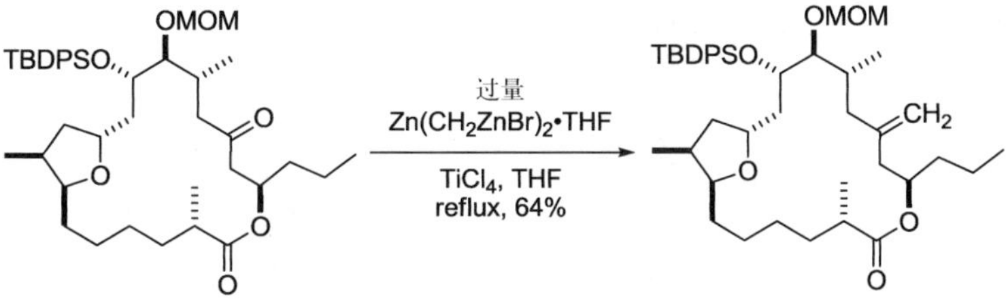

Example 2[8]

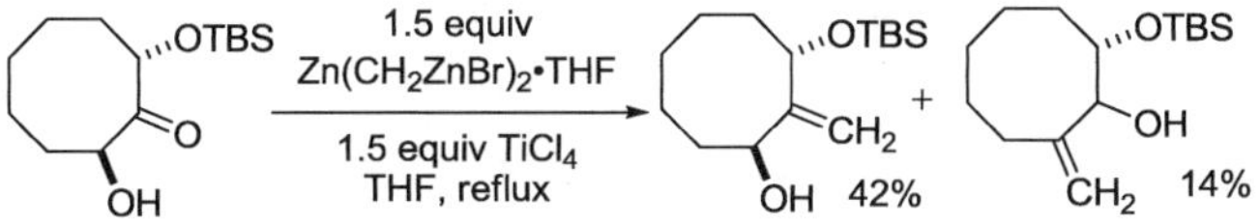

Example 3[9]

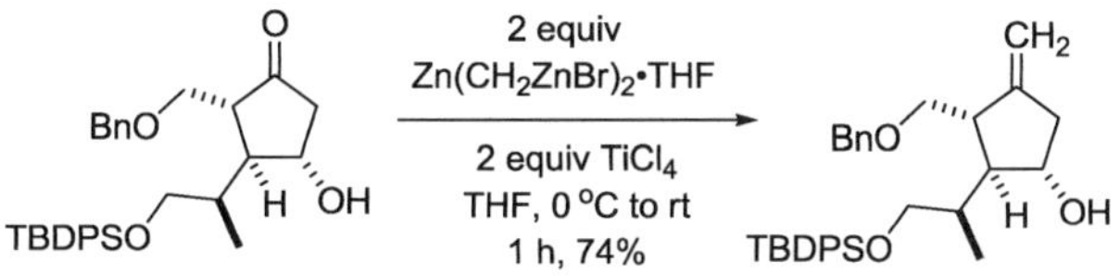

Example 4[11]

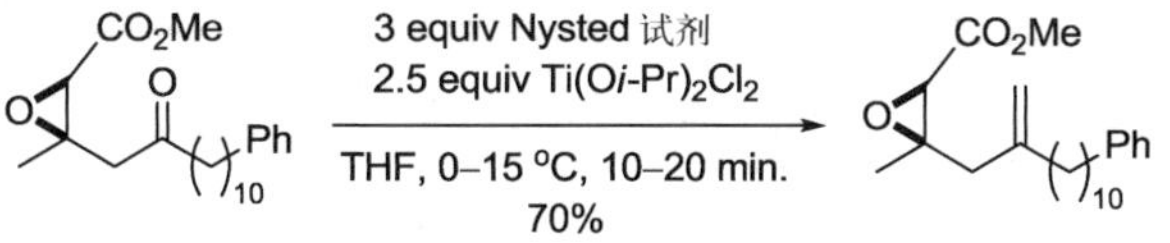

References

1. Nysted, L. N. US Patent 3,865,848 (**1975**).
2. Tochtermann, W.; Bruhn, S.; Meints, M.; Wolff, C.; Peters, E.-M.; Peters, K.; von Schnering, H. G. *Tetrahedron* **1995,** *51*, 1623–1630.

J.J. Li, *Name Reactions: A Collection of Detailed Mechanisms and Synthetic Applications*,
DOI 10.1007/978-3-319-03979-4_197, © Springer International Publishing Switzerland 2014

3. Matsubara, S.; Sugihara, M.; Utimoto, K. *Synlett* **1998,** 313−315.
4. Tanaka, M.; Imai, M.; Fujio, M.; Sakamoto, E.; Takahashi, M.; Eto-Kato, Y.; Wu, X. M.; Funakoshi, K.; Sakai, K.; Suemune, H. *J. Org. Chem.* **2000,** *65*, 5806−5816.
5. Tarraga, A.; Molina, P.; Lopez, J. L.; Velasco, M. D. *Tetrahedron Lett.* **2001,** *42*, 8989−8992.
6. Aïssa, C.; Riveiros, R.; Ragot, J.; Fürstner, A. *J. Am. Chem. Soc.* **2003,** *125*, 15512−15520.
7. Clark, J. S.; Marlin, F.; Nay, B.; Wilson, C. *Org. Lett.* **2003,** *5*, 89−92.
8. Paquette, L. A.; Hartung, R. E.; Hofferberth, J. E.; Vilotijevic, I.; Yang, J. *J. Org. Chem.* **2004,** *69*, 2454−2460.
9. Hanessian, S.; Mainetti, E.; Lecomte, F. *Org. Lett.* **2006,** *8*, 4047−4049.
10. Haahr, A.; Rankovic, Z.; Hartley, R. C. *Tetrahedron Lett.* **2011,** *52*, 3020−3022.
11. Barnych, B.; Fenet, B.; Vatele, J.-M. *Tetrahedron* **2013,** *69*, 334−340.

Oppenauer 氧化反应

烷氧基催化的仲醇的氧化反应。是Meerwein-Poundorf-Vorley反应的逆反应。

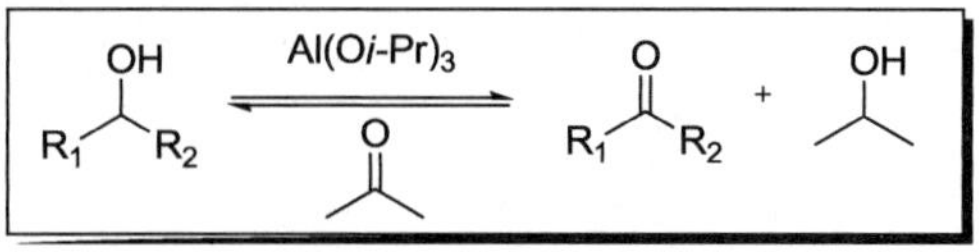

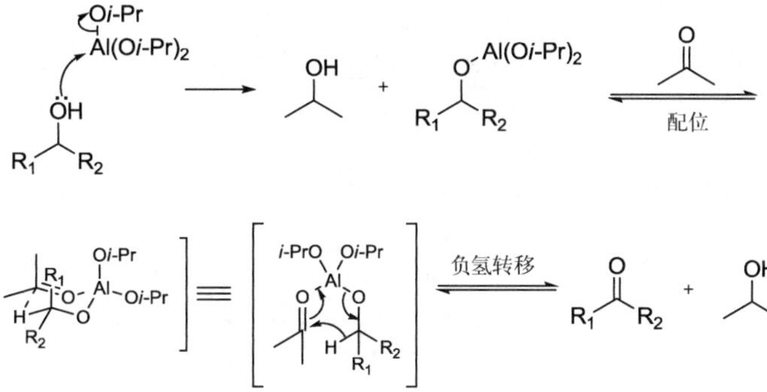

环状过渡态

Example 1, Mg-Oppenauer氧化[3]

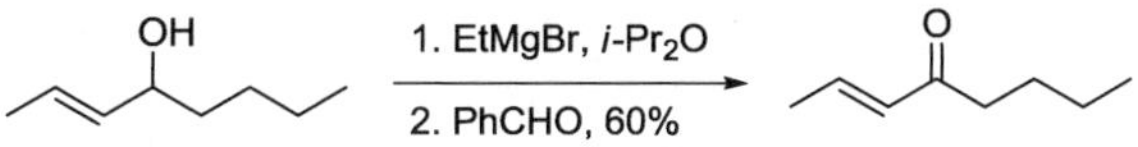

Example 2[6]

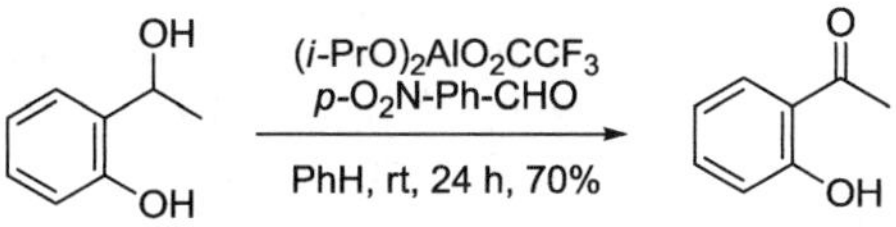

Example 3, Mg-Oppenauer氧化[8]

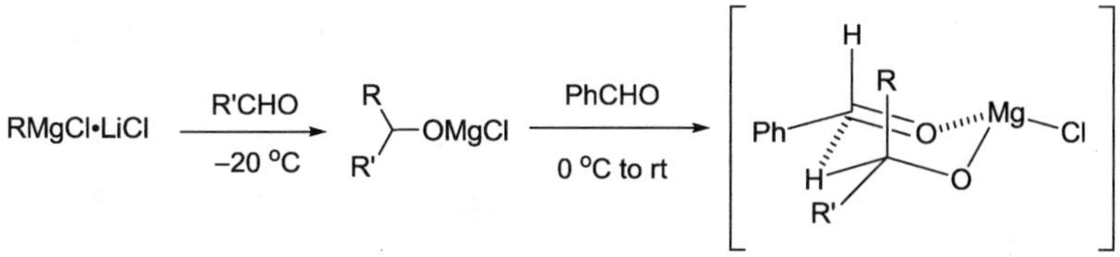

J.J. Li, *Name Reactions: A Collection of Detailed Mechanisms and Synthetic Applications*,
DOI 10.1007/978-3-319-03979-4_198, © Springer International Publishing Switzerland 2014

Example 4[10]

Example 5, 串联亲核加成–Oppenauer 氧化[12]

References

1. Oppenauer, R. V. *Rec. Trav. Chim.* **1937**, *56*, 137–144. 奥本诺尔（R. V. Oppenauer, 1910–）出生于意大利的 Burgstall，在苏黎世跟两位诺贝尔化学奖得主卢齐卡（L. Ruzicka）和赖希施泰因（T. Reichstein）学习后在欧洲各地从事学术研究和在罗氏公司（Hoffman-La Roche）工作，又在阿根廷的 Ministry of Public Health in Buenos Aires 工作。
2. Djerassi, C. *Org. React.* **1951**, *6*, 207–235. (Review).
3. Byrne, B.; Karras, M. *Tetrahedron Lett.* **1987**, *28*, 769–772.
4. Ooi, T.; Otsuka, H.; Miura, T.; Ichikawa, H.; Maruoka, K. *Org. Lett.* **2002**, *4*, 2669–2672.
5. Suzuki, T.; Morita, K.; Tsuchida, M.; Hiroi, K. *J. Org. Chem.* **2003**, *68*, 1601–1602.
6. Auge, J.; Lubin-Germain, N.; Seghrouchni, L. *Tetrahedron Lett.* **2003**, *44*, 819–822.
7. Hon, Y.-S.; Chang, C.-P.; Wong, Y.-C. Byrne, B.; Karras, M. *Tetrahedron Lett.* **2004**, *45*, 3313–3315.
8. Kloetzing, R. J.; Krasovskiy, A.; Knochel, P. *Chem. Eur. J.* **2007**, *13*, 215–227.
9. Fuchter, M. J. *Oppenauer Oxidation*. In *Name Reactions for Functional Group Transformations*; Li, J. J., Ed.; Wiley: Hoboken, NJ, **2007**, pp 265–373. (Review).
10. Mello, R.; Martinez-Ferrer, J.; Asensio, G.; Gonzalez-Nunez, M. E. *J. Org. Chem.* **2008**, *72*, 9376–9378.
11. Borzatta, V.; Capparella, E.; Chiappino, R.; Impala, D.; Poluzzi, E.; Vaccari, A. *Cat. Today* **2009**, *140*, 112–116.
12. Fu, Y.; Yang, Y.; Hügel, H. M.; Du, Z.; Wang, K.; Huang, D.; Hu, Y. *Org. Biomol. Chem.* **2013**, *11*, 4429–4432.

Overman 重排反应

烯丙基醇立体选择性地经三氯亚胺酯中间体转化为烯丙基三氯乙酰胺。

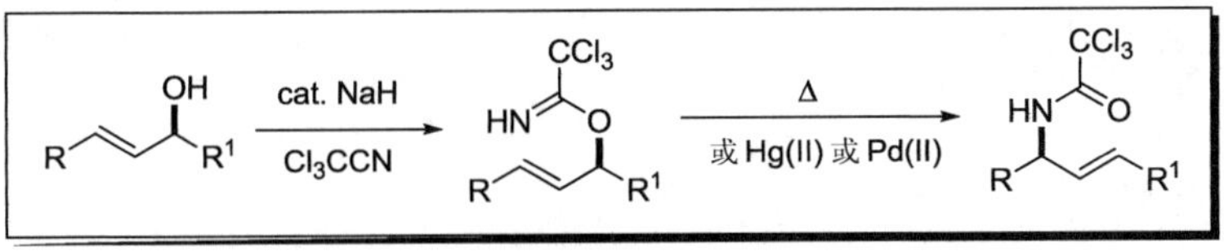

三氯乙酰亚胺化物

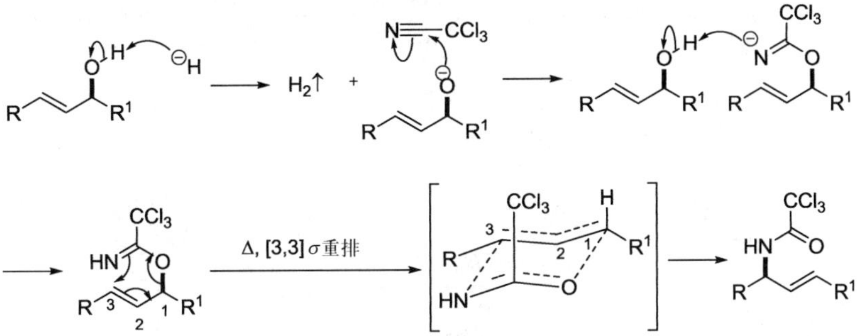

Example 1[5]

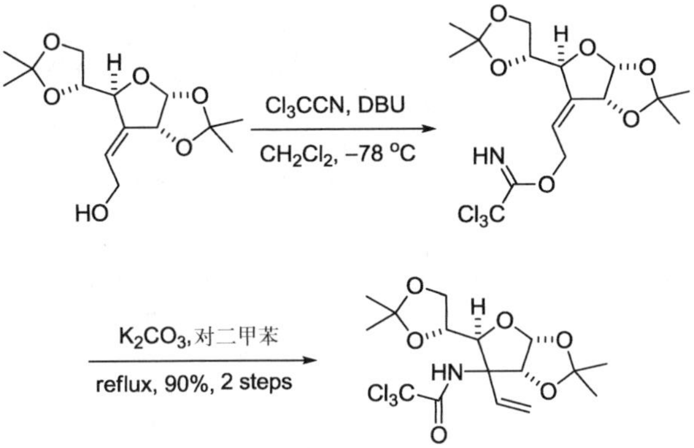

Example 2[6]

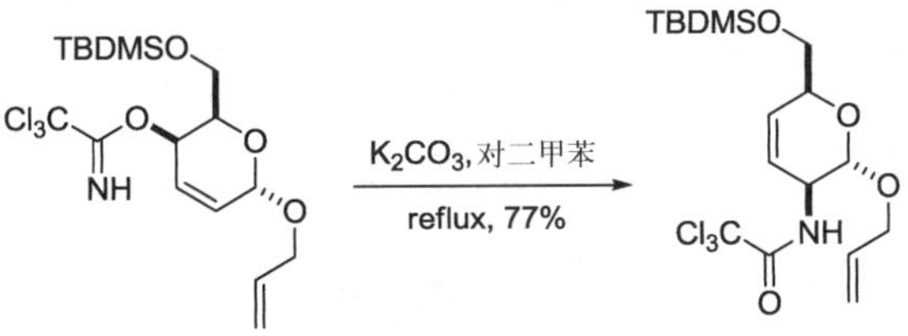

Example 3[7]

J.J. Li, *Name Reactions: A Collection of Detailed Mechanisms and Synthetic Applications*,
DOI 10.1007/978-3-319-03979-4_199, © Springer International Publishing Switzerland 2014

Example 4[9]

Example 5, 串联式 Overman 重排[11]

References
1. (a) Overman, L. E. *J. Am. Chem. Soc.* **1974**, *96*, 597–599. (b) Overman, L. E. *J. Am. Chem. Soc.* **1976**, *98*, 2901–2910. (c) Overman, L. E. *Acc. Chem. Res.* **1980**, *13*, 218–224. (Review).
2. Demay, S.; Kotschy, A.; Knochel, P. *Synthesis* **2001**, 863–866.
3. Oishi, T.; Ando, K.; Inomiya, K.; Sato, H.; Iida, M.; Chida, N. *Org. Lett.* **2002**, *4*, 151–154.
4. Reilly, M.; Anthony, D. R.; Gallagher, C. *Tetrahedron Lett.* **2003**, *44*, 2927–2930.
5. Tsujimoto, T.; Nishikawa, T.; Urabe, D.; Isobe, M. *Synlett* **2005**, 433–436.
6. Montero, A.; Mann, E.; Herradon, B. *Tetrahedron Lett.* **2005**, *46*, 401–405.
7. Hakansson, A. E.; Palmelund, A.; Holm, H.; Madsen, R. *Chem. Eur. J.* **2006**, *12*, 3243–3253.
8. Bøjstrup, M.; Fanejord, M.; Lundt, I. *Org. Biomol. Chem.* **2007**, *5*, 3164–3171.
9. Lamy, C.; Hifmann, J.; Parrot-Lopez, H.; Goekjian, P. *Tetrahedron Lett.* **2007**, *48*, 6177–6180.
10. Wu, Y.-J. *Overman Rearrangement.* In *Name Reactions for Homologations-Part II*; Li, J. J., Ed.; Wiley: Hoboken, NJ, 2009, pp 210–225. (Review).
11. Nakayama, Y.; Sekiya, R.; Oishi, H.; Hama, N.; Yamazaki, M.; Sato, T.; Chida, N. *Chem. Eur. J.* **2013**, *19*, 12052–12058.

Paal 噻吩合成反应

加一个硫原子到 1,4-二酮后随之脱水生成噻吩的合成反应。

反应现在常用 Lawesson 试剂来操作。羰基转化为硫羰基的反应机理可见 360 页上的 Lawesson 试剂。

Example 1[2]

Example 2[3]

References

1. (a) Paal, C. *Ber.* **1885**, *18*, 2251–2254. (b) Paal, C. *Ber.* **1885**, *18*, 367–371.
2. Thomsen, I.; Pedersen, U.; Rasmussen, P. B.; Yde, B.; Andersen, T. P.; Lawesson, S.-O. *Chem. Lett.* **1983**, 809–810.
3. Parakka, J. P.; Sadannandan, E. V.; Cava, M. P. *J. Org. Chem.* **1994**, *59*, 4308–4310.
4. Kikuchi, K.; Hibi, S.; Yoshimura, H.; Tokuhara, N.; Tai, K.; Hida, T.; Yamauchi, T.; Nagai, M. *J. Med. Chem.* **2000**, *43*, 409–423.
5. Sonpatki, V. M.; Herbert, M. R.; Sandvoss, L. M.; Seed, A. J. *J. Org. Chem.* **2001**, *66*, 7283–7286.
6. Kiryanov, A. A.; Sampson, P.; Seed, A. J. *J. Org. Chem.* **2001**, *66*, 7925–7929.
7. Mullins, R. J.; Williams, D. R. *Paal Thiophene Synthesis*. In *Name Reactions in Heterocyclic Chemistry*; Li, J. J., Ed.; Wiley: Hoboken, NJ, **2005**, 207–217. (Review).
8. Kaniskan, N.; Elmali, D.; Civcir, P. U. *ARKIVOC* **2008**, 17–29.

Paal-Knorr 呋喃合成反应

1,4-二酮在酸催化下的环化反应给出呋喃的合成反应。

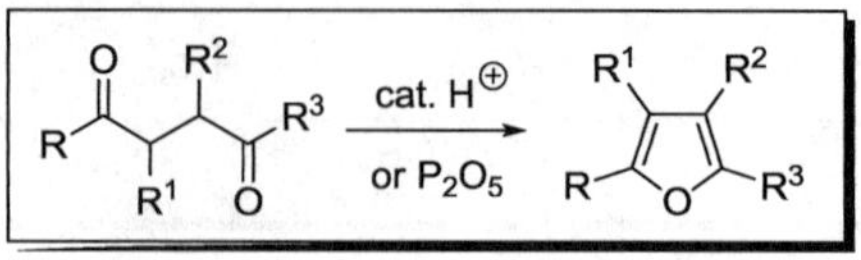

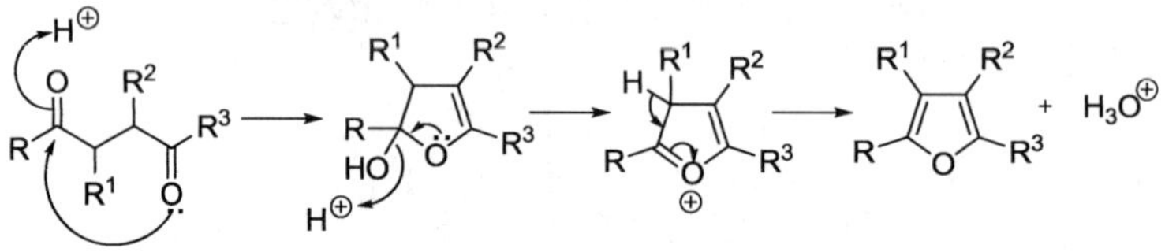

Example 1[3]

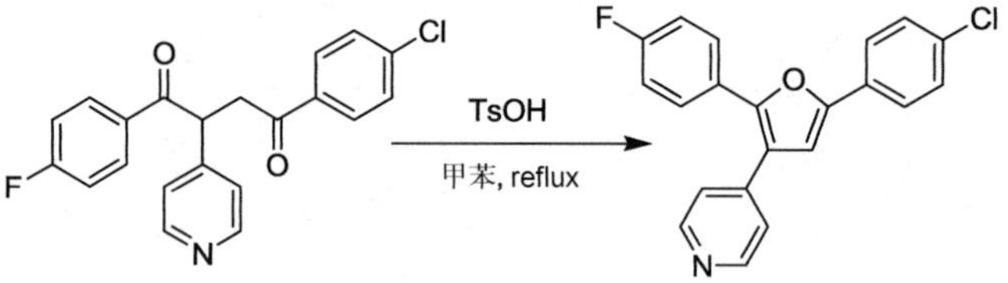

Example 2[6]

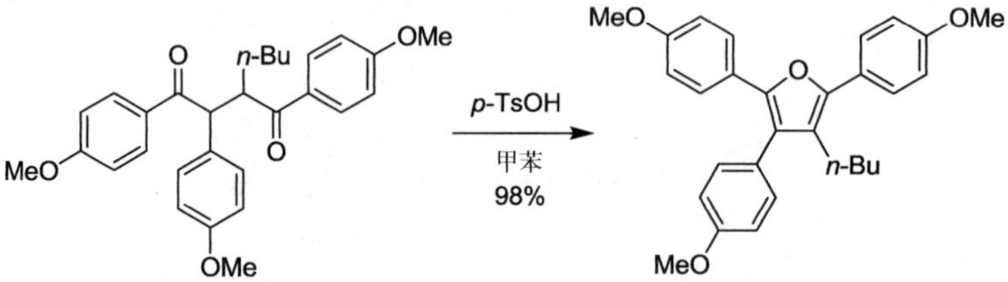

Example 3[9]

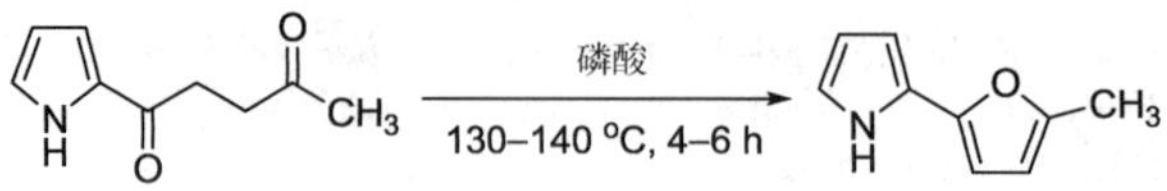

Example 4[10]

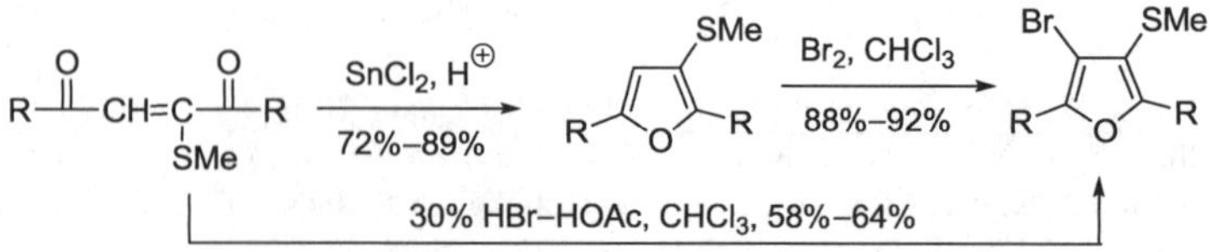

J.J. Li, *Name Reactions: A Collection of Detailed Mechanisms and Synthetic Applications*,
DOI 10.1007/978-3-319-03979-4_201,

Example 5, 呋喃生成的同时伴随脱溴[10]

References

1. (a) Paal, C. *Ber.* **1884,** *17*, 2756–2767. (b) Knorr, L. *Ber.* **1885,** *17*, 2863–2870. (c) Paal, C. *Ber.* **1885,** *18*, 367–371.
2. Friedrichsen, W. 呋喃及其苯并衍生物的合成：In *Comprehensive Heterocyclic Chemistry II*; Katritzky, A. R., Rees, C. W., Scriven, E. F. V., Eds.; Pergamon: New York, **1996**; *Vol. 2*, 351–393. (Review).
3. de Laszlo, S. E.; Visco, D.; Agarwal, L.; *et al. Bioorg. Med. Chem. Lett.* **1998**, *8*, 2689–2694.
4. Gupta, R. R.; Kumar, M.; Gupta, V. *Heterocyclic Chemistry*, Springer: New York, **1999**; Vol. 2, 83–84. (Review).
5. Joule, J. A.; Mills, K. *Heterocyclic Chemistry*, 4th ed.; Blackwell Science: Cambridge, **2000**; 308–309. (Review).
6. Mortensen, D. S.; Rodriguez, A. L.; Carlson, K. E.; Sun, J.; Katzenellenbogen, B. S.; Katzenellenbogen, J. A. *J. Med. Chem.* **2001**, *44*, 3838–3848.
7. König, B. *Product Class 9: Furans*. In *Science of Synthesis: Houben–Weyl Methods of Molecular Transformations*; Maas, G., Ed.; Georg Thieme Verlag: New York, **2001**; *Cat. 2, Vol.* 9, 183–278. (Review).
8. Shea, K. M. *Paal–Knorr Furan Synthesis*. In *Name Reactions in Heterocyclic Chemistry*; Li, J. J., Ed.; Wiley: Hoboken, NJ, **2005**, pp 168–181. (Review).
9. Kaniskan, N.; Elmali, D.; Civcir, P. U. *ARKIVOC* **2008**, 17–29.
10. Yin, G.; Wang, Z.; Chen, A.; Gao, M.; Wu, A.; Pan, Y. *J. Org. Chem.* **2008**, *73*, 3377–3383.
11. Wang, G.; Guan, Z.; Tang, R.; He, Y. *Synth. Commun.* **2010**, *40*, 370–377.

Paal-Knorr 吡咯合成反应

1,4-二酮和伯胺或氨反应给出吡咯的合成反应。是347页上Knorr吡唑合成反应的变异。

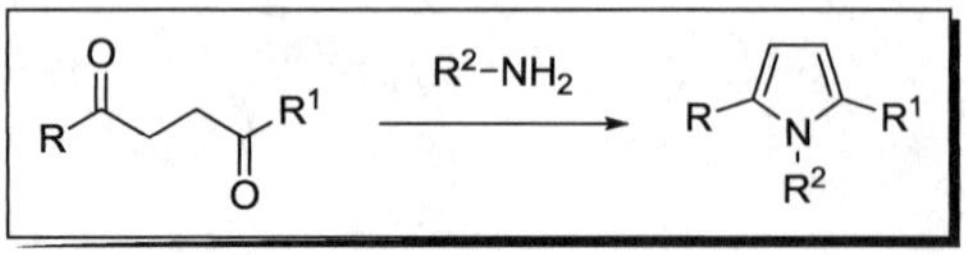
R²–NH₂

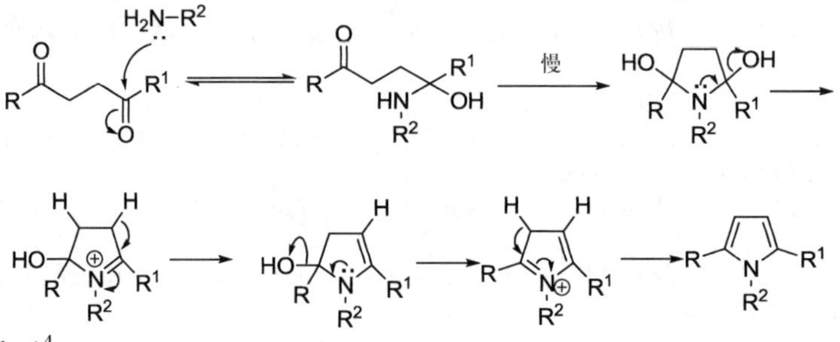
慢

Example 1[4]

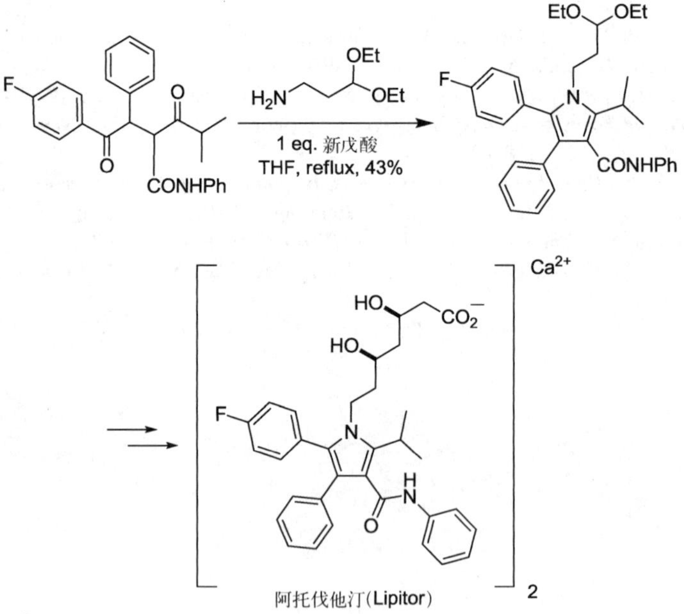
1 eq. 新戊酸
THF, reflux, 43%
阿托伐他汀(Lipitor)

Example 2[5]

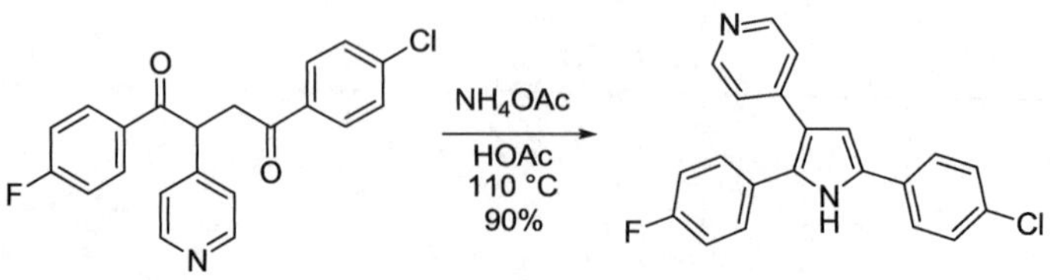
NH₄OAc
HOAc
110 °C
90%

J.J. Li, *Name Reactions: A Collection of Detailed Mechanisms and Synthetic Applications*,
DOI 10.1007/978-3-319-03979-4_202, © Springer International Publishing Switzerland 2014

Example 3[9]

Example 4[10]

Example 5, 呋喃开环-吡咯成环[10]

References

1. (a) Paal, C. *Ber.* **1885,** *18*, 367–371. (b) Paal, C. *Ber.* **1885,** *18*, 2251–2254. (c) Knorr, L. *Ber.* **1885,** *18*, 299–311.
2. Corwin, A. H. *Heterocyclic Compounds Vol. 1*, Wiley, NY, **1950**; Chapter 6. (Review).
3. Jones, R. A.; Bean, G. P. *The Chemistry of Pyrroles*, Academic Press, London, **1977,** pp 51–57, 74–79. (Review).
4. (a) Brower, P. L.; Butler, D. E.; Deering, C. F.; Le, T. V.; Millar, A.; Nanninga, T. N.; Roth, B. D. *Tetrahedron Lett.* **1992,** *33*, 2279-2282. (b) Baumann, K. L.; Butler, D. E.; Deering, C. F.; Mennen, K. E.; Millar, A.; Nanninga, T. N.; Palmer, C. W.; Roth, B. D. *Tetrahedron Lett.* **1992,** *33*, 2279, 2283–2284.
5. de Laszlo, S. E.; Visco, D.; Agarwal, L.; *et al. Bioorg. Med. Chem. Lett.* **1998,** *8*, 2689–2694.
6. Braun, R. U.; Zeitler, K.; Müller, T. J. J. *Org. Lett.* **2001,** *3*, 3297–3300.
7. Quiclet-Sire, B.; Quintero, L.; Sanchez-Jimenez, G.; Zard, Z. *Synlett* **2003,** 75–78.
8. Gribble, G. W. *Knorr and Paal–Knorr Pyrrole Syntheses*. In *Name Reactions in Heterocyclic Chemistry*; Li, J. J., Corey, E. J., Eds, Wiley: Hoboken, NJ, **2005,** 77–88. (Review).
9. Salamone, S. G.; Dudley, G. B. *Org. Lett.* **2005,** *7*, 4443–4445.
10. Fu, L.; Gribble, G. W. *Tetrahedron Lett.* **2008,** *49*, 7352–7354.
11. Trushkov, I. V.; Nevolina, T. A.; Shcherbinin, V. A.; Sorotskaya, L. N.; Butin, A. V. *Tetrahedron Lett.* **2013,** *54*, 3974–3976.

Parham 环化反应

本反应起自芳基锂和杂芳基锂的锂卤交换反应并随后在亲电位上进行的分子内环化反应。

Example 1

第二当量^{t}BuLi的作用:

Example 2[2]

J.J. Li, *Name Reactions: A Collection of Detailed Mechanisms and Synthetic Applications*,
DOI 10.1007/978-3-319-03979-4_203, © Springer International Publishing Switzerland 2014

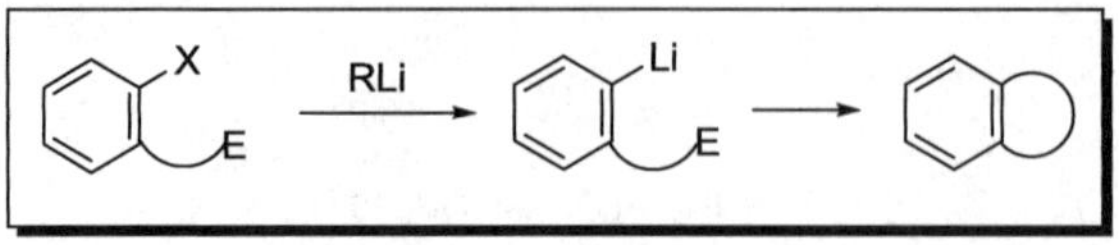

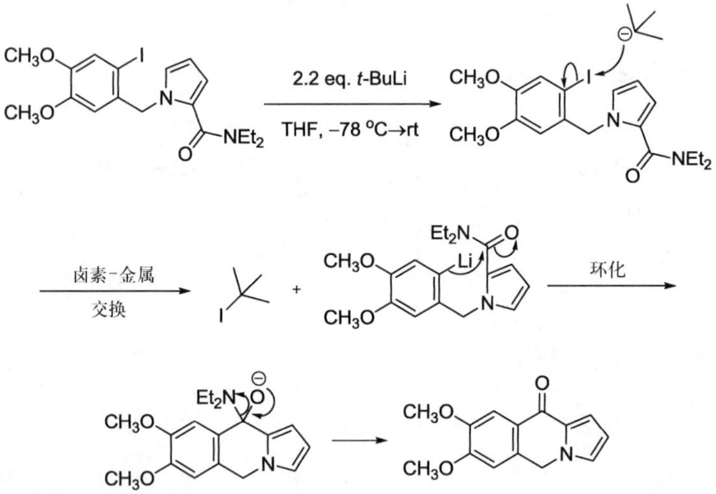

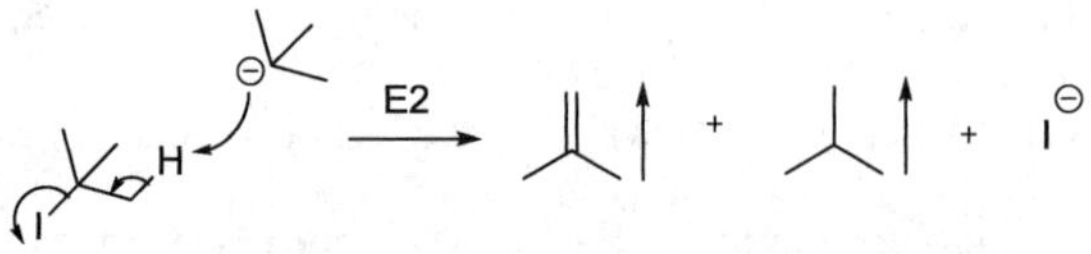

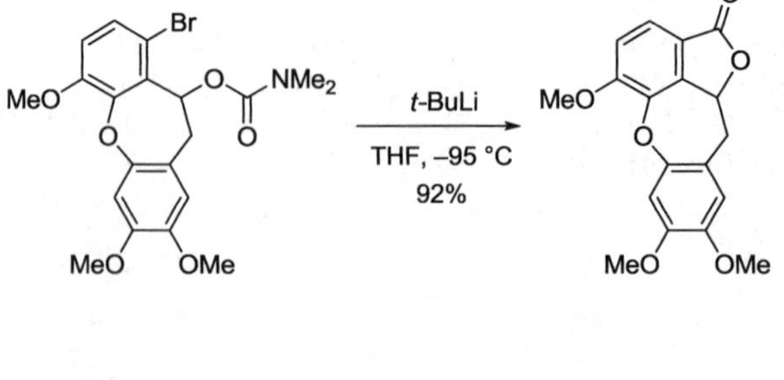

Example 3[4]

Example 4[5]

Example 5[9]

References

1. (a) Parham, W. E.; Jones, L. D.; Sayed, Y. *J. Org. Chem.* **1975**, *40*, 2394–2399. 帕哈姆（W. P. Parham）是杜克大学（Duke University）教授。(b) Parham, W. E.; Jones, L. D.; Sayed, Y. *J. Org. Chem.* **1976**, *41*, 1184–1186. (c) Parham, W. E.; Bradsher, C. K. *Acc. Chem. Res.* **1982**, *15*, 300–305. (Review).
2. Paleo, M. R.; Lamas, C.; Castedo, L.; Domínguez, D. *J. Org. Chem.* **1992**, *57*, 2029–2033.
3. Gray, M.; Tinkl, M.; Snieckus, V. In *Comprehensive Organometallic Chemistry II*; Abel, E. W., Stone, F. G. A., Wilkinson, G., Eds.; Pergamon: Exeter, **1995**; Vol. 11; p 66. (Review).
4. Gauthier, D. R., Jr.; Bender, S. L. *Tetrahedron Lett.* **1996**, *37*, 13–16.
5. Collado, M. I.; Manteca, I.; Sotomayor, N.; Villa, M.-J.; Lete, E. *J. Org. Chem.* **1997**, *62*, 2080–2092.
6. Mealy, M. M.; Bailey, W. F. *J. Organomet. Chem.* **2002**, *646*, 59–67. (Review).
7. Sotomayor, N.; Lete, E. *Current Org. Chem.* **2003**, *7*, 275–300. (Review).
8. González-Temprano, I.; Osante, I.; Lete, E.; Sotomayor, N. *J. Org. Chem.* **2004**, *69*, 3875–3885.
9. Moreau, A.; Couture, A.; Deniau, E.; Grandclaudon, P.; Lebrun, S. *Org. Biomol. Chem.* **2005**, *3*, 2305–2309.
10. Gribble, G. W. *Parham cyclization*. In *Name Reactions for Homologations-Part II*; Li, J. J., Ed.; Wiley: Hoboken, NJ, **2009**, pp 749–764. (Review).
11. Aranzamendi, E.; Sotomayor, N.; Lete, E. *J. Org. Chem.* **2012**, *77*, 2986–2991.
12. Huard, K.; Bagley, S. W.; Menhaji-Klotz, E.; et al. *J. Org. Chem.* **2012**, *77*, 10050–10057.

Passerini 反应

羧酸、C-异氰化酯和羰基化合物的三组分缩合反应（3CC）给出 α-酰氧基酰胺化物。亦是三组分反应（3CR），参见608页上的Ugi反应。

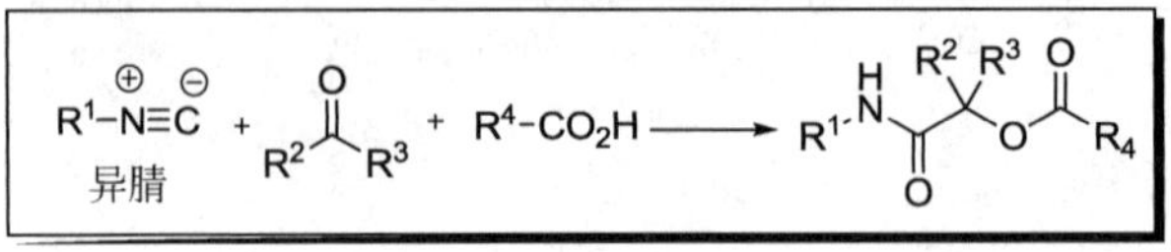

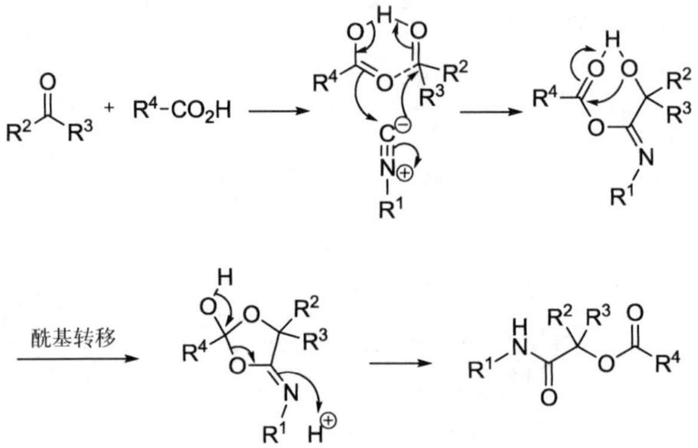

Example 1[3]

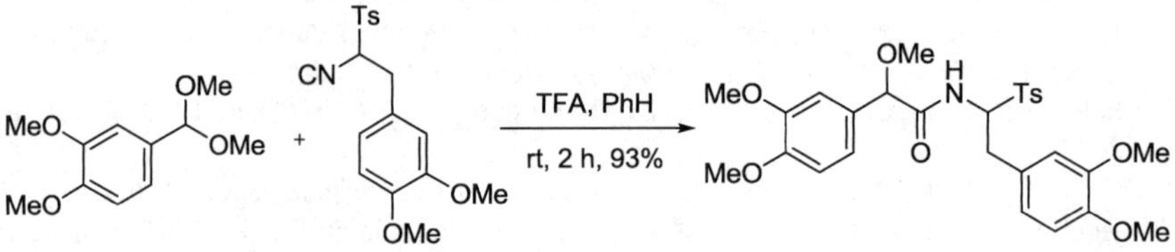

Example 2[5]

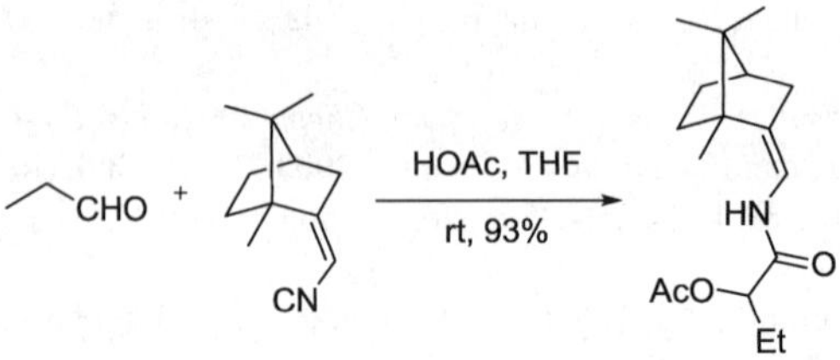

Example 3[6]

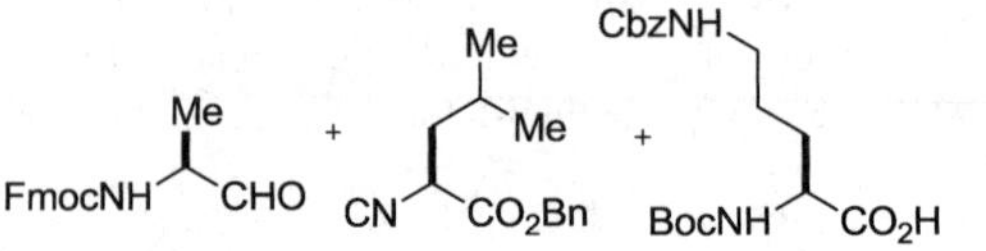

Example 4[7]

References

1. Passerini, M. *Gazz. Chim. Ital.* **1921**, *51*, 126–129. (b) Passerini, M. *Gazz. Chim. Ital.* **1921**, *51*, 181–188. 帕塞利尼（M. Passerini）博士1891年出生于意大利的Scandicci。他大部分生涯都在佛罗伦萨大学（University of Florence）大学任化学和药学教授。
2. Ferosie, I. *Aldrichimica Acta* **1971**, *4*, 21. (Review).
3. Barrett, A. G. M.; Barton, D. H. R.; Falck, J. R.; Papaioannou, D.; Widdowson, D. A. *J. Chem. Soc., Perkin Trans. 1* **1979**, 652–661.
4. Ugi, I.; Lohberger, S.; Karl, R. In *Comprehensive Organic Synthesis*; Trost, B. M.; Fleming, I., Eds.; Pergamon: Oxford, **1991**, Vol. 2, p.1083. (Review).
5. Bock, H.; Ugi, I. *J. Prakt. Chem.* **1997**, *339*, 385–389.
6. Banfi, L.; Guanti, G.; Riva, R. *Chem. Commun.* **2000**, 985–986.
7. Owens, T. D.; Semple, J. E. *Org. Lett.* **2001**, *3*, 3301–3304.
8. Xia, Q.; Ganem, B. *Org. Lett.* **2002**, *4*, 1631–1634.
9. Banfi, L.; Riva, R. *Org. React.* **2005**, *65*, 1–140. (Review).
10. Klein, J. C.; Williams, D. R. *Passerini Reaction*. In *Name Reactions for Homologations-Part II*; Li, J. J., Ed.; Wiley: Hoboken, NJ, **2009**, pp 765–785. (Review).
11. Sato, K.; Ozu, T.; Takenaga, N. *Tetrahedron Lett.* **2013**, *54*, 661–664.

Paterno-Buchi 反应

光促的羰基和烯基发生电环化反应生成多取代氧杂环丁烷体系。

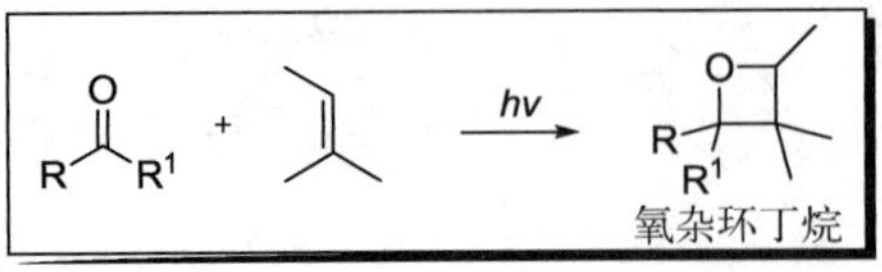

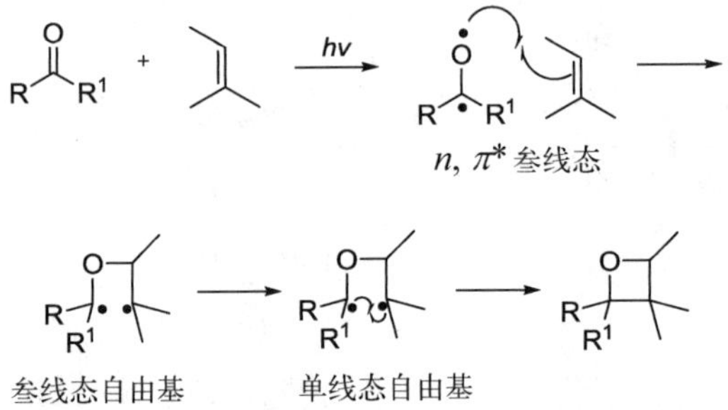

氧杂环丁烷

n, π^* 叁线态

叁线态自由基　　单线态自由基

Example 1[2]

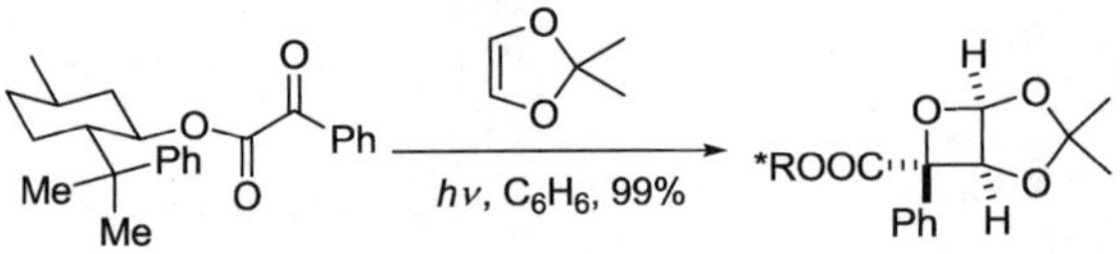

Example 2[4]

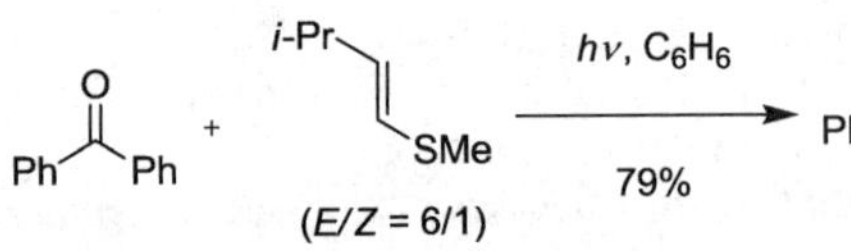

(E/Z = 6/1)

Example 3[6]

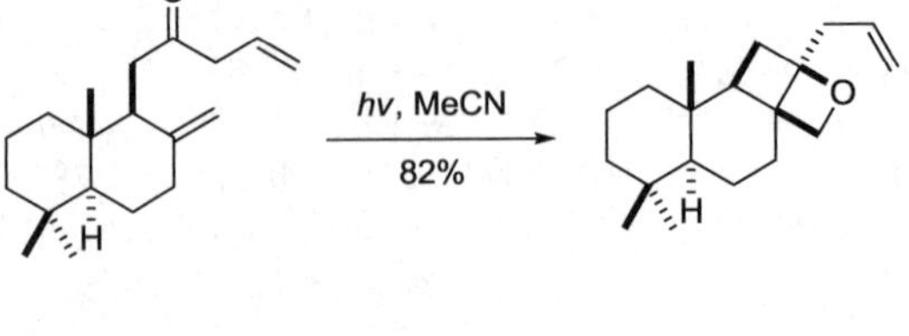

Example 4[8]

溶剂

Example 5[9]

References

1. (a) Paternó, E.; Chieffi, G. *Gazz. Chim. Ital.* **1909,** *39,* 341–361. 帕特诺（E. Paternó, 1847–1935）出生于意大利西西里岛的Palermo，是第一个发现光促生成氧杂环丁烷的人。(b) Büchi, G.; Inman, C. G.; Lipinsky, E. S. *J. Am. Chem. Soc.* **1954,** *76,* 4327–4331. 布齐（G. H. Buchi, 1921–1998）出生于瑞士的Baden。佩特诺（E. Paterno）于1909年观测到光促的羰基和烯基的反应，在MIT任教授的布齐后来解析出该反应的产物是氧杂环丁烷体系。布齐死于心脏病突发，那时他正和他的妻子在其祖国瑞士远足步行。
2. Koch, H.; Runsink, J.; Scharf, H.-D. *Tetrahedron Lett.* **1983,** *24,* 3217–3220.
3. Carless, H. A. J. In *Synthetic Organic Photochemistry*; Horspool, W. M., Ed.; Plenum Press: New York, **1984,** 425. (Review).
4. Morris, T. H.; Smith, E. H.; Walsh, R. *J. Chem. Soc., Chem. Commun.* **1987,** 964–965.
5. Porco, J. A., Jr.; Schreiber, S. L. In *Comprehensive Organic Synthesis;* Trost, B. M.; Fleming, I., Eds.; Pergamon: Oxford, **1991,** *Vol. 5,* 151–192. (Review).
6. de la Torre, M. C.; Garcia, I.; Sierra, M. A. *J. Org. Chem.* **2003,** *68,* 6611–6618.
7. Griesbeck, A. G.; Mauder, H.; Stadtmüller, S. *Acc. Chem. Res.* **1994,** *27,* 70–75. (Review).
8. D'Auria, M.; Emanuele, L.; Racioppi, R. *Tetrahedron Lett.* **2004,** *45,* 3877–3880.
9. Liu, C. M. *Paternó–Büchi Reaction.* In *Name Reactions in Heterocyclic Chemistry;* Li, J. J., Ed.; Wiley: Hoboken, NJ, **2005,** pp 44–49. (Review).
10. Cho, D. W.; Lee, H.-Y.; Oh, S. W.; Choi, J. H.; Park, H. J.; Mariano, P. S.; Yoon, U. C. *J. Org. Chem.* **2008,** *73,* 4539–4547.
11. D'Annibale, A.; D'Auria, M.; Prati, F.; Romagnoli, C.; Stoia, S.; Racioppi, R.; Viggiani, L. *Tetrahedron* **2013,** *69,* 3782–3795.

Pauson-Khand 反应

烯烃、炔烃和CO在八羰基二钴合物促进下发生形式上的[2+2+1]环加成反应生成环戊烯酮。

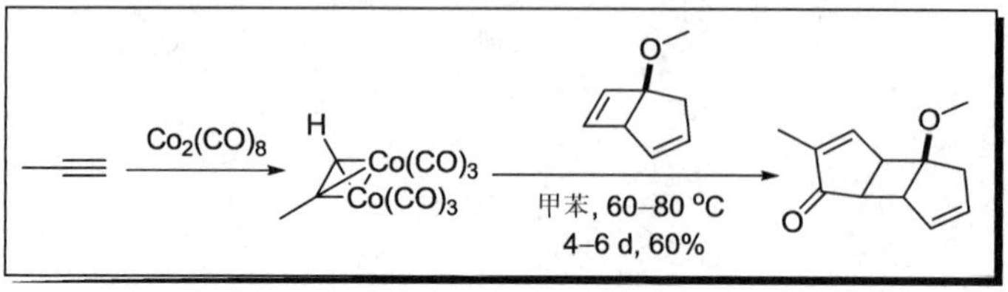

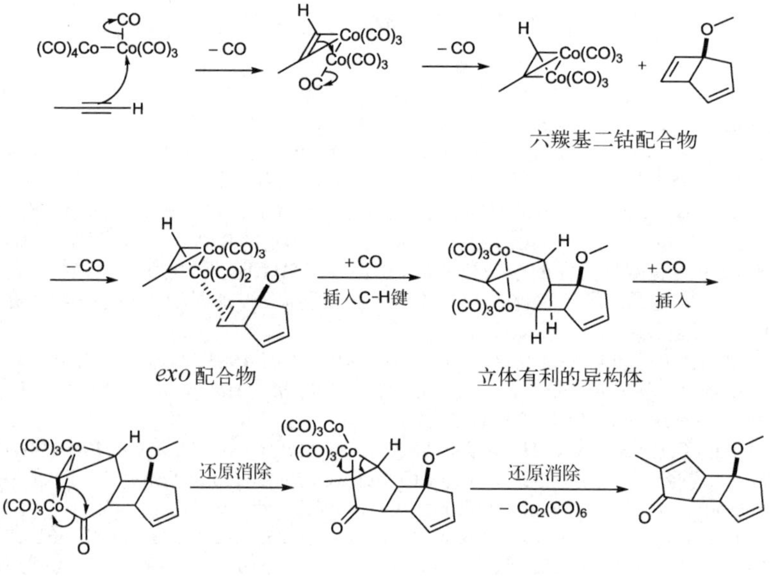

六羰基二钴配合物

exo 配合物

立体有利的异构体

Example 1[3]

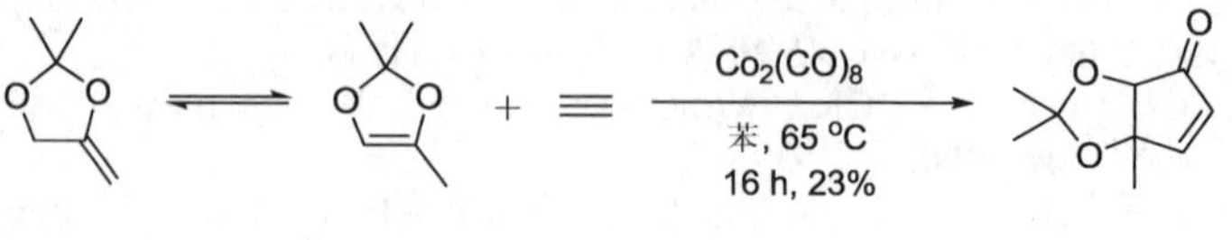

Example 2, 一个催化模式[6]

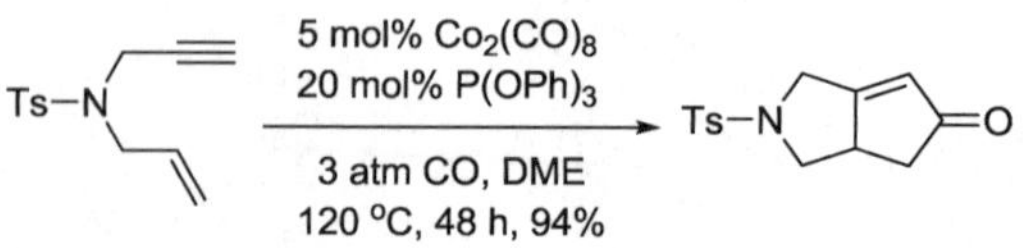

Example 3, 分子内 Pauson-Khand 反应[9]

Example 4, 分子内 Pauson-Khand 反应[10]

Example 5[12]

References

1. (a) Pauson, P. L.; Khand, I. U.; Knox, G. R.; Watts, W. E. *J. Chem. Soc., Chem. Commun.* **1971**, 36. 卡恩特（I. U. Khand）和泡森（P. L. Pausen）都在苏格兰的 University of Strathelyde 工作。(b) Khand, I. U.; Knox, G. R.; Pauson, P. L.; Watts, W. E.; Foreman, M. I. *J. Chem. Soc., Perkin Trans. 1* **1973**, 975–977. (c) Bladon, P.; Khand, I. U.; Pauson, P. L. *J. Chem. Res. (S)*, **1977**, 9. (d) Pauson, P. L. *Tetrahedron* **1985**, *41*, 5855–5860. (Review).
2. Schore, N. E. *Chem. Rev.* **1988**, *88*, 1081–1119. (Review).
3. Billington, D. C.; Kerr, W. J.; Pauson, P. L.; Farnocchi, C. F. *J. Organomet. Chem.* **1988**, *356*, 213–219.
4. Schore, N. E. In *Comprehensive Organic Synthesis*; Paquette, L. A.; Fleming, I.; Trost, B. M., Eds.; Pergamon: Oxford, **1991**, *Vol. 5*, p.1037. (Review).
5. Schore, N. E. *Org. React.* **1991**, *40*, 1–90. (Review).
6. Jeong, N.; Hwang, S. H.; Lee, Y.; Chung, J. *J. Am. Chem. Soc.* **1994**, *116*, 3159–3160.
7. Brummond, K. M.; Kent, J. L. *Tetrahedron* **2000**, *56*, 3263–3283. (Review).
8. Tsujimoto, T.; Nishikawa, T.; Urabe, D.; Isobe, M. *Synlett* **2005**, 433–436.
9. Miller, K. A.; Martin, S. F. *Org. Lett.* **2007**, *9*, 1113–1116.
10. Kaneda, K.; Honda, T. *Tetrahedron* **2008**, *64*, 11589–11593.
11. Torres, R. R. *The Pauson-Khand Reaction: Scope, Variations and Applications*, Wiley: Hoboken, NJ, 2012. (Review).
12. McCormack, M. P.; Waters, S. P. *J. Org. Chem.* **2013**, *78*, 1127–1137.

Payne 重排反应

Payne重排是2,3-环氧醇在碱影响下异构化为1,2-环氧-3-醇的反应。也是熟知的一个环氧基迁移的反应。

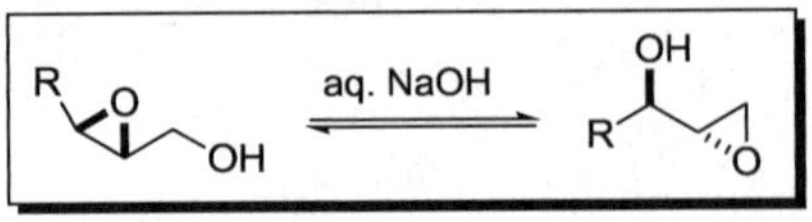

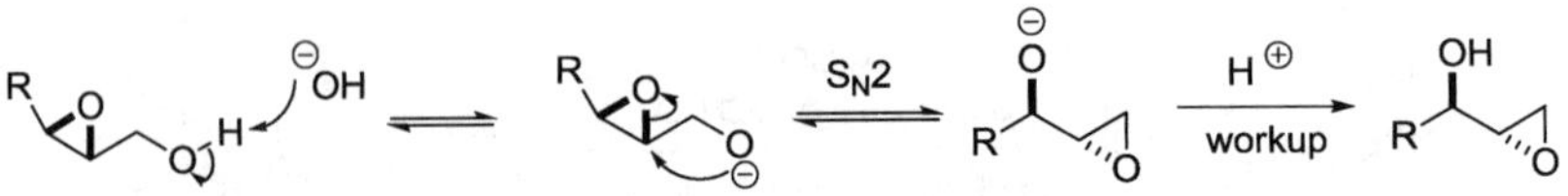

Example 1[2]

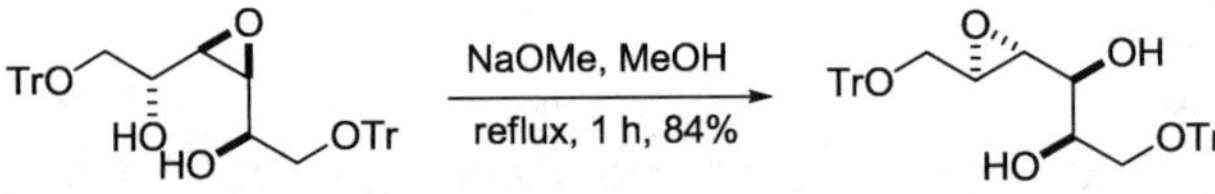

Example 2[3]

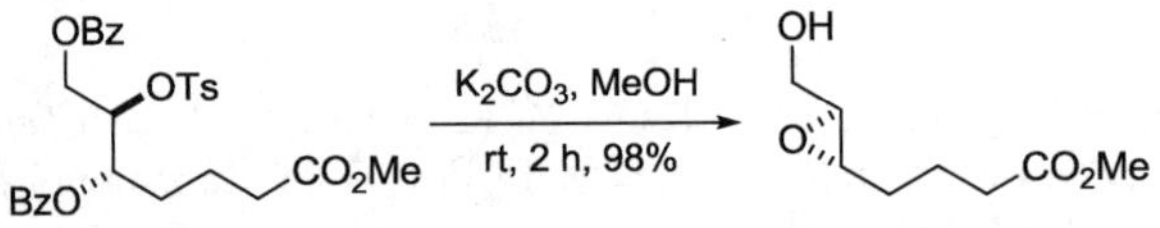

Example 3, 氮杂的 Payne 重排[8]

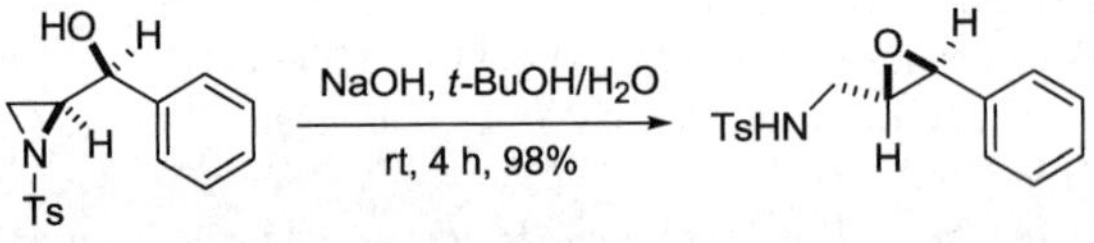

Example 4, 氮杂的Payne重排[9]

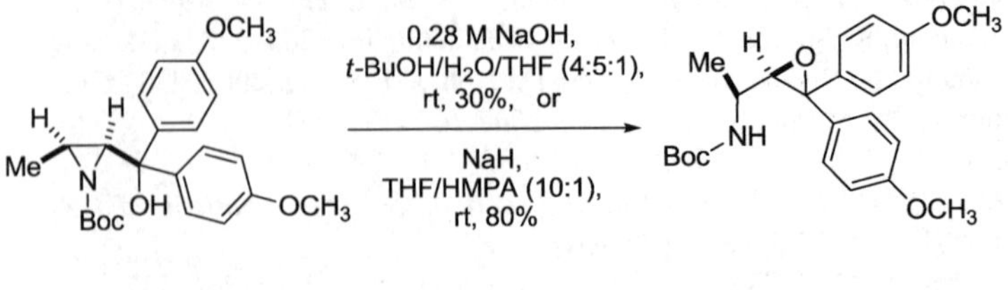

J.J. Li, *Name Reactions: A Collection of Detailed Mechanisms and Synthetic Applications*,
DOI 10.1007/978-3-319-03979-4_207, © Springer International Publishing Switzerland 2014

Example 5, 经由插入类 Payne 重排的脂酶介入的动态动力学拆分[11]

References
1. Payne, G. B. *J. Org. Chem.* **1962,** *27*, 3819–3822. 佩恩（Geoge B. Payne）是加州 Shell Development Co. 的化学家。
2. Buchanan, J. G.; Edgar, A. R. *Carbohydr. Res.* **1970,** *10*, 295–302.
3. Corey, E. J.; Clark, D. A.; Goto, G.; Marfat, A.; Mioskowski, C.; Samuelsson, B.; Hammerstrom, S. *J. Am. Chem. Soc.* **1980,** *102*, 1436–1439, and 3663–3665.
4. Ibuka, T. *Chem. Soc. Rev.* **1998,** *27*, 145–154. (Review).
5. Hanson, R. M. *Org. React.* **2002,** *60*, 1–156. (Review).
6. Yamazaki, T.; Ichige, T.; Kitazume, T. *Org. Lett.* **2004,** *6*, 4073–4076.
7. Bilke, J. L.; Dzuganova, M.; Froehlich, R.; Wuerthwein, E.-U. *Org. Lett.* **2005,** *7*, 3267–3270.
8. Feng, X.; Qiu, G.; Liang, S.; Su, J.; Teng, H.; Wu, L.; Hu, X. *Russ. J. Org. Chem.* **2006,** *42*, 514–500.
9. Feng, X.; Qiu, G.; Liang, S.; Teng, H.; Wu, L.; Hu, X. *Tetrahedron: Asymmetry* **2006,** *17*, 1394–1401.
10. Kumar, R. R.; Perumal, S. *Payne Rearrangement.* In *Name Reactions for Homologations-Part II*; Li, J. J., Ed.; Wiley: Hoboken, NJ, **2009,** pp 474–488. (Review).
11. Hoye, T. R.; Jeffrey, C. S.; Nelson, D. P. *Org. Lett.* **2010,** *12*, 52–55.
12. Kulshrestha, A.; Salehi Marzijarani, N.; Dilip Ashtekar, K.; Staples, R.; Borhan, B. *Org. Lett.* **2012,** *14*, 3592–3595.

Pechmann 香豆素合成反应

酚和β-酮酯在Lewis酸和Bronsted酸促进下缩合成香豆素的反应，有时称其为von Pechmann 环化反应。

Example 1[6]

Example 2[8]

Example 3[11]

J.J. Li, *Name Reactions: A Collection of Detailed Mechanisms and Synthetic Applications*,
DOI 10.1007/978-3-319-03979-4_208, © Springer International Publishing Switzerland 2014

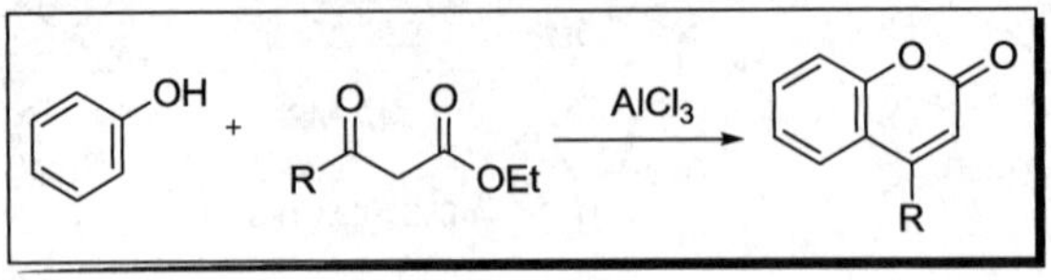

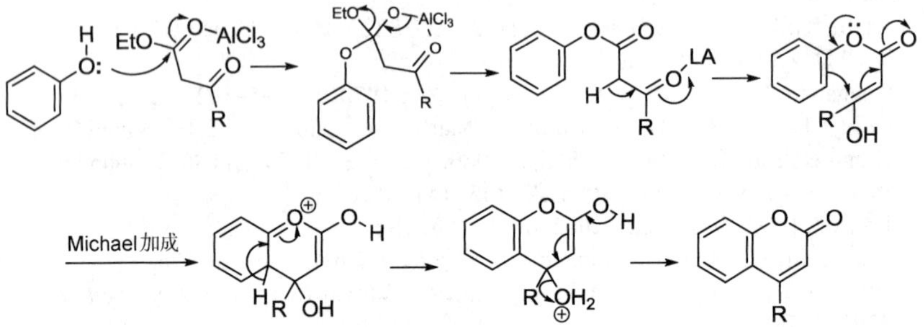

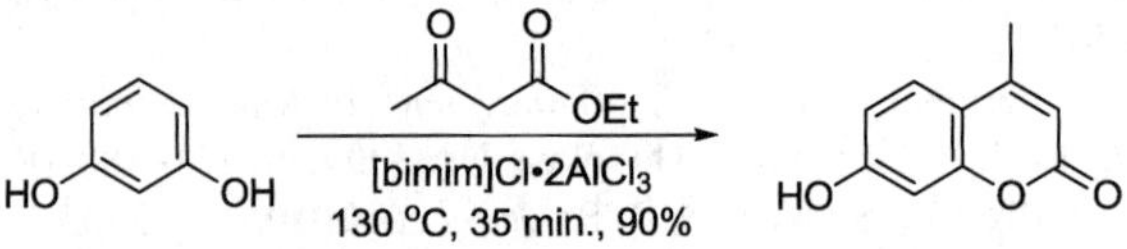

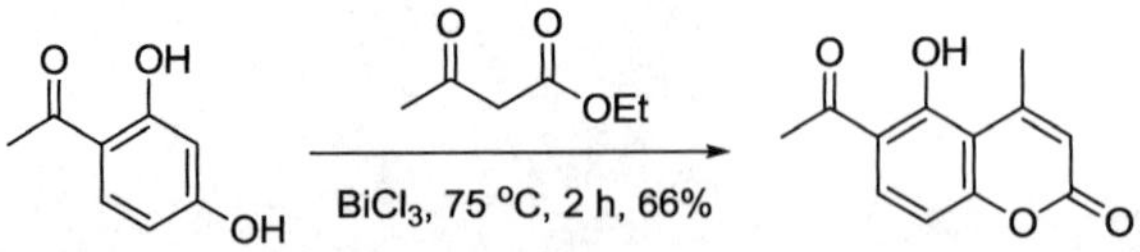

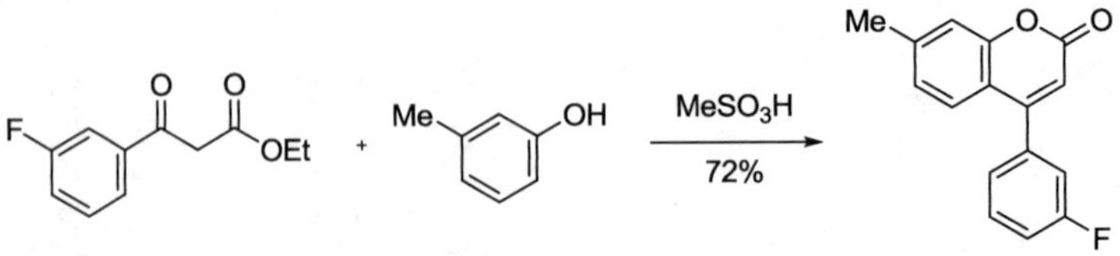

References

1. von Pechmann, H.; Duisberg, C. *Ber.* **1883,** *16,* 2119. 冯佩希曼（H. von Pechmann，1850-1902）出生于德国的Nurnberg，取得博士学位后跟弗兰克兰（E. Frankland）和拜耳一起搞研究并在慕尼黑（Munich）和图宾根（Tübingen）任教。冯佩希曼52岁时死于氰化物自杀。
2. Corrie, J. E. T. *J. Chem. Soc., Perkin Trans. 1* **1990,** 2151–2997.
3. Hua, D. H.; Saha, S.; Roche, D.; Maeng, J. C.; Iguchi, S.; Baldwin, C. *J. Org. Chem.* **1992,** *57,* 399–403.
4. Li, T.-S.; Zhang, Z.-H.; Yang, F.; Fu, C.-G. *J. Chem. Res., (S)* **1998,** 38–39.
5. Potdar, M. K.; Mohile, S. S.; Salunkhe, M. M. *Tetrahedron Lett.* **2001,** *42,* 9285–9287.
6. Khandekar, A. C.; Khandilkar, B. M. *Synlett.* **2002,** 152–154.
7. Smitha, G.; Sanjeeva Reddy, C. *Synth. Commun.* **2004,** *34,* 3997–4003.
8. De, S. K.; Gibbs, R. A. *Synthesis* **2005,** 1231–1233.
9. Manhas, M. S.; Ganguly, S. N.; Mukherjee, S.; Jain, A. K.; Bose, A. K. *Tetrahedron Lett.* **2006,** *47,* 2423–2425.
10. Rodriguez-Dominguez, J. C.; Kirsch, G. *Synthesis* **2006,** 1895–1897.
11. Ouellet, S. G.; Gauvreau, D.; Cameron, M.; Dolman, S.; Campeau, L.-C.; Hughes, G.; O'Shea, P. D.; Davies, I. W. *Org. Process Res. Dev.* **2012,** *16,* 214–219.

Perkin 反应

从芳香醛和乙酸酐合成肉桂酸。

Example 1[7]

Example 2[9]

J.J. Li, *Name Reactions: A Collection of Detailed Mechanisms and Synthetic Applications*,
DOI 10.1007/978-3-319-03979-4_209, © Springer International Publishing Switzerland 2014

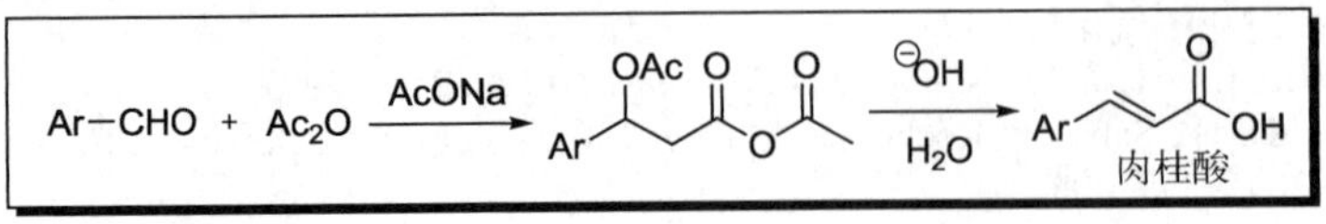

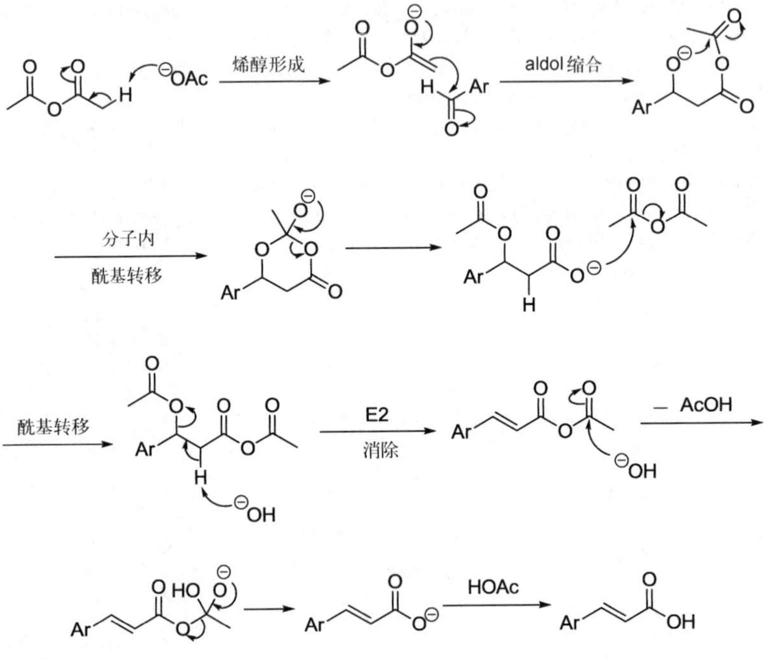

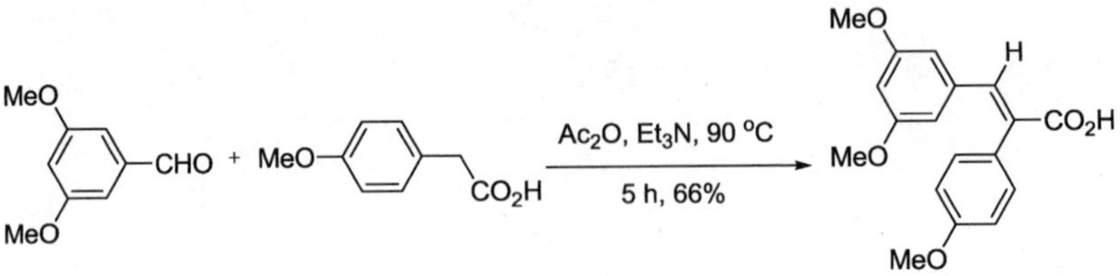

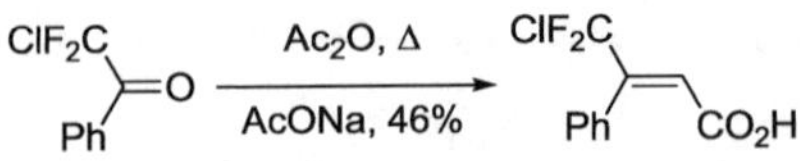

Example 3[12]

$$\text{3-pyridine-CHO} + Ac_2O \xrightarrow[\text{8 h, 60\%}]{\text{DES, 30 °C}} \text{3-pyridine-CH=CH-CO}_2\text{H}$$

DES = 生物可降解，来自胆碱氯化物和尿素的低共熔溶剂。

References

1. Perkin, W. H. *J. Chem. Soc.* **1868**, *21*, 53. 柏金（W. H. Perkin, 1838-1907）出生于英国伦敦，在皇家化学院（Royal College of Chemistry）跟霍夫曼学习。1856年，柏金试图在他家里的实验室里合成奎宁，结果得到了苯胺紫染料。他接着开了一家生产苯胺紫和茜素等一些染料的工厂。柏金是第一个向世界表明有机化学在五彩缤纷的同时又能为提高生活质量做出很多贡献的人。此外，柏金还是一位非常出色的天才钢琴家。
2. Gaset, A.; Gorrichon, J. P. *Synth. Commun.* **1982**, *12*, 71–79.
3. Kinastowski, S.; Nowacki, A. *Tetrahedron Lett.* **1982**, *23*, 3723–3724.
4. Koepp, E.; Vögtle, F. *Synthesis* **1987**, 177–179.
5. Brady, W. T.; Gu, Y.-Q. *J. Heterocycl. Chem.* **1988**, *25*, 969–971.
6. Pálinkó, I.; Kukovecz, A.; Török, B.; Körtvélyesi, T. *Monatsh. Chem.* **2001**, *131*, 1097–1104.
7. Gaukroger, K.; Hadfield, J. A.; Hepworth, L. A.; Lawrence, N. J.; McGown, A. T. *J. Org. Chem.* **2001**, *66*, 8135–8138.
8. Solladié, G.; Pasturel-Jacopé, Y.; Maignan, J. *Tetrahedron* **2003**, *59*, 3315–3321.
9. Sevenard, D. V. *Tetrahedron Lett.* **2003**, *44*, 7119–7126.
10. Chandrasekhar, S.; Karri, P. *Tetrahedron Lett.* **2006**, *47*, 2249–2251.
11. Lacova, M.; Stankovicova, H.; Bohac, A.; Kotzianova, B. *Tetrahedron* **2008**, *64*, 9646–9653.
12. Pawar, P. M.; Jarag, K. J.; Shankarling, G. S. *Green Chem.* **2011**, *13*, 2130–2134.

Perkow乙烯基磷酸酯合成反应

从α-卤羰基化合物与亚磷酸合成磷酸烯醇酯。

通式:

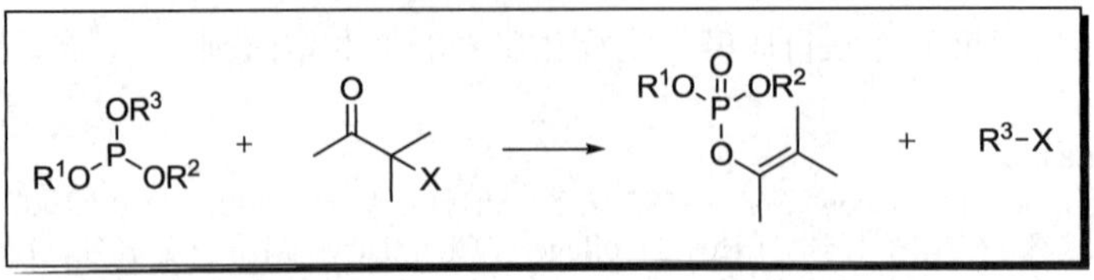

$$R^1O-P(OR^3)-OR^2 + \text{(α-halo ketone with X)} \longrightarrow R^1O-P(=O)(OR^2)-O-C(=CR_2) + R^3-X$$

X = Cl, Br, I, 为阻滞 Michaelis–Arbuzov反应的竞争,
只能用仲或叔卤代物。

Example 1.

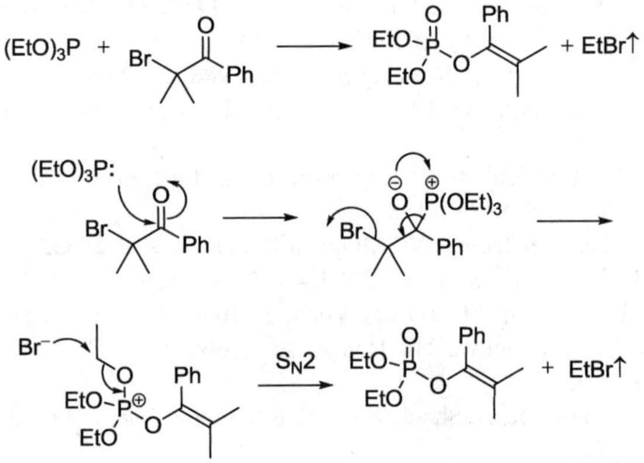

(EtO)$_3$P + Br-C(CH$_3$)$_2$-C(=O)-Ph ⟶ (EtO)$_2$P(=O)-O-C(Ph)=C(CH$_3$)$_2$ + EtBr↑

(机理略)

Example 2[7]

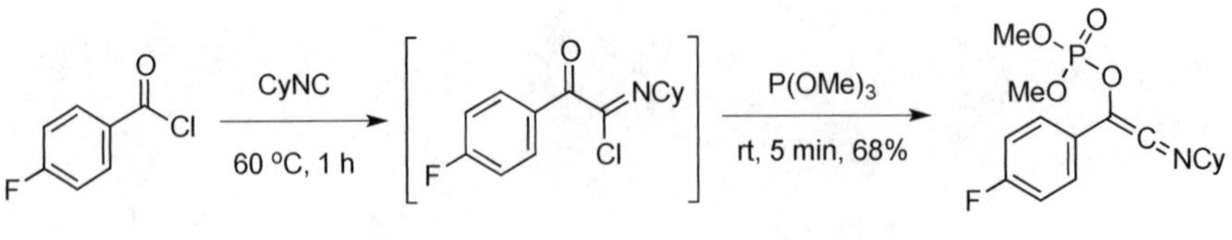

4-F-C$_6$H$_4$-C(=O)Cl + CyNC (60 °C, 1 h) ⟶ [4-F-C$_6$H$_4$-C(=O)-C(Cl)=NCy] + P(OMe)$_3$ (rt, 5 min, 68%) ⟶ (MeO)$_2$P(=O)-O-C(4-F-C$_6$H$_4$)=C=NCy

Example 3[8]

2,4-Cl$_2$C$_6$H$_3$-C(=O)-CHBr$_2$ + (C$_2$D$_5$O)$_3$P, Br$_2$ (50 °C, 1 h, 79%) ⟶ (C$_2$D$_5$O)$_2$P(=O)-O-C(2,4-Cl$_2$C$_6$H$_3$)=CHBr

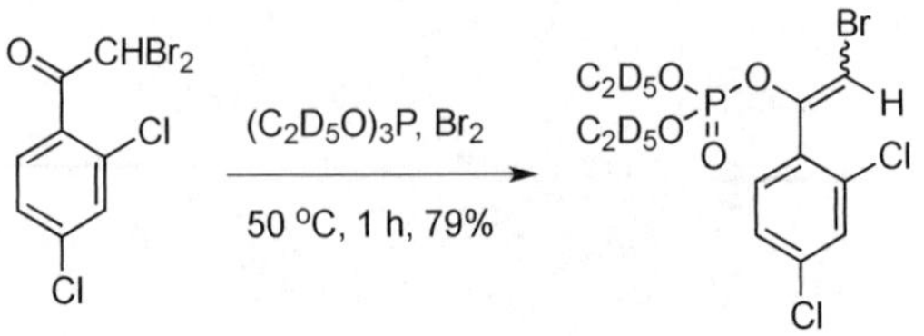

References
1. Perkow, W.; Ullrich, K.; Meyer, F. *Nasturwiss.* **1952,** *39,* 353.
2. Perkow, W. *Ber. Dtsch. Chem. Ges.* **1954,** *87,* 755.
3. Borowitz, G. B.; Borowitz, I. J. *Handb. Organophosphorus Chem.* **1992,** 115. (Review).
4. Hudson, H. R.; Matthews, R. W.; McPartlin, M.; Pryce, M. A.; Shode, O. O. *J. Chem. Soc., Perkin Trans. 2* **1993,** 1433.
5. Janecki, T.; Bodalski, R. *Heteroat. Chem.* **2000,** *11,* 115.
6. Balasubramanian, M. *Perkow Reaction,* in *Name Reactions for Functional Group Transformations,* Li, J. J. Ed., Wiley: Hoboken, NJ, **2007,** pp 369–385. (Review).
7. Coffinier, D.; El Kaim, L.; Grimaud, L. *Org. Lett.* **2009,** *11,* 1825–1827.
8. Huras, B.; Konopski, L.; Zakrzewski, J. *J. Labeled Compd. Radiopharm.* **2011,** *54,* 399–400.
9. Yavari, I.; Hosseinpour, R.; Pashazadeh, R.; Ghanbari, E.; Skoulika, S. *Tetrahedron* **2013,** *69,* 2462–2467.

Petasis反应

烯基硼酸、羰基和胺的三组分反应给出烯丙基胺。亦称硼化物参与的Mannich反应或Petasis 硼化物参与的Mannich反应。参见374页上的Mannich反应。

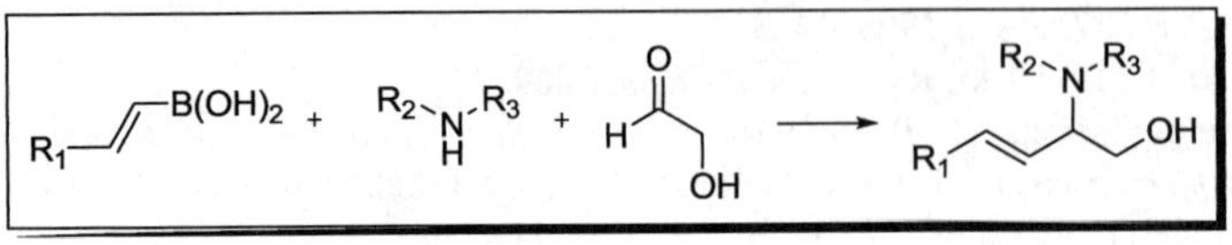

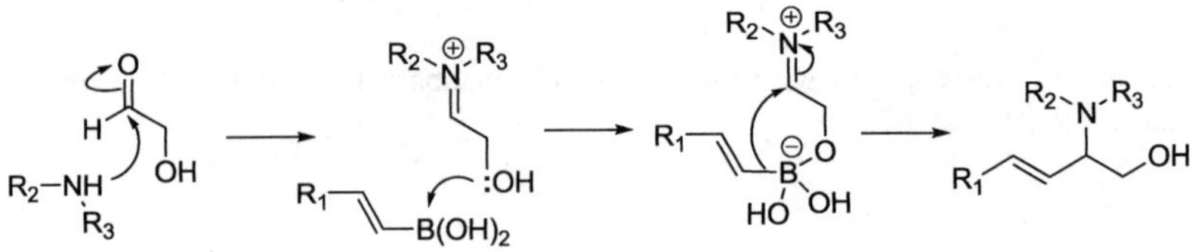

Example 1[2]

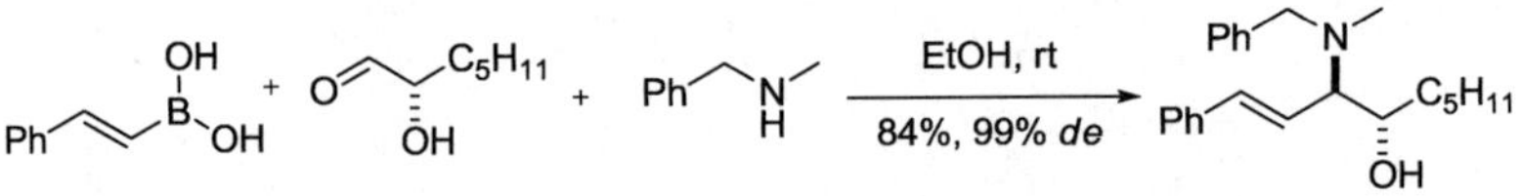

Example 2[4]

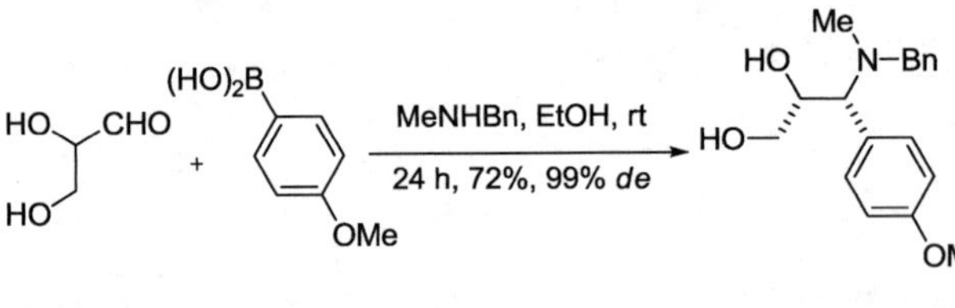

Example 3[9]

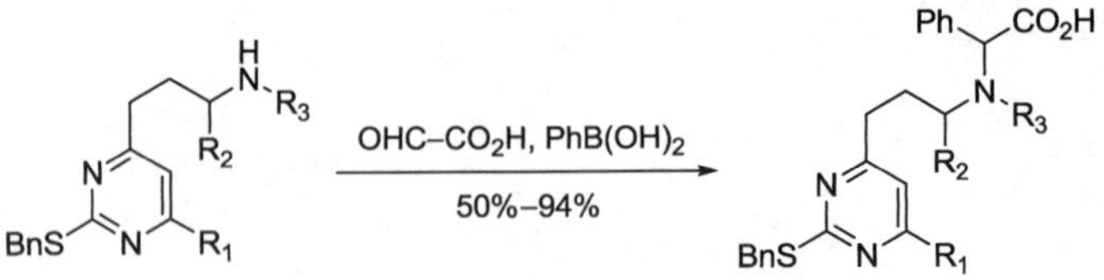

J.J. Li, *Name Reactions: A Collection of Detailed Mechanisms and Synthetic Applications*,
DOI 10.1007/978-3-319-03979-4_211,

Example 4, 不对称 Petasis 反应[10]

R_1 = 苄基, 烷基 R_2 = Bn, 烯丙基 R_3 = 烷基

15 mol% (S)-VAPOL, 3 Å MS, −15 °C, Tol. 70%–92% yield, 89:11 to 98:2 er

Example 5, 不对称 Petasis 反应[11]

20% mol% cat., MTBE, 5 °C, 96 h, 70%, 95% ee

References

1. (a) Petasis, N. A.; Akritopoulou, I. *Tetrahedron Lett.* **1993**, *34*, 583–586. (b) Petasis, N. A.; Zavialov, I. A. *J. Am. Chem. Soc.* **1997**, *119*, 445–446. (c) Petasis, N. A.; Goodman, A.; Zavialov, I. A. *Tetrahedron* **1997**, *53*, 16463–16470. (d) Petasis, N. A.; Zavialov, I. A. *J. Am. Chem. Soc.* **1998**, *120*, 11798–11799. 佩塔希斯 (N. A. Petasis) 是位于洛杉矶的南加州大学 (University of Southern California) 教授。
2. Koolmeister, T.; Södergren, M.; Scobie, M. *Tetrahedron Lett.* **2002**, *43*, 5969–5970.
3. Orru, R. V. A.; deGreef, M. *Synthesis* **2003**, 1471–1499. (Review).
4. Sugiyama, S.; Arai, S.; Ishii, K. *Tetrahedron: Asymmetry* **2004**, *15*, 3149–3153.
5. Chang, Y. M.; Lee, S. H.; Nam, M. H.; Cho, M. Y.; Park, Y. S.; Yoon, C. M. *Tetrahedron Lett.* **2005**, *46*, 3053–3056.
6. Follmann, M.; Graul, F.; Schaefer, T.; Kopec, S.; Hamley, P. *Synlett* **2005**, 1009–1011.
7. Danieli, E.; Trabocchi, A.; Menchi, G.; Guarna, A. *Eur. J. Org. Chem.* **2007**, 1659–1668.
8. Konev, A. S.; Stas, S.; Novikov, M. S.; Khlebnikov, A. F.; Abbaspour Tehrani, K. *Tetrahedron* **2007**, *64*, 117–123.
9. Font, D.; Heras, M.; Villalgordo, J. M. *Tetrahedron* **2007**, *64*, 5226–5235.
10. Lou, S.; Schaus, S. E. *J. Am. Chem. Soc.* **2008**, *130*, 6922–6923.
11. Abbaspour Tehrani, K.; Stas, S.; Lucas, B.; De Kimpe, N. *Tetrahedron* **2009**, *65*, 1957–1966.
12. Han, W.-Y.; Zuo, J.; Zhang, X.-M.; Yuan, W.-C. *Tetrahedron* **2013**, *69*, 537–541.

Petasis 试剂

与 Tebbe 试剂相似,Petasis 试剂,即二甲基二茂基钛[(CH$_3$)$_2$TiCp$_2$]也可对醛酮化合物进行烯基化反应。其机理在刚提出时认为与 Tebbe 烯基化反应有很大差异。[5] 但后来的实验数据表明,这两个烯基化反应经过同一过程,都包括一个钛氧杂四元环中间体的卡宾机理。[9] Petasis 试剂的制备比 Tebbe 试剂方便。

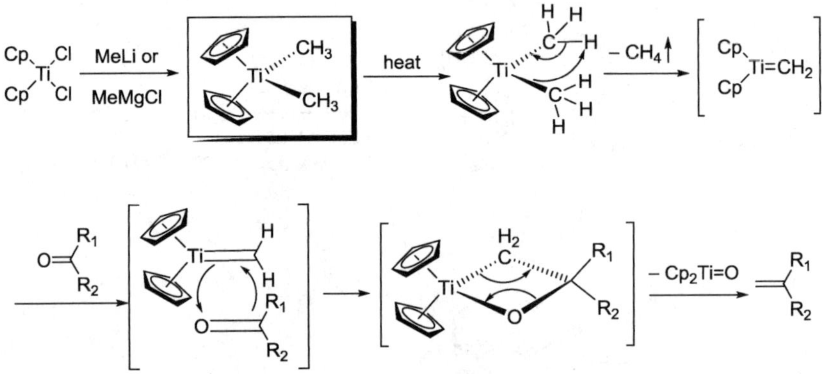

Example 1[2]

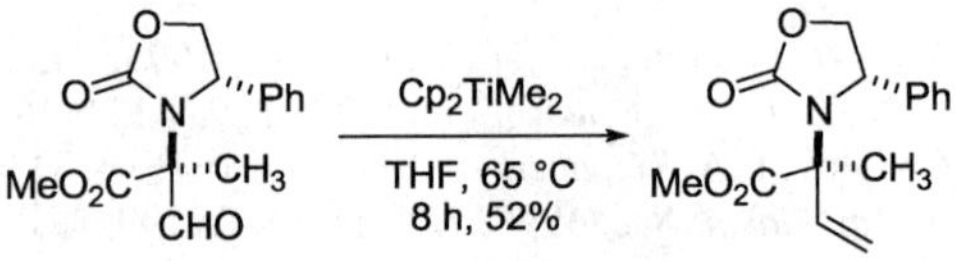

Example 2[3]

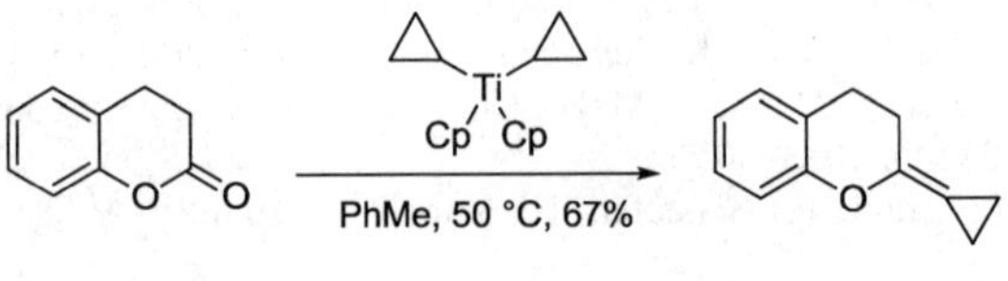

Example 3[5]

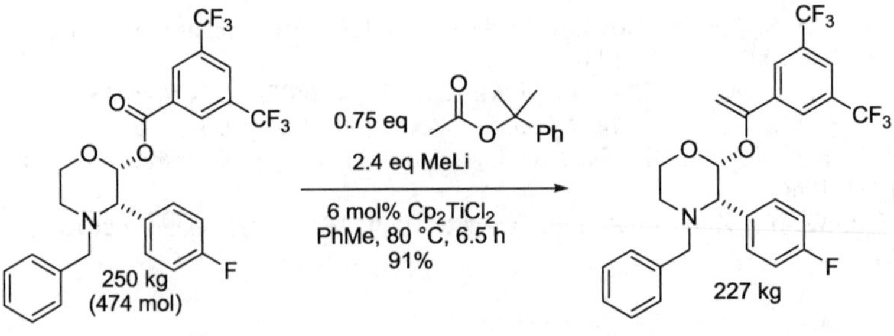

J.J. Li, *Name Reactions: A Collection of Detailed Mechanisms and Synthetic Applications*,
DOI 10.1007/978-3-319-03979-4_212, © Springer International Publishing Switzerland 2014

Example 4[8]

[Reaction scheme: R2-N=C(R3)-CH(R1)-CH2-C(=O)-OMe with 1.8 equiv Cp2TiMe2, Tol., THF, MW, 65 °C, 3–10 min., ~50%–60% → R2-N=C(R3)-CH(R1)-CH2-C(OMe)=CH2]

Example 5[11]

[Reaction scheme: R-C(=O)-N(R')-R' with 1. Petasis 试剂, 2. Br2, 3. H3O⊕ → R-C(=O)-CH2Br, 85%–95%]

References

1. Petasis, N. A.; Bzowej, E. I. *J. Am. Chem. Soc.* **1990**, *112*, 6392–6394.
2. Colson, P. J.; Hegedus, L. S. *J. Org. Chem.* **1993**, *58*, 5918–5924.
3. Petasis, N. A.; Bzowej, E. I. *Tetrahedron Lett.* **1993**, *34*, 943–946.
4. Payack, J. F.; Hughes, D. L.; Cai, D.; Cottrell, I. F.; Verhoeven, T. R. *Org. Synth.* **2002**, *79*, 19.
5. Payack, J. F.; Huffman, M. A.; Cai, D. W.; Hughes, D. L.; Collins, P. C.; Johnson, B. K.; Cottrell, I. F.; Tuma, L. D. *Org. Pro. Res. Dev.* **2004**, *8*, 256–259.
6. Cook, M. J.; Fleming, E. I. *Tetrahedron Lett.* **2005**, *46*, 297–300.
7. Morency, L.; Barriault, L. *J. Org. Chem.* **2005**, *70*, 8841–8853.
8. Adriaenssens, L. V.; Hartley, R. C. *J. Org. Chem.* **2007**, *72*, 10287–10290.
9. Naskar, D.; Neogi, S.; Roy, A.; Mandal, A. B. *Tetrahedron Lett.* **2008**, *49*, 6762–6764.
10. Zhang, J. *Tebbe Reagent*. In *Name Reactions for Homologations-Part I*, Li, J. J. Ed., Wiley: Hoboken, NJ, **2009**, pp 319–333. (Review).
11. Kobeissi, M.; Cherry, K.; Jomaa, W. *Synth. Commun.* **2013**, *43*, 2955–2965.

Peterson 烯基化反应

α-硅基碳负离子和羰基化合物反应生成烯烃。亦称 Si-Wittig 反应。

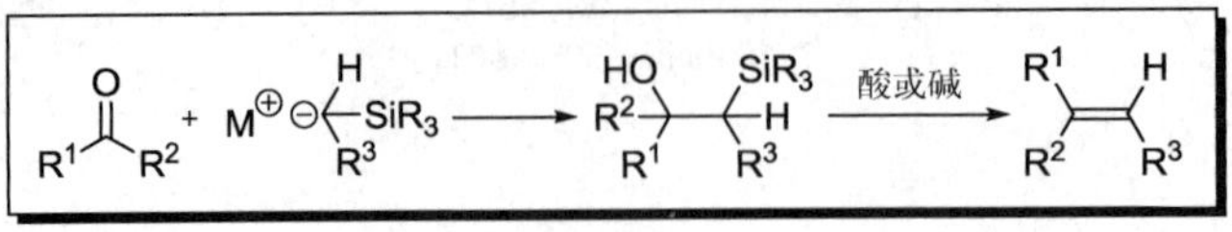

碱性条件:

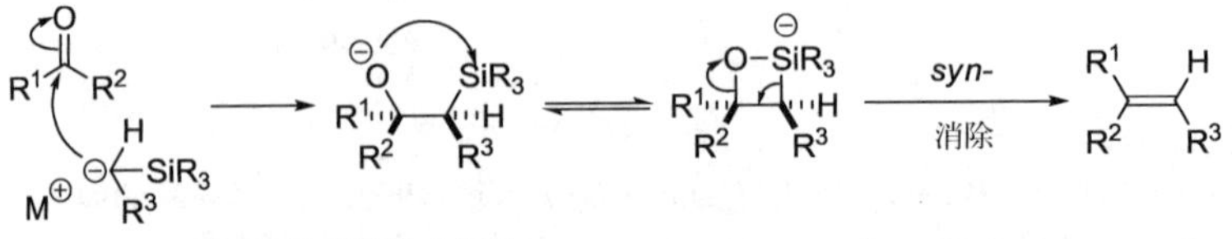

β-硅基氧化物中间体

酸性条件:

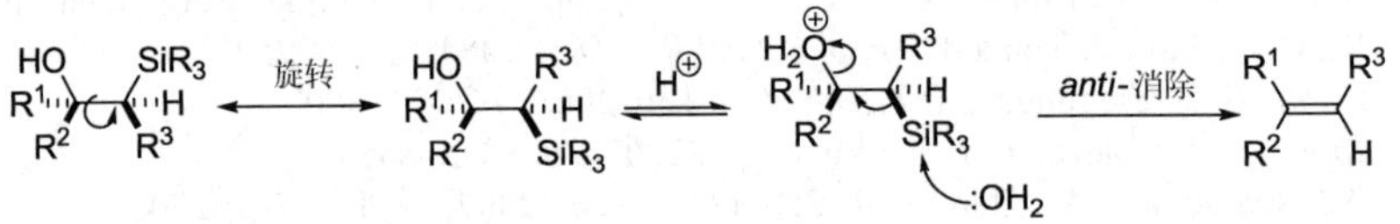

β-羟基硅烷

Example 1[6]

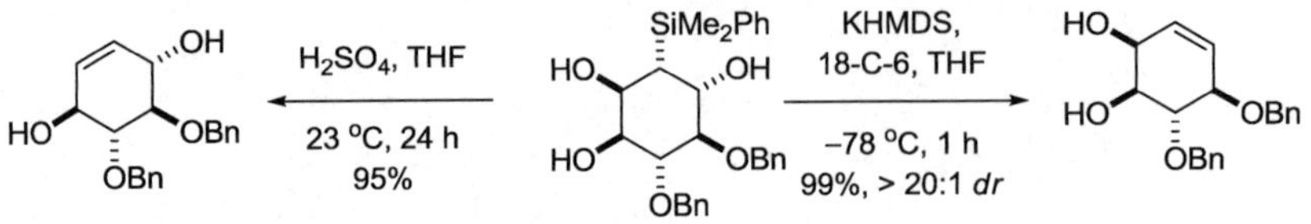

Example 2[7]

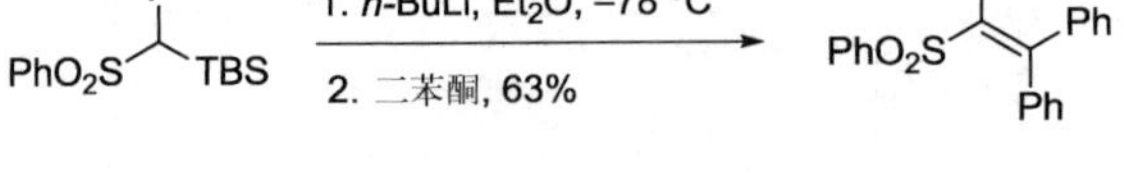

Example 3[8]

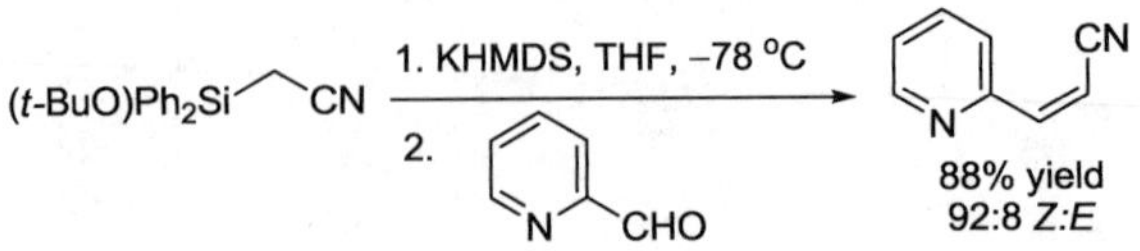

Example 4[10]

1. LiCH₂TMS, THF 0 °C, 15 min.
2. KHMDS, 0 °C to rt, 1.5 h
3. HCl, MeOH/Et₂O, 5 min.
74%

Example 5[12]

t-BuOK, THF
45 °C, 16 h

References
1. Peterson, D. J. *J. Org. Chem.* **1968**, *33*, 780–784.
2. Ager, D. J. *Org. React.* **1990**, *38*, 1–223. (Review).
3. Barrett, A. G. M.; Hill, J. M.; Wallace, E. M.; Flygare, J. A. *Synlett* **1991**, 764–770. (Review).
4. van Staden, L. F.; Gravestock, D.; Ager, D. J. *Chem. Soc. Rev.* **2002**, *31*, 195–200. (Review).
5. Ager, D. J. *Science of Synthesis* **2002**, *4*, 789–809. (Review).
6. Heo, J.-N.; Holson, E. B.; Roush, W. R. *Org. Lett.* **2003**, *5*, 1697–1700.
7. Asakura, N.; Usuki, Y.; Iio, H. *J. Fluorine Chem.* **2003**, *124*, 81–84.
8. Kojima, S.; Fukuzaki, T.; Yamakawa, A.; Murai, Y. *Org. Lett.* **2004**, *6*, 3917–3920.
9. Kano, N.; Kawashima, T. *The Peterson and Related Reactions* in *Modern Carbonyl Olefination;* Takeda, T., Ed.; Wiley-VCH: Weinheim, Germany, **2004**, 18–103. (Review).
10. Huang, J.; Wu, C.; Wulff, W. D. *J. Am. Chem. Soc.* **2007**, *129*, 13366.
11. Ahmad, N. M. *Peterson Olefination*. In *Name Reactions for Homologations-Part I*; Li, J. J., Ed., Wiley: Hoboken, NJ, **2009**, pp 521–538. (Review).
12. Beveridge, R. E.; Batey, R. A. *Org. Lett.* **2013**, *15*, 3086–3089.

Pictet-Gams 异喹啉合成反应

异喹啉骨架可由相应的 β-羟基-β-苯基乙胺的酰基衍生物经 P_2O_5 或 $POCl_3$ 一类脱水剂在萘烷等惰性溶剂中回流处理来构筑。

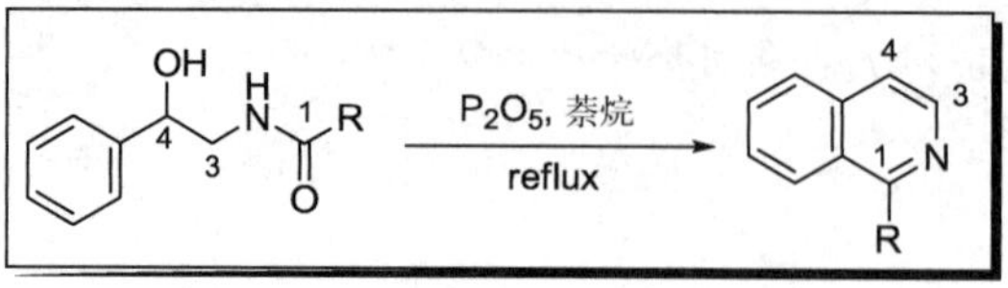

P_2O_5 实际上以 P_4O_{10} 存在，有类金刚烷结构：

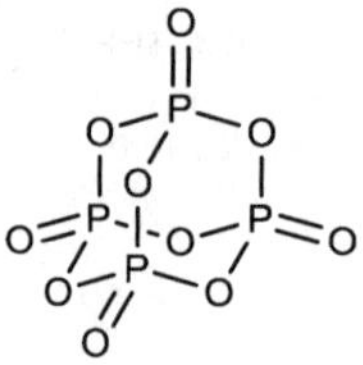

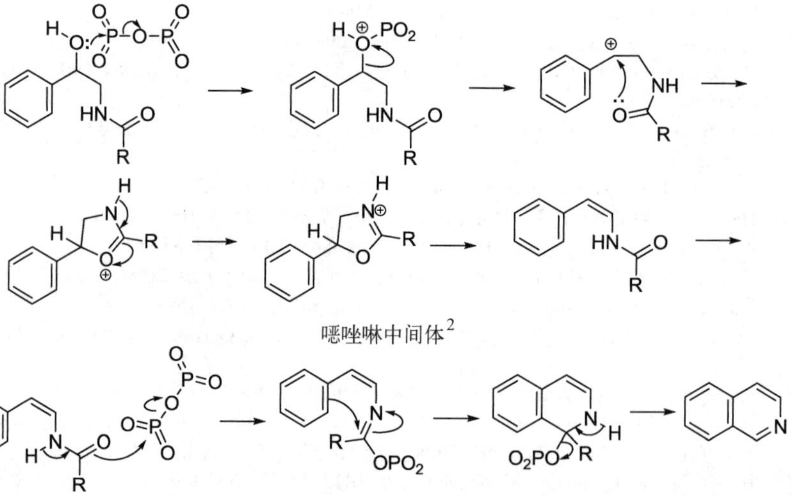

噁唑啉中间体[2]

Example 1[4]

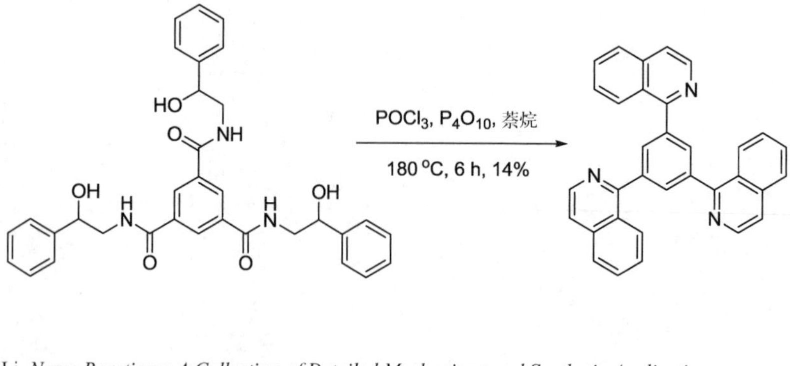

J.J. Li, *Name Reactions: A Collection of Detailed Mechanisms and Synthetic Applications*,
DOI 10.1007/978-3-319-03979-4_214, © Springer International Publishing Switzerland 2014

Example 2[7]

Reference

1. (a) Pictet, A.; Kay, F. W. *Ber.* **1909,** *42,* 1973–1979. (b) Pictet, A.; Gams, A. *Ber.* **1909,** *42,* 2943–2952. 皮克泰（A. Pictet, 1857–1937）出生于瑞士日内瓦, 对生物碱作了大量出色的研究。
2. Fritton, A. O.; Frost, J. R.; Zakaria, M. M.; Andrew, G. *J. Chem. Soc., Chem. Commun.*, **1973,** 889.
3. (a) Ardabilchi, N.; Fitton, A. O.; Frost, J. R.; Oppong-Boachie, F. *Tetrahedron Lett.* **1977,** *18,* 4107–4110. (b) Ardabilchi, N.; Fitton, A. O.; Frost, J. R.; Oppong-Boachie, F. K.; Hadi, A. H. A.; Sharif, A. M. *J. Chem. Soc., Perkin Trans. 1* **1979,** 539–543.
4. Dyker, G.; Gabler, M.; Nouroozian, M.; Schulz, P. *Tetrahedron Lett.* **1994,** *35,* 9697–9700.
5. Poszávácz, L.; Simig, G. *J. Heterocycl. Chem.* **2000,** *37,* 343–348.
6. Poszávácz, L.; Simig, G. *Tetrahedron* **2001,** *57,* 8573–8580.
7. Manning, H. C.; Goebel, T.; Marx, J. N.; Bornhop, D. J. *Org. Lett.* **2002,** *4,* 1075–1081.
8. Holsworth, D. D. *Pictet–Gams Isoquinoline Synthesis*. In *Name Reactions in Heterocyclic Chemistry*; Li, J. J., Ed.; Wiley: Hoboken, NJ, **2005,** 457–465. (Review).
9. Wu, M.; Wang, S. *Synthesis* **2010,** 587–592.
10. Caille, F.; Buron, F.; Toth, E.; Suzenet, F. E. *J. Org. Chem.* **2011,** 2120–2127, S2120/1-S2120/25.
11. Blair, A.; Stevenson, L.; Sutherland, A. *Tetrahedron Lett.* **2012,** *53,* 4084–4086.

Pictet-Spengler 四氢异喹啉合成反应

四氢异喹啉骨架可由相应的β-苯乙胺和羰基化合物缩合后环化得到。

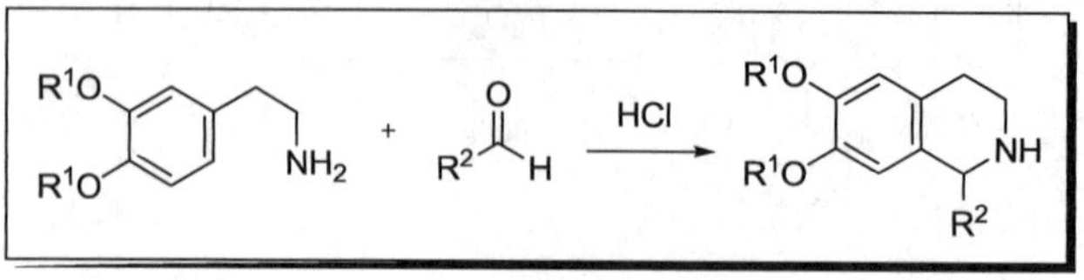
HCl

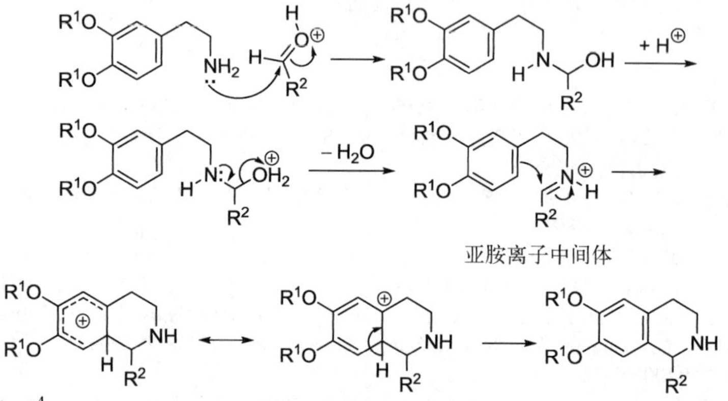
+ H⊕
– H₂O
亚胺离子中间体

Example 1[4]

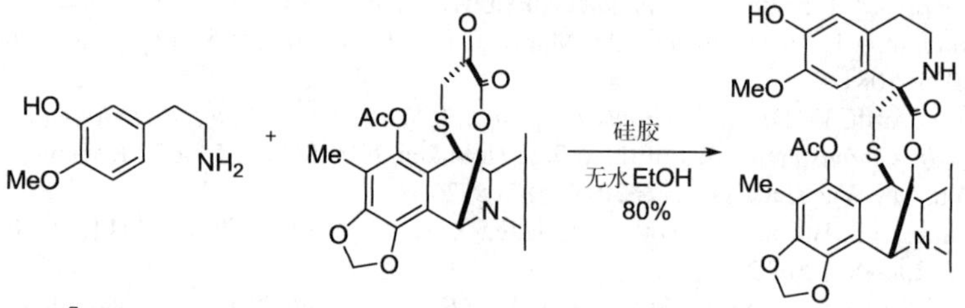
硅胶
无水 EtOH
80%

Example 2[7]

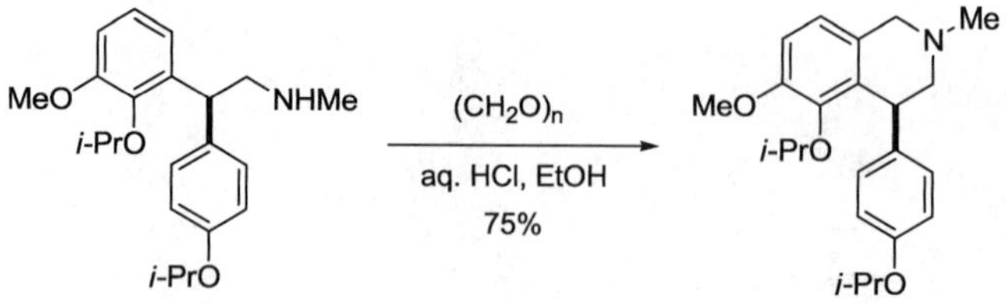
(CH₂O)ₙ
aq. HCl, EtOH
75%

Example 3, 不对称酰基Pictet–Spengler反应[9]

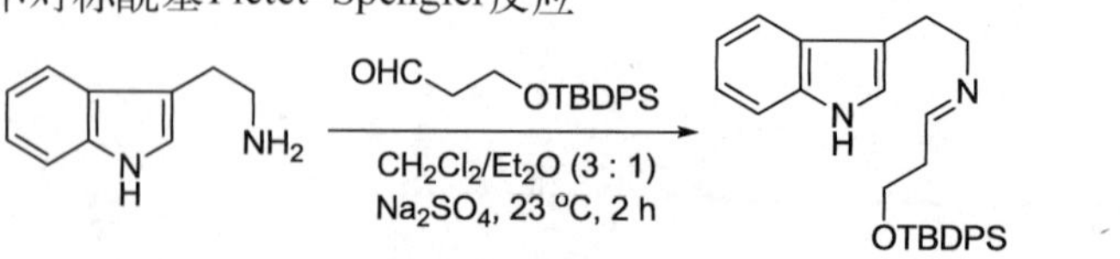
OHC OTBDPS
CH₂Cl₂/Et₂O (3 : 1)
Na₂SO₄, 23 °C, 2 h

J.J. Li, *Name Reactions: A Collection of Detailed Mechanisms and Synthetic Applications*,
DOI 10.1007/978-3-319-03979-4_215,

AcCl, 二甲基吡啶, Et$_2$O
−78 to −60 °C, 23 h

81% 2 steps
94% ee

Example 4, 氧杂Pictet–Spengler反应[10]

BF$_3$·OEt$_2$, CH$_2$Cl$_2$
0 °C to rt, 88%, 88% de

Example 5,

TFA, 4 Å MS
CH$_2$Cl$_2$, rt, 4 h
98%

References

1. Pictet, A.; Spengler, T. *Ber.* **1911**, *44*, 2030–2036.
2. Cox, E. D.; Cook, J. M. *Chem. Rev.* **1995**, *95*, 1797–1842. (Review).
3. Corey, E. J.; Gin, D. Y.; Kania, R. S. *J. Am. Chem. Soc.* **1996**, *118*, 9202–9203.
4. Zhou, B.; Guo, J.; Danishefsky, S. J. *Org. Lett.* **2002**, *4*, 43–46.
5. Yu, J.; Wearing, X. Z.; Cook, J. M. *Tetrahedron Lett.* **2003**, *44*, 543–547.
6. Tsuji, R.; Nakagawa, M.; Nishida, A. *Tetrahedron: Asymmetry* **2003**, *14*, 177–180.
7. Couture, A.; Deniau, E.; Grandclaudon, P.; Lebrun, S. *Tetrahedron: Asymmetry* **2003**, *14*, 1309–1320.
8. Tinsley, J. M. *Pictet–Spengler Isoquinoline Synthesis*. In *Name Reactions in Heterocyclic Chemistry*; Li, J. J., Ed.; Wiley: Hoboken, NJ, **2005**, 469–479. (Review).
9. Mergott, D. J.; Zuend, S. J.; Jacobsen, E. N. *Org. Lett.* **2008**, *10*, 745–748.
10. Eid, C. N.; Shim, J.; Bikker, J.; Lin, M. *J. Org. Chem.* **2009**, *74*, 423–426.
11. Pradhan, P.; Nandi, D.; Pradhan, S. D.; Jaisankar, P.; Giri, V. S. *Synlett* **2013**, *24*, 85–89.

Pinacol(频哪醇)重排

酸催化下邻二醇(Pinacol,频哪醇)重排为羰基化合物。

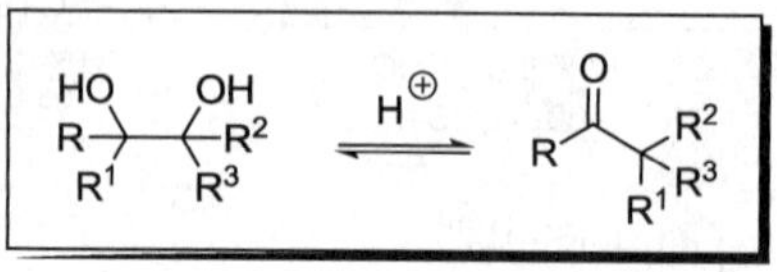

富电子烷基(多取代烷基)更易迁移,迁移能力大小一般为:叔烷基>环己基>仲烷基>苄基>苯基>伯烷基>甲基>H。取代芳基的迁移能力大小一般为:*p*-MeOAr> *p*-MeAr > *p*-ClAr > *p*-BrAr > *p*-NO_2Ar。

Example 1[4]

Example 2[5]

J.J. Li, *Name Reactions: A Collection of Detailed Mechanisms and Synthetic Applications*,
DOI 10.1007/978-3-319-03979-4_216,

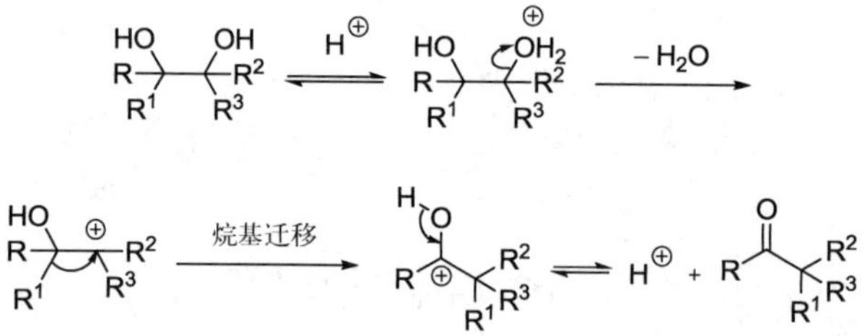

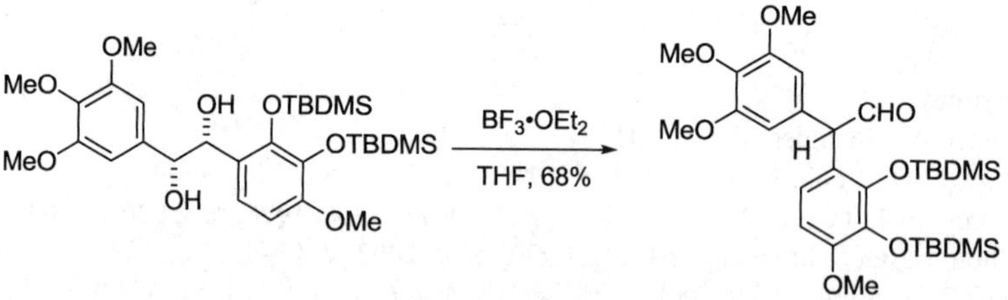

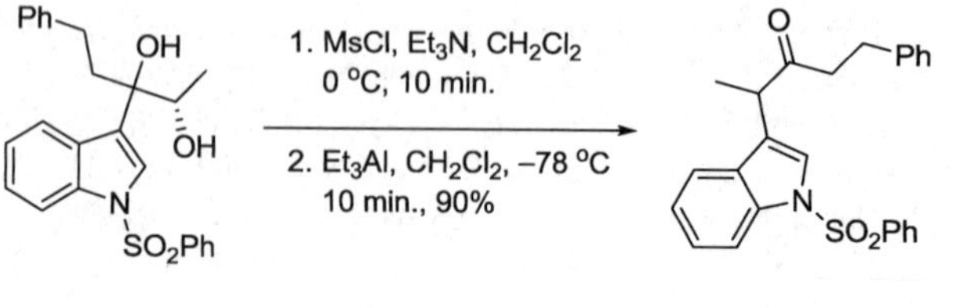

Example 3[7]

Example 4[9]

Example 5, 三价有机磷试剂诱导的频哪醇重排[11]

R = 乙烯基, 92%
R = 烯丙基, 95%
R = 呋喃基, 90%
R = 苯基, 94%
} 98% *ee*

2 equiv P(OEt)₃
二甲苯, reflux
61%

References
1. Fittig, R. *Ann.* **1860**, *114*, 54–63.
2. Magnus, P.; Diorazio, L.; Donohoe, T. J.; Giles, M.; Pye, P.; Tarrant, J.; Thom, S. *Tetrahedron* **1996**, *52*, 14147–14176.
3. Razavi, H.; Polt, R. *J. Org. Chem.* **2000**, *65*, 5693–5706.
4. Pettit, G. R.; Lippert III, J. W.; Herald, D. L. *J. Org. Chem.* **2000**, *65*, 7438–7444.
5. Shinohara, T.; Suzuki, K. *Tetrahedron Lett.* **2002**, *43*, 6937–6940.
6. Overman, L. E.; Pennington, L. D. *J. Org. Chem.* **2003**, *68*, 7143–7157. (Review).
7. Mladenova, G.; Singh, G.; Acton, A.; Chen, L.; Rinco, O.; Johnston, L. J.; Lee-Ruff, E. *J. Org. Chem.* **2004**, *69*, 2017–2023.
8. Birsa, M. L.; Jones, P. G.; Hopf, H. *Eur. J. Org. Chem.* **2005**, 3263–3270.
9. Suzuki, K.; Takikawa, H.; Hachisu, Y.; Bode, J. W. *Angew. Chem. Int. Ed.* **2007**, *46*, 3252–3254.
10. Goes, B. *Pinacol Rearrangement*. In *Name Reactions for Homologations-Part I*; Li, J. J., Ed., Wiley: Hoboken, NJ, **2009**, pp 319–333. (Review).
11. Marin, L.; Zhang, Y.; Robeyns, K.; Champagne, B.; Adriaensens, P.; Lutsen, L.; Vanderzande, D.; Bevk, D.; Maes, W. *Tetrahedron Lett.* **2013**, *54*, 526–529.

Pinner 反应

腈转化为亚胺醚，后者可进一步转化为酯或酰胺。

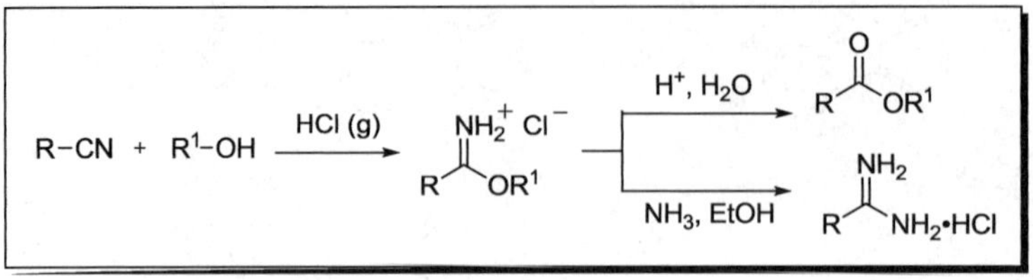

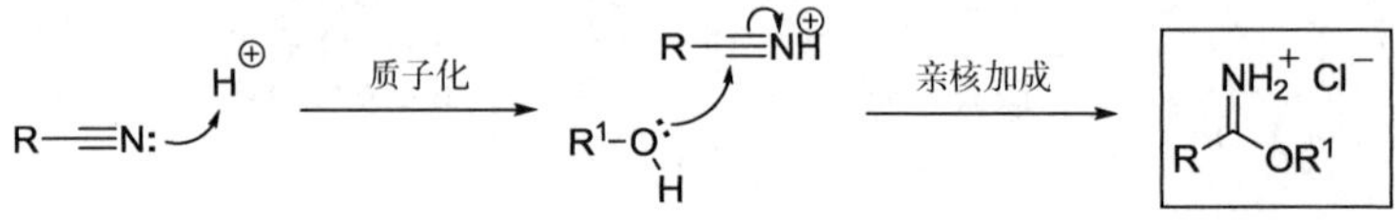

通用中间体

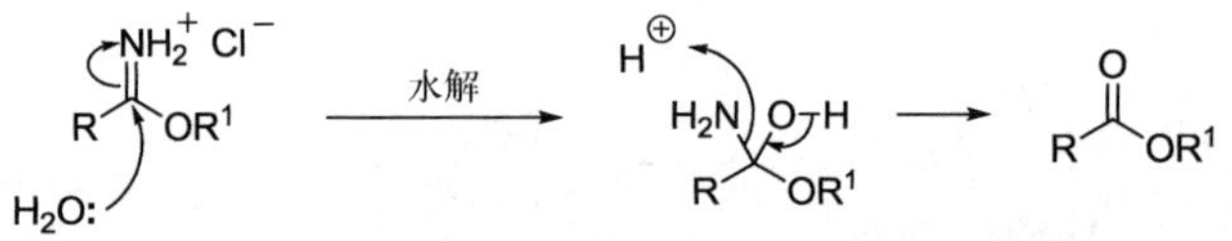

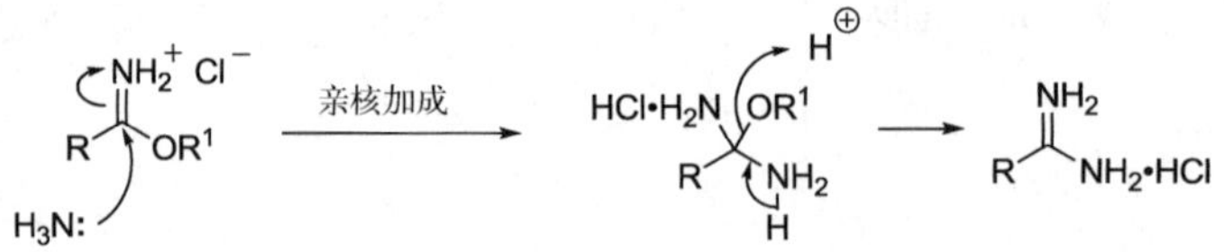

亚胺盐酸盐

Example 1[2]

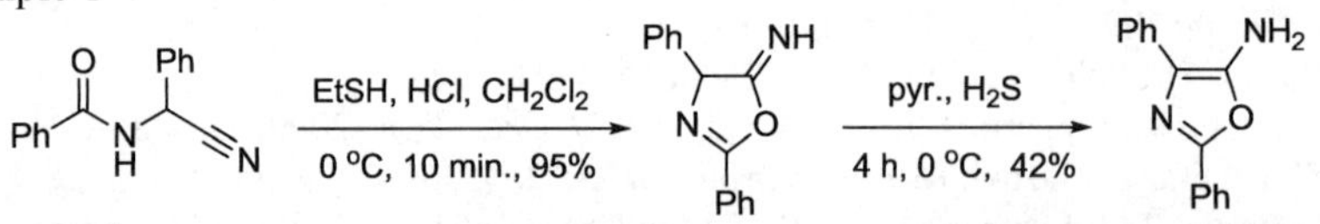

Example 2[2]

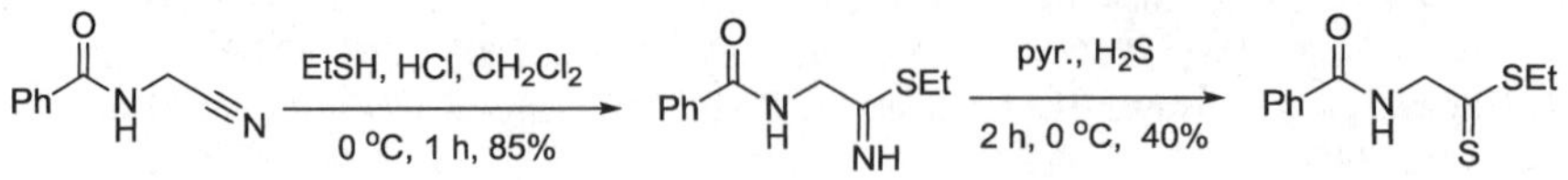

Example 3[6]

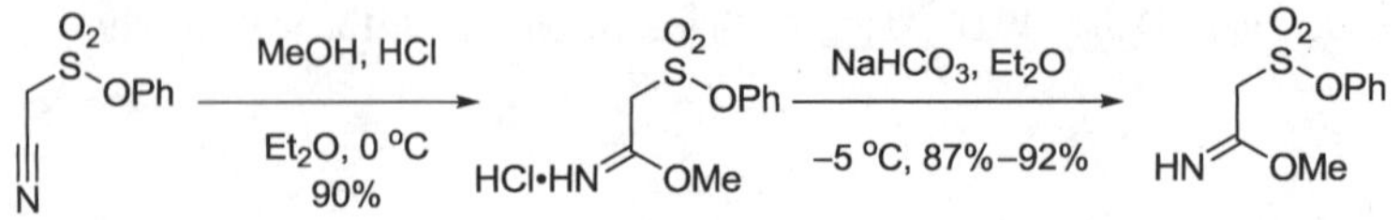

J.J. Li, *Name Reactions: A Collection of Detailed Mechanisms and Synthetic Applications*,
DOI 10.1007/978-3-319-03979-4_217, © Springer International Publishing Switzerland 2014

Example 4[10]

Example 5[11]

References

1. (a) Pinner, A.; Klein, F. *Ber.* **1877**, *10*, 1889–1897. (b) Pinner, A.; Klein, F. *Ber.* **1878**, *11*, 1825.
2. Poupaert, J.; Bruylants, A.; Crooy, P. *Synthesis* **1972**, 622–624.
3. Lee, Y. B.; Goo, Y. M.; Lee, Y. Y.; Lee, J. K. *Tetrahedron Lett.* **1990**, *31*, 1169–1170.
4. Cheng, C. C. *Org. Prep. Proced. Int.* **1990**, *22*, 643–645.
5. Siskos, A. P.; Hill, A. M. *Tetrahedron Lett.* **2003**, *44*, 789–794.
6. Fischer, M.; Troschuetz, R. *Synthesis* **2003**, 1603–1609.
7. Fringuelli, F.; Piermatti, O.; Pizzo, F. *Synthesis* **2003**, 2331–2334.
8. Cushion, M. T.; Walzer, P. D.; Collins, M. S.; Rebholz, S.; Vanden Eynde, J. J.; Mayence, A.; Huang, T. L. *Antimicrob. Agents Chemoth.* **2004**, *48*, 4209–4216.
9. Li, J.; Zhang, L.; Shi, D.; Li, Q.; Wang, D.; Wang, C.; Zhang, Q.; Zhang, L.; Fan, Y. *Synlett* **2008**, 233–236.
10. Racané, L.; Tralic-Kulenovic, V.; Mihalic, Z.; Pavlovic, G.; Karminski-Zamola, G. *Tetrahedron* **2008**, *64*, 11594–11602.
11. Pfaff, D.; Nemecek, G.; Podlech, J. *Beilstein J. Org. Chem.* **2013**, *9*, 1572–1577.

Polonovski 反应

N-氧化胺用一个如乙酸酐那样的活化剂处理,重排产生 N, N-二取代酰胺和醛。

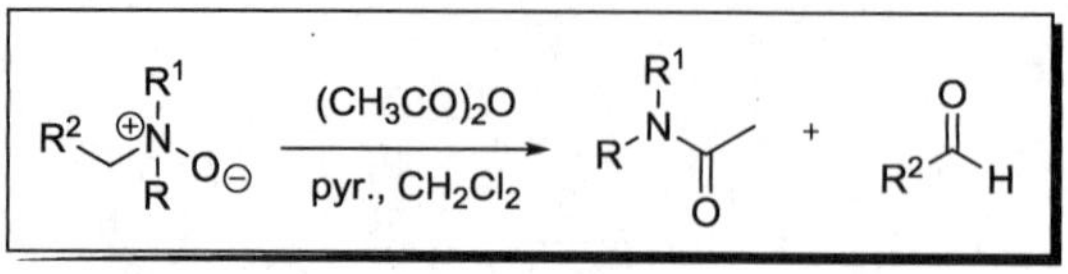

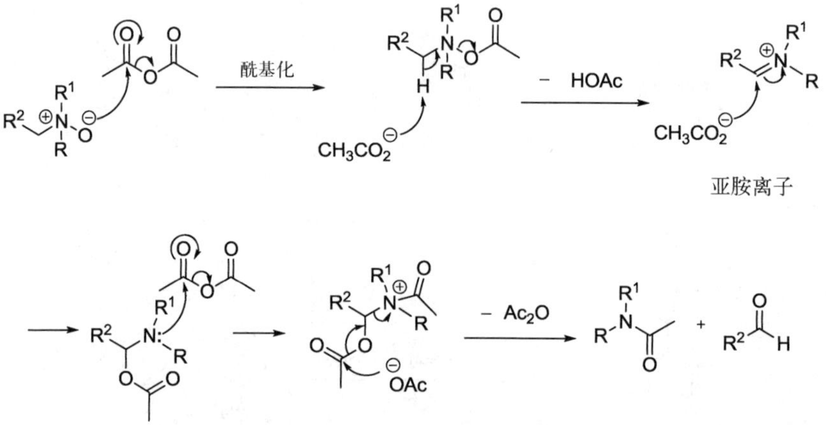

分子内过程也是可行的:

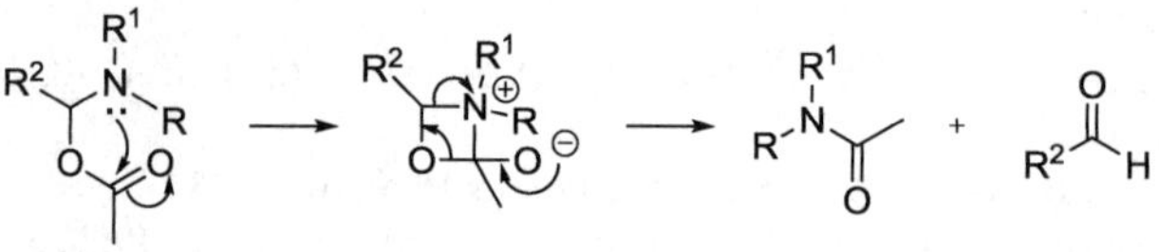

Example 1[1]

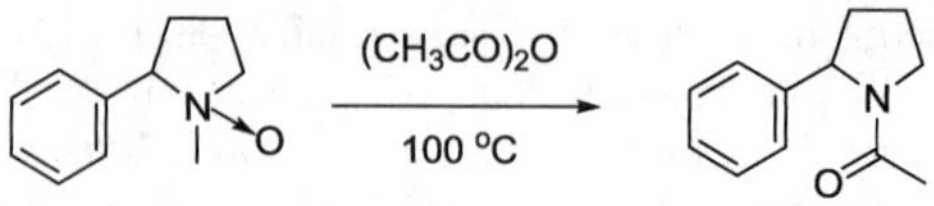

Example 2[2]

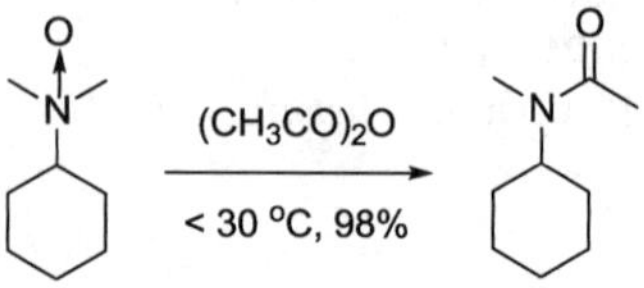

Example 3, 铁盐介入的Polonovski反应[9]

Example 4[11]

References

1. Polonovski, M.; Polonovski, M. *Bull. Soc. Chim. Fr.* **1927**, *41*, 1190–1208.
2. Michelot, R. *Bull. Soc. Chim. Fr.* **1969**, 4377–4385.
3. Lounasmaa, M.; Karvinen, E.; Koskinen, A.; Jokela, R. *Tetrahedron* **1987**, *43*, 2135–2146.
4. Tamminen, T.; Jokela, R.; Tirkkonen, B.; Lounasmaa, M. *Tetrahedron* **1989**, *45*, 2683–2692.
5. Grierson, D. *Org. React.* **1990**, *39*, 85–295. (Review).
6. Morita, H.; Kobayashi, J. *J. Org. Chem.* **2002**, *67*, 5378–5381.
7. McCamley, K.; Ripper, J. A.; Singer, R. D.; Scammells, P. J. *J. Org. Chem.* **2003**, *68*, 9847–9850.
8. Nakahara, S.; Kubo, A. *Heterocycles* **2004**, *63*, 1849–1854.
9. Thavaneswaran, S.; Scammells, P. J. *Bioorg. Med. Chem. Lett.* **2006**, *16*, 2868–2871.
10. Volz, H.; Gartner, H. *Eur. J. Org. Chem.* **2007**, 2791–2801.
11. Pacquelet, S.; Blache, Y.; Kimny, T.; Dubois, M.-A. L.; Desbois, N. *Synth. Commun.* **2013**, *43*, 1092–1100.

Polonovski-Potier 重排反应

用三氟乙酸酐替代乙酸酐进行的Polonovski反应。由于Polonovski反应条件更温和，本反应已基本为Polonovski反应所替代。

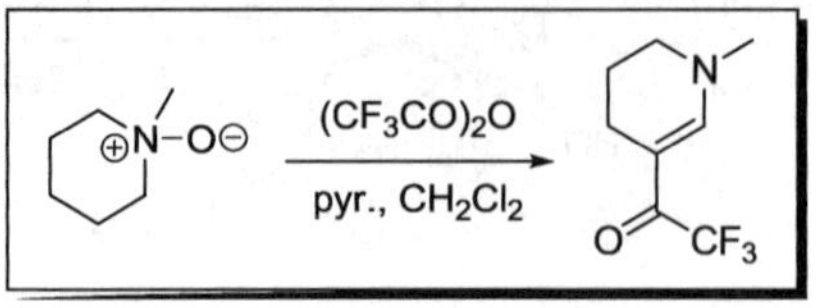

叔 *N*-oxide

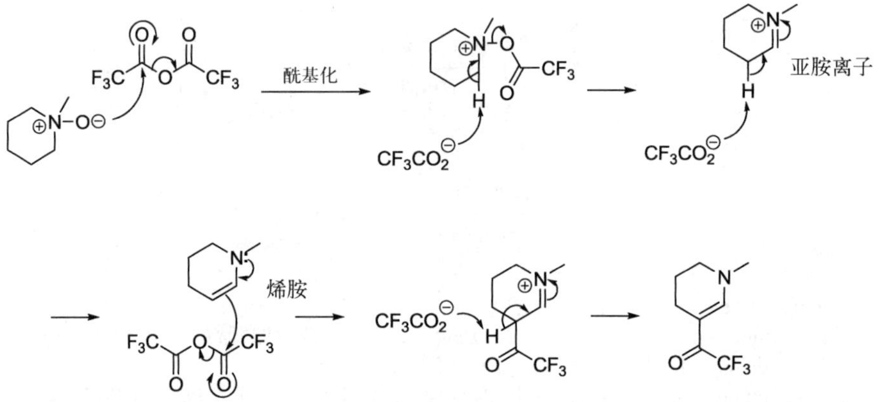

Example 1[2]

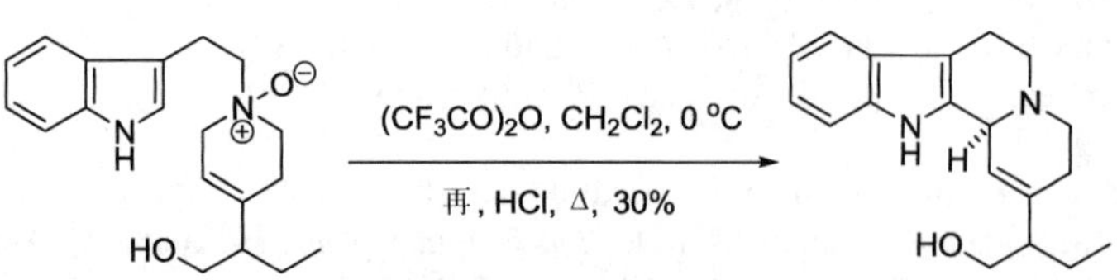

Example 2[5]

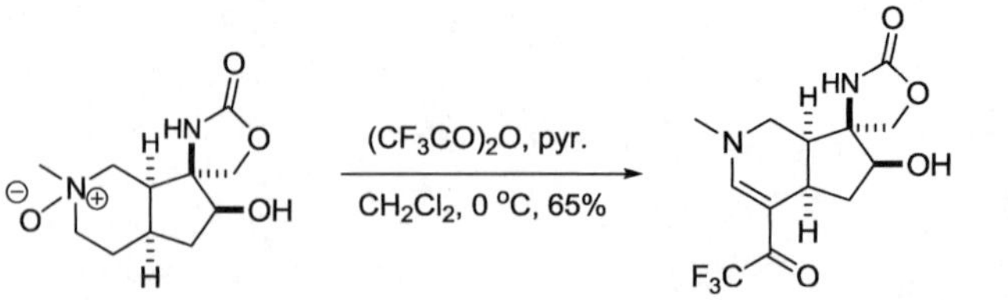

J.J. Li, *Name Reactions: A Collection of Detailed Mechanisms and Synthetic Applications*,
DOI 10.1007/978-3-319-03979-4_219, © Springer International Publishing Switzerland 2014

Example 3[8]

[Reaction scheme: indole-Boc compound + 1.3 equiv m-CPBA, CH₂Cl₂, 0 °C, 94% → N-oxide intermediate; then 1. TFAA, CH₂Cl₂, rt, 3 h; 2. KCN, H₂O, pH 4, 0 °C, 30 min., 再 rt, 3 h → CN product 22% + hydroxy ketone product 25%]

Example 4, *m*-CPBA 也可氧化醛[10]

[Reaction scheme: aldehyde substrate → 1. *m*-CPBA, DMF, 0 °C, 0.5 h, 80%; 2. Ac₂O, Et₃N, DMF, 0 °C, 1 h → carboxylic acid product]

References
1. Ahond, A.; Cavé, A.; Kan-Fan, C.; Husson, H.-P.; de Rostolan, J.; Potier, P. *J. Am. Chem. Soc.* **1968**, *90,* 5622–5623.
2. Husson, H.-P.; Chevolot, L.; Langlois, Y.; Thal, C.; Potier, P. *J. Chem. Soc., Chem. Commun.* **1972,** 930–931.
3. Grierson, D. *Org. React.* **1990,** *39,* 85–295. (Review).
4. Sundberg, R. J.; Gadamasetti, K. G.; Hunt, P. J. *Tetrahedron* **1992,** *48,* 277–296.
5. Kende, A. S.; Liu, K.; Brands, J. K. M. *J. Am. Chem. Soc.* **1995,** *117,* 10597–10598.
6. Renko, D.; Mary, A.; Guillou, C.; Potier, P.; Thal, C. *Tetrahedron Lett.* **1998,** *39,* 4251–4254.
7. Suau, R.; Nájera, F.; Rico, R. *Tetrahedron* **2000,** *56,* 9713–9720.
8. Thomas, O. P.; Zaparucha, A.; Husson, H.-P. *Tetrahedron Lett.* **2001,** *42,* 3291–3293.
9. Lim, K.-H.; Low, Y.-Y.; Kam, T.-S. *Tetrahedron Lett.* **2006,** *47,* 5037–5039.
10. Gazak, R.; Kren, V.; Sedmera, P.; Passarella, D.; Novotna, M.; Danieli, B. *Tetrahedron* **2007,** *63,* 10466–10478.
11. Nishikawa, Y.; Kitajima, M.; Kogure, N.; Takayama, H. *Tetrahedron* **2009,** *65,* 1608–1617.
12. Perry, M. A.; Morin, M. D.; Slafer, B. W.; Rychnovsky, S. D. **2012,** *77,* 3390–3400.

Pomeranz-Fritsch 反应

异喹啉与其饱和的变体可经由合适的氨基缩醛中间体在酸促进下的环化反应来制备。

Example 1[3]

Example 2[4]

J.J. Li, *Name Reactions: A Collection of Detailed Mechanisms and Synthetic Applications*,
DOI 10.1007/978-3-319-03979-4_220, © Springer International Publishing Switzerland 2014

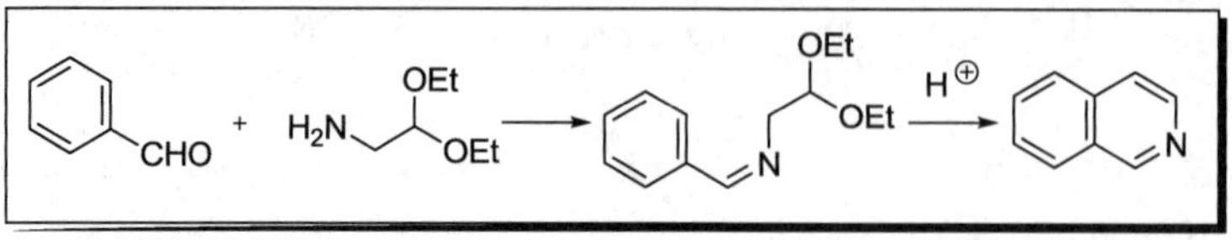

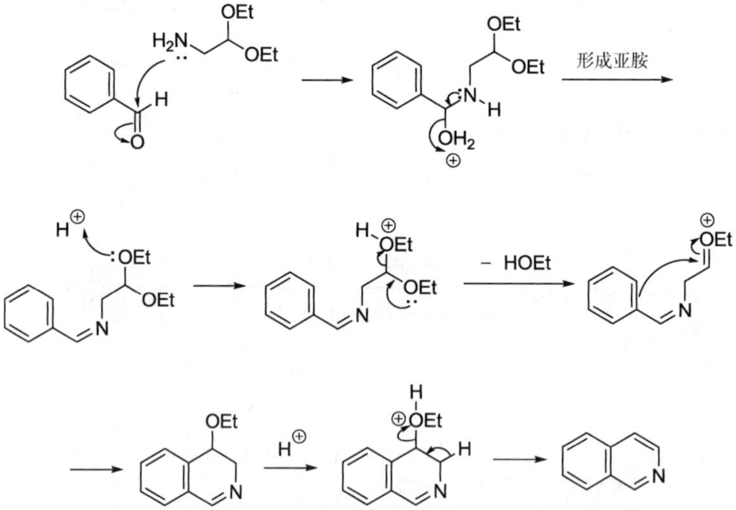

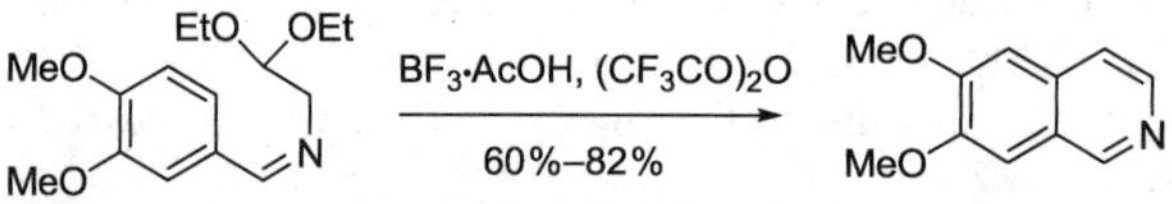

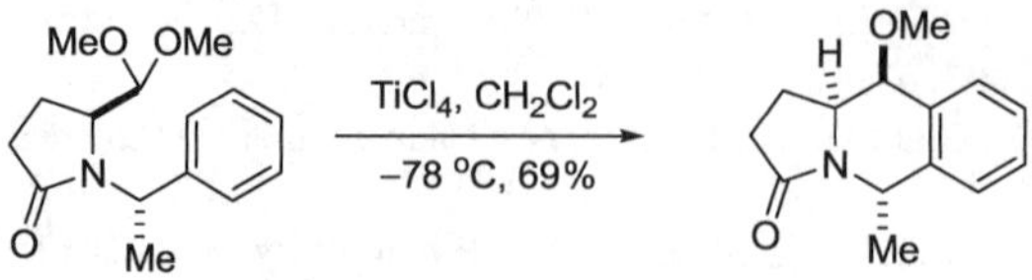

Example 3[9]

Example 4, Bobbitt 修正[10]

References

1. (a) Pomeranz, C. *Monatsh.* **1893**, *14*, 116–119. 波梅兰茨（C. Pomeranz, 1860-1926）在维也纳获得博士学位并在那儿就任有机化学副教授。(b) Fritsch, P. *Ber.* **1893**, *26*, 419–422. 弗利希（P. Fritsch, 1859-1913）出生于西里西亚（Silesia）的Oels, 在慕尼黑学习并于1884年获得博士学位，而后成为Marburg的教授。
2. Gensler, W. J. *Org. React.* **1951**, *6*, 191–206. (Review).
3. Bevis, M. J.; Forbes, E. J.; Naik, N. N.; Uff, B. C. *Tetrahedron* **1971**, *27*, 1253–1259.
4. Ishii, H.; Ishida, T. *Chem. Pharm. Bull.* **1984**, *32*, 3248–3251.
5. Bobbitt, J. M.; Bourque, A. J. *Heterocycles* **1987**, *25*, 601–616. (Review).
6. Gluszyńska, A.; Rozwadowska, M. D. *Tetrahedron: Asymmetry* **2000**, *11*, 2359–2368.
7. Capilla, A. S.; Romero, M.; Pujol, M. D.; Caignard, D. H.; Renard, P. *Tetrahedron* **2001**, *57*, 8297–8303.
8. Hudson, A. *Pomeranz–Fritsch Reaction*. In *Name Reactions in Heterocyclic Chemistry*; Li, J. J., Ed.; Wiley: Hoboken, NJ, **2005**, 480–486. (Review).
9. Bracca, A. B. J.; Kaufman, T. S. *Eur. J. Org. Chem.* **2007**, 5284–5293.
10. Grajewska, A.; Rozwadowska, M. D. *Tetrahedron: Asymmetry* **2007**, *18*, 2910–2914.
11. Chrzanowska, M.; Grajewska, A.; Rozwadowska, M. D. *Heterocycles* **2012**, *86*, 1119–1127.

Schlittler-Muller 修正

Pomeranz-Fritsch反应中两个底物的氨基和醛基简单地予以交换的反应。

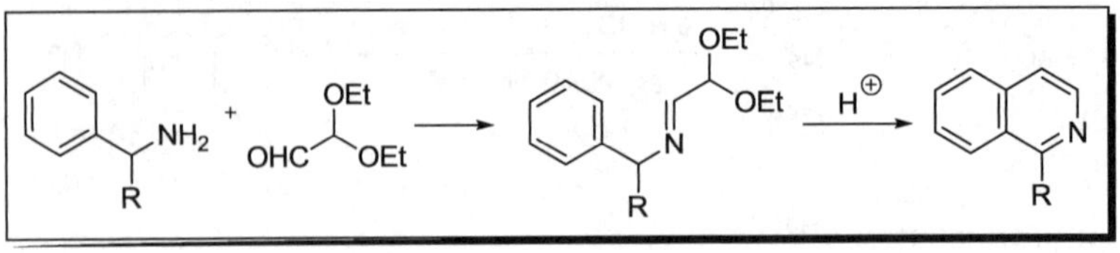

Example 1[3]

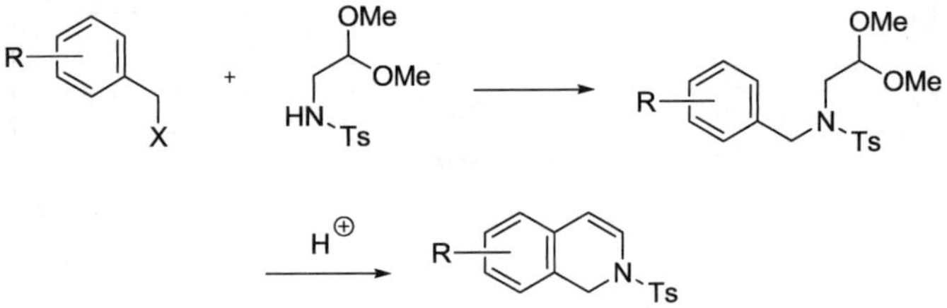

Example 2[4]

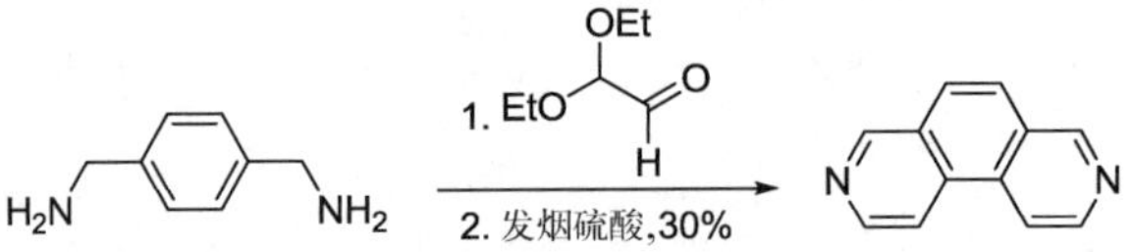

References
1. Schlittler, E.; Müller, J. *Helv. Chim. Acta* **1948**, *31*, 914–924, 1119–1132.
2. Guthrie, D. A.; Frank, A. W.; Purves, C. B. *Can. J. Chem.* **1955**, *33*, 729–742.
3. Boger, D. L.; Brotherton, C. E.; Kelley, M. D. *Tetrahedron* **1981**, *37*, 3977–3980.
4. Gill, E. W.; Bracher, A. W. *J. Heterocycl. Chem.* **1983**, *20*, 1107–1109.
5. Hudson, A. *Pomeranz–Fritsch Reaction*. In *Name Reactions in Heterocyclic Chemistry*; Li, J. J., Ed.; Wiley: Hoboken, NJ, **2005**, 480–486. (Review).

Povorov 反应

Povorov 反应指反转电子要求的在 *N*-芳基亚胺(二烯化物)与一个富电子烯烃(亲双烯化物)之间发生的氮杂 Diels-Alder[4+2] 环加成反应, 产物为四氢喹啉或取代喹啉。

EDG = 供电子基
酸: Lewis 酸或 Brønsted 酸
试剂或反应条件: 1: DDQ, 2:TsOH/蒸馏, 3: Pd/C, 4: 空气/Δ, 5: Mn(OAc)$_3$

Example 1[2]

Example 2, Katritzky 修正[3,5]

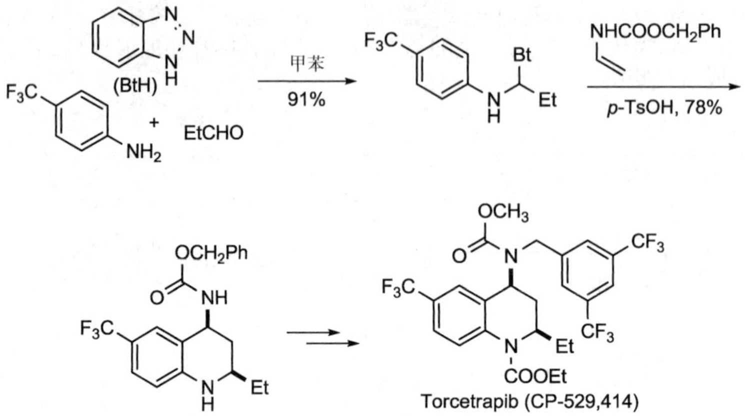

Example 3[7]

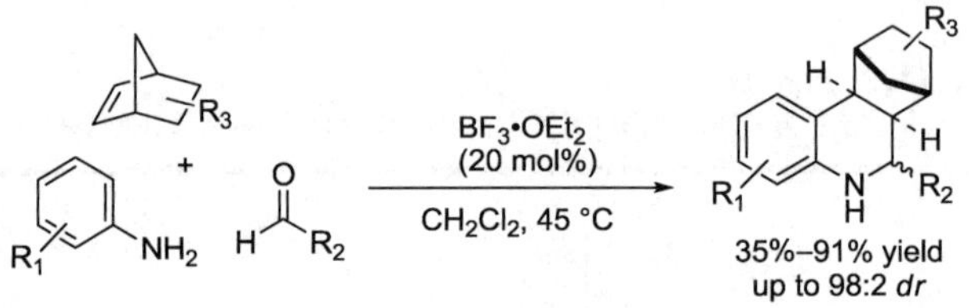

References

1. Povarov, L. S.; Mikhailov, B. M. *Izv. Akad. Nauk SSR, Ser. Khim.* **1963,** 953–956.
2. Makioka, Y.; Shindo, T.; Taniguchi, Y.; Takaki, K.; Fujiwara, Y. *Synthesis* **1995,** *7,* 801–804.
3. Katrizky, A. R.; Belyakov, S. A. *Aldrichimica Acta* **1998,** *31,* 35–45. (Review).
4. Buonora, P.; Olsen, J.-C.; Oh, T. *Tetrahedron* **2001,** *57,* 6099–6138. (Review).
5. Damon, D. B.; Dugger, R. W.; Magnus-Aryitey, G.; Ruggeri, R. B.; Wester, R. T.; Tu, M.; Abramov, Y. *Org. Process Res. Dev.* **2006,** *10,* 464–471.
6. Kouznetsov, V. V. *Tetrahedron* **2009,** *65,* 2721–2750. (Review).
7. Smith, C. D.; Gavrilyuk, J. I.; Lough, A. J.; Batey, R. A. *J. Org. Chem.* **2010,** *75,* 702–715.
8. Xu, H.; Zuend, S. J.; Woll, M. G.; Tao, Y.; Jacobsen, E. N. *Science* **2010,** *327,* 986–990.
9. Zhang, J. *Povarov Reaction.* In *Name Reactions in Heterocyclic Chemistry II*; Li, J. J., Ed.; Wiley: Hoboken, NJ, **2011,** 385–399. (Review).

Prevost *trans*-双羟化反应

参见第646页上的Woodward *cis*-二羟基化反应。

Example 1[5]

AgOCOPh, I$_2$

PhH, rt, 2 h,
reflux, 10 h, 46%

Example 2[9]

AgOCOPh, I$_2$

CCl$_4$, 74%

1. KOH, H$_2$O
2. Ac$_2$O, pyr.

References

1. Prévost, C. *Compt. Rend.* **1933**, *196*, 1129–1131.
2. Campbell, M. M.; Sainsbury, M.; Yavarzadeh, R. *Tetrahedron* **1984**, *40*, 5063–5070.
3. Ciganek, E.; Calabrese, J. C. *J. Org. Chem.* **1995**, *60*, 4439–4443.
4. Brimble, M. A.; Nairn, M. R. *J. Org. Chem.* **1996**, *61*, 4801–4805.
5. Zajc, B. *J. Org. Chem.* **1999**, *64*, 1902–1907.
6. Hamm, S.; Hennig, L.; Findeisen, M.; Muller, D. *Tetrahedron* **2000**, *56*, 1345–1348.
7. Ray, J. K.; Gupta, S.; Kar, G. K.; Roy, B. C.; Lin, J.-M. *J. Org. Chem.* **2000**, *65*, 8134–8138.
8. Sabat, M.; Johnson, C. R. *Tetrahedron Lett.* **2001**, *42*, 1209–1212.
9. Hodgson, R.; Nelson, A. *Org. Biomol. Chem.* **2004**, *2*, 373–386.
10. Emmanuvel, L.; Shaikh, T. M. A.; Sudalai, A. *Org. Lett.* **2005**, *7*, 5071–5074.

Prins 反应

Prins 反应是酸催化下醛基对烯烃加成后通过改变反应条件而给出各种不同产物的反应。

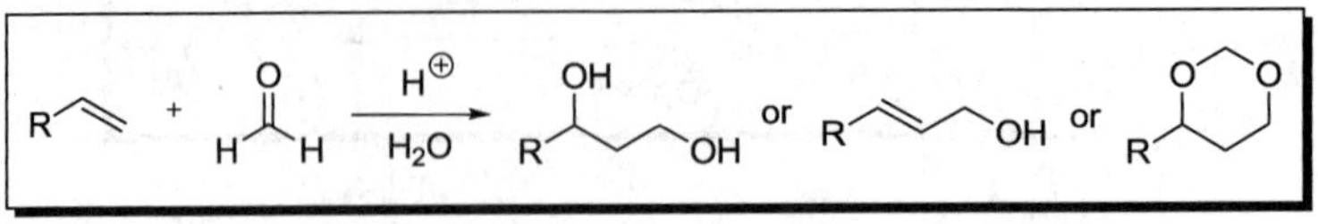

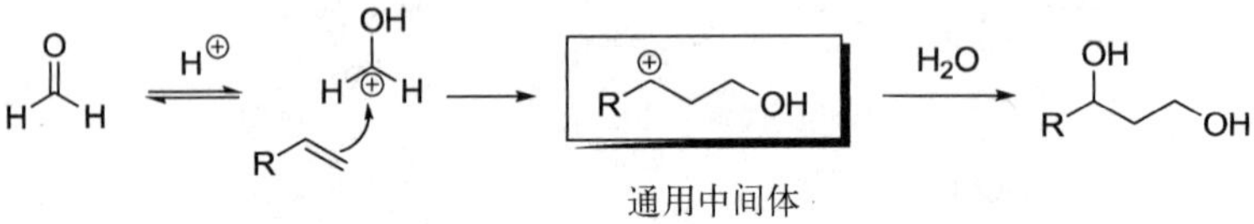

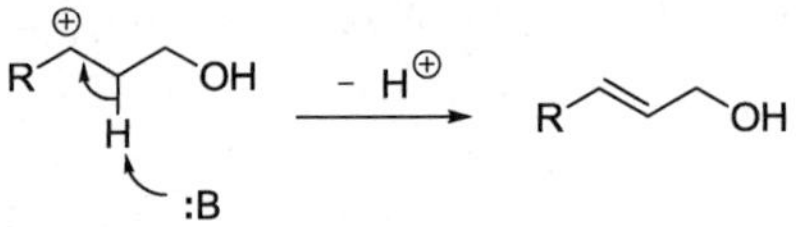

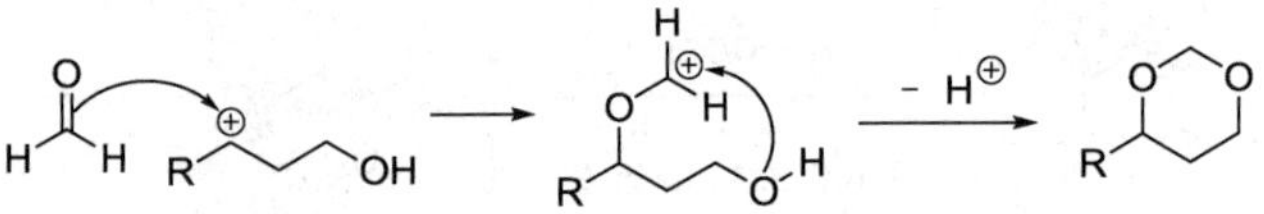

通用中间体

Example 1[5]

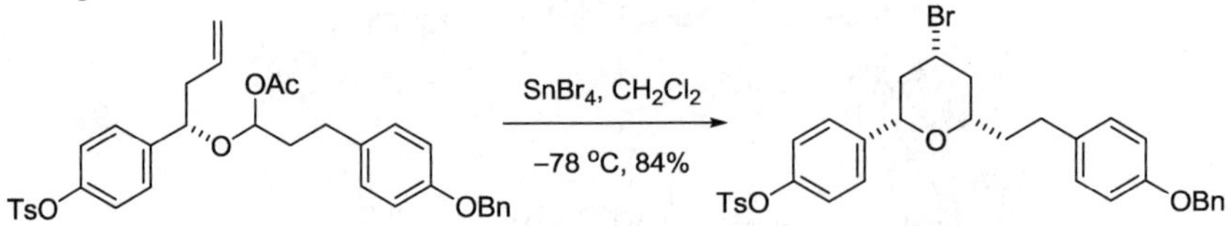

Example 2[7]

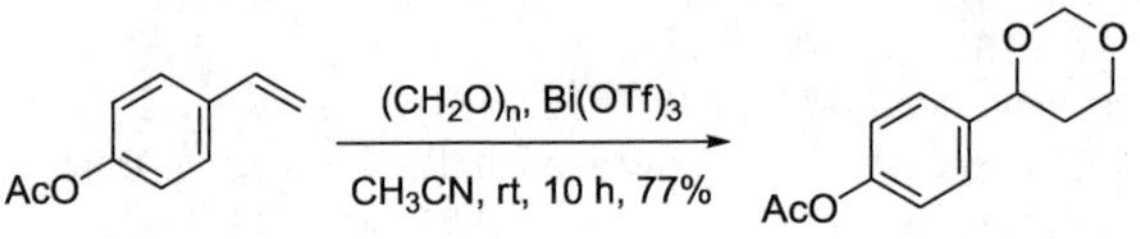

Example 3[9]

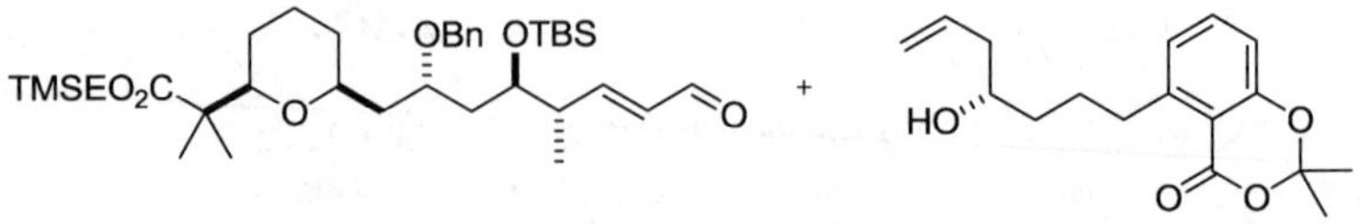

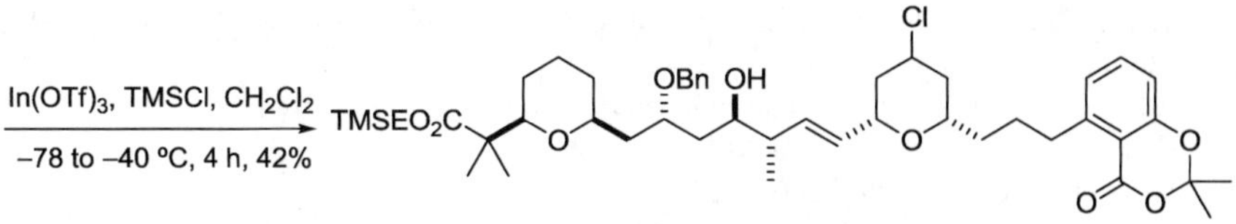

Example 4[10]

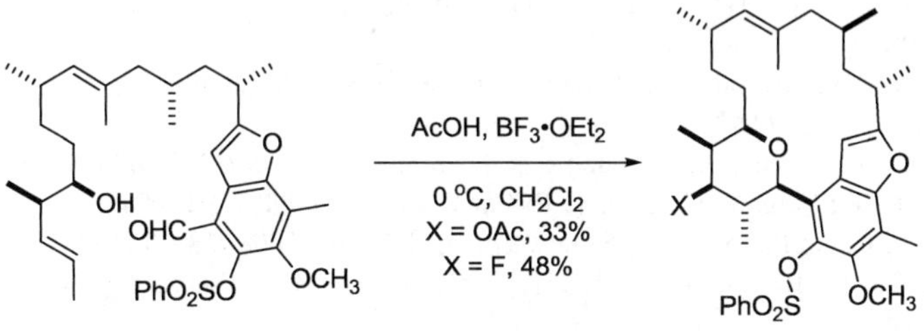

Example 5, 一个连串的Prins/Ritter酰基化反应[11]

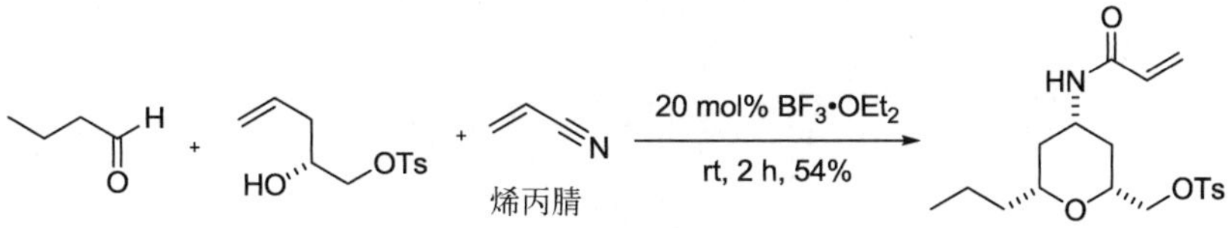

烯丙腈

Example 6[12]

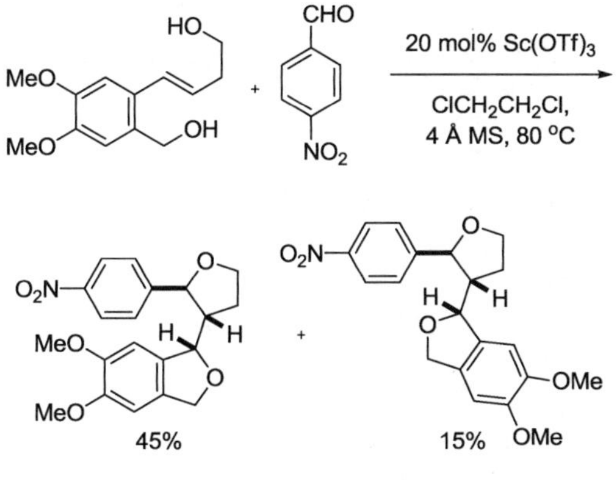

References

1. Prins, H. J. *Chem. Weekblad* **1919**, *16*, 1072–1023. 新西兰人普林斯（H. J. Prins, 1889–1958）出生于Zaandam，要说起来还不能算是有机化学家。获得化学工程学位后他先后在香精油公司和处理肉类的公司工作。他有一个小小的私人实验室建在离家不远处，空暇之余常会去搞点研究。这不单单是消遣，对他后来成为公司董事长也大有裨益。

2. Adam, D. R.; Bhatnagar, S. P. *Synthesis* **1977**, 661–672. (Review).
3. Hanaki, N.; Link, J. T.; MacMillan, D. W. C.; Overman, L. E.; Trankle, W. G.; Wurster, J. A. *Org. Lett.* **2000**, *2*, 223–226.
4. Davis, C. E.; Coates, R. M. *Angew. Chem. Int. Ed.* **2002**, *41*, 491–493.
5. Marumoto, S.; Jaber, J. J.; Vitale, J. P.; Rychnovsky, S. D. *Org. Lett.* **2002**, *4*, 3919–3922.
6. Braddock, D. C.; Badine, D. M.; Gottschalk, T.; Matsuno, A.; Rodriguez-Lens, M. *Synlett* **2003**, 345–348.
7. Sreedhar, B.; Swapna, V.; Sridhar, Ch.; Saileela, D.; Sunitha, A. *Synth. Commun.* **2005**, *35*, 1177–1182.
8. Aubele, D. L.; Wan, S.; Floreancig, P. E. *Angew. Chem. Int. Ed.* **2005**, *44*, 3485–3488.
9. Chan, K.-P.; Ling, Y. H.; Loh, T.-P. *Chem. Commun.* **2007**, 939–941.
10. Bahnck, K. B.; Rychnovsky, S. D. *J. Am. Chem. Soc.* **2008**, *130*, 13177–13181.
11. Yadav, J. S.; Reddy, Y. J.; Reddy, P. A. N.; Reddy, B. V. S. *Org. Lett.* **2013**, *15*, 546–549.
12. Subba Reddy, B. V.; Jalal, S.; Borkar, P.; Yadav, J. S.; Gurava Reddy, P.; Sarma, A.V.S. *Tetrahedron Lett.* **2013**, *54*, 1519–1523.

Pschorr 环化反应

应用于分子内的 Gomberg-Bachmann 反应。

Example 1[7]

Example 2[8]

Example 3[10]

References

1. Pschorr, R. *Ber.* **1896,** *29,* 496–501. 普肖尔（R. Pschorr, 1868-1930）出生于德国的慕尼黑，跟拜耳（A. von Baeyer）、班贝格（E. Bamberger）、克诺尔（L. Knorr）和费歇尔（E. Fischer）等人学习。1899年在柏林成为助理教授并在那儿完成了菲的合成。普肖尔在一次大战中任德军少校。
2. Kupchan, S. M.; Kameswaran, V.; Findlay, J. W. A. *J. Org. Chem.* **1973,** *38,* 405–406.
3. Wassmundt, F. W.; Kiesman, W. F. *J. Org. Chem.* **1995,** *60,* 196–201.
4. Qian, X.; Cui, J.; Zhang, R. *Chem. Commun.* **2001,** 2656–2657.
5. Hassan, J.; Sévignon, M.; Gozzi, C.; Schulz, E.; Lemaire, M. *Chem. Rev.* **2002,** *102,* 1359–1469. (Review).
6. Karady, S.; Cummins, J. M.; Dannenberg, J. J.; del Rio, E.; Dormer, P. G.; Marcune, B. F.; Reamer, R. A.; Sordo, T. L. *Org. Lett.* **2003,** *5,* 1175–1178.
7. Xu, Y.; Qian, X.; Yao, W.; Mao, P.; Cui, J. *Bioorg. Med. Chem.* **2003,** *11,* 5427–5433.
8. Tapolcsányi, P.; Maes, B. U. W.; Monsieurs, K.; Lemière, G. L. F.; Riedl, Z.; Hajós, G.; Van der Driessche, B.; Dommisse, R. A.; Mátyus, P. *Tetrahedron* **2003,** *59,* 5919–5926.
9. Mátyus, P.; Maes, B. U. W.; Riedl, Z.; Hajós, G.; Lemière, G. L. F.; Tapolcśanyi, P.; Monsieurs, K.; Éliás, O.; Dommisse, R. A.; Krajsovszky, G. *Synlett* **2004,** 1123–1139. (Review).
10. Moorthy, J. N.; Samanta, S. *J. Org. Chem.* **2007,** *72,* 9786–9789.
11. Lockner, J. W.; Dixon, D. D.; Risgaard, R.; Baran, P. S. *Org. Lett.* **2011,** *13,* 5628–5631.

Pummerer 重排反应

亚砜用乙酸酐转化为 α-酰氧基硫醚的反应。

Example 1[2]

Example 2[7]

Example 3[8]

Example 4[9]

Example 5, 立体选择性 Pummerer 重排[10,12]

References

1. Pummerer, R. *Ber.* **1910**, *43*, 1401–1412. 普梅雷尔（R. Pummerer）1812年出生于奥地利，跟拜耳（A. von Baeyer）、威尔斯苔德（R. Willstatter）和威兰特（H. O. Wieland）等人学习。在BASF工作几年后于1921年成为慕尼黑实验室有机分部的主席，实现了他一直孜孜以求的愿望。
2. Katsuki, T.; Lee, A. W. M.; Ma, P.; Martin, V. S.; Masamune, S.; Sharpless, K. B.; Tuddenham, D.; Walker, F. J. *J. Org. Chem.* **1982**, *47*, 1373–1378.
3. De Lucchi, O.; Miotti, U.; Modena, G. *Org. React.* **1991**, *40*, 157–406. (Review).
4. Padwa, A.; Gunn, D. E., Jr.; Osterhout, M. H. *Synthesis* **1997**, 1353–1378. (Review).
5. Padwa, A.; Waterson, A. G. *Curr. Org. Chem.* **2000**, *4*, 175–203. (Review).
6. Padwa, A.; Bur, S. K.; Danca, D. M.; Ginn, J. D.; Lynch, S. M. *Synlett* **2002**, 851–862. (Review).
7. Gámez Montaño, R.; Zhu, J. *Chem. Commun.* **2002**, 2448–2449.
8. Padwa, A.; Danca, M. D.; Hardcastle, K.; McClure, M. *J. Org. Chem.* **2003**, *68*, 929–941.
9. Suzuki, T.; Honda, Y.; Izawa, K.; Williams, R. M. *J. Org. Chem.* **2005**, *70*, 7317–7323.
10. Nagao, Y.; Miyamoto, S.; Miyamoto, M.; Takeshige, H.; Hayashi, K.; Sano, S.; Shiro, M.; Yamaguchi, K.; Sei, Y. *J. Am. Chem. Soc.* **2006**, *128*, 9722–9729.
11. Ahmad, N. M. *Pummerer Rearrangement*. In *Name Reactions for Homologations-Part II*; Li, J. J., Ed.; Wiley: Hoboken, NJ, **2009**, pp 334–352. (Review).
12. Patil, M.; Loerbroks, C.; Thiel, W. *Org. Lett.* **2013**, *15*, 1682–1685.

Ramburg-Bäcklund 反应

α-卤代砜经挤出反应生成烯烃。

Example 1[4]

Example 2[5]

Example 3[6]

J.J. Li, *Name Reactions: A Collection of Detailed Mechanisms and Synthetic Applications*,
DOI 10.1007/978-3-319-03979-4_226,

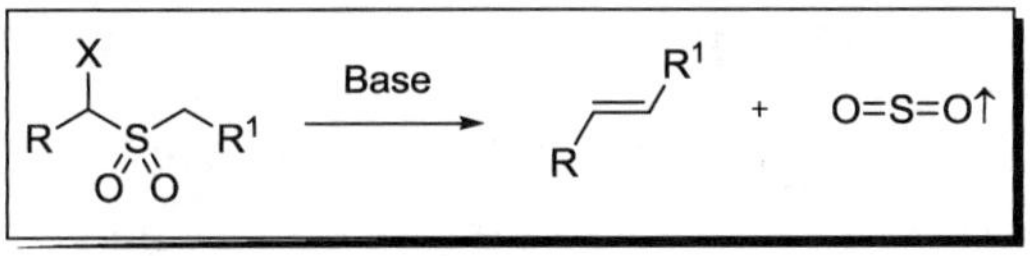

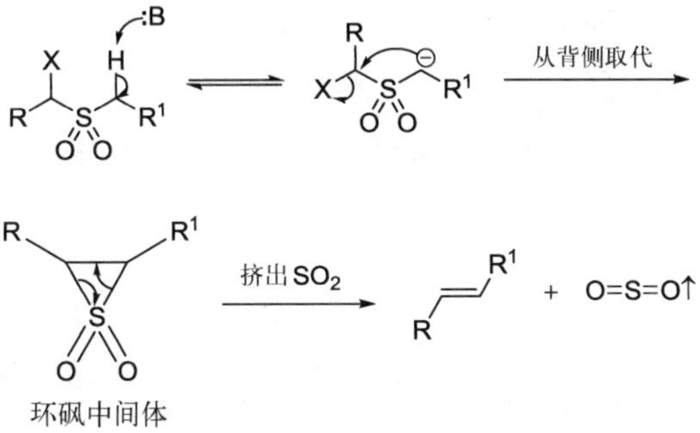

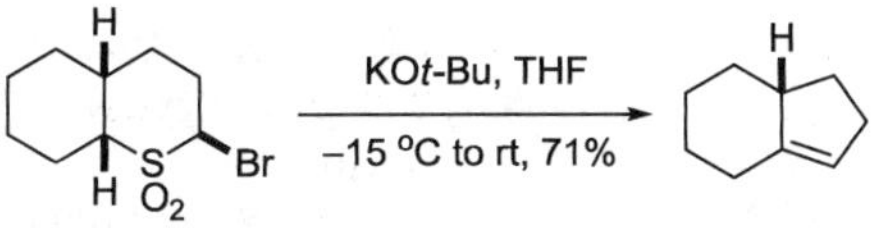

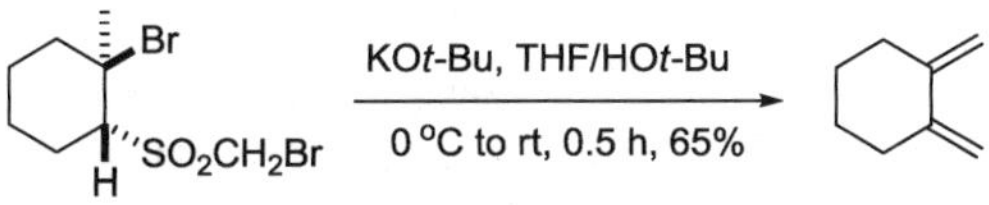

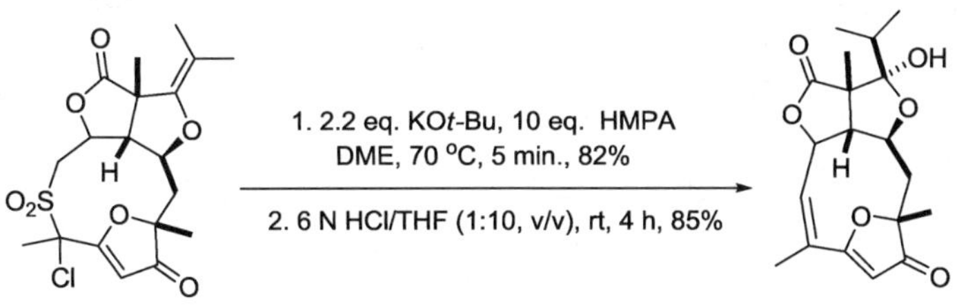

Example 4,[7]

1. t-BuOK, t-BuOH, CCl$_4$, rt, 65%
2. TsOH, H$_2$O, EtOH, rt, 95%

Example 5[8]

KOH-Al$_2$O$_3$
CF$_2$Br$_2$/CH$_2$Cl$_2$
87%

E/Z = 33:27

References

1. Ramberg, L.; Bäcklund, B. *Arkiv. Kemi, Mineral Geol.* **1940**, *13A*, 1–50.
2. Paquette, L. A. *Acc. Chem. Res.* **1968**, *1*, 209–216. (Review).
3. Paquette, L. A. *Org. React.* **1977**, *25*, 1–71. (Review).
4. Becker, K. B.; Labhart, M. P. *Helv. Chim. Acta* **1983**, *66*, 1090–1100.
5. Block, E.; Aslam, M.; Eswarakrishnan, V.; Gebreyes, K.; Hutchinson, J.; Iyer, R.; Laffitte, J. A.; Wall, A. *J. Am. Chem. Soc.* **1986**, *108*, 4568–4580.
6. Boeckman, R. K., Jr.; Yoon, S. K.; Heckendorn, D. K. *J. Am. Chem. Soc.* **1991**, *113*, 9682–9684.
7. Trost, B. M.; Shi, Z. *J. Am. Chem. Soc.* **1994**, *116*, 7459–7460.
8. Cao, X.-P.; Chan, T.-L.; Chow, H.-F. *Tetrahedron Lett.* **1996**, *37*, 1049–1052.
9. Taylor, R. J. K. *Chem. Commun.* **1999**, 217–227. (Review).
10. Taylor, R. J. K.; Casy, G. *Org. React.* **2003**, *62*, 357–475. (Review).
11. Li, J. J. *Ramberg–Bäcklund olefin synthesis.* In *Name Reactions for Functional Group Transformations*; Li, J. J., Ed.; Wiley: Hoboken, NJ, **2007**, pp 386–404. (Review).
12. Pal, T. K.; Pathak, T. *Carbohydrate Res.* **2008**, *343*, 2826–2829.
13. Baird, L. J.; Timmer, M. S. M.; Teesdale-Spittle, P. H.; Harvey, J. E. *J. Org. Chem.* **2009**, *74*, 2271–2277.

Reformatsky反应

由α-卤代酯得来的有机锌化物对羰基的亲核加成反应。

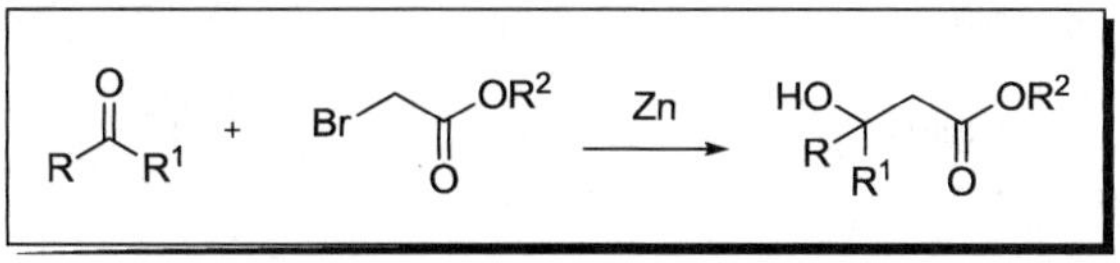

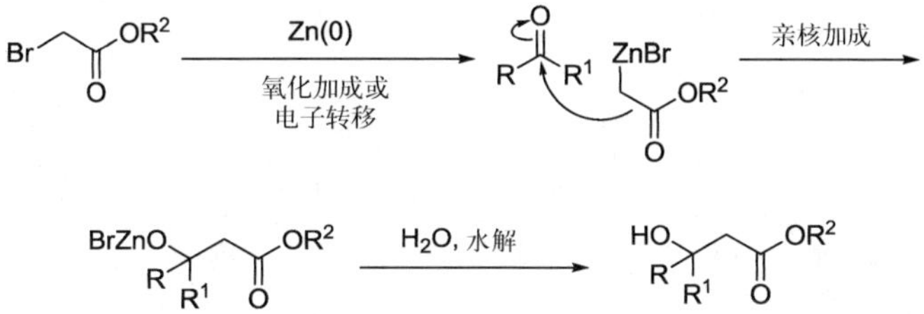

Example 1[4]

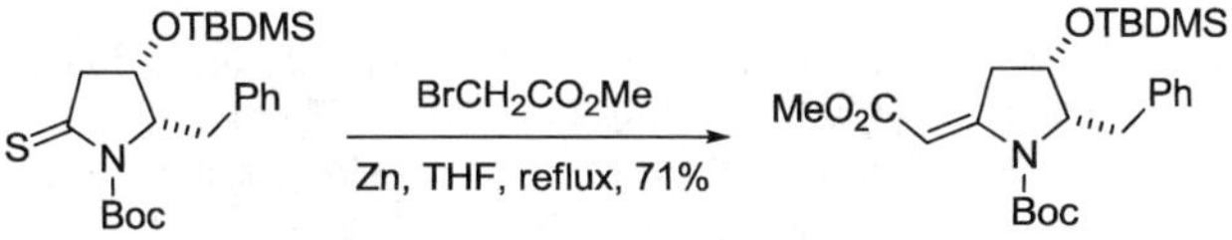

Example 2[6]

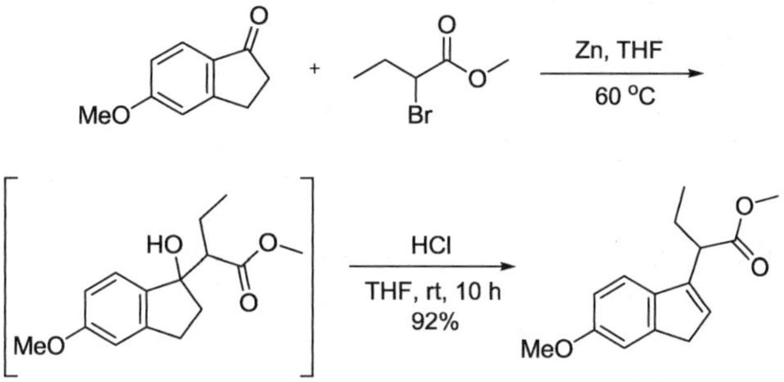

Example 3, 硼介入的Reformatsky反应[8]

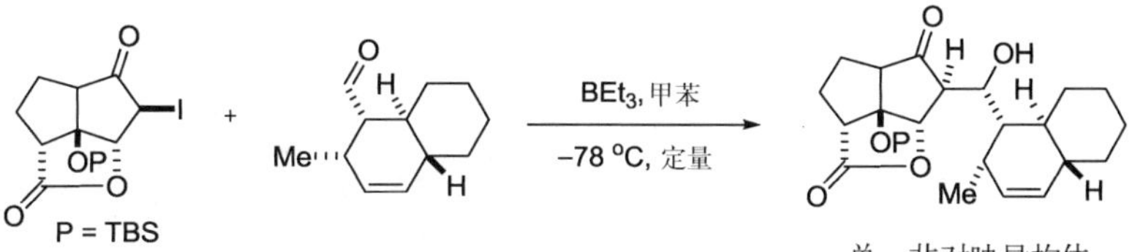

单一非对映异构体

J.J. Li, *Name Reactions: A Collection of Detailed Mechanisms and Synthetic Applications*,
DOI 10.1007/978-3-319-03979-4_227, © Springer International Publishing Switzerland 2014

Example 4, SmI$_2$ 介入的 Reformatsky 反应[9]

1. SmI$_2$, THF, –78 °C
2. Martin 硫化物, CH$_2$Cl$_2$
72%, 2 steps

Example 5[6]

Zn, CuCl, Me-THF, 0 °C

dr 可达 >99:1
产率可达 89%

References

1. Reformatsky, S. *Ber.* **1887**, *20*, 1210–1211. 瑞弗尔马茨基（S. Reformatsky, 1860-1934）出生于俄罗斯，在被称为俄罗斯有机化学大师策源地的喀山大学（University of Kazan）学习。他在那儿求学于杰出的化学家查依采夫（A. M. Zaitsev）。瑞弗尔马茨基后来又去过德国的哥廷根、海德堡和莱比锡等地学习，回到俄罗斯后成为基辅大学（University of Kiev）的有机化学主任。
2. Rathke, M. W. *Org. React.* **1975**, *22*, 423–460. (Review).
3. Fürstner, A. *Synthesis* **1989**, 571–590. (Review).
4. Lee, H. K.; Kim, J.; Pak, C. S. *Tetrahedron Lett.* **1999**, *40*, 2173–2174.
5. Fürstner, A. In *Organozinc Reagents* Knochel, P., Jones, P., Eds.; Oxford University Press: New York, **1999**, pp 287–305. (Review).
6. Zhang, M.; Zhu, L.; Ma, X. *Tetrahedron: Asymmetry* **2003**, *14*, 3447–3453.
7. Ocampo, R.; Dolbier, W. R., Jr. *Tetrahedron* **2004**, *60*, 9325–9374. (Review).
8. Lambert, T. H.; Danishefsky, S. J. *J. Am. Chem. Soc.* **2006**, *128*, 426–427.
9. Moslin, R. M.; Jamison, T. F. *J. Am. Chem. Soc.* **2006**, *128*, 15106–15107.
10. Cozzi, P. G. *Angew. Chem. Int. Ed.* **2007**, *46*, 2568–2571. (Review).
11. Ke, Y.-Y.; Li, Y.-J.; Jia, J.-H.; Sheng, W.-J.; Han, L.; Gao, J.-R. *Tetrahedron Lett.* **2009**, *50*, 1389–1391.
12. Grellepois, F. *J. Org. Chem.* **2013**, *78*, 1127–1137.
13. Schulze, T. M.; Grunenberg, J.; Schulz, S. *Tetrahedron Lett.* **2013**, *54*, 921–924.

Regitz 重氮化物合成反应

用磺酰重氮化物来合成2-重氮-1,3-二酮或2-重氮-3-氧代酯的反应。

只有一个羰基时,甲酸乙酯可用于螯合剂来活化。[6~9]

另外,经由烯醇和甲磺酰重氢化物的1,3-偶极环加成反应也可产生三唑中间体:

Example 1[5]

Example 2[10]

References
1. (a) Regitz, M. *Angew. Chem. Int. Ed.* **1967**, *6*, 733–741. (b) Regitz, M.; Anschütz, W.; Bartz, W.; Liedhegener, A. *Tetrahedron Lett.* **1968**, *9*, 3171–3174. (c) Regitz, M. *Synthesis* **1972**, 351–373. (Review).
2. Pudleiner, H.; Laatsch, H. *Ann.* **1990**, 423–426.
3. Evans, D. A.; Britton, T. C.; Ellman, J. A.; Dorow, R. L. *J. Am. Chem. Soc.* **1990**, *112*, 4011–4030.
4. Charette, A. B.; Wurz, R. P.; Ollevier, T. *J. Org. Chem.* **2000**, *65*, 9252–9254.
5. Hodgson, D. M.; Labande, A. H.; Pierard, F. Y. T. M.; Expósito Castro, M. A. *J. Org. Chem.* **2003**, *68*, 6153–6159.
6. Sarpong, R.; Su, J. T.; Stoltz, B. M. *J. Am. Chem. Soc.* **2003**, *125*, 13624–13628.
7. Mejía-Oneto, J. M.; Padwa, A. *Org. Lett.* **2004**, *6*, 3241–3244.
8. Muroni, D.; Saba, A.; Culeddu, N. *Tetrahedron: Asymmetry* **2004**, *15*, 2609–2614.
9. Davies, J. R.; Kane, P. D.; Moody, C. J. *Tetrahedron* **2004**, *60*, 3967–3977.
10. Oguri, H.; Schreiber, S. L. *Org. Lett.* **2005**, *7*, 47–50.
11. Balasubramanian, M. *Regitz diazo synthesis* In *Name Reactions for Functional Group Transformations*; Li, J. J., Ed.; Wiley: Hoboken, NJ, **2007**, pp 658–688. (Review).

Reimer-Tiemann 反应

邻甲酰基酚可从酚和氯仿在碱性条件下的反应来合成。

a. 卡宾产生:

b. 二氯卡宾的加成和水解:

Example 1, 不用碱的光促 Reimer–Tiemann 反应[7]

Example 2[8]

References

1. Reimer, K.; Tiemann, F. *Ber.* **1876**, *9*, 824–828.
2. Wynberg, H.; Meijer, E. W. *Org. React.* **1982**, *28*, 1–36. (Review).
3. Bird, C. W.; Brown, A. L.; Chan, C. C. *Tetrahedron* **1985**, *41*, 4685–4690.
4. Neumann, R.; Sasson, Y. *Synthesis* **1986**, 569–570.
5. Cochran, J. C.; Melville, M. G. *Synth. Commun.* **1990**, *20*, 609–616.
6. Langlois, B. R. *Tetrahedron Lett.* **1991**, *32*, 3691–3694.
7. Jiménez, M. C.; Miranda, M. A.; Tormos, R. *Tetrahedron* **1995**, *51*, 5825–5828.
8. Jung, M. E.; Lazarova, T. I. *J. Org. Chem.* **1997**, *62*, 1553–1555.
9. Bhunia, S. C.; Patra, G. C.; Pal, S. C. *Synth. Commun.* **2011**, *41*, 3678–3682.

J.J. Li, *Name Reactions: A Collection of Detailed Mechanisms and Synthetic Applications*,
DOI 10.1007/978-3-319-03979-4_229, © Springer International Publishing Switzerland 2014

Reissert 反应

喹啉和异喹啉用酰氯和KCN反应给出喹啉酸、醛和氨。

Example 1[3]

J.J. Li, *Name Reactions: A Collection of Detailed Mechanisms and Synthetic Applications*,
DOI 10.1007/978-3-319-03979-4_230, © Springer International Publishing Switzerland 2014

Example 2, 来自异喹啉的Reissert化合物[7]

手性Al催化剂
TMSCN, CH$_2$=CHOCOCl
CH$_2$Cl$_2$, –40 °C, 72 h, 53%
73% ee

Example 3, 来自异喹啉的Reissert化合物[10]

TMS-CN, CH$_2$Cl$_2$
48 h, rt, 96%
1 : 1
Reissert 化合物

Example 4, Reissert 化合物的不对称有机催化的烯丙基烷基化反应。[12]

10 mol% 奎尼定
二甲苯, 1.5 h, 99%
dr, 19:1
ee, 88%

References
1. (a) Reissert, A. *Ber.* **1905**, *38*, 1603–1614. (b) Reissert, A. *Ber.* **1905**, *38*, 3415–3435. 瑞塞特（C. A. Reissert）1860年出生于德国的Powayen，1984年在柏林取得Ph. D.学位并在后来成为那儿的助理教授。他与梯曼（F. Tiemann）合作共事，1902年后成为Marburg的一员。
2. Popp, F. D. *Adv. Heterocycl. Chem.* **1979**, *24*, 187–214. (Review).
3. Schwartz, A. *J. Org. Chem.* **1982**, *47*, 2213–2215.
4. Lorsbach, B. A.; Bagdanoff, J. T.; Miller, R. B.; Kurth, M. J. *J. Org. Chem.* **1998**, *63*, 2244–2250.
5. Perrin, S.; Monnier, K.; Laude, B.; Kubicki, M.; Blacque, O. *Eur. J. Org. Chem.* **1999**, 297–303.
6. Takamura, M.; Funabashi, K.; Kanai, M.; Shibasaki, M. *J. Am. Chem. Soc.* **2001**, *123*, 6801–6808.
7. Shibasaki, M.; Kanai, M.; Funabashi, K. *Chem. Commun.* **2002**, 1989–1999.
8. Sieck, O.; Schaller, S.; Grimme, S.; Liebscher, J. *Synlett* **2003**, 337–340.
9. Kanai, M.; Kato, N.; Ichikawa, E.; Shibasaki, M. *Synlett* **2005**, 1491–1508. (Review).
10. Gibson, H. W.; Berg, M. A. G.; Clifton Dickson, J.; Lecavalier, P. R.; Wang, H.; Merola, J. S. *J. Org. Chem.* **2007**, *72*, 5759–5770.
11. Fuchs, C.; Bender, C.; Ziemer, B.; Liebscher, J. *J. Heterocycl. Chem.* **2008**, *45*, 1651–1658.
12. Qin, T.Y.; Liao, W.-W.; Zhang, Y.-J.; Zhang, S. X.-A. *Org. Biomol. Chem.* **2013**, *11*, 984–990.

Reissert 吲哚合成反应

邻硝基甲苯衍生物和草酸乙酯在碱催化下缩合后再还原环合生成吲哚-2-羧酸衍生物的反应。

Example 1[2]

Example 2[3]

Example 3, 呋喃环是被掩蔽的羰基[10]

J.J. Li, *Name Reactions: A Collection of Detailed Mechanisms and Synthetic Applications*,
DOI 10.1007/978-3-319-03979-4_231, © Springer International Publishing Switzerland 2014

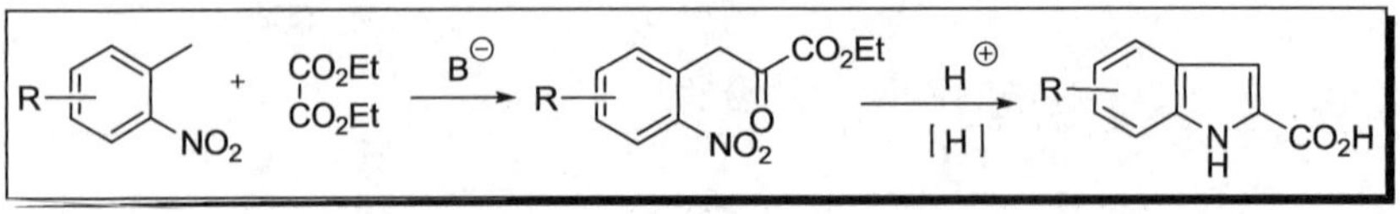

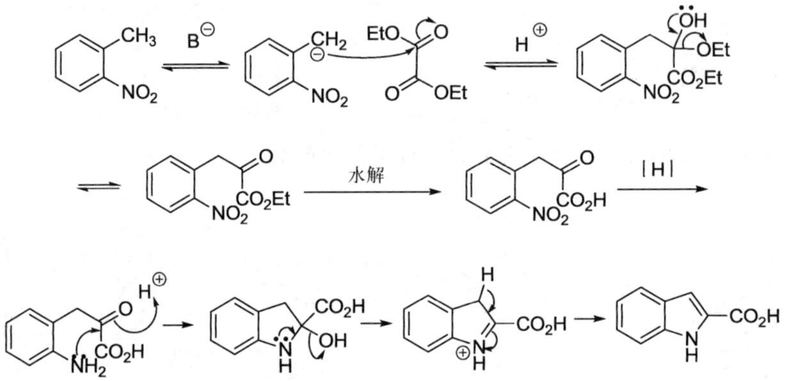

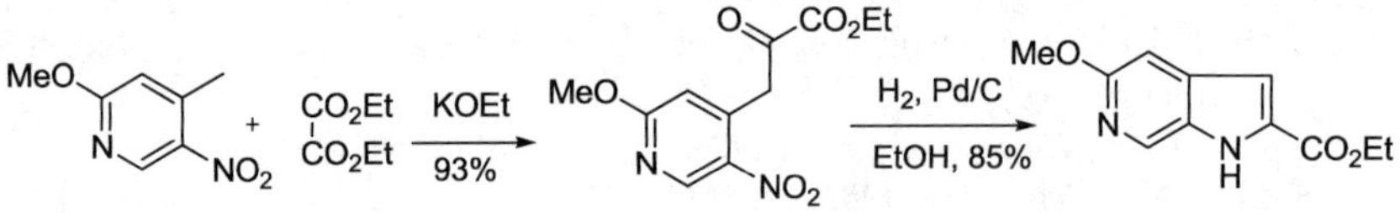

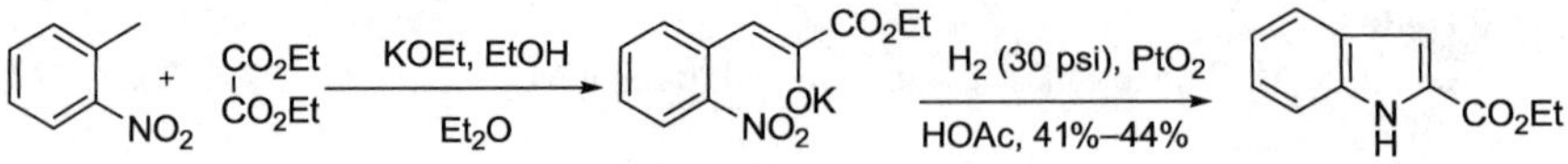

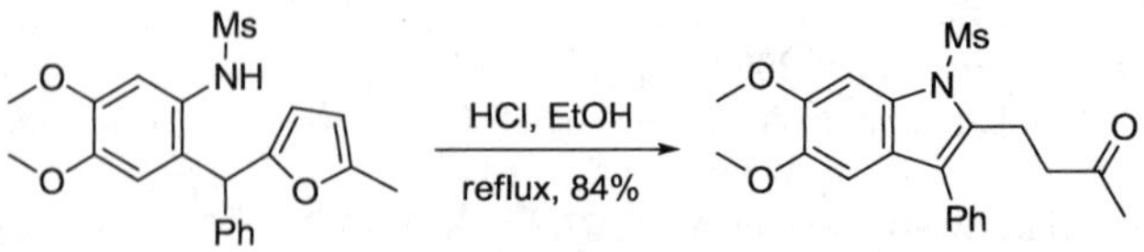

References
1. Reissert, A. *Ber.* **1897,** *30,* 1030–1053.
2. Frydman, B.; Despuy, M. E.; Rapoport, H. *J. Am. Chem. Soc.* **1965,** *87,* 3530–3531.
3. Noland, W. E.; Baude, F. J. *Org. Synth.* **1973**; *Coll. Vol.* 567–571.
4. Leadbetter, G.; Fost, D. L.; Ekwuribe, N. N.; Remers, W. A. *J. Org. Chem.* **1974,** *39,* 3580–3583.
5. Cannon, J. G.; Lee, T.; Ilhan, M.; Koons, J.; Long, J. P. *J. Med. Chem.* **1984,** *27,* 386–389.
6. Suzuki, H.; Gyoutoku, H.; Yokoo, H.; Shinba, M.; Sato, Y.; Yamada, H.; Murakami, Y. *Synlett* **2000,** 1196–1198.
7. Butin, A. V.; Stroganova, T. A.; Lodina, I. V.; Krapivin, G. D. *Tetrahedron Lett.* **2001,** *42,* 2031–2036.
8. Katayama, S.; Ae, N.; Nagata, R. *J. Org. Chem.* **2001,** *66,* 3474–3483.
9. Li, J.; Cook, J. M. *Reissert Indole Synthesis.* In *Name Reactions in Heterocyclic Chemistry*; Li, J. J., Ed.; Wiley: Hoboken, NJ, **2005,** pp 154–158. (Review).
10. Butin, A. V.; Smirnov, S. K.; Stroganova, T. A.; Bender, W.; Krapivin, G. D. *Tetrahedron* **2006,** *63,* 474–491.
11. Colombo, E.; Ratel, P.; Mounier, L.; Guillier, F. *J. Flow Chem.* **2011,** *1,* 68–73.

Ring-closing metathesis（RCM，闭环复分解反应）

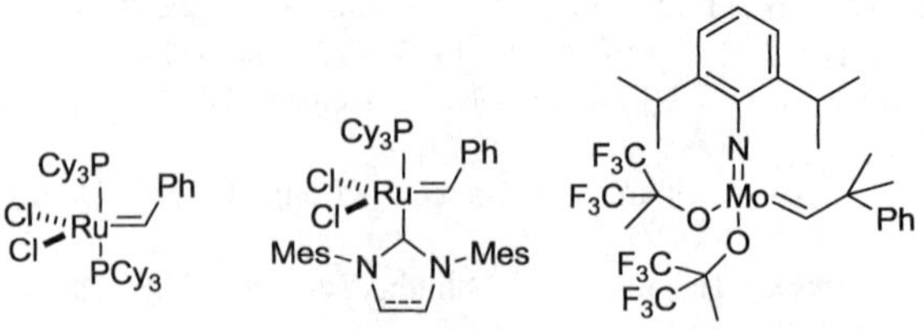

Grubbs 催化剂
Mes = mesityl

Schrock 催化剂

这三个催化剂在下面的机理中都用"$L_nM=CHR$"表示。
真正的催化剂由预催化剂而来：

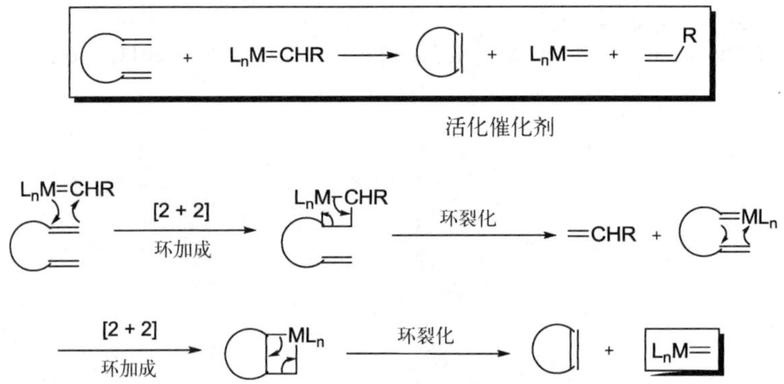

活化催化剂

催化环：

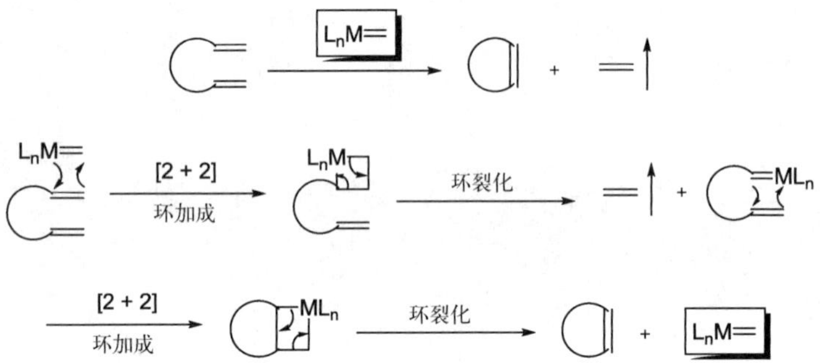

Example 1[3]

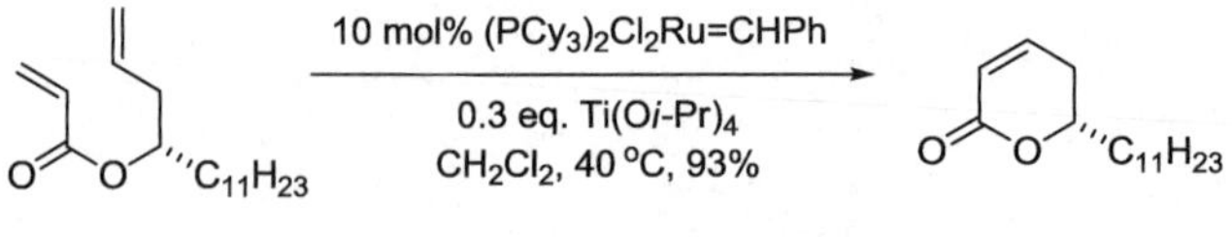

Example 2[4]

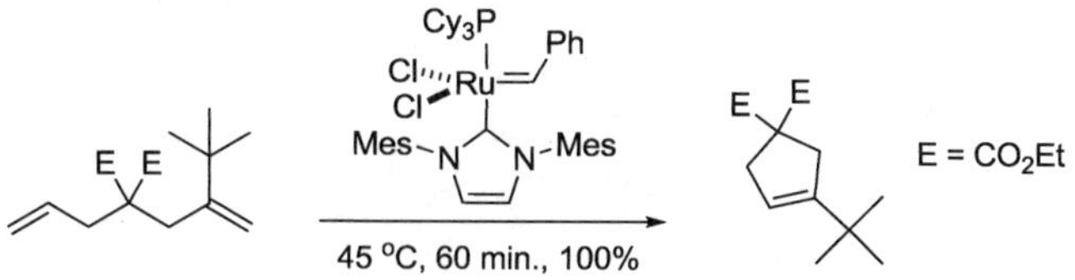

E = CO$_2$Et

45 °C, 60 min., 100%

Example 3[7]

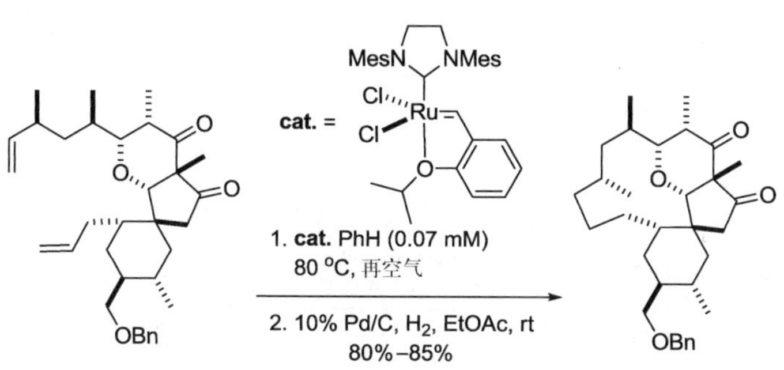

1. **cat.** PhH (0.07 mM)
   80 °C, 再空气
2. 10% Pd/C, H$_2$, EtOAc, rt
   80%–85%

Example 4[9]

5.4 mol%

CH$_2$Cl$_2$, rt, 73%

5 mol%

CH$_2$Cl$_2$, rt, 93%, > 10:1 *E:Z*

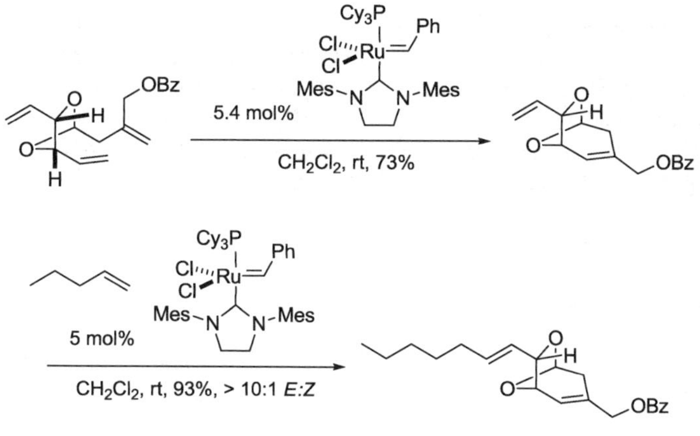

Example 5[10]

15 mol% 第二代 Grubbs催化剂

甲苯, 110 °C, 78%

单一异构体

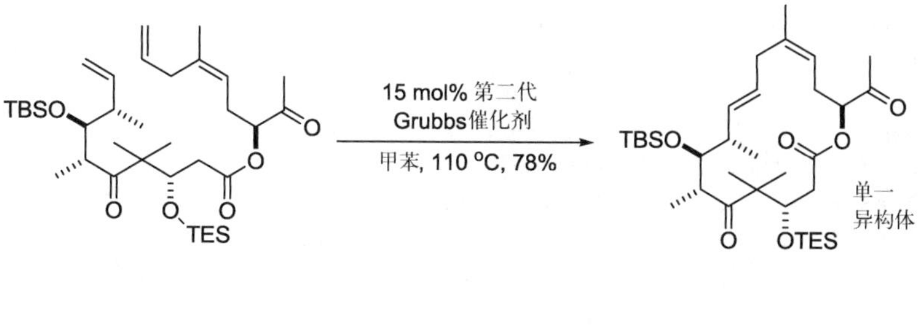

Example 6[12]

Example 7[13]

References

1. Schrock, R. R.; Murdzek, J. S.; Bazan, G. C.; Robbins, J.; DiMare, M.; O'Regan, M. *J. Am. Chem. Soc.* **1990**, *112*, 3875–3886. 施罗克（R. Schrock）是MIT的教授，和Caltech的格拉布斯（R. Grubbs）及法国Institut Francais du Petrole的肖万（Y. Chauvin）一起因对烯烃复分解反应的研究而共享2005年度的诺贝尔化学奖。
2. Grubbs, R. H.; Miller, S. J.; Fu, G. C. *Acc. Chem. Res.* **1995**, *28*, 446–452. (Review).
3. Scholl, M.; Tunka, T. M.; Morgan, J. P.; Grubbs, R. H. *Tetrahedron Lett.* **1999**, *40*, 2247–2250.
4. Fellows, I. M.; Kaelin, D. E., Jr.; Martin, S. F. *J. Am. Chem. Soc.* **2000**, *122*, 10781–10787.
5. Timmer, M. S. M.; Ovaa, H.; Filippov, D. V.; van der Marel, G. A.; van Boom, J. H. *Tetrahedron Lett.* **2000**, *41*, 8635–8638.
6. Thiel, O. R. *Alkene and alkyne metathesis in organic synthesis*. In *Transition Metals for Organic Synthesis (2nd Edn.)*, **2004**, *1*, pp 321–333. (Review).
7. Smith, A. B., III; Basu, K.; Bosanac, T. *J. Am. Chem. Soc.* **2007**, *129*, 14872–14874.
8. Hoveyda, A.H.; Zhugralin, A. R. *Nature* **2007**, *450*, 243–251. (Review).
9. Marvin, C. C.; Clemens, A. J. L.; Burke, S. D. *Org. Lett.* **2007**, *9*, 5353–5356.
10. Keck, G. E.; Giles, R. L.; Cee, V. J.; Wager, C. A.; Yu, T.; Kraft, M. B. *J. Org. Chem.* **2008**, *73*, 9675–9691.
11. Donohoe, T. J.; Fishlock, L. P.; Procopiou, P. A. *Chem. Eur. J.* **2008**, *14*, 5716–5726. (Review).
12. Sattely, E. S.; Meek, S. J.; Malcolmson, S. J.; Schrock, R. R.; Hoveyda, A. H. *J. Am. Chem. Soc.* **2009**, *131*, 943–953.
13. Moss, T. A. *Tetrahedron Lett.* **2013**, *54*, 993–997.

Ritter 反应

腈和醇在强酸参与下生成酰胺的反应。

通式:

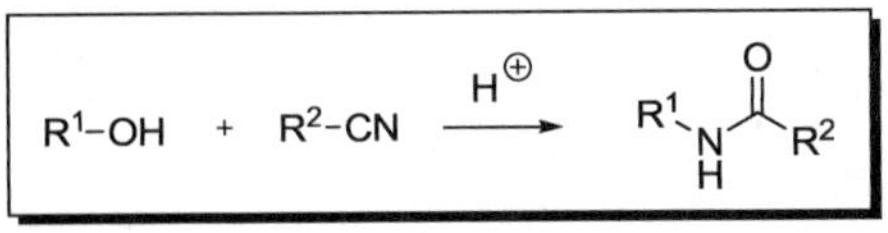

$$R^1\text{-OH} + R^2\text{-CN} \xrightarrow{H^\oplus} R^1\text{-NH-C(=O)-}R^2$$

Example 1

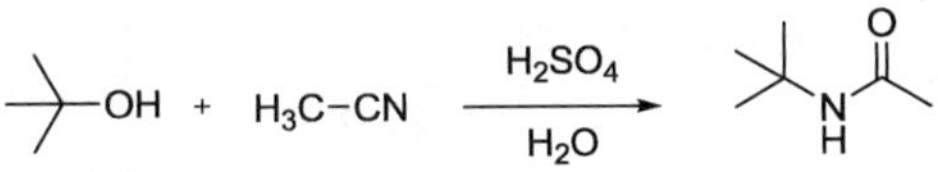

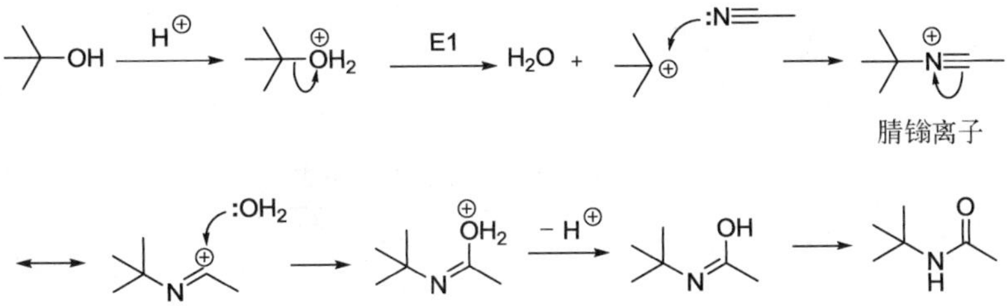

t-BuOH + H₃C–CN $\xrightarrow[H_2O]{H_2SO_4}$ t-Bu-NH-C(=O)-CH₃

机理：叔丁醇经质子化、E1消除生成叔碳正离子，进攻乙腈生成腈鎓离子，再经水进攻、脱质子、互变异构得到酰胺。

Similarly:

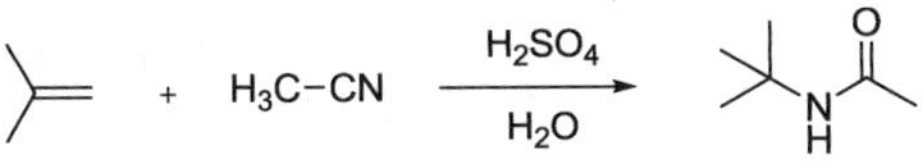

异丁烯 + H₃C–CN $\xrightarrow[H_2O]{H_2SO_4}$ t-Bu-NH-C(=O)-CH₃

Example 2[3]

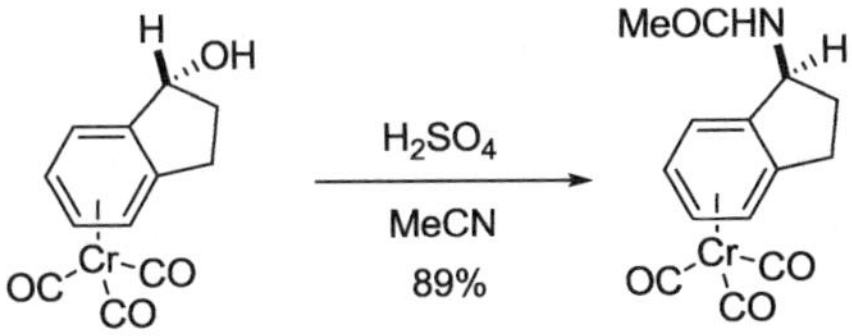

(茚满-1-醇)Cr(CO)₃ $\xrightarrow[MeCN]{H_2SO_4}$ (1-乙酰胺基茚满)Cr(CO)₃ 89%

Example 3[4]

3-甲基-2-氰基吡啶 + t-BuOH, 浓 H₂SO₄ $\xrightarrow{70\text{–}75\,^\circ\text{C},\ 75\ \text{min.},\ 97\%}$ 3-甲基-N-叔丁基-吡啶-2-甲酰胺

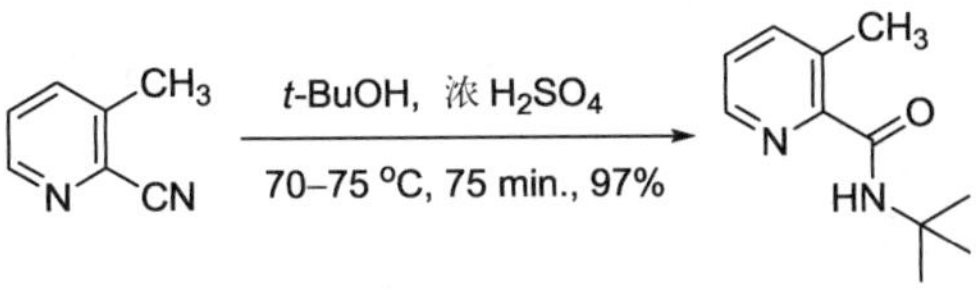

Example 4[5]

J.J. Li, *Name Reactions: A Collection of Detailed Mechanisms and Synthetic Applications*,
DOI 10.1007/978-3-319-03979-4_233, © Springer International Publishing Switzerland 2014

Example 5[6]

Example 6, 一个连串的Prins/Ritter酰胺化反应[12]

References

1. (a) Ritter, J. J.; Minieri, P. P. *J. Am. Chem. Soc.* **1948**, *70*, 4045–4048. (b) Ritter, J. J.; Kalish, J. *J. Am. Chem. Soc.* **1948**, *70*, 4048–4050.
2. Krimen, L. I.; Cota, D. J. *Org. React.* **1969**, *17*, 213–329. (Review).
3. Top, S.; Jaouen, G. *J. Org. Chem.* **1981**, *46*, 78–82.
4. Schumacher, D. P.; Murphy, B. L.; Clark, J. E.; Tahbaz, P.; Mann, T. A. *J. Org. Chem.* **1989**, *54,* 2242–2244.
5. Le Goanvic, D; Lallemond, M.-C.; Tillequin, F.; Martens, T. *Tetrahedron Lett.* **2001**, *42*, 5175–5176.
6. Tanaka, K.; Kobayashi, T.; Mori, H.; Katsumura, S. *J. Org. Chem.* **2004**, *69*, 5906–5925.
7. Nair, V.; Rajan, R.; Rath, N. P. *Org. Lett.* **2002**, *4*, 1575–1577.
8. Concellón, J. M.; Riego, E.; Suárez, J. R.; García-Granda, S.; Díaz, M. R. *Org. Lett.* **2004**, *6*, 4499–4501.
9. Brewer, A. R. E. *Ritter reaction*. In *Name Reactions for Functional Group Transformations*; Li, J. J., Ed.; Wiley: Hoboken, NJ, **2007**, pp 471–476. (Review).
10. Baum, J. C.; Milne, J. E.; Murry, J. A.; Thiel, O. R. *J. Org. Chem.* **2009**, *74*, 2207–2209.
11. Yadav, J. S.; Reddy, Y. J.; Reddy, P. A. N.; Reddy, B. V. S. *Org. Lett.* **2013**, *15*, 546–549.

Robinson 增环反应

环己酮和甲基烯基酮发生Michael加成反应后再进行分子内Aldol缩合反应给出六元环的α,β-不饱和酮。

甲基乙烯基酮 (MVK)

Example 1, 同Robinson反应[7]

Example 2[8]

J.J. Li, *Name Reactions: A Collection of Detailed Mechanisms and Synthetic Applications*,
DOI 10.1007/978-3-319-03979-4_234,

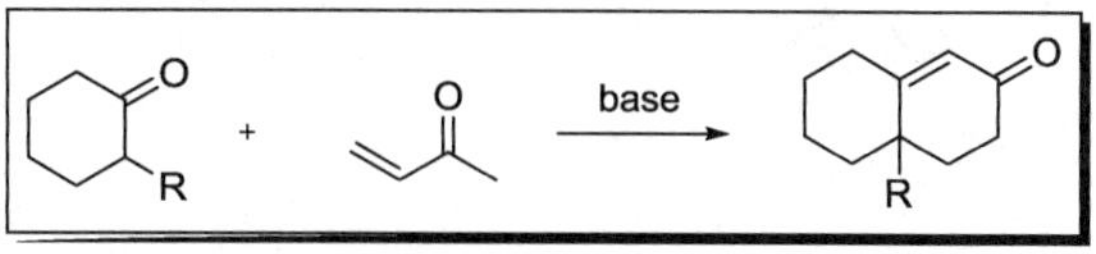

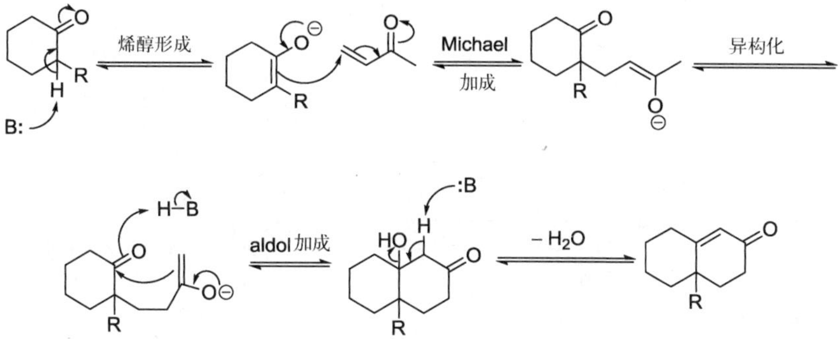

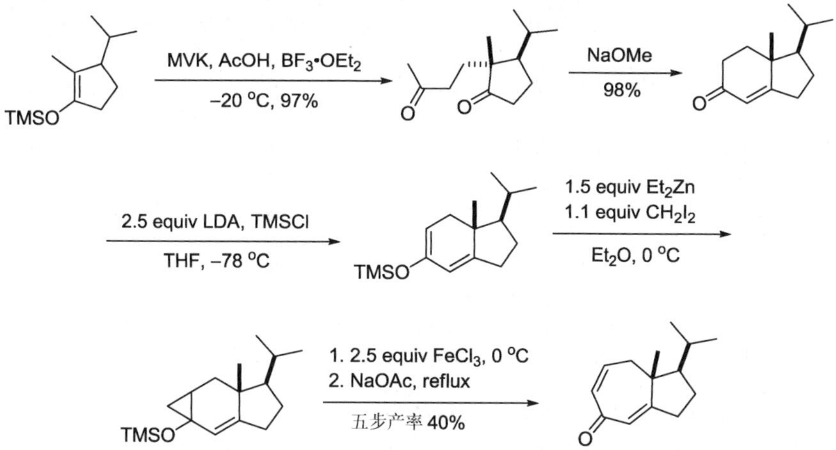

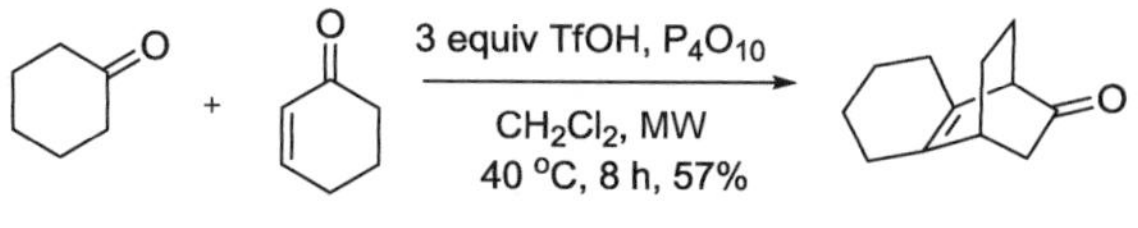

Example 3, 二重类 Robinson 环戊烯成环反应[9]

Example 4[10]

References
1. Rapson, W. S.; Robinson, R. *J. Chem. Soc.* **1935**, 1285–1288. 罗宾森（R. Robinson）在他全合成甾醇的工作中用到了Robinson增环反应。下面这件事是巴顿在谈到罗宾森和伍德沃特时所讲的："1951年，这两个伟大的人在一个周一的早晨非常偶然地在牛津火车站的站台上相遇了。罗宾森很有礼貌地问伍德沃特这几天他在忙哪些研究。伍德沃特回答说，罗宾森会对他最近就全合成甾醇的工作感兴趣的。闻听此言，罗宾森大为恼火，用伞击打伍德沃特并叫喊道，'你为何总是要窃取我的课题？'。" —An excerpt from Barton, Derek, H. R. *Some Recollections of Gap Jumping,* American Chemical Society, Washington, D.C., **1991**.
2. Gawley, R. E. *Synthesis* **1976**, 777–794. (Review).
3. Guarna, A.; Lombardi, E.; Machetti, F.; Occhiato, E. G.; Scarpi, D. *J. Org. Chem.* **2000**, *65*, 8093–8096.
4. Tai, C.-L.; Ly, T. W.; Wu, J.-D.; Shia, K.-S.; Liu, H.-J. *Synlett* **2001**, 214–217.
5. Jung, M. E.; Piizzi, G. *Org. Lett.* **2003**, *5*, 137–140.
6. Singletary, J. A.; Lam, H.; Dudley, G. B. *J. Org. Chem.* **2005**, *70*, 739–741.
7. Yun, H.; Danishefsky, S. J. *Tetrahedron Lett.* **2005**, *46*, 3879–3882.
8. Jung, M. E.; Maderna, A. *Tetrahedron Lett.* **2005**, *46*, 5057–5061.
9. Zhang, Y.; Christoffers, J. *Synthesis* **2007**, 3061–3067.
10. Jahnke, A.; Burschka, C.; Tacke, R.; Kraft, P. *Synthesis* **2009**, 62–68.
11. Bradshaw, B.; Parra, C.; Bonjoch, J. *Org. Lett.* **2013**, *15*, 2458–2461.

Robinson-Gabriel 合成反应

2-酰胺基酮环合脱水给出2,5-二烷基、芳基、杂芳基和芳烷基噁唑和2,4,5-三烷基、芳基、杂芳基和芳烷基噁唑。

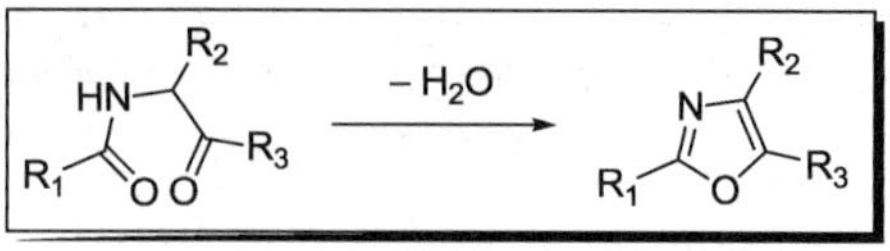

– H2O

R_1, R_2, R_3 = 烷基,(杂)芳基

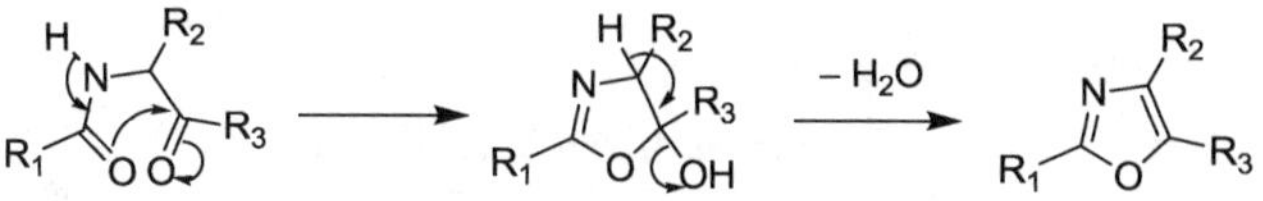

– H2O

Example 1[3]

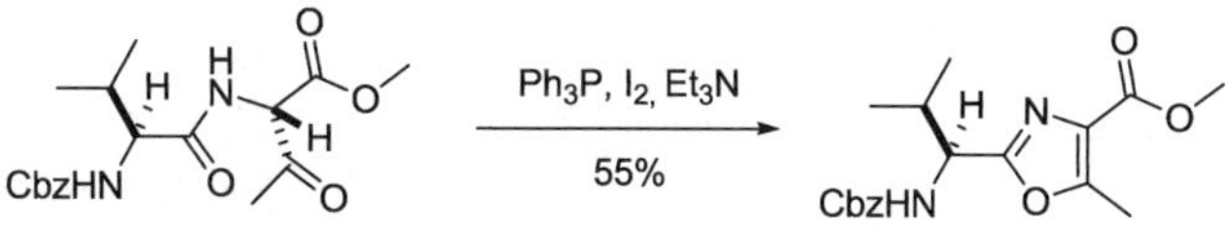

Ph3P, I2, Et3N
55%

Example 2[4]

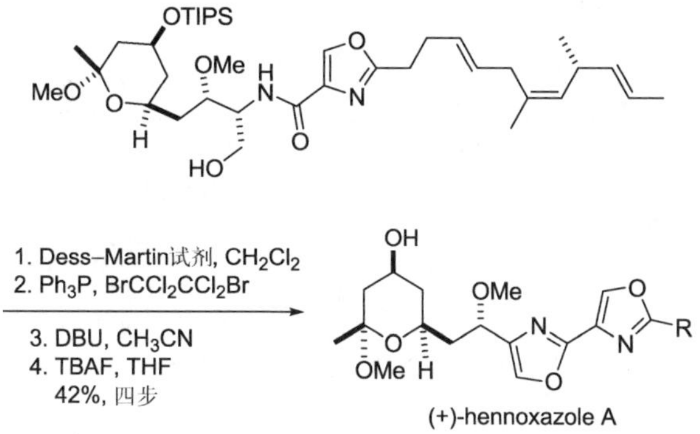

1. Dess–Martin试剂, CH2Cl2
2. Ph3P, BrCCl2CCl2Br
3. DBU, CH3CN
4. TBAF, THF
42%, 四步

(+)-hennoxazole A

Example 3, 卤素效应[9]

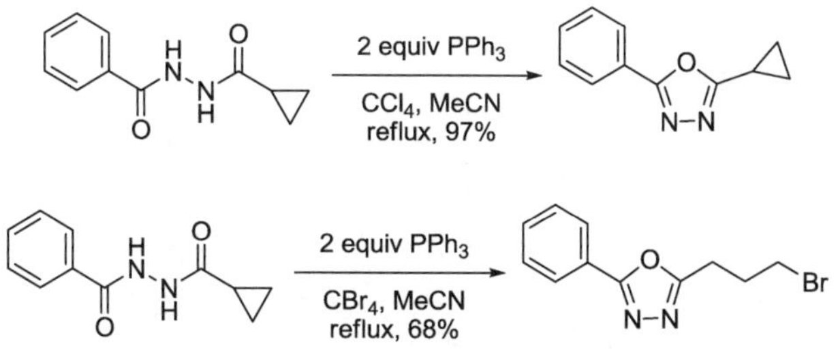

2 equiv PPh3
CCl4, MeCN
reflux, 97%
2 equiv PPh3
CBr4, MeCN
reflux, 68%

J.J. Li, *Name Reactions: A Collection of Detailed Mechanisms and Synthetic Applications*,
DOI 10.1007/978-3-319-03979-4_235, © Springer International Publishing Switzerland 2014

Example 4[10]

Example 5, 一个连串的 Ugi/Robinson-Gabriel 反应[11]

References

1. (a) Robinson, R. *J. Chem. Soc.* **1909**, *95*, 2167–2174. (b) Gabriel, S. *Ber.* **1910**, *43*, 134–138. (c) Gabriel, S. *Ber.* **1910**, *43*, 1283–1287.
2. Turchi, I. J. In *The Chemistry of Heterocyclic Compounds*, *45*; Wiley: New York, **1986**; pp 1–342. (Review).
3. Wipf, P.; Miller, C. P. *J. Org. Chem.* **1993**, *58*, 3604–3606.
4. Wipf, P.; Lim, S. *J. Am. Chem. Soc.* **1995**, *117*, 558–559.
5. Morwick, T.; Hrapchak, M.; DeTuri, M.; Campbell, S. *Org. Lett.* **2002**, *4*, 2665–2668.
6. Nicolaou, K. C.; Rao, P. B.; Hao, J.; Reddy, M. V.; Rassias, G.; Huang, X.; Chen, D. Y.-K.; Snyder, S. A. *Angew. Chem. Int. Ed.* **2003**, *42*, 1753–1758.
7. Godfrey, A. G.; Brooks, D. A.; Hay, L. A.; Peters, M.; McCarthy, J. R.; Mitchell, D. *J. Org. Chem.* **2003**, *68*, 2623–2632.
8. Brooks, D. A. *Robinson–Gabriel Synthesis*. In *Name Reactions in Heterocyclic Chemistry*; Li, J. J., Ed.; Wiley: Hoboken, NJ, **2005**, 249–253. (Review).
9. Yang, Y.-H.; Shi, M. *Tetrahedron Lett.* **2005**, *46*, 6285–6288.
10. Bull, J. A.; Balskus, E. P.; Horan, R. A. J.; Langner, M.; Ley, S. V. *Angew. Chem. Int. Ed.* **2006**, *45*, 6714–6718.
11. Shaw, A. Y.; Xu, Z.; Hulme, C. *Tetrahedron Lett.* **2012**, *53*, 1998–2000.

Robinson-Schopf 反应

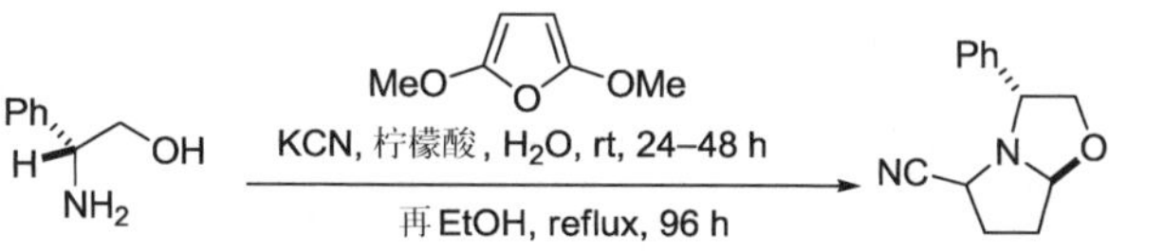

1,4-二酮和伯胺经缩合反应后给出托品酮。

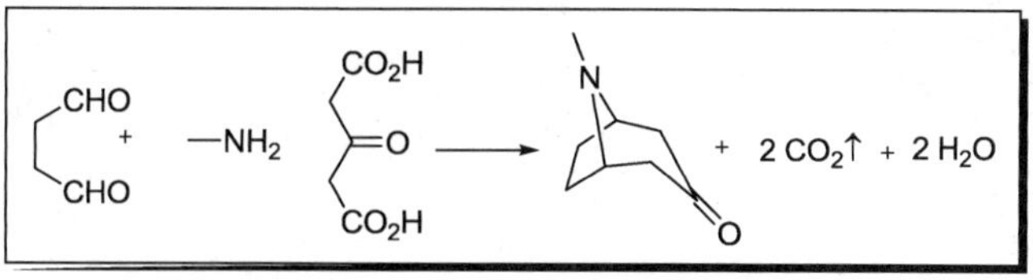

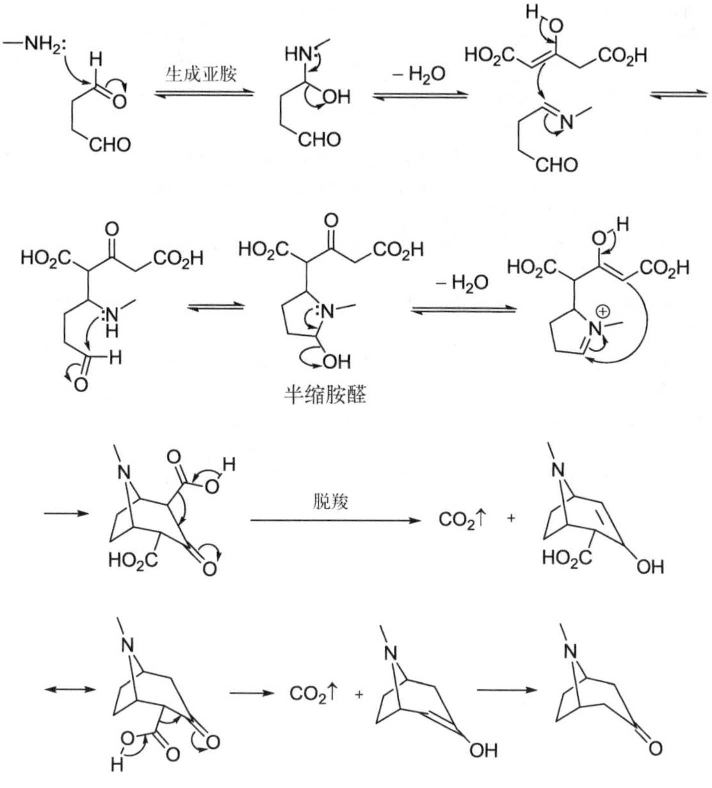

生成亚胺 — 半缩胺醛 — 脱羧

Example 1[5]

Example 2[9]

References

1. Robinson, R. *J. Chem. Soc.* **1917**, *111*, 762–768.
2. Paquette, L. A.; Heimaster, J. W. *J. Am. Chem. Soc.* **1966**, *88*, 763–768.
3. Büchi, G.; Fliri, H.; Shapiro, R. *J. Org. Chem.* **1978**, *43*, 4765–4769.
4. Guerrier, L.; Royer, J.; Grierson, D. S.; Husson, H. P. *J. Am. Chem. Soc.* **1983**, *105*, 7754–7755.
5. Royer, J.; Husson, H. P. *Tetrahedron Lett.* **1987**, *28*, 6175–6178.
6. Villacampa, M.; Martínez, M.; González-Trigo, G.; Söllhuber, M. M. *J. Heterocycl. Chem.* **1992**, *29*, 1541–1544.
7. Bermudez, J.; Gregory, J. A.; King, F. D.; Starr, S.; Summersell, R. J. *Bioorg. Med. Chem. Lett.* **1992**, *2*, 519–522.
8. Langlois, M.; Yang, D.; Soulier, J. L.; Florac, C. *Synth. Commun.* **1992**, *22*, 3115–3116.
9. Jarevång, T.; Anke, H.; Anke, T.; Erkel, G.; Sterner, O. *Acta Chem. Scand.* **1998**, *52*, 1350–1352.
10. Amedjkouh, M.; Westerlund, K. *Tetrahedron Lett.* **2004**, *45*, 5175–5177.
11. Eastman, K. J. *Robinson-Schoepf condensation* In *Name Reactions in Heterocyclic Chemistry II*; Li, J. J., Ed.; Wiley: Hoboken, NJ, **2011**, pp 470–476. (Review).

Rosenmund 还原反应

用 $BaSO_4$ 毒化的 Pd 催化剂将酰氯氢化还原为醛的反应。若 Pd 催化剂未经毒化，生成的醛会继续进行被还原为醇。反应可能的副产物是醇、酯和烷烃。

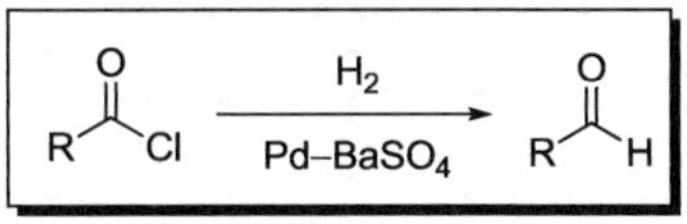

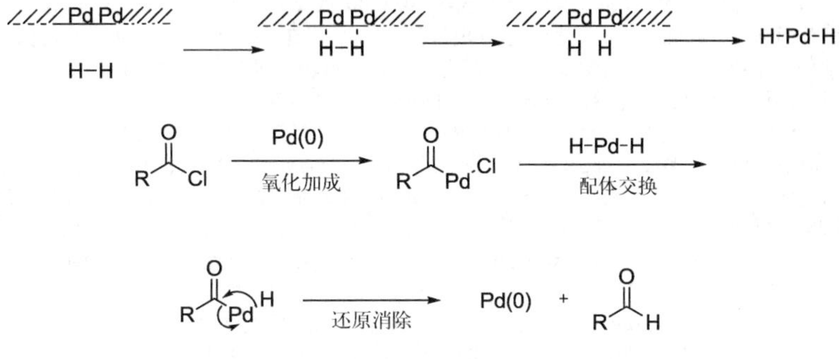

$$R-COCl \xrightarrow{H_2,\ Pd-BaSO_4} R-CHO$$

机理：

H–H → Pd Pd / H–H → Pd Pd / H H → H–Pd–H

$R-COCl \xrightarrow{Pd(0),\ 氧化加成} R-CO-Pd-Cl \xrightarrow{H-Pd-H,\ 配体交换}$

$R-CO-Pd-H \xrightarrow{还原消除} Pd(0) + R-CHO$

Example 1[4]

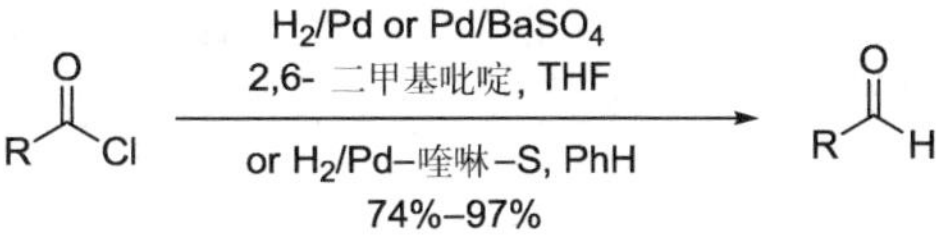

$$R-COCl \xrightarrow[\substack{H_2/Pd\ or\ Pd/BaSO_4 \\ 2,6-二甲基吡啶,\ THF \\ or\ H_2/Pd-喹啉-S,\ PhH \\ 74\%-97\%}]{} R-CHO$$

Example 2[6]

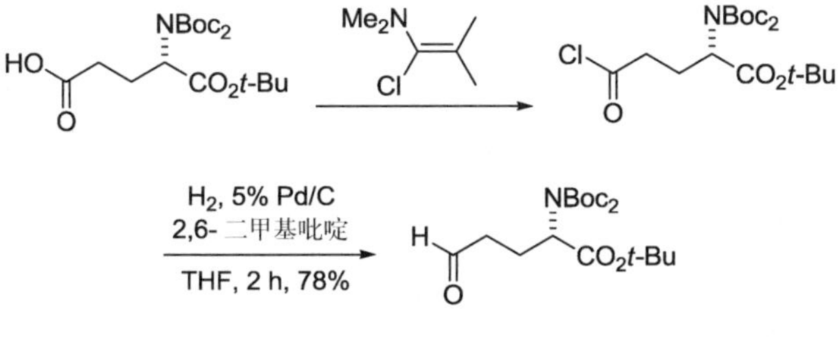

HOOC-CH$_2$CH$_2$-CH(NBoc$_2$)-CO$_2$t-Bu $\xrightarrow{Me_2N-C(Cl)=CMe_2}$ ClOC-CH$_2$CH$_2$-CH(NBoc$_2$)-CO$_2$t-Bu

$\xrightarrow[\substack{H_2,\ 5\%\ Pd/C \\ 2,6-二甲基吡啶 \\ THF,\ 2\ h,\ 78\%}]{}$ OHC-CH$_2$CH$_2$-CH(NBoc$_2$)-CO$_2$t-Bu

Example 3[9]

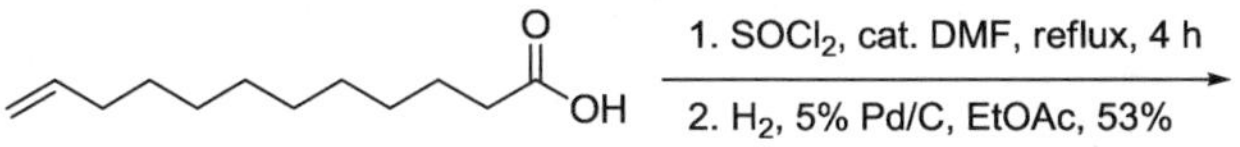

$CH_2=CH-(CH_2)_8-COOH \xrightarrow[\substack{1.\ SOCl_2,\ cat.\ DMF,\ reflux,\ 4\ h \\ 2.\ H_2,\ 5\%\ Pd/C,\ EtOAc,\ 53\%}]{}$

Example 4[11]

References

1. Rosenmund, K. W. *Ber.* **1918,** *51*, 585–594. 罗森蒙德（K. W. Rosenmund）1884年出生于德国柏林，是狄尔斯（O. Diels）的学生并在他指导下于1906年取得Ph. D. 学位。1925年罗森蒙德成为位于基尔（Kiel）的药物研究所的教授和所长。
2. Mosettig, E.; Mozingo, R. *Org. React.* **1948,** *4*, 362–377. (Review).
3. Tsuji, J.; Ono, K.; Kajimoto, T. *Tetrahedron Lett.* **1965,** *6,* 4565–4568.
4. Burgstahler, A. W.; Weigel, L. O.; Schäfer, C. G. *Synthesis* **1976,** 767–768.
5. McEwen, A. B.; Guttieri, M. J.; Maier, W. F.; Laine, R. M.; Shvo, Y. *J. Org. Chem.* **1983,** *48*, 4436–4438.
6. Bold, V. G.; Steiner, H.; Moesch, L.; Walliser, B. *Helv. Chim. Acta* **1990,** *73*, 405–410.
7. Yadav, V. G.; Chandalia, S. B. *Org. Proc. Res. Dev.* **1997,** *1*, 226–232.
8. Chandnani, K. H.; Chandalia, S. B. *Org. Proc. Res. Dev.* **1999,** *3*, 416–424.
9. Chimichi, S.; Boccalini, M.; Cosimelli, B. *Tetrahedron* **2002,** *58*, 4851–4858.
10. Ancliff, R. A.; Russell, A. T.; Sanderson, A. J. *Chem. Commun.* **2006,** 3243–3245.
11. Britton, H.; Catterick, D.; Dwyer, A. N.; Gordon, A. H.; et al. *Org. Process Res. Dev.* **2012,** *16,* 1607–1617.

Rubottom 氧化反应

烯醇硅烷的 α- 羟基化反应。

Example 1[2]

Example 2[3]

Example 3[4]

Example 4[5]

1. LDA, TMSCl
2. m-CPBA, NaHCO$_3$
3. K$_2$CO$_3$, MeOH
72%

Example 5, 二重Rubottom氧化[11]

3 equiv m-CPBA
CH$_2$Cl$_2$, rt, 2 h, 87%

References

1. Rubottom, G. M.; Vazquez, M. A.; Pelegrina, D. R. *Tetrahedron Lett.* **1974**, *15*, 4319–4322. 鲁博特姆（G. Rubottom）在University of Puerto Rico任助理教授时发现了Rubottom氧化反应，他现在是国家科学基金会（National Science Foundation）的拨款官员。
2. Andriamialisoa, R. Z.; Langlois, N.; Langlois, Y. *Tetrahedron Lett.* **1985**, *26*, 3563–2366.
3. Jauch, J. *Tetrahedron* **1994**, *50*, 12903–12912.
4. Crimmins, M. T.; Al-awar, R. S.; Vallin, I. M.; Hollis, W. G., Jr.; O'Mahoney, R.; Lever, J. G.; Bankaitis-Davis, D. M. *J. Am. Chem. Soc.* **1996**, *118*, 7513–7528.
5. Paquette, L. A.; Sun, L.-Q.; Friedrich, D.; Savage, P. B. *Tetrahedron Lett.* **1997**, *38*, 195–198.
6. Paquette, L. A.; Hartung, R. E.; Hofferberth, J. E.; Vilotijevic, I.; Yang, J. *J. Org. Chem.* **2004**, *69*, 2454–2460.
7. Christoffers, J.; Baro, A.; Werner, T. *Adv. Synth. Cat.* **2004**, *346*, 143–151. (Review).
8. He, J.; Tchabanenko, K.; Adlington, R. M.; Cowley, A. R.; Baldwin, J. E. *Eur. J. Org. Chem.* **2006**, 4003–4013.
9. Wolfe, J. P. *Rubottom oxidation*. In *Name Reactions for Functional Group Transformations*; Li, J. J., Ed.; Wiley: Hoboken, NJ, **2007**, pp 282–290. (Review).
10. Wang, H.; Andemichael, Y. W.; Vogt, F. G. *J. Org. Chem.* **2009**, *74*, 478–481.
11. Isaka, N.; Tamiya, M.; Hasegawa, A.; Ishiguro, M. *Eur. J. Org. Chem.* **2012**, 665–668.
12. Fujiwara, H.; Kurogi, T.; Okaya, S.; Okano, K.; Tokuyama, H. *Angew. Chem. Int. Ed.* **2012**, *51*, 13062–13065.

Rupe 重排反应

α-端基炔基叔醇在酸催化下重排生成*α*,*β*-不饱和酮而非相应的*α*,*β*-不饱和醛。参见395页上的Meyer-Schuster重排反应。

Example 1[4]

Example 2[8]

Example 3[9]

J.J. Li, *Name Reactions: A Collection of Detailed Mechanisms and Synthetic Applications*,
DOI 10.1007/978-3-319-03979-4_239, © Springer International Publishing Switzerland 2014

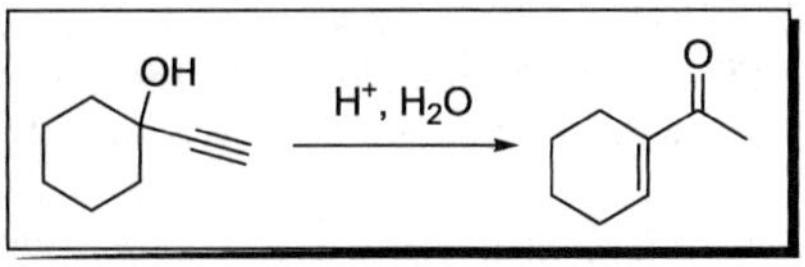

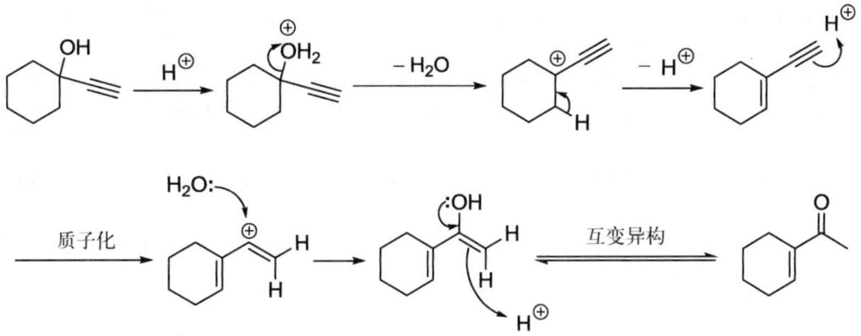

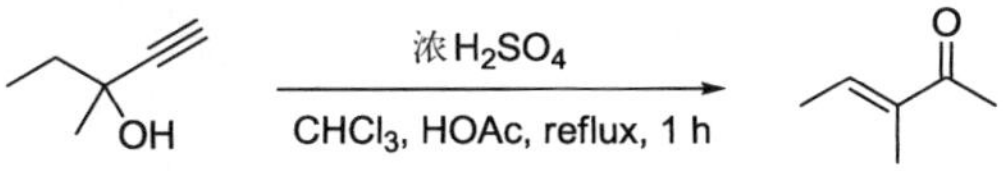

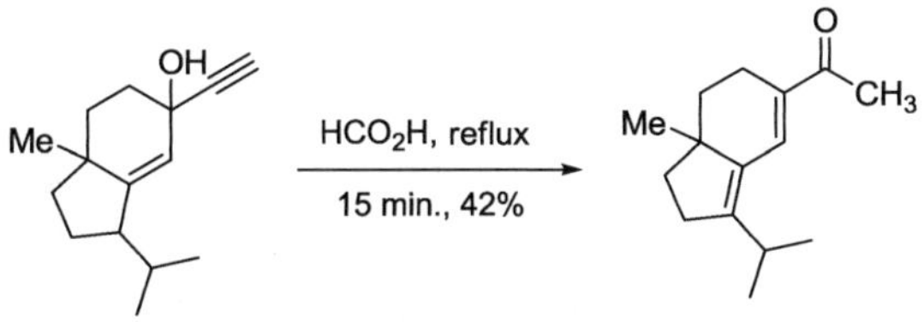

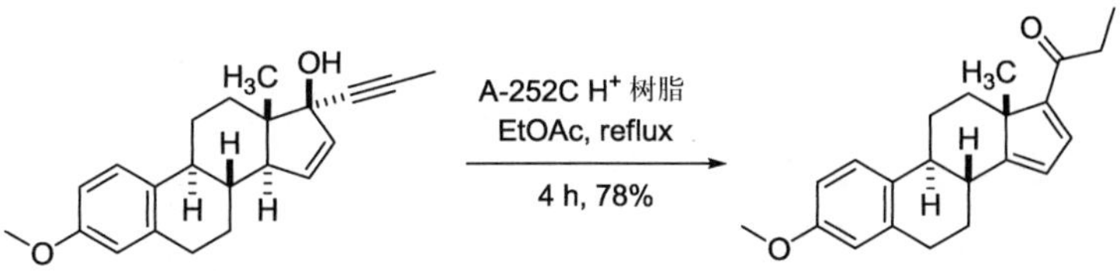

References
1. Rupe, H.; Kambli, E. *Helv. Chim. Acta* **1926,** *9*, 672.
2. Swaminathan, S.; Narayanan, K. V. *Chem. Rev.* **1971,** *71*, 429–438. (Review).
3. Hasbrouck, R. W.; Anderson Kiessling, A. D. *J. Org. Chem.* **1973,** *38*, 2103–2106.
4. Baran, J.; Klein, H.; Schade, C.; Will, E.; Koschinsky, R.; Bäuml, E.; Mayr, H. *Tetrahedron* **1988,** *44*, 2181–2184.
5. Barre, V.; Massias, F.; Uguen, D. *Tetrahedron Lett.* **1989,** *30*, 7389–7392.
6. An, J.; Bagnell, L.; Cablewski, T.; Strauss, C. R.; Trainor, R. W. *J. Org. Chem.* **1997,** *62*, 2505–2511.
7. Yadav, J. S.; Prahlad, V.; Muralidhar, B. *Synth. Commun.* **1997,** *27*, 3415–3418.
8. Takeda, K.; Nakane, D.; Takeda, M. *Org. Lett.* **2000,** *2*, 1903–1905.
9. Weinmann, H.; Harre, M.; Neh, H.; Nickisch, K.; Skötsch, C.; Tilstam, U. *Org. Proc. Res. Dev.* **2002,** *6*, 216–219.
10. Mullins, R. J.; Collins, N. R. *Meyer–Schuster Rearrangement*. In *Name Reactions for Homologations-Part II*; Li, J. J., Ed.; Wiley: Hoboken, NJ, **2009,** pp 305–318. (Review).
11. Chang, Y.-J.; Wang, Z.-Z.; Luo, L.-G.; Dai, L.-Y. *Chem. Papers* **2012,** *66*, 33–38.

Saegusa 氧化反应

Pd催化的转化烯醇硅烷为烯酮的反应,亦称Saegusa烯酮合成反应。

机理与Wacker氧化相似。

Pd(II) 氧化剂再生:

Larock 报导的利用氧气再生 Pd(II) 氧化剂:[4]

Example 1[3]

Example 2[9]

Example 3[10]

Example 4[11]

References

1. Ito, Y.; Hirao, T.; Saegusa, T. *J. Org. Chem.* **1978**, *43*, 1011–1013. 三枝（T. Saegusa）是日本京都大学（Kyoto University）教授。
2. Dickson, J. K., Jr.; Tsang, R.; Llera, J. M.; Fraser-Reid, B. *J. Org. Chem.* **1989**, *54*, 5350–5356.
3. Kim, M.; Applegate, L. A.; Park, O.-S.; Vasudevan, S.; Watt, D. S. *Synth. Commun.* **1990**, *20*, 989–997.
4. Larock, R. C.; Hightower, T. R.; Kraus, G. A.; Hahn, P.; Zheng, D. *Tetrahedron Lett.* **1995**, *36*, 2423–2426.
5. Porth, S.; Bats, J. W.; Trauner, D.; Giester, G.; Mulzer, J. *Angew. Chem. Int. Ed.* **1999**, *38*, 2015–2016. The authors proposed a sandwiched Pd(II) as a possible alternative pathway.
6. Williams, D. R.; Turske, R. A. *Org. Lett.* **2000**, *2*, 3217–3220.
7. Nicolaou, K. C.; Zhong, Y.-L.; Baran, P. S. *J. Am. Chem. Soc.* **2000**, *122*, 7596–7597.
8. Sha, C.-K.; Huang, S.-J.; Zhan, Z.-P. *J. Org. Chem.* **2002**, *67*, 831–836.
9. Uchida, K.; Yokoshima, S.; Kan, T.; Fukuyama, T. *Org. Lett.* **2006**, *8*, 5311–5313.
10. Angeles A. R; Waters, S. P.; Danishefsky S. J. *J. Am. Chem. Soc.* **2008**, *130*, 13765–13770.
11. Lu, Y.; Nguyen, P. L.; Lévaray, N.; Lebel, H. *J. Org. Chem.* **2013**, *78*, 776–779.

Sakurai 烯丙基化反应

Lewis酸促进的烯丙基硅烷对碳亲核物种的加成反应,亦称Hosomi-Sakurai反应。烯丙基硅烷可直接加到羰基化合物上,若羰基亲电体非α,β-不饱和体系中的一部分时(Example 2),反应可给出醇产物。

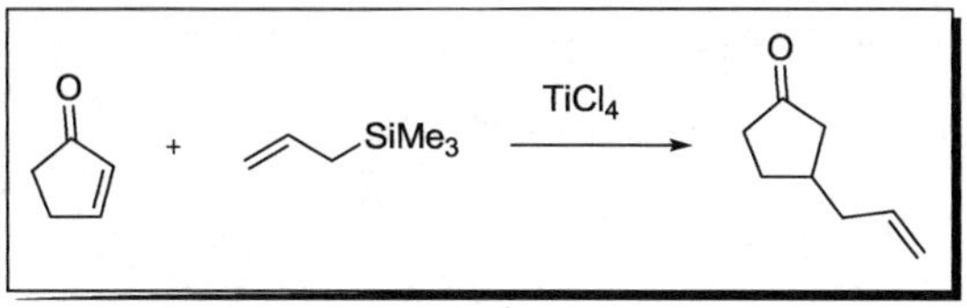

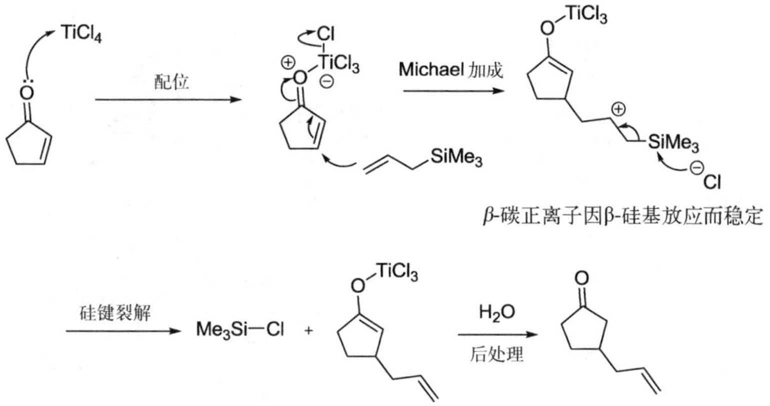

β-碳正离子因β-硅基效应而稳定

Example 1[2]

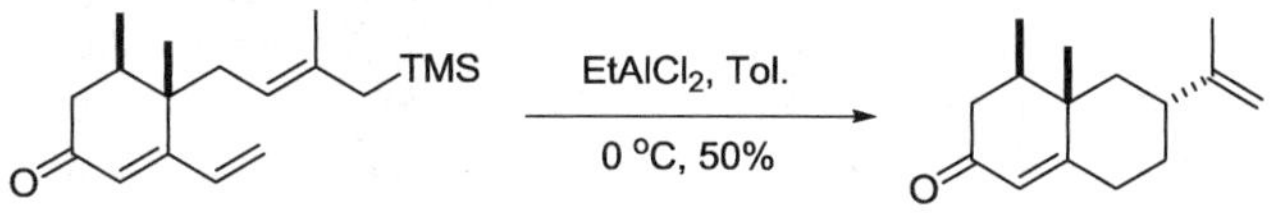

Example 2[6]

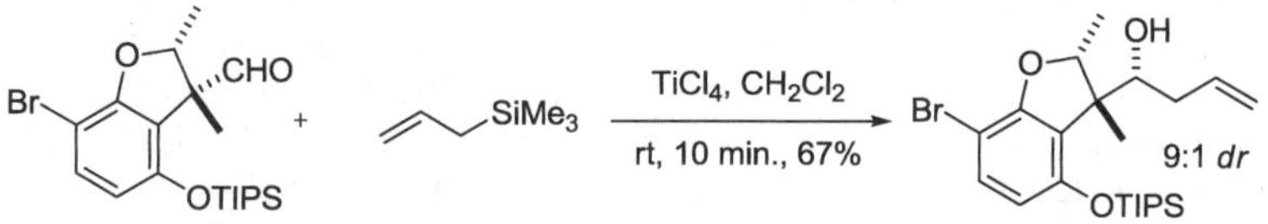

Example 3[9]

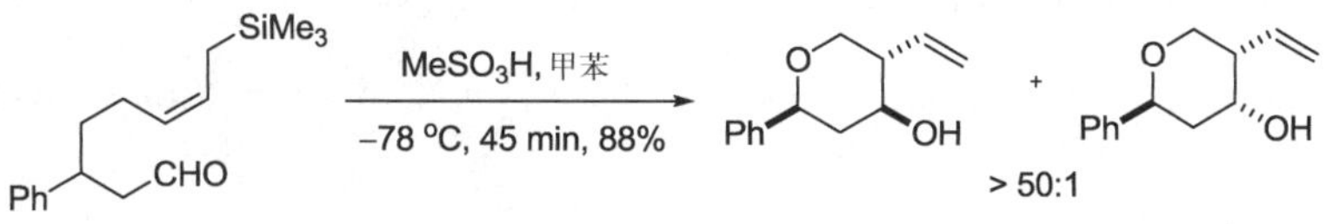

Example 4[10]

Example 5[11]

Example 6[12]

References

1. Hosomi, A.; Sakurai, H. *Tetrahedron Lett.* **1976**, 1295–1298. 樱井（H. Sakurai）是日本东北大学（Tohuku University）教授。本反应亦称Hosomi-Sakurai反应。
2. Majetich, G.; Behnke, M.; Hull, K. *J. Org. Chem.* **1985**, *50*, 3615–3618.
3. Tori, M.; Makino, C.; Hisazumi, K.; Sono, M.; Nakashima, K. *Tetrahedron: Asymmetry* **2001**, *12*, 301–307.
4. Leroy, B.; Markó, I. E. *J. Org. Chem.* **2002**, *67*, 8744–8752.
5. Itsuno, S.; Kumagai, T. *Helv. Chim. Acta* **2002**, *85*, 3185–3196.
6. Trost, B. M.; Thiel, O. R.; Tsui, H.-C. *J. Am. Chem. Soc.* **2003**, *125*, 13155–13164.
7. Knepper, K.; Ziegert, R. E.; Bräse, S. *Tetrahedron* **2004**, *60*, 8591–8603.
8. Rikimaru, K.; Mori, K.; Kan, T.; Fukuyama, T. *Chem. Commun.* **2005**, 394–396.
9. Jervis, P. J.; Kariuki, B. M.; Cox, L. R. *Org. Lett.* **2006**, *8*, 4649–4652.
10. Kalidindi, S.; Jeong, W. B.; Schall, A.; Bandichhor, R.; Nosse, B.; Reiser, O. *Angew. Chem. Int. Ed.* **2007**, *46*, 6361–6363.
11. Norcross, N. R.; Melbardis, J. P.; Solera, M. F.; Sephton, M. A.; Kilner, C.; Zakharov, L. N.; Astles, P. C.; Warriner, S. L.; Blakemore, P. R. *J. Org. Chem.* **2008**, *73*, 7939–7951.
12. Li, L.; Ye, X.; Wu, Y.; Gao, L.; Song, Z.; Yin, Z.; Xu, Y. *Org. Lett.* **2013**, *15*, 1068–1071.

Sandmeyer 反应

芳基卤可由重氮盐和CuX反应得到。

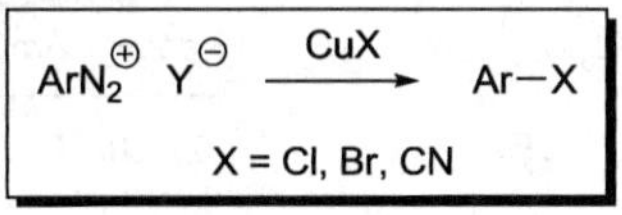

$$ArN_2^{\oplus} \ Y^{\ominus} \xrightarrow{CuX} Ar-X$$

X = Cl, Br, CN

Mechanism:

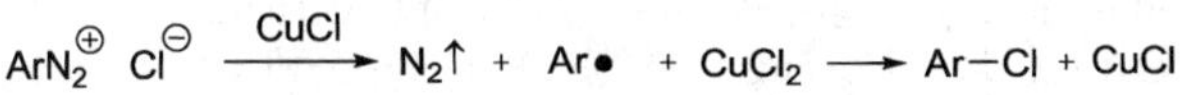

$$ArN_2^{\oplus} \ Cl^{\ominus} \xrightarrow{CuCl} N_2\uparrow + Ar\bullet + CuCl_2 \longrightarrow Ar-Cl + CuCl$$

Example 1[4]

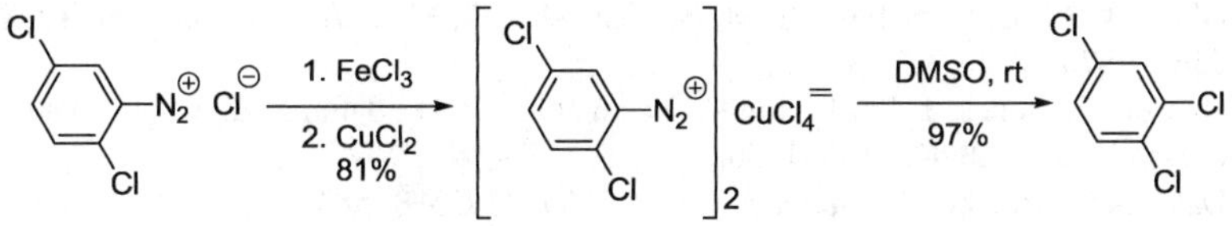

Example 2[7]

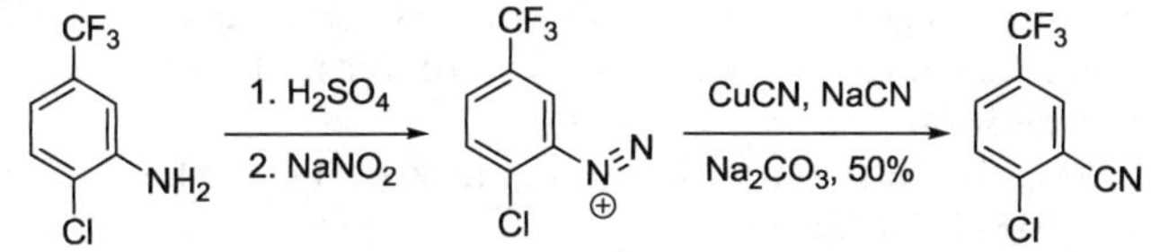

Example 3[8]

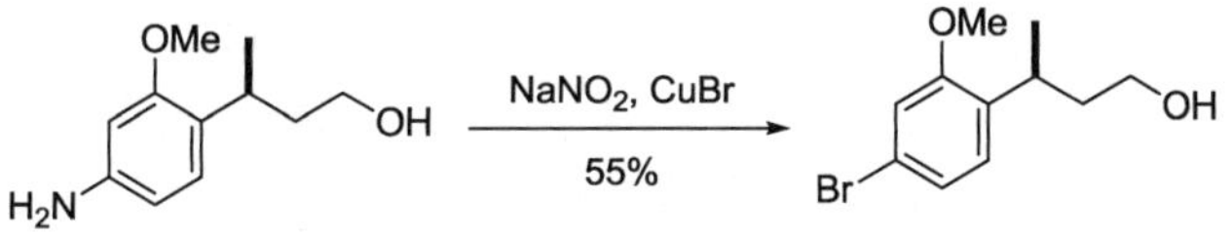

Example 4[9]

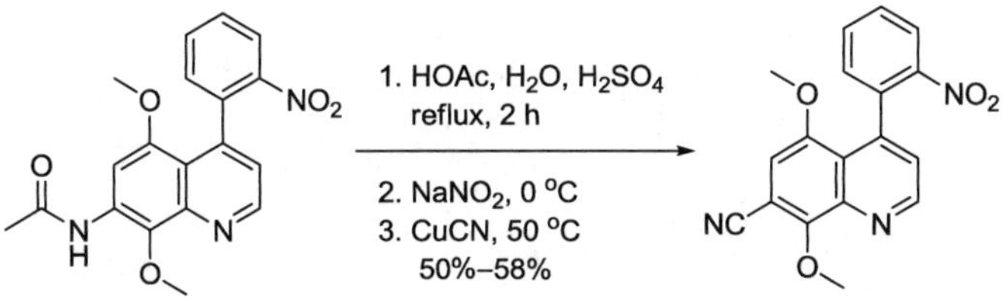

J.J. Li, *Name Reactions: A Collection of Detailed Mechanisms and Synthetic Applications*,
DOI 10.1007/978-3-319-03979-4_242, © Springer International Publishing Switzerland 2014

Example 5[11]

References
1. Sandmeyer, T. *Ber.* **1884,** *17*, 1633. 桑德迈尔（T. Sandmeyer, 1854-1922）出生于瑞士的Wettingen, 跟迈耶尔（V. Meyer）和汉奇（A. Hantzsch）学习但并未得到博士学位。后在现已属于Novartis成员的J. R. Geigy公司工作了31年。
2. Suzuki, N.; Azuma, T.; Kaneko, Y.; Izawa, Y.; Tomioka, H.; Nomoto, T. *J. Chem. Soc., Perkin Trans. 1* **1987,** 645–647.
3. Merkushev, E. B. *Synthesis* **1988,** 923–937. (Review).
4. Obushak, M. D.; Lyakhovych, M. B.; Ganushchak, M. I. *Tetrahedron Lett.* **1998,** *39*, 9567–9570.
5. Hanson, P.; Jones, J. R.; Taylor, A. B.; Walton, P. H.; Timms, A. W. *J. Chem. Soc., Perkin Trans. 2* **2002,** 1135–1150.
6. Daab, J. C.; Bracher, F. *Monatsh. Chem.* **2003,** *134*, 573–583.
7. Nielsen, M. A.; Nielsen, M. K.; Pittelkow, T. *Org. Proc. Res. Dev.* **2004,** *8*, 1059–1064.
8. Kim, S.-G.; Kim, J.; Jung, H. *Tetrahedron Lett.* **2005,** *46*, 2437–2439.
9. LaBarbera, D. V.; Bugni, T. S.; Ireland, C. M. *J. Org. Chem.* **2007,** *72*, 8501–8505.
10. Gehanne, K.; Lancelot, J.-C.; Lemaitre, S.; El-Kashef, H.; Rault, S. *Heterocycles* **2008,** *75*, 3015–3024.
11. Dai, J.-J.; Fang, C.; Xiao, B.; Yi, J.; Xu, J.; Liu, Z.-J.; Lu, X.; Liu, L.; Fu, Y. *J. Am. Chem. Soc.* **2013,** *135*, 8436–8439.

Schiemann 反应

从芳香胺得到芳基氟化物,亦称 Balz-Schiemann 反应。

$$Ar-NH_2 + HNO_2 + HBF_4 \longrightarrow$$
$$ArN_2^{\oplus} \; BF_4^{\ominus} \xrightarrow{\Delta} Ar-F + N_2\uparrow + BF_3$$

Example 1[4]

R = 2,3,5-三-*O*-乙酰基-*β-D*-呋喃核糖

Example 2, 光促 Schiemann 反应[6]

Example 3, 光促 Schiemann 反应[8]

Example 4[10]

J.J. Li, *Name Reactions: A Collection of Detailed Mechanisms and Synthetic Applications*,
DOI 10.1007/978-3-319-03979-4_243, © Springer International Publishing Switzerland 2014

References

1. Balz, G.; Schiemann, G. *Ber.* **1927**, *60*, 1186–1190. 席曼（G. Schiemann）1899年出生于德国的Breslau，1925年在Breslau获得博士学位并成为那儿的助理教授。1950年成为伊斯坦布尔的技术化学主席并在那儿对芳基氟化物进行了深入的研究。
2. Roe, A. *Org. React.* **1949**, *5*, 193–228. (Review).
3. Sharts, C. M. *J. Chem. Educ.* **1968**, *45*, 185–192. (Review).
4. Montgomery, J. A.; Hewson, K. *J. Org. Chem.* **1969**, *34*, 1396–1399.
5. Laali, K. K.; Gettwert, V. J. *J. Fluorine Chem.* **2001**, *107*, 31–34.
6. Dolensky, B.; Takeuchi, Y.; Cohen, L. A.; Kirk, K. L. *J. Fluorine Chem.* **2001**, *107*, 147–152.
7. Gronheid, R.; Lodder, G.; Okuyama, T. *J. Org. Chem.* **2002**, *67*, 693–720.
8. Heredia-Moya, J.; Kirk, K. L. *J. Fluorine Chem.* **2007**, *128*, 674–678.
9. Gribble, G. W. *Balz-Schiemann reaction*. In *Name Reactions for Functional Group Transformations*; Li, J. J., Ed.; Wiley: Hoboken, NJ, **2007**, pp 552–563. (Review).
10. Pomerantz, M.; Turkman, N. *Synthesis* **2008**, 2333–2336.

Schmidt 重排反应

Schmidt 重排反应是酸促进的叠氮酸对羰基化合物、叔醇和烯烃等亲电体的反应。这些底物反应后发生重排，挤出一分子氮气生成胺、腈、酰胺或亚胺。

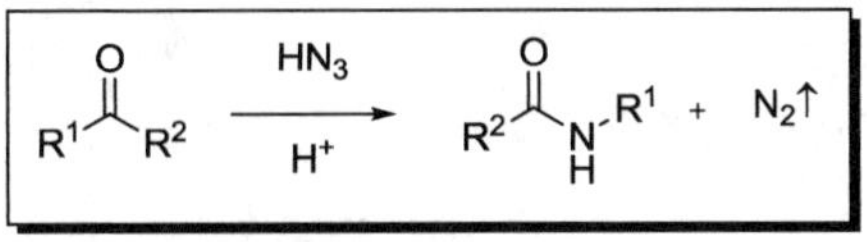

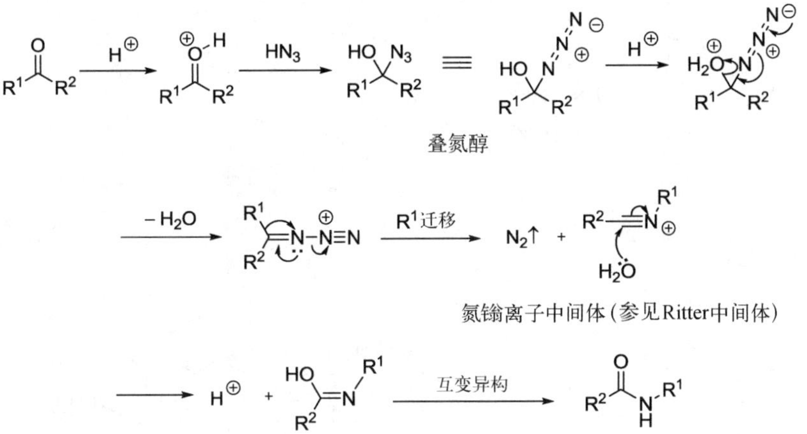

叠氮醇

氮鎓离子中间体（参见Ritter中间体）

Example 1, 一个经典实例[3]

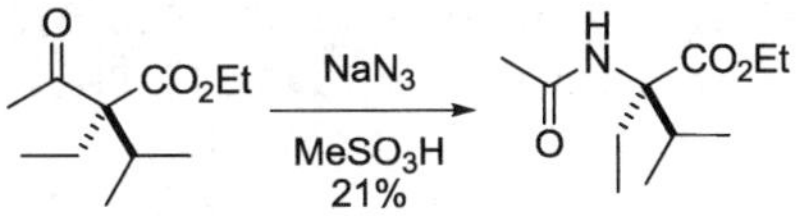

Example 2[5]

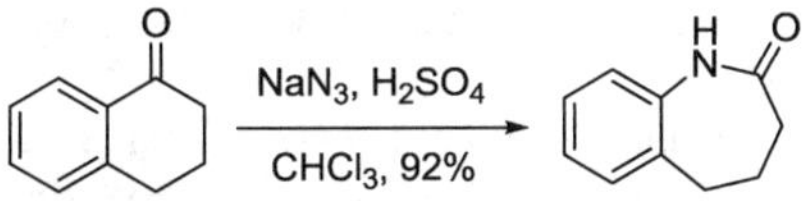

Example 3, 分子内Schmidt重排[6]

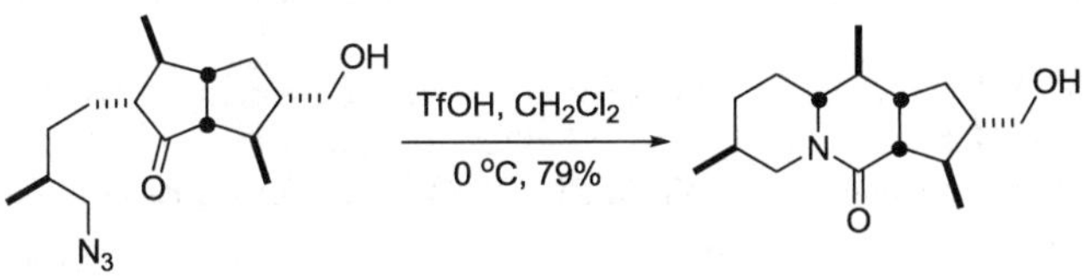

J.J. Li, *Name Reactions: A Collection of Detailed Mechanisms and Synthetic Applications*,
DOI 10.1007/978-3-319-03979-4_244, © Springer International Publishing Switzerland 2014

Example 4, 分子内Schmidt重排[8]

Example 5, 分子间 Schmidt重排[9]

Example 6[11]

References

1. (a) Schmidt, K. F. *Angew. Chem.* **1923**, *36*, 511. 施密特（K. F. Schmidt, 1887–1971）自1923年起任海德堡大学（University of Heidelberg）教授, 在那儿与库梯乌斯（T. Curtius）合作同事。(b) Schmidt, K. F. *Ber.* **1924**, *57*, 704–706.
2. Wolff, H. *Org. React.* **1946**, *3*, 307–336. (Review).
3. Tanaka, M.; Oba, M.; Tamai, K.; Suemune, H. *J. Org. Chem.* **2001**, *66*, 2667–2573.
4. Golden, J. E.; Aubé, J. *Angew. Chem. Int. Ed.* **2002**, *41*, 4316–4318.
5. Johnson, P. D.; Aristoff, P. A.; Zurenko, G. E.; Schaadt, R. D.; Yagi, B. H.; Ford, C. W.; Hamel, J. C.; Stapert, D.; Moerman, J. K. *Bioorg. Med. Chem. Lett.* **2003**, *13*, 4197–4200.
6. Wrobleski, A.; Sahasrabudhe, K.; Aubé, J. *J. Am. Chem. Soc.* **2004**, *126*, 5475–5481.
7. Gorin, D. J.; Davis, N. R.; Toste, F. D. *J. Am. Chem. Soc.* **2005**, *127*, 11260–11261.
8. Iyengar, R.; Schidknegt, K.; Morton, M.; Aubé, J. *J. Org. Chem.* **2005**, *70*, 10645–10652.
9. Amer, F. A.; Hammouda, M.; El-Ahl, A. A. S.; Abdel-Wahab, B. F. *Synth. Commun.* **2009**, *39*, 416–425.
10. Wu, Y.-J. *Schmidt Reactions*. In *Name Reactions for Homologations-Part II*; Li, J. J., Ed.; Wiley: Hoboken, NJ, **2009**, pp 353–372. (Review).
11. Gu, P.; Sun, J.; Kang, X.-Y.; Yi, M.; Li, X.-Q.; Xue, P.; Li, R. *Org. Lett.* **2013**, *15*, 1124–1127

Schmidt 三氯酰亚胺苷化反应

Lewis酸促进的三氯酰亚胺和醇或酚的苷化反应。

三氯乙酰亚氨化物

Example 1[5]

J.J. Li, *Name Reactions: A Collection of Detailed Mechanisms and Synthetic Applications*,
DOI 10.1007/978-3-319-03979-4_245, © Springer International Publishing Switzerland 2014

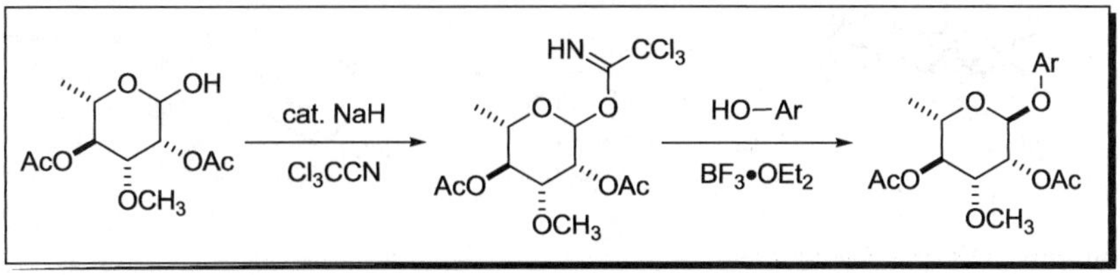

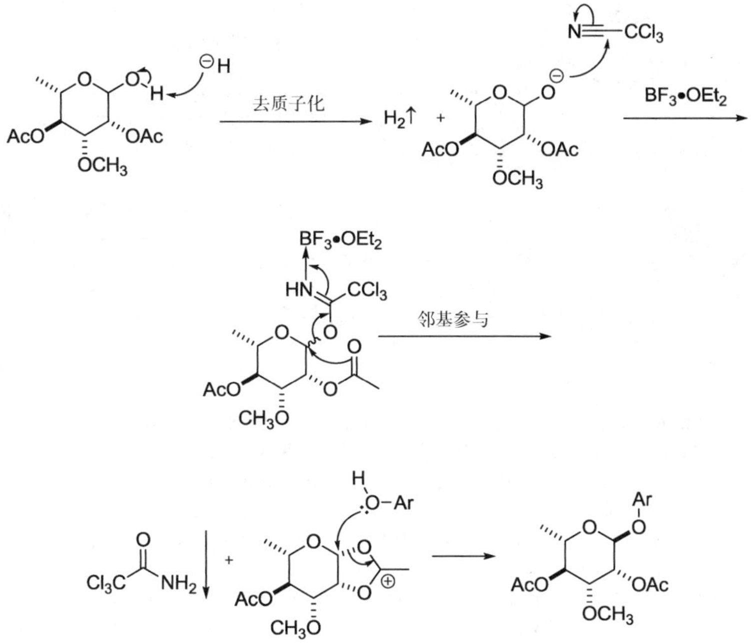

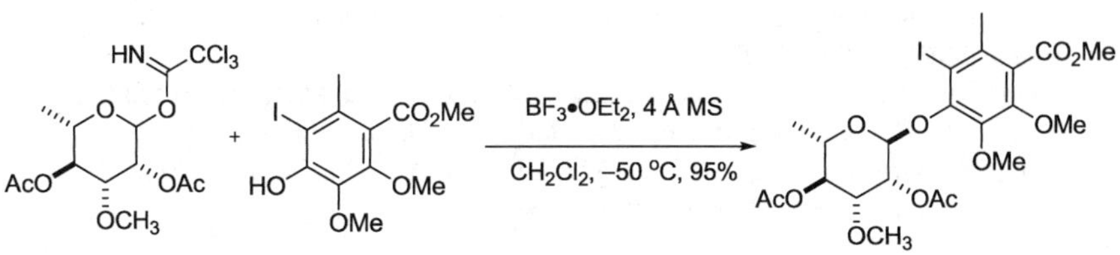

Example 2[7]

Example 3[9]

References

1. (a) Grundler, G.; Schmidt, R. R. *Carbohydr. Res.* **1985**, *135*, 203–218. (b) Schmidt, R. R. *Angew. Chem. Int. Ed.* **1986**, *25*, 212–235. (Review).
2. Smith, A. L.; Hwang, C.-K.; Pitsinos, E.; Scarlato, G. R.; Nicolaou, K. C. *J. Am. Chem. Soc.* **1992**, *114*, 3134–3136.
3. Toshima, K.; Tatsuta, K. *Chem. Rev.* **1993**, *93*, 1503–1531. (Review).
4. Nicolaou, K. C. *Angew. Chem. Int. Ed.* **1993**, *32*, 1377–1385. (Review).
5. Groneberg, R. D.; Miyazaki, T.; Stylianides, N. A.; Schulze, T. J.; Stahl, W.; Schreiner, E. P.; Suzuki, T.; Iwabuchi, Y.; Smith, A. L.; Nicolaou, K. C. *J. Am. Chem. Soc.* **1993**, *115*, 7593–611.
6. Fürstner, A.; Jeanjean, F.; Razon, P. *Angew. Chem. Int. Ed.* **2002**, *41*, 2097–2101.
7. Yan, L. Z.; Mayer, J. P. *J. Org. Chem.* **2003**, *68*, 1161–1162.
8. Harding, J. R.; King, C. D.; Perrie, J. A.; Sinnott, D.; Stachulski, A. V. *Org. Biomol. Chem.* **2005**, *3*, 1501–1507.
9. Steinmann, A.; Thimm, J.; Thiem, J. *Eur. J. Org. Chem.* **2007**, *66*, 5506–5513.
10. Coutrot, F.; Busseron, E.; Montero, J.-L. *Org. Lett.* **2008**, *10*, 753–756.
11. Geng, Y.; Kumar, A.; Faidallah, H. M.; Albar, H. A.; Mhkalid, I. A.; Schmidt, R. R. *Angew. Chem. Int. Ed.* **2013**, *52*, 10089–10092.

Scholl 反应

在Friedel-Crafts催化剂作用下两个芳基脱氢并键连。参见260页上的Friedel-Crafts反应。

Example 1[7]

References
1. Scholl, R.; Seer, C. *Ann,* **1912**, *394*, 111.
2. Olah, G. A.; Schilling, P.; Gross, I. M. *J. Am. Chem. Soc.* **1974**, *96*, 876.
3. Dopper, J. H.; Oudman, D.; Wynberg, H. *J. Org. Chem.* **1975**, *40*, 3398.
4. Rozas, M. F.; Piro, O. E.; Castellano, E. E.; et al. *Synthesis* **2002**, 2399.
5. King, B. T. *J. Am. Chem. Soc.* **2004**, *126*, 15002−15003. (Mechanism).
6. King, B. T. *J. Org. Chem.* **2006**, *71*, 5067−5081. (Mechanism).
7. Pradhan, A.; Dechambenoit, P.; Bock, H.; Durola, F. *J. Org. Chem.* **2013**, *78*, 2266−2274.

J.J. Li, *Name Reactions: A Collection of Detailed Mechanisms and Synthetic Applications*,
DOI 10.1007/978-3-319-03979-4_246, © Springer International Publishing Switzerland 2014

Shapiro反应

Shapiro反应是Bamford-Stevens反应的变异。前者用RLi和RMgX为碱，给出少取代烯烃产物（动力学产物）；后者用Na、NaOMe、LiH、NaH和NaNH$_2$等为碱，但给出多取代烯烃产物（热力学产物）。

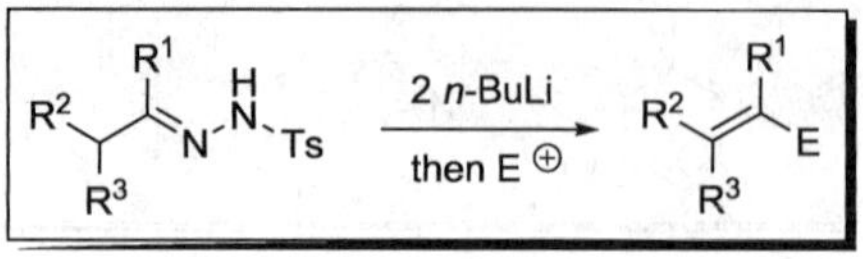

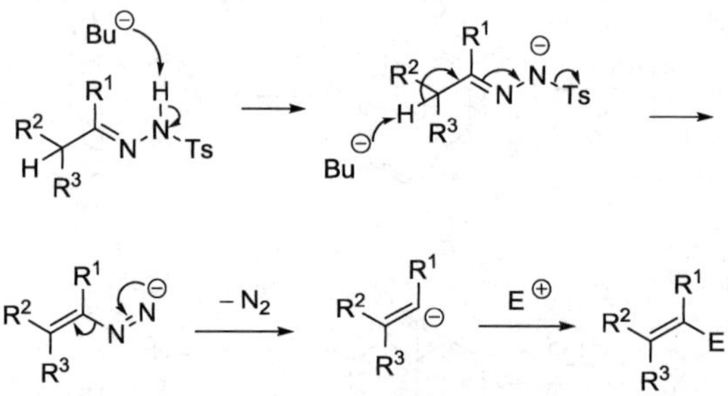

Example 1[2]

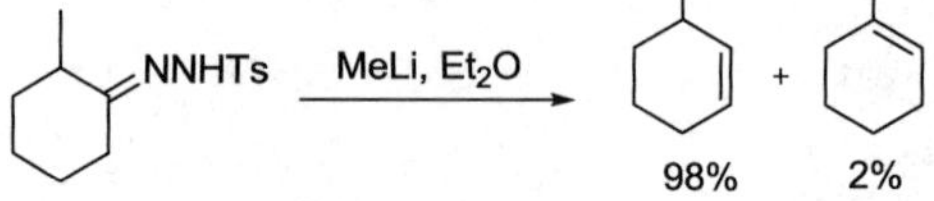

Example 2[3]

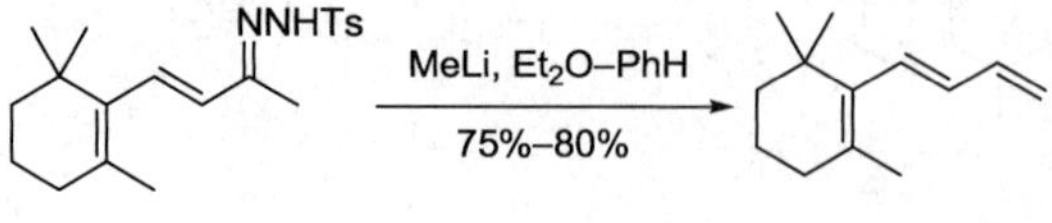

Example 3[7]

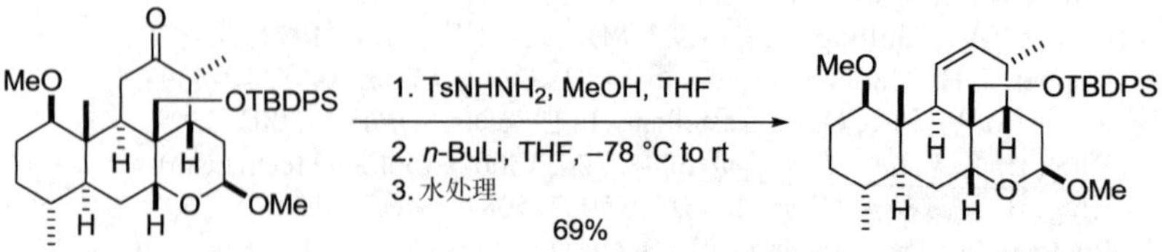

Example 4[8]

55% yield
一个非对映异构体

Example 5[11]

70%

References

1. Shapiro, R. H.; Duncan, J. H.; Clopton, J. C. *J. Am. Chem. Soc.* **1967**, *89*, 471–472. 夏皮罗（R. H. Shapiro）于1967年在美国化学会志上发表这篇论文时是科罗拉多大学（University of Colorado）的助理教授。尽管有个以他命名的人名反应，他却未得到终身职位。
2. Shapiro, R. H.; Heath, M. J. *J. Am. Chem. Soc.* **1967**, *89*, 5734–5735.
3. Dauben, W. G.; Lorber, M. E.; Vietmeyer, N. D.; Shapiro, R. H.; Duncan, J. H.; Tomer, K. *J. Am. Chem. Soc.* **1968**, *90*, 4762–4763.
4. Shapiro, R. H. *Org. React.* **1976**, *23*, 405–507. (Review).
5. Adlington, R. M.; Barrett, A. G. M. *Acc. Chem. Res.* **1983**, *16*, 55–59. (Review).
6. Chamberlin, A. R.; Bloom, S. H. *Org. React.* **1990**, *39*, 1–83. (Review).
7. Grieco, P. A.; Collins, J. L.; Moher, E. D.; Fleck, T. J.; Gross, R. S. *J. Am. Chem. Soc.* **1993**, *115*, 6078–6093.
8. Tamiya, J.; Sorensen, E. J. *Tetrahedron* **2003**, *59*, 6921–6932.
9. Wolfe, J. P. *Shapiro reaction*. In *Name Reactions for Functional Group Transformations*; Li, J. J., Corey, E. J., eds, Wiley: Hoboken, NJ, **2007**, pp 405–413.
10. Bettinger, H. F.; Mondal, R.; Toenshoff, C. *Org. Biomol. Chem.* **2008**, *6*, 3000–3004.
11. Yang, M.-H.; Matikonda, S. S.; Altman, R. A. *Org. Lett.* **2013**, *15*, 3894–3897.

Sharpless 不对称羟胺化反应

Os 促进的氮和氧对烯烃 cis-加成反应。位置选择性由配体控制，氮的来源（X-NCINa）包括：

催化循环：

Example 1[1b]

(DHQD)$_2$-PHAL = 1,4-双(9-O-二氢奎尼定)2,3-二氮杂萘：

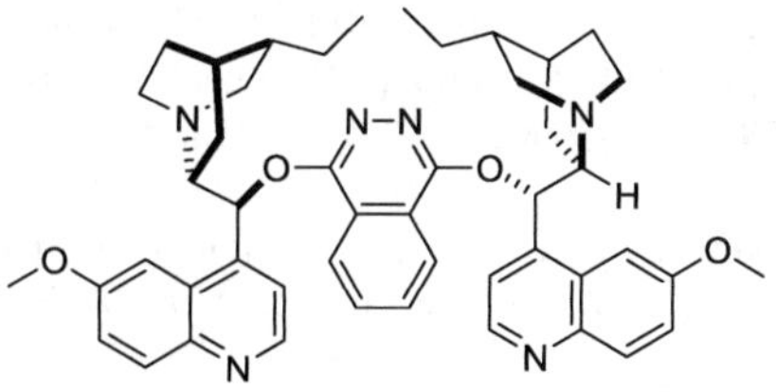

Example 2[2]

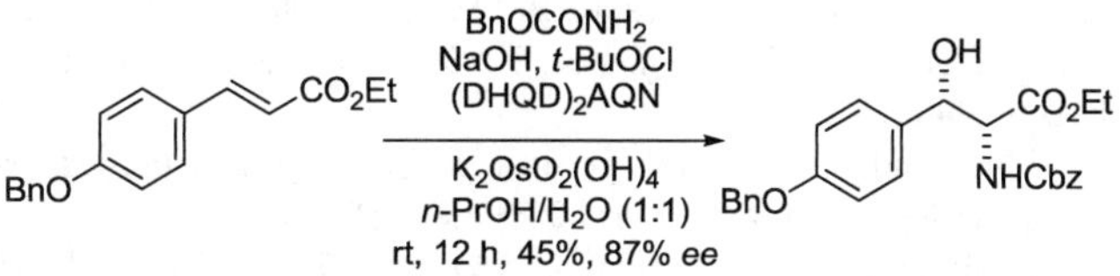

Example 3[6]

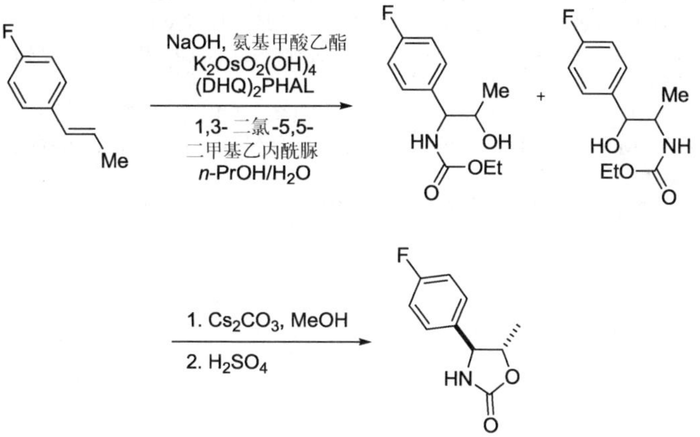

Example 4[13]

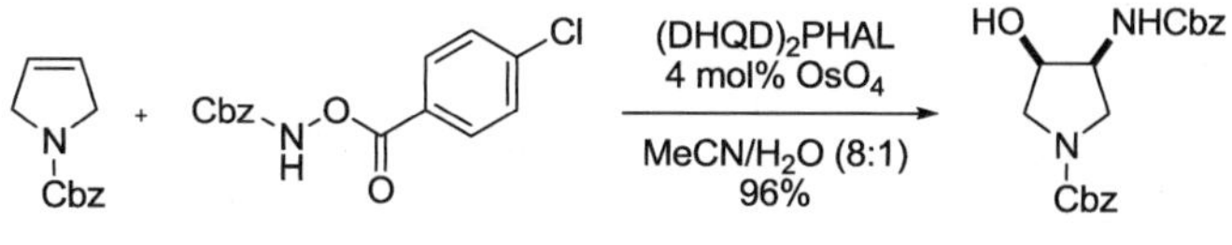

References

1. (a) Herranz, E.; Sharpless, K. B. *J. Org. Chem.* **1978**, *43*, 2544–2548. 美国人夏普莱斯（K. B. Shrpless, 1941– ）因手性催化的不对称氧化反应工作和美国人诺尔斯（H. W. S. Knowles, 1917– ）及日本人野依良治（R. Noyori, 1938– ）一起共

享2001年度诺贝尔化学奖。(b) Li, G.; Angert, H. H.; Sharpless, K. B. *Angew. Chem. Int. Ed.* **1996**, *35*, 2813–2817. (c) Rubin, A. E.; Sharpless, K. B. *Angew. Chem. Int. Ed.* **1997**, *36*, 2637–2640. (d) Kolb, H. C.; Sharpless, K. B. *Transition Met. Org. Synth.* **1998**, *2*, 243–260. (Review). (e) Thomas, A.; Sharpless, K. B. *J. Org. Chem.* **1999**, *64*, 8379–8385. (f) Gontcharov, A. V.; Liu, H.; Sharpless, K. B. *Org. Lett.* **1999**, *1*, 783–786.

2. Nicolaou, K. C.; Boddy, C. N. C.; Li, H.; Koumbis, A. E.; Hughes, R.; Natarajan, S.; Jain, N. F.; Ramanjulu, J. M.; Braese, S.; Solomon, M. E. *Chem. Eur. J.* **1999**, *5*, 2602–2621.
3. Lohr, B.; Orlich, S.; Kunz, H. *Synlett* **1999**, 1139–1141.
4. Boger, D. L.; Lee, R. J.; Bounaud, P.-Y.; Meier, P. *J. Org. Chem.* **2000**, *65*, 6770–6772.
5. Demko, Z. P.; Bartsch, M.; Sharpless, K. B. *Org. Lett.* **2000**, *2*, 2221–2223.
6. Barta, N. S.; Sidler, D. R.; Somerville, K. B.; Weissman, S. A.; Larsen, R. D.; Reider, P. J. *Org. Lett.* **2000**, *2*, 2821–2824.
7. Bolm, C.; Hildebrand, J. P.; Muñiz, K. In *Catalytic Asymmetric Synthesis;* 2nd edn., Ojima, I., Ed.; Wiley–VCH: New York, **2000**, 399. (Review).
8. Bodkin, J. A.; McLeod, M. D. *J. Chem. Soc., Perkin 1* **2002**, 2733–2746. (Review).
9. Rahman, N. A.; Landais, Y. *Cur. Org. Chem.* **2000**, *6*, 1369–1395. (Review).
10. Nilov, D.; Reiser, O. *Recent Advances on the Sharpless Asymmetric Aminohydroxylation.* In *Organic Synthesis Highlights* Schmalz, H.-G.; Wirth, T., eds.; Wiley–VCH: Weinheim, Germany **2003**, 118–124. (Review).
11. Bodkin, J. A.; Bacskay, G. B.; McLeod, M. D. *Org. Biomol. Chem.* **2008**, *6*, 2544–2553.
12. Wong, D.; Taylor, C. M. *Tetrahedron Lett.* **2009**, *50*, 1273–1275.
13. Harris, L.; Mee, S. P. H.; Furneaux, R. H.; Gainsford, G. J.; Luxenburger, A. *J. Org. Chem.* **2011**, *76*, 358–372.
14. Kumar, J. N.; Das, B. *Tetrahedron Lett.* **2013**, *54*, 3865–3867.

Sharpless 不对称双羟化反应

用Os催化剂在金鸡纳碱存在下对映选择性地对烯烃进行cis-双羟化反应。

$(DHQ)_2$-PHAL:参见547页:

协同[3 + 2]环加成机理:[5]

Example 1[2]

Example 2[4]

催化循环 (次级环在低浓度烯烃时无作用):

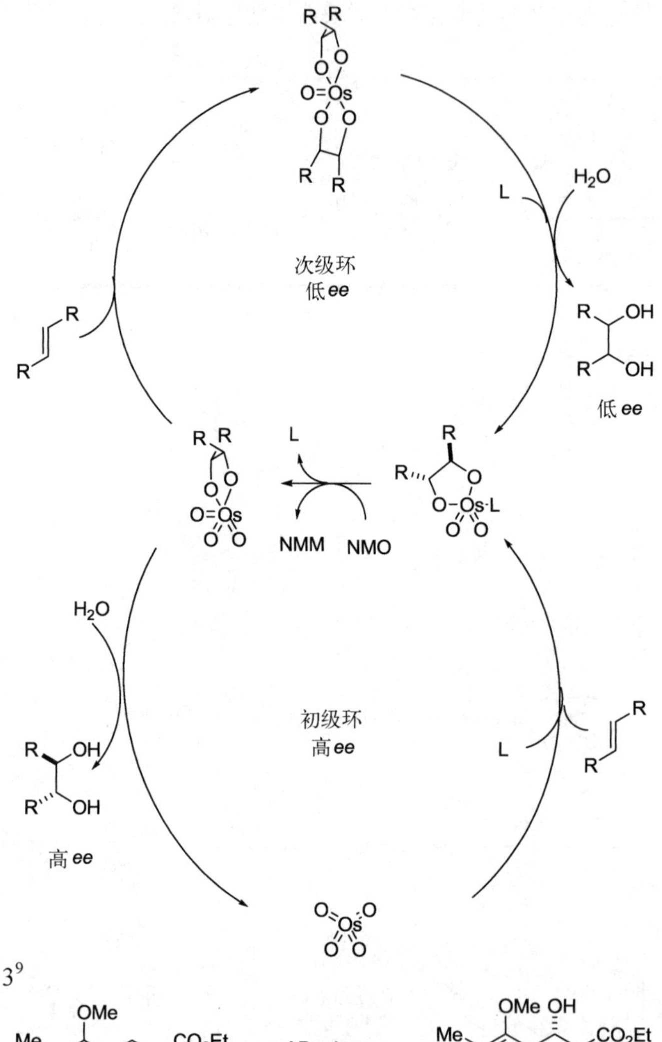
次级环
低 ee
H2O
L
低 ee
L
NMM
NMO
H2O
初级环
高 ee
L
高 ee

Example 3[9]

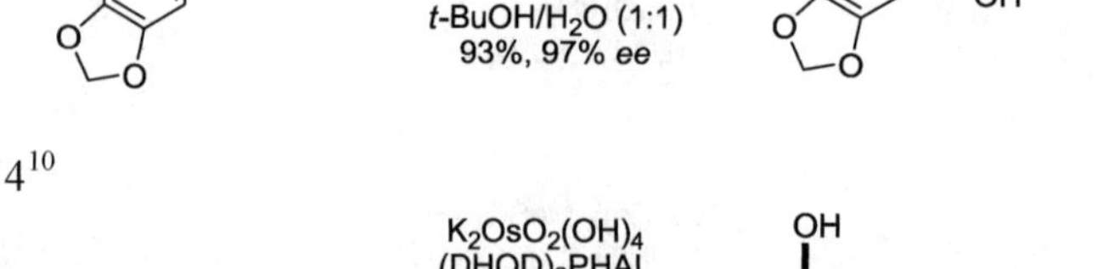
OMe
Me
CO2Et
AD-mix-α
t-BuOH/H2O (1:1)
93%, 97% ee
OMe OH
CO2Et
OH

Example 4[10]

K2OsO2(OH)4
(DHQD)2PHAL
NMO
丙酮/H2O
89%
OH
OH
70% ee

Example 5[13]

TBDPSO─\─\═\─C(=O)OEt →(ADmix-β, CH₃SO₂NH₂, i-BuOH:H₂O (1:1), 0 °C, 24 h, 89%)→ TBDPSO─\─\─CH(OH)─CH(OH)─C(=O)OEt

References

1. (a) Jacobsen, E. N.; Markó, I.; Mungall, W. S.; Schröder, G.; Sharpless, K. B. *J. Am. Chem. Soc.* **1988**, *110*, 1968–1970. (b) Wai, J. S. M.; Markó, I.; Svenden, J. S.; Finn, M. G.; Jacobsen, E. N.; Sharpless, K. B. *J. Am. Chem. Soc.* **1989**, *111*, 1123–1125.
2. Kim, N.-S.; Choi, J.-R.; Cha, J. K. *J. Org. Chem.* **1993**, *58,* 7096–7699.
3. Kolb, H. C.; VanNiewenhze, M. S.; Sharpless, K. B. *Chem. Rev.* **1994**, *94*, 2483–2547. (Review).
4. Rao, A. V. R.; Chakraborty, T. K.; Reddy, K. L.; Rao, A. S. *Tetrahedron Lett.* **1994**, *35*, 5043–5046.
5. Corey, E. J.; Noe, M. C. *J. Am. Chem. Soc.* **1996**, *118*, 319–329. (Mechanism).
6. DelMonte, A. J.; Haller, J.; Houk, K. N.; Sharpless, K. B.; Singleton, D. A.; Strassner, T.; Thomas, A. A. *J. Am. Chem. Soc.* **1997**, *119*, 9907–9908. (Mechanism).
7. Sharpless, K. B. *Angew. Chem. Int. Ed.* **2002**, *41*, 2024–2032. (Review, Nobel Prize Address).
8. Zhang, Y.; O'Doherty, G. A. *Tetrahedron* **2005**, *61*, 6337–6351.
9. Chandrasekhar, S.; Reddy, N. R.; Rao, Y. S. *Tetrahedron* **2006**, *62*, 12098–12107.
10. Ferreira, F. C.; Branco, L. C.; Verma, K. K.; Crespo, J. G.; Afonso, C. A. M. *Tetrahedron: Asymmetry* **2007**, *18*, 1637–1641.
11. Ramon, R.; Alonso, M.; Riera, A. *Tetrahedron: Asymmetry* **2007**, *18*, 2797–2802.
12. Krishna, P. R.; Reddy, P. S. *Synlett* **2009**, 209–212.
13. Kamal, A.; Vangala, S. R. *Org. Biomol. Chem.* **2013**, *11*, 4442–4448.

Sharpless 不对称环氧化反应

用 ^{t}BuOK、Ti(O^{i}Pr)$_4$ 和光学纯的酒石酸二酯对映选择性地对烯丙醇进行的环氧化反应。

催化循环：

活化催化剂:

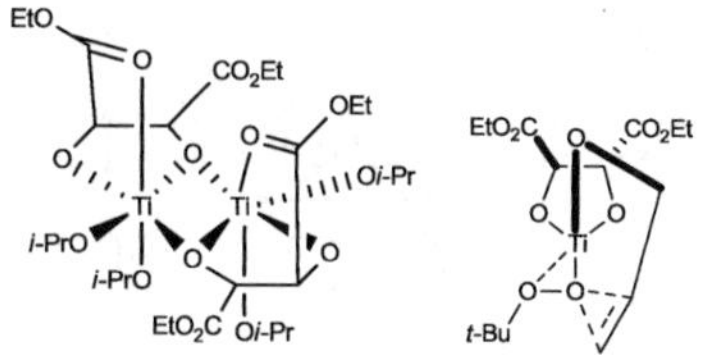
EtO
CO2Et
OEt
Oi-Pr
Ti
Ti
i-PrO
i-PrO
EtO2C Oi-Pr
EtO2C
CO2Et
Ti
t-Bu

Example 1[3]

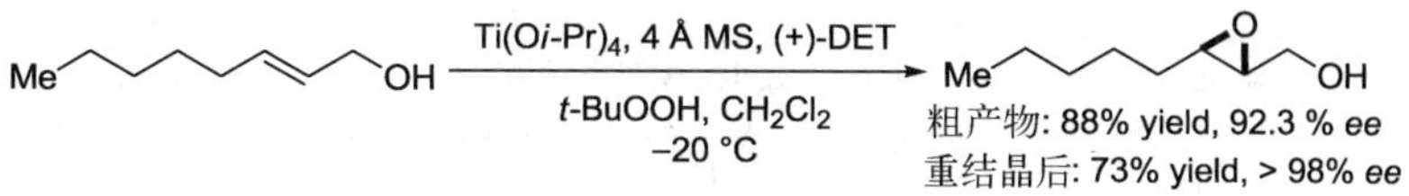
Me
OH
Ti(Oi-Pr)4, 4 Å MS, (+)-DET
t-BuOOH, CH2Cl2
−20 °C
Me
O
OH
粗产物: 88% yield, 92.3 % ee
重结晶后: 73% yield, > 98% ee

Example 2[3]

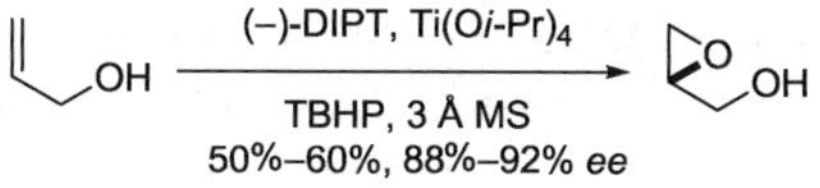
OH
(−)-DIPT, Ti(Oi-Pr)4
TBHP, 3 Å MS
50%–60%, 88%–92% ee
O
OH

Example 3[11]

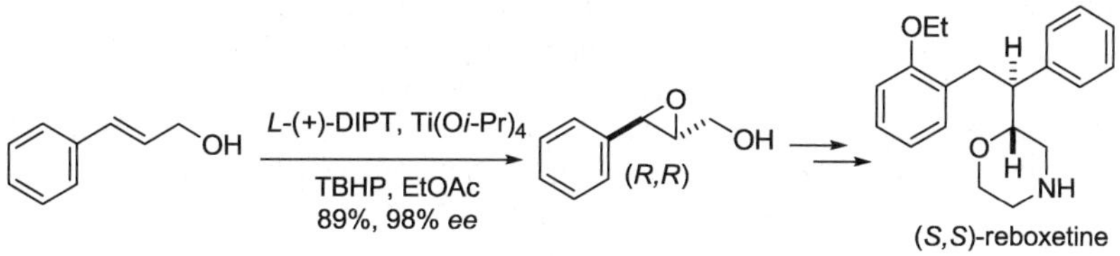
OH
L-(+)-DIPT, Ti(Oi-Pr)4
TBHP, EtOAc
89%, 98% ee
O
OH
(R,R)
OEt
H
O
H
NH
(S,S)-reboxetine

Example 4[12]

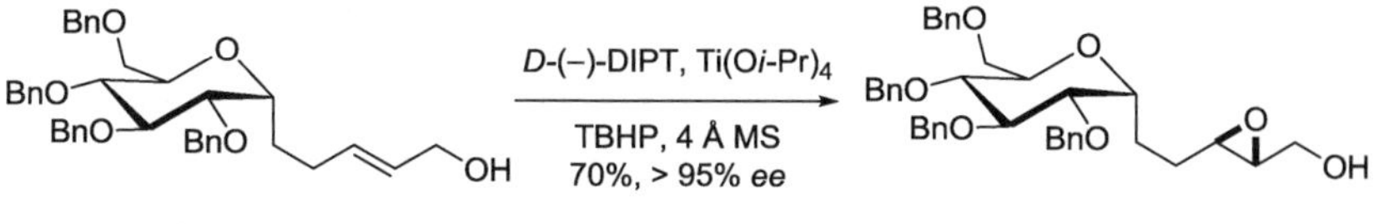
BnO
BnO
BnO
BnO
O
OH
D-(−)-DIPT, Ti(Oi-Pr)4
TBHP, 4 Å MS
70%, > 95% ee
BnO
BnO
BnO
BnO
O
O
OH

Example 5[14]

t-BuOOH
Ti(O*i*-Pr)$_4$
D-(−)-DIPT

dr = 88:12

References

1. (a) Katsuki, T.; Sharpless, K. B. *J. Am. Chem. Soc.* **1980**, *102*, 5974–5976. (b) Williams, I. D.; Pedersen, S. F.; Sharpless, K. B.; Lippard, S. J. *J. Am. Chem. Soc.* **1984**, *106*, 6430–6433. (c) Woodard, S. S.; Finn, M. G.; Sharpless, K. B. *J. Am. Chem. Soc.* **1991**, *113*, 106–113.
2. Pfenninger, A. *Synthesis* **1986**, 89–116. (Review).
3. Gao, Y.; Hanson, R. M.; Klunder, J. M.; Ko, S. Y.; Masamune, H.; Sharpless, K. B. *J. Am. Chem. Soc.* **1987**, *109*, 5765–5780.
4. Corey, E. J. *J. Org. Chem.* **1990**, *55*, 1693–1694. (Review).
5. Johnson, R. A.; Sharpless, K. B. In *Comprehensive Organic Synthesis*; Trost, B. M., Ed.; Pergamon Press: New York, **1991**; Vol. 7, Chapter 3.2. (Review).
6. Johnson, R. A.; Sharpless, K. B. In *Catalytic Asymmetric Synthesis*; Ojima, I., ed,; VCH: New York, **1993**; Chapter 4.1, pp 103–158. (Review).
7. Schinzer, D. *Org. Synth. Highlights II* **1995**, 3. (Review).
8. Katsuki, T.; Martin, V. S. *Org. React.* **1996**, *48*, 1–299. (Review).
9. Johnson, R. A.; Sharpless, K. B. In *Catalytic Asymmetric Synthesis;* 2nd ed., Ojima, I., ed.; Wiley-VCH: New York, **2000**, 231–285. (Review).
10. Palucki, M. *Sharpless–Katsuki Epoxidation*. In *Name Reactions in Heterocyclic Chemistry*; Li, J. J., Ed.; Wiley: Hoboken, NJ, **2005**, 50–62. (Review).
11. Henegar, K. E.; Cebula, M. *Org. Proc. Res. Dev.* **2007**, *11*, 354–358.
12. Pu, J.; Franck, R. W. *Tetrahedron* **2008**, *64*, 8618–8629.
13. Knight, D. W.; Morgan, I. R. *Tetrahedron Lett.* **2009**, *50*, 35–38.
14. Volchkov, I.; Lee, D. *J. Am. Chem. Soc.* **2013**, *135*, 5324–5327.

Sharpless 烯烃合成反应

从邻硝基硒基腈和三丁基膦出发或由其他途径制得的邻硝基硒基化物发生 *syn*-氧化消除反应来合成烯烃。

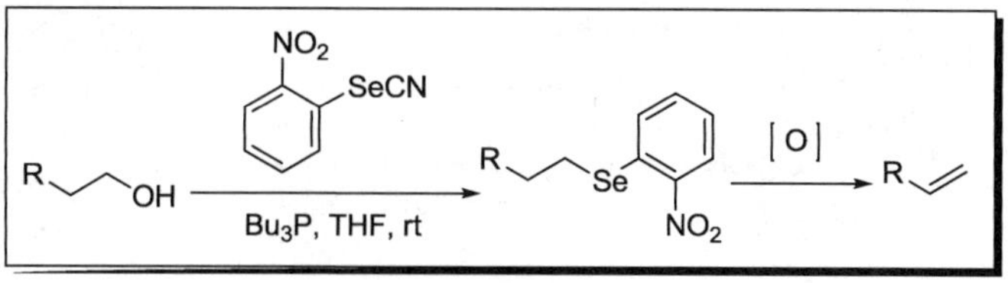

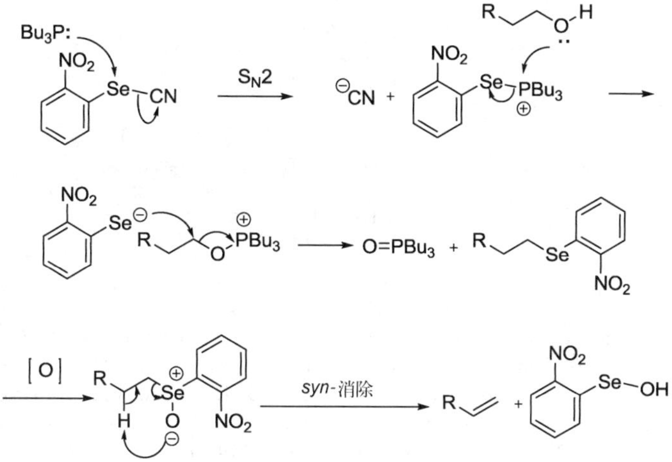

Example 1[3]

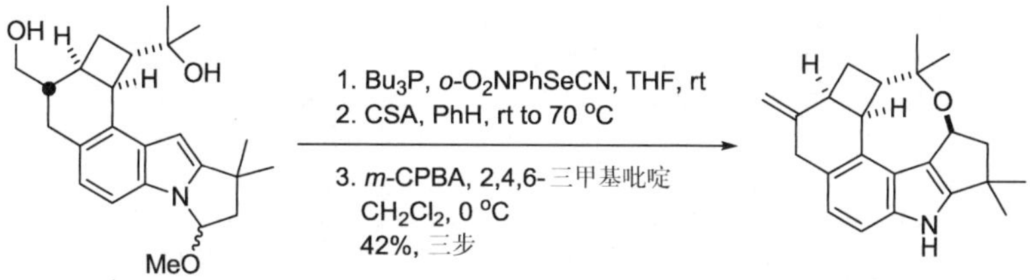

Example 2[6]

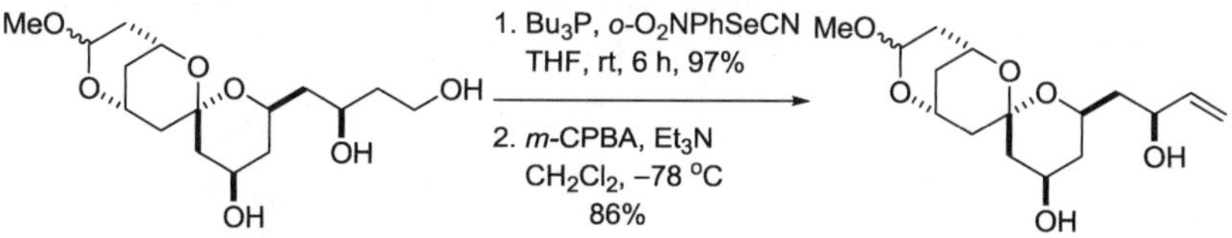

J.J. Li, *Name Reactions: A Collection of Detailed Mechanisms and Synthetic Applications*,
DOI 10.1007/978-3-319-03979-4_251, © Springer International Publishing Switzerland 2014

Example 3[9]

n-Bu₃P, THF, rt, 78%
2. aq. H₂O₂, THF, pyr.
−40 °C to rt, 90%

Example 4[10]

n-Bu₃P, THF, rt
2. aq. H₂O₂, THF, 40 °C
90% 2 steps

References
1. (a) Sharpless, K. B.; Young, M. Y.; Lauer, R. F. *Tetrahedron Lett.* **1973**, *22*, 1979–1982. (b) Sharpless, K. B.; Young, M. Y. *J. Org. Chem.* **1975**, *40*, 947–949.
2. (a) Grieco, P. A.; Miyashita, M. *J. Org. Chem.* **1974**, *39*, 120–122. (b) Grieco, P. A.; Miyashita, M. *Tetrahedron Lett.* **1974**, *21*, 1869–1871. (c) Grieco, P. A.; Masaki, Y.; Boxler, D. *J. Am. Chem. Soc.* **1977**, *97*, 1597–1599. (d) Grieco, P. A.; Gilman, S.; Nishizawa, M. *J. Org. Chem.* **1976**, *41*, 1485–1486. (e) Grieco, P. A.; Yokoyama, Y. *J. Am. Chem. Soc.* **1977**, *99*, 5210–5219.
3. Smith, A. B., III; Haseltine, J. N.; Visnick, M. *Tetrahedron* **1989**, *45*, 2431–2449.
4. Reich, H. J.; Wollowitz, S. *Org. React.* **1993**, *44*, 1–296. (Review).
5. Hsu, D.-S.; Liao, C.-C. *Org. Lett.* **2003**, *5*, 4741–4743.
6. Meilert, K.; Pettit, G. R.; Vogel, P. *Helv. Chim. Acta* **2004**, *87*, 1493–1507.
7. Siebum, A. H. G.; Woo, W. S.; Raap, J.; Lugtenburg, J. *Eur. J. Org. Chem.* **2004**, 2905–2916.
8. Blay, G.; Cardona, L.; Collado, A. M.; Garcia, B.; Morcillo, V.; Pedro, J. R. *J. Org. Chem.* **2004**, *69*, 7294–7302. The authors observed the concurrent epoxidation of a tri-subsituted olefin, possibly by the *o*-nitrophenylselenic acid *via* an intramolecular process.
9. Paquette, L. A.; Dong, S.; Parker, G. D. *J. Org. Chem.* **2007**, *72*, 7135–7147.
10. Yokoe, H.; Yoshida, M.; Shishido, K. *Tetrahedron Lett.* **2008**, *49*, 3504–3506.
11. Debnar, T.; Wang, T.; Menche, D. *Org. Lett.* **2013**, *15*, 2774–2777.

Shi 不对称环氧化反应

应用一个起自果糖的手性酮为催化剂进行的不对称环氧化反应。这是一个典型的以氧气为氧化剂的有机催化反应。

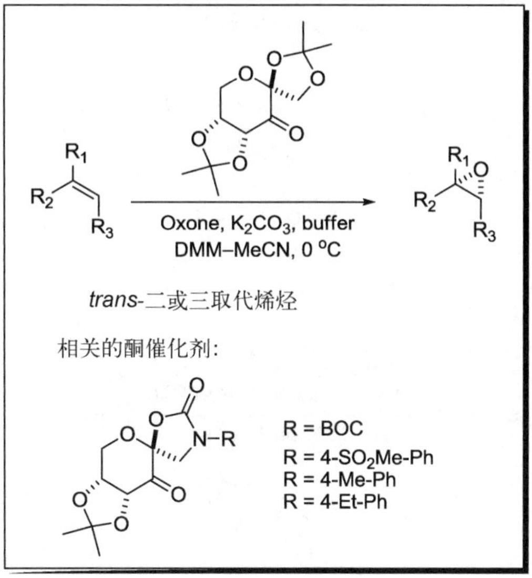
R1
R2
R3
Oxone, K2CO3, buffer
DMM–MeCN, 0 °C
trans-二或三取代烯烃
相关的酮催化剂:
N–R
R = BOC
R = 4-SO2Me-Ph
R = 4-Me-Ph
R = 4-Et-Ph

催化循环:

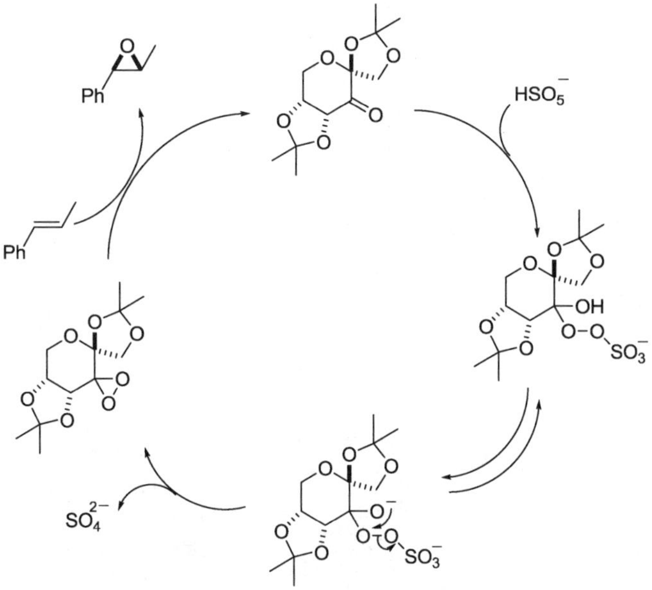
Ph
HSO5−
OH
SO3−
SO4 2−

J.J. Li, *Name Reactions: A Collection of Detailed Mechanisms and Synthetic Applications*,
DOI 10.1007/978-3-319-03979-4_252, © Springer International Publishing Switzerland 2014

Example 1[6]

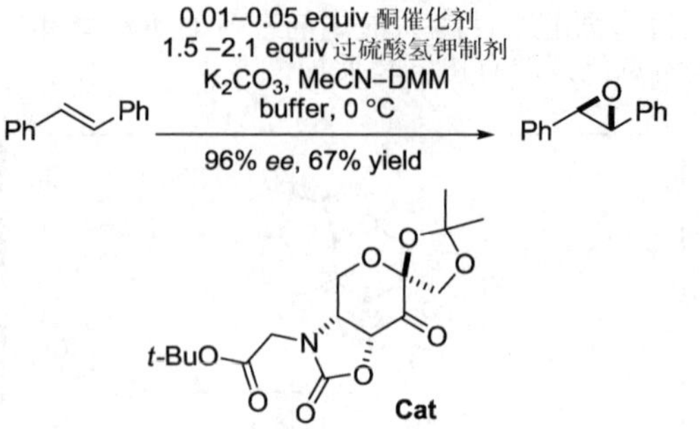

Ph⧸=⧹Ph → Ph−(epoxide)−Ph

0.01–0.05 equiv 酮催化剂
1.5 –2.1 equiv 过硫酸氢钾制剂
K$_2$CO$_3$, MeCN–DMM
buffer, 0 °C

96% ee, 67% yield

Cat: t-BuO−C(=O)−CH$_2$−N(oxazolidinone)−(dioxolane-fused pyranone)

Example 2[7]

Ph−CH=CH−CO$_2$Et → Ph−(epoxide)−CO$_2$Et

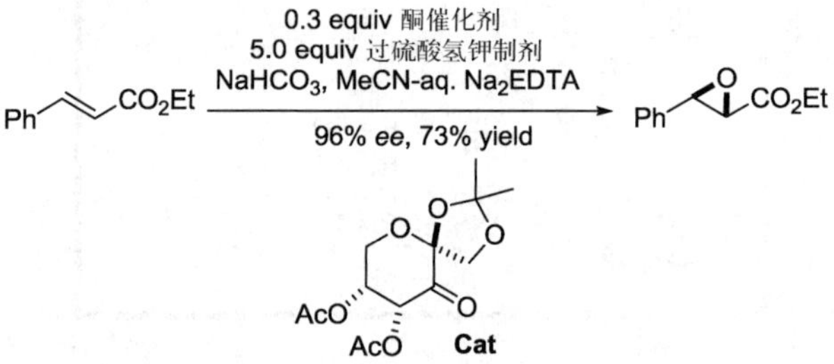

0.3 equiv 酮催化剂
5.0 equiv 过硫酸氢钾制剂
NaHCO$_3$, MeCN-aq. Na$_2$EDTA

96% ee, 73% yield

Cat: (diacetoxy pyranone with dioxolane)

Example 3[8]

Ph−CH=CH−CH$_3$ → Ph−(epoxide)−CH$_3$ (91–92% ee)

过硫酸氢钾制剂, KOH
CH$_3$CN–DMM, 0 °C

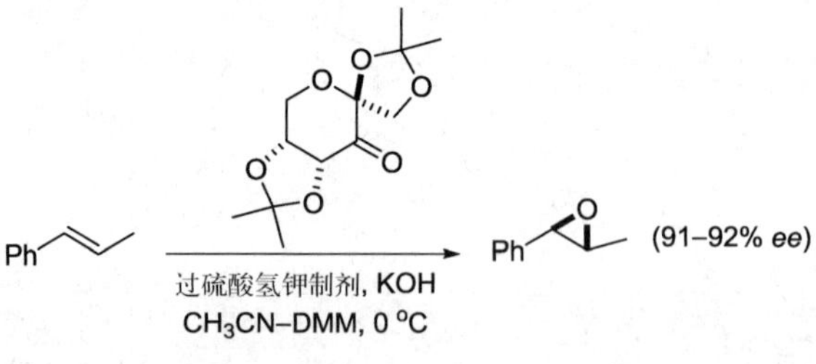

Example 4[8]

1-phenylcyclohexene → phenylcyclohexene oxide (96–98% ee)

H$_2$O$_2$, K$_2$CO$_3$
CH$_3$CN

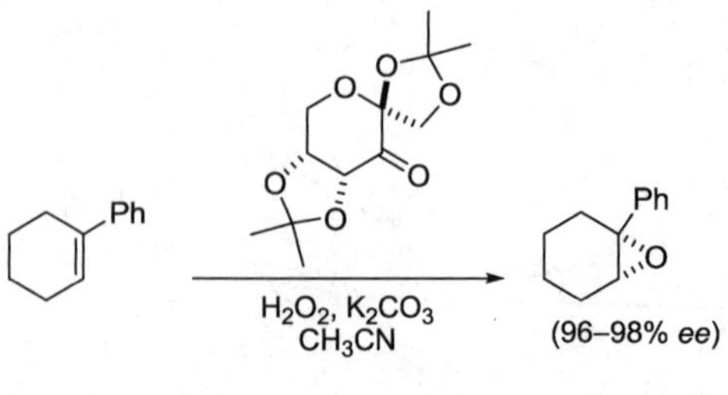

Example 5[9]

过硫酸氢钾制剂, 83%

> 15 : 1

References
1. Wang, Z.-X.; Tu, Y.; Frohn, M.; Zhang, J.-R.; Shi, Y. *J. Am. Chem. Soc*. **1997**, *119*, 11224–11235.
2. Wang, Z.-X.; Shi, Y. *J. Org. Chem*. **1997**, *62*, 8622–8623.
3. Tu, Y.; Wang, Z.-X.; Frohn, M.; He, M.; Yu, H.; Tang, Y.; Shi, Y. *J. Org. Chem*. **1998**, *63*, 8475–8485.
4. Tian, H.; She, X.; Shu, L.; Yu, H.; Shi, Y. *J. Am. Chem. Soc*. **2000**, *122*, 11551–11552.
5. Katsuki, T. In *Catalytic Asymmetric Synthesis;* 2nd ed., Ojima, I., ed.; Wiley–VCH: New York, 2000, pp 287–325. (Review).
6. Tian, H.; She, X.; Shi, Y. *Org. Lett*. **2001**, *3*, 715–717.
7. Wu, X.-Y.; She, X.; Shi, Y. *J. Am. Chem. Soc*. **2002**, *124*, 8792–8783.
8. Wang, Z.-X.; Shu, L.; Frohn, M.; Tu, Y.; Shi, Y. *Org. Synth*. **2003**, *80*, 9–17; *Coll. Vol. 11*, **2003**, 183–188.
9. Julien, C.; Axel, B.; Antoinette, C.; Wolf, D. W. *Org. Lett*. **2008**, *10*, 512–516.
10. Yang, B. V. *Shi Epoxidation*. In *Name Reactions in Heterocyclic Chemistry II*; Li, J. J., Ed.; Wiley: Hoboken, NJ, **2011**, 21–39. (Review).
11. Kumar, V. P.; Chandrasekhar, S. *Org. Lett*. **2013**, *5*, 3610–3613.

Simmons-Smith 反应

烯烃用 CH_2I_2-Zn(Cu) 进行的环丙烷化反应。

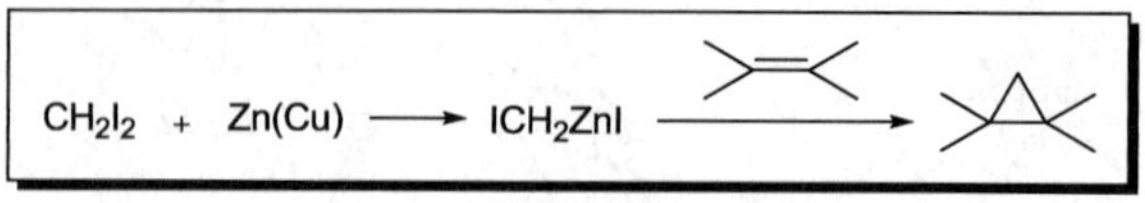

$$CH_2I_2 + Zn(Cu) \longrightarrow ICH_2ZnI \longrightarrow \triangle$$

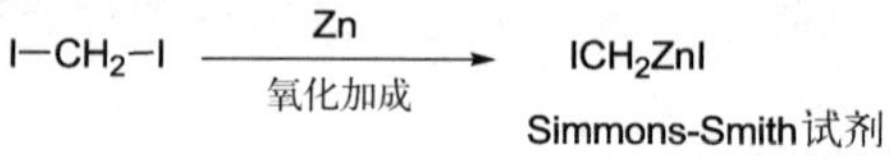

$$I-CH_2-I \xrightarrow[\text{氧化加成}]{Zn} ICH_2ZnI$$

Simmons-Smith 试剂

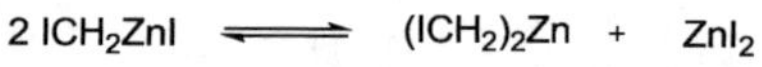

$$2\ ICH_2ZnI \rightleftharpoons (ICH_2)_2Zn + ZnI_2$$

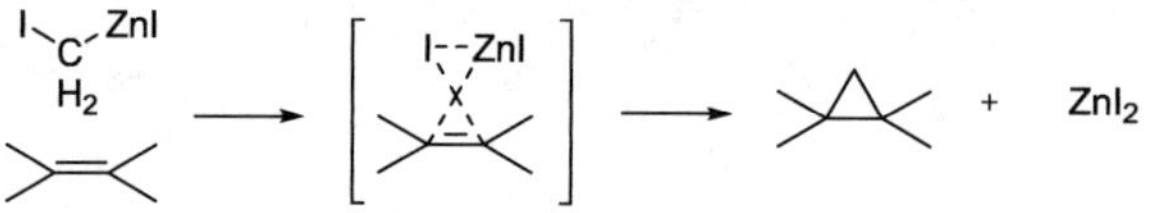

Example 1[2]

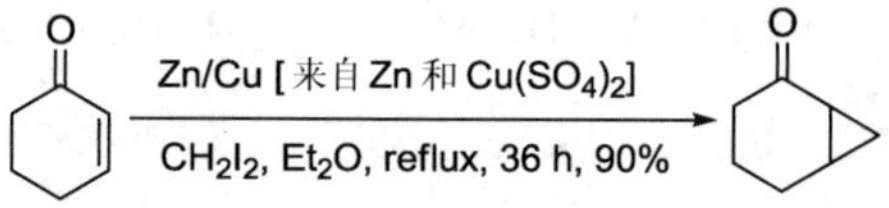

Zn/Cu [来自 Zn 和 $Cu(SO_4)_2$], CH_2I_2, Et_2O, reflux, 36 h, 90%

Example 2, 一个不对称模式[3]

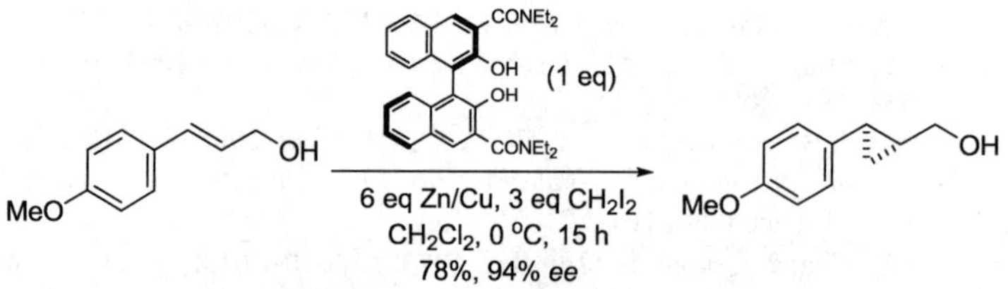

6 eq Zn/Cu, 3 eq CH_2I_2, CH_2Cl_2, 0 °C, 15 h, 78%, 94% ee

Example 3, 烯丙基胺与氨基甲酸酯的非对映选择性 Simmons–Smith 环丙烷化反应[9]

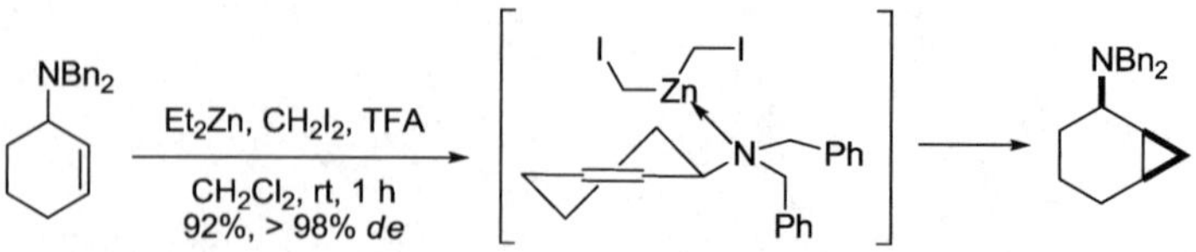

Et_2Zn, CH_2I_2, TFA, CH_2Cl_2, rt, 1 h, 92%, > 98% de

Example 4[10]

Example 5[12]

References

1. Simmons, H. E.; Smith, R. D. *J. Am. Chem. Soc.* **1958,** *80*, 5323–5324. 西蒙斯（H. E. Simmons, 1929–1997）出生于弗吉尼亚州的Norfolk，在MIT的罗伯茨（J. D. Roberts）和科柏（A. Cope）指导下学习。1954年取得Ph. D. 学位后去杜邦公司（DuPont Company）的化学部工作并在那儿和他的同事史密斯（R. D. Smith）一起发现了Simmons-Smith反应。西蒙斯于1979年后成为杜邦公司中央研究室的副主任。他对锻炼身体的看法与沃尔科特（A. Woollcot）相似："提到锻炼，我就知道只要一拖，这个想法也就飞走了。"
2. Limasset, J.-C.; Amice, P.; Conia, J.-M. *Bull. Soc. Chim. Fr.* **1969,** 3981–3990.
3. Kitajima, H.; Ito, K.; Aoki, Y.; Katsuki, T. *Bull. Chem. Soc. Jpn.* **1997,** *70*, 207–217.
4. Nakamura, E.; Hirai, A.; Nakamura, M. *J. Am. Chem. Soc.* **1998,** *120*, 5844–5845.
5. Loeppky, R. N.; Elomari, S. *J. Org. Chem.* **2000,** *65*, 96–103.
6. Charette, A. B.; Beauchemin, A. *Org. React.* **2001,** *58*, 1–415. (Review).
7. Nakamura, M.; Hirai, A.; Nakamura, E. *J. Am. Chem. Soc.* **2003,** *125*, 2341–2350.
8. Long, J.; Du, H.; Li, K.; Shi, Y. *Tetrahedron Lett.* **2005,** *46*, 2737–2740.
9. Davies, S. G.; Ling, K. B.; Roberts, P. M.; Russell, A. J.; Thomson, J. E. *Chem. Commun.* **2007,** 4029–4031.
10. Shan, M.; O'Doherty, G. A. *Synthesis* **2008,** 3171–3179.
11. Kim, H. Y.; Salvi, L.; Carroll, P. J.; Walsh, P. J. *J. Am. Chem. Soc.* **2009,** *131*, 954–962.
12. Swaroop, T. R.; Roopashree, R.; Ila, H.; Rangappa, K. S. *Tetrahedron Lett.* **2013,** *54*, 147–150.

Skraup 喹啉合成反应

苯胺、甘油、硫酸和氧化剂（如 $PhNO_2$）反应得到喹啉的合成反应。

另一个机理见 Doebner-von Miller 反应。

Example 1[5]

Example 2[6]

Example 3, 一个修正的Skraup喹啉合成[8]

Example 4, 一个Skraup-Doebner-Von Miller喹啉合成[12]

References

1. (a) Skraup, Z. H. *Monatsh. Chem.* **1880**, *1*, 316. 斯克劳普（Z. H. Skraup, 1850-1910）出生于捷克的布拉格, 是维也纳大学（University of Vienna）Lieben的学生。(b) Skraup, Z. H. *Ber.* **1880**, *13*, 2086.
2. Manske, R. H. F.; Kulka, M. *Org. React.* **1953**, *7*, 80-99. (Review).
3. Bergstrom, F. W. *Chem. Rev.* **1944**, *35*, 77-277. (Review).
4. Eisch, J. J.; Dluzniewski, T. *J. Org. Chem.* **1989**, *54*, 1269-1274.
5. Oleynik, I. I.; Shteingarts, V. D. *J. Fluorine Chem.* **1998**, *91*, 25-26.
6. Fujiwara, H.; Kitagawa, K. *Heterocycles* **2000**, *53*, 409-418.
7. Ranu, B. C.; Hajra, A.; Dey, S. S.; Jana, U. *Tetrahedron* **2003**, *59*, 813-819.
8. Panda, K.; Siddiqui, I.; Mahata, P. K.; Ila, H.; Junjappa, H. *Synlett* **2004**, 449-452.
9. Moore, A. *Skraup Doebner–von Miller Reaction*. In *Name Reactions in Heterocyclic Chemistry*; Li, J. J., Ed.; Wiley: Hoboken, NJ, **2005**, pp 488-494. (Review).
10. Denmark, S. E.; Venkatraman, S. *J. Org. Chem.* **2006**, *71*, 1668-1676. Mechanistic study using ^{13}C-labelled α,β-unsaturated ketones.
11. Vora, J. J.; Vasava, S. B.; Patel, Asha D.; Parmar, K. C.; Chauhan, S. K.; Sharma, S. S. *E. J. Chem.* **2009**, *6*, 201-206.
12. Fotie, J.; Kemami Wangun, H. V.; Fronczek, F. R.; Massawe, N.; Bhattarai, B. T. Rhodus, J. L.; Singleton, T. A.; Bohle, D. S. *J. Org. Chem.* **2012**, *77*, 2784-2790.

Smiles 重排反应

分子内的亲核芳香重排反应。通式为：

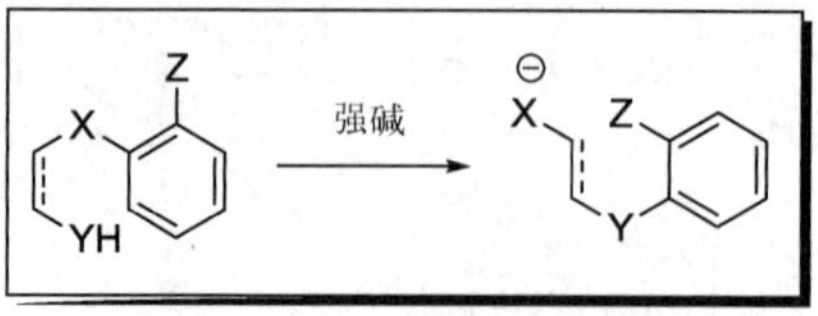

X = S, SO, SO_2, O, CO_2
YH = OH, NHR, SH, CH_2R, CONHR
Z = NO_2, SO_2R

机理：

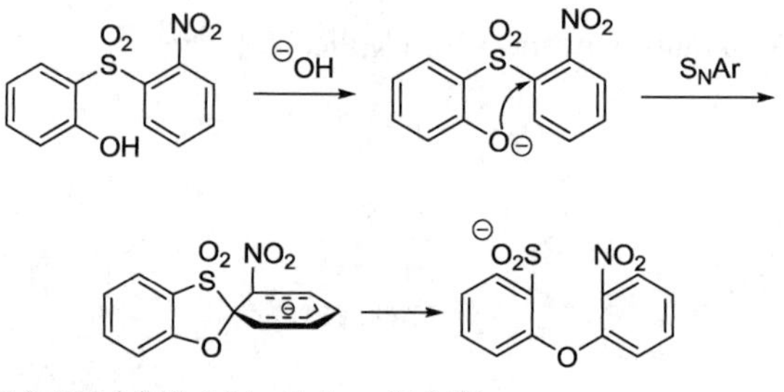

螺环负离子中间体(Meisenheimer 配合物)

Example 1[7]

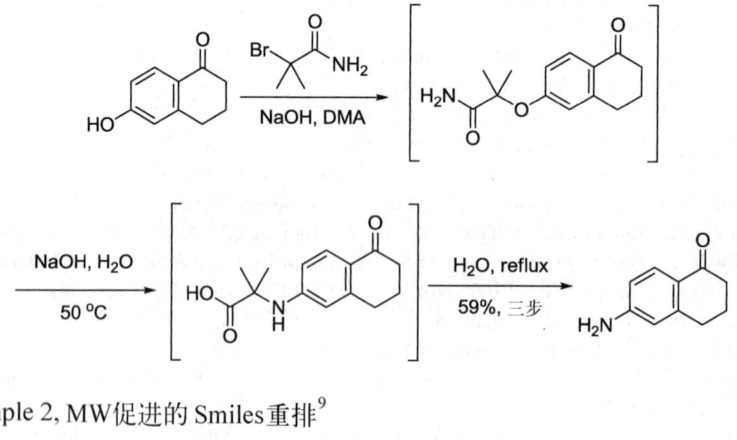

Example 2, MW促进的 Smiles重排[9]

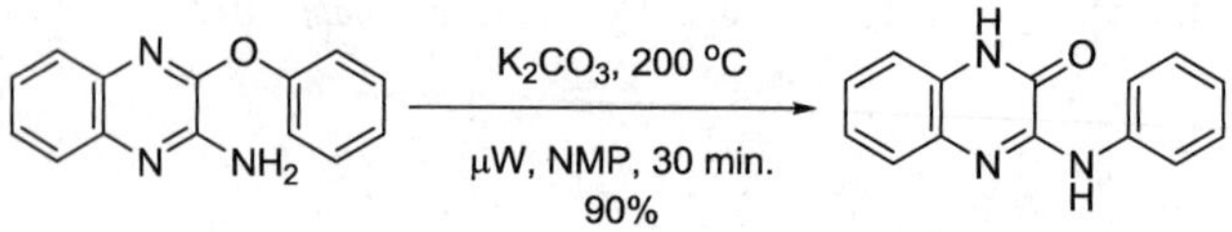

J.J. Li, *Name Reactions: A Collection of Detailed Mechanisms and Synthetic Applications*,
DOI 10.1007/978-3-319-03979-4_255, © Springer International Publishing Switzerland 2014

Example 3[10]

[Reaction scheme: MOMO-coumarin with prenyl, OMe, OH group + 3-BnO-C6H4-I(OAc)2, 2 equiv Na2CO3, H2O, rt, 2 h → diaryliodonium intermediate with AcO⁻; then DMF, 150 °C → 3-iodo coumarin product with aryloxy ether. 87% 总产率]

Example 4[11]

[Reaction scheme: 2-mercapto-N-(pyridin-3-yl)nicotinamide + 4,5-dichloro-2-THP-pyridazin-3(2H)-one, K2CO3, DMSO, rt, 8 h, 85% → fused tricyclic product]

References

1. Evans, W. J.; Smiles, S. *J. Chem. Soc.* **1935**, 181–188. 斯迈尔斯（S. Smiles）在伦敦国王学院（King's College London）任助理教授开始其学术生涯，后来成为那儿的教授和主席，1918年选为皇家学会会员（Fellow of the Royal Society, FRS）。
2. Truce, W. E.; Kreider, E. M.; Brand, W. W. *Org. React.* **1970**, *18*, 99–215. (Review).
3. Gerasimova, T. N.; Kolchina, E. F. *J. Fluorine Chem.* **1994**, *66*, 69–74. (Review).
4. Boschi, D.; Sorba, G.; Bertinaria, M.; Fruttero, R.; Calvino, R.; Gasco, A. *J. Chem. Soc., Perkin Trans. 1* **2001**, 1751–1757.
5. Hirota, T.; Tomita, K.-I.; Sasaki, K.; Okuda, K.; Yoshida, M.; Kashino, S. *Heterocycles* **2001**, *55*, 741–752.
6. Selvakumar, N.; Srinivas, D.; Azhagan, A. M. *Synthesis* **2002**, 2421–2425.
7. Mizuno, M.; Yamano, M. *Org. Lett.* **2005**, *7*, 3629–3631.
8. Bacque, E.; El Qacemi, M.; Zard, S. Z. *Org. Lett.* **2005**, *7*, 3817–3820.
9. Bi, C. F.; Aspnes, G. E.; Guzman-Perez, A.; Walker, D. P. *Tetrahedron Lett.* **2008**, *49*, 1832–1835.
10. Jin, Y. L.; Kim, S.; Kim, Y. S.; Kim, S.-A.; Kim, H. S. *Tetrahedron Lett.* **2008**, *49*, 6835–6837.
11. Niu, X.; Yang, B.; Li, Y.; Fang, S.; Huang, Z.; Xie, C.; Ma, C. *Org. Biomol. Chem.* **2013**, *11*, 4102–4108.

Truce-Smile 重排反应

Smiles重排反应的变异（Y是碳）。

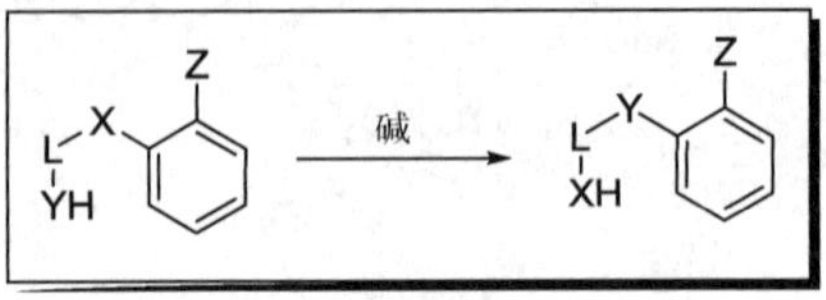

Example 1[6]

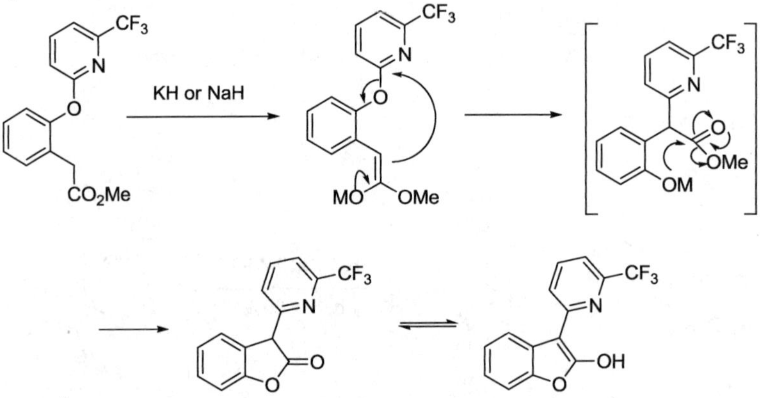

Example 2[7]

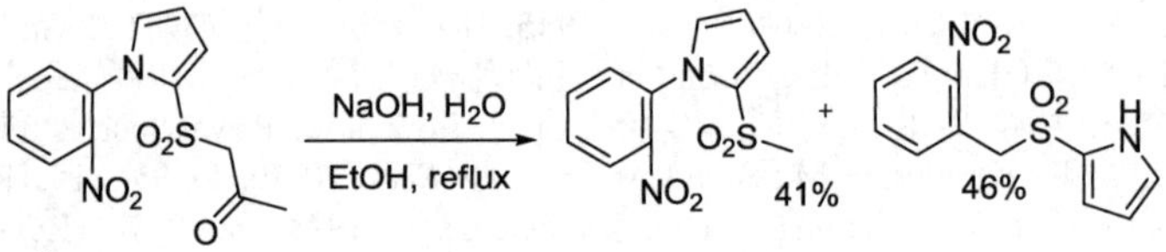

Example 3[8]

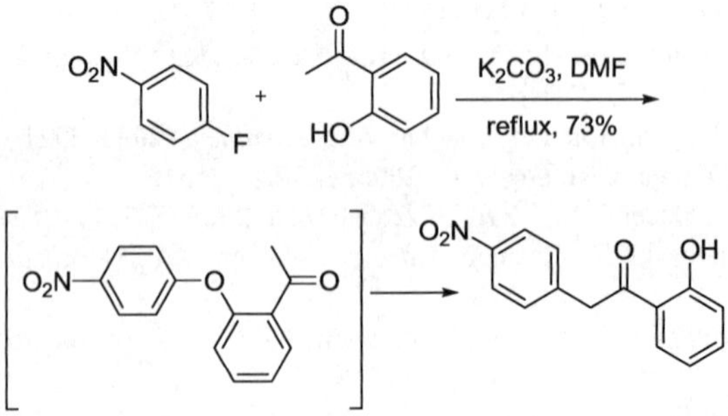

Example 4[10]

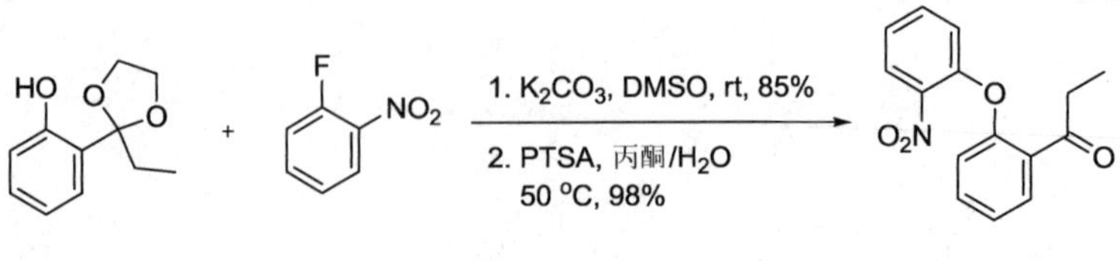

References
1. Truce, W. E.; Ray, W. J. Jr.; Norman, O. L.; Eickemeyer, D. B. *J. Am. Chem. Soc.* **1958,** *80,* 3625–3629. 特鲁斯（W. E. Truce）是普渡大学（Purdue University）教授。
2. Truce, W. E.; Hampton, D. C. *J. Org. Chem.* **1963,** *28,* 2276–2279.
3. Bayne, D. W; Nicol, A. J.; Tennant, G. *J. Chem. Soc., Chem. Comm.* **1975,** *19,* 782–783.
4. Fukazawa, Y.; Kato, N.; Ito, S.; *Tetrahedron Lett.* **1982,** *23,* 437–438.
5. Hoffman, R. V.; Jankowski, B. C.; Carr, C. S.; Düsler, E. N *J. Org. Chem.* **1986,** *51,* 130–135.
6. Erickson, W. R.; McKennon, M. J. *Tetrahedron Lett.* **2000,** *41,* 4541–4544.
7. Kimbaris, A.; Cobb, J.; Tsakonas, G.; Varvounis, G. *Tetrahedron* **2004,** *60,* 8807–8815.
8. Mitchell, L. H.; Barvian, N. C. *Tetrahedron Lett.* **2004,** *45,* 5669–5672.
9. Snape, T. J. *Chem. Soc. Rev.* **2008,** *37,* 2452–2458. (Review).
10. Snape, T. J. *Synlett* **2008,** 2689–2691.

Sommelet 反应

苄卤用六亚甲基四胺转化为相应的苯甲醛。参见第198页上的Delepine氨基化反应。

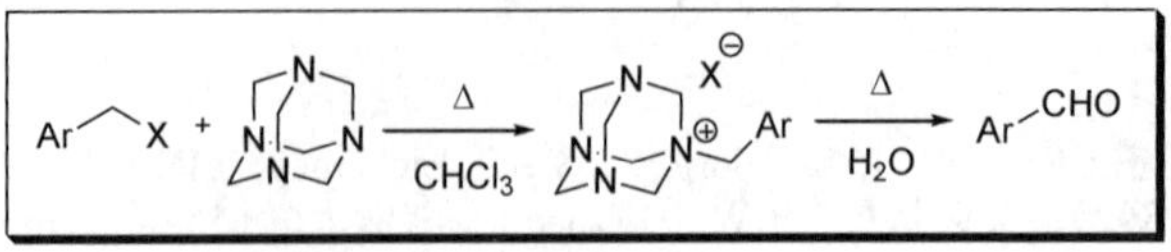
Δ
CHCl3
Δ
H2O
Ar
X
CHO

六亚甲基四胺
(刺激性腐鱼味)

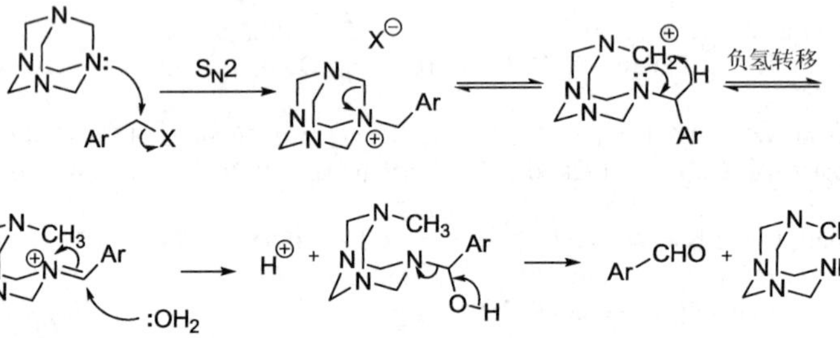
SN2
负氢转移
:OH2

半缩胺醛

负氢转移和HMTA的开环可同步进行：

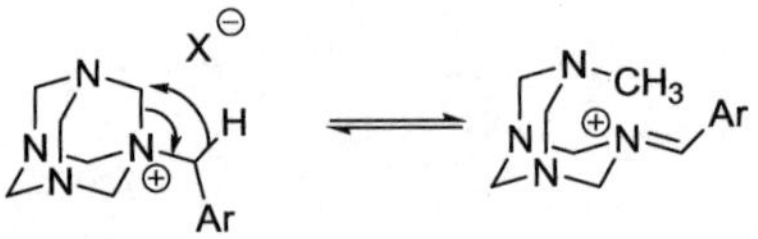

Example 1[3]

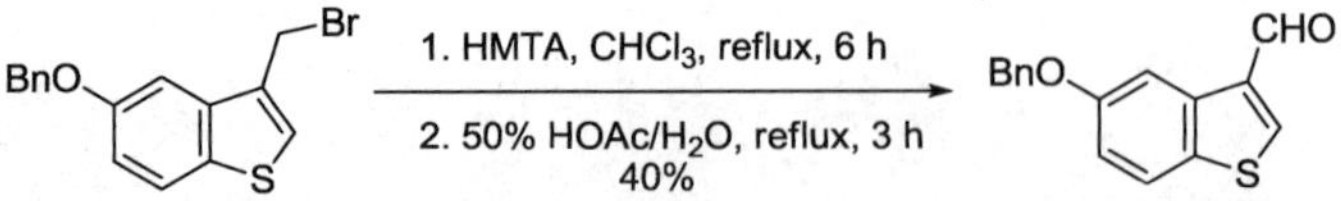
BnO
Br
1. HMTA, CHCl3, reflux, 6 h
2. 50% HOAc/H2O, reflux, 3 h
40%
CHO

Example 2[4]

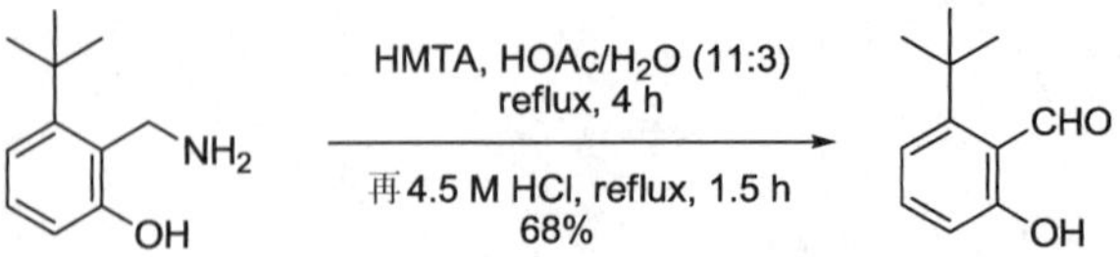
NH2
OH
HMTA, HOAc/H2O (11:3)
reflux, 4 h
再4.5 M HCl, reflux, 1.5 h
68%
CHO

J.J. Li, *Name Reactions: A Collection of Detailed Mechanisms and Synthetic Applications*, DOI 10.1007/978-3-319-03979-4_256,

Example 3[7]

Example 4[8]

References
1. Sommelet, M. *Compt. Rend.* **1913,** *157,* 852–854.索姆莱特(M. Sommelet, 1877–1952) 出生于法国的Langes，1906年在巴黎取得Ph. D. 学位，在一次大战后进入巴黎的Faculte de Pharmacie工作，1934年成为有机化学主任。
2. Angyal, S. J. *Org. React.* **1954,** *8,* 197–217. (Review).
3. Campaigne, E.; Bosin, T.; Neiss, E. S. *J. Med. Chem.* **1967,** *10,* 270–271.
4. Stokker, G. E.; Schultz, E. M. *Synth. Commun.* **1982,** *12,* 847–853.
5. Armesto, D.; Horspool, W. M.; Martin, J. A. F.; Perez-Ossorio, R. *Tetrahedron Lett.* **1985,** *26,* 5217–5220.
6. Kilenyi, S. N., in *Encyclopedia of Reagents of Organic Synthesis*, ed. Paquette, L. A., Wiley: Hoboken, NJ, **1995,** *Vol. 3*, p. 2666. (Review).
7. Malykhin, E. V.; Shteingart, V. D. *J. Fluorine Chem.* **1998,** *91,* 19–20.
8. Karamé, I.; Jahjah, M.; Messaoudi, A.; Tommasino, M. L.; Lemaire, M. *Tetrahedron: Asymmetry* **2004,** *15,* 1569–1581.
9. Göker, H.; Boykin, D. W.; Yildiz, S. *Bioorg. Med. Chem.* **2005,** *13,* 1707–1714.
10. Li, J. J. *Sommelet Reaction*. In *Name Reactions for Functional Group Transformations*; Li, J. J., Ed.; Wiley: Hoboken, NJ, **2007,** pp 689–695. (Review).

Sommelet-Hauser 重排反应

苄基季铵盐用氨基碱金属处理经叶立德中间体发生[2,3]Wittig重排反应。

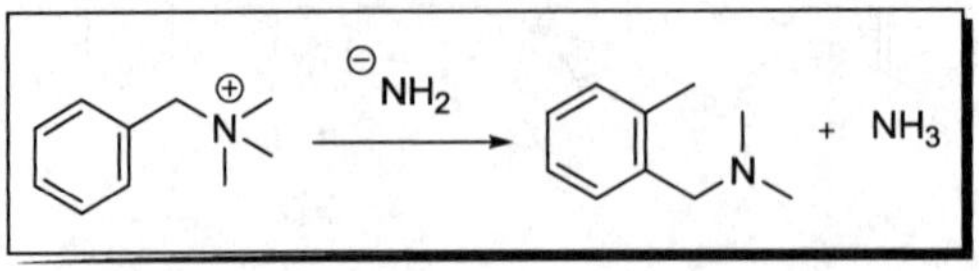

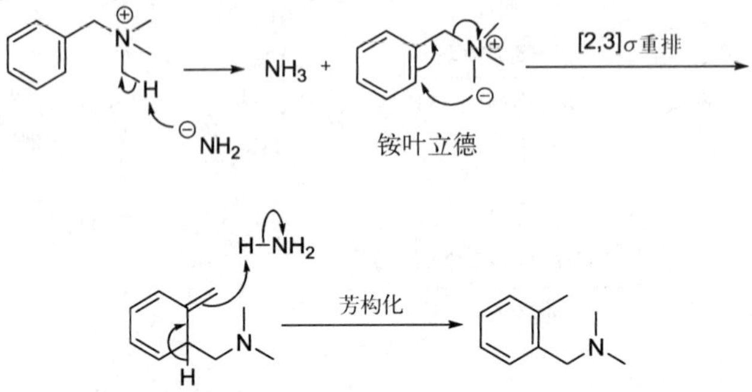

Example 1[3]

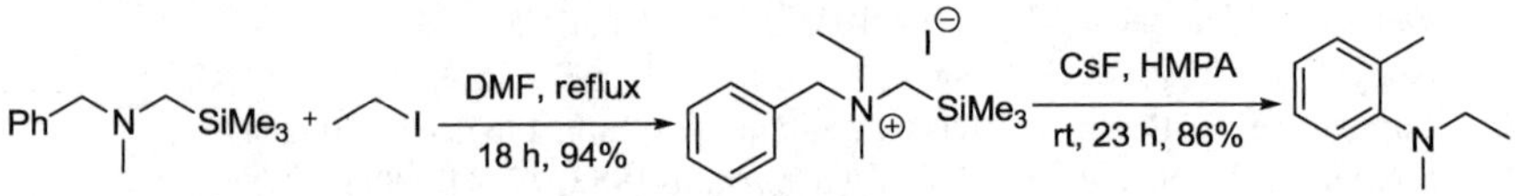

Example 2[4]

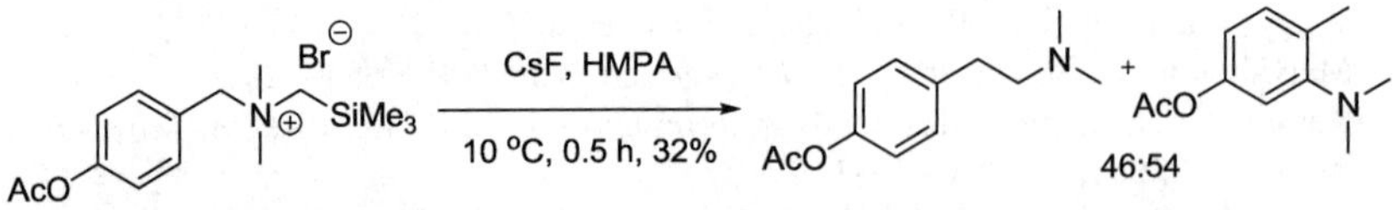

Example 3[8]

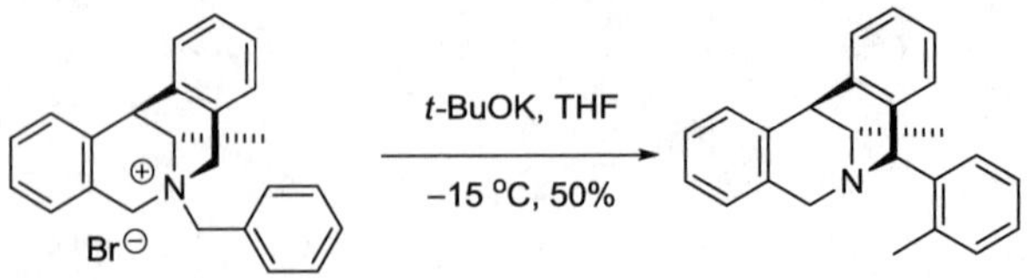

Example 4[10]

t-BuOK, THF
−60 °C, 4 h
57%, > 20:1 *de*
R* = (−)-8-苯基盖基

Example 5[12]

BrCN, CH$_2$Cl$_2$
rt, 48 h, 81%

References
1. (a) Sommelet, M. *Compt. Rend.* **1937**, *205*, 56–58. (b) Kantor, S. W.; Hauser, C. R. *J. Am. Chem. Soc.* **1951**, *73*, 4122–4131. 豪塞斯（C. R. Hauser，1900‑1970）是杜克大学（Duke University）教授。
2. Shirai, N.; Sato, Y. *J. Org. Chem.* **1988**, *53*, 194–196.
3. Shirai, N.; Watanabe, Y.; Sato, Y. *J. Org. Chem.* **1990**, *55*, 2767–2770.
4. Tanaka, T.; Shirai, N.; Sugimori, J.; Sato, Y. *J. Org. Chem.* **1992**, *57*, 5034–5036.
5. Klunder, J. M. *J. Heterocycl. Chem.* **1995**, *32*, 1687–1691.
6. Maeda, Y.; Sato, Y. *J. Org. Chem.* **1996**, *61*, 5188–5190.
7. Endo, Y.; Uchida, T.; Shudo, K. *Tetrahedron Lett.* **1997**, *38*, 2113–2116.
8. Hanessian, S.; Talbot, C.; Saravanan, P. *Synthesis* **2006**, 723–734.
9. Liao, M.; Peng, L.; Wang, J. *Org. Lett.* **2008**, *10*, 693–696.
10. Tayama, E.; Orihara, K.; Kimura, H. *Org. Biomol. Chem.* **2008**, *6*, 3673–3680.
11. Zografos, A. L. In *Name Reactions in Heterocyclic Chemistry-II*, Li, J. J., Ed.; Wiley: Hoboken, NJ, 2011, pp 197–206. (Review).
12. Tayama, Eiji; Sato, Ryota; Takedachi, Keisuke; Iwamoto, Hajime; Hasegawa, Eietsu *Tetrahedron* **2012**, *68*, 4710–4718.

Sonogashira 反应

Pd-Cu 催化下的卤代烃和端基炔烃之间的交叉偶联反应。参见 100 页上的 Cadiot-Chodkiewicz 交叉偶联反应和 110 页上的 Castro-Stephens 交叉偶联反应。Castro-Stephens 交叉偶联反应要用到化学计量的铜，而其变异反应，Sonogashira 交叉偶联反应只需催化量的 Pd-Cu。

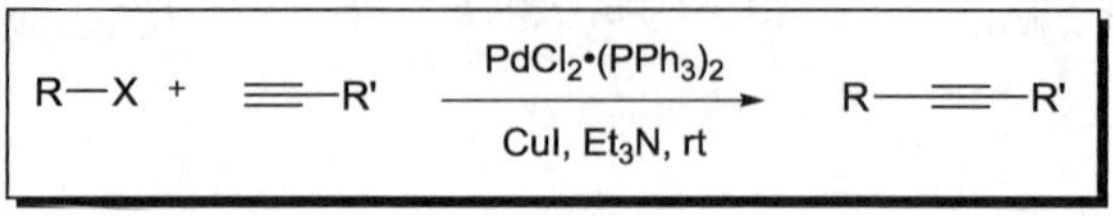

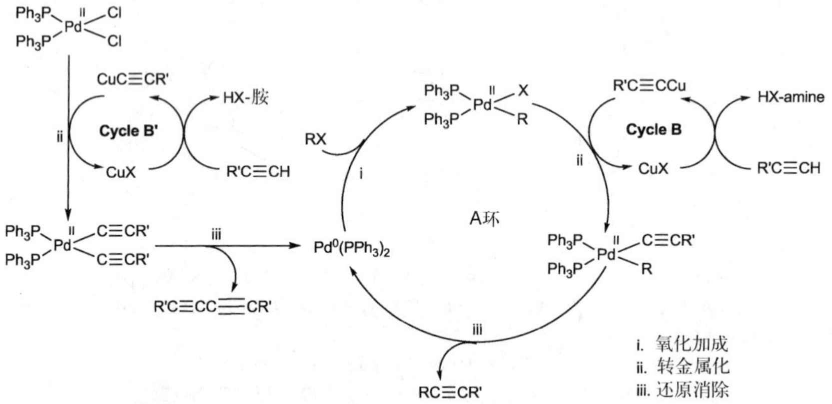

$$R-X + \equiv-R' \xrightarrow[CuI, Et_3N, rt]{PdCl_2 \cdot (PPh_3)_2} R-\equiv-R'$$

i. 氧化加成
ii. 转金属化
iii. 还原消除

Et_3N 也可还原 Pd(II) 为 Pd(0)，同时，自身氧化为亚胺离子：

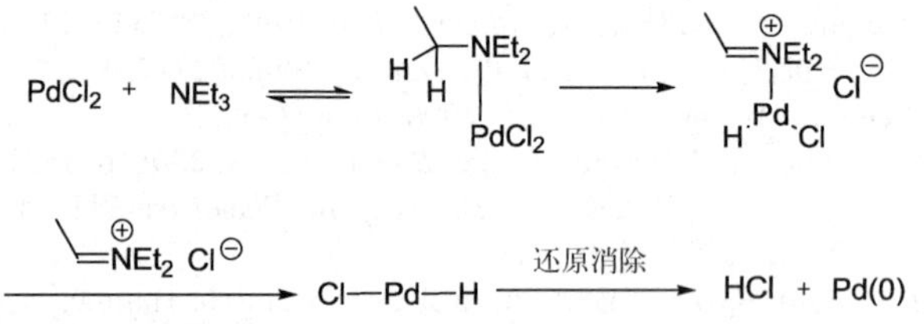

Example 1[2]

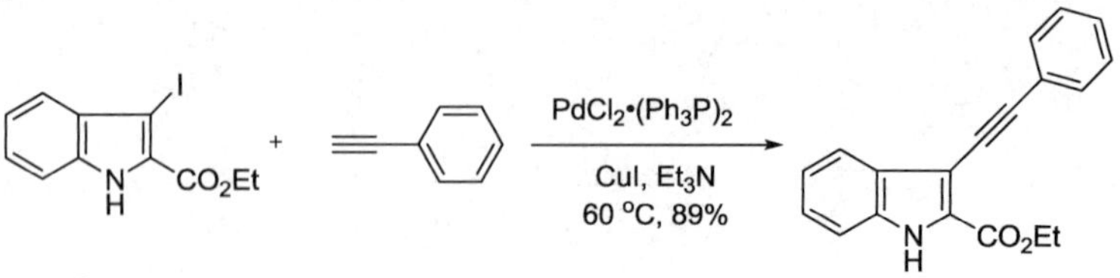

$$\text{3-iodo-indole-2-CO}_2\text{Et} + \equiv-Ph \xrightarrow[CuI, Et_3N]{PdCl_2 \cdot (Ph_3P)_2, \; 60\,^\circ C,\; 89\%} \text{3-(phenylethynyl)-indole-2-CO}_2\text{Et}$$

Example 2[3]

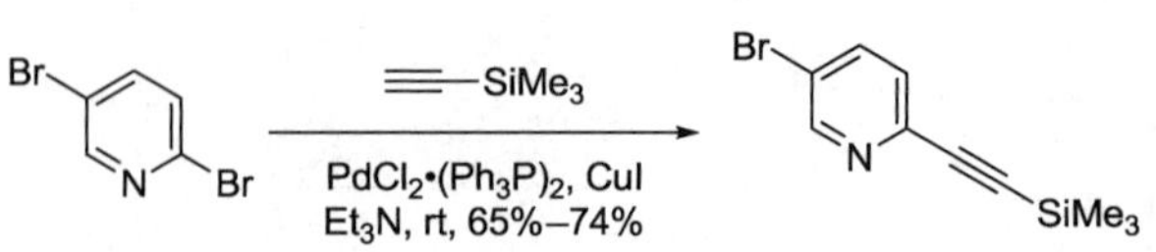

$$\text{2,5-dibromopyridine} + \equiv-SiMe_3 \xrightarrow[Et_3N,\; rt,\; 65\%-74\%]{PdCl_2 \cdot (Ph_3P)_2,\; CuI} \text{5-bromo-2-(TMS-ethynyl)pyridine}$$

Example 3[8]

Example 4[9]

References

1. (a) Sonogashira K.; Tohda, Y.; Hagihara, N. *Tetrahedron Lett.* **1975**, *50*, 4467–4470. 薗头（K. Sonogasjira）是福井大学（Fukui University）教授。赫克（R. F. Heck）也发现了同样的转化反应，但用的是Pd而不是Cu。*J. Organomet. Chem.* **1975**, *93*, 259–263.
2. Sakamoto, T.; Nagano, T.; Kondo, Y.; Yamanaka, H. *Chem. Pharm. Bull.* **1988**, *36*, 2248–2252.
3. Ernst, A.; Gobbi, L.; Vasella, A. *Tetrahedron Lett.* **1996**, *37*, 7959–7962.
4. Hundermark, T.; Littke, A.; Buchwald, S. L.; Fu, G. C. *Org. Lett.* **2000**, *2*, 1729–1731.
5. Batey, R. A.; Shen, M.; Lough, A. J. *Org. Lett.* **2002**, *4*, 1411–1414.
6. Sonogashira, K. In *Metal-Catalyzed Cross-Coupling Reactions*; Diederich, F.; de Meijere, A., Eds.; Wiley-VCH: Weinheim, **2004**; *Vol. 1*, 319. (Review).
7. Lemhadri, M.; Doucet, H.; Santelli, M. *Tetrahedron* **2005**, *61*, 9839–9847.
8. Li, Y.; Zhang, J.; Wang, W.; Miao, Q.; She, X.; Pan, X. *J. Org. Chem.* **2005**, *70*, 3285–3287.
9. Komano, K.; Shimamura, S.; Inoue, M.; Hirama, M. *J. Am. Chem. Soc.* **2007**, *129*, 14184–11186.
10. Nakatsuji, H.; Ueno, K.; Misaki, T.; Tanabe, Y. *Org. Lett.* **2008**, *10*, 2131–2134.
11. Gray, D. L. *Sonogashira Reaction*. In *Name Reactions for Homologations-Part II*; Li, J. J., Ed.; Wiley: Hoboken, NJ, **2009**, pp 100–133. (Review).
12. Shigeta, M.; Watanabe, J.; Konishi, G.-i. *Tetrahedron Lett.* **2013**, *54*, 1761–1764.

Staudinger 烯酮环加成反应

烯酮和亚胺发生[2+2]环加成反应生成β-内酰胺的合成反应。其他可与烯酮反应的组分包括：烯烃反应后生成环丁烷，羰基则反应后生成β-内酯。

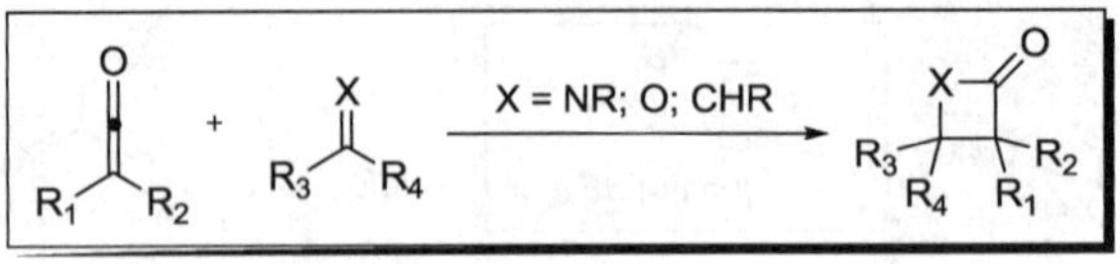

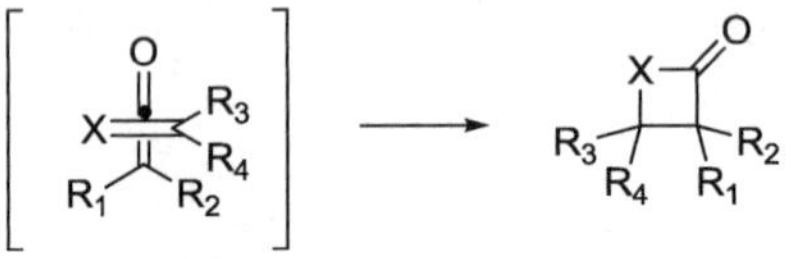

缩拢状过渡态

When X = N:

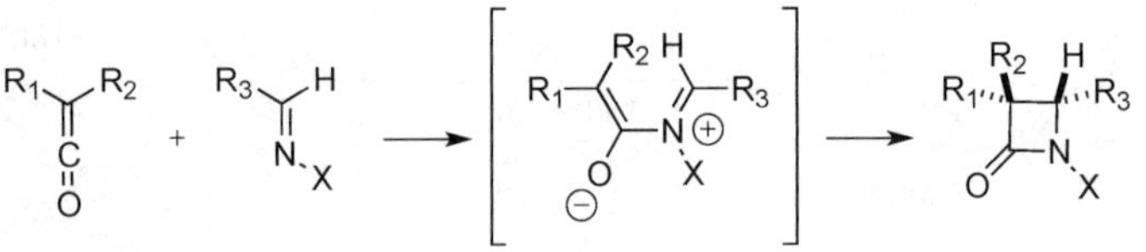

Example 1[6]

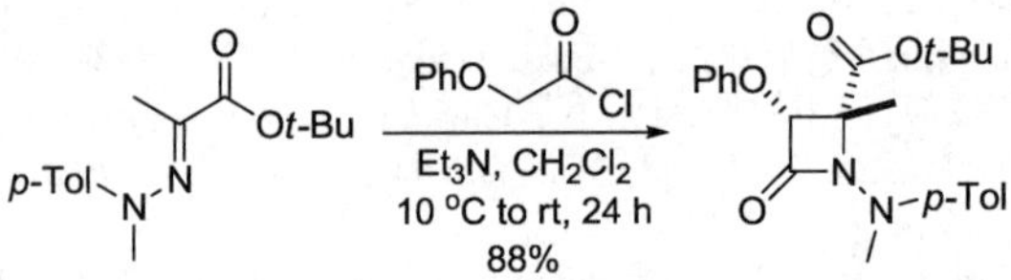

Example 2[7]

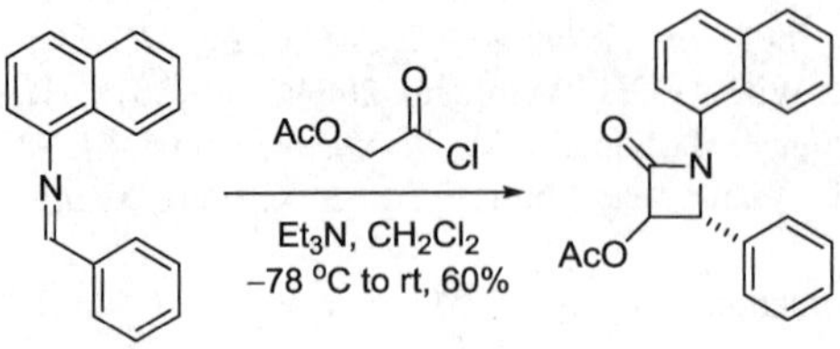

Example 3[9]

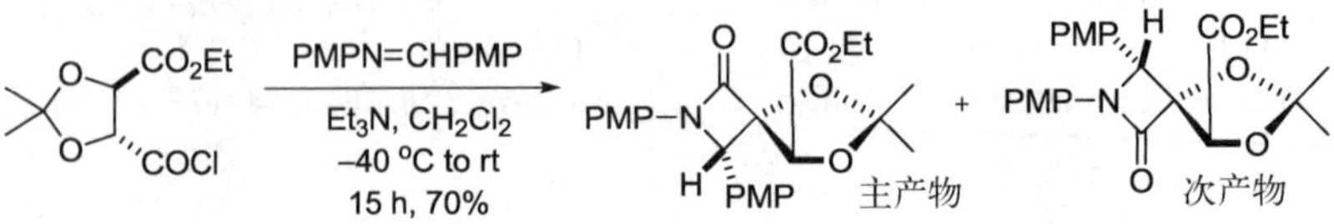

主产物 + 次产物

Example 4[10]

Example 5[11]

References

1. Staudinger, H. *Ber.* **1907**, *40*, 1145–1146. 德国人施陶丁格（H. Staudinger，1881-1965）1953年因在高分子化学领域所作出的发现而获得诺贝尔化学奖。
2. Cooper, R. D. G.; Daugherty, B. W.; Boyd, D. B. *Pure Appl. Chem.* **1987**, *59*, 485–492. (Review).
3. Snider, B. B. *Chem. Rev.* **1988**, *88*, 793–811. (Review).
4. Hyatt, J. A.; Raynolds, P. W. *Org. React.* **1994**, *45*, 159–646. (Review).
5. Orr, R. K.; Calter, M. A. *Tetrahedron* **2003**, *59*, 3545–3565. (Review).
6. Bianchi, L.; Dell'Erba, C.; Maccagno, M.; Mugnoli, A.; Novi, M.; Petrillo, G.; Sancassan, F.; Tavani, C. *Tetrahedron* **2003**, *59*, 10195–10201.
7. Banik, I.; Becker, F. F.; Banik, B. K. *J. Med. Chem.* **2003**, *46*, 12–15.
8. Banik, B. K.; Banik, I.; Becker, F. F. *Bioorg. Med. Chem. Lett.* **2005**, *13*, 3611–3622.
9. Chincholkar, P. M.; Puranik, V. G.; Rakeeb, A.; Deshmukh, A. S. *Synlett* **2007**, *14*, 2242–2246.
10. Cremonesi, G.; Dalla Croce, P.; Fontana, F.; La Rosa, C. *Tetrahedron: Asymmetry* **2008**, *19*, 554–561.
11. Raj, R.; Singh, P.; Haberkern, N. T.; Faucher, R. M.; Patel, N.; Land, K. M.; Kumar, V. *Eur. J. Med. Chem.* **2013**, *63*, 897–906.
12. Tuba, R. *Org. Biomol. Chem.* **2013**, *11*, 5976–5988. (Review).

Staudinger 还原反应

叔膦(如 Ph_3P)和有机叠氮化物反应生成偶磷氮基化合物(即亚氨基正膦)。

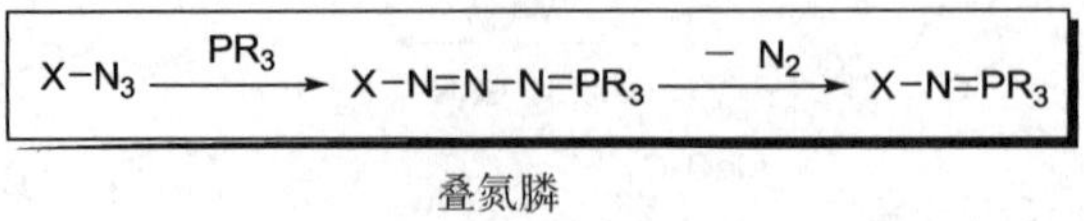

$$X-N_3 \xrightarrow{PR_3} X-N=N-N=PR_3 \xrightarrow{-N_2} X-N=PR_3$$

叠氮膦

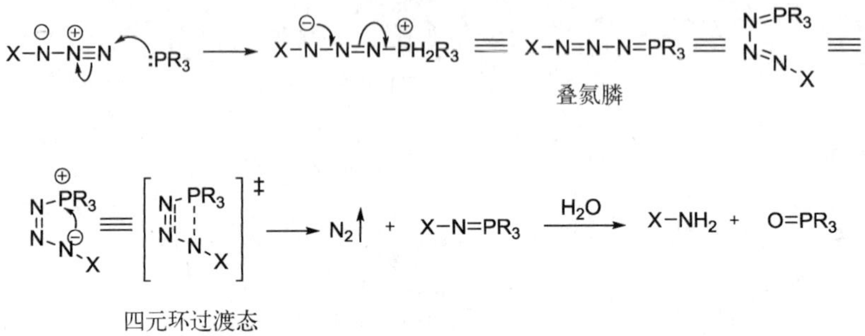

叠氮膦

四元环过渡态

$$\rightarrow N_2\uparrow + X-N=PR_3 \xrightarrow{H_2O} X-NH_2 + O=PR_3$$

Example 1[2]

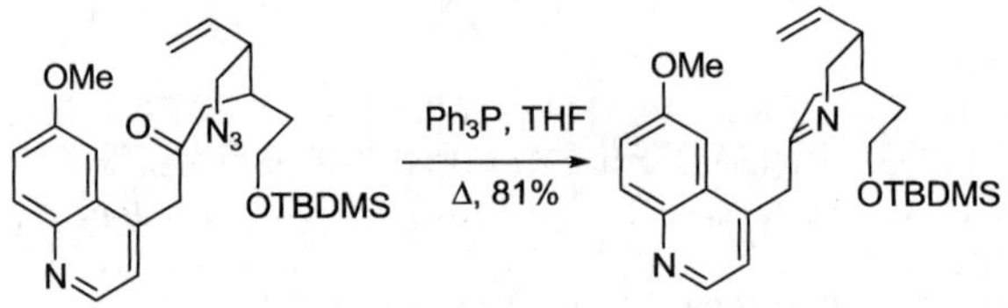

Ph$_3$P, THF
Δ, 81%

Example 2[3]

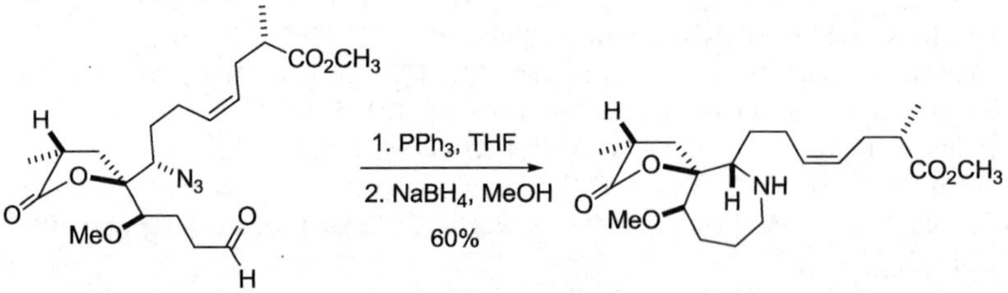

1. PPh$_3$, THF
2. NaBH$_4$, MeOH
60%

Example 3[4]

PBu$_3$, 甲苯
reflux, 20 h, 82%

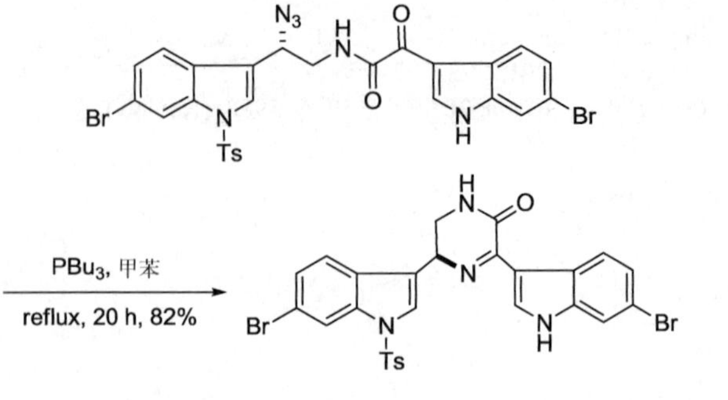

J.J. Li, *Name Reactions: A Collection of Detailed Mechanisms and Synthetic Applications*,
DOI 10.1007/978-3-319-03979-4_260, © Springer International Publishing Switzerland 2014

Example 4[8]

Example 5[9]

Example 6, 串联的Staudinger/氮杂Wittig 环化反应[11]

References

1. Staudinger, H.; Meyer, J. *Helv. Chim. Acta* **1919**, *2*, 635–646.
2. Stork, G.; Niu, D.; Fujimoto, R. A.; Koft, E. R.; Bakovec, J. M.; Tata, J. R.; Dake, G. R. *J. Am. Chem. Soc.* **2001**, *123*, 3239–3242.
3. Williams, D. R.; Fromhold, M. G.; Earley, J. D. *Org. Lett.* **2001**, *3*, 2721–2722.
4. Jiang, B.; Yang, C.-G.; Wang, J. *J. Org. Chem.* **2002**, *67*, 1369–1371.
5. Venturini, A.; Gonzalez, J. *J. Org. Chem.* **2002**, *67*, 9089–9092.
6. Chen, J.; Forsyth, C. J. *Org. Lett.* **2003**, *5*, 1281–1283.
7. Fresneda, P. M.; Castaneda, M.; Sanz, M. A.; Molina, P. *Tetrahedron Lett.* **2004**, *45*, 1655–1657.
8. Li, J.; Chen, H.-N.; Chang, H.; Wang, J.; Chang, C.-W. T. *Org. Lett.* **2005**, *7*, 3061–3064.
9. Takhi, M.; Murugan, C.; Munikumar, M.; Bhaskarreddy, K. M.; Singh, G.; Sreenivas, K.; Sitaramkumar, M.; Selvakumar, N.; Das, J.; Trehan, S.; Iqbal, J. *Bioorg. Med. Chem. Lett.* **2006**, *16*, 2391–2395.
10. Iula, D. M. *Staudinger Reaction*. In *Name Reactions for Functional Group Transformations*; Li, J. J., Ed.; Wiley: Hoboken, NJ, **2007**, pp 129–151. (Review).
11. Kumar, R.; Ermolat'ev, D. S.;Van der Eycken, E. V. *J. Org. Chem.* **2013**, *78*, 5737–5743.

Stetter 反应

从醛、α,β-不饱和酮和酯生成1,4-二羰基衍生物的反应。噻唑催化剂相当于是一个安全的CN⁻。亦称Michael-Stetter反应。参见第46页上的Benzoin（苯偶姻）缩合反应。

Example 1, 分子内Stetter反应[2]

Example 2[3]

Example 3[5]

Example 4, 硅杂Stetter反应[9]

References

1. (a) Stetter, H.; Schreckenberg, H. *Angew. Chem.* **1973**, *85*, 89. 施泰特（H. Stetter, 1917–1993）出生于德国波恩, 是位于德国西部地区Technische Hochschule Aachen 的化学家。(b) Stetter, H. *Angew. Chem.* **1976**, *88*, 695–704. (Review). (c) Stetter, H.; Kuhlmann, H.; Haese, W. *Org. Synth.* **1987**, *65*, 26.
2. Trost, B. M.; Shuey, C. D.; DiNinno, F., Jr.; McElvain, S. S. *J. Am. Chem. Soc.* **1979**, *101*, 1284–1285.
3. El-Haji, T.; Martin, J. C.; Descotes, G. *J. Heterocycl. Chem.* **1983**, *20*, 233–235.
4. Harrington, P. E.; Tius, M. A. *Org. Lett.* **1999**, *1*, 649–651.
5. Kikuchi, K.; Hibi, S.; Yoshimura, H.; Tokuhara, N.; Tai, K.; Hida, T.; Yamauchi, T.; Nagai, M. *J. Med. Chem.* **2000**, *43*, 409–419.
6. Kobayashi, N.; Kaku, Y.; Higurashi, K. *Bioorg. Med. Chem. Lett.* **2002**, *12*, 1747–1750.
7. Read de Alaniz, J.; Rovis, T. *J. Am. Chem. Soc.* **2005**, *127*, 6284–6289.
8. Reynolds, N. T.; Rovis, T. *Tetrahedron* **2005**, *61*, 6368–6378.
9. Mattson, A. E.; Bharadwaj, A. R.; Zuhl, A. M.; Scheidt, K. A. *J. Org. Chem.* **2006**, *71*, 5715–5724.
10. Cee, V. J. *Stetter Reaction*. In *Name Reactions for Homologations-Part I*; Li, J. J., Ed.; Wiley: Hoboken, NJ, **2009**, pp 576–587. (Review).
11. Zhang, J.; Xing, C.; Tiwari, B.; Chi, Y. R. *J. Am. Chem. Soc.* **2013**, *135*, 8113–8116.

Stevens 重排反应

分子中与氮原子相连的碳原子上接有一个吸电子基团（Z）的季铵盐用强碱处理生成重排的叔胺。

如今认为的自由基机理：

先前认为的离子机理：

Example 1, Stevens 重排/还原程序[10]

References

1. Stevens, T. S.; Creighton, E. M.; Gordon, A. B.; MacNicol, M. *J. Chem. Soc.* **1928**, 3193–3197.
2. Schöllkopf, U.; Ludwig, U.; Ostermann, G.; Patsch, M. *Tetrahedron Lett.* **1969**, *10*, 3415–3418.
3. Pine, S. H.; Catto, B. A.; Yamagishi, F. G. *J. Org. Chem.* **1970**, *35*, 3663–3665. (Mechanism).
4. Doyle, M. P.; Ene, D. G.; Forbes, D. C.; Tedrow, J. S. *Tetrahedron Lett.* **1997**, *38*, 4367–4370.
5. Makita, K.; Koketsu, J.; Ando, F.; Ninomiya, Y.; Koga, N. *J. Am. Chem. Soc.* **1998**, *120*, 5764–5770.
6. Feldman, K. S.; Wrobleski, M. L. *J. Org. Chem.* **2000**, *65*, 8659-8668.
7. Kitagaki, S.; Yanamoto, Y.; Tsutsui, H.; Anada, M.; Nakajima, M.; Hashimoto, S. *Tetrahedron Lett.* **2001**, *42*, 6361–6364.
8. Knapp, S.; Morriello, G. J.; Doss, G. A. *Tetrahedron Lett.* **2002**, *43*, 5797–5800.
9. Hanessian, S.; Parthasarathy, S.; Mauduit, M.; Payza, K. *J. Med. Chem.* **2003**, *46*, 34–38.
10. Pacheco, J. C. O.; Lahm, G.; Opatz, T. *J. Org. Chem.* **2013**, *78*, 4985–4992.

Still-Gennari 磷酸酯反应

Horner-Emmons 反应的变异，用双-三氟乙基磷酸酯反应后生成 Z-烯烃。

$(CF_3CH_2O)_2P(O)CH_2CO_2CH_3$ $\xrightarrow[\text{再 PhCH}_2\text{CHO}]{\text{KN(SiMe}_3)_2, 18-冠-6}$ Ph-CH=CH-CO_2CH_3 (Z)

赤式异构物，动力学加成物

Example 1[2]

$(CF_3CH_2O)_2P(O)CH_2CO_2CH_3$ $\xrightarrow[\text{再 PhCH}_2\text{CHO, 87\%}]{\text{KN(SiMe}_3)_2, 18-冠-6 \\ -78\ ^\circ C, THF, 30\ min.}$ Ph-CH=CH-CO_2CH_3

Example 2[3]

$F_3CH_2CO-P(O)(OCH_2CF_3)-CHF-CO_2Et$ + imidazole-CH$_2$-C$_6$H$_4$-C(O)Me $\xrightarrow[\text{CH}_2\text{Cl}_2, 70\%, E:Z = 96:4]{\text{Sn(OSO}_2\text{CF}_3)_2, N\text{-甲基哌啶}}$ product

Example 3[4]

aldehyde (OTBS, thiazole-CH$_3$) + $F_3CH_2CO-P(O)(OCH_2CF_3)-CH(Me)-CO_2Et$ $\xrightarrow[\text{89\%, 只有(Z)-异构体}]{\text{KHMDS, THF} \\ 18\text{-冠-6}, -78\ ^\circ C, 1\ h}$ product

J.J. Li, *Name Reactions: A Collection of Detailed Mechanisms and Synthetic Applications*,
DOI 10.1007/978-3-319-03979-4_263, © Springer International Publishing Switzerland 2014

Example 4[9]

Example 5, 易于制备的 Still–Gennari 磷酸酯[11]

References

1. Still, W. C.; Gennari, C. *Tetrahedron Lett.* **1983**, *24*, 4405–4408. 斯蒂尔(W. C. Still, 1946-)出生于佐治亚州的 Augusta, 是哥伦比亚大学(Columbia University)教授。
2. Nicolaou, K. C.; Nadin, A.; Leresche, J. E.; LaGreca, S.; Tsuri, T.; Yue, E. W.; Yang, Z. *Chem. Eur. J.* **1995**, *1*, 467–494.
3. Sano, S. Yokoyama, K.; Shiro, M.; Nagao, Y. *Chem. Pharm. Bull.* **2002**, *50*, 706–709.
4. Mulzer, J.; Mantoulidis, A.; Öhler, E. *Tetrahedron Lett.* **1998**, *39*, 8633–8636.
5. Paterson, I.; Florence, G. J.; Gerlach, K.; Scott, J. P.; Sereinig, N. *J. Am. Chem. Soc.* **2001**, *123*, 9535–9544.
6. Mulzer, J.; Ohler, E. *Angew. Chem. Int. Ed.* **2001**, *40*, 3842–3846.
7. Beaudry, C. M.; Trauner, D. *Org. Lett.* **2002**, *4*, 2221–2224.
8. Dakin, L. A.; Langille, N. F.; Panek, J. S. *J. Org. Chem.* **2002**, *67*, 6812–6815.
9. Paterson, I.; Lyothier, I. *J. Org. Chem.* **2005**, *70*, 5494–5507.
10. Rong, F. *Horner–Wadsworth–Emmons reaction.* In *Name Reactions for Homologations-Part I*; Li, J. J., Ed.; Wiley: Hoboken, NJ, **2009,** pp 420–466. (Review).
11. Messik, F.; Oberthür, M. *Synthesis* **2013**, *45*, 167–170.

Stille 偶联反应

Pd催化的有机锡化物和卤代烃、三氟磺酸酯等的交叉偶联反应。催化循环请参见第357页上的Kumada交叉偶联反应。

$$R-X + R^1-Sn(R^2)_3 \xrightarrow{Pd(0)} R-R^1 + X-Sn(R^2)_3$$

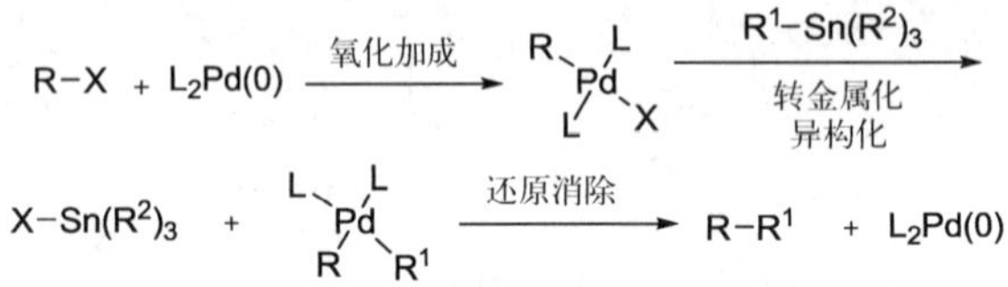

$$R-X + L_2Pd(0) \xrightarrow{\text{氧化加成}} \begin{array}{c} RL \\ Pd \\ LX \end{array} \xrightarrow[\text{异构化}]{R^1-Sn(R^2)_3 \text{ 转金属化}}$$

$$X-Sn(R^2)_3 + \begin{array}{c} LL \\ Pd \\ RR^1 \end{array} \xrightarrow{\text{还原消除}} R-R^1 + L_2Pd(0)$$

Example 1[4]

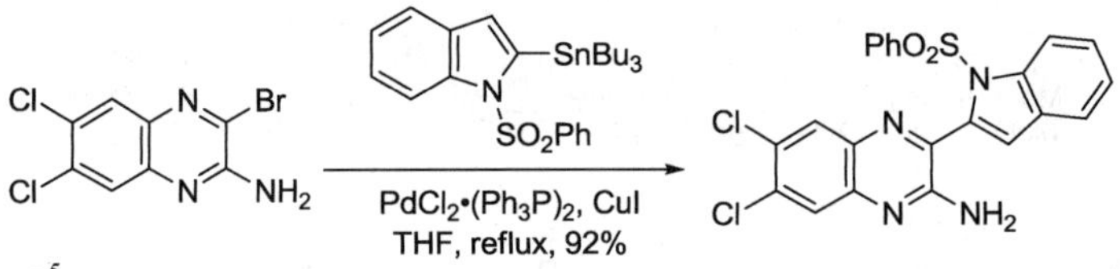

Example 2[5]

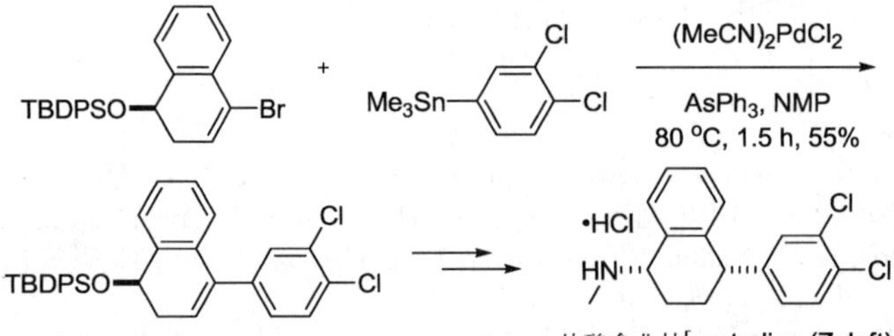

盐酸舍曲林 [sertraline (Zoloft)]

Example 3, π-烯丙基Stille偶联[8]

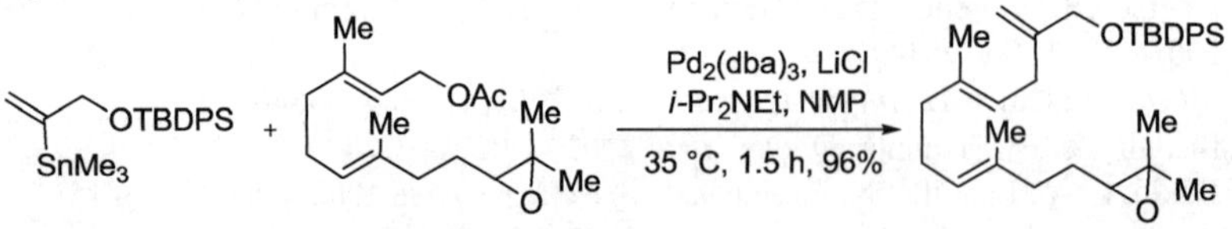

Example 4[9]

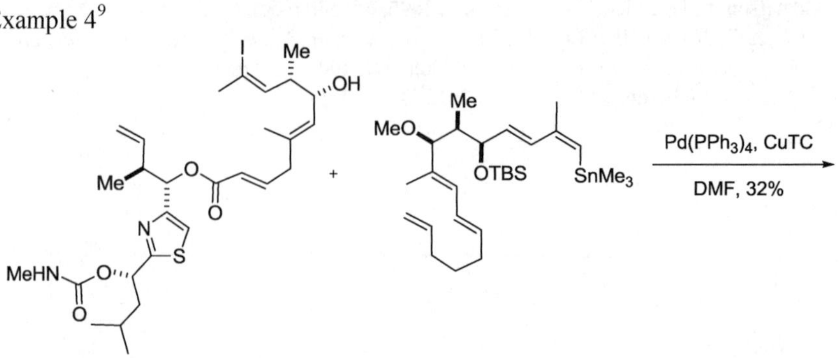

Example 5[11]

References

1. (a) Milstein, D.; Stille, J. K. *J. Am. Chem. Soc.* **1978**, *100*, 3636–3638. 斯蒂勒（J. K. Stille，1930‐1989）出生于亚利桑那州的Tuscon，在科罗拉多州立大学（Colorado State University）发现了本反应。不幸的是，他在正处于学术高峰期间参加美国化学会年会（ACS）后于返回途中因空难去世。(b) Milstein, D.; Stille, J. K. *J. Am. Chem. Soc.* **1979**, *101*, 4992–4998. (c) Stille, J. K. *Angew. Chem. Int. Ed.* **1986**, *25*, 508–524.
2. Farina, V.; Krishnamurphy, V.; Scott, W. J. *Org. React.* **1997**, *50*, 1–652. (Review).
3. Duncton, M. A. J.; Pattenden, G. *J. Chem. Soc., Perkin Trans. 1* **1999**, 1235–1249. (Review on the intramolecular Stille reaction).
4. Li, J. J.; Yue, W. S. *Tetrahedron Lett.* **1999**, *40*, 4507–4510.
5. Lautens, M.; Rovis, T. *Tetrahedron*, **1999**, *55*, 8967–8976.
6. Mitchell, T. N. *Organotin Reagents in Cross-Coupling Reactions*. In *Metal-Catalyzed Cross-Coupling Reactions* (2nd edn.) De Meijere, A.; Diederich, F. eds., **2004**, 1, 125–161. Wiley-VCH: Weinheim, Germany. (Review).
7. Schröter, S.; Stock, C.; Bach, T. *Tetrahedron* **2005**, *61*, 2245–2267. (Review).
8. Snyder, S. A.; Corey, E. J. *J. Am. Chem. Soc.* **2006**, *128*, 740–742.
9. Roethle, P. A.; Chen, I. T.; Trauner, D. *J. Am. Chem. Soc.* **2007**, *129*, 8960–8961.
10. Mascitti, V. *Stille Coupling*. In *Name Reactions for Homologations-Part I*; Li, J. J., Ed.; Wiley: Hoboken, NJ, **2009**, pp 133–162. (Review).
11. Chandrasoma, N.; Brown, N.; Brassfield, A.; Nerurkar, A.; Suarez, S.; Buszek, K. R. *Tetrahedron Lett.* **2013**, *54*, 913–917.

Stille-Kelly 反应

Pd催化下二芳基卤用二锡试剂进行分子内偶联反应。

Example 1[6]

References
1. Kelly, T. R.; Li, Q.; Bhushan, V. *Tetrahedron Lett.* **1990**, *31*, 161–164. T. Ross Kelly is a professor at Boston College.
2. Grigg, R.; Teasdale, A.; Sridharan, V. *Tetrahedron Lett.* **1991**, *32*, 3859–3862.
3. Iyoda, M.; Miura, M.; Sasaki, S.; Kabir, S. M. H.; Kuwatani, Y.; Yoshida, M. *Heterocycles* **1997**, *38*, 4581–4582.
4. Fukuyama, Y.; Yaso, H.; Nakamura, K.; Kodama, M. *Tetrahedron Lett.* **1999**, *40*, 105–108.
5. Iwaki, T.; Yasuhara, A.; Sakamoto, T. *J. Chem. Soc., Perkin Trans. 1* **1999**, 1505–1510.
6. Yue, W. S.; Li, J. J. *Org. Lett.* **2002**, *4*, 2201–2203.
7. Olivera, R.; SanMartin, R.; Tellitu, I.; Dominguez, E. *Tetrahedron* **2002**, *58*, 3021–3037.
8. Mascitti, V. *Stille Coupling*. In *Name Reactions for Homologations-Part I*; Li, J. J., Ed.; Wiley: Hoboken, NJ, **2009**, pp 133–162. (Review).

Stobbe 缩合反应

丁二酸二酯及其衍生物和羰基化合物在碱存在下的缩合反应。

Example 1, Stobbe 缩合和成环[5]

Example 2[6]

Example 3, Stobbe 反应产物的环化[7]

Example 4, 两步程序的Stobbe综合反应[9]

Example 5[11]

References

1. Stobbe, H. *Ber.* **1893**, *26*, 2312. 施托贝（H. Stobbe, 1860-1938）出生于德国的Tiehenhof, 1889年在莱比锡大学（University of Leipziig）获得Ph. D. 学位并于1894年成为该校教授。
2. Zerrer, R.; Simchen, G. *Synthesis* **1992**, 922–924.
3. Yvon, B. L.; Datta, P. K.; Le, T. N.; Charlton, J. L. *Synthesis* **2001**, 1556–1560.
4. Liu, J.; Brooks, N. R. *Org. Lett.* **2002**, *4*, 3521–3524.
5. Giles, R. G. F.; Green, I. R.; van Eeden, N. *Eur. J. Org. Chem.* **2004**, 4416–4423.
6. Mahajan, V. A.; Shinde, P. D.; Borate, H. B.; Wakharkar, R. D. *Tetrahedron Lett.* **2005**, *46*, 1009–1012.
7. Sato, A.; Scott, A.; Asao, T.; Lee, M. *J. Org. Chem.* **2006**, *71*, 4692–4695.
8. Kapferer, T.; Brückner, R. *Eur. J. Org. Chem.* **2006**, 2119–2133.
9. Mizufune, H.; Nakamura, M.; Mitsudera, H. *Tetrahedron* **2006**, *62*, 8539–8549.
10. Lowell, A. N.; Fennie, M. W.; Kozlowski, M. C. *J. Org. Chem.* **2008**, *73*, 1911–1918.
11. Webel, M.; Palmer, A. M.; Scheufler, C.; Haag, D.; Muller, B. *Org. Process Res. Dev.* **2010**, *14*, 142–151.
12. Kodet, J. G.; Wiemer, D. F. *J. Org. Chem.* **2013**, *78*, 9291–9302.

Stork-Danheiser 换位反应

烷氧-烯酮（插烯酯）与有机金属（格氏试剂或有机锂）反应，随后经酸处理得到另一个烯酮产物，该烯酮产物中的酮羰基位于起始底物的烯醇位置上。

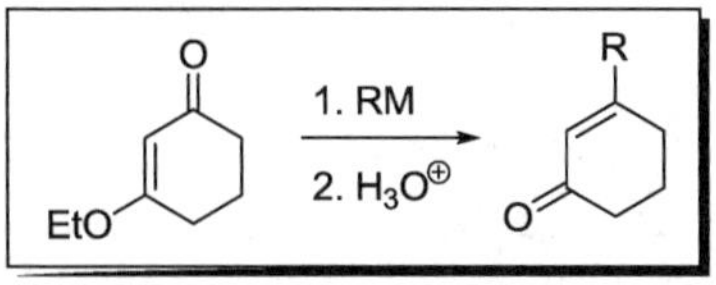

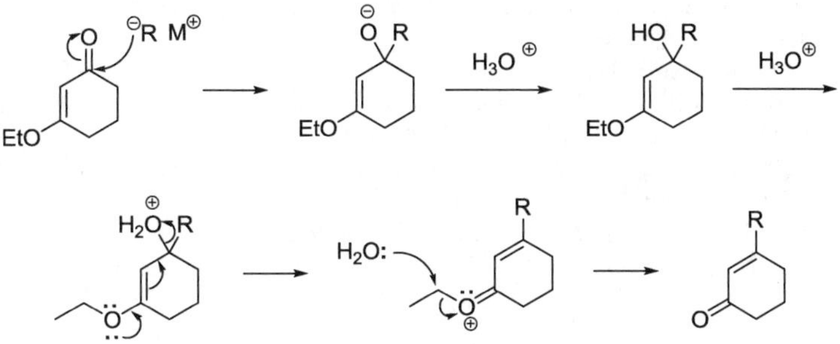

Example 1[2]

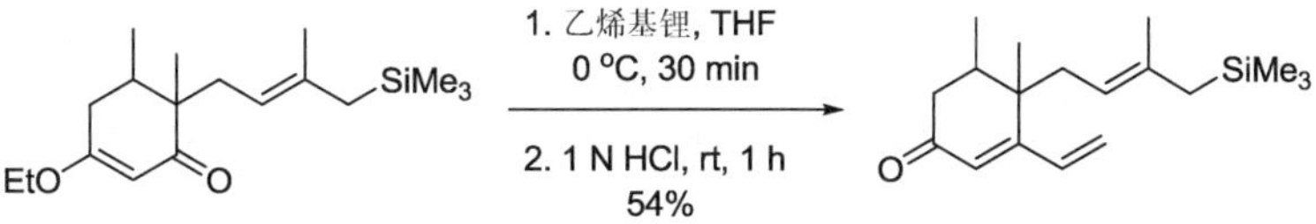

Example 2[6]

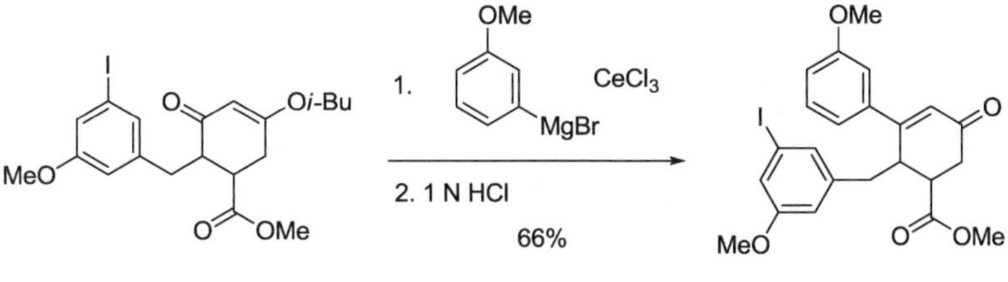

Example 3[7]

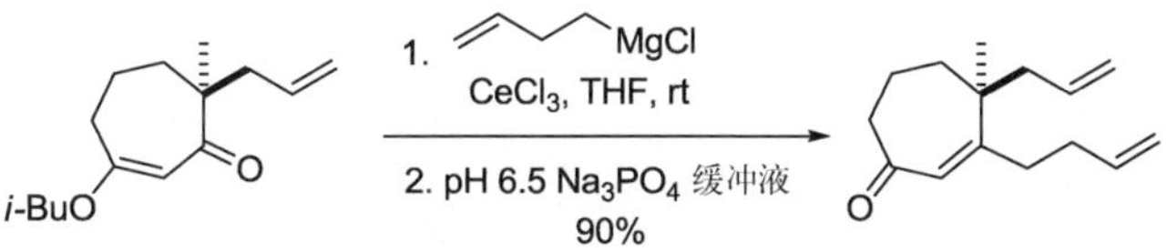

J.J. Li, *Name Reactions: A Collection of Detailed Mechanisms and Synthetic Applications*,
DOI 10.1007/978-3-319-03979-4_267, © Springer International Publishing Switzerland 2014

Example 4[9]

References
1. Stork, G.; Danheiser, R. L. *J. Org. Chem.* **1973**, *38*, 1775.
2. Majetich, G.; Behnke, M.; Hull, K. *J. Org. Chem.* **1985**, *50*, 3615–3618.
3. Kende, A. S.; Fludzinski, P. *Org. Synth.* **1986**, *64*.
4. Liepa, A. J.; Wilkie, J. S.; Winkler, D. A.; Winzenberg, K. N. *Aust. J. Chem.* **1992**, *45*, 759–767.
5. For asymmetric Stork–Danheiser alkylation, see Dudley, G. B.; Takaki, K. S.; Cha, D. D.; Danheiser, R. L. *Org. Lett.* **2000**, *21*, 3407–3410.
6. Grundl, M. A.; Trauner, D. *Org. Lett.* **2006**, *8*, 23–25.
7. Bennett, N. B.; Hong, A. Y.; Harned, A. M.; Stoltz, B. M. *Org. Biomol. Chem.* **2012**, *10*, 56–59.
8. Majetich, G.; Grove, J. L. *Heterocycles* **2012**, *84*, 963–982.
9. Kakde, B. N.; Bhunia, S.; Bisai, A. *Tetrahedron Lett.* **2013**, *54*, 1436–1439.

Strecker 氨基酸合成反应

NaCN 促进的醛(酮)和氨缩合给出 α-氨基腈再水解生成 α-氨基酸。

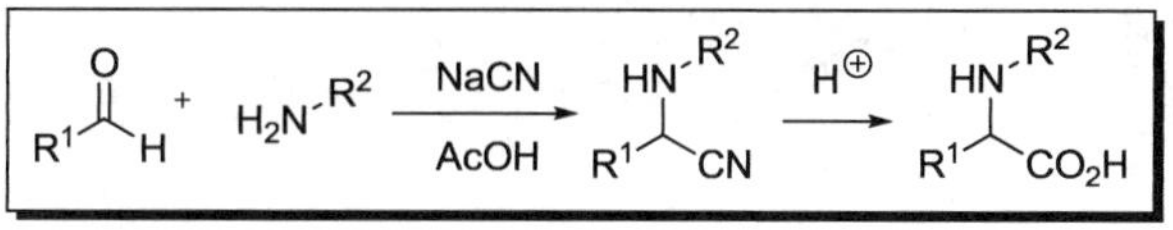

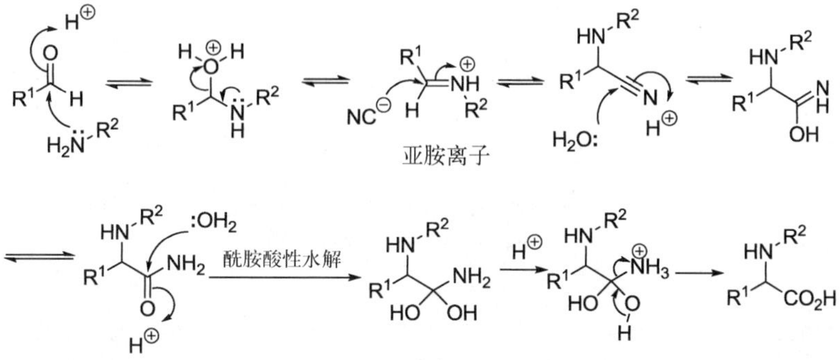

Example 1, 可溶性氰根源[2]

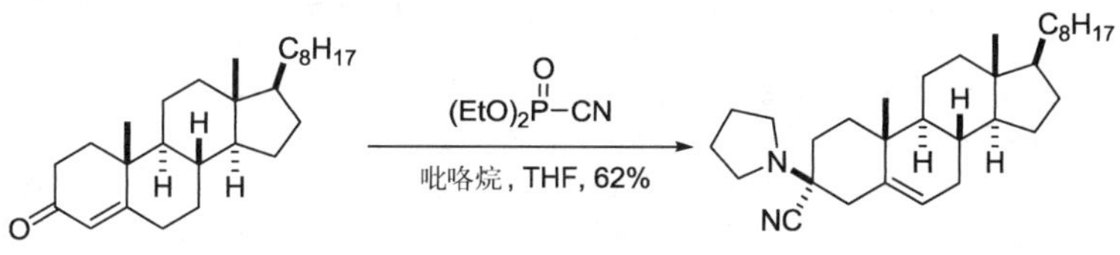

Example 2[3]

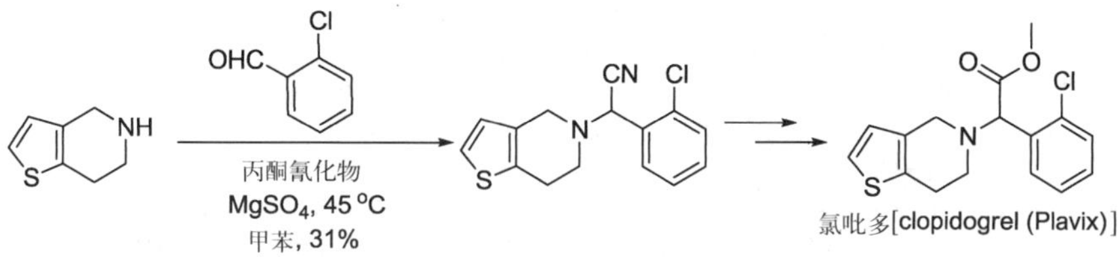

氯吡多[clopidogrel (Plavix)]

Example 3[8]

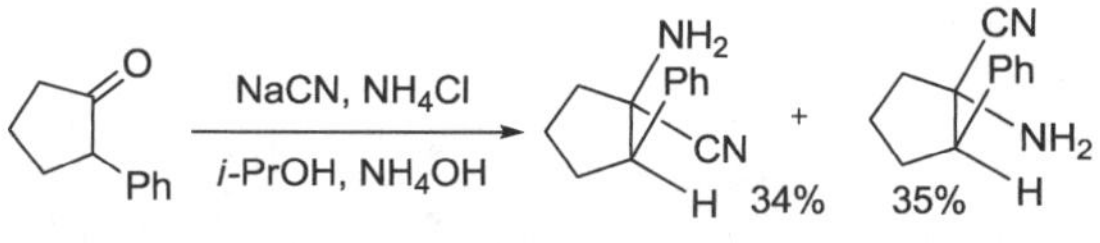

Example 4[9]

Example 5, 不对称硝酮的类Strecker反应[11]

References

1. Strecker, A. *Ann.* **1850**, *75*, 27–45. 斯特莱克（A. Strecker）发明的这个反应已有160多年了，他在论文中说道："硬硬的有着珍珠般底色的大颗粒丙氨酸晶体在齿缝间崩脆作响。"
2. Harusawa, S.; Hamada, Y.; Shioiri, T. *Tetrahedron Lett.* **1979**, *20*, 4663–4666.
3. Burgos, A.; Herbert, J. M.; Simpson, I. *J. Labelled. Compd. Radiopharm.* **2000**, *43*, 891–898.
4. Ishitani, H.; Komiyama, S.; Hasegawa, Y.; Kobayashi, S. *J. Am. Chem. Soc.* **2000**, *122*, 762–766.
5. Yet, L. *Recent Developments in Catalytic Asymmetric Strecker-Type Reactions,* in *Organic Synthesis Highlights V,* Schmalz, H.-G.; Wirth, T. eds.; Wiley–VCH: Weinheim, Germany, **2003**, pp 187–193. (Review).
6. Meyer, U.; Breitling, E.; Bisel, P.; Frahm, A. W. *Tetrahedron: Asymmetry* **2004**, *15*, 2029–2037.
7. Huang, J.; Corey, E. J. *Org. Lett.* **2004**, *6*, 5027–5029.
8. Cativiela, C.; Lasa, M.; Lopez, P. *Tetrahedron: Asymmetry* **2005**, *16*, 2613–2523.
9. Wrobleski, M. L.; Reichard, G. A.; Paliwal, S.; Shah, S.; Tsui, H.-C.; Duffy, R. A.; Lachowicz, J. E.; Morgan, C. A.; Varty, G. B.; Shih, N.-Y. *Bioorg. Med. Chem. Lett.* **2006**, *16*, 3859–3863.
10. Galatsis, P. *Strecker Amino Acid Synthesis*. In *Name Reactions for Functional Group Transformations*; Li, J. J., Ed.; Wiley: Hoboken, NJ, **2007**, pp 477–499. (Review).
11. Belokon, Y. N.; Hunt, J.; North, M. *Tetrahedron: Asymmetry* **2008**, *19*, 2804–2815.
12. Sakai, T.; Soeta, T.; Endo, K.; Fujinami, S.; Ukaji, Y. *Org. Lett.* **2013**, *15*, 2422–2425.

Suzuki-Miyaura 偶联反应

Pd催化下有机硼化物和卤代烃、三氟磺酸酯等在碱存在下（若无碱作为活化剂，转金属化将难以发生）进行的交叉偶联反应。催化循环请参见357页上的Kumada交叉偶联反应。

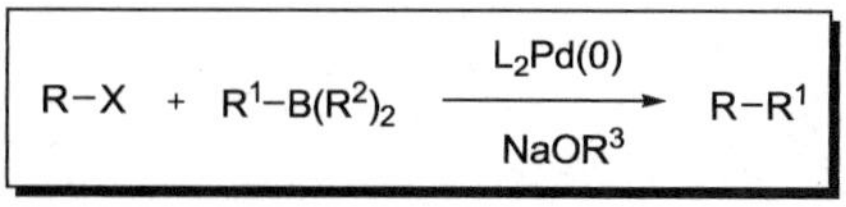

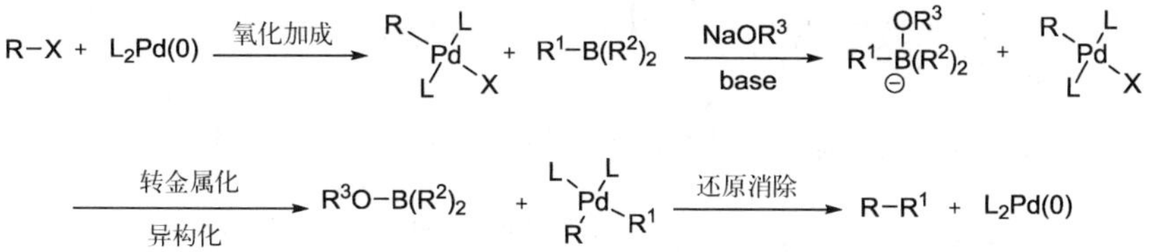

Example 1[2]

Example 2[4]

Example 3, 分子内Suzuki−Miyaura 偶联[8]

J.J. Li, *Name Reactions: A Collection of Detailed Mechanisms and Synthetic Applications*,
DOI 10.1007/978-3-319-03979-4_269,

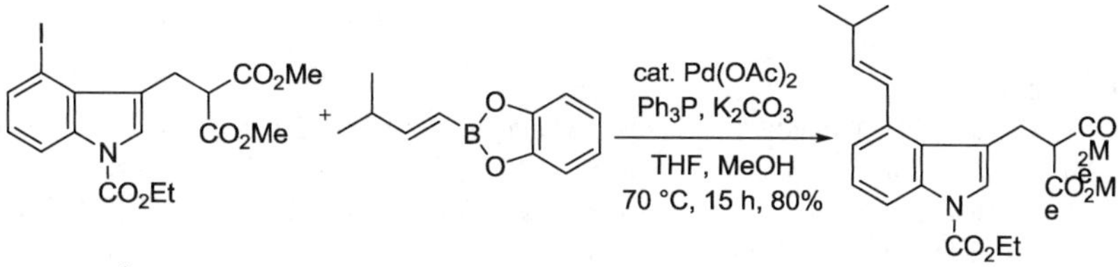

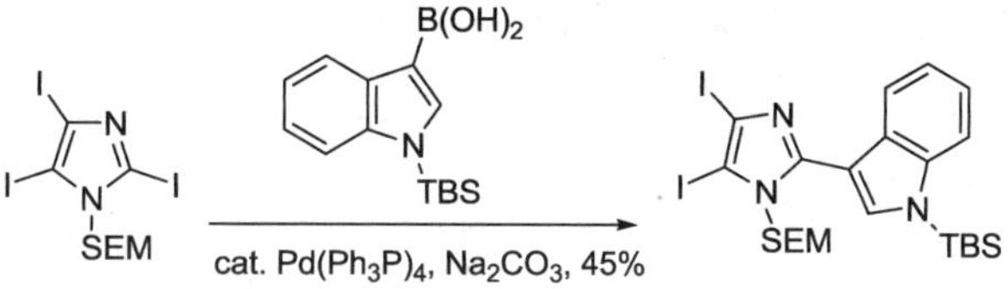

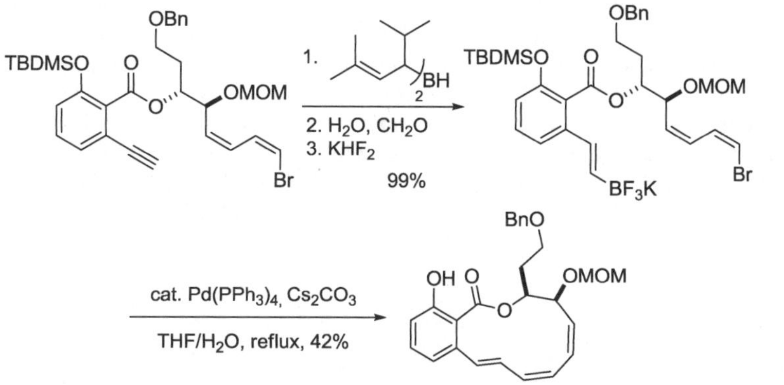

Example 4[9]

Example 5, 在绿色溶剂中Ni催化的Suzuki-Miyaura偶联反应[12]

References

1. (a) Miyaura, N.; Yamada, K.; Suzuki, A. *Tetrahedron Lett.* **1979**, *36*, 3437–3440. (b) Miyaura, N.; Suzuki, A. *Chem. Commun.* **1979**, 866–867. 铃木（A. Suzuki）、赫克（R. F. Heck）和根岸（E. Negishi）三人因有机合成中的钯催化交叉偶联反应而共享2010年度诺贝尔化学奖。
2. Tidwell, J. H.; Peat, A. J.; Buchwald, S. L. *J. Org. Chem.* **1994**, *59*, 7164–7168.
3. Miyaura, N.; Suzuki, A. *Chem. Rev.* **1995**, *95*, 2457–2483. (Review).
4. (a) Kawasaki, I.; Katsuma, H.; Nakayama, Y.; Yamashita, M.; Ohta, S. *Heterocycles* **1998**, *48*, 1887–1901. (b) Kawaski, I.; Yamashita, M.; Ohta, S. *Chem. Pharm. Bull.* **1996**, *44*, 1831–1839.
5. Suzuki, A. In *Metal-catalyzed Cross-coupling Reactions*; Diederich, F.; Stang, P. J., Eds.; Wiley–VCH: Weinhein, Germany, **1998**, 49–97. (Review).
6. Stanforth, S. P. *Tetrahedron* **1998**, *54*, 263–303. (Review).
7. Zapf, A. *Coupling of Aryl and Alkyl Halides with Organoboron Reagents (Suzuki Reaction)*. In *Transition Metals for Organic Synthesis* (2nd edn.); Beller, M.; Bolm, C. eds., **2004**, 1, 211–229. Wiley–VCH: Weinheim, Germany. (Review).
8. Molander, G. A.; Dehmel, F. *J. Am. Chem. Soc.* **2004**, *126*, 10313–10318.
9. Coleman, R. S.; Lu, X.; Modolo, I. *J. Am. Chem. Soc.* **2007**, *129*, 3826–3827.
10. Wolfe, J. P.; Nakhla, J. S. *Suzuki Coupling*. In *Name Reactions for Homologations-Part I*; Li, J. J., Ed.; Wiley: Hoboken, NJ, **2009**, pp 163–184. (Review).
11. Weimar, M.; Fuchter, M. J. *Org. Biomol. Chem.* **2013**, *11*, 31–34.
12. Ramgren, S.; Hie, L.; Ye, Y.; Garg, N. K. *Org. Lett.* **2013**, *15*, 3950–3953.

Swern 氧化反应

醇用（COCl）$_2$、DMSO氧化并用Et_3N淬灭后生成相应的羰基化合物。

Example 1[2]

Example 2[3]

J.J. Li, *Name Reactions: A Collection of Detailed Mechanisms and Synthetic Applications*,
DOI 10.1007/978-3-319-03979-4_270,

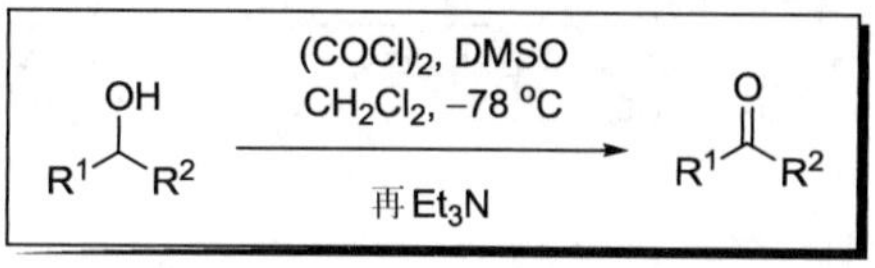

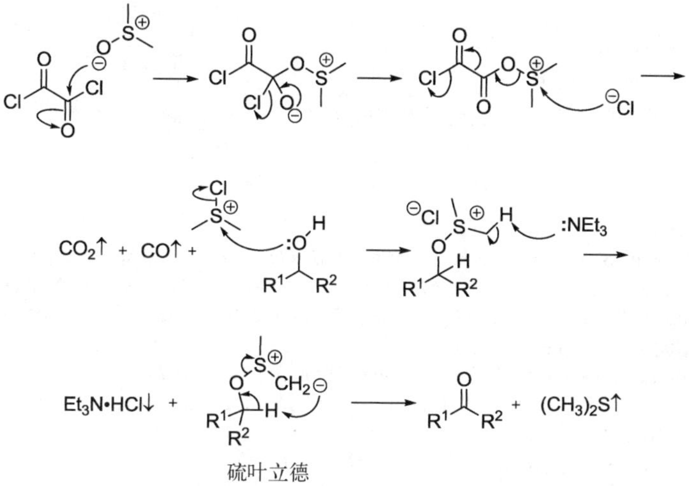

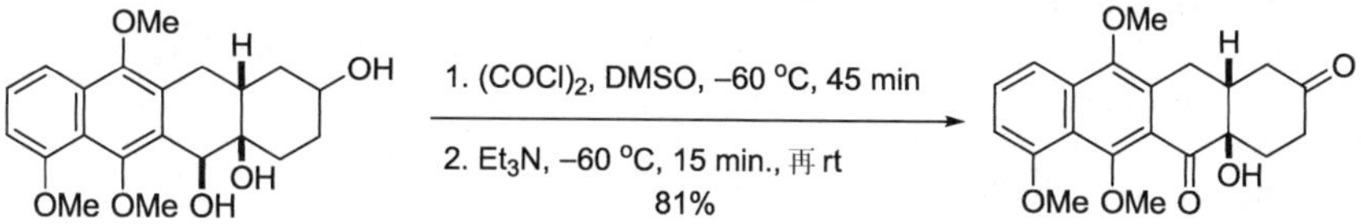

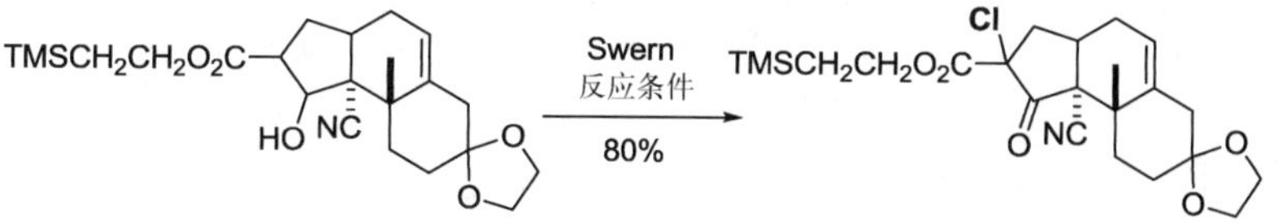

Example 3[5]

Example 4[7]

References
1. (a) Huang, S. L.; Omura, K.; Swern, D. *J. Org. Chem.* **1976**, *41*, 3329–3331. (b) Huang, S. L.; Omura, K.; Swern, D. *Synthesis* **1978**, *4*, 297–299. (c) Mancuso, A. J.; Huang, S. L.; Swern, D. *J. Org. Chem.* **1978**, *43*, 2480–2482. 斯韦恩（D. Swern）是坦帕大学（Temple University）教授。
2. Ghera, E.; Ben-David, Y. *J. Org. Chem.* **1988**, *53*, 2972–2979.
3. Smith, A. B., III; Leenay, T. L.; Liu, H. J.; Nelson, L. A. K.; Ball, R. G. *Tetrahedron Lett.* **1988**, *29*, 49–52.
4. Tidwell, T. T. *Org. React.* **1990**, *39*, 297–572. (Review).
5. Chadka, N. K.; Batcho, A. D.; Tang P. C.; Courtney, L. F.; Cook C. M.; Wovliulich, P. M.; Usković, M. R. *J. Org. Chem.* **1991**, *56*, 4714–4718.
6. Harris, J. M.; Liu, Y.; Chai, S.; Andrews, M. D.; Vederas, J. C. *J. Org. Chem.* **1998**, *63*, 2407–2409. (Odorless protocols).
7. Stork, G.; Niu, D.; Fujimoto, R. A.; Koft, E. R.; Bakovec, J. M.; Tata, J. R.; Dake, G. R. *J. Am. Chem. Soc.* **2001**, *123,* 3239–3242.
8. Nishide, K.; Ohsugi, S.-i.; Fudesaka, M.; Kodama, S.; Node, M. *Tetrahedron Lett.* **2002**, *43*, 5177–5179. (Another odorless protocols).
9. Ahmad, N. M. Swern Oxidation. In *Name Reactions for Functional Group Transformations*; Li, J. J., Ed.; Wiley: Hoboken, NJ, **2007**, pp 291–308. (Review).
10. Lopez-Alvarado, P; Steinhoff, J; Miranda, S; Avendano, C; Menendez, J. C. *Tetrahedron* **2009**, *65*, 1660–1672.
11. Zanatta, N.; Aquino, E. da C.; da Silva, F. M.; Bonacorso, H. G.; Martins, M. A. P. *Synthesis* **2012**, *44*, 3477–3482.

Takai 反应

用CHI_3和$CrCl_2$立体选择性地将醛转化为*E*-烯基碘代物。

近时提出的自由基机理[10]

Example 1[2]

Example 2[3]

J.J. Li, *Name Reactions: A Collection of Detailed Mechanisms and Synthetic Applications*,
DOI 10.1007/978-3-319-03979-4_271, © Springer International Publishing Switzerland 2014

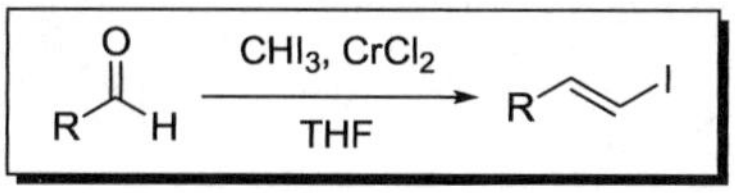

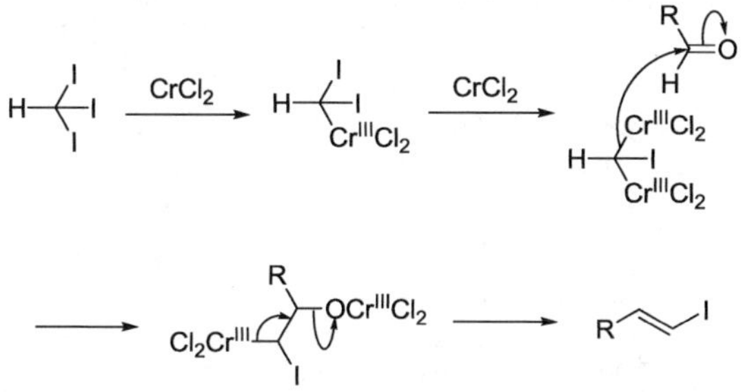

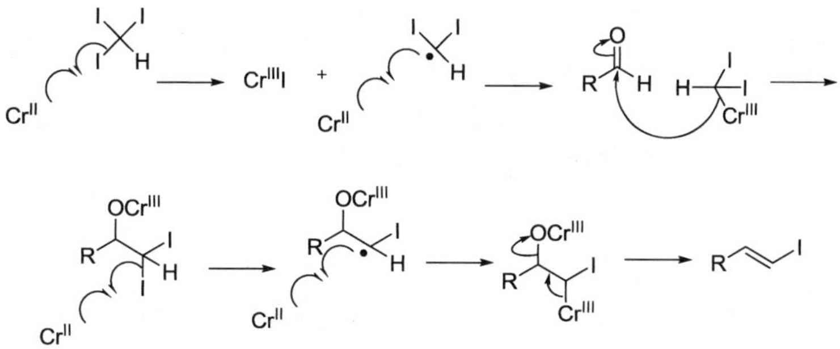

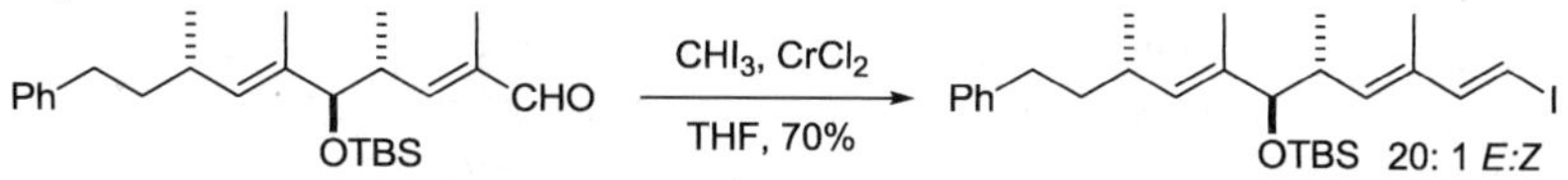

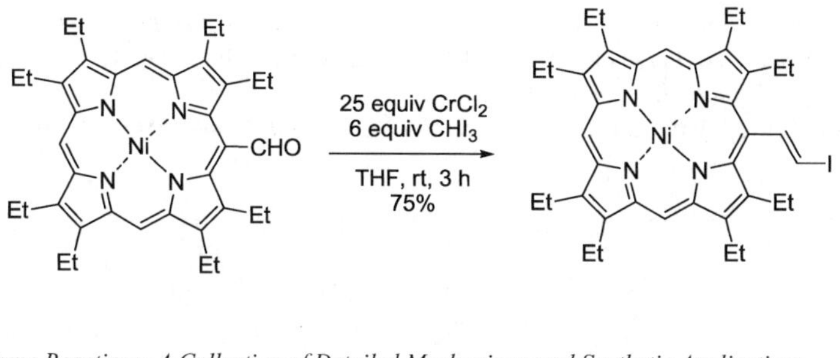

Example 3[4]

[Reaction scheme: OHC-CH(OTES)-CH2-CH=CH-CH2-CO2Me + CHI3, CrCl2, 0 °C, THF, 50% → I-CH=CH-CH(OTES)-CH2-CH=CH-CH2-CO2Me]

Example 4, 一个 Br/Cl 变异反应[9]

[Reaction scheme: OHC-(CH2)n-OTHP + 6 equiv CrCl2, 2 equiv CHBr3, THF, 0 °C, 2.5 h, 67% → Br-CH=CH-(CH2)n-OTHP + Cl-CH=CH-(CH2)n-OTHP, 1 : 1]

Example 5[10]

[Reaction scheme: cyclopentane with MOMO, CO2Me, CHO substituents + 5.8 equiv 无水 CrCl2, 2 equiv CHI3, 1,4-二氧六环–THF (6:1), 20 °C, 72 h, 88% → cyclopentane with MOMO, CO2Me, CH=CH-I]

Example 6[10]

[Reaction scheme: CH3CH2CH2CH2-CHO + CrCl2, CHI3, THF/二氧六环 (1:1), 0 °C, 78% → CH3CH2CH2CH2-CH=CH-I]

References

1. Takai, K.; Nitta, Utimoto, K. *J. Am. Chem. Soc.* **1986**, *108*, 7408–7410. 高井（K. Takai）曾是京都大学（Kyoto University）教授。
2. Andrus, M. B.; Lepore, S. D.; Turner, T. M. *J. Am. Chem. Soc.* **1997**, *119*, 12159–12169.
3. Arnold, D. P.; Hartnell, R. D. *Tetrahedron* **2001**, *57*, 1335–1345.
4. Rodriguez, A. R.; Spur, B. W. *Tetrahedron Lett.* **2004**, *45*, 8717–8724.
5. Dineen, T. A.; Roush, W. R. *Org. Lett.* **2004**, *6*, 2043–2046.
6. Lipomi, D. J.; Langille, N. F.; Panek, J. S. *Org. Lett.* **2004**, *6*, 3533–3536.
7. Paterson, I.; Mackay, A. C. *Synlett* **2004**, 1359–1362.
8. Concellón, J. M.; Bernad, P. L.; Méjica, C. *Tetrahedron Lett.* **2005**, *46*, 569–571.
9. Gung, B. W.; Gibeau, C.; Jones, A. *Tetrahedron: Asymmetry* **2005**, *16*, 3107–3114.
10. Legrand, F.; Archambaud, S.; Collet, S.; Aphecetche-Julienne, K.; Guingant, A.; Evain, M. *Synlett* **2008**, 389–393.
11. Saikia, B.; Joymati Devi, T.; Barua, N. C. *Org. Biomol. Chem.* **2013**, *11*, 905–913.

Tebbe 试剂

Tebbe 试剂，即 μ-氯双环戊二烯基二甲基铝-μ-亚甲基钛，可将羰基化合物转化为 *exo*-烯烃。

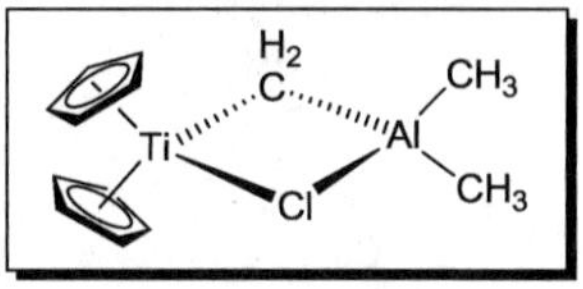

制备:[2,6]

$$Cp_2TiCl_2 + 2\ Al(CH_3)_3 \longrightarrow CH_4\uparrow + Al(CH_3)_2Cl + Cp_2Ti\underset{Cl}{\overset{}{\diagup\!\!\diagdown}}Al(CH_3)_2$$

机理:[3]

$$Cp_2Ti\underset{Cl}{\overset{}{\diagup\!\!\diagdown}}Al(CH_3)_2 \underset{}{\overset{解离}{\rightleftharpoons}} Cl-Al(CH_3)_2 + Cp_2Ti=CH_2 + O=\underset{R}{\overset{R^1}{C}}$$

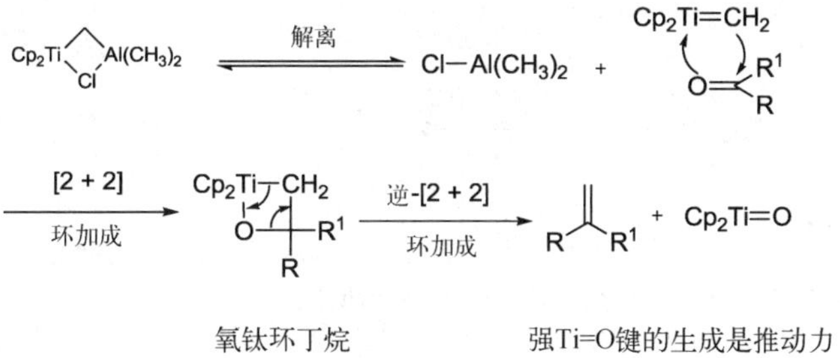

$$\xrightarrow[\text{环加成}]{[2+2]} \underset{R}{\overset{Cp_2Ti-CH_2}{\underset{O-R^1}{|\quad\ \ |}}} \xrightarrow[\text{环加成}]{逆\text{-}[2+2]} R\overset{R^1}{=}\!\!\!\diagup + Cp_2Ti=O$$

氧钛环丁烷　　　　　强 Ti=O 键的生成是推动力

Example 1, 酮 [2]

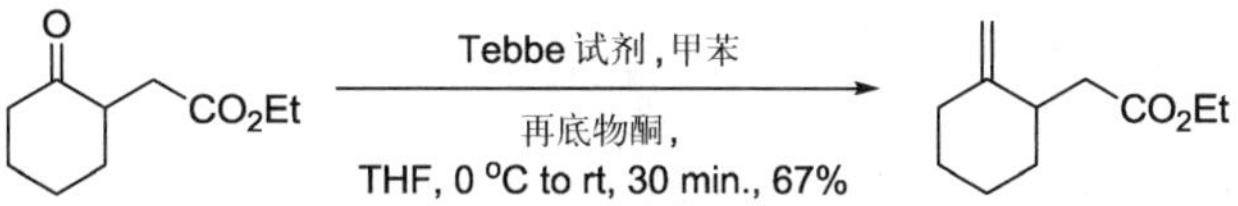

反应条件: Tebbe 试剂, 甲苯, 再底物酮, THF, 0 °C to rt, 30 min., 67%

Example 2, 二重 Tebbe 反应 [4]

反应条件: 2.5 eq Cp$_2$Ti-Al(Cl)(Me)$_2$, THF, CH$_2$Cl$_2$, –40 to 25 °C, 69%

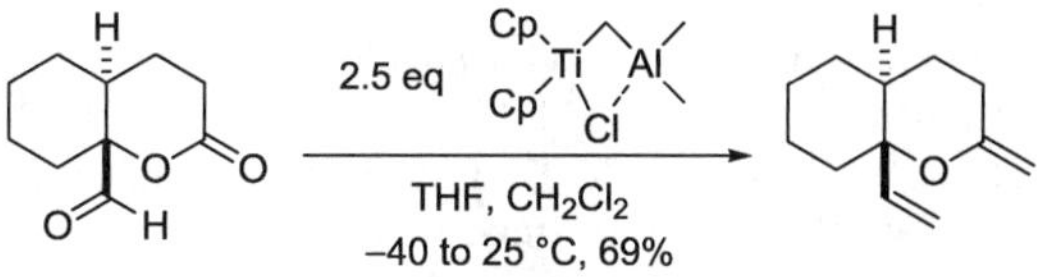

Example 3, 二重 Tebbe 反应[5]

[Reaction scheme: dialdehyde with TBSO, OBn, OTBS protecting groups → divinyl product, using 甲苯中, 3 equiv Tebbe 试剂, pyr., Tol./THF, −78 to −15 °C, 2 h, 86%]

Example 4, N-氧化物[6]

[Reaction scheme: isoquinoline N-oxide + Cp₂Ti(Cl)AlMe₂ (Tebbe reagent) → 1-methylisoquinoline, THF, 0 °C to rt, 90%]

Example 5, 酰胺[11]

[Reaction scheme: pyridooxazinone with CF₃ and CH₂CF₃ groups → ring-opened/modified product with CH₂OH, 1. Tebbe 试剂; 2. BH₃, THF, H₂O₂, NaOH, 75%–95%]

References

1. Tebbe, F. N.; Parshall, G. W.; Reddy, G. S. *J. Am. Chem. Soc.* **1978**, *100*, 3611–3613. 特勃 (F. Tebbe) 在 Dupont Central Research 工作。
2. Pine, S. H.; Pettit, R. J.; Geib, G. D.; Cruz, S. G.; Gallego, C. H.; Tijerina, T.; Pine, R. D. *J. Org. Chem.* **1985**, *50*, 1212–1216.
3. Cannizzo, L. F.; Grubbs, R. H. *J. Org. Chem.* **1985**, *50*, 2386–2387.
4. Philippo, C. M. G.; Vo, N. H.; Paquette, L. A. *J. Am. Chem. Soc.* **1991**, *113*, 2762–2764.
5. Ikemoto, N.; Schreiber, L. S. *J. Am. Chem. Soc.* **1992**, *114*, 2524–2536.
6. Pine, S. H. *Org. React.* **1993**, *43*, 1–98. (Review).
7. Nicolaou, K. C.; Koumbis, A. E.; Snyder, S. A.; Simonsen, K. B. *Angew. Chem. Int. Ed.* **2000**, *39*, 2529–2533.
8. Straus, D. A. *Encyclopedia of Reagents for Organic Synthesis;* Wiley & Sons, **2000**. (Review).
9. Payack, J. F.; Hughes, D. L.; Cai, D.; Cottrell, I. F.; Verhoeven, T. R. *Org. Syn., Coll. Vol. 10*, **2004**, p 355.
10. Beadham, I.; Micklefield, J. *Curr. Org. Synth.* **2005**, *2*, 231–250. (Review).
11. Long, Y. O.; Higuchi, R. I.; Caferro, T.s R.; Lau, T. L. S.; Wu, M.; Cummings, M. L.; Martinborough, E. A.; Marschke, K. B.; Chang, W. Y.; Lopez, F. J.; Karanewsky, D. S.; Zhi, L. *Bioorg. Med. Chem. Lett.* **2008**, *18*, 2967–2971.
12. Zhang, J. *Tebbe reagent*. In *Name Reactions for Homolotions-Part I*; Li, J. J., Corey, E. J., Eds., Wiley: Hoboken, NJ, **2009**, pp 319–333. (Review).
13. Yamashita, S.; Suda, N.; Hayashi, Y.; Hirama, M. *Tetrahedron Lett.* **2013**, *54*, 1389–1391.

TEMPO 氧化反应

TEMPO，即 2,2,6,6-四甲基哌啶 N-氧化物，是一个稳定的硝酰自由基，可作为催化剂用于氧化反应。

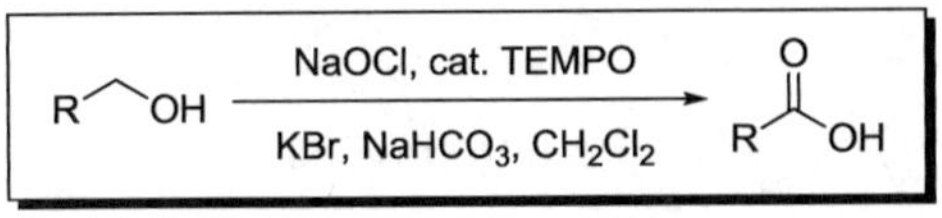

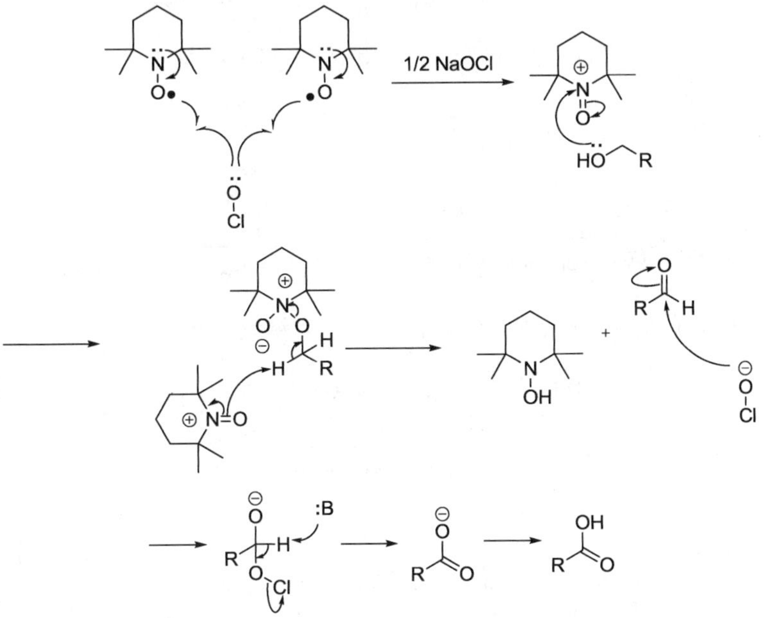

$$R-CH_2OH \xrightarrow[\text{KBr, NaHCO}_3\text{, CH}_2\text{Cl}_2]{\text{NaOCl, cat. TEMPO}} R-COOH$$

Example 1[4]

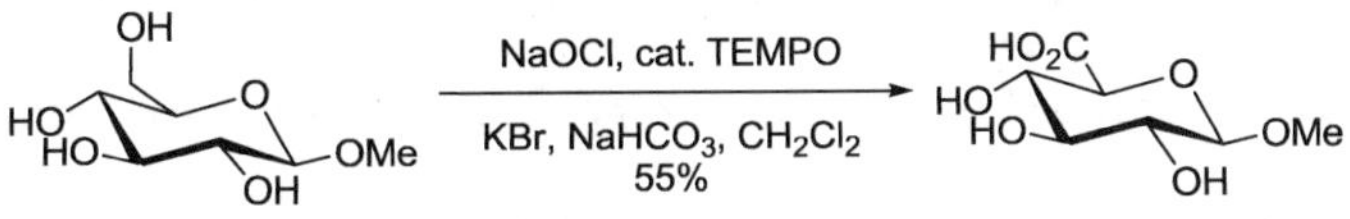

Example 2, 三氯三聚氰酸/TEMPO 氧化[5]

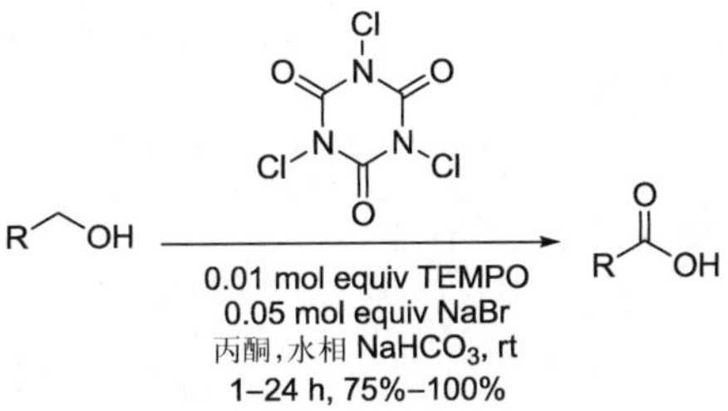

$$R-CH_2OH \xrightarrow[\substack{\text{0.01 mol equiv TEMPO} \\ \text{0.05 mol equiv NaBr} \\ \text{丙酮，水相 NaHCO}_3\text{, rt} \\ \text{1–24 h, 75\%–100\%}}]{} R-COOH$$

J.J. Li, *Name Reactions: A Collection of Detailed Mechanisms and Synthetic Applications*,
DOI 10.1007/978-3-319-03979-4_273, © Springer International Publishing Switzerland 2014

Example 3[8]

Example 4[10]

"Ormosil-TEMPO"是一种有纳米结构的涂抹在TEMPO上的疏水性硅溶胶。

Example 5[12]

Example 6, TEMPO-介入的肟分子上脂肪C—H键氧化反应[13]

References

1. Garapon, J.; Sillion, B.; Bonnier, J. M. *Tetrahedron Lett.* **1970**, *11*, 4905–4908.
2. de Nooy, A. E.; Besemer, A. C.; van Bekkum, H. *Synthesis* **1996**, 1153–1174. (Review).
3. Rychnovsky, S. D.; Vaidyanathan, R. *J. Org. Chem.* **1999**, *64*, 310–312.
4. Fabbrini, M.; Galli, C.; Gentili, P.; Macchitella, D. *Tetrahedron Lett.* **2001**, *42*, 7551–7553.
5. De Luca, L.; Giacomelli, G.; Masala, S.; Porcheddu, A. *J. Org. Chem.* **2003**, *45*, 4999–5001.
6. Ciriminna, R.; Pagliaro, M. *Tetrahedron Lett.* **2004**, *45*, 6381–6383.
7. Tashino, Y.; Togo, H. *Synlett* **2004**, 2010–2012.
8. Breton, T.; Liaigre, D.; Belgsir, E. M. *Tetrahedron Lett.* **2005**, *46*, 2487–2490.
9. Chauvin, A.-L.; Nepogodiev, S. A.; Field, R. A. *J. Org. Chem.* **2005**, *47*, 960–966.
10. Gancitano, P.; Ciriminna, R.; Testa, M. L.; Fidalgo, A.; Ilharco, L. M.; Pagliaro, M. *Org. Biomol. Chem.* **2005**, *3*, 2389–2392.
11. Zhang, M.; Chen, C.; Ma, W.; Zhao, J. *Angew. Chem. Int. Ed.* **2008**, *47*, 9730–9733.
12. Perusquía-Hernández, C.; Lara-Issasi, G. R.; Frontana-Uribe, B. A.; Cuevas-Yañez, E. *Tetrahedron Lett.* **2013**, *54*, 3302–3305.
13. Zhu, X.; Wang, Y.-F.; Ren, W.; Zhang, F.-L.; Chiba, S. *Org. Lett.* **2013**, *15*, 3214–3217.

Thorpe-Ziegler 反应

分子内的Thorpe反应模式,碱催化下将二腈缩合成亚胺后异构为烯胺。

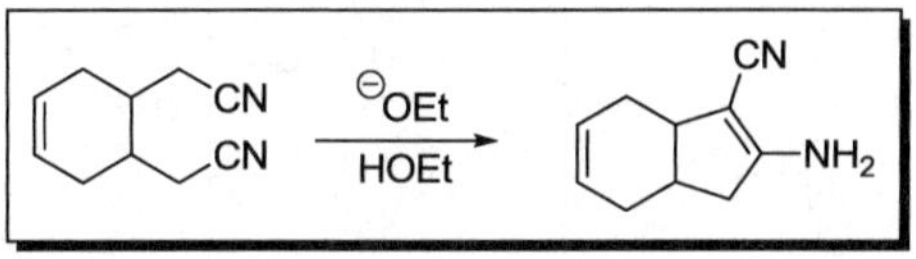

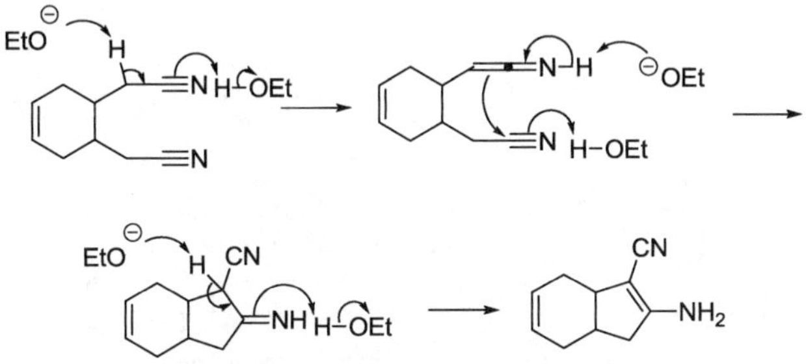

Example 1,一个自由基促进的Thorpe-Ziegler反应[2]

Example 2[5]

Example 3[8]

J.J. Li, *Name Reactions: A Collection of Detailed Mechanisms and Synthetic Applications*,
DOI 10.1007/978-3-319-03979-4_274,

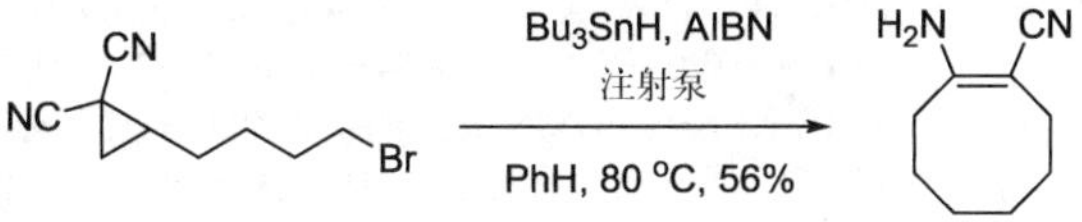

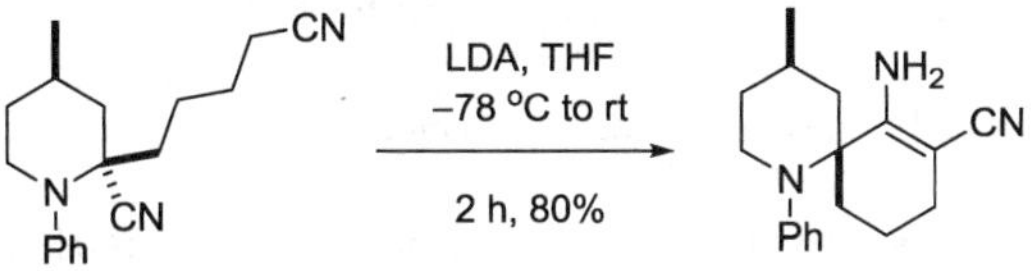

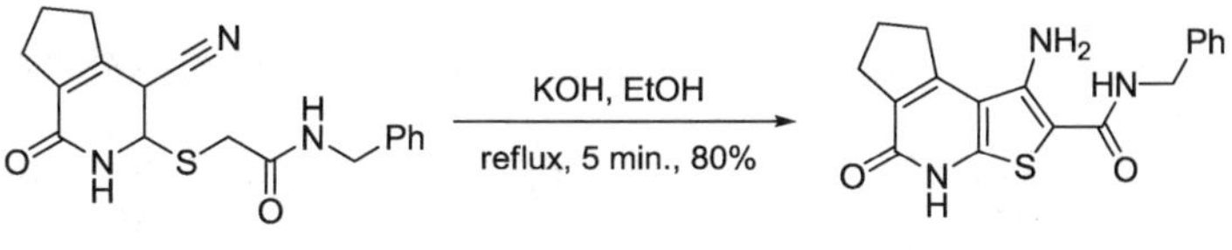

Example 4[9]

Example 5[11]

References

1. (a) Baron, H.; Remfry, F. G. P.; Thorpe, Y. F. *J. Chem. Soc.* **1904**, *85*, 1726–1761. (b) Ziegler, K. *et al. Ann.* **1933**, *504,* 94–130. 齐格勒（K. Ziegler, 1898-1973）出生于德国的Helsa, 1920年在University of Marburg的奥威尔斯（K. von Auwers）指导下获得Ph. D. 学位。1943年任马普研究所（Max-Planck-Institut fur Kohlenforsschung at Mulheim/Ruhr）所长。他和纳塔（G. Natta, 1903-1979）于1963年因聚合物化学的工作共享诺贝尔化学奖。Ziegler-Natta催化剂被广泛用于聚合反应。
2. Curran, D. P.; Liu, W. *Synlett* **1999**, 117–119.
3. Dansou, B.; Pichon, C.; Dhal, R.; Brown, E.; Mille, S. *Eur. J. Org. Chem.* **2000**, 1527–1531.
4. Keller, L.; Dumas, F.; Pizzonero, M.; d'Angelo, J.; Morgant, G.; Nguyen-Huy, D. *Tetrahedron Lett.* **2002**, *43,* 3225–3228.
5. Malassene, R.; Toupet, L.; Hurvois, J.-P.; Moinet, C. *Synlett* **2002**, 895–898.
6. Satoh, T.; Wakasugi, D. *Tetrahedron Lett.* **2003**, *44,* 7517–7520.
7. Wakasugi, D.; Satoh, T. *Tetrahedron* **2005**, *61,* 1245–1256.
8. Dotsenko, V. V.; Krivokolysko, S. G.; Litvinov, V. P. *Monatsh. Chem.* **2008**, *139,* 271–275.
9. Salaheldin, A. M.; Oliveira-Campos, A. M. F.; Rodrigues, L. M. *ARKIVOC* **2008**, 180–190.
10. Miszke, A.; Foks, H.; Brozewicz, K.; Kedzia, A.; Kwapisz, E.; Zwolska, Z. *Heterocycles* **2008**, *75,* 2723–2734.
11. Hutt, O. E.; Doan, T. L.; Georg, G. I. *Org. Lett.* **2013**, *15,* 1602–1605.

Tsuji-Trost 反应

Tsuji-Trost反应是Pd催化下碳亲核物种在烯丙基位上的取代反应。这些反应经过 π-烯丙基钯中间体过程。

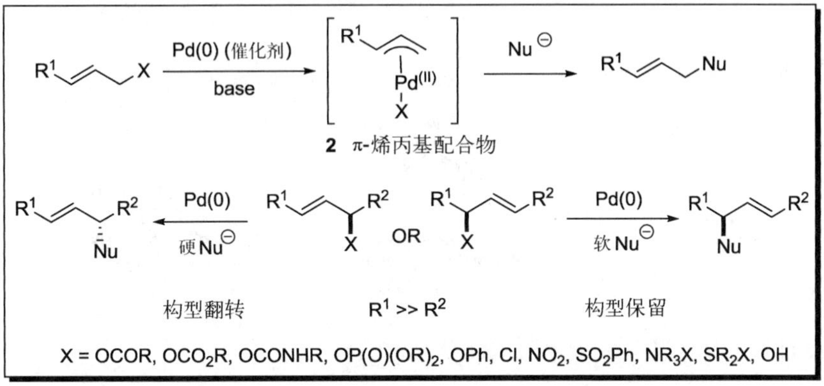

$$R^1\diagdown X \xrightarrow[\text{base}]{\text{Pd(0) (催化剂)}} \left[\begin{array}{c} R^1 \\ \diagup \\ Pd^{(II)} \\ | \\ X \end{array} \right] \xrightarrow{Nu^\ominus} R^1\diagdown Nu$$

2 π-烯丙基配合物

构型翻转 (硬 $Nu^\ominus$, Pd(0)) ← $R^1\diagdown X \diagdown R^2$ OR $R^1\diagdown X \diagdown R^2$ → 构型保留 (软 $Nu^\ominus$, Pd(0))

$R^1 \gg R^2$

$X = OCOR, OCO_2R, OCONHR, OP(O)(OR)_2, OPh, Cl, NO_2, SO_2Ph, NR_3X, SR_2X, OH$

催化循环:

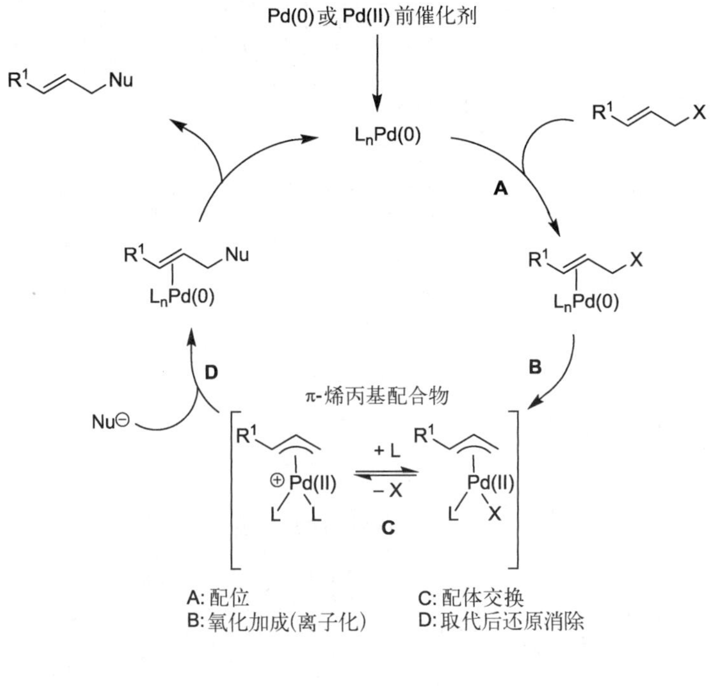

Pd(0) 或 Pd(II) 前催化剂 → $L_nPd(0)$

A: 配位
B: 氧化加成(离子化)
C: 配体交换
D: 取代后还原消除

π-烯丙基配合物

Example 1, 烯丙基醚[3]

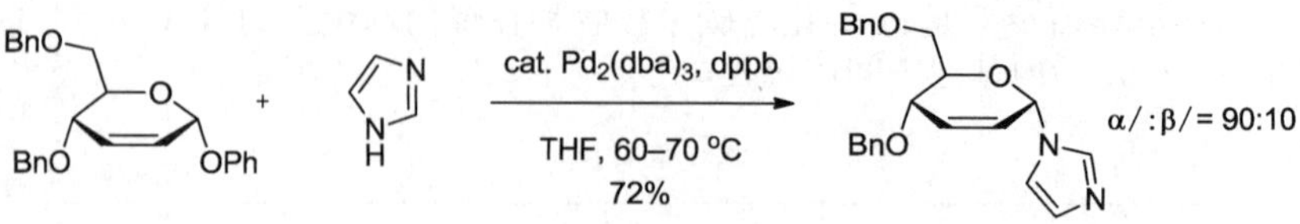

Example 2, 乙酸烯丙酯[3]

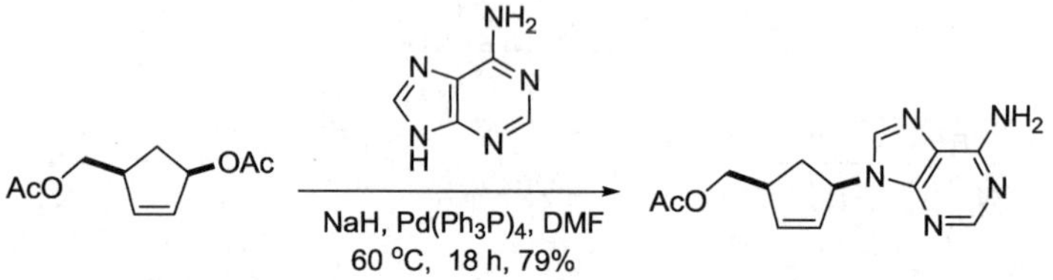

Example 3, 烯丙基环氧化物[5]

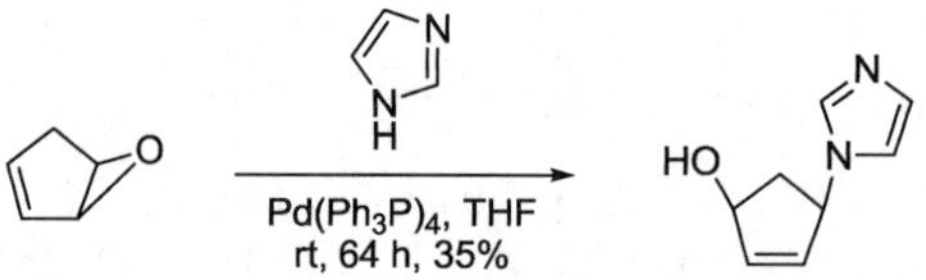

Example 4, 分子内Tsuji-Trost反应[6]

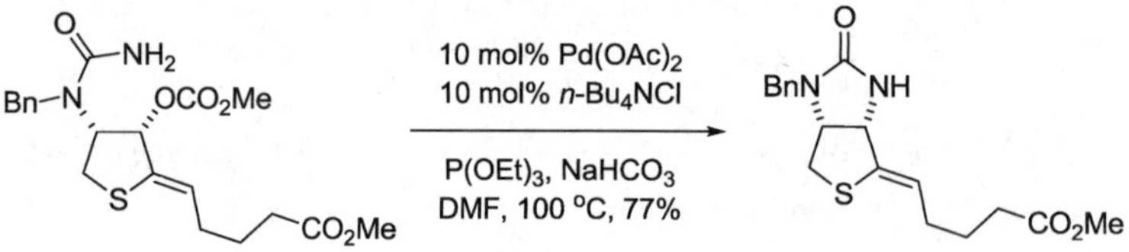

Example 5, 分子内Tsuji-Trost反应[7]

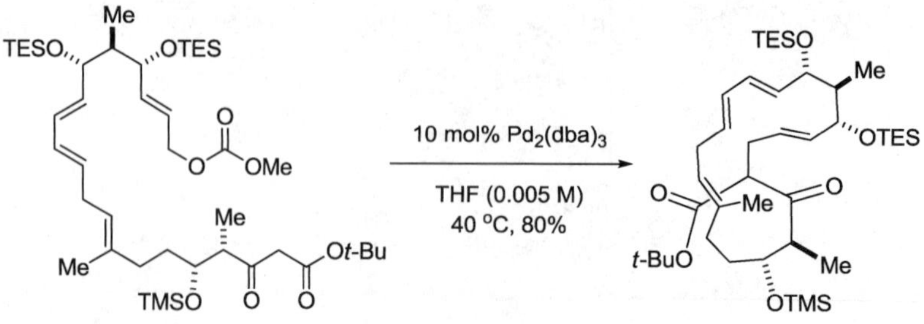

Example 6, 不对称 Tsuji–Trost 反应[8]

Example 7, Tsuji–Trost 脱羧–脱氢程序[12]

References

1. (a) Tsuji, J.; Takahashi, H.; Morikawa, M. *Tetrahedron Lett.* **1965**, *6*, 4387–4388. (b) Tsuji, J. *Acc. Chem. Res.* **1969**, *2*, 144–152. (Review). 津路（J. Tsuji）在日本的Toyo Rayon Company工作。
2. Godleski, S. A. In *Comprehensive Organic Synthesis;* Trost, B. M.; Fleming, I., eds.; Vol. 4. Chapter 3.3. Pergamon: Oxford, 1991. (Review).
3. Bolitt, V.; Chaguir, B.; Sinou, D. *Tetrahedron Lett.* **1992**, *33*, 2481–2484.
4. Moreno-Mañas, M.; Pleixats, R. In *Advances in Heterocyclic Chemistry;* Katritzky, A. R., ed.; Academic Press: San Diego, **1996**, *66*, 73. (Review).
5. Arnau, N.; Cortes, J.; Moreno-Mañas, M.; Pleixats, R.; Villarroya, M. *J. Heterocycl. Chem.* **1997**, *34*, 233–239.
6. Seki, M.; Mori, Y.; Hatsuda, M.; Yamada, S. *J. Org. Chem.* **2002**, *67*, 5527–5536.
7. Vanderwal, C. D.; Vosburg, D. A.; Weiler, S.; Sorenson, E. J. *J. Am. Chem. Soc.* **2003**, *125*, 5393–5407.
8. Trost, B. M.; Toste, F. D. *J. Am. Chem. Soc.* **2003**, *125*, 3090–3100.
9. Behenna, D. C.; Stoltz, B. M. *J. Am. Chem. Soc.* **2004**, *126*, 15044–15045.
10. Fuchter, M. J. *Tsuji–Trost Reaction*. In *Name Reactions for Homologations-Part I*; Li, J. J., Ed.; Wiley: Hoboken, NJ, **2009**, pp 185–211. (Review).
11. Shi, L.; Meyer, K.; Greaney, M. F. *Angew. Chem. Int. Ed.* **2010**, *49*, 9250–9253.
12. Brehm, E.; Breinbauer, R. *Org. Biomol. Chem.* **2013**, *11*, 4750–4756.

Ugi 反应

羧酸、C-异氰酸酯、苯胺和羰基化合物的四组分缩合（4CR）给出二酰胺的反应。参见第458页上的Passerini反应。

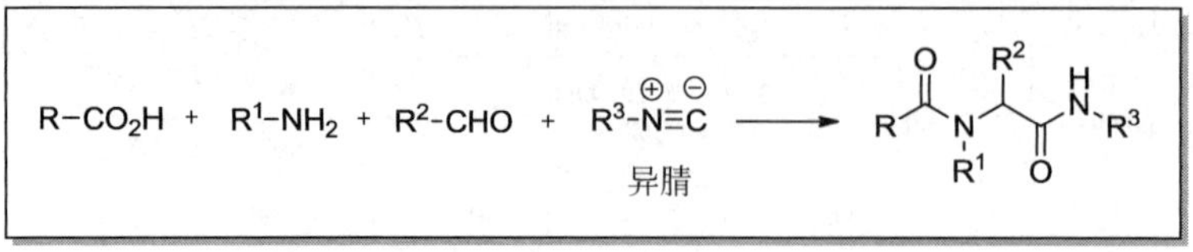

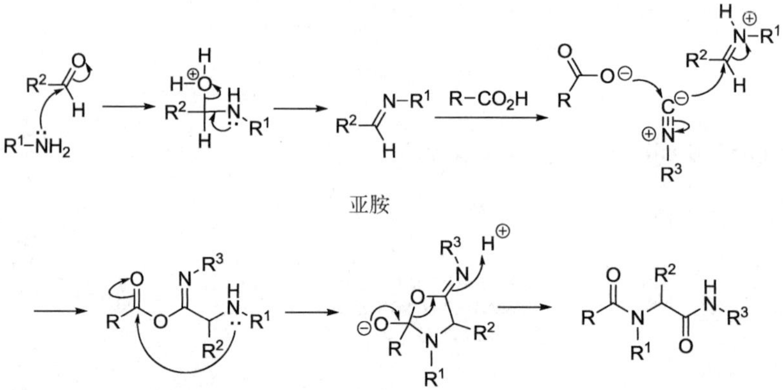

Example 1[2]

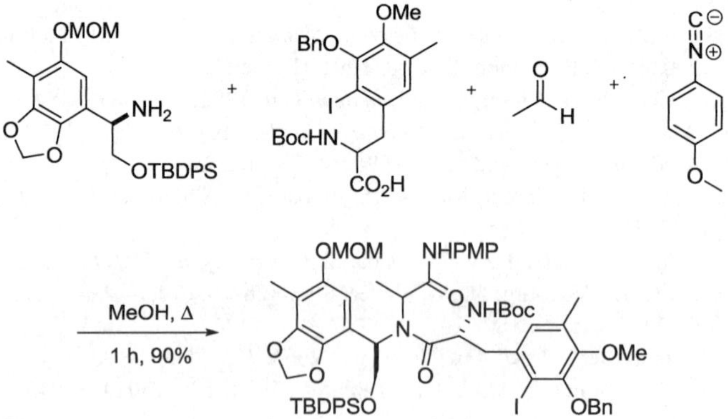

Example 2[5]

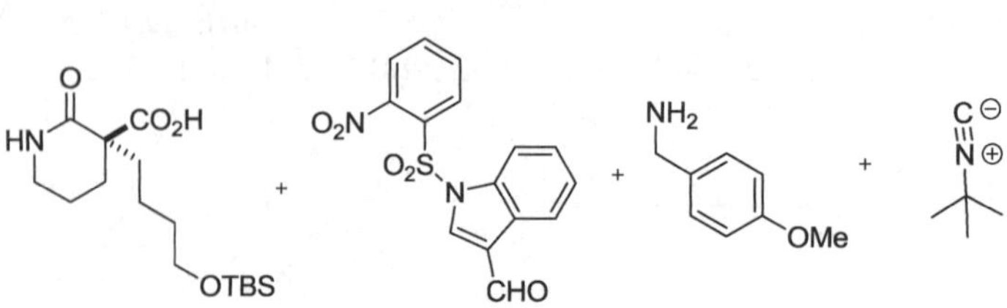

J.J. Li, *Name Reactions: A Collection of Detailed Mechanisms and Synthetic Applications*,
DOI 10.1007/978-3-319-03979-4_276, © Springer International Publishing Switzerland 2014

Example 3[7]

Example 4[8]

Example 5[11]

References

1. (a) Ugi, I. *Angew. Chem. Int. Ed.* **1962**, *1*, 8–21.; (b) Ugi, I.; Offermann, K.; Herlinger, H.; Marquarding, D. *Liebigs Ann. Chem.* **1967**, *709*, 1–10.; (c) Ugi, I.; Kaufhold, G. *Ann.* **1967**, *709*, 11–28; (d) Ugi, I.; Lohberger, S.; Karl, R. In *Comprehensive Organic Synthesis*; Trost, B. M.; Fleming, I., Eds.; Pergamon: Oxford, **1991**, *Vol. 2*, 1083. (Review); (e) Dömling, A.; Ugi, I. *Angew. Chem. Int. Ed.* **2000**, *39*, 3168. (Review); (f) Ugi, I. *Pure Appl. Chem.* **2001**, *73*, 187–191. (Review). 厄奇（I. K. Ugi, 1930−2005）在Rolf Huisgen教授指导下取得Ph. D.，1962年起在Bayer AG工作并逐级晋升为总监。1969年他离开Bayer到南加州大学（USC）开始独立的科学生涯，1973年又移居到Technische Universit at Munchen直至1999年退休。厄奇是多组分反应（MCRs）的开创者。
2. Endo, A.; Yanagisawa, A.; Abe, M.; Tohma, S.; Kan, T.; Fukuyama, T. *J. Am. Chem. Soc.* **2002**, *124*, 6552–6554.
3. Hebach, C.; Kazmaier, U. *Chem. Commun.* **2003**, 596–597.
4. *Multicomponent Reactions* J. Zhu, H. Bienaymé, Eds.; Wiley-VCH, Weinheim, **2005**.
5. Oguri, H.; Schreiber, S. L. *Org. Lett.* **2005**, *7*, 47–50.
6. Dömling, A. *Chem. Rev.* **2006**, *106*, 17–89.
7. Gilley, C. B.; Buller, M. J.; Kobayashi, Y. *Org. Lett.* **2007**, *9*, 3631–3634.
8. Rivera, D. G.; Pando, O.; Bosch, R.; Wessjohann, L. A. *J. Org. Chem.* **2008**, *73*, 6229–6238.
9. Bonger, K. M.; Wennekes, T.; Filippov, D. V.; Lodder, G.; van der Marel, G. A.; Overkleeft, H. S. *Eur. J. Org. Chem.* **2008**, 3678–3688.
10. Williams, D. R.; Walsh, M. J. *Ugi Reaction*. In *Name Reactions for Homologations-Part II*; Li, J. J., Ed.; Wiley: Hoboken, NJ, **2009**, pp 786–805. (Review).
11. Tyagi, V.; Shahnawaz Khan, S.; Chauhan, P. M. S. *Tetrahedron Lett.* **2013**, *54*, 1279–1284.

Ullmann 偶联反应

芳基卤在Cu、Ni或Pd存在下偶联为联芳基化合物。

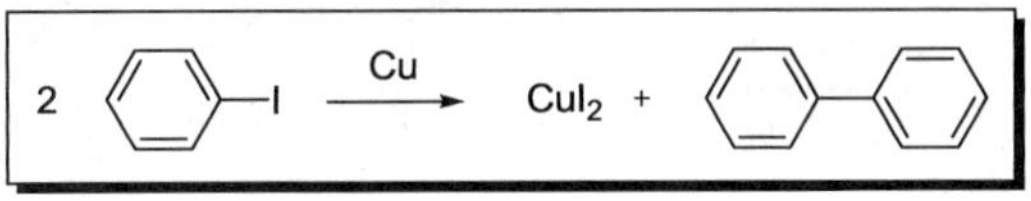

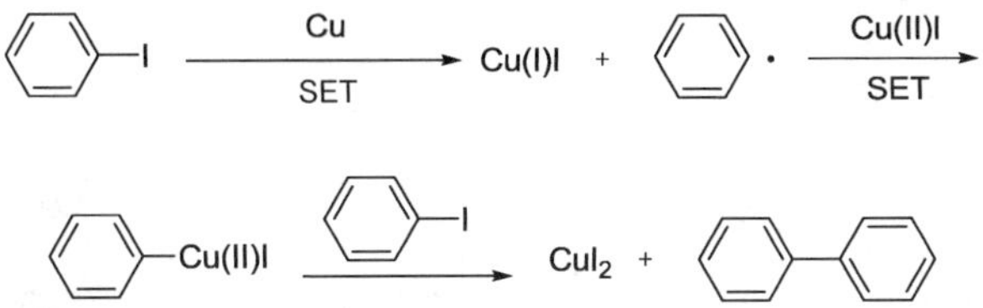

从PhI到PhCuI是一步氧化加成过程。

Example 1[3]

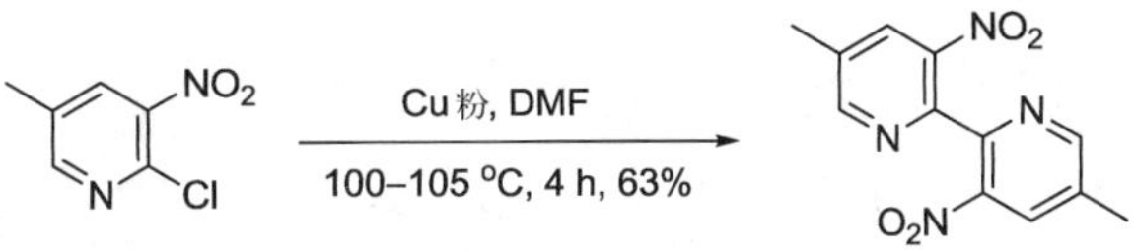

Example 2, CuTC催化的Ullmann偶联。[4]

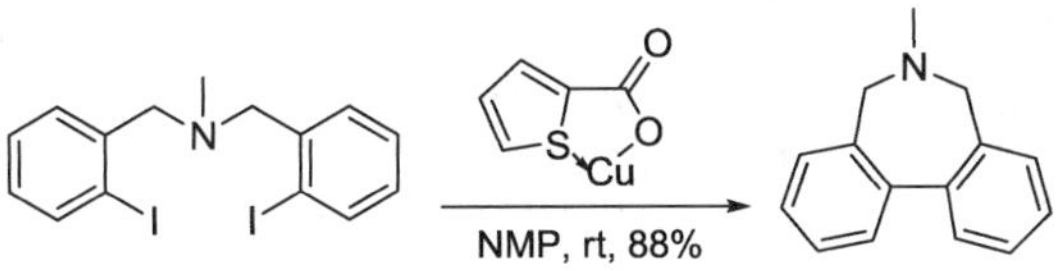

Example 3[5]

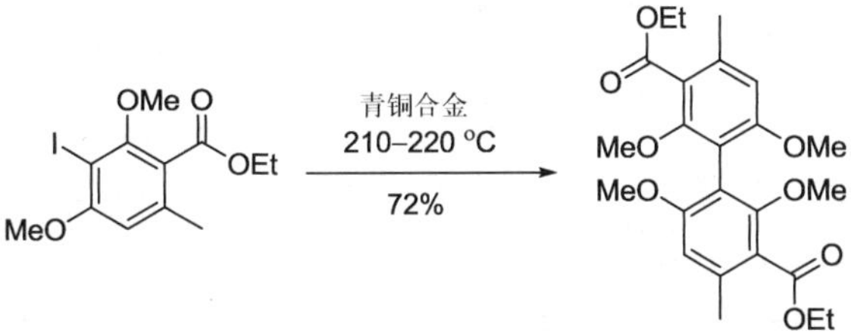

J.J. Li, *Name Reactions: A Collection of Detailed Mechanisms and Synthetic Applications*,
DOI 10.1007/978-3-319-03979-4_277, © Springer International Publishing Switzerland 2014

Example 4[8]

Example 5[9]

Example 6[11]

References

1. (a) Ullmann, F.; Bielecki, J. *Ber.* **1901,** *34,* 2174–2185. 厄尔曼（F. Ullmann, 1875–1939）出生于巴伐利亚的Helsa, 在日内瓦跟格雷贝（K. J. P. Graebe）学习。他在柏林理工学院（Technische Hochschule in Berlin）和日内瓦大学任教。(b) Ullmann, F. *Ann.* **1904,** *332,* 38–81.
2. Fanta, P. E. *Synthesis* **1974,** 9–21. (Review).
3. Kaczmarek, L.; Nowak, B.; Zukowski, J.; Borowicz, P.; Sepiol, J.; Grabowska, A. *J. Mol. Struct.* **1991,** *248,* 189–200.
4. Zhang, S.; Zhang, D.; Liebskind, L. S. *J. Org. Chem.* **1997,** *62,* 2312–2313.
5. Hauser, F. M.; Gauuan, P. J. F. *Org. Lett.* **1999,** *1,* 671–672.
6. Buck, E.; Song, Z. J.; Tschaen, D.; Dormer, P. G.; Volante, R. P.; Reider, P. J. *Org. Lett.* **2002,** *4,* 1623–1626.
7. Nelson, T. D.; Crouch, R. D. *Org. React.* **2004,** *63,* 265–556. (Review).
8. Qui, L.; Kwong, F. Y.; Wu, J.; Wai, H. L.; Chan, S.; Yu, W.-Y.; Li, Y.-M.; Guo, R.; Zhou, Z.; Chan, A. S. C. *J. Am. Chem. Soc.* **2006,** *128,* 5955–5965.
9. Markey, M. D.; Fu, Y.; Kelly, T. R. *Org. Lett.* **2007,** *9,* 3255–3257.
10. Ahmad, N. M. *Ullman Coupling*. In *Name Reactions for Homologations-Part I*; Li, J. J., Ed.; Wiley: Hoboken, NJ, 2009; pp 255–267. (Review).
11. Chang, E. C.; Chen, C.-Y.; Wang, L.-Y.; Huang, Y.-Y.; Yeh, M.-Y.; Wong, F. F. *Tetrahedron* **2013,** *69,* 570–576.

van Leusen 噁唑合成反应

对甲苯磺酰基甲基异氰（TosMIC，亦称van Leusen试剂）与醛在质子性溶剂和回流温度下反应得到5-取代噁唑。

Example 1[3]

Example 2[5]

Example 3[9]

J.J. Li, *Name Reactions: A Collection of Detailed Mechanisms and Synthetic Applications*,
DOI 10.1007/978-3-319-03979-4_278, © Springer International Publishing Switzerland 2014

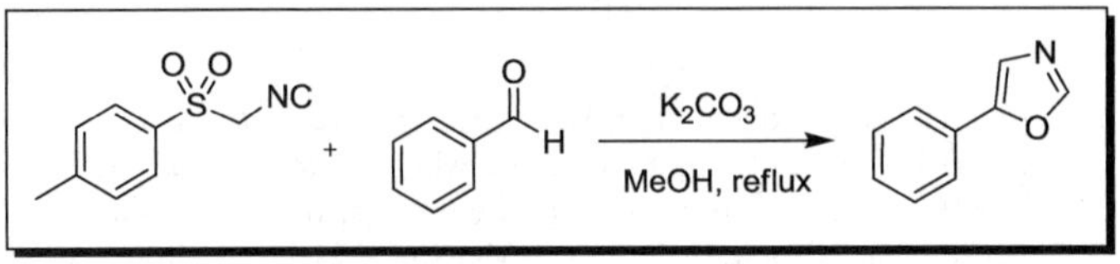

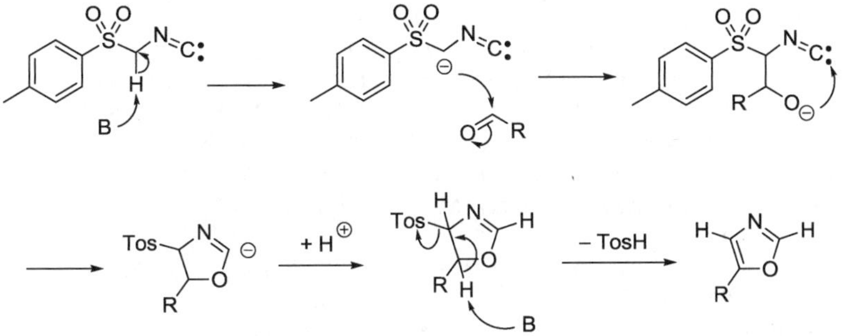

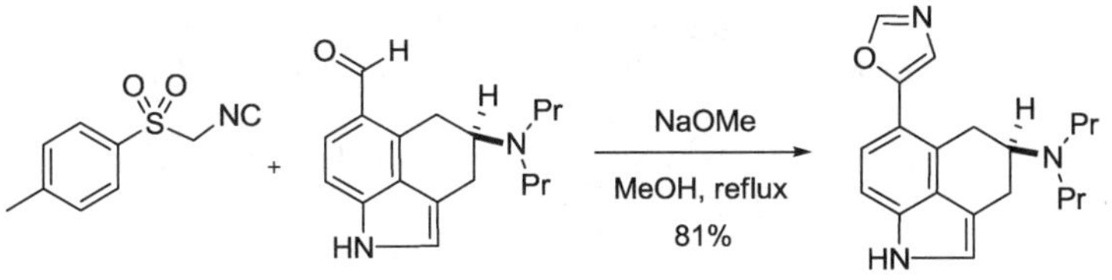

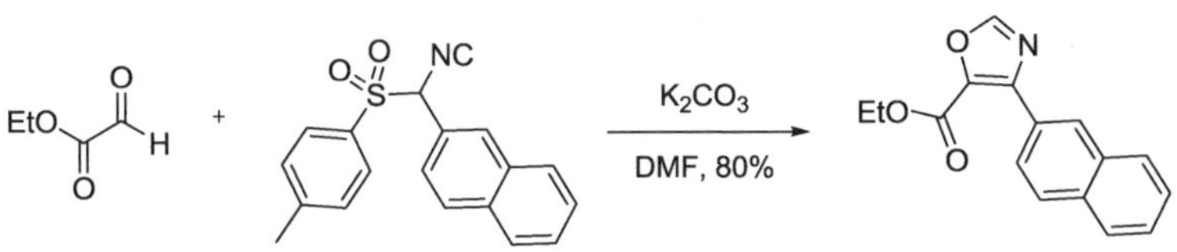

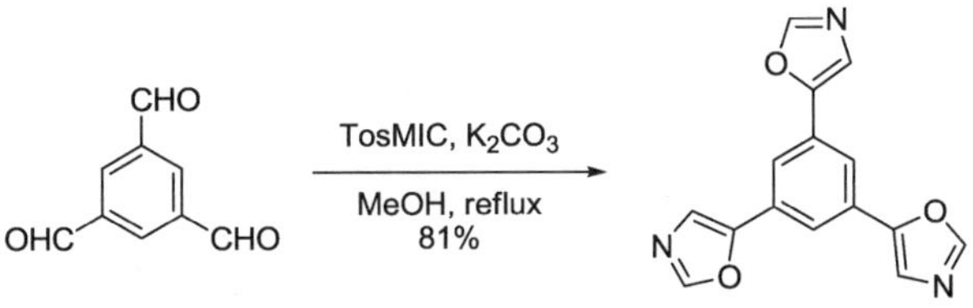

Example 4[10]

$$\text{benzodioxole-CHO} \xrightarrow[\text{MeOH, reflux}\\ \text{4 h, 91\%}]{\text{TosMIC, K}_2\text{CO}_3} \text{benzodioxole-oxazole}$$

References
1. (a) van Leusen, A. M.; Hoogenboom, B. E.; Siderius, H. *Tetrahedron Lett.* **1972,** *13,* 2369–2381. (b) Possel, O.; van Leusen, A. M. *Heterocycles* **1977**, *7*, 77–80. (c) Saikachi, H.; Kitagawa, T.; Sasaki, H.; van Leusen, A. M. *Chem. Pharm. Bull.* **1979**, *27*, 793–796. (d) van Nispen, S. P. J. M.; Mensink, C.; van Leusen, A. M. *Tetrahedron Lett.* **1980,** *21,* 3723–3726. 范罗森（A. M. Van Leusen）是荷兰的 The University Zernikelaan Groningen 教授。
2. van Leusen, A. M.; van Leusen, D. In *Encyclopedia of Reagents of Organic Synthesis*; Paquette, L. A., Ed.; Wiley: New York, **1995**; *Vol. 7*, 4973–4979. (Review).
3. Anderson, B. A.; Becke, L. M.; Booher, R. N.; Flaugh, M. E.; Harn, N. K.; Kress, T. J.; Varie, D. L.; Wepsiec, J. P. *J. Org. Chem.* **1997**, *62*, 8634–8639.
4. Kulkarni, B. A.; Ganesan, A. *Tetrahedron Lett.* **1999**, *40*, 5633–5636.
5. Sisko, J.; Kassick, A. J.; Mellinger, M.; Filan, J. J.; Allen, A.; Olsen, M. A. *J. Org. Chem.* **2000,** *65,* 1516–1524.
6. Barrett, A. G. M.; Cramp, S. M.; Hennessy, A. J.; Procopiou, P. A.; Roberts, R. S. *Org. Lett.* **2001,** *3,* 271–273.
7. Herr, R. J.; Fairfax, D. J., Meckler, H.; Wilson, J. D. *Org. Process Res. Dev.* **2002**, *6*, 677–681.
8. Brooks, D. A. *van Leusen Oxazole Synthesis*. In *Name Reactions in Heterocyclic Chemistry*; Li, J. J., Ed.; Wiley: Hoboken, NJ, **2005,** pp 254–259. (Review).
9. Kotha, S.; Shah, V. R. *Synthesis* **2007,** 3653–3658.
10. Besselièvre, F.; Mahuteau-Betzer, F.; Grierson, D. S.; Piguel, S. *J. Org. Chem.* **2008**, *73*, 3278–3280.
11. Wu, B.; Wen, J.; Zhang, J.; Li, J.; Xiang, Y.-Z.; Yu, X.-Q. *Synlett* **2009,** 500–504.

Vilsmeier-Haack 反应

Vilsmeier试剂，即氯代亚胺盐，是一个弱亲电物种，最好与富电子的碳环和杂环化合物反应。

Example 1[2]

Example 2[3]

J.J. Li, *Name Reactions: A Collection of Detailed Mechanisms and Synthetic Applications*,
DOI 10.1007/978-3-319-03979-4_279,

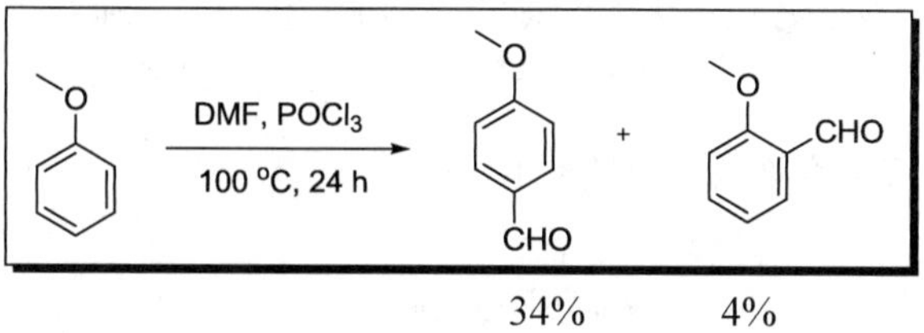

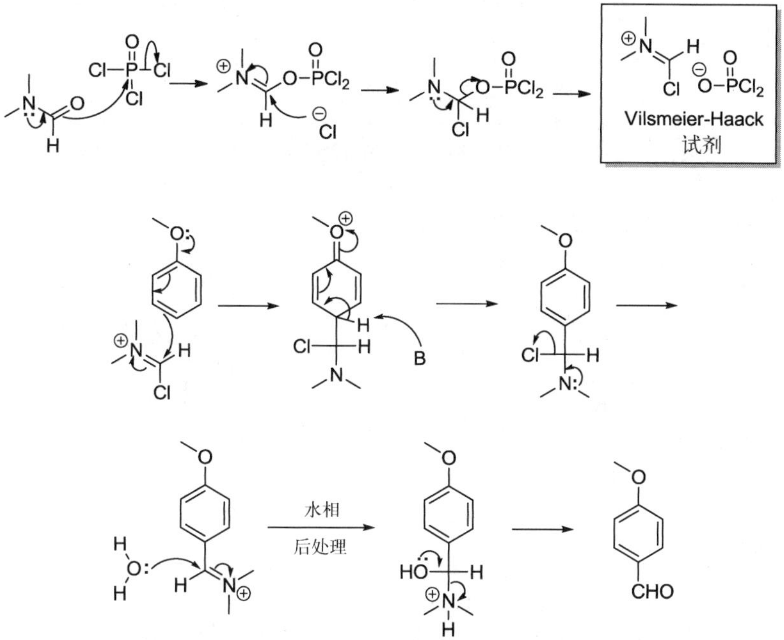

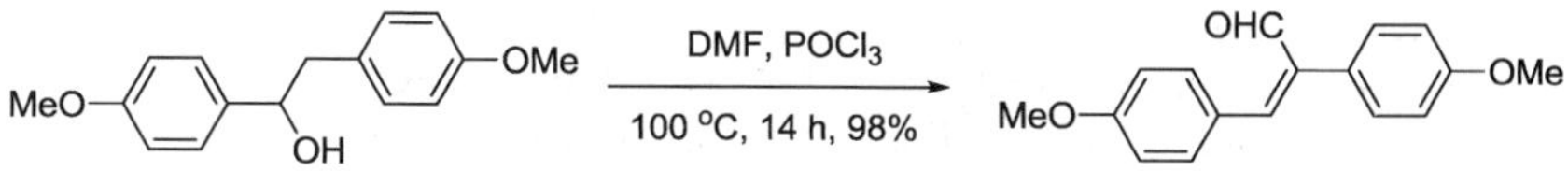

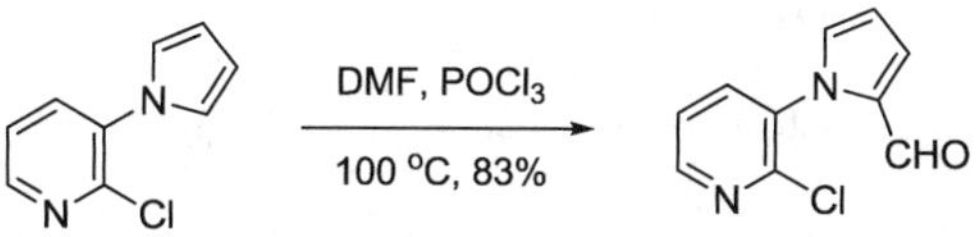

Example 3[9]

Example 4, 反应温度不同，结果也不一样。[10]

Example 5, 一个有意思的机理[11]

References

1. Vilsmeier, A.; Haack, A. *Ber.* **1927**, *60*, 119–122. 维尔斯迈耶（A. Vilsmeier）和哈克（A. Haack）都是德国人，于1927年发现此反应。
2. Reddy, M. P.; Rao, G. S. K. *J. Chem. Soc., Perkin Trans. 1* **1981**, 2662–2665.
3. Lancelot, J.-C.; Ladureé, D.; Robba, M. *Chem. Pharm. Bull.* **1985**, *33*, 3122–3128.
4. Marson, C. M.; Giles, P. R. *Synthesis Using Vilsmeier Reagents* CRC Press, **1994**. (Book).
5. Seybold, G. *J. Prakt. Chem.* **1996**, *338*, 392–396 (Review).
6. Jones, G.; Stanforth, S. P. *Org. React.* **1997**, *49*, 1–330. (Review).
7. Jones, G.; Stanforth, S. P. *Org. React.* **2000**, *56*, 355–659. (Review).
8. Tasneem, *Synlett* **2003**, 138–139. (Review of the Vilsmeier–Haack reagent).
9. Nandhakumar, R.; Suresh, T.; Jude, A. L. C.; Kannan, V. R.; Mohan, P. S. *Eur. J. Med. Chem.* **2007**, *42*, 1128–1136.
10. Tang, X.-Y.; Shi, M. *J. Org. Chem.* **2008**, *73*, 8317–8320.
11. Shamsuzzaman, Hena Khanam, H.; Mashrai, A.; Siddiqui, N. *Tetrahedron Lett.* **2013**, *54*, 874–877.

Vinylcyclopropane-cyclopentene（烯基环丙烷－环戊烯）重排反应

烯基环丙烷经双自由基历程转化为环戊烯的重排反应。

Example 1[1]

Example 2[2]

Example 3[9]

J.J. Li, *Name Reactions: A Collection of Detailed Mechanisms and Synthetic Applications*,
DOI 10.1007/978-3-319-03979-4_280, © Springer International Publishing Switzerland 2014

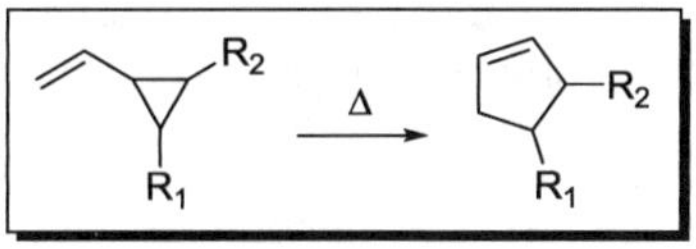

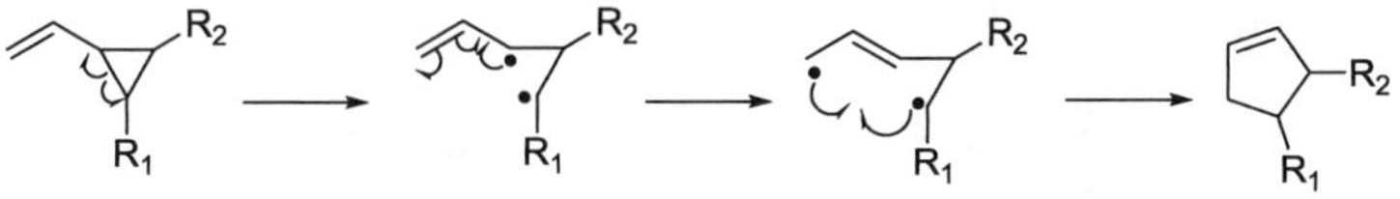

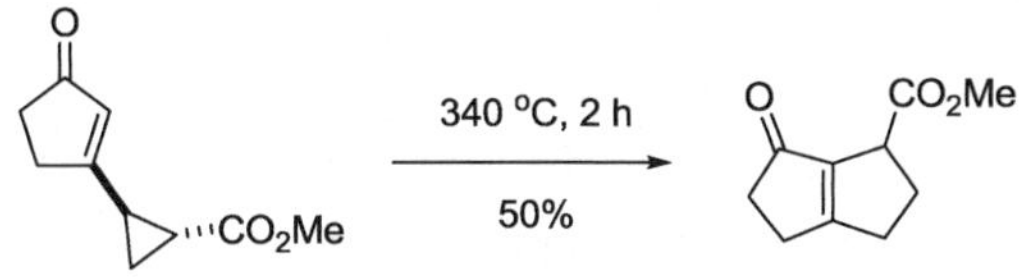

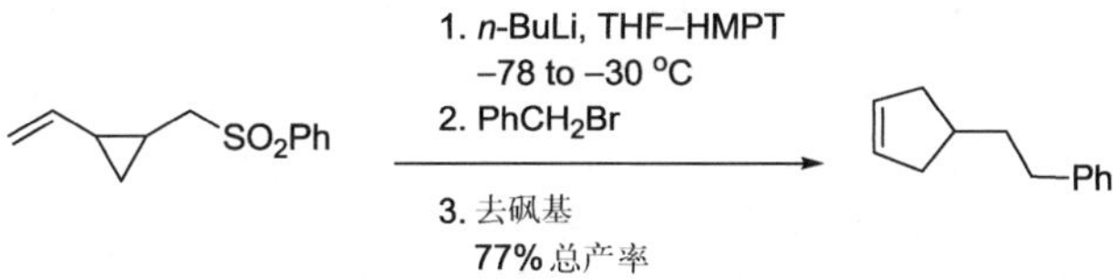

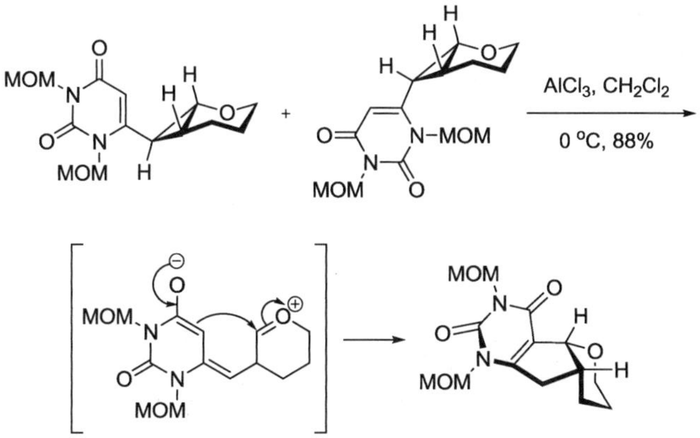

Example 4[10]

[Reaction scheme: bicyclic ketone with Me, Me, CO₂Me, Me groups and vinyl substituent → 150 mol% MgI₂ (0.2 M), CH₃CN, 40 °C, 6 h, 75% → bicyclic ketone product with Me groups]

Example 5[11]

[Reaction scheme: oxindole with MeO₂C, NC, CN, and 3-methoxyphenyl cyclopropane substituents, N-allyl → Pd(PPh₃)₄, PPh₃, 甲苯, 80 °C, 2.5 h, 81% → spirocyclic oxindole product with MeO₂C, CN, CN and 3-methoxyphenyl groups]

References

1. Brule, D.; Chalchat, J. C.; Garry, R. P.; Lacroix, B.; Michet, A.; Vessier, R. *Bull. Soc. Chim. Fr.* **1981**, *1–2*, 57–64.
2. Danheiser, R. L.; Bronson, J. J.; Okano, K. *J. Am. Chem. Soc.* **1985**, *107*, 4579–4581.
3. Hudlický, T.; Kutchan, T. M.; Naqvi, S. M. *Org. React.* **1985**, *33*, 247–335. (Review).
4. Goldschmidt, Z.; Crammer, B. *Chem. Soc. Rev.* **1988**, *17*, 229–267. (Review).
5. Sonawane, H. R.; Bellur, N. S.; Kulkarni, D. G.; Ahuja, J. R. *Synlett* **1993**, 875–884. (Review).
6. Hiroi, K.; Arinaga, Y. *Tetrahedron Lett.* **1994**, *35*, 153–156.
7. Baldwin, J. E. *Chem. Rev.* **2003**, *103*, 1197–1212. (Review).
8. Wang, S. C.; Tantillo, D. J. *J. Organomet. Chem.* **2006**, *691*, 4386–4392.
9. Zhang, F.; Kulesza, A.; Rani, S.; Bernet, B.; Vasella, A. *Helv. Chim. Acta* **2008**, *91*, 1201–1218.
10. Coscia, R. W.; Lambert, T. H. *J. Am. Chem. Soc.* **2009**, *131*, 2496–2498.
11. Lingam, K. A. P.; Shanmugam, P. *Tetrahedron Lett.* **2013**, *32*, 4202–4206.

von Braun 反应

与 von Braun 降解反应（酰胺到腈）不同，von Braun 反应是叔胺和 BrCN 反应生成氰基酰胺的反应

Example 1[4]

氟西汀 [floxetine (Prozac)]

Example 2[5]

Example 3[9]

References

1. von Braun, J. *Ber.* **1907**, *40*, 3914–3933. 冯布劳恩（ J. von Braun, 1875-1940 ）出生于波兰华沙，是法兰克福的化学教授。
2. Hageman, H. A. *Org. React.* **1953**, *7*, 198–262. (Review).
3. Fodor, G.; Nagubandi, S. *Tetrahedron* **1980**, *36*, 1279–1300. (Review).
4. Mody, S. B.; Mehta, B. P.; Udani, K. L.; Patel, M. V.; Mahajan, Rajendra N.. Indian Patent IN177159 (1996).
5. McLean, S.; Reynolds, W. F.; Zhu, X. *Can. J. Chem.* **1987**, *65*, 200–204.
6. Chambert, S.; Thomasson, F.; Décout, J.-L. *J. Org. Chem.* **2002**, *67*, 1898–1904.
7. Hatsuda, M.; Seki, M. *Tetrahedron* **2005**, *61*, 9908–9917.
8. Thavaneswaran, S.; McCamley, K.; Scammells, P. J. *Nat. Prod. Commun.* **2006**, *1*, 885–897. (Review).
9. McCall, W. S.; Abad Grillo, T.; Comins, D. L. *Org. Lett.* **2008**, *10*, 3255–3257.
10. Tayama, E.; Sato, R.; Ito, M.; Iwamoto, H.; Hasegawa, E. *Heterocycles* **2013**, *87*, 381–388.

Wacker 氧化工序

Pd催化下烯烃氧化为酮,根据条件也可氧化为醛。

Example 1[5]

Example 2[7]

Example 3[9]

J.J. Li, *Name Reactions: A Collection of Detailed Mechanisms and Synthetic Applications*,
DOI 10.1007/978-3-319-03979-4_282,

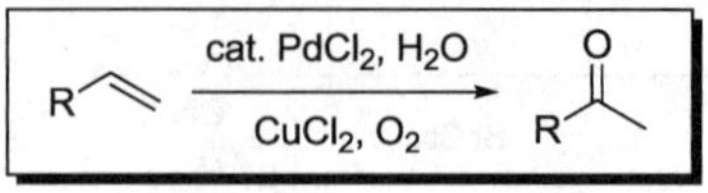

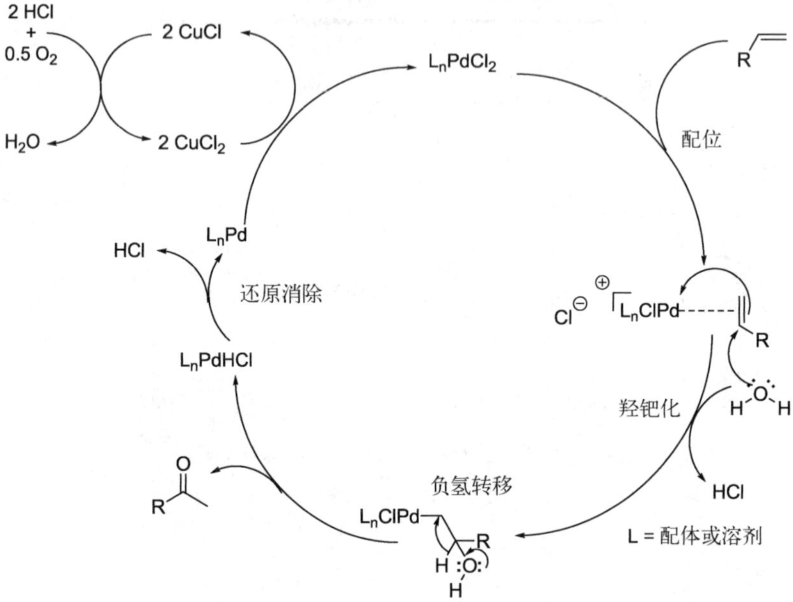

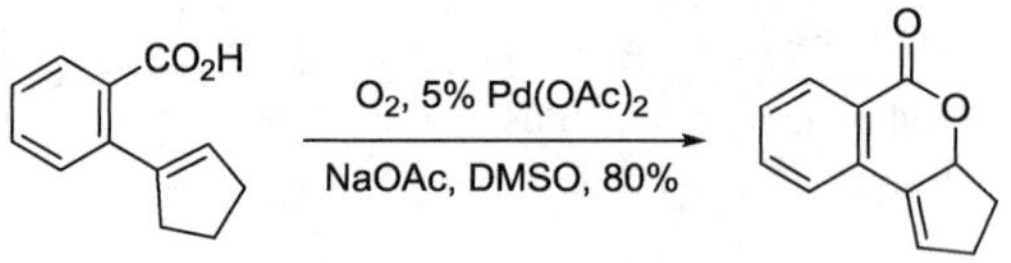

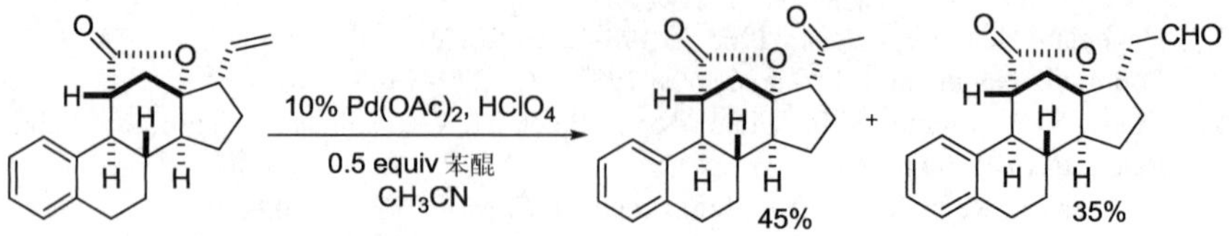

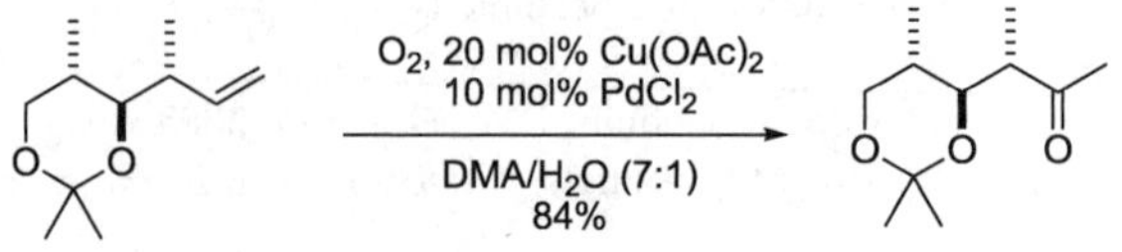

Example 4[10]

Example 5[10]

References

1. Smidt, J.; Sieber, R. *Angew. Chem. Int. Ed.* **1962**, *1*, 80–88. Wacker是德国的一个地名,该处的瓦克化工公司(Wacker Chemie)开发了本氧化工序。赫歇特公司(Hoechst AG)后来对其作了改进,故有时又被称Hoechst-Wacker工艺。
2. Tsuji, J. *Synthesis* **1984**, 369–384. (Review).
3. Hegedus, L. S. In *Comp. Org. Syn.* Trost, B. M.; Fleming, I., Eds.; Pergamon, **1991**, *Vol. 4*, 552. (Review).
4. Tsuji, J. In *Comp. Org. Syn.* Trost, B. M.; Fleming, I., Eds.; Pergamon, **1991**, *Vol. 7*, 449. (Review).
5. Larock, R. C.; Hightower, T. R. *J. Org. Chem.* **1993**, *58*, 5298–5300.
6. Hegedus, L. S. *Transition Metals in the Synthesis of Complex Organic Molecule* **1994**, University Science Books: Mill Valley, CA, pp 199–208. (Review).
7. Pellissier, H.; Michellys, P.-Y.; Santelli, M. *Tetrahedron* **1997**, *53*, 10733–10742.
8. Feringa, B. L. *Wacker oxidation*. In *Transition Met. Org. Synth.* Beller, M.; Bolm, C., eds.; Wiley–VCH: Weinheim, Germany. **1998**, *2*, 307–315. (Review).
9. Smith, A. B.; Friestad, G. K.; Barbosa, J.; Bertounesque, E.; Hull, K. G.; Iwashima, M.; Qiu, Y.; Salvatore, B. A.; Spoors, P. G.; Duan, J. J.-W. *J. Am. Chem. Soc.* **1999**, *121*, 10468–10477.
10. Kobayashi, Y.; Wang, Y.-G. *Tetrahedron Lett.* **2002**, *43*, 4381–4384.
11. Hintermann, L. *Wacker-type Oxidations* in *Transition Met. Org. Synth. (2nd edn.)* Beller, M.; Bolm, C., eds., Wiley–VCH: Weinheim, Germany. **2004**, *2*, pp 379–388. (Review).
12. Li, J. J. *Wacker–Tsuji oxidation*. In *Name Reactions for Functional Group Transformations*; Li, J. J., Ed.; Wiley: Hoboken, NJ, **2007**, pp 309–326. (Review).
13. Okamoto, M.; Taniguchi, Y. *J. Cat.* **2009**, *261*, 195–200.
14. DeLuca, R. J.; Edwards, J. L.; Steffens, L. D.; Michel, B. W.; Qiao, X.; Zhu, C.; Cook, S. P.; Sigman, M. S. *J. Org. Chem.* **2013**, *78*, 1682–1686.

Wagner-Meerwein 重排反应

酸催化下醇中的烷基迁移给出多取代烯烃的反应。

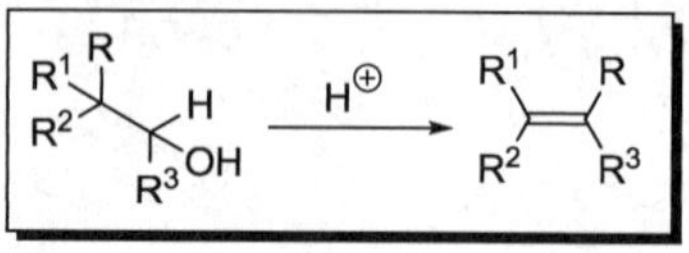

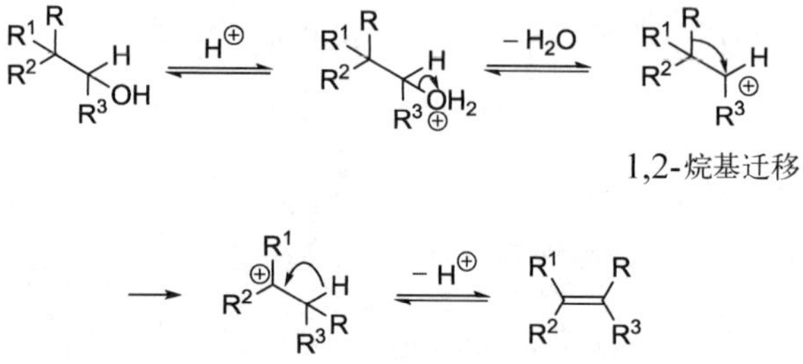

1,2-烷基迁移

Example 1[3]

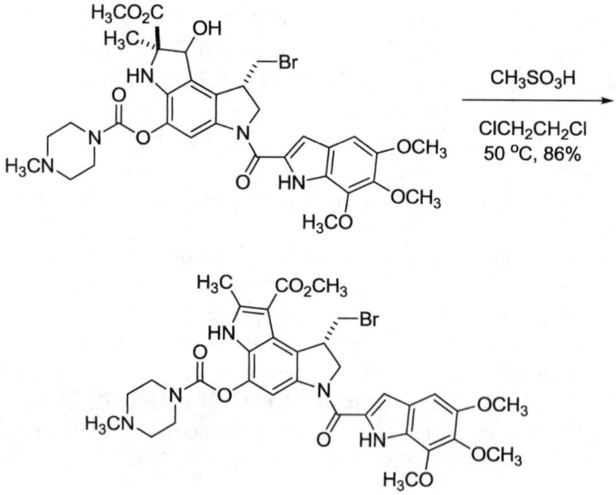

Example 2[6]

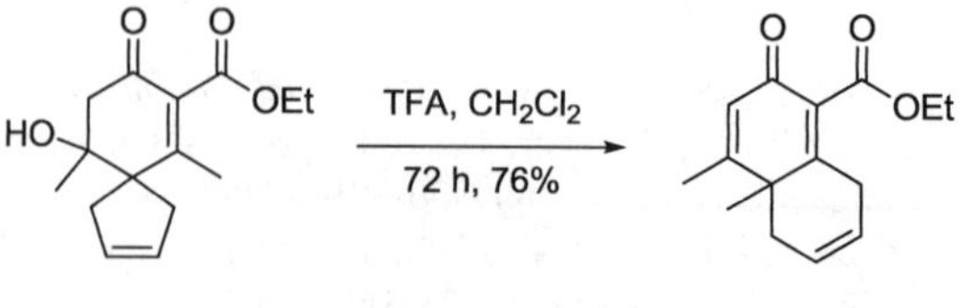

Example 3[7]

Example 4[9]

References

1. Wagner, G. *J. Russ. Phys. Chem. Soc.* **1899**, *31*, 690. 瓦格纳（G. Wagner）于1899年第一个发现此反应，德国化学家梅尔维因（H. Meerwein）于1914年给出了该反应的机理。
2. Hogeveen, H.; Van Kruchten, E. M. G. A. *Top. Curr. Chem.* **1979**, *80*, 89–124. (Review).
3. Kinugawa, M.; Nagamura, S.; Sakaguchi, A.; Masuda, Y.; Saito, H.; Ogasa, T.; Kasai, M. *Org. Proc. Res. Dev.* **1998**, *2*, 344–350.
4. Trost, B. M.; Yasukata, T. *J. Am. Chem. Soc.* **2001**, *123*, 7162–7163.
5. Guizzardi, B.; Mella, M.; Fagnoni, M.; Albini, A. *J. Org. Chem.* **2003**, *68*, 1067–1074.
6. Bose, G.; Ullah, E.; Langer, P. *Chem. Eur. J.* **2004**, *10*, 6015–6028.
7. Guo, X.; Paquette, L. A. *J. Org. Chem.* **2005**, *70*, 315–320.
8. Li, W.-D. Z.; Yang, Y.-R. *Org. Lett.* **2005**, *7*, 3107–3110.
9. Michalak, K.; Michalak, M.; Wicha, J. *Molecules* **2005**, *10*, 1084–1100.
10. Mullins, R. J.; Grote, A. L. *Wagner–Meerwein Rearrangement*. In *Name Reactions for Homologations-Part II*; Li, J. J., Ed.; Wiley: Hoboken, NJ, **2009**, pp 373–394. (Review).
11. Ghorpade, S.; Su, M.-D.; Liu, R.-S. *Angew. Chem. Int. Ed.* **2013**, *52*, 4229–4234.

Weiss-Cook 反应

cis-双环[3. 3. 0]辛-3,7-二酮的合成反应。产物常常发生脱羧反应。

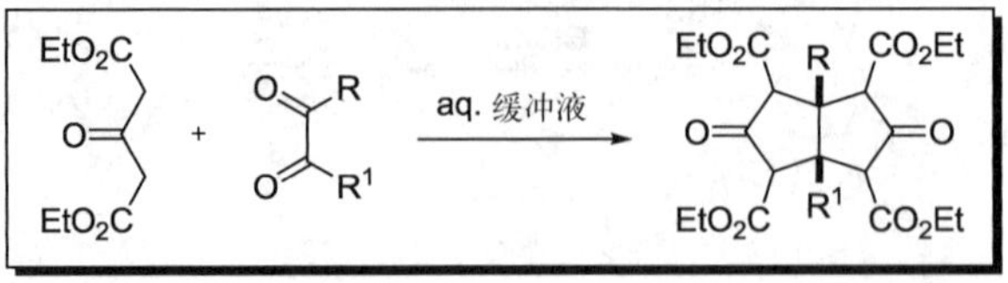

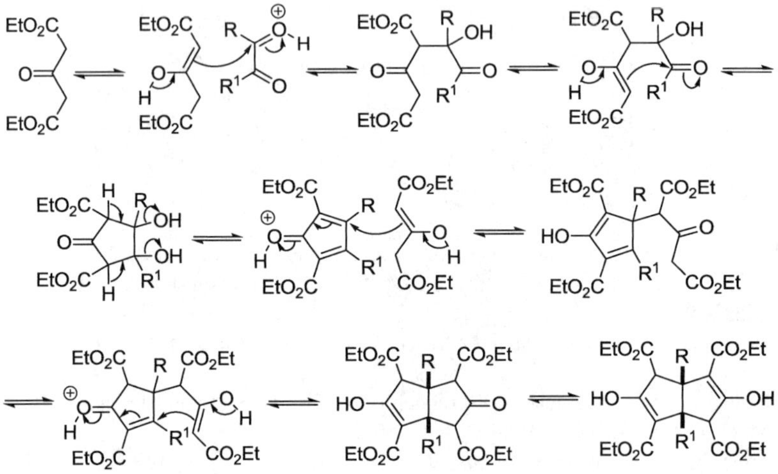

Example 1[2]

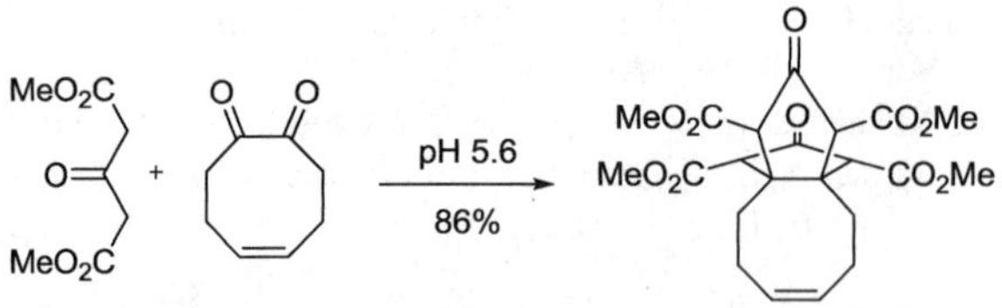

Example 2[3]

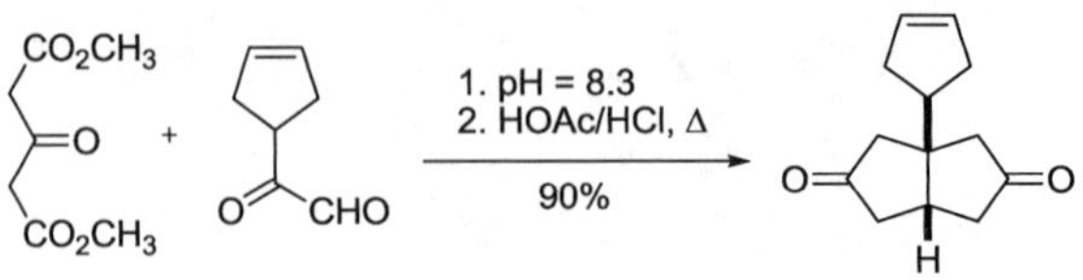

Example 3[4]

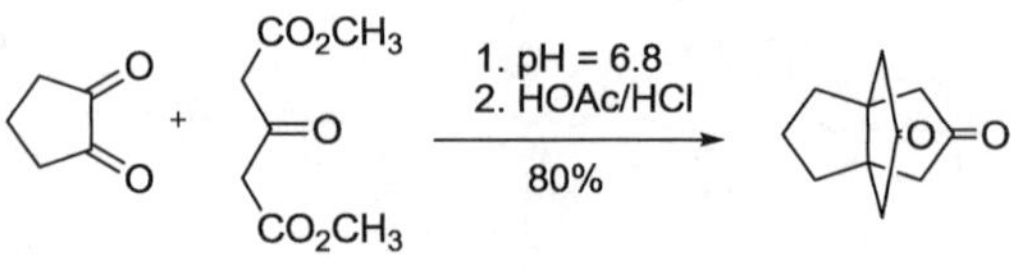

J.J. Li, *Name Reactions: A Collection of Detailed Mechanisms and Synthetic Applications*,
DOI 10.1007/978-3-319-03979-4_284, © Springer International Publishing Switzerland 2014

Example 4[9]

References

1. Weiss, U.; Edwards, J. M. *Tetrahedron Lett.* **1968,** *9*, 4885–4887. 威思（U. Weiss）是位于马里兰州贝塞斯特（Bethest）国立卫生研究院（National Institute of Health）的科学家。
2. Bertz, S. H.; Cook, J. M.; Gawish, A.; Weiss, U. *Orga. Synth.* **1986,** *64*, 27–38. James M. Cook is a professor at University of Wisconsin, Milwaukee.
3. Kubiak, G.; Fu, X.; Gupta, A. K.; Cook, J. M. *Tetrahedron Lett.* **1990,** *31*, 4285–4288.
4. Wrobel, J.; Takahashi, K.; Honkan, V.; Lannoye, G.; Bertz, S. H.; Cook, J. M. *J. Org Chem.* **1983,** *48*, 139–141.
5. Gupta, A. K.; Fu, X.; Snyder, J. P.; Cook, J. M. *Tetrahedron* **1991,** *47*, 3665–3710.
6. Paquette, L. A.; Kesselmayer, M. A.; Underiner, G. E.; House, S. D.; Rogers, R. D.; Meerholz, K.; Heinze, J. *J. Am. Chem. Soc.* **1992,** *114*, 2644–2652.
7. Fu, X.; Cook, J. M. *Aldrichimica Acta* **1992,** *25*, 43–54. (Review).
8. Fu, X.; Kubiak, G.; Zhang, W.; Han, W.; Gupta, A. K.; Cook, J. M. *Tetrahedron* **1993,** *49*, 1511–1518.
9. Williams, R. V.; Gadgil, V. R.; Vij, As.; Cook, J. M.; Kubiak, G.; Huang, Q. *J. Chem. Soc., Perkin Trans. 1* **1997,** 1425–1428.
10. van Ornum, S. G.; Li, J.; Kubiak, G. G.; Cook, J. M. *J. Chem. Soc., Perkin Trans. 1* **1997,** 3471–3478.
11. Galatsis, P. *Weiss–Cook Reaction*, In Name Reactions for Carbocyclic Ring Formations, Li, J. J., Ed.; Wiley: Hoboken, NJ, 2010, pp 181–196. (Review).

Wharton 反应

α,β-环氧酮用肼还原为烯丙基醇。

Example 1[5]

Example 2[6]

Example 3[7]

Example 4[8]

Example 5[10]

Example 6[11]

References
1. (a) Wharton, P. S.; Bohlen, D. H. *J. Org. Chem.* **1961**, *26*, 3615–3616. (b) Wharton, P. S. *J. Org. Chem.* **1961**, *26*, 4781–4782. 沃顿(P. S. Warton)在耶鲁大学瓦塞曼 (H. H. Wasserman)指导下获得 Ph. D.，在麦迪森的威斯康辛大学(University of Wisconsin at Madison)开始其独立的研究生涯。这是他研究生期间发表的第一篇论文！
2. Caine, D. *Org. Prep. Proced. Int.* **1988**, *20*, 1–51. (Review).
3. Dupuy, C.; Luche, J. L. *Tetrahedron* **1989**, *45*, 3437–3444. (Review).
4. Thomas, A. F.; Di Giorgio, R.; Guntern, O. *Helv. Chim. Acta* **1989**, *72*, 767–773.
5. Kim, G.; Chu-Moyer, M. Y.; Danishefsky, S. J. *J. Am. Chem. Soc.* **1990**, *112*, 2003–2004.
6. Yamada, K.-i.; Arai, T.; Sasai, H.; Shibasaki, M. *J. Org. Chem.* **1998**, *63*, 3666–3672.
7. Di Filippo, M.; Fezza, F.; Izzo, I.; De Riccardis, F.; Sodano, G. *Eur. J. Org. Chem.* **2000**, 3247–3249.
8. Takagi, R.; Tojo, K.; Iwata, M.; Ohkata, K. *Org. Biomol. Chem.* **2005**, *3*, 2031–2036.
9. Li, J. J. *Wharton Reaction*. In *Name Reactions for Functional Group Transformations*; Li, J. J., Ed.; Wiley: Hoboken, NJ, **2007**, pp 152–158. (Review).
10. Hoye, T. R.; Jeffrey, C. S.; Nelson, D. P. *Org. Lett.* **2010**, *12*, 52–55.
11. Isaka, N.; Tamiya, M.; Hasegawa, A.; Ishiguro, M. *Eur. J. Org. Chem.* **2012**, 665–668.

Willamson 醚合成

卤代烃与烷氧化物作用生成醚。为使反应顺利，卤代烃应是伯卤代烃，有时也可用仲卤代烃，叔卤代烃是不合适的，因为此时E2消除反应成了驻反应。

Example 1, 环酯化[9]

References

1. Williamson, A. W. *J. Chem. Soc.* **1852**, *4*, 229–239. 威廉姆森（A. W. Williamson, 1824–1904）于1850年在伦敦的大学学院（University College, London）发现了此反应。
2. Dermer, O. C. *Chem. Rev.* **1934**, *14*, 385–430. (Review).
3. Freedman, H. H.; Dubois, R. A. *Tetrahedron Lett.* **1975**, *16*, 3251–3254.
4. Jursic, B. *Tetrahedron* **1988**, *44*, 6677–6680.
5. Tan, S. N.; Dryfe, R. A.; Girault, H. H. *Helv. Chim. Acta* **1994**, *77*, 231–242.
6. Silva, A. L.; Quiroz, B.; Maldonado, L. A. *Tetrahedron Lett.* **1998**, *39*, 2055–2058.
7. Peng, Y.; Song, G. *Green Chem.* **2002**, *4*, 349–351.
8. Stabile, R. G.; Dicks, A. P. *J. Chem. Educ.* **2003**, *80*, 313–315.
9. Austad, B. C.; Benayoud, F.; Calkins, T. L.; et al. *Synlett* **2013**, *17*, 327–332.

Willgerodt-Kindler 反应

酮经官能团迁移转化为硫酰胺的反应。

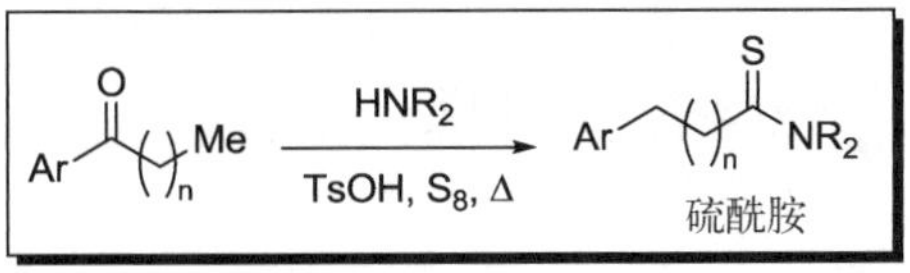

$$\text{Ar}\underset{n}{\overset{O}{\text{C}}}\text{Me} \xrightarrow[\text{TsOH, S}_8, \Delta]{\text{HNR}_2} \text{Ar}\underset{n}{\overset{S}{\text{C}}}\text{NR}_2 \quad \text{硫酰胺}$$

按照Carmack提出的机理，[2] 最不寻常的一个从亚甲基到亚甲基的羰基迁移是经由高度活泼的含硫杂环中间体通过一个复杂的途径而实现的。次磺酰胺是异构化的催化剂：

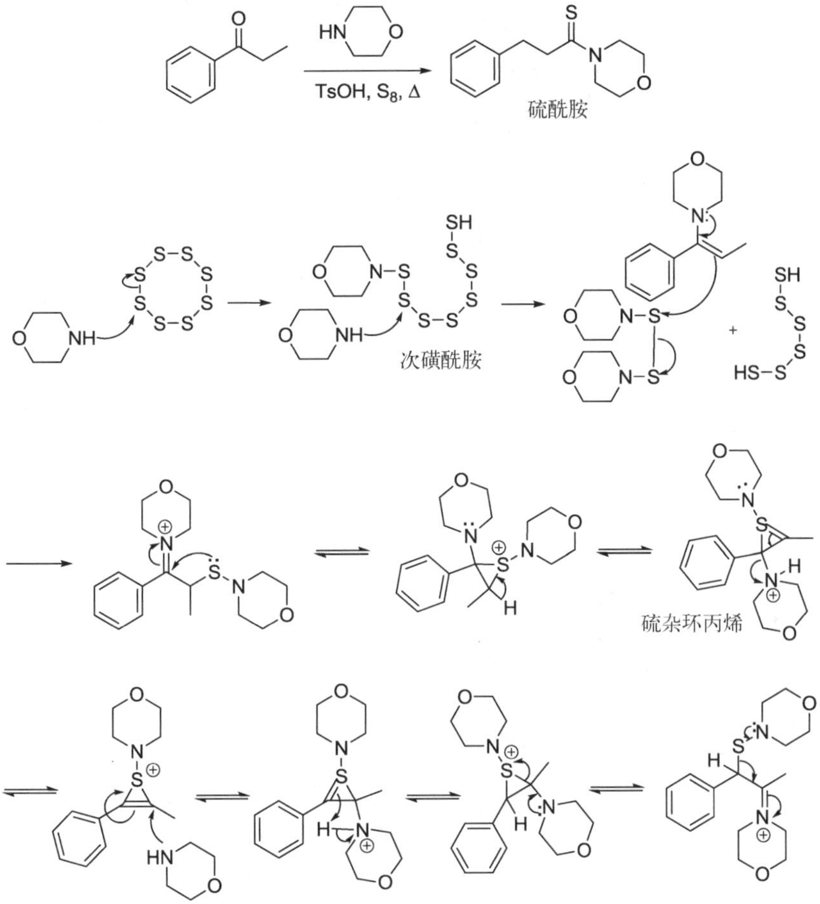

（次磺酰胺）

（硫杂环丙烯）

J.J. Li, *Name Reactions: A Collection of Detailed Mechanisms and Synthetic Applications*,
DOI 10.1007/978-3-319-03979-4_287, © Springer International Publishing Switzerland 2014

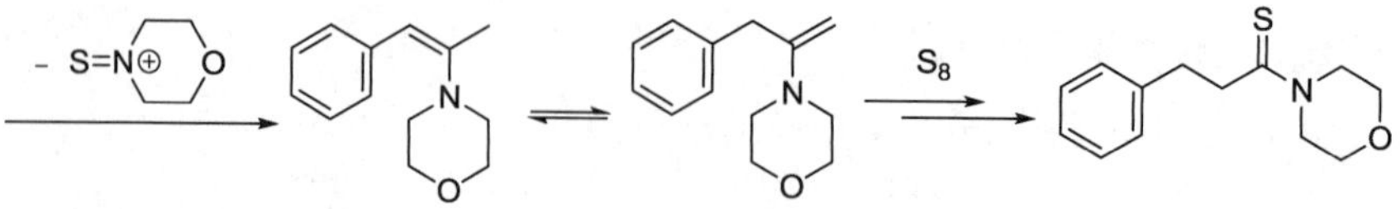

Example 1, 在初始合成外消旋萘普生[naproxen (Aleve)]中 Willgerodt–Kindler 反应是关键的一步。[3]

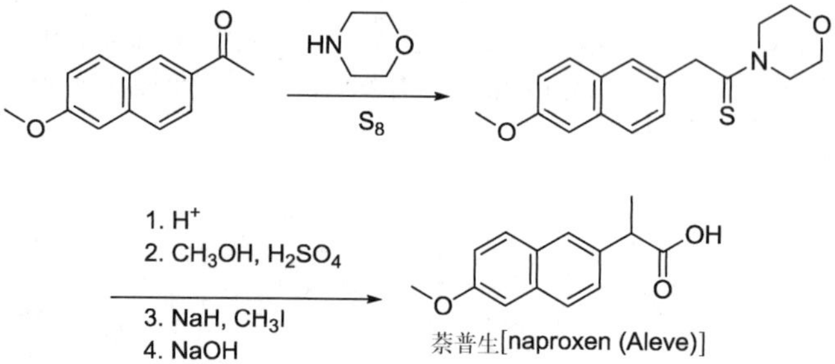

Example 2[5]

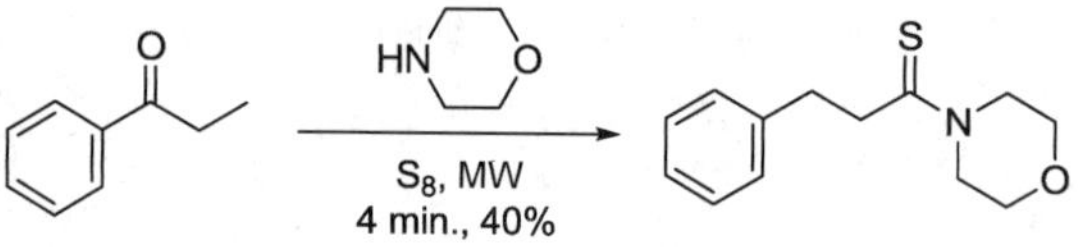

Example 3, 利用 Willgerodt–Kindler 反应发生的一个串联环化反应：[10]

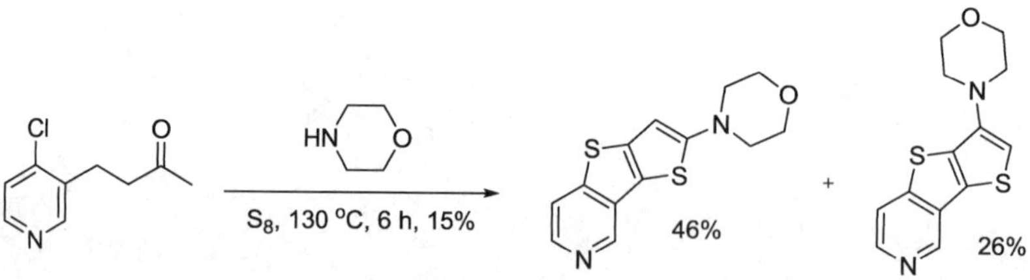

References

1. (a) Willgerodt, C. *Ber.* **1887**, *20*, 2467–2470. 维尔格罗特（C. Willgerodt, 1841–1930）是农场主的儿子。他通过自己努力工作而积累起的钱来完成在克劳斯（Claus）指导下的博士学业。他在弗里堡（Freiburg）当教授，教学长达37年。
   (b) Kindler, K. *Arch. Pharm.* **1927**, *265*, 389–415.
2. Carmack, M.; Spielman, M. A. *Org. React.* **1946**, *3*, 83–107. (Review).
3. Harrison, I. T.; Lewis, B.; Nelson, P.; Rooks, W.; Roskowski, A.; Tomolonis, A.; Fried, J. H. *J. Med. Chem.* **1970**, *13*, 203–205.
4. Carmack, M. *J. Heterocycl. Chem.* **1989**, *26*, 1319–1323.

5. Nooshabadi, M.; Aghapoor, K.; Darabi, H. R.; Mojtahedi, M. M. *Tetrahedron Lett.* **1999**, *40*, 7549–7552.
6. Alam, M. M.; Adapa, S. R. *Synth. Commun.* **2003**, *33,* 59–63.
7. Reza Darabi, H.; Aghapoor, K.; Tajbakhsh, M. *Tetrahedron Lett.* **2004,** *45*, 4167–4169.
8. Purrello, G. *Heterocycles* **2005**, *65*, 411–449. (Review).
9. Okamoto, K.; Yamamoto, T.; Kanbara, T. *Synlett* **2007,** 2687–2690.
10. Kadzimirsz, D.; Kramer, D.; Sripanom, L.; Oppel, I. M.; Rodziewicz, P.; Doltsinis, N. L.; Dyker, G. *J. Org. Chem.* **2008,** *73*, 4644–4649.
11. Eftekhari-Sis, B.; Khajeh, S. V.i; Büyükgüngör, O. *Synlett* **2013,** *24*, 977–980.

Wittig 反应

用磷叶立德使羰基进行烯基化的反应。通常得到Z-烯烃为主的产物。

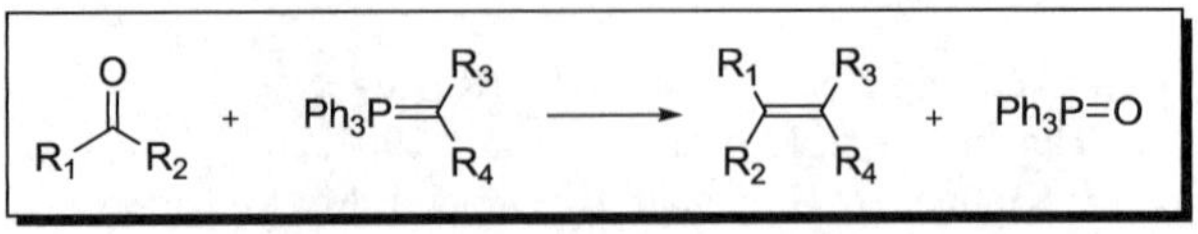

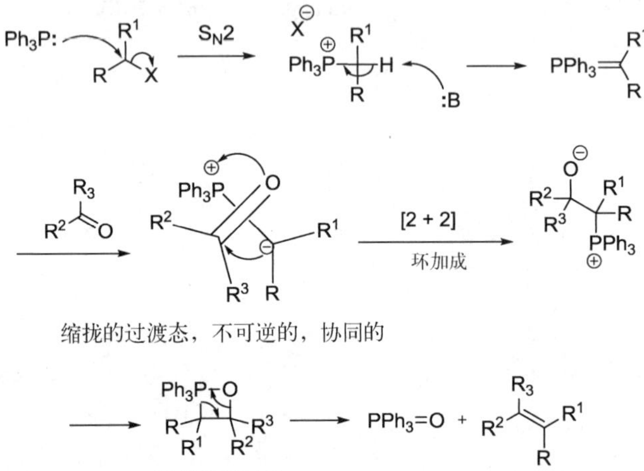

缩拢的过渡态，不可逆的，协同的

氧磷杂环丁烷

Example 1[3]

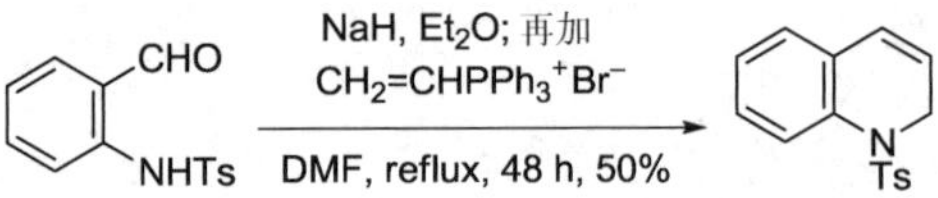

Example 2[4]

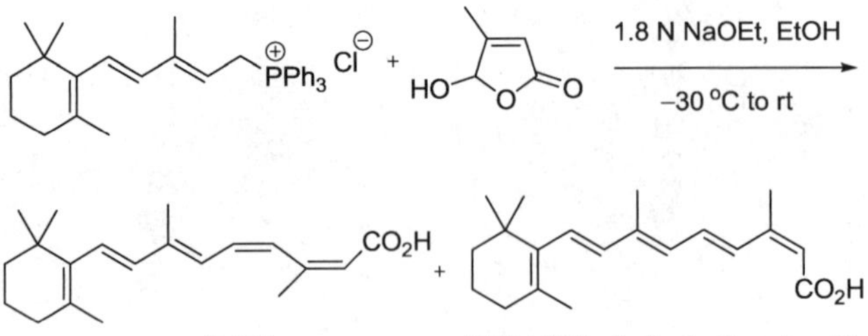

2-*cis*-4-*cis*-维A酸　　异维A酸[isotretinoin (Accutane)]

Example 3[5]

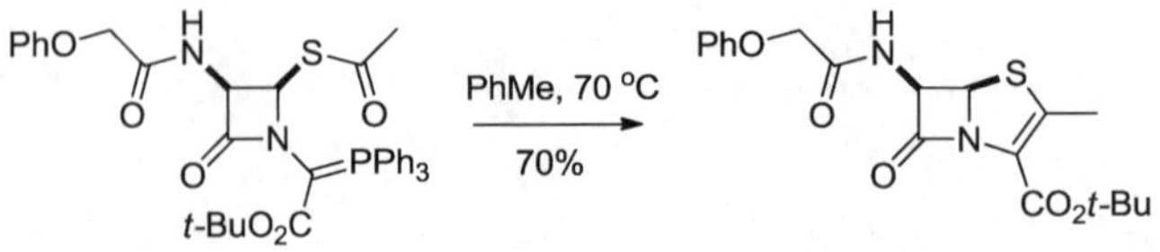

J.J. Li, *Name Reactions: A Collection of Detailed Mechanisms and Synthetic Applications*,
DOI 10.1007/978-3-319-03979-4_288, © Springer International Publishing Switzerland 2014

Example 4[9]

Example 5[11]

References

1. Wittig, G.; Schöllkopf, U. *Ber.* **1954,** *87,* 1318–1330. 维梯希（G. Wittig, 1897–1987）出生于德国柏林，在奥威尔斯（K. von Auwers）指导下获得 Ph. D. 学位。他和美国人布朗（H. C. Brown, 1912–2004）于1981年各因有机磷和有机硼的工作共享诺贝尔化学奖。
2. Maercker, A. *Org. React.* **1965,** *14,* 270–490. (Review).
3. Schweizer, E. E.; Smucker, L. D. *J. Org. Chem.* **1966,** *31,* 3146–3149.
4. Garbers, C. F.; Schneider, D. F.; van der Merwe, J. P. *J. Chem. Soc. (C)* **1968,** 1982–1983.
5. Ernest, I.; Gosteli, J.; Greengrass, C. W.; Holick, W.; Jackman, D. E.; Pfaendler, H. R.; Woodward, R. B. *J. Am. Chem. Soc.* **1978,** *100,* 8214–8222.
6. Murphy, P. J.; Brennan, J. *Chem. Soc. Rev.* **1988,** *17,* 1–30. (Review).
7. Maryanoff, B. E.; Reitz, A. B. *Chem. Rev.* **1988,** *89,* 863–927. (Review).
8. Vedejs, E.; Peterson, M. J. *Top. Stereochem.* **1994,** *21,* 1–157. (Review).
9. Nicolaou, K. C. *Angew. Chem. Int. Ed.* **1996,** *35,* 589–607.
10. Rong, F. *Wittig reaction* in. In *Name Reactions for Homologations-Part I*; Li, J. J., Ed.; Wiley: Hoboken, NJ, **2009,** pp 588–612. (Review).
11. Kajjout, M.; Smietana, M.; Leroy, J.; Rolando, C. *Tetrahedron Lett.* **2013,** *38,* 1658–1660.

Wittig 反应的 Schlosser 修正程序

不稳定的磷叶立德和醛进行的正常 Wittig 反应给出 Z-烯烃为主的产物。用 Wittig 反应的 Schlosser 修正程序进行的反应则给出 E-烯烃为主的产物。

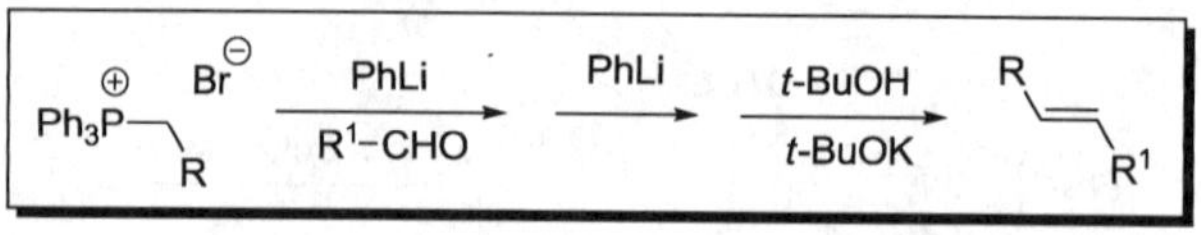

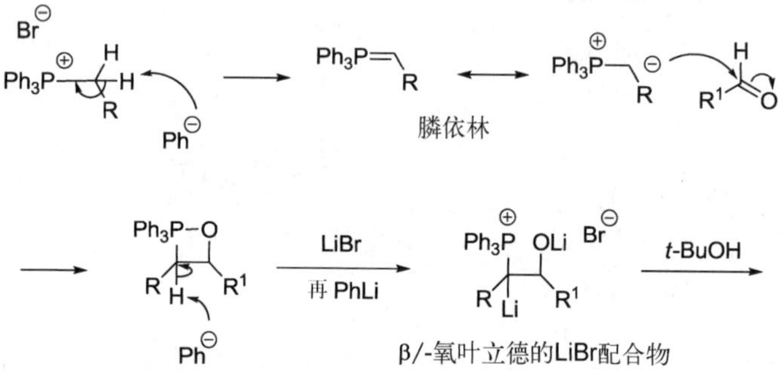

这些反应条件使赤式配合物转为苏式的

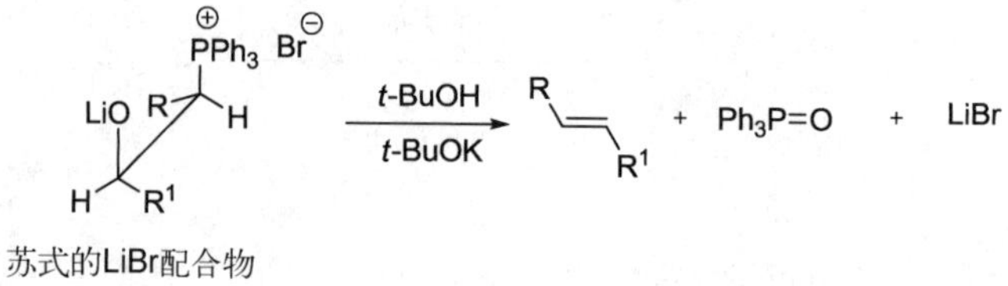

Example 1[6]

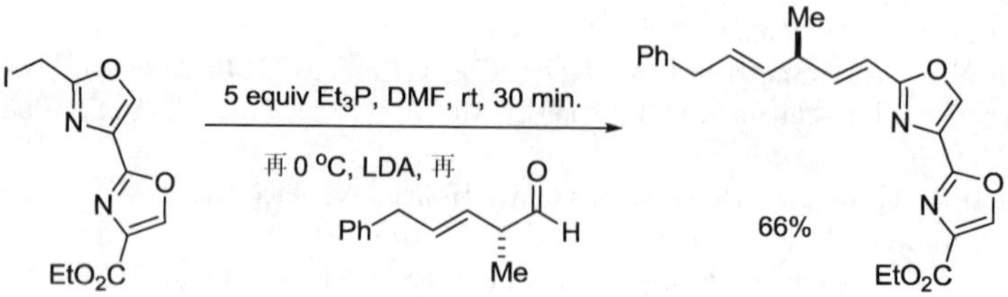

Example 2[10]

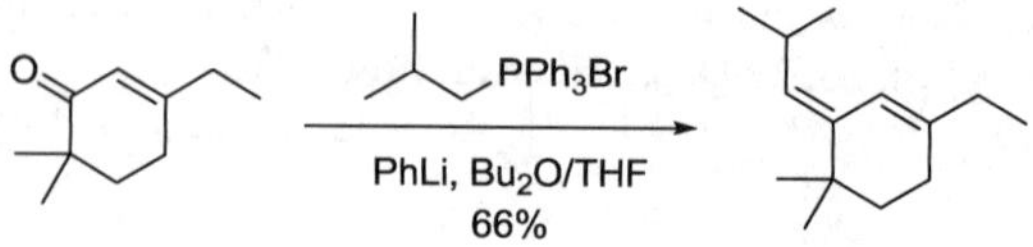

Example 3[11]

References

1. (a) Schlosser, M.; Christmann, K. F. *Angew. Chem. Int. Ed.* **1966**, *5*, 126. (b) Schlosser, M.; Christmann, K. F. *Ann.* **1967**, *708*, 1–35. (c) Schlosser, M.; Christmann, K. F.; Piskala, A.; Coffinet, D. *Synthesis* **1971**, 29–31. 希洛舍（Manfred Schlosser）出生于德国Ludwigshafen on Reine，1960年在维梯希（G. Wittig）指导下获得Ph. D.学位。他开始在德国癌研究中心工作，后移居瑞士成为洛桑大学（University of Lausanne）的教授，2004年退休。
2. van Tamelen, E. E.; Leiden, T. M. *J. Am. Chem. Soc.* **1982**, *104*, 2061–2062.
3. Parziale, P. A.; Berson, J. A. *J. Am. Chem. Soc.* **1991**, *113*, 4595–606.
4. Sarkar, T. K.; Ghosh, S. K.; Rao, P. S.; Satapathi, T. K.; Mamdapur, V. R. *Tetrahedron* **1992**, *48*, 6897–6908.
5. Deagostino, A.; Prandi, C.; Tonachini, G.; Venturello, P. *Trends Org. Chem.* **1995**, *5*, 103–113. (Review).
6. Celatka, C. A.; Liu, P.; Panek, J. S. *Tetrahedron Lett.* **1997**, *38*, 5449–5452.
7. Panek, J. S.; Liu, P. *J. Am. Chem. Soc.* **2000**, *122* 11090–11097.
8. Duffield, J. J.; Pettit, G. R. *J. Nat. Prod.* **2001**, *64*, 472–479.
9. Kraft, P.; Popaj, K. *Eur. J. Org. Chem.* **2004**, 4995–5002.
10. Kraft, P.; Popaj, K. *Eur. J. Org. Chem.* **2008**, 4806–4814.
11. Hodgson, D. M.; Arif, T. *Org. Lett.* **2010**, *12*, 4204–4207.
12. Mikula, H.; Hametner, C.; Froehlich, J. *Synth. Commun.* **2013**, *43*, 1939–1946.

[1,2] Wittig 重排反应

醚用烷基锂一类碱处理转化为醇的反应。

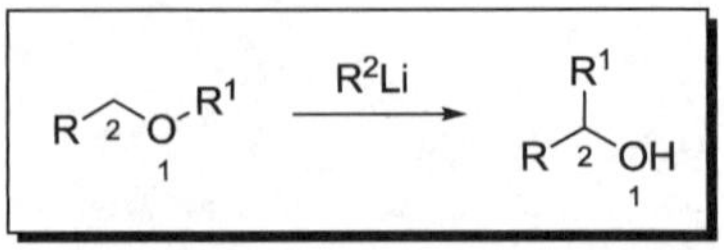

[1,2]Wittig重排经过一个自由基过程:

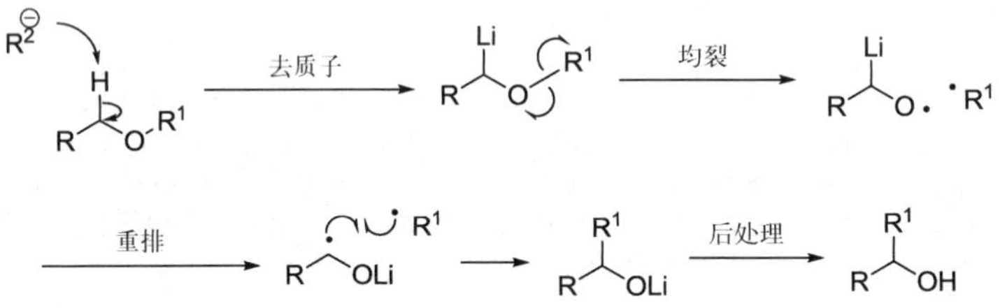

Example 1, 氮杂[1,2]Wittig 重排[2]

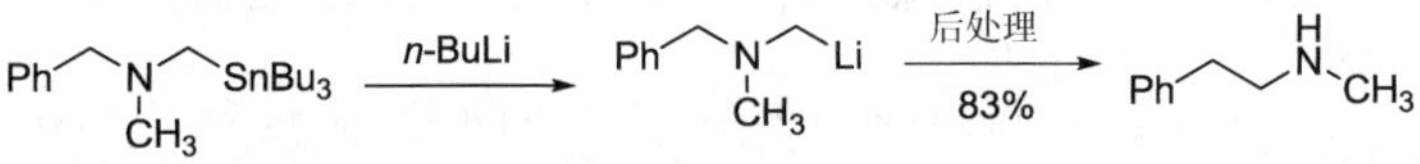

Example 2[3]

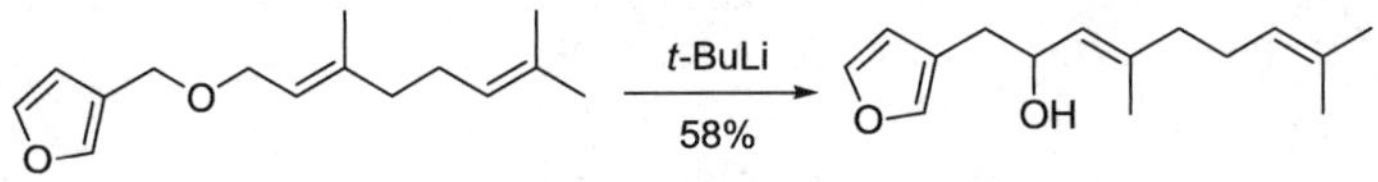

Example 3[4]

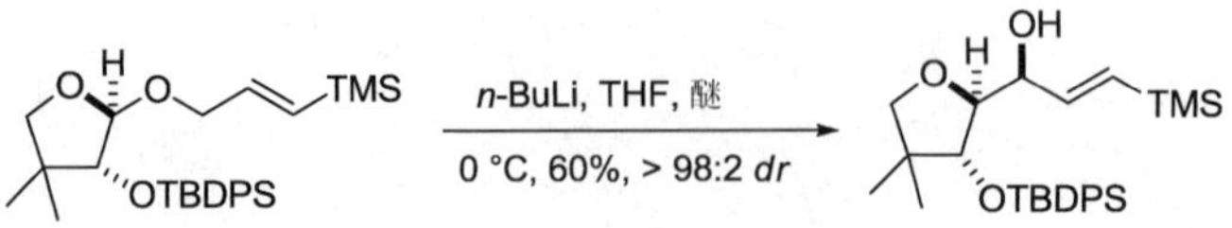

Example 4[6]

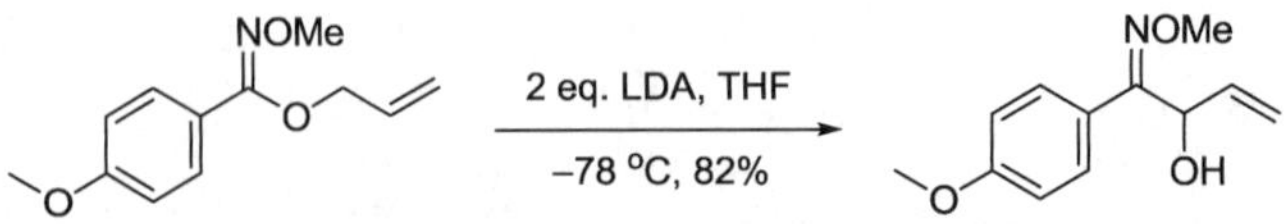

J.J. Li, *Name Reactions: A Collection of Detailed Mechanisms and Synthetic Applications*,
DOI 10.1007/978-3-319-03979-4_289, © Springer International Publishing Switzerland 2014

Example 5[8]

[Scheme: TBSO-CH2CH2-C(=CH2)-CH(OTBS)-CH(Me)-O-CH2Ph → n-BuLi, THF, −20 to 0 °C, 32% → TBSO-CH2CH2-C(=CH2)-CH(OTBS)-CH(Me)-CH(OH)Ph]

Example 6[9]

[Scheme: furan-C(=N-OMe)-O-CH2Ph → LDA, THF, −40 °C, 94% → furan-C(=N-OMe)-CH(OH)Ph]

Example 7[11]

[Scheme: Me-CH=CH-CH(TMS)-O-CH2Ph → 1.5 equiv sec-BuLi, THF, −78 °C, 40 min. → Me-CH=CH-C(TMS)(OH)-CH2Ph [1,2]-Wittig 15% + Me-CH2-CH2-C(=O)(TMS)... Ph [1,4]-Wittig 59%]

References

1. Wittig, G.; Löhmann, L. *Ann.* **1942**, *550*, 260–268.
2. Peterson, D. J.; Ward, J. F. *J. Organomet. Chem.* **1974**, *66*, 209–217.
3. Tsubuki, M.; Okita, H.; Honda, T. *J. Chem. Soc., Chem. Commun.* **1995**, 2135–2136.
4. Tomooka, K.; Yamamoto, H.; Nakai, T. *J. Am. Chem. Soc.* **1996**, *118*, 3317–3318.
5. Maleczka, R. E., Jr.; Geng, F. *J. Am. Chem. Soc.* **1998**, *120*, 8551–8552.
6. Miyata, O.; Asai, H.; Naito, T. *Synlett* **1999**, 1915–1916.
7. Katritzky, A. R.; Fang, Y. *Heterocycles* **2000**, *53*, 1783–1788.
8. Tomooka, K.; Kikuchi, M.; Igawa, K.; Suzuki, M.; Keong, P.-H.; Nakai, T. *Angew. Chem. Int. Ed.* **2000**, *39*, 4502–4505.
9. Miyata, O.; Asai, H.; Naito, T. *Chem. Pharm. Bull.* **2005**, *53*, 355–360.
10. Wolfe, J. P.; Guthrie, N. J. *[1,2]-Wittig Rearrangement*. In *Name Reactions for Homologations-Part II*; Li, J. J., Ed.; Wiley: Hoboken, NJ, **2009**, pp 226–240. (Review).
11. Onyeozili, E. N.; Mori-Quiroz, L. M.; Maleczka, R. E., Jr. *Tetrahedron* **2013**, *69*, 849–860.

[2,3] Wittig 重排反应

烯丙基醚用碱处理转化为高烯丙基醇的反应。亦称 Still-Wittig 重排反应。参见第570页上的 Sommelet-Hauser 重排反应。

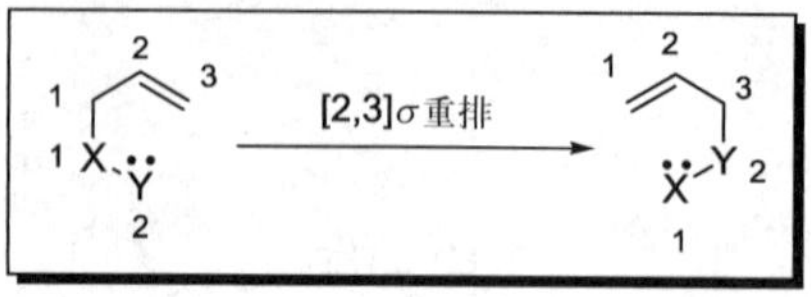

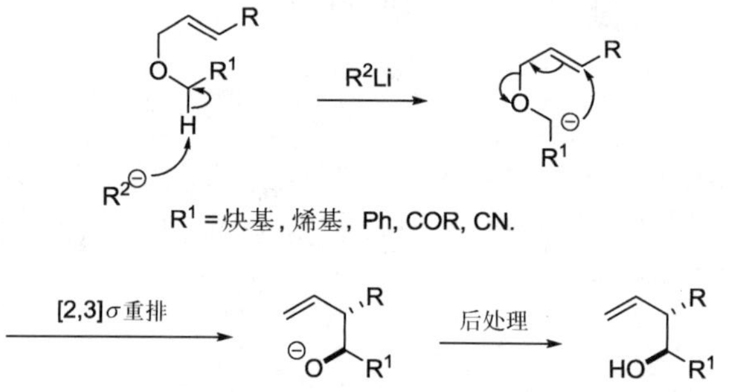

R^1 = 炔基, 烯基, Ph, COR, CN.

Example 1[3]

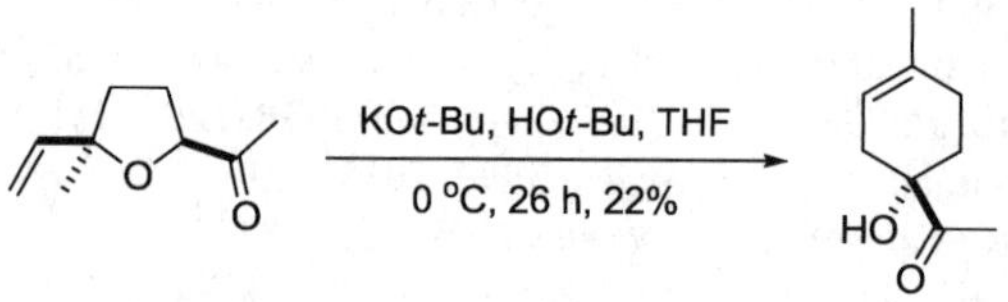

Example 2[5]

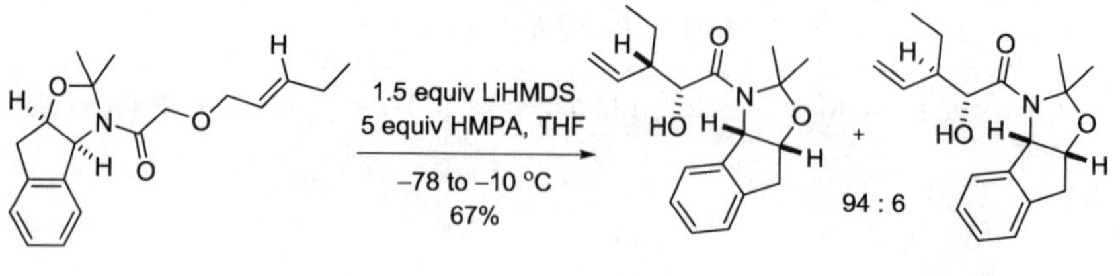

Example 3[6]

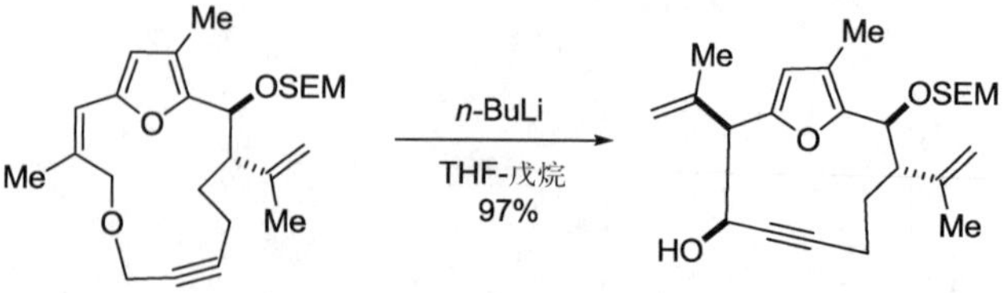

J.J. Li, *Name Reactions: A Collection of Detailed Mechanisms and Synthetic Applications*,
DOI 10.1007/978-3-319-03979-4_290, © Springer International Publishing Switzerland 2014

Example 4, 串联的Wittig重排/烷基环化反应[6]

References

1. Cast, J.; Stevens, T. S.; Holmes, J. *J. Chem. Soc.* **1960**, 3521–3527.
2. Thomas, A. F.; Dubini, R. *Helv. Chim. Acta* **1974**, *57*, 2084–2087.
3. Nakai, T.; Mikami, K.; Taya, S.; Kimura, Y.; Mimura, T. *Tetrahedron Lett.* **1981**, *22*, 69–72.
4. Nakai, T.; Mikami, K. *Org. React.* **1994**, *46*, 105–209. (Review).
5. Kress, M. H.; Yang, C.; Yasuda, N.; Grabowski, E. J. J. *Tetrahedron Lett.* **1997**, *38*, 2633–2636.
6. Marshall, J. A.; Liao, J. *J. Org. Chem.* **1998**, *63*, 5962–5970.
7. Maleczka, R. E., Jr.; Geng, F. *Org. Lett.* **1999**, *1*, 1111–1113.
8. Tsubuki, M.; Kamata, T.; Nakatani, M.; Yamazaki, K.; Matsui, T.; Honda, T. *Tetrahedron: Asymmetry* **2000**, *11*, 4725–4736.
9. Schaudt, M.; Blechert, S. *J. Org. Chem.* **2003**, *68*, 2913–2920.
10. Ahmad, N. M. *[2,3]-Wittig Rearrangement*. In *Name Reactions for Homologations-Part II*; Li, J. J., Ed.; Wiley: Hoboken, NJ, 2009, pp 241–256. (Review).
11. Everett, R. K.; Wolfe, J. P. *Org. Lett.* **2013**, *15*, 2926–2929.

Wohl-Ziegler 反应

Wohl-Ziegler 反应是烯丙基或苄基底物用 NBS 在自由基引发条件下处理得到烯丙基或苄基溴化物的反应。促进自由基引发的条件有通用的自由基引发剂、光和/或热，一般应用的溶剂是 CCl_4。

N-溴代丁二酰亚胺（NBS）与水反应产生少量的 HBr，这少量的 HBr 又与 NBS 反应产生低浓度的 Br_2。如此，NBS 与 HBr 的反应除了得到 Br_2 外又抑制了 HBr 对双键的加成反应。

引发：

链增长：

溴自由基产生并用于下一步自由基链反应。

终止：

Example 1[3]

Example 2[7]

Example 3[8]

Example 4[9]

References

1. Wohl, A. *Ber.* **1919**, *52*, 51–63. 沃尔（A. Wohl, 1863-1939）出生于德国的Graudenz，1904年在霍夫曼（A. W. Hofmann）指导下获得Ph. D.学位，1904年被任命为Technische Hochschule in Danzig的化学教授。
2. Ziegler, K.; Spath, A.; Schaaf, E.; Schumann, W.; Winkelmann, E. *Ann.* **1942**, *551*, 80–119.
3. Djerassi, C.; Scholz, C. R. *J. Org. Chem.* **1949**, *14*, 660–663.
4. Allen, J. G.; Danishefsky, S. J. *J. Am. Chem. Soc.* **2001**, *123*, 351–352.
5. Detterbeck, R.; Hesse, M. *Tetrahedron Lett.* **2002**, *43*, 4609–4612.
6. Stevens, C. V.; Van Heecke, G.; Barbero, C.; Patora, K.; De Kimpe, N.; Verhe, R. *Synlett* **2002**, 1089–1092.
7. Togo, H.; Hirai, T. *Synlett* **2003**, 702–704.
8. Marjo, C. E.; Bishop, R.; Craig, D. C.; Scudder, M. L. *Mendeleev Commun.* **2004**, 278–279.
9. Yeung, Y.-Y.; Hong, S.; Corey, E. J. *J. Am. Chem. Soc.* **2006**, *128*, 6310–6311.
10. Curran, T. T. *Wohl–Ziegler reaction*. In *Name Reactions for Homologations-Part I*; Li, J. J., Ed.; Wiley: Hoboken, NJ, **2009**, pp 661–674. (Review).
11. Tsuchiya, D.; Kawagoe, Y.; Moriyama, K.; Togo, H. *Org. Lett.* **2013**, *15*, 4194–4197.

Wolff 重排反应

α-重氮酮转化为烯酮的反应。

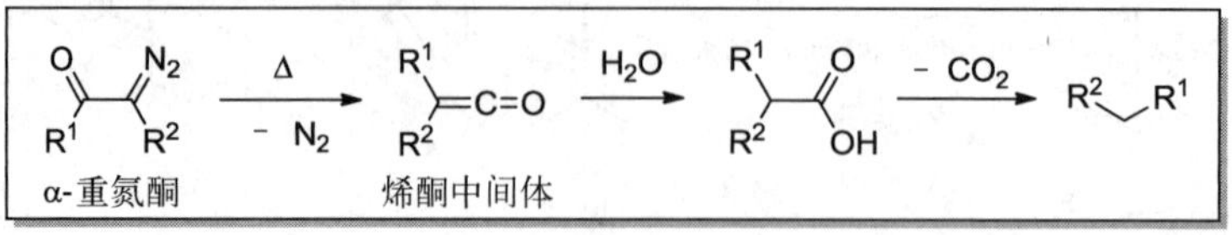

分步机理:

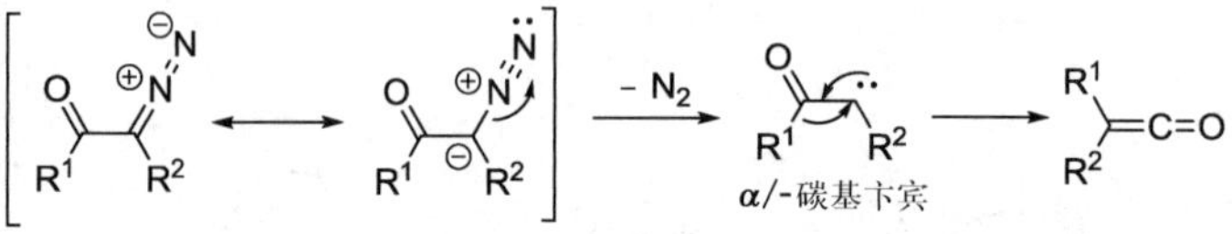

烯酮经水处理后给出同碳羧酸。

协同机理:

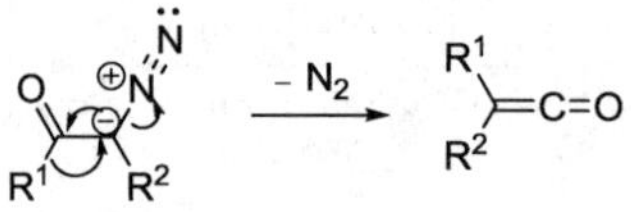

Example 1[2]

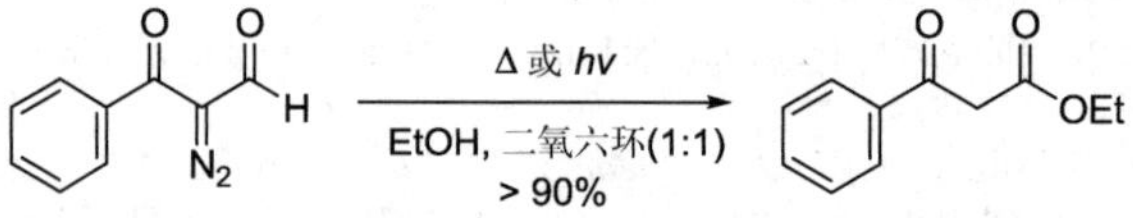

Example 2[3]

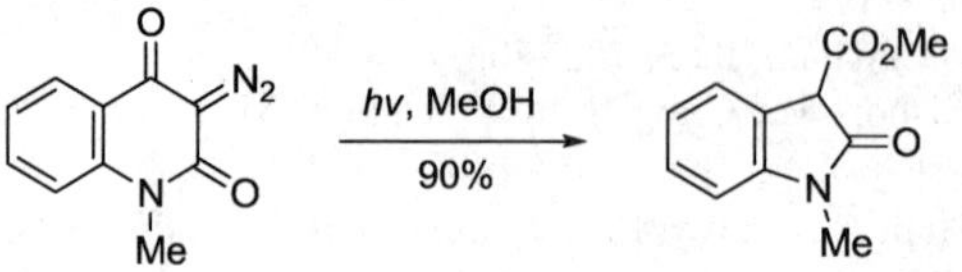

Example 3[4]

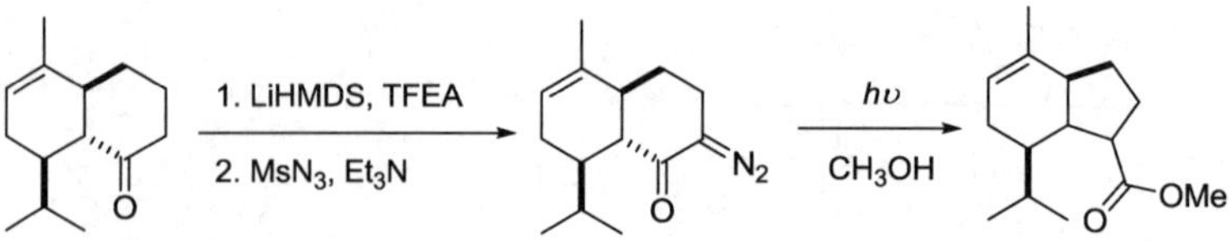

J.J. Li, *Name Reactions: A Collection of Detailed Mechanisms and Synthetic Applications*,
DOI 10.1007/978-3-319-03979-4_292,

Example 4[9]

Example 5[11]

References

1. Wolff, L. *Ann.* **1912**, *394*, 23–108. 沃尔夫（J. L. Wolff, 1857–1919）1982年跟费歇尔在斯特拉斯堡获得 Ph. D. 学位，后来成为该校的讲师。1891年成为Jena的一员并和克诺尔（L. Knorr）共事达27年。
2. Zeller, K.-P.; Meier, H.; Müller, E. *Tetrahedron* **1972**, *28*, 5831–5838.
3. Kappe, C.; Fäber, G.; Wentrup, C.; Kappe, T. *Ber.* **1993**, *126*, 2357–2360.
4. Taber, D. F.; Kong, S.; Malcolm, S. C. *J. Org. Chem.* **1998**, *63*, 7953–7956.
5. Yang, H.; Foster, K.; Stephenson, C. R. J.; Brown, W.; Roberts, E. *Org. Lett.* **2000**, *2*, 2177–2179.
6. Kirmse, W. "100 years of the Wolff Rearrangement" *Eur. J. Org. Chem.* **2002**, 2193–2256. (Review).
7. Julian, R. R.; May, J. A.; Stoltz, B. M.; Beauchamp, J. L. *J. Am. Chem. Soc.* **2003**, *125*, 4478–4486.
8. Zeller, K.-P.; Blocher, A.; Haiss, P. *Mini-Reviews Org. Chem.* **2004**, *1*, 291–308. (Review).
9. Davies, J. R.; Kane, P. D.; Moody, C. J.; Slawin, A. M. Z. *J. Org. Chem.* **2005**, *70*, 5840–5851.
10. Kumar, R. R.; Balasubramanian, M. *Wolff Rearrangement*. In *Name Reactions for Homologations-Part II*; Li, J. J., Ed.; Wiley: Hoboken, NJ, **2009**, pp 257–273. (Review).
11. Somai Magar, K. B.; Lee, Y. R. *Org. Lett.* **2013**, *15*, 4288–4291.

Wolff-Kishner 还原反应

羰基用碱性肼还原为亚甲基的反应。

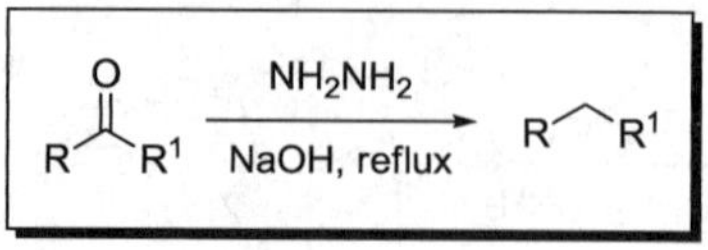

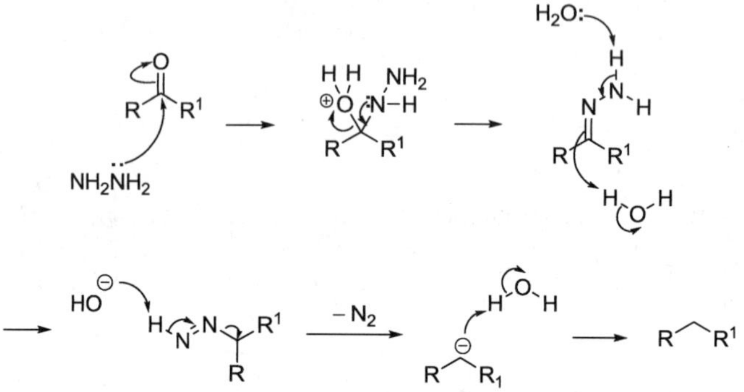

Example 1, 黄鸣龙修正法，伴随着乙烯的失去。[5]

Example 2[7]

Example 3[8]

J.J. Li, *Name Reactions: A Collection of Detailed Mechanisms and Synthetic Applications*,
DOI 10.1007/978-3-319-03979-4_293, © Springer International Publishing Switzerland 2014

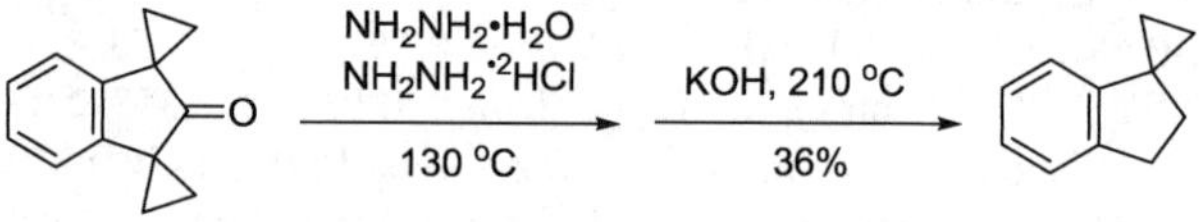

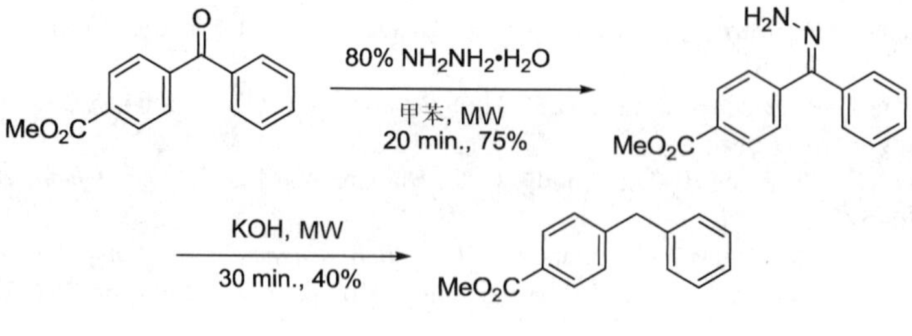

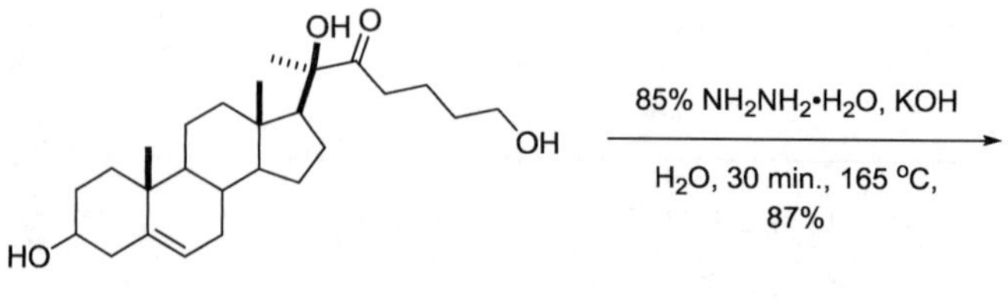

[1,5-H迁移]

Example 4, 黄鸣龙修正法[10]

NH₂NH₂·H₂O, 二甘醇, reflux, 4.75 h, 75%

Example 5[13]

1. 8 equiv NH₂NH₂
   4 equiv 粉状 KOH
   二甘醇 (10 L/kg)
   H₂O, rt to 143 °C, 2 h
   143 to 155 °C, 3.5 h
2. MeCN/H₂O
   85%

References

1. (a) Kishner, N. *J. Russ. Phys. Chem. Soc.* **1911**, *43*, 582–595. 基希讷 (N. Kishner) 是俄国化学家。(b) Wolff, L. *Ann.* **1912**, *394*, 86. (c) Huang, Minlon *J. Am. Chem. Soc.* **1946**, *68*, 2487–2488. (d) Huang, Minlon *J. Am. Chem. Soc.* **1949**, *71*, 3301–3303. (The Huang Minlon modification).
2. Todd, D. *Org. React.* **1948**, *4*, 378–422. (Review).
3. Cram, D. J.; Sahyun, M. R. V.; Knox, G. R. *J. Am. Chem. Soc.* **1962**, *84*, 1734–1735.
4. Murray, R. K., Jr.; Babiak, K. A. *J. Org. Chem.* **1973**, *38*, 2556–2557.
5. Lemieux, R. P.; Beak, P. *Tetrahedron Lett.* **1989**, *30*, 1353–1356.
6. Taber, D. F.; Stachel, S. J. *Tetrahedron Lett.* **1992**, *33*, 903–906.
7. Gadhwal, S.; Baruah, M.; Sandhu, J. S. *Synlett* **1999**, 1573–1592.
8. Szendi, Z.; Forgó, P.; Tasi, G.; Böcskei, Z.; Nyerges, L.; Sweet, F. *Steroids* **2002**, *67*, 31–38.
9. Bashore, C. G.; Samardjiev, I. J.; Bordner, J.; Coe, J. W. *J. Am. Chem. Soc.* **2003**, *125*, 3268–3272.
10. Pasha, M. A. *Synth. Commun.* **2006**, *36*, 2183–2187.
11. Song, Y.-H.; Seo, J. *J. Heterocycl. Chem.* **2007**, *44*, 1439–1443.
12. Shibahara, M.; Watanabe, M.; Aso, K.; Shinmyozu, T. *Synthesis* **2008**, 3749–3754.
13. Kuethe, J. T.; Childers, K. G.; Peng, Z.; Journet, M.; Humphrey, G. R.; Vickery, T.; Bachert, D.; Lam, T. T. *Org. Process Res. Dev.* **2009**, *13*, 576–580.

Woodward cis-双羟化反应

参见第495页上的Prevost trans-双羟化反应。

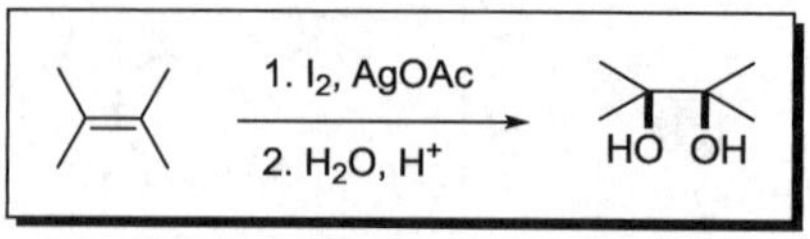

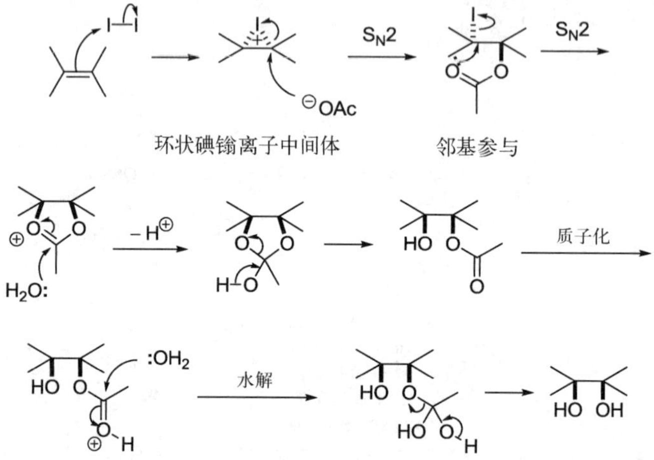

环状碘鎓离子中间体   邻基参与

质子化

水解

Example 1[1]

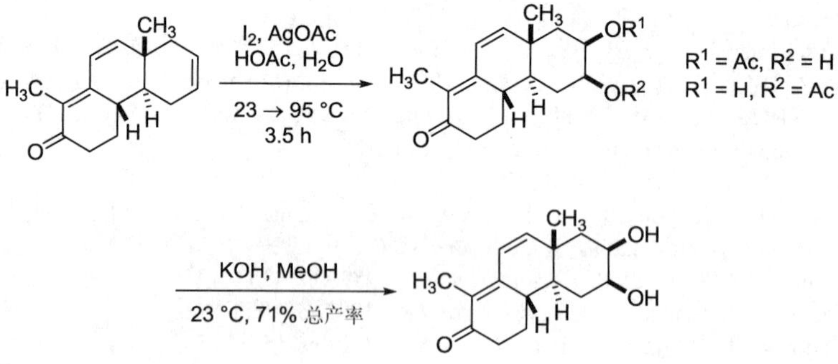

$R^1 = Ac, R^2 = H$
$R^1 = H, R^2 = Ac$

KOH, MeOH
23 °C, 71% 总产率

Example 2[6]

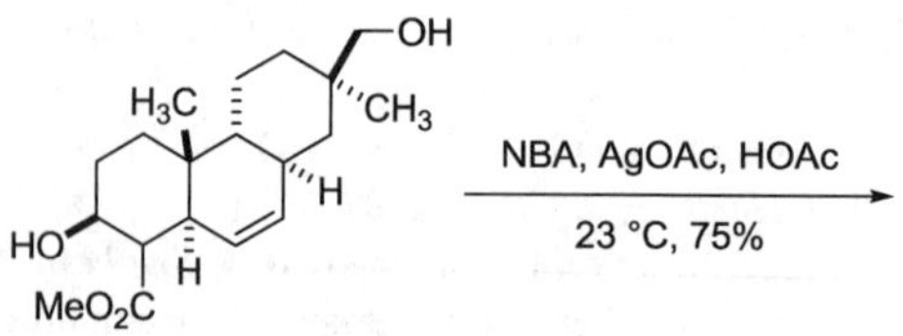

NBA, AgOAc, HOAc
23 °C, 75%

J.J. Li, *Name Reactions: A Collection of Detailed Mechanisms and Synthetic Applications*,
DOI 10.1007/978-3-319-03979-4_294, © Springer International Publishing Switzerland 2014

References

1. Woodward, R. B.; Brutcher, F. V., Jr. *J. Am. Chem. Soc.* **1958,** *80,* 209–211.美国人伍德沃特（R. B. Woodward, 1917–1979）1953年因天然产物的合成工作获得诺贝尔化学奖。
2. Kirschning, A.; Plumeier, C.; Rose, L. *Chem. Commun.* **1998,** 33–34.
3. Monenschein, H.; Sourkouni-Argirusi, G.; Schubothe, K. M.; O'Hare, T.; Kirschning, A. *Org. Lett.* **1999,** *1,* 2101–2104.
4. Kirschning, A.; Jesberger, M.; Monenschein, H. *Tetrahedron Lett.* **1999,** *40,* 8999–9002.
5. Muraki, T.; Yokoyama, M.; Togo, H. *J. Org. Chem.* **2000,** *65,* 4679–4684.
6. Germain, J.; Deslongchamps, P. *J. Org. Chem.* **2002,** *67,* 5269–5278.
7. Myint, Y. Y.; Pasha, M. A. *J. Chem. Res.* **2004,** 333–335.
8. Emmanuvel, L.; Shaikh, T. M. A.; Sudalai, A. *Org. Lett.* **2005,** *7,* 5071–5074.
9. Mergott, D. J. *Woodward* cis-*dihydroxylation*. In *Name Reactions for Functional Group Transformations*; Li, J. J., Ed.; Wiley: Hoboken, NJ, **2007,** pp 327–332. (Review).
10. Burlingham, B. T.; Rettig, J. C. *J. Chem. Ed.* **2008,** *85,* 959–961.

Yamaguchi 酯化反应

用2,4,6-三氯苯甲酰氯（Yamaguchi试剂）进行的酯化反应。

氯取代的大体积砌块阻碍了混合酸酐中间体中其他羰基的进攻。

Example 1, 分子间偶联[5]

J.J. Li, *Name Reactions: A Collection of Detailed Mechanisms and Synthetic Applications*,
DOI 10.1007/978-3-319-03979-4_295, © Springer International Publishing Switzerland 2014

Example 2, 分子内偶联[7]

Example 3, 二聚反应[8]

References

1. (a) Inanaga, J.; Hirata, K.; Saeki, H.; Katsuki, T.; Yamaguchi, M. *Bull. Chem. Soc. Jpn.* **1979**, *52*, 1989–1993. (b) Kawanami, Y.; Dainobu, Y.; Inanaga, J.; Katsuki, T.; Yamaguchi, M. *Bull. Chem. Soc. Jpn.* **1981**, *54*, 943–944. 山口（M. Yamaguchi）是日本九州大学（Kyushu University）教授。
2. Richardson, T. I.; Rychnovsky, S. D. *Tetrahedron* **1999**, *55*, 8977–8996.
3. Paterson, I.; Chen, D. Y.-K.; Aceña, J. L.; Franklin, A. S. *Org. Lett.* **2000**, *2*, 1513–1516.
4. Hamelin, O.; Wang, Y.; Déprés, J.-P.; Greene, A. E. *Angew. Chem. Int. Ed.* **2000**, *39*, 4314–4316.
5. Quéron, E.; Lett, R. *Tetrahedron Lett.* **2004**, *45*, 4533–4537.
6. Mlynarski, J.; Ruiz-Caro, J.; Fürstner, A. *Chem., Eur. J.* **2004**, *10*, 2214–2222.
7. Lepage, O.; Kattnig, E.; Fürstner, A. *J. Am. Chem. Soc.* **2004**, *126*, 15970–15971.
8. Smith, A. B. III.; Simov, V. *Org. Lett.* **2006**, *8*, 3315–3318.
9. Ahmad, N. M. *Yamaguchi esterification*. In *Name Reactions for Functional Group Transformations*; Li, J. J., Ed.; Wiley: Hoboken, NJ, **2007**, pp 545–550. (Review).
10. Wender, P. A.; Verma, V. A. *Org. Lett.* **2008**, *10*, 3331–3334.
11. Carrick, J. D.; Jennings, M. P. *Org. Lett.* **2009**, *11*, 769–772.
12. Lu, L.; Zhang, W.; Sangkil Nam, S.; Horne, D. A.; Jove, R.; Carter, R. G. *J. Org. Chem.* **2013**, *78*, 2213–2247.

Zaitsev 消除规则

E2反应得到的主产物是更稳定的带更多取代的烯烃。

Example 1[2]

Example 2[3]

Example 3[5]

J.J. Li, *Name Reactions: A Collection of Detailed Mechanisms and Synthetic Applications*,
DOI 10.1007/978-3-319-03979-4_296, © Springer International Publishing Switzerland 2014

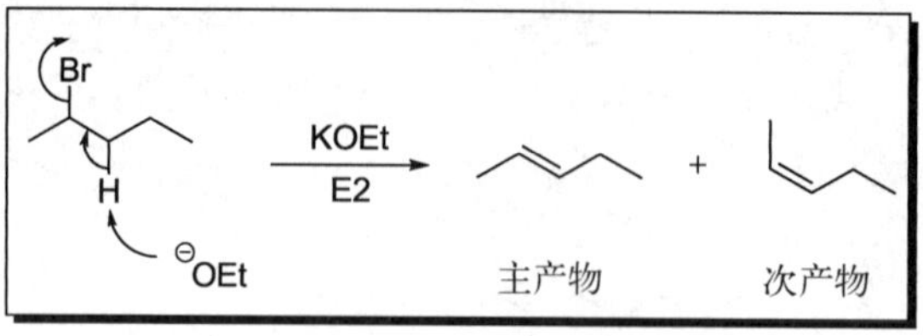

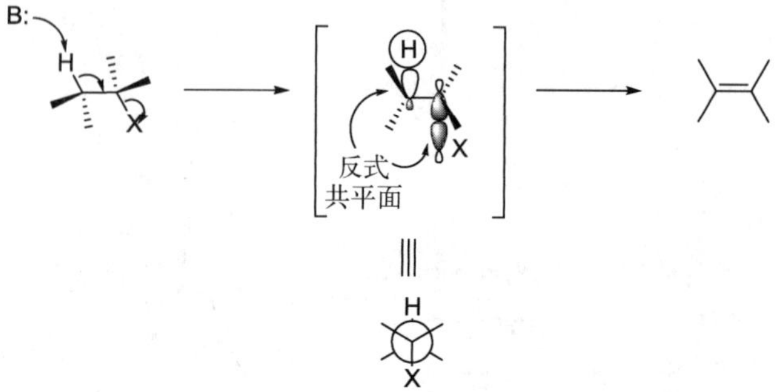

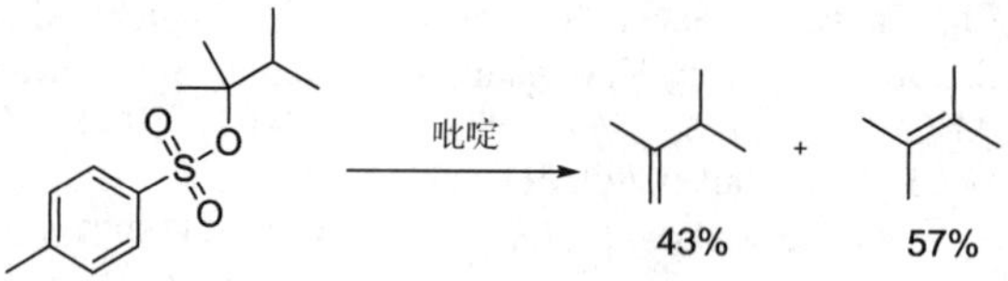

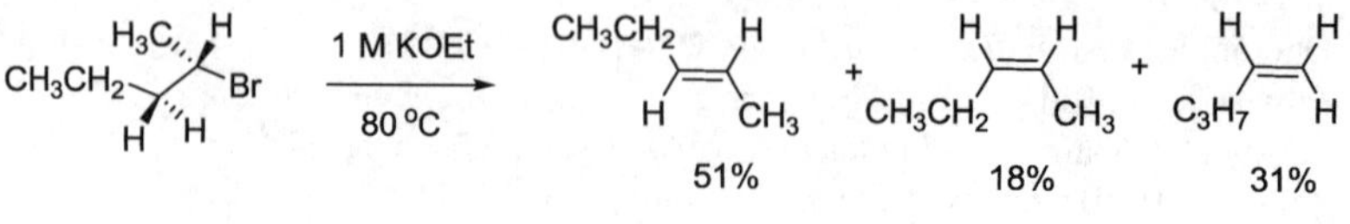

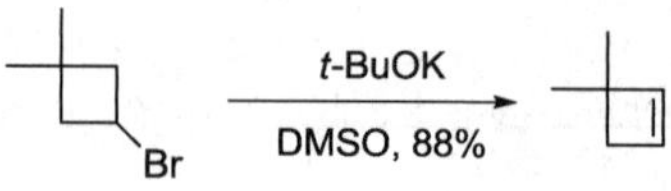

Example 4[8]

腺嘌呤

Zaitsev消除产物

References
1. 与马尔科夫尼可夫(V. V. Markovnikov)一样,查依采夫(A. M. Zaitsev,有时拼写为Saytseff, 1841–1910)也受教于布特列洛夫(A. M. Butlerov)。但与缺少圆滑且不向行政当局妥协的马尔科夫尼可夫不同,查依采夫是个成熟的政治家。他执掌喀山大学(Kazan University)校长一职长达40多年并培养了一代有机化学家。
2. Brown, H. C.; Wheeler, O. H. *J. Am. Chem. Soc.* **1956,** *78,* 2199–2210.
3. Chamberlin, A. R.; Bond, F. T. *Synthesis* **1979,** 44–45.
4. Elrod, D. W.; Maggiora, G. M.; Trenary, R. G. *Tetrahedron Comput. Methodol.* **1990,** *3,* 163–174.
5. Larsen, N. W.; Pedersen, T. *J. Mol. Spectrosc.* **1994,** *166,* 372–382.
6. Reinecke, M. G.; Smith, W. B. *J. Chem. Educ.* **1995,** *72,* 541.
7. Guan, H.-P.; Ksebati, M. B.; Kern, E. R.; Zemlicka, J. *J. Org. Chem.* **2000,** *65,* 5177–5184.
8. Guan, H.-P.; Ksebati, M. B.; Kern, E. R.; Zemlicka, J. *J. Org. Chem.* **2000,** *65,* 5177–5184.
9. Hagen, T. J. *Zaitsev Elimination,* In *Name Reactions for Functional Group Transformations*; Li, J. J., Ed.; Wiley: Hoboken, NJ, **2007,** pp 414–421. (Review).
10. Ramos, D. R.; Castillo, R.; Canle L., M.; Garcia, M. V.; Andres, J.; Santaballa, J. A. *Org. Biomol. Chem.* **2009,** *7,* 1807–1814. (Mechanism).

Zhang 烯炔环异构化反应

烯炔在磷配体的Rh配合物作用下发生位置和对映选择性的环异构化反应。

Example 1[3]

Example 2[4]

J.J. Li, *Name Reactions: A Collection of Detailed Mechanisms and Synthetic Applications*,
DOI 10.1007/978-3-319-03979-4_297, © Springer International Publishing Switzerland 2014

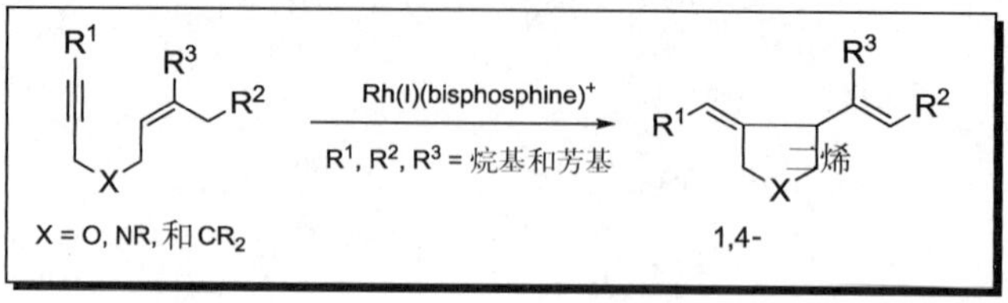

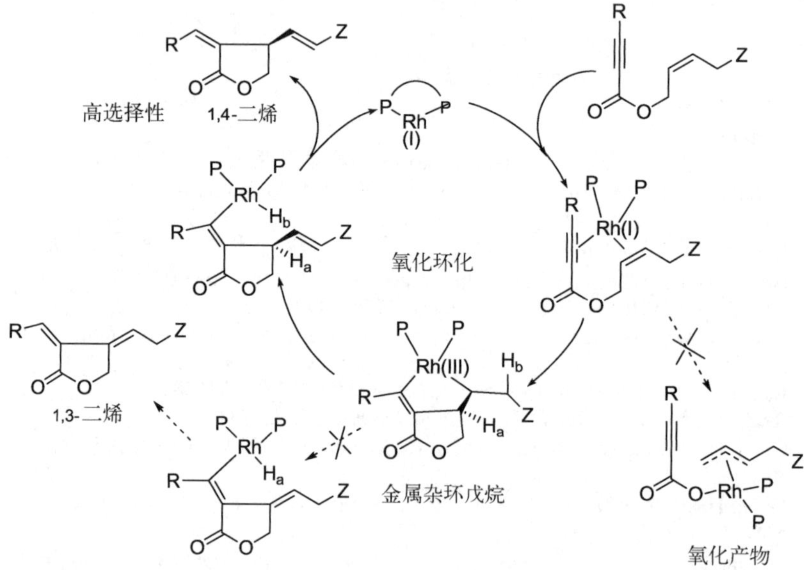

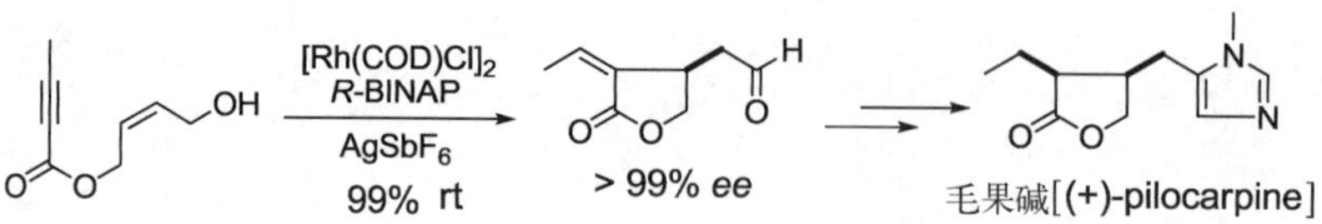

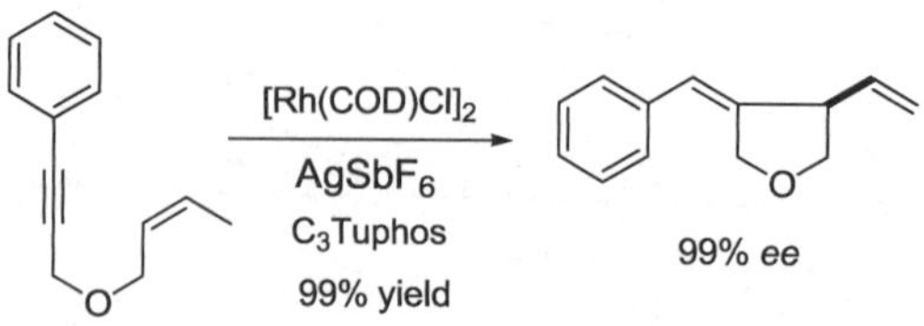

Example 3[5]

Example 4[11]

References

1. Cao, P.; Wang, B.; Zhang, X. *J. Am. Chem. Soc.* **2000**, *122*, 6490–6491. 出生于1961年的张绪穆（X. Zhang）在中国的武汉大学学习，1992年在斯坦福大学（Stanford University）的柯尔曼（J. P. Collman）指导下获得Ph. D.学位。他在宾州州立大学（Pennsyvania State University, 1994–2006）开始独立的研究生涯，2007年成为新泽西州立大学（the State University of New Jersey）杰出讲座教授。除了烯炔的环异构化反应外，他也研究不对称氢化反应、不对称氢甲酰化反应、实用的线性选择性氢甲酰化反应。张的课题组发展出众多如TangPhos、DuanPhos、Binapine、ZhangPhos、TunePhos、f-binaphane和YanPhos等手性配体，与一些工业界的同事一起在许多手性药物中间体的创新性合成中都用到了这些不对称氢化方法。
2. Cao, P.; Zhang, X. *Angew. Chem. Int. Ed.* **2000**, *39*, 4104–4106.
3. Lei, A.; He, M., Zhang, X. *J. Am. Chem. Soc.* **2002**, *124*, 8198–8199.
4. Lei, A.; He, M.; Wu, S.; Zhang, X. *Angew. Chem. Int. Ed.* **2002**, *41*, 3457–3460.
5. Lei, A.; Waldkirch, J. P.; He, M.; Wu, S.; Zhang, X. *Angew. Chem. Int. Ed.* **2002**, *41*, 4526–4529.
6. Lei, A.; He, M.; Zhang, X. *J. Am. Chem. Soc.* **2003**, *125*, 11472–11473.
7. Tong, X.; Zhang, Z.; Zhang, X. *J. Am. Chem. Soc.* **2003**, *125*, 6370–6371.
8. Tong, X.; Li, D.; Zhang, Z.; Zhang, X. *J. Am. Chem. Soc.* **2004**, *126*, 7601–7607.
9. He, M.; Lei, A.; Zhang, X. *Tetrahedron Lett.* **2005**, *46*, 1823–1826
10. Nicolaou, K. C.; Li, A.; Edmonds, D. J. *Angew. Chem. Int. Ed.* **2006**, *45*, 7086–7088.
11. Nicolaou, K. C.; Li, A.; Edmonds, D. J. *Angew. Chem. Int. Ed.* **2007**, *46*, 3942–3945.
12. Nicolaou, K. C.; et al. *Angew. Chem. Int. Ed.* **2007**, *46*, 6293–6295.
13. Nishimura, T.; Kawamoto, T.; Nagaosa, M.; Kumamoto, H.; Hayashi, T. *Angew. Chem. Int. Ed.* **2010**, *49*, 1638–1641.
14. Corkum, E. G.; Hass, M. J.; Sullivan, A. D.; Bergens, S. H. *Org. Lett.* **2011**, 13, 3522–3525.
15. Jackowski, O.; Wang, J.; Xie, X.; Ayad, T.; et al. *Org. Lett.* **2012**, *14*, 4006–4009.

Zimmerman重排反应

1,4-二烯经光解转为乙烯基环丙烷,亦称二 π-甲烷重排反应。

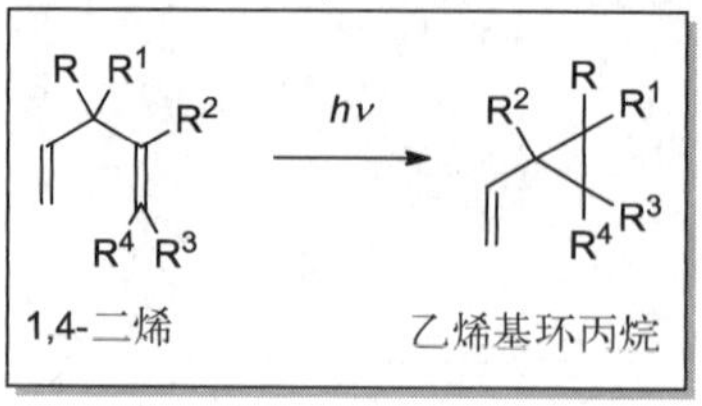
R R1
R2
hν
R4 R3
1,4-二烯
乙烯基环丙烷

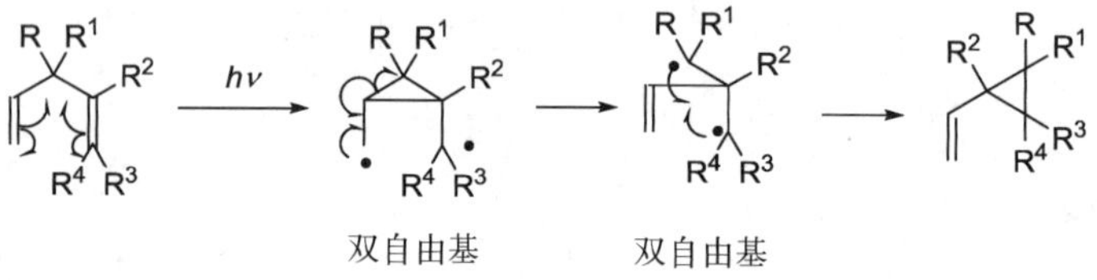
hν
双自由基
双自由基

Example 1, 氮杂二π-甲烷重排[2]

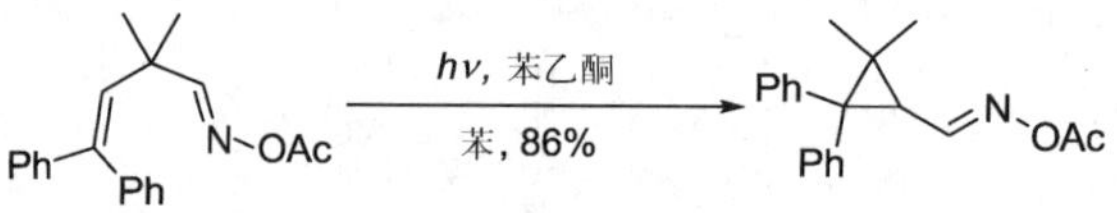
hν, 苯乙酮
苯, 86%
Ph
N-OAc

Example 2[4]

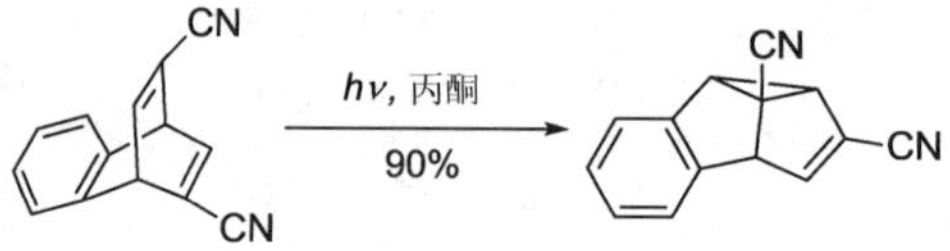
CN
hν, 丙酮
90%

Example 3[8]

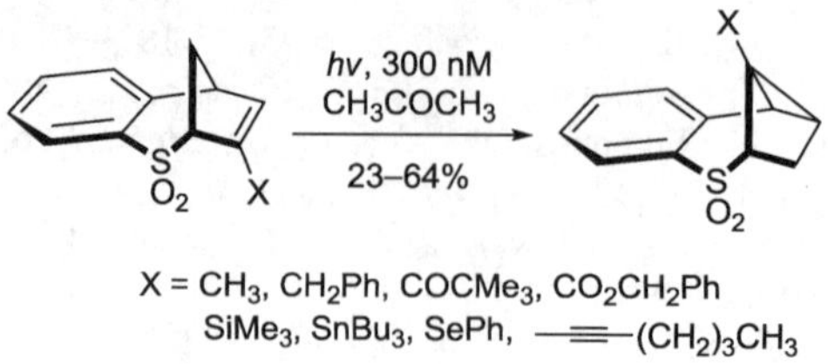
hν, 300 nM
CH3COCH3
23–64%
X = CH3, CH2Ph, COCMe3, CO2CH2Ph
SiMe3, SnBu3, SePh, —≡—(CH2)3CH3

J.J. Li, *Name Reactions: A Collection of Detailed Mechanisms and Synthetic Applications*,
DOI 10.1007/978-3-319-03979-4_298, © Springer International Publishing Switzerland 2014

Example 4, 氧杂二π-甲烷重排[9]

Example 5, 氧杂二π-甲烷重排[10]

References

1. (a) Zimmerman, H. E.; Grunewald, G. L. *J. Am. Chem. Soc.* **1966**, *88*, 183–184. 在不对称合成中的Traxler-Zimmerman过渡态为人熟知，齐默尔曼（H. E. Zimmerman，1926-2012）是位于麦迪森的威斯康辛大学（University of Wisconcin at Madison）教授。 (b) Zimmerman, H. E.; Armesto, D. *Chem. Rev.* **1996**, *96*, 3065–3112. (Review). (c) Zimmerman, H. E.; Církva, V. *Org. Lett.* **2000**, *2*, 2365–2367.
2. Armesto, D.; Horspool, W. M.; Langa, F.; Ramos, A. *J. Chem. Soc., Perkin Trans. I* **1991**, 223–228.
3. Jiménez, M. C.; Miranda, M. A.; Tormos, R. *Chem. Commun.* **2000**, 2341–2342.
4. Ünaldi, N. S.; Balci, M. *Tetrahedron Lett.* **2001**, *42*, 8365–8367.
5. Altundas, R.; Dastan, A.; Ünaldi, N. S.; Güven, K.; Uzun, O.; Balci, M. *Eur. J. Org. Chem.* **2002**, 526–533.
6. Zimmerman, H. E.; Chen, W. *Org. Lett.* **2002**, *4*, 1155–1158.
7. Tanifuji, N.; Huang, H.; Shinagawa, Y.; Kobayashi, K. *Tetrahedron Lett.* **2003**, *44*, 751–754.
8. Dura, R. D.; Paquette, L. A. *J. Org. Chem.* **2006**, *71*, 2456–2459.
9. Singh, V.; Chandra, G.; Mobin, S. M. *Synlett* **2008**, 2267–2270.
10. Cox, J. R.; Simpson, J. H.; Swager, T. M. *J. Am. Chem. Soc.* **2013**, *135*, 640–643.

Zincke 反应

Zincke 反应是一个总的将亦称 Zincke 盐的 N-(2,4-二硝基苯基)吡啶盐用适当的苯胺或烷基胺处理后转化为 N-芳基化、N-烷基化吡啶鎓的胺交换过程。

Example 1[5]

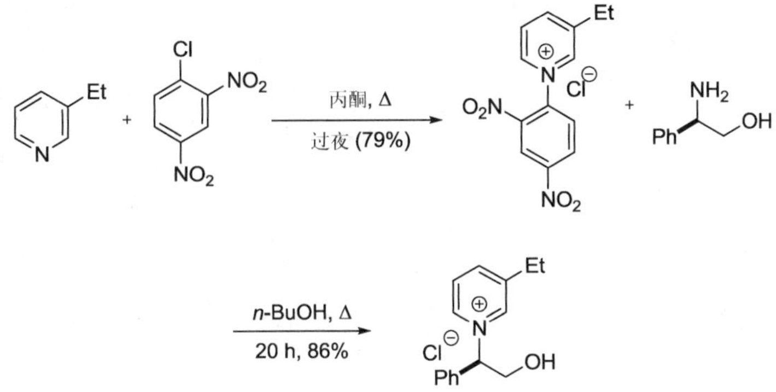

Example 2[6]

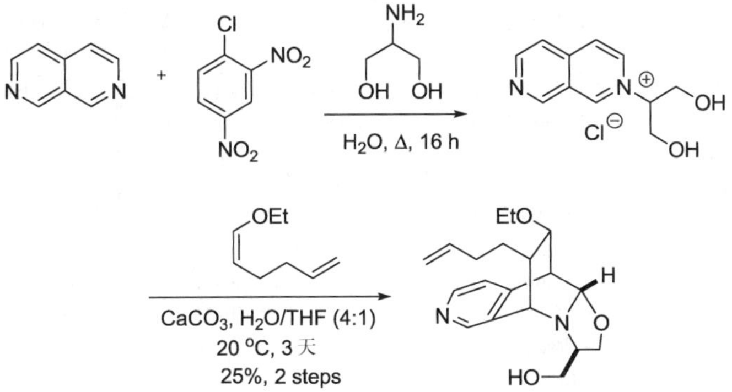

Example 3[9]

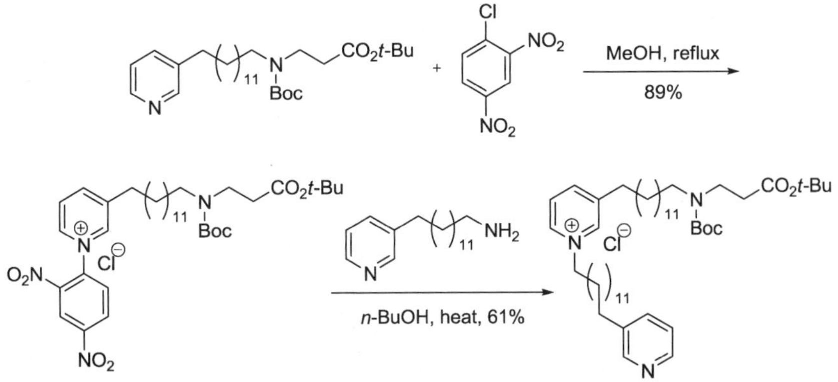

Example 4[10]

[Reaction scheme: Pyridine + 1-chloro-2,4-dinitrobenzene → Zincke 盐 → Me₂NH 再 NaOH, 58% → Zincke 醛 (Me₂N-CH=CH-CH=CH-CHO) → LiSnBu₃, 50%–55% → Bu₃Sn-CH=CH-CH=CH-CHO]

References

1. (a) Zincke, Th. *Ann.* **1903**, *330*, 361−374. (b) Zincke, Th.; Heuser, G.; Möller, W. *Ann.* **1904**, *333*, 296−345. (c) Zincke, Th.; Würker, W. *Ann.* **1905**, *338*, 107−141. (d) Zincke, Th.; Würker, W. *Ann.* **1905**, *341*, 365−379. (e) Zincke, Th.; Weisspfenning, G. *Ann.* **1913**, *396*, 103−131.
2. Epszju, J.; Lunt, E.; Katritzky, A. R. *Tetrahedron* **1970**, *26*, 1665−1673. (Review).
3. Becher, J. *Synthesis* **1980**, 589−612. (Review).
4. Kost, A. N.; Gromov, S. P.; Sagitullin, R. S. *Tetrahedron* **1981**, *37*, 3423−3454. (Review).
5. Wong, Y.-S.; Marazano, C.; Gnecco, D.; Génisson, Y.; Chiaroni, A.; Das, B. C. *J. Org. Chem.* **1997**, *62*, 729−735.
6. Urban, D.; Duval, E.; Langlois, Y. *Tetrahedron Lett.* **2000**, *41*, 9251−9256.
7. Cheng, W.-C.; Kurth, M. J. *Org. Prep. Proced. Int.* **2002**, *34*, 585−588. (Review).
8. Rojas, C. M. *Zincke Reaction*. In *Name Reactions in Heterocyclic Chemistry*; Li, J. J., Ed.; Wiley: Hoboken, NJ, **2005**, pp 355−375. (Review).
9. Shorey, B. J.; Lee, V.; Baldwin, J. E. *Tetrahedron* **2007**, *63*, 5587−5592.
10. Michels, T. D.; Rhee, J. U.; Vanderwal, C. D. *Org. Lett.* **2008**, *10*, 4787−4790.
11. Vanderwal, C. D. *J. Org. Chem.* **2011**, *76*, 9555−9567. (Review).

Zinin 联苯胺重排反应

亦称半苯胺重排反应。二苯肼在酸促进下重排为4,4-二氨基联苯(联苯胺)和2,4-二氨基联苯。

Example 1[9,10]

J.J. Li, *Name Reactions: A Collection of Detailed Mechanisms and Synthetic Applications*,
DOI 10.1007/978-3-319-03979-4_300, © Springer International Publishing Switzerland 2014

Example 2, 催化的不对称联苯胺重排[9]

(R)-Cat = [3,3'-bis(3,5-bis(trifluoromethyl)phenyl)-1,1'-binaphthyl-2,2'-diyl hydrogenphosphate]

CG-50, 一种酸性树脂

References

1. Zinin, N. *J. Prakt. Chem.* **1845**, *36*, 93−107.
2. Shine, H. J.; Baldwin, C. M.; Harris, J. H. *Tetrahedron Lett.* **1968**, *9*, 977−980.
3. Shine, H. J.; Zmuda, H.; Kwart, H.; Horgan, A. G.; Brechbiel, M. *J. Am. Chem. Soc.* **1982**, *104*, 5181−5184.
4. Rhee, E. S.; Shine, H. J. *J. Am. Chem. Soc.* **1986**, *108*, 1000−1006.
5. Shine, H. J. *J. Chem. Educ.* **1989**, *66*, 793−794.
6. Davies, C. J.; Heaton, B. T.; Jacob, C. *J. Chem. Soc., Chem. Commun.* **1995**, 1177−1178.
7. Park, K. H.; Kang, J. S. *J. Org. Chem.* **1997**, *62*, 3794−3795.
8. Benniston, A. C.; Clegg, W.; Harriman, A.; Harrington, R. W.; Li, P.; Sams, C. *Tetrahedron Lett.* **2003**, *44*, 2665−2667.
9. Hong, W.-X.; Chen, L.-J.; Zhong, C.-L.; Yao, Z.-J. *Org. Lett.* **2006**, *8*, 4919−4922.
10. Kim, H.-Y.; Lee, W.-J.; Kang, H.-M.; Cho, C.-G. *Org. Lett.* **2007**, *9*, 3185−3186.
11. De, C. K.; Pesciaioli, F.; List, B. *Angew. Chem. Int. Ed.* **2013**, *52*, 9293−9295.